HYDROGRAPHIE

VON

ING. DR. TECHN. FRIEDRICH SCHAFFERNAK
ORD. PROFESSOR AN DER TECHNISCHEN HOCHSCHULE IN WIEN
WIRKL. MITGLIED DER AKADEMIE DER WISSENSCHAFTEN
IN WIEN

MIT 410 TEXTABBILDUNGEN UND 46 TABELLEN

WIEN
VERLAG VON JULIUS SPRINGER
1935

ISBN-13:978-3-7091-9600-7   e-ISBN-13:978-3-7091-9847-6
DOI: 10.1007/978-3-7091-9847-6

Vorwort.

Die Wirtschaftlichkeit von Wasserbauwerken läßt sich durch Steigerung des Güte- und Wirkungsgrades der baulichen und maschinellen Anlagen erhöhen. Sie ist aber auch in hohem Maße abhängig von der Genauigkeit der hydrographischen Unterlagen und deren Bearbeitung für die Planung der Bauwerke. Die hydrographische Forschung, die sich mit der Verbesserung der Naturbeobachtung und der Berechnungsmethoden sowie mit der Erweiterung der Anwendungsmöglichkeiten ihrer Verfahren beschäftigt, dient daher nicht allein dem Fortschritte der Wissenschaft, sondern auch unmittelbar der Volkswirtschaft.

Seit Beginn meiner Lehrtätigkeit war ich bestrebt, die Vorlesungen diesen Anforderungen anzupassen; ich war aber auch bemüht, durch Ausgestaltung der Lehrbehelfe, namentlich nach der versuchstechnischen Seite, die Studierenden zu eigener Weiterarbeit anzueifern. Als eine Zusammenfassung meiner Arbeiten und Erfahrungen übergebe ich der Fachwelt dieses Buch, das in erweiterter Form den Unterrichtsstoff meiner Vorlesungen über Hydrographie enthält.

Die Darstellung des Stoffes gliedert sich in drei Abschnitte, welche Aufnahme, Ordnung und Verarbeitung der Beobachtungselemente behandeln. Der erste Abschnitt umfaßt die in der Hydrographie gebräuchlichen Aufnahmemethoden und die dabei verwendeten Meßgeräte. Im Abschnitt über die Ordnung der Beobachtungselemente habe ich besonderen Wert auf exakte Begriffsbildung gelegt. Zu diesem Zwecke und um dem gesamten Stoffgebiete ein festes Rückgrat zu geben, wurde die mathematische Statistik im notwendigen Umfange herangezogen. Der letzte Abschnitt betrifft unter anderem die methodische Lösung von wichtigen Einzelaufgaben, wobei es mir hauptsächlich auf die grundsätzliche Einstellung ankam, mit der solche praktische Aufgaben zu bearbeiten sind.

Ein großes Gewicht ist auf die Auswahl und Ausgestaltung der Abbildungen gelegt worden, damit bei den Meßverfahren und Meßgeräten alle notwendigen Einzelheiten klar hervorgehen und die graphischen Verfahren durch solche kennzeichnende Beispiele erläutert werden, die nicht erdacht sind, sondern tatsächlichen Verhältnissen entsprechen. Dadurch glaube ich nicht nur den Bedürfnissen eines anschaulichen Unterrichtes, sondern auch den Anforderungen der tätigen Ingenieure gerecht geworden zu sein.

Bei der Abfassung des Buches haben mich meine Assistenten Ing. V. Bradel, Ing. F. Makovec und Ing. L. Neubauer unterstützt, indem sie die Herstellung der Abbildungen besorgten und mir wertvolle Hilfe bei der kritischen Durchsicht des Manuskriptes sowie bei den Korrekturen leisteten. Ich danke ihnen für ihre gewissenhafte Arbeit.

Eine Reihe von Fachkollegen war mir in dankenswerter Weise bei der Beschaffung der einschlägigen Literatur behilflich. Ebenso bin ich den Firmen, die mir zweckdienliches Abbildungsmaterial von Meßgeräten überließen, zu Dank verpflichtet. Im besonderen Maße gilt dieser dem mathematisch-mechanischen Institute A. OTT in Kempten und seinem Mitinhaber Dr.-Ing. L. A. OTT, von dem ich auch manchen wertvollen Hinweis auf ausländische Fachliteratur erhielt.

Der Verlagsbuchhandlung JULIUS SPRINGER endlich gebührt für die gediegene Ausstattung des Buches Dank und Anerkennung.

Wien, im Dezember 1934.

F. Schaffernak.

Inhaltsverzeichnis.

Zweiter Abschnitt.

Ordnung der gesammelten Beobachtungen und Erhebungen.

Dritter Abschnitt.

Verarbeitung der Aufnahmeergebnisse.

Einleitung.

Aufbau der Hydrographie. Die Lösung von Aufgaben des konstruktiven Wasserbaues beruht im allgemeinen auf der Anwendung jener grundlegenden Wissenschaften, die allen Fachrichtungen des Ingenieurwesens gemeinsam sind, der Mathematik, Mechanik und Physik. Im besonderen verlangt aber der Wasserbau noch Untersuchungen, die sich mit den Bewegungserscheinungen seines kennzeichnenden Stoffes, des Wassers, befassen. Solchen Untersuchungen muß notwendigerweise ein Studium vorausgehen, das die Gesetzmäßigkeit des Auftretens dieses Elementes erforscht. Die Ergebnisse dieser Arbeiten, die den *Kreislauf des Wassers* zum Gegenstande haben, werden in der Hydrographie zusammengefaßt.

Mit der Einschaltung dieser Disziplin weist der Wasserbau gegenüber den übrigen Fachgebieten des Ingenieurs eine Eigenheit auf, weil bei diesen weder das Naturereignis eine so maßgebende Rolle spielt, noch die Menge und die Art des Auftretens des die Gestaltung und Abmessung der Bauwerke beeinflussenden Stoffes von solch ausschlaggebender Bedeutung sind.

Die Erforschung der Gesetze von Naturereignissen mit derart verwickelten Zusammenhängen, wie sie beim Kreislauf des Wassers auftreten, muß den Weg über die planmäßige Sammlung von Beobachtungen und Erhebungen und deren kritische Ordnung gehen. Aus einem solchen Tatsachenmaterial können dann jene Schlüsse gezogen werden, die zu einer zahlenmäßigen Darstellung führen.

Hier endet der Weg, den für gewöhnlich die hydrographische Forschung nimmt und der den Bedürfnissen der Praxis meist genügt. Nur stellenweise werden auch rein theoretische Erwägungen herangezogen, und zwar vor allem dann, wenn das Grenzgebiet von Hydrographie und Hydraulik betreten wird.

Die Hydrographie beginnt demnach mit der Beobachtung, Erhebung sowie der planmäßigen Sammlung von Tatsachen, was man als praktische Statistik bezeichnet. Hieran schließt sich die Ordnung des gesammelten Materials durch analytische oder graphische Darstellung der Zusammenhänge der beobachteten Naturerscheinungen, die mathematische Statistik. Die Arbeiten der Hydrographie führen schließlich zur Verarbeitung der Aufnahmeergebnisse in zusammenfassenden Darstellungen und zur Behandlung von Einzelaufgaben, die von der wasserbaulichen Praxis gestellt werden.

Damit ist der gegenwärtige Stand der Hydrographie geschildert. Er ist in dieser in steter Entwicklung begriffenen Disziplin das erste Stadium und wird abgelöst oder zumindest beeinflußt werden von einer auf Theorie aufgebauten Forschungs-

richtung. Die Einführung der mathematischen Statistik ist der vorbereitende
Schritt hierzu. In der Folge wird diese Richtung zu ergänzen sein durch jene, die
auch das innere Wesen der Erscheinungen erfaßt. Hierzu müssen die Methoden
der exakten physikalischen Forschung herangezogen werden, da nur diese imstande sind, auch Ergebnisse qualitativer Natur zu liefern.

Umfang der Hydrographie. Um einen Überblick über den Umfang der
Hydrographie zu gewinnen, muß auf den Kreislauf des Wassers näher eingegangen
werden.

Die ununterbrochene Wärmezufuhr von der Sonne bewirkt eine Verdunstung
des auf der Erde befindlichen Wassers. Aufsteigende Luftströmungen, deren
Ursachen thermischer oder dynamischer Natur sein können, entführen den Wasser-
dunst in das Kondensationsniveau der Lufthülle, wo nach Abkühlung unter den
Taupunkt und damit nach Überschreitung des Sättigungspunktes der Luft mit
Wasserdampf eine Verdichtung zu Nebel und Wolken eingeleitet wird. Bei
weiterem Fortschreiten der Kondensation durch Abnahme der Temperatur
kommt es zu Niederschlägen in flüssiger oder fester Form, Regen oder Schnee,
Hagel und Graupeln. Hierzu treten noch andere, zusätzliche Niederschlagsformen,
wie Tau, Nebelreißen und Rauhreif, die gewöhnlich in der Messung vernachlässigt
werden, aber mitunter nicht unerhebliche Beiträge zum gesamten Niederschlage
liefern.

In der Darstellung des Kreislaufes des Wassers tritt man damit in jenen
Abschnitt desselben, der sich auf oder unter der Erdoberfläche vollzieht und
dessen Einzelvorgänge im *Wasserhaushalte auf der Erde* berücksichtigt werden. Das
Ergebnis aus allen den vielfältigen Einflüssen, denen das Wasser auf der Erde
unterworfen ist, bildet das *natürliche Regime der Wasserführung*, und zwar sowohl der
Flüsse als auch des Untergrundes. Die Beschreibung und Festlegung der das Regime
kennzeichnenden Werte bilden die Grundlagen der hydrographischen Forschung.

Die Verwertung dieser Ergebnisse zur Lösung von Aufgaben der wasser-
baulichen Praxis führt schließlich zu den wasserwirtschaftlichen Fragen der
Hydrographie. Dieses Anwendungsgebiet, das einer zweckmäßigen und wirt-
schaftlichen Ausnützung des Wassers dient, beinhaltet alles, was mit einer
Überführung des natürlichen in ein *künstliches Regime der Wasserführung* im
Zusammenhang steht.

Der Umfang der Hydrographie ist noch von einem anderen Gesichtspunkte
aus darstellbar. Die Abgrenzung gegen und die Eingliederung in verwandte
Wissensgebiete lassen hierüber ein Urteil zu. Kosmische Vorgänge sind die Ursache der Erhaltung des Kreislaufes des Wassers und Vorgänge in der Lufthülle
beeinflussen die Einzelerscheinungen. Die Lehre hiervon ist in der *Meteorologie*
zusammengefaßt. Werden die Rückwirkungen der Erde auf die Witterungser-
scheinungen und die Beziehungen der letzteren zu dem organischen Leben behandelt, dann nennt man diesen besonderen Abschnitt der Meteorologie die *Klimatologie*. Während die Meteorologie im engeren Sinne vornehmlich ein Zweig der
Physik ist, verdankt die Klimatologie ähnlich der Hydrographie ihre Fortschritte
den statistischen Methoden.

Meteorologie, Klimatologie und Hydrographie sind daher nach Arbeits-
gebieten getrennt, doch sind sie anderseits verbunden durch die teilweise gemeinsame Verwendung des Beobachtungs- und Erhebungsmaterials.

Der Niederschlag ist in erster Linie ein Bindeglied, weil er ebensosehr als Endergebnis der meteorologischen und klimatologischen Auswirkungen wie als Anfangsglied der hydrographischen Ereignisse angesehen werden kann. Die Wechselwirkung geht aber noch weiter, indem sich der Hydrograph neben den eigentlichen hydrographischen Beobachtungselementen, wie Niederschlag, Wasserstand, Abfluß und Abflußverluste, auch selbst mit der Beobachtung verschiedener *meteorologischer Beobachtungselemente*, wie namentlich Temperatur, Luftdruck, Luftfeuchte und Wind beschäftigt, um auf diesem Wege neue Zusammenhänge zu erforschen.

Wasserhaushalt auf der Erde. Ist das *Einzugsgebiet eines Flußlaufes*, d. i. jenes Gebiet, aus welchem er sein Wasser empfängt, vom Standpunkte der Hydrographie zu beschreiben, so tritt in erster Linie die Frage nach dem Wasserhaushalt auf der Erde auf. Dieser kann am besten in Form einer Raumgleichung dargestellt werden, die besagt, daß die dem Einzugsgebiete zugeführte *Wasserfracht*[1] gleich ist der aus dem Einzugsgebiete abgeführten Wasserfracht vermehrt um jene, die im Bereiche des Einzugsgebietes innerhalb des gleichen Zeitabschnittes aufgespeichert worden ist.

Die zugeführte Wasserfracht entstammt dem Niederschlage und sei mit N bezeichnet, ohne vorläufig auf eine Angabe von Maßeinheiten einzugehen. Die abgeführte Wasserfracht teilt sich in den oberirdischen Abfluß A_o und den unterirdischen Abfluß A_u sowie in die Verdunstung V. Die gespeicherte Wasserfracht setzt sich zusammen aus dem oberirdischen Rückhalt R_o in Seen und Stauweihern, in der Schneedecke, in den Gletschern und in der Pflanzendecke sowie aus dem aus einem Anteile der Versickerung erzeugten Grundwasserrückhalt[2] R_u.

Somit ergibt sich die *Grundgleichung des Wasserhaushaltes* eines geschlossenen Einzugsgebietes[3] mit:

$$N = A_o + A_u + V + R_o + R_u,$$

woraus sich in übersichtlicher Weise die Wechselbeziehungen zwischen Niederschlag, Abfluß und Abflußverlusten, nämlich Verdunstung und Versickerung bzw. Grundwassererzeugung, entnehmen lassen.[4]

Periodizität der hydrographischen und meteorologischen Vorgänge. Die nach der Zeit geordneten Reihen hydrographischer sowie meteorologischer Beobachtungen, die sogenannten *Zeitreihen*, weisen einen wiederkehrenden schwankenden Verlauf auf.

---

[1] Die Bezeichnung *Fracht* soll in der Folge ganz allgemein das Ausmaß irgendeines Stoffes wie Wasser, Geschiebe, Schwebestoffe oder Eis ausdrücken, welches in einem bestimmten Zeitabschnitt in Erscheinung tritt. Hingegen wird mit *Menge* in sinngemäßer Weise das in der Zeiteinheit gemessene Ausmaß bezeichnet werden.

[2] Der Grundwasserrückhalt muß nicht immer in flüssigem Zustand, sondern kann in kalten Klimaten bei lehmigen Böden auch in der Form von Eis abgelagert sein.

[3] K. Fischer, Die durchschnittlichen Beziehungen zwischen Niederschlag, Abfluß und Verdunstung in Mitteleuropa. Zeitschrift des deutschen Wasserwirtschafts- und Wasserkraftverbandes, H. 6, 8 u. 9, 1921, und Die Grundgleichung des Wasserhaushaltes eines Flußgebietes. Zentralblatt der Bauverwaltung, H. 18, 1925.

[4] Es hat hierbei jener sehr kleine Anteil keine Berücksichtigung gefunden, der durch chemische Prozesse, die mit Verwitterungsvorgängen im Zusammenhang stehen, verloren geht.

Aus den Schaubildern von Zeitreihen, den *Ganglinien*, lassen sich gegebenenfalls vier Arten von Schwankungen herauslesen:

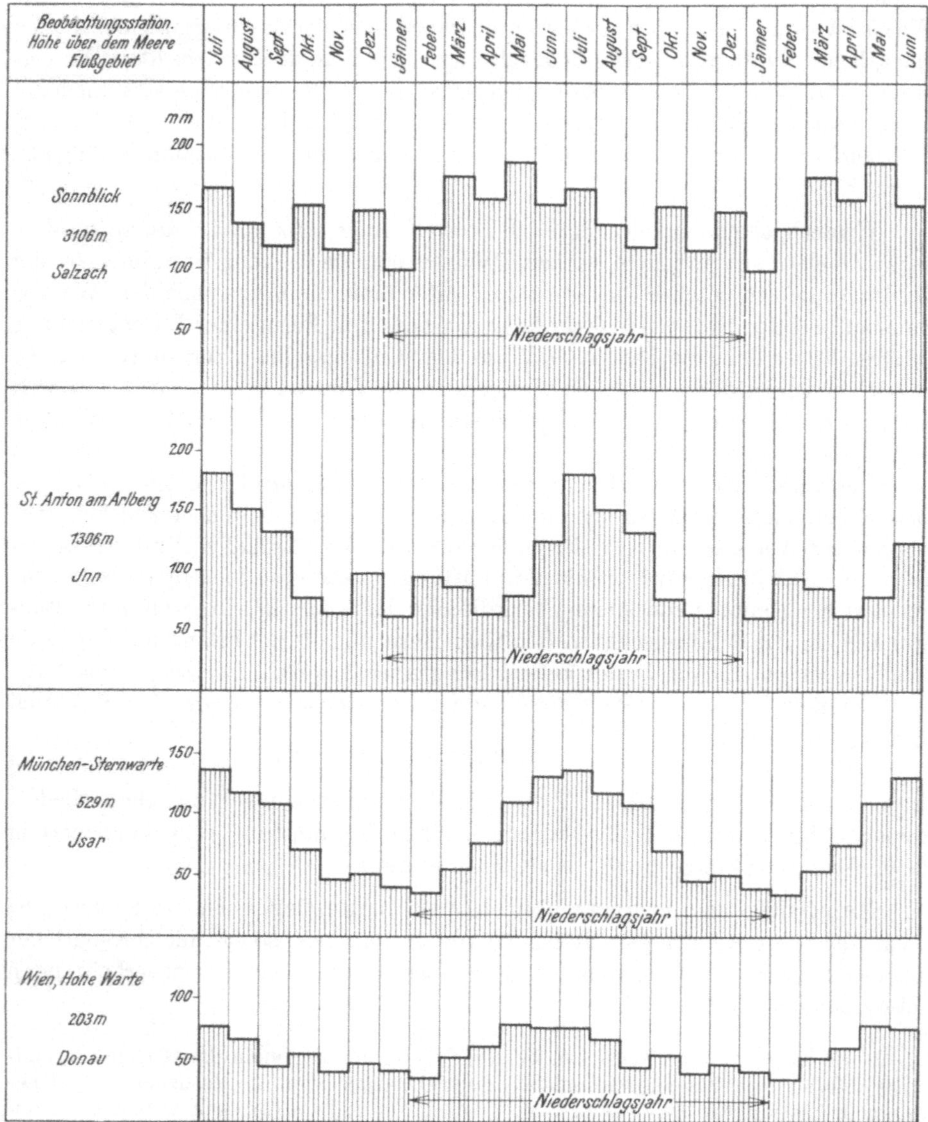

Abb. 1. Niederschlagsjahr bei Meßstationen verschiedener Seehöhe.

a) Schwankungen, die sich innerhalb eines oder mehrerer Tage wiederholen und deren Ursachen sowohl in kosmischen wie in terrestrischen Erscheinungen zu suchen sind.

b) Schwankungen, die infolge des Wechsels der Jahreszeiten auftreten und die sich als Jahreszeitenschwankung in ungefähr einer Jahresperiode auswirken.

c) Schwankungen langer Dauer, die erst durch Untersuchung der auf viele

Beobachtungsjahre sich erstreckenden Ganglinien ermittelt werden können. Man spricht in diesem Falle von einer säkularen Schwankung oder einer säkularen Periode. Solche langwellige Schwankungen sind wahrscheinlich nur mehr kosmischen Ursprungs. Man hat versucht, sie mit der ungefähr 11 jährigen Sonnenfleckenperiode und der 35 jährigen BRÜCKNERschen Klimaperiode in Beziehung zu bringen.

d) Schwankungen, die gänzlich unregelmäßig verlaufen und ihre Ursache in zufälligen Ereignissen haben.

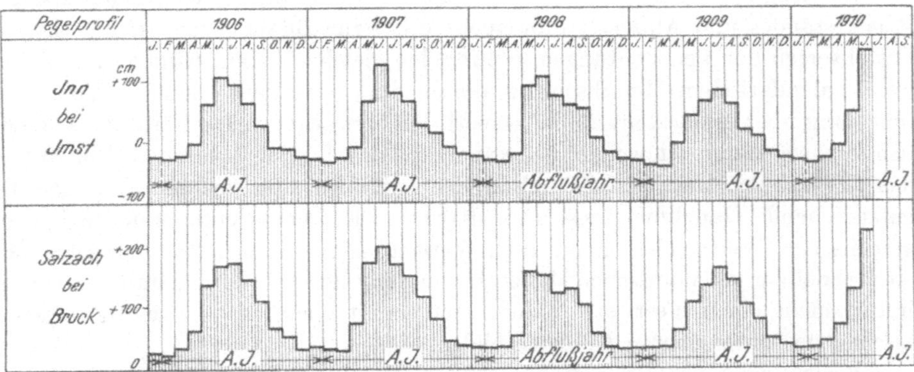

Abb. 2. Abflußjahr bei Gebirgsflüssen.

Von besonderer Bedeutung für die Hydrographie ist die jährliche Periode als sinnfälligste Schwankung, die sich, durch den Niederschlag ausgelöst, in mehr oder minder ausgeprägter wellenartiger Form im Abflusse und damit auch im Wasserstand der Flüsse widerspiegelt. Diese Erscheinung gibt auch Anlaß, in

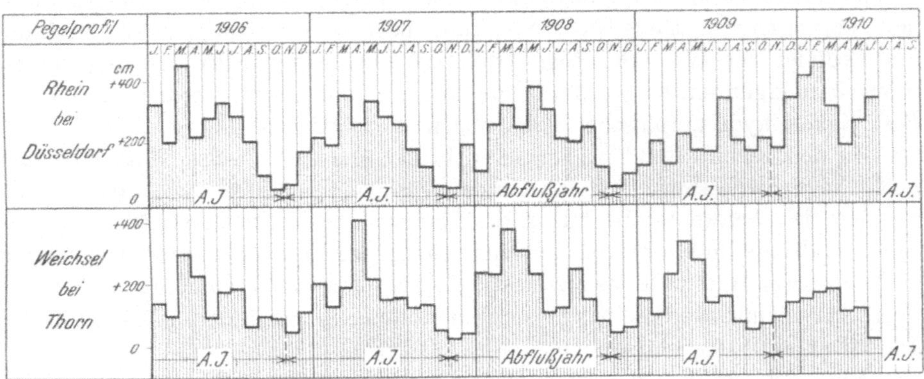

Abb. 3. Abflußjahr bei Flachlandsflüssen.

der Hydrographie die Jahresperiode des Niederschlages, das *Niederschlagsjahr* oder meteorologische Jahr, und die Jahresperiode des Abflusses, das *Abflußjahr* oder hydrographische Jahr, einzuführen.

Das Niederschlagsjahr fällt in den Alpen, selbst für verschiedene Höhenlagen der Niederschlagsgebiete, fast in den kalendarisch gleichen Zeitabschnitt und zeigt im Mittel eine Verschiebung von etwa einem Monat gegenüber dem Kalenderjahr (Abb. 1).

Das Abflußjahr dagegen fällt nicht für alle Gewässer in den gleichen kalendarischen Zeitabschnitt, es ist vielmehr seiner zeitlichen Lage nach ein besonderes hydrographisches Kennzeichen für das betreffende Flußgebiet. So zeigen die Gebirgsflüsse Mitteleuropas Abflußjahre, die ihre Wende nach dem 1. Jänner haben (Abb. 2), während die Flachlandsflüsse vor diesem Zeitpunkte ihren tiefsten Stand, das trennende Merkmal des jährlichen Rythmus, erreichen (Abb. 3).

Die ausgesprochen jährlich wiederkehrende Schwankung des Niederschlages, Wasserstandes und Abflusses gibt auch Anlaß zur Bildung von arithmetischen Mittelwerten der Beobachtungen, die für den gleichen kalendarischen Zeitpunkt oder kalendarischen Zeitabschnitt durchgeführt werden können. Wenn die Mittelung über mindestens 25 Jahresperioden erstreckt wird, erhält man schließlich die sogenannte normale Jahresperiode des hydrographischen Vorganges, das *Normaljahr*, und als Schaubild des zeitlichen Ablaufes der Vorgänge die entsprechende Ganglinie eines Normaljahres. Die hieraus entnommenen hydrographischen Wertgrößen nennt man *Normalzahlen*, die sich mit zunehmender Anzahl der zur kalendarischen Mittelwertsbildung herangezogenen Jahresperioden immer mehr einem Festwerte nähern und damit ebenfalls ein wichtiges Kennzeichen des untersuchten Gebietes bilden.

Beziehungen der Hydrographie zur Morphologie der Flußläufe. Mit dem Abflusse des Wassers vollzieht sich eine Umformung der Erdrinde, sei es, daß die durch klimatische Einflüsse gelockerten festen Teile der Erdrinde abgeführt werden oder daß bereits abgelagertes, loses Geschiebematerial neuerdings in Bewegung gesetzt wird. Hierdurch wird eine stetige Veränderung der Form der Durchflußprofile des Gerinnes wie seines Längenprofils bewirkt und damit eine ebenso stetige Veränderung des Regimes der Wasserführung der einzelnen Flußläufe hervorgerufen. Diese Wechselwirkung macht es notwendig, die Erforschung des Regimes der Wasserführung durch jene des *Regimes der Geschiebeführung* insoweit zu ergänzen, als hierdurch die Einflüsse aufgedeckt werden, die auf die Genauigkeit hydrographischer Erhebungen zurückwirken.

Zu den beeinflussenden Elementen in der Morphologie des Flußlaufes sind noch die Schwebestoffe und im weitesten Sinne des Wortes auch das Eis zu rechnen. Die Schwebestoffe bilden das Endglied im Verkleinerungsprozesse der festen Erdrinde und haben an der Umformung des Flußbettes unter Umständen einen größeren Anteil als das Geschiebe. Das Eis bewirkt als Gletscher auch heute noch Abrieb und Verfrachtung von Feststoffen und verändert als Eisstoß das Durchflußprofil der Flüsse.

Die Behandlung der *morphologischen Beobachtungselemente* Geschiebe, Schwebestoffe und Eis bildet demnach eine notwendige Vervollständigung einer umfassenden hydrographischen Darstellung.

Beobachtung und Sammlung der hydrographischen, meteorologischen und morphologischen Beobachtungselemente.

Die Voraussetzung für eine befriedigende Entwicklung der Hydrographie ist die Gewinnung eines entsprechend reichhaltigen sowie verläßlichen Beobachtungsmateriales. Dies bedingt einen ebenso einheitlich wie zweckmäßig organisierten Beobachtungsdienst, der seines Umfanges und seines allgemein öffentlichen Charakters wegen in erster Linie eine Angelegenheit des Staates ist.[1] Aus diesem Grunde ist auch der hydrographische Dienst in allen Ländern in die staatliche Verwaltung eingegliedert.

Die ersten Ansätze der Entwicklung zeigen sich in Frankreich, wo im Jahre 1854 unter der Leitung von BELGRAND der Service hydrométrique du bassin de la Seine gegründet worden ist.[2] 1875 folgte unter A. R. HARLACHER in Österreich, und zwar in Prag, die Errichtung einer amtlichen Stelle für Hydrometrie und Ombrometrie, 1883 eröffnete das Urbild der hydrographischen Institutionen in Deutschland, das Zentralbureau für Meteorologie und Hydrographie in Baden, geleitet von M. HONSELL, seine Tätigkeit. Diesem Institute folgten mit ähnlicher Organisation die übrigen Ämter für Gewässerkunde in Deutschland. 1893 entstand in Österreich unter E. LAUDA eine Zentralstelle, das Hydrographische Zentralbureau in Wien. Die Schweiz erhielt ihr eidgenössisches hydrometrisches Bureau, das heutige eidgenössische Amt für Wasserwirtschaft in Bern, im Jahre 1895, das J. EPPER seinen raschen Aufstieg verdankt. Für den hydrographischen Dienst in Italien ist das im Jahre 1907 gegründete Institut, das Ufficio Idrografico del R. Magistrato alle Acque in Venedig, das Vorbild geworden, dem im Jahre 1917 über Antrag von G. FANTOLI eine Vereinheitlichung des Hydrographischen Dienstes folgte. In den Vereinigten Staaten von Nordamerika versieht die Water-Resources-Branch des Geological Survey seit 1902 mit einem

---

[1] T. ZUBRZYCKI, Über die einheitliche Anordnung des hydrographischen Dienstes im Bereiche der Erforschung der Binnengewässer. III. Hydrologische Konferenz der baltischen Staaten, 1930.

[2] Eine ausführliche Darstellung der Entwicklung des staatlichen hydrographischen Dienstes gibt R. RUNDO, Die hydrographischen Institutionen Europas, deren Organisation und Tätigkeit. Wasserkraftjahrbuch 1928/29 u. 1930/31, München, 1929 u. 1931.

großen Stab von Mitarbeitern den ausgebreiteten hydrographischen Dienst. Gegenwärtig verfügen sämtliche Kulturstaaten, in welchen das Wasser wirtschaftlich eine Rolle spielt, über hydrographische Zentralstellen, die in ihrer Organisation den oben genannten Ämtern ähneln.

Die hydrographische Forschung darf aber nicht an den Grenzen des Heimatlandes haltmachen. Aus dieser Erkenntnis heraus ist es nicht nur zu einem regen Schriftenaustausch der einzelnen hydrographischen Ämter gekommen, sondern es tragen insbesonders mündliche Beratungen, welche in kürzeren Zeitabständen von benachbarten, hydrographisch zusammengehörigen Ländern veranstaltet werden, wesentlich zur Gewinnung allgemeiner Gesichtspunkte bei.

Die Leiter der gewässerkundlichen Anstalten Deutschlands versammeln sich alle zwei Jahre zu gemeinschaftlichen Besprechungen über Fragen der Hydrographie. Im Jahre 1924 ist auf Anregung Italiens die Gründung der Hydrologischen Sektion innerhalb des Internationalen geodätischen und geophysischen Verbandes erfolgt, der neben potamologischen, limnologischen und glaciologischen Kommissionen auch solche für unterirdische Gewässerkunde, für Anwendung der Methoden der mathematischen Statistik und für Anwendung der Hydrologie bei den Wassernutzungsproblemen eingesetzt hat. Seit 1926 treten die am Baltischen Meere gelegenen Staaten zu gemeinsamen periodischen Konferenzen zusammen, die bereits wertvolle Ergebnisse gezeitigt haben.

In den letzten Jahrzehnten hat die Interessensphäre der Hydrographie eine wichtige Erweiterung erfahren, die ihrer Entwicklung sehr förderlich ist. Die besondere wirtschaftliche Bedeutung der Wasserkraftnutzung hat der Hydrographie in den Unternehmungen, die sich mit dem Bau und dem Betrieb solcher Anlagen befassen, wertvolle Mitarbeiter zugeführt. Der Staat kann der Hydrographie seine finanzielle Unterstützung nur insoweit gewähren, als öffentliche Bedürfnisse allgemeiner Natur damit befriedigt werden. Die Privatwirtschaft dagegen wird in Einzelfällen weitergehen, weil für sie eine höhere hydrographische Erkenntnis größere Sicherheit und Wirtschaftlichkeit des geplanten oder im Betriebe befindlichen Unternehmens bedeutet. Damit ist aber auch der Kreis jener größer geworden, die sich der hydrographischen Forschung als Beruf und aus Neigung zuwenden, und eine Reihe von Veröffentlichungen der letzten Jahre geben Zeugnis von der fortschrittlichen Auffassung, deren sich die Hydrographie in der jüngeren Ingenieurgeneration erfreut.

Für die Ausführung des eigentlichen Beobachtungsdienstes sind von den einzelnen hydrographischen Ämtern Vorschriften ausgearbeitet worden, die dem Beobachter in leicht verständlicher Form Richtlinien und Behelfe für die Einzelbeobachtung liefern.

Das Personal für die Beobachtung muß derart ausgewählt werden, daß eine sichere Gewähr für verläßliche Arbeit geboten wird, weil Beobachtungsreihen bei zeitweiser Unterbrechung wesentlich an Wert verlieren können. Infolge der örtlich weit auseinander und nicht selten abseits vom Verkehre liegenden Beobachtungsstationen ist man oft genötigt, freiwillig in den Dienst der öffentlichen Sache sich stellende Personen dafür heranzuziehen. Lehrer, Seelsorger, Forstleute, die sich aus naturwissenschaftlichem Interesse dieser Aufgabe unterziehen, stellen wertvolle Helfer. Aber auch Organe des niederen technischen Dienstes, die beim staatlichen Flußbau- und Straßenerhaltungsdienst in Verwendung stehen, werden zum Beobachtungsdienste verwendet.

Der Beobachtungsdienst muß eine Überwachung erfahren, die entweder unmittelbar durch Inspektionsorgane ausgeführt oder mittelbar in den hydrographischen Ämtern durch Vergleich von Beobachtungsergebnissen benachbarter Beobachtungsstationen erreicht wird.

Besondere Erhebungsarbeiten, wie Durchflußmengenmessungen, sowie jede Art von Feinmessungen, die außerhalb des allgemeinen Beobachtungsdienstes der Bearbeitung besonderer hydrographischer Aufgaben dienen, sind nur unter der Leitung von entsprechend vorgebildeten Ingenieuren auszuführen, weil es dabei nicht nur auf manuelle Fertigkeit, sondern vor allem auf die Beherrschung hydrographischer Kenntnisse besonderer Art ankommt.

Die von den einzelnen Beobachtern gewonnenen Beobachtungswerte werden in kürzeren Zeitabständen, etwa monatlich einmal, an die für das betreffende Flußgebiet bestimmte Sammelstelle eingeschickt. Dort werden die Angaben auf Glaubwürdigkeit und ziffernmäßige Richtigkeit überprüft und sodann der staatlichen Zentralstelle übermittelt. Die hydrographischen Zentralstellen sind teils selbständige Anstalten, teils stehen sie in inniger Verbindung mit staatlichen Ämtern für Wasser- und Energiewirtschaft oder sie sind den Fachministerien untergeordnet. Ihnen obliegt die eigentliche statistische Bearbeitung, die einheitliche Zusammenfassung der Beobachtungsergebnisse und schließlich deren Veröffentlichung.

Es ist üblich, die erhobenen hydrographischen Werte in regelmäßig erscheinenden, sogenannten *hydrographischen Jahrbüchern* in geordneter Form zu veröffentlichen, um so das Beobachtungsmaterial der Allgemeinheit zugänglich zu machen. Neben der Aufzählung der Beobachtungswerte bringen einzelne Jahrbücher auch schon vorbereitende Bearbeitungen des Beobachtungsmaterials und nicht selten werden hierin auch besondere hydrographische Ereignisse, die von allgemeiner Bedeutung sind, ausführlicher behandelt, wie etwa Starkregen, außergewöhnliche Hochwässer, Wasserklemmen und Eisgänge.

A. Niederschlag.

Einrichtung des Niederschlags-Beobachtungsdienstes. Das in Betracht kommende Einzugsgebiet des Flußlaufes wird mit einem Netz von Niederschlags-Meßstationen, auch Ombrometerstationen genannt, überzogen, dessen Dichte je nach der Oberflächenform und Seehöhe des Gebietes sowie nach dem besonderen Zweck der Beobachtung wechselt (Abb. 4). So verfügt unter anderem die Instruktion für die Durchführung des ombrometrischen Dienstes in Österreich:

„Um einen tunlichst gleichen Genauigkeitsgrad der Ergebnisse zu erlangen, wird im Gebirge, wo die Niederschläge in der Regel stärker, häufiger und ungleichmäßiger als im Flachlande oder Hügellande auftreten, die Ausgestaltung eines dichteren Stationsnetzes als in dem letzteren anzustreben sein.

Überdies ist ein besonderes Gewicht darauf zu legen, daß der verschiedenartige ombrometrische Charakter der einzelnen Teile eines Flußgebietes deutlich zum Ausdrucke gelange. Dieser Zweck kann nur dadurch erzielt werden, daß in Tälern sowie auf den Hängen und Wasserscheiden eine dem ombrometrischen

Charakter dieser Gebietsteile entsprechende Anzahl von Beobachtungsstationen angelegt wird, wobei die Hänge voraussichtlich die meisten Stationen erheischen.“

Mit diesen allgemeinen Vorschriften ist die Verteilung der Meßstationen nur in groben Umrissen beschrieben. Die Erfahrung muß das Weitere lehren, indem man dort, wo die Kennzeichnung der Niederschlagsverhältnisse mangelhaft ist, neue Stationen einschiebt, bestehende mit selbstschreibenden Meßgeräten ausstattet, oder dort, wo sich im Laufe der Beobachtungsjahre Stationen als

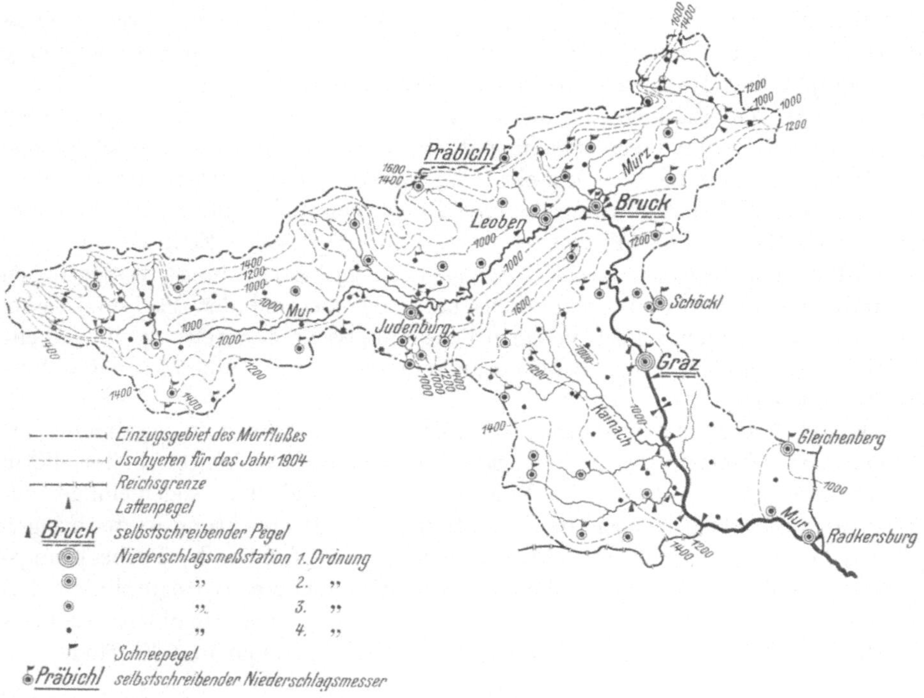

Abb. 4. Hydrographische Karte mit Niederschlags- und Wasserstands-Meßstationen.

überflüssig erwiesen haben, die Beobachtung aufläßt. Dabei wird man vor allem jenen Beobachtungsstationen eine besondere Aufmerksamkeit schenken müssen, die an den Knotenpunkten von Wetterzügen liegen, weil sie abnormale Niederschlagsverhältnisse anzeigen und daher zur allgemeinen Charakterisierung ungeeignet sind. In neuerer Zeit geht das Bestreben nach Vermehrung der Höhenstationen, da die Kenntnis des Niederschlages in den Hochregionen für die fortschreitende Wasserkraftnutzung von ausschlaggebender Bedeutung geworden ist.

Die Dichte des Netzes der Beobachtungsstationen ist in den einzelnen Gebieten sehr verschieden. So weist Österreich im Mittel je eine Beobachtungsstation für 113 km² Niederschlagsgebiet auf, während in der Schweiz, in Bayern, Baden, Preußen und Sachsen etwa 110, 116, 300, 150, bzw. 80 km² durch eine Ombrometerstation charakterisiert erscheinen.

Aber nicht nur in der Dichte des Netzes spricht sich der Unterschied im Genauigkeitsgrade der Beobachtung aus, sondern die Art der Beobachtung und namentlich die Ausstattung der einzelnen Beobachtungsstationen mit Meßgeräten kann diesen wesentlich beeinflussen. Die Unterscheidung in dieser Hinsicht drückt sich in der Reihung der Stationen nach Ordnungsgraden aus.

In Niederschlags-Meßstationen 1. Ordnung wird der Niederschlag mindestens einmal stündlich aufgezeichnet, woran sich die Feststellung der Temperatur, des Druckes sowie der Feuchtigkeit der Luft, der Windstärke und Richtung sowie des Bewölkungsgrades anschließt. Bei Stationen 2. Ordnung werden täglich mindestens drei vollständige, regelmäßige Beobachtungen des Niederschlages und der übrigen meteorologischen Elemente ausgeführt. Stationen 3. Ordnung haben täglich einmal Niederschlag und Temperatur zu messen, während man sich bei Stationen 4. Ordnung mit der Messung des Niederschlages, und zwar einmal täglich, begnügt.

Außer diesen für die Messung des festen wie flüssigen Niederschlages eingerichteten Stationen gibt es solche, die nur der Schneemessung dienen. Diese Schneepegel-Stationen werden bei Vorhandensein einer Schneedecke täglich oder bei schwieriger Zugänglichkeit nach Maßgabe derselben abgelesen.

Für das Hochgebirge kommen auch gemischte Messungen von Schnee und Regen in Frage, wobei die Ablesung nur einige Male während eines Niederschlagsjahres erfolgt. Hierzu bedient man sich der sogenannten Niederschlagssammler oder Totalisatoren.

Manche der vorgenannten Stationen werden in ihrer Wertigkeit noch dadurch gehoben, daß bei ihnen besondere Beobachtungen über den Bodenfrost und über den Verlauf der Schneeschmelze ausgeführt werden.

Ausführung der Niederschlagsbeobachtungen — Ombrometrie.

Für die Bemessung des in einem Gebiete gefallenen Niederschlages ist die Kenntnis der Gebietsgröße, der Niederschlagsfläche und der Niederschlagshöhe notwendig.

Um späterhin das Ausmaß des niedergefallenen Wassers, die Niederschlags-Wasserfracht, mit dem Ausmaße des abfließenden Wassers, der Abfluß-Wasserfracht, vergleichen zu können, ist es nötig, die Bodenflächen nach Flußgebieten oder Flußteilgebieten, die bestimmten Flußstrecken entsprechen, zu ordnen. Die Niederschlagsgebiete allgemeiner Art werden hierdurch zu Einzugsgebieten, weil der Niederschlag, der in solchen Gebieten gefallen ist, das Regime der Wasserführung des Flußlaufes an jener Flußstelle, also in jenem Durchflußprofile begründet, bis zu welchem die betreffende Flußstrecke reicht.

Die Abgrenzung dieser Einzugsgebiete auf der Landkarte durch Verbindung der Wasserscheiden führt zur Aufteilung der gesamten Bodenfläche in einzelne Flußgebiete, bzw. Einzugsgebiete. Bei einer derartigen Abgrenzung wird stillschweigend vorausgesetzt, daß das oberirdische Entwässerungsgebiet mit dem unterirdischen zusammenfällt. Eine solche Deckung des topographischen und hydrographischen Einzugsgebietes ist nicht immer der Fall, weil das Ausstreichen undurchlässiger, geneigter Schichtlagen über die oberflächigen Wasserscheiden hinaus stattfinden kann oder weil stark klüftiges Gebirge das Zu- oder Abströmen des versickerten Niederschlagswassers aus oder in andere Einzugsgebiete begünstigt. Je kleiner das Einzugsgebiet ist, desto sorgsamer muß diese Möglichkeit beachtet und berücksichtigt werden, wenn man nicht zu falschen

Schlußfolgerungen gelangen will. Man beginnt die Unterteilung in Flußgebiete bzw. Einzugsgebiete mit der Abgrenzung der Meeresgebiete durch die Hauptwasserscheiden. Dadurch werden die Flußgebiete 1. Ordnung abgetrennt, wie beispielsweise das Donaugebiet vom Rheingebiet. Dann folgt in gleicher Weise die Aufteilung in Flußgebiete 2. Ordnung, wie etwa Inngebiet oder Maingebiet, hierauf in Flußgebiete 3. Ordnung und so weiter.

Solche systematische Abgrenzungen bis hinauf zu den kleinsten Zubringern[1] der Quellgebiete werden von den einzelnen hydrographischen Ämtern meistens als vorbereitende Arbeit ausgeführt und unter der Bezeichnung *Flächenverzeichnisse* veröffentlicht.

Als *Niederschlagshöhe* h_N, die gewöhnlich in Millimeter ausgedrückt wird, bezeichnet man jene Höhe, bis zu welcher der in einem bestimmten Zeitabschnitt gefallene Niederschlag ansteigen würde, wenn er sich auf einem undurchlässigen, abflußlosen und waagrechten Boden ohne Verdunstungsverlust ansammeln könnte. Dabei denkt man sich etwaige feste Niederschläge in flüssige Form übergeführt.

Unter *Niederschlags-Ergiebigkeit* versteht man jene Niederschlagshöhe, welche sich im Gesamtablaufe eines bestimmten Niederschlagsereignisses einstellt.

Bei gleichmäßig über das gesamte Einzugsgebiet verteiltem Niederschlage ergeben sich die einer bestimmten *Niederschlagsdauer* t_r zugeordnete *Niederschlags-Wasserfracht* aus

$$\text{Niederschlags-Wasserfracht} = \text{Niederschlagshöhe} \times \text{Einzugsgebiet},$$

der in der Zeiteinheit gefallene Niederschlag, die *Niederschlagsmenge*, aus

$$\text{Niederschlagsmenge} = \frac{\text{Niederschlags-Wasserfracht}}{\text{Niederschlagsdauer}}$$

und der in der Zeiteinheit auf die Flächeneinheit des Einzugsgebietes gefallene Niederschlag, die *Niederschlagsspende* q_N, aus

$$\text{Niederschlagsspende} = \frac{\text{Niederschlags-Wasserfracht}}{\text{Niederschlagsdauer} \times \text{Einzugsgebiet}}.$$

Für manche Untersuchungen ist es zweckmäßiger, von der Niederschlagshöhe, die in der Zeiteinheit anfällt, nämlich von der *Niederschlagsstärke*, auszugehen. Es ist

$$\text{Niederschlagsstärke} = \frac{\text{Niederschlagshöhe}}{\text{Niederschlagsdauer}}$$

und weiter

$$\text{Niederschlagsspende} = \text{Niederschlagsstärke} \times \text{Flächeneinheit des Einzugsgebietes}.$$

Da es üblich ist, die Niederschlagsspende in l/sek . ha oder in m³/sek . km² und die Niederschlagsstärke in mm/min anzugeben, ist bei der Anwendung obiger Beziehungen auf die richtige Einführung der Dimensionen der in Betracht kommenden Größen zu achten.

Hat beispielsweise die Niederschlagshöhe nach zweistündiger Dauer 120 mm erreicht und beträgt die Größe des Einzugsgebietes 5 km², so ergibt sich die entsprechende

---

[1] In der Hydrographie hat sich an Stelle der sonst üblichen Bezeichnung Nebenfluß die Bezeichnung Zubringer eingebürgert.

Niederschlags-Wasserfracht.................... $= 600\,000$ m³ $= 0{,}6$ Mio m³,
Niederschlagsmenge........................... $= 83{,}3$ m³/sek,
Niederschlagsspende .... $= 16{,}7$ m³/sek.km² $= 167$ l/sek.ha,
Niederschlagsstärke .... $= 1$ mm/min
und, wäre das Niederschlagsereignis nach zwei
Stunden beendet, die
Niederschlagsergiebigkeit..................... $= 120$ mm.

Zur Messung der Niederschlagshöhe werden Meßgeräte verwendet, deren Ausgestaltung je nach dem Zwecke, den zur Verfügung stehenden finanziellen Mitteln, der Örtlichkeit des Aufstellungspunktes und namentlich je nach dem geforderten Genauigkeitsgrad des Meßergebnisses verschiedenartig ist. Ordnet man die Beschreibung dieser Geräte nach letzterem, so ergibt sich die nachstehende Reihenfolge.

Schneepegel. Für Schneehöhen-Messungen in hochgelegenen Gebirgsteilen, die während der Winterszeit nicht zugänglich sind, kann zur schätzungsweisen Bestimmung der Schneehöhe vom Tale aus die Ablesung mittels Fernrohrs an Hochgebirgs-Schneepegeln erfolgen. Diese Hochgebirgs-Schneepegel sind Signalstangen mit kurzen Querlatten in 0,5 m Abstand, welche an gut sichtigen Stellen errichtet werden.

Ist die Beobachtungsstelle wenigstens zeitweise zugänglich, so wird eine 2 bis 3 m lange, in Zentimeter eingeteilte, handbreite Latte als gewöhnlicher Schneepegel verwendet, deren Nullpunkt mit dem Erdboden übereinstimmt. Die Aufstellung des Schneepegels soll an einer Örtlichkeit erfolgen, die gegen Schneeverwehungen geschützt ist und nicht ganz im Schatten liegt, also etwa während einer Tageshälfte von der Sonne beschienen werden kann. Der Pegelort soll womöglich am Ost- oder Westhange liegen und eingefriedet werden.

Die Beobachtungen haben mit dem ersten Schneefalle zu beginnen und täglich, gewöhnlich um 7 Uhr früh, zu erfolgen, bis die Stelle wieder schneefrei ist. Bei ungleichmäßiger Ablagerung der Schneedecke in unmittelbarer Umgebung der Schneepegelstation ist zur Kontrolle der Pegelablesung die Schneehöhe an mehreren Stellen der Umgebung des Schneepegels zu messen und der Mittelwert dieser Lesungen als verbesserte Ablesung aufzuzeichnen.

Für die Umrechnung der Schneehöhe in die gleichwertige Wasserhöhe ist der *Wasserwert* der Schneelage zu bestimmen. Er wird verschiedentlich ausgedrückt, und zwar durch Angabe jener Wasserhöhe, die 10 mm Schneehöhe entspricht, durch Angabe des Gewichtes von 1 m³ Schnee in Kilogramm oder der physikalischen Dichte als Verhältniszahl.

Im ersten Falle wird die Schneedecke mittels eines zylindrischen oder quadratischen Meßgefäßes und einer untergeschobenen Platte in ihrer ganzen Schichthöhe herausgestochen und die gleichwertige Wasserhöhe durch Abschmelzen bestimmt. In den beiden anderen Fällen erübrigt sich die oft umständliche Erwärmung und man hat nur den herausgestochenen Schneekörper abzuwiegen.

Die obigen drei Angaben stehen in der Weise untereinander in Beziehung, daß eine Wasserhöhe von y mm, die einer Schneedecke von 10 mm Dicke gleichwertig ist, einem Schneegewichte von $100\,y$ in kg/m³ und einer Dichte von $\dfrac{y}{10}$ entspricht.

Beträgt z. B. der nach der ersten Methode bestimmte Wasserwert 3,25 mm, so entspricht das einem Schneegewichte von 325 kg/m³ und einer Dichte von 0,325.

Verschiedene Messungen, die in dem schweizerischen Alpengebiet ausgeführt wurden und in Tabelle 1 wiedergegeben sind, zeigen, in welch weiten Grenzen der Wasserwert der Schneelage selbst bei Mittelung über jährliche Schneeperioden schwankt. Sie beweisen aber auch, wie notwendig derartige, fortlaufend und örtlich dicht durchgeführte Wasserwertsbestimmungen sind, wenn man nur einigermaßen verläßliche Umrechnungswerte für ausgebreitete Schneelagen erhalten will.

Tabelle 1. Schneegewichte in kg/m³, gemessen auf schweizerischen Alpenpässen 1907—1916.

Jahr	Umbrail 2512 m	Flüela 2370 m	Bernina 2334 m	Julier 2287 m	Ofenberg 2155 m	Splügen 2117 m	Bernhardin 2063 m	Oberalp 2052 m	Lukmanier 1842 m	Maloja 1811 m	Mittelwerte
1907	—	529	356	358	—	327	395	472	—	453	413
1908	—	465	**240**	350	345	344	358	385	—	425	**382**
1909	535	394	300	331	343	—	353	400	410	—	383
1910	431	—	**657**	530	336	387	343	410	530	402	447
1911	—	—	630	410	—	445	445	444	395	575	478
1912	—	—	642	629	525	420	443	400	490	583	**516**
1913	484	392	558	435	550	399	531	480	560	—	467
1914	390	325	?	—	402	376	360	390	557	—	400
1915	460	437	?	403	523	383	383	438	562	375	441
1916	370	465	?	371	460	426	450	485	490	415	437
Mittelwerte ...	445	428	**524**	424	435	390	**388**	430	499	461	438

Durch den Vergleich zahlreicher Wasserwertsbestimmungen unter gleichzeitiger Berücksichtigung der Entstehung der zugehörigen Schneelagen kann man die Abhängigkeit der Größe des Wasserwertes von der Beschaffenheit des Schnees beim Schneefalle und von den Strukturveränderungen feststellen, die der Neuschnee durch Einwirkung des Gewichtes der oberen Schneelagen und der Sonnen- und Bodenwärme in Verbindung mit dem Abschmelzvorgang erfährt.

Eingehende physikalische Untersuchungen über die Struktur des Schnees haben bisher nur zu allgemein kennzeichnenden Ergebnissen geführt.[1] Bei frisch gefallenem Schnee zeigt die Dichte große Verschiedenheiten; so ergaben Messungen in Sodankylä in Finnland folgende Schneedichten:

> flaumiger Schnee 0,010
> leicht flockiger Schnee 0,031
> körniger Schnee 0,063
> mehliger Schnee 0,072
> Schneekruste 0,126
> Schneeschlacken 0,257

---

[1] A. NIPPOLDT, I. KERÄNEN und E. SCHWEIDLER, Einführung in die Geophysik, II, Berlin 1929. — W. PAULKE, Forschungen über Schnee und Lawinen in Naturlaboratorien. Kosmos, H. 2, 1933.

Weiters ist festgestellt worden, daß sich die Dichte von Neuschnee mit der geographischen Breite wenig ändert, dagegen mit fallender Temperatur abnimmt. Wenn Neuschnee einige Zeit gelegen ist, setzt er sich, und zwar weniger bei kaltem als bei mildem Wetter. Wind und Tauwetter ändern die Struktur des lagernden Schnees. Bei mildem Wetter treten Verdampfungserscheinungen in den feinsten Kristallformen auf, einsickerndes Wasser der Regenfälle und Tauwässer beschleunigen den Umformungsvorgang und bei Kälte kondensiert wieder der Wasserdampf.

Die Schneedichte steigt in höheren Lagen auf 0,3 und in Niederungen auf 0,4. In der unteren Schneeschichte oberhalb der Bodenoberfläche sammelt sich das Schmelz- und Regenwasser und bildet eine breiartige Masse, den sogenannten Schwimmschnee, die Dichte steigt bis 0,5. Die größten Schneedichten werden im Hochgebirge gefunden, wo Winde, Sonnenschein und Feuchtigkeit die Schneelagen auf viel längere Zeitabschnitte beeinflussen und daher stärkere Strukturänderungen und die verschiedenartigsten Kristallisationserscheinungen hervorrufen. Firnschnee besitzt eine Dichte von über 0,5, bei Firneis steigt sie auf 0,85 und Gletschereis erreicht 0,9.

Niederschlagssammler — Totalisator. Um auch in seltener zugänglichen Gebieten den in flüssiger und fester Form gefallenen Niederschlag messen zu können, werden Gefäße aufgestellt, welche die Niederschläge größerer Zeitabschnitte sammeln. Dabei muß Vorsorge getroffen werden, daß der feste Niederschlag selbsttätig in flüssige Form übergeführt und die Verdunstung des Wassers verhindert wird und schließlich die Ausbildung und Aufstellung dieses Meßgerätes so erfolgt, daß der von der Auffangfläche des Meßgefäßes aufgefangene Niederschlag gute Mittelwerte für die nächste Umgebung liefert.

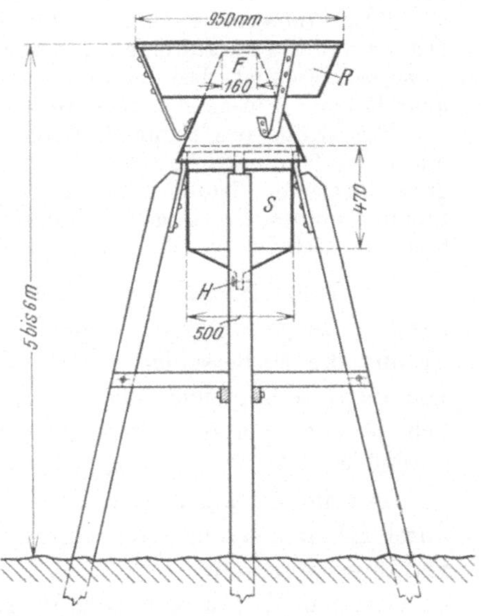

Abb. 5. Niederschlagssammler nach P. L. Mougin.

F Auffangfläche, *S* Sammelgefäß, *H* Ablaßhahn, *R* Windschutzring.

Die ununterbrochene, selbsttätige Überführung des aufgefangenen Schnees und Eises in Wasser geschieht durch Beigabe von Chlorkalzium, das diese Umwandlung bis zu Tieftemperaturen von — 30° besorgt. Die Verdunstung wird schon wesentlich durch die Eigenschaft des Chlorkalziums, gierig Wasser aufzunehmen und schwer abzugeben, vermindert und wird noch weiter herabgesetzt durch Einschütten von Vaselinöl, das auch erst bei — 30° stockt.

Bei stürmischer Witterung können besonders durch Luftwirbel, die in der Umgebung des Sammelgefäßes und namentlich im Bereiche der Auffangfläche auftreten, leicht Ungenauigkeiten in der Aufnahme vorkommen. Man sucht daher durch zweckentsprechende Formgebung der Geräte diese Fehlerquelle möglichst auszuschalten. Von den bisher vorgeschlagenen Formen eines Sammlers hat sich jene, welche P. L. Mougin angibt und die durch Anbringung eines Windschutzringes verbessert worden ist, gut bewährt (Abb. 5).

Es ist wichtig, die Abmessungen des Sammlers so zu wählen, daß unter möglichster Wahrung der Handlichkeit für die größten vorkommenden Ablesezeitabschnitte genügend Speicherraum zur Verfügung steht. Für die Verhältnisse in den Alpen haben sich die in Abb. 5 wiedergegebenen Abmessungen als zweckmäßig erwiesen.

Das Sammelgefäß S besitzt zylindrische Gestalt mit konischem Boden und ebensolcher Haube. Der obere Rand des Auffanggefäßes trägt den als Windschirm dienenden Nipherschen oder Maurerschen Schutzring R, der ebenfalls konisch geformt ist. Zum Ablassen des Niederschlagswassers trägt der Boden einen Ablaßhahn H. Der Sammler wird auf einen hölzernen oder eisernen Unterbau gestellt, dessen Höhe so zu bemessen ist, daß mutwillige Beschädigungen möglichst hintangehalten werden und daß ein Einschneien des Gefäßes unmöglich ist.

Die Größe des Sammelgefäßes richtet sich nach der Dauer der Meßperiode, die 1 bis 6 Monate betragen kann. Die Auffangfläche F ist gewöhnlich 200 cm² groß, was einem Durchmesser der Öffnung von 160 mm entspricht. Die Weite des Sammelgefäßes wird so gewählt, daß einer Niederschlagshöhe von 1 mm eine Wasserhöhe im Gefäße von 0,1 mm gleichkommt.

Bei Inbetriebsetzung des Sammlers gibt man soviel Betriebswasser in bekannter Menge in das Sammelgefäß, daß der konische Boden vollständig bedeckt ist und die Niederschlagsmenge sich nur im zylindrischen Raume ansammelt. Hierauf werden gleiche Mengen Chlorkalzium und destilliertes Wasser, gewöhnlich je 5 kg, gemischt und nach Auflösen des Chlorkalziums eingebracht und schließlich 1 kg Vaselinöl zugeschüttet.

Der im Sammler enthaltene Niederschlag wird entweder durch Wägung, durch Inhaltsmessung, nach dem Abstichverfahren oder nach dem Salzmischungsverfahren gemessen.

Bei dem Verfahren mittels Wägung wird der Gesamtinhalt des Gefäßes durch den Bodenhahn abgezapft und das Gewicht des Niederschlagswassers unter Berücksichtigung des Gewichtes der Beschickungslösung bestimmt. Die Mitnahme der hierzu notwendigen Waage in die Hochregionen verlangt viel Personal und es ist daher dieses Verfahren in schwierigem Gelände wenig empfehlenswert.

Bei der Inhaltsmessung wird der Flüssigkeitsinhalt mittels geeichter Meßgefäße festgestellt und von diesem wieder das Maß der Beschickungsflüssigkeit abgezogen.

Beim Abstichverfahren wird die Höhenlage des Wasserspiegels im Sammelgefäße mittels eines Maßstabes von der Oberkante des Ringes der Auffangfläche eingemessen. Hiezu muß das Gefäß vor seiner Aufstellung sorgfältig geeicht werden. Infolge der Einfachheit wird dieses Verfahren vielfach angewendet.

Das Salzmischungsverfahren beruht auf dem Gedanken, aus dem Sättigungsgrade einer Salzlösung, den man für verschiedene Meßzeitpunkte mit Hilfe der Titration bestimmt, auf die entsprechenden Mengenzwischenwerte zu schließen.[1] Die Salzzugabe erfolgt vor der Inbetriebsetzung.

Als genauestes Verfahren muß die Wägung bezeichnet werden. Bei der Inhaltsmessung kann ein Fehler infolge Volumsverminderung beim Übergang

---

[1] Nach P. Mercanton; siehe Verhandlungen der schweizerischen naturforschenden Gesellschaft, 1916. — Über das Salzmischungsverfahren siehe S. 138 f.

der gesättigten Chlorkalziumlösung in eine verdünnte Lösung entstehen. Nach Versuchen ist diese Fehlergröße bei Berücksichtigung der Jahres-Niederschlagshöhen belanglos. Bei Zwischenmessungen kann der Fehler bis zu — 2 v. H. betragen. Es ist daher zu empfehlen, eine gesonderte Bestimmung der Volumsverminderung für die gewählte Beschickungsmischung vorzunehmen, wenn eine besondere Genauigkeit verlangt wird. Die Fehler, welche beim Abstichverfahren entstehen können, sind durch Vergleich mit den übrigen Verfahren festgestellt worden. Nach Untersuchungen in den Schweizer Hochalpengebieten liefert das Abstichverfahren um 1 bis 2 v. H. höhere Lesungen als die Inhaltsmessung.

Das Salzmischungsverfahren hat auch zu befriedigenden Ergebnissen geführt; der Fehler geht nicht über 1 v. H.

Zu den geschilderten Meßfehlern können noch weitere Mängel hinzutreten, die in der fehlerhaften Niederschlagsaufnahme begründet sind. Bei stürmischem Wetter gelangt trotz des Windschutzringes weniger als die der Auffangfläche entsprechende Niederschlagsmenge in das Sammelgefäß. Der hierdurch entstehende Fehler ist jedoch, auf den Jahresniederschlag bezogen, nicht so bedeutend, weil erfahrungsgemäß die ergiebigsten Niederschläge bei ruhigem Wetter erfolgen. Weiters kann es vorkommen, daß die Auffangöffnung mit Schnee verstopft wird und daß sich in außergewöhnlichen Kälteperioden Schnee- und Eiskuchen an der Oberfläche der Lösung bilden, die eine Auffüllung des Sammelgefäßes mit Schnee herbeiführen.

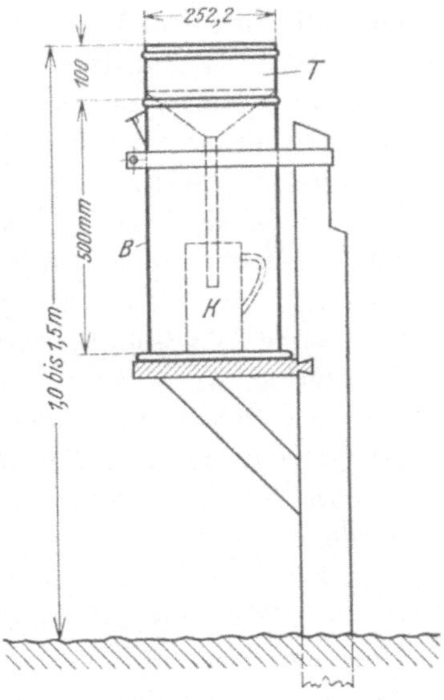

Sämtliche aufgezählte Mängel sind nicht vollständig zu beheben. Trotzdem sind die Angaben eines richtig ausgebildeten, aufgestellten sowie beschickten und unter verläßlicher Aufsicht stehenden Niederschlagssammlers im Durchschnitte auf $\pm$ 10 v. H. genau anzusehen.

Die Zahl der Niederschlagssammler im Hochgebirge nimmt in den letzten Jahren zu, weil schon die ersten derartigen Messungen gezeigt haben, welch unrichtige Annahmen man bisher über die Verteilung des Niederschlages in diesen Gebieten gemacht hat.

Einfacher Niederschlagsmesser — Ombrometer. Überall dort, wo man in der Lage ist, die Meßstation ununterbrochen beaufsichtigen zu können, ist das nach Abb. 6 ausgebildete Meßgerät verwendbar.

Ein trichterförmiges Auffanggefäß T wird dichtschließend einem zylindrisch geformten Behälter B aufgesetzt, um die Verdunstung des in der Kanne K aufgefangenen Niederschlagswassers möglichst zu verringern. Ein Meßglas vervollständigt die Ausstattung der Beobachtungsstation.

Die Niederschlagshöhe h_N in mm ist $h_N = \dfrac{f'}{f}\, y$, wenn f die Auffangfläche, f' den Querschnitt und y, gemessen in mm, die Füllhöhe des Meßglases bedeuten.

Abb. 6. Einfacher Niederschlagsmesser.

T Auffangtrichter, B Behälter, K Kanne.

Wählt man $\frac{f'}{f} = \frac{1}{20}$, eine gewöhnlich eingehaltene Verhältniszahl, dann entspricht einer Niederschlagshöhe von 1 mm eine Wassersäulenhöhe von 20 mm in dem Meßglase.

Die Aufstellung des Niederschlagsmessers hat an einem nicht abschüssigen, womöglich eingefriedeten Platze so zu erfolgen, daß der Niederschlag freien Zutritt zur Auffangfläche hat und nicht etwa störende Einflüsse durch Windströmungen entstehen, welche den Niederschlag ablenken. Der Niederschlagsmesser darf also nicht im *Regenschatten* stehen.

Die waagrechte Auffangfläche, deren Größe zwischen 200 und 2000 cm^2 gewählt wird, soll 1,0 bis 1,5 m über den Erdboden gelegt werden. Eine höhere Lage ergibt wegen der Zunahme der Windgeschwindigkeit über dem Erdboden erfahrungsgemäß zu geringe Niederschlagswerte, dagegen besteht bei zu tiefer Lage die Gefahr des Einschneiens oder die Möglichkeit, daß bereits gefallener Schnee oder Spritzwasser vom Winde in das Meßgerät getrieben werden. Ausnahmsweise wird man in hochgelegenen Einzugsgebieten infolge größerer Schneehöhen gezwungen sein, das Meßgerät höher über den Erdboden zu stellen.

Auch die Frage muß erwogen werden, ob der einfache Niederschlagsmesser mit oder ohne Windschutz verwendet werden soll. Dieser Windschutz kann als Schutzring, wie er beim Niederschlagssammler allgemein in Verwendung steht oder als Schneekreuz, ein in das Auffanggefäß eingelegtes Blechkreuz, ausgeführt werden. Vergleichsmessungen in ausgesetzten Lagen, die in der Schweiz mit viel Sorgfalt durchgeführt worden sind, haben gezeigt, daß windgeschützte Niederschlagsmesser bis zu 10 v. H. größere Niederschlagshöhen als nicht geschützte Messer anzeigen.

Die Wahl des Aufstellungsortes spielt auch mit Rücksicht auf die erwünschte Messung der zusätzlichen, sogenannten *waagrechten Niederschläge*, wie Tau, Nebelreißen und Rauhreif, eine Rolle.

Tau ist ein Kondensationsprodukt, bei dem die sich besonders an der Vegetationsdecke absetzende Feuchtigkeit größtenteils aus dem Boden stammt. Er ist also in der Hauptsache ein wiederholtes Erscheinen früherer Niederschläge und führt daher der Erdoberfläche nur geringe Mengen neuen Niederschlages zu.[1]

Nebelreißen liefert nicht unbedeutende Beiträge zum Niederschlage, entzieht sich jedoch der Messung durch freiaufgestellte Niederschlagsmesser. Mehrjährige Versuchsmessungen in den nebelreichen, bewaldeten Gegenden des Feldberges im Taunus mit Niederschlagsmessern, die unter Bäumen aufgestellt waren, haben Mehrbeträge im Jahresmittel von 60 v. H. und in manchem Wintermonate solche von 300 v. H. gegenüber freistehenden Niederschlagsmessern ergeben.[2] Auch Messungen mit Ombrometern, die man mit einem Büschel aus Reisig versah, das die Auffangfläche um etwa 30 cm überragte, ergaben in manchen Monaten bis zum 4,6fachen der Messungen mit dem gewöhnlichen Regenmesser. Diese außerordentlichen Werte dürften aber zum Teil dadurch bedingt sein, daß bei schräg fallendem Regen durch die Reisigbündel mehr Niederschlag abgefangen wird,

---

[1] H. KELLER, Über Taumessungen im ariden Hochland Transvaals. Meteorologische Zeitschrift, Bd. 30, H. 9, 1933.

[2] F. LINKE, Niederschlagsmessungen unter Bäumen. Meteor. Z., S. 277, 1921.

als der Größe der Auffangfläche entspricht.[1] Beide Ergebnisse weisen darauf hin, daß die mit freistehenden Niederschlagsmessern in nebelreichen, bewaldeten Gegenden, also im Mittelgebirge gemessenen Werte ein falsches Bild vom tatsächlichen Wasserhaushalte geben können.

Rauhreif entsteht durch unterkältete Nebel, die bei Berührung mit Bäumen, Sträuchern oder mit der Pflanzendecke sofort gefrieren und oft einen dicken Ansatz liefern. Eine Messung ist bisher nicht gelungen, doch dürfte im Hochgebirge der Beitrag im Verhältnis zum gesamten Niederschlage nicht unbedeutend sein.[2]

Als eine Art zusätzlicher Niederschlag könnte wohl auch jener bezeichnet werden, bei dem ein früher gefallener Niederschlag von den Bäumen aufgefangen und erst längere Zeit später durch Abschütteln infolge Windes auf die Erdoberfläche gelangt. Dieser Niederschlag wird seiner Größe nach wohl von den freistehenden Ombrometern gemessen, aber sein Erscheinen auf der Erdoberfläche erleidet eine zeitliche Verschiebung, die für die Beurteilung des Abflußvorganges in besonderen Fällen von Bedeutung sein kann. In dieser Beziehung liegen noch wenig Beobachtungen vor.[3]

Auch der Einfluß der Größe der Auffangfläche auf die Angabe des Niederschlagsmessers ist untersucht worden. Sie beeinträchtigt die Meßgenauigkeit wenig, wenn sie nicht unter 200 cm² gewählt wird.[4]

Erfolgt der Niederschlag in Form von Schnee, Hagel oder Graupeln, dann muß er geschmolzen werden, falls das Abschmelzen nicht schon von selbst eingetreten ist. Der Schmelzvorgang wird entweder durch Zugabe einer vorher gemessenen Menge warmen Wassers oder durch Erwärmung in einem mit einem Deckel verschließbaren Topf hervorgerufen. Um in der Winterszeit einen ständigen Abschmelzvorgang zu bewirken, ist die Heizung des Behälterraumes des Niederschlagsmessers mittels einer elektrischen Lampe gebräuchlich. Es ist dabei nur zu beachten, daß nicht etwa durch zu starke Erwärmung eine Verdunstung des Schmelzwassers eingeleitet wird, was durch Thermoregulatoren, die bei bestimmter Temperatur die Wärmequelle selbsttätig ausschalten, vermieden werden kann.

Die Beobachtung, also die Ablesung der Niederschlagshöhe, erfolgt bei normalen Verhältnissen täglich einmal, und zwar um 7 Uhr früh oder um 12 Uhr mittags. Das Meßergebnis wird in Österreich und in der Schweiz für den vorhergehenden Tag, in Preußen, Bayern, Sachsen, Baden und Württemberg für den Tag der Messung in die Rapporte eingetragen. Bei Niederschlägen von großer Niederschlagsstärke, also bei *Starkregen*, haben die Beobachtungen in kürzeren Zeitabschnitten, etwa halbstündig, zu erfolgen und werden deren Er-

---

[1] R. Drenkhahn, Die Hydrographischen Grundlagen für die Planung von Wasserkraftwerken in Südwestdeutschland. Berlin 1926.

[2] P. Descombes, Der Einfluß der Wiederaufforstung auf die unmittelbare Oberflächenkondensation. Mémoire de la Société méteorologique de France, H. 2, 1920.

[3] E. Scheure, Zur Anschwellung des Hochwassers bei Wind. Z. d. österr. Ing.- u. Arch.-Vereines, H. 51 u. 52, 1921.

[4] Über die Behandlung des Niederschlagssammlers und des einfachen Niederschlagsmessers im Hochgebirge sowie über Meßergebnisse sind von O. Lütschg Untersuchungen geführt worden. Siehe darüber O. Lütschg, Über Niederschlag und Abfluß im Hochgebirge. Zürich 1926.

gebnisse auf möglichst kurzem Wege den hydrographischen Zentralstellen zur Kenntnis gebracht.

In die Beobachtungsrapporte und Jahrbücher werden die gemessenen Niederschlagshöhen in Millimeter Wasserhöhe eingetragen, wobei durch Beisetzung von Zeichen angedeutet wird, ob der Niederschlag als Regen ●, Schnee ＊, Hagel ▲ oder als Graupeln △ gefallen ist.

Selbstschreibender Niederschlagsmesser — Ombrograph. Bei Niederschlägen großer Stärke können die einfachen Niederschlagsmesser versagen, weil man oft außerstande ist, den Niederschlagsvorgang, der mitunter nur wenige Minuten andauert, mit Hilfe der einfachen Inhaltsmessung, wie sie zuvor beschrieben worden ist, zu verfolgen. Selbstschreibende Aufnahmegeräte sind vorzuziehen, weil die Aufschreibung ununterbrochen verläuft und die Meßergebnisse unmittelbar zeichnerisch dargestellt erscheinen. Das Schaubild läßt die Angabe der Niederschlagshöhen für jeden, vielleicht erst später als wichtig erkannten Zeitab-

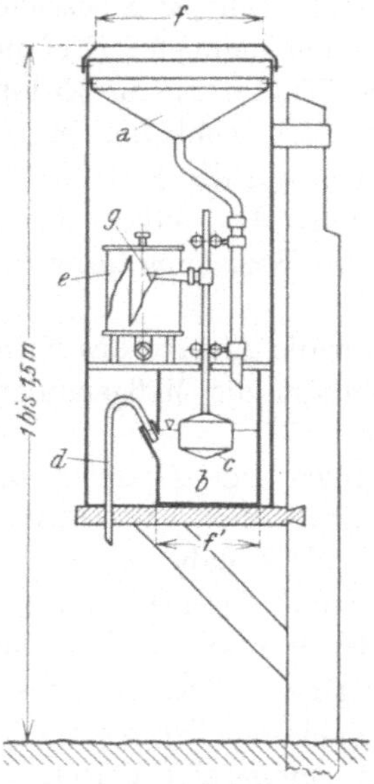

Abb. 7. Selbstschreibender Niederschlagsmesser nach A. O. Ganser, Wien.

a Auffangtrichter, *b* Meßgefäß, *c* Schwimmer, *d* Heber, *e* Schreibtrommel mit innenliegendem Uhrwerk, *g* Schreibfeder.

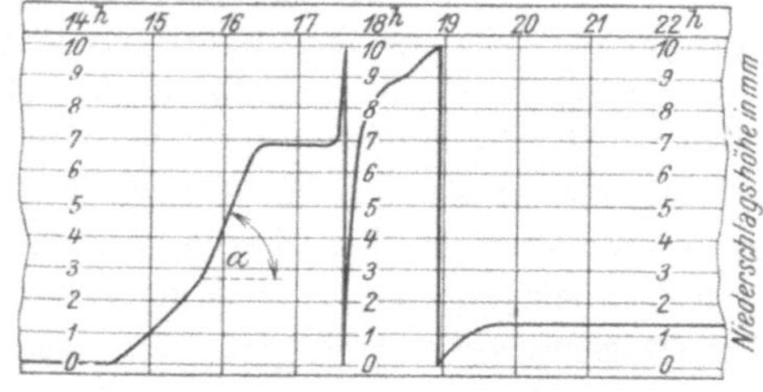

Abb. 8. Ombrogramm zum Niederschlagsmesser Abb. 7.

schnitt zu und zeigt überdies unmittelbar den Verlauf der Niederschlagsstärken.

Der allgemeinen Einführung von Selbstschreibern an Stelle der einfachen Niederschlagsmesser stehen sowohl die höheren Kosten wie auch die Unmöglichkeit entgegen, allerorts geeignetes Wartepersonal finden zu können. Die Erfahrung hat gelehrt, daß es genügt, wenn an hydrographisch maßgebenden Stellen des Niederschlagsgebietes der einfache Ombrometer durch den Ombrographen ersetzt wird.

Der selbstschreibende Niederschlagsmesser beruht auf der Vereinigung des einfachen Niederschlagsmessers mit einer Vorrichtung, welche die Zunahme des aufgefangenen Niederschlages selbsttätig aufzeichnet. Diese Messung der Zunahme erfolgt entweder durch Aufzeichnung der Bewegung des Wasserspiegels in einem Meßgefäß mit Hilfe eines Schwimmers oder durch Kippmesser, die mit einer selbsttätigen Zählung der Füllungen von Meßgefäßen bestimmten Inhaltes ausgestattet sind.

Das erste System erweist sich als vorteilhafter, weil bei diesem ein stetig ansteigender Linienzug, das *Ombrogramm*, erhalten wird, der eine ins einzelne gehende Analyse des Niederschlagsvorganges ermöglicht. Das zweite System liefert dagegen nur Ombrogramme, die ruckweise ansteigen, bietet jedoch den Vorteil einer einfachen Fernübertragung der gemessenen Niederschlagshöhen.

Um diese Meßgeräte vor dem Einfrieren zu schützen und bei Schneefall den Schmelzvorgang im Auffanggefäß raschestens einzuleiten, wird eine kleine Wärmequelle in ähnlicher Weise eingebaut, wie dies beim einfachen Niederschlagsmesser erwähnt worden ist. Ein Beispiel eines Selbstschreibers der ersten Art zeigt Abb. 7.

Das trichterförmige Auffanggefäß a mit der Auffangfläche von der Größe f führt das Niederschlagswasser einem Meßgefäß b von der Grundfläche f' zu. Ein

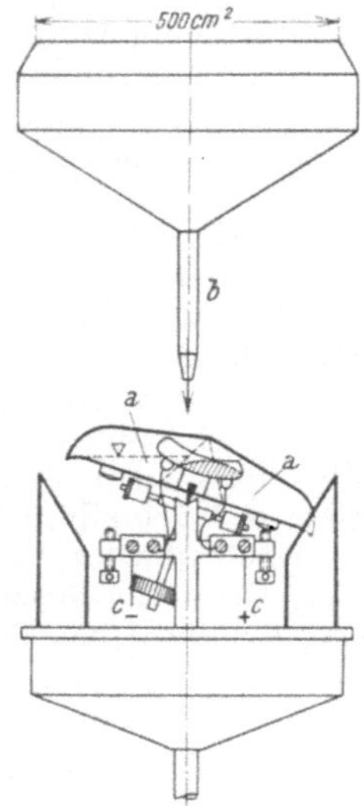

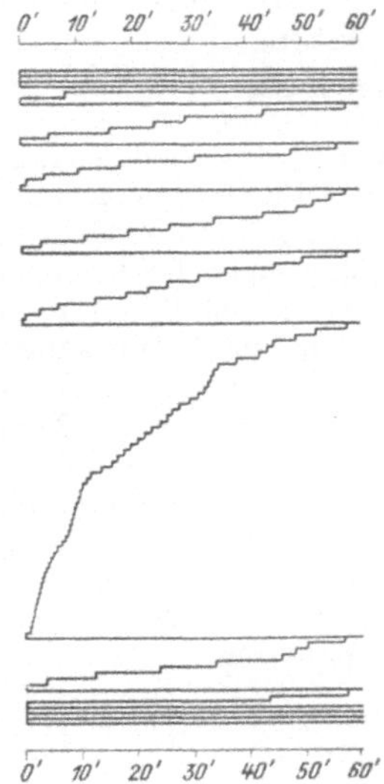

Abb. 9. Geber des Niederschlagsmessers für elektrische Fernübertragung nach SPRUNG-FUESS.

a Hornersche Wippe, b Zulaufröhrchen, c Fernleitung.

Abb. 10. Ombrogramm zum Niederschlagsmesser Abb. 9.

Schwimmer c hebt die Schreibfeder g entsprechend der Zunahme des Niederschlagswassers im Meßgefäß und verzeichnet auf dem Registrierpapier der Schreibtrommel e die jeweilige Höhe des Wasserspiegels im Maßstabe $\dfrac{f}{f'}$ und damit die Niederschlagshöhe.[1]

Um beliebig starke Niederschläge ohne Verwendung unverhältnismäßig großer Trommelhöhen und Meßgefäße messen zu können, wird das Meßgefäß nach jedesmaliger Füllung mittels des Hebers d leergesaugt.

Das Registrierpapier trägt auf der waagrechten Achse den Zeitmaßstab, der aus Trommelumfang und -umdrehungszeit, die bei der abgebildeten Ausführung ein oder zwei Tage beträgt, bestimmbar ist.

Das Ombrogramm ist ein Summenlinienzug mit lotrechten Unterbrechungslinien, welche die zeitweise erfolgten Vollfüllungen des Meßgefäßes anzeigen (Abb. 8). Da die Ordinaten dieser Linienzüge die Niederschlagshöhe bis zum bezeichneten Zeitpunkte und die Abszissen die Niederschlagsdauer darstellen, vermittelt die trigonometrische Tangente des Neigungswinkels a die Niederschlagsstärke.

---

[1] Die Verwendung von Schreibstiften aus Graphit oder Silber an Stelle von Schreibfedern hat sich nicht besonders bewährt. Silberstifte verlangen Barytpapier.

Die Gangzeit des Antriebsuhrwerkes, dem die Trommel als Schutzkappe dient, beträgt gewöhnlich sieben Tage. Man kann unter Umständen auch ein und dasselbe Registrierpapier für eine siebentägige Aufzeichnung verwenden. Um in einem solchen Falle die übereinander gezeichneten Ombrogramme unterscheiden zu können, ist es zweckmäßig, Anfang und Ende jedes einzelnen Ombrogrammes mit Merkzeichen zu versehen.

Ein Beispiel eines Niederschlagsmessers mit unterbrochener Füllungsmessung vermittelt Abb. 9. Diese Art der Messung eignet sich auch zur Fernübertragung des Niederschlagsverlaufes. Die Gesamteinrichtung besteht aus einem Niederschlagsmesser mit eingebautem elektrischem Geber und einem Empfänger mit Schreibeinrichtung, dessen Aufstellungsort unabhängig von jenem des eigentlichen Niederschlagsmessers ist.

Die Messung des Niederschlages erfolgt bei dieser Bauart mittels der HORNERschen Wippe. Diese besteht aus zwei Gefäßen a, welche abwechselnd je 5 cm³ Wasser aufnehmen, d. i. 0,1 mm Niederschlagshöhe, wenn die Auffangfläche 500 cm² beträgt. Nach Auffüllung eines der beiden Gefäße a schlägt die Wippe um, entleert sich und bringt das zweite Gefäß unter das Zulaufröhrchen b. Bei jeder Entleerung wird ein Stromstoß in die Fernleitung c geschickt, der im Empfänger das Schreibband des Selbstschreibers um 0,5 mm vorschiebt. Die Schreibfeder bewegt sich selbsttätig in einer Stunde quer über das 3 cm breite Schreibband und läuft dann rasch zurück, wodurch das Ombrogramm die in Abb. 10 dargestellte abgetreppte Form erhält. Um während der niederschlagslosen Zeiten ein Verlaufen der Schreibtinte zu verhindern, erfolgt am Ende jeder Stunde beim Rücklaufen der Schreibfeder ein Absinken des Schreibbandes um 0,5 mm, was bei der Ermittlung der Gesamtniederschlagshöhe berücksichtigt werden muß. Dieses Meßgerät erfordert zum Betriebe Gleichstrom von 6 Volt Spannung.

B. Wasserstand.

Einrichtung des Wasserstands-Beobachtungsdienstes an Flußläufen. Die Wasserstände eines Gerinnes, welches das Einzugsgebiet entwässert, sowie die des Grundwasserstromes stehen in ursächlichem Zusammenhange mit dem Niederschlage.

Hochwasserkatastrophen haben wohl zuerst die Aufmerksamkeit auf diesen Umstand gelenkt und zur Beobachtung und Kennzeichnung außergewöhnlicher Hochlagen des Wasserspiegels Veranlassung gegeben.[1] Die zunehmende landwirtschaftliche Ausnützung des Bodens hat dann in Erkenntnis der Wichtigkeit der düngenden Bewässerung durch die schlammbeladenen Hochfluten zu einer ständigen Beobachtung des Wasserstandes geführt. Schiffahrt, Wasserkraftnutzung und Landwirtschaft forderten aus technischen und rechtlichen Gründen eine Vervollkommnung der Beobachtungsmittel und einen einheitlich geregelten Wasserstands-Beobachtungsdienst.

---

[1] So ist das an der Donau bekannte höchste Hochwasser vom Jahre 1501 durch eine Reihe von künstlerisch ausgeführten Hochwassermarken überliefert. In Linz a. d. Donau ist an einer Torwölbung auf einer Marmorplatte zu lesen:

> Hiemit disem Stain betzaichent stat
> wie hoch die Tunaw geraichet hat
> Das ist beschehen im Monet Augusti
> bey Regirung römischen Künig Maximiliam
> Da von Christi gepurde ergangen war
> Tawsennt Funfhundert und ain Jar.

Es soll ausdrücklich hervorgehoben werden, daß eine Reihe von hydrographischen Aufgaben mit alleiniger Kenntnis des Wasserstandes gelöst werden kann, ohne auf die ihm zugeordnete Durchflußmenge näher eingehen zu müssen. Dies ist unter anderem bei der Festlegung der rechtlichen Verhältnisse von Triebwerksanlagen und der Zuflußeinrichtungen von Bewässerungsanlagen sowie bei der Voraussage über die Fahrwassertiefen zur Aufrechterhaltung der Floß- und Schiffahrt der Fall.

In ähnlicher Weise wie bei der Niederschlagsbeobachtung werden die Einzugsgebiete der Flußsysteme mit einem Netze von Wasserstands-Beobachtungsstationen, auch Limnimeterstationen genannt, überzogen (Abb. 4). In diesen Stationen wird die Höhenlage des Wasserspiegels zu bestimmten Zeiten gemessen. Dies erfolgt in einfachster Form durch Ablesen der Höhenlage an einer geteilten Latte, dem Wasserpegel, kurz *Pegel* genannt.[1]

Für die Aufstellung des Pegels nach örtlicher Lage, die Abstände der Pegelorte untereinander sowie die Durchführung der Beobachtungen und deren Sammlung sind teils allgemeine Grundsätze, teils Umstände örtlicher Natur und schließlich der besondere Zweck der Beobachtung maßgebend. Hierfür sind Bestimmungen ausgearbeitet worden, die je nach Land und Beobachtungsgebiet den besonderen Bedürfnissen Rechnung tragen, im großen und ganzen aber doch einheitlichen Charakter aufweisen.[2]

Als oberster allgemeiner Grundsatz für die Auswahl der Pegelstelle hat zu gelten, daß die Wasserspiegellage im Pegelprofile nur von den natürlichen Verhältnissen des Wasserabflusses im Gerinne beeinflußt werden darf. Lagenänderungen des Wasserspiegels durch Betätigung beweglicher Wehre, Stauwirkungen des Zubringers oder, wenn der Pegel am Zubringer liegt, Stauwirkungen des Hauptflusses dürfen nicht bis zum Pegelprofil heranreichen. Ebenso ist darauf zu achten, daß nicht rein örtliche Beeinflussungen durch vorgelagerte Felsblöcke, durch die Art und Weise der Pegelbefestigung an Pfählen, Brückenpfeilern oder auch durch die Formgebung des Pegels selbst den Wasserspiegel beunruhigen und hierdurch die Meßgenauigkeit herabsetzen. Auch ist auf eine Verklausung

---

[1] In Deutschland sind mit Beginn des 19. Jahrhunderts regelmäßige Pegelbeobachtungen von EYTELWEIN ausgeführt worden. Sie führten den Namen Wassermarqueure. Siehe G. JAKOBY, Beitrag zur Geschichte der Pegel. Bautechnik, H. 32, 1925.

Als klassisches Beispiel sei der Nil angeführt, dessen Wasserstandsverlauf durch SHAKESPEARE im Drama „Antonius und Kleopatra" eine sinnfällige Darstellung gefunden hat.

Im 2. Aufzuge, 7. Szene, spricht Antonius zu Cäsar:

> So ist der Brauch: sie messen dort den Strom
> Nach Pyramidenstufen; daran sehn sie,
> Nach Höhe, Tief' und Mittelstand, ob Teurung,
> Ob Fülle folgt. Je mehr der Nil gewachsen,
> Je mehr verspricht er; fällt er dann, so streut
> Der Sämann auf den Schlamm und Moor sein Korn,
> Und erntet bald nachher.

[2] Zusammenfassende Darstellung in R. RUNDO, Die Arbeitsmethoden auf dem Gebiete des Pegelwesens und deren Vereinheitlichung. III. Hydrologische Konferenz der Baltischen Staaten, 1930. — Einzelne Vorschriften wie etwa des HYDROGRAPHISCHEN ZENTRALBUREAUS WIEN, Vorschriften für Wasserstandsbeobachtungen, Wien 1904.

durch Treibholz, eine Vereisung oder Verschlammung Bedacht zu nehmen und gegebenenfalls durch besondere Vorkehrungen für eine dauernde Benetzung des Pegels Vorsorge zu treffen.

Die Pegelstationen sind so aufzuteilen, daß am Hauptflusse oberhalb und unterhalb von Einmündungsstellen größerer Zubringer und am Zubringer selbst in der Mündungsstrecke Pegel gesetzt werden. Zwischen je zwei maßgebenden Zubringern ist bei größerem Abstande noch ein Pegel aufzustellen und es ist die Zahl der Pegelstationen entsprechend zu vermehren, wenn der Abstand der Mündungsstellen ein besonders großer ist. An kleineren Zubringern wird man sich mit einem Pegel in der Mündungsstrecke begnügen, um eine zu weitgehende und kostspielige Gliederung des Beobachtungsdienstes zu vermeiden. Ein besonderes Augenmerk bei der Austeilung ist auch darauf zu richten, daß die Flußstrecke, in welcher der Pegel zur Aufstellung gelangen soll, möglichst regelmäßig ausgebildet ist und sich im zeitlichen Gleichgewichtszustande befindet.

Diesen allgemeinen Grundsätzen wird man wohl nicht immer zur Gänze entsprechen können, weil die Auswahl der Beobachter die Pegelstationen an größere Ortschaften oder an Wasserwerksanlagen bindet und weil unter Umständen das Vorhandensein von Brücken und Stegen, deren Tragkonstruktionen sich zur Anbringung von Pegellatten besonders eignen, ausschlaggebend sein kann.

Die örtliche Lage der Pegelstationen ist nach Flußkilometern anzugeben. Hierbei wird die Flußlänge fast durchwegs flußaufwärts, beginnend von der Mündungsstelle gezählt, weil sich diese Örtlichkeit einwandfrei feststellen läßt.

Die Höhenlage der Pegelstationen wird durch die Höhenlage des Nullpunktes der Pegelteilung angegeben. Die Festlegung dieses wichtigen Punktes erfolgt durch Einmessung des Höhenunterschiedes zwischen dem Nullpunkt und einem in nächster Nähe zu schaffenden Fixpunkte und im weiteren Verlaufe durch Anschluß dieses Fixpunktes an das Landes-Präzisionsnivellement. Auf die Einhaltung dieser Bestimmungen ist der größte Wert zu legen, weil sonst bei der Auswechselung schadhafter Pegel die richtige Höheneinstellung unterbleiben könnte und hierdurch bei unbekannter Verschiebung des Pegelnullpunktes die seither durchgeführten Beobachtungen wenn nicht wertlos, so doch nur unter gewissen Voraussetzungen verwertet werden könnten.

Die endgültige Ausgestaltung des Pegelnetzes ist Sache der Erfahrung. Jedenfalls muß getrachtet werden, mit möglichst wenigen Stationen das Auslangen zu finden, was durch eine zweckmäßige Verteilung und Aufstellung von Pegeln besonderer Ausführung zu erreichen ist. Man wird sich etwa für die Planung oder Anlage eines Wasserkraftwerkes mit der zweckentsprechenden Aufstellung von *Hilfspegeln* behelfen, die zwischen den *Gebietspegeln*, wie die dauernd beobachteten Pegel des ständigen Netzes bezeichnet werden, dichter gesetzt werden. Bei der Ausgestaltung des Pegelnetzes muß ebenso, wie es beim Ombrometernetz der Fall ist, angestrebt werden, die Beobachtungsstationen immer mehr in die Hochregionen vorzuschieben, um die Abschmelzvorgänge, die noch wenig erforscht sind, genauer verfolgen zu können.

Die Dichte des Pegelnetzes schwankt mit der Dichte des Gewässernetzes, steht im Zusammenhange mit den orographischen Verhältnissen des Landes und ist letzten Endes ein Kennzeichen für dessen wasserwirtschaftliche Entwicklung.

In Österreich entfällt im Mittel eine Pegelstation auf ungefähr 170 km² Niederschlagsgebiet, bzw. auf je 20 km Flußlänge.

Die Pegelstationen weisen ebenfalls verschiedene Wertigkeiten je nach ihrer Ausstattung mit Meßgeräten und je nach den zusätzlichen Beobachtungen auf.

An Stationen, die nur mit einfachen hölzernen Lattenpegeln ausgerüstet sind und mit einmaliger Ablesung am Tage um 7 Uhr früh oder 12 Uhr mittags reihen sich solche mit Pegeln besonderer Ausführung, an denen bis zu dreimal am Tage, um 7 Uhr, 12 Uhr und 17 Uhr, abgelesen wird. Schließlich gibt es Pegelstationen mit Selbstschreibern, die eine ununterbrochene Aufzeichnung des Wasserstandes liefern und die allenfalls auch noch mit einer Einrichtung zur Übertragung des Wasserstandes auf große Entfernung verbunden sind.

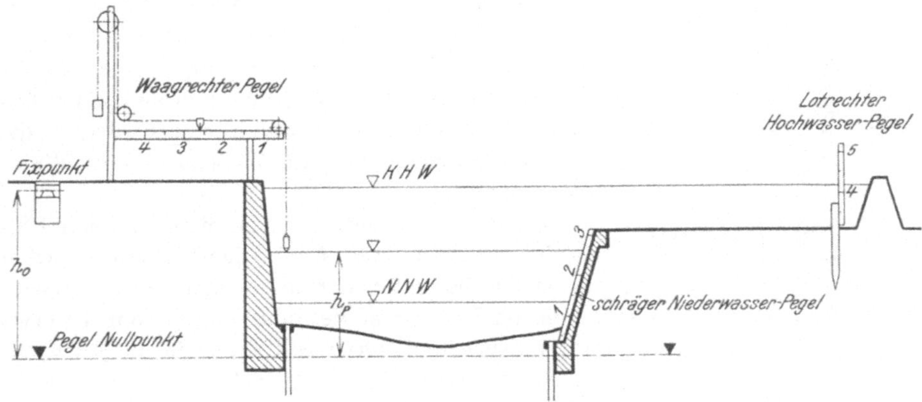

Abb. 11. Schematische Darstellung eines Pegelprofiles.

Der Wasserstandsaufnahme werden in manchen Stationen noch Beobachtungen über Wassertemperatur, Eisbildung, Eisrinnen und Schwebestoffführung in den Flüssen, sowie über die allgemeinen Witterungsverhältnisse angegliedert. Überdies sind die Beobachter verpflichtet, bei besonders hohen Wasserständen, soferne die Station nicht mit Selbstschreibern ausgestattet ist, außerordentliche Beobachtungen in kürzeren Zeitabschnitten, gewöhnlich halbstündig, durchzuführen und Meldungen raschestens an die hydrographischen Zentralstellen weiterzugeben.

a) Ausführung der Wasserstandsbeobachtungen in Flußläufen — Niveaumetrie.

Die Wasserstandslesung erfolgt im *Pegelprofile*, d. i. in dem durch den Pegelort gelegten Querschnitt des Wasserlaufes.

Die Lage und Anordnung des Pegels richtet sich nach Zweckmäßigkeit, Form und flußbaulicher Ausgestaltung des Pegelprofiles (Abb. 11). Lotrecht eingestellte Pegel sind die Regel, schräggelagerte Pegel nur dort am Platze, wo in guter Flucht verlaufende Uferdeckwerke vorhanden und Setzungserscheinungen nicht zu befürchten sind; waagrechte Pegel sind ein Ausnahmefall. Für Pegelprofile mit Überschwemmungsvorland wird sich oft eine Zweiteilung des Pegels in einen Niederwasser-Pegel und einen Hochwasser-Pegel aus Gründen der besseren Zugänglichkeit und damit Ablesemöglichkeit als notwendig erweisen.

Der Nullpunkt des Pegels ist tiefer als der jemals auch mit Rücksicht auf eine allfällige Flußeintiefung zu erwartende niedrigste Wasserstand zu legen, damit stets nur positive Ablesungen erfolgen, die erfahrungsgemäß weniger zu Fehllesungen Anlaß geben als wenn eine Vorzeichenänderung zu berücksichtigen ist.

Die Angabe des Wasserstandes, des *Pegelstandes* h_P, erfolgt gewöhnlich in Zentimeter. Ist bei der Ablesung ein periodisches Schwanken des Wasserspiegels bemerkbar, dann ist der Mittelwert aus der gelesenen Höchst- und Tiefstlage zu nehmen. Eine Unsicherheit in der Angabe des Pegelstandes tritt ein bei zeitweiser Einengung des Pegelprofiles, bei Anschwellungen durch Schmelzwasser, sowie bei Wasserentnahme oder Wasserzugabe, wodurch zeitlich rasch veränderliche Vorgänge im Flußlaufe hervorgerufen werden können. Als seltene, aber immerhin zu beachtende Beeinflussungen des Pegelstandes von stehenden Gewässern sind die Auflast durch eine Eisdecke, die stehenden Schwingungen des Wassers und der Windstau zu nennen.

Den Pegelbeobachtern ist größte Gewissenhaftigkeit in der Ausübung ihres Dienstes einzuschärfen und sie sind besonders darauf aufmerksam zu machen, daß sie im Falle einer Verhinderung diese nicht etwa verheimlichen und durch willkürlich in die Aufzeichnungen eingesetzte Ziffern Unsicherheit in das Beobachtungsmaterial hineinbringen.

Wird der Pegel während einer Ableseperiode zerstört, so muß raschestens ein Notpegel gesetzt werden, dessen Nullpunkt zu einem geeigneten Zeitpunkt mit jenem des definitiven Pegels in Beziehung zu bringen ist, um die inzwischen erfolgten Ablesungen berichtigen zu können.

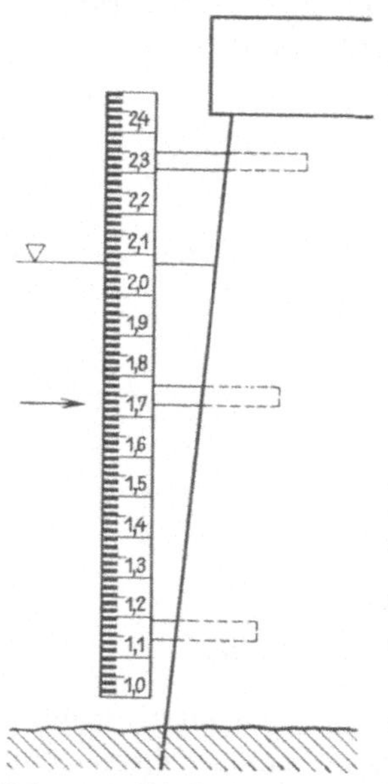

Abb. 12. Einfacher hölzerner Lattenpegel an einem Brückenpfeiler.

Die Meßgeräte für die Wasserstandsmessung sind vielfältigerer Art als jene für die Niederschlagsmessung, weil hier die Anpassung an den Zweck und die Örtlichkeit der Messung eine größere Auswahl erfordert. Die nachfolgend beschriebenen Meßgeräte sind nach steigender Ablesegenauigkeit und Verwendbarkeit geordnet.

Wasserspiegelpflöcke. Sie kommen für ganz untergeordnete Messungen in Betracht und werden im seichten Wasser des linken oder rechten Wasseranschlages in den Boden getrieben. Ihre Köpfe werden einnivelliert und die Höhenlage des Wasserspiegels durch Abstichmaße festgelegt.

Lattenpegel. Für länger andauernde Beobachtungen provisorischen Charakters verwendet man die in einfachster Weise in Zentimeter geteilte, an einem Holzpflocke befestigte Pegellatte.

Für ständige Beobachtungsstationen, also für Gebietspegel, stehen genau geteilte und zwecks leichter Ablesung verschiedenartig gestaltete und dauerhaft ausgeführte lattenförmige Pegel im Gebrauch. Die Dauerhaftigkeit wird durch die Güte und allfällige Imprägnierung des Holzes sowie durch die Verwendung von Eisen, Aluminium, Kupfer oder Zelluloid zur Herstellung der Teilung und Bezifferungen erreicht (Abb. 12). Auch zur Gänze aus Guß- oder Schmiedeeisen hergestellte Pegel sind im Gebrauch, die zur Erhöhung der Dauerhaftigkeit mit Ölfarbe gestrichen oder emailliert werden (Abb. 13).

Zur Verbesserung der Ablesbarkeit sind verschiedenfarbige Teilungen gebräuchlich, ähnlich jenen bei Nivellierlatten. Eine Besonderheit zeigt der vornehmlich im schweizerischen hydrographischen Dienste verwendete Pegel, der in einem aus einer Eisenplatte gestanzt ist (Abb. 14). Er ist infolge der sinnreichen Anordnung von durchbrochenen und gezackten Teilungen bei

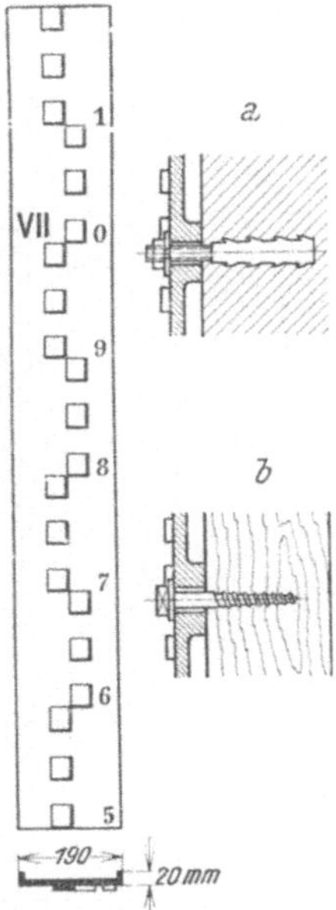

Abb. 13. Gußeiserner Lattenpegel nach
A. OTT-Kempten.
a Befestigung auf Mauerwerk, *b* Befestigung auf
Holz.

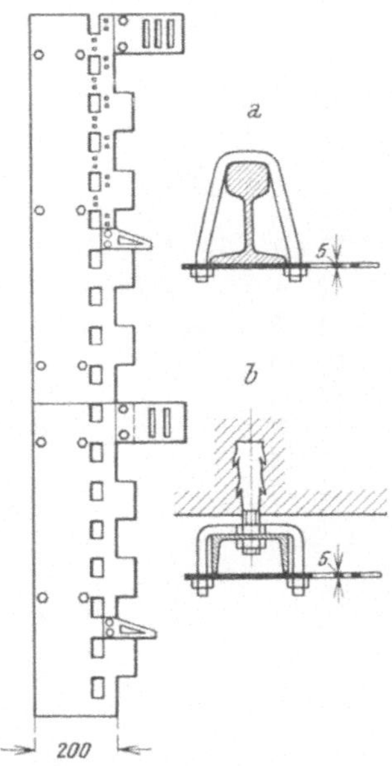

Abb. 14. Schmiedeiserner Lattenpegel
nach J. EPPER.
a Befestigung mittels Klemmbügel auf einer Eisen-
bahnschiene, *b* Befestigung auf einem U-Eisen.

jeder Art von Beleuchtung und Hintergrund leicht ablesbar. Auch gibt er wegen seiner geringen Stärke wenig Anlaß zu Verklausungen und Beunruhigungen des Wassers, welche die Ablesung ungünstig beeinflussen.

Schwimmerpegel. Der Lattenpegel hat sich wegen seiner robusten Ausführung selbst unter wechselnden klimatischen Verhältnissen gut bewährt. Er ist aber dort nicht am Platze, wo schlechte Sichtverhältnisse vorhanden sind, wie etwa bei verdecktem Wasserspiegel im Ober- oder Unterwasser von Wasserkraftanlagen. Man verwendet hier mit Vorteil den Schwimmerpegel, bei welchem ein auf dem Wasserspiegel ruhender Schwimmer aus Holz oder besser aus Metall den Wasserstand mittels Stab oder Schnurzug auf eine Zeigervorrichtung und mit dieser wieder auf eine geteilte Pegellatte oder auf ein Zifferblatt überträgt.

Sind die Höhenlagen zweier Wasserspiegel miteinander zu vergleichen, dann stellt man zweckmäßigerweise die Führungen der Zeiger und die Teilungen beider Pegellatten nebeneinander und kann den Höhenunterschied unmittelbar ablesen (Abb. 15). Eine Verbesserung läßt sich bei dieser Anordnung dadurch erzielen, daß der Unterwasser-Schwimmer seine Bewegung auf eine bewegliche Pegellatte überträgt, die sich zwischen den beiden festen Latten des Ober- und Unterwassers bewegt. Eine derartige Einrichtung nennt man *Differenzenpegel* (Abb. 16).

Um den Wasserstand auf große Entfernungen ablesbar zu machen, wie dies beim Schiffahrtsbetrieb oft wünschenswert ist, wird die Bewegung des Schwimmers auf zwei große Trommeln übertragen, auf denen sich ein Band abrollt, das Teilung und Bezifferung trägt. Solche *Rollbandpegel* haben Übersetzungsverhältnisse bis 5 : 1 und sind bis auf 1 km Entfernung noch gut ablesbar (Abb. 17).

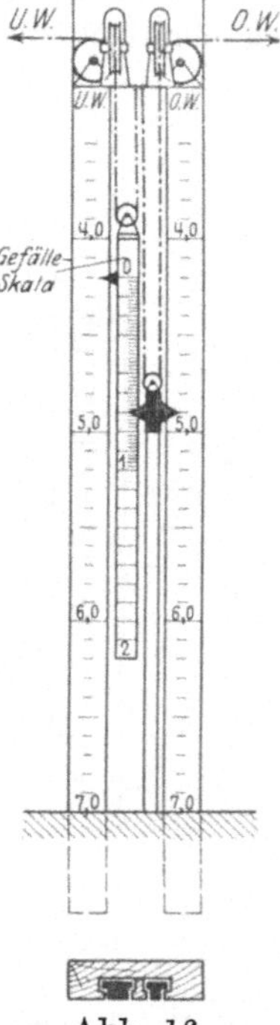

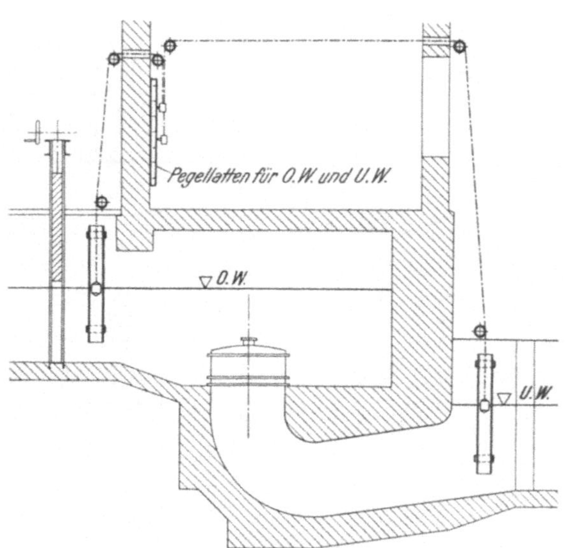

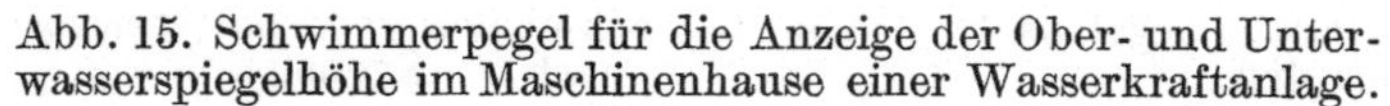

Abb. 15. Schwimmerpegel für die Anzeige der Ober- und Unterwasserspiegelhöhe im Maschinenhause einer Wasserkraftanlage.

Abb. 16.
Differenzenpegel.

Bei den *Uhrpegeln* ist die Übersetzung der Wasserstandsänderung zur Ablesung bis auf 20 : 1 in mechanisch einwandfreier Weise ermöglicht. Uhrpegel werden bei Meßwehren und Grundwassermessungen mit Vorteil verwendet, wo eine außergewöhnliche Meßgenauigkeit verlangt wird.

Bei der Ausführung nach Abb. 18 ist der Schwimmer S an einem Seidenfaden aufgehängt, der auf einer gerillten Trommel vom Halbmesser r aufgewickelt wird, die einen Zeiger von der Länge R und geringem Eigengewicht in Bewegung setzt. Das Gewicht G wirkt als Gegengewicht. Der Ausschlag des Zeigers ist durch keine Konstruktionsteile behindert und es kann daher der volle Kreisumfang zur Ablesung verwendet werden.

Beim Uhrpegel nach Abb. 19 wird durch Verwendung des Schneidenlagers L eine hohe Empfindlichkeit erzielt. Der Ausschlag des Zeigers ist jedoch begrenzt und damit der Meßbereich gegenüber der Ausführung nach Abb. 18 eingeengt.

Für manche Einzeluntersuchungen liegt die Aufgabe vor, die mittlere Lage des Wasserstandes festzulegen, der erfahrungsgemäß selbst bei gleichbleibender Durchflußmenge kleinen, periodisch verlaufenden Änderungen unterworfen ist, die infolge der Pulsation der Wasserbewegung auftreten. Hierzu bedarf es einer weitgehenden Dämpfung der Schwingungen. Beim Schwimmerpegel wird diese Dämpfung im allgemeinen durch Verringerung des Eintrittsquerschnittes des Wassers zum Schwimmerschachte oder Schwimmerrohre erreicht.[1]

Ein Beispiel eines mit weitgehender Dämpfung ausgestatteten Schwimmerpegels ist die *hydrometrische Nivellierlatte* (Abb. 20). Sie dient zur Messung gemittelter Wasserspiegellagen in einzelnen Meßpunkten.

Sie besteht aus einem Gehäuse E mit festem Maßstab M, das mittels des Auflagewinkels W auf den Wasserspiegelpflock aufgesetzt wird, und einem U-förmigen Rahmen A mit Beruhigungsgefäß D, der den Schwimmer C an einem beweglichen Gestänge B trägt. Wird der Rahmen A mit Hilfe der Stellschraube F solange verstellt, bis die Zeiger Z_2 und Z_3 einspielen, dann gibt der Zeiger Z_1 am Maßstab M die relative Lage h des Wasserspiegels zum Kopfe des Wasserspiegelpflockes an. Das Beruhigungsgefäß ist nur um weniges größer gehalten als der flach ausgeführte Schwimmer. Die Länge des Meßgerätes ist so gewählt, daß der Ablesehorizont ungefähr in Augenhöhe zu liegen kommt.

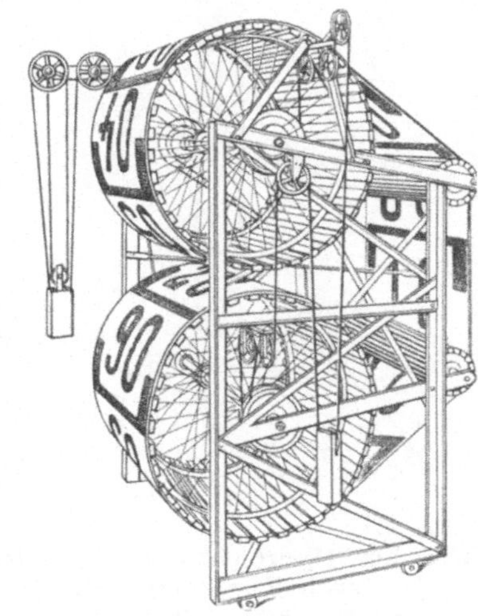

Abb. 17. Rollbandpegel nach R. Fuess-Berlin-Steglitz.

Selbstschreibender Pegel — Limnigraph. Wird auf eine ununterbrochene Messung des Wasserstandes Wert gelegt, kommen also Einzeluntersuchungen

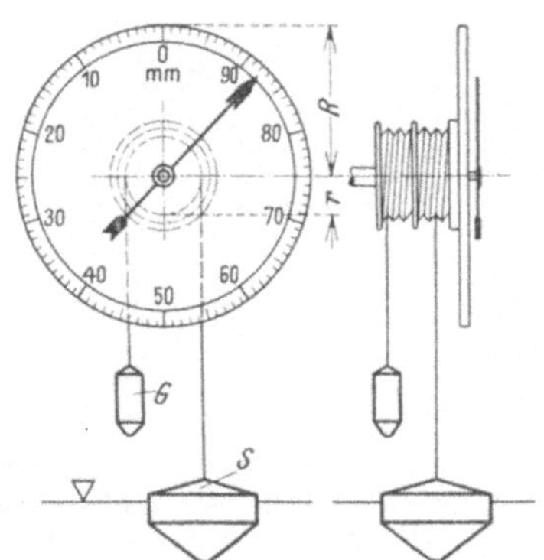

Abb. 18. Uhrpegel mit nicht begrenztem Ausschlag.

S Schwimmer, G Gegengewicht, R/r Übersetzungsverhältnis.

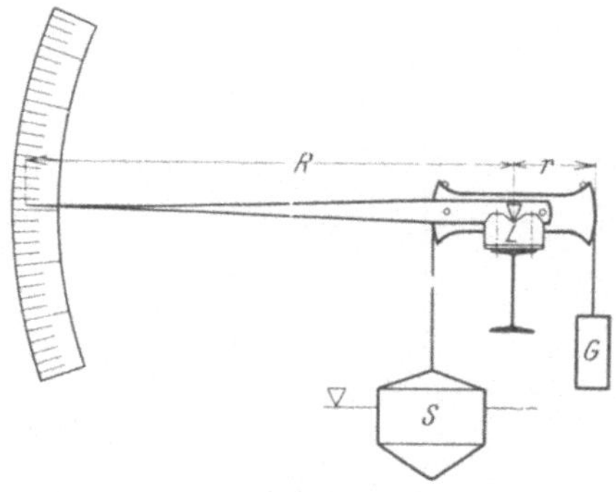

Abb. 19. Uhrpegel mit begrenztem Ausschlag.

S Schwimmer, G Gegengewicht, L Schneidenlager, R/r Übersetzungsverhältnis.

des Wasserstandsverlaufes in Frage, dann empfiehlt sich die Aufstellung eines selbstschreibenden Pegels, auch *Schreibpegel* genannt. Sämtliche Ausführungen beruhen auf der Vereinigung des Schwimmerpegels mit einer selbsttätigen Schreibvorrichtung, die die Wasserstandsschwankungen in einem bestimmten

---

[1] Siehe S. 30 und 31.

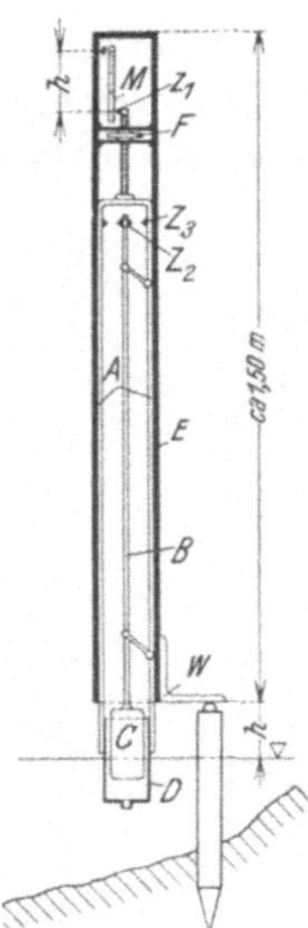

Abb. 20. Hydrometrische Nivellierlatte nach F. SCHAFFERNAK.

A verschiebbarer Rahmen, B Gestänge, C Schwimmer, D Beruhigungsgefäß, E Gehäuse, F Stellschraube, M Maßstab für h, W Auflagewinkel, Z_1, Z_2, Z_3 Zeiger.

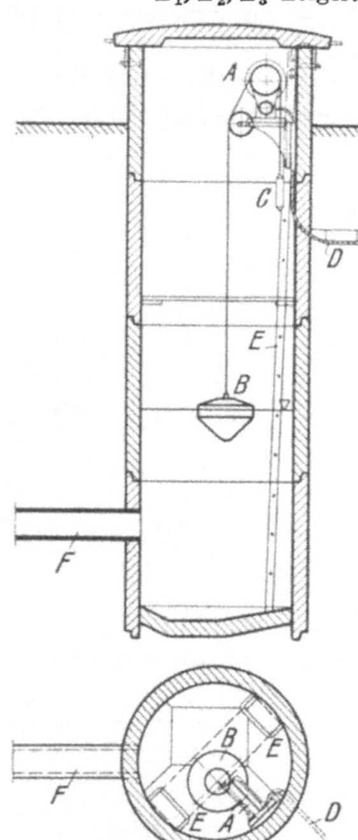

Abb. 22. Schwimmerschacht eines elektrischen Fernpegels nach A. OTT-Kempten.

A Geber, B Schwimmer, C Gegengewicht, D Fernleitung, E Steigleiter, F Verbindungsrohr.

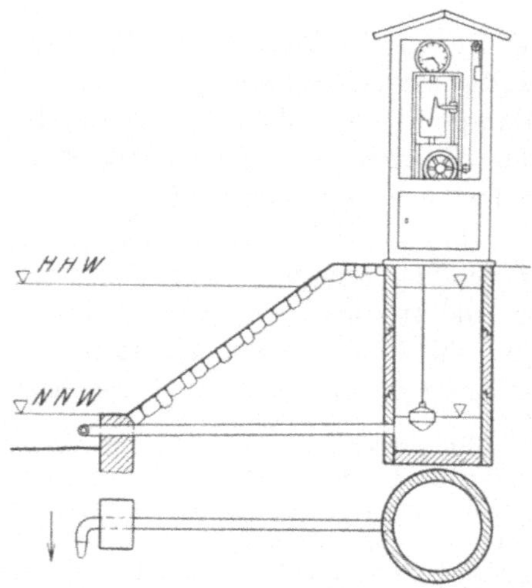

Abb. 21. Anordnung eines Schreibpegels in hölzernem Schutzhäuschen, Schwimmerschacht mit tiefliegendem Verbindungsrohr zum Wasserlauf.

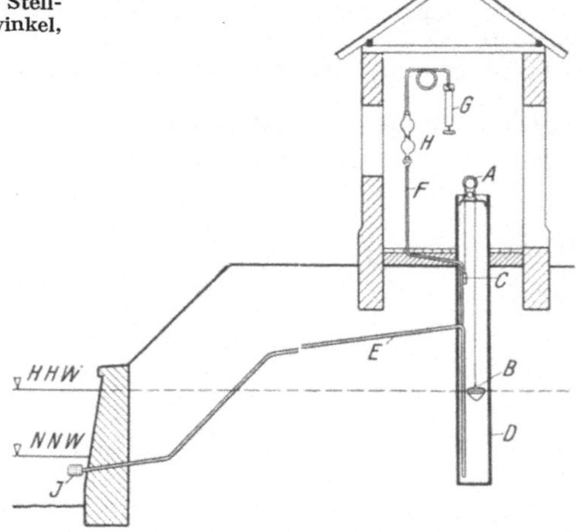

Abb. 23. Anordnung eines Fernpegels in gemauertem Schutzhäuschen, Schwimmerschacht mit hochgeführter Heberleitung vom Wasserlauf.

A Geber, B Schwimmer, C Gegengewicht, D Schwimmerschacht, E Heberleitung, F Saugleitung. G Luftpumpe, H Luftabscheider, J Seiher.

Übersetzungsverhältnis auf einem Registrierpapier als Ganglinie des Wasserstandes, das *Limnigramm*, aufzeichnet.

Der Antrieb der Schreibtrommel erfolgt durch ein Federuhrwerk oder ein elektrisches Uhrwerk. Die Schwimmerschnur darf von Temperatur und Feuchtigkeit nur wenig beeinflußt werden. Die Trägheitswirkungen der bewegten Massen des Schwimmers und des die Lagerreibung überwindenden Gegengewichtes verursachen Konstruktionsschwierigkeiten. Es werden die verschiedensten Typen hergestellt: tragbare und ortsfeste, solche mit lotrechter und waagrechter Schreibtrommel sowie Meßgeräte mit verschieden langen, auch einstellbaren Gangzeiten und Übersetzungsverhältnissen.

Für die Wartung der Schreibpegel gilt das gleiche wie für die der selbstschreibenden Niederschlagsmesser. Es ist nur noch zu beachten, daß hier breit geschriebene Limnigramme nicht nur von unsauber gehaltenen Schreibfedern, sondern auch von den kurzen periodischen Schwankungen des Wasserspiegels und von den Trägheitswirkungen des Meßgerätes herrühren können. Um gut geschriebene Limnigramme zu erhalten, muß daher auf mög-

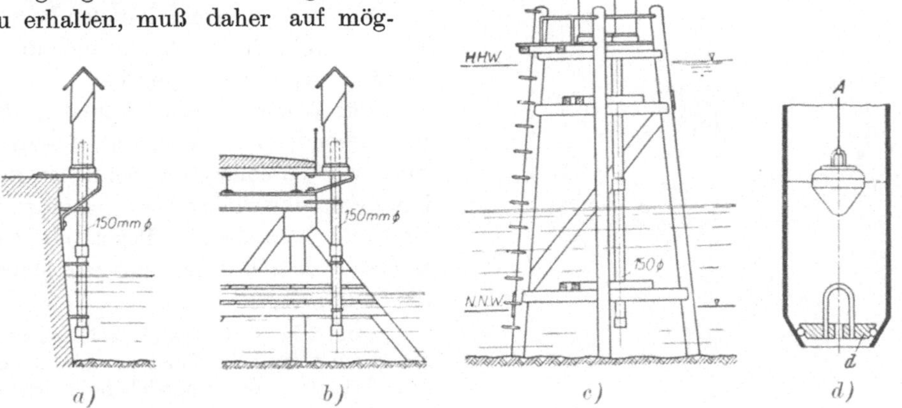

Abb. 24. Kleiner Schreibpegel mit Schwimmerrohr nach A. Ott-Kempten.
a) Befestigung an einer Ufermauer, b) Befestigung an einer Brücke, c) Aufstellung auf freistehendem Gerüst, d) unteres Rohrende mit Dämpfungseinrichtung.

lichste Dämpfung dieser Schwankungen gesehen werden. Große Schreibpegel stellt man aus diesem Grunde über Schächte, die durch enge, tiefliegende Rohre (Abb. 21 u. 22) oder durch hochgeführte Heberleitungen mit dem Flusse kommunizieren (Abb. 23). Je kleiner das Verhältnis zwischen dem Einlaßquerschnitt und jenem der Schwimmerkammer ist, desto wirksamer wird die Dämpfung. Dieses Verhältnis soll 1:200 oder weniger betragen.

Gegen Einfrieren kann der Schwimmer durch Einschütten von Mineralöl in den Schacht geschützt werden. Die Ölschichte soll größer als die stärkste Eisschichte sein. Diese Bedeckung mit Öl hat auch den Vorteil, das Aufsteigen von Wasserdämpfen aus dem Schachte und damit ein Überziehen der Metallteile mit Kondenswasser zu verhindern. Aus diesem Grunde kann bei Ölfüllung auch von einer Beheizung des Pegelhäuschens abgesehen werden.

Kleine Schreibpegel erhalten enge, an Pfählen, Ufermauern oder auf eigenen Traggerüsten befestigte Schwimmerrohre, die bis auf kleine Öffnungen im Boden verschlossen sind. Dieser Bodenverschluß soll entfernbar sein, um etwaige Schlammablagerungen beseitigen zu können. Das Schwimmerrohr muß mindestens um 4 cm größer als der Durchmesser des Schwimmers sein (Abb. 24).

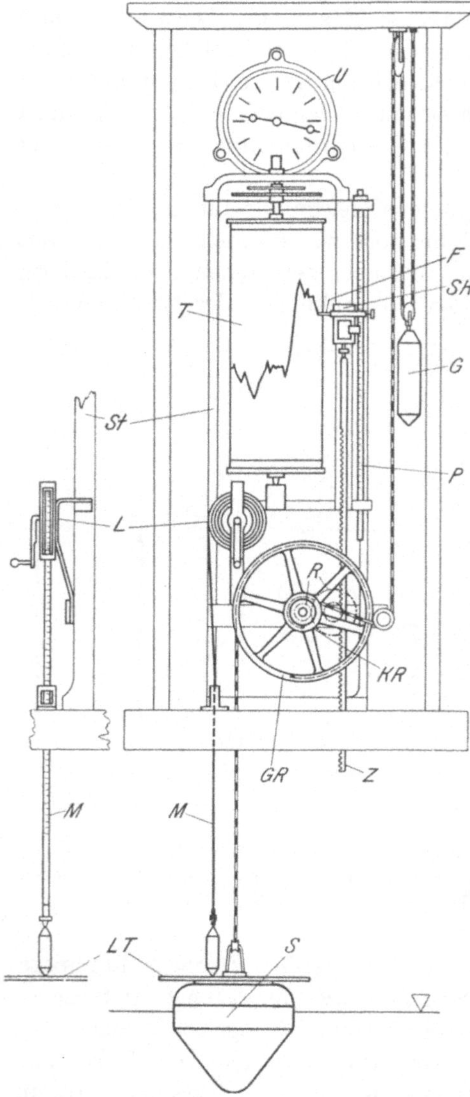

Abb. 25. Schreibpegel mit lotrechter Trommelachse nach A. OTT-Kempten ($^1/_{12}$ der nat. Größe).

U Präzisionsuhr, *T* Schreibtrommel, *F* Schreibfeder, *S* Schwimmer, *GR* großes Schwimmerrad, *KR* kleines Rad für die Schnur des Gegengewichtes, *G* Gegengewicht, *R* auswechselbare Zahnräder für verschiedene Übersetzungen, *Z* Zahnstange, *SK* Schreibkopf, *P* verjüngte Pegelteilung, *St* gußeiserner Ständer, *L* Ablotvorrichtung, *M* Maßband aus Bronze, *LT* Lotteller.

Die Schreibpegelanlage soll durch Aufstellung eines Lattenpegels ergänzt werden, der, in nächster Nähe auf gleiche Nullpunktlage gesetzt, als Kontroll- wie auch als Hilfspegel zu dienen hat.

Zum Schutze der Apparatur gegen Beschädigungen und Witterungseinflüsse pflegt man einen absperrbaren Überbau, wie ihn die Abb. 21, 23 u. 24 versinnlichen, herzustellen und die Gesamtanlage vom Ufer aus zugänglich zu machen.

Von den selbstschreibenden Pegeln sind in Abb. 25 u. 29 die gebräuchlichsten Typen wiedergegeben.

Für Wasserspiegelaufnahmen, die mit besonderer Genauigkeit durchgeführt werden sollen und bei denen auf lange Schreibperioden Wert gelegt wird, sind selbstschreibende Pegel mit *lotrechter Schreibtrommel* zu empfehlen (Abb. 25).

Sämtliche Teile des Meßgerätes sind auf einem kräftigen gußeisernen Ständer *St* in gedrängter, aber übersichtlicher Form gelagert. Der Antrieb der Uhr *U* sowie der Schreibtrommel *T* erfolgt durch ein gemeinsames Federwerk. Die Gangzeit beträgt gewöhnlich einen Tag bis einen Monat, kann jedoch auch verlängert werden. Unterhalb der Trommel befinden sich das Schwimmerrad *GR* und auswechselbare Zwischenräder *R*, wodurch eine Änderung des Übersetzungsverhältnisses von 1 : 1 bis 1 : 20 hergestellt werden kann. Neben der Trommel sind die Führung des Schreibkopfes *SK* und eine verjüngte Pegelskala *P* angebracht. Der Schreibkopf samt Schreibfeder *F* wird durch die Zahnstange *Z* oder einen Drahtzug bewegt. Oberhalb des Schwimmerrades ist eine Ablotvorrichtung *L* mit Bronzemaßband *M* angeordnet, mit welcher durch Absenkung des Lotes bis zum Lotteller *LT* des Schwimmers die Richtigkeit der Pegelaufschreibung überprüft werden kann.

Eine Verbesserung der Schreibvorrichtung kann durch Zwischenschaltung eines *Umkehrschreibwerkes* (Abb. 26) erreicht werden. Hierdurch werden die Wasserstandsspitzen a', b' usw., die sonst über das Registrierpapier hinausfallen, nach innen, nach a, b usw., umgeklappt. Dies wird durch eine Schneckenspindel mit rechts- und linksgängigem Gewinde erreicht, die an den Enden schleifenförmig ineinander übergehen und damit den Schreibhebel in seiner Bewegungsrichtung umkehren. Die umgeklappten Limni-grammabschnitte erkennt man an dem paarweisen Auftreten scharfer Spitzen an der Randlinie. Bei dieser Ausführung des Schreibpegels ist seine Meßhöhe unbegrenzt.

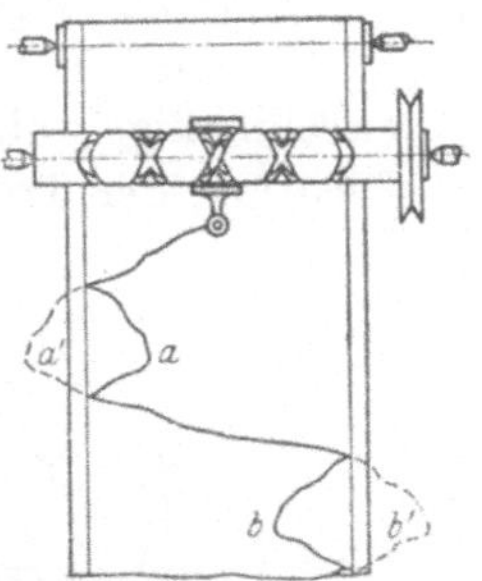

Abb. 26. Umkehr-schreibwerk nach A. Ott-Kempten.

Der vorstehend beschriebene Schreibpegel kann noch eine mannigfache Ausgestaltung erhalten. Zeitmarken befreien die Aufschreibungen vom Papierschwund. Diese Fehlerquelle kann auch dadurch ausgeschaltet werden, daß man die Aufzeichnung statt auf Registrierpapier durch Einritzen auf einer mit schwar-zem Lacke gestrichenen Trommel festlegen läßt. Besonders lange Schreibperioden, bis zu 6 Monaten auf einer Trommel, gewinnt man durch mehrfache Trommelumdrehungen und selbsttätigen, stetigen Verschub der Schreibtrommel (Abb. 27) oder ruckwei-sen Verschub des Schreibkopfes (Abb. 28). Hierbei wird die Aufzeichnung in Form von ineinander bzw. übereinander liegenden Linienzügen erhalten, die nach den zugehörigen Grundlinien geordnet erscheinen. Außerdem können auf ein und

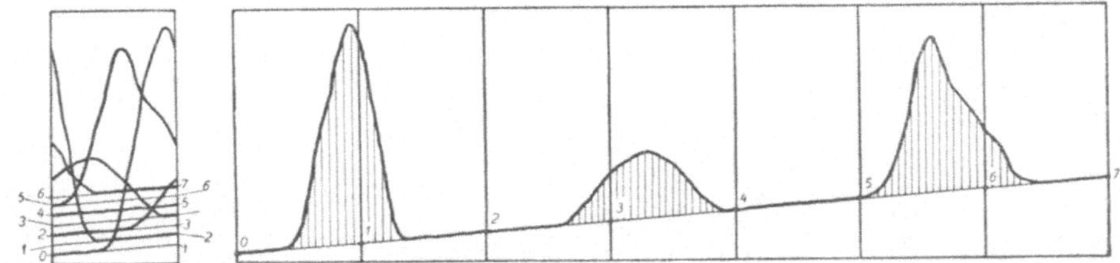

Abb. 27. Limnigramm eines Schreibpegels mit mehrmaliger Umdrehung und gleich-zeitigem stetigem Verschube der Schreibtrommel (A. Ott).

derselben Trommel synchrone Aufschreibungen mehrerer Vorgänge erfolgen: z. B. Schwankungen des Oberwassers, Unterwassers und des absoluten Gefälles einer Wasserkraftanlage oder der Stellung der Leitschaufeln mehrerer Turbinen.

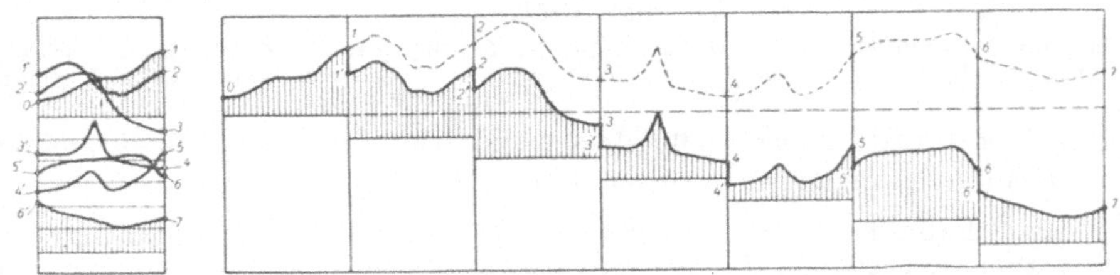

Abb. 28. Limnigramm eines Schreibpegels mit mehrmaliger Trommelumdrehung und ruckweisem Verschube des Schreibkopfes (A. Ott).

Sekundenkontaktwerke mit rasch laufenden Schreibtrommeln bis zu einigen Minuten Umlaufzeit werden der normalen Ausführung hinzugefügt, eine Anord-nung, die vornehmlich für wissenschaftliche Untersuchungen Bedeutung hat. Ebenso lassen sich Zusatzeinrichtungen mit verhältnismäßig mechanisch ein-facher Ausführung angliedern, die neben dem Wasserstand auch die Durchflußmenge aufzeichnen oder bei denen überdies noch die Wasserstände oder die Durchflußmengen summiert werden.[1]

Für die Aufschreibung sehr großer Wasserspiegelschwankungen, wie etwa in Staubecken, sind selbstschreibende Pegel mit *waagrechter Schreibtrommel* zweckmäßig, wobei der Wasserstand am Trommelumfange und die Zeit in der Richtung der Trommelachse verzeichnet werden (Abb. 29). Die Trommel kann

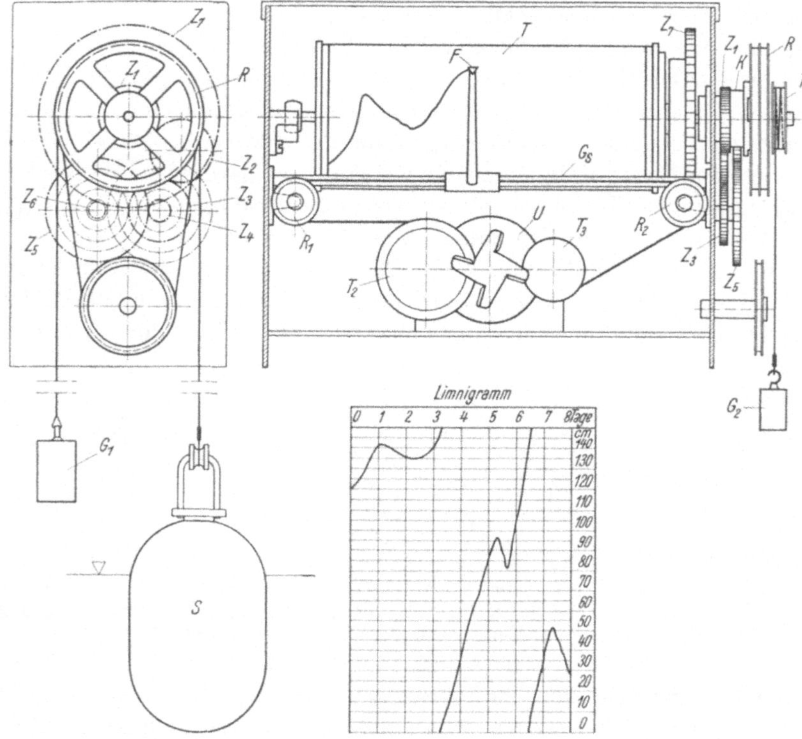

Abb. 29. Schreibpegel mit waagrechter Trommelachse nach A. OTT-Kempten ($^1/_5$ der nat. Größe).

S Schwimmer, R Antriebsrolle, G_1, G_2 Gegengewichte, K Kupplung, Z_1—Z_7 Zahnräder, T Schreibtrommel, F Schreibfeder, G_s Gleitschiene, U Uhrwerk, T_1—T_3 Schnurtrommeln, R_1, R_2 Rollen.

sich nach beiden Richtungen endlos drehen und es können daher auch die größten Wasserstandsschwankungen in einem großen Maßstabe aufgezeichnet werden.

Vom Schwimmer S läuft die Schwimmerschnur über die zweirillige Antriebsrolle R zum Gegengewicht G_1. Die Antriebsrolle R steht mittels der Kupplung K über ein Zahnrädergetriebe Z_1 bis Z_7 mit der Schreibtrommel T in fester Verbindung. Durch wahlweise Einschaltung der Zwischenzahnräder Z_4 und Z_5 kann man Verkleinerungen in den Aufzeichnungen des Wasserstandes mit den Verhältnissen 1 : 20, 1 : 10, 1 : 5 und 1 : 2 erreichen. Bei Rechtsverschiebung der Kupplung K wird die Rolle R in unmittelbaren Eingriff mit der Trommelachse gebracht und damit die Übersetzung 1 : 1 erzielt.

Das Gewicht G_2 ist mit dem Gewichte G_1 sowie dem Schwimmer ausgeglichen und dient zur Aufhebung des toten Ganges im Zahnrädergetriebe. Die Schreib-

---

[1] Etwa Ausführungen nach A. OTT-Kempten oder A. AMSLER-Schaffhausen.

feder F gleitet auf der Schiene Gs von links nach rechts und wird durch einen Schnurzug vom Uhrwerk U über die Schnurtrommel T_2, die Rollen R_1 und R_2 und die
gefederte Schnurtrommel T_3 angetrieben. Durch ein Wechselrädergetriebe kann
wahlweise ein Vorschub der Schreibfeder von 6,0, 1,0 und 0,25 mm in der Stunde, entsprechend den durch die Trommellänge gegebenen Ablaufzeiten von 32 Stunden,
8 und 32 Tagen eingestellt werden.

Abänderungen und Vereinfachungen der beschriebenen ortsfesten Schreibpegel führen zu Typen, die bei geringerer Genauigkeit den Vorteil größerer Handlichkeit aufweisen. Die tragbaren Ausführungen mit lotrechter und waagrechter
Trommellagerung und geringen nutzbaren Trommelhöhen bis herunter zu
20 cm können ebensosehr für Wasserstandsaufzeichnungen in offenen Gewässern
als auch für Grundwasserbeobachtungen dienen. Der Abschluß der mechanischen Einrichtungen läßt sich auch
bei kleinsten Ausmaßen staub- und
insektenfrei ausführen (Abb. 30).

Fernpegel. Die besprochenen
Schreibpegel leisten, jedes System
in seiner Art, für die Festlegung des
Limnigrammes und damit für die
Analyse des Wasserstandsverlaufes
ausgezeichnete Dienste. Im Betriebe von Wasserkraftanlagen, aber
vor allem in der Wasserstandsvorhersage, wird überdies noch die
rascheste Vermittlung des jeweiligen
Pegelstandes auf mehr oder weniger

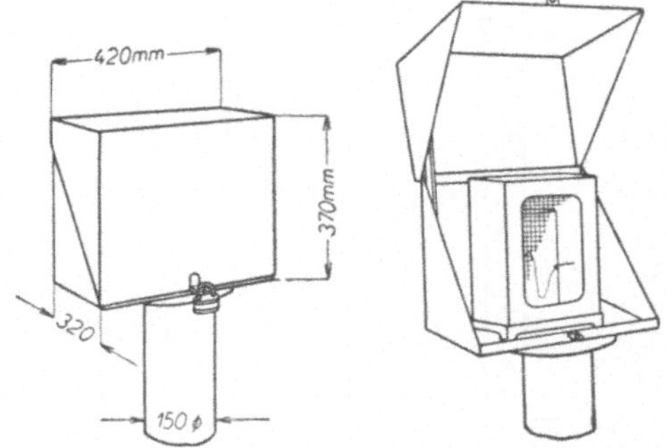

Abb. 30. Eisernes Schutzgehäuse für tragbare
Schreibpegel nach A. OTT-Kempten.

große Entfernungen verlangt. Dieser Forderung kommen selbsttätig arbeitende
Wasserstands-Fernmeldeanlagen, sogenannte Fernpegel, nach.

Solche Fernmeldeanlagen bestehen grundsätzlich aus einem *Geber*, einer
Einrichtung die an Ort und Stelle die Wasserstandsänderungen mißt, einer
Fernleitung, die auf mechanischem, hydraulischem, pneumatischem oder elek-
trischem Wege diese Änderungen über größere Entfernungen überträgt und aus
einem oder mehreren *Empfängern*, die wiederum die Meldungen an Anzeige- oder
Schreibgeräten versinnlichen.

Die mechanische Übertragung erfolgt durch Schnur- oder Drahtzug, mit dem
man die Schwimmerbewegung bis auf etwa 30 m Entfernung zum Anzeigewerk
überleiten kann (Abb. 15).

Bei den hydraulischen Fernpegeln wird das Prinzip der kommunizierenden
Gefäße angewendet, wobei als Verbindungsleitung zwischen dem Gerinne und dem
Schachte des Pegels ein enges Rohr verwendet wird. Dieses Verbindungsrohr, das
demnach die hydraulische Fernleitung darstellt, ist entweder tief verlegt (Abb. 21
u. 22) oder zwecks Vermeidung größerer Aushubarbeiten als ein in frostfreier
Tiefe eingebautes Heberrohr ausgebildet (Abb. 23). Die hydraulische Übertragung
ist nur auf geringe Entfernung anwendbar und dient oft nur als Vorstufe für eine
anschließende weitreichende elektrische Übertragung der Wasserstände (Abb. 22).

Mit der pneumatischen oder Druckluftübertragung können Übertragungs-
entfernungen bis etwa 300 m erreicht werden.

Bei der pneumatischen Übertragung wird gewöhnlich an Stelle des Schwimmers im Schwimmerschachte eine Luftglocke a aus Kupfer benützt, die unbedingt tiefer als der niedrigste Niederwasserspiegel zu liegen kommen muß. Ein dickwandiges Bleirohr b von 3 bis 4 cm lichter Weite, das wegen der Temperatureinflüsse möglichst tief in den Boden zu verlegen ist, stellt die Fernleitung dar und verbindet die Pegelstelle mit dem Empfangsgerät. Dieses besteht entweder aus einem genau ablesbaren Quecksilbermanometer g, einem Ablesezifferblatt oder einem Selbstschreiber (Abb. 31). Erfolgt · der Empfang durch ein Quecksilbermanometer, dann wird die Tiefenlage Δh der Luftglocke im Maßstabe

$$1 : \frac{\gamma_q}{\gamma_w} \quad \text{übertragen.[1]}$$

Die Fernleitung ist etwa alle vier Wochen mit Luft aufzufüllen, wofür eine Druckluftpumpe f vorgesehen ist. Um zu verhindern, daß feuchte Luft, die Veranlassung zu Kondenswasserbildung geben könnte, in die Fernleitung eingepumpt wird, ist vor die Luftpumpe eine Schwefelsäurevorlage eingebaut, in welcher die eingesaugte Luft getrocknet wird. Beim Selbstschreiber wird die Bewegung der Quecksilberkuppe des Manometers mit Hilfe eines Glasschwimmers i und einer Schreibfeder k auf das Registrierpapier l übertragen.

Eine andere Druckluftübertragungseinrichtung arbeitet nach folgendem Grundsatze (Abb. 32). Das eine Ende des

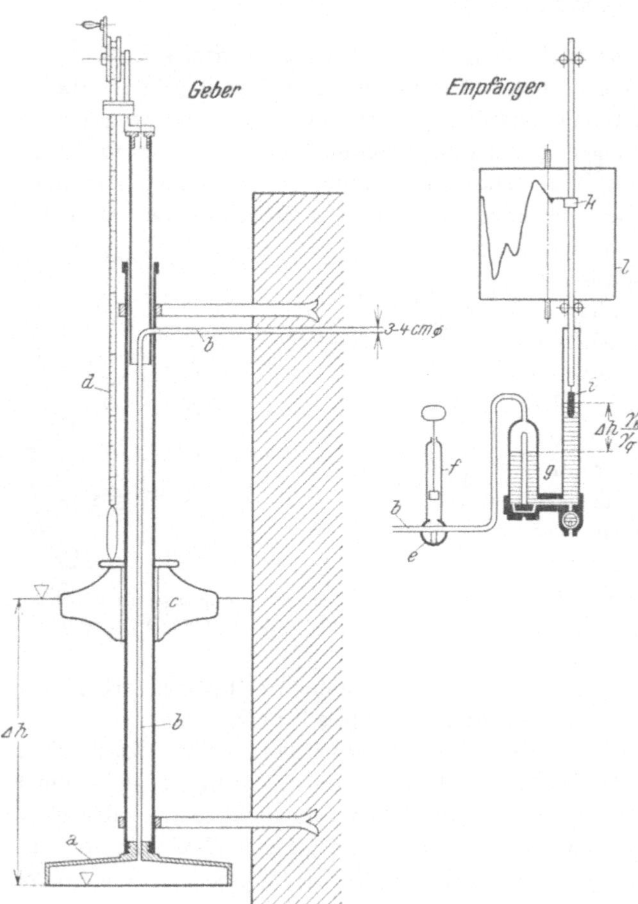

Abb. 31. Druckluft-Fernpegel nach R. Fuess-Berlin-Steglitz.

a Luftglocke, b Druckluft-Rohrleitung, c Schwimmer, d Ablotvorrichtung, e Dreiwegehahn, f Luftpumpe, g Quecksilber-Manometer, i Schwimmer aus Glas, k Schreibkopf mit Schreibfeder, l Schreibtrommel.

schmiedeisernen Fernleitungsrohres R taucht an der Stelle A, an der die Höhenlage des Wasserspiegels erhoben werden soll, mindestens 20 cm tief in das Wasser ein, während das andere Ende an den Empfänger, einen kleinen Schwimmerbehälter C, angeschlossen ist. Eine kleine Luftpumpe P preßt ununterbrochen Luft in das Fernleitungsrohr R ein, die fortwährend am Rohrende A austritt. Aus diesem Grunde wird der Überdruck der Luft in der Leitung durch die Wassersäulenhöhe Δh an der Eintauchstelle gemessen. Im Schwimmerbehälter taucht die Luftglocke G, deren Luftraum

---

$$1 \quad \frac{\gamma_q}{\gamma_w} = \frac{\text{Einheitsgewicht des Quecksilbers}}{\text{Einheitsgewicht des Wassers}}.$$

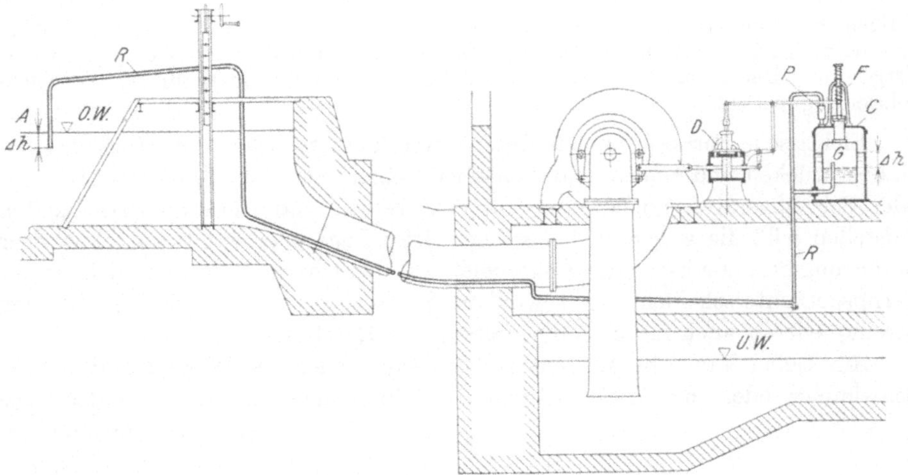

Abb. 32. Druckluft-Fernpegel mit selbsttätiger Wasserspiegelhaltung nach J. M. Voith-St. Pölten.

A Meßstelle, *R* schmiedeisernes Fernleitungsrohr, *C* Schwimmerbehälter, *P* Luftpumpe, *F* Schraubenfeder, *D* Turbinenregler, *G* Luftglocke.

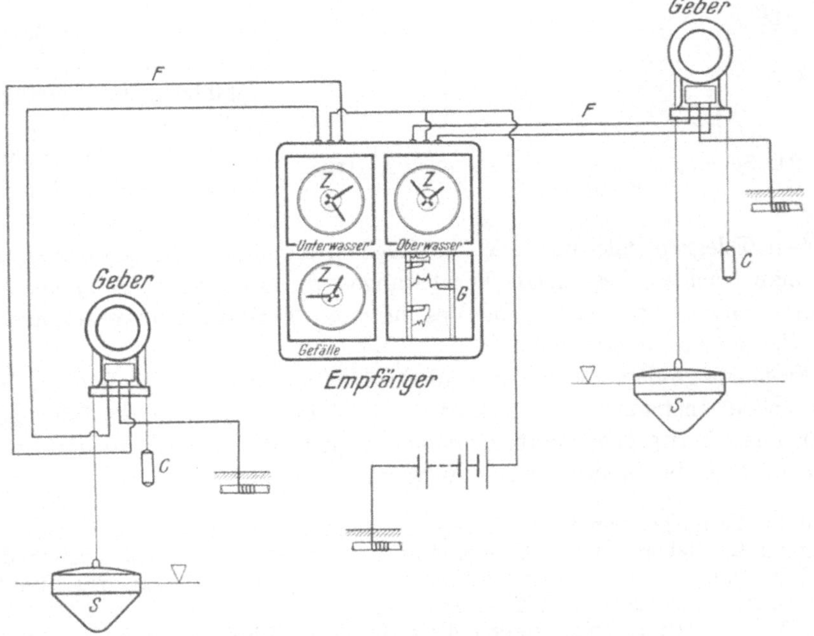

Abb. 33. Schaltbild eines elektrischen Fernpegels mit Dreifachschreiber und drei Zeigerwerken nach A. Ott-Kempten.

C Gegengewicht, *F* Fernleitung, *G* Schreibgerät, *S* Schwimmer, *Z* Zeigerwerke.

mit der Fernleitung in Verbindung steht, in das Wasser ein. Dem mit der Eintauchtiefe Δh des Rohrendes A wechselnden Auftriebe der Glocke wirkt die Schraubenfeder F entgegen, so daß die Glocke genau mit dem Wasserspiegel an der Meßstelle auf und ab geht.

Die beschriebene Ausführung eines pneumatischen Fernpegels eignet sich vor allem in Verbindung mit dem Geschwindigkeitsregler einer Turbine zur selbsttätigen Haltung des Oberwasserspiegels einer Wasserkraftanlage. In Abb. 32 ist eine derartige Einrichtung im Zusammenbaue mit dem Regler D einer Spiralturbine dargestellt. Das Fernleitungsrohr wird dabei zweckmäßig innerhalb der Turbinenrohrleitung verlegt.

Elektrische Fernpegel finden dort Verwendung, wo sehr große Entfernungen zu überbrücken sind und wo man von einer Meßstelle aus eine Reihe von Anzeige- oder Schreibgeräten synchron in Tätigkeit setzen und diese an Örtlichkeiten aufstellen will, die wegen zu hoher oder tiefer Lage oder wegen zu schwieriger Zuführung für andere Systeme ungeeignet sind. Die einzelnen Systeme elektrischer Fernpegel unterscheiden sich sowohl in der Art des Gebers, der elektrischen Stromquelle als auch in der Ausgestaltung des Empfängers.

Am Geber kann die Wasserstandsänderung oder der Wasserstand mittels Schwimmer oder mit Hilfe elektrischer Widerstände gemessen werden. Die Fernübertragung sowie der Betrieb des Gebers und Empfängers kann mit Stark- oder Schwachstrom, mit Gleich- oder Wechselstrom erfolgen und es erfahren hiernach die elektrischen Apparate mit Rücksicht auf die Sicherheit des Betriebes eine besondere Ausbildung. Zur Verringerung der Kosten wird oft an Stelle der verläßlicheren in der Erde verlegten Kabelleitung eine Freileitung nach Art der

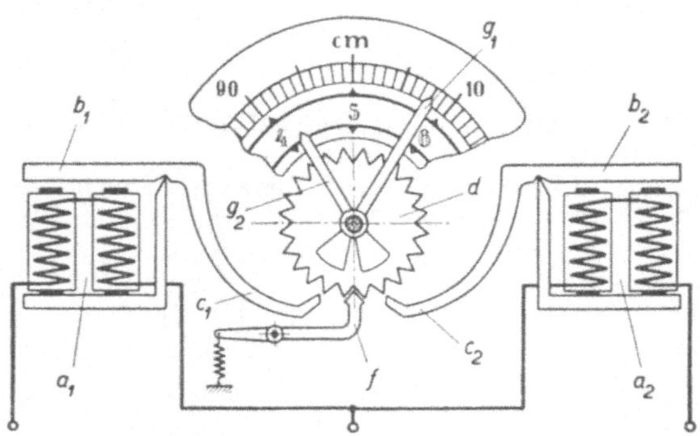

Abb. 34. Schema eines Zeigerwerkes nach A. Ott-Kempten.

üblichen Telegraphenleitung mit der Rückleitung durch die Erde ausgeführt, oder man trachtet, bestehende Fernleitungen des staatlichen Fernsprech- oder Telegraphenverkehres oder jene des privaten Fernsprechverkehres mietweise zum Gebrauche zu erhalten.

Fast jede größere mechanische Werkstätte, die sich mit dem Bau von hydrographischen Instrumenten beschäftigt, hat eine besondere Ausführung von elektrischen Fernpegeln herausgebracht, die jede für sich Eigenheiten und für gegebene Fälle besondere Vorteile aufweist.

Beim Fernpegel von A. Ott-Kempten erfolgt die Übertragung der Schwimmerbewegung im Geber auf das Anzeigegerät stufenweise. Nach einer Lagenänderung der Schwimmer S um einen bestimmten Betrag, 1 bis 10 cm, wird im Geber ein Kontakt angeschlagen und hierdurch ein Stromstoß in die Fernleitung F geschickt (Abb. 33). Im Empfänger werden dann durch die Elektromagnete a_1 und a_2 der Zeiger g_1 der Anzeigegeräte oder die Schreibfedern der Schreibgeräte maßstäblich verstellt (Abb. 34).

Von der genannten Erzeugungsstätte werden zentrale Empfängeranlagen hergestellt, in denen bis zu 10 Zeigerwerke und Schreibeinrichtungen vereinigt sind, so daß sich die mannigfachsten Möglichkeiten zur Anpassung an die gegebenen Verhältnisse in der Natur ergeben.

Die Fernleitung kann noch zur Übertragung von Alarmsignalen bei Erreichung gewisser kritischer Pegelstände oder zum Anschlusse von Betriebsfernsprechern Verwendung finden.

Bei sehr großer Entfernung zwischen Geber und Empfänger muß ein Relais
eingeschaltet werden, um mit geringen Spannungen, die man zwischen 6 und 12 Volt
zu halten sucht, auszukommen. Mit Hilfe von polarisierten Doppelrelais ist es möglich, den Empfänger mit nur einer Drahtleitung zu betreiben. Als beste Fernleitung
ist ein in die Erde verlegtes zweiadriges Kabel anzusehen. Der Betrieb erfolgt mit
Gleichstrom, entnommen einer Akkumulatorenbatterie, einer Batterie von Naß-

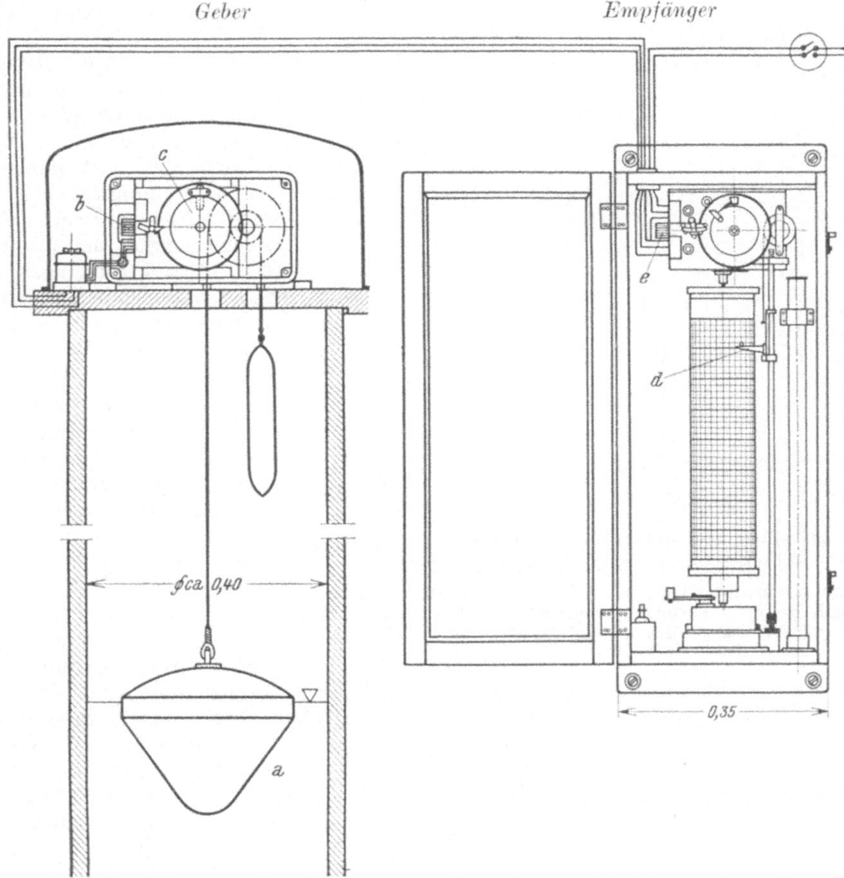

Abb. 35. Elektrischer Fernpegel nach A. AMSLER-Schaffhausen.
a Schwimmer, *b*, *e* Synchron-Wechselstrommotor, *c* Steuerscheibe, *d* Schreibstift.

oder Trockenelementen oder einer Lichtleitung mit Zwischenschaltung eines Re-
duktors zur Herabsetzung der Spannung. Bei der Entnahme aus einer Wechsel-
stromleitung muß ein Gleichrichter eingeschaltet werden. Im allgemeinen ist der
Stromverbrauch sehr gering; er beträgt bei der größten zulässigen Kontakthäufig-
keit nur 40 Wattstunden im Monate.

Der Fernpegel von A. AMSLER-Schaffhausen arbeitet ebenfalls mit einem
Schwimmer *a*, der an einem dünnen Drahtseil aufgehängt ist, das den Mechanismus des Gebers betätigt (Abb. 35). Dieser Mechanismus besteht aus einem
kleinen Synchron-Wechselstrommotor *b*, der mit gleicher Drehzahl eine Scheibe *c*
in Bewegung setzt. Hierdurch wird eine Reihe von weiteren Betätigungen ausgelöst
und schließlich je nach dem Stande des Schwimmers zu verschiedenen Zeiten einer
Umdrehung der Scheibe *c* der Einphasen-Wechselstromkreis von 220 Volt Spannung
unterbrochen.

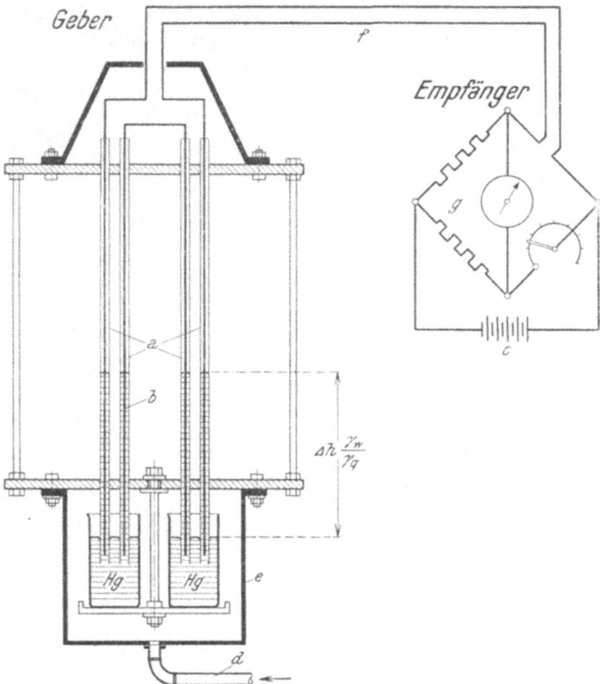

Abb. 36. Elektrischer Wasserstands-Fernanzeiger ohne
Schwimmer nach O. A. Ganser-Wien.

a kommunizierende Glasrohre, *b* Widerstandsdraht, *c* Akkumulatorenbatterie, *d* Verbindungsrohr zur Meßstelle, *e* Behälter,
mit Wasser gefüllt, *f* Fernleitung, *g* Meßbrücke.

Der Empfänger besitzt eine Einrichtung, die alle 5 Minuten einen Schreibstift *d* mit gleichförmiger Geschwindigkeit an der Schreibtrommel entlang in die Höhe hebt und dann wieder herabfallen läßt. Das Heben des Schreibstiftes in die der Wasserspiegellage entsprechende Höhe erfolgt mittels eines dem im Geber verwendeten gleichgebauten Synchrom-Wechselstrommotors *e*. Das Limnigramm ist infolge dieses ruckweisen Aufzeichnungsvorganges aus kurzen, etwa 1 mm langen, lotrechten Strichelchen zusammengesetzt, die aber schließlich als einheitliche Linie erscheinen.

Die Motore des Gebers und Empfängers laufen synchron mit der Periodenzahl des Wechselstromnetzes, an welches sie angeschlossen sind. Nach je 5 Minuten findet eine selbsttätige Synchronisierung der Übertragungseinrichtungen statt, so daß Störungen sofort richtiggestellt werden. Es muß noch ausdrücklich darauf hingewiesen werden, daß dieser Fernschreibpegel nicht die Wasserstandsänderungen vermittelt, wie etwa der oben besprochene Fernpegel von A. Ott, sondern den Wasserstand selbst überträgt, wodurch vermieden wird, daß sich ein Fehler fortpflanzen kann.

Werden Geber und Empfänger an ein und dasselbe Wechselstromnetz angeschlossen, dann genügt eine einzige Verbindungsleitung. Ist der Anschluß an das Netz nur an einer Station möglich, dann müssen drei Verbindungsleitungen geführt werden. Beträgt die Länge der Fernleitung mehr als 30 km, dann läßt sich die Übertragung auch mit Hochspannung bewerkstelligen. Der Stromverbrauch des Gebers beträgt ungefähr 30 Watt.

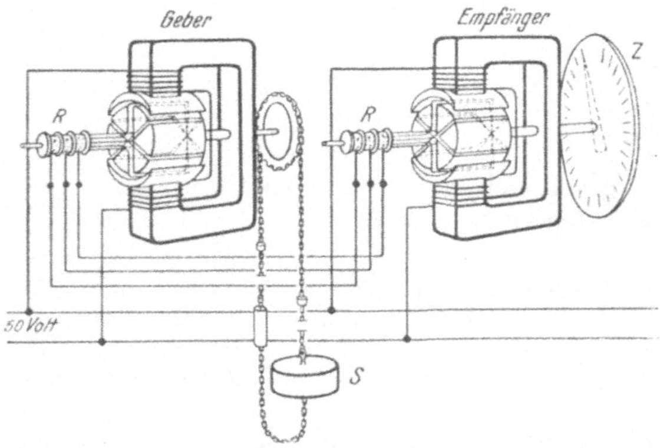

Abb. 37. Wasserstands-Fernmelder nach Siemens
& Halske-Berlin.

R Schleifringe, *S* Schwimmer, *Z* Anzeigegerät.

Der elektrische Wasserstands-Fernanzeiger von O. A. Ganser-Wien hat als Geber eine Anzahl von kommunizierenden Glasröhren *a*, die zum Druckausgleiche der Wassersäule Δh an der Meßstelle eine Quecksilberfüllung erhalten, wodurch sich die Ablesehöhe $\Delta h \frac{\gamma_w}{\gamma_q}$ einstellt (Abb. 36). In den Glasröhren ist ein geeigneter elektrischer Widerstandsdraht b eingebaut, der je nach der Höhenlage des Wasserstandes mehr oder minder tief in das Quecksilber eintaucht und damit dem Durchgange eines elektrischen Stromes verschieden großen Widerstand leistet. Diese Widerstandsdrähte sind durch eine zweiadrige Fernleitung f mit dem Empfänger verbunden.

Der Empfänger besteht dem Wesen nach aus einer elektrischen Meßbrücke g, welche den Widerstand der aus dem Quecksilber herausragenden Teile der Meßdrähte mißt und damit einen Schluß auf die Länge dieser Teile und schließlich auf die Höhenlage des Wasserspiegels im Pegelprofile zuläßt. Dieser Fernanzeiger gibt demnach ebenfalls den Wasserstand und nicht die Wasserstandsänderung an.

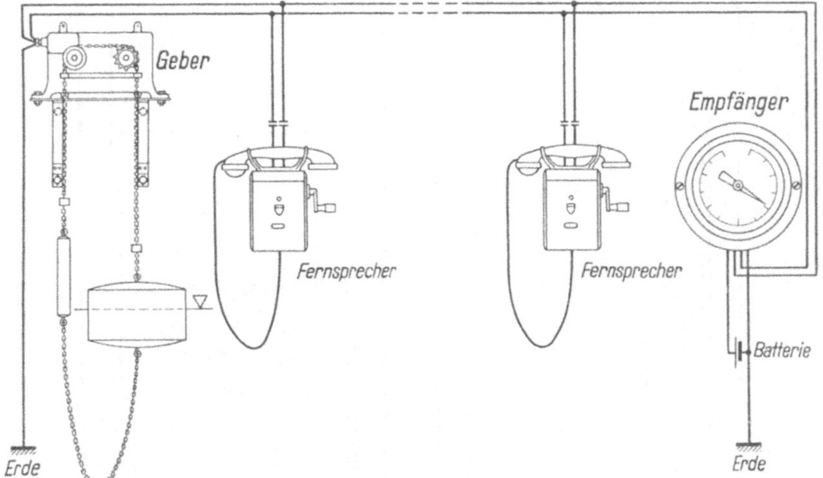

Abb. 38. Fernsprecheinrichtung zum Betriebe auf den Leitungen einer Wasserstands-Fernmeldeanlage nach SIEMENS & HALSKE-Berlin.

Voraussetzung für ein genaues Arbeiten der Meßeinrichtung ist in erster Linie ein Widerstandsdraht mit durchwegs gleichem Einheitswiderstand, eine Bedingung, die erfahrungsgemäß genau genug erfüllt werden kann. Der Empfänger besitzt zur elektrischen Widerstandsmessung ein Galvanometer und drei Zeiger, die Meter, Dezimeter und Zentimeter anzeigen und die so lange gedreht werden, bis das Galvanometer wieder auf den Nullpunkt seiner Einteilung weist. Aus der Zeigerstellung kann dann der Wasserstand auf 2 bis 5 cm genau abgelesen werden. Zum Betriebe wird Gleichstrom von 10 Volt Spannung benötigt, den man am besten einer Akkumulatorenbatterie c entnimmt. Die erreichbare Übertragungsentfernung ist praktisch unbegrenzt.

Der Wasserstands-Fernmelder von SIEMENS & HALSKE-Berlin arbeitet nach dem Drehfeldsystem (Abb. 37).

Geber und Empfänger besitzen zwischen Magnetfeldern ruhende Anker, die mit drei um 120° versetzten Spulen bewickelt sind. Die Verbindungsstellen der Spulen sind an isolierte Schleifringe R angeschlossen, die auf den Ankerwellen sitzen. Ein durch die Magnetwicklung geschickter Wechselstrom induziert in den drei Ankerspulen des Gebers wie des Empfängers Spannungen, deren Größe von der Lage der Wicklungsebenen zur Richtung des magnetischen Feldes abhängt. Haben beide Anker die gleiche Lage zur Feldrichtung, dann sind die in ihnen entstehenden elektromotorischen Kräfte gleich und damit die Ankerleitungen stromlos. Wird die Geberachse durch Heben oder Senken des Schwimmers S gedreht und dadurch

ihre Lage zur Feldrichtung geändert, so entstehen Ströme, durch deren Wirkung
die Ankerachse des Empfängers in gleicher Weise wie die des Gebers gedreht wird.
Der Empfänger folgt also den geringsten Bewegungen des Gebers und zeigt den
Wasserstand in verjüngtem Maßstabe auf einem Zifferblatte z, in einem Lichtbande,
oder er zeichnet ihn auf einem ablaufenden Papierstreifen auf.

Geber und Empfänger sind für gewöhnlich durch fünf Leitungen zu verbinden.
Es genügen jedoch auch drei Leitungen, wenn Geber und Empfänger an das gleiche
Netz angeschlossen sind.

Die Leitungen des Fernpegels für den Arbeitsstrom können, ohne den Betrieb
des Meßgerätes zu beeinflussen, auch für Signaleinrichtungen oder für den Fern-

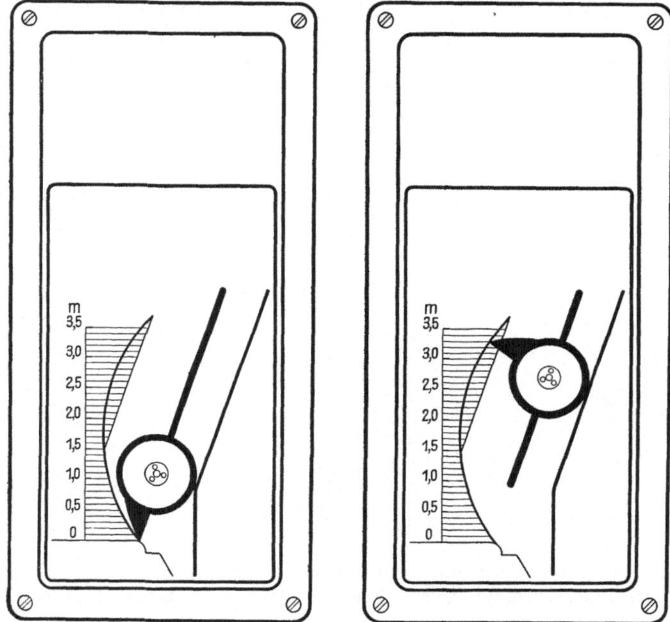

Abb. 39. Stellungsanzeiger für ein Walzenwehr nach Siemens & Halske.

sprechverkehr, der namentlich beim Nachprüfen der Leitungsanlage gute Dienste
leistet, verwendet werden (Abb. 38).

Das vorbeschriebene Meßgerät eignet sich namentlich für Betriebsanlagen mit
großen, plötzlich auftretenden Wasserspiegelschwankungen, wie bei Schiffahrts-
schleusen oder Wasserkraftwerken.

Die Antriebsmotore von Schleusentoren, Wehrverschlüssen usw. werden
häufig von entfernt gelegenen Stellen, etwa von der Schalttafel des Kraftwerkes
aus, betätigt, so daß es dem Wärter möglich ist, die Bewegungen der im
Betrieb befindlichen Einrichtungen an der Bedienungsstelle verfolgen zu können.
Dann ist es zweckmäßig, den Empfänger des Wasserstands-Fernmelders mit
einem sogenannten *Stellungsanzeiger* zu vereinen, der eine gleichlaufende, sinn-
bildliche Darstellung des fernzusteuernden Betriebsteiles vermittelt.

In Abb. 39 ist beispielsweise der Stellungsanzeiger für ein Walzenwehr wiedergegeben. Die Walze mit dem Stauschild ist in schematischer Darstellung abgebildet.
Das zu stauende Oberwasser hat man sich links von der Walze, das Unterwasser
rechts vorzustellen. Beim Öffnen des Wehres beschreiben Walze und Stauschild

eine drehende Bewegung, die beide im Stellungsanzeiger versinnlicht werden, wobei
das Bild der Spitze des Stauschildes den auf der verjüngten Pegelteilung dargestellten
Linienzug beschreibt.

Stechpegel. Dieses Meßgerät dient zur besonders genauen Festlegung der
Wasserspiegellage. Es gibt Abstichmaße, die mit eigens geformten Abtastenden und
genau arbeitenden Einstellvorrichtungen, wie auch unter Umständen mit Verwendung von Dämpfungsvorrichtungen abgenommen werden. In Verbindung
mit Vorrichtungen zur genauen Einmessung der Grundrißlage des Meßpunktes
ist der Stechpegel ein wichtiges Meßgerät der wasserbaulichen Versuchsanstalten,
doch findet er auch bei Meßwehren in der Natur Verwendung.

Bei stehendem Wasser kommen vor allem spitze Formen der Taster in
Betracht, die von unten so weit an den Wasserspiegel herangeführt werden, bis
er durchstochen wird (Abb. 40). Für be-
wegtes Wasser eignen sich die spitze wie
die flache Form des Stechpegels, der in beiden Fällen dem Wasserspiegel von oben

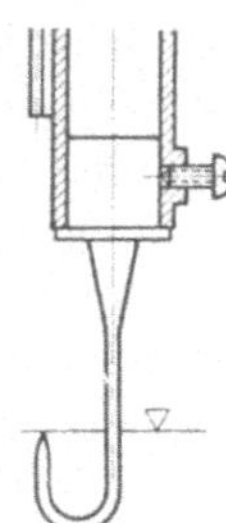

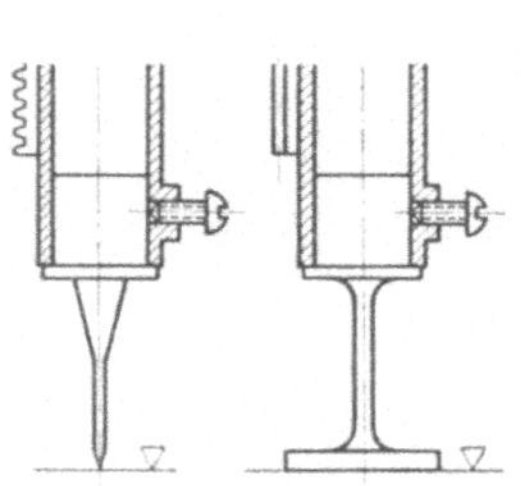

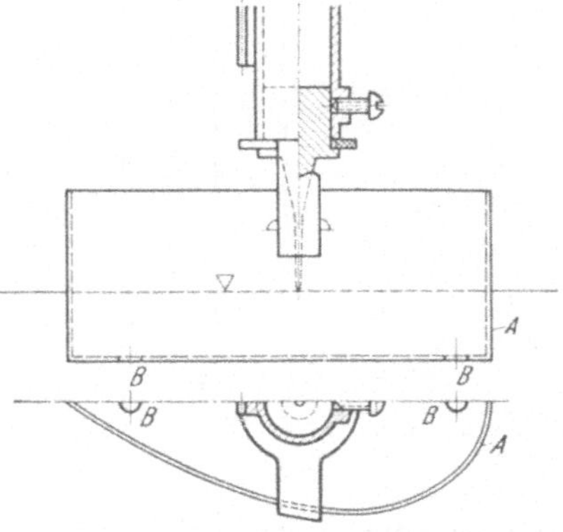

Abb. 40. Stechpegel   Abb. 41. Stechpegel   Abb. 42. Stechpegel mit einfacher Schwin-
für stehendes   für bewegtes   gungsdämpfung.
Wasser.   Wasser.
A Beruhigungsgefäß,   *B* enge Bodenöffnungen.

genähert wird (Abb. 41). Für Schwingungsdämpfung sind die in Abb. 42 und 43
dargestellten Anordnungen empfehlenswert. Die erste Anordnung ist für die Messungen gemittelter Wasserspiegellagen in Einzelpunkten geeignet und besteht
in der Einschaltung eines kleinen, stromlinienförmig ausgeführten und mit engen
Bodenöffnungen versehenen Gefäßes, das eine Beruhigung des Wasserspiegels
herbeiführen soll. Die zweite Anordnung dient zur Bestimmung der Höhenlage
gemittelter Wasserspiegelflächen größerer Ausdehnung. Diese Mittelung erfolgt
durch Ausgleichsleitungen, die kapillare Taströhrchen oder schmale Schlitze erhalten und mit dem Standrohr des Stechpegels in Verbindung stehen und die
eine hinreichende Dämpfung der leichten Schwingungen der Wasseroberfläche
im Standrohre bewirken.[1]

Die Ablesung bzw. Einstellung des Stechpegels kann auch mit Zwischenschaltung einer optischen Einrichtung bewerkstelligt werden, die es ermöglicht,
daß der Beobachter in einem Blickfeld die eingetauchte Spitze, ihr Spiegelbild

---

[1] W. WAGENBACH und A. KRAUSE, Verbesserung des Schirm-Wassermeßverfahrens. Forschung auf dem Gebiete des Ingenieurwesens, H. 6, 1932.

sowie den Maßstab mit Nonius erblickt (Abb. 43). Mit dieser Vorrichtung ist es möglich, die mittlere Höhenlage des Wasserspiegels auf der Länge des ausgelegten Verbindungsrohres bis auf 0,05 mm genau abzulesen.

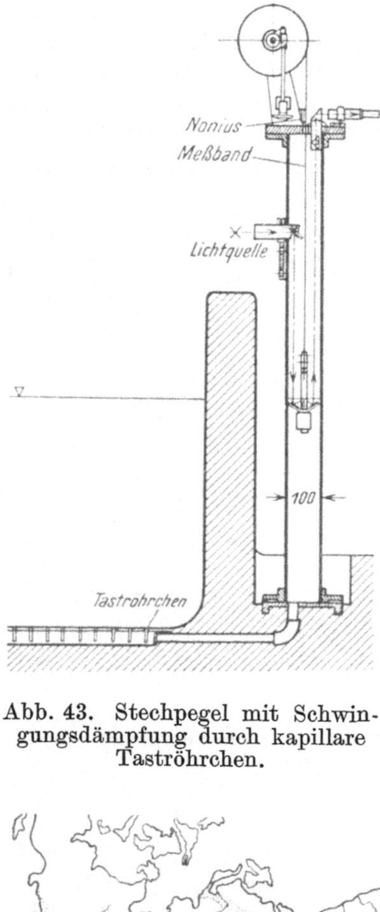

Meniskenpegel. Der Vollständigkeit halber muß noch einer Sonderform des Pegels, des Meniskenpegels, Erwähnung getan werden, die überall dort als Anzeigevorrichtung Verwendung findet, wo eine unmittelbare Übertragung des Wasserspiegels nach dem Prinzipe der kommunizierenden Röhren stattfinden kann (Abb. 44).[1] Hierbei ist eine Reihe von Fehlerquellen zu berücksichtigen. Verunreinigungen an den Glaswänden des Ableserohres bewirken eine verschiedene Einstellung der kapillaren Steighöhe. Es ist demnach peinlichste Reinhaltung, namentlich von Fett, notwendig. Die Kapillarkonstante des Wassers ist ziemlich hoch — in einem Rohre vom Durchmesser d mm $\sim \dfrac{d}{30}$ mm — und sehr von der Temperatur abhängig. Aus diesen Gründen soll man die lichte Weite des Ableserohres mindestens gleich 30 mm machen.

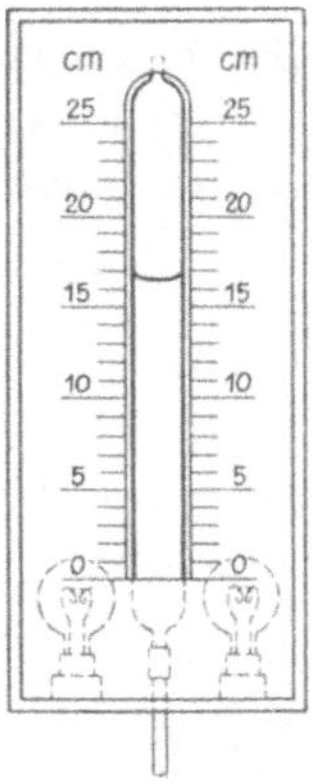

Zur Erreichung einer guten Ablesung auch auf größere Entfernungen hat sich eine Beleuchtung des

Abb. 43. Stechpegel mit Schwingungsdämpfung durch kapillare Taströhrchen.

Abb. 44. Meniskenpegel. Meniskus von unten beleuchtet.

Abb. 45. Grundwasservorkommen in den Urstromtälern Norddeutschlands (WAHNSCHAFFE).

---

[1] Auch bei Druckluft-Fernleitungen wird der Meniskenpegel verwendet, nur muß in diesem Falle eine Sperrflüssigkeit, wie Wasser oder Alkohol, verwendet werden.

Meniskus mit Zuhilfenahme der Erscheinung der totalen Reflexion als günstig erwiesen.[1]

b) Ausführung von Wasserstandsbeobachtungen des Grundwassers.

In den Betrachtungen über den Wasserhaushalt wurde bereits angedeutet, daß auch dem Grundwasser eine wasserwirtschaftliche Bedeutung zukommt. Es war daher naheliegend, daß sich die hydrographischen Ämter der Beobachtung und Messung des Grundwassers zuwandten.

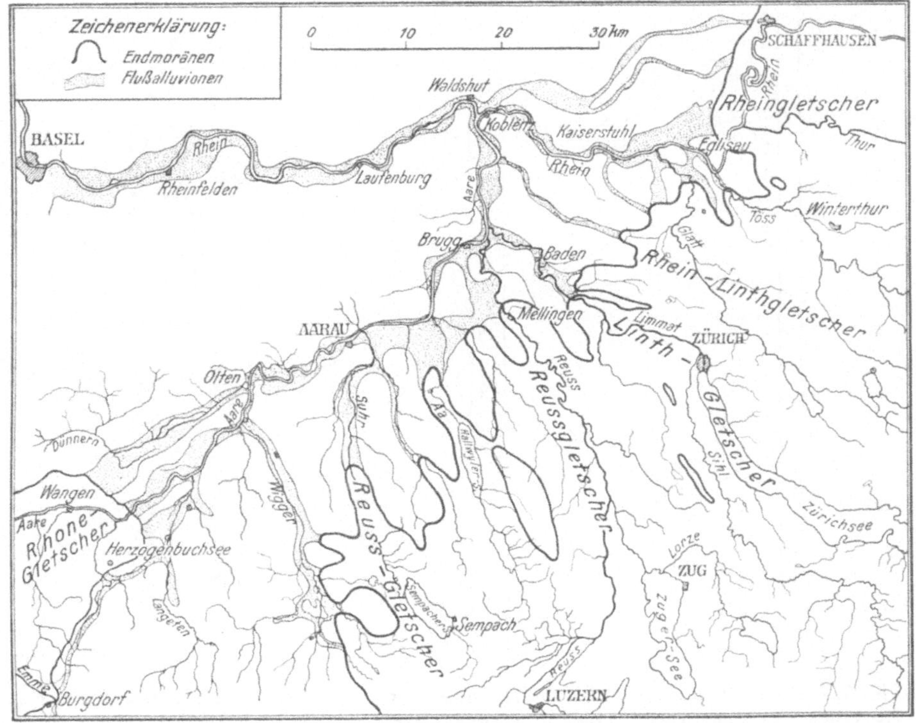

Abb. 46. Grundwasservorkommen in den Moränen und Flußalluvionen der Schweiz.

Die Austeilung der Grundwasserbeobachtungsstellen, der *Grundwasser-Pegel*, begegnet Schwierigkeiten, weil das Grundwasser nicht nur an die Alluvionen der heutigen Talsysteme gebunden ist, sondern auch in ehemaligen Tälern, den sogenannten Urstromtälern (Abb. 45)[2], oder in den Schotterfeldern der Eiszeit, den Moränen (Abb. 46)[3], vorhanden ist. Überdies kann der Grundwasserträger in mehrere Grundwasserstockwerke unterteilt sein und schließlich kann sogenanntes artesisches Grundwasser vorhanden sein. Die beiden letztgenannten Arten des Vorkommens führen häufig zur Feststellung von falschen Grundwasserspiegeln, weil bei der Erbohrung des Grundwassers die Wasserspiegellage

---

[1] Eine Anordnung, die im Hydrologischen Institute an der Technischen Hochschule in Wien mit gutem Erfolge verwendet wird.

[2] W. Salomon, Grundzüge der Geologie, Bd. II. Stuttgart 1926.

[3] I. Hug, Die Grundwasser-Vorkommnisse der Schweiz. Bern 1918.

durch Wasseraustritte von einem Wasserstockwerk in das andere oder aus dem
artesisch gespannten Wasser an die Bodenoberfläche beeinflußt wird.[1]

Die Errichtung eines Grundwasserpegels verursacht im allgemeinen auch größere Kosten, weil der zu beobachtende Wasserspiegel erst zugänglich gemacht werden

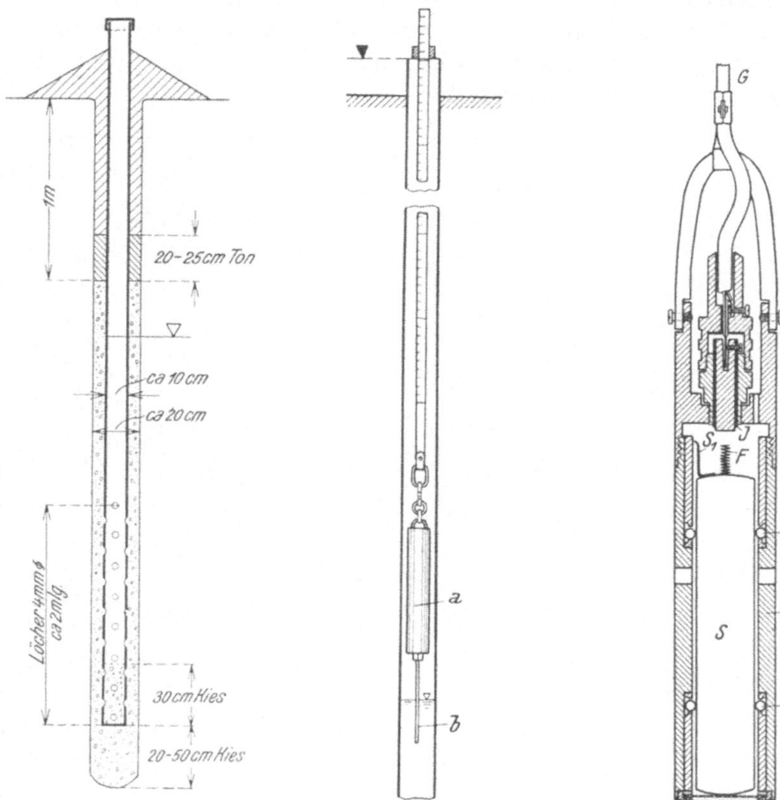

<table>
<tr><td>

Abb. 47. Beobachtungsrohr eines Grundwasserpegels.

</td><td>

Abb. 48. Grundwasserspiegelmessung mittels Lot nach G. THIEM.

a Lotkörper, *b* stabförmiger Fortsatz.

</td><td>

Abb. 49. Grundwasserlotvorrichtung mit elektrischer Zeichengebung nach L. W. STOCKER. Verbesserte Ausführung nach C. ABWESER. ($\frac{1}{2{,}5}$ der natürl. Größe.)

S Schwimmer, *F* Federkontakt, *S₁* Schleifkontakt, *G* Gummikabel, *G₁* Gehäuse, *J* Isolierung, *K* Kugellager.

</td></tr>
</table>

muß. Allerdings versucht man, vorhandene Brunnen zu verwenden, doch stößt dies oft auf Hindernisse wegen allfälliger Entnahme und damit willkürlicher Beeinflussung der Wasserspiegellage.

Für neu zu errichtende Pegelstellen kommt nur die Absenkung von Beobachtungsrohren, auch Standrohre genannt, in Betracht, die mit Hilfe von Mantelrohren gebohrt werden müssen (Abb. 47)[2]. Das eigentliche Beobachtungsrohr, das im unteren Abschnitte gelocht auszuführen ist, wird in das Mantelrohr eingebracht und unten mit Kies umfüllt. Zur Ab-

---

[1] E. PRINZ, Hydrologie, S. 93f., Berlin, 1923.

[2] W. KOEHNE, Die Ausführung und Verwertung von Grundwasserstandsbeobachtungen. Deutsche Wasserwirtschaft, Berlin, Nr. 3, 1923.

dichtung gegen eindringendes Oberflächenwasser ist ein Lehmschlag einzubringen. Das Beobachtungsrohr soll eine absperrbare Kappe besitzen, um Beschädigungen und das' Hineinwerfen von Gegenständen zu verhindern. Die Oberkanten sämtlicher Beobachtungsrohre werden einnivelliert und an das Landesnivellement angeschlossen.

Die Ablesung der Wasserspiegellage erfolgt von dem einnivellierten oberen Rohrrande aus, und zwar mit Verwendung von Holzmaßstäben, schlank geformten Loten mit oder ohne elektrischer Zeichengebung, mit Hilfe von Becherpegeln oder Schwimmervorrichtungen.

Bei der einfachen Lotvorrichtung wird der am Lotkörper a unten angebrachte stabförmige Fortsatz b mit Schlemmkreide beschmiert, um die Lage der Benetzung feststellen zu können (Abb. 48).

Eine Vorrichtung für elektrische Zeichengebung kann etwa in der Weise ausgebildet werden, wie sie die Abb. 49 zeigt.

Der Schwimmer S wird beim Eintauchen gehoben und die Feder F schließt einen Stromkreis. Dieser führt über die Leitungsdrähte des Gummikabels G, das gleichzeitig als Tragkabel und zur Tiefenmessung dient, zu einem Lämpchen, das bei Stromschluß aufleuchtet. Die eingebauten Kugellager sichern dem Meßgeräte eine hohe Empfindlichkeit, wodurch eine Meßgenauigkeit von 0,5 mm erzielt werden kann.

Beim Becherpegel wird die axiale Bohrung am oberen Ende mit einer kleinen Pfeife B abgeschlossen, durch die die eingeschlossene Luft beim Absenken entweicht und hierbei einen wahrnehmbaren Ton gibt (Abb. 50). Sobald der

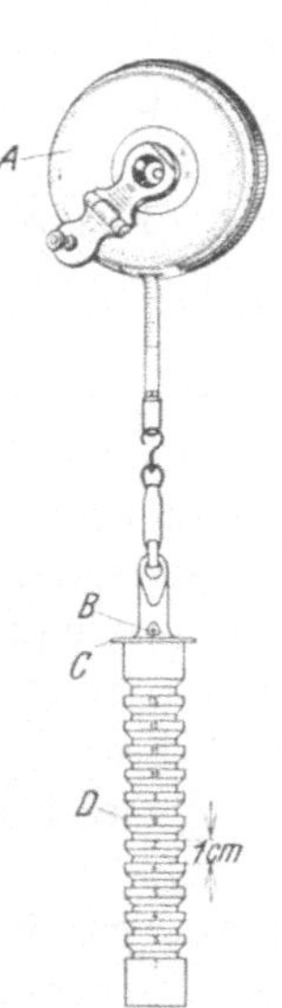

Abb. 50.
Becherpegel
nach A. OTT-
Kempten.

A Rollbandmaß,
B Pfeife, C Teller,
D Becher.

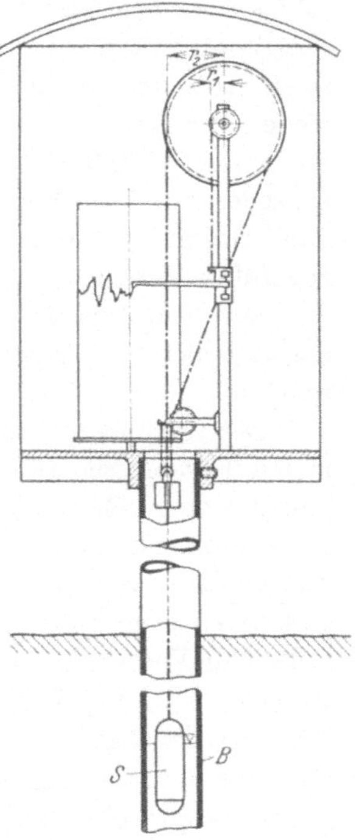

Abb. 51. Selbstschreibender Grundwasserpegel nach R. FUESS-Berlin-Steglitz.

B Beobachtungsrohr,
S Schwimmer,
r_1/r_2 Übersetzungsverhältnis.

Pfeifton gehört wird, liest man an der Oberkante des Beobachtungsrohres an dem Rollbandmaßstab die Tiefenlage des Wasserspiegels ab, zieht die Brunnen- oder Grundwasserpfeife, wie man dieses Gerät auch nennt, aus dem Rohr, bestimmt die Eintauchtiefe nach den mit Wasser gefüllten kleinen Bechern, die nach Zentimeter geteilt und beschrieben sind, und berichtigt den Tiefenwert durch Abzug der abgelesenen Eintauchtiefe. Der Teller C verhindert ein Abstreifen von Erdreich und Wassertropfen in die Becher der Grundwasserpfeife.

Es sind auch Grundwasserpegel mit mehrfacher Vergrößerung der Wasserstandsänderungen oder solche mit Schreibwerk im Gebrauche. Letztere ähneln den Schreibpegeln für Oberflächenwasser, erhalten jedoch schmale, längliche Schwimmer, um noch Beobachtungsrohre von etwa 10 cm Durchmesser verwenden zu können (Abb. 51).

C. Abfluß.

Die Vorgänge, die sich bei der allmählichen Überführung des Niederschlagswassers aus seiner flächenhaften Verteilung auf der Erdoberfläche in die geschlossenen Rinnsale des Gewässernetzes abspielen, sind sehr verwickelter Natur. Die Verdunstung, die vom Wärmehaushalte der Lufthülle und der Erdrinde sowie von den morphologischen und biologischen Verhältnissen der obersten Bodenschichten regiert wird, ist in erster Linie bestimmend für die Größe jener restlichen Abflußmengen, die gewöhnlich zum überwiegenden Teil als oberirdischer, zum geringeren Teile als unterirdischer Abfluß im durchlässigen Boden, nämlich im Grundwasserträger, den Flußläufen und schließlich den Weltmeeren zugeführt werden.

Zur Kenntnis des oberirdischen Abflusses führt die unmittelbare Messung der abfließenden Wassermengen oder die mittelbare Bestimmung aus dem Niederschlage.

Der erste Weg kann bei Verwendung entsprechender Meßverfahren zu genauen Ergebnissen führen, ist aber nur gangbar beim Abflusse des Wassers in geschlossenen Rinnsalen. Findet der flächenhafte Abfluß noch über Talhänge statt, dann ist die mittelbare Bestimmung der Abflußmengen das einzige Auskunftsmittel. Sie ist aber auch bei bestehenden Gerinnen am Platze, wenn ein geringerer Genauigkeitsgrad sowohl in der Mengenangabe wie auch für deren zeitlichen Verlauf genügt, weil dieses Verfahren ohne eigene Durchflußmengen-Messungen in der Natur, die ebenso kostspielig wie zeitraubend sind, durchgeführt werden kann.

Wie unten gezeigt wird, können die mittelbaren Verfahren nur mit Zuhilfenahme empirisch entwickelter Beziehungen aufgebaut werden, die aus vergleichenden Bearbeitungen von Niederschlags- und Wasserstandsbeobachtungen sowie von Durchflußmengen-Messungen gewonnen werden.

Die Erfahrungstatsache, daß die Durchflußmenge in einem bestimmten Durchflußprofile des Gerinnes in eine Beziehung mit dem Wasserstande gebracht werden kann, enthebt von der Notwendigkeit, die Mengenerhebungen regelmäßig durchzuführen. Diese Arbeit kann sich auf wenige, serienweise auszuführende Durchflußmengen-Messungen beschränken, die von Zeit zu Zeit wegen der allfälligen Veränderlichkeit der Form des Flußschlauches zu wiederholen sind. Die Ergebnisse dieser vereinzelten Messungen im Zusammenhange mit den regelmäßigen Wasserstandsaufzeichnungen führen schließlich auch zur Kenntnis des zeitlichen Verlaufes der Durchflußmenge.

In ähnlicher Weise könnte man auch bei der Bestimmung des unterirdischen Abflusses, der Durchflußmenge in einem bestimmten Profile des Grundwasserstromes, vorgehen. Aber während die Festlegung des Verlaufes des oberirdischen Abflusses einer fast durchwegs bestehenden, über das ganze Gewässernetz verbreiteten, einheitlichen Organisation unterliegt, ist die Bestimmung des unterirdischen Abflusses bisher eine seltenere, vereinzelte Maßnahme. Der Grund liegt, abgesehen von der Schwierigkeit der Erhebungen, in dem Umstande, daß die Bedeutung des Grundwassers als wirtschaftlicher Faktor nur allmählich erkannt worden ist und seine Ausbeute hinter jener des Oberflächenwassers zurückbleibt. Es ist eine Zukunftsaufgabe der Hydrographie, auch die Grundwasser-Mengenmessung als ständige Erhebung weiter auszugestalten.

Die Grundlage jeder Behandlung von Aufgaben des Abflusses ist demnach die Messung der Durchflußmenge. In der Folge sollen daher die einzelnen Verfahren der Mengenerhebung für den oberirdischen und den unterirdischen Abfluß in jenem Umfange behandelt werden, in welchem diese Verfahren sich als praktisch durchführbar erwiesen haben.

a) Mengenerhebungen des oberirdischen Abflusses — Hydrometrie.

Mengenangabe und Mengenmessung des oberirdischen Abflusses. Der Abfluß wird hinsichtlich der Maßeinheit verschiedenartig festgelegt, je nachdem man den Abflußvorgang aus dem gesamten Einzugsgebiete oder an einer Stelle des Flußlaufes allein beschreiben will. Im ersten Falle ist es zweckmäßig, analog zur Niederschlagshöhe h_N und Niederschlagsspende q_N sich der Angabe der Abflußhöhe h_A und der Abflußspende q_A zu bedienen, während im zweiten Falle die Durchflußmenge Q und die Abfluß-Wasserfracht F_A den Vorgang sinnfälliger charakterisieren.

Unter der *Durchflußmenge Q* versteht man jene Wassermenge, die in der Zeiteinheit, und zwar nach Übereinkommen in der Sekunde, das Durchflußprofil durchströmt. Sie wird je nach ihrer Größenordnung in l/sek oder in m³/sek angegeben.

Die *Abfluß-Wasserfracht F_A* ist jene Wassermenge, welche in einem bestimmten Zeitabschnitt das Durchflußprofil durchflossen hat. Nimmt man das Abflußjahr als Zeitabschnitt, dann spricht man von der Jahres-Abflußwasserfracht. Ihre Größe drückt man in l, m³ oder bei besonders großen Ausmaßen in Mio oder Mia m³ aus.

Die *Abflußhöhe h_A* ist die Höhe jener Wasserschichte, welche sich bei gleichmäßiger Verteilung der Abfluß-Wasserfracht über das gesamte Niederschlagsgebiet, aus dem der Abfluß erfolgt ist, einstellen würde. Die der Jahres-Abflußwasserfracht $F_{A,\,\text{Jahr}}$ entsprechende Wasserschichthöhe nennt man Jahres-Abflußhöhe $h_{A,\,\text{Jahr}}$. Die Abflußhöhen werden ebenso wie die Niederschlagshöhen in Millimeter angegeben.

Mit *Abflußspende q_A* bezeichnet man jene Wassermenge, die im Mittel in der Zeiteinheit von der Einheit des Einzugsgebietes abgegeben wird. Man drückt sie in l/sek.ha oder in m³/sek.km² aus.

Gibt das gesamte Einzugsgebiet den Abfluß zeitlich gleichmäßig verteilt nach seinem Entwässerungsgerinne, dem *Vorfluter*, ab, dann bestehen die weiteren Beziehungen:

$$\text{Abfluß-Wasserfracht} = \text{Durchflußmenge} \times \text{Abflußdauer},$$

$$\text{Abflußspende} = \frac{\text{Abfluß-Wasserfracht}}{\text{Abflußdauer} \times \text{Einzugsgebiet}} = \frac{\text{Durchflußmenge}}{\text{Einzugsgebiet}},$$

$$\text{Abflußhöhe} = \frac{\text{Abfluß-Wasserfracht}}{\text{Einzugsgebiet}} = \text{Abflußspende} \times \text{Abflußdauer}.$$

Die Lehre von der Mengenmessung des Wassers, die *Hydrometrie*, ist gegenwärtig schon zu einem umfangreichen Sondergebiete angewachsen.[1] Nicht nur ältere Meßverfahren haben durch konstruktive Verfeinerungen der Meßgeräte wesentliche Erhöhungen im Genauigkeitsgrade erfahren, sondern auch eine Reihe von neuartigen Meßverfahren hat in der Praxis in den letzten Jahren bereits festen Fuß gefaßt.

Die Erfolge in der Erhöhung der Zuverlässigkeit der Mengenmessungen wirken sich unmittelbar günstig im wasserwirtschaftlichen Sinne aus, weil selbst bei noch so gewissenhafter Projektsarbeit für wasserbauliche Unternehmungen die Stichhaltigkeit der Rentabilitätsberechnung in Frage gestellt wird, wenn die von der Natur dargebotenen Betriebswassermengen nicht genau erfaßt werden.

Die Verfahren, nach denen die Durchflußmenge oberirdischer Gewässer bestimmt wird, sind nach verschiedenen Gesichtspunkten hin entwickelt worden. Für ihre meßtechnische Ausgestaltung haben die hydrographischen Ämter, in deren Wirkungskreis diese Mengenmessung fällt und die solche Messungen gewöhnlich auch im Auftrage privater Interessenten ausführen, wertvolle Arbeit geleistet. Über die praktische Anwendung der Meßverfahren liegen eine Reihe von Durchführungsbestimmungen vor.[2]

Die zahlreichen Meßverfahren für die Mengenerhebung des oberirdischen Abflusses lassen sich in vier Gruppen zusammenfassen.

Die Verfahren der ersten Gruppe bezwecken die unmittelbare Messung der Durchflußmenge. Bei den Verfahren der zweiten Gruppe wird die Geschwindigkeit einzelner Wasserfäden unmittelbar gemessen und hieraus die Durchflußmenge rechnerisch abgeleitet. Die dritte Gruppe besteht aus Verfahren, welche die mittlere Durchflußgeschwindigkeit unmittelbar messen, woraus sich die Durchflußmenge aus der Multiplikation der mittleren Geschwindigkeit mit der Durchflußfläche ergibt. Die vierte Gruppe vereinigt alle jene mittelbaren Meßverfahren, bei denen mit Hilfe anderer, einfach meßbarer Bestimmungsstücke, wie Wasserstand, hydraulischem Druck oder Sättigungsgrad einer Mischung, die Durchflußmenge auf Grund vorher theoretisch oder empirisch ermittelter Zusammenhänge zwischen der Durchflußmenge und diesen Bestimmungsstücken berechnet wird.

Im besonderen gliedern sich die einzelnen Gruppen nach der Verwendung der Meßgeräte oder Meßeinrichtungen, mit deren Hilfe die Mengenmessung durchgeführt wird.

        I. Gruppe: 1. Meßbehälter
                                2. Kippgefäße

---

[1] S. HAJÓS, Hidrometria. Budapest 1906. — W. A. LIDDELL, Stream gaging. New York 1927. — L. A. OTT, Instrumentenkunde der praktischen Hydrometrie. Kempten.

[2] Siehe etwa: HYDROGRAPHISCHES ZENTRALBUREAU Wien, Grundsätzliche Bestimmungen für die Durchführung hydrometrischer Erhebungen. Wien 1928. — Eine zusammenfassende Darstellung der Vorschriften in den baltischen Staaten gibt ST. KOLUPAILA, Arbeitsmethoden der Abflußmengenbestimmung und deren Vereinheitlichung. III. Hydrologische Konferenz der Baltischen Staaten, 1930.

II. Gruppe: 3. Hydrometrischer Flügel
                   4. Staurohr
                   5. Hitzdraht
                   6. Schwimmer

III. Gruppe: 7. Meßschirm
                   8. schwimmende Salzlösung

IV. Gruppe: 9. Druckanstieg
               10. Salzmischung
               11. Meßwehr
               12. Danaide
               13. Staudruck-Meßgerät.

1. Mengenmessung mit Hilfe eines Meßbehälters.

Die in einem bestimmten Zeitabschnitte durch ein Durchflußprofil strömende Wasserfracht wird durch Auffüllung eines Behälters gemessen. Der Inhalt des hierzu verwendeten Meßbehälters wird durch Füllung mit kleineren, geeichten Meßgefäßen, durch Wägung oder auf Grund der Ausmaße des Behälters bestimmt. Dieses Verfahren gibt keine Momentanwerte, sondern nur zeitliche Mittelwerte der Durchflußmenge über gewählte Zeitabschnitte. Es liefert jedoch Urmaße, mit deren Hilfe man imstande ist, den Genauigkeitsgrad aller übrigen Meßverfahren zu überprüfen.

Als selbständiges Meßverfahren im Sinne hydrometrischer Erhebungen kommt es nur für kleine Durchflußmengen in Betracht, wie etwa bei der Messung der Schüttung einer Quelle, weil der Transport des Behälters sowie seine Empfindlichkeit gegen Beschädigungen nur geringe Ausmaße desselben zulassen.

Für kleinere Meßbehälter ist die in Abb. 52 dargestellte Ausführung zu empfehlen.[1] Die Wasserspiegellage im Behälter mißt man mittels eines Stechpegels, dessen Führung und Ablesemarke mit dem Gefäße in fester Verbindung stehen. Die Inhaltsmaße des vorgeeichten Behälters sind am Stechpegel verzeichnet.

Der aus verzinktem Eisenblech hergestellte Meßbehälter, der für eine Meßwassermenge von 5 bis 120 l/sek dient, erhält Zylinderform von 0,5 bis 1,5 m Durchmesser und 0,7 bis 2,0 m Höhe bei einer Wandstärke von 3 bis 15 mm. Der Boden soll gewölbt sein. Die Ausführung durch Schweißung ist jener durch Vernietung vorzuziehen.

Bei Behältermessungen größeren Umfanges, die vornehmlich zur Überprüfung anderer Meßverfahren dienen, muß nicht nur auf die genaue Bestimmung

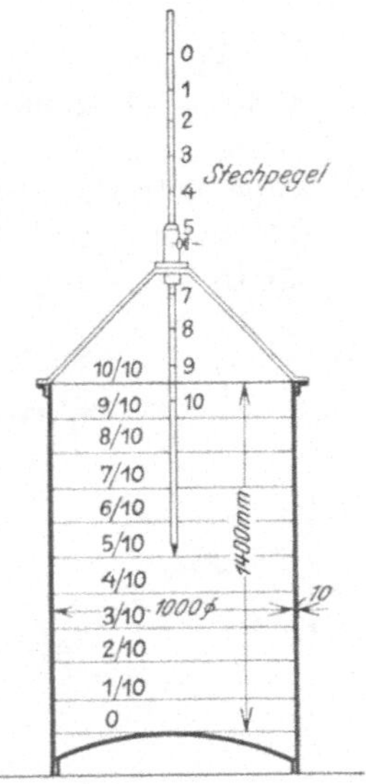

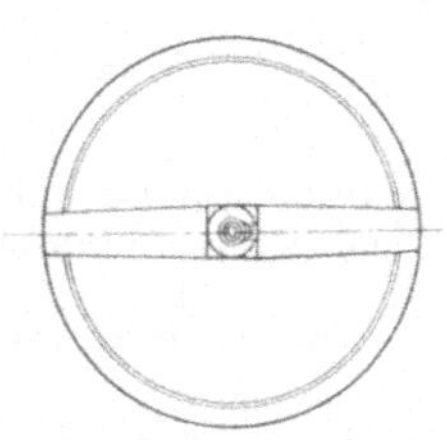

Abb. 52. Meßbehälter für eine Wassermenge bis 30 l/sek. Schweizerischer Ingenieur- und Architektenverein, Normen für Wassermessungen, 1924.

---

[1] Schweizerischer Ingenieur- und Architektenverein, Normen für Wassermessungen, 1924.

des Beckeninhaltes Wert gelegt werden, sondern es muß auch für eine genaue
Ermittlung der Wasserspiegellage im Becken und für geeignete Einrichtungen
zur raschen Bedienung der Verschlüsse der Einlauföffnung zum Meßbecken Vor-

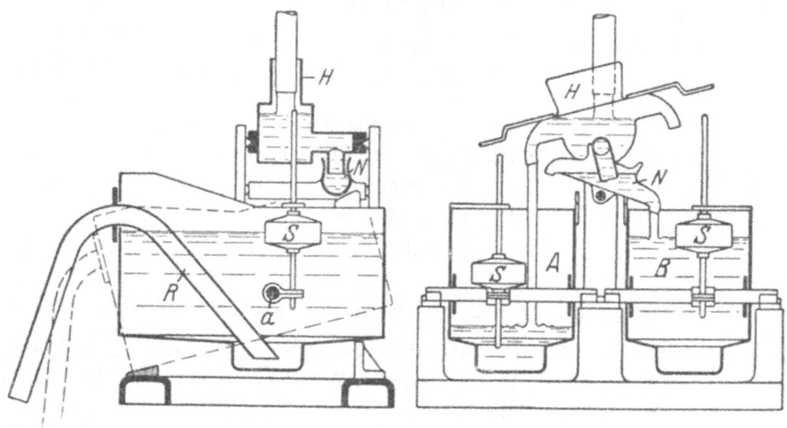

Abb. 53. Kippmesser nach STEINMÜLLER für konstante Gewichtsfüllung.
A, B kippbare Behälter, a Kippachse, S Schwimmer, H Hauptrinne, N Nebenrinne, R Heberrohr.

sorge getroffen werden.[1] Auch die Formänderung des Beckens sowie Ver-
dunstungs- und Versickerungsverluste müssen berücksichtigt werden. Sind
sämtliche Bedingungen erfüllt, dann kann die Genauigkeit dieser Urmessung
selbst bei großen Meßbecken auf $\pm$ 0,1 v. H.
gebracht werden.

2. Mengenmessung mit Hilfe von Kippgefäßen.

Eine ununterbrochene Mengenmessung,
Dauermessung genannt, läßt sich durch die
Verwendung mehrerer Behälter erzielen, deren
Füllung und Entleerung von Hand aus oder
mittels automatisch wirkender Kippeinrichtun-
gen durchgeführt wird. Man unterscheidet Kipp-
messungen, bei denen die Mengenmessung mittels
Wägung und solche, bei denen sie durch Inhaltsmessung erfolgt.[2]

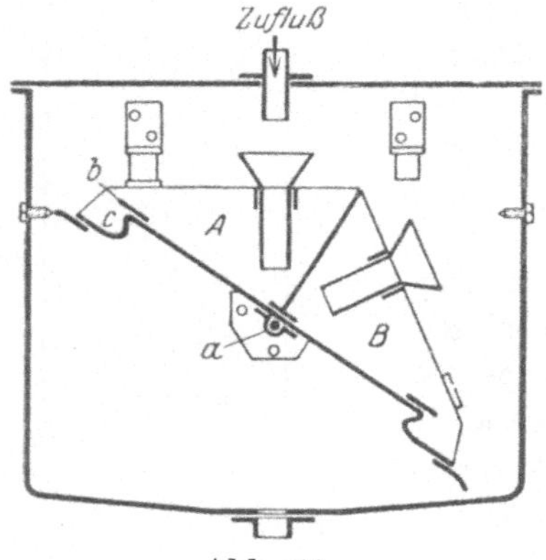

Abb. 54.
Kippmesser nach ECKARDT für
konstante Volumenfüllung.
A, B zweiteiliges Kippgefäß, a Kippachse, b Überlaufkante, c Rinne.

Bei dem in Abb. 53 dargestellten Kippmesser,
der sehr großen Genauigkeitsansprüchen genügt,
werden die Behälter A und B durch die Hauptrinne H und die Nebenrinne N wechselweise gefüllt.
Die Schwimmer S bewirken, daß die Hauptrinne
noch vor dem Erreichen der Kippfüllung auf das andere Meßgefäß umgesteuert
wird. Der Heber R bewirkt eine Fortsetzung der Entleerung, auch wenn sich der

---

[1] F. SCHAFFERNAK, Die Versuchsanstalt für Wasserbau in Wien. Allgemeine
Bauzeitung, H. 3, 1915. — O. KIRSCHMER und B. ESTERER, Die Genauigkeit einiger
Wassermeßverfahren. Z. d. Vereines deutscher Ingenieure, S. 1499f., 1930.
[2] Handbuch der Experimentalphysik, IV, 1. Teil, S. 611f.

Meßbehälter wieder infolge der Wirkung des Gegengewichtes aufgerichtet hat. Der Fehler dieser Meßeinrichtung wird mit $\pm\,0{,}1$ v. H. angegeben.

Der Kippmesser nach Abb. 54 ist derart durchgebildet, daß das Wasser nach der Auffüllung des Gefäßes A bis zur Kante b in die Rinne c läuft und damit eine Schwerpunktsverlagerung und Kippen bewirkt. Der Genauigkeitsgrad ist geringer als bei der zuvor besprochenen Einrichtung.

3. Mengenmessung mit Hilfe des hydrometrischen Flügels.

Die Flügelmeßverfahren beruhen auf der Verwendung des hydrometrischen Flügels, auch Meßflügel oder kurz Flügel genannt, als Anzeigegerät der Größe der Anströmungsgeschwindigkeit.

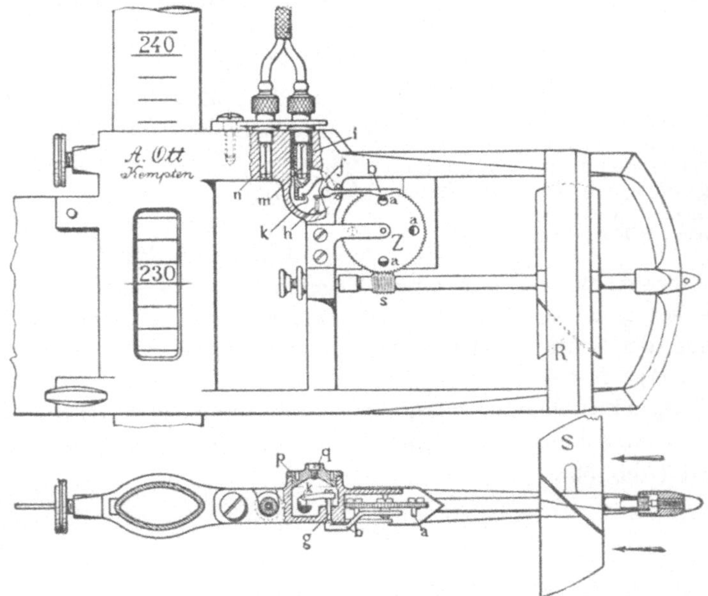

Abb. 55. Stangen-Meßflügel mit zylindrischer Schaufel, Spitzenlagern, offener nasser Kontakteinrichtung und Schutzring nach A. Ott-Kempten.
R Schutzring, *S* Flügelschaufel, *Z* Zahnrad des Zählwerkes, *a* auswechselbare Kontaktstifte, *b* Kontakthebel, *i* Isolierung, *s* Schnecke.

Der Flügel besteht aus einem auf einer leicht drehbaren Achse befestigten schraubenförmigen Schaufelrad, das vom fließenden Wasser in Bewegung gesetzt und dessen Umdrehungszahl in der Zeiteinheit, die Drehzahl, mittels eines Zählwerkes bestimmt wird.[1] Aus dieser Drehzahl kann auf die Geschwindigkeit des die Flügelschaufel anströmenden Wassers geschlossen werden.

Die hydrometrischen Flügel unterscheiden sich nach der Ausbildung im einzelnen, nach der Art und Weise, wie die Einführung des Flügels in das Wasser erfolgt, nach der Formgebung des Flügels als Ganzes und nach den zusätzlichen Ausrüstungen, die sie für besondere Meßzwecke erhalten.

---

[1] R. Woltman verwendete bereits 1790 hydrometrische Flügel mit ebener Schaufelform.

L. G. Treviranus hat im Jahre 1820 statt der ebenen Schaufel die Schraube vorgeschlagen und deren Vorteile begründet. Siehe L. G. Treviranus, Über Verbesserungen in der Konstruktion und im Gebrauche des Woltmanschen hydrometrischen Flügels. Försters allgemeine Bauzeitung, 1861.

Ausbildung des hydrometrischen Flügels im einzelnen. Die Formen der Flügelschaufel sind der zylindrischen rechts- oder linksgängigen Schraubenfläche entnommen, die je nach der Ausführung verschieden große Steigungen aufweist. Die Flügelschaufel wird zwei oder dreiteilig, d. h. mit zwei oder drei Paletten ausgeführt, doch werden nicht immer die vollen Schraubenflächen belassen, sondern auch nur Ausschnitte hiervon verwendet. Hiernach unterscheidet man verschiedenartige Formen von Flügelschaufeln, wie:

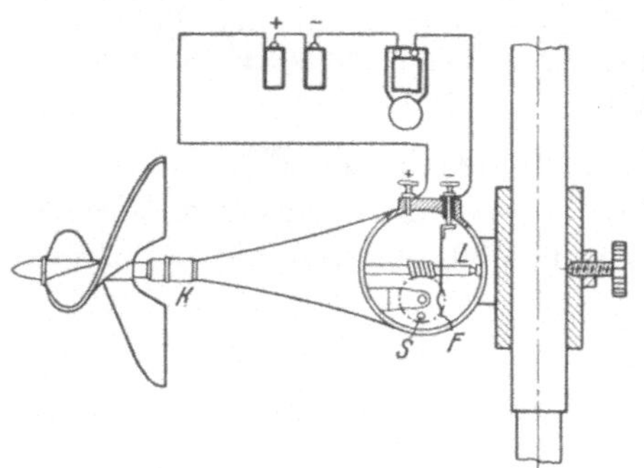

Abb. 56. Stangen-Meßflügel mit bohrerförmiger Schaufel, Spitzen- und Kugellager und geschlossener nasser Kontakteinrichtung nach O. A. GANSER-Wien. *F* Kontaktfeder, *K* Kugellager, *L* Spitzenlager, *S* Kontaktstift.

a) die volle zylindrische Schaufel, die an beiden Enden von ebenen und seitlich von einer Zylinderfläche begrenzt ist (Abb. 55);

b) die zweiteilige bohrerförmige Schaufel, welche durch Verschnitt einer zylindrischen Schraubenfläche mit einer Kegelfläche entstanden ist (Abb. 56);

c) die schrägkantige Schaufel mit zwei Paletten, eine Form, bei der die Abschrägung der Schraubenfläche nach dem vorderen Ende zu etwas stärker wird (Abb. 57);

d) die Speichenschaufel, gewöhnlich dreiteilig ausgeführt, bei der durch weitgehenden Ausschnitt nur kleine Teile der Schraubenfläche erhalten geblieben sind (Abb. 58).

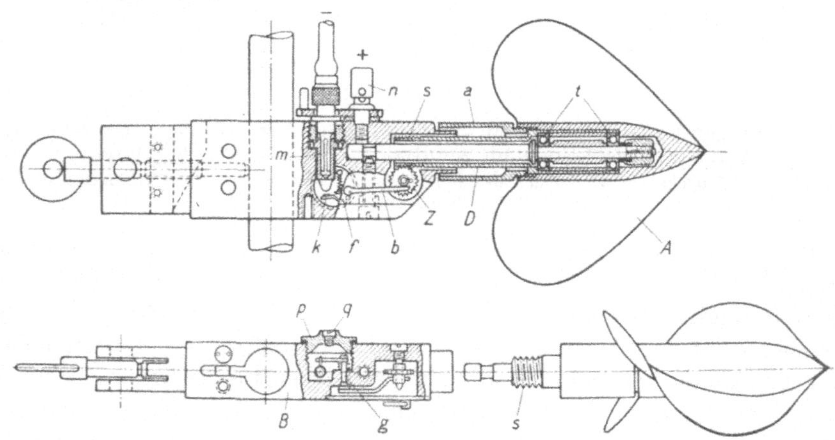

Abb. 57. Stangen-Meßflügel mit schrägkantiger Schaufel, feststehender Achse, Präzisionskugellager und Ölkontakt nach A. OTT-Kempten ($^1/_{3,5}$ der nat. Größe). *A* Flügelschaufel, *D* Hülse, *b*, *f* Hebel, *g* Achse, *i* Hartgummibüchse, *k* Kontakt, *m* isolierter Steckkontakt, *n* nichtisolierter Steckkontakt, *t* Kugellager.

Zu den Geschwindigkeits-Meßgeräten, die, allgemein gesprochen, auf der Messung der Drehzahl eines von der Flüssigkeit in Umdrehung versetzten Körpers beruhen, sind auch das Schalenkreuz und das Meßrad zu zählen und es sollen daher beide Ausführungsformen der Vollständigkeit halber hier eingefügt werden.

Das *Schalenkreuz* oder Becherrad (Abb. 59) hat als Windmeßgerät überall Eingang gefunden, dagegen wird es für die Wassermessung nur selten verwendet. Es wird mit lotrecht laufender Achse in das Wasser eingesetzt.

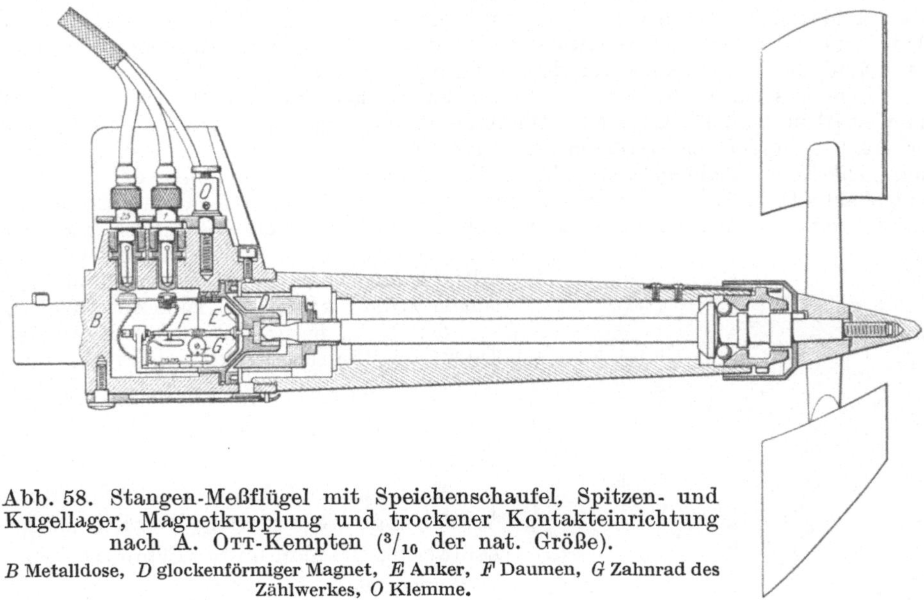

Abb. 58. Stangen-Meßflügel mit Speichenschaufel, Spitzen- und Kugellager, Magnetkupplung und trockener Kontakteinrichtung nach A. OTT-Kempten ($^3/_{10}$ der nat. Größe).
B Metalldose, *D* glockenförmiger Magnet, *E* Anker, *F* Daumen, *G* Zahnrad des Zählwerkes, *O* Klemme.

Beim *Meßrad* tauchen radialgestellte, am Umfange des Rades angebrachte Plättchen in das fließende Wasser und das auftreffende Wasser setzt das Rädchen in Bewegung. Während sämtliche vorher aufgezählten, drehenden Meßvorrichtungen auch zur Messung an tiefliegenden Meßpunkten geeignet sind, ist das Meßrad nur zur Messung der Geschwindigkeit der obersten Wasserfäden in einem offenen Gerinne oder jener eines Wasserstrahles brauchbar. Eine Ausführung des Flügelradmessers für Wasserleitungsrohre ist in Abb. 60 dargestellt.

Die Lagerung der Flügelachse spielt für die Größe des inneren Reibungswiderstandes und damit für die Größe der Anlaufgeschwindigkeit des

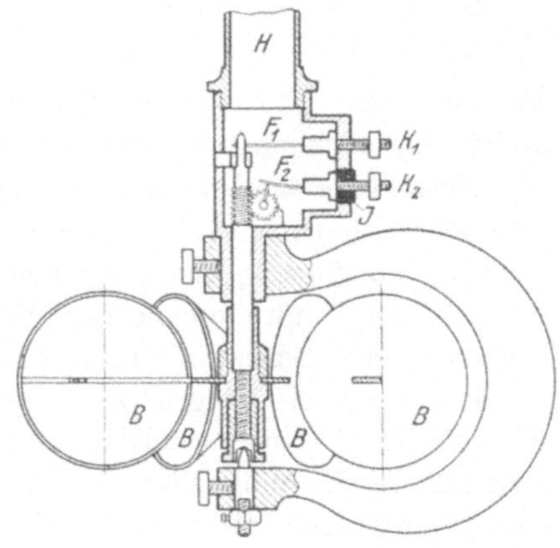

Abb. 59. Schalenkreuz oder Becherrad nach W. G. PRICE.
B Becher oder Schalen, F_1, F_2 Kontaktfedern, *H* Hängestange, K_1, K_2 Anschlußklemmen ,*J* Isolierung.

Flügels eine wesentliche Rolle. Daher ist dieser Einzelheit eine große Aufmerksamkeit geschenkt worden. Die Art der Lagerung, ob auf Kugeln oder zwischen Spitzen, und das Material dieser Teile ist von den einzelnen Konstrukteuren verschieden gewählt worden. Im allgemeinen sind beide Lagerungsarten in reinem Wasser gleichwertig. Bei sandführendem Wasser sind offene Spitzenlager,

Kugellager mit Sandschutz und noch mehr die vollständig vor Zutritt von Wasser geschützten Kugellager empfehlenswert.

Ein Spitzenlager weist der in Abb. 55 dargestellte Flügel auf. Die Achse läuft zwischen gehärteten Spitzen in Achat-Lagerpfannen. Beide Lager sind so geformt, daß treibende Sandkörner an ihnen vorbeigleiten müssen. Die Flügeltype Abb. 56 hat vorne ein Kugel- und rückwärts ein Spurzapfenlager. Das Kugellager ist durch eine konische Schutzkappe vor dem Eindringen von Sand gesichert.

Eine Ausführungsform mit vollständigem Schutze vor Zutritt von Verunreinigungen ist in Abb. 57 dargestellt. Die Achse dieses Flügels steht fest und die Flügelschaufel A ist auf dem vorderen Ende der Achse durch zwei Präzisionskugellager t aus gehärtetem Stahl gelagert. Die beiden Lager sind in der Nabe der Schaufel eingebaut. Diese läuft rückwärts in eine lange Hülse D aus, welche die feststehende Achse, ohne sie zu berühren, eng umschließt. Vor Gebrauch des Flügels wird die Schaufelnabe mit dünnflüssigem Öl gefüllt. Infolge der Kapillarwirkung in dem langen zylindrischen Spalt kann das Öl nicht aus der Nabe entweichen und sperrt den Zutritt des Wassers zu den Lagern ab.

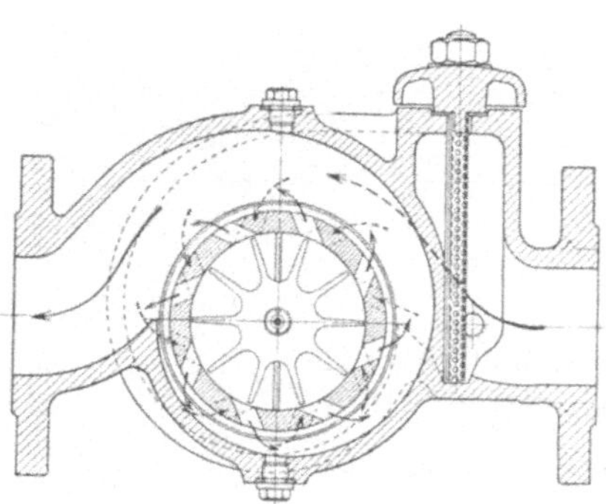

Abb. 60. Flügelradmesser nach
Siemens & Halske-Berlin.

Die Zählwerke für die Bestimmung der Drehzahl der Flügelschaufel können mechanischer oder elektrischer Art sein.

Mechanische Zählwerke sind die ältere Ausführung. Gegenwärtig werden solche Zählwerke, die man mittels Schnurzug ein- und ausrücken konnte und bei welchen man das Meßgerät jedesmal zum Ablesen aus dem Wasser heben mußte, selten verwendet. Dagegen sind Zählwerke in Verwendung, die in Art eines Tourenzählers eine sehr große Anzahl von Umdrehungen anzugeben imstande sind.[1]

Elektrische Zählwerke werden entweder mit Schwachstrom betrieben oder lichtelektrisch gesteuert. Die Schwachstrom-Zählwerke bestehen in ihrer einfachsten Ausführung aus einer Kontakteinrichtung, die nach einer bestimmten Anzahl von Umdrehungen der Schaufel einen Stromschluß hervorruft und hierdurch eine Zeichengebungs- oder Zählvorrichtung auslöst.[2]

Kontakteinrichtungen mit regulierbarem Kontaktintervall sind ebenfalls gebräuchlich. Man vermeidet dadurch mit einem einzigen Flügel die bei geringen Geschwindigkeiten zu langen Beobachtungszeiten bzw. eine bei großen Geschwindigkeiten zu rasche Aufeinanderfolge der Zeichen. Diese vorteilhafte Einrichtung ist mit einfachen Mitteln zu erreichen (Abb. 55).

Die Umdrehung der Flügelschaufel S wird mittels einer Schnecke s am Hinterende der Flügelachse auf das Zahnrad Z, das Kontaktrad, übertragen. In dieses Kontaktrad sind drei zylindrische Stifte a drehbar eingesetzt, die eine halbzylindrische Ausfeilung besitzen. Je nachdem ein solcher Stift seine massive Hälfte der Radachse oder dem Radumfange zukehrt, geht er bei der Drehung des Zahnrades an dem Hebel b ohne zu streifen vorbei oder verursacht einen Kontakt. Durch verschiedene Einstellung der Stifte a kann also eine Schwingung des Hebels b nach einer ganzen,

---

[1] Siehe S. 74.

[2] Als eine der ersten verbesserten Konstruktionen elektrischer Zählwerke verdient jene von A. R. Harlacher aus dem Jahre 1872 genannt zu werden.

halben oder Viertelumdrehung des Kontaktrades und damit Zeichengebungen für verschieden große Umdrehungszahlen der Flügelschaufel erreicht werden.

Diese einfache, nasse Kontakteinrichtung ist nur bei Flußwasser anwendbar, das ein geringes elektrisches Leitvermögen besitzt, also frei von Salzen, Säuren und Basen ist und nur geringen Kalkgehalt aufweist. Der Stromschluß, den derartige Beimengungen bewirken, führt zur Oxydation der Kontaktflächen, damit zum Aussetzen der Zeichen und zu vielfachen Unzukömmlichkeiten bei den angeschlossenen elektrischen Zählvorrichtungen. Außerdem leiden nasse Kontakte im Winter unter Vereisungen, wodurch ebenfalls Beeinträchtigungen in der Zeichengebung auftreten können. Es ist daher bei Flügeltypen mit nassem Kontakte mit möglichst geringer Spannung zu arbeiten und zumindest neben der Klingel noch eine Telephoneinrichtung als Ersatz vorzusehen, welche weit weniger Störungen unterworfen ist. Überdies ist es zweckmäßig, die Kontaktstellen öfters zu ölen und sie zeitweise durch vorsichtiges Abschaben von dem Kalkniederschlag zu reinigen.

Einen auf alle Fälle wirksamen Schutz gegen die genannten Mißstände bietet nur der wasserfreie Kontakt, der sogenannte Ölkontakt, oder eine vollkommen wasserdichte Stromschlußvorrichtung.

Mit Ölkontakt ist die Flügeltype Abb. 57 ausgerüstet. Die in ihre Bohrung dicht eingeschliffene Achse g für das Hebelchen b ragt in das Innere der Kontaktkammer und trägt dort ein zweites Hebelchen f, das die Bewegung von b mitmacht. In dieser Kammer endigt auch die wasserdicht eingesetzte Hülse des Steckkontaktes m, die durch eine Hartgummibüchse gegen den Flügelrahmen isoliert ist. Der Flügelrahmen und das Hebelchen f liegen am nicht isolierten Steckkontakt n. Beim Auf- und Niederwippen von b und f wird bei k der Stromkreis geschlossen und unterbrochen. Zum sicheren Abschluß der Kontaktstelle vom Wasser wird die Kontaktkammer mit einem geeigneten Mineralöl gefüllt. Bei guter Dichtung hält sich eine einmalige Ölfüllung jahrelang.

Die vollkommen wasserdichte Stromschlußvorrichtung kann mit einer magnetischen Kupplung erreicht werden.

Abb. 58 stellt einen Magnetflügel dar. Der Kontaktmechanismus befindet sich im Innern einer durch einen kreisrunden Metalldeckel hermetisch abgeschlossenen Metalldose B und wird von außen her mittels einer magnetischen Kupplung mit Hilfe des glockenförmigen Magnetes D und des Ankers E betätigt. Dieser Anker folgt dem Magneten bei seiner durch die Flügelschaufel hervorgerufenen Drehung, und durch Berühren einer Schleiffeder mit einem Daumen F der dünnen Ankerwelle wird ein elektrischer Kontakt hergestellt. Die Ankerwelle und das Zahnrädchen G sind gegenüber dem Gehäuse nicht elektrisch isoliert und stehen mittels der Klemme O und des daranschließenden Leitungskabels mit einem Pol der elektrischen Batterie in Verbindung. Ein Versagen der magnetischen Kupplung oder ein Zurückbleiben derselben ist selbst bei der größten vorkommenden Drehzahl erfahrungsgemäß nicht zu befürchten.

Die lichtelektrische Steuerung bietet ebenfalls die Möglichkeit, die Stromstöße, welche durch die Drehung der Flügelschaufel ausgelöst werden, so abzuleiten, daß eine Störung durch das eindringende Wasser in jenem Raum ausgeschlossen ist, in dem die Auslösung der Zeichengebung erfolgt. Sie hat also das gleiche Endergebnis wie eine vollkommen wasserdichte Stromschlußvorrichtung und besitzt demnach alle ihre meßtechnischen Vorteile.

Im besonderen beruht ihre Wirkungsweise auf der Verwendung einer Photozelle oder einer Selenzelle a, die mit Hilfe eines kleinen Glühlämpchens b je nach

der Drehzahl der Flügelschaufel durch einen Spalt einer mitrotierenden Blende aus
Metall c hindurch mehr oder weniger oft beleuchtet wird (Abb. 61). Hierdurch werden
gleichlaufende elektrische Effekte ausgelöst, die in entsprechenden Zeichengebungs-
oder Zählvorrichtungen die Bestimmung der Drehzahl ermöglichen.

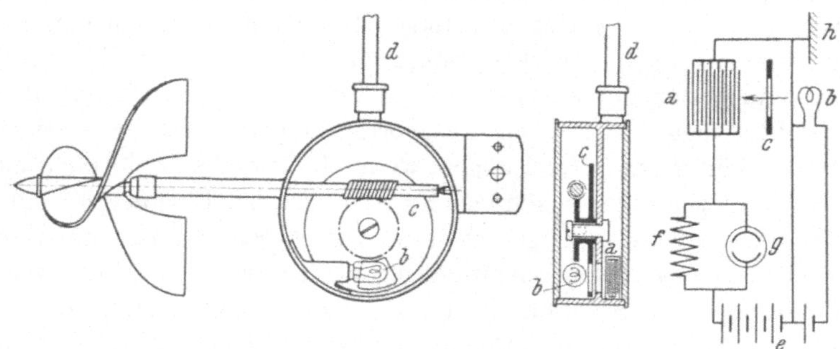

Abb. 61. Photoelektrischer Flügel mit Steuerung durch eine Selenzelle. Ausführung
nach W. KARAJAN.

a Selenzelle, *b* Glühlampe, *c* rotierende Blende, *d* Dreileiterkabel, *e* Batterie, *f* Widerstand, *g* Glimm-
lampe, *h* Flügelmasse.

Die Zeichengebung wird durch eine einfache elektrische Klingel,
einen Summer oder ein Dosentelephon bewirkt. Zur Vermeidung von Störungen, welche durch das Schadhaftwerden des Leitungskabels hervorgerufen

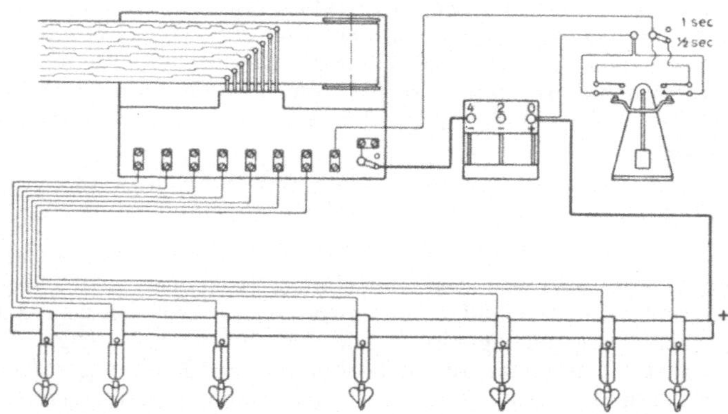

Abb. 62. Elektrische Verbindung einer Flügelkette mit einem Bandchronographen.
Rechts ein Kontaktpendel mit wahlweisem Kontakt für ganze oder halbe Sekunden.

werden können, kann eine drahtlose Übertragung der Kontaktzeichen auf
einen Lautsprecher durchgeführt werden.[1]

Der Zeitabschnitt Δt zwischen je zwei Zeichen, dem N Umdrehungen entsprechen, wird mit einer Sekundenuhr, am besten einer Stoppuhr, gemessen
und hieraus die Drehzahl der Flügelschaufel $n = \dfrac{N}{\Delta t}$ berechnet.[2]

---

[1] F. ROSENAUER, Eine neue Zeichengebung für hydrometrische Flügel mit
Tonfrequenzströmen. Die Wasserwirtschaft, Wien, Nr. 3 u. 4, 1932.

[2] Man wählt $N = 25$, 50 oder 100.

Wenn die Stoppuhr mit einer gewöhnlichen Taschenuhr verbunden ist, dann
ist sie mit größter Vorsicht zu gebrauchen. Auch bei normalen Stoppuhren ist der

Bei umfangreichen und gefahrvollen Wassermessungen bringt die Verwendung selbstzählender Einrichtungen Erleichterung. Man verbindet zweckmäßig Tourenzähler mit der Stoppuhr, so daß man diese sowie den Zähler mit dem gleichen Griffe ein- und ausschalten kann. Die Zählvorrichtung kann schließlich soweit selbsttätig eingerichtet werden, daß man Selbstschreiber in Form von Bandchronographen anschließt, die auf einem Papierbande mittels getrennter Schreibfedern die Zeit durch Sekundenzeichen und die Wegmarken des Papierbandes nach der gewählten Anzahl von Flügelumdrehungen aufzeichnen. Solche Bandchronographen können bei Verwendung eines elektrischen Antriebes für eine beliebige Anzahl von gleichzeitig laufenden Meßflügeln ausgebildet werden und geben im Chronogramm ein übersichtliches Bild aller aufgezeichneten Vorgänge (Abb. 62).

Es gibt auch Wassergeschwindigkeits-Indikatoren, die, in den elektrischen Stromkreis des Flügels eingeschaltet, unmittelbar ziffernmäßig die Geschwindigkeit des Wassers anzeigen. Diese Einrichtungen besitzen aber den Nachteil, daß für jeden Flügel ein eigenes Zifferblatt entsprechend seiner Eichlinie hergestellt werden muß.[1] Da sich die Eichwerte im Gebrauche befindlicher Flügel erfahrungsgemäß ändern können, hat sich der Indikator in der Praxis nicht eingebürgert.

Einführung des hydrometrischen Flügels in das Wasser. Sie kann ebenso wie die Einstellung des Flügels in bestimmte Punkte des Meßprofils verschiedenartig durchgeführt werden:

a) mit Hilfe einer am Flußgrunde aufstehenden Stange, einer Grundstange, auf welcher der Flügel je nach Bedarf verschoben wird;

b) mit Hilfe einer am Meßstege freihängenden Stange, einer Hängestange, an deren unterem Ende der Flügel befestigt ist und die samt dem Flügel in die gewünschte Höhenlage verschoben wird;

c) mit Hilfe eines Seiles oder Kabels, an dem der Flügel freischwebend durch die Wirkung des eigenen Gewichtes mittels eines Windwerkes in das Wasser abgelassen und verstellt wird;

d) mit Hilfe eines Schwimmkörpers, an dessen Boden der Flügel befestigt und stets in gleicher Höhenlage erhalten wird;

e) mit Hilfe von Tragarmen, an denen der Flügel befestigt und dauernd in gleicher Stellung und Lage gehalten wird.

Die Ausführung des Meßflügels führt im Falle a) und b) die Bezeichnung Stangenflügel, im Falle c) Seilflügel, im Falle d) Schleppflügel und im Falle e) Dauer-Meßflügel.

Stangenflügel. Beim Stangenflügel mit Grundstange wird diese gewöhnlich aus gezogenen Stahlrohren mit kreisförmigem, spitzovalem oder stromlinienförmigem Querschnitte hergestellt.[2] Die Stromlinienform ist besonders zu empfeh-

---

Gang von Zeit zu Zeit durch Vergleich mit Pendeluhren zu kontrollieren, weil sie auf die Dauer wenig verläßlich sind. Für längere Beobachtungszeiten ist eine gutgehende Taschenuhr vorzuziehen. Es gibt auch Stoppuhren mit zwei Zeigern, um Zwischenintervalle abstoppen zu können.

[1] HYDROGRAPHISCHES ZENTRALBUREAU WIEN; Der Wassergeschwindigkeits-Indikator. Wien 1902.

[2] Eingeführt von A. R. HARLACHER, Die Messungen in der Elbe und Donau und die hydrometrischen Apparate und Methoden des Verfassers. Leipzig 1881.

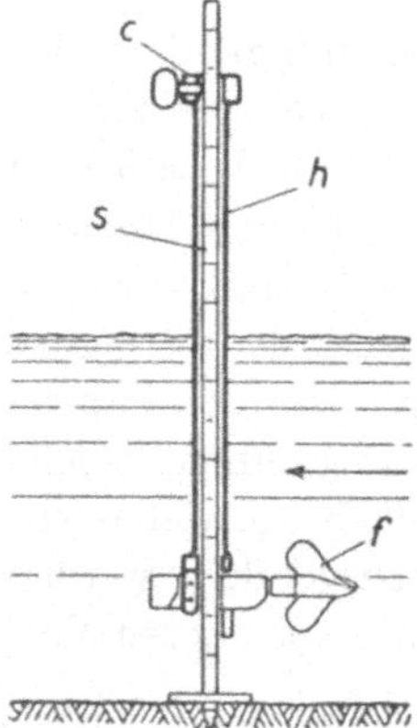

Abb. 63. Stangen-
flügel mit Überschub-
rohr nach A. Ott-
Kempten.

c Klemme, f Meßflügel,
h Überschubrohr, s Zen-
timeterteilung der Füh-
rungsstange.

len, da sie bei gleicher Anströmgeschwindigkeit nur ungefähr den fünften Teil des Strömungsdruckes empfängt
wie ein kreisförmiges Profil von gleicher Querschnitts-
breite.

Die obere Grenze, bei der man noch mit Grundstangen arbeiten kann, ist etwa 10 m Wassertiefe bei
einer Geschwindigkeit von 3 m/sek. Bei großer Geschwindigkeit werden die Grundstangen von etwa 6 m
Länge an flußaufwärts verseilt.[1] Für kleine Tiefen und
Geschwindigkeiten werden zur Erzielung eines geringeren
Gewichtes der Meßgarnitur auch Stangen aus Aluminium
verwendet.

Die Einstellung des Flügels in die gewünschte Lage
erfolgt bei Messungen in geringer Wassertiefe mittels
eines Überschubrohres h, das mit dem Flügel f in fester
Verbindung steht (Abb. 63). Die Führungsstange s trägt
eine Zentimeterteilung, an der mit Hilfe einer Marke am
Überschubrohr das Maß für die eingestellte Lage abgenommen wird.

Bei größeren Wassertiefen vermittelt
die Einstellung ein zugleich als elektrische Leitung dienendes Kabel K, an
dem der Flügel mit der Überschubmuffe A
befestigt ist (Abb. 64). Das Kabel wird,
wenn man eine geschlitzte Stange verwendet, im Innern der Stange verlegt und
läuft dann über eine am oberen Ende
derselben befindliche Führungsrolle zum
Tiefenmesser.

Der Tiefenmesser trägt eine Zählscheibe
Z, die an ihrem Umfange eine Zentimeterteilung besitzt. An diese Zählscheibe wird
das Kabel mittels des Hebels B gepreßt,
so daß ein Ab- und Auflaufen des Kabels
nur unter Mitnahme der Zählscheibe erfolgen kann. Der vom Kabel zurückgelegte
Weg ist dann dort ablesbar. Die Feststellung des Flügels wird durch eine Sperr-
klinke erreicht. Die Stange trägt am unteren

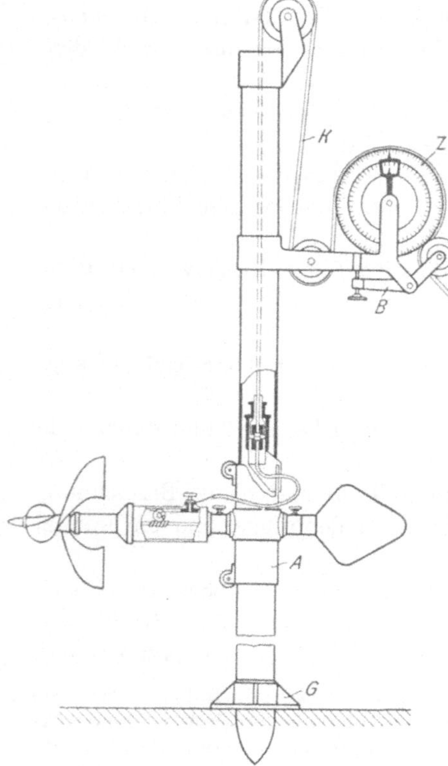

Abb. 64. Stangenflügel mit Aufwinde-
vorrichtung nach O. A. Ganser-Wien.

A Überschubmuffe, B Preßhebel, G Grundplatte, K Leitungs- und Tragkabel, Z Zählscheibe.

---

[1] Als außergewöhnlicher Fall sei erwähnt, daß bei der preußischen Rhein-
strombauverwaltung eine auf 18 m ver-
längerbare Flügelstange vom Querschnitte
278×148 mm im Gebrauche ist, die ausgerüstet 1300 kg wiegt und mittels eines
13 m hohen Kranes von einem eingebauten
Schiff aus gehandhabt wird. Bei der Messung
sind je nach dem Wasserstande 8 bis 16
Mann tätig.

Ende eine mit einer Spitze versehene Grundplatte G, um ein Einsinken der Stange in weichem Flußgrunde zu verhindern.

Soll der Stangenflügel mit Grundstange zur Messung in einer Druckrohrleitung verwendet werden, dann kann man von einer Ausführung nach Abb. 65 Gebrauch machen.

Eine Flacheisenschiene a wird von einem Mannloche der Rohrleitung aus in das Rohr diametral eingespannt. Auf dieser gleitet ein Führungskörper b, der den Flügel c trägt. Die Verstellung erfolgt mittels der Verschubstange d, in der die elektrische Signalleitung liegt und welche die Rohrwand in einer Lederstopfbüchse durchdringt. Die Verschiebung des Flügels erfolgt mit Hilfe des Handgriffes g.

Beim Stangenflügel mit Hängestange wird diese in einem Bockgestell lotrecht geführt. Die Stange erhält auch in diesem Falle am besten einen stromlinienförmigen Querschnitt, da ein solcher mit Rücksicht auf die ungünstigen Biegungsverhältnisse der einseitig eingespannten Stange von Vorteil ist. Die Erfahrung hat gezeigt, daß ein stromlinienförmiger Querschnitt von 54×27 mm bei einer Absenkung der Stange bis zu 8 m und einer Tauchtiefe bis zu 5 m einer Wassergeschwindigkeit von etwa 2,5 m/sek genügt. Das Feststellen der Hängestange in der notwendigen Höhenlage geschieht mittels der Stangenhalter, die in zwei Ausführungen, als Halter mit Hebelsperrung und als Halter mit Windwerk, ausgeführt werden.

Der Stangenhalter mit Hebelsperrung (Abb. 66) besteht aus einem, die Stange a mantelförmig umfassenden, länglichen Gehäuse b. Durch Niederdrücken des Kniehebels d, der die Stange in jeder Höhenlage selbsttätig in dem Gehäuse festhält, wird diese frei und kann nun beliebig gehoben oder gesenkt werden. Die Stange ist der ganzen Länge nach von Zentimeter zu Zentimeter durchbohrt und trägt eine Teilung mit Bezifferung, deren Nullpunkt am oberen Ende liegt. Der Lochreihe in der Stange entspricht am Haltergehäuse ein gleichlaufender Schlitz e, neben welchem gleichfalls eine Teilung aufgetragen ist. Die Teilung an der Meßstange dient zur Bestimmung des jeweiligen Standes des Flügels über einer gedachten Nullebene, wogegen die Lochung am Stangenhalter die rasche Veränderung der Höhenlage erlaubt.

Beim Stangenhalter mit Windwerk (Abb. 67) trägt der Kopf a ein Windwerk, das auch die Verwendung schwerer Stangen zuläßt. Von diesem führt ein Drahtseil b zum unteren Ende der Stange. Eine volle Umdrehung der Kurbel c entspricht

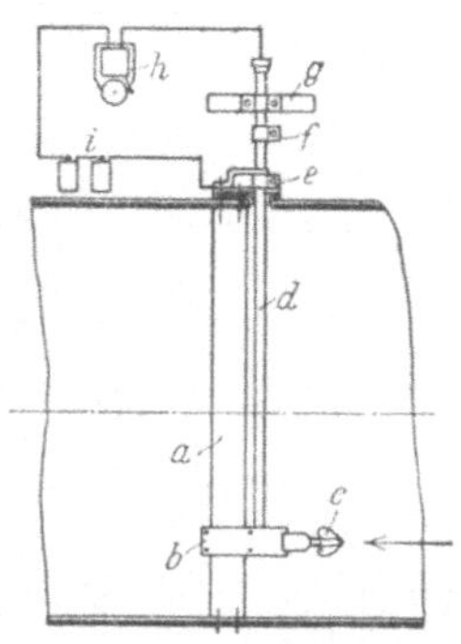

Abb. 65. Stangenflügel für Rohrleitungen nach J. M. VOITH.

a Flacheisenschiene als Führung, c Meßflügel, d Verschubstange, g Handgriff.

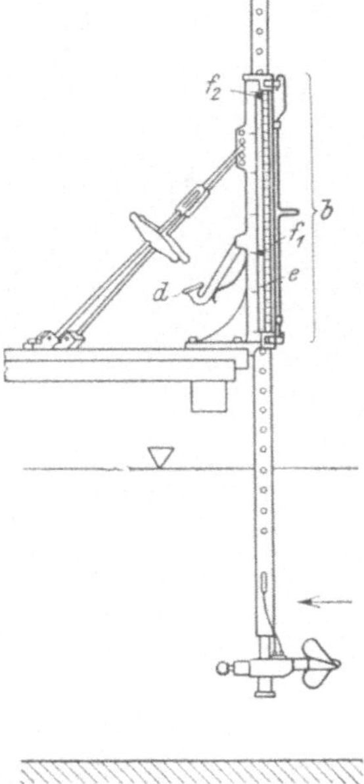

Abb. 66. Hängestange mit Hebelsperrung nach J. EPPER. Ausführung A. OTT-Kempten.

a Stange, b Gehäuse, d Kniehebel, e Schlitz, f_1 Stellstift vor der Verstellung der Stange. f_2 Stellstift nach der Verstellung der Stange.

einer Höhenänderung der Stange um 20 cm. Die Stange besitzt in Abständen von je 5 cm durchgehende Querlöcher. Sie wird mittels zweier Riegel d_1 und d_2 in zwei in der Lotrechten übereinander liegende Gleitführungen des Gestelles gedrückt und durch eine Klemme oder durch Querstifte in der notwendigen Höhenlage fest-gehalten. Das Leitungskabel e wird im Innern der hohlen Stange geführt. Die Einrichtung erhält gewöhnlich auch einen elektrischen Grundtaster f, um einwandfrei feststellen zu können, wann die Stange den Flußgrund berührt.

Grundstangen wie Hängestangen können auch mit mehreren Flügeln besetzt werden, wodurch man die Meßdauer bei gleichzeitiger Beobachtung aller Flügel mit Hilfe von Bandchronographen bedeutend herabsetzen kann. Solche *Mehrfachflügel*, auch Flügelketten genannt, können lotrecht (Abb. 68), waagrecht (Abb. 69) oder radial (Abb. 70), und zwar fest oder beweglich, angeordnet werden, je nachdem dies die Art des Meßvorganges oder die Form des Meßprofils verlangen.

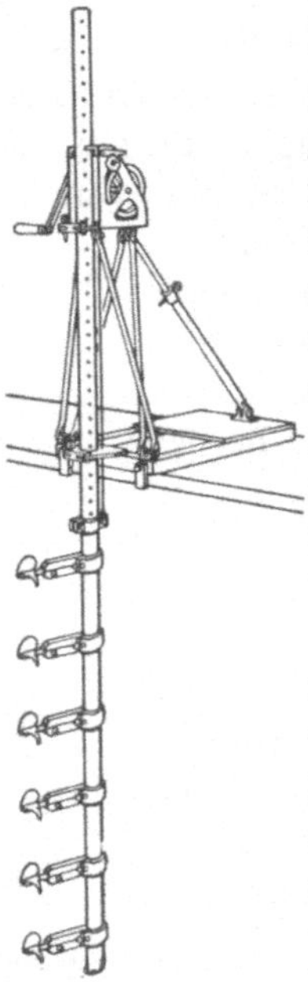

Besondere Ausführungen sind notwendig, wenn ein Flügel mit Hängestange zur Messung in einer Druckrohrleitung verwendet werden soll, um die Einbringung des Flügels und seine Verstellung in einfacher Weise bewerkstelligen zu können.

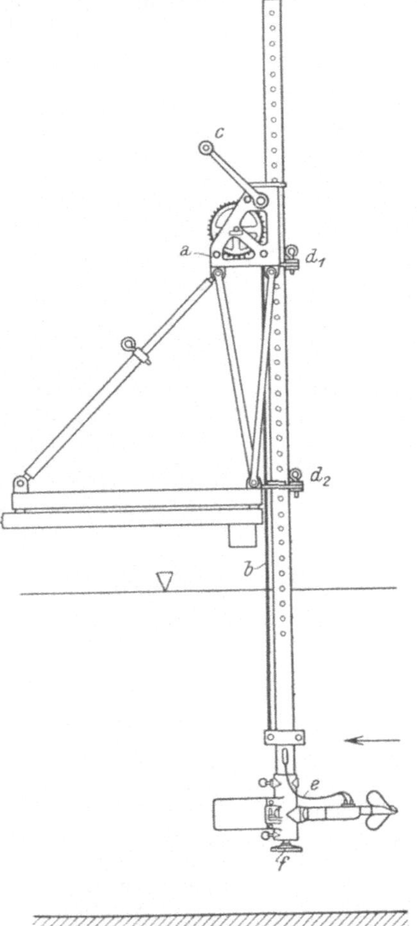

Abb. 67. Hängestange mit Windwerk nach J. EPPER. Ausführung A. OTT-Kempten.

a Windwerk, *b* Drahtseil, *c* Kurbel, d_1, d_2 Riegel, *e* Leitungskabel, *f* elektrischer Grundtaster.

Abb. 68. Lotrechte Flügelkette an einer verschiebbaren Hängestange nach A. OTT-Kempten.

Bei der Ausführung nach Abb. 71 wird die stromlinienförmige Flügelstange *a* durch die Stopfbüchse *b* in das Druckrohr eingeführt. Der Stangenhalter sitzt bei *d* auf dem Druckrohr auf und führt und klemmt bei *e* die Stange. Die Schneckenwinde *f* bewegt den Seilzug und damit die Flügelstange. Diese Ausführung reicht auch für höchsten Innendruck aus.

Die Einführungseinrichtung nach Abb. 72 ist derartig ausgestaltet, daß sowohl eine Verschiebung des Flügels in der Längsrichtung wie auch ein Verschwenken nach der Seite möglich ist. An den Deckel A ist ein Segment C angebaut, an dem die Stange geführt und in den einzelnen Meßstellungen festgeklemmt wird. Diese Einrichtung eignet sich nur bis etwa 3 Atm. Druck.

Die Ausführung nach Abb. 73 läßt einen Einbau oder Ausbau während des Betriebes zu, während die beiden vorbeschriebenen Anordnungen hierzu ein Ablassen

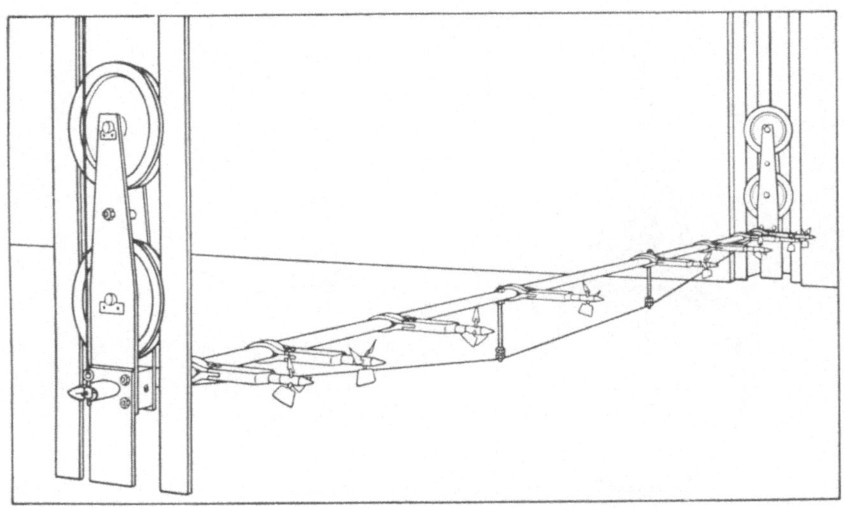

Abb. 69. Waagrechte Flügelkette mit Laufwagen nach A. OTT-Kempten.

des Wassers notwendig machen. Die Rohrleitung erhält an der Meßstelle einen länglichen Ausschnitt, über welchen mit Hilfe des Anschlußstutzens B ein Absperr-

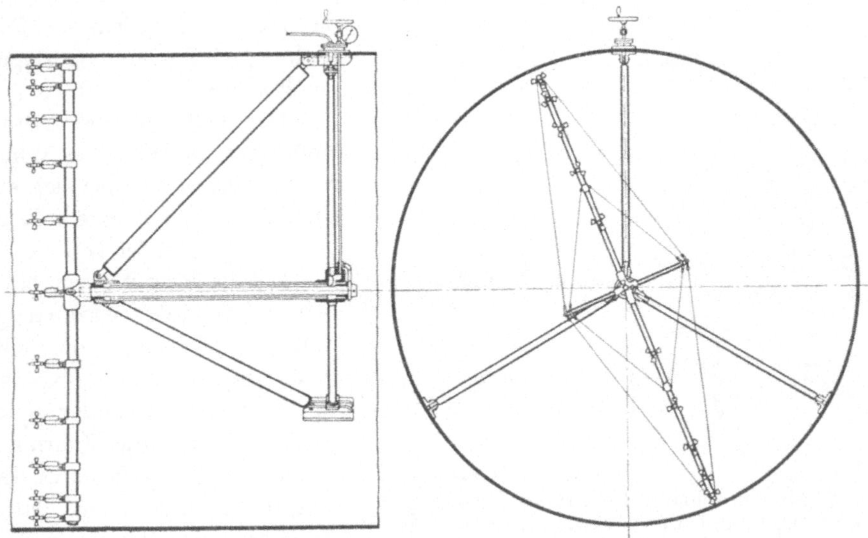

Abb. 70. Radiale Flügelkette, mittels Handrad drehbar, nach BÖVING. Ausführung
A. OTT-Kempten.

schieber A von 300 mm l. W. gesetzt wird. Für die Messung wird die Kappe C aufgesetzt, durch welche die Flügelstange G hindurchgeht. Es ist zunächst die Stange G hochgezogen, so daß der Flügel F samt dem Abschlußdeckel D im Innern der durch Hut und Schieber gebildeten Schleusenkammer sitzt. Nach Öffnung des Schiebers

wird der Flügel in das Innere des Druckrohres geschoben und der Deckel D mittels
der Stange E auf seinen Sitz gepreßt. Die Einrichtung hat sich bis zu Drücken von
5 Atm. bewährt.

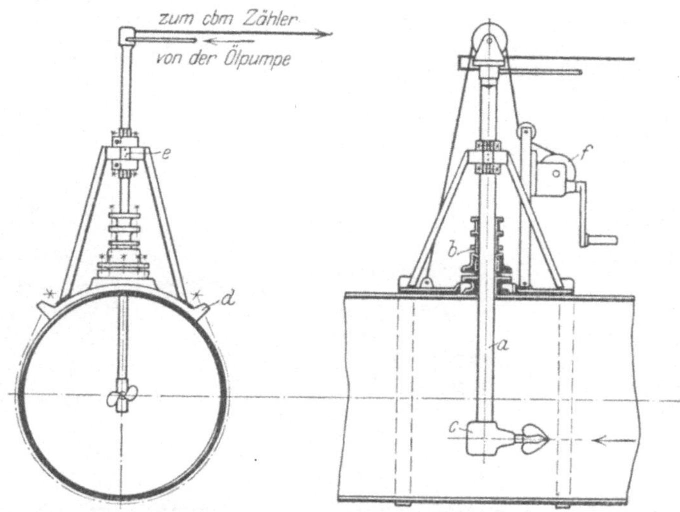

Abb. 71. Meßeinrichtung für Druckrohrleitungen nach A. Ott-Kempten.
a stromlinienförmige Hängestange, *b* Stopfbüchse, *c* Meßflügel, *d* Stangenhalter, *e* Klemmvorrichtung,
f Schneckenwinde.

Seilflügel. In sehr tiefen und reißenden Gewässern wird der Stangenflügel
unhandlich, schließlich bei zu großen Tiefen unbrauchbar und es ist daher die
Verwendung des leicht der Höhe nach einstellbaren Seilflügels am Platze.[1]

Der Seilflügel wird in den Meßpunkt mittels eines Windwerkes eingestellt, das sich auf einer Brücke, auf einem Fahrzeuge oder am Ufer befindet.

Bei der Messung von einer Brücke aus wird eine kranartige Aufzugsvorrichtung, die entweder tragbar oder rollbar ist, an das Brückengeländer so angeschoben, daß die Führungsrollen S des Tragseiles über diesem zu liegen kommen, damit die Betätigung der Aufwinde- und Meßtrommel M von der Brückenfahrbahn aus erfolgen

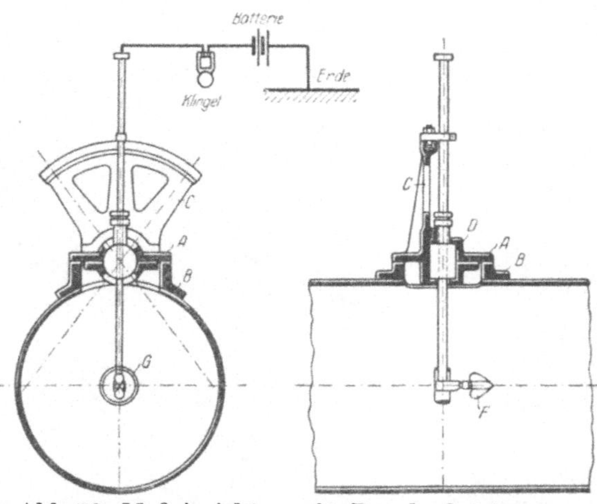

Abb. 72. Meßeinrichtung für Druckrohrleitungen
nach Sundby und Verkstaden-Kristineham.
A Rohrdeckel, *B* Anschlußstutzen, *C* Führungssegment,
D zylindrisches Drehstück, *F* Meßflügel, *G* Schutzring.

kann (Abb. 74). Vereinzelt findet man auch Einrichtungen, bei denen die

---

[1] Die gebräuchliche Bezeichnung Schwimmflügel ist als Gegenüberstellung zu
den Bezeichnungen der anderen Befestigungs- und Einbringungsarten nicht so
charakterisierend wie die Bezeichnung Seilflügel.

Messung von Fahrstühlen aus vorgenommen wird, die gewöhnlich an den unteren Teilen der Brückenkonstruktion laufen.

Bei der Handhabung des Seilflügels von einem Fahrzeuge aus werden leichtere Flügelkonstruktionen am Bug oder an der Breitseite des Kahnes mit Hilfe eines Auslegers N und einer Kranwinde A über eine Auslegerkonstruktion M abgesenkt (Abb. 75). Für schwere Seilflügel verwendet man als Auflage die Plattform zweier gekuppelter Schiffe oder Pontons. Werden in Meßprofilen, die wegen ihres Ausmaßes solche umfangreiche Einrichtungen erheischen, ständig Wassermessungen durchgeführt, dann erhält das Meßfahrzeug auch eine Ausstattung zum Schutze gegen Witterungseinflüsse. Das Meßpersonal wird in gedeckten Räumen untergebracht, um die Ablesungen und Aufschreibungen zu jeder Jahreszeit unbeeinflußt von der Wetterlage vornehmen zu können.

Bei Meßprofilen, in welchen Brücken fehlen und das Arbeiten von Fahrzeugen aus unzweckmäßig ist, kommt eine Seilkrananlage in Frage.

Hierbei erfolgt der Vorschub des Meßflügels nach der Seite und nach der Tiefe mit Hilfe der Doppelwinde H und der Seiltrommeln T und B vom Ufer aus (Abb. 76). Das die Laufkatze D tragende Seil W ist über die verankerten Ständer Q und R gelegt. Bei der Berührung des Flußgrundes wird das Zugseil V schlaff und es schließt der entlastete und durch eine starke Feder O nach rückwärts gezogene Hebel für die Leitrolle N bei P einen Klingelkontakt.

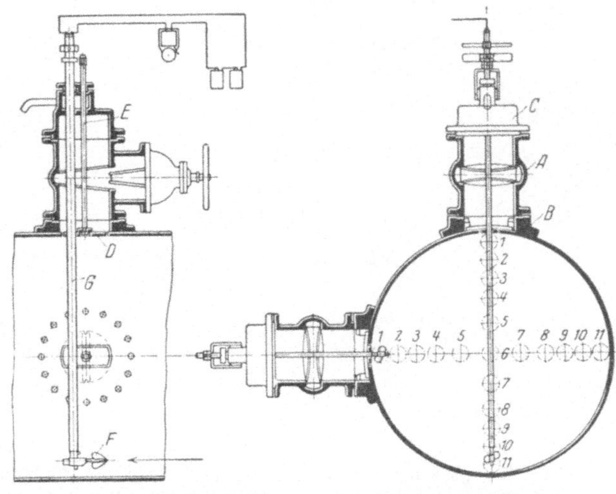

Abb. 73. Meßeinrichtung für Druckrohrleitungen mit Einbaumöglichkeit während des Betriebes nach H. Dufour-Lausanne.

A Absperrschieber, B Anschlußstutzen, C Anschlußkappe, D Abschlußdeckel, E Stange zum Aufpressen von D, F Meßflügel, G Hängestange.

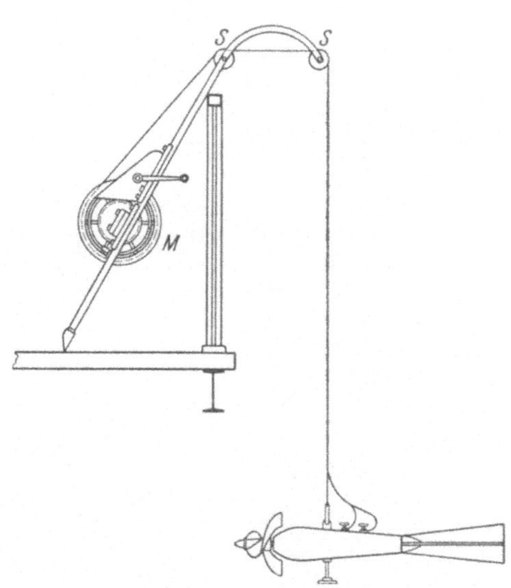

Abb. 74. Übertragbarer Kran für den Seilflügel nach O. A. Ganser-Wien.

M Meßtrommel, S Führungsrolle.

Auch Seilkrane, die einen Förderkorb tragen und von dem aus der Beobachter den Flügel absenkt, sind, wenn auch seltener, im Gebrauch.

Gegenüber der Stangenflügelmessung weist die Seilflügel-Messung zwei

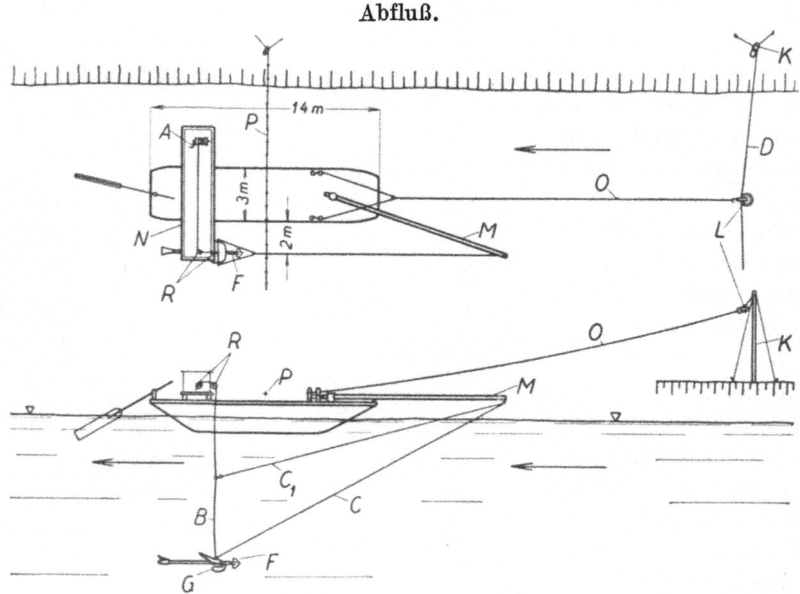

Abb. 75. Messung mittels Seilflügel von einem Schiffe aus nach ALBRECHT. Ausführung A. OTT-Kempten.

A Kranwinde, *K, D, L, O* Fahrseileinrichtung, *P* Peilleine, *M, N* Ausleger, *C, C₁* Seile zur Fesselung des Flügels *F*, *B* Kabelseil, *G* Grundtaster.

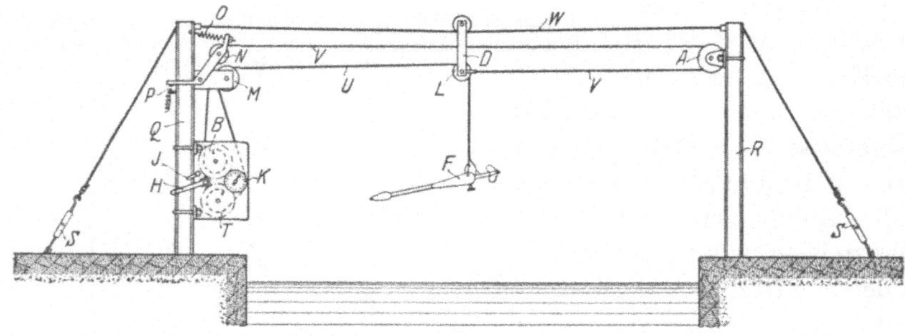

Abb. 76. Seilkrananlage für Seilflügel nach A. OTT-Kempten.

H Doppelwinde für Verschub nach Seite und Höhe, *B, T* Seiltrommeln, *D* Laufkatze, *W* Tragseil, *V* Zugseil, *U* Hubseil, *N* Leitrolle, *O* Feder, *P* Klingelkontakt für Grundtaster, *Q, R* Ständer.

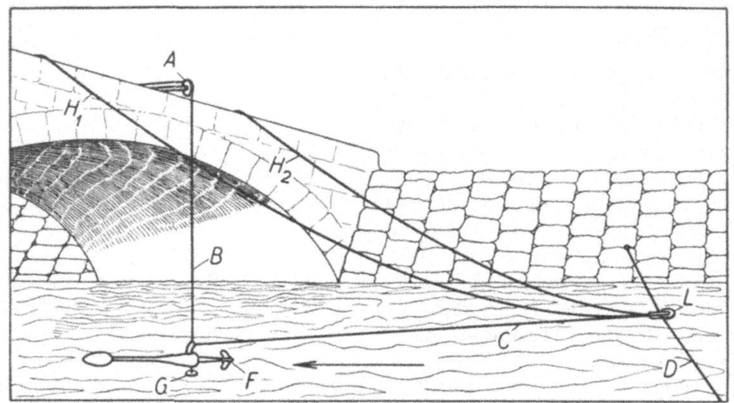

Abb. 77. Fesselung des Seilflügels bei Messungen von einer Brücke aus nach ALBRECHT.

F Seilflügel, *G* Grundtaster, *C* Seilverspannung zur Fesselung, *L* Laufkatze.

Nachteile auf. Der Seilflügel stellt sich infolge seiner allseitigen Beweglichkeit in die Strömungsrichtung ein und mißt daher die Geschwindigkeit in der Fließ-

richtung und nicht die Komponente, die senkrecht zum Durchflußprofil gerichtet ist. Hierdurch ergeben sich in Fällen, wo die Fließrichtung schräg zum Durchflußprofil verläuft, unter Umständen zu große Durchflußmengen. Außerdem wird durch das Abtreiben des Seilflügels in der Fließrichtung das eigentliche Meßprofil verlassen und überdies eine Unsicherheit in die Bestimmung der Tiefenlage des Flügels hineingebracht.

Um diese beiden Nachteile nach Möglichkeit zu verringern oder auszuschalten, wurden Hilfsmeßeinrichtungen geschaffen. Die Art und Durchführung der Korrektur, welche wegen der unrichtigen Einstellung des Flügels zur Durchflußfläche notwendig ist, wird weiter unten besprochen werden.

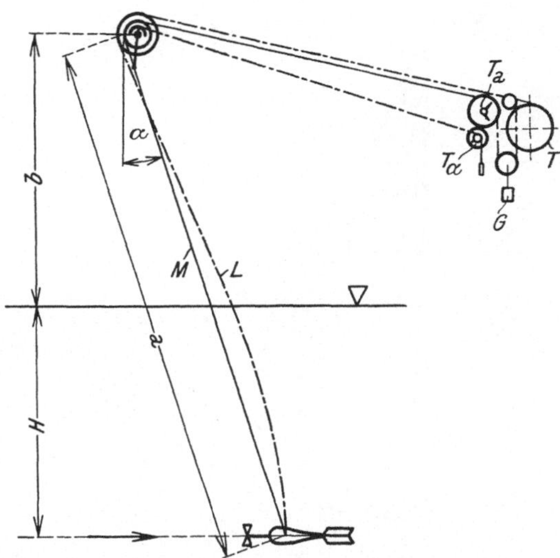

Abb. 78. Meßeinrichtung zur genauen Bestimmung der Lage des Seilflügels nach A. Ott-Kempten.

L Tragseil, M Meßdraht, T Tragseiltrommel, T_a Meßtrommel für a, T_a Meßtrommel für a, G Spanngewicht für den Meßdraht.

Der Flügel wird durch Fesselung in den einzelnen Meßpunkten festgehalten. Verzichtet man auf eine solche Fesselung, dann muß seine Tiefenlage durch Messung oder Rechnung bestimmt werden.

Bei der Fesselung verhindert ein durch ein Ankergewicht lotrecht gespannter Draht, an dem man den Flügel wie an einer Grundstange führt, das Abtreiben. Die Fesselung kann auch mit Hilfe eines flußaufwärts quergespannten Seiles erfolgen, auf dem eine Laufkatze rollt, die das Seil trägt, an dem der Flügel befestigt ist (Abb. 77).

Meßtechnisch ist die Tauchtiefe H ermittelbar (Abb. 78) aus der Gleichung $H = a \cos a - b$, worin a die Länge eines mit dem Flügeltragseile in der Sehne

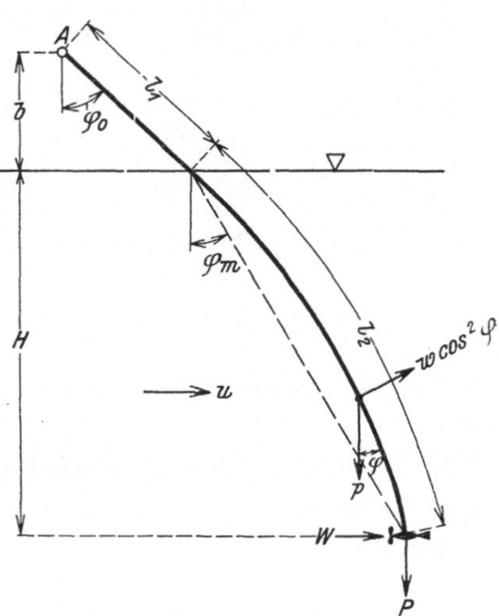

Abb. 79. Rechnerische Bestimmung der Tauchtiefe eines nichtgefesselten Seilflügels.

des durchgebogenen Tragseiles abgewickelten Meßdrahtes M und a seinen Ausschlagswinkel bedeuten. Für den durch das Gewicht G sich selbstspannenden Meßdraht M wird ein sehr dünner Stahldraht, etwa 0,5 mm stark, verwendet, um die Durchbiegung möglichst herabzudrücken.

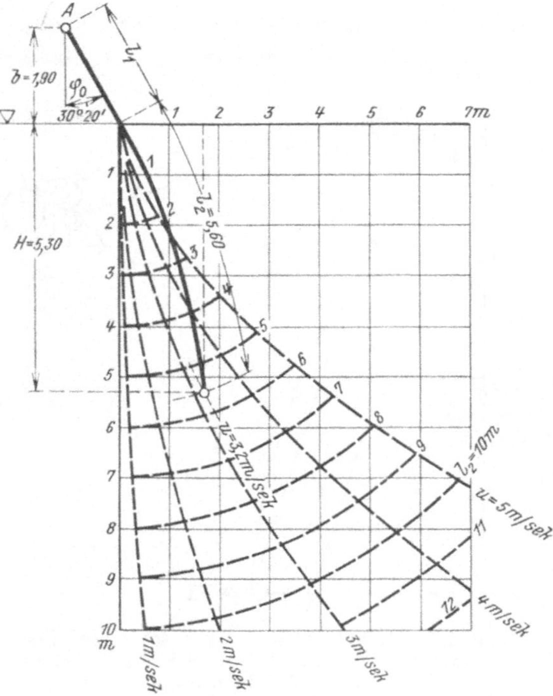

Abb. 80. Rechenbild zur Bestimmung der Tauchtiefe eines nichtgefesselten Seilflügels. Gewicht des Seilflügels $P = 50$ kg, Seilgewicht $p = 0,1$ kg/m; Wasserdruck auf den Seilflügel $W = 0,5\,u^2$ in kg. Wasserdruck auf 1 m Seil $w = 0,4\,u^2$ in kg.

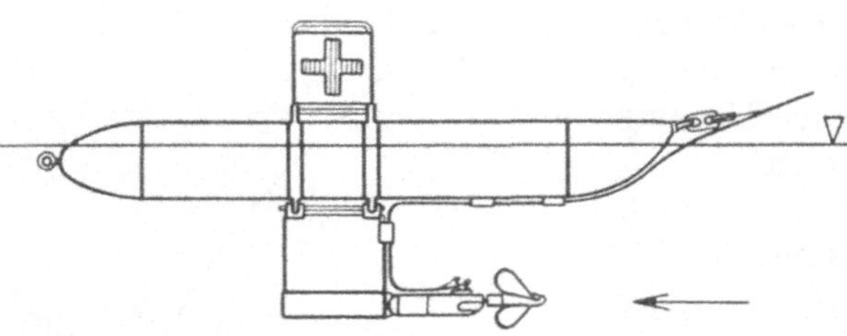

Abb. 81. Schleppflügel nach A. Ott-Kempten.

Rechnerisch läßt sich die Tauchtiefe H unter der meist zulässigen Voraussetzung ermitteln, daß die Wassergeschwindigkeit u waagrecht und im Bereiche von H konstant ist.[1] Es bezeichnet in Abb. 79

b die Höhe der Seiltrommel (Meßmarke) über der Wasseroberfläche;

l_1 die Länge des ober Wasser befindlichen Seiles;

l_2 die Länge des im Wasser befindlichen Seiles;

φ_0 den Ausschlagwinkel des oberen Seilendes;

φ_m den Ausschlagwinkel der unter Wasser liegenden Bogensehne;

P das Gewicht des Flügels;

p das Gewicht von 1 m Seil;

W den Wasserdruck auf den Flügel;

w den Wasserdruck auf 1 m lotrecht hängendes Seil.

Die Länge des abgewickelten Seilstückes $l = l_1 + l_2$ wird an der Meßtrommel abgelesen, das Seilstück l_1 mit einem Maßstab gemessen. Ist l_1 groß, dann ist es einfacher, b und φ_0 zu messen und l_1 aus

$$l_1 = \frac{b}{\cos \varphi_0} \quad \text{zu ermitteln.}$$

Für die weitere Rechnung wird der im Wasser liegende Seilbogen als Parabel angenommen. Der Ausschlagwinkel φ_m der Parabelsehne ergibt sich näherungsweise aus

$$\operatorname{tg} \varphi_m = \frac{W + \dfrac{1}{2}\, w\, l_2 \cos \varphi_m}{P + \dfrac{1}{2}\, p\, l_2}. \tag{1}$$

Die Tauchtiefe ist

$$H = \frac{l_2 \cos \varphi_m}{1 + \dfrac{1}{24}\, \dfrac{(w \cos \varphi_m - p \operatorname{tg} \varphi_m)^2 \cos^4 \varphi_m\, l_2^2}{P^2}}. \tag{2}$$

---

[1] V. Bradel, bisher unveröffentlicht.

Für den Wasserdruck auf den Flügel gilt $W = c_1 u^2$ und für jenen auf 1 m Seil $w = c_2 \dfrac{\gamma}{g} d \dfrac{u^2}{2}$, worin d der Tragseildurchmesser ist. c_1 wird empirisch ermittelt,[1] c_2 ist nach Versuchen etwa 1,1.

Für einen Flügel mit bestimmten Abmessungen empfiehlt es sich, die Rechnungsergebnisse der Gleichungen (1) und (2) durch eine Tabelle oder durch ein Rechenbild darzustellen.

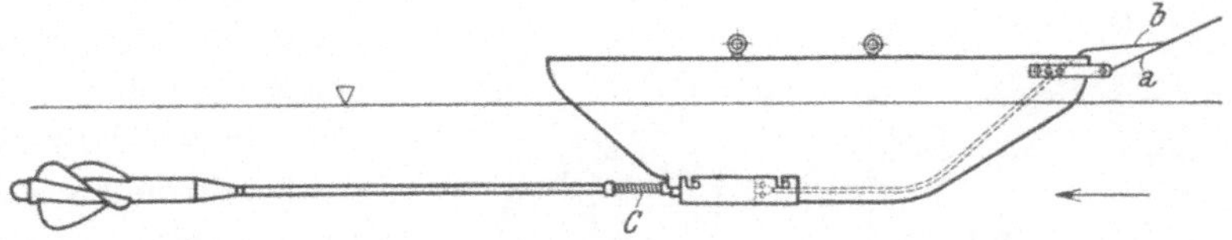

Abb. 82. Schlepplog nach J. Epper. Ausführung A. Ott-Kempten.
a Halteseil, *b* Signalkabel, *c* biegsame Welle.

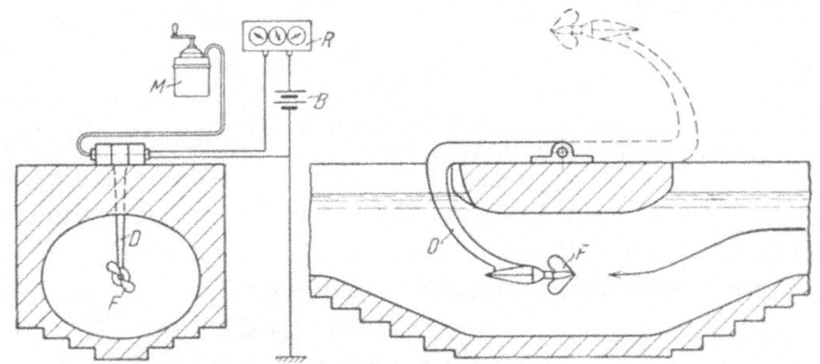

Abb. 83. Ausschwenkbarer Dauermeßflügel für offene Gerinne nach A. Ott-Kempten.
F Meßflügel mit stromlinienförmigem Körper, *D* Schwenkarm, *M* Drucköler, *R* Zählwerk, *B* Batterie.

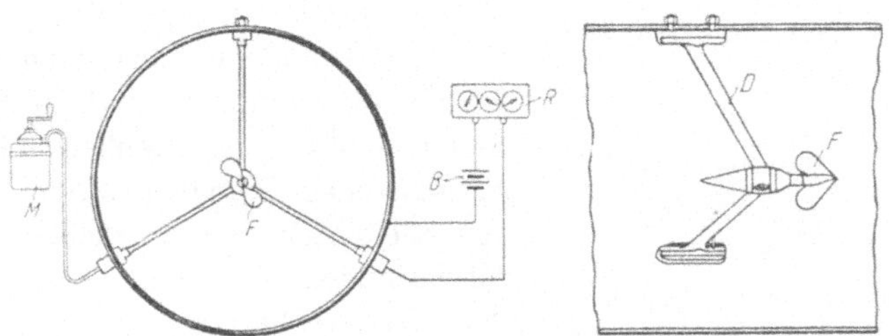

Abb. 84. Dauermeßflügel mit starrem Einbau für Druckrohrleitungen nach A. Ott-Kempten.
F Meßflügel mit stromlinienförmigem Körper, *D* Streben, *M* Drucköler, *R* Zählwerk, *B* Batterie.

Die Abb. 80 zeigt ein solches Rechenbild, das auch den Abtrieb des Flügels erkennen läßt und dem folgende Annahmen zugrunde liegen: $P = 50$ kg, $p = 0,1$ kg/m, $W = 0,5 u^2$ in kg und $w = 1,1 \cdot 0,0075 \cdot \dfrac{1000}{9,81} \cdot \dfrac{u^2}{2} \doteq 0,4 u^2$ in kg.

Ergibt die Messung z. B. $l = 7,80$ m, $b = 1,90$ m, $\varphi_0 = 30^0\,20'$ und $u = 3,20$ m/sek,

---

[1] Man läßt den Flügel knapp unter die Wasseroberfläche eintauchen, so daß praktisch kein Strömungsdruck auf das Seil vorhanden ist, mißt den Ausschlagwinkel a, die Wassergeschwindigkeit u und berechnet c_1 aus $c_1 = \dfrac{P \operatorname{tg} a}{u^2}$.

dann berechnet man $l_1 = \dfrac{1,90}{0,863} = 2,20$ m, $l_2 = 7,80 - 2,20 = 5,60$ m. Die Lage des Flügels im Rechenbild kann nun im Koordinatensystem l_2, u angegeben werden und daraus die Tauchtiefe $H = 5,30$ m und der Abtrieb $1,90 \,\mathrm{tg}\,\varphi_0 + 1,70 = 2,80$ m entnommen werden.

Schleppflügel. Der Schwimmkörper des Flügels wird mittels eines Seiles, das gleichzeitig als elektrische Verbindungsleitung dient, an den für die Messung in Betracht kommenden Stellen des Meßprofiles festgehalten (Abb. 81). Um das Pendeln des Meßgerätes bei starker Strömung möglichst zu verringern, bindet man an seinem rückwärtigen Ende ein schwimmendes Seil oder ein Reisigbündel an.

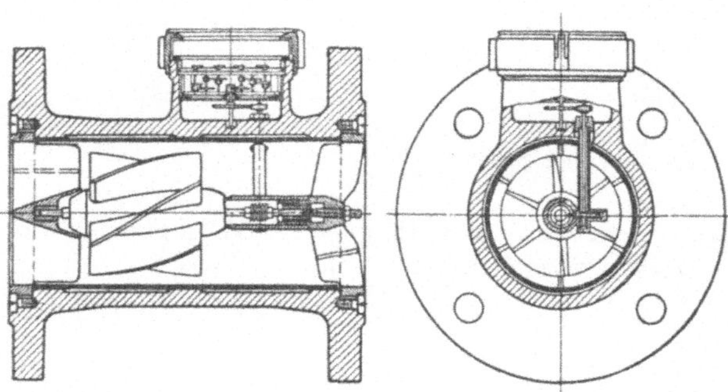

Abb. 85. Woltman-Messer nach A. Thiem. Ausführung Bopp u. Reuther-Mannheim-Waldhof.

Eine besondere Ausführung des Schleppflügels ist das Schlepplog, dessen Anwendung namentlich dann zweckmäßiger ist, wenn schwimmende Gegenstände die Flügelschaufel gefährden können. Die Befestigung des Schwimmkörpers ist ähnlich wie beim einfachen Schleppflügel (Abb. 82).

Dauer-Meßflügel. Er verlangt Tragarme, die schlank sind und deren Querschnitte die Stromlinien möglichst wenig stören.[1] Wo es möglich ist, sucht man den Flügel durch Ausschwenken oder Heben für eine Kontrolle zugänglich zu machen. Solche Anordnungen sind in offenen Gerinnen einfach herzustellen (Abb. 83), in geschlossenen Kanälen durch den Einbau von Schächten zu ermöglichen. Für Druckrohrleitungen ist eine Einrichtung nach Abb. 84 zweckmäßig.

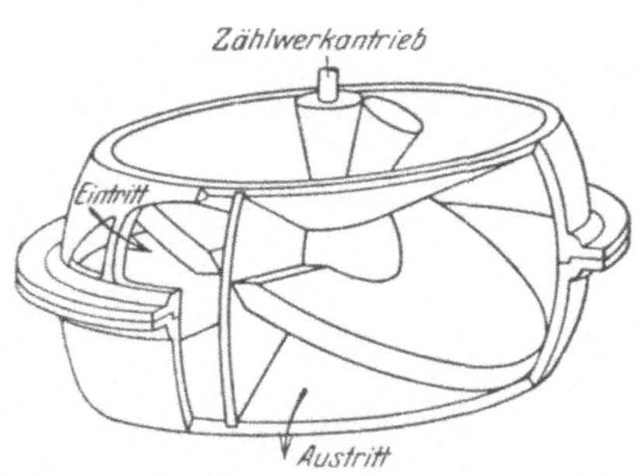

Abb. 86. Meßkammer des Scheiben-Wassermessers von Siemens & Halske-Berlin.

Zu den Dauermeßflügeln sind auch jene Ausführungen zu zählen, bei denen der Meßflügel nicht wie zuvor nur einen kleinen Teil der Durchflußfläche bestreicht, sondern die Flügelschaufel die gesamte Durchflußfläche ausfüllt. Derartige Meßeinrichtungen werden zur Mengenmessung vorzugsweise in Wasserleitungsrohren bis zu 300 mm Durchmesser verwendet und führen im technischen Sprachgebrauche die Bezeichnung Woltmann-Wassermesser. Wie aus Abb. 85 ersichtlich ist, besitzen diese Wassermesser Zählvorrichtungen, an denen die Wasserfracht, von welcher die Rohrleitung bis zur Ablesezeit durchflossen worden ist, unmittelbar abzulesen ist.

---

[1] L. A. Ott, Instrumentenkunde der praktischen Hydrometrie, Kempten.

Eine Abänderung des WOLTMANN-Wassermessers stellt der Scheibenwassermesser dar, bei dem eine Meßscheibe in einer kugelförmigen Meßkammer eine Taumelbewegung ausführt, die auf ein Zählwerk übertragen wird (Abb. 86).

Formgebung des hydrometrischen Flügels als Ganzes. Es muß eine möglichst schlanke Bauart erreicht werden, die sich der Stromlinienform gut anpaßt, also möglichst wenig Kanten und schroffe Übergänge aufweist. Im besonderen muß die Formgebung naturgemäß so erfolgen, daß die Betriebssicherheit des Meßgerätes weitgehendst gewährleistet ist.

Beim Stangenflügel läßt sich die Stromlinienform nur angenähert erreichen. Da bei dieser Ausführungsform die Ausmaße der Flügelschaufel alle übrigen überragen, ist die Formgebung der Flügelschaufel maßgebend für die Größe des Störungsbereiches in der Umgebung des Flügels und ebenso bestimmend für die Betriebssicherheit, soweit dieselbe nicht von den vom Wasser mitgeführten Feststoffen beeinflußt wird.

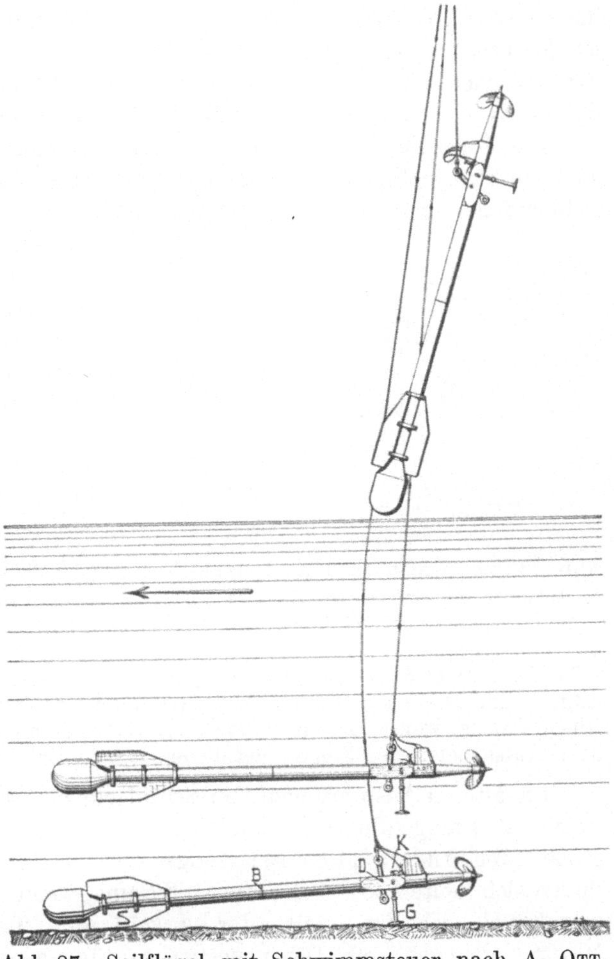

Eine Steuerung des Flügels kann entfallen, weil die Einstellung in die gewünschte Richtung zwangsläufig durch die Führung erfolgt. Trotzdem weisen manche Flügeltypen eine dem Steuerruder ähnliche Einrichtung auf, die aber andere Zwecke verfolgt.

Abb. 87. Seilflügel mit Schwimmsteuer nach A. OTT-Kempten.

D Universalgelenk, G, K Grundtaster, S Schwimmsteuer.

Die Flügelschaufel bei der Flügeltype Abb. 55 ist mit einem Schutzring umgeben, der das Anhängen von Treibzeug und das Aufstoßen auf den Flußgrund verhindert. Die Genauigkeit der Meßergebnisse wird hierdurch nicht verringert, sondern bei Schräganströmung eher günstig beeinflußt. Ein eigentlicher Flügelkörper ist nicht vorhanden und das mechanische Zählwerk liegt vollkommen frei. Diese Flügeltype besitzt einen plattenförmigen Ansatz, der das genaue Einsetzen des Flügels in die Richtung senkrecht zum Durchflußprofil erleichtern und überdies einen Schutz beim Anschlagen des Flügels an Wandung und Sohle des Gerinnes bilden soll. Das Meßgerät ist wegen seiner Kleinheit für die Messung in kleinsten Gerinnen zu gebrauchen und besonders zur Mitnahme auf die Reise geeignet.

Der Meßflügel nach Abb. 56 trägt eine bohrerförmige Schaufelform, die für die selbsttätige Abweisung von Treibzeug sehr vorteilhaft ist. Der Flügelkörper ist dosenförmig und enthält ein elektrisches Schwachstrom-Zählwerk. Auf eine Steuervorrichtung ist verzichtet worden. Die Ausmaße sind ebenfalls derartig, daß er als leicht tragbares Reise-Meßgerät Verwendung findet.

Die Form des Flügels für Seilflügelmessungen muß mit größerer Sorgfalt als beim Stangenflügel durchgebildet werden. Der Flügel soll nicht nur mit Rücksicht auf geringste Störung des Stromlinienverlaufes im Flusse gebaut werden, sondern er muß auch eine derartige Verteilung der Massen und Abmessungen erhalten, daß nach dem Eintauchen des Flügels in das Wasser Balance eintritt und er dabei noch genügende Richtkraft besitzt. Er soll selbst bei stürmischer Strömung mit starker Wirbelbildung ein ruhiges Verhalten zeigen. Diesen Bedingungen entspricht die Ausführung in Abb. 87.

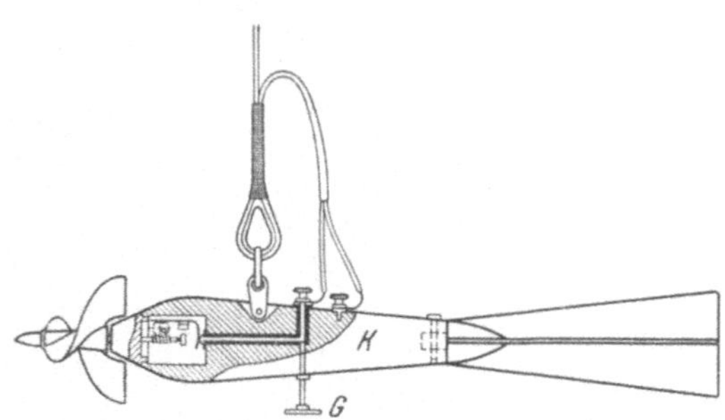

Abb. 88. Seilflügel nach O. A. GANSER-Wien.
K schwerer stromlinienförmiger Flügelkörper,
G Grundtaster.

Dieser Seilflügel ist mittels eines Universalgelenkes D so aufgehängt, daß das Schwimmsteuer S dem Meßgeräte selbst in heftiger Strömung eine waagrechte Lage sichert. Das Gesamtgewicht beträgt 14 kg. Die dargestellten drei Stellungen versinnbildlichen den Vorgang des Niederlassens, woraus zu entnehmen ist, daß bei dieser Konstruktion das gefährliche Aufschlagen des Flügels vermieden wird.

Die älteren Ausführungen von Seilflügeln bestanden einfach aus Meßflügeln, welche als Stangenflügel gebräuchlich waren, denen man ein mehr oder weniger großes Steuerruder und ein Belastungsgewicht anhängte. Derartige Anordnungen finden sich heute noch als Kompromißlösung, wenn man einen sogenannten Universalflügel schaffen will, der sowohl der Stangen- wie der Seilflügel-Messung genügen soll. Die neuesten Ausführungen gehen jedoch auf außergewöhnlich langgestreckte Formen über, geben dem Flügelkörper stromlinienförmige Gestalt bei großem Eigengewichte und verwenden Richtungssteuer (Abb. 88).[1]

Um den Seilflügel ohne ein besonderes Belastungsgewicht rasch und sicher tiefbringen zu können, kann ein eigenes Tiefensteuer ähnlich wie bei Flugzeugen oder Lenkballons verwendet werden (Abb. 89). Die Anbringung von Grundtastern ist bei Seilflügeln besonders erwünscht, weil ihr Auftreffen auf der Sohle besonders schwierig festzustellen ist.

----

[1] Dieser Flügel führt wegen der einem Torpedo ähnlichen Gestalt auch die Bezeichnung Torpedoflügel.

Die Schleppflügel bestehen aus einem zylindrischen Schwimmkörper mit vorne hochgezogener Spitze. An diesem hängt der eigentliche Meßflügel in der Anordnung nach Abb. 81 als einfacher Schleppflügel oder in der Anordnung

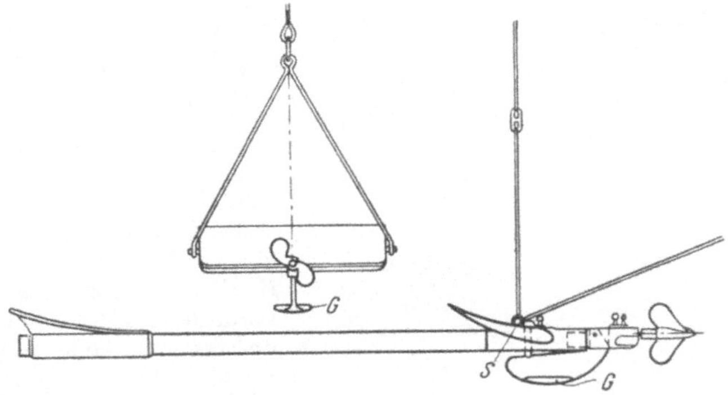

Abb. 89.　Seilflügel mit Tiefensteuer nach A. OTT-Kempten.
G Grundtaster, *S* Tiefensteuer.

nach Abb. 82 als Schlepplog. Beim Schlepplog trägt der Schwimmkörper das Lagergehäuse und dieses die Kontakteinrichtungen. Die Flügelschaufel mit den drei schraubenförmigen Paletten wird mittels eines Aluminiumrohres unter

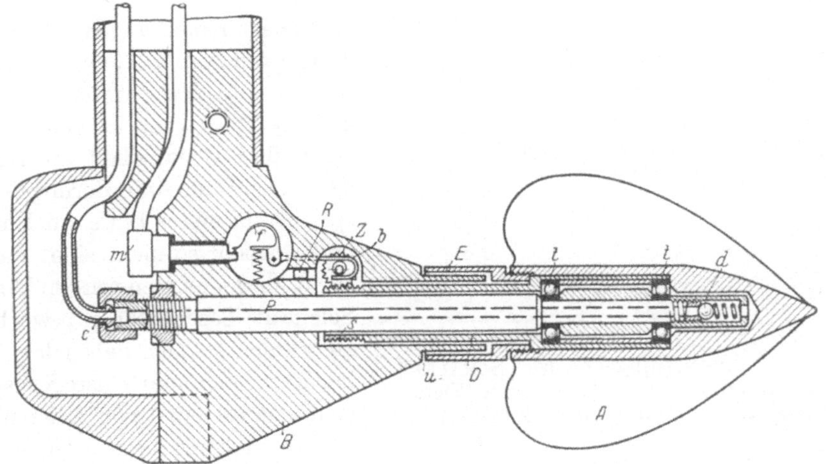

Abb. 90.　Dauermeßflügel nach A. OTT-Kempten.
c Ölzuführung, *d* Rückschlagventil, *D* Nabe, *Z* Kontakträdchen, *u* Ölaustrittsspalt, *b, f* Kontakteinrichtung, *t* Kugellager, *s* Schnecke, *P* feste Flügelachse.

Zwischenschaltung einer biegsamen Welle *c* an das Loggehäuse gekuppelt. Die Messungen mit dem Schlepplog weisen fast die gleiche Genauigkeit wie die mittels eines guten Flügels auf. Der auf das Halteseil *a* ausgeübte Zug beträgt bei einer Wassergeschwindigkeit von 4 m/sek nur 6 kg. Schleppflügel wie Log tragen gewöhnlich Signalfahnen, um die jeweilige Lage im Meßprofile kenntlich zu machen.

Als Dauermeßflügel sind nur jene Flügeltypen verwendbar, bei denen eine besondere, widerstandsfähige Konstruktion der Achsenlager diese Dauerbeanspruchung zuläßt (Abb. 90). Als Lager kommen nur Kugellager in Betracht, die mit Hilfe einer Sperrflüssigkeit, als welche man wegen der gleichzeitigen Schmierwirkung am besten Öl nimmt, vor Zutritt des Wassers geschützt werden. Da wegen der Emulsionsbildung an der Grenze zwischen Öl und Wasser Ölverluste eintreten, wird mit Hilfe einer kleinen Ölpumpe, die jeden auftretenden Gegendruck überwinden kann, das Öl dauernd erneuert (Abb. 91).

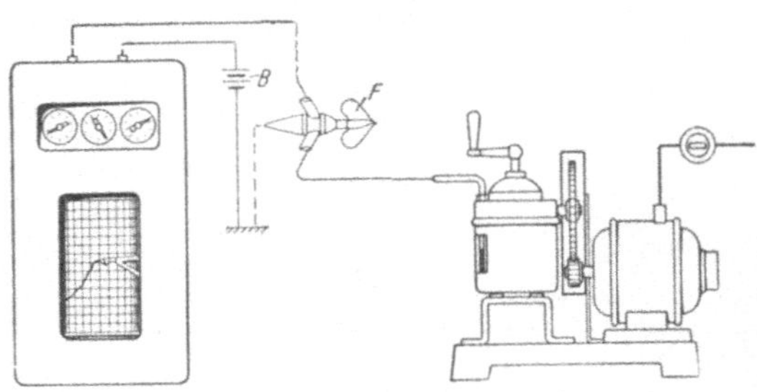

Abb. 91. Automatische Ölpumpe und Schreibwerk für Dauermeßflügel nach A. Ott-Kempten.

Durch enge Kupferrohre gelangt das Drucköl bei c an das Hinterende der durchbohrten, feststehenden Flügelachse P und durch ein am Vorderende der Achse befindliches Rückschlagventil d zur vorderen Lagerkammer und von dort in den langen, kapillardichtenden Zylinderspalt zwischen Achse und Nabe D. Schließlich fließt es durch den Spalt u in das Wasser. Der Ölverbrauch ist gering, etwa 10 cm³ im Tag.

Die Ölleitungen mehrerer benachbarter Flügel können von einer gemeinsamen Pumpe gespeist werden. Das verwendete Öl soll noch bei — 20° dünnflüssig bleiben. Die Eichung derartiger Flügel mit Druckölzufuhr darf erst dann erfolgen, wenn alle Schmier- und Dichtungsräume verläßlich durch Schmieröl aufgefüllt sind.

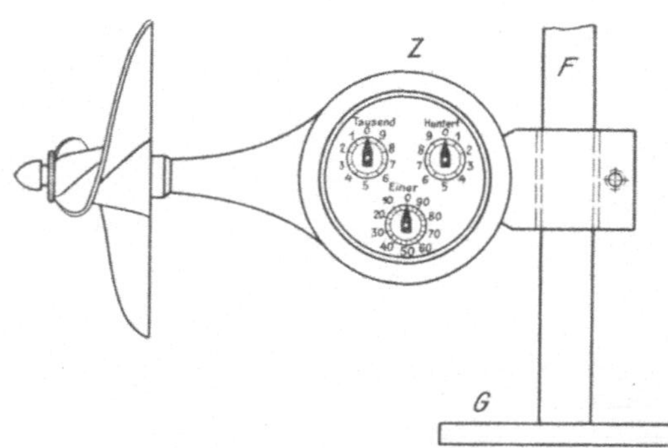

Abb. 92. Zählwerksflügel nach F. Schaffer-nak. Ausführung O. A. Ganser-Wien.
F Flügelstange, G Grundplatte, Z Zählwerk.

Die Bemühungen, handliche Meßgeräte herzustellen, haben zu den verschiedenartigsten Lösungen geführt. Man braucht Geräte, die, wenn ihre Genauigkeit auch nicht den strengsten Anforderungen entspricht, in erster Linie an Umfang und Gewicht so klein sind, daß sie leicht mitgenommen werden können. Solche als Taschenflügel bezeichnete Instrumente sollen neben der Kleinheit auch noch eine robuste Konstruktion aufweisen und womöglich für ein rasches Meßverfahren geeignet sein.

Von den zahlreichen derartigen Ausführungen sei der Zählwerksflügel herausgegriffen, der den obigen Bedingungen entspricht und dabei selbst bei Verwendung von Flügelschaufeln von 10 cm Durchmesser in einem Kästchen von $20 \times 12 \times 5$ cm untergebracht werden kann (Abb. 92). Die Zählung der Umdrehungen erfolgt hier rein mechanisch durch einen Tourenzähler mit geringer innerer Reibung. Diese Ausführung findet beim Integrations-Meßverfahren Verwendung, bei dem eine sehr große Anzahl von Umdrehungen zu zählen ist.

Zusätzliche Ausrüstungen des hydrometrischen Flügels. Sie bezwecken die Meldung oder Aufzeichnung allfälliger rückläufiger Wasserbewegungen, die Richtungsmessung der Flügelachse sowie die Verbesserungen zwecks Messung kleiner Geschwindigkeiten.

Rückläufige Bewegungen des Wassers können nicht nur an den seitlichen Begrenzungsflächen des Gerinnes auftreten, sondern auch an der Gerinnesohle, wo sie nur mit Hilfe besonderer Anzeigegeräte feststellbar sind. Werden solche außergewöhnliche Strömungen in der Auswertung der Messungen nicht berücksichtigt, dann kann die Meßgenauigkeit unter Umständen geringer werden. Derartige, den Drehsinn anzeigende Vorrichtungen werden nach verschiedenen Grundsätzen entwickelt.

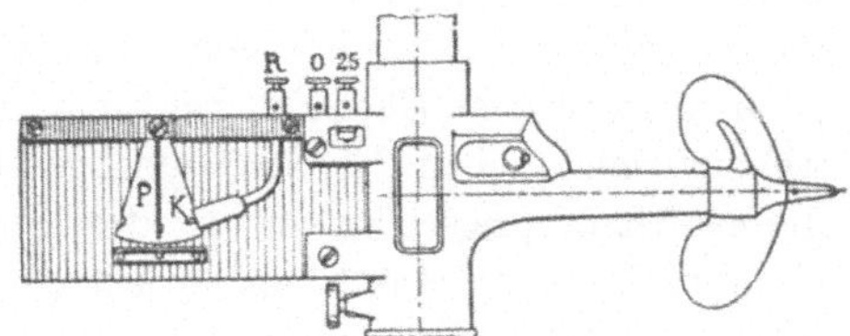

Abb. 93. Strompendel nach J. EPPER. Ausführung A. OTT-Kempten.

Eine einfache Methode besteht in einer besonderen Ausbildung des Kontaktes in der Zählvorrichtung des Flügels. Das Kontaktzeichen erfolgt beim normalen Drehsinn als Punkt—Strich statt eines Striches allein, bei verkehrter Drehbewegung als Strich—Punkt.

Ein anderes Verfahren beruht auf der Verwendung des Strompendels, das in die Steuerfahne des Flügels eingebaut wird (Abb. 93). Bei rückläufiger Bewegung

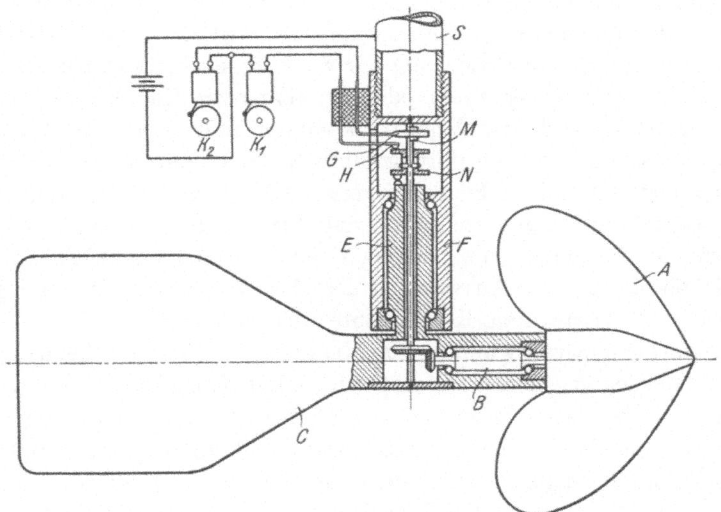

Abb. 94. Meßflügel mit Richtungsmessung nach A. OTT-Kempten.
A Flügelschaufel, *B* Flügelachse, *C* Seitensteuer, *E* Tragzapfen, *F* Lagergehäuse, *G—H*, *M—N* Kontakteinrichtungen, K_1, K_2 elektrische Klingeln, *S* Flügelstange.

des Wassers drückt das Pendel *P* auf den Kontaktstift *K* und löst damit ein besonderes elektrisches Signal aus.

Die Richtungsmessung bezweckt in erster Linie die Angabe der Richtung des Stromfadens in der waagrechten Ebene, also die Feststellung des Winkels, den die Flügelachse eines frei beweglichen Seilflügels mit dem magnetischen Meridian einschließt. Hierzu verwendet man einen Flüssigkeitskompaß, der samt der notwendigen elektrischen Schaltvorrichtung im Flügelkörper des Seilflügels eingebaut ist und dessen Stellung dann auf ein, an einem zweckmäßigen Orte aufgestelltes Zeigerwerk oder auf ein im Flügelkörper eingebautes Filmband selbsttätig übertragen wird.[1]

Diese Einrichtung genügt zur Messung von Meeresströmungen oder zur angenäherten Messung der eigentlich räumlich verlaufenden Strömung in einem Flußlaufe. Bei der exakten Untersuchung von Strömungsvorgängen in Gerinnen kommt aber die Messung von Bewegungsrichtungen sowohl in waagrechter als auch in lotrechter Ebene in Betracht. Hierfür gibt es Flügelkonstruktionen, mit welchen man neben der Strömungsgeschwindigkeit auch gleichzeitig die Winkel, die die Strömungsrichtung mit der lotrechten und mit einer festgelegten waagrechten Richtung einschließt, ermitteln und selbsttätig aufzeichnen lassen kann.

Eine derartige Einrichtung versinnlicht Abb. 94. Mit Hilfe des Steuers C, das als Seiten- oder Höhensteuer ausgebildet werden kann, stellt sich die Achse B der Flügelschaufel A in die Strömungsrichtung ein. Die Phasenverschiebung, nach welcher die Kontakteinrichtungen G—H und M—N zwei Stromkreise öffnen und schließen, werden am Klingelwerk K_1 und K_2 oder an einem an seiner Stelle befindlichen Schreibwerk kenntlich gemacht. Diese Phasenverschiebung, auf Winkelmaß umgerechnet, vermittelt die Größe des Verdrehungswinkels zwischen dem mit der Flügelstange S festverbundenen Lagergehäuse F und dem drehbaren, hohlen Tragzapfen E und damit die Größe des Richtungswinkels der Stromlinien.

Die vorstehend beschriebene Einrichtung ist nur dort verwendbar, wo die Krümmung der Wasserfäden nicht zu stark ist, weil sonst das Steuer die Achse der Flügelschaufel aus der Richtung der Stromfaden herausdreht. Bei Mengenerhebungen in stark divergenten oder konvergenten Kanälen, die namentlich bei Mitteldruck-Wasserkraftanlagen vorkommen, muß daher Richtungsmessung und Flügelmessung getrennt durchgeführt werden. Man bestimmt zuerst mit Hilfe eines plattenförmigen Pendelkörpers die Neigung α der Stromfaden gegen die Senkrechte zum Meßquerschnitt, stellt hierauf die Flügelschaufel im Meßquerschnitt in die gemessene Neigung α ein und bestimmt sodann die Geschwindigkeit u. Bei der Auswertung der Messung ist mit der zum gewählten Meßquerschnitt senkrechten Komponente $u \cos \alpha$ zu rechnen.[2]

Um sehr kleine Geschwindigkeiten, die noch unterhalb der bei den gebräuchlichen Flügeltypen gegebenen Anlaufgeschwindigkeit liegen und die in Versuchsgerinnen oder Bewässerungsgräben vorkommen, messen zu können, vermehrt man künstlich das Drehmoment der Flügelschaufel. Mit Hilfe eines auf die Achse der Flügelschaufel aufgespulten Fadens, der an seinem Ende mit einem Treibgewichte belastet ist, erhält der Flügel eine Zusatzgeschwindigkeit, die so groß gewählt wird, daß man mit dieser Anordnung noch brauchbare Meßergebnisse bis zur Nullgeschwindigkeit herab erreichen kann.[3] Hierbei ist zu beachten, daß man die Treibgewichte nur so groß nehmen darf, daß die Achsenreibung wo-

---

[1] L. A. OTT, Instrumentenkunde. — Strommesser nach MENSIG, ausgeführt von den Berliner physikalischen Werkstätten.

[2] C. F. STREIFF und H. GERBER, Eine neue Anwendung des Flügelmeßverfahrens bei Abnahmeversuchen im Limmat-Kraftwerk Wettingen. Schweizerische Bauzeitung, Bd. 103, H. 3, 1934. Siehe auch S. 82f.

[3] H. WADE, Report on investigation into the improvement of river discharge measurement, part II, III, 1922 and part V, 1924, Cairo Governement. — A. STAUSS, Die hydraulischen Einrichtungen des Maschinenbaulaboratoriums in Eßlingen, Berlin 1925.

möglich gerade kompensiert wird. Wählt man sie größer, dann treten im Verlaufe der Eichlinie Anomalien auf, indem sich für gleiche Drehzahl zwei Werte für die Geschwindigkeit ergeben.

Grundlagen des Meßverfahrens mit dem hydrometrischen Flügel. Die Ausgestaltung des hydrometrischen Flügels als Ganzes wie auch hinsichtlich seiner Einzelheiten ist in erster Linie ein Ergebnis der langjährigen Erfahrung, welche man bei den zahlreichen hydrometrischen Erhebungen gesammelt hat, die in der Natur unter den verschiedensten örtlichen Verhältnissen und Vorbedingungen ausgeführt worden sind. Es ist aber auch getrachtet worden, auf Grund von Versuchen und theoretischen Erwägungen alle Fragen, die mit der Formgebung und der Meßmethodik im Zusammenhange stehen, zu klären, um gleichzeitig einen Einblick über ihren Einfluß auf die erzielbare Genauigkeit des Meßergebnisses zu gewinnen.

Die Anwendbarkeit des hydrometrischen Flügels als Meßgerät beruht, wie bereits erwähnt, auf der Möglichkeit, die Drehzahl der Flügelschaufel als Abhängige von der Geschwindigkeit der anströmenden Wasserfäden darstellen zu können. Zur Kenntnis dieses Zusammenhanges gelangt man im allgemeinen auf empirischem Wege durch Eichung des Flügels. Aber auch der rein analytische Weg ist versucht worden. Wenn es bisher auch nicht gelungen ist, mit Hilfe der Theorie bis zu eindeutigen Ergebnissen vorzudringen, so hat doch die Vereinigung von Empirie und Theorie viel Zweckdienliches geleistet und Richtlinien gegeben, nach welchen die Flügeleichungen eine eingehendere Beurteilung erfahren können.

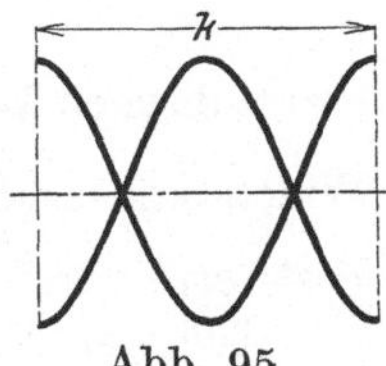

Abb. 95.

Aus diesem Grunde soll der Beschreibung des Eichvorganges eine theoretische Betrachtung über die Wirkungsweise des hydrometrischen Flügels vorangestellt werden.

Axiale Anströmung des hydrometrischen Flügels. Die zur Flügelachse gleichlaufenden Wasserteilchen treffen auf die einzelnen Flächenelemente der Schraubenfläche und versetzen diese derart im Umdrehung, daß unter der Voraussetzung eines ideellen, reibungsfreien Bewegungsvorganges des Wassers wie der Schaufel die Wasserfäden ohne Ablenkung aus ihrer Richtung weiterlaufen (Abb. 95). Besitzt demnach das strömende Wasser die Geschwindigkeit u, ist die Ganghöhe der Schraubenfläche k und die Umdrehungszahl der Schaufel in der Zeiteinheit, die Drehzahl, gleich n_i, dann besteht bei axialer Anströmung die geometrische Beziehung

$$u = k\,n_i, \tag{3}$$

die sogenannte *ideelle* Flügelgleichung. Hierin kann n_i als ideelle Drehzahl bezeichnet werden. k gibt die Tangente des Neigungswinkels der ideellen Flügelgleichungslinie mit der n-Achse an. Es ist also $k = \mathrm{tg}\,\alpha$. Die Bewegungswiderstände hydraulischer als auch mechanischer Natur bewirken jedoch, daß die Schaufelbewegung, für welche die Bewegungsenergie dem strömenden Wasser entzogen wird, etwas gegen die Strömung zurückbleibt. Die praktische Drehzahl n ist demnach kleiner als die ideelle Drehzahl n_i.

Die hydraulischen Widerstandskräfte werden durch die Flüssigkeitsreibung an den Schaufelflächen, durch die Verwirbelungen an ihren Kanten und durch den Stau, der vom Gehäuse des Flügels und von den Befestigungsvorrichtungen erzeugt wird, ausgelöst. Die mechanischen Widerstandskräfte werden verursacht durch die Lager- und Räderreibung sowie durch die elektrischen Einrichtungen des Kontaktwerkes. Je nachdem die analytische Formulierung der Ausdrücke für die besagten Kräfte oder für deren Drehmomente erfolgt, ergeben sich ver-

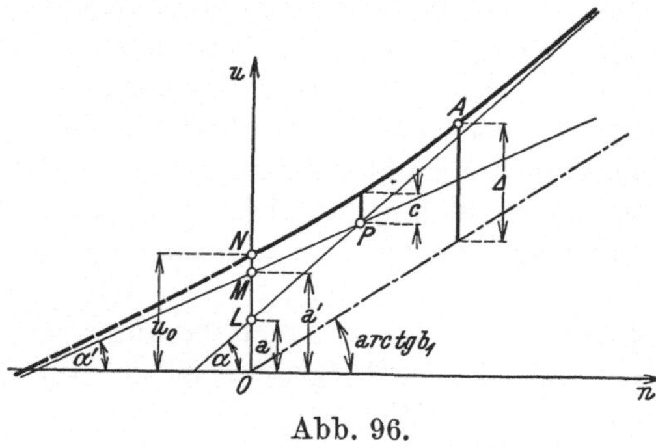

Abb. 96.

schiedene Gleichungen für den Zusammenhang zwischen der praktischen Drehzahl n und der Geschwindigkeit u, also verschiedene Formen der *praktischen* Flügelgleichung.[1]

Das Drehmoment, das durch den Flüssigkeitsdruck auf die Schaufel ausgeübt wird, kann näherungsweise mit dem Ausdruck $A\,u\,(u - k\,n)$ erfaßt werden, während das Drehmoment der hydraulischen Widerstandskräfte durch $B\,u + C\,u^2$ und jenes der mechanischen Widerstandskräfte durch $D\,\dfrac{u}{u - a' - b'\,n}$ darstellbar ist, worin A, B, C und D Festwerte darstellen.

Aus der Gleichgewichtsbedingung der an der Flügelschaufel wirkenden Drehmomente folgt schließlich die praktische Flügelgleichung in der Form

$$(u - a - b\,n)\,(u - a' - b'\,n) = c^2, \tag{4}$$

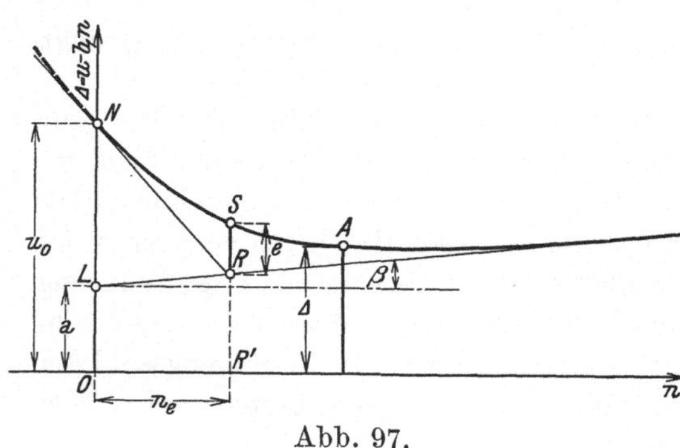

Abb. 97.

worin a, b, a', b' und c fünf voneinander unabhängige Flügelkonstanten darstellen. Bisher ist es nicht gelungen, diese Konstanten unmittelbar auf theoretischem Wege zu berechnen, sondern nur die Eichung des Flügels führt zu deren Kenntnis.

Man kann diese Flügelgleichung, welche eine Hyperbel darstellt, dazu verwenden, um aus ihrer graphischen Darstellung, der *Eichlinie*, die Konstanten a, b, a', b' und c ebenfalls graphisch zu ermitteln.

$u = a + b\,n$ und $u = a' + b'\,n$ stellen die Gleichungen der Asymptoten der Hyperbel dar, von der in Abb. 96 nur jener Ast gezeichnet ist, der physikalische Bedeutung hat. Die Asymptoten schneiden auf der u-Achse die Strecken a und a' ab und haben gegen die n-Achse die Neigungen $\alpha = \text{arc tg } b$ und $\alpha' = \text{arc tg } b'$. Der Wert c erscheint als der zu u parallele, reelle Halbmesser der Hyperbel.

Für $n = 0$ wird $u = u_0$, gleich der theoretischen Anlaufgeschwindigkeit. Diese ist ein Wert, der mitbestimmend für die Beurteilung des Gütegrades eines hydro-

---

[1] Die weitere Darstellung folgt L. A. OTT, Theorie und Konstantenbestimmung des hydrometrischen Flügels. Berlin 1925.

metrischen Flügels ist, weil kleine Anlaufgeschwindigkeiten den Meßbereich
und damit die Anwendbarkeit erweitern.

Die unmittelbare Verwendung der entwickelten Beziehungen zur Konstantenbestimmung ist aus den folgenden Gründen praktisch unmöglich.

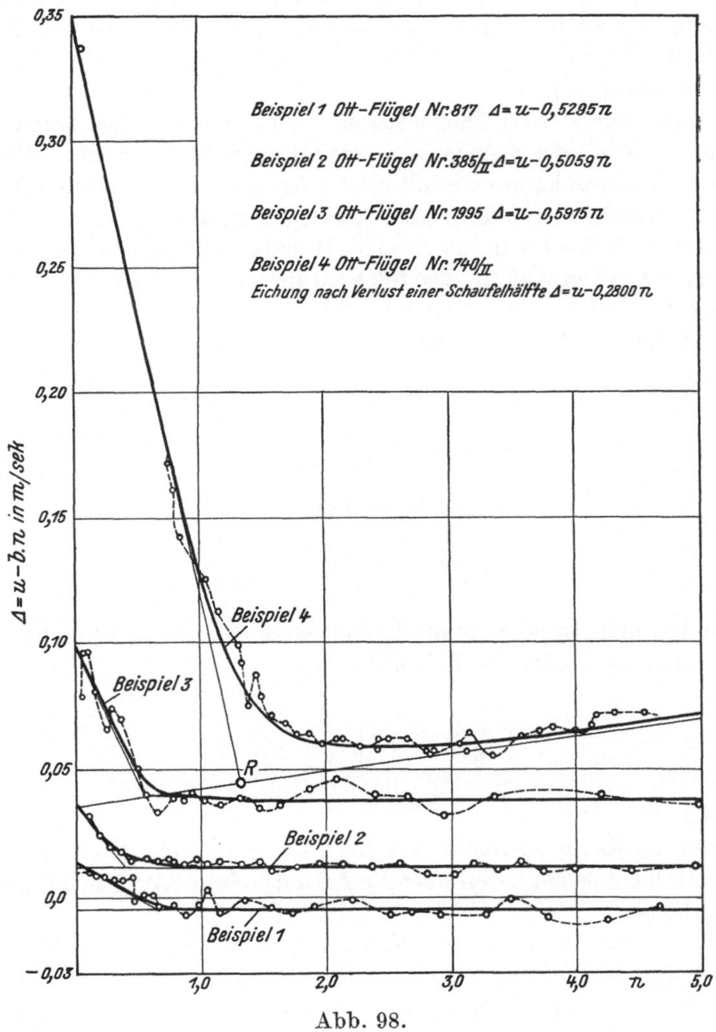

Abb. 98.

Das Zeichnen der Asymptoten stößt auf Schwierigkeiten, weil aus dem Eichergebnisse nur ein kleiner Teil eines Hyperbelastes festgelegt ist und weil selbst
bei Kenntnis der Asymptoten die Bestimmung des Schnittpunktes P und die
Festlegung von c mit großen Ungenauigkeiten verbunden wäre. Man umgeht
diese Schwierigkeiten, indem man die Eichergebnisse derart aufträgt, daß die
Ordinaten nicht die beobachteten Geschwindigkeiten u, sondern die Werte
$\Delta = u - b_1 n$ darstellen, worin b_1 einen von dem Tangentenwert k der
ideellen Eichlinie möglichst wenig abweichenden, angenommenen Wert bedeutet
(Abb. 97).

Die Linie $\Delta = f_2(n)$, die durch Ausgleichung der gestreut liegenden Eichwerte erhalten wird, ist wieder eine Hyperbel, weil sie durch eine lineare Transformation des Koordinatensystems aus der Gleichung $u = f_1(n)$ hervorgeht. Sie besitzt aber den großen Vorteil, daß sie die Streuung der Eichpunkte viel auffälliger zeigt, eine stärkere Krümmung aufweist und dadurch bessere Grundlagen für die graphische Ermittlung der Konstanten a, b, a', b' und c liefert. Eine weitere analytische Untersuchung führt nun zu folgendem Wege für die Konstantenbestimmung aus $\Delta = f_2(n)$.

Man zieht vorerst zwei Tangenten an die Linie $\Delta = f_2(n)$, nämlich jene im Schnittpunkte N mit der Δ-Achse und jene im Bereiche der größten Werte von n. Die letztere Tangente kann man mit großer Annäherung als Asymptote ansehen. Daher ist ihr Abschnitt auf der Δ-Achse gleich a. Für die Bestimmung der übrigen vier Konstanten bedient man sich der vier Hilfswerte b_2, u_0, e und n_e, die man aus der Linie $\Delta = f_2(n)$ in Abb. 97 wie folgt entnimmt. $b_2 = \operatorname{tg}\beta$, $u_0 = \overline{ON}$, $e = \overline{RS}$ und $n_e = \overline{OR'}$.

Es läßt sich nun beweisen, daß

$$\left.\begin{aligned}
b &= b_1 + b_2 \\
a' &= u_0 - \frac{e^2}{u_0 - a - 2e} \\
c &= \sqrt{(u_0 - a)(u_0 - a')} \\
b' &= b - \frac{2u_0 - a' - a}{n_e}
\end{aligned}\right\} \tag{5}$$

ist, welche Werte nebst dem unmittelbar entnommenen Wert a in die in expliziter Form geschriebene praktische Flügelgleichung

$$u = \frac{a + a'}{2} + \frac{b + b'}{2}\,n + \sqrt{\left(\frac{a + a'}{2} + \frac{b + b'}{2}\,n\right)^2 + c^2} \tag{6}$$

einzuführen sind.

In Abb. 98 ist an mehreren Beispielen der graphische Rechnungsgang dargestellt, um hieraus ein Urteil über die Zulässigkeit des Ausgleichungsvorganges bilden zu können.

Die allgemeine Form der Flügelgleichung wird vereinfacht und damit der praktischen Verwendung besser zugänglich, wenn man gewisse Vernachlässigungen gestattet. Sie sind aber nur zulässig, wenn hierdurch die abgeleitete Flügelgleichung eine nicht zu große Abweichung von dem Eichergebnisse aufweist.

Setzt man $c = 0$, dann verwandelt sich die Hyperbel in zwei sich schneidende Gerade mit den Gleichungen

$$\left.\begin{aligned}
u &= a + b\,n \\
u &= a' + b'\,n
\end{aligned}\right\} \tag{7}$$

und

Für $a' > a$ haben beide Gerade physikalische Bedeutung.

Es ist gegenwärtig ein fast allgemein geübter Vorgang, den Ersatz durch zwei sich schneidende Gerade einzuführen, wobei die eine für kleinere und die zweite für größere Drehzahlen gilt. Bei manchen Formen von Meßflügeln decken sich die beiden Geraden, und die Flügelgleichung nimmt die einfache Form

$$u = a + b\,n \tag{8}$$

an, wie dies die Abb. 99 zeigt. Um in das spätere Auswertungsverfahren nicht unzulässige Fehler hineinzutragen, dürfen die erhobenen n-Werte den Bereich jener n-Werte nicht überschreiten, innerhalb welchem die Eichung durchgeführt worden ist.

Die Gleichung der Ersatzgeraden wird, wenn sie sich so zwanglos einlegen läßt wie in dem angeführten Beispiele, am besten nach dem Anpassungsverfahren durch ausgewählte Punkte bestimmt. Nur bei merkbarer Streuung der Meßpunkte kommt die Methode der kleinsten Quadrate in Anwendung.

Setzt man in Gl. (4) $a' = 0$ und $b' = 0$, dann folgt[1]

$$u = a + b\,n + \frac{c^2}{u}$$

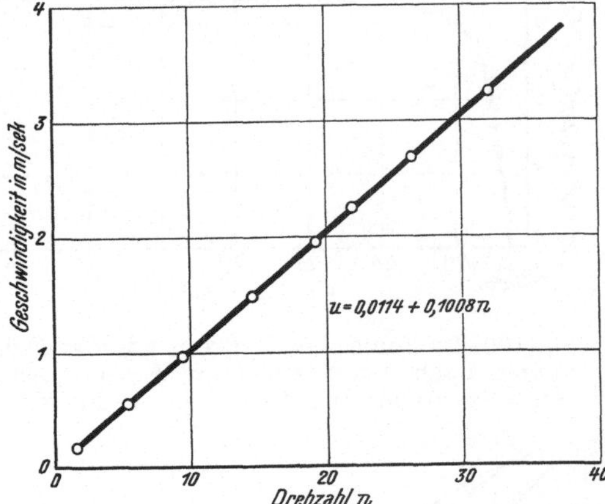

Abb. 99. Eichlinie eines hydrometrischen Flügels.

und, weil $c = \sqrt{(u_0 - a)\,u_0}$, nach Gl. (5) und (6)

$$u = \frac{a + b\,n}{2} + \sqrt{\left(\frac{a + b\,n}{2}\right)^2 + u_0\,(u_0 - a)}. \tag{9}$$

Setzt man in Gl. (4) und Gl. (6) $a = 0$, $a' = 0$ und $\dfrac{b - b'}{2\,b} = m$, dann führt dies zur folgenden Form der Flügelgleichung[2]

$$u = (1 - m)\,b\,n + \sqrt{m^2\,b^2\,n^2 - u_0{}^2}. \tag{10}$$

Einen anderen Weg zur Gewinnung einer numerischen Darstellung der Eichlinie verfolgen die Normen des Schweizerischen Ingenieur- und Architektenvereines.

Ohne besondere Begründung der mechanischen Vorgänge wird die Flügelgleichung in der Form

$$\frac{n}{u} = \delta\left[1 - \left(\frac{u_0}{u}\right)^\alpha\right] \tag{11}$$

geschrieben, worin α ein Festwert ist.

----

[1] A. Rateau, Expériences et théories sur le tube de Pitot et le moulinet de Woltman. Annales des Mines, 1898.

[2] M. Schmiedt, Die Gleichung des Woltmanschen Flügels in neuer Form und die Ermittlung ihrer Koeffizienten auf graphisch-analytischem Wege. Z. d. Vereines Deutscher Ingenieure, S. 917, 1895. Neuere, von L. A. Ott durchgeführte Untersuchungen haben keine Bestätigung der Voraussetzung $a' = 0$ und $b' = 0$ ergeben.

Die Eichung ist so durchzuführen, daß u_0 und δ, d. i. die Grenzzahl der Flügelumdrehungen in einem Meter Fahrlänge bei großen Geschwindigkeiten, durch Extrapolation aus den gemessenen Werten von n und $\dfrac{n}{u}$ bestimmt werden können.

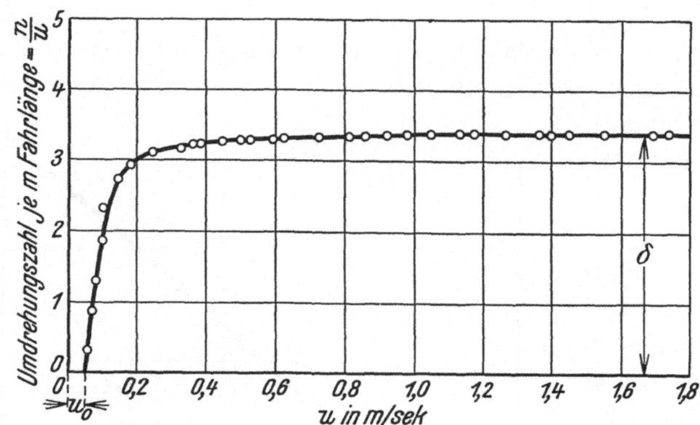

Abb. 100. Eichlinie eines hydrometrischen Flügels, aufgetragen nach den Normen für Wassermessungen des Schweizerischen Ingenieur- und Architektenvereines.

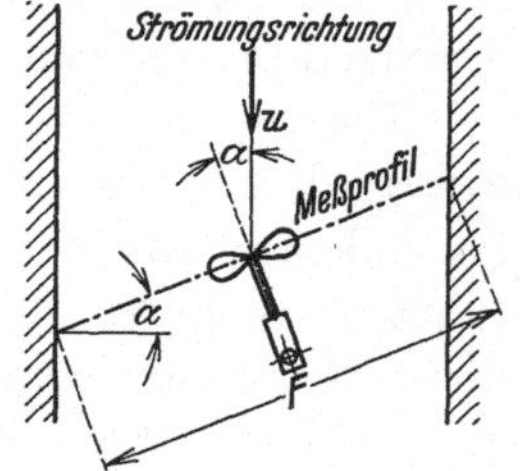

Abb. 101. Schräganströmung des hydrometrischen Flügels.

Wie Abb. 100 zeigt, ist für $u = u_0$, $\dfrac{n}{u} = 0$ und für $u = \infty$, $\dfrac{n}{u} = \delta$. α erhält man als das arithmetische Mittel der Werte

$$\alpha = \dfrac{\log \dfrac{\delta - \dfrac{n}{u}}{\delta}}{\log \dfrac{u_0}{u}}. \tag{12}$$

Sollten u_0 und δ nicht mit genügender Sicherheit bestimmt werden können, dann ist die Eichlinie in mehrere Gerade aufzulösen.

Schräganströmung des hydrometrischen Flügels. Bei den bisherigen Überlegungen ist nur der Fall in Betracht gezogen worden, bei dem die Strömungsrichtung und die Achsenlage des hydrometrischen Flügels zusammenfallen. Es muß jedoch unter Umständen auch auf die Wirkungen der Schräganströmung Rücksicht genommen werden.

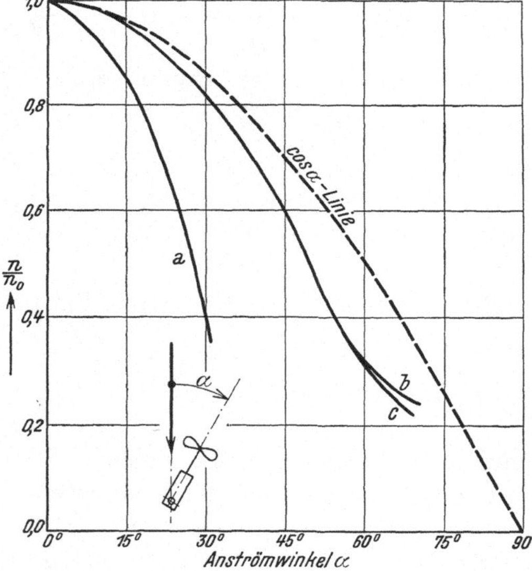

Abb. 102. Beziehung zwischen n/n_0 und dem waagrechten Anströmwinkel α bei verschiedenen Meßflügelformen. Eichergebnisse nach A. OTT-Kempten.

n Drehzahl bei Schräganströmung, n_0 Drehzahl bei achsialer Anströmung, a OTT-Flügel mit Schrägkantschaufel bei $u = 1,0$ m/sek, b OTT-Flügel mit Speichenschaufel bei $u = 0,3$ bis $0,6$ m/sek. c OTT-Flügel mit Speichenschaufel bei $u = 1,2$ bis $1,5$ m/sek.

Die Achse des Meßflügels ist in der Regel senkrecht zur Lage des Meßprofils einzustellen (Abb. 101). Ist dies aus irgendeinem Grunde nicht der Fall und die Flügelachse also unter dem Horizontal-Winkel α gegen die Richtung der Stromfäden geneigt, dann darf zur Berechnung der Durchflußmenge bei Berücksichtigung des gewählten Meßquerschnittes nur die Geschwindigkeitskomponente $u \cos \alpha$ eingeführt werden.

Die Fälle, in denen die Schräganströmung bewußt infolge Verschwenkung des Meßprofilquerschnittes oder infolge Schrägstellung der Flügelachse zum Meßprofil herbeigeführt wird, sind selten.[1]

Bei jedem turbulenten Strömungsvorgang treten jedoch Schräganströmungen auf, deren Größe und Richtung sich mit den Nebenbewegungen dieser Strömung ändern. Es wird daher mit wechselnder Schräganströmung zu rechnen sein, deren Richtung und Größe unbekannt sind, selbst wenn das Meßprofil senkrecht zur Hauptströmungsrichtung und damit der Meßflügel in derselben eingestellt ist.

Aus diesem Grunde werden jene Flügelkonstruktionen bessere Meßergebnisse liefern, deren Drehzahl n nur von $u \cos \alpha$, nämlich der in die Richtung der Flügelachse fallenden Geschwindigkeitskomponenten, abhängig ist, also deren Drehzahl durch Seitenkomponenten nicht beeinflußt wird.[2]

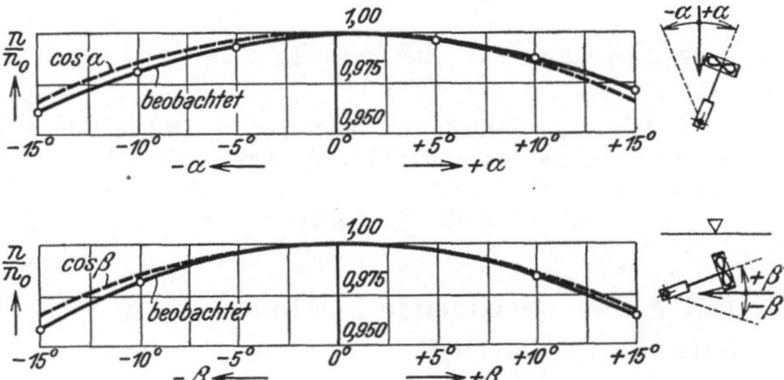

Abb. 103. Beziehung zwischen n/n_0 und dem waagrechten Anströmwinkel α bzw. dem lotrechten Anströmwinkel β für einen OTT-Flügel mit Schutzring bei $u = 1{,}0$ m/sek. Eichergebnisse nach F. ANLAUFT.

n Drehzahl bei Schräganströmung, n_0 Drehzahl bei achsialer Anströmung.

Da sich $u \cos \alpha$ auch mit der Zeit ändert, denn der Strömungszustand ist erfahrungsgemäß niemals vollständig stationär, so ist man genötigt, zur Bestimmung der Durchflußmenge einen Mittelwert von $u \cos \alpha$ über hinreichend lange Zeitabschnitte heranzuziehen, also die Durchflußmenge aus

$$Q = \int_0^F \overline{u \cos \alpha}\, dF$$

zu berechnen, worin dF ein Element des Durchflußquerschnittes F und $\overline{u \cos \alpha}$ den zeitlichen Mittelwert der hierzu senkrecht gerichteten Geschwindigkeitskomponente bedeuten. Diese Gleichung liefert aber nur dann richtige Rechnungswerte, wenn die Drehzahl n bei jedem Anströmwinkel α proportional der Anströmgeschwindigkeit ist.

Eine Flügelkonstruktion wird also als wirksamer Komponentenflügel oder Kosinusflügel anzusprechen sein, d. h. man kann nur dann aus der gemessenen Drehzahl die Komponente $u \cos \alpha$ aus der Eichlinie entnehmen und es wird nur dann die zeitliche Mittelwertsbildung von $u \cos \alpha$ in der zuvor gezeigten Weise zur Berechnung der Durchflußmenge herangezogen werden dürfen, wenn der Flügel sowohl die Komponentenmessung in waagrechter wie in lotrechter Rich-

---

[1] Siehe S. 76.

[2] F. ANLAUFT, Hydrometrische Flügel bei schräger Anströmung, Mitteilungen des Hydrologischen Institutes der Technischen Hochschule München, H. 5.

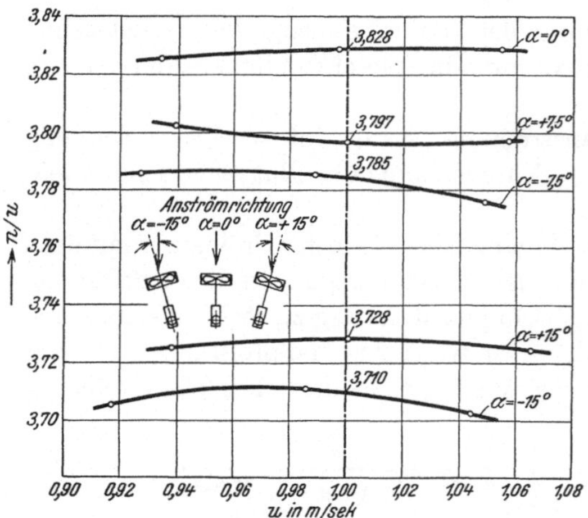

Abb. 104. Beziehungen zwischen u und n/u für verschiedene waagrechte Anströmwinkel α beim OTT-Flügel mit Schutzring. Eichergebnisse nach F. ANLAUFT.

tung als auch den linearen Zusammenhang zwischen Drehzahl und Geschwindigkeit bei jedem Anströmwinkel gewährleistet.

Es ist bisher nicht gelungen Flügel zu bauen, welche das Komponentengesetz für jede Stellung der Flügelachse im Bereiche des waagrechten Anströmwinkels von 0^0 bis 90^0 einhalten (Abb. 102). Wohl aber kann man es durch besondere Ausbildung des Flügels und vor allem der Schaufelform erreichen, daß diese Beziehung für waagrechte Anströmwinkel α von 0^0 bis 15^0 mit großer Annäherung und für lotrechte Anströmwinkel β fast genau gültig ist (Abb. 103). Ebenso gibt es bereits Flügel, die fast gerade verlaufende Eichlinien für waagrechte Anströmwinkel von 0^0 bis 15^0 aufweisen (Abb. 104).

Eingehende Untersuchungen haben gezeigt, daß Meßflügel mit Speichenschaufeln sich am besten den Bedingungen des Komponentenflügels nähern und

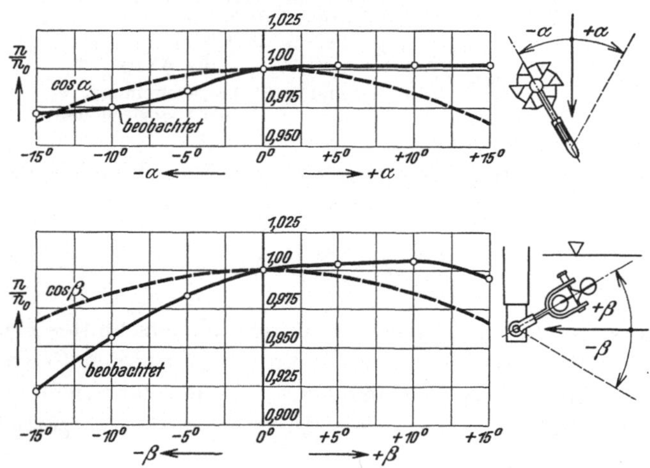

Abb. 105. Beziehung zwischen n/n_0 und dem waagrechten Anströmwinkel α bzw. dem lotrechten Anströmwinkel β für das Schalenkreuz bei $u = 1,0$ m/sek. Eichergebnisse nach A. OTT-Kempten.

n Drehzahl bei Schräganströmung, n_0 Drehzahl bei achsialer Anströmung.

daß Flügelkonstruktionen mit Schutzringen, wenn sie auch bei Links- und Rechtsstellung des Flügels eine unsymmetrische Verteilung der Angabe $u \cos \alpha$ zeigen, noch immer genauere Werte als Schrägkantflügel aufweisen. Im allgemeinen ist zu bemerken, daß offene Flügelkonstruktionen größere und Schutzringflügel kleinere Wassermengen anzeigen, als sie die Urmessung ergibt.

A x i a l e   u n d   S c h r ä g a n s t r ö m u n g   d e s   S c h a l e n k r e u z e s.   Ein wesentlich verschiedenes Bild zeigen dagegen die Eichergebnisse, welche mit dem Schalenkreuz erzielt werden.

Das Schalenkreuz ist in den Vereinigten Staaten, wo es sich in der von W. G. PRICE angegebenen Form noch heute behauptet, vielfach untersucht worden.[1] Aus Abb. 105 ist vor allem die für die Beurteilung der Anwendung in der Praxis maßgebende Tatsache zu entnehmen, daß diese Meßvorrichtung wesentliche Unterschiede in den Eichergebnissen bei links- und rechtsseitiger sowie ober- und unterseitiger Anströmung aufweist, woraus sich positive und negative Abweichungen von der Kosinuslinie ergeben. Das Schalenkreuz gibt auch nicht, wie oft behauptet, nur die jeweils größte Geschwindigkeit an, sondern die Angabe ist abhängig von der Größe des Anströmwinkels, aber nicht in einer Art, daß man dieses Gerät auch nur näherungsweise als Komponentenmeßgerät bezeichnen könnte. Aus diesem Grunde kann das Schalenkreuz nur dann richtige Meßwerte liefern, wenn der bei Flußmessungen fast nie vorkommende ideale Fall der zur Gerinnewandung gleichlaufenden Strömung vorhanden ist und wenn die Nebenströmungen der turbulenten Strömung vernachlässigbar sind. Die Überlegenheit der Flügelschaufel gegenüber dem Schalenkreuz ist damit nicht nur eindeutig gekennzeichnet,[2] sondern es erscheint auch die Ablehnung begreiflich, welche dieses Meßgerät in Europa erfahren hat.

Eichung des hydrometrischen Flügels. Der hydrometrische Flügel kann nach drei Arten geeicht werden:

a) Man schleppt den Meßflügel mit bekannter Verschubgeschwindigkeit u durch stehendes Wasser, bestimmt die nach Erreichung eines stationären Bewegungszustandes der Fahreinrichtung sich einstellende Drehzahl n und gelangt schließlich auf graphischem oder analytischem Wege zur Beziehung $u = f_1 (n)$, zur Eichlinie.

b) Man mißt an einem bestimmten Punkte des Querprofils eines Gerinnes mit einem schon anderweitig geeichten Meßflügel die Fließgeschwindigkeit, bringt den zu eichenden Flügel an die gleiche Stelle und erhält unter Heranziehung der Eichlinie des Urflügels für den zu eichenden Flügel wie zuvor die Eichlinie $u = f_1 (n)$.

c) Man ermittelt an möglichst vielen Punkten des Durchflußquerschnittes eines Gerinnes die Drehzahl des zu eichenden Meßflügels, mißt mit Hilfe irgend eines anderen Meßverfahrens, am besten mittels Behältermessung, die zugehörige Durchflußmenge und schließt aus diesen Meßergebnissen auf die Beiwerte der Flügelgleichung.

E i c h u n g   d e s   h y d r o m e t r i s c h e n   F l ü g e l s   i n   s t e h e n d e m   W a s s e r. Sie ist das gegenwärtig fast durchwegs angewendete Verfahren. Es verlangt trotz der scheinbaren Einfachheit des Eichvorganges eine sowohl nach der baulichen wie auch nach der meßtechnischen Seite hin gut durchdachte Anstalt, wenn die Meßergebnisse die zulässige Fehlergrenze nicht überschreiten sollen.

---

[1] W. A. LIDDELL, Stream Gaging. New York 1927.

[2] I. R. GRUN, A study of the fundamental principles of current meters. Theses for the degree of Master of Science of the University of California, Berdley 1922.

Für die Durchführung der Eichfahrten muß ein Eichkanal mit genügenden Abmessungen vorhanden sein, der eine Schienenauflage zur Führung des Eichwagens und Einrichtungen zur selbsttätigen Aufschreibung der durchfahrenen Strecke sowie der hierzu benötigten Zeit besitzt.

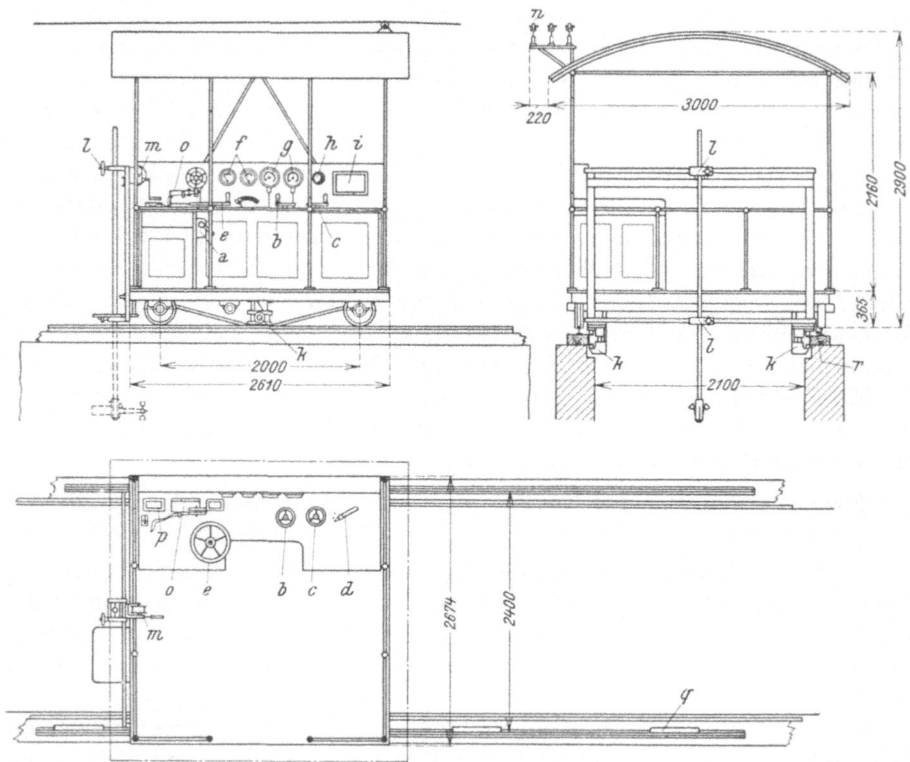

Abb. 106. Eichwagen mit Eigenantrieb nach A. Ott-Kempten.

a Anlasser für den Elektromotor, *b* Handrad am Flüssigkeitsgetriebe für die Fahrtrichtung, *c* Handrad am Flüssigkeitsgetriebe für die Geschwindigkeitsregelung, *d* Schalthebel für das Rädervorgelege, *e* Handrad zum Lüften der Schienenbremse *k*, *f* elektrische Meßinstrumente, *g* Manometer für das Flüssigkeitsgetriebe, *h* Signallampe für freie Fahrt, *i* Schaubild mit Fahrtanweisung, *k* automatische Schienenbremse, *l* Befestigungsklemmen für die Meßflügelstange, *m* Windwerk für Seilflügelaufhängung, *n* Stromabnehmer für Drehstrom, *o* Bandchronograph für Weg, Zeit und Flügelumdrehungen, *p* Sekundenkontaktuhr, *q* Schienenanschläge von 2 zu 2 m für die Wegmarkierung, *r* Anschlaghebel für die Schienenanschläge.

Die Länge des Eichkanals richtet sich nach der größten Fahrgeschwindigkeit, weil mit diesem Maß die Länge der Anlauf- und Bremsstrecke des Eichwagens in Beziehung steht. Verwendet man Eichwagen mit Eigenantrieb (Abb. 106), dann müssen die Eichkanäle eine Länge von 100 bis 200 m erhalten, weil die erzielbare Beschleunigung des Wagens durch die Adhäsion der Räder auf den Schienen begrenzt ist. Bei Eichwagen mit Fremdantrieb durch einen Seilzug (Abb. 107) genügt eine Kanallänge von 30 bis 50 m, je nach der Größe der zu erzielenden Verschubgeschwindigkeit.[1]

---

[1] Meßflügel-Eichanstalten befinden sich in: Berlin, München, Eßlingen, Karlsruhe, Hannover, Kempten, Wien, Bern, Delft, Stockholm, Helsingfors, Kaunas,

Auch die Breite und Tiefe der Eichkanäle spielen eine wesentliche Rolle, weil sich hiernach die Übertragbarkeit der Ergebnisse der Flügeleichungen auf die Durchflußmengenmessungen in der Natur richtet. Bevor jedoch diese Einflüsse behandelt werden sollen, ist die grundsätzliche Frage zu erörtern, ob sich der im ruhenden Wasser geschleppte Meßflügel ebenso verhält wie der in fließendes Wasser getauchte Meßflügel, wenn in beiden Fällen die Relativgeschwindigkeiten gleich groß sind.

Diese Frage wurde auf unmittelbarem Wege bisher nicht entschieden. Auf mittelbarem Wege ist die Frage bejaht worden, indem man die Genauigkeitsgrenzen von Flügelmessungen durch Vergleich mit Behältermessungen untersuchte. Die Vergleichsmessungen ergaben geringe, nur Bruchteile v. H. betragende Unterschiede in den gemessenen Durchflußmengen, so daß hieraus auf die Zulässigkeit des Eichverfahrens im ruhenden Wasser geschlossen werden kann. Außerdem eichte man den Flügel in fließendem Wasser bei allerdings kleinen, nur wenige Zentimeter betragenden Fließgeschwindigkeiten durch Fahrten stromauf und stromab. Diese Eichfahrten ergaben Eichlinien, die im Meßbereiche fast parallel und in gleichen Abständen von der Eichlinie des ruhenden Wassers verlaufen, also auch ein Zeichen dafür, daß wesentliche Beeinflussungen nicht' vorhanden sind.[1]

Die Eichergebnisse in ein und demselben Eichkanal weichen, wenn der Flügel im Kanalquerschnitt bei allen Eichfahrten seine Lage beibehält, sehr wenig voneinander ab. Der mittlere Fehler guter Flügeleichungen kann auf $\pm\,0{,}001$ m/sek gesenkt werden. Größere Fehler ergeben sich jedoch, wenn der Flügel der Wand, dem Boden oder dem Wasserspiegel genähert wird. Untersuchungen in einem 1,50 m breiten und 0,9 m tiefen Eichgerinne haben gezeigt, daß die Fehlangabe eines Flügels mit Schutzring in Wandnähe oder unmittelbar unter der Wasseroberfläche im Mittel — 3 v. H. und dicht über dem Gerinneboden — 1 v. H. beträgt. Etwas kleinere Fehlangaben zeigen Flügel mit Schrägkantschaufel und noch kleinere, etwa — 1 v. H. bzw. —0,8 v. H., Flügel mit dreiteiliger Speichenschaufel.[2] Diese Erfahrungstatsache muß bei genauen Messungen berücksichtigt werden, weil der gewöhnlich in der Mitte des Eichgerinnes geeichte Flügel bei der Geschwindigkeitsmessung in der Nähe der Wand, des Bodens oder der Wasseroberfläche zu langsam läuft und daher eine zu kleine Fließgeschwindigkeit anzeigt.

Vergleicht man die Eichergebnisse, die mit einem und demselben Flügel in verschiedenen Eichanstalten erzielt worden sind, so kann man Abweichungen feststellen, die mehrere Hundertteile betragen können (Abb. 108). Die Ursache

---

Szolnok, Neapel, Stra, Leningrad, Taschkent, Washington, Michigan, Troy, Worcester, Ithaka, Fort Collins und Toronto.

Um die Baukosten herabzusetzen, hat man in Grenoble, Padua, Berkely und Fort Collins an Stelle einer geradlinigen Bahn des Flügels eine kreisförmige gewählt. Man hat dadurch wohl das Raumerfordernis für die Eichanstalten sehr herabgemindert, doch sind die Eichergebnisse nicht befriedigend und es ist daher diese Anordnung nicht empfehlenswert.

[1] S. Hajós, Beiträge zur Frage über die Umlaufwerte Woltmanscher Flügel. Budapest 1901.

[2] A. Stauss, Der Genauigkeitsgrad von Flügelmessungen bei Wasserkraftanlagen. Berlin 1926.

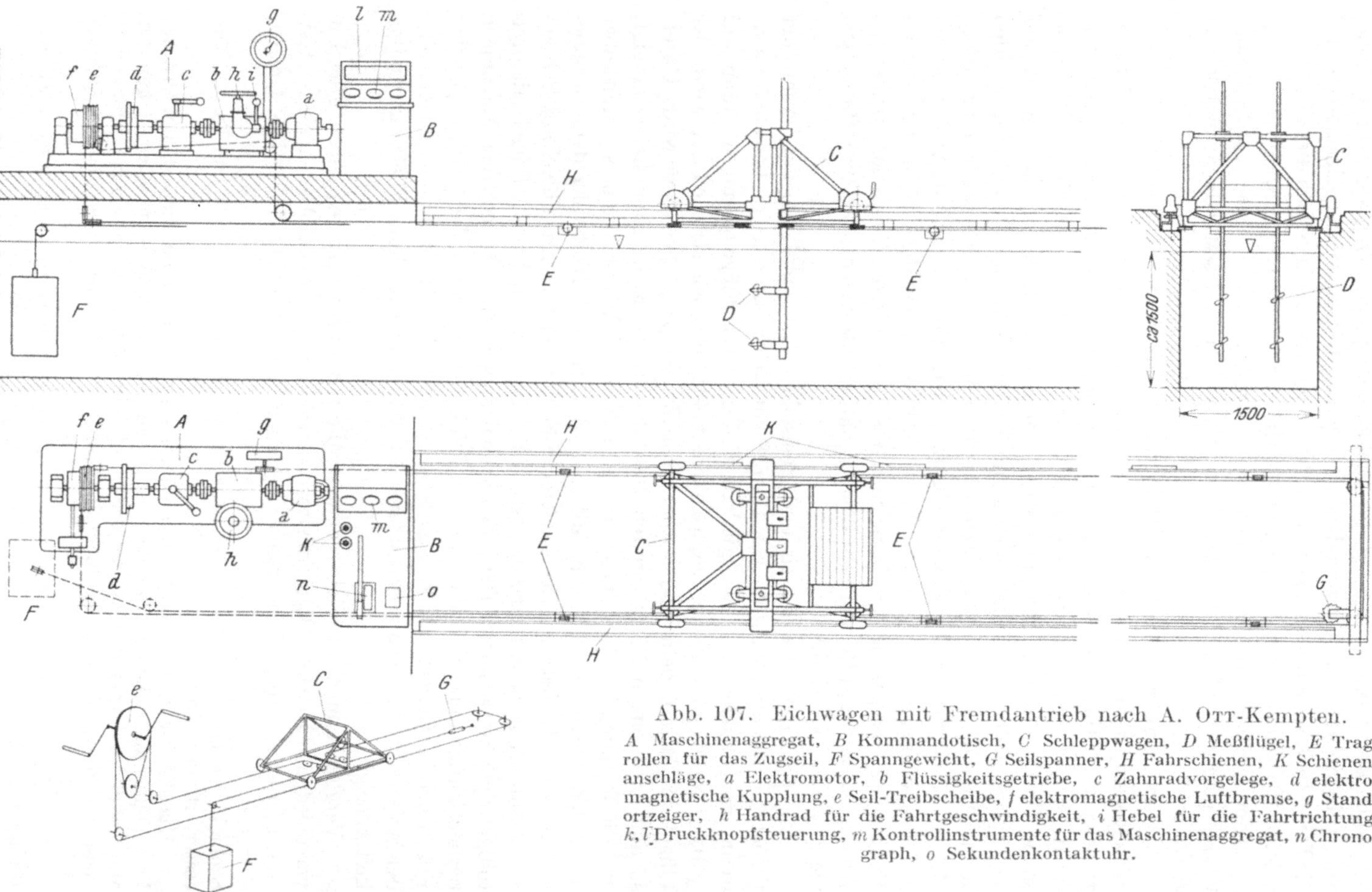

Abb. 107. Eichwagen mit Fremdantrieb nach A. Ott-Kempten.

A Maschinenaggregat, B Kommandotisch, C Schleppwagen, D Meßflügel, E Trag-
rollen für das Zugseil, F Spanngewicht, G Seilspanner, H Fahrschienen, K Schienenanschläge, a Elektromotor, b Flüssigkeitsgetriebe, c Zahnradvorgelege, d elektromagnetische Kupplung, e Seil-Treibscheibe, f elektromagnetische Luftbremse, g Stand-
ortzeiger, h Handrad für die Fahrtgeschwindigkeit, i Hebel für die Fahrtrichtung,
k, l Druckknopfsteuerung, m Kontrollinstrumente für das Maschinenaggregat, n Chronograph, o Sekundenkontaktuhr.

dieser Abweichungen liegt außer in Verschiedenheiten der Ausführung der Eichung auch in den Querschnittsausmaßen der Eichkanäle.[1]

Die Verschiedenheit in der Ausführung der Eichung kann sich auf die Art der Befestigung des Flügels und auf die Form der Flügelstange beziehen, die bei

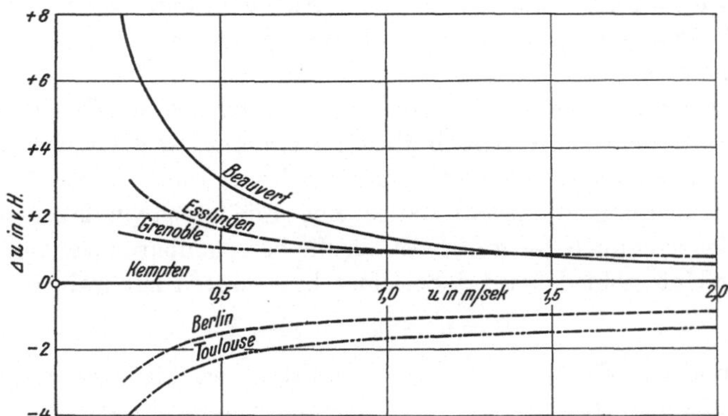

Abb. 108. Unterschiede der Eichergebnisse eines und desselben Meßflügels in den Eichanstalten von Beauvert, Eßlingen, Grenoble, Kempten, Berlin und Toulouse (A. Ott).

der Eichfahrt benützt wird. Weiters kann eine verläßliche Eichung nur dann erzielt werden, wenn zwischen zwei Eichfahrten eine vollständige Beruhigung des Wassers eingetreten ist, was bei großen Verschubgeschwindigkeiten je nach

der Länge des Eichkanals 15 Minuten und mehr betragen kann. Eine Zeitersparnis beim Eichen kann daher nicht durch Verringerung der Pausen, sondern nur durch gleichzeitiges Schleppen mehrerer Meßflügel erreicht werden.

Die Beeinflussung durch die Unterschiede in den Querschnittsabmessungen der Eichkanäle soll nachstehend untersucht und deren Maß festgestellt werden.

Vergleicht man die Eich-

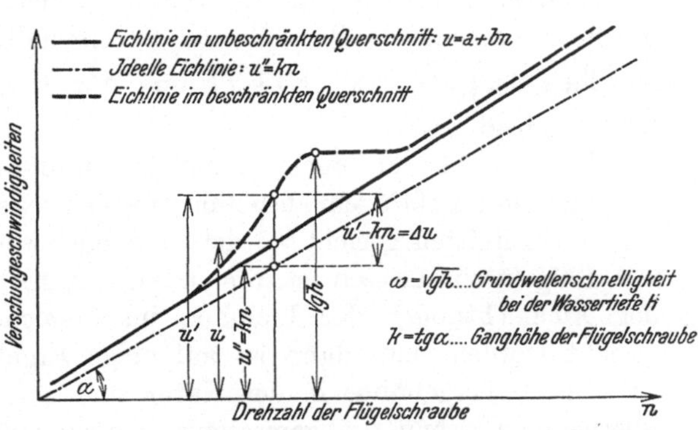

Abb. 109. Schematische Darstellung der Eichlinien bei beschränktem und unbeschränktem Querschnitt.

linien im beschränkten Querschnitte sowie jene im unbeschränkten Querschnitte mit der ideellen Eichlinie, so erhält man als Ergebnis die Schaulinien in Abb. 109.[2]

Die ideelle Eichlinie, strichpunktiert gezeichnet, erfüllt die Gleichung $u'' = k\,n$, worin k die Ganghöhe der Schraubenfläche bedeutet. Die Eichlinie

---

[1] C. ROHWER, The rating and use of current meters, Colorado Agricultural College in Colorado U. S. A., Technical Bulletin, Nr. 3, 1933, und eine Kritik hierüber von L. A. OTT in der Wasserkraft u. Wasserwirtschaft, München, H. 1, 1934.

[2] R. SEIFERT und LIEBS, Zur Frage der Übertragbarkeit der Flügeleichungen auf Wassermessungen. Wasserkraft u. Wasserwirtschaft, München, H. 23, 1931.

für den unbeschränkten Querschnitt, die voll gezeichnete Linie, ist erfahrungsgemäß in großer Annäherung als Gerade $u = a + b\,n$ darstellbar. Die Eichlinie für einen beschränkten Querschnitt $u' = f\,(n)$ liegt über den besprochenen Linien und hat bei Verschubgeschwindigkeiten, die ungefähr der Grundwellenschnelligkeit $\omega = \sqrt{g\,h}$ entsprechen, eine Ausbuchtung, deren Ausmaße von der Querschnittsbeschränkung, also von der Wassertiefe h und der Breite B abhängig sind.

Da es, wie oben erwähnt, bei der Anwendung des Meßflügels nur auf die Bestimmung der relativen Geschwindigkeit ankommt, ist die Verschubgeschwindigkeit der Fließgeschwindigkeit gleichzuhalten. Einer beobachteten Drehzahl bei der Messung entspricht daher eine Fließgeschwindigkeit u' im beschränkten Querschnitte, die größer ist als die berechenbare ideelle Geschwindigkeit u''. Der Unterschied beträgt bei einer bestimmten Drehzahl n

$$\varDelta u = u' - u'' = u' - k\,n.$$

Auf Grund von Eichfahrten in Querschnitten verschiedener Breite und Tiefe kann die Abhängigkeit von $\varDelta u$ und u' empirisch ermittelt werden, wie dies Abb. 110 zeigt.[1] Hieraus ist zu entnehmen, daß $\varDelta u$ vor allem von der Breite B des Querschnittes und in geringerem Maße von der Wassertiefe h abhängig ist. Der Grenzwert der Einwirkung der Breite liegt etwa bei 3,0 m und jener der Tiefe bei 0,3 m.

Der Höchstwert von $\varDelta u$ infolge Breitenbeschränkung tritt bei einer Verschubgeschwindigkeit des Flügels auf, die ungefähr gleich der Grundwellenschnelligkeit $\omega = \sqrt{g\,h}$ ist. Im übrigen treten merkliche Unterschiede $\varDelta u$ nur in einem bestimmten Bereiche der Geschwindigkeiten auf, der für $B \doteq 0{,}5$ m zwischen $0{,}5\,\sqrt{g\,h}$ und $1{,}4\,\sqrt{g\,h}$ und für $B \doteq 0{,}9$ m zwischen $0{,}7\,\sqrt{g\,h}$ und $1{,}3\,\sqrt{g\,h}$ liegt.

Wenn daher in beschränkten Durchflußquerschnitten genaue Mengenerhebungen mit Meßflügeln ausgeführt werden sollen, die in praktisch unbeschränkten Querschnitten geeicht worden sind oder wenn in großen Flußquerschnitten mit Flügeln zu messen ist, die in kleinen Eichkanälen mit Berücksichtigung der Ausbuchtungen der Eichlinie im Bereiche der Grundwellenschnelligkeit geeicht worden sind, dann ist auf obige Ergebnisse Bedacht zu nehmen.

Die Meßergebnisse in der Natur sind demnach nur dann unmittelbar zu übernehmen, wenn die gemessenen Geschwindigkeiten unterhalb der Grundwellenschnelligkeit im gegebenen Durchflußprofile liegen. Bei $B = 0{,}3$ bis $0{,}5$ m ist diese Grenze bei $u < 0{,}45$ bis $0{,}5\,\sqrt{g\,h}$, bei $B = 0{,}9$ m ist sie bei $u < 0{,}65$ bis $0{,}70\,\sqrt{g\,h}$. Liegt die gemessene Geschwindigkeit u über dieser Grenze, dann hat eine Berichtigung in jedem Einzelfalle zu erfolgen.[2] Für noch genauere Messungen kämen außerdem die Beeinflussung durch die Wandnähe, die Befestigung des Flügels an Stange oder Seil sowie die Form und Ausmaße der Befestigungsvorrichtungen in Betracht.

Für gewöhnlich liegt bei der Verwendung der Eichergebnisse wohl der Fall vor, daß die Eichung in einem mehr oder weniger im Querschnitte beschränkten

---

[1] Ebenda S. 275.
[2] Ebenda S. 277.

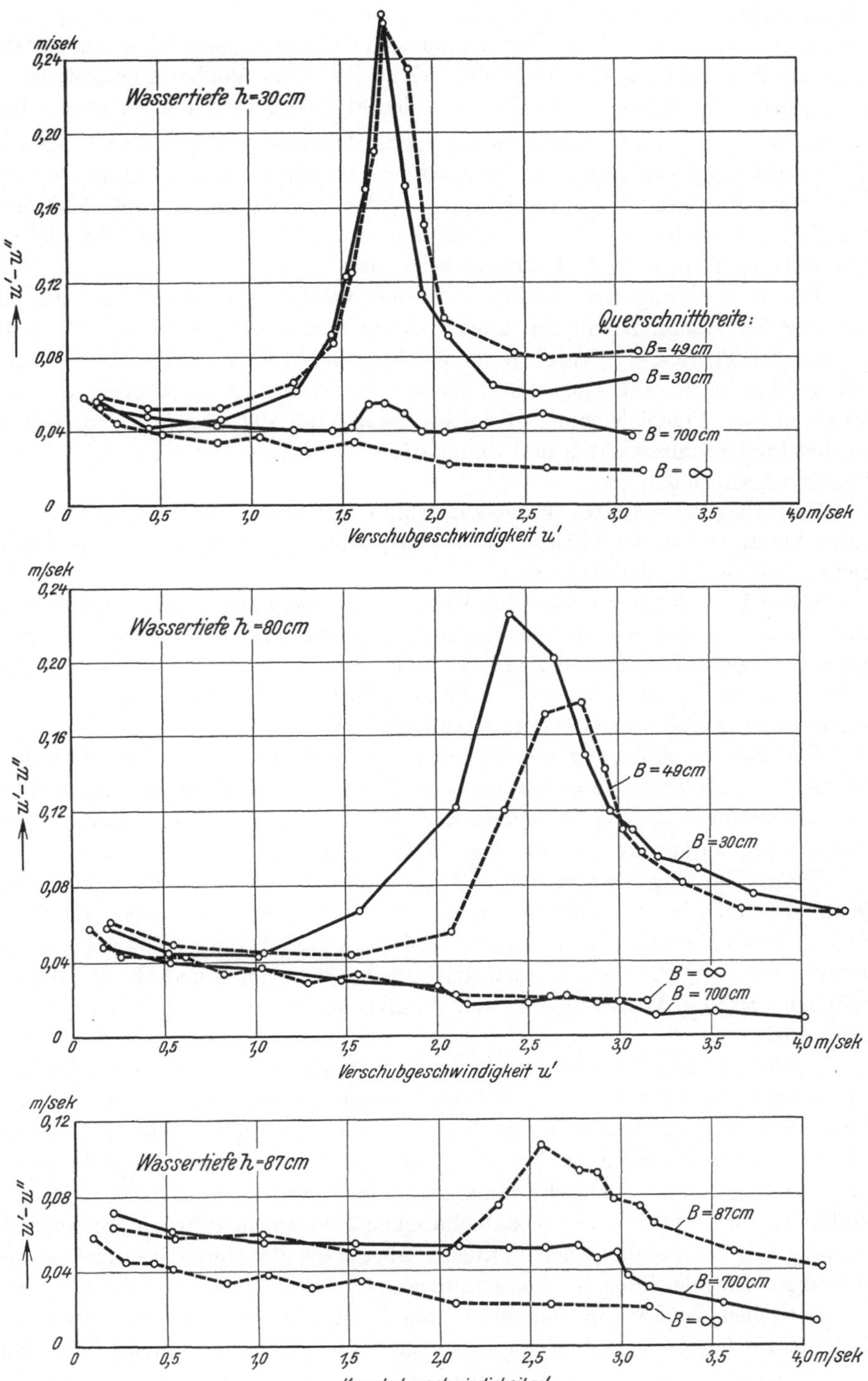

Abb. 110. Einfluß der Querschnittsabmessungen des Eichkanales auf das Eichergebnis. Meßergebnisse nach R. Seifert u. Liebs.

Kanal durchgeführt worden ist und daß die Messung in praktisch unbeschränkten Querschnitten erfolgt. Dann kann man sich die Vereinfachung erlauben, daß man die Ausbuchtung der Eichlinie, welche in jenem Meßbereiche auftritt, in welchem die Verschubgeschwindigkeit u des Flügels ungefähr der Grundwellenschnelligkeit $\omega = \sqrt{g\,h}$ gleichkommt, nicht berücksichtigt, sondern eine an den geradlinigen vorderen und rückwärtigen Ast angeschmiegte Linie als Eichlinie für unbeschränkte Durchflußquerschnitte ansieht (Abb. 109). Man muß jedoch bei der Messung in der Natur und bei der Eichung stets die gleichen Vorrichtungen zur Flügelbefestigung verwenden.

Die Verwendung des Meßflügels in der Natur verursacht infolge der Abnützung Veränderungen in den inneren Reibungswiderständen; auch Beschädigungen des Flügels, wie Verbiegung der Flügelschaufel oder der Achse, sowie das Fehlen auch nur einzelner Lagerkugeln verändern schließlich die Beiwerte in der Flügelgleichung. Hierüber kann man sich nur durch wiederholte Nacheichungen unterrichten und damit die notwendigen Berichtigungen in den Eichlinien anbringen.

Sorgfältig ausgeführte Flügelkonstruktionen zeigen erfahrungsgemäß bei guter Wartung und sorgfältiger Behandlung selbst bei langjährigem Gebrauche keine Veränderung der Eichlinie.

Um sich vor Fehlern infolge von Verbiegungen der Flügelschaufel zu schützen, wird diese aus einem sehr widerstandsfähigen Leichtmetall oder aus einer derartig spröden Legierung hergestellt, daß vor einer Verbiegung Bruch eintritt.[1] Außerdem ist es üblich, die Erhaltung der Schaufelform durch Einlegen in eine vorher angefertigte, zweiteilige Gipsform zu überprüfen.

Für die Durchführung der Eichung des Meßflügels in stehendem Wasser ist die zweckmäßige Ausgestaltung des Eichwagens und seiner selbsttätigen Schreibeinrichtungen von besonderer Bedeutung. Ein Beispiel eines meßtechnisch zweckmäßig ausgestatteten Eichwagens mit Eigenantrieb gibt Abb. 106.

Dieser Eichwagen ist verhältnismäßig groß und schwer, weil er neben dem Antriebe sämtliche Einrichtungen für die Messung trägt. Eichwagen, die durch Seilzug bewegt werden, sind leichter. Sie erhalten Hand- oder noch besser motorischen Antrieb. Da sich auch die Meßeinrichtungen außerhalb des Wagens befinden, ist der Wagen klein und besitzt große Beschleunigungsfähigkeit (Abb. 107).

Eichung des hydrometrischen Flügels in bewegtem Wasser. Die Eichung in ruhendem Wasser besitzt neben großen Vorteilen den Nachteil der großen Längenausmaße des Eichkanales. Die Eichung in fließendem Wasser beseitigt diesen Nachteil, verlangt aber die Beschickung des Eichgerinnes mit einer genau gemessenen Durchflußmenge. Stehen derartige Meßeinrichtungen zur Verfügung, wie etwa in wasserbautechnischen Versuchsanstalten, dann wird die Eichung mit Verwendung des Urflügels, aber auch die unten besprochene unmittelbare Flügeleichung in Frage kommen.

Bezüglich der Eichung mittels Urflügels ist nur noch hervorzuheben, daß dieser sowie der zu eichende Flügel, wenn sie schon nicht ganz gleicher Type sind,

---

[1] Erfahrungsgemäß hängen die Beiwerte der Flügelgleichung bei Geschwindigkeiten über 0,5 m/sek fast nur von der Form der Flügelschaufel ab, weil bei größeren Geschwindigkeiten der Einfluß der Reibung der bewegten Massen zurücktritt.

zumindest so beschaffen sein müssen, daß der Schaufeldurchmesser und die Befestigungsvorrichtung gleich sind.

Die unmittelbare Flügeleichung in fließendem Wasser beruht auf der Voraussetzung, daß die allgemeine Form der Eichlinie, jedoch ohne deren Beiwerte, bekannt und daß überdies die Durchflußmenge mit einem anderen Meßverfahren genau bestimmbar ist. Da die meisten derzeit verwendeten Flügel einen geradlinigen Verlauf der Eichlinie aufweisen, soll das Verfahren für diesen Fall erläutert werden.

Die Durchflußmenge beträgt

$$Q = \int_0^F u \, dF = \int_0^F (a + b\,n)\, dF = \int_0^F a\, dF + \int_0^F b\,n\, dF = a\,F + b \int_0^F n\, dF.$$

Ist $\overline{n}$ der Mittelwert der Drehzahl über den gesamten Querschnitt, dann gilt

$$\int_0^F n\, dF = \overline{n}\, F$$

und somit

$$Q = a\,F + b\,\overline{n}\,F = F\,(a + b\,\overline{n}).$$

Aus einer zweimaligen Bestimmung von Q und n, nämlich

$$Q_1 = (a + b\,\overline{n}_1)\, F$$
$$Q_2 = (a + b\,\overline{n}_2)\, F$$

folgt

$$\left.\begin{aligned} a &= \frac{Q_2\,\overline{n}_1 - Q_1\,\overline{n}_2}{(\overline{n}_1 - \overline{n}_2)\, F} \\[2mm] b &= \frac{Q_1 - Q_2}{(\overline{n}_1 - \overline{n}_2)\, F} \end{aligned}\right\} \tag{13}$$

Wiederholt man die Messung mehrere Male, dann erhält man überzählige Beobachtungen und kann den wahrscheinlichsten Wert von a und b nach der Methode der kleinsten Quadrate berechnen.

Gütegrad des hydrometrischen Flügels. Die Eichergebnisse lassen in Verbindung mit den Beobachtungen über das Verhalten des Flügels in der Natur eine Beurteilung des Gütegrades des hydrometrischen Flügels zu. Im allgemeinen sind als wichtigste Merkmale für eine zweckmäßige Flügelkonstruktion zu bezeichnen: hohe Meßempfindlichkeit, geringe Anlaufgeschwindigkeit bei kleinem Schaufeldurchmesser, mäßige Streuung der Eichwerte sowie geringe Abweichung der praktischen Drehzahl von der ideellen Drehzahl, Wirkung als Komponentenschaufel in möglichst weitem Bereiche der Schräganströmung, einfache und widerstandsfähige Ausführung der gesamten Flügelkonstruktion einschließlich Zählwerk und geringe Beeinflussungsmöglichkeit durch Treibzeug und Feinsand.

Die Meßempfindlichkeit wird unter sonst gleichen Verhältnissen um so größer, je kleiner der Wert b in der Gleichung $u = a + b\,n$ wird, d. h. je geringer die Ganghöhe der Flügelschraube ist.

Geringe Anlaufgeschwindigkeit und Kleinheit des Schaufeldurchmessers sind widersprechende Bedingungen. Flügel neuerer Ausführung laufen schon bei 2 cm/sek Anströmgeschwindigkeit an, doch zeigen sich im Eichbereiche der kleinen Geschwindigkeiten bis etwa 8 cm/sek Umlaufstörungen, die bisher noch keine Erklärung gefunden haben.[1]

Kleine Schaufeldurchmesser sind von Vorteil, weil man noch in nächster Nähe von Gerinnewandungen messen kann. Außerdem wird die von kleinen Flügelschaufeln ausgeführte Mittelwertsbildung der Fließgeschwindigkeit auf kleinste Anströmungsbereiche beschränkt und es gelingt hierdurch, die Messung auch bei großen Geschwindigkeitsgefällen genau zu gestalten. Flügeldurchmesser von 4 cm sind als Grenzwert für Messungen in der Natur anzusehen.

Um die Streuung der Eichwerte auffällig hervorzuheben, ist die bereits erwähnte Auftragungsweise nach $\varDelta = u - k\,n$ anzuwenden. Hieraus ist oft eine sinoidal umschlingende Anordnung der gemessenen Punktreihe zu erkennen, die wohl weniger vom Meßflügel als von der Art des Schleppvorganges herrühren dürfte. Jedenfalls gibt aber die Kleinheit dieser Abweichungen ein Kriterium für die Güte der Eichung (Abb. 98).

Eine geringe Verschiebung der praktischen gegenüber der ideellen Eichlinie deutet auf geringe innere Widerstände der Flügelkonstruktion.

Die Forderung nach einer in möglichst weiten Grenzen wirkenden Komponentenschaufel ist nicht nur wegen der bei turbulentem Strömen auftretenden Richtungsänderung der Wasserfäden, sondern auch für das noch zu besprechende Integrations-Meßverfahren von besonderer Bedeutung.

Die von einzelnen Spezialfirmen hergestellten Flügeltypen zeigen die verschiedenartigsten Lösungen, um den gestellten Bedingungen hinsichtlich Verwendbarkeit in der Natur gerecht zu werden. Aber auch den Bedürfnissen nach Feinmessungen wird Rechnung getragen, die sich namentlich in den wasserbaulichen Versuchsanstalten ergeben. Es stehen Meßflügel vom einfachsten und robustem Meßgeräte bis zum hydrometrischen Flügel, der mit Zuhilfenahme aller Feinheiten der mechanischen Kunst ausgestattet ist, zur Verfügung.

In vielen Fällen, in denen man die Messung unter günstigen Umständen ausführen kann, spielt die Empfindlichkeit des Meßgerätes eine geringere Rolle, dagegen können widrige Witterungs- und schwierige örtliche Verhältnisse die Vorteile genauer arbeitender Meßflügel wieder zunichte machen. Hierin die richtige Mittellinie einzuhalten, erfordert viel Erfahrung.

Was das Verhalten der einzelnen Flügelkonstruktionen gegenüber anschwimmenden Gegenständen, wie Laub, Gräser und kleinem Treibholz betrifft, so ist dieses für die Beeinflussung der Meßergebnisse von größter Bedeutung. Flügel mit Schutzringen haben sich in dieser Beziehung bestens bewährt, dagegen sind solche mit Speichenschaufeln für die Messung in Schwimmstoffe führenden Gewässern nicht zu empfehlen. Gegen die schädlichen Wirkungen des Feinsandes sind die Lagerkonstruktionen mit Ölabschluß vorzüglich geschützt, aber auch die einfache Sandkappe hat sich bewährt.

Meßverfahren der vollständigen Flügelmessung. Diese Verfahren bestehen darin, daß man in einer größeren Anzahl von Meßpunkten die Drehzahl der Flügelschaufel bestimmt, wobei die Achse des Meßflügels senkrecht zur Ebene des Meßprofils zu stellen ist.

---

[1] L. A. OTT, Theorie und Konstantenbestimmung des hydrometrischen Flügels. Berlin 1925.

Liegen die Meßpunkte verstreut im Meßprofile, dann spricht man vom Punkt-Meßverfahren. Bedient man sich mehrerer Meßflügel gleichzeitig zur Messung, wobei diese geradlinig gereiht sind, dann heißt dies im besonderen das Mehrfachflügel-Meßverfahren. Rücken die Meßpunkte unendlich nahe in der von einem Flügel befahrenen Meßlinie, summiert also das Flügelzählwerk die Drehzahlen während des Verschubes des Flügels, dann wird dieses Verfahren Integrations-Meßverfahren. genannt.

Punkt- und Mehrfachflügel-Meßverfahren. Die Anzahl und Verteilung der Meßpunkte beeinflussen sowohl den Arbeitsaufwand wie auch die Genauigkeit des Meßergebnisses.

Bei *künstlichen* Gerinnen, namentlich bei solchen rechteckigen und kreisförmigen Querschnittes, kann man die Verteilung der Meßpunkte nach bestimmten Regeln so treffen, daß man mit einer möglichst geringen Anzahl den Erfolg sichert und damit eine einfache, rasch zum Ziele führende Auswertungsmethode der Beobachtungen erreichen kann. Die Meßdauer läßt sich namentlich durch die Verwendung von Mehrfachflügeln wesentlich verringern. Solche verkürzte Verfahren haben vor allem bei Abnahmeversuchen von Wasserkraftwerken, welche der Bestimmung des Wirkungsgrades der maschinellen Einrichtung dienen, besondere praktische Bedeutung.[1] Man geht in

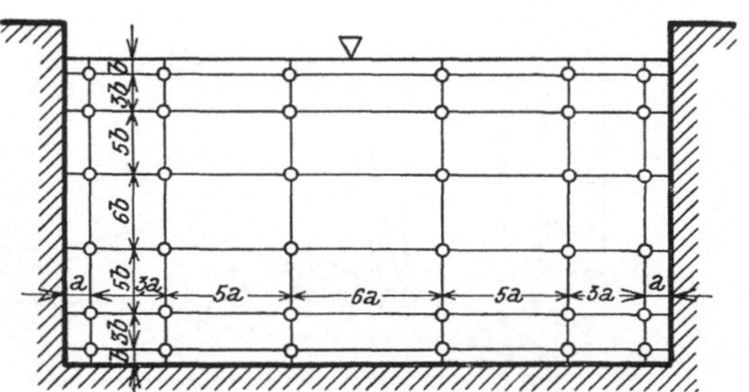

Abb. 111. Austeilung der Meßpunkte in einem rechteckigen Durchflußquerschnitt nach den Normen für Wassermessungen des Schweizerischen Ingenieur- und Architektenvereines.

dieser Beziehung heute so weit, daß man beim Entwurfe der Wasserkraftanlage auf die Errichtung geeigneter Meßstellen Rücksicht nimmt.

Die Anzahl A der Meßpunkte in einem künstlichen Profile soll nach der Beziehung

$$14 \sqrt{F} \leq A \leq 25 \sqrt{F} \tag{14}$$

bemessen werden.

Die Meßpunkte sind an Stellen großer Geschwindigkeitsänderungen in kleineren Abständen zu legen als an Stellen, an denen sich die Geschwindigkeit wenig ändert. Sie sollen so nahe an den Wandungen und an der Sohle gewählt werden, als es der Flügeldurchmesser gestattet.

Für rechteckige Gerinne können die Meßpunkte vollkommen gleichmäßig über den Meßquerschnitt oder nach dem in Abb. 111 dargestellten Schema verteilt werden.

In den kreisförmigen Querschnitten von Druckrohrleitungen braucht man wegen der radial symmetrischen Geschwindigkeitsverteilung nur längs eines Rohrdurchmessers zu messen; nur bei vermutlich unregelmäßiger Verteilung

---

[1] Regeln für die Abnahmeversuche an Wasserkraftmaschinen. Z. d. Vereines Deutscher Ingenieure, Berlin 1930. — Standard test code for hydraulic power plants. Issued by authority of the Concils of the Institution of Civil Engineers and the Institution of Mech. Engineers, London 1924.

mißt man längs zweier sich rechtwinkelig schneidender Durchmesser. Die
Meßstelle muß in diesen Fällen in einer geraden Strecke liegen und von
einem Einbau, wie Krümmer oder Schieber, mindestens um den 20fachen
Rohrdurchmesser entfernt sein. Es ist auch hier zweckmäßig, das Mehrfachflügel-
Meßverfahren zu verwenden, weil dann ganz kleine Verschiebungen der Flügel-
stange genügen, um jeden beliebigen Punkt des Meßdurchmessers zu erreichen.

Bei Wassermessungen in *natürlichen* Flußprofilen spielt die zweckmäßige
Verteilung der Meßpunkte eine noch größere Rolle, da in diesem Falle mit sehr

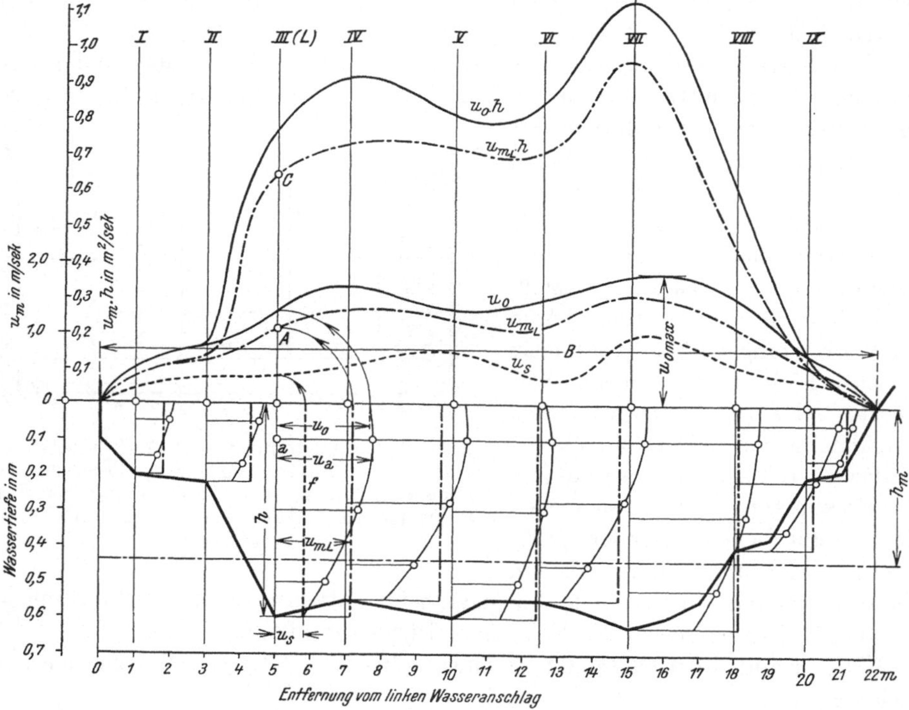

Abb. 112. Graphische Auswertung für das Punktmeßverfahren in offenen Gerinnen.

unregelmäßigen Profilformen und daher mit einer weit größeren Meßdauer zu
rechnen ist. Bei der Austeilung der Meßpunkte in einem natürlichen Querprofile
geht man in folgender Weise vor (Abb. 112).

Man legt die *Meßlotrechten II, III... VII, VIII* an jene Stellen des Meßquerschnittes, an denen größere Geschwindigkeitsgefälle zu erwarten sind, also
im Bereiche der Bruchpunkte in der Querschnittsform, fügt in der Nähe des
rechten und linken *Wasseranschlages* noch die Lotrechten *I* und *IX* hinzu und
schiebt weitere Lotrechten zwischen die bereits gewählten ein, wenn deren Ab
stände noch zu groß wären, um eine genügend genaue Messung zu gewährleisten.
Wie weit man bei dieser Zwischenteilung zu gehen hat, ist Sache der Erfahrung.

In jeder Meßlotrechten legt man den obersten und untersten Meßpunkt in
einen Abstand vom Wasserspiegel bzw. von der Flußsohle, der etwas größer ist
als der halbe Durchmesser der Flügelschaufel oder des Flügelkörpers. Diese
äußersten Grenzlagen sind nur erreichbar, wenn es nicht etwa Treibzeug oder

Eis an der Oberfläche oder Geschiebetrieb an der Flußsohle unmöglich machen. Den verbleibenden Abstand unterteilt man durch einen oder mehrere Meßpunkte, wobei größere Abstände als 1,0 m und kleinere als das Maß des Flügeldurchmessers nicht vorkommen sollen. Man trachtet nach Tunlichkeit mindestens drei Meßpunkte in eine Meßlotrechte zu legen, aus welcher Bedingung auch die äußerste Lage der am Uferrande gelegenen Meßlotrechten bestimmt ist.

Bei Mengenmessungen in natürlichen Gerinnen kann man sich, wenn auch ein geringerer Genauigkeitsgrad genügt, mit abgekürzten Meßverfahren behelfen, die jedoch noch immer den Charakter einer vollständigen Flügelmessung tragen. An Stelle vieler Meßpunkte wählt man beispielsweise nur zwei oder auch nur einen Meßpunkt in einer Meßlotrechten.

Beim Zweipunkt-Meßverfahren wird die Geschwindigkeit $u_{\frac{1}{6}}$ und $u_{\frac{5}{6}}$ in $\dfrac{1}{6}$ und $\dfrac{5}{6}$ oder $u_{0,2}$ und $u_{0,8}$ in 0,2 und 0,8 der Wassertiefe an der Meßlotrechten gemessen und man erhält die mittlere Geschwindigkeit im Bereiche einer beliebigen Meßlotrechten L aus

oder aus

$$\left.\begin{array}{l} u_{m,\,L} = 0{,}5\,(u_{\frac{1}{6}} + u_{\frac{5}{6}}) \\[2mm] u_{m,\,L} = 0{,}5\,(u_{0,2} + u_{0,8}) \end{array}\right\} \tag{15}$$

Beim Einpunkt-Meßverfahren begnügt man sich mit einer Messung in je einer Lotrechten und wählt den Meßpunkt in 0,6 der Tiefe. Man erhält hierdurch einen Meßwert, der erfahrungsgemäß ungefähr der mittleren Geschwindigkeit im Bereiche der Meßlotrechten gleich ist.[1]

Die Ausarbeitung der Mengenmessung kann nach dem numerischen oder dem graphischen Verfahren erfolgen.

Das *numerische* Verfahren ist zweckmäßig dann anzuwenden, wenn die Verteilung der Meßpunkte nach einem Verteilungsschema durchgeführt worden ist.

Ist die Verteilung gleichmäßig über den ganzen Meßquerschnitt F erfolgt, was nur bei wenig veränderlichen Geschwindigkeiten zulässig ist, dann wird die Durchflußmenge aus $Q = F\,u_m$ berechnet, worin u_m das arithmetische Mittel aller gemessenen u-Werte darstellt.

Bei einer Verteilung der Meßpunkte nach den Schweizer Normen (Abb. 111) erhält man die mittlere Geschwindigkeit in einer Meßlotrechten L aus

$$u_{m,\,L} = \frac{2\,b\,u_1 + 4\,b\,u_2 + 6\,b\,u_3 + 6\,b\,u_4 + 4\,b\,u_5 + 2\,b\,u_6}{24\,b} =$$

$$= \frac{u_1 + 2\,u_2 + 3\,u_3 + 3\,u_4 + 2\,u_5 + u_6}{12}, \tag{16}$$

wobei $u_1, u_2, \ldots u_6$ die Geschwindigkeiten in den einzelnen Meßpunkten der Meßlotrechten L bedeuten. Die mittlere Geschwindigkeit im gesamten Meßprofil folgt aus

$$u_m = \frac{u_{m,\,I} + 2\,u_{m,\,II} + 3\,u_{m,\,III} + 3\,u_{m,\,IV} + 2\,u_{m,\,V} + u_{m,\,VI}}{12}, \tag{17}$$

---

[1] Über die Begründung des Ein- und Zweipunktmeßverfahrens siehe L. A. Ott, Instrumentenkunde der praktischen Hydrometrie, Kempten, und S. Kolupaila, Über die Verteilung der Geschwindigkeiten auf der Lotrechten des Stromes. III. Hydrologische Konferenz der Baltischen Staaten, Warschau 1930.

wenn die römischen Bezifferungen die einzelnen Meßlotrechten angeben. Die Durchflußmenge ergibt sich aus

$$Q = F\, u_m. \tag{18}$$

Der Fehler des numerischen Auswertungsverfahrens kann erfahrungsgemäß bis zu 0,8 v. H. betragen.

Tabelle 2. Meßprotokoll für Durchflußmengen-Erhebungen.

Datum:......... .... Gewässer:..................... Querprofil km.............. bei......................

Hydrometrischer........................-Flügel Nr. .... Flügelgleichung: $u = a + b\,n$

$$a = \text{.....................} \qquad b = \text{.....................}$$

Nummer der Meßlotrechten..	I	II	III	IV	V
Abstand v. .....Wasseranschlag					
Tageszeit.................					
Wasserstand cm...........					
Wassertiefe cm...........					

Abstand der Flügelachse von der Sohle in cm	Anzahl der Flügelumdrehungen	Zeit in Sekunden	I	II	III	IV	V

Abstand der Flügelachse von der Oberfläche in cm	Mittlere Umdrehungszahl n in der Sekunde	Geschwindigkeit u in m/sek	I	II	III	IV	V

Ergebnisse der Messung:

$$F = \qquad Q = \text{......} \qquad h_{\max} = \text{......}$$
$$B = \text{......} \quad u_m = \text{......} \quad u_{o,\,m} = \text{......}$$
$$h_m = \text{......} \quad J = \text{......} \quad u_{o,\max} = \text{......}$$

$$a = \frac{\sum\limits_{0}^{B} (h\, u_{m,\,L}\, \varDelta B)}{\sum\limits_{0}^{B} (h\, u_o\, \varDelta B)}$$

Anmerkungen:

Das *graphische* Auswertungsverfahren[1] hat sich hinsichtlich Genauigkeit, allgemeiner Verwendbarkeit und Übersichtlichkeit dem numerischen Verfahren überlegen gezeigt. Der Vorgang hierbei ist folgender.

In das Meßprotokoll, Tabelle 2, werden die aus den Aufnahmeergebnissen

---

[1] Eingeführt von A. R. Harlacher.

und der Flügelgleichung berechneten Geschwindigkeitswerte eingetragen. Das Meßprofil ist in der Zeichnung zu überhöhen, so daß alle Einzelheiten genügend genau erscheinen (Abb. 112).

In jeder einzelnen Meßlotrechten L von der Wassertiefe h trägt man zu jedem Meßpunkte a die zugehörige erhobene Geschwindigkeit u_a auf und erhält so die Geschwindigkeitsverteilung längs der Meßlotrechten. Die planimetrische Bestimmung der Geschwindigkeitsfläche f führt zu $u_{m,L} = \dfrac{f}{h}$, der mittleren Geschwindigkeit im Bereiche der Meßlotrechten L.

Wird dies in jeder Meßlotrechten durchgeführt und werden die erhaltenen $u_{m,L}$-Werte nach einem zweckmäßig gewählten Maßstabe von der Wasserspiegellinie lotrecht nach aufwärts aufgetragen, dann liefert die Verbindung der Punkte A die $u_{m,L}$-Linie und damit die Verteilung der mittleren Geschwindigkeit in den einzelnen Lotrechten über die Breite B des Wasserspiegels.

Ist nun allgemein $u_{m,L}$ die mittlere Geschwindigkeit in einer Lotrechten und h die Wassertiefe an dieser Stelle des Meßprofiles, dann beträgt, wenn $\varDelta B$ die Breite eines schmalen Streifens an dieser Stelle bedeutet, die Durchflußmenge $\varDelta Q$ dieses Streifens

$$\varDelta Q = u_{m,L}\, h\, \varDelta B$$

und damit die gesamte Durchflußmenge im Meßprofil

$$Q = \sum_0^B \varDelta Q = \sum_0^B (u_{m,L}\, h\, \varDelta B). \tag{19}$$

Trägt man in jeder Meßlotrechten die Werte $u_{m,L}\, h$ vom Wasserspiegel aus in irgend einem Maßstabe auf, dann schließt die Verbindungslinie aller dieser Punkte C, die $u_{m,L}\, h$-Linie, mit der Wasserspiegellinie eine Fläche ein, welche maßstäblich abgenommen die gesamte Durchflußmenge Q angibt.

Aus $\dfrac{Q}{F} = u_m$ folgt schließlich die mittlere Geschwindigkeit im Meßprofile F, welche Größe ihrer Entstehung gemäß nur einen Rechnungswert darstellt. Ebenso berechnet man $\dfrac{F}{B} = h_m$, die mittlere Tiefe des Durchflußprofiles.

Es ist üblich, daß man in der graphischen Darstellung ausser der Verteilungslinie der $u_{m,L}$ auch jene der Oberflächengeschwindigkeit u_o sowie jene der Sohlengeschwindigkeit u_s einträgt. Die Werte u_o und u_s erhält man durch gefühlsmäßige Verlängerung der Geschwindigkeits-Verteilungslinie in den einzelnen Meßlotrechten bis zum Schnitte mit dem Wasserspiegel bzw. mit der Flußsohle.[1]

Schließlich ermittelt man den Ausdruck $\sum_0^B (u_o\, h\, \varDelta B)$ ähnlich dem Ausdrucke $\sum_0^B (u_{m,L}\, h\, \varDelta B)$ und erhält aus

$$\frac{\sum\limits_0^B (u_{m,L}\, h\, \varDelta B)}{\sum\limits_0^B (u_o\, h\, \varDelta B)} = \frac{Q}{Q'} = a \tag{20}$$

eine Verhältniszahl, deren Anwendung unten gezeigt wird.

---

[1] Die tatsächliche Sohlengeschwindigkeit ist wegen des Haftens des Wassers an der Umfangsfläche gleich Null. Das eingezeichnete u_s ist ein Wert, der nur zu Vergleichszwecken verwendbar ist.

In dem Meßprotokoll verzeichnet man noch die Werte

$$u_{o,m} = \frac{\sum\limits_{0}^{B}(u_o\,\varDelta\,B)}{B} \tag{21}$$

und $u_{o,\max}$, die mittlere bzw. die größte Oberflächengeschwindigkeit.

Jede gemessene Durchflußmenge ist einem Meßwasserstand zugeordnet. Werden im gleichen Meßprofile mehrere Mengenmessungen durchgeführt, dann läßt sich eine Beziehung zwischen der Durchflußmenge und dem Wasserstand aufstellen, welcher Zusammenhang in der *Durchflußmengenlinie* oder *Durchflußmengenschleife* seinen Ausdruck findet.[1]

Für kreisförmige Meßquerschnitte mit radial symmetrischer Geschwindigkeitsverteilung nimmt das graphische Verfahren folgenden Verlauf.

Aus der Abb. 113, welche die Geschwindigkeitsverteilung längs eines Rohrdurchmessers D darstellt, ergibt sich

$$dQ = 2\,r\,\pi\,u\,d\,r$$

und

$$Q = 2\,\pi\int\limits_{0}^{\frac{D}{2}} u\,r\,d\,r. \tag{22}$$

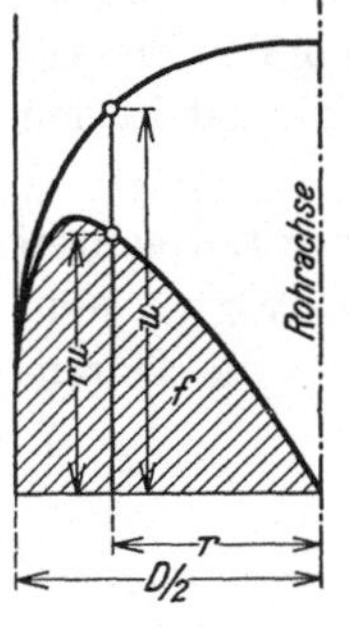

Abb. 113. Graphische Auswertung für das Punktmeßverfahren in kreisförmigen Durchflußquerschnitten mit radialsymmetrischer Geschwindigkeitsverteilung.

Die Summierung führt man in der Weise durch, daß man zu jedem r den zugehörigen Wert $u\,r$ aufträgt und die so entstandene, in der Abb. 113 schraffiert angedeutete Fläche f planimetriert. Die Durchflußmenge Q erhält man durch Multiplikation mit $2\,\pi$ und hieraus wieder $u_m = \dfrac{Q}{\frac{D^2\,\pi}{4}}$, die mittlere Geschwindigkeit im Rohrquerschnitt.

Integrations-Meßverfahren. Bei diesem Verfahren spielt die Auswahl der *Meßlinie*, nach welcher das Meßprofil zu befahren ist, eine besondere Rolle, weil unbedingt getrachtet werden muß, eine möglichst gleichmäßige Verteilung der vom Flügel bestrichenen Stellen über den Querschnitt zu erreichen. Weiters muß die *Verschubgeschwindigkeit* des Flügels konstant erhalten werden und es darf diese auch nicht ein bestimmtes Maß überschreiten. Dieses Maß kann mit der Fließgeschwindigkeit in Zusammenhang gebracht werden, wofür folgende grundsätzliche Erwägungen gelten (Abb. 114).

Durch die Verschubgeschwindigkeit v wirkt auf den Meßflügel eine seitliche Geschwindigkeitskomponente, die gleich v, aber entgegengesetzt dem Verschube gerichtet ist. Sie setzt sich mit der Fließgeschwindigkeit u zur resultierenden Geschwindigkeit u_R zusammen, deren Richtungswinkel α den Grad der Schräganströmung bedingt.

Da bei den gebräuchlichen Meßflügeln erfahrungsgemäß die waagrechte Schräganströmung am ungünstigsten hinsichtlich der Wirkung als Komponentenschaufel anzusehen ist, so ist die waagrechte Verschubgeschwindigkeit des

---

[1] Siehe S. 255.

Flügels maßgebend für die weitere Beurteilung. Die besten Flügelkonstruktionen wirken nach der Erfahrung nur bis zu etwa 15^0 Verdrehung in der waagrechten Ebene als Komponentenschaufeln, so daß also $\alpha_{\max}$ höchstens 15^0 sein darf. Wenn aber $\operatorname{tg} \alpha = \dfrac{v}{u} \leqq \operatorname{tg} 15^0$ sein soll, folgt das größte zulässige Verhältnis mit

$\dfrac{v}{u} \doteq \dfrac{1}{4}$. Es darf sonach für den waagrechten Verschub selbst eines Komponentenflügels die Verschubgeschwindigkeit des Flügels höchstens ein Viertel der Fließgeschwindigkeit betragen und sie ist noch zu verringern, wenn sich im Meßprofile starke Turbulenz zeigt.

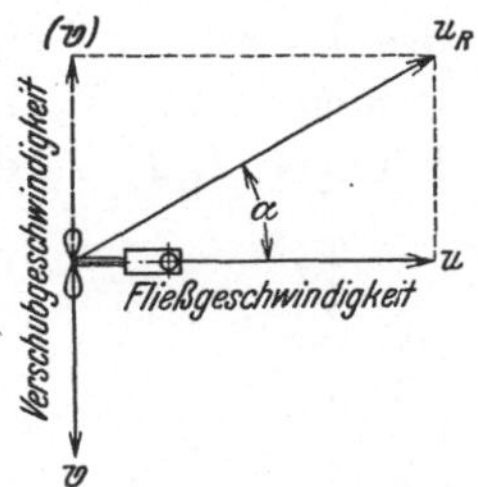

Abb. 114. Schräganströmung, hervorgerufen durch seitlichen Verschub des Meßflügels.

Eine zweite, grundsätzlich zu klärende Frage beim Integrationsmeßverfahren ist die nach der Bestimmung der mittleren und örtlichen Fließgeschwindigkeiten längs der Meßlinie.

Für die mittlere Geschwindigkeit gilt folgende Überlegung, die der Einfachheit halber für einen lotrechten Flügelverschub durchgeführt wird (Abb. 115). Die mittlere Geschwindigkeit in der lotrecht durchfahrenen, geraden Meßlinie ist

$$u_{m,L} = \frac{1}{H} \int_0^H u\, dh$$

und da $u = a + bn$ und $dh = v\,dt$, wenn v die Verschubgeschwindigkeit ist, so folgt

$$u_{m,L} = \frac{1}{H} \int_0^T (a + bn)\, v\, dt = \frac{v}{H} \int_0^T (a + bn)\, dt;$$

da ferner $H = vT$, worin T die gesamte Verschubdauer ist, wird

$$u_{m,L} = \frac{1}{T} \int_0^T (a + bn)\, dt = \frac{1}{T} \left[\int_0^T a\, dt + \int_0^T bn\, dt \right] = a + \frac{b}{T} \int_0^T n\, dt.$$

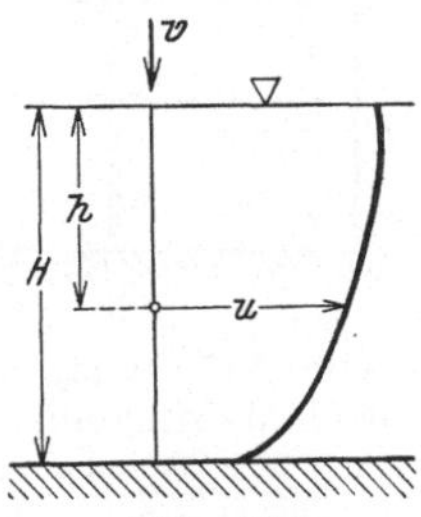

Abb. 115.

Ist N die gesamte Umdrehungszahl in der Verschubdauer T, dann ist

$$\int_0^T n\, dt = N,$$

also

$$u_{m,L} = a + b\, \frac{N}{T}. \tag{23}$$

Aus Gleichung (23) folgt, daß man bei einer Integrationsmessung mit lotrechtem Verschube die mittlere Geschwindigkeit in einer Meßlotrechten erhält, indem man in die Flügelgleichung $u = a + bn$ für n den zeitlichen Mittelwert der Drehzahl während des ganzen Verschubes einsetzt.

Da man die gleiche Überlegung auch für jede beliebige Verschubrichtung des Flügels anstellen kann, folgt weiter für die Bestimmung der mittleren Geschwindigkeit im gesamten Meßprofil nach dem Integrationsmeßverfahren, daß man in die Flügelgleichung einfach für n den zeitlichen Mittelwert der Drehzahl einzusetzen hat, der sich bei der gleichmäßigen Befahrung des gesamten Meßprofiles ergeben hat.

Zur Berechnung der Einzelgeschwindigkeit in einem bestimmten Punkte der Meßlinie ist in folgender Weise vorzugehen. Wieder soll der einfache Fall des lotrechten Verschubes herangezogen werden. Mit Hilfe von Zwischenlesungen N_1, N_2... der Umdrehungszahlen und den zugehörigen Zwischenlesungen t_1, t_2... der Verschubzeiten kann man die Summenlinie der Umdrehungszahlen aufzeichnen.

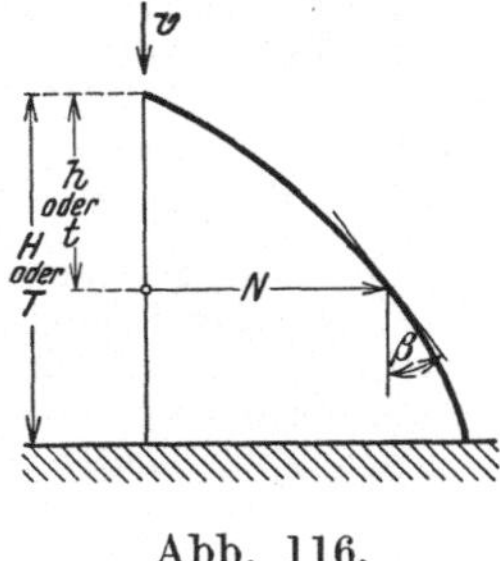

Abb. 116.

Wählt man in der Auftragung Abb. 116 den Zeitmaßstab und den Tiefenmaßstab so, daß für T und H sich die gleiche Strecke ergibt, dann ist

$$d\,t = dh$$

und da

$$dN = n\,d\,t$$

ist, folgt

$$\mathrm{tg}\,\beta = \frac{dN}{dh} = \frac{n\,d\,t}{d\,t} = n \tag{24}$$

und man erhält daher die Einzelgeschwindigkeit aus

$$u = a + b\,\mathrm{tg}\,\beta. \tag{25}$$

Wird das Integrationsmeßverfahren nur zur Bestimmung der mittleren Geschwindigkeit und im weiteren zur Ermittlung der Durchflußmenge verwendet, dann genügt die Festlegung der zur gesamten Umdrehungszahl N gehörenden Verschubdauer T, die mit einer Taschenuhr hinreichend genau bestimmt werden kann.[1] Da unter Umständen große Umdrehungszahlen aufzunehmen

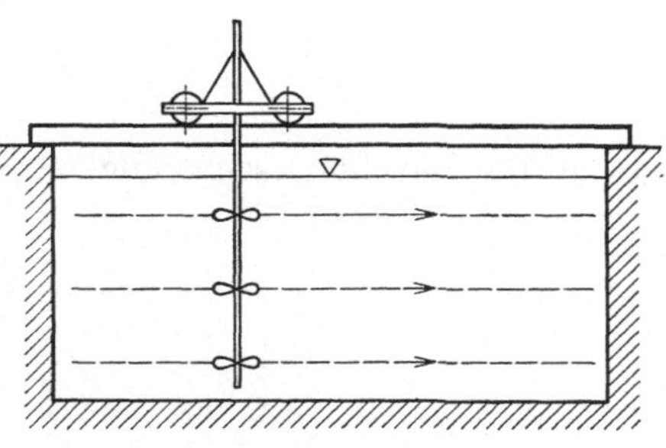

Abb. 117. Waagrechter Verschub von drei Meßflügeln. Meßverfahren nach L. A. Ott.

sind, ist bei Verwendung mechanischer Zählwerke hierauf in der Weise Rücksicht zu nehmen, wie dies bei der Konstruktion des Zählwerkflügels geschehen ist.[2]

Soll aber das Integrations-Meßverfahren überdies noch zur Ermittlung von Einzelgeschwindigkeiten dienen, dann muß zur Aufzeichnung von Zeit und Umdrehungszahl ein Chronograph verwendet werden, um daraus die Zwischenwerte der Drehzahlen entnehmen zu können. Nunmehr kann das weitere Auswerteverfahren wie bei der Punktmessung erfolgen. Diese Erweiterung des einfachen Integrations-Meßverfahrens nennt man Detailliermethode.[3]

Das Meßprofil wird entweder in waagrechtem, lotrechtem oder zickzackförmigem Verschub befahren.

---

[1] A. R. Harlacher, Die Messungen in der Elbe und Donau und die hydrometrischen Apparate und Methoden des Verfassers. Leipzig 1881.

[2] Siehe S. 74.

[3] S. Hajós, Jaugeages et son ontillage. Annales de ponts et chaussées, 1898.

Beim lotrechten Verschub muß das Verfahren so oft wiederholt werden, als man Meßlotrechte im Meßprofile ausgeteilt hat, während man beim waagrechten Verschube durch Verwendung von Mehrfachflügeln bis auf eine Befahrung heruntergehen kann (Abb. 117). Beim zickzackförmigen Verschub, bei dem das gesamte Meßprofil bestrichen wird, erhält man aus einer einzigen Befahrung die mittlere Geschwindigkeit im gesamten Meßprofile (Abb. 118).

Meßverfahren der unvollständigen Flügelmessung. Zur Verringerung von Kosten- und Zeitaufwand sucht man die Anzahl der Meßpunkte möglichst herabzusetzen und begnügt sich schließlich bei regelmäßigen, künstlichen Querprofilen mit einem einzigen Meßpunkt im gesamten Durchflußprofil.[1]

Der Rückschluß aus vereinzelten Geschwindigkeitsaufnahmen auf die Durchflußmenge ist aber nur dann möglich, wenn der Zusammenhang zwischen den gemessenen Geschwindigkeiten in den gewählten einzelnen Meßpunkten und der Durchflußmenge bekannt ist.

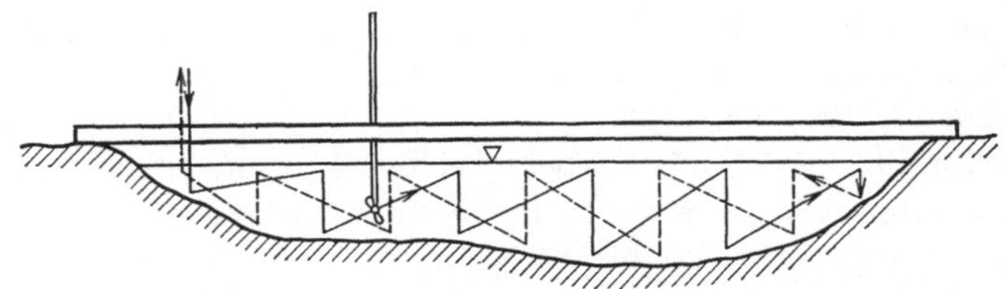

Abb. 118. Zickzackförmiger Verschub eines Meßflügels. Meßverfahren nach F. SCHAFFERNAK.

Dieser Zusammenhang kann aus vollständigen Flügelmessungen, die im selben Durchflußprofil ausgeführt worden sind, ermittelt werden, er kann, wenigstens näherungsweise, mit Zuhilfenahme empirischer Gleichungen berechnet werden, die auf Grund von vollständigen Flügelmessungen an morphologisch ähnlichen Gewässerstrecken aufgestellt worden sind oder er wird, wie dies für das Dauermeßverfahren geschehen kann, durch vergleichende Mengenmessungen nach irgend einem brauchbaren Meßverfahren bestimmt.

Für offene, natürliche Gerinne gewinnt man aus vorhergegangenen vollständigen Flügelmessungen die Verhältniszahl α aus Gl. (20) und kann die gesuchte Durchflußmenge aus

$$Q = \alpha \sum_{0}^{B} (u_o \, h \, \varDelta \, B) \qquad (26)$$

berechnen, wenn die Verteilung der Oberflächengeschwindigkeit über die Wasserspiegelbreite bekannt ist. Diese Verteilung läßt sich aber mit Hilfe eines hydrometrischen Flügels und zwar am besten unter Verwendung eines Schleppflügels oder eines Schlepploges bestimmen.

Wie die Erfahrung gezeigt hat, führen derartige unvollständige Flügelmessungen zu sehr brauchbaren Ergebnissen, wenn die Abhängigkeit der α-Werte von der Durchflußmenge Q aus einer Reihe von Vergleichsmessungen bekannt

---

[1] L. SCHMIEDT, Einrichtungen zum registrierenden Messen von Wasserstand und Wassermenge in geregelten Gerinnen. Z. d. österr. Ing.- u. Arch.-Vereines, H. 4, 5, 1921.

ist und wenn die Wassertiefen in den einzelnen Meßlotrechten zur Zeit der Oberflächengeschwindigkeitsmessung bestimmt worden sind.

Ausführung der Flügelmessung. Das Meßprofil ist zweckmäßig auszuwählen und derart zugänglich zu machen, daß die Meßgeräte meßtechnisch richtig, ohne Gefahr für die Beteiligten und womöglich ohne Störung des Schiffs- oder Floßverkehres eingebracht werden können.

Die zweckmäßige Auswahl der Meßprofile ist bei künstlichen Profilformen verhältnismäßig leicht, verlangt aber dagegen bei Flüssen sorgfältige Erwägungen. Abgesehen von der Rücksichtnahme auf die Zugänglichkeit ist das Meßprofil in einer geradlinigen, von Rückstau und Windstau unbeeinflußten Gerinnestrecke auszuwählen, die frei von Wasserwalzen, Luftbeimischung und Pflanzenwuchs ist und einen möglichst ruhigen Wasserspiegel aufweist. Das Meßprofil soll eine regelmäßige und womöglich bis zum höchsten Hochwasserstand geschlossene Form besitzen, sowie Veränderungen wenig unterworfen sein. Sollte man aus irgendwelchen Gründen doch an eine Stelle gebunden sein, die den Bedingungen regelmäßiger Verteilung der Geschwindigkeit nicht entspricht, dann kann allenfalls eine Verbesserung durch den Einbau von Führungswänden geschaffen werden.

Die Meßprofile werden mit Vorliebe bei Brücken und Stegen gewählt, wenn die Fließbewegung nicht etwa durch Pfeiler oder Jocheinbauten zu sehr gestört wird. Sind derartige stabile Objekte nicht vorhanden oder nicht brauchbar, dann verwendet man eigene, rasch aufstellbare Meßstege, einzelne oder gekoppelte Schiffe, die gleich einer Seilfähre eingerichtet sind, oder Seilkrananlagen. Bei seichten Flüssen kann schließlich auf einen Meßsteg verzichtet und das Meßprofil durchwatet werden.

Zur vollständigen Ausrüstung des Meßprofiles gehören noch ein Hilfspegel und eine Peilleine.

Die in Meter geteilte Peilleine liegt entweder auf der Brücke bzw. dem Meßsteg oder sie wird, wie bei Schiffsmessungen, frei über den Fluß gespannt. Der Durchhang des Seiles ist durch zwei am Uferrande aufgestellte Spanntrommeln möglichst zu verringern. Ist der Fluß sehr breit, dann muß das 5 bis 7 mm starke Meßseil noch Zwischenstützen erhalten, die in verankerten Kähnen aufgestellt werden. Für die Schiff- oder Floßfahrt wird das Flußprofil fallweise durch Nachlassen des Meßseiles freigegeben. Beim Seilkran wird die Peilleine durch das Zugseil V ersetzt, dessen waagrechter Verschub an einem Zählwerke N abgelesen wird (Abb. 76).

Die Peilung des Meßprofiles erfolgt bei Gewässern bis etwa 5 m Tiefe mit einer Peilstange und bei sehr tiefen Strömen mittels einer eigenen Lotvorrichtung vom Meßstege oder vom Kahn aus.

Die eigentliche Peilung kann entfallen, wenn die Form des Meßprofiles aus Flußkarten entnommen werden kann, in denen die Höhenlage der Flußsohle dargestellt ist. Für derartige Flußgrundaufnahmen, die aus flußbautechnischen Gründen ausgeführt werden, verwendet man besondere Aufnahmeverfahren, welche die Aufnahme großer Flußstrecken allenfalls unter Verwendung selbstschreibender Tiefenmesser in verhältnismäßig kurzer Zeit ermöglichen.

Die Peilstange, aus Holz oder leichten schwimmfähigen Stahlrohren hergestellt, ist mit einer gut sichtbaren Dezimeterteilung versehen und trägt eine

Grundplatte, auch Sumpfplatte genannt, die ein Einsinken in den leichten Flußgrund verhindert (Abb. 119a). Sie wird gegen die Strömung in das Wasser getaucht und in lotrechter Stellung rasch auf den Grund gestoßen. Bei Geschiebetrieb

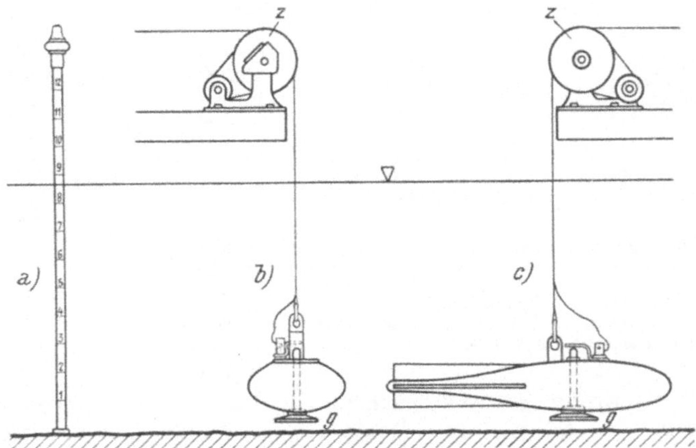

Abb. 119. Peilvorrichtung nach A. Ott-Kempten.

a) schwimmfähige Metallpeilstange, *b)* linsenförmiges Peillot mit Grundtaster, *c)* plattfischförmiges Peillot mit Grundtaster, *z* Zählwerk, *g* Grundtaster.

und auch bei grobem Flußgeschiebe können die Peilungsergebnisse große Ungenauigkeit aufweisen.

Die Lotvorrichtungen bestehen aus Bleikörpern in Linsenform (Abb. 119b) oder besser in Stromlinienform (Abb. 119c), die einen elektrischen Grundtaster erhalten können. Sie werden an einem dünnen Drahtseil über ein Tiefen-Meßwerk abgesenkt. Bei der Verwendung solcher Lotvorrichtungen gilt bezüglich des Abtriebes das gleiche wie beim Seilflügel.[1]

Für Flußgrundaufnahmen mit Hilfe eines der unten beschriebenen Meßgeräte wird der Kahn, von dem aus die Sondierung erfolgt, schräg von einem Flußufer bei A_1 zum anderen bei A_2 geführt

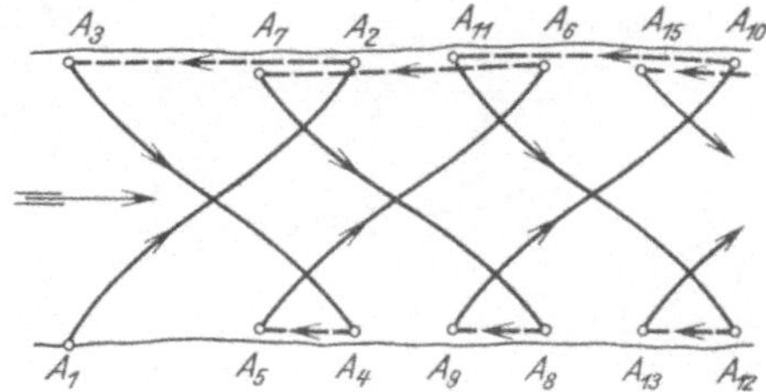

Abb. 120. Kreuzsondierung.

und dort flußauf nach A_3 gezogen, um dann wieder zur ersten Uferseite bei A_4 zurückzukehren, worauf eine neue Kreuzfahrt beginnen kann (Abb. 120). Diese maschenartige Überdeckung des Flußschlauches mit Sonden nennt man Kreuzsondierung.

Der *Sondiertachygraph* von R. Reich u. O. A. Ganser nach Abb. 121 besteht im wesentlichen aus der Vereinigung eines kleinen Meßtisches, auf dem der Lageplan der Flußstrecke orientiert aufgelegt ist, mit einem, mit Repetitionseinrichtungen ausgestatteten Universalinstrument als Entfernungsmesser.[2] Das Instrument besitzt

---

[1] Siehe S. 68 f.

[2] R. Reich, Der Sondiertachygraph nach Patent Reich-Ganser. Z. d. österr. Ing.- u. Arch.-Vereines, H. 24 u. 25, 1905. — K. Linsbauer, Sondier-Tachygraph, System Reich-Ganser. Österr. Z. für Vermessungswesen, H. 6 u. 9, Wien 1916. — K. Levasseur, Stromgrundaufnahme auf tachymetrischem Wege. Die Wasserwirtschaft, Wien, Nr. 11, 17, 18 u. 21, 1931.

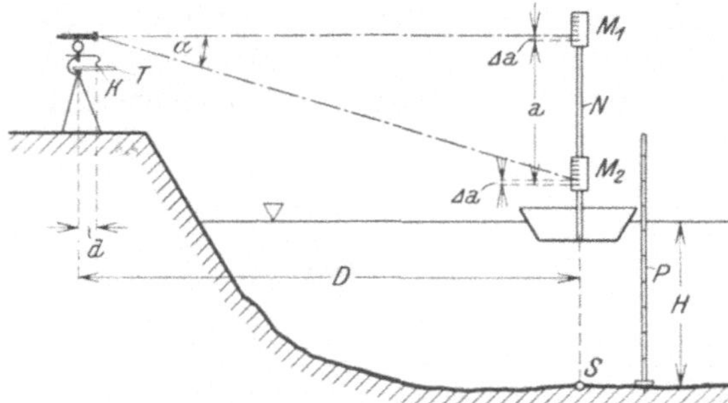

Abb. 121. Tachygraphometrisches Aufnahmeverfahren nach R. Reich-O. A. Ganser.

T Meßtisch, *K* Pikierstift, *N* Nivellierlatte, *M* Marke,
P Peilstange, *S* Sohlpunkt, *D* Entfernung in der Natur,
d Entfernung am Meßtisch.

ein Hauptfernrohr für das Nivellement und ein Distanzfernrohr oder
nach einer neueren Ausführungsform nur ein Fernrohr, wobei dieses
mit Hilfe einer Exzenterscheibe
rasch aus der geneigten in die
waagrechte Lage gebracht werden
kann.

Man arbeitet nach dem Ver-
fahren des Nivellements mit kon-
stantem Lattenabschnitt. Auf der
Nivellierlatte *N* sind zwei Zieltafeln
angebracht, deren Nullpunkte den
Abstand *a* besitzen. Zunächst liest
man am horizontal eingestellten
Nivellierfernrohr auf der oberen
Zieltafel die Marke M_1, also den
Abschnitt Δa ab. Hierauf klappt

man das Distanzfernrohr so weit nach unten, bis auf der unteren Zieltafel die
im Abstande *a* von M_1 gelegene Marke M_2 erscheint. Durch diese Bewegung

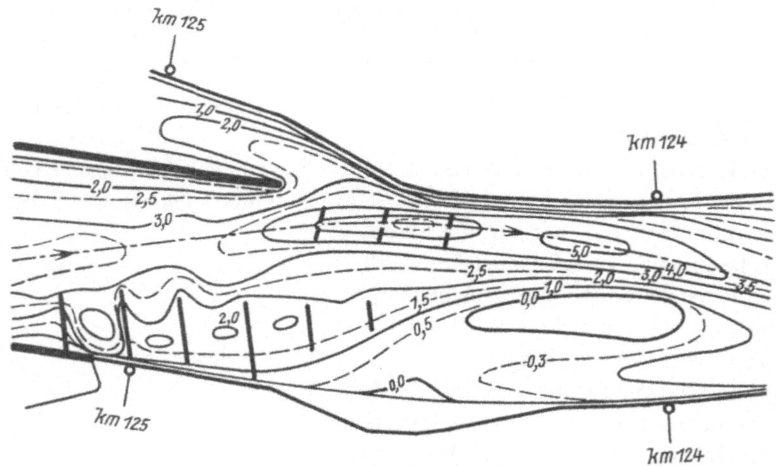

Abb. 122. Darstellung des Flußgrundes mittels Schichtenlinien gleicher Wassertiefe —
Isobathen.

wird ein Pikierstift *K* in der Visierebene der Fernrohre um die Strecke *d* verschoben,
welche maßstäblich der Entfernung *D* in der Natur entspricht. Gleichzeitig mit

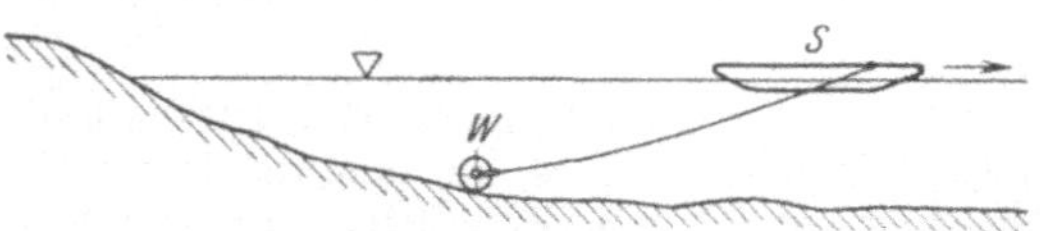

Abb. 123. Hydrostatischer Profilograph nach
S. Hajós.

S Schiff, *W* Gitterwalze mit eingebautem Manometer
und Schreibvorrichtung.

der Stellungsermittlung des Kahnes
wird die Wassertiefe *H* mit einer
Peilstange *P* gemessen, so daß mit
der Lage des Kahnes auch die
Höhenlage des Flußsohlenpunktes *S*
festgelegt ist. Der Meßvorgang
wird während der Kreuzfahrten
in signalisierten Zeitabschnitten
fortlaufend wiederholt und hierdurch die gewünschte Dichte der
Aufnahmepunkte erreicht. Aus

den Aufnahmeergebnissen läßt sich dann durch Reduktion der Sonden auf die
Wasserspiegelebene ein Schichtenplan herstellen, in dem die Linien gleicher

Wassertiefen, die *Isobathen*, verzeichnet erscheinen und der ein übersichtliches Bild
der Form des Flußschlauches gibt (Abb. 122).

Der *hydrostatische Profilograph* von S. HAJÓS (Abb. 123) ist nach den Grundsätzen
eines Druckschreibers gebaut und verlangt keinerlei geodätische Hilfsarbeit. Eine
Walze W, in deren Inneren der Zeichenapparat in einer wasserdichten Dose arbeitet, wird
an einem Tau von dem Sondierschiff S in Kreuzfahrten durch den Fluß geschleppt.
Die Abrollung der Walze auf dem Flußgrund wird durch einen Schreibapparat auf
ein Papierband übertragen und damit ist bei geradliniger Fahrt des Sondierschiffes
die jeweilige Lage der Flußpunkte festgelegt, weil Anfangs- und Endpunkt der Fahrt
auf dem Plane der Flußstrecke bekannt sind. Die Wassertiefen zeichnet ein Stift,
der mit einem Manometer in Verbindung steht, das den Druck der im jeweiligen

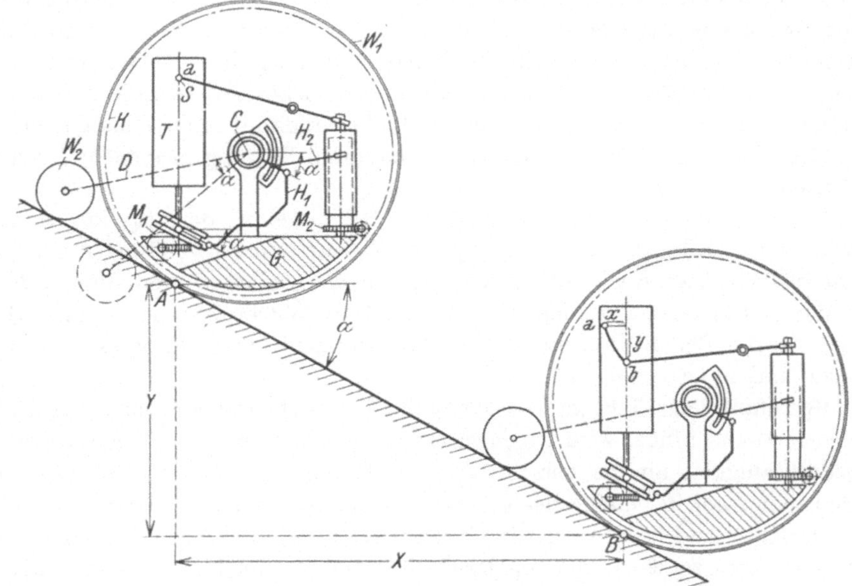

Abb. 124. Profilschreiber nach R. KLODNER. D. R. P. Nr. 570.083.
W_1 Hauptwalze, W_2 Begleitwalze, C Achse von W, G Pendelgewicht, T Schreibtrommel, M_1 Mechanismus für $x = c_1\,X$, M_2 Mechanismus für $y = c_2\,Y$, K Innenzahnkranz, S Schreibstift, D Bügel,
H_1 Steuerhebel für M_1, H_2 Steuerhebel für M_2.

Flußpunkt lastenden Wassersäule mißt, auf das gleiche Papierband. Der Profilograph gibt somit ohne jede Rechenarbeit den Verlauf der durchfahrenen Wassertiefen und damit schon die auf die Wasserspiegelebene reduzierten Sonden, woraus
sich wie zuvor der Schichtenplan des Flußgrundes herstellen läßt.[1]

Der *Profilschreiber* von R. KLODNER nach Abb. 124 besteht aus einem walzenförmigen Körper W_1, der mittels Seilen langsam durch den Fluß gezogen wird. Im Inneren
hängt an der Achse C das schwere Pendelgewicht G, welches die Mechanismen M_1 und M_2
für die Verzeichnung der waagrechten und lotrechten Projektion X und Y trägt. Diese
Mechanismen werden, jeder für sich, beim Abrollen von W_1 auf der Strecke A—B
der unter dem Winkel α geneigten Flußsohle von dem Innenzahnkranz K aus angetrieben. Hierbei setzt M_1 die Schreibtrommel T in Bewegung, während M_2 den
Schreibarm S lotrecht verschiebt. Die Begleitwalze W_2 verstellt mittels des Bügels D
über die Achse C die beiden Steuerhebel H_1 und H_2 und damit die Mechanismen M_1
und M_2 um den Geländewinkel α. Hierdurch dreht sich die Trommel T um x, welches
proportional zu X ist. Die Verstellung des Mechanismus M_2 bewirkt, daß sich der
Schreibstift S um y lotrecht verstellt, wobei y proportional zu Y ist. Damit entsteht auf der Schreibtrommel ein maßstäblich verkleinertes Profil des Flußbettes.

---

[1] S. HAJÓS, Hidrometria, S. 83f., Budapest 1906.

Die Auftragung des Peilergebnisses liefert Anhaltspunkte für die zweckmäßigste Austeilung der Meßlotrechten. Nun wird die Flügelmessung mit Rücksicht auf allfällige Witterungs- und Wasserstandsänderungen mit möglichster Beschleunigung durchgeführt. Sie wird gewöhnlich in jeder Lotrechten in dem der Sohle zunächst liegenden Meßpunkte begonnen. Bei ruhigem Fließen des Wassers beträgt die Meßdauer in den einzelnen Meßpunkten etwa eine Minute. Die Meßdauer muß jedoch gesteigert werden, wenn Zwischenablesungen ergeben, daß größere, durch die Pulsation des Wassers hervorgerufene Unterschiede der Drehzahl der Flügelschaufel auftreten. Sind die Unregelmäßigkeiten in der Drehzahl besonders groß, dann hat sich der Beobachter zu überzeugen, ob der Flügel nicht etwa beschädigt oder durch Schwemmsel behindert ist. Bei stark geschiebeführenden Flüssen hat man sich durch Abhorchen an einer Peilstange zu überzeugen, daß der Flügel noch außerhalb des Bereiches des Geschiebetriebes ist. Allfällige Beschädigungen sind zeitlich festzulegen, damit unter Umständen noch eine Berücksichtigung der mit einem beschädigten Flügel gemessenen Geschwindigkeiten möglich ist.

Während der Flügelmessung ist der Hilfspegel in derartig kurzen Zeitabschnitten abzulesen, daß der Gang von Wasserstandsschwankungen genügend genau festgelegt ist. Auch der Gebietspegel soll womöglich mehrere Male während der Messung abgelesen werden. Überdies sind die Witterungs- und Windverhältnisse, die Art der Eisführung sowie alle bemerkenswerten Ereignisse zu beobachten und zu verzeichnen.

Genauigkeit der Mengenmessungen mit Hilfe des hydrometrischen Flügels. Der hydrometrische Flügel wird gegenwärtig in der Hydrometrie infolge seiner Anpassungsfähigkeit an die verschiedensten Bedingungen in der Meßpraxis und wegen seines hohen Gütegrades an erster Stelle verwendet.

Der Gütegrad ist wie bei allen Meßverfahren nicht nur von der Genauigkeit des Meßgerätes, sondern auch von der Größe jener unvermeidlichen systematischen Fehler abhängig, die durch die Wahl der Meßstelle, die Art der Durchführung der Messung und deren Auswertung sowie bei der Aufnahme des Meßprofils und bei der Zeitmessung entstehen.[1]

Unter Bedachtnahme auf die oben gegebenen Anleitungen und Vorschriften über Auswahl und Ausgestaltung des Meßprofiles, Behandlung und Handhabung der in jedem Sonderfalle auszuwählenden Ausbildungsform des Meßgerätes sowie sachgemäße Ausführung der rechnerischen oder graphischen Auswerteverfahren beträgt unter den günstigsten Vorbedingungen nach dem gegenwärtigen Stande der Flügel-Meßtechnik die mittlere Abweichung des Punktmeßverfahrens — 0,4 v. H. von der Urmessung, wobei mit einer größten Streuung der Meßwerte von ± 1,3 v. H. gerechnet werden muß. Es kann sohin die Unsicherheit einer Einzelmessung gegenüber der Urmessung zwischen + 0,9 v. H. und — 1,7 v. H. betragen.[2]

---

[1] A. STAUSS, Der Genauigkeitsgrad von Flügelmessungen. Berlin 1926.

[2] Bei der Darstellung der Genauigkeit eines Meßergebnisses ist von der *mittleren Abweichung* von der Behältermessung, somit praktisch von dem wahren Werte, ausgegangen worden. Mit Hilfe der größten Streuung gelangt man dann zur *Unsicherheit,* die also die möglichen Extremwerte einer Einzelmessung angibt. Es hängt ganz von der Fragestellung ab, ob der im ungünstigsten Falle zu erwartende größte oder der kleinste Wert eine Bedeutung besitzt.

Den unmittelbaren Beweis für diese Feststellung können nur Vergleiche mit Behältermessungen liefern. Solche Vergleichsmessungen sind nur selten vorgenommen worden, doch bietet die besondere Sorgfalt, mit welcher namentlich die nachfolgend angeführten Untersuchungen ausgeführt worden sind, eine gewisse Gewähr für die Zulässigkeit einer Verallgemeinerung ihrer Ergebnisse. In Abb. 125 sind die Ergebnisse von Vergleichsmessungen dargestellt, die vom Forschungsinstitute für Wasserbau und Wasserkraft am Walchensee im Jahre 1930 mit Flügelkonstruktionen von A. OTT ausgeführt worden sind.[1] Da die Behältermessung als Urmessung fast absolut genaue Werte liefert, stellen die eingezeichneten Abweichungen die absoluten Fehler der Flügelmessungen dar.[2]

Das Integrationsverfahren verlangt eine weit geringere Meß- und Auswertedauer, was namentlich für Hochwassermessungen an breiten und tiefen Strömen von ausschlaggebender Bedeutung ist. Aus diesem Grunde hat dieses Meßverfahren sowohl mit Verwendung von Seilflügeln als auch von Stangenflügeln bereits vielfach Eingang gefunden. Ausgehend von Böhmen, wo die ersten derartigen Messungen von A. R. HARLACHER ausgeführt wurden, wird in Ungarn an der Donau und

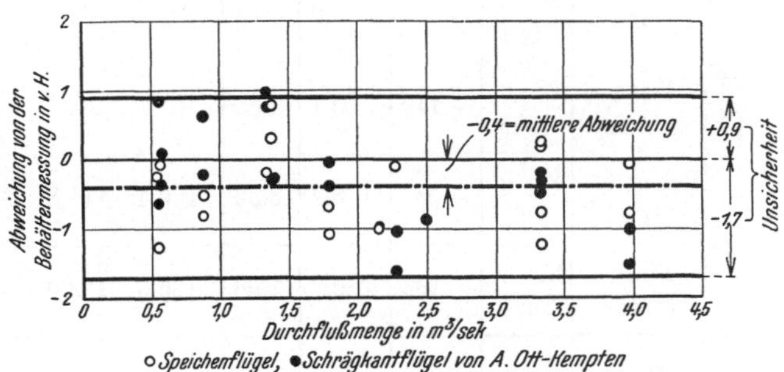

Abb. 125. Vergleich von vollständigen Flügelmessungen mit der Behältermessung als Urmessung.

Theiß, in Argentinien am Paraná und in Deutschland am Rhein nach dem von S. HAJÓS verbesserten Verfahren, der Detailliermethode, gearbeitet.

Berücksichtigt man die gegebenen Vorbehalte über die Verschubgeschwindigkeit,[3] dann läßt sich bei einer mittleren Wassertiefe von mehr als 5 m und lotrechtem Verschube des Flügels unter Verwendung der Detailliermethode eine Meßgenauigkeit erzielen, die, wie Tabelle 3 zeigt, im Mittel wenig von jener der durch Punktmessung erreichbaren abweicht. Sie weist eine größte Streuung von $\pm$ 3,6 v. H. auf und es kann die Unsicherheit der Detailliermethode für eine Einzelmessung allerdings nur auf Grund dieser wenigen Vergleichsmessungen mit + 4,5 v. H. bzw. mit — 5,3 v. H. angegeben werden.

Verwendet man dagegen die einfache Integrationsmessung mit lotrechtem Flügelverschube, dann ist die mittlere Abweichung, wie ebenfalls aus derselben Tabelle zu entnehmen ist, um + 1,0 v. H. größer und es kann die Unsicherheit einer einzelnen Messung bis auf etwa + 6,8 v. H. bzw. — 5,4 v. H. ansteigen.[4]

Beim zickzackförmigen Verschube des Meßflügels, welches Verfahren nur für kleinere Durchflußprofile zu verwenden ist, wird das Ergebnis noch

---

[1] O. KIRSCHMER und B. ESTERER, Die Genauigkeit einiger Wassermeßverfahren. Z. d. Vereines deutscher Ingenieure, Nr. 44, 1930. Es sei auf den dort veröffentlichten besonders ausführlichen Literaturnachweis über Hydrometrie aufmerksam gemacht.

[2] Siehe S. 52.

[3] Siehe S. 101.

[4] Die Werte in Tabelle 3 sind einem Berichte der Sektion für Wasserbau und Wasserwirtschaft des königlichen ungarischen Ackerbauministeriums entnommen.

Tabelle 3. Ergebnisse verschiedener Flügelmeßverfahren.

Fluß	Ort	Zeit	Wasserstand cm	Änderung des Wasserstandes cm	Mittlere Tiefe m	Durchflußmenge in m³/sek bestimmt nach			Abweichung v. H.		Mittelwert der Abweichungen v. H.	Größte Streuung v. H.
						Punktmeßverfahren Q_P	Detailliermethode Q_D	Integrationsmeßverf. Q_I	Q_D von Q_P	Q_I von Q_D		
Donau	Nagy-maros	29. 5. 1931	+ 310	+ 0,2	5,33	2966	3075	—	+ 3,7			
Theiß	Szolnok	22. 6. 1931	+ 8	— 0,7	4,30	259,2	250,2	—	— 3,5			
	„	26. 6. 1931	— 23	0,0	3.98	229	231	—	+ 1,1			
	Tisza-vezseny	28. 8. 1922	— 140	— 0,1	1,82	151,1	154,1	—	+ 2.2		+ 0,1	± 3,6
	Dinnyés-hát	24. 9. 1921	— 96	+ 0,2	3,36	120,4	118,8	—	— 1,3			
	Tisza-eszlár	25. 7. 1921	— 104	— 0,2	1,68	135,5	133,0	—	— 1,8			
Donau	Paks	6. 6. 1932	+ 356	— 1,6	6,74	—	3688	3724		+ 1,0		
	„	5. 6. 1932	+ 378	— 1,0	6,93	—	3883	3918		+ 1,0		
	Buda-pest	8. 3. 1932	+ 51	0,0	4,62	—	992	1011		+ 1,9		
	„	22. 3. 1932	+ 131	+ 0,2	5,36	—	1558	1571		+ 1,0	+ 1,0	± 1,2
	„	16. 5. 1932	+ 271	— 0,4	6,76	—	2358	2410		+ 2,2		
Theiß	Szeged	15. 4. 1932	+ 923	0,0	8,92	—	3994	3982		— 0,2		
	„	19. 4. 1932	+ 901	0,0	8,80	—	4119	4133		+ 0,3		

ungenauer. Einige Vergleichsmessungen an kleineren Wasserläufen haben gezeigt, daß die mittlere Abweichung gegenüber vollständigen Flügelmessungen etwa 3,5 v. H. beträgt. Bedenkt man, daß dieses Meßverfahren rasch, mit einem leicht mitführbaren Meßgerät und ohne besondere Vorbereitungen durchgeführt werden kann, so kann man es in Fällen, wo nur eine geringe Genauigkeit erforderlich ist, für Mengenerhebungen mit Vorteil verwenden.

Zusätzliche Aufnahmen und Berechnungen bei Wassermengenerhebungen. Hierher gehören die Messung des Wasserspiegelgefälles, die Ermittlung des mittleren Meßwasserstandes, die Aufnahme der Geschiebe- und Schwebestoffführung sowie die geodätische Aufnahme der Meßstelle.

Ermittlung des Wasserspiegelgefälles. Für die unmittelbare Mengenerhebung ist die Aufnahme des Wasserspiegelgefälles bedeutungslos. Die vergleichsweise Verwertung von Mengenmessungen für praktische, aber vor allem für wissenschaftliche Zwecke verlangt jedoch die Kenntnis der Gefällswerte.

Die Wasserspiegelfläche ist keine Ebene, sondern eine Fläche verschiedenartigster Form. Um eine im praktischen Sinne genügend genaue Festlegung derselben zu erreichen, wird das Längenprofil des Wasserspiegels je nach dem geforderten Genauigkeitsgrad nur am linken Ufer, am rechten Ufer, bzw. im Stromstriche oder an mehreren der bezeichneten Stellen zugleich ermittelt. Hierbei kann die Aufnahme jedes dieser Längenprofile durch ein derartig dichtes Nivellement von Wasserspiegelpunkten erfolgen, daß sich die Wasserspiegellinie als stetiger Linienzug darstellen läßt oder es kann schließlich bis zur Aufnahme von zwei Wasserspiegelpunkten herabgegangen werden, deren Verbindung nur eine rohe Annäherung an die wirkliche Form des Längenprofiles ergibt.

Das in Abb. 126 dargestellte Wasserspiegel-Längenprofil sei durch Mittelwertsbildung aus den drei Längenprofilen am linken und rechten Ufer sowie dem Stromstrich gewonnen worden. Dann ist

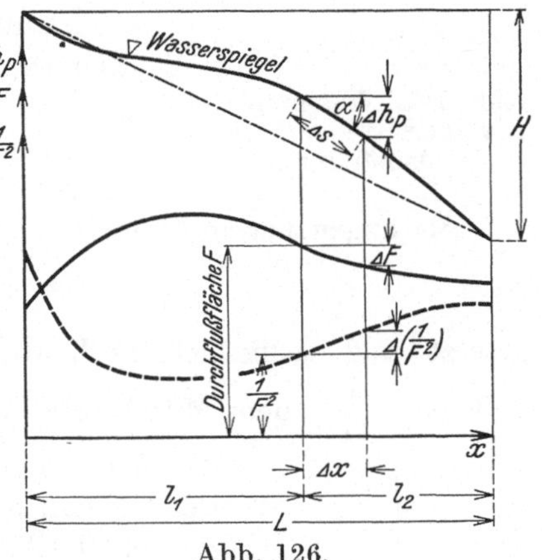

Abb. 126.

$$J_w = \frac{\text{absolutes Gefälle}}{\text{Länge des Stromfadens}} = \frac{\Delta h_P}{\Delta s} = \sin \alpha \qquad (27)$$

als praktisch genauest erfaßbarer Wert des relativen Wasserspiegelgefälles im Meßprofile anzusehen.[1]

In den meisten Fällen wird man sich für die Berechnung von $\sin \alpha$ mit der Mittelwertsbildung aus den Aufnahmewerten für das linke und rechte Ufer begnügen müssen, wenn nicht überhaupt nur das Meßergebnis für eine Seite des Wasseranschlages vorliegt.

Bezeichnet man mit J_w das relative Wasserspiegelgefälle, mit J_r das relative Reibungsgefälle und mit J_b das relative Trägheitsgefälle, dann gilt für eine stationäre Wasserbewegung genau genug

$$J_w = J_r + J_b \qquad (28)$$

---

[1] Die ziffernmäßige Angabe des relativen Wasserspiegelgefälles erfolgt entweder als unbenannte Verhältniszahl $\dfrac{\Delta h_P}{\Delta s}$ oder derart, daß man für eine Länge $\Delta s = 1000$ m den Unterschied der Wasserspiegelhöhen Δh_P in m angibt, also das Gefälle in v. T. ausdrückt. Ist beispielsweise $\dfrac{\Delta h_P}{\Delta s} = 0{,}0035$, so entspricht dies einem relativen Gefälle von 3,5 v. T.

Abfluß.

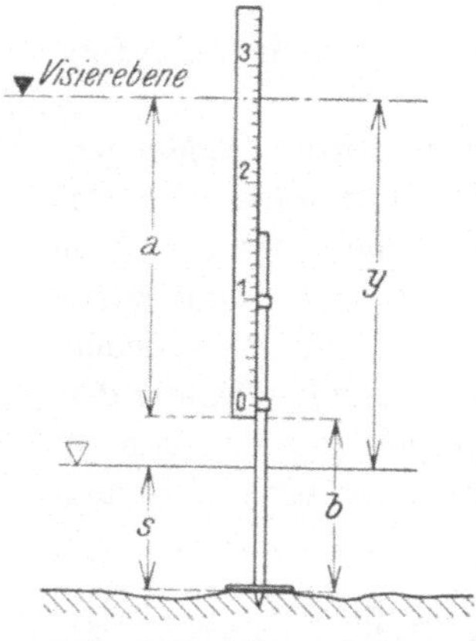

Abb. 127. Wasserspiegel-Nivellierlatte mit fester Aufstellung.

und da

$$J_b = \frac{\varDelta \left(\dfrac{u_m{}^2}{2\,g}\right)}{\varDelta\,s} = \frac{\varDelta \left(\dfrac{Q}{F}\right)^2}{2\,g\,\varDelta\,s} = \frac{Q^2}{2\,g} \cdot \frac{\varDelta \left(\dfrac{1}{F^2}\right)}{\varDelta\,s}, \qquad (29)$$

folgt

$$J_r = \frac{\varDelta\,h_P}{\varDelta\,s} - \frac{Q^2}{2\,g} \cdot \frac{\varDelta \left(\dfrac{1}{F^2}\right)}{\varDelta\,s}. \qquad (30)$$

Es läßt sich demnach J_r aus den Aufnahmeergebnissen berechnen, zu denen neben der Wasserspiegelaufnahme noch die Peilung von Querprofilen ober- und unterhalb des Meßprofiles gehören. Erst die Kenntnis von J_r gibt die Möglichkeit, die Ergebnisse von Geschwindigkeitsmessungen in verschiedenen Meßprofilen untereinander vergleichen zu können.[1]

Bei angenäherten Untersuchungen kann

$$J_r = J_w = \operatorname{tg} \alpha = \frac{\varDelta\,h_P}{\varDelta\,x} \qquad (31)$$

gesetzt und schließlich noch die weitere Annäherung zugelassen werden, daß man $\dfrac{\varDelta\,h_P}{\varDelta\,x}$ dem Mittelwerte $\dfrac{H}{L}$ auf eine größere Flußlänge L gleichsetzt.[2]

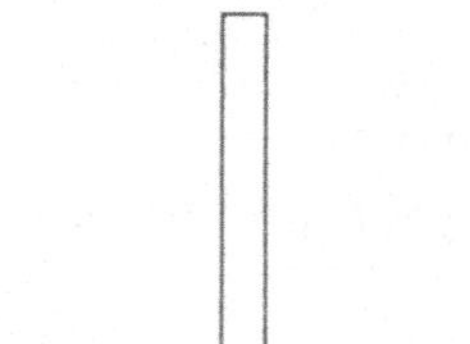

Zur Durchführung des Wasserspiegelnivellements verwendet man entweder Wasserspiegelpflöcke oder Wasserspiegel-Nivellierlatten verschiedenster Ausführung.

Die Wasserspiegelpflöcke werden längs des linken oder rechten Ufers im Bereiche des Wasseranschlages geschlagen und ihre Köpfe einnivelliert. Die Festlegung der Höhenlage des Wasserspiegels erfolgt dann in einem Zuge durch Abstichmaße. Die Einmeßdauer muß derart kurz gewählt werden, daß die Wasserspiegelschwankungen innerhalb dieses Zeitabschnittes vernachlässigbar sind.

Die Wasserspiegel-Nivellierlatten sind entweder solche mit fester oder mit schwimmender Aufstellung.

Bei den Ausführungen mit fester Aufstellung (Abb. 127) ist die eigentliche Nivellierlatte auf einer geteilten Stange verschiebbar. Aus der Lattenablesung a, der Ablesung der Wassertiefe s an der Stange und dem Nullpunktsabstande der Latte und Stange b ergibt sich die Lage des Wasserspiegels zum Ablesehorizont mit $y = a + b - s$.

Sind die Höhenunterschiede der Wasserstände sehr gering, dann muß wegen der immer vorhandenen periodischen kleinen Wasserspiegelschwankungen zur Erhöhung der Genauigkeit

Abb. 128. Hydrometrische Nivellierlatte in Verbindung mit einer gewöhnlichen Nivellierlatte.

---

[1] F. Schaffernak, Die Ermittlung der Wasserspiegellage offener Gerinne. Österr. Wochenschrift f. d. öffentl. Baudienst, H. 37, 1916.

[2] Nach R. Siedek ist es richtiger, $L = l_1 + l_2$ zu setzen, wobei man $l_1 = 2\,B$, $l_2 = B$ oder $l_1 = l_2 = B$ wählt, wenn B die Wasserspiegelbreite ist.

eine Vorrichtung verwendet werden, wie etwa die oben beschriebene hydrometrische Nivellierlatte.[1] Man verbindet dann die gewöhnliche Nivellierlatte mit einer hydrometrischen Nivellierlatte und stellt das gesamte Meßgerät so tief, daß das Beruhigungsgefäß vom Wasser benetzt wird (Abb. 128).[2]

Liegen die Wasserspiegelpunkte in nicht zu großem Abstand, so kann es sich unter Umständen empfehlen, das Nivellement mittels einer Schlauchwaage auszuführen.[3] Sie besteht aus zwei schweren, unten offenen Tauchglocken, die an den Meßstellen auf die Flußsohle versenkt werden. Von diesen Tauchglocken führen metallarmierte Gummischläuche zu den in einer Beobachtungsröhre vereinigten Standrohren. Die Beobachtungs-Wasserspiegel werden mit einer Luftpumpe bis in Augenhöhe gehoben und der Höhenunterschied der beiden Wassersäulen gibt das absolute Gefälle an. Das Meßgerät eignet sich zur Bestimmung von Höhenunterschieden bis zu etwa 50 cm bei einer Entfernung der Meßstellen bis etwa 50 m.

Bei der schwimmenden Aufstellung wird die Nivellierlatte entweder durch ein Boot oder einen eigenen Schwimmkörper an die Meßstellen gebracht.

Die Flußgrundaufnahme mit dem Sondiertachygraphen liefert in jedem Aufnahmepunkt auch die Höhenlage des Wasserspiegels und damit das Nivellement der gesamten Wasserspiegelfläche. Aufnahmen dieser Art sind allerdings langwierig, geben aber anderseits als Flächennivellement den besten Einblick in die Gefällsverteilung der Wasserspiegelfläche.

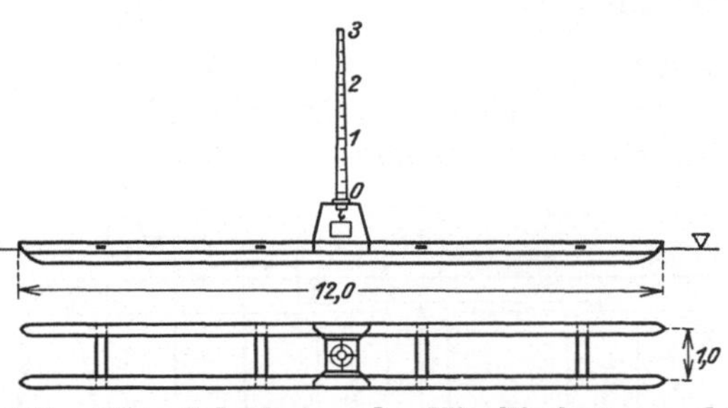

Abb. 129. Schwimmende Nivellierlatte nach KREUZER.

Ein anderes Verfahren, das an der bayrischen Donau versucht worden ist, bezweckt die Wasserspiegelaufnahme im Stromstriche, also die Festlegung des Wasserspiegel-Längenprofiles längs des Talweges.[4] Man verwendet hierzu eine Art Floß, welches aus zwei 12 m langen, starr miteinander verbundenen Balken besteht (Abb. 129). In der Mitte der Balken ist ein Eisengestänge aufgesetzt, das eine Nivellierlatte in kardanischer Aufhängung trägt. Diese Latte ist nach oben kegelförmig zugearbeitet, um eine nach allen Seiten sichtbare Teilung aufnehmen zu können, und wird durch ein schweres Gegengewicht an ihrem unteren Ende in lotrechter Lage erhalten. Das Nivellement erfolgt vom Ufer aus, wenn die Latte bestimmte, vorher abgesteckte Querprofile durcheilt. Die Spiegellage hat sich auf einige Millimeter genau angeben lassen.

Berechnung des mittleren Meßwasserstandes. Der Ausarbeitung der Messung ist die Berechnung des mittleren Meßwasserstandes anzuschließen, wenn der Wasserspiegel während der Messung größeren Schwankungen unterworfen war.

---

[1] Siehe S. 30.

[2] F. SCHAFFERNAK, Die Ermittlung der Wasserspiegellage offener Gerinne. Österr. Wochenschrift f. d. öffentl. Baudienst, H. 37, 1916.

[3] Ausführung von A. AMSLER-Schaffhausen.

[4] KREUZER, Etwas über Wasserspiegelfixierungen. Wasserkraft und Wasserwirtschaft-München, H. 6, 1924.

Hat die Wasserstandsschwankung während der Flügelmessung nicht mehr als 5 cm betragen, dann ist das Mittel aus der höchsten und tiefsten Lage als jener Meßwasserstand anzusehen, dem die erhobene Durchflußmenge zuzuordnen ist.

Bei Schwankungen über 5 cm muß man mit Hilfe besonderer numerischer oder graphischer Verfahren die Teilwassermengen aus den unmittelbaren Messungen in den Lotrechten bei den verschiedenen Wasserspiegelhöhen auf jene gleicher Wasserspiegelhöhe umrechnen.

Nach den älteren Verfahren bestimmt man diese ausgeglichene Wasserspiegelhöhe $h_{P,\,m}$, indem man die in den einzelnen Meßlotrechten $I, II, \ldots$ tatsächlich erhobenen Teilwassermengen $q_I, q_{II}, \ldots$ als Gewichte für die zugehörigen, während der Messung aufgenommenen Wasserstände $h_{P,\,I}, h_{P,\,II} \ldots$ einführt und hiernach

$$h_{P,\,m} = \frac{q_I h_{P,\,I} + q_{II} h_{P,\,II} + \cdots}{q_I + q_{II} + \cdots} = \frac{\Sigma\, q\, h_P}{Q} \tag{32}$$

setzt.[1]

Hierauf sind die erhobenen mittleren Geschwindigkeiten $u_{m,\,I}, u_{m,\,II}, \ldots$ in den einzelnen Meßlotrechten auf die dem ausgeglichenen Wasserstand $h_{P,\,m}$ entsprechenden mittleren Geschwindigkeiten $u_{m,\,I}{}', u_{m,\,II}{}', \ldots$ mit Verwendung der Gleichung

$$\frac{u_m}{u_m{}'} = \left(\frac{h}{h'}\right)^n \tag{33}$$

umzurechnen. h und h' bedeuten hierin die Wassertiefen an den Meßlotrechten in bezug auf den erhobenen und den errechneten Meßwasserstand $h_{P,\,m}$ und n einen Erfahrungswert, der sich aus mehreren Geschwindigkeitsmessungen bei verschiedenen Wasserständen im betrachteten Meßprofile ergibt.

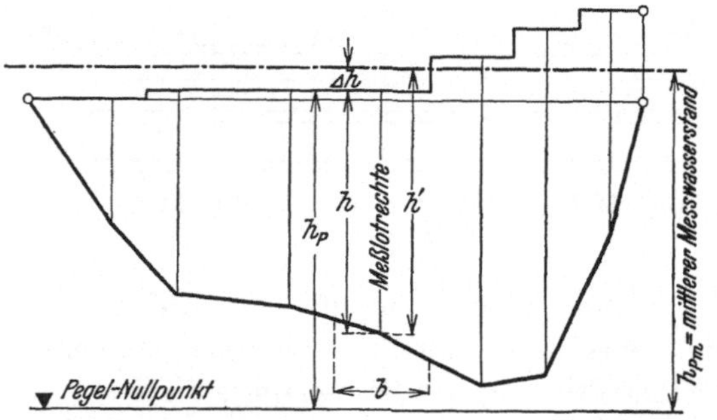

Abb. 130. Bestimmung des mittleren Meßwasserstandes.

Dieses Verfahren, das bei der Umrechnung auf den ausgeglichenen Wasserspiegel eine Durchflußmenge liefert, die mit der erhobenen Menge nicht übereinstimmt, entbehrt demnach eigentlich einer Begründung. Man könnte ebenso gut nach jeder beliebig gezogenen Ausgleichslinie eine zugehörige gesamte Durchflußmenge errechnen und es läßt sich nicht voraussagen, daß gerade dieser Umrechnung auf den oben ermittelten Wasserstand $h_{P,\,m}$ ein Vorzug gebührt.

Es erscheint richtiger, zu der erhobenen Durchflußmenge die zugehörige ausgeglichene Wasserspiegellage so zu ermitteln, daß die Summe der auf diesen ausgeglichenen Wasserstand umgerechneten Teilwassermengen gleich der Summe der gemessenen Teilwassermengen ist. Man bezeichnet diesen Wasserstand als mittleren Meßwasserstand.[2]

Es ist eine Voraussetzung der Anwendbarkeit aller Berechnungsverfahren, daß die Wasserstandsschwankung während der Messung in verhältnismäßig engen

---

[1] A. R. HARLACHER, Die Messungen in der Elbe und Donau und die hydrometrischen Apparate und Methoden des Verfassers. Leipzig 1881.

[2] F. VÖGERL, Wassermessung bei veränderlichem Pegelstande. Die Wasserwirtschaft, Wien, Nr. 25, 1929.

Grenzen vor sich gegangen ist. Bezeichnet man die Meßergebnisse bei veränderlichem Wasserstand gemäß Abb. 130, also die mittlere Geschwindigkeit in einer Meßlotrechten mit u_m, die der Lotrechten zugewiesene Lamellenbreite mit b, die zugehörige Wassertiefe mit h und die Teilwassermenge mit $q = u_m\, b\, h$ und nach der Umrechnung auf den mittleren Meßwasserstand $h_{P,\,m}$ mit u_m', b, h' und $q' = u_m'\, b\, h'$ und benützt man die Beziehung in Gl. (33), so folgt

$$\frac{q}{q'} = \frac{u_m\, h}{u_m'\, h'} = \left(\frac{h}{h'}\right)^{1+n}.$$

Setzt man

$$q' - q = \varDelta\, q \quad\text{und}\quad h' - h = \varDelta\, h,$$

dann geht diese Gleichung über in

$$1 + \frac{\varDelta\, q}{q} = \left(1 + \frac{\varDelta\, h}{h}\right)^{1+n}$$

oder bei Reihenentwicklung mit Vernachlässigung der Glieder höherer Ordnung in

$$\frac{\varDelta\, q}{q} = (1 + n)\, \frac{\varDelta\, h}{h}. \tag{34}$$

Da der Voraussetzung gemäß bei der Messung sowie nach der Einschaltung des ausgeglichenen Wasserstandes das Querprofil die gleiche Durchflußmenge fassen soll, so ist

$$\varSigma\, q = \varSigma\, q'$$

oder

$$\varSigma\,(q' - q) = \varSigma\,(\varDelta\, q) = 0$$

und mithin

$$\varSigma\left[q\,(1 + n)\frac{\varDelta\, h}{h}\right] = (1 + n)\,\varSigma\left(q\,\frac{\varDelta\, h}{h}\right) = 0$$

und daher

$$\varSigma\left(q\,\frac{\varDelta\, h}{h}\right) = 0.$$

Bezeichnet man die den einzelnen Meßlotrechten zugehörigen Wasserstände mit h_P, dann muß für jede Lotrechte

$$\varDelta\, h = h' - h = h_{P,\,m} - h_P$$

gelten. Dies in obige Gleichung eingesetzt, liefert

$$\varSigma\left(q\,\frac{h_{P,\,m} - h_P}{h}\right) = 0$$

und weiter, weil $\dfrac{q}{b} = u_m\, h$,

$$\varSigma\, b\, u_m\,(h_{P,\,m} - h_P) = 0$$

oder

$$h_{P,\,m}\,\varSigma\,(b\, u_m) - \varSigma\,(b\, u_m\, h_P) = 0.$$

Hieraus folgt schließlich

$$h_{P,\,m} = \frac{\varSigma\,(b\, u_m\, h_P)}{\varSigma\,(b\, u_m)}. \tag{35}$$

Der mittlere Meßwasserstand ergibt sich sonach als gewogenes Mittel aus den Wasserständen in den einzelnen Meßlotrechten, wobei als Gewichte die Produkte

$b\,u_m$ einzuführen sind, die man aus den gemessenen Teilwassermengen q mittels Division durch die Wassertiefe h erhält. Es läßt sich zeigen, daß der Fehler, der in diesem Verfahren durch die Vernachlässigung in der Reihenentwicklung bei der Berechnung von $h_{P,m}$ entsteht, selbst bei einer Wasserstandsschwankung von etwa zwei Zehntel der mittleren Querprofiltiefe noch nicht 1,0 v. H. ausmacht.

Geodätische Aufnahme der Meßstelle. Neben der bereits besprochenen Aufnahme der Längenprofile und Querprofile im Bereiche der Meßstelle, welche mit großer Genauigkeit und Sorgfalt durchzuführen ist, soll auch ein Lageplan der Meßstelle angefertigt werden.

Im Längenprofil sind einzutragen: Die zur Festlegung des Gefälles benützten Fixpunkte und Pegel nach Höhe und Lage, die Flußsohle im Stromstriche und die bei charakteristischen Wasserständen aufgenommenen Wasserspiegellagen.

Im Lageplan sind einzutragen: Die Lage des Meßprofiles, die Uferlinien, die Wasseranschlagslinien für die im Längenprofil eingezeichneten charakteristischen Wasserstände, die Stromstrichlinien, die notwendigen Visierpunkte und Pegel und die Darstellung der Flußsohle in Linien gleicher Wassertiefe.

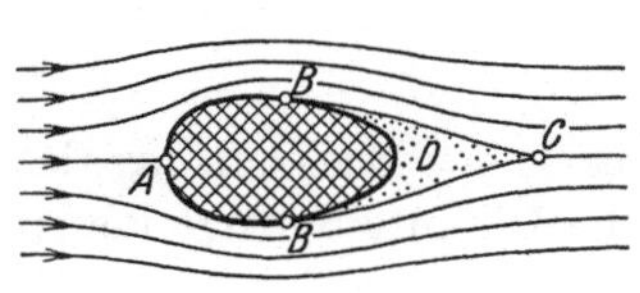

Abb. 131. Strömung um einen Körper.

A Staupunkt, B Ablösepunkte, D Wirbelraum.

4. Mengenmessung mit Hilfe des Staurohres.

Das Meßverfahren beruht auf dem Gedanken, die Geschwindigkeit des strömenden Wassers aus dem im Staurohre gemessenen hydrodynamischen Druck, dem Staudruck, zu berechnen.

Das Staurohr in seiner ursprünglichen Form, nach seinem Erfinder PITOTsche Röhre benannt, ist ein hakenförmiges Rohr, dessen Mündung der Strömungsrichtung entgegengestellt wird.[1] Dieses Meßgerät hat sowohl in der Kopfform wie auch in den zusätzlichen Ablesegeräten zur Druckmessung mancherlei Verbesserungen erfahren.

Grundlagen des Meßverfahrens und Eichung des Staurohres. Jeder in eine Flüssigkeitsströmung eingebrachte Körper hindert den Strömungsvorgang und stört damit die ursprüngliche Lage der Stromfäden (Abb. 131). Diese stauen sich bei A vor dem Hindernis, teilen sich und umfließen dasselbe. Ein Anschmiegen der Stromfäden wird je nach der Form des Hindernisses zur Gänze erfolgen — stromlinienförmiger Körper — oder es wird ein Ablösen bei B stattfinden, so daß der Zusammenschluß der Randstromfäden erst bei C nach Umfließen eines Wirbelraumes D eintreten kann.

Im Staubereiche nimmt die Geschwindigkeit der Wasserfäden ab und im Staupunkte A selbst kommt die Wasserbewegung vollständig zur Ruhe. Mit Verwendung des Gesetzes von D. BERNOULLI, das die Drücke längs eines Stromfadens beschreibt, läßt sich der Druck p im Staupunkte A rechnerisch ermitteln, wenn vorläufig an Stelle der tatsächlich vorhandenen turbulenten Strömung eine reibungsfreie Ersatzströmung gedacht wird.

Ist u die Geschwindigkeit und p_0 der statische Druck des Stromfadens im

---

[1] H. PITOT, Déscription d'une machine pour mésurer la vitesse des eaux courantes. Mémoires de l'academie roy. des sciences, 1732.

ungestörten Bereiche, p jener im Staupunkte und γ das spezifische Gewicht des Wassers, dann gilt, weil im Staupunkte die Geschwindigkeit auf Null sinkt,

$$\frac{p_0}{\gamma} + \frac{u^2}{2\,g} = \frac{p}{\gamma} + 0; \tag{36}$$

es ist also der Druckanstieg in Wassersäulenhöhe gemessen

$$\frac{p - p_0}{\gamma} = \frac{u^2}{2\,g}. \tag{37}$$

Der Druckunterschied $p - p_0 = \gamma\,\dfrac{u^2}{2\,g}$ führt den Namen Staudruck, Geschwindigkeitsdruck oder auch dynamischer Druck, der Druck p_0 heißt statischer Druck und mit p bezeichnet man den Gesamtdruck.[1]

Besitzt der in die Strömungsrichtung eingebrachte Körper eine Anbohrung, dann pflanzt sich der Druck p in das Innere des Staurohres fort

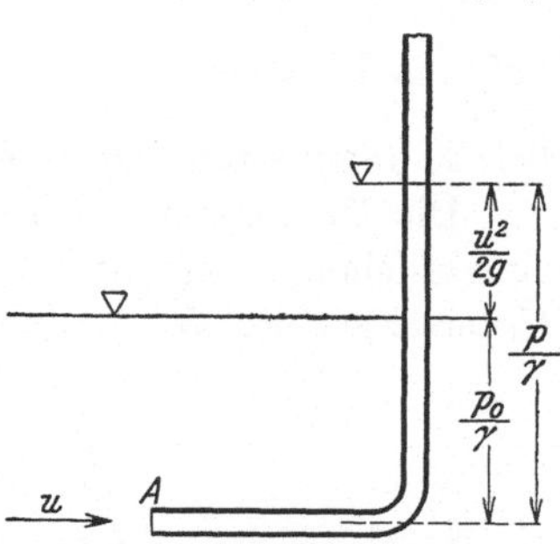

Abb. 132. Schema eines einfachen Staurohres.

A Staupunkt.

und kann zwecks Messung zu einem Ablesegerät weitergeleitet werden (Abb. 132).

Um die Geschwindigkeit aus $p - p_0 = \gamma\,\dfrac{u^2}{2\,g}$ ermitteln zu können, bedarf es neben der Bestimmung von p noch der von p_0. Die letztere kann mit Schwierigkeiten verbunden sein, weil die Einbringung eines hierzu tauglichen Meßgerätes,

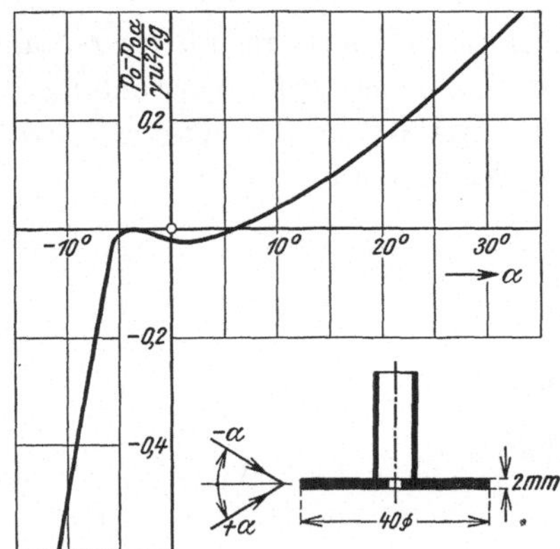

Abb. 133. Drucksonde in Scheibenform nach Ser. Fehlangabe $\dfrac{p_0 - p_{0,\,a}}{\gamma\,u^2/2\,g}$ bei Schräganströmung unter dem Winkel α.

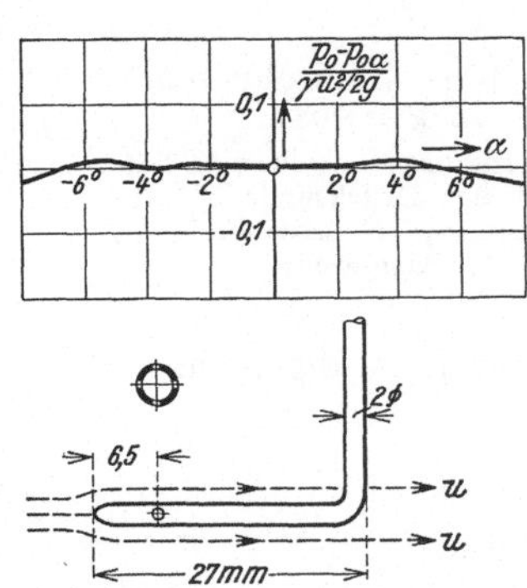

Abb. 134. Drucksonde in Rohrform. Fehlangabe $\dfrac{p_0 - p_{0,\,a}}{\gamma\,u^2/2\,g}$ bei Schräganströmung unter dem Winkel α.

der *Drucksonde,* die Wasserbewegung an der Stelle stört, an der der statische Druck gemessen werden soll. Die statische Drucksonde ist daher so zu formen, daß die Störungen des Druckfeldes möglichst klein gehalten werden und daß sie nicht etwa in den durch das Staurohr erheblich gestörten Bereich zu liegen kommt. Weiters muß beachtet werden, daß die Öffnungsfläche der Anbohrung der Drucksonde genau in die ungestörte Strömungsrichtung zu liegen

---

[1] L. Prandtl, Abriß der Strömungslehre. Braunschweig 1931.

kommt. Überdies ist auf eine gratfreie Ausführung der Mündung der Anbohrung die größte Sorgfalt zu verwenden.

Die Drucksonden bildet man in Scheibenform (Abb. 133) oder in Rohrform (Abb. 134) aus. Jede der beiden Formen soll wieder so hergestellt werden, daß die in Teilen des Staudruckes $\gamma \dfrac{u^2}{2\,g}$ ausgedrückte Fehlangabe $\dfrac{p_0 - p_{0,\,a}}{\gamma \dfrac{u^2}{2\,g}}$ bei Schräganströmung unter dem Winkel a möglichst gering wird.[1]

Die Drucksonde wird gewöhnlich mit dem eigentlichen Staurohr zu einem einheitlichen Meßgerät verbunden, an dem der Druckunterschied $p - p_0$ als Unterschied der Wasserspiegellagen in den zum Staupunkt und zur Anbohrung der Drucksonde führenden Rohren abgelesen wird. Man macht dabei auch von der von H. DARCY angegebenen Abänderung des PITOT-Rohres Gebrauch, indem man die Ableserohre R hoch über den Wasserspiegel des Gerinnes führt und darin die Wassersäulen emporsaugt (Abb. 135). Schließt man den Ansaugestutzen durch den Hahn H, dann bleiben die Ablesespiegel in bequemer Höhe dauernd erhalten und der Spiegelunterschied Δh zeigt

$$\Delta h = \frac{p - p_0}{\gamma} = \frac{u^2}{2\,g}. \tag{38}$$

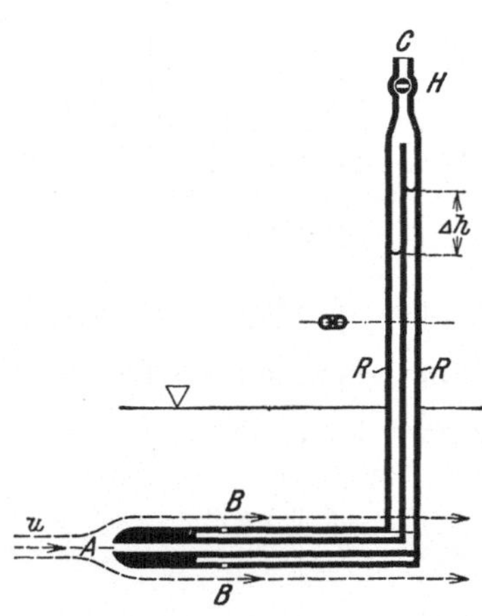

Abb. 135. Staurohr nach L. PRANDTL.

A Öffnung des Staurohres, B Öffnungen der Drucksonde, C Ansaugestutzen, H Abschlußhahn, R Ableserohre.

Diese Gleichung gilt strenge nur für reibungsfreies Strömen, weil sie mit Verwendung des Gesetzes von D. BERNOULLI abgeleitet worden ist. Für turbulente Wasserbewegung ist

$$\Delta h \neq \frac{u^2}{2\,g},$$

also hat man allgemein

$$\Delta h = \xi \frac{u^2}{2\,g} \tag{39}$$

und

$$u = \left[\frac{2\,g\,\Delta h}{\xi}\right]^{\frac{1}{2}} \tag{40}$$

zu setzen.

Der Beiwert ξ läßt sich für turbulentes Strömen rechnerisch nicht ermitteln, sondern er wird im Wege der Eichung ähnlich wie beim hydrometrischen Flügel bestimmt. Sein Größtwert kann sich dem Werte Eins nähern, wenn die Drucksonde tatsächlich den statischen Druck mißt. Da aber bei manchen Formen von Staurohren die Anbohrung der Sonde in das Unterdruckgebiet des gestörten Druckfeldes zu liegen kommt, sind auch ξ-Werte festgestellt worden, die größer als Eins sind.

Die Kenntnis des Einflusses einer Schräganströmung ist beim Staurohr ebenso wie beim hydrometrischen Flügel von Bedeutung, weil auch in diesem Falle die Beurteilung der Güte des Meßgerätes hiervon abhängig ist.

---

[1] H. PETERS, Die Druckmessung, im Handbuch für Experimentalphysik. Leipzig 1931.

Die Berücksichtigung der Schräganströmung läßt sich beim Staurohr in zweierlei Weise durchführen.

a) Durch Staurohrformen, welche die Wirkung einer Schräglage α der Fließrichtung zur Achse des Staurohres, also zur Senkrechten der Durchflußfläche, derart in der Ablesung des Druckunter-

schiedes $\Delta h = \dfrac{p - p_0}{\gamma}$ anzeigen, daß $\Delta h = \xi \dfrac{u^2}{2\,g} \cos^2 \alpha$ ist. Das Meßgerät gibt also unmittelbar die Geschwindigkeitskomponente senkrecht zur Durchflußfläche an.

b) Durch Staurohrformen, mit deren Hilfe man imstande ist, nicht nur die Größe der Geschwindigkeit, sondern auch die Richtung des Stromfadens, also den Geschwindigkeitsvektor, zu bestimmen. In diesem Falle ist die senkrechte Komponente zur Durchflußfläche rechnerisch zu ermitteln.

Die Staurohrformen der ersten Gruppe lassen eine ebenso einfache Bestimmung der Durchflußmenge wie mit dem Komponentenflügel zu. Inwieweit jedoch ein Staurohr der Bedingung $\Delta h = \xi \dfrac{u^2}{2\,g} \cos^2 \alpha$

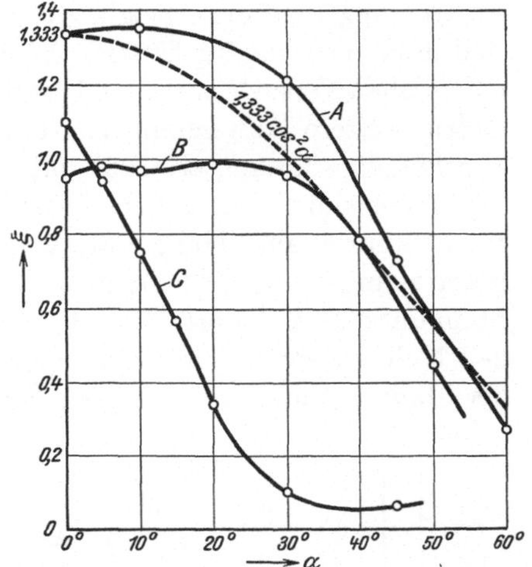

Abb. 136. Beiwerte ξ verschiedener Staurohre in Abhängigkeit vom Anströmwinkel.

A Kugelstaurohr nach Abb. 137,　B Staurohr Bauart H. DARCY (Abb. 138),　C Staurohr Bauart E. BEYERHAUS (Abb. 139).

entspricht, kann nur die Eichung entscheiden. Im allgemeinen zeigen die Eichergebnisse der Staurohre mit Rücksicht auf die Vielfältigkeit der Ausführung sehr große Unterschiede (Abb. 136).[1]

Staurohre, deren Kopf kugelförmig oder scheibenförmig ausgebildet ist, erreichen ξ-Werte, die bis gegen $\xi = 1{,}4$ anwachsen, wobei eine teilweise Annäherung an das Kosinusgesetz, bis etwa $\alpha = 15^0$, festzustellen ist (Abb. 137).

Staurohre mit düsenförmigem Kopf, ähnlich der alten von H. DARCY angegebenen Form, geben bei einer Schräganströmung bis etwa $\alpha = 30^0$ fast gleichbleibende Werte von ξ (Abb. 138). Sie sind also unempfindlich gegen Richtungsänderungen, verlangen demnach keine genaue Senkrechtstellung zum Meßprofil, sind jedoch bei starker Turbulenz nicht zu empfehlen.

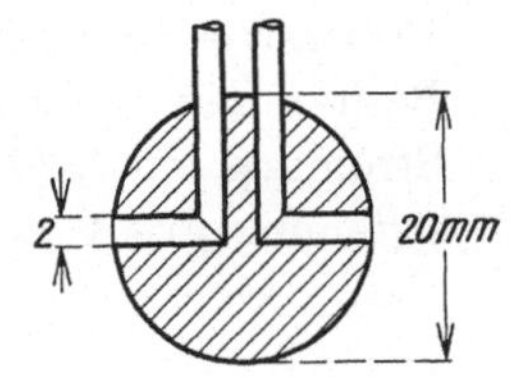

Abb. 137. Kugelförmiges Staurohr.

Staurohre mit Doppelmündung an der Vorderseite des Kopfes sind sehr empfindlich gegen Schräganströmung, genügen nicht dem Kosinusgesetz und sind daher ungeeignet für die Geschwindigkeitsmessung, aber desto zweckmäßiger als Anzeiger für die Strömungsrichtung (Abb. 139).

Für praktische Zwecke der Mengenmessung wird man aus der großen Zahl

---

[1] R. WINKEL, Stauröhren zur Messung des Druckes und der Geschwindigkeit im fließenden Wasser. Z. d. Vereines deutscher Ingenieure, Bd. 67, Nr. 23.

von Ausführungen jene symmetrisch gebauten Staurohre herausgreifen, deren Beiwert ξ möglichst groß ist, sich mit der Fließgeschwindigkeit wenig ändert und für Strömungspendelungen von etwa $\pm 20^0$ dem Kosinusgesetz in guter Annäherung folgt (Abb. 136).

Die zweite Gruppe von Staurohren, welche im besonderen die Messung der Anströmungsrichtung ermöglicht, ist noch in Entwicklung begriffen. Diese Geräte sind in erster Linie für Untersuchungen in wasserbautechnischen und schiffsbautechnischen Versuchsanstalten bestimmt, haben aber Aussicht, auch in der Hydrometrie weitere Anwendung zu finden, wenn die Frage des Ablesegerätes eine zweckmäßige Lösung erfahren hat.

Diese winkelempfindlichen Staurohre stellen eigentlich den allgemeinsten Fall einer Staurohrausbildung dar, weil bei ihnen die Anbohrung für die Druckübertragung zum Ableserohr nicht nur im Staupunkte, also dort, wo die Geschwindigkeit Null ist, sondern an jeder beliebigen Stelle der Staurohrberandung erfolgen kann, natür-

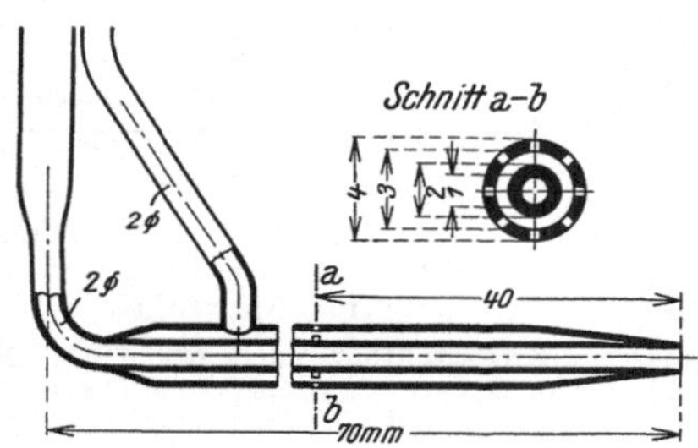

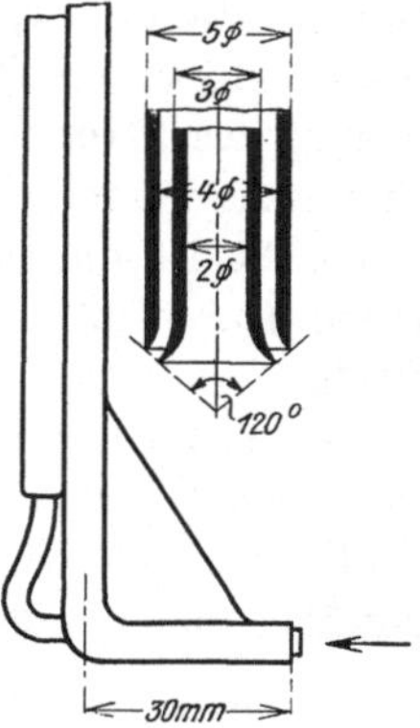

Abb. 138. Düsenförmiges Staurohr nach H. Darcy.

Abb. 139. Staurohr mit Doppelmündung nach E. Beyerhaus.

lich mit Ausnahme jener, an denen sich die Wasserfäden bereits abgelöst haben.

Eine Betrachtung mit Zugrundelegung einer reibungs- und drehungsfreien Ersatzströmung gibt in qualitativer Beziehung Aufschlüsse über die Vorgänge.[1] Besitzt das Staurohr kreiszylindrische Gestalt und taucht es lotrecht in die Strömung ein (Abb. 140), dann ist bei ebener reibungs- und drehungsfreier Umströmung das Geschwindigkeitspotential

$$\Phi = u\,x\left(1 + \frac{r^2}{x^2 + y^2}\right), \tag{41}$$

worin u die gleichförmige Geschwindigkeit des Wassers im ungestörten Bereiche der Flüssigkeitsströmung, also im Unendlichen, bedeutet (Abb. 141).

Die Geschwindigkeitskomponenten werden allgemein zu

$$\left.\begin{aligned}
v_x &= \frac{\partial \Phi}{\partial x} = u\left[1 + \frac{r^2\,(y^2 - x^2)}{(x^2 + y^2)^2}\right] \\
v_y &= \frac{\partial \Phi}{\partial y} = -\frac{2\,u\,r^2\,x\,y}{(x^2 + y^2)^2}.
\end{aligned}\right\} \tag{42}$$

---

[1] F. Gutsche, Das Zylinderstaurohr. Mitteilungen der Preußischen Versuchsanstalt für Wasserbau und Schiffbau in Berlin, 1931.

Für die unendlich nahe Randstromlinie wird bei Einführung von Polarkoordinaten — $x = r \cos \alpha$, $y = r \sin \alpha$, für den Punkt $P\,(x, y)$

$$\left.\begin{aligned} v_x &= 2\,u \sin^2 \alpha \\ v_y &= 2\,u \sin \alpha \cos \alpha \end{aligned}\right\} \qquad (43)$$

Hieraus folgt

$$v = \sqrt{v_x{}^2 + v_y{}^2} = 2\,u \sin \alpha. \qquad (44)$$

Es wird demnach für $\alpha = 0^0$ oder 180^0, $v = 0$, d. h. die Punkte A und B sind Staupunkte. Für $\alpha = \pm\,90^0$ wird $v = 2\,u$.

Aus dem Gesetze von D. BERNOULLI folgt die Gleichheit des Gesamtdruckes im ungestörten und gestörten Bereiche, also

$$\frac{p_0}{\gamma} + \frac{u^2}{2\,g} = \frac{p}{\gamma} + \frac{v^2}{2\,g}.$$

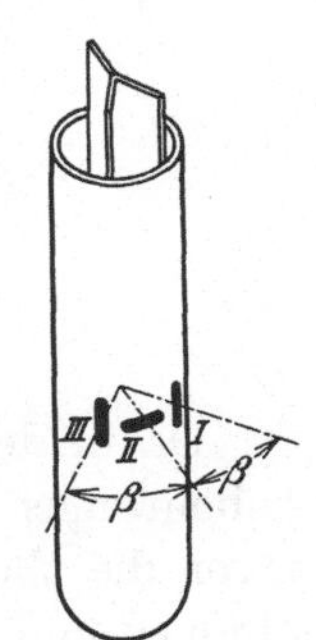

Abb. 140. Anordnung der Meßöffnungen bei einem winkelempfindlichen zylindrischen Staurohr nach F. GUTSCHE.

Der Unterschied des Druckes p im Punkte $P\,(x, y)$ gegenüber dem Druck p_0 im unendlich fernen Punkt oder, was dasselbe ist, gegenüber dem Meßpunkt im ungestörten Zustande beträgt sohin

$$p - p_0 = \gamma\,\frac{u^2 - v^2}{2\,g} = \gamma\,\frac{u^2}{2\,g}\left[1 - \left(\frac{v}{u}\right)^2\right] =$$

$$= (1 - 4 \sin^2 \alpha)\,\gamma\,\frac{u^2}{2\,g} = \xi\,\gamma\,\frac{u^2}{2\,g}. \qquad (45)$$

Diesem Druckanstieg entspricht der Standrohrspiegelunterschied $\Delta h = \dfrac{p - p_0}{\gamma} =$

$$= \xi\,\frac{u^2}{2\,g}.$$

Δh zeigt sich praktisch als Spiegelunterschied in zwei Standrohren, von denen das eine zu dem Punkt $P\,(x, y)$ führt, während das andere, Basisrohr genannt, den Druck p_0 im ungestörten Bereich anzuzeigen hat. Hierzu wird das Basisrohr in Form einer Drucksonde so weit vom Staurohr entfernt eingebaut, daß es von diesem nicht mehr beeinflußt wird.

Erhält das Zylinderstaurohr drei Anbohrungen, I, II und III, die symmetrisch unter dem Winkel β liegen (Abb. 140), dann ergeben sich, wenn p_I, p_{II} und p_{III} die Drücke an diesen Anbohrungen bezeichnen, die folgenden, unmittelbar meßbaren Standrohr-Spiegelunterschiede:

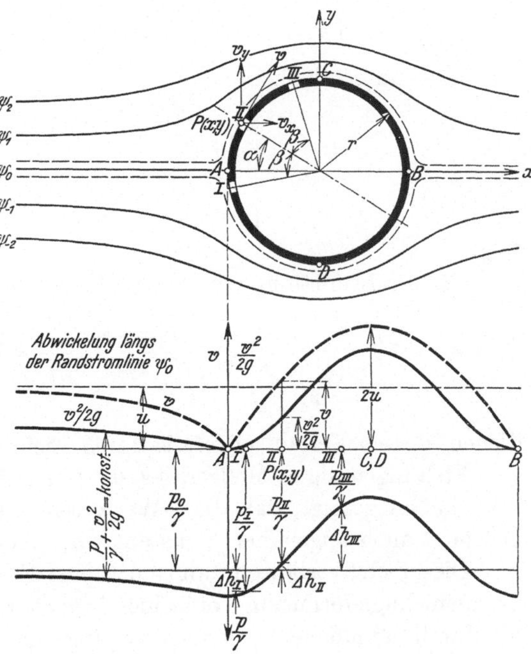

Abb. 141. Potentialströmung um ein zylindrisches Staurohr.

$$\left.\begin{aligned}
\Delta h_{I} &= \frac{p_{I}-p_{0}}{\gamma} = [1 - 4 \sin^2 (\alpha + \beta)]\,\frac{u^2}{2\,g} = \xi_{I}\,\frac{u^2}{2\,g}\\[2mm]
\Delta h_{II} &= \frac{p_{II}-p_{0}}{\gamma} = [1 - 4 \sin^2 \alpha\;]\,\frac{u^2}{2\,g} = \xi_{II}\,\frac{u^2}{2\,g}\\[2mm]
\Delta h_{III} &= \frac{p_{III}-p_{0}}{\gamma} = [1 - 4 \sin^2 (\beta - \alpha)]\,\frac{u^2}{2\,g} = \xi_{III}\,\frac{u^2}{2\,g}
\end{aligned}\right\} \qquad (46)$$

Da in der Natur die turbulente Strömung vorherrscht und außerdem die Anbohrungen *I*, *II* und *III* verhältnismäßig groß sind, so können ebenso wie zuvor die theoretisch ermittelten Werte mit den tatsächlichen nicht übereinstimmen und die Beiwerte ξ_{I}, ξ_{II} und ξ_{III} nur auf Grund von Eichungen bestimmt werden.

Aus den vorstehenden Gleichungen folgt:

$$\left.\begin{aligned}
p_{I} &= p_0 + \xi_{I}\,\gamma\,\frac{u^2}{2\,g} = \gamma\,\Delta\,h_{I} + p_0\\[2mm]
p_{II} &= p_0 + \xi_{II}\,\gamma\,\frac{u^2}{2\,g} = \gamma\,\Delta\,h_{II} + p_0\\[2mm]
p_{III} &= p_0 + \xi_{III}\,\gamma\,\frac{u^2}{2\,g} = \gamma\,\Delta\,h_{III} + p_0
\end{aligned}\right\} \qquad (47)$$

woraus sich für die Bestimmung von u die Gleichungen

$$\frac{1}{\gamma}\left[p_{I} - \frac{p_{II}+p_{III}}{2}\right] = \left[\xi_{I} - \frac{\xi_{II}+\xi_{III}}{2}\right]\frac{u^2}{2\,g} =$$

$$= \Delta\,h_{I} - \frac{\Delta\,h_{II} + \Delta\,h_{III}}{2} = \frac{\Delta\,h_{I} - \Delta\,h_{II}}{2} + \frac{\Delta\,h_{I} - \Delta\,h_{III}}{2}$$

ergeben und schließlich

$$u = \left[\frac{2\,g\left(\dfrac{\Delta\,h_{I} - \Delta\,h_{II}}{2} + \dfrac{\Delta\,h_{I} - \Delta\,h_{III}}{2}\right)}{\xi_{I} - \dfrac{\xi_{II} + \xi_{III}}{2}}\right]^{\frac{1}{2}} \qquad (48)$$

folgt.

Für die Ermittlung von α kann der Ausdruck

$$f(\alpha) = \frac{p_{II} - p_{III}}{p_{I} - \dfrac{p_{II}+p_{III}}{2}} = \frac{\xi_{II} - \xi_{III}}{\xi_{I} - \dfrac{\xi_{II}+\xi_{III}}{2}} = \frac{\Delta\,h_{II} - \Delta\,h_{III}}{\dfrac{\Delta\,h_{I} - \Delta\,h_{II}}{2} + \dfrac{\Delta\,h_{I} - \Delta\,h_{III}}{2}} \qquad (49)$$

dienen, dessen Verlauf ebenfalls durch Eichung festzulegen ist.

Eichungen dieses Meßgerätes, die in stehendem Wasser durchgeführt worden sind, haben gezeigt, daß die ξ-Werte sehr wenig von u abhängig sind, also für gleiche α auch angenähert konstant sind (Abb. 142).

Dieses Meßverfahren kann noch eine Erweiterung dahin erfahren, daß man in einem kugelförmigen Kopf eines Staurohres fünf Anbohrungen anbringt und hierdurch räumliche Strömungsvorgänge messen kann.[1]

---

[1] Vorschläge von Taylor, I. J. Borren, van der Hegge Zijnen und F. Gutsche.

Ablesegeräte für Staurohrmessungen. Eine wichtige Rolle bei den Staurohren spielt das Ablesegerät zur Bestimmung der Druckunterschiede.

Die Zuleitung zum Ablesegerät, die gewöhnlich aus Gummischläuchen besteht, ist verläßlich dicht herzustellen. Man hat sich durch oftmalige Überprüfung zu überzeugen, daß sich in den mit Flüssigkeit gefüllten Rohren keinerlei Luftblasen befinden.

Verwendet man in den Ableserohren als Meßflüssigkeit Wasser, dann ergeben sich mehrfache Schwierigkeiten. Vor allem ist bei Anströmgeschwindigkeiten von $u < 0,2$ m/sek der Spiegelunterschied kleiner als 2 mm, und da infolge der bei der turbulenten Strömung auftretenden Pulsationen die Ablesemenisken erheblich schwanken, so ist der praktische Meßbereich mit ungefähr $u = 0,2$ m/sek begrenzt. Auch die Kapillarwirkung spielt eine Rolle, indem die wechselnde Weite sowie Verunreinigungen des Ableserohres, namentlich durch Fett, zu unrichtigen Ablesungen führen.

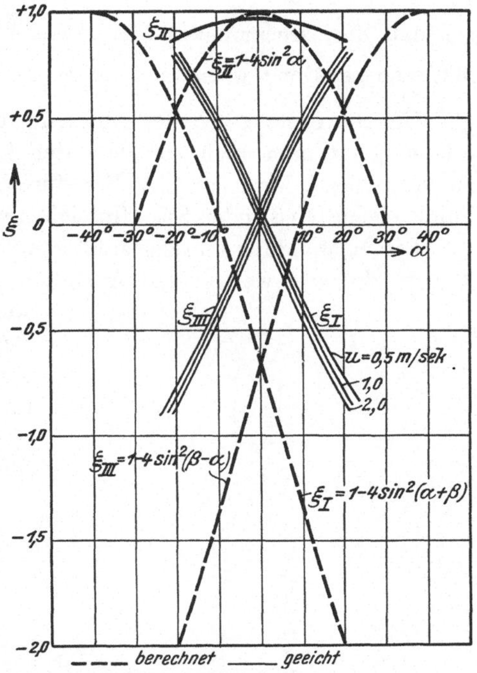

Bei der *Ringwaage* werden diese Schwierigkeiten fast ausgeschaltet (Abb. 143) und man kann mit ihr auch sehr kleine Spiegelunterschiede und damit geringe Druckunterschiede mit großer Genauigkeit messen.[1]

Das kreisförmig gebogene Meßrohr R ist durch eine Scheidewand in zwei Meßkammern K_1 und K_2 geteilt, die durch die Gummischlauchleitungen G_1 und G_2 mit den beiden Druckentnahmestellen in Verbindung stehen. Besteht ein Druckunterschied $p_1 - p_2$, so wird die Kammer, in der die Meßflüssigkeit steigt, schwerer, die andere leichter. Führt man das Ringrohr R als Waagebalken mit der Drehachse M aus, bringt ein Gegengewicht G an und sind die Zuleitungen G_1 und G_2 hinlänglich nachgiebig, dann ist der Ausschlag a, welcher an der festen Skala S abgelesen wird,

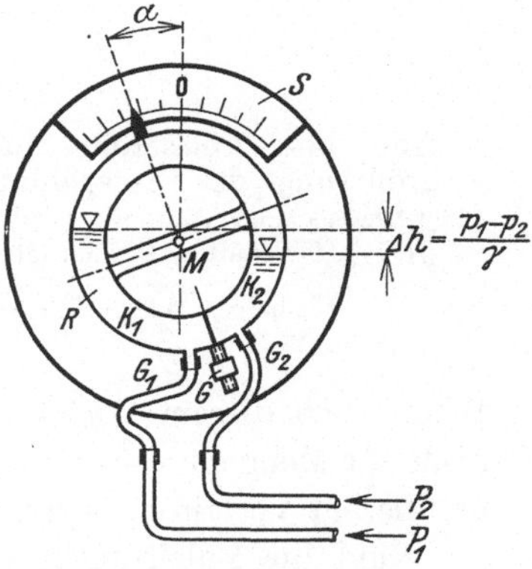

Abb. 142. Vergleich der berechneten und geeichten Beiwerte ξ für das winkelempfindliche zylindrische Staurohr. Meßergebnisse nach F. Gutsche.

Abb. 143. Ringwaage zur Messung des Druckunterschiedes $\Delta h = \dfrac{p_1 - p_2}{\gamma}$ nach Hartmann u. Braun-Frankfurt a. M.

R bewegliches Meßrohr, K_1, K_2 Meßkammern, G_1, G_2 Gummischlauchleitungen, M Drehachse, G Gegengewicht, S feste Ableseskala.

---

[1] A. Betz, Mikromanometer. Handbuch der Experimentalphysik, Berlin 1931. — E. Stach, Meßgeräte für Druck und Geschwindigkeit von Gasen und Dämpfen. Stahl und Eisen, H. 31, 1911. — Verschiedene Listen über anzeigende Ringwaage-Mengenmesser von Hartmann u. Braun-Frankfurt a. M.

ein Maß des Druckunterschiedes $\Delta h = \dfrac{p_1 - p_2}{\gamma}$. Dieses Meßgerät ist einfach und läßt eine genügend widerstandsfähige Bauweise zu.

Um die Genauigkeit der Ablesung für kleine Anströmgeschwindigkeiten zu erhöhen, hat man auch versucht, den Unterschied der Ablesespiegel künstlich zu vergrößern. Man erreicht dies durch Schrägstellung der Ableserohre sowie durch eigene Meß- oder Sperrflüssigkeiten in den Ableserohren.

Die Verwendung schräggestellter Ableserohre hat für rein versuchstechnische Zwecke eine sehr weitgehende Ausbildung erfahren, hat aber in der Hydrometrie wenig Eingang gefunden, weil sich dieses Verfahren als zu umständlich und das Meßgerät als zu wenig widerstandsfähig für Arbeiten in der Natur erwiesen hat.

Die Einschaltung von eigenen Meßflüssigkeiten hat sich besser bewährt.

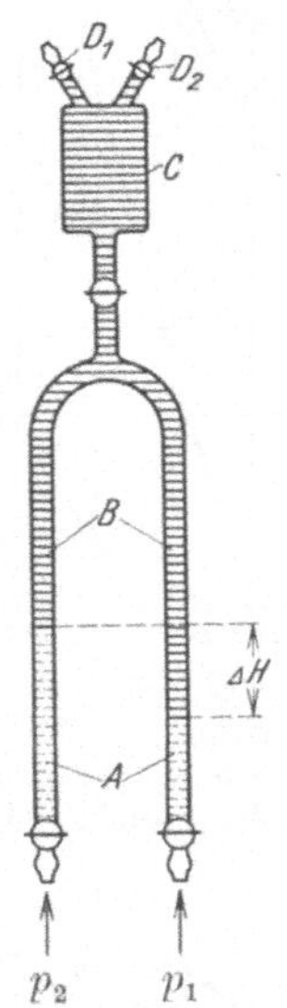

Abb. 144. Ableserohre für die Vergrößerung des Spiegelunterschiedes. A Wasser (spez. Gewicht γ), B Meßflüssigkeit ($\gamma_1 < \gamma$), C Behälter, D_1 Einfüllhahn, D_2 Lufthahn, $\Delta H = \dfrac{p_2 - p_1}{\gamma - \gamma_1}$.

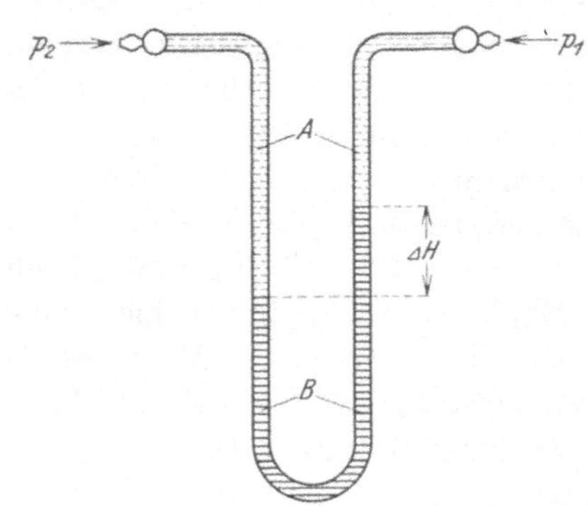

Abb. 145. Ableserohre für die Vergrößerung des Spiegelunterschiedes. A Wasser (spez. Gewicht γ), B Meßflüssigkeit ($\gamma_1 > \gamma$), $\Delta H = \dfrac{p_2 - p_1}{\gamma_1 - \gamma}$.

Wenn auch diesem Verfahren noch manche Mängel anhaften, so wird es doch auch für Mengenmessungen größten Umfanges angewendet.[1] Der Grundgedanke bei diesem Verfahren ist folgender:

Sind die Zuleitungen vom eigentlichen Staugerät mit der Übertragungsflüssigkeit A vom Einheitsgewichte γ gefüllt und sind die zu übertragenden Drücke p_1 und p_2, dann ist der in den Ableserohren sichtbare Spiegelunterschied

$$\Delta h = \frac{p_2 - p_1}{\gamma}.$$

Als Übertragungsflüssigkeit nimmt man gewöhnlich Wasser. Gibt man darauf eine Meßflüssigkeit B vom Einheitsgewichte γ_1, dann wird der Höhenunterschied der Menisken der Meßflüssigkeit ΔH größer als Δh sein.

---

[1] Die British Pitometer Co. verwendet bei ihren Meßgeräten Tetrachlorkohlenstoff als Meßflüssigkeit.

Ist γ_1 kleiner als 1, dann wird $p_2 - p_1 = \gamma \, \Delta H - \gamma_1 \, \Delta H$, also $\gamma \, \Delta h = \gamma \, \Delta H - \gamma_1 \, \Delta H$ und somit die Vergrößerung des Ausschlages

$$a = \frac{\Delta H}{\Delta h} = \frac{\gamma}{\gamma - \gamma_1}.$$

Die Messung läßt sich nur unter Verwendung eines umgekehrten U-Rohres durchführen (Abb. 144), in welchem die Meßflüssigkeit noch in einen gemeinsamen Anschlußstutzen reicht, der zweckmäßig in einen kleinen Behälter C endigt. Der Spiegelunterschied vervielfacht sich um so mehr, je weniger die Einheitsgewichte γ und γ_1 voneinander abweichen.

Ist $\gamma_1 > 1$ (Abb. 145), dann wird $\gamma \, \Delta h = \gamma_1 \, \Delta H - \gamma \, \Delta H$ und damit die Vergrößerung des Ausschlages $a = \dfrac{\Delta H}{\Delta h} = \dfrac{\gamma}{\gamma_1 - \gamma}.$

In diesem Falle muß mit einem stehenden U-Rohr gemessen werden, in welchem die Meßflüssigkeit B von der Übertragungsflüssigkeit A überlagert wird (Abb. 145). Auch hier wird der Ausschlag um so größer, je geringer der Unterschied von γ und γ_1 ist.

Die Schwierigkeiten bei derartigen Messungen liegen in der allfälligen Veränderung des Einheitsgewichtes der Meßflüssigkeit während des Meßvorganges und in der ungünstigen

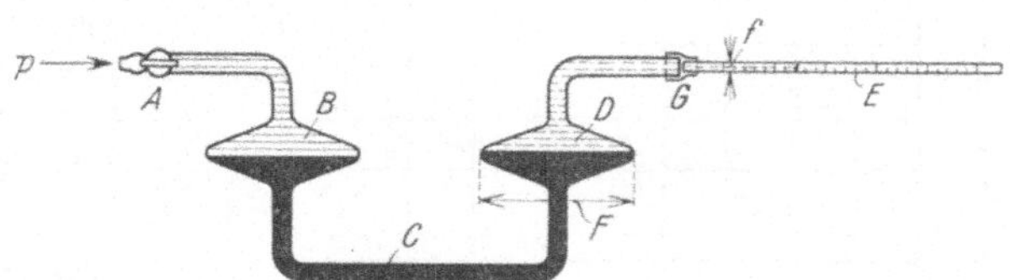

Abb. 146. Druckmessung mittels Kapillarrohr nach F. Gutsche.

A Sperrhahn, B Übertragungsflüssigkeit, C Sperrflüssigkeit (Hg), D Meßflüssigkeit, E Kapillarrohr.

Meniskenausbildung, in der Möglichkeit der Vermischung der sich berührenden Flüssigkeiten und in der Vergrößerung der Einstellzeiten der in schwingender Bewegung befindlichen Flüssigkeitssäulen in den Ableserohren.

Eingehende Untersuchungen über das Verhalten von Meßflüssigkeiten haben gezeigt, daß die Anzahl von einigermaßen brauchbaren Meßflüssigkeiten sehr gering ist.[1] Sie können wie folgt gekennzeichnet werden:

Äthyläther, $\gamma_1 = 0{,}74$, $a = 3{,}85$, guter Meniskus am Wasser, verändert aber allmählich etwas sein Einheitsgewicht bei der Berührung mit Wasser.

Benzol, $\gamma_1 = 0{,}884$, $a = 8{,}6$, muß mit Jod gefärbt werden; guter Meniskus, bildet aber nach längerer Berührung mit Wasser eine Hautschichte an der Trennfläche. Gummischläuche werden stark angegriffen.

Toluol, $\gamma_1 = 0{,}872$, $a = 7{,}8$, guter Meniskus, verändert sich auch bei monatelanger Berührung mit Wasser nicht, braucht nicht gefärbt zu werden, weil es stark lichtbrechend ist; also sehr geeignet.

Schwefelkohlenstoff, $\gamma_1 = 1{,}29$, $a = 3{,}45$, dünnflüssig, haftet nicht am Glas und ist beständig, Geruch lästig, sehr feuergefährlich und explosiv, ansonsten als geeignet zu bezeichnen.

Mit diesen Meßflüssigkeiten gelingt es, den Meßbereich noch bis auf etwa 0,1 m/sek auszudehnen. Für kleinere Geschwindigkeiten wird die Angabe der Meßgeräte unsicher, weil die Kohäsion und Wandreibung in den Beobachtungsrohren solche Werte annimmt, daß sie von den zu übertragenden Drücken kaum mehr oder nur stoßweise überwunden werden.

---

[1] R. Winkel, Stauröhren zur Messung des Druckes und der Geschwindigkeit im fließenden Wasser. Z. d. Vereines deutscher Ingenieure, Bd. 67, Nr. 23, 1923.

Das dritte Verfahren einer Vervielfachung kleiner Druckunterschiede beruht auf der Verwendung einer eigenen Sperrflüssigkeit, die zwischen Übertragungs- und Meßflüssigkeit eingeschaltet wird (Abb. 146).

In ein U-Rohr mit angeschlossenen Erweiterungen vom Querschnitte F wird beispielsweise Quecksilber als Sperrflüssigkeit C eingefüllt. Bei A erfolge der Anschluß an die Zuleitung von der Meßstelle, wobei die Überleitung des Druckes p mit Hilfe einer Übertragungsflüssigkeit B geschieht, die Wasser sein kann. Bei G wird ein kapillares Meßrohr E vom Querschnitte f angeschlossen, in welchem sich etwa Alkohol als Meßflüssigkeit D befindet.

Die Spiegelschwankungen im Rohre vom Querschnitte f und im Raume vom Querschnitte F werden sich wie $\dfrac{F}{f}$ verhalten. Weil man $\dfrac{F}{f}$ beliebig groß wählen kann, spielt selbst die Verwendung einer schweren Sperrflüssigkeit, wie etwa von Quecksilber, bei der Ablesung keine wesentliche Rolle. Man erreicht ohne Schwierigkeiten jene Vergrößerungen des Ausschlages bei Änderungen des übertragenen Druckes p, die man im gegebenen Falle für eine größere Ablesegenauigkeit benötigt.[1]

Ausführung der Staurohrmessung und deren Genauigkeit. Für eine Staurohrmessung kommt nur das Punkt-Meßverfahren in Betracht.[2] Die Anwendung des Staurohres zu Mengenmessungen in der Natur ist bisher nur in den Vereinigten Staaten von Nordamerika in größerem Umfange erfolgt, in

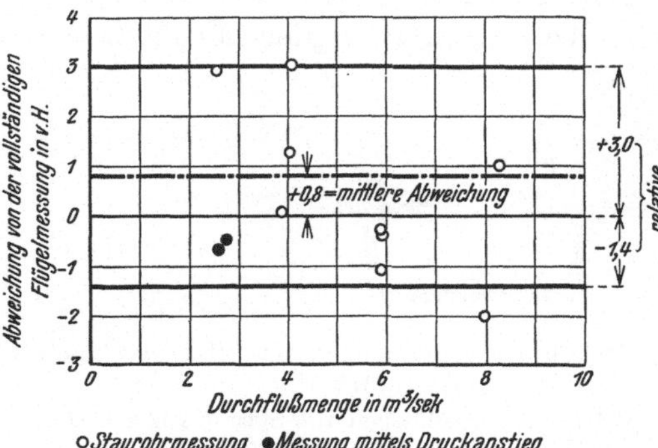

Abb. 147. Vergleich von vollständigen Staurohrmessungen mit vollständigen Flügelmessungen.

Europa ist sie auf wenige Fälle beschränkt geblieben.[3] Dagegen bedienen sich die wasserbautechnischen und schiffsbautechnischen Anstalten sowie die hydraulischen und aerodynamischen Laboratorien dieses Meßgerätes mit vielem Vorteil.

Vergleichsmessungen mit anderen Meßverfahren, aus welchen man einen Rückschluß auf die Genauigkeit und damit auf die Anwendbarkeit dieses Meßverfahrens ziehen könnte, sind in großen Gerinnen selten ausgeführt worden. Aus den wenigen Angaben über Staurohrmessungen in der Natur ist zu entnehmen, daß bei Durchflußgeschwindigkeiten bis 2 m/sek die relative mittlere Abweichung etwa $+ 0,8$ v. H. und die relative Unsicherheit ungefähr $+ 3,0$ und $- 1,4$ v. H. gegenüber vollständigen Flügelmessungen beträgt. (Abb. 147).[4] Wenn auch die Einrichtungen für Staurohrmessungen ebenso einfach wie billig sind, so kommt zur größeren Ungenauigkeit noch die wegen der Bestimmung eines einwand-

---

[1] Das Meßverfahren ist nur bei solchen Drücken p möglich, die nahe dem Luftdrucke liegen.

[2] Es hat auch nicht an Versuchen gefehlt, durch Anordnung mehrerer Öffnungen übereinander im Staurohre unmittelbar die mittlere Geschwindigkeit in der Meßlotrechten zu bestimmen, doch haben sich diese Meßgeräte nicht bewährt. Siehe S. Pini, Das Mehrdüseninstrument System Pini. Wien 1900.

[3] M. B. Braun, Report of Water Supply of New York. New York 1904.

[4] O. Kirschmer, Vergleichsmessungen am Walchenseekraftwerk. Z. d. Vereines deutscher Ingenieure, Nr. 17, 1930.

freien Mittelwertes des schwankenden Flüssigkeitsspiegels in den Ableserohren längere Ablesedauer hinzu, was eine weitere Überlegenheit des hydrometrischen Flügels bedeutet.

In aussichtsreichen Wettbewerb tritt jedoch das Staurohr mit dem hydrometrischen Flügel, sobald es sich um Feinmessungen in Versuchsanstalten handelt. Hier ist die Kleinheit des Meßgerätes das Ausschlaggebende und der bei Messungen in der Natur fühlbare Nachteil der empfindlichen und komplizierten Einrichtung des Ablesegerätes ist in diesem Falle fast belanglos.

5. Mengenmessung mit Hilfe des Hitzdrahtes.

Strömt Wasser oder irgend eine Flüssigkeit an einem elektrisch geheizten Platindrahte vorbei, dann gibt die hierdurch hervorgerufene Temperaturänderung des Hitzdrahtes ein Maß für die Strömungsgeschwindigkeit. Mit der Änderung der Temperatur des Hitzdrahtes ist auch eine Änderung seiner Leitfähigkeit verbunden. Die Änderung der Leitfähigkeit läßt sich wieder mit Hilfe einer WHEATSTONEschen Brücke, an die der Platindraht angeschaltet wird, mit großer Genauigkeit ermitteln (Abb. 148). Im Wege eines Eichverfahrens, das ähnlich jenem des hydrometrischen Flügels ist, kann schließlich ein Zusammenhang zwischen den Ausschlägen des Millivoltmeters b der Brücke a und der Strömungsgeschwindigkeit gefunden werden. Die Kühlwirkung des Platindrahtes ist auch von seiner Lage zur Fließrichtung abhängig. Es läßt sich daher mit diesem Meßgeräte auch die Strömungsrichtung der Wasserfäden bestimmen.

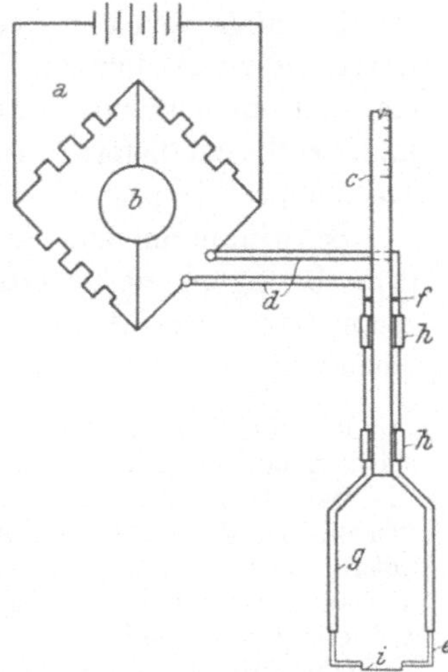

Abb. 148. Hitzdraht-Meßgerät nach G. GANGADHARAN. a Wheatstonesche Brücke, b Millivoltmeter, c Stange mit Maßteilung, d isolierte Kupferdrähte, e Silberdraht 2 mm Ø, f Lötstelle, g Gummiisolierung, h Befestigungsschellen, i Platindraht 0,1 mm Ø mit Glasmantel.

Das eigentliche Meßgerät, das in das strömende Wasser getaucht wird, besteht aus einem etwa 10 mm langen, 0,1 mm starken, durch Lack oder Email isolierten und mit einem Glasmantel umgebenen Platindraht i, an den sich die Zuleitungen aus isoliertem Silberdraht e und Kupferdraht d anschließen, die gleichzeitig zur Befestigung dienen.

Dieses Meßverfahren ist am Beginne seiner Entwicklung, soweit es sich um seine Verwendung für Wassermengenmessungen handelt.[1] Für Messungen der Strömungsgeschwindigkeiten von Gasen ist es seit 1912 in Gebrauch.[2] Mit Rücksicht auf die geringe Trägheitswirkung und Winkelempfindlichkeit des Meßgerätes dürfte es zumindest für versuchstechnische Zwecke eine Zukunft haben. Über die Genauigkeit dieses Verfahrens liegen noch keine praktisch verwendbaren Ergebnisse vor.

---

[1] G. GANGADHARAN, Ein neues Instrument für Geschwindigkeitsmessungen in turbulentem Wasser. Mitteilungen d. Hydraul. Inst. d. T. H. München, H. 4, 1931.

[2] I. M. BUERGERT, Hitzdrahtmessungen. Handbuch der Experimentalphysik. Berlin 1931.

6. Mengenmessung mit Hilfe des Schwimmers.

In offenen Gerinnen können Oberflächen- oder Tiefenschwimmer verwendet werden. Die Oberflächenschwimmer sind Holzkugeln oder besser flache Holzscheiben mit Signalfähnchen, die Tiefenschwimmer Holzstäbe, die unten beschwert, oder Glasflaschen, die mit Bleischrot ausgewogen sind.

Während man mit den Oberflächenschwimmern nur die im obersten Wasserfaden herrschende Geschwindigkeit feststellen kann, gelingt es, aus den in verschiedenen Tiefen mit verschieden tief tauchenden Stabschwimmern ermittelten Geschwindigkeiten annähernd den Mittelwert der Geschwindigkeit in der Meßlotrechten zu bestimmen. Es muß jedoch beachtet werden, daß jede Schwimmermessung nur imstande ist, einen Mittelwert der Geschwindigkeit für eine gewisse Laufstrecke zu liefern, also niemals den Geschwindigkeitswert an einer Stelle des Meßprofiles selbst.

Schwimmermessungen sollen weder bei Wind noch bei anderen, die natürliche Bewegung der oberen Wasserschichten beeinflussenden Umständen vorgenommen werden.[1] Sie sind ungenau und können nur als Notbehelf angesehen werden, wenn andere Meßverfahren aus irgendwelchen Gründen ausscheiden.

Für die Durchführung einer Schwimmermessung wählt man eine gerade, regelmäßig gestaltete Flußstrecke ungefähr von der Länge der 2- bis 3fachen Flußbreite. Die Meßstrecke soll frei von Einbauten sein und ein möglichst gleiches Gefälle aufweisen. In der Mitte der Meßstrecke wird das Meßprofil ausgesteckt und durch Lotung oder Peilung aufgenommen. Ober- und unterhalb des Meßprofils werden im Abstande von je einer Flußbreite ein zweites und drittes Querprofil ausgesteckt und ebenfalls gepeilt.

Oberhalb des obersten Profiles wird ein Halt- und Meßseil über den Fluß gespannt, an dem ein Kahn auf bestimmte Abstände vom Wasseranschlage aus eingestellt wird. Vom Kahne aus werden die Schwimmer auf das Wasser gesetzt, wobei deren Entfernungen in der Nähe des Stromstriches kleiner als in der Nähe der Ufer gewählt werden.

Es empfiehlt sich, von jedem Aufstellungspunkte des Kahnes aus in gewissen Zeitabschnitten mehrere Schwimmer nacheinander abzulassen, um gute Mittelwerte der Oberflächengeschwindigkeiten zu erhalten.

Der Durchgang der Schwimmer durch die drei abgesteckten Flußprofile ist sowohl nach Zeit als auch der Lage nach zu beobachten. Die Zeitbestimmung erfolgt unter Zuhilfenahme von Wink- oder Lautsignalen, welche die in den drei Flußprofilen aufgestellten Beobachter beim Durchgange des Schwimmers einem vierten Beobachter, der die Zeit an einer Stoppuhr mißt, bekanntgeben.

Die Ortsbestimmung des Schwimmers im Augenblicke des Durchganges hat mit einem Winkelmeßinstrument zu erfolgen, das gegen die Lage der drei Flußprofile orientiert sein muß.

Sind alle Daten, die Lauflänge l, der Zeitabschnitt $\varDelta t$ und die Lage gewonnen, dann erhält man aus $\dfrac{l}{\varDelta t}$ die zu jedem Punkte des Meßprofiles gehörende Oberflächengeschwindigkeit und es kann nunmehr die Durchflußmenge in der Weise ermittelt werden, wie es bei der unvollständigen Flügelmessung gezeigt worden ist.

7. Mengenmessung mit Hilfe des Meßschirmes.

Die Schirmmessung ist eine Weiterentwicklung des Gedankens, der der Messung mit Stabschwimmern zugrunde liegt. Während der Stabschwimmer nur

---

[1] R. BRAUER, Praktische Hydrographie. Hannover 1907.

die mittlere Geschwindigkeit in einer Meßlotrechten und auch diese, wie bereits erwähnt, nur näherungsweise vermittelt, nimmt der auf einem leichten Fahrgestell befestigte Meßschirm, der einen regelmäßig geformten Kanalquerschnitt mit möglichst kleinem Spielraum an den Wandungen ausfüllt, die mittlere Fließgeschwindigkeit des Wassers an.[1]

Der von E. ANDERSON in die Wassermeßtechnik eingeführte Meßschirm war ursprünglich nur ein reiner Schwimmschirm, der seine Verbesserung in Deutschland dadurch erfahren hat, daß man die Last des Schirmes auf eine außerhalb des Durchflußprofiles liegende Fahrbahn übertrug (Abb. 149). Der Schirm, der ebene oder gekrümmte Form erhalten kann, wurde an ein vierrädriges Fahrgestell gehängt, wobei die Spurkranzräder auf Gleisen liefen, die eine kleine Neigung erhielten, um den zur Bewegung der gesamten Meßschirmeinrichtung notwendigen Druckunterschied Δh auf etwa 1 mm herabzumindern.[2]

Aus konstruktiven Gründen hielt man bisher die Geschwindigkeit bei etwa 1 m/sek und benötigte dann eine Anlaufstrecke von ungefähr $7\sqrt{F}$ m Länge,

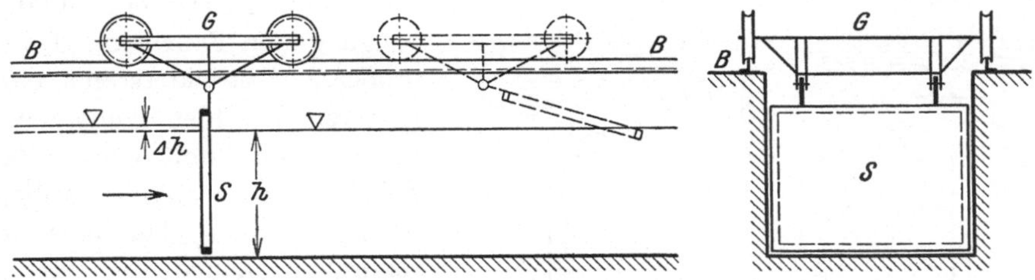

Abb. 149. Allgemeine Anordnung eines Meßschirmes.
S Meßschirmwand, B Fahrbahn, G Fahrgestell.

worin F den Durchflußquerschnitt bedeutet, und eine etwa 10 m lange Beharrungsstrecke als eigentliche Meßstrecke. Diese verhältnismäßig lange, gerade Kanalstrecke ist bei Wasserkraftwerken, wo sich dieses Verfahren sonst als zweckmäßig erwiesen hat, nicht immer vorhanden; daher gehen neuere Bestrebungen dahin, das Meßschirmverfahren derart abzuändern, daß auch die Anlaufstrecke als Meßstrecke verwendet werden kann.

Erfolgt die Messung nur in der Beharrungsstrecke, d. h. bleibt der Durchflußquerschnitt F stromauf vom Meßschirm während des Zeitabschnittes Δt, in welchem sich der Meßwagen um l weiterbewegt hat, genau genug gleich groß, dann ist $lF = V$ dasjenige Volumen, um welches sich der Wasserinhalt hinter dem Meßschirm innerhalb des Zeitabschnittes Δt infolge des Zuflusses Q vermehrt hat. Es ergibt sich somit die Durchflußmenge aus

$$Q = \frac{V}{\Delta t} = \frac{lF}{\Delta t}. \tag{50}$$

Diese Gleichung ist nur dann streng gültig, wenn der Meßschirm einen vollständigen, wasserdichten Abschluß herbeiführt. Um den Fahrwiderstand der gesamten Meßeinrichtung möglichst zu verringern, ist man jedoch genötigt,

---

[1] V. MANN, Beitrag zur Kenntnis der Wassermessung mittels Meßschirmes. München 1920.

[2] E. REICHEL, Wassermessungen. Z. d. Vereines deutscher Ingenieure, S. 1835, 1908.

den Schirm mit einem gewissen Spiel gegen die Kanalwandungen, mit einem Spalt, auszuführen. Dies zieht aber Wasserverluste nach sich, weil der Wasserüberdruck an der stromaufwärtigen Seite des Schirmes mehr oder weniger große Wassermengen aus dem oberen Kanalabschnitt durch den Spalt in den unteren befördert, wodurch die Meßgenauigkeit beeinflußt werden kann. Im besonderen ist festgestellt worden, daß sich im Spalt Wasserströmungen nach verschiedenen Richtungen ausbilden (Abb. 150). Es hängt lediglich von dem Grade ihres Ausgleiches ab, inwieweit der Vorschub des Meßwagens die gesamte Durchflußmenge anzeigt.

Auch die Größe des Fahrwiderstandes ist für die Genauigkeit des Meßergebnisses von Bedeutung. Der Meßschirm von der Breite b wird sich nur in Bewegung setzen, wenn der auf ihn wirkende, resultierende waagrechte Wasserdruck $W = \gamma\, b\, h\, \Delta h$ die Bewegungswiderstände überwindet (Abb. 149). Der Fahrwiderstand ist insbesondere bedingt durch die Lagerung und Form der Räder des Fahrgestelles, die Gestaltung der Fahrschienen, die Maße des Meßschirmes und durch eine allfällige Neigung der Fahrbahn. Da ein größerer Fahrwiderstand einen längeren Beschleunigungszeitabschnitt und damit eine größere Beschleunigungsstrecke bedingt, wird hierdurch bei einer bestimmten Länge der für die Messung zur Verfügung stehenden Kanales die Meßstrecke entsprechend verkürzt, wodurch wieder die Meßgenauigkeit herabgesetzt wird.

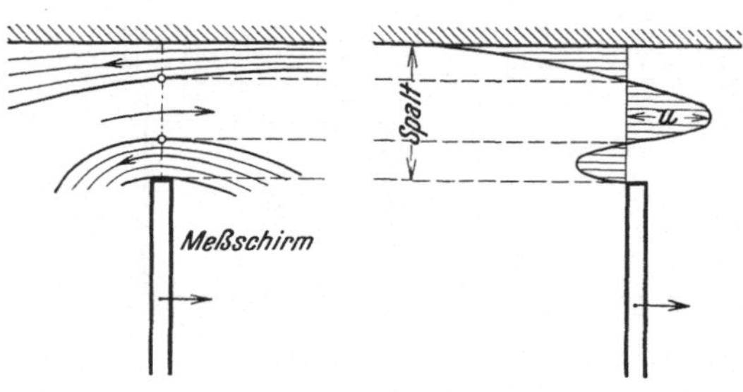

Abb. 150. Stromlinien und Verteilung der relativen Durchflußgeschwindigkeit im Spalt zwischen Meßschirm und Gerinnewand.

Eingehende Untersuchungen, die sich auf den Einfluß der Geschwindigkeitsverteilung im ungestörten Meßgerinne sowie auf die Wirkung des Fahrwiderstandes und der Spaltgröße erstreckten, haben ergeben, daß diese Einflüsse so verschiedenartige Kombinationen zulassen, die nicht nur eine rechnerische Verfolgung ausschließen, sondern auch zeigen, daß ein einheitlicher Gütegrad der Schirmmessung nicht zu erwarten ist. Es ist genau genommen mit einer gegebenen Meßschirmeinrichtung nur möglich, eine bestimmte Durchflußmenge streng richtig zu messen. Trotzdem gelingt es, mit den in einer Beharrungsstrecke vorgenommenen Schirmmessungen Ergebnisse zu erzielen, deren Genauigkeit derjenigen guter Flügelmessungen gleichkommt, wenn man die rechnungsmäßigen Durchflußmengen $Q = \dfrac{l\,F}{\Delta t}$ mit einem Beiwerte multipliziert, der vom Fahrwiderstand abhängig ist.[1] Erfolgt keine derartige Verbesserung, dann kann die

---

[1] V. MANN, Beitrag zur Kenntnis der Wassermessung mittels Meßschirmes. München 1920. Nach MANN beträgt die tatsächliche Durchflußmenge =

$$= \frac{l\,F}{\Delta t}\left[\,1 + a\left\{\frac{0{,}079^2}{u_m\,\dfrac{l}{\Delta t}} + 0{,}1412\right\}(P - 0{,}548)\,\right],$$

worin a das Verhältnis der Spaltfläche zum Durchflußquerschnitt und P den Fahrwiderstand in kg bedeuten.

Schirmmessung nur auf eine Meßgenauigkeit von etwa $\pm\,2$ v. H. gebracht werden.

Bei Fließgeschwindigkeiten unter 0,1 m/sek können noch erheblich größere Fehlanzeigen vorkommen. Soll daher das bisher beschriebene Schirmmeßverfahren auch für Präzisionsmessungen verwendet werden, dann müßte geeicht werden, was in diesem Falle praktisch kaum in Frage kommt, da eine Übertragung des Meßgerätes fast undurchführbar ist.[1]

Bei dem bisher besprochenen Meßverfahren ist vorausgesetzt worden, daß während des Vorschubes des Schirmes ein Beharrungszustand in der Wasser-

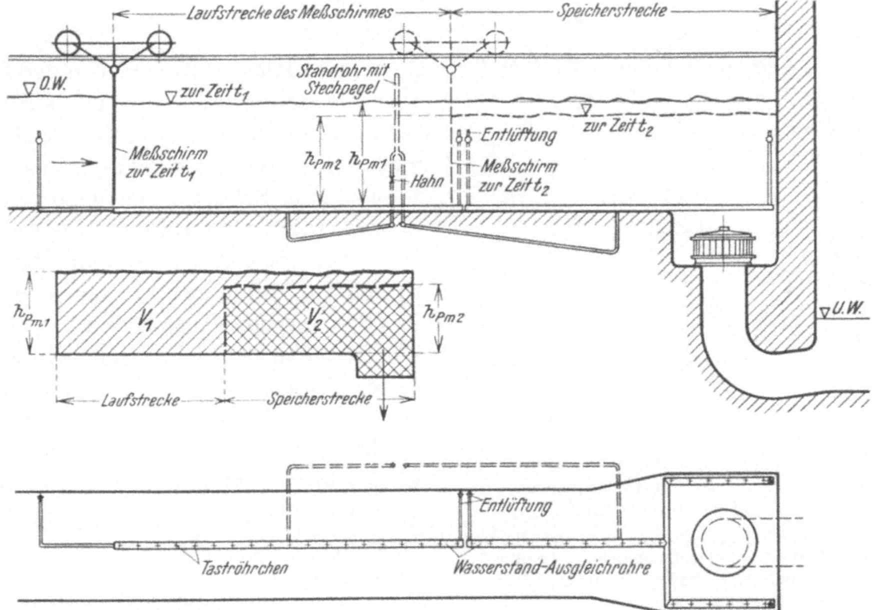

Abb. 151. Schematische Darstellung des verbesserten Schirmmeßverfahrens nach W. Wagenbach und A. Krause.

bewegung herrscht. In Wirklichkeit ist dies nicht der Fall, weil beim Einsetzen und während der Bewegung des Meßschirmes die Strömung gestört und damit ein nichtstationärer Bewegungszustand ausgelöst wird[2] (Abb. 151). Es genügt daher nicht, nach Gleichung (50) die Änderung des Wasserinhaltes hinter dem Meßschirm zu bestimmen, sondern man muß die Änderung des eindeutig erfaßbaren Wasservolumens zwischen dem Meßschirm und der Turbine feststellen. Ist Q_a die durch die Turbine abfließende Wassermenge und Q_s die Spaltverlustmenge, dann lautet die Raumgleichung

$$(Q_a - Q_s)\,(t_2 - t_1) = V_1 - V_2, \tag{51}$$

worin V_1 der Wasserinhalt zwischen Meßschirm und Turbine zur Zeit t_1 und V_2 jener zur Zeit t_2 ist.

---

[1] A. Stauss, Die hydraulischen Einrichtungen des Maschinenbaulaboratoriums in Eßlingen. Berlin 1925.

[2] W. Wagenbach und A. Krause, Verbesserung des Schirm-Wassermeßverfahrens. Forschung auf dem Gebiete des Ing.-Wesens, H. 6, 1932.

V_1 und V_2 werden aus Inhaltsmessungen des Meßgerinnes als Abhängige des Pegelstandes h_P dargestellt. Beträgt der Pegelstand zwischen Meßschirm und Turbine zur Zeit $t_1 \ldots h_{P,m,1}$ und zur Zeit $t_2 \ldots h_{P,m,2}$, dann ist

$$Q_a - Q_s = \frac{V_1 - V_2}{t_2 - t_1} = \frac{f(h_{P,m,1}) - f(h_{P,m,2})}{\Delta t}. \tag{52}$$

Da bei diesem Verfahren der Fahrwiderstand die Meßgenauigkeit nicht beeinflußt, kann man den Spaltverlust Q_s durch Gummidichtungen fast vollständig beseitigen, so daß $Q_s \doteq 0$ und damit

$$Q_a = \frac{f(h_{P,m,1}) - f(h_{P,m,2})}{\Delta t} \tag{53}$$

wird.

Der Gütegrad dieser Art des Meßverfahrens ist sonach vor allem von der Bestimmung von $h_{P,m}$ abhängig, die nur durch Mittelung über die Laufstrecke bzw. Speicherstrecke einschließlich des Turbinenvorraumes mit Hilfe von Ausgleichsleitungen mit kapillaren Tastöffnungen oder Schlitzen genügend genau erreicht werden kann. Diese Ausgleichsleitungen stehen mit weiten Standrohren in Verbindung, in denen $h_{P,m}$ mit Stechpegeln gemessen wird.[1]

Meßschirmeinrichtungen, die sich dieser Feinmessung der Wasserspiegellage bedienen und einen sehr geringen Spaltverlust von unter 0,2 l/sek aufweisen, können gegenüber der oben beschriebenen einfachen Einrichtung die Genauigkeit der Messung auf $\pm 0,2$ v. H. erhöhen.

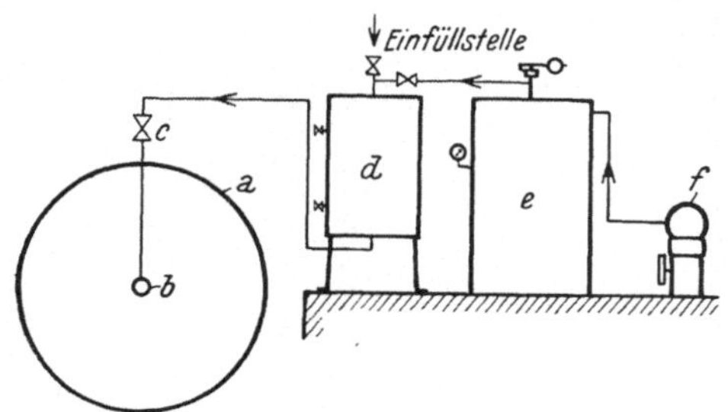

Abb. 152. Allgemeine Anordnung der Einrichtungen für die Mengenmessung mit Hilfe schwimmender Salzlösung.

a Druckrohrleitung, *b* Einspritzventil, *c* Schnellschlußschieber, *d* Salzsolebehälter, *e* Preßluftbehälter, *f* Preßlufterzeuger.

8. Mengenmessung mit Hilfe schwimmender Salzlöung.

Die Mengenmessung mit Hilfe schwimmender Salzlösung, auch *Salzgeschwindigkeits-Verfahren* genannt, beruht auf der Erfahrung, daß eine in eine Rohrleitung oder in ein offenes Gerinne eingespritzte Salzlösung, die Salzwolke, wie ein Schwimmer die Geschwindigkeit des Wasserfadens annimmt bzw. sich mit der mittleren Durchflußgeschwindigkeit weiterbewegt, wenn die Salzwolke wie der zuvor beschriebene Meßschirm den ganzen Durchflußquerschnitt ausfüllt.

Die Tatsache, daß die elektrische Leitfähigkeit von Salzlösungen größer als jene des Wassers ist, wird benützt, um mit Hilfe von mehreren, längs der Meßstrecke angeordneten Elektroden den Durchgang der Salzwolke und damit die mittlere Durchflußgeschwindigkeit zu ermitteln. Dieses Verfahren ist von C. M. ALLEN und E. A. TAYLOR 1923 entwickelt worden und hat auch bald in Europa Eingang gefunden.[2] Es ist vorerst nur für Geschwindigkeitsmessungen in

---

[1] Siehe S. 44.

[2] C. M. ALLEN und E. A. TAYLOR, The salt velocity method of water measurement. Transactions of the American Society of Mechanical Engineers, 1923.

Rohrleitungen verwendet worden, doch steht auch der Verwendung in offenen Gerinnen nichts im Wege.

Die Hilfsmittel zur Durchführung des Verfahrens erfordern trotz ihrer grundsätzlich einfachen Anordnung ziemlich ausgedehnte Einrichtungen, die technisch einwandfrei ausgeführt sein müssen, wenn genaue Meßergebnisse erzielt werden sollen.[1]

Die Einrichtungen zum Einspritzen der Salzlösung (Abb. 152) bestehen aus einem Preßlufterzeuger f, der mit Zwischenschaltung eines Preßluftbehälters e die Salzlösung aus einem Salzsolebehälter d durch ein Einspritzventil b in die Druckrohrleitung a oder in das offene Gerinne einpreßt. Dieses Einpressen erfolgt in einzelnen Schüssen von etwa 30 Liter Salzlösung mit einer Einspritzdauer von je 1 bis 2 Sekunden, welcher Vorgang mittels eines Schnellschlußschiebers c und des Einspritzventiles geregelt wird. Das Einspritzventil (Abb. 153) ist ein federbelastetes Tellerventil, das den Zweck hat, eine gleichmäßige Verteilung der Salzsole über den gesamten Durchflußquerschnitt zu erzielen. Bei sehr großen Querschnitten müssen mehrere Einspritzventile verwendet werden.

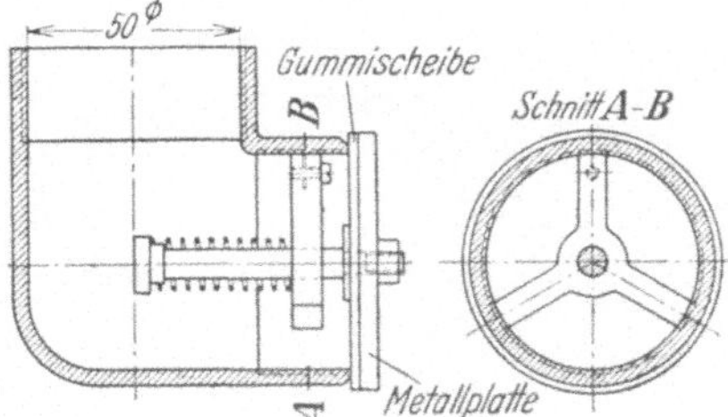

Abb. 153. Einspritzventil für die Salzlösung.

Die Elektroden bestehen aus kurzen, gegeneinander durch Vulkanitstreifen isolierten Kupferblechen (Abb. 154) oder sie erhalten eine greiferförmige Form, um mit ihnen den größten Teil des Durchflußquerschnittes bestreichen zu können. Sie werden durch Anbohrungen in die Rohrleitung eingeführt (Abb. 155 a) oder bei offenen Gerinnen einfach eingetaucht.

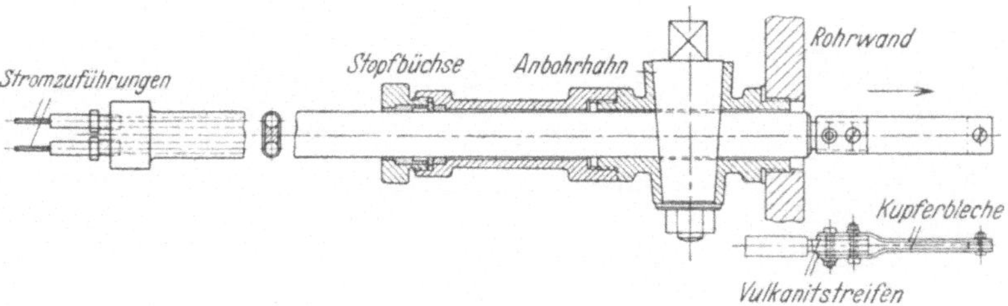

Abb. 154. Elektroden mit Anbohrhahn.

Die einzelnen Elektrodenpaare werden mit elektrischem Strom gespeist und die beim Durchgang der Salzwolke veränderliche Stromstärke durch selbstschreibende Ampèremeter aufgezeichnet.

Das Ergebnis einer solchen Aufzeichnung (Abb. 155 b) läßt ersehen, daß sich der Verlauf der Änderung der Leitfähigkeit an mehreren aufeinanderfolgenden Elektrodenmeßstellen durch Linienzüge darstellt, die abnehmende Höchstwerte und zeitliche Verflachung aufweisen. Aus diesem Grunde wird die Laufzeit, innerhalb welcher die Salzwolke von der oberen bis zur unteren Elektrodenmeßstelle gelangt, aus dem Abstande $\varDelta\,t$ der Schwerlinien der aufgezeichneten

<hr>

[1] O. KIRSCHMER, Vergleichs-Wassermessungen am Walchenseewerk. Z. d. Vereines deutscher Ingenieure, Nr. 17, 1930, und Die Genauigkeit einiger Wassermeßverfahren. Z. d. Vereines deutscher Ingenieure, Nr. 44, 1930.

Flächen bestimmt.[1] Ist der Inhalt des Gerinnes zwischen den beiden Elektroden-meßstellen V, dann ergibt sich die Durchflußmenge aus $Q = \dfrac{V}{\Delta t}$.

Nach den wenigen Erfahrungen, die bisher vorliegen, ist es zur Erzielung guter Meßergebnisse notwendig, mehrere Elektrodenmeßstellen zu verwenden

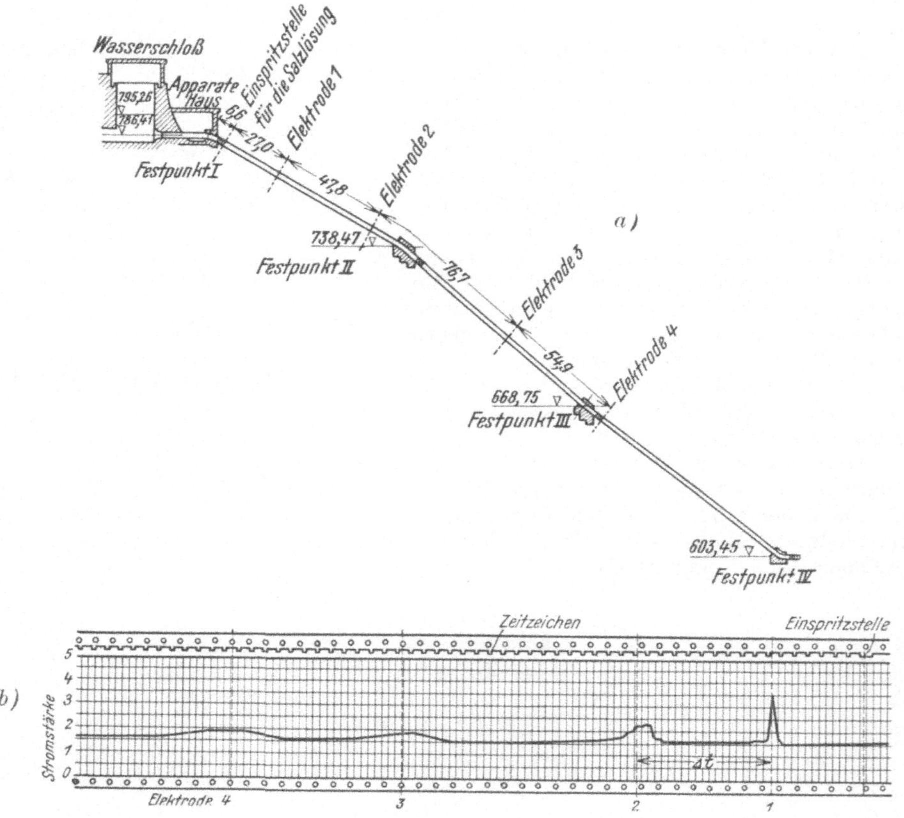

Abb. 155. Durchflußmengenmessung mit Hilfe schwimmender Salzlösung — Wasserkraftanlage Walchensee in Bayern.

a) Anordnung der Einspritzstelle und der Elektroden-Meßstellen 1—4. *b)* Zeitlicher Verlauf der Stromstärke bei den Elektroden-Meßstellen 1—4.

und die bei der Auswertung als ungünstig sich erweisenden Meßstrecken auszuschalten. Die Einspritzstelle ist möglichst weit von der ersten Elektrodenmeßstelle anzuordnen. Auf die genaue Bestimmung des Rohrinhaltes V ist größte Sorgfalt zu verwenden und eine Verschiedenheit einzelner Rohrschüsse zu berücksichtigen.

Als Nachteil dieses Verfahrens sind die umfangreiche Einrichtung sowie das Erfordernis zahlreicher Bedienungsleute hervorzuheben. Dagegen ist es ein

---

[1] P. DE HALLER, Considérations théoriques sur la mesure des débits d'eau par la méthode d'ALLEN. Helvetica Physica Acta, Basel 1930.

E. MÜLLER, Die Salzgeschwindigkeitsmethode von ALLEN zur Wassermessung in Rohrleitungen. Schweizerische Bauzeitung, Nr. 4, 1926.

Vorteil, daß dieses Verfahren allgemein anwendbar ist, keinen Druck- oder Gefällsverlust verursacht und keine Eichung verlangt.

Zur Beurteilung der mit diesem Meßverfahren zu erzielenden Genauigkeit sind die Ergebnisse der im Forschungsinstitute für Wasserbau und Wasserkraft am Walchensee im Jahre 1930 durchgeführten Messungen, welche durch Behältermessungen kontrolliert worden sind, in Abb. 156 dargestellt. Hieraus ergibt

sich eine mittlere Abweichung von $-1,2$ v. H. bei einer größten Streuung der Meßwerte von $\pm 1,2$ v. H., so daß also bei Messungen mit schwimmender Salzlösung mit einer Unsicherheit zwischen $+0,0$ v. H. und $-2,4$ v. H. zu rechnen ist.

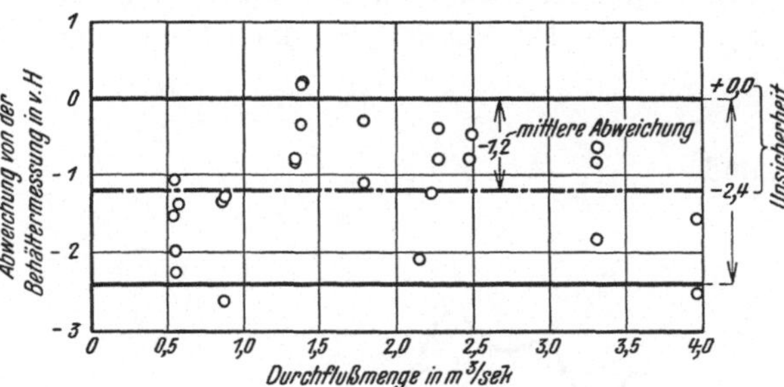

Abb. 156. Vergleich des Meßverfahrens mit Hilfe schwimmender Salzlösung mit der Behältermessung als Urmessung.

9. Mengenmessung mit Hilfe des Druckanstieges.

Dieses Verfahren wurde von N. R. GIBSON zum ersten Male im Jahre 1921 angewendet.[1] Es beruht auf der Möglichkeit, aus dem Druckanstiege, der während des Schließens eines Absperrorganes, etwa des Leitapparates einer Turbine, in der Rohrleitung durch Verzögerung der in Bewegung befindlichen Flüssigkeitsmasse auftritt, auf die Durchflußmenge zu schließen, die vor dem Abschlusse in der Leitung strömte. Die Drucksteigerung wird durch einen Druckschreiber aufgezeichnet, der zur Erzielung großer Genauigkeit möglichst reibungsfrei arbeiten und sehr empfindlich hergestellt werden muß.[2]

Eine Druckrohrleitung von durchwegs gleichem Durchmesser D, die an einen Behälter von großen Abmessungen angeschlossen ist, wird bei stationärem Bewegungszustande mit der mittle-

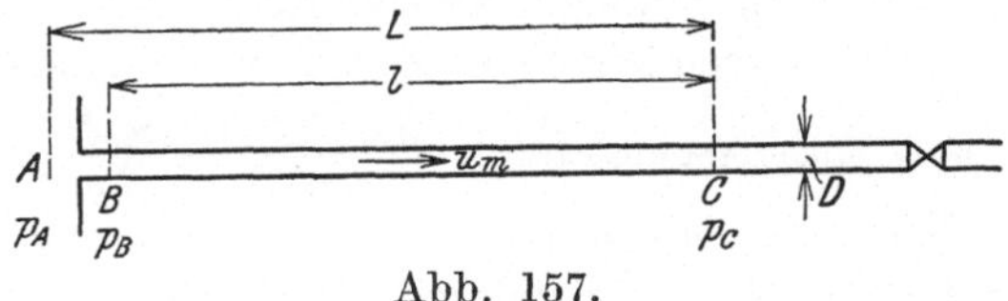

Abb. 157.

ren Geschwindigkeit $u_{m,0}$ durchflossen (Abb. 157). Nach Drosselung der Turbine vermindert sich die Geschwindigkeit auf u_m und wird nach erfolgter Abschließung entsprechend dem Leckwasserverluste im Leitapparate der Turbine zu $u_{m,1}$. Während des Meßvorganges beträgt der Druck im Meßquerschnitte C, p_C, vor dem Einlaufe bei A, p_A und unmittelbar hinter dem Einlaufe bei B, p_B.

In der folgenden Berechnung sollen die Wirkung der Erdschwere, der Elastizität und auch die Reibung vernachlässigt werden.

Dann gilt mit Rücksicht auf das Überwiegen der Beschleunigung infolge des Ortswechsels der Wasserteilchen zwischen A und B

$$p_A - p_B = \gamma\, \frac{u_m{}^2}{2\,g}. \tag{54}$$

---

[1] N. R. GIBSON, The GIBSON method and apparatus for measuring the flow of water in closed conduits. Trans. Am. Soc. Mech. Eng., 1923.

[2] D. THOMA, Über den Genauigkeitsgrad des GIBSONschen Meßverfahrens. Mitteilungen des Hydr. Inst. der Technischen Hochschule München, H. 1, 1926.

Die Verwendung der dynamischen Grundgleichung liefert für die Strecke B—C

$$\frac{D^2\pi}{4}(p_B - p_C) = \gamma\, l\, \frac{\dfrac{D^2\pi}{4}}{g}\cdot\frac{d\,u_m}{d\,t}. \tag{55}$$

Der Umstand, daß auf der Strecke A—B die Änderung der Durchflußmenge doch etwas mitwirkt, soll nun durch Vergrößerung der Länge l auf L berücksichtigt werden. Die Vereinigung der Gleichungen (54) und (55) führt zu

$$\frac{p_A - p_C}{\gamma} - \frac{u_m{}^2}{2\,g} = \frac{L}{g}\cdot\frac{d\,u_m}{d\,t}$$

und

$$\left(\frac{p_A - p_C}{\gamma} - \frac{u_m{}^2}{2\,g}\right) d\,t = \frac{L}{g}\,d\,u_m \tag{56}$$

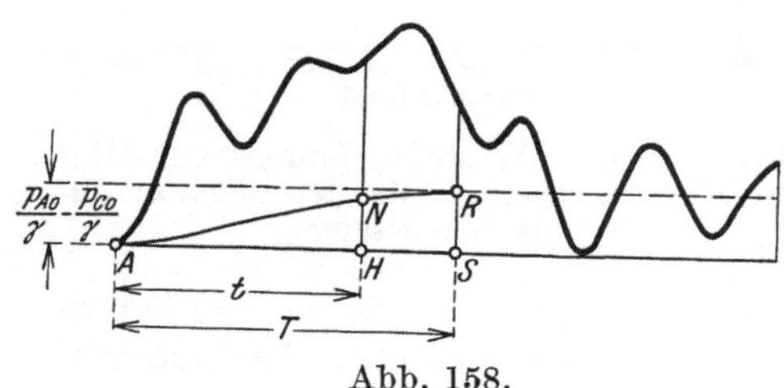

Abb. 158.

Aus dieser Gleichung läßt sich unter Bezugnahme auf die in Abb. 158 dargestellte Aufzeichnung des Druckverlaufes folgender graphischer Integrationsweg herauslesen.

Nach Ablauf der Schließzeit T klingen die Druckschwankungen in gedämpften Schwingungen ab und es erreicht die aufgezeichnete Drucklinie nach vollständigem Abklingen die Lage des statischen Druckes. Es ist demnach $\overline{RS} = \dfrac{p_{A,0} - p_{C,0}}{\gamma}$, nämlich gleich dem Druckunterschiede in den Punkten A und C während des stationären Bewegungszustandes.

Für einen beliebigen Zeitpunkt t, an dem in der Rohrleitung die Geschwindigkeit u_m herrscht, nimmt $\dfrac{p_A - p_C}{\gamma} - \dfrac{u_m{}^2}{2\,g} = h$ einen Wert an, der sich aus Gleichung (56) ergibt. Man hat also in das Druckdiagramm einen Linienzug A—N—R so einzulegen, daß die Ordinate des Punktes N, $\overline{HN}$, folgender Gleichung genügt:

$$\frac{\overline{RS}}{\overline{HN}} = \frac{\dfrac{u_{m,0}{}^2}{2\,g}}{\dfrac{u_{m,0}{}^2}{2\,g} - \dfrac{u_m{}^2}{2\,g}} = \frac{u_{m,0}{}^2}{u_{m,0}{}^2 - u_m{}^2}. \tag{57}$$

Da außerdem

$$\int_0^t \left(\frac{p_A - p_C}{\gamma} - \frac{u_m{}^2}{2\,g}\right) d\,t = \int_0^t h\,d\,t = \frac{L}{g}(u_{m,0} - u_m),$$

folgt, wenn man

$$\int_0^t h\,d\,t = F_t \quad \text{und} \quad \int_0^T h\,d\,t = F_T \tag{58}$$

setzt,

$$\frac{F_t}{F_T} = \frac{u_{m,0} - u_m}{u_{m,0}}$$

und schließlich

$$\overline{HN} = \overline{RS}\left(1 - \frac{u_m^2}{u_{m,0}^2}\right) = \overline{RS}\left[1 - \left(1 - \frac{F_t}{F_T}\right)^2\right]. \tag{59}$$

Die Einzeichnung der Abschlußlinie $A—N—R$ kann nur versuchsweise in allmählicher Annäherung vorgenommen werden. Ist sie mit genügender Schärfe festgelegt, dann erhält man

$$Q = \frac{\pi D^2}{4}\, u_{m,0} = \frac{\pi D^2}{4} \cdot \frac{g\, F_T}{L}. \tag{60}$$

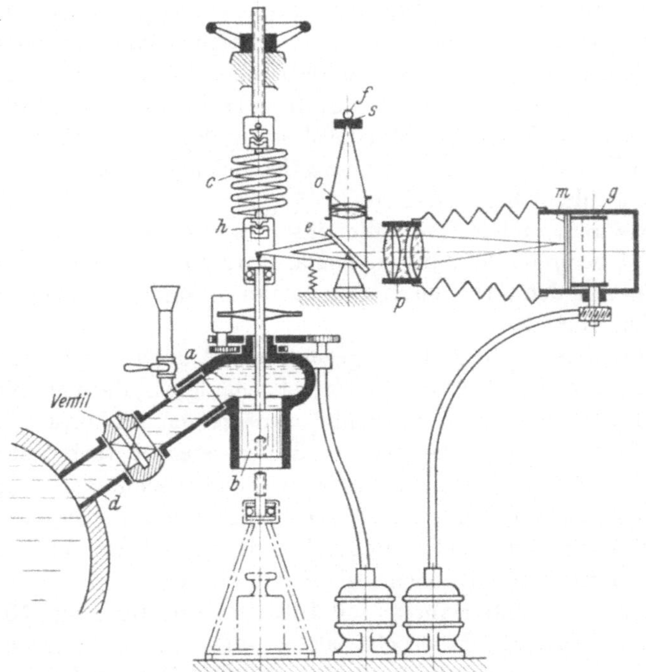

Abb. 159. Druckschreiber nach D. Thoma.

a Druckkammer, b Meßkolben, c Meßfeder, e Drehspiegel, f Nernstlampe, g lichtempfindlicher Film, h Schneidengehänge, m Bildebene, o Kollimatorlinse, p Linse, s Spalt.

D. Thoma führte genaue Untersuchungen, die sich auf die Wirkung der Nebenbewegungen, wie sie bei turbulenten Strömungen auftreten, sowie auf die falsche Abschätzung der Reibung erstreckten und die auch die Ausführung des Druckschreibers behandelten. Sie haben ergeben, daß die Nebenbewegungen Fehler in der Größenordnung von $+$ 1 v. H. und die Reibung solche von $-$ 1 v. H. hervorrufen können.

Bezüglich des Druckschreibers hat D. Thoma eine Ausführung angegeben (Abb. 159), die der von Gibson verwendeten Apparatur, welche nach dem Prinzipe eines Quecksilbermanometers arbeitet, an Genauigkeit überlegen ist.[1] Die durch Druckschwankungen hervorgerufenen kleinen Bewegungen des Meßkolbens b werden durch einen Fühlhebel auf einen Drehspiegel e übertragen. Um die Reibung des Meßkolbens auf einen Kleinstwert herabzudrücken, rotiert er während der Messung.

---

[1] H. F. Canaan, Wassermessungen bei Großkraftanlagen. München 1930.

Die Bewegungen des Drehspiegels e werden durch reflektierte Lichtstrahlen auf einen Film g übertragen, wodurch ein Schaubild entsteht, wie es die Abb. 158 zeigt.

Vergleichsmessungen mit anderen Mengenmeßverfahren haben gezeigt, daß die Genauigkeit des in Amerika namentlich für Abnahmeversuche an Wasserkraftwerken vielfach verwendeten Verfahrens von N. R. GIBSON jener der Flügelmessung mit gut ausgeführten hydrometrischen Flügeln fast gleichkommt, wenn die Leckwassermessung nicht versäumt wird.[1]

10. Mengenmessung mit Hilfe der Salzmischung.

Die Mengenmessung mit Hilfe der Salzmischung gehört in die Gruppe der Mischungsmethoden, bei denen aus dem Sättigungsgrad der Mischung einer strömenden Flüssigkeit mit einer ununterbrochen in gleicher, bekannter Menge zugeführten Lösung eines chemischen Stoffes ein Rückschluß auf die Durchflußmenge gezogen wird. Es entfällt also die Messung des Durchflußquerschnittes und auch der Einfluß der Schräganströmung ist belanglos. Damit sind zwei nicht unerhebliche Fehlerquellen beseitigt.

Das Verfahren, auch Salzverdünnungs-, chemisches oder Titrationsverfahren genannt, wird bereits 1863 zum erstenmal erwähnt. Für die Messung in Flußläufen hat es seit den Arbeiten von A. BOUCHER und R. MELLET weitere Verbreitung gefunden.[2]

Die zuerst ablehnende Haltung gegen diese Meßmethode hatte ihren Grund darin, daß infolge der Fortschritte in der Meßgenauigkeit, die man mit dem hydrometrischen Flügel erzielte, kein Bedürfnis nach der Einführung neuer, unbekannter Verfahren vorlag. Da aber gerade bei starker turbulenter Bewegung die Genauigkeit der Mengenmessung mittels Salzmischung im Gegensatze zur Flügelmessung zunimmt, wird dieses Verfahren neuerdings als zweckmäßigstes, die Flügelmessung ergänzendes Meßverfahren angesehen und namentlich für Mengenerhebungen in Wildbächen vielfach verwendet.[3]

Grundlagen des Meßverfahrens mit Hilfe der Salzmischung. Man führt dem durchfließenden Wasser leicht lösliche Salze zu, die so gewählt werden, daß sich der Sättigungsgrad in einfacher Weise bestimmen läßt.[4] Für die Zwecke der Wassermessung eignet sich am besten Kochsalz. Der Sättigungsgrad c wird durch die Anzahl der Gramm Kochsalz in 1 m³ Wasser festgelegt.

Besitzt das Wasser des Gerinnes im natürlichen Zustande einen Salzgehalt vom Sättigungsgrade c_0, wird ihm eine Salzlösung vom Sättigungsgrade c_1 zugeführt und ist dieser nach der vollständigen Durchmischung c_2, dann muß, weil

---

[1] O. KIRSCHMER, Vergleichsmessungen am Walchensee. Z. d. Vereines deutscher Ingenieure, Nr. 17, 1930.

[2] M. TH. SCHLOESING-père, Comptes rendus du deuxième semestre de l'Académie de Sciences, Paris 1863. — F. VAN ITERSON, Méthode chimique pour la mesure du débit des conduites d'eau. Le Génie civil, 1904. — A. BOUCHER und R. MELLET, Jaugeages par titrations. Bull. techn. de la Suisse romande, Nr. 11, 1910.

[3] Eine praktische Anleitung für das Verfahren gibt O. KIRSCHMER, Das Salzverdünnungsverfahren für Wassermessungen. Wasserkraft und Wasserwirtschaft, München, H. 18, 1931.

[4] In Betracht kommen neben Kochsalz Natriumthiosulfat und Chlormagnesium. Statt der Salze könnte man auch Farbstoffe wie Fluoreszin oder Eosin zusetzen und die Farbkonzentration mit Hilfe eines Fluoroskopes oder Kolorimeters bestimmen.

das zugeführte Salzgewicht an der Einführungsstelle gleich dem abgeführten Salzgewicht an der Entnahmestelle sein muß,

$$Q\,c_0 + q\,c_1 = (Q + q)\,c_2$$

und

$$Q = q\,\frac{c_1 - c_2}{c_2 - c_0} \tag{61}$$

gelten, wenn Q die Durchflußmenge und q die Menge der sekundlich zugeführten Salzlösung ist.

Da c_2 gegenüber c_1 gewöhnlich sehr klein ist und c_0 gegenüber c_2 vernachlässigt werden kann, erhält man die angenäherte Beziehung

$$Q = q\,\frac{c_1}{c_2}. \tag{62}$$

Bei großen Verdünnungen darf c_0 nicht mehr vernachlässigt werden. c_2 wird in der Regel durch arithmetische Mittelung der Sättigungsgrade der einzelnen Proben bestimmt. Es hat sich gezeigt, daß selbst bei Abweichungen der Sättigungswerte von ihrem arithmetischen Mittelwerte bis zu ungefähr 20 v. H. der Fehler in der Durchflußmenge noch unter 1 v. H. liegen kann.

Will man eine ungleichartige Durchmischung im Entnahmeprofil berücksichtigen, dann ist dasselbe in einzelne Felder zu unterteilen, in deren Mitten die Proben zu entnehmen sind. Hat in einem solchen Felde von der Größe ΔF der Sättigungsgrad den Wert c_F und beträgt die mittlere, durch Flügelmessung bestimmte Geschwindigkeit in diesem Felde u_F, dann gilt für den gesamten Durchflußquerschnitt F

$$\Sigma\,(c_F\,u_F\,\Delta F) = (Q + q)\,c_2$$

und da

$$Q + q = \Sigma\,(u_F\,\Delta F),$$

ergibt sich

$$\Sigma\,(c_F\,u_F\,\Delta F) = c_2\,\Sigma\,(u_F\,\Delta F)$$

und hiermit

$$c_2 = \frac{\Sigma\,(c_F\,u_F\,\Delta F)}{\Sigma\,(u_F\,\Delta F)}. \tag{63}$$

Wählt man die Felder ΔF gleich groß, dann folgt

$$c_2 = \frac{\Sigma\,(c_F\,u_F)}{\Sigma\,u_F}. \tag{64}$$

Für die Berechnung von Q ist die Kenntnis der Sättigungsgrade c_0, c_1 und c_2 oder ihrer Verhältniszahlen notwendig. Diese Sättigungsgrade werden aus Proben bestimmt, die man dem Gerinne im ursprünglichen und vermischten Zustande des Wassers und der eingeführten Salzlösung entnimmt und die man nach dem Titrationsverfahren von MOHR untersucht. Hiernach ermittelt man den NaCl-Gehalt einer Salzlösung durch Ausfällen des Cl unter Verwendung einer $AgNO_3 =$ Silbernitratlösung als Maßflüssigkeit, auch *Titer* genannt, nach der Gleichung

$$NaCl + AgNO_3 = AgCl + NaNO_3.$$

Für die Genauigkeit des ganzen Verfahrens ist es wichtig zu erkennen, wann in der zu untersuchenden Salzlösung kein NaCl mehr vorhanden ist. Diese Feststellung erfolgt durch Beifügung von K_2CrO_4 = Kaliumchromat als *Indikator*.

Das gebildete AgCl = Silberchlorid ist ein weißer, im Wasser unlöslicher Niederschlag, hingegen färbt das nach Absättigung des NaCl entstehende Ag_2CrO_4 = Silberchromat, das sich nach der Reaktionsgleichung

$$2\,AgNO_3 + K_2Cr\,O_4 = Ag_2CrO_4 + 2\,KNO_3$$

bildet, die Lösung rot, so daß man das Ende der Reaktion an der rotgelblichen Färbung feststellen kann, die man den *Farbumschlag* nennt. Der Eintritt des Farbumschlages kann nach einiger Übung genügend genau und von der persönlichen Einstellung fast unabhängig angegeben werden.

Bei der Durchführung verdünnt man die Probe der eingeführten Salzlösung mit einer bekannten Menge von destilliertem Wasser und dampft hingegen die Probe der dem Gerinne nach der Vermischung entnommenen Salzlösung soweit ein, daß der Sättigungsgrad beider Lösungen ungefähr gleich groß wird. Hierauf titriert man mit einer $AgNO_3$-Lösung von 2 g auf 1 l Wasser. Man arbeitet stets mit gleichen Mengen, am besten 5 cm³, der verdünnten bzw. eingedampften Lösung. Als Indikator verwendet man 5 Tropfen kalt gesättigter K_2CrO_4-Lösung.

Sind die entnommenen Proben durch Schwebestoffe getrübt, dann ist es ratsam, die Lösungen vor dem Eindampfen zu filtrieren, weil sonst der Farbumschlag verschwommen wird.

Da die Durchflußmenge Q aus einer Gleichung gerechnet wird, die nur die Verhältniszahlen der Sättigungswerte enthält, genügt es, den Verbrauch des Titers in Kubikzentimeter zu bestimmen, der bis zum erfolgten Farbumschlag nötig ist. Das kann durch Verwendung einer Meßbürette geschehen.

An Stelle des Verfahrens von MOHR kann man auch jenes von VOLHARD anwenden, das den Vorteil bietet, daß man beim Übertitrieren mit Hilfe einer NH_4CNS = Ammoniumrhodanidlösung zurücktitrieren kann.[1] Als Indikator muß in diesem Falle $FeNH_4(SO_4)_2$ = Ferriammoniumalaun verwendet werden, der einen Farbumschlag von Gelblichgrün nach Rot verursacht.

Um sich von der Beobachtung des Farbumschlages unabhängig zu machen, kann zur Bestimmung des Salzgehaltes auch eine elektrometrische oder potentiometrische Methode verwendet werden. Bei dieser ist das Ende der Titration mittels eines Potentialsprunges zu erkennen, der um so deutlicher auftritt, je stärker die Lösungen sind.

Auch Verfahren, die sich auf die Leitfähigkeit gründen oder rein optische, die eine vergleichende Bestimmung des Brechungsexponenten voraussetzen, sind grundsätzlich möglich. Die Anwendbarkeit in der Meßpraxis ist jedoch bei keiner dieser Methoden bisher erwiesen.

Ausführung der Mengenmessung mit Hilfe der Salzmischung. Die Zugabe der Salzlösung von gleichbleibendem Sättigungsgrade hat in das offene Gerinne oder in das Druckrohr einer Wasserkraftanlage oberhalb einer Stelle zu erfolgen, die eine gute Durchmischung gewährleistet, also an Bächen oberhalb stark wirbeliger Strecken und bei Wasserkraftanlagen oberhalb der Turbinenanlage. Es ist strenge

---

[1] W. BRAUN, Die Messung strömender Wassermengen auf chemischem Wege. Dissertation, München 1924. — O. HÖNIGSCHMID und E. ZINTL, Anleitung zur Maßanalyse. München 1921.

darauf zu achten, daß sich in der Gerinnestrecke zwischen Zugabe und Probenentnahme nicht etwa durch vorhandene Wasserwalzen oder Eisbildungen Toträume des Wassers bilden, weil diese den Sättigungsgrad der Proben beeinflussen. Um bei der Einführung der Salzlösung in das Gerinne die Zulaufmenge gleichbleibend zu erhalten, bedient man sich eigener Einrichtungen.

Für Messungen an Wildbächen verwendet man hierfür zweckmäßig ein leicht tragbares Einspritzgefäß, das auf dem Prinzip der MARIOTTEschen Flasche beruht, einen nutzbaren Inhalt von 100 bis 200 l besitzt und dem mehrere Auslaufdüsen beigegeben sind, um die Ausflußmenge in bestimmten Grenzen regeln zu können (Abb. 160). Die Ausflußmenge ergibt sich aus

$$Q = \mu \sqrt{2\,g\,h}\,\frac{d^2\,\pi}{4}, \qquad (65)$$

wenn μ den Ausflußbeiwert der verwendeten Düse und h den Abstand des unteren Endes des Belüftungsrohres von der Düse bedeutet. Sie ist konstant, insolange an der Stellung des Belüftungsrohres nichts geändert wird. Der Ausflußbeiwert μ ist mit der Salzlösung zu bestimmen.

Für Messungen, die Abnahmeversuchen an Wasserkraftanlagen dienen, verwendet man zur Zuführung der Salzlösung eine Einrichtung nach Abb. 161.

Aus einem Vorratsbehälter fließt die mit Betriebswasser zubereitete Salzlösung in ein Überlaufgefäß, das von einem engen Mantel umgeben ist. Die überströmende Menge wird in einen Sammelbehälter geleitet, von dem aus sie wieder in den Vorratsbehälter zurückgepumpt werden kann. Die zur Messung verwendete Salzlösung wird vom Boden des Überlaufgefäßes aus mittels einer Rohrleitung, an deren Ende eine Meßdüse angebracht ist, entweder in einem frei ausfließenden Strahl oder

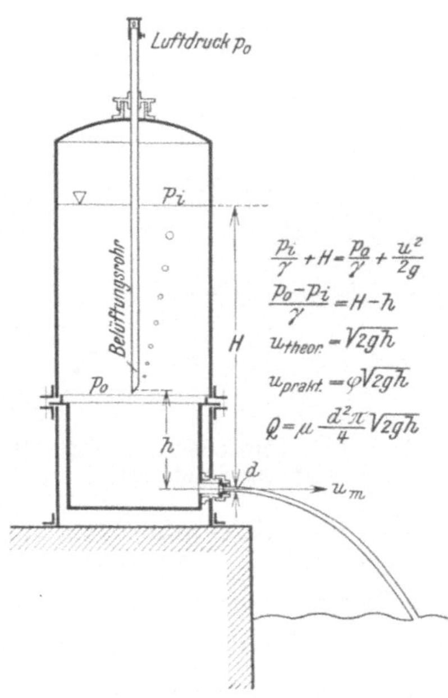

Abb. 160. Tragbares Einspritzgefäß für das Salzmischungsverfahren nach O. KIRSCHMER. Ausführung A. OTT-Kempten.

durch eine ausreichend gelüftete Verteilleitung dem Betriebswasser beigegeben. Der Einlauf in die Verteilleitung muß so gestaltet sein, daß eine Schaumbildung ausgeschlossen ist, was durch Einlage von Feinsieben in den Einlauftrichter erreicht wird. Die Menge der zugeführten Salzlösung wird durch auswechselbare Meßdüsen verschiedener Lichtweite geregelt.

Die Entnahmestelle ist so zu wählen, daß die Durchmischung mit Sicherheit eintritt, was durch einfache Färbeversuche nachgewiesen werden kann. Bei Wasserkraftanlagen wird die Probenentnahme im Unterwassergraben zu erfolgen haben. Die Proben sind entweder an mehreren Stellen des Durchflußquerschnittes mit Glasflaschen oder Flaschen aus Aluminumblech in einer Menge von mindestens $^1/_2$ l an jeder Stelle zu entnehmen oder das Meßprofil ist mehrmals mit den Flaschen zu durchfahren. Die Flaschen sind vor der Entnahme mit dem bereits mit der Salzlösung durchmischten Betriebswasser gründlich auszuspülen.

Genauigkeit der Mengenmessung mit Hilfe der Salzmischung. Zu deren Beurteilung liegen sowohl vergleichende Behältermessungen wie Flügelmessungen vor; erstere ausgeführt am Wasserkraftwerke in Amsteg im Jahre 1922[1] und im Forschungsinstitute für Wasserbau und Wasserkraft am Walchensee,[2] letztere an verschiedenen Turbinenanlagen und namentlich in den Wildbächen des Gebietes der Hohen Tauern.

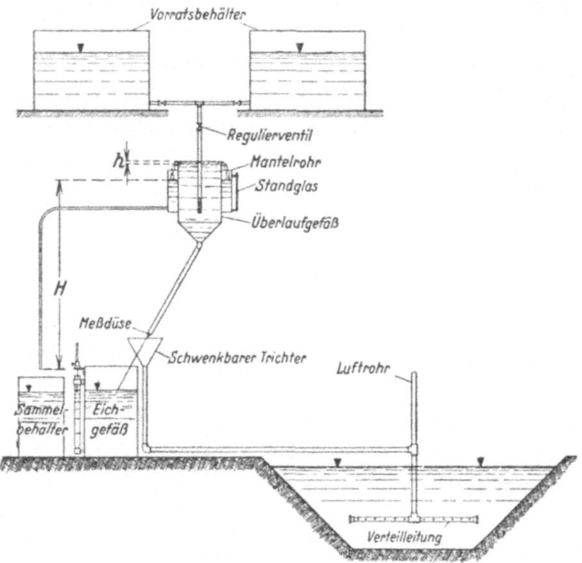

Abb. 161. Einrichtung für die Messung und Einführung der Salzlösung nach O. KIRSCHMER.

Die unmittelbaren Vergleiche mit Behältermessungen lassen erkennen, daß man unter günstigen Meßverhältnissen beim Salzmischungsverfahren mit einer mittleren Abweichung von $+0{,}1$ v. H. bei einer größten Streuung von $\pm 1{,}3$ v. H., also mit einer Unsicherheit zu rechnen hat, die zwischen $+1{,}4$ v. H. und $-1{,}2$ v. H. liegt (Abb. 162).

Die Vergleiche mit Flügelmessungen zeigen eine derartig gute Übereinstimmung, daß das Meßverfahren mit Salzmischung zumindest jenem nach dem Punktmeßverfahren gleichwertig, wenn nicht überlegen ist. Allerdings muß hinzugefügt werden, daß das Anwendungsgebiet des Salzmischungsverfahrens beschränkt ist, weil bei größeren Durchflußmengen, also bei großen Gerinnen, die voraussetzungsgemäße gleichmäßige Durchmischung im Meßquerschnitte nicht erreichbar sein dürfte. Dies fällt aber um so weniger ins Gewicht, als für große Durchflußmengen die Flügelmessung das zweckmäßigste Meßverfahren darstellt und man also bei richtiger Verbindung

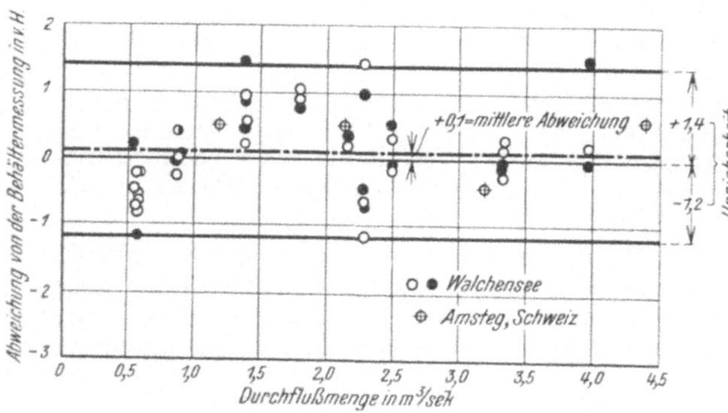

Abb. 162. Vergleich des Meßverfahrens mit Hilfe der Salzmischung mit der Behältermessung als Urmessung.

des Salzmischungsverfahrens und der Flügelmessung imstande ist, fast allen praktisch vorkommenden Anforderungen zu entsprechen.

---

[1] F. KUNTSCHEN, Essais comperatifs dans les canaux de fuite de l'usine d'Amsteg. Mitteilungen des Amtes für Wasserwirtschaft, Nr. 18, Bern 1926.

[2] O. KIRSCHMER und B. ESTERER, Die Genauigkeit einiger Wassermeßverfahren. Z. d. Vereines deutscher Ingenieure, Bd. 74, Nr. 44, 1930.

11. Mengenmessung mit Hilfe des Meßwehres.

Die Überfallshöhe dient als Maß der überfallenden Wassermenge.[1] Die Meßwehre werden in offenen Gerinnen quer zur Fließrichtung eingebaut. Für genaue Messungen kommen nur vollkommene Überfälle in Betracht, weil bei unvollkommenen der Einfluß des Unterwassers auf das Oberwasser zu Störungen des Oberwasserspiegels führt und hierdurch die Meßgenauigkeit beeinträchtigt wird. Überdies muß der Überfallsstrahl *belüftet* sein, d. h. es müssen sämtliche Strahlbegrenzungen unter gleichem Luftdrucke stehen, damit nicht Schwankungen des Überdruckes die Überfallsmenge verändern und hierdurch Meßfehler hervorgerufen werden.

Das Meßwehr muß mit Rücksicht auf die spätere Nachbildung bei größter Genauigkeit in einfachster Weise hergestellt werden können und muß in der Natur unter den gleichen Voraussetzungen verwendet werden, unter denen

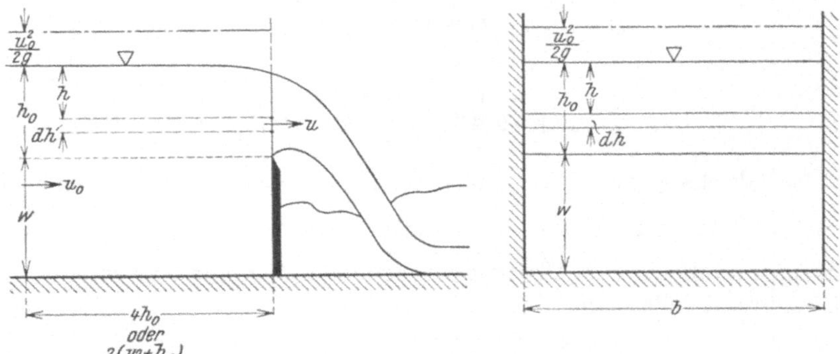

Abb. 163. Meßwehr nach TH. REHBOCK. Vollkommener Überfall ohne seitliche Strahleinschnürung; rechteckige, lotrechte, dünne Wehrwand mit scharfer Überfallskante.

geeicht wurde. In dieser Beziehung ist auf die Belüftung, eine allfällige Verschotterung des Wehrvorfeldes und die Einhaltung der Breite des Zuflußgerinnes ein besonderes Augenmerk zu richten.

Diesen Bedingungen entsprechen auf Grund langjähriger Erfahrung am besten scharfkantige Meßwehre mit lotrechter, dünner Wand, deren Überfallsausschnitt eine einfache geometrische Form besitzt. Es wurde auch der Vorschlag gemacht, schräggestellte scharfkantige Meßwehre[2] oder solche mit kreisförmig gerundeten Wehrkronen[3] zu verwenden, doch haben sich diese Formen bisher nicht durchgesetzt.

Für untergeordnete Messungen, bei denen man sich mit geringerer Genauigkeit begnügt, kann jede beliebige Wehr- sowie Kronenform verwendet werden,

---

[1] G. POLENI, De motu aquae mixto. Padua 1717.

[2] R. HAILER, Fehlerquellen bei der Überfallmessung. Mitteilungen d. Hydraul. Inst. d. T. H. München, H. 3, 1929.

[3] CL. HERSCHEL, Über Versuche zur Ausbildung eines Meßwehres mit gerundeter Krone. Am. Soc. of M. Eng. Trans., Vol. 42, 1920. — O. KIRSCHMER, Untersuchung der Überfallkoeffizienten für einige Wehre mit gerundeter Krone. Mitteilungen d. Hydraul. Inst. d. T. H. München, H. 2, 1928. — A. STAUSS und K. v. SANDEN, Der kreisrunde Überfall und seine Abarten. Wochenschrift Gas u. Wasserfach, H. 27—30, 1926.

nur ist zu bedenken, daß hierfür die Eichung der Urform gewöhnlich fehlt und daher fallweise eine Eichung in der Natur, allenfalls mit Hilfe eines hydrometrischen Flügels erfolgen müßte.[1]

Grundlagen des Meßverfahrens mit Hilfe des Meßwehres. Die Überfallsmenge Q über ein Wehr von der Breite b, bei einer Überfallshöhe h_0 und einer Ankunftsgeschwindigkeit des Wassers u_0 beträgt allgemein (Abb. 163)

$$Q = \int_0^{h_0} dQ$$

und, da

$$dQ = \mu_0\, b\, dh \sqrt{2\,g\left(h + \frac{u_0{}^2}{2\,g}\right)},$$

so ist

$$Q = \mu_0\, b \sqrt{2\,g} \int_0^{h_0} \sqrt{h + \frac{u_0{}^2}{2\,g}}\; d h =$$

$$= \frac{2}{3}\, \mu_0\, b \sqrt{2\,g}\left[\left(h_0 + \frac{u_0{}^2}{2\,g}\right)^{\frac{3}{2}} - \left(\frac{u_0{}^2}{2\,g}\right)^{\frac{3}{2}}\right]. \tag{66}$$

Diese Gleichung kann für praktische Zwecke eine Vereinfachung dadurch erfahren, daß man im Klammerausdrucke die Geschwindigkeitshöhe $\frac{u_0{}^2}{2\,g}$ vernachlässigt und hierfür den Überfallsbeiwert von μ_0 auf μ verbessert.

Hierdurch erhält man[2]

$$Q = \frac{2}{3}\, \mu\, b \sqrt{2\,g}\, h_0^{\frac{3}{2}} = 2{,}953\, \mu\, b\, h_0^{\frac{3}{2}}, \tag{67}$$

wobei der endgültige Überfallsbeiwert μ, der von der Form des Überfallsausschnittes, der Überfallskrone sowie vom Verhältnis der Breite des Zulaufgerinnes zu jener des Überfalles und von der Neigung und Höhe des Wehres abhängig ist, mit Hilfe einer Eichung ermittelt werden muß.[3]

Die Überfallshöhe h_0 ist in jenem Durchflußquerschnitt zu messen, in welchem die einzelnen Wasserfäden noch gleichlaufend gerichtet sind. Dies trifft erfahrungsgemäß in der Entfernung $4\,h_0$ oder $2\,(w + h_0)$ vom Meßwehre zu.

Für eine Reihe von einfach gestalteten Meßwehrformen ist der Überfallsbeiwert durch vielfache Kontroll-Eichungen verläßlich bestimmt worden, so daß für die Zwecke der Hydrometrie diese Werte übernommen werden können.

1. *Vollkommener Überfall ohne seitliche Strahleinschnürung*, rechteckige, lotrechte dünne Wehrwand mit scharfer Überfallskante; auch REHBOCK-Messwehr genannt (Abb. 163).

---

[1] Man hat versucht, die verschiedenartigsten Kronenformen durch verschieden gelagerte Ellipsen mathematisch zu definieren und hat dann die Überfallsbeiwerte μ solcher Formen im Versuchswege bestimmt. Siehe E. KRAMER, Der Abfluß des Wassers über Wehre mit lotrechten Wandungen und halbkreiszylinderförmiger Krone. Dissertation, Karlsruhe 1914.

[2] DUBUAT, Principes d'hydrauliques et d'hydrodynamique. Paris 1779.

[3] F. FRESE, Versuche über den Abfluß von Wassermengen mittels Überfällen ohne Seitenkontraktion. Z. d. Vereines deutscher Ingenieure, 1890.

Wenn w die Wehrhöhe und h_0 die Überfallshöhe in Meter gemessen bedeuten, ergibt sich

a) nach F. Frese

$$\mu = \left(0{,}615 + \frac{2{,}1}{1000\,h_0}\right)\left[1 + 0{,}55\left(\frac{h_0}{h_0 + w}\right)^2\right] \tag{68}$$

gültig für $0{,}1\ \mathrm{m} < h_0 < 0{,}6\ \mathrm{m}$;

b) nach den Normen des Schweizerischen Ingenieur- und Architekten-Vereines[1]

$$\mu = 0{,}615\left(1 + \frac{1}{1000\,h_0 + 1{,}6}\right)\left[1 + 0{,}5\left(\frac{h_0}{h_0 + w}\right)^2\right] \tag{69}$$

gültig für $w \geqq 0{,}3\ \mathrm{m}$, $\dfrac{h_0}{w} \leqq 1$ und $0{,}025\ \mathrm{m} \leqq h_0 \leqq 0{,}8\ \mathrm{m}$;

c) nach Th. Rehbock[2]

$$\mu = 0{,}605 + \frac{1}{1000\,h_0} + 0{,}08\,\frac{h_0}{w} \tag{70}$$

gültig für $0{,}02\ \mathrm{m} < h_0 < 0{,}3\ \mathrm{m}$.

Verwendet man an Stelle der Überfallshöhe h_0 die Ersatzüberfallshöhe $h_e = h_0 + 0{,}0011\ \mathrm{m}$, die unmittelbar am Maßstabe der Meßstelle abgelesen werden kann, wenn der Nullpunkt 1,1 mm unter der Meßwehrschneide liegt, dann kann

$$\mu = 0{,}6035 + 0{,}0813\,\frac{h_e}{w} \tag{71}$$

gesetzt werden und es geht die Grundgleichung über in

$$Q = \frac{2}{3}\,\mu\,b\,\sqrt{2\,g}\,h_e^{\frac{3}{2}}. \tag{72}$$

Hierdurch erreicht man, daß μ in einen dimensionslosen Beiwert übergeht und daß bei der graphischen Darstellung für jede Wehrhöhe w ein geradliniger Zusammenhang zwischen μ und h_e besteht, was für die Auswertung der Beobachtungen von Bedeutung ist.

2. *Vollkommener Überfall mit seitlicher Strahleinschnürung und rechteckigem Ausschnitt*, lotrechte dünne Wehrwand mit scharfer Überfallskante; auch Poncelet-Meßwehr genannt (Abb. 164).

Wenn w wieder die Wehrhöhe, b die Überfallsbreite, B die Breite des Zulaufgerinnes und h_0 die Überfallshöhe in Meter bedeuten, dann ist

a) nach F. Frese

$$\mu = \left(0{,}5755 + \frac{0{,}017}{h_0 + 0{,}18} - \frac{0{,}075}{b + 1{,}2}\right) \cdot$$

$$\cdot \left[1 + \left\{0{,}25\left(\frac{b}{B}\right)^2 + 0{,}25 + \frac{0{,}0375}{\left(\dfrac{h_0}{h_0 + w}\right)^2 + 0{,}02}\right\}\left(\frac{h_0}{h_0 + w}\right)^2\right]; \tag{73}$$

---

[1] Schweizerischer Ingenieur- und Architektenverein, Normen für Wassermessungen, 1924.

[2] Th. Rehbock, Wassermessungen mit scharfkantigen Überfallwehren. Z. d. Vereines deutscher Ingenieure, Nr. 24, 1929.

b) nach den Normen des Schweizerischen Ingenieur- und Architekten-Vereines

$$\mu = \left\{0{,}578 + 0{,}037\left(\frac{b}{B}\right)^2 + \frac{3{,}615 - 3\left(\frac{b}{B}\right)^2}{1000\,h_0 + 1{,}6}\right\}\left\{1 + 0{,}5\left(\frac{b}{B}\right)^4\left(\frac{h_0}{h_0 + w}\right)^2\right\}, \quad (74)$$

gültig für $w \gtrless 0{,}3\,\text{m}$, $\dfrac{25}{\left(\dfrac{b}{B}\right)} \leqq h_0 \leqq 0{,}8\,\text{m}$, $\dfrac{h_0}{w} \leqq 1$, $\dfrac{b}{B} > 0{,}3$.

3. *Vollkommener Überfall mit seitlicher Strahleinschnürung und dreieckförmigem Ausschnitt*, lotrechte dünne Wehrwand mit scharfer Überfallskante; auch THOMSON-Meßwehr[1] genannt.

Für kleine Überfallshöhen liefern rechteckig ausgeschnittene Meßwehre ungenaue Werte, daher sind für kleine Überfallsmengen dreieckförmige Überfalls-

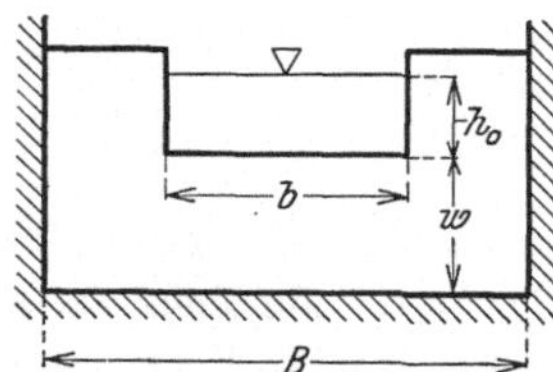

Abb. 164. Meßwehr nach J. V. PONCELET. Vollkommener Überfall mit seitlicher Strahleinschnürung und rechteckigem Ausschnitt, lotrechte dünne Wehrwand mit scharfer Überfallskante.

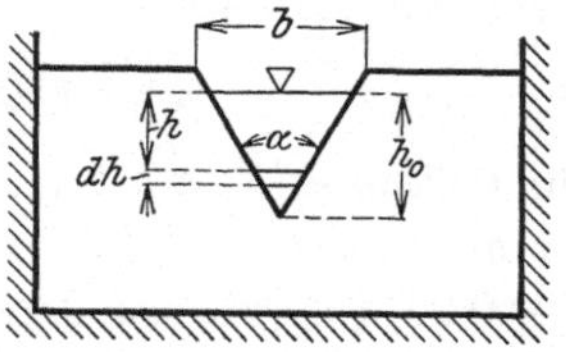

Abb. 165. Meßwehr nach J. THOMSON. Vollkommener Überfall mit seitlicher Strahleinschnürung und dreieckförmigem Ausschnitt, lotrechte dünne Wehrwand mit scharfer Überfallskante.

ausschnitte vorzuziehen[2] (Abb. 165). Hierfür gilt ähnlich wie beim rechteckigen Überfallsausschnitt

$$dQ = 2\,\mu_0\,(h_0 - h)\,\operatorname{tg}\frac{a}{2}\left(h + \frac{u_0^2}{2\,g}\right)^{\frac{1}{2}}\sqrt{2\,g}\;dh.$$

Wenn auch hier die Berücksichtigung des Einflusses der Ankunftsgeschwindigkeit sowie der verschiedenen Abmessungen des Meßwehres durch Ersatz des Beiwertes μ_0 durch μ erfolgt, dann wird

$$Q = \frac{8}{15}\,\mu\,\operatorname{tg}\frac{a}{2}\,\sqrt{2\,g}\;h_0^{\frac{5}{2}}. \quad (75)$$

Nach J. BARR[3] ist

$$\mu = 0{,}565 + 0{,}087\,h_0^{-0{,}5} \quad (76)$$

und kann der Einfluß der Breite des Zulaufgerinnes vernachlässigt werden, wenn diese größer als das Achtfache der Überfallshöhe ist.

---

[1] J. THOMSON, On experiment on the measurement of water by triangular notches. Rep. of the British Assoc. on the advancement of science. London 1862.

[2] Es sind verschiedenartige Ausschnittsformen vorgeschlagen worden, und zwar zusammengesetzt aus Kreisbögen oder aus Geraden und Kreisbögen usw. Siehe hierüber: A. STAUSS und K. v. SANDEN, Der kreisrunde Überfall und seine Abarten. Das Gas- und Wasserfach, 1926. — A. STAUSS, Der Beiwert kreisrunder Überfälle. Wasserkraft u. Wasserwirtschaft, München, H. 4, 1931.

[3] J. BARR, Experiments upon the flow of water over triangular notches. Engineering, 1910.

Ausführung und Genauigkeit der Mengenmessung mit Hilfe des Meßwehres.
Die Meßwehre sind so anzuordnen, daß auch bei den größten vorkommenden
Überfallshöhen ein vollkommener Überfall entsteht (Abb. 166).[1]

Bei Überfällen ohne seitliche Strahleinschnürung ist für eine ausreichende
Belüftung des Raumes unterhalb des Strahles Vorsorge zu treffen.

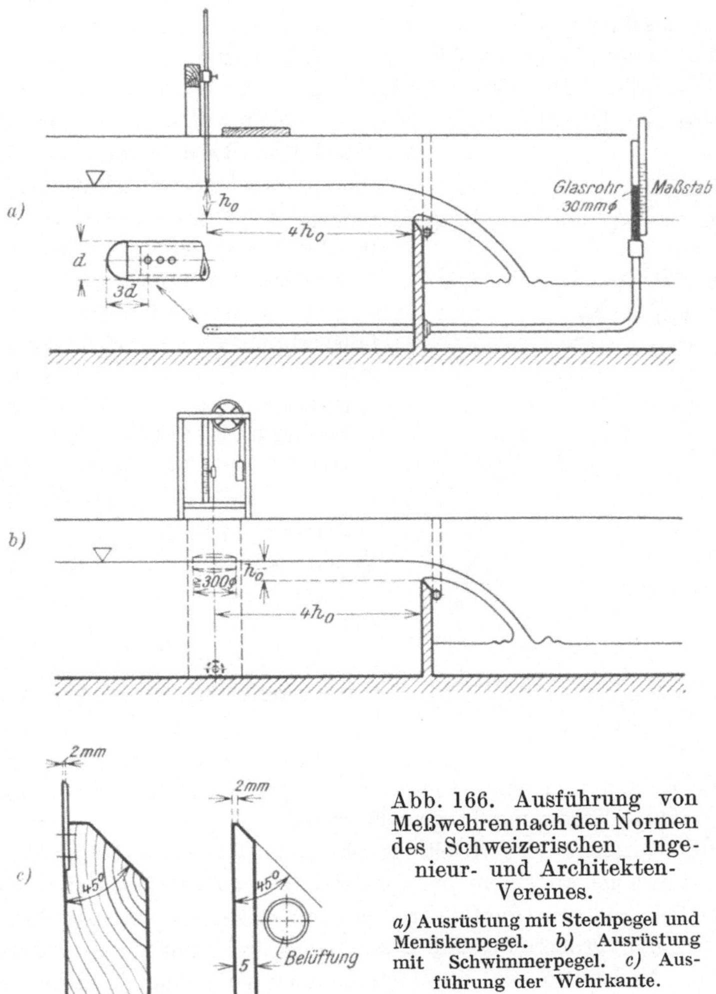

Abb. 166. Ausführung von Meßwehren nach den Normen des Schweizerischen Ingenieur- und Architekten-Vereines.

a) Ausrüstung mit Stechpegel und Meniskenpegel. b) Ausrüstung mit Schwimmerpegel. c) Ausführung der Wehrkante.

Meßwehre mit abgerundeten Kronen und anschließendem Schußboden
müssen so geformt werden, daß keinerlei Walzenbildungen im Überfallsstrahle
auftreten. Ein Beispiel einer derartigen gut ausgebildeten Wehrform ist in
Abb. 167 wiedergegeben.[2]

Weiters verlangen die Schweizer Normen, daß das Zulaufgerinne vor der
Wehrwand auf eine Länge, welche mindestens gleich der fünffachen größten

---

[1] Nach den Normen des Schweizerischen Ingenieur- und Architekten-Vereines.
[2] Nach einer Mitteilung von Th. Rehbock.

Überfallhöhe und mindestens gleich der 1,5fachen Überfallsbreite ist, vollständig gradlinig verläuft. Die Gerinnewände sollen senkrecht stehen und gleichlaufend zueinander sein und vor und hinter dem Überfall in der nämlichen Ebene liegen. Die Kanalsohle muß vor der Überfallswand mindestens auf die Länge der vierfachen größten Überfallshöhe annähernd waagrecht verlaufen. Die Überfallswand soll vollständig eben sein und senkrecht zur Gerinneachse stehen. Bei Überfällen ohne Seiteneinschnürung müssen auch die Gerinnewände vollständig eben sein. Die Überfallskante hat der in Abb. 166 c dargestellten Form zu entsprechen.

Bei Überfällen mit Seiteneinschnürung muß die Mitte des rechteckigen Ausschnittes der Überfallswand mit der Gerinnemitte zusammenfallen. Der Überfall muß also symmetrisch sein. Überfälle ohne Seiteneinschnürung sind der einfacheren Strömungsverhältnisse wegen in allen Fällen den Überfällen mit Seiteneinschnürung vorzuziehen.

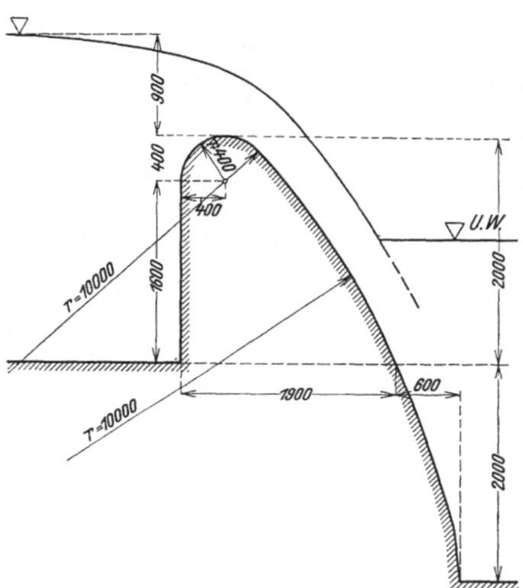

Abb. 167. Meßwehr mit abgerundeter Krone nach Th. Rehbock. Murgwerk bei Forbach in Baden.

Die Wasserzuführung zu dem Überfallsgerinne soll in der Richtung der Achse erfolgen. Abweichungen von dieser Vorschrift sind nur zulässig, sofern die Einmündung in das Zulaufgerinne mindestens um die zehnfache größte Überfallshöhe und um die vierfache Überfallsbreite oberhalb der Überfallswand liegt. In allen Fällen ist dann aber zu untersuchen, ob die Wasserfäden vor dem Überfall gleichlaufend sind und ob das Wasser auf der ganzen Breite mit annähernd gleicher Geschwindigkeit auf den Überfall zuströmt. Ist dies nicht der Fall, so muß durch den Einbau von Beruhigungsrechen oder -sieben, die dann hinreichend weit oberhalb des Meßwehres einzubringen sind, eine gleichmäßige Strömung hergestellt werden.

Bei Meßüberfällen, deren Breite b nicht mehr als zwei Meter beträgt, genügt es, die Überfallshöhe an einem einzigen Punkte, und zwar in der Gerinnemitte zu messen; bei größeren Überfallsbreiten, $2\,\mathrm{m} < b < 6\,\mathrm{m}$, hingegen soll sie in zwei und bei ganz großen Breiten, $b > 6\,\mathrm{m}$, in drei Punkten gemessen werden. Die einzelnen Meßstellen sind gleichmäßig über die Gerinnebreite zu verteilen. Bei Vorhandensein mehrerer Meßstellen gilt als Überfallshöhe das arithmetische Mittel aus den Ablesungen an den einzelnen Pegeln.

Als Pegel werden am zweckmäßigsten Stechpegel (Abb. 166 a) verwendet, deren Nullpunkt auf die Höhe der Überfallskante einzustellen ist, so daß die Ablesung am Pegel unmittelbar die Überfallshöhe angibt. Die Bestimmung des Nullpunktes der Stechpegel hat wenn möglich durch Nivellement von der Überfallskante aus zu erfolgen. Wenn dieses Verfahren der Überfallshöhenbestimmung infolge besonderer örtlicher Verhältnisse nicht angewendet werden kann, so kann die Überfallshöhe mittels Meniskenpegel (Abb. 166 a) oder auch durch Schwimmerpegel (Abb. 166 b), welche in seitlichen Schächten angeordnet sind, ermittelt werden. Die Nullpunkte der Menisken- und Schwimmerpegel sind unter Berücksichtigung der kapillaren Steighöhe und der Form des Meniskus zu bestimmen.

Über die Genauigkeit der angegebenen Beiwerte hat sich noch keine vollständig einheitliche Meinung gebildet.[1] Nach eingehenden Untersuchungen, die Th. Rehbock neuerdings unter Verwendung von Hunderten von Eichergebnissen zahlreicher Forscher in wasserbautechnischen Versuchsanstalten durchgeführt hat, besitzt man im scharfkantigen, belüfteten Meßwehr ohne seitliche Strahleinschnürung unter Verwendung der μ-Werte nach Gleichung (70) ein Meßgerät, das bei bester Ausführung und Handhabung eine Unsicherheit von höchstens $\pm\, 0{,}5$ v. H. aufweist.[2]

12. Mengenmessung mit Hilfe der Danaide.

Bei der Mengenmessung mit Hilfe der Danaide, welches Meßverfahren von E. Brauer eingeführt worden ist, wird die gesamte Durchflußmenge auf eine Anzahl von Ausflußöffnungen gleichen Durchmessers verteilt, die in ihrer Ausflußmenge voneinander unabhängig sein müssen.[3] Man kann daher die Ausflußöffnungen einzeln eichen und dabei eine hohe Meßgenauigkeit erzielen, da die jetzt kleinen Eichwassermengen eine genaue Bestimmung derselben zulassen.

Die Ausflußöffnungen werden entweder scharfkantig als sogenannte Meßbleche ausgeführt oder konisch verjüngt, angepaßt der Form des Ausflußstrahles, als Meßdüsen gearbeitet.

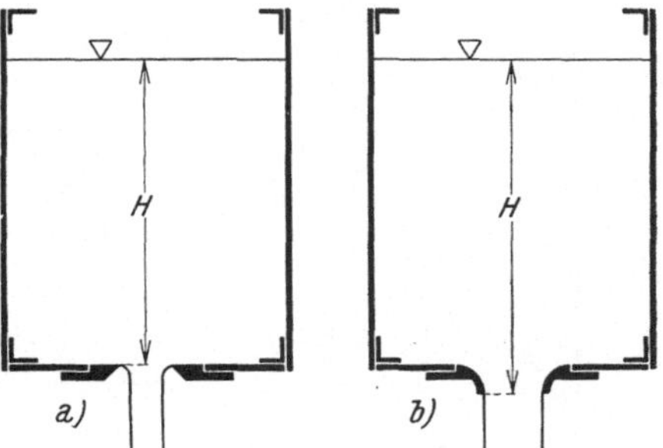

Abb. 168. Formen von Ausflußöffnungen.

a) Meßblech, b) Meßdüse.

Für jede dieser Ausflußöffnungen von der Weite D gilt für die Ausflußmenge allgemein

$$Q = \mu\, \frac{\pi\, D^2}{4}\, \sqrt{2\, g\, H}, \tag{77}$$

wobei H die Druckhöhe, also den lotrechten Abstand der freien Wasserspiegelfläche vom tatsächlichen Austrittsquerschnitt, bedeutet (Abb. 168).

Werden die Meßbleche oder Meßdüsen einheitlich gleich ausgeführt und ist der Abstand der Ausflußöffnungen voneinander mindestens das Drei- bis Vier-

---

[1] O. Kirschmer, Untersuchungen der Überfallskoeffizienten und der Kolkbildung am Absturzbauwerk im Semptflutkanal der mittleren Isar. Mitteilungen des Forschungsinstitutes für Wasserbau und Wasserkraft, H. 1, München 1928. — R. Hailer, Fehlerquellen bei der Überfallmessung. Mitteilungen des Hydraulischen Institutes der Technischen Hochschule München, H. 2, 1928. — H. Müller, Beeinflussung der Überfallsmessung ohne Seiteneinschnürung durch ungleiche Geschwindigkeitsverteilung im Zulaufgerinne. Bayrische Wasserwirtschaft, 1928.

[2] Th. Rehbock, Die Stetigkeit des Abflusses bei scharfkantigen Wehren. Der Bauingenieur, H. 48, 1930.

[3] E. Brauer, Ein neues Verfahren zur Wassermessung. Z. d. Vereines deutscher Ingenieure, 1892.

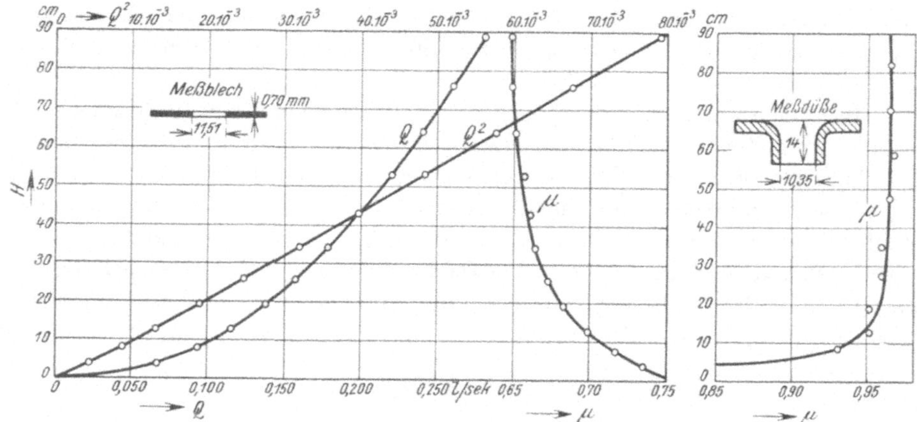

Abb. 169. Eichergebnisse von Ausflußbeiwerten μ für Meßbleche und Meßdüsen nach A. STAUSS.

Abb. 170. 60-Loch-Da-
naide nach A. STAUSS.

fache der lichten Weite D, dann ergeben sich nur sehr kleine Unterschiede in den einzelnen Ausflußteilmengen, etwa $\pm 0,2$ v. H.

Bei der Eichung sind alle Meßöffnungen bis auf diejenige zu verschließen, deren Ausflußbeiwert zu bestimmen ist. Die Abb. 169 zeigt als Ergebnis solcher Eichungen, daß der Ausflußbeiwert bei Meßblechen mit zunehmender Druckhöhe bis auf etwa 0,64 abnimmt, während er bei Meßdüsen zunimmt und sich schon bei geringen Druckhöhen von ungefähr 0,4 m einem festen Werte von etwa 0,97 nähert.

Ausführung von Mengenmessungen mit Hilfe der Danaide und deren Genauigkeit. Die Abmessungen der Danaide sollen so gewählt werden, daß auf eine Ausflußöffnung ungefähr eine Ausflußmenge von 1 l/sek entfällt, um den Eich- und Meßvorgang möglichst einfach gestalten zu können. Aus der Bedingung, die Entfernung der einzelnen Bodenöffnungen mit 3 bis 4 D zu bemessen, ist die notwendige Größe der Bodenfläche bestimmt. Als größte Druckhöhe nimmt man $H = 1,0 - 1,5$ m.

Die in Abb. 170 dargestellte 60-Loch-Danaide läßt die übliche, praktisch bewährte Anordnung erkennen. Die Ausflußöffnungen sind symmetrisch angeordnet. Für die Beruhigung des Druckspiegels sind Siebe und ein Schwimmbrett vorgesehen. Die Druckhöhe H wird an einem Meniskenpegel abgelesen, dessen Weite mindestens 30 mm betragen soll.

Die *Meßbleche* werden aus Neusilber- oder Hartmessingblechen hergestellt und beim Ausbohren und Ausdrehen übereinandergelegt, um genau übereinstimmende Meßöffnungen zu erhalten (Abb. 171). Ihre Herstellung ist einfach und billig. Sie werden am Boden der Danaide angeschraubt und mit geölter Pappe gedichtet. Die Öffnungen werden am besten durch Schraubenkappen oder einfacher durch Korkstöpsel verschlossen.

Die *Meßdüsen* werden aus Rotguß ausgedreht und erhalten genormte Formen, die jenen der noch zu besprechenden Staudüsen ähnlich sind (Abb. 172). Ihre

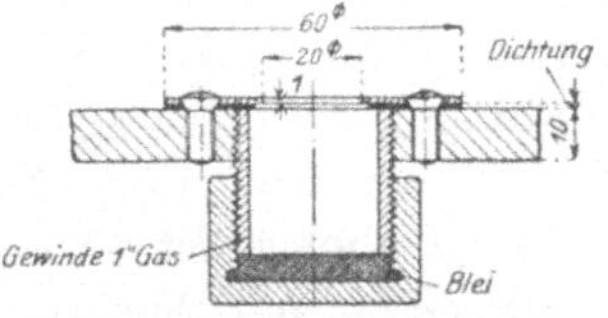

Abb. 171. Meßblech für eine Danaide samt Verschlußeinrichtung nach A. STAUSS.

Abb. 172. Genormte Meßdüse für Danaiden, $\mu = 0{,}97$.

vollkommen formgleiche Herstellung verursacht mehr Schwierigkeiten, als dies bei den Meßblechen der Fall ist.

Die Genauigkeit von Mengenmessungen mit Hilfe der Danaide kann bei sorgfältigster Ausführung der Meßbleche und Meßdüsen bis auf rund $\pm$ 0,2 v. H. gesteigert werden.[1]

13. Mengenmessung mit Hilfe des Staudruck-Meßgerätes.

Die Entdeckung von G. B. VENTURI aus dem Jahre 1797, daß das in einem konisch sich verengenden und wieder erweiternden Rohre fließende Wasser an der engsten Stelle eine saugende Wirkung ausüben kann, wurde von Cl. HERSCHEL 1887 zum ersten Male zu Meßzwecken verwendet.[2]

Das Venturimeter in seiner ursprünglichen von HERSCHEL angewendeten Form (Abb. 173) hat mannigfache Abänderungen erfahren und es ist eine Reihe von Staudruck-Meßgeräten entstanden, die man nach ihrer Ausführung, gereiht nach der beanspruchten Baulänge, unterscheidet als Stauscheibe, Stauflansch, Staudüse, Venturirohr mit Staudüse und Venturirohr mit Doppelkonus.

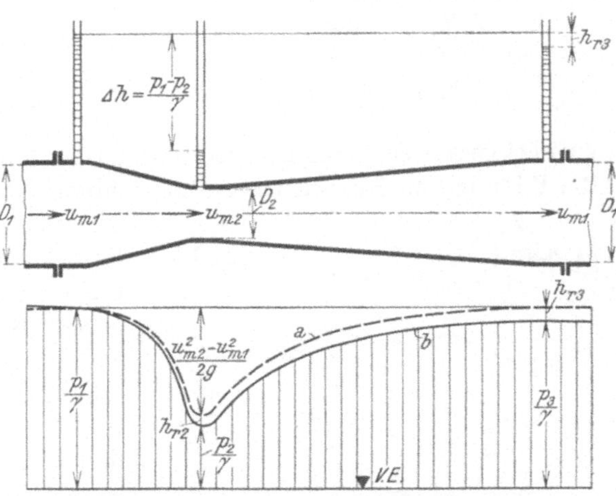

Abb. 173. Schematische Darstellung eines Venturimeters und des Verlaufes der theoretischen (a) und wirklichen (b) Drucklinie; h_{r2}, h_{r3} Druckhöhenverluste infolge Reibung.

Allen diesen Ausführungen ist das Bestreben gemeinsam, die Einschnürung des Durchflußquerschnittes auf möglichst einfache Weise hervorzurufen.

---

[1] A. STAUSS, Die hydraulischen Einrichtungen des Maschinenbaulaboratoriums in Eßlingen. Berlin 1925.

[2] CL. HERSCHEL, The venturi meter by CL. HERSCHEL. Read before the Am. Soc. of Civ. Eng., 1887.

Bei dem Staudruckgerät mit der *Stauscheibe*, dem einfachsten Meßgerät, wird der Flüssigkeitsstrom gezwungen, durch eine scharfkantige kreisrunde Öffnung einer Blechscheibe zu fließen (Abb. 174).

Beim Staugerät mit *Stauflansch* erfolgt die Einengung durch eine stärker gehaltene gußeiserne Platte mit abgerundeter Öffnung, die ebenso wie die Stauscheibe zwischen die Flanschen der Rohrstücke eingeschoben ist (Abb. 175).

Beim Staugerät mit *Staudüse* wird die Flüssigkeit zwangläufig bis zum engsten Durchflußquerschnitt geführt, während nach der Verengung der Strahl von der Rohrwand abgehoben ist und sich erst wieder nach einer gewissen Lauflänge anschmiegt (Abb. 176).

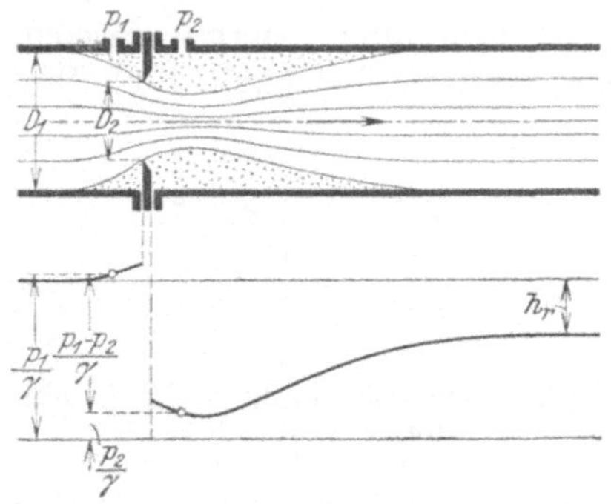

Abb. 174. Stauscheibe. Druckhöhenverlauf längs der Rohrwand; h_r Druckhöhenverlust infolge Reibung.

Das *Venturirohr mit Staudüse* ist eine zweckmäßige Verbindung der Staudüse mit einem konisch erweiterten Rohre. Hierdurch wird der Flüssigkeitsstrom

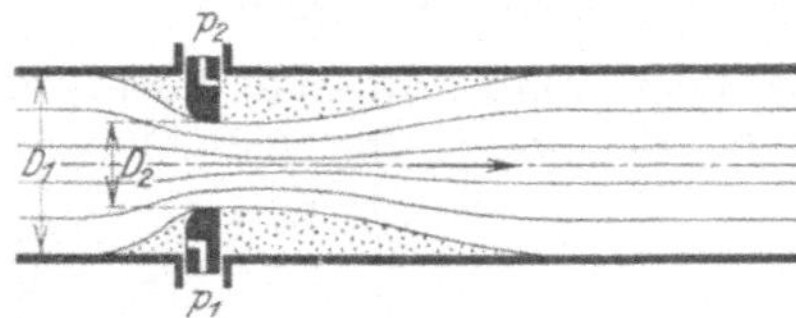

Abb. 175. Stauflansch.

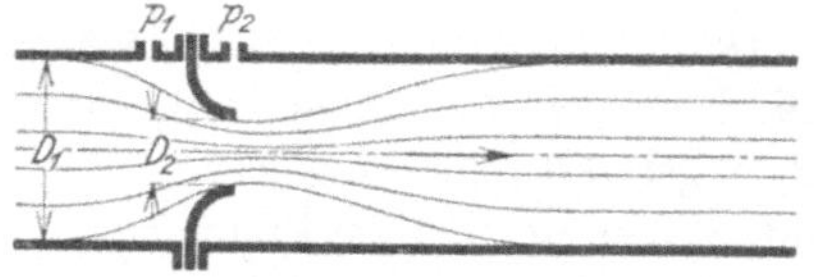

Abb. 176. Staudüse.

auf der gesamten Lauflänge geführt und dadurch eine Verwirbelung und damit die Bildung von Ringwalzen hintangehalten (Abb. 177).

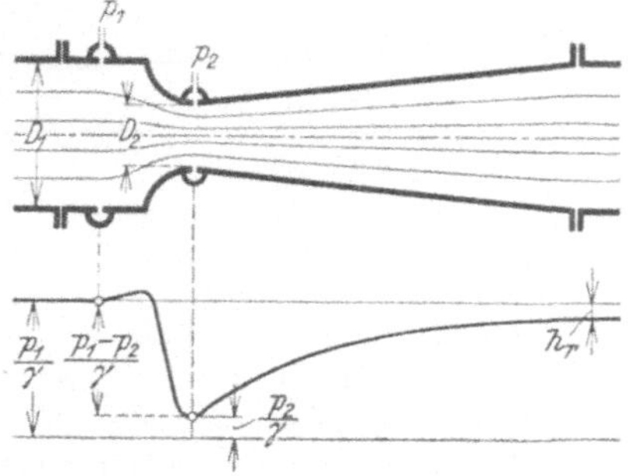

Abb. 177. Venturirohr mit Staudüse. Druckhöhenverlauf längs der Rohrwand; h_r Druckhöhenverlust infolge Reibung.

Die *Venturirohre mit Doppelkonus*, jene Ausführung, die sich an die von CL. HERSCHEL ursprünglich angewendete anschließt, haben in jüngster Zeit wieder Bedeutung erlangt, weil sich bei Stahlrohren oder Eisenbetonrohren die allmähliche Verjüngung und Erweiterung zum und vom Kehlquerschnitte aus konstruktiven Gründen als zweckmäßig erwiesen hat.

Grundlagen des Meßverfahrens. Denkt man sich das Venturirohr waagrecht gelagert, wie dies in der Praxis in der Regel der Fall ist, und die hydraulischen Drücke in Wassersäulenhöhe gemessen, so ergibt sich nach der Gleichung von D. BERNOULLI für den Druckunterschied im Einlauf- und Kehlquerschnitt (Abb. 173)

$$\Delta h = \frac{p_1 - p_2}{\gamma} = \frac{u_{m,2}^2 - u_{m,1}^2}{2\,g}$$

und da

$$Q = u_{m,1} \frac{\pi D_1^2}{4} = u_{m,2} \frac{\pi D_2^2}{4},$$

folgt die Durchflußmenge

$$Q = \frac{1}{\sqrt{1 - \left(\dfrac{D_2}{D_1}\right)^4}} \sqrt{2 g \Delta h}\; \frac{\pi D_2^2}{4}. \tag{78}$$

Da dieser Rechnungswert nur für reibungslose Bewegung zutreffen kann, ist die tatsächliche Durchflußmenge kleiner, also

$$Q = a \frac{1}{\sqrt{1 - \left(\dfrac{D_2}{D_1}\right)^4}} \sqrt{2 g \Delta h}\; \frac{\pi D_2^2}{4} = \mu \sqrt{2 g \Delta h}\; \frac{\pi D_2^2}{4}. \tag{79}$$

Beide Darstellungen für Q sind gebräuchlich, wonach entweder der sogenannte Venturibeiwert a oder der Durchflußbeiwert μ angegeben ist, in welchen die verschiedenen Einflüsse der Formgebung und Oberflächenbeschaffenheit, der ungleichmäßigen Geschwindigkeitsverteilung sowie bei μ noch die Zulaufgeschwindigkeit berücksichtigt sind. Für untergeordnete Messungen kann $a = 1,0$ angenommen werden. Für genaue Messungen ist a bzw. μ durch Eichung zu bestimmen und zwar wegen der Abhängigkeit von der REYNOLDSschen Zahl in jenem Bereich, der für den Gebrauch in Betracht kommt.

Derartige Untersuchungen sind vielfach durchgeführt worden, und zwar sowohl für Stauscheiben als auch für Staudüsen und Venturirohre.[1] Sie sind in erster Linie den praktischen Bedürfnissen in der Weise gerecht geworden, daß sie gezeigt haben, unter welchen Verhältnissen die einzelnen Formen der Staugeräte empfehlenswert sind.

Für die Verwendung in der Hydrometrie spielen nicht nur die Veränderlichkeit der Beiwerte a oder μ des Meßgerätes sowie die Genauigkeit des zugehörigen Ablesegerätes, sondern auch der durch den Einbau hervorgerufene Reibungsverlust eine Rolle, weil dieser einen Energieverlust bedeutet.

Bei der Stauscheibe und dem Stauflansch schwankt der a-Beiwert für ein und dasselbe Meßgerät zwischen 0,60 und fast 1,0. Diese Verschiedenheit ist ein Nachteil dieser Art von Staugeräten und macht die Messung häufig unsicher; daher ist eine Eichung notwendig. Die Verlusthöhe infolge der Reibung kann je nach dem Verhältnisse von $\dfrac{D_2}{D_1}$ 30 bis 100 v. H. des Druckunterschiedes Δh betragen.

Für die Genauigkeit der Ablesung sind die richtige Druckabnahme und Übertragung der Drücke p_1 und p_2 wichtig. Die Druckabnahme geschieht meist kurz vor und hinter dem Staudruckgerät. Der Abstand dieser Druckentnahmepunkte von der Meßscheibe oder dem Meßflansch ist von Einfluß auf das

---

[1] R. WITTE, Durchflußbeiwerte der I. G.-Meßmündungen für Wasser, Öl, Dampf und Gas. Z. d. Vereines deutscher Ingenieure, S. 1493, 1928. — W. E. GERMER, Die Venturimessung für Flüssigkeiten und Gase. Verlag Bopp & Reuther, Mannheim-Waldhof. — M. JAKOB und S. ERK, Der Druckabfall in glatten Rohren und die Durchflußziffer von Normaldüsen. Forschungsarbeiten, H. 267, 1924.

Meßergebnis. Die Abb. 178 und 179 zeigen bewährte Ausführungen. Beide Formen ermöglichen wohl leichten Einbau, einfache Auswechslung und

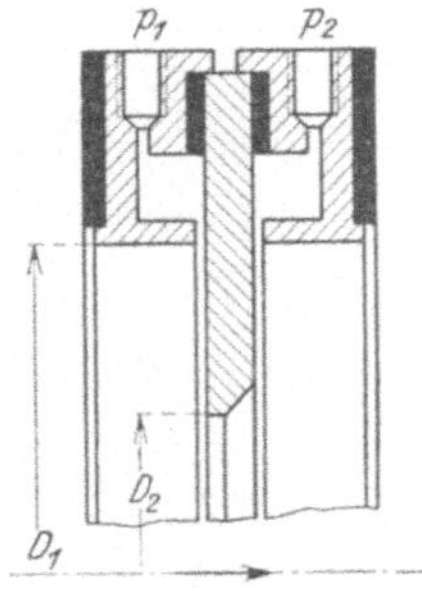

Abb. 178. Einzelheiten einer Stauscheibe.

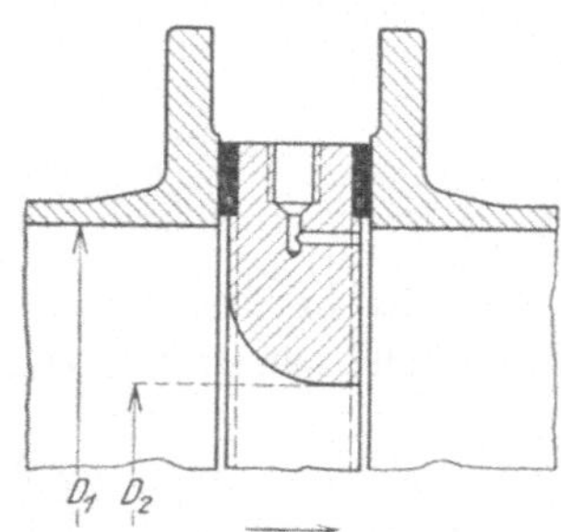

Abb. 179. Einzelheiten eines Stauflansches nach BOPP und REUTHER-Mannheim-Waldhof.

Reinigung und verlangen nur kurze Baulängen, doch ist der Meßbereich wegen des großen Reibungsverlustes verhältnismäßig gering.

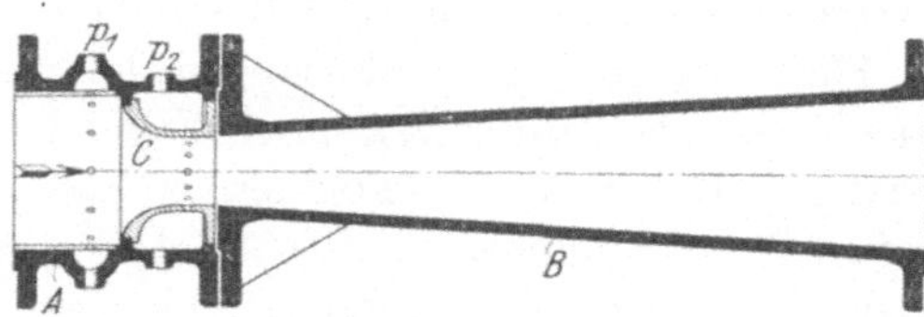

Abb. 180. Einzelheiten eines Venturirohres mit Staudüse nach BOPP u. REUTHER-Mannheim-Waldhof.

A zylindrisches Einlaufrohr, B konisches Auslaufrohr, C Düse

Wesentlich genauere Messungen lassen sich mit parabolisch geformten Staudüsen erzielen. Für die Druckabnahme führt je eine Anbohrung zu ringförmigen Druckkammern, welche aus Sicherheitsgründen eine Reihe von Druckentnahmelöchern erhalten. Je nach dem Betriebsdruck wird die Düse aus Gußeisen oder aus Stahlguß hergestellt (Abb. 180).

Der α-Beiwert schwankt hier nur zwischen 0,97 und fast 1,00, da die Einschnürung bei Düsen ganz entfällt (Abb. 181). Er ist von einer Durchflußgeschwin-

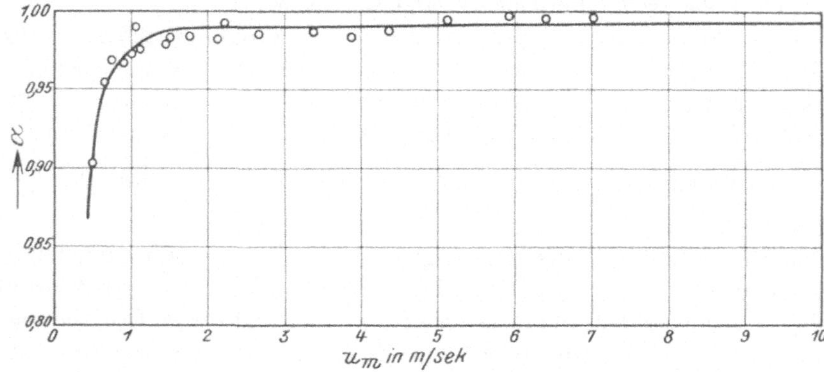

Abb. 181. Beiwert α für ein Venturirohr mit Staudüse nach BOPP u. REUTHER-Mannheim-Waldhof.

digkeit von 1,0 m/sek im Kehlquerschnitt angefangen fast gleichbleibend, zumindest aber geradlinig zunehmend, was sich besonders für Registrierzwecke als vorteilhaft erweist. Staudüsen haben jedoch den gleichen Nachteil wie die Stauscheiben, da die Verlusthöhe infolge der Reibung auch bei ihnen bis 100 v. H. des Druckunterschiedes Δh betragen kann.

Abb. 182 zeigt normalisierte Düsenformen für Staudruckmeßgeräte, für welche bei einer

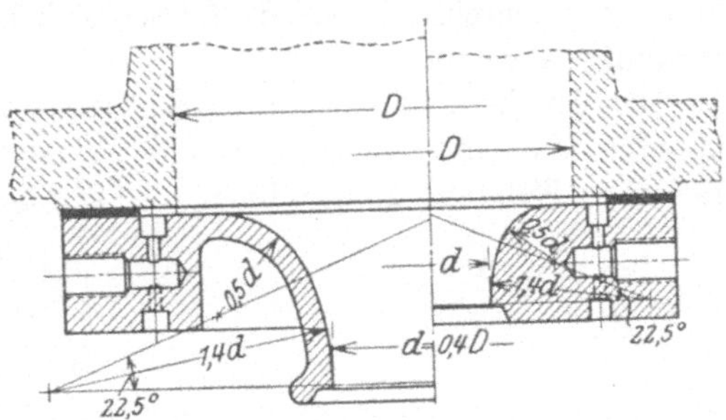

Abb. 182. Genormte Düsen für Staudruck-Meßgeräte bei Rohrdurchmessern größer oder kleiner als 85 mm.

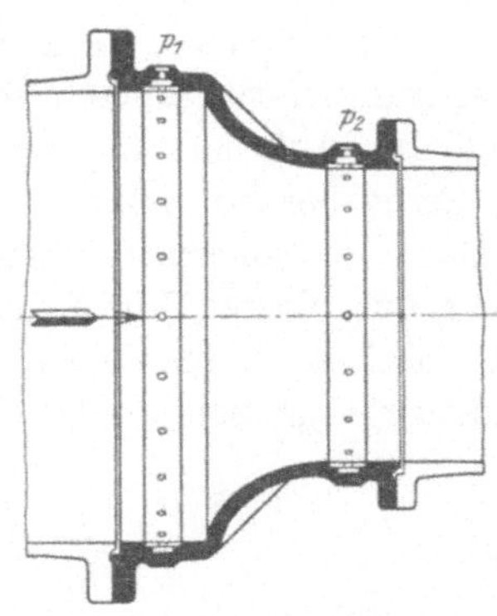

Abb. 183. Staudüse für Turbinen-Zuleitungsrohre nach BOPP u. REUTHER-Mannheim-Waldhof.

REYNOLDS schen Zahl von 10^5 bzw. $3 \cdot 10^5$ der μ-Wert zwischen 0,961 und 0,967 liegt.

In Abb. 183 ist eine Staudüse dargestellt, die in Turbinenzuleitungen eingebaut wird, wo von vornherein eine Abminderung des Leitungsquer-

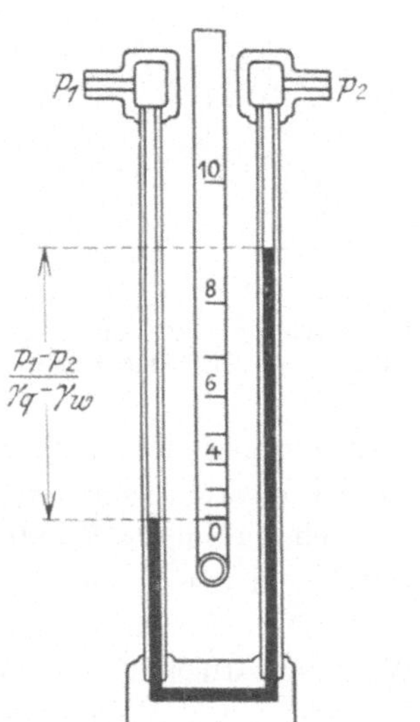

Abb. 184. Quecksilbermanometer für Staudruck-Meßgeräte nach BOPP u. REUTHER-Mannheim-Waldhof.

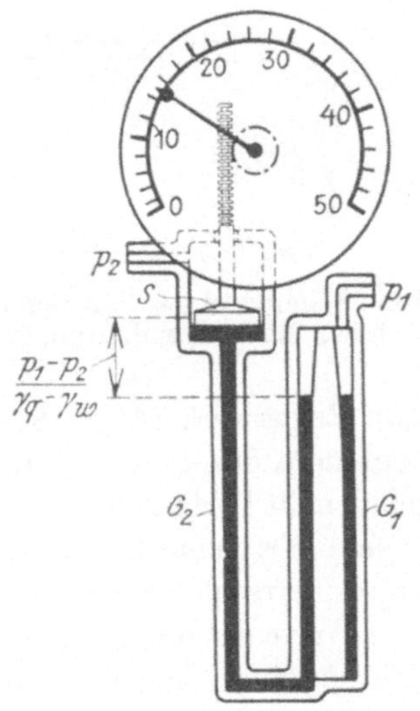

Abb. 185. Quecksilbermanometer mit parabolischem Einsatz für Staudruck-Meßgeräte nach BOPP u. REUTHER-Mannheim-Waldhof.

schnittes vorhanden ist. Wie die Erfahrung gelehrt hat, zeigen derartige Düsenformen sehr geringe Reibungsverluste, die selbst kleiner sind, als wenn sich ein konisch erweitertes Rohr anschließen würde.

Die Venturirohre mit Staudüse, bei denen also das konische Einlaufrohr fehlt und die dadurch eine kürzere Baulänge als die normalen Doppelkonus-

Venturirohre aufweisen, besitzen einen ziemlich großen Meßbereich, der ungefähr das Drei- bis Vierfache jenes eines Staudruckgerätes mit Stauscheibe beträgt.

Als *Anzeige-* oder *Ablesegeräte* dienen bei einfachen Ausführungen gewöhnlich Quecksilbermanometer. Für Sonderzwecke werden Zeigerwerke mit und ohne Summierungseinrichtungen für die Durchflußmengen, Selbstschreiber zur unmittelbaren Aufzeichnung der Ganglinien der Durchflußmengen und schließlich auch Ferngeber für elektrische Übertragung hergestellt.

Das Quecksilbermanometer (Abb. 184) ist das einfachste Anzeigegerät und besteht aus einem U-förmigen Manometerrohr mit verstellbaren Zeigern und einem Maßstab, an dessen quadratischer Teilung unmittelbar die Durchflußmenge abgelesen werden kann.

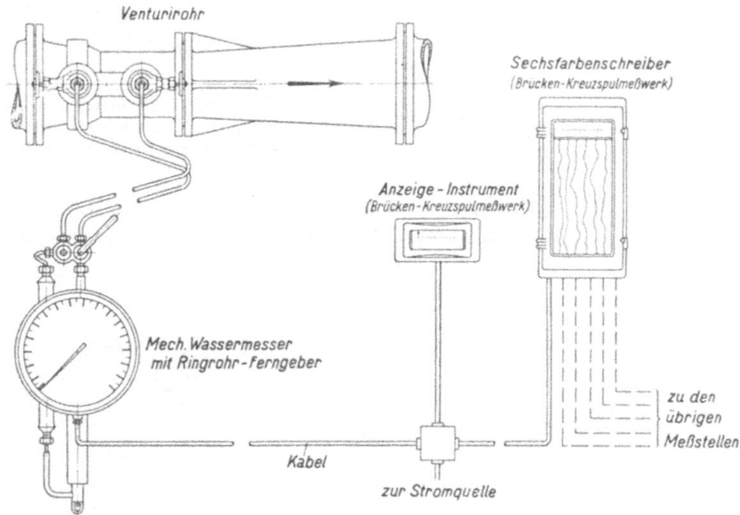

Abb. 186. Schema eines Venturimeters mit Fernübertragung auf ein Anzeigegerät bzw. einen Bandchronographen nach SIEMENS & HALSKE-Berlin.

Beim Zeigerwerk (Abb. 185) und beim Selbstschreiber stehen die von den Druckkammern des Venturirohres ausgehenden Zuleitungsrohre mit zwei Quecksilbergefäßen in Verbindung, die untereinander durch ein dünnes Stahlrohr verbunden sind. Das eine Quecksilbergefäß G_1, in welchem der höhere Druck des Staugerätes herrscht, hat einen parabolischen Einsatz, um eine lineare Maßteilung für die Q-Werte zu erhalten, d. h. also, der Wurzelausdruck in der Gleichung (79) wird in einen linearen verwandelt. Das zweite Quecksilbergefäß G_2, in welchem der niedrigere Staudruck herrscht, ist zylindrisch gestaltet. Es enthält einen Schwimmer S aus Hartgummi, der eine Zahnstange trägt. Diese greift in ein Zahnrad ein, das die auf- und niedergehenden Bewegungen des Quecksilberspiegels nach außen auf einen Zeiger oder auf eine Schreibfeder überträgt. Bei derartigen Zeiger- oder Schreibgeräten soll man sich zeitweise von ihrer Anzeigegenauigkeit durch vergleichende Ablesungen an einem einfachen Quecksilbermanometer überzeugen.

Eine Venturimetereinrichtung, die für Fernübertragung ausgerüstet ist, zeigt die Abb. 186.

Ausführung von Mengenmessungen mit Hilfe des Staudruck-Meßgerätes und deren Genauigkeit. Ursprünglich sind die Venturimeter hauptsächlich für die Mengenmessung in Wasserleitungsrohren verwendet worden. Da die Venturimessung aber in sehr zweckmäßiger Weise auch für die Dauermessung eingerichtet werden kann, kommt sie immer mehr für die Kontrollmessungen an Wasserkraftanlagen in Gebrauch, um so mehr, als es durch die Ausbildung der Staudruckmeßgeräte gelungen ist, die Verlusthöhe infolge Reibung fast gänzlich zu beseitigen.[1]

Venturimeter für Großkraftanlagen sind bis zu Rohrweiten von 2,40 m ausgeführt worden, wobei man sich in zweckmäßiger Weise den verschiedensten Bausowie Betriebsverhältnissen anpassen konnte. Derartige Großausführungen werden hergestellt in Gußeisen, Stahlguß, Schmiedeeisen mit auswechselbarer oder in das Einlaufrohr eingegossener Düse oder in Beton mit Druckkammern aus Gußeisen, die in Beton- oder in schmiedeeiserne Leitungen eingebaut werden.

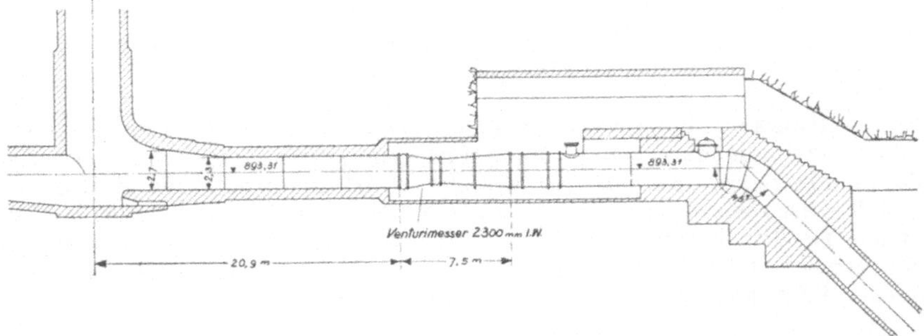

Abb. 187. Anordnung eines Venturimeters bei der Wasserkraftanlage Achensee in Tirol.

Die Einzelausgestaltung erfolgt in Form eines normalen Venturirohres, eines Venturirohres mit Teilwassermessung oder eines Venturirohres für ein- oder beiderseitigen Durchfluß oder auch mit Verwendung eines konischen oder düsenförmigen Übergangsstückes.

Als Beispiel zeigt die Abb. 187 ein normales Venturirohr mit Doppelkonus aus Schmiedeeisen, das vermöge der Lage seiner Einbaustelle in der Nähe des Wasserschlosses eines Kraftwerkes zur gleichzeitigen Betriebskontrolle über sämtliche, an das Druckrohr angeschlossene Turbinen dienen kann.

Die Abb. 188 zeigt eine Sonderausführung, bei der die Venturimeßeinrichtung aus drei gegossenen Druckentnahmekammern besteht, die das Venturirohr ringförmig umschließen. Das Venturirohr, das aus eisernen konischen Schüssen gebildet wird, hat eine Umhüllung aus Beton erhalten. Diese Anordnung ist auch mit einem Teilwassermesser ausgestaltet. Dieser Nebenmesser liegt in einer Umlaufleitung zwischen zwei der Druckkammern in Form eines kleinen WOLTMAN-Wassermessers. Der Druckunterschied im Venturirohr drückt dauernd einen bestimmten Teil der Gesamtwassermenge durch die Umlaufleitung, wobei die Anzeige des Nebenmessers so eingerichtet ist, daß man an ihr unmittelbar die Gesamtdurchflußmenge ablesen kann. Da der Druckunterschied im Venturirohr mit dem Quadrat der Durchflußmenge wächst und die Durchflußmenge in der Umlaufleitung der Quadratwurzel aus dem Druckunter-

---

[1] F. WENTZELL und K. ALBWEILER, Die Anwendung des Venturiprinzipes zur Betriebskontrolle in Wasserkraftanlagen. Bopp & Reuther, Mannheim-Waldhof. — MESTER, Meßdüsen für Wasserkraftanlagen. Wasserkraft u. Wasserwirtschaft, München, H. 23, 1927. — H. LOHMANN, Großwassermesser für einseitigen und beiderseitigen Durchfluß. Wasserkraft u. Wasserwirtschaft, München, H. 8, 1929.

schiede proportional ist, so kann als Nebenmesser nur ein solcher Verwendung finden, dessen Druckverlust quadratisch mit der Durchflußmenge wächst. Diesen Bedingungen kann ein WOLTMAN-Wassermesser angepaßt werden.[1]

Bei weiten Leitungen gehen nur etwa 1 v. H. der Gesamtwassermenge oder noch weniger durch die Umlaufleitung; es wird daher die Strömung im Venturirohr durch das in der Umlaufleitung strömende Wasser wenig beeinflußt.

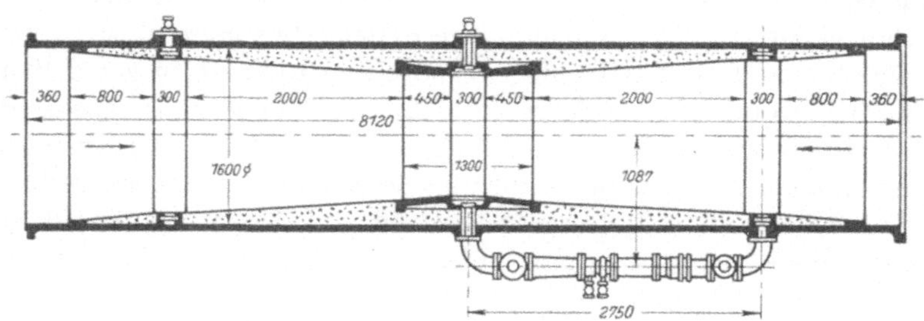

Abb. 188. Venturirohr mit drei Druckentnahmekammern und einem Teilwassermesser, ausgeführt für das Badenkraftwerk.

Bei Kraftwerken, die mit Pumpspeicherbetrieb arbeiten, muß für die Betriebskontrolle die Summierung der Durchflußmengen getrennt für den Vorwärtslauf des Turbinenbetriebes und den Rückwärtslauf beim Pumpenbetrieb erfolgen. Dies gelingt mit einer selbsttätigen Umsteuerung der Meßeinrichtungen, wobei bei Turbinenbetrieb die den Turbinen zufließende Wassermenge durch das im Hauptrohre liegende Venturirohr, bei Pumpenbetrieb die dem Speicher zufließende Wassermenge durch eine Teilwassermessung in der Umlaufleitung gemessen wird.

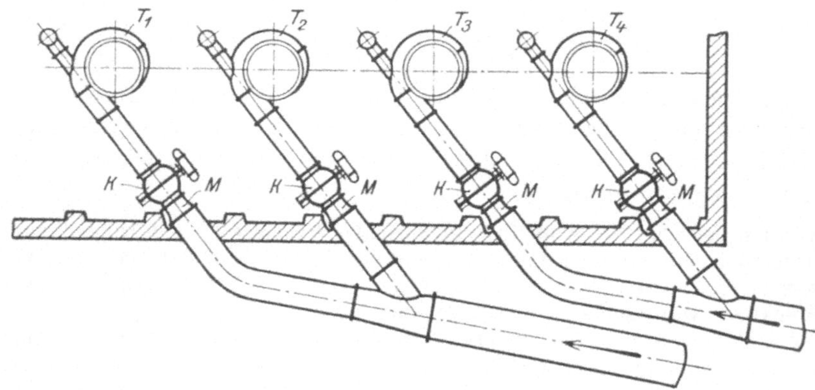

Abb. 189. Anordnung der Staudüsen M und der Kugelschieber K in der Druckrohrleitung des Wasserkraftwerkes Siebnen in der Schweiz. T_1—T_4 Turbinen.

In Abb. 189 sind die Staudruckmeßgeräte in Form düsenförmiger Übergangsstücke unmittelbar vor den Turbinenschiebern in jeder einzelnen Zuleitung eingebaut. Bei dieser Anordnung kann das konische Übergangsrohr entfallen, weil die Rohrverjüngung in dem Abzweige so gewählt werden kann, wie es die Mündungsweite der Staudüse verlangt.

Die Genauigkeit der Messung mittels Staudruckmeßgeräten ist davon abhängig, ob man diese Meßgeräte in ungeeichtem oder geeichtem Zustande verwendet.

---

[1] Siehe S. 70.

Ohne Eichung, also nur mit Zugrundelegung der aus der reibungslosen Bewegung ermittelten Gleichung (78), sind Staudruckgeräte mit Stauscheiben für einigermaßen genaue Mengenerhebungen unbrauchbar. Bei Staudüsen mit und ohne anschließendem konischen Rohr muß mit einem Fehler bis ± 2 v. H. gerechnet werden.

Bei geeichten Staudruckgeräten mit Eichung nach der Behältermessung kann mit einem gut entlüfteten Quecksilbermanometer eine Genauigkeit von $\pm 0{,}5$ v. H. erzielt werden, wenn man nur innerhalb jenes Bereiches der Eichlinie abliest, wo bereits ein einwandfreier geradliniger Verlauf festgestellt werden kann, und wenn man darauf achtet, daß nicht etwa vorgeschaltete Rohrkrümmer die gleichmäßige Geschwindigkeitsverteilung im Zuführungsrohre stören.

b) Mengenerhebungen des unterirdischen Abflusses.

Bei der Ermittlung der Durchflußmengen oberirdischer Gewässer begegnet die Bestimmung der Größe und Form der Durchflußfläche keinen besonderen Schwierigkeiten. Dagegen ist dies beim Grundwasser eine Arbeit, die in den meisten Fällen einen ebenso großen Zeit- und Materialaufwand verursacht wie die Erhebung der Durchflußgeschwindigkeit.

Bei der Bestimmung der Durchflußfläche kommt es nicht nur darauf an, ihre Begrenzung durch die Grundwasserspiegelfläche sowie durch die undurchlässigen Bodenschichten festzulegen, sondern es ist auch wesentlich, die Größe und Verteilung des Porenraumes durch die Angabe der Lagerung der verschiedenartigen durchlässigen Bodenschichten sowie ihrer bodenphysikalischen Zusammensetzung eindeutig zu beschreiben.[1] Zu diesem Zwecke ist die eigentliche Meßarbeit durch Bodenuntersuchungen zu ergänzen, bei denen man durch Probebohrungen oder Schürfungen den Strömungsvorgang sowie die Beschaffenheit des Grundwasserträgers zur Gänze erfaßt.

Das Abbohren des Bodens mit Bohrrohren erfolgt entweder trocken oder naß, letzteres mit Verwendung des Spülverfahrens. Beide Verfahren können nur insoweit zur Klarlegung der Bodenverhältnisse dienen, als man hieraus wohl die Begrenzung des Grundwasserträgers feststellen kann, nicht aber die Einzelheiten der natürlichen Lagerungsverhältnisse. Hierfür kommen für nichtbindiges, rolliges Bodenmaterial nur Schürfungen in ausgehobenen Schlitzen und Gruben und für bindige Böden das Herausstechen ungestörter Bodenproben in Betracht.

Die Bohrrohre ermöglichen die Bestimmung der Spiegellage des Grundwassers und seiner Strömungsrichtung, wenn sie so eingeteilt werden, daß die Höhenschichtenlinien des Grundwasserspiegels mit genügender Genauigkeit ermittelt werden können. Als größte Entfernung der Bohr- oder Standrohre wählt man etwa 500 m und verringert diesen Abstand dort, wo wesentliche Gefällsänderungen im Wasserspiegelverlaufe zu erwarten sind.

Die Aufnahme der Höhenlage des Grundwasserspiegels in den einzelnen Bohrrohren erfolgt in gleicher Weise, wie dies schon bei der Einmessung des Grundwasserspiegels bei Grundwasserpegeln beschrieben worden ist.[2] Die Meß-

---

[1] Näheres hierüber siehe S. 188f.
[2] Siehe S. 45f.

ergebnisse werden in einen Lageplan eingetragen und die Linien gleicher Grundwasser-Spiegelhöhen gezeichnet. Damit ist aber auch bereits die Strömungsrichtung, wenigstens jene der obersten Wasserfäden, festgelegt, weil sich diese in der Richtung des größten Wasserspiegelgefälles bewegen; die Stromlinien schneiden also die Linien gleicher Wasserspiegelhöhen unter einem rechten Winkel.

Aus den so gewonnenen Wasserspiegel- oder Stromlinienplänen lassen sich die charakteristischen Erscheinungsformen der Grundwasserbewegung in der Natur herauslesen. Bei waagrechter Lage des Grundwasserspiegels hat man ruhendes Grundwasser in einem *Grundwasserbecken.* Bei geneigtem Grundwasserspiegel ist fließendes Grundwasser, ein *Grundwasserstrom,* vorhanden. Dieser kann zum Oberflächenwasser eines darüber befindlichen Flußlaufes in mannigfacher Beziehung stehen. Überqueren die Höhenlinien des Grundwasserspiegels ohne Ablenkung oder Störung den oberirdischen Flußlauf, dann sind die beiden Wasserführungen voneinander unabhängig. Der Flußlauf besitzt dann eine derartig dichte Wandung, daß kein *Seih-* und kein *Sickerwasser* zum Grundwasser gelangt. Empfängt der Fluß unterirdisches Wasser, dann ist dies in einem Abbiegen der Höhenlinien des Grundwasserspiegels, und zwar flußaufwärts, erkenntlich, während bei Abgabe von Flußwasser an den Grundwasserträger diese Linien flußabwärts ausbiegen.[1]

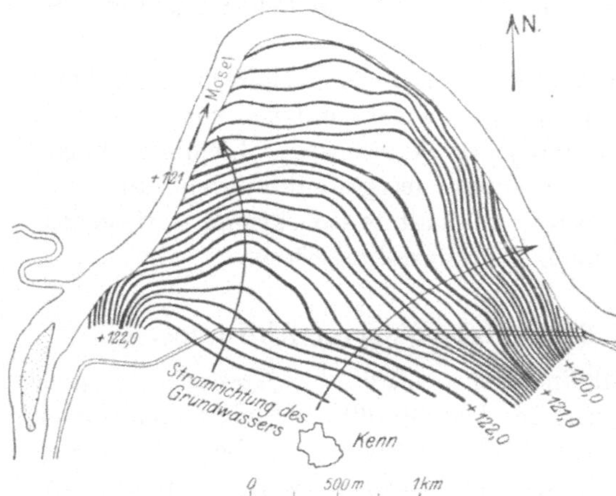

Abb. 190. Speisung des Flusses durch das Grundwasser bei Niederwasser. Mosel bei Kenn.

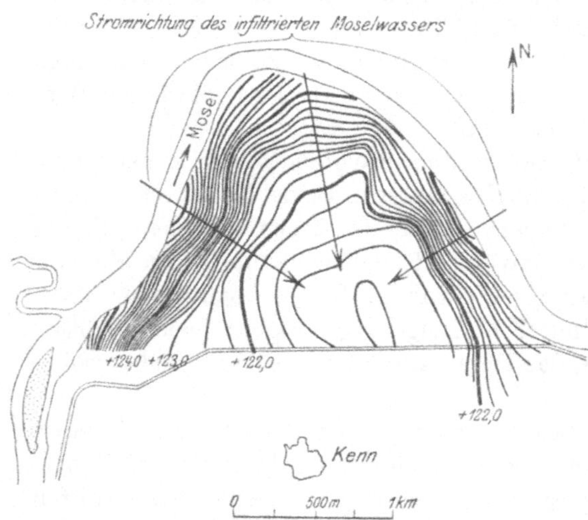

Abb. 191. Speisung des Grundwassers durch den Fluß bei Hochwasser. Mosel bei Kenn.

Aus den in den Abb. 190 und 191 dargestellten Grundwasserströmungen im Bereiche ein und derselben Uferstrecke je nach dem Wasserstande im Flusse ist dieses verschiedenartige Verhalten ersichtlich. Bei Niederwasser im Flusse und hoher Lage des Grundwasserstandes wird der Fluß vom Grundwasser gespeist (Abb. 190). Bei Hochwasser im Flusse und verhältnismäßig tiefer Lage des Wasserstandes im Grundwasserträger verliert der Fluß

[1] E. Prinz, Hydrologie. Berlin 1923.

auf lange Strecken Wasser und gibt es an das Grundwassergebiet ab (Abb. 191).[1]

Der Grundwasserspiegel wird aber nicht nur vom unmittelbar anliegenden Flusse beeinflußt, sondern er weist auch Schwankungen auf, die von der Versickerung des Niederschlagswassers herrühren. Überdies sind noch täglich periodisch verlaufende Spiegeländerungen festgestellt worden, die weder mit dem Niederschlage noch mit den Sickervorgängen aus oberirdischen Gewässern in Zusammenhang stehen, deren Ursachen aber bisher noch keine allseits befriedigende Erklärung gefunden haben (Abb. 192)[2].

Diese verschiedenartigen Erscheinungen im Grundwasser haben hier im voraus Erwähnung gefunden, weil sie bei Mengenerhebungen im Grundwassergebiete berücksichtigt werden müssen und bestimmend für den Arbeitsvorgang sowie für die Wertung des Meßergebnisses sein können.

Die Bestimmung der Fließgeschwindigkeit des Grundwassers kann auf unmittelbarem oder mittelbarem Wege erfolgen. Die Durchflußmenge Q ergibt sich im ersten Falle aus

$$Q = u_w \, (a\,F), \qquad (80)$$

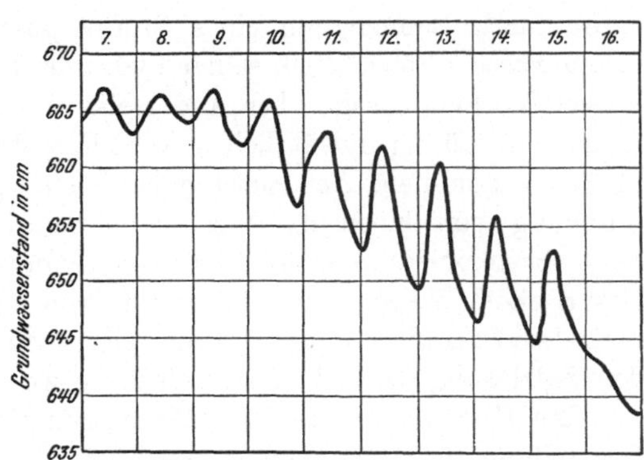

Abb. 192.　Schwankungen des Grundwasserstandes im Walde bei Wangeningen in Holland im Juni 1931.

worin u_w die *wahre Geschwindigkeit*, a die Porenziffer und F die volle Querschnittsfläche bedeutet, die vom Grundwasserspiegel und der undurchlässigen Schicht begrenzt wird. u_w stellt demnach jene Geschwindigkeit dar, welche die Wasserteilchen tatsächlich im Mittel in der freien Querschnittsfläche, d. i. im Porenquerschnitt $(a\,F)$ besitzen.

Im zweiten Falle wird die Durchflußmenge Q aus

$$Q = u_f \, F \qquad\qquad (81)$$

berechnet, wobei die *Filtergeschwindigkeit* u_f dem Durchfluß von Q durch die volle Querschnittsfläche F entspricht.

Die wahre Geschwindigkeit und die Filtergeschwindigkeit stehen durch die Beziehung

$$u_w = \frac{u_f}{a} \qquad\qquad (82)$$

in Zusammenhang. Da die Porenziffer a in Grundwasserträgern erfahrungsgemäß zwischen 0,25 und 0,5 schwankt, beträgt die Fließgeschwindigkeit in den Poren des Untergrundes das Zwei- bis Vierfache der rechnerisch ermittelten Filtergeschwindigkeit.

---

[1] C. Wahl, Das Grundwasserwerk der Stadt Trier. Journal für Gasbeleuchtung und Wasserversorgung, München, 1918.

[2] J. Koženy, Das tägliche periodische Steigen und Fallen des Grundwasserspiegels. Die Wasserwirtschaft, Wien, Nr. 31, 1933.

Bei der unmittelbaren Messung ist außer u_w auch noch a zu bestimmen, während die mittelbare Bestimmung von Q nur die Ermittlung von u_f erfordert. Nach dem derzeitigen Stande der Meßtechnik führt die mittelbare Bestimmung im allgemeinen zu besseren Ergebnissen, da die Bestimmung der Porenziffer bei rolligem Bodenmaterial, welches fast bei allen Grundwasservorkommen in Frage kommt, auf Schwierigkeiten stößt.

1. Mengenmessung durch Ermittlung der wahren Grundwassergeschwindigkeit.

Bei der Messung der wahren Geschwindigkeit besteht die Aufgabe darin, das Fortschreiten der Grundwasserteilchen, das der unmittelbaren Beobachtung entzogen ist, durch Verwendung irgendeines Mittels kenntlich zu machen. Das kann durch Beimengung eines Stoffes geschehen, der die Beschaffenheit des Grundwassers hinsichtlich seiner hydraulischen Eigenschaften nur wenig ändert, dessen Vorhandensein aber anderseits in einfacher Weise feststellbar ist. Es können hierfür grundsätzlich sowohl Farbstoffe wie Salze, aber auch Bakterien in Frage kommen. Am meisten hat sich für hydrometrische Zwecke die Beimischung von Kochsalz[1] NaCl oder Salmiak[2] NH_4Cl eingebürgert, weil sich deren Erscheinen in einem Orte des Grundwasserträgers auf chemischem oder elektrischem Wege nachweisen läßt, wie dies schon bei der Mengenmessung nach dem Salzmischungsverfahren oder nach dem Verfahren mit der schwimmenden Salzlösung des näheren beschrieben worden ist.[3]

Die Ergebnisse derartiger Messungen sind immer einer strengen kritischen Beurteilung zu unterziehen, worauf bereits im voraus hingewiesen werden möge. Namentlich bei inhomogenem Boden können Interferenzerscheinungen in den Bewegungsvorgängen der Wasserteilchen und deren Beimischungen auftreten, die das Bild des Verlaufes des Sättigungsgrades dieser Beimischungen verwischen. Es hat sich gezeigt, daß diese Verfahren in den meisten Fällen zu große Geschwindigkeiten des Grundwassers angeben, also auf Durchflußmengen schließen lassen, die in Wirklichkeit nicht vorhanden sind.

Für die Grundwassermessung hat sich das Verfahren, nach welchem man die Stärke der Salzbeimischung durch die Änderung der elektrischen Leitfähigkeit bestimmt, noch immer besser bewährt als das chemische Titrationsverfahren. An der Meßstelle werden in der Richtung einer Fließlinie, die man aus vorhergegangenen Wasserspiegelmessungen entnehmen kann, drei Standrohre *I*, *II* und *III* eingetrieben (Abb. 193). In *I* wird eine NaCl- oder NH_4Cl-Lösung eingebracht und die zeitliche Änderung der Leitfähigkeit in den Rohren *II* und *III* mit Hilfe eingesenkter Elektrodenpaare (Abb. 194) und einer angeschalteten Schwachstromquelle an den Ausschlägen eines Milliampèremeters gemessen, wobei die leitende Rohrwand als Elektrode verwendet werden kann. Damit erhält man in Verbindung mit Zeitbestimmungen den Verlauf der Stromstärke in Beziehung zur Zeit in getrennten Linienzügen für jede der beiden Meßstellen

---

[1] A. Thiem, Neue Messungsart natürlicher Grundwassergeschwindigkeiten. Journal für Gasbeleuchtung und Wasserversorgung, München, 1901.

[2] Ch. S. Slichter, Field measurement of the rate of movement of underground waters. Washington 1906.

[3] Siehe S. 138 f. und 132 f..

II und *III* (Abb. 195). In gleicher Weise wie beim Meßverfahren mit der schwimmenden Salzlösung[1] ergibt sich auch hier nach Einzeichnen der Schwerlinien die Laufzeit Δt und schließlich $\dfrac{\Delta l}{\Delta t} = u_w.$ [2]

Die Bestimmung der Porenziffer α ist bei nichtbindigen Böden nur näherungsweise möglich. Man bringt die entnommene Probe in eine dem natürlichen Zustande möglichst ähnliche Lagerung, indem man sie so weit verdichtet, bis sie den gleichen Rauminhalt V_1 wie der Entnahmekörper besitzt und ermittelt aus dem Wasservolumen V_2, das man zum Auffüllen der Porenräume benötigt, die Porenziffer[3]

$$\alpha = \frac{V_2}{V_1}. \qquad (83)$$

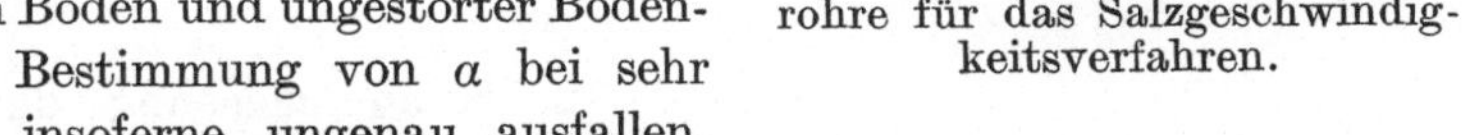

Abb. 193. Anordnung der Bohrrohre für das Salzgeschwindigkeitsverfahren.

Bei bindigen Böden und ungestörter Bodenprobe kann die Bestimmung von α bei sehr feinem Material insoferne ungenau ausfallen, als bei der Auffüllung mit Wasser die Entfernung der Luft aus den Poren mit Schwierigkeiten verbunden ist.

Zur Bestimmung der Grundwassermenge, welche einen Grundwasserträger durchströmt, dessen Zusammensetzung nach der Tiefe stark wechselt, hat man u_w und α in verschiedenen Tiefen zu bestimmen, diese Werte zu mitteln und für die Berechnung der Teilwassermenge in der Durchflußbreite ΔL,

$$q = u_{w,m}\,(\alpha_m H \Delta L) = u_{w,m}\,(\alpha_m \Delta F)$$

zu setzen. Hierin bedeutet ΔF die volle Querschnittsfläche, die vom Grundwasserspiegel und

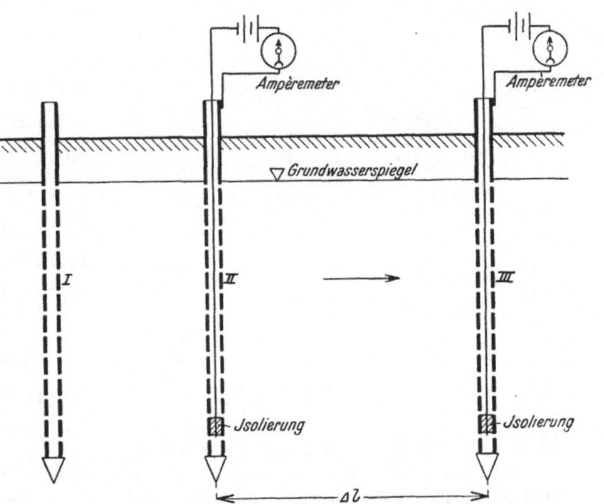

Abb. 194. Meßeinrichtung zur Bestimmung der wahren Fließgeschwindigkeit des Grundwassers mit Hilfe des Salzgeschwindigkeitsverfahrens nach A. THIEM.

---

[1] Siehe S. 133.

[2] $\dfrac{\Delta l}{\Delta t}$ ist genau genommen nur dann gleich der wahren Geschwindigkeit, wenn Δl die tatsächliche Weglänge der Wasserteilchen ist. Laboratoriumsversuche haben gezeigt, daß die sich aus der Entfernung der beiden Rohre ergebende Länge bei feinporigem Bodenmaterial der tatsächlichen Weglänge gleichgesetzt werden kann.

[3] Nach dem Satze von DELESSE ist in homogen gelagerten Schüttmaterialien das Verhältnis der Porenfläche zur gesamten Querschnittsfläche gleich dem Verhältnis des Porenraumes zum gesamten Rauminhalt des Schüttmaterials; es ist also die Raumporosität gleich der Flächenporosität. Siehe auch P. FILLUNGER, Der Auftrieb in Talsperren. Österr. Wochenschrift f. d. öffentl. Baudienst, H. 31—34, 1913.

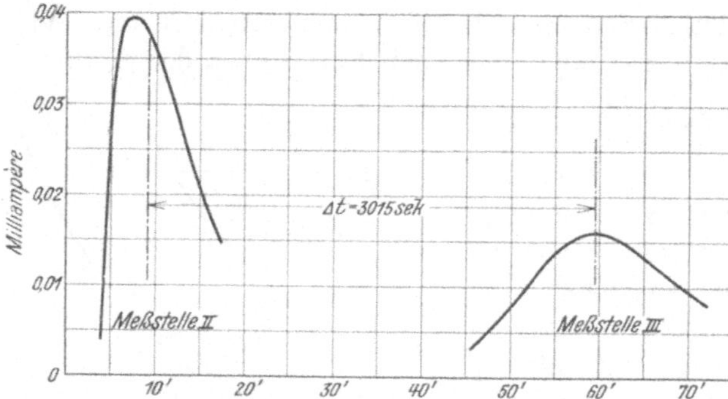

Abb. 195. Messung der wahren Grundwassergeschwindigkeit mit Hilfe schwimmender Salzlösung.

der in der Grundwassertiefe H liegenden undurchlässigen Schicht begrenzt wird.

Zur Bestimmung der Grundwassermenge, welche die Schnittfläche $A—B$ des Grundwasserträgers durchfließt, die schräg zur Strömungsrichtung liegt, ist die Summe der Einzeldurchflußmengen, also

$$Q = \sum_A^B q = \sum_A^B u_{w,\,m}\,(a_m \varDelta F)$$

zu bilden, wie es in Abb. 196 dargestellt ist. Bei stark wechselnder Durchlässigkeit des Grundwasserträgers wird die Bestimmung von $u_{w,m}$ und a_m in mehreren Lotrechten der Durchflußfläche zwischen A und B notwendig sein.[1]

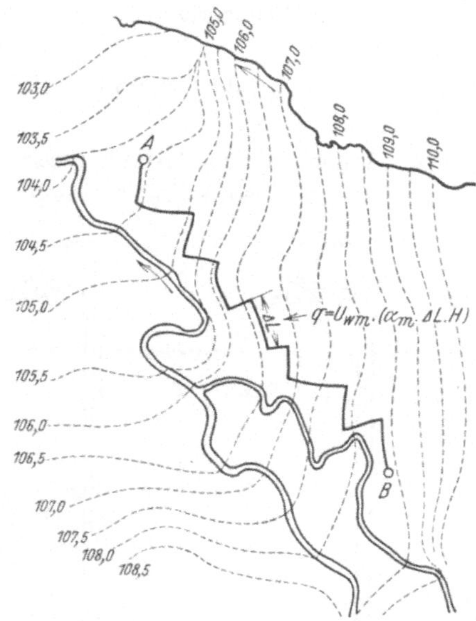

Abb. 196. Bestimmung der Durchflußmenge des Grundwassers zwischen A und B. Die gestrichelten Linien sind Schichtenlinien des Grundwasserspiegels.

2. Mengenmessung durch Ermittlung der Filtergeschwindigkeit.

Die Bestimmung der Filtergeschwindigkeit geht auf das Filtergesetz von H. DARCY

$$\frac{Q}{F} = u_f = k\,J \tag{84}$$

zurück. Hiernach hängt die Filtergeschwindigkeit bei feinkörnigem Bodenmaterial von einem Beiwerte k, der sogenannten *Durchlässigkeit*, und von dem relativen Gefälle J des Grundwasserspiegels ab, wenn wenigstens näherungsweise eine Parallelbewegung der Wasserfäden vorhanden ist.

Dieses Verfahren besitzt wohl den Vorteil, daß man die Porenziffer nicht bestimmen muß, setzt aber die Kenntnis der Durchlässigkeit k voraus.[2]

Für die Ermittlung des k-Wertes stehen verschiedene Wege offen. Man bestimmt k

a) aus Wasserspiegeländerungen, die man im zu untersuchenden Grundwassergebiet mittels eines Versuchsbrunnens durch Entnahme oder Wasserzugabe künstlich herbeiführt;

---

[1] E. PRINZ, Hydrologie, Berlin 1923.
[2] Nur das auf S. 167 beschriebene Näherungsverfahren nach A. CASAGRANDE verlangt überdies noch die Bestimmung der Porenziffer.

b) mit Hilfe von Laboratoriumsversuchen, welche sich auf das Filtergesetz von H. Darcy oder auf das Gesetz über die kapillare Wasserbewegung gründen;

c) schätzungsweise aus empirischen Gleichungen, die auf Grund zahlreicher Laboratoriumsversuche mit Bodenmaterialien verschiedenster Mischung ermittelt worden sind.

Versuchsbrunnenbetrieb mit Wasserentnahme. Hiervon soll hier nur als grundsätzliches Verfahren gesprochen werden.[1] Ein Brunnen mit durchlässigem Mantel, der bis zu einer undurchlässigen Bodenschichte reicht, liefert nach Eintritt eines stationären Strömungszustandes, wenn das Gesetz von H. Darcy als gültig vorausgesetzt werden kann, die Wassermenge

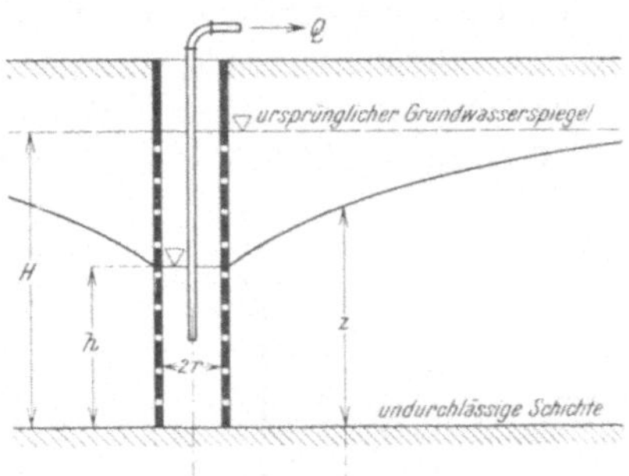

Abb. 197. Versuchsbrunnen zur Bestimmung der Durchlässigkeit im Gelände nach A. Thiem.

$$Q = 2\,k\,\pi\,x\,z\,\frac{dz}{dx}$$

oder

$$Q = \pi\,k\,(z^2 - h^2)\,\frac{1}{\ln\dfrac{x}{r}}. \qquad (85)$$

Q, r und h können am Versuchsbrunnen gemessen werden, während z in einem Standrohre zu messen ist, das in der Entfernung x von der Brunnenmitte eingebracht wird (Abb. 197). Aus der Kenntnis dieser Bestimmungsstücke folgt schließlich die zu ermittelnde Durchlässigkeit

$$k = \frac{Q}{\pi\,(z^2 - h^2)}\,\ln\frac{x}{r}. \qquad (86)$$

Hierbei stellt der gefundene k-Wert einen Mittelwert für den gesamten Einzugsbereich des Versuchsbrunnens dar. Für Untersuchungen, welche eine Angabe der Fließgeschwindigkeit in einzelnen, eng begrenzten Bezirken verlangen oder wo wegen der inhomogenen Lagerung der Bodenmaterialien die Durchlässigkeit auch von der Fließrichtung abhängt, ist daher dieses Verfahren unbrauchbar, während es für die Charakterisierung mittlerer Verhältnisse mit Vorteil Verwendung finden kann.[2]

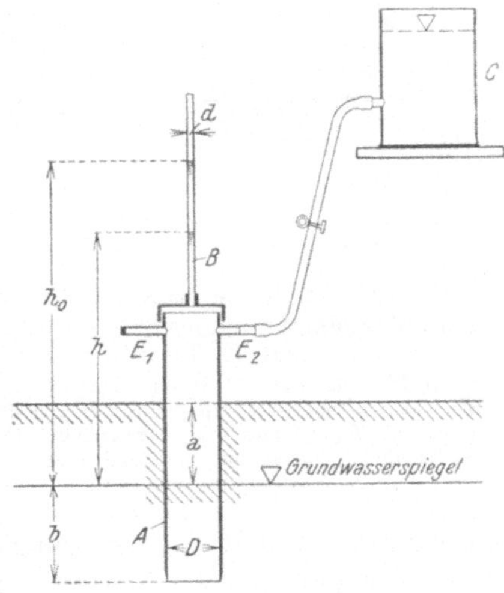

Abb. 198. Meßgerät zur Bestimmung der Durchlässigkeit im Gelände nach J. Koženy.

A Stahlrohr, *B* Standrohr aus Glas, *C* Wasserbehälter, E_1 Handhabe, E_2 Handhabe und Zuleitung.

---

[1] Einzelheiten und andere Verfahren zur Bestimmung von k-Werten siehe in Ph. Forchheimer, Hydraulik. Berlin 1931.

[2] R. Dachler, Über Sickerwasserströmungen in geschichtetem Material. Die Wasserwirtschaft, Wien, Nr. 2, 1933.

Versuchsbrunnenbetrieb mit Wasserzugabe. Er wird am zweckmäßigsten mit Hilfe eines 10 cm weiten Stahlrohres A durchgeführt, das man vorsichtig in den Grundwasserträger unter stetiger Entfernung des im Abschnitte a befindlichen Bodenmaterials um das Maß $b \doteq 30$ cm eintreibt (Abb. 198). Hierauf wird aus dem Behälter C Wasser zugeführt, bis der Standrohrspiegel in B sich auf h_0 eingestellt hat, und hierauf die Dauer Δt_1 gemessen, welche zum Absinken des Standrohrspiegels auf h notwendig ist. Nunmehr wird das Stahlrohr A um das Maß $l \doteq 10$ cm ohne Bodenaushub tiefer getrieben und neuerdings durch Wasserzugabe aus C der Standrohrspiegel auf dieselbe Höhenlage h wie zuvor gebracht und wieder die Dauer Δt_2 ermittelt, die zur Spiegeleinstellung auf h benötigt wird. Die Durchlässigkeit ergibt sich dann aus[1]

$$k = \frac{2\,l}{\Delta t_2 - \Delta t_1}\left(\frac{d}{D}\right)^2 \ln\left(\frac{h}{h_0}\right). \quad (87)$$

Dieses Verfahren ermöglicht eine rasche, aber nur überschlägige Bestimmung von k für einen kleineren Bezirk des Grundwasserträgers.

Laboratoriumsversuch. Er wird bei *ungestörten*, bindigen Bodenproben in der Weise vorbereitet, daß man den zu untersuchenden Materialkörper freistehend in ein weites Rohr einbringt und den Zwischenraum zwischen Rohrwand und Probe mit Paraffin vergießt[2] (Abb. 199). Bei der Versuchsdurchführung wird an den Ableserohren St der Spiegelunterschied Δh abgelesen, der dem absoluten

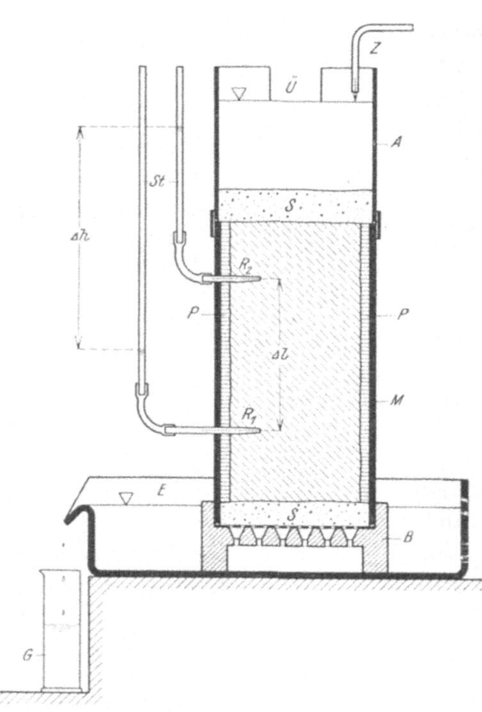

Abb. 199. Meßgerät zur Bestimmung der Durchlässigkeit für ungestörte Bodenproben nach K. Terzaghi.

A Blechaufsatz, B durchlöcherte Fußplatte, E Wasserbecken, G Meßgefäß, P Paraffinausgießung, R_1, R_2 gelochte Kupferröhrchen, M Mannesmannrohr, S Filtersand, St Standrohre, $Ü$ Überfall, Z Wasserzuleitung.

Gefälle der Grundwasserbewegung auf der Fließlänge Δl entspricht. Aus $J = \dfrac{\Delta h}{\Delta l}$ und der am Auslaufe gemessenen Durchflußmenge Q folgt dann

$$\frac{Q}{F} = u_f$$

und damit

$$k = \frac{u_f}{J} = \frac{\dfrac{Q}{F}}{\dfrac{\Delta h}{\Delta l}}. \quad (88)$$

---

[1] J. Koženy, Über Bodendurchlässigkeit. Die Wasserwirtschaft, Wien, Nr. 33 u. 34, 1931.

[2] K. Terzaghi, Sickerverluste aus Kanälen. Die Wasserwirtschaft, Wien, Nr. 18 u. 19, 1930.

Bei *gestörten*, rolligen Bodenproben kann das gleiche Meßgerät verwendet werden. Um den Lagerungsverhältnissen in der Natur möglichst nahezukommen und dadurch beim Versuche einen wenigstens angenähert brauchbaren Durchlässigkeitswert zu erhalten, verdichtet man die eingebrachte Probe so weit, daß die Bedingung gleichen Rauminhaltes von Probe und natürlicher Lagerung erreicht wird. Im übrigen verläuft die Versuchsdurchführung und Berechnung wie zuvor, wobei die Ummantelung mit Paraffin entfällt. Dieses Verfahren ermöglicht auch eine näherungsweise Ermittlung der Abhängigkeit des k-Wertes bei geschichtetem Boden von der Fließrichtung, da man bei Einbringung der Bodenprobe in den Untersuchungsbehälter die Schichtlagerung ungefähr nachbilden kann.

Da bei inhomogenen Bodenmaterialien die Zahl der zu untersuchenden Bodenproben eine sehr große sein muß, um gute Mittelwerte für den Durchlässigkeitswert zu gewinnen, spielt der für die Laboratoriumsversuche benötigte Zeitaufwand eine Rolle. Ein Verfahren, dessen Anwendung auf Böden von $k = 0{,}05 \cdot 10^{-4}$ bis $500 \cdot 10^{-4}$ cm/sek beschränkt ist und das allerdings ungenauer arbeitet, aber dagegen sehr rasch durchgeführt werden kann, beruht auf der Messung der kapillaren Durchfeuchtung einer Bodenprobe. Es verwendet das Gesetz der Wasserbewegung in kapillaren Bodenräumen,[1] nämlich die Beziehung

$$x^2 = m\,t. \qquad (89)$$

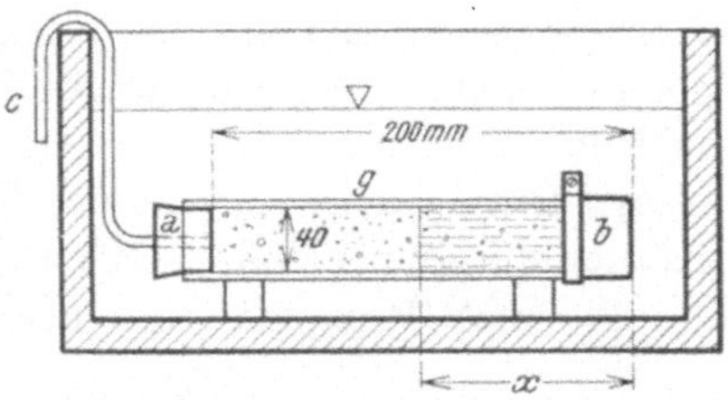

Abb. 200. Meßgerät zur Bestimmung der Durchlässigkeit für feinkörnige, gestörte Bodenproben nach K. TERZAGHI und A. CASAGRANDE.

a Kautschukpfropfen, *b* Messingsieb, *c* Entlüftungsrohr, *g* Glasrohr.

Hierin bedeuten x die Länge in Zentimeter, bis zu welcher die kapillare Durchfeuchtung in waagrechter Richtung vorgedrungen ist, t die zugehörige Zeit in Minuten und m eine Konstante der Probe. Die Durchlässigkeitsziffer folgt aus

$$k = \frac{m^2}{A} \cdot \frac{a}{1+a}, \qquad (90)$$

worin a die Porenziffer und A einen bestimmten Beiwert bedeutet, der sich im Mittel auf $10 \cdot 10^{-4}$ cm/sek beläuft.

Der Wert m wird in der Weise bestimmt, daß man die Bodenprobe nach vorhergehender Trocknung in eine Glasröhre mit einem Innendurchmesser von 40 mm und einer Länge von 200 mm einstampft, die vorher am unteren Ende mit einem Messingsieb verschlossen worden ist (Abb. 200). Hierauf schließt man das obere Ende mit einem durchbohrten Kautschukpfropfen, an den sich ein dünner Gummischlauch anschließt, legt das beschickte Glasrohr in ein Wasserbad und registriert den zeitlichen Fortschritt der am unteren Ende des Rohres

---

[1] Die theoretische Begründung dieses Gesetzes geben J. KOŽENY, Über den kapillaren Aufstieg im Boden. Der Kulturtechniker, S. 11, 1924, und K. TERZAGHI, Soilstudies for the Granville Dam at Westfield. Massachusets Journal New England, Waterworks Association 1928. Die Vervollkommnung des Meßverfahrens stammt von A. CASAGRANDE. Siehe A. CASAGRANDE, Research on the Atterberg limits of soils. Public roads, vol. 13, Nr. 8, 1932.

einsetzenden kapillaren Durchfeuchtung der Probe. Aus Gleichung (89) folgt

$$\ln m = \ln x^2 - \ln t. \tag{91}$$

Trägt man daher in einem Schaubilde die Werte $\ln x^2$ als Abszissen und $\ln t$ als Ordinaten auf, was zweckmäßig mit Hilfe eines doppelfüßigen Logarithmenpapieres geschieht, dann ist $\ln m$ durch die Abszisse jenes Punktes bestimmt, der dem Werte $t = 1$ entspricht.

Verwendung empirischer Gleichungen. Sie dienen zur überschlägigen Berechnung des Durchlässigkeitswertes k. Dabei sind jene Formeln vorzuziehen, in denen die Charakterisierung der Bodenverhältnisse in einfacher, aber doch ausreichender Weise erfolgt. Man hat sie durch die Einführung des Begriffes des wirksamen Korndurchmessers sowie durch Berücksichtigung der Porenziffer versucht.

Unter dem wirksamen Korndurchmesser d_w wird der Durchmesser jener Korngröße verstanden, die bei alleinigem Vorhandensein die gleiche Filtergeschwindigkeit ergeben würde wie das den Grundwasserträger tatsächlich bildende Gemisch. Nach der Erfahrung kann man als wirksamen Korndurchmesser jenen bezeichnen, der das Gemisch derart scheidet, daß das Gewicht aller Körner, die kleiner sind, ein Zehntel des Gesamtgewichtes der Mischung ausmacht.

Nach A. HAZEN ist die Durchlässigkeit in cm/sek ausgedrückt[1]

$$k = 116\,(0{,}7 + 0{,}03\,T)\,d_w{}^2, \tag{92}$$

wenn T die Wassertemperatur in Celsiusgraden bedeutet.

C. S. SLICHTER setzt die Durchlässigkeit bei 10^0 Wassertemperatur[2]

$$k_{10^0} = m\,d_w{}^2, \tag{93}$$

worin m bei einer Porenziffer a folgende Werte annimmt:

$a =$	0,26	0,28	0,30	0,32	0,34	0,36	0,38	0,40	0,42	0,44	0,46
$m =$	90	120	150	190	230	290	310	370	420	520	610

Für die Berechnung der Durchflußmenge aus $Q = u_f F = k J F$ bedarf es noch der Kenntnis von J. Diesen Gefällswert entnimmt man dem Höhenschichtenplane des Grundwasserspiegels. Bildet der Grundwasserspiegel keine einheitlich ebene Fläche, dann hat man bei der Bestimmung der Durchflußmenge, die schräg zur Schnittfläche $A-B$ anströmt, in ähnlicher Weise vorzugehen, wie dies bereits in Abb. 196 erläutert worden ist.[3] Der Unterschied besteht im vorliegenden Falle nur darin, daß nunmehr allgemein $q = k J \varDelta F$ ist und die gesamte Durchflußmenge, welche die Schnittfläche $A-B$ schräg durchströmt, $\sum_A^B q = \sum_A^B k J \varDelta F$ beträgt, worin J das zu den einzelnen $\varDelta F$ gehörende Grundwasserspiegelgefälle bedeutet.

---

[1] A. HAZEN, The filtration of public water supplies. 24th Annual Report of the State Board of Health of Massachusets for 1892, New York 1896.

[2] Annual Report of the United States Geological Survey, 1899.

[3] Siehe S. 164.

D. Abflußverluste.

Wendet man die allgemeine Grundgleichung für den Wasserhaushalt eines geschlossenen Einzugsgebietes[1]

$$N = A_o + A_u + V + R_o + R_u$$

auf größere Einzugsgebiete an, dann zeigt sich, daß der unterirdische Abfluß A_u in den meisten Fällen wegen seiner Kleinheit gegenüber den übrigen Summanden vernachlässigt werden kann. Was den oberirdischen Rückhalt R_o betrifft, so soll dieser vorläufig unberücksichtigt bleiben, um die folgende Entwicklung zu vereinfachen.

Unter diesen Voraussetzungen geht die Gleichung des Wasserhaushaltes über in

$$N = A_o + V + R_u. \tag{94}$$

Der oberirdische Abfluß A_o ist also im allgemeinen zu einem bestimmten Zeitpunkte nicht gleich dem Niederschlage, sondern kleiner oder größer, je nachdem die Summe $V + R_u$ größer oder kleiner als Null ist. Da in diesem Ausdruck der Summand V nur positive Werte annehmen kann, stellt die Verdunstung V für den gesamten Vorgang einen *uneinbringlichen* und ununterbrochen andauernden Verlust am Abflusse dar. Der Rückhalt R_u dagegen kann das Vorzeichen wechseln, je nachdem die Versickerung die Wasserabgabe aus dem Grundwassergebiete an die Oberflächengewässer überwiegt oder geringer als diese ist. Man kann weiter folgern, daß die Versickerung wohl zeitweise den oberirdischen Abfluß vermindert, daß das versickerte Niederschlagswasser, das Grundwasser, aber zu anderen Zeitabschnitten wieder zur Aufhöhung des oberirdischen Abflusses im betrachteten Gebiete beitragen wird. Aus diesem Grunde ist die Versickerung wohl als Abflußverlust, jedoch im Gegensatze zur Verdunstung als ein *einbringlicher* und nur zeitweiser Verlust zu werten.

Nach dieser Überlegung stellt, wenn man wieder auf die allgemeine Form der Gleichung des Wasserhaushaltes zurückgeht, auch der oberirdische Rückhalt R_o in jenen Zeitabschnitten, in welchen tatsächlich auch in Seen, in der Pflanzendecke oder in der Schneedecke Wasser aufgespeichert wird, einen einbringlichen, zeitweisen Abflußverlust dar. Es soll daher in der Folge der Ausdruck Abflußverlust als gemeinsame Bezeichnung nur in dem oben erörterten Sinne gebraucht werden.

Zwecks Anwendung der allgemein gehaltenen Gleichung des Wasserhaushaltes muß zunächst untersucht werden, über welchen Zeitabschnitt man die Summierung für die einzelnen Glieder der Gleichung auszudehnen hat. Aus praktischen Gründen hat ein Vergleich der Mengenwerte von Niederschlag und Abfluß nur dann einen Sinn, wenn, bildlich gesprochen, das Wasser des Niederschlages zum Wasser des Durchflusses geworden ist, wenn also das oberirdisch abfließende Wasser bereits in jenem Abflußquerschnitt angelangt ist, der das zu untersuchende Einzugsgebiet begrenzt. Die Laufzeit, welcher hierzu das Niederschlagswasser bedarf, bedingt eine Phasenverschiebung im Niederschlags- und Abflußvorgange. Aus diesem Grunde und da sich überdies der Niederschlagsvorgang nicht kontinuierlich vollzieht, sind die Vergleichswerte, die in der Glei-

---

[1] Siehe S. 3.

chung des Wasserhaushaltes gegenübergestellt werden, durch Summierung über so lange Zeitabschnitte zu bilden, daß hierdurch beide Erscheinungen möglichst überbrückt werden.

Um die Länge des Vergleichs-Zeitabschnittes in der Grundgleichung für den Wasserhaushalt in sehr sinnfälliger Weise zum Ausdruck zu bringen, erweist es sich als zweckmäßig, an Stelle der Mengen- oder Frachtwerte die Höhenwerte einzuführen. Man setzt damit nur jenen Weg fort, der bei der Festlegung der Wertgrößen des Niederschlages und Abflusses schon beschritten worden ist.

In sinngemäßer Anwendung der bei der Besprechung des Abflusses gegebenen Definitionen kann man auch von einer *Abflußverlusthöhe* sprechen und versteht darunter die Höhe jener Wasserschichte, die sich bei gleichmäßiger Verteilung der *Abflußverlust-Wasserfracht* über das Einzugsgebiet einstellen würde. Es folgt demnach ganz allgemein:

$$\text{Abflußverlusthöhe} = \text{Niederschlagshöhe} - \text{Abflußhöhe}.$$

Da sich anderseits die Abflußverlusthöhe aus der Verdunstungshöhe h_V und dem sich aus verschiedenen Rückhaltevorgängen ergebenden Höhenwert h_R zusammensetzt, nimmt die Gleichung des Wasserhaushaltes die vereinfachte und übersichtlichere Form

$$h_N = h_A + h_V + h_R \tag{95}$$

an, in der h_N, h_A und h_V nur positive, h_R dagegen auch ein negatives Vorzeichen besitzen kann. Die Höhenwerte sind dabei, wenn die Gleichung eine praktische Bedeutung besitzen soll, im Sinne der obigen Erläuterung für entsprechende Zeitabschnitte, etwa für einzelne Tage, Monate oder auch Jahre, einzusetzen, was durch Anfügen der Indizes Tag, Monat oder Jahr zum Ausdrucke gebracht wird. Es nimmt daher beispielsweise die Gleichung (95) für ein Abflußjahr die Form

$$h_{N,\text{Jahr}} = h_{A,\text{Jahr}} + h_{V,\text{Jahr}} + h_{R,\text{Jahr}} \tag{96}$$

an.

Die planmäßig durchgeführten Messungen von Niederschlag und Abfluß führen im Schlußergebnisse zur Aufzeichnung ihres zeitlichen Verlaufes, der Ganglinien des Niederschlages und Abflusses. Es ist daher zur Darstellung der Gleichung des Wasserhaushaltes in gleicher Weise die Ermittlung der Ganglinien der Verdunstung wie der des Rückhaltes anzustreben. Dieser Lösung stellen sich jedoch Schwierigkeiten in den Weg, weil bisher noch keine Möglichkeit besteht, den Rückhalt für größere Einzugsgebiete als räumlichen Mittelwert einigermaßen genau meßtechnisch zu erfassen.[1] Es kann daher vorerst das Bestreben der hydrographischen Forschung nur darauf gerichtet sein, die Verdunstung sowie die Versickerung in ihren Einzelvorgängen zu untersuchen, um dann auf mittelbarem Wege unter Benützung der gewonnenen Einzelergebnisse auf die Größe des Rückhaltes zu schließen.

---

[1] W. KOEHNE, Beiträge zur Grundwasserkunde. Jahrbuch für die Gewässerkunde Norddeutschlands, Besondere Mitteilungen, Bd. 4.

a) Verdunstung.

Die Verdunstung erfolgt sowohl an der freien Wasseroberfläche — Seeverdunstung —, am feuchten Boden — Landverdunstung — als auch an der Schnee- und Eisdecke — Schneeverdunstung.

Die Stärke der Verdunstung hängt ab von der Wasser- und Lufttemperatur, vom Luftdruck, vom Feuchtigkeitsgehalt der Luft, von der Luftbewegung, der Bodenbeschaffenheit und der Bodenbedeckung.

Mit der Zunahme der Temperatur erhöht sich die Verdunstung. Ein größeres Sättigungsdefizit der Luft, das mit dem Fallen des Luftdruckes im Zusammenhang steht, fördert die Verdunstung, bei Windstille geht sie stark zurück, während namentlich trockene Luftströmungen ein starkes Ansteigen bewirken. Die Verdunstung hängt davon ab, ob sie vom freien Wasserspiegel, vom feuchten, unbebauten Boden oder von dem mit Pflanzenwuchs bestellten Boden aus erfolgt.

Bei freiem Wasserspiegel ist immer Wasser für die Verdunstung zur Verfügung, während im Boden das Wasser, soferne überhaupt genügend Grundwasser zur Verfügung steht, erst durch die Kapillarwirkung der feinen Porenräume des Bodens hochgehoben werden muß. Im allgemeinen verdunstet unter gleichen Verhältnissen bewachsener Boden bei wassergesättigten Bodenschichten etwas weniger als die freie Wasseroberfläche und noch weniger vegetationsloser Boden.

Seeverdunstung. Zur Messung der Verdunstung an freier Wasserfläche eignet sich der von H. WILD angegebene schwimmende Verdunstungsmesser — Atmometer oder Evaporimeter[1] (Abb. 201).

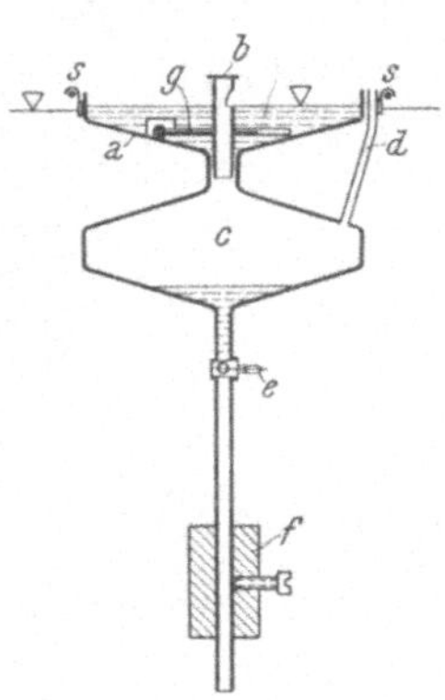

Abb. 201.
Verdunstungsmesser für freie Wasserflächen nach H. WILD.

a Verdunstungsschale mit 1000 cm² Oberfläche, *b* durchbohrter Stöpsel mit Überlauföffnung für Niederschlagswasser, *c* Behälter für Überlaufwasser, *d* Luftrohr, *e* Hahn, *f* Gewicht, *g* Thermometer mit Metallschutzkappe, *s* Haltedrähte.

Dieser Verdunstungsmesser wird schwimmend in den See eingesetzt und durch zwei gespannte Drähte S gegen Abschwimmen gesichert. Er besitzt eine Verdunstungsfläche von 1000 cm². Zur Ausführung von Beobachtungen wird der Hahn e geschlossen und genau ein Liter Wasser in die Verdunstungsschale a gegossen. Zum Beobachtungszeitpunkt liest man das Thermometer g ab und zieht den hohlen Stöpsel b heraus, so daß das restliche Wasser in das Sammelgefäß c fließt. Nach Herausnahme des Meßgefäßes öffnet man den Hahn e und läßt das Wasser in ein Meßglas fließen. Ist während des Beobachtungsabschnittes ein Niederschlag gefallen, den man mit Hilfe eines Niederschlagsmessers mißt, der neben dem Verdunstungsmesser schwimmt, so gelangt das Niederschlagswasser durch die Bohrung des Stöpsels b ebenfalls nach c und wird daher im Meßglase im Höhenwerte h_M mitgemessen. Das Meßglas ist so geteilt, daß ein Teilstrich einer Änderung des Wasserspiegels in der Verdunstungsschale und ebenso auch einer Niederschlagshöhe von 0,05 mm entspricht, wenn man die Fläche der Verdunstungsschale und die Auffangfläche des Niederschlagsmessers aus Gründen der Vereinfachung der Ablesungen gleich groß wählt. Sohin ergibt sich die Verdunstungshöhe in Millimeter aus

$$h_V = 10 + h_N - h_M. \tag{97}$$

---

[1] E. WOLLNY, Forschungen auf dem Gebiete der Agrikulturphysik, 1882.

Bei Seen mit kleiner Oberfläche hat man auch versucht, die Verdunstungshöhe durch unmittelbare Einmessung der Spiegellage mit Hilfe von Stechpegeln, natürlich unter Berücksichtigung des Niederschlages, zu bestimmen. Die Schwierigkeiten bei diesem Aufnahmeverfahren liegen in der Beeinflussung des Meßergebnisses durch die von Wind und Luftdruckänderungen hervorgerufenen Seespiegelschwankungen.

Ein angenähertes Meßverfahren zur Bestimmung der Verdunstungswerte, welches die Verhältnisse der freien Seefläche wenigstens zum Teil berücksichtigt, ist durch den Verdunstungsmesser von K. FISCHER gegeben. Eine Schale von 50 cm Durchmesser und 20 cm Tiefe wird frei der Sonne und dem Niederschlage ausgesetzt. Der Zuwachs des Wassers durch den Niederschlag muß auch bei diesem Meßvorgang berücksichtigt werden.

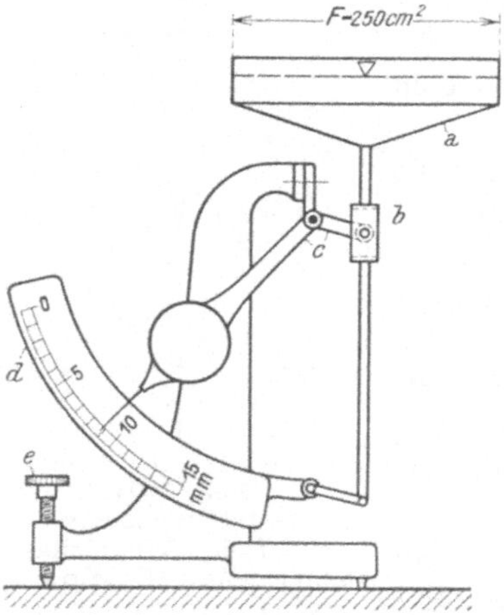

Demselben Zwecke, aber auf anderen Grundsätzen beruhend, dienen die von LIVINGSTONE verwendeten porösen Tonkörper. Hohle, kugelige Ton- oder Porzellankörper von etwa 4 cm Durchmesser und langem Halse werden mit destilliertem Wasser gefüllt, umgekehrt in ein ebenfalls gefülltes Meßglas getaucht und Sonne und Wind frei ausgesetzt. Der Verdunstungsverlust wird aus dem Meßglase durch kapillares Aufsteigen ersetzt und so gemessen.[1]

Bei der selbstschreibenden Verdunstungswaàge von KASSNER-FUESS wird der Ersatz des verdunsteten Wassers durch eine MARIOTTEsche Flasche bewirkt. Der Gewichtsverlust an Wasser in der Flasche wird dauernd registriert.

Landverdunstung. Zur Messung der Verdunstung am feuchten Boden sind Meßgeräte in Gebrauch, die mehr oder weniger die natürlichen Verhältnisse nachbilden oder die man unmittelbar an Ort und Stelle, und zwar im Naturboden selbst, verwendet.

Abb. 202. Verdunstungswaage nach H. WILD-FUESS.
a Verdunstungsschale, *b* Lagerring, *c* zweiarmiger Gewichtshebel, *d* Skala der Verdunstungshöhe, *e* Justierschräubchen.

Bei der Verdunstungswaage von WILD-FUESS, die einer Briefwaage ähnlich ist (Abb. 202), ruht die Verdunstungsschale *a* auf einem Arm eines Winkelhebels *c*, dessen anderer Arm ein Gegengewicht trägt. Ein an dem beweglichen Hebel angebrachter Zeiger gibt entsprechend der Verminderung des ursprünglich in die Verdunstungsschale eingefüllten Wassers die Verdunstungshöhe h_V in Millimeter an einer Bogenteilung an.

Die Verdunstungswaage soll, geschützt gegen Sonne und Regen, in einer luftigen Jalousie-Holzhütte, ähnlich jener, wie sie zur Aufnahme meteorologischer Meßgeräte verwendet wird, 1,5 bis 2,0 m über dem Erdboden aufgestellt werden.[2] Dieses Meßgerät ist wohl imstande, relative Werte der Verdunstungshöhe sowohl nach Standort wie nach Zeit anzugeben, es eignet sich aber wenig für die Bestimmung von absoluten Werten der Verdunstung.

---

[1] F. LINKE, Meteorologisches Taschenbuch, 1931.
[2] Siehe S. 179.

Besser ist eine Versuchsanordnung, die in Bayern Verwendung gefunden hat. Ein Kasten K aus Zinkblech von der Größe 0,5 . 1,0 . 1,0 m, der entsprechende Ablaufvorrichtungen für den oberirdischen (A_1) und unterirdischen Abfluß (A_2) besitzt, wird mit einem mit Gras bestandenen Erdkörper gefüllt und in geneigter Lage auf eine Waage ins Freie gestellt (Abb. 203). Wird mehrmals am Tage die Gewichtsabnahme unter Berücksichtigung des gefallenen Niederschlages bestimmt, so kann hieraus die Verdunstungshöhe berechnet werden.[1] Durch eine Veränderung der Bodengattung im Versuchskasten sowie des Pflanzenwuchses kann man verschiedenartige Einflüsse auf die Verdunstung untersuchen.

Die dem Naturvorgange am besten entsprechende Versuchsanordnung stellt wohl der Verdunstungsmesser nach RYKATSCHEW dar (Abb. 204).[2] In den Naturboden werden drei Zinkkasten, der Schutzkasten A und die beiden Einsatzkasten B und C eingegraben. Der Kasten C besitzt volle Wände und Boden und dient als Stütze für den Kasten B. Dieser hat einen siebartig durchlöcherten Boden S von 1 mm Lochweite. Die Grundfläche des Verdunstungsmessers beträgt 1000 cm².

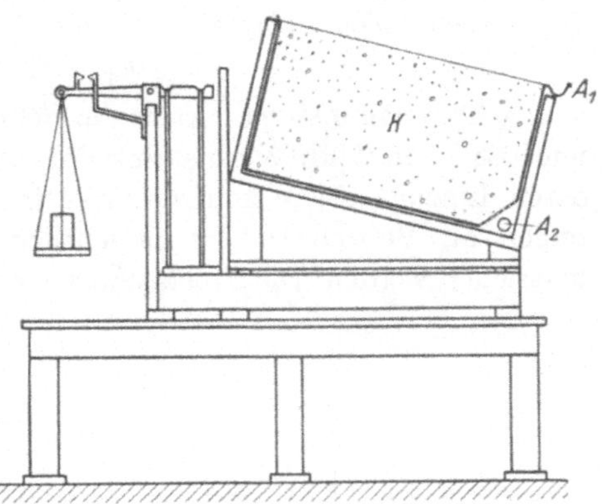

Abb. 203. Verdunstungsmesser der Bayrischen Landesstelle für Gewässerkunde.

K Kasten aus Zinkblech, A_1 oberirdischer Abfluß, A_2 unterirdischer Abfluß.

Bei der Inbetriebsetzung wird der Kasten C 50 mm hoch mit Wasser gefüllt und ein Thermometer T_1 eingelegt. In den oberen Kasten B wird auf den durchlöcherten Boden S eine 10 mm starke Holzkohlenschicht K aufgebracht und darauf der natürliche Boden im selben Verdichtungszustande, in dem er sich ursprünglich befand, gegeben. In den Boden wird ein Thermometer T_2 mit seiner Quecksilberkugel 10 cm tief eingeführt. Schließlich erhält der eingefüllte Boden jene Besämung oder Bepflanzung, wie sie die Umgebung besitzt.

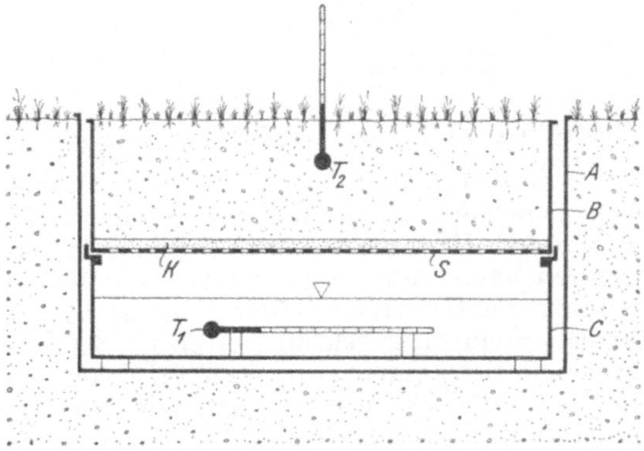

In der geschilderten Ausführung befindet sich der Verdunstungsmesser unter den gleichen Verhältnissen wie der umgebende natürliche Boden. Die Luft im Gefäße C ist stets mit Wasserdampf gesättigt, der, von der Kohleschicht aufgesaugt, den Pflanzen die natürliche Bodenfeuchtigkeit

Abb. 204. Verdunstungsmesser nach RYKATSCHEW.

A Schutzkasten, B, C Einsatzkasten, T_1, T_2 Thermometer, S Sieb mit 1 mm Lochweite, K Holzkohlenschicht, 10 mm stark.

---

[1] J. MAYR, Über die Ergebnisse der Verdunstungsversuche in München-Bogenhausen. Wasserkraft und Wasserwirtschaft, München, H. 7, 1928.

[2] RYKATSCHEW, Ein neuer Verdunstungsmesser zur Bestimmung der Verdunstung von Grasboden und die ersten mit ihm 1896 im CONSTANTINOWSKISchen Observatorium angestellten Beobachtungen, St. Petersburg 1898. Siehe auch H. GRAVELIUS, Über Verdunstung, in Zeitschrift für Gewässerkunde, 2. Bd., H. 4, 1899.

ersetzt. Die Niederschläge sickern, soweit sie nicht vom eingefüllten Bodenmaterial zurückgehalten werden, in das Gefäß C.

Die Verdunstungshöhe ergibt sich nach Ablesung der im Gefäße C verbleibenden Wasserhöhe h_C und der an einem in der Nähe befindlichen Niederschlagsmesser gemessenen Niederschlagshöhe h_N aus

$$h_V = 50 + h_N - h_C. \tag{98}$$

Schneeverdunstung. Auch die Schneeverdunstung hat einen zuweilen nicht unerheblichen Abflußverlust zur Folge. So erleiden z. B. jene Wasserkraftwerke, deren Einzugsgebiete zum Großteil in der Schneeregion liegen, merkliche Einbußen an Betriebswasser, namentlich dann, wenn diese Gebiete vom Föhn bestrichen werden. Die Trockenheit der in großen Höhen lagernden Luftschichten begünstigt die Schneeverdunstung und bewirkt, daß selbst das Gletschereis sehr rasch verdunstet.[1]

Die Größe der Schneeverdunstung wird mit Hilfe eines Schneeverdunstungsmessers ermittelt, der etwa nach Abb. 205 ausgestaltet sein kann.[2]

In dem Bodenbrett a von 100 cm Seitenlänge befindet sich ein Ausschnitt von 1000 cm² Flächeninhalt, also von rund 32 cm Seitenlänge, unter dem die 25 cm tiefe, mit Holz verkleidete Grube e ausgehoben ist. In den Ausschnitt wird der aus Messingröhren bestehende Rost c eingesetzt, der an dem 70 cm hohen Trägerrost b hängt und den Blechtrichter d trägt. Das zwischen den Roststäben abtropfende Schmelzwasser sammelt sich in dem Gefäß f.

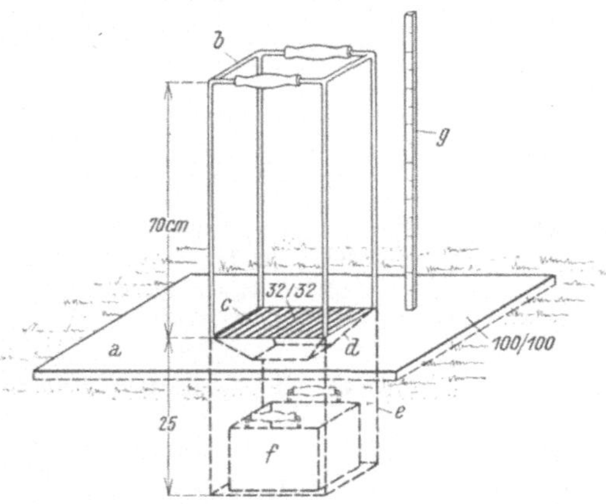

Abb. 205. Schneeverdunstungsmesser nach A. WEINLÄNDER.

a Bodenbrett, b Trägerrost, c Rost, d Blechtrichter, e Grube, f Gefäß, g Schneepegel.

[1] G. J. FINCH, Der Kampf um den Everest. Leipzig 1925. Dort wird folgende bemerkenswerte Beobachtung mitgeteilt. Ein Expeditionsteilnehmer war in 6000 m ü. M. durch die Eisdecke eines Gletschersees eingebrochen. Nachdem man ihn herausgezogen hatte, froren seine nassen Kleider zu einem festen Eispanzer, aus dem er herausgeschält werden mußte. Die steifgefrorenen Kleider wurden wie ein Brett an eine Steinmauer gelehnt. In kurzer Zeit war ihre Steifheit verschwunden und sie sanken in sich zusammen, weil sie getrocknet waren. Die trockene und dünne Höhenluft hatte das Eis ebenso schnell verdunstet, wie dies etwa mit Wasser im Sonnenschein in geringeren Höhenlagen geschieht. Diese Naturerscheinung findet ihren sichtbaren Ausdruck auch in der Wasserarmut der Gletscherabflüsse im Everest-Gebiete.

A. MAAS, Büßerschnee: Atlantis, H. 11, 1933. Hierin werden Beobachtungen über die Hochgebirgsländer von Südamerika, Mittelamerika, Zentralafrika und Asien mitgeteilt. Es heißt unter anderem: „In den Hochlagen ist die Lufttrockenheit so groß, daß die Verdunstung des im Winter gefallenen Schnees außerordentlich rasch vor sich geht. Der ehemals weiche Schnee ist durch die tägliche Wechselwirkung von Hitze und Kälte glashart gefroren und der alles austrocknende Kordillerenwind tut sein übriges, um zu polieren und abzurunden. Dann entstehen seltsame, nadelartige Gebilde von oft über Manneshöhe, die einer Schar weißgekleideter Pilger gleichen, weshalb man diesen Eisnadeln den Namen Penitentis, zu deutsch Büßerschnee, gegeben hat."

[2] Dieser Schneeverdunstungsmesser steht bei der Bayrischen Landesstelle für Gewässerkunde in Verwendung.

Für die Messung wird der innerhalb des Trägergerüstes liegende Schneequader mit Hilfe eines 35 cm breiten, mit langen Handhaben versehenen Bleches an den vier Seiten längs der lotrechten Gerüststäbe vorsichtig abgestochen, mit Hilfe des Trägergerüstes abgehoben und gemeinsam mit den Meßgerätteilen b, c und d gewogen. Nach Abzug des bekannten Gewichtes dieser Teile erhält man das Gewicht G_S des Schneequaders. Ebenso bestimmt man das Gewicht G_W des im Gefäß f angesammelten Schmelzwassers. Mit Hilfe eines in der Nähe aufgestellten Niederschlagsmessers wird ferner das Gewicht G_N des Niederschlages auf 1000 cm² Fläche ermittelt. Der Wert $G_N - (G_S + G_W)$ liefert sodann das Gewicht des Schneeverdunstungswassers auf 1000 cm² Fläche. Wird letzteres in Gramm ausgedrückt, so folgt die Schneeverdunstungshöhe in Millimeter Wassersäule $h_{SV} = \dfrac{G_N - (G_S + G_W)}{1000}$. Nach Beendigung der Messung setzt man das Gefäß f und den Schneequader mit aller Vorsicht wieder auf ihren alten Platz. Die Messungen werden zu bestimmten Zeiten, meist täglich einmal, wiederholt.

Die Tabelle 4 zeigt als Beispiel den Verlauf der Schneeverdunstung in München in der Zeit vom 11. I. bis 19. I. 1934.[1] Die gleichzeitig mit Hilfe eines Wasserverdunstungsmessers bestimmten Werte der Verdunstung an freier Wasseroberfläche zeigen, daß die Schneeverdunstung bei den diesen Beobachtungen zugrunde liegenden klimatischen Verhältnissen ungefähr doppelt so groß als die Wasserverdunstung ist.

Tabelle 4. Verdunstung der Schneedecke in München.

Datum	Schnee-höhe mm	Wasser-wert der Schnee-decke mm	Nieder-schlags-höhe mm	Ab-schmelz-höhe mm	Schnee-verdun-stungs-höhe mm	Wasser-verdun-stungs-höhe mm
11. I. 8$^\mathrm{h}$	215	0,267	—	—	—	—
12. I. 8$^\mathrm{h}$	215	0,267	0,1	0,0	0,0	0,3
13. I. 8$^\mathrm{h}$	205	0,297	4,7	0,1	1,8	0,1
14. I. 8$^\mathrm{h}$	190	0,300	0,5	2,1	1,6	0,5
15. I. 8$^\mathrm{h}$	190	0,290	0,2	0,5	1,7	0,6
16. I. 8$^\mathrm{h}$	175	0,260	0,2	7,5	2,2	1,6
17. I. 8$^\mathrm{h}$	140	0,306	0,1	2,0	0,9	0,6
18. I. 8$^\mathrm{h}$	110	0,258	2,5	14,0	2,9	0,8
18. I. 16$^\mathrm{h}$	30	0,350	2,0	18,8	1,1	0,3
19. I. 8$^\mathrm{h}$	Spuren	—	0,8	10,5	0,3	0,8
Summe	—	—	11,1	55,5	12,5	5,6

b) Versickerung.

Die Grundgleichung für den Wasserhaushalt eines geschlossenen Einzugsgebietes gibt keine Anhaltspunkte für den Gang der Versickerung. Die Summanden A_u und R_u werden durch die Größe der Versickerung S beeinflußt, die kleiner oder größer als $A_u + R_u$ sein kann, je nachdem der Rückhalt R_u einen positiven oder negativen Wert annimmt.

Es läßt sich nur ganz allgemein feststellen, daß die Versickerung abhängig ist von dem Gang der Niederschläge, von der Beschaffenheit des Bodens und von seiner Bedeckung. Es wird um so mehr Wasser versickern, je grobkörniger

---

[1] Aus Beilage Nr. 5 zum Wetterbericht der Bayr. Landeswetterwarte München vom 19. I. 1934.

der Boden und je rauher und flacher die Bodenoberfläche ist, dagegen wird infolge des Wasserbedarfes beim Pflanzenaufbaue und während einer Schneebedeckung oder einer Frostperiode die Versickerung zurückgehen. Diese Erfahrungstatsachen werden zu beachten sein, wenn man den Meßgeräten eine entsprechende Ausgestaltung und Aufstellung geben und die Meßergebnisse richtig deuten soll.

Einen anderen Weg wird man gehen, wenn die Frage nach jener größten Wassermenge zu beantworten ist, die in einem Boden von bestimmter Beschaffenheit und Bedeckung einzusickern imstande ist. Bei der Beurteilung der Versickerung aus Flüssen, Kanälen oder eigens hergestellten Sickergräben und Sickerbecken, die zur sogenannten künstlichen Grundwassererzeugung oder zur Bodenbewässerung Verwendung finden, sind die Ergebnisse der Messung dieser künstlichen Versickerung von Belang.

Niederschlagsversickerung. Zu ihrer Messung bedient man sich der Versickerungsmesser oder Lysimeter.

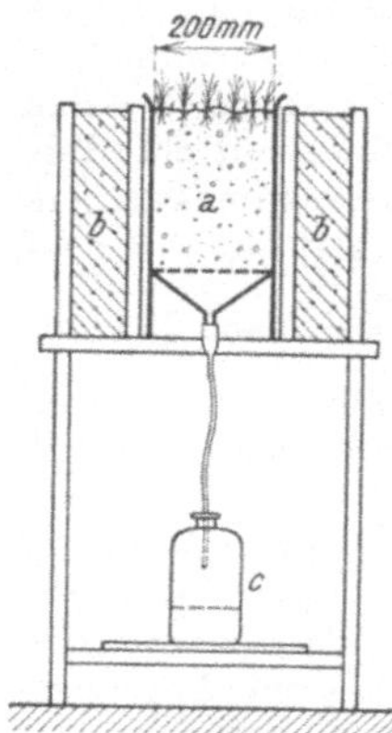

Abb. 206. Versickerungsmesser nach E. WOLLNY.

a Zinkblechbehälter mit Bodenprobe, b doppelwandiger Schutzkasten mit Bodenprobe, c Sammelgefäß.

Das nach E. WOLLNY hergestellte Meßgerät (Abb. 206) besteht aus einem quadratischen Zinkkasten a mit durchlöchertem Boden und anschließendem Abflußtrichter und der Meßflasche c. Der Kasten a wird ebenso wie der ihn umschließende Holzkasten b mit der zu untersuchenden Bodenart aufgefüllt und bepflanzt. Eine Verbesserung besteht darin, daß man den Zinkkasten a samt der Meßflasche c in ähnlicher Weise in den Naturboden versenkt wie den Verdunstungsmesser von RYKATSCHEW. Die Messung der in der Flasche c angesammelten Wassermenge liefert, bezogen auf die Auffangfläche des Meßgerätes, die Versickerungshöhe h_S.[1]

Künstliche Versickerung. Eine einfache, aber auch nur ganz näherungsweise Messung der Versickerung kann mit Hilfe eines in den Boden eingetriebenen

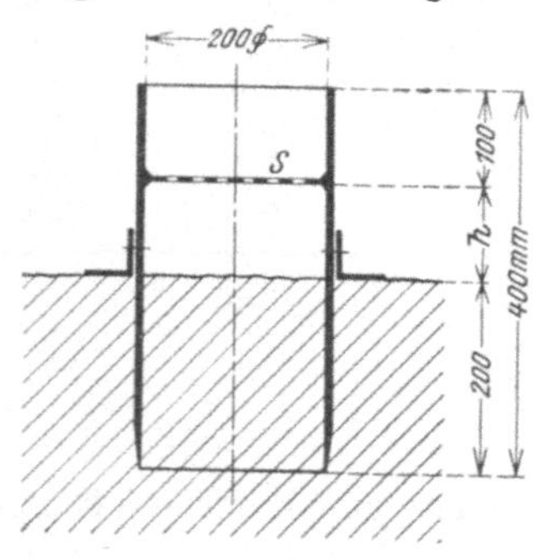

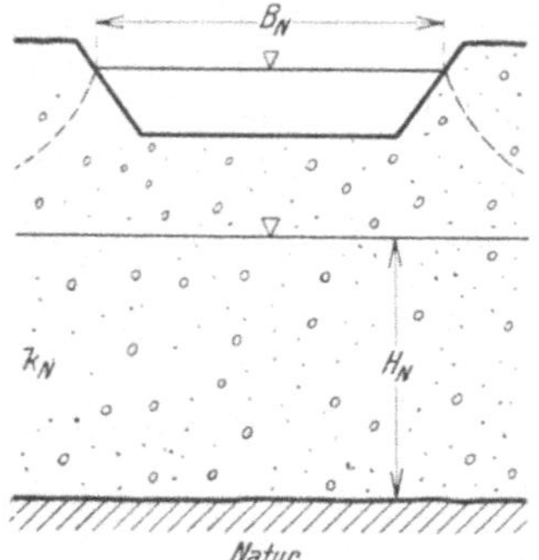

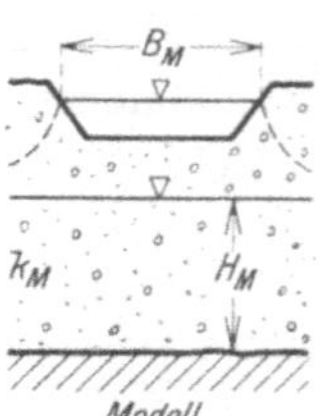

Abb. 207. Meßgerät zur Bestimmung der Versickerungshöhe nach O. FAUSER. S Sieb.

Abb. 208. Modellversuch für Versickerungsvorgänge.

Rohres erfolgen (Abb. 207). Der Innenraum des Rohres wird bis zum abnehmbaren Siebe S vorsichtig mit Wasser aufgefüllt und der Zeitabschnitt t gemessen, der zum Versickern der Wasserhöhe h erforderlich ist.[2] Hieraus ergibt sich $h_S = \dfrac{h}{\varDelta t}$.

[1] E. WOLLNY, Forschungen auf dem Gebiete der Agrikulturphysik, 1887.
[2] O. FAUSER, Meliorationen. Berlin 1921.

Dieses einfache Verfahren versagt, wenn die Wasserzuführung in verschieden geformten Becken oder Gräben erfolgt und namentlich dann, wenn der Grundwasserstand die Wasserbewegung beeinflußt. In einem solchen Falle greift man zum Modellversuch oder unter Umständen auch zur Rechnung mit Zugrundelegung der Potentialtheorie.

Der *Modellversuch* stützt sich auf folgende Überlegung. Ist der Grundwasserträger derart feinporig, daß die Gültigkeit des Filtergesetzes von H. Darcy, $u = k\,J$, vorausgesetzt werden kann, dann muß, wenn für den Grundwasserträger des Modelles ebenfalls dieses Grundgesetz zutrifft,

$$\frac{u_N}{u_M} = \frac{k_N\,J}{k_M\,J} \tag{99}$$

gelten. Es folgt daher

$$\frac{Q_N}{Q_M} = \frac{F_N\,u_N}{F_M\,u_M} = \frac{F_N\,k_N}{F_M\,k_M}, \tag{100}$$

worin durch die Indizes N und M die jeweilige Wertgröße der Durchflußmenge Q, -fläche F, -geschwindigkeit u sowie Durchlässigkeit k für die Natur und für das Modell gekennzeichnet ist.

Stellt das Modell eine lineare Verkleinerung des Naturgebildes, in diesem Falle der Form des Beckens oder des Grabens, sowie der Form des Grundwasser-

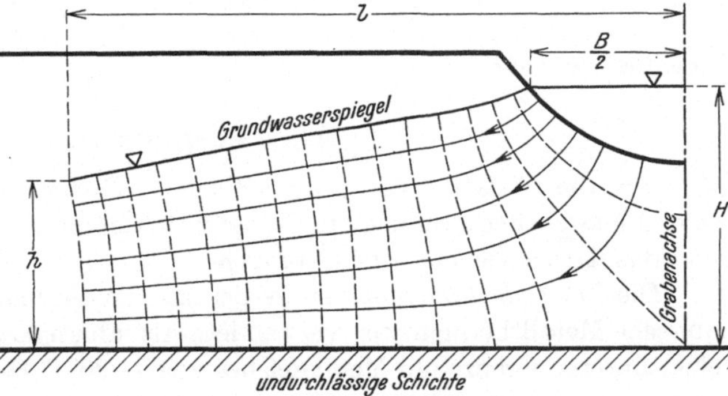

Abb. 209. Näherungsweise Berechnung der Versickerung in Wassergräben mit Hilfe der Potentialtheorie nach R. Dachler.

trägers im Verhältnisse $\dfrac{1}{n}$ vor (Abb. 208), ist also $\dfrac{B_M}{B_N} = \dfrac{H_M}{H_N} = \dfrac{1}{n}$, dann ist das Verhältnis der Flächen

$$\frac{F_M}{F_N} = \frac{1}{n^2}$$

und es folgt

$$Q_N = Q_M\,\frac{k_N}{k_M}\,n^2. \tag{101}$$

Der Modellversuch hat demnach so zu erfolgen, daß man neben der im Modell versickerten Menge Q_M noch die Durchlässigkeiten k_N und k_M nach einem der bereits beschriebenen Verfahren ermittelt und diese Werte in obige Gleichung einsetzt, um die tatsächlich in der Natur zu erwartende Versickerungsmenge Q_N zu erhalten. Das Verfahren ist den praktischen Bedürfnissen sehr anpassungsfähig, um so mehr, als man im Modelle mit jener Bodenmaterialgröße arbeiten kann, die mit Rücksicht auf die Versuchsdurchführung am zweckdienlichsten ist.[1]

Während der Modellversuch jedwede Form der Begrenzung der maßgebenden Querschnittsgestaltung zu berücksichtigen in der Lage ist, muß sich

---

[1] F. Schaffernak und R. Dachler, Versuchstechnische Lösung von Grundwasserproblemen. Die Wasserwirtschaft, Wien, Nr. 1 u. 3, 1931.

die Rechnung auf einige einfache Fälle beschränken. Für einen trapezförmigen Versickerungsgraben lassen sich, wenn man den Querschnitt durch eine dem Trapez angepaßte Schalenform ersetzt, mit Hilfe einer konformen Abbildung die Niveau- und die Stromfunktion dieser Grundwasserbewegung analytisch darstellen.[1] Das den analytischen Ausdrücken entsprechende Strömungsbild (Abb. 209) stimmt in allen wesentlichen Eigenschaften mit dem des Naturvorganges überein und gestattet in einfacher Weise die Berechnung der versickernden Wassermenge.

Liegt z. B. der Gerinnespiegel von der Breite B im Abstande H über der waagrechten, undurchlässigen Schicht und beträgt in der Entfernung $l > \dfrac{B+H}{2}$ von der Grabenachse die Höhe des Grundwasserspiegels h, so kann die versickernde Wassermenge in erster Annäherung aus der Gleichung

$$\frac{Q}{k} = H + 2\,l - B - \sqrt{(H + 2\,l - B)^2 - 4\,(H^2 - h^2)} \tag{102}$$

berechnet werden.

E. Temperatur.

Für die Messung der Luft-, Wasser-, Boden- und Bauwerkstemperatur sind Flüssigkeitsthermometer, Bimetallthermometer, Widerstandsthermometer und das Thermoelement im Gebrauche.[2]

Die *Flüssigkeitsthermometer* werden als Glasthermometer, seltener als Bourdonsche Metallthermometer verwendet. Als Flüssigkeitsfüllung kommen bis zu einer unteren Grenze des Meßbereiches von — 30⁰ C Quecksilber, für noch tiefere Temperaturen Äthylalkohol, Kreosot, Toluol u. a. in Betracht.

Die *Bimetallthermometer* bestehen aus zwei fest miteinander verbundenen Metallamellen von möglichst verschiedenem Ausdehnungskoeffizienten, wie etwa Messing und Eisen. Die häufigere Ausführung ist das gekrümmte Bimetallthermometer, bei dem die durch die Temperaturänderungen bewirkten Bewegungen des freien Endes der Verbundlamelle mittels einer Hebelübertragung vergrößert werden. Die Temperatur kann unmittelbar an einer geeichten Skala abgelesen werden.[3]

Die Wirkungsweise der elektrischen *Widerstandsthermometer* beruht darauf, daß sich der elektrische Widerstand eines Metalles mit dem Wechsel der Temperatur ändert. Dieser Widerstand wird mit einer Wheatstoneschen Brücke an einem Galvanometer angezeigt, das nach entsprechender Eichung gleich die Temperaturgrade angibt.

Beim *Thermoelement* entsteht durch Temperaturunterschiede an den Lötstellen zweier Metalle eine elektromotorische Kraft. Die Spannungsänderung wird an einem Millivoltmeter angezeigt, dessen Skala in Temperaturgraden

---

[1] R. Dachler, Über die Versickerung aus Kanälen. Die Wasserwirtschaft-Wien, Nr. 9, 1933.

[2] A. Schlein, Anleitung zur Ausführung und Verwertung meteorologischer Beobachtungen. Wien 1915. — F. Linke, Meteorologisches Taschenbuch, 1. Ausgabe, Leipzig 1931, und 2. Ausgabe, Leipzig 1933.

[3] Siehe die Anordnung des Bimetallthermometers a in Abb. 215, S. 181.

geeicht ist.[1] Das Thermoelement besteht aus zwei zusammengelöteten, gleich langen, sehr dünnen, thermoelektrisch wirksamen Drähten, z. B. einem Kupferdraht von 0,05 mm und einem Konstantandraht von 0,1 mm Stärke. Man bringt die eine Lötstelle an den Meßpunkt, während die andere in ein Wasserbad getaucht wird, das in einer Thermophorflasche als sogenannte Null-Stelle auf gleicher Temperatur gehalten wird.[2] Mit Hilfe einer Schaltvorrichtung kann man jene Widerstände vor das Galvanometer schalten, welche sich für die Meßeinrichtung bei gegebenen Temperaturunterschieden als zweckmäßig erweisen.

Beide Arten elektrischer Thermometer können mit verschwindend kleiner thermischer Trägheit gebaut werden, sind also zur Messung rasch verlaufender Temperaturschwankungen besonders geeignet. Weiters besitzen sie den Vorteil, daß das Ablesegerät entfernt von der Meßstelle aufgestellt und, ebenso wie beim Bimetallthermometer, als Selbstschreiber ausgebildet werden kann.

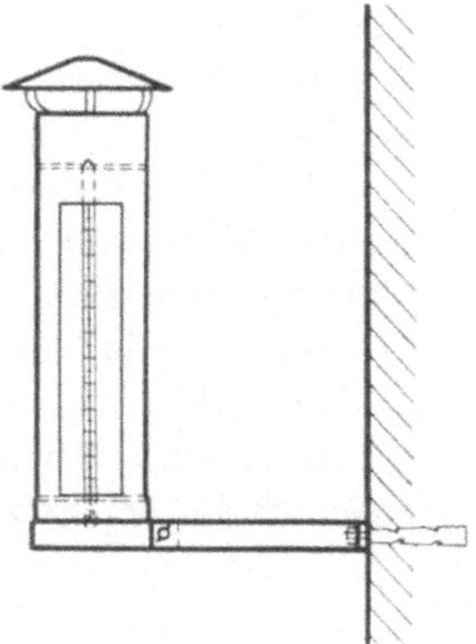

Abb. 210. Luftthermometer im Schutzgehäuse.

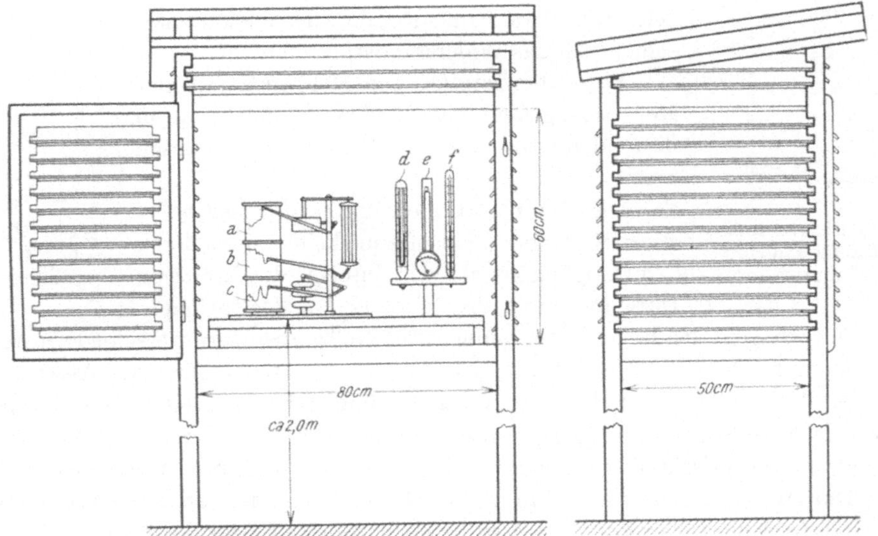

Abb. 211. Jalousie-Holzhütte für meteorologische Beobachtungsinstrumente.
Selbstschreiber: *a* Thermograph, *b* Hygrograph, *c* Barograph. — Kontrollinstrumente: *d* Extremthermometer, *e* Haarhygrometer, *f* Thermometer.

Bimetall-, Widerstandsthermometer und Thermoelemente müssen nach besonderen Verfahren geeicht werden. Flüssigkeitsthermometer sollen wegen der

---

[1] Eine ähnliche Anordnung wie beim Widerstandsthermometer für die Messung von Bauwerkstemperaturen. Siehe S. 183. — W. BRÜCKMANN, Über Versuche mit elektrischen Thermometern. Meteorologische Zeitschrift, H. 8, 1920.

[2] W. SCHMIDT, Ein neues Verfahren zur Messung der Bodentemperatur. Zeitschrift für Instrumentenkunde, H. 8, 1926.

Möglichkeit einer Verschiebung der Skala und einer Kontraktion des Thermometergefäßes alljährlich überprüft werden.

Lufttemperatur. Die wahre Lufttemperatur ist jene, welche ein Thermometer bei Ausschluß jeglichen Strahlungseinflusses, also bloß durch Wärmeleitung, anzeigt. Aus diesem Grunde ist der Aufstellung der Thermometer große Aufmerksamkeit zu schenken.

Nach der Erfahrung ist das Thermometer, geschützt durch ein Blechgehäuse, an der Nordwand eines Hauses anzubringen (Abb. 210). Das selbstschreibende Thermometer, der Thermograph, wird gewöhnlich im Verein mit dem Baro- und Hygrograph in einer doppelwandigen Jalousie-Holzhütte aufgestellt (Abb. 211). Diese Hütte muß nicht unbedingt im Nordschatten eines Hauses stehen, sondern kann auch an einer freien Stelle der Sonne ausgesetzt sein.

Als besondere Ausführung werden außerdem Extremthermometer verwendet, an welchen die höchsten und tiefsten Temperaturen eines Tages abgelesen werden können.

Für Untersuchungen, bei denen es sich um eine möglichst genaue und lückenlose Festlegung der Lufttemperatur in kleineren Bezirken handelt, wie etwa beim Studium des Kleinklimas, eignet sich das Widerstandsthermometer.

Wassertemperatur. Die Meßgeräte wie der Meßvorgang sind verschieden, je nachdem in fließenden oder stehenden Gewässern gemessen wird.

Die Temperaturmessung in *fließenden Gewässern* bereitet insoferne keine besonderen Schwierigkeiten, als sich infolge der kräftigen Durchmischung des Wassers bei der turbulenten Bewegung in der Regel keine nennenswerten Temperaturunterschiede in den einzelnen Punkten des Durchflußquerschnittes feststellen lassen. Außerdem ist der Unterschied zwischen der höchsten und tiefsten Tages-Wassertemperatur in Mitteleuropa sehr gering, selten größer als 1⁰ C. Aus diesen Gründen genügt für praktische Zwecke eine täglich einmalige Messung an einem Punkte des Durchflußquerschnittes. Man wählt als Meßort eine vor Sonnenstrahlung geschützte, lebhaft durchströmte und nicht zu seichte Stelle des Flusses.

Für genaue wissenschaftliche Untersuchungen muß sowohl die Zahl der Meßstellen wie die Anzahl der täglichen Beobachtungen vermehrt werden, wobei selbstschreibende Thermometer und Maximum- und Minimumthermometer in Betracht gezogen werden müssen.[1]

Um die Angabe des Thermometers auch während des Hochhebens und der Ablesung möglichst genau zu erhalten, ist das Thermometer dem Einflusse der Lufttemperatur zu entziehen. Hierzu verwendet man eigene Schöpfgefäße

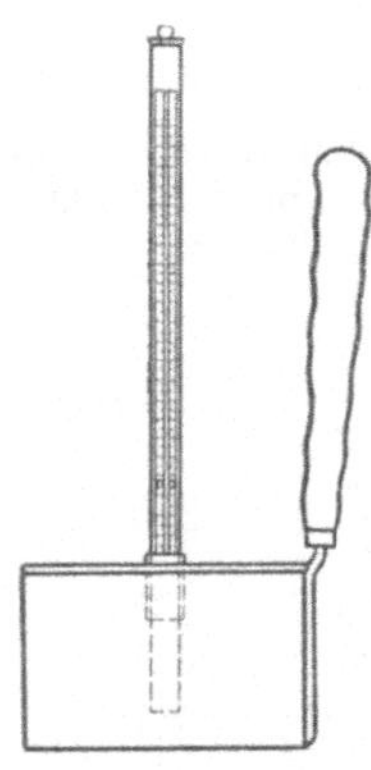

Abb. 212. Schöpfgefäß m. Thermometer.

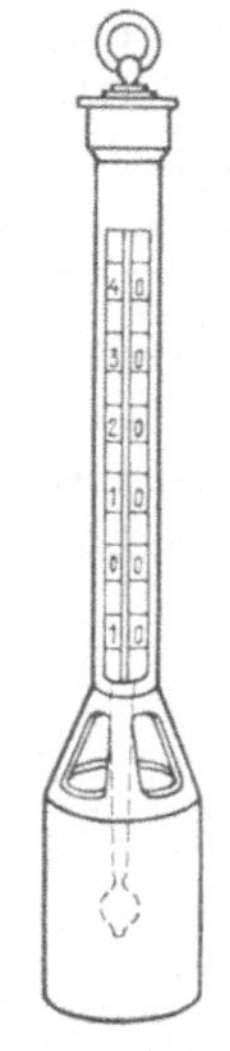

Abb. 213. Schöpfthermometer.

---

[1] J. MATUSEWICZ, Betrachtungen über die Methodik der Untersuchungen der Temperatur fließender Gewässer. III. Hydrologische Konferenz der baltischen Staaten, 1930.

(Abb. 212) oder sogenannte Schöpfthermometer (Abb. 213).[1] Das Thermometer wird etwa zwei Minuten ins Wasser gehalten und dann rasch mit dem Schöpfgefäß aus dem Wasser gehoben und abgelesen.

Bei der Temperaturmessung in *stehenden Gewässern* ist zu beachten, daß sich das Wasser infolge der von der Oberfläche ausgehenden Wärmeströmung nach der Temperatur schichtet. Je nach der Jahreszeit erfolgt diese Temperaturschichtung in einer Zu- oder Abnahme der Temperatur nach der Tiefe zu. Das größte Temperaturgefälle, d. i. die stärkste Änderung der Wassertemperatur, herrscht in einer Tiefe von etwa 10 bis 15 m. Da diese Änderung fast sprungweise erfolgt, führt diese Wasserschichte die Bezeichnung Sprungschichte. Unterhalb der Sprungschichte nähert sich bei genügend tiefen Seen die Wassertemperatur 4⁰ C, also jener Temperatur bei welcher das Wasser seine größte Dichte aufweist.[2]

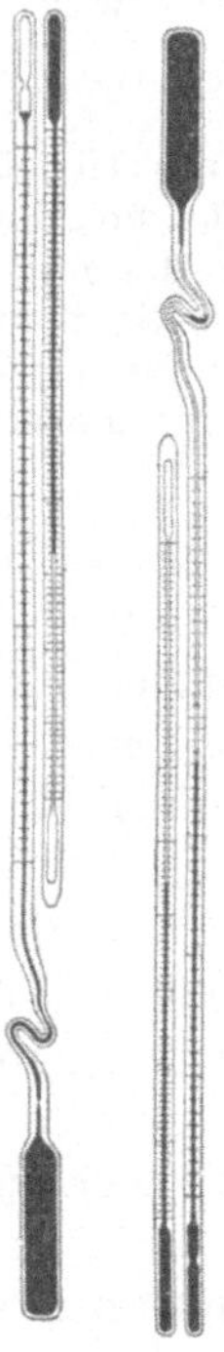

Die Verschiedenheiten in der Temperaturverteilung erfordern in Seen eine Temperaturmessung in mehreren Tiefenlagen. Die Meßgeräte dürfen während des Hochhebens beim Durchgange durch Schichtlagen anderer Temperatur ihre Anzeige nicht ändern. Hierfür kommen träge Thermometer, Kippthermometer und das Wärmelot in Betracht.

Die Wirkungsweise des *trägen Thermometers* beruht darauf, daß das Thermometergefäß durch eine Wärmeschutzschichte aus Wachs oder Hartgummi in seiner Wärmeaufnahme gedämpft wird, so daß es auf kurz andauernde Temperaturänderungen nicht anspricht. Solche Thermometer bedürfen daher einer langen Einstelldauer, werden aber während des Hochhebens durch Wasserschichten, die eine andere Temperatur besitzen, fast gar nicht beeinflußt.

Die *Kippthermometer* werden vor dem Hochheben um 180⁰ gedreht (Abb. 214). Durch dieses Umkippen reißt der Quecksilberfaden in dem unteren engen Teile der Kapillarröhre und das Quecksilber füllt jenen Teil der Kapillare, der sich früher oben befunden hat und wo auch die Temperatur im gekippten Zustande richtig abgelesen werden kann.

Abb. 214. Kippthermometer.
Links während der Messung, rechts während des Hochziehens.

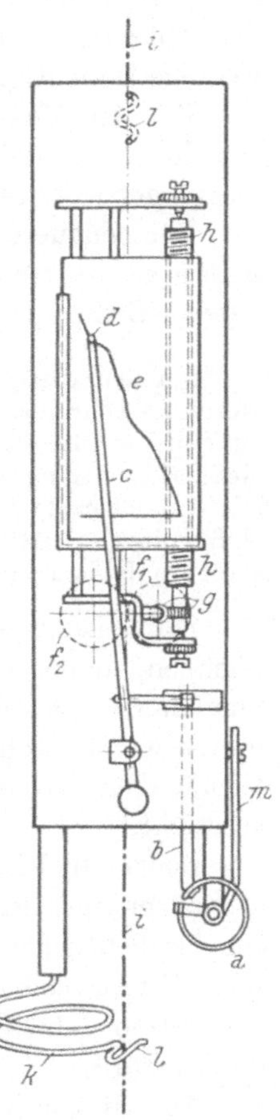

Abb. 215. Wärmelot nach W. SCHMIDT.

a Bimetallthermometer, *b* Hebel mit Lenker, *c* Schreibarm, *d* Saphirstift, *e* berußte Glasplatte mit Temperaturverlauf, f_1 Antriebsrolle, f_2 lose Preßrolle, *g* Schneckentrieb, *h* Hubschraube, *i* Führungsseil, *k* Stoßdämpfer, *l* Führungen, *m* Justierhebel.

<hr>

[1] HYDROGRAPHISCHES ZENTRALBUREAU WIEN, Anleitung zur Beobachtung der Wassertemperatur, 1904.

[2] Siehe Abb. 256, S. 241.

Ein Nachlaufen des in dem Quecksilberbehälter befindlichen Quecksilbers wird durch die gekrümmte Form des Kapillarrohres verhindert. Dem Kippthermometer ist noch ein kleineres Thermometer beigegeben, an welchem die zur Zeit der Ablesung herrschende Temperatur festgestellt wird, um hiernach die notwendige Berichtigung der Lesung am Kippthermometer vornehmen zu können.

Bei der Messung mit den vorbeschriebenen Thermometern werden diese einzeln oder in Reihen in die Tiefe versenkt. Man erhält dadurch nur Temperaturmessungen in einzelnen Punkten, deren Abstand zweckmäßig mit 1 m gewählt wird.

Für genauere Untersuchungen über den Wärmeumsatz in Seen ist eine geschlossene Aufzeichnung der Temperatur durch einen Selbstschreiber erwünscht. Diesem Bedürfnis kommt das *Wärmelot* nach (Abb. 215).[1]

Der Ausschlag eines Bimetallthermometers a wird mit Hilfe eines Hebels b auf einen Schreibarm c und den an seinem Ende befindlichen Saphirstift d und damit auf eine berußte Glasplatte e übertragen. Während der Aufnahme gleitet das gesamte Meßgerät entlang eines Drahtseiles i, das mittels eines Gewichtes gespannt wird. Die Antriebsrolle f_1 und die lose Preßrolle f_2 vermitteln bei der Tiefenänderung des Meßgerätes mit Hilfe des Schneckentriebes g und der Hubschraube h eine maßstabgerechte Höhenverschiebung der berußten Glasplatte e.

Soll das Meßgerät die lotrechte Temperaturverteilung in einem See aufzeichnen, dann wird es längs des Führungsseiles i, das von einem Boot frei hinabhängt, abgesenkt, wobei ein Tiefenmeter in zwei bis drei Sekunden durchfahren werden soll. Die Aufnahmeergebnisse mit diesem Meßgeräte zeigen eine Genauigkeit von etwa 0,1⁰ C, die für die gedachten Untersuchungen vollständig ausreicht.

Boden- und Bauwerkstemperatur. Der Gang der Bodentemperatur verläuft asynchron mit jenem der Lufttemperatur und zeigt schon in geringen Tiefen eine beträchtliche Abnahme der Schwankungen. In Orten von mittlerer geographischer Breite bleibt die Bodentemperatur in einer Tiefe von etwa 1,5 m während des ganzen Jahres gleich und beträgt etwas mehr als das Jahresmittel der Lufttemperatur.[2]

Aus diesem Grunde genügt es, die Messungen der Bodentemperatur auf verhältnismäßig geringe Tiefen zu erstrecken, und zwar beschränkt man sich gewöhnlich auf die vermutliche Frosttiefe. Die Festlegung der Frosttiefe, also die Angabe jener Bodenschichte, in der während eines Jahresganges eine Minimaltemperatur von 0⁰ C auftritt, hat vom bautechnischen Standpunkt aus große Bedeutung. Die Ausführung derartiger Untersuchungen, aus denen nicht nur das Temperaturmaß, sondern auch deren Dauer hervorgeht, ist für die Gründung von Bauwerken, die Verlegung von Wasserleitungssträngen, aber auch für den Bau von hochgelegenen Wasserkraftanlagen von besonderer Bedeutung. Bei Messungen in Hochlagen wird noch der Einfluß der Schneedecke auf die Bodentemperatur sowie auch die Temperaturverteilung innerhalb der Schneedecke zu berücksichtigen sein.[3]

---

[1] W. SCHMIDT, Das Wärmelot, ein Gerät zum Aufzeichnen der Tiefentemperaturen in stehenden Gewässern. Sitzungsbericht d. Akad. d. Wiss. in Wien, Bd. 136, H. 7, 1927.

[2] Siehe Abb. 250a, S. 238.

[3] Siehe S. 242.

Ansonsten ist die Bodentemperatur von der Bodenart, ihrer Bedeckung und den Feuchtigkeitsverhältnissen abhängig, weshalb sich die Charakterisierung der Temperaturverhältnisse eines bestimmten Gebietes nur aus vielen Beobachtungsreihen oder aus einer Beobachtungsreihe, die dem mittleren Temperaturzustand des Bodens entspricht, ableiten läßt.

Das Thermometer wird in einem lotrechten Schutzrohr aus gebranntem Ton, Ebonit oder Cellon versenkt. Seine Einstellung in die gewünschte Tiefe erfolgt durch Stangen oder Ketten, an deren unterem Ende es befestigt ist. Zu seinem Schutze erhält es eine Hülse aus Kupfer, die vorne einen Schlitz zur Ablesung hat. Der Raum zwischen Kupferblech und Thermometergefäß ist mit einem Wärmeschutzmittel ausgefüllt, damit während des Herausziehens und Ablesens keine Temperaturänderung auftritt. Bei der Temperaturmessung in Schichttiefen bis etwa 0,5 m ist es vorteilhafter, keine Schutzrohre zu benützen und dem Thermometer eine schräge oder horizontale Lage zu geben, um die Ungenauigkeiten zu vermindern, welche mit der Angabe der mittleren Bodentiefe eines mehrere Zentimeter langen Thermometergefäßes verbunden sind.

Um alle meßtechnischen Schwierigkeiten zu vermeiden, die mit der Verwendung der Flüssigkeitsthermometer verbunden sind, bürgert sich auch bei den Messungen der Bodentemperatur das elektrische Meßverfahren mit Hilfe von Widerstandsthermometern oder Thermoelementen ein, welches überdies noch den Vorteil der Selbstaufschreibung besitzt.[1]

Das Gelände, auf dem Bodenthermometer aufgestellt werden, soll unbeschattet, eben und so beschaffen sein, daß das Niederschlagswasser frei abfließen kann. Die Schneedecke soll in natürlichem Zustande belassen werden und ebenso darf die Bodenfläche möglichst wenig durch Betreten verändert werden. Auch ist darauf zu achten, daß die Thermometer nicht in das Grundwasser eintauchen.

Für die Messung von Temperaturänderungen in massiven Bauwerkskörpern wie etwa in Talsperren, die namentlich auf die Abbindewärme des Betons zurückzuführen sind, empfiehlt sich eine Ausführung des elektrischen Widerstandsthermometers nach Abb. 216.

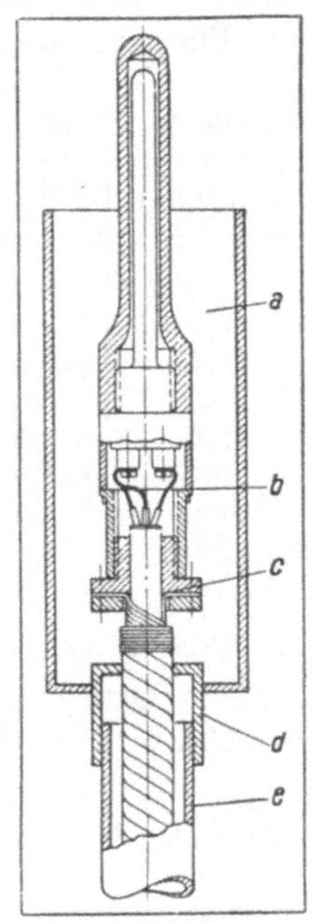

Abb. 216. Elektrisches Widerstandsthermometer für die Messung von Bauwerkstemperaturen.

a mit Kabelmasse ausgegossen, *b* Trennfuge, verlötet, *c* Bleimantel, eingelötet, *d* Muffe, aufgeschweißt, *e* Stahlpanzerrohr.

F. Luftdruck.

Die Messung des Luftdruckes wird ausgeführt mit Flüssigkeitsbarometern — Quecksilberbarometern —, elastischen Barometern — Aneroiden — sowie mit Siedethermometern — Hypsometern.

---

[1] W. Schmidt, Ein neues Verfahren zur Messung der Bodentemperatur. Zeitschrift für Instrumentenkunde, H. 8, 1926. — Hartmann u. Braun-Frankfurt a. M., Meßgeräte für die Wärmewirtschaft, Preisliste.

Für technische Zwecke wird der Luftdruck im Längenmaße, in Millimeter Quecksilbersäule, für wissenschaftliche Untersuchungen wie für internationale Wettermeldungen im Druckmaße, in Millibar, ausgedrückt. Die Umrechnung des Millibar, 1 mbar = 1000 dyn/cm², auf Millimeter Quecksilbersäule ergibt sich aus der Beziehung, daß in Meereshöhe unter 45° geographischer Breite 1000 mbar einer Hg-Säule von 750,08 mm entsprechen. Eine Teilung des Barometers in Millibar ist unzweckmäßig, weil an jedem Orte die Teilungseinheit wegen der Verschiedenheit der Erdschwere verschieden ist.

Für die Umrechnung in Millibar dient Tabelle 5.

Tabelle 5. Umrechnung von Millimeter Quecksilbersäule in Millibar.

mm/mbar	0	10	20	30	40	50	60	70	80	90
0	0	13,3	26,7	40,0	53,3	66,7	80,0	93,3	106,7	120,0
100	133,3	146,6	160,0	173,3	186,6	200,0	213,3	226,6	240,0	253,3
200	266,6	279,9	293,3	306,6	320,0	333,3	346,7	360,0	373,3	386,6
300	400,0	413,3	426,6	440,0	453,3	466,6	480,0	493,3	506,6	520,0
400	533,3	546,7	560,0	573,3	586,6	599,9	613,3	626,6	640,0	653,3
500	666,6	680,0	693,3	706,6	719,9	733,3	746,6	759,9	773,3	786,6
600	799,9	813,3	826,6	839,9	853,2	866,6	879,9	893,2	906,6	919,9
700	933,2	946,6	959,9	973,2	986,6	999,9	1013,2	1026,6	1039,9	1053,2

Für *Quecksilberbarometer*, deren Angabe mit Luftdruckmessungen an anderen Orten verglichen werden soll, ist die Umrechnung auf eine Normaltemperatur von 0° C und auf Meereshöhe notwendig.[1] Zu diesem Zwecke ist die

Tabelle 6. Siedetemperatur des Wassers in ° C bei verschiedenem Luftdruck.

Luftdruck mm Hg	0	2	4	6	8	Luftdruck mbar	0	2	4	6	8
790	101,09	1,16	1,23	1,30	1,37	1050	101,00	1,06	1,11	1,17	1,23
780	100,73	0,80	0,87	0,94	1,02	1040	100,73	0,78	0,84	0,89	0,94
770	100,37	0,44	0,51	0,58	0,66	1030	100,46	0,51	0,57	0,62	0,68
760	100,00	0,07	0,15	0,22	0,29	1020	100,18	0,24	0,29	0,35	0,40
750	99,63	9,70	9,78	9,85	9,93	1010	99,91	9,96	0,03	0,07	0,13
740	99,26	9,33	9,41	9,48	9,56	1000	99,63	9,69	9,74	9,80	9,85
730	98,88	8,95	9,03	9,10	9,18	990	99,35	9,41	9,46	9,52	9,58
720	98,49	8,57	8,65	8,72	8,80	980	99,07	9,12	9,18	9,24	9,28
710	98,11	8,18	8,26	8,34	8,42	970	98,78	8,84	8,90	8,95	9,01
700	97,71	7,79	7,87	7,95	8,03	960	98,49	8,55	8,61	8,67	8,72
690	97,32	7,40	7,48	7,56	7,63	950	98,20	8,26	8,32	8,38	8,44
680	96,92	7,00	7,08	7,16	7,24	940	97,91	7,97	8,03	8,09	8,14

[1] Es kommt auch vor, daß die Ablesungen auf die normale Schwerkraft, nämlich jene, die unter 45° Breite wirkt, reduziert werden. Um Irrtümer zu vermeiden, ist es deshalb notwendig, die zweimalige Anbringung der Schwerekorrektion ausdrücklich zu vermerken.

absolute Höhe des unteren Hg-Spiegels zu bestimmen, wofür eine Genauigkeit von 1 m entsprechend einem Luftdruckunterschied von 0,1 mm genügt.

Die *Aneroidbarometer* müssen an Ort und Stelle in einem ungeheizten Raum mit einem guten Quecksilberbarometer verglichen werden, um die Standkorrektion zu erhalten, welche an der Aneroidablesung nebst der Temperaturkorrektion anzubringen ist. Die selbstschreibende Ausführung, der Barograph, hat zu Kontrollzwecken ein Hg-Barometer beigefügt zu erhalten.[1]

Bei den *Siedethermometern* dient die Größe der Dampftemperatur zur Bestimmung des Luftdruckes. Das Meßgerät soll derartig ausgeführt werden, daß das Thermometergefäß nicht mit dem kochenden Wasser selbst, sondern nur mit dem Dampf in Berührung kommt. Solche Thermometer sind sorgfältig zu eichen. Für die Umrechnung der abgelesenen Siedetemperaturen auf den Luftdruck kann Tabelle 6 verwendet werden.

G. Luftfeuchte.

Der auf der Erdoberfläche durch Verdunstung an Wasserflächen, feuchtem Boden und Pflanzenwuchs gebildete Wasserdampf verbreitet sich in der Lufthülle durch Diffusion und Windbewegung. Die Verteilung der Temperatur setzt seiner Ausbreitung Grenzen, weil er bei niedrigen Temperaturen kondensiert. Der Feuchtigkeitsgehalt ist sehr ungleichförmig verteilt. Seine Größe, die Luftfeuchte, wird nach verschiedenen Gesichtspunkten definiert und hiernach gemessen :[2]

a) nach der *Dampfspannung*, jener Spannung, die in einem luftleeren Raume herrschen würde, wenn nur der Wasserdampf vorhanden wäre. Die Dampfspannung wird in Millimeter Hg-Säule angegeben;

b) nach der *absoluten Feuchte*, dem Gewichte des Wasserdampfes, der in einem Kubikmeter Luft enthalten ist;

c) nach der *spezifischen Feuchte*, dem Gewichte des Wasserdampfes in einem Kilogramm feuchter Luft;

d) durch das Verhältnis der in der Luft vorhandenen Dampfspannung zu der bei der herrschenden Temperatur möglichen größten Dampfspannung, das ist die *relative Feuchte*;

e) durch die Angabe des Unterschiedes aus der größten Dampfspannung und der herrschenden Dampfspannung, das ist das *Sättigungsdefizit*;

f) durch das Verhältnis der vorhandenen Dampfspannung zur größten Dampfspannung, das ist die *relative Sättigung*.

Für manche Erscheinungen ist die Unterscheidung zwischen Eisdampf und Wasserdampf, also der Unterschied zwischen der Dampfspannung über Eis und über Wasser, zu beachten.

Es beträgt der größte Dampfdruck über Eis

bei t^0 C	0	— 5	— 10	— 20	— 30
in mm Hg	4,58	3,03	1,97	0,79	0,29

---

[1] M. ROBITSCH, Die Beobachtungsmethoden des modernen Meteorologen. Berlin 1925.

[2] REINHARD-SÜRING, Leitfaden der Meteorologie. Leipzig 1927.

Als Feuchtemesser — Hygrometer — kommen bei gewöhnlichen meteorologischen Beobachtungen das Haarhygrometer und das Psychrometer in Verwendung.

Die Wirkungsweise der *Haarhygrometer* beruht darauf, daß ein entfettetes Menschenhaar sich mit zunehmender Feuchtigkeit verlängert. Die Länge eines Haares oder eines Haarbündels kann daher zur unmittelbaren Bestimmung der relativen Feuchte der Luft Verwendung finden, wenn die Skalen der Hygrometer besonders geeicht werden. Mit Hilfe der gleichzeitig an einem Thermometer abgelesenen Lufttemperatur t läßt sich die Dampfspannung berechnen aus $4{,}53 \cdot 10^{\frac{7{,}45\,t}{243{,}7 + t}} \cdot \dfrac{\text{relative Feuchte}}{100}$.

Zu einer fortlaufenden Aufschreibung der Luftfeuchte verwendet man eigens ausgeführte Haarhygrometer mit einer Schreibvorrichtung, den Hygrograph.

Das *Psychrometer* ist ein Thermometer, dessen Quecksilbergefäß feucht erhalten wird. Der Unterschied der Lesung an diesem feuchten und an einem gleichzeitig beobachteten trockenen Thermometer, die Psychrometerdifferenz, gibt ein Maß für den Wasserdampfgehalt der Luft.

Für die Fernmessung verwendet man Feuchte-Fernmesser mit thermo-elektrischer Übertragung, die, wie das gewöhnliche Psychrometer, auf dem Verdunstungsverfahren beruhen[1]. Die eine Lötstellenreihe der Thermobatterie ist der Raumtemperatur ausgesetzt, während die andere Lötstellenreihe mit einem Saugstrumpf überzogen ist, der in ein Gefäß mit destilliertem Wasser eintaucht. Durch die einsetzende Verdunstung entsteht zwischen den Lötstellenreihen ein Temperaturunterschied, so daß die Thermobatterie einen Strom liefert, der dem Temperaturunterschied proportional ist und ein Maß für die in der Luft enthaltene Feuchte bildet. Derartige Meßgeräte können sowohl mit Anzeige- als auch Schreibgeräten gekoppelt werden.

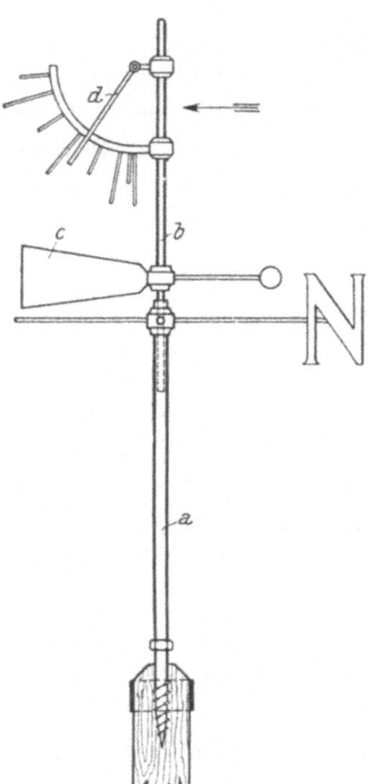

Abb. 217. Windfahne mit Windstärketafel nach H. WILD-FUESS.
a fester Teil mit Richtungskreuz, *b* drehbarer Teil, *c* Windfahne, *d* Windstärketafel.

H. Wind.

Will man den Wind als Vektorgröße darstellen, dann ist die Messung zweier Bestimmungsstücke, der Windrichtung und der Windgeschwindigkeit, auch Windstärke genannt, notwendig. Beide Bestimmungsstücke sind von der Aufstellung des Meßgerätes in hohem Maße abhängig. Es muß daher die Meßstelle wie ihre Höhenlage über dem Erdboden nach gewissen Normen ausgewählt

---

[1] Preisliste von HARTMANN u. BRAUN-Frankfurt a. M. über Meßgeräte für die Wärmewirtschaft.

werden. Es ist üblich, den Bodenwind in einem ebenen, möglichst haus- und baumlosen Gelände in einer Normalhöhe von 10 bis 20 m zu messen.

Die Windrichtung wird in der Weise festgelegt, daß man aus der Lage einer Windfahne angibt, aus welcher Himmelsrichtung der Wind weht (Abb. 217). Im besonderen wird zur Richtungsbestimmung eine Windfahne mit 8- oder 16-teiliger Windrose verwendet (Abb. 218).

Man bedient sich zur Bezeichnung der Windrichtungen nachstehender Abkürzungen:

Nord	=N	Süd	=S
Nordnordost	=NNE	Südsüdwest	=SSW
Nordost	=NE	Südwest	=SW
Ostnordost	=ENE	Westsüdwest	=WSW
Ost	=E	West	=W
Ostsüdost	=ESE	Westnordwest	=WNW
Südost	=SE	Nordwest	=NW
Südsüdost	=SSE	Nordnordwest	=NNW

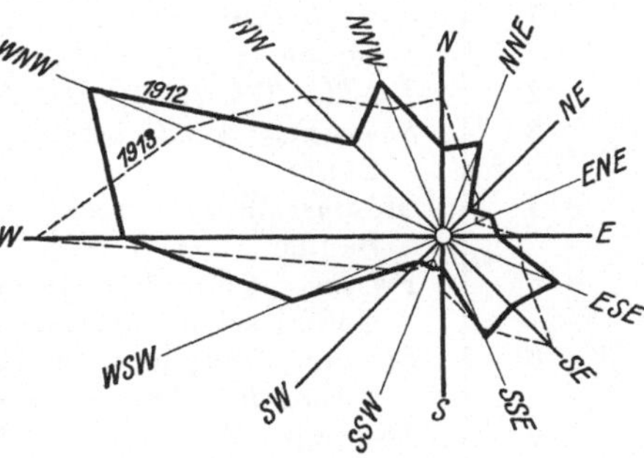

Abb. 218. Windrose mit eingetragenen Windhäufigkeiten für die Beobachtungsstation Wien-Hohe Warte in den Jahren 1912 und 1913.

Die Windgeschwindigkeit oder Windstärke wird gewöhnlich nach der 12 grädigen Windstärkeskala von BEAUFORT eingeschätzt. Der ungefähre Zusammenhang der nach BEAUFORT definierten Windstärke mit der Windgeschwindigkeit und dem Winddrucke[1] besteht in der Weise, wie dies Tabelle 7 zeigt.

Tabelle 7. Zusammenhang zwischen Windstärke, Windgeschwindigkeit und Winddruck.

Windstärke	Wind-geschwindigkeit in km/h	Winddruck in kg/m²
0	—	—
1	4—7	0,18
2	7—14	0,72
3	14—22	2,00
4	22—29	3,92
5	29—40	7,22
6	40—50	12,5
7	50—61	19,2
8	61—76	28,9
9	76—90	42,3
10	90—104	58,3
11	104—122	79,3
12	122	80

Die Schätzung der Windstärke erfolgt auch nach den Wirkungen des Windes auf Bäume, Häuser und Menschen durch Feststellungen, wie sie die Tabelle 8 beschreibt.

---

[1] Die angeführten Beziehungen gelten nur für kleine Flächen.

Tabelle 8. Schätzung der Windstärke.

Wind-stärke	Bezeichnung der Windstärke und ihr Kennzeichen
0	*Vollkommene Windstille*, auch Kalme genannt.
1	*Ganz leichtes*, kaum wahrnehmbares *Lüftchen*; der Rauch steigt fast gerade empor.
2	*Leichter Wind*; für das Gefühl eben bemerkbar.
3	*Schwacher Wind*; bewegt einen leichten Wimpel sowie die Blätter der Bäume.
4	*Mäßiger Wind*; streckt einen Wimpel und bewegt kleinere Zweige der Bäume.
5	*Frischer Wind*; bewegt größere Zweige der Bäume und wird für das Gefühl schon unangenehm.
6	*Starker Wind*; wird an Häusern und an anderen festen Gegenständen hörbar und bewegt schon große Zweige und Äste der Bäume.
7	*Steifer Wind*; bewegt bereits schwächere Baumstämme, wirft auf stehendem Wasser Wellen auf, welche sich überstürzen.
8	*Stürmischer Wind*; ganze Bäume werden bewegt und Zweige derselben abgebrochen; ein gegen den Wind schreitender Mensch wird merkbar aufgehalten.
9	*Sturm*; leichtere Gegenstände, wie Dachziegel u. dgl., werden aus ihrer Lage gebracht; Äste oder schwache Bäume werden abgebrochen; das Gehen im Freien ist schon schwierig.
10	*Voller Sturm*; starke Bäume werden gebrochen oder entwurzelt.
11	*Schwerer Sturm*; zerstörende Wirkungen schwerer Art; verursacht Waldbrüche und Schäden an Häusern, wirft Menschen zu Boden.
12	*Orkan*; verwüstende Wirkungen schwerster Art; deckt Häuser ab, wirft festgemauerte Schornsteine herab, bewegt schwere Massen fort.

Für genauere Bestimmungen der Windstärke dienen die Windstärketafel und das Anemometer.

Bei der *Windstärketafel*, auch Pendelanemometer genannt, wird die Windstärke durch den Ausschlag einer pendelnd gelagerten Platte d gemessen (Abb. 217).

Das *Anemometer* ist entweder mit einem Flügelrade oder einem Schalenkreuz ausgerüstet. Seine Wirkungsweise ist ähnlich derjenigen der entsprechenden hydrometrischen Meßgeräte.

Windrichtungs- und Windstärkemesser können mit elektrischer Fernübertragung und selbstschreibend eingerichtet werden. Es sind dies kostspielige Meßgeräte, die nur für meteorologische Anstalten in Betracht kommen.

J. Geschiebe.

Beschreibung der Bodenmaterialien. Eine ausreichende Beschreibung vom Standpunkte der Hydrographie hat die Angaben der Lagerung, des Aufbaues, der Mischung und der Form des Einzelkornes zu umfassen.[1]

---

[1] Zusammenfassende Darstellung in E. LEPPNIK, Untersuchungsmethoden der Sinkstoffe und des Geschiebes und deren Vereinheitlichung. III. Hydrologische Konferenz der baltischen Staaten, 1930.

Die Lagerung kann im allgemeinen homogen oder inhomogen sein, soferne die Zusammensetzung des Bodenmateriales überall gleichartig ist oder von Ort zu Ort wechselt. Die inhomogene Lagerung ist wieder als geschichtet oder ungeschichtet anzusprechen, je nachdem eine Aufeinanderfolge von deutlich ausgebildeten Schichten von verschiedener Zusammensetzung oder eine vollkommene Unregelmäßigkeit in der Verteilung einzelner Mischungsgruppen vorherrscht. Geschichtete Lagerung wird als stetig oder unstetig inhomogen bezeichnet, soweit eine Schichtung in sehr schwachen oder sehr starken Lagen erkennbar ist.[1]

Der Aufbau, auch Struktur der Bodenmaterialien genannt, erfolgt als Einzelkornstruktur, Wabenstruktur oder als Flockenstruktur.[2]

Die Mischung, also die Zusammensetzung der Bodenmaterialien, wird angegeben durch die in v. H. ausgedrückten Teilgewichte einzelner Mischungsstufen von dem Gewichte der Gesamtmenge des zu beschreibenden Bodenmateriales in trockenem Zustande.

Für die Unterteilung der Mischungsstufen empfiehlt sich folgende Regel:[3] Bei Bodenmaterialien, die grobes Korn enthalten, werden die Grobmischungsstufen nach den Korngrößen 0 bis 3 mm, 3 bis 5 mm, 5 bis 10 mm, 10 bis 20 mm, 20 bis 30 mm, 30 bis 50 mm, 50 bis 70 mm, 70 bis 100 mm, 100 bis 150 mm usf. gewählt. Bei Bodenmaterialien, deren größtes Korn kleiner als 3 mm ist oder zur weiteren Unterteilung der ersten Grobmischungsstufe werden die Feinmischungsstufen nach den Korngrößen 3 bis 2 mm, 2 bis 1 mm, 1 bis 0,6 mm, 0,6 bis 0,1 mm, 0,1 bis 0,06 mm und 0,06 bis 0,00 mm unterteilt.

Die Bestimmung der Anteile der Grobmischungsstufen erfolgt mittels eines Grobsiebsatzes, dessen Siebe eine quadratische Maschenweite von $d = 3$, 5, 10, 20, 30 und 50 mm besitzen. Für die Bestimmung der Anteile der Korngattungen größer als 50 mm verwendet man am besten quadratische Lehren mit den entsprechenden Weiten von 70, 100 mm usf. Für die Bestimmung der Anteile der Feinmischungsstufen sind Feinsiebsätze mit den Maschenweiten von 3, 2, 1, 0,6 0,1 und 0,06 mm notwendig.

Eine noch weitergehende Trennung nach Korngrößen wäre nicht mehr mittels der Siebanalyse, sondern nur mittels der Schlämmanalyse durchführbar. Für rein hydrographische Zwecke kommt diese weitgehende Analyse kaum zur Anwendung, wohl aber spielt sie in der Erdbaumechanik eine große Rolle.

Das Ergebnis derartiger Bodenanalysen wird graphisch in der Form der sogenannten *Mischungslinie* dargestellt, wenn es sich um die Kennzeichnung der Zusammensetzung der Bodenmaterialien einzelner Örtlichkeiten handelt. Es ist üblich, die Mischungslinie für Grobsiebanalysen nach der in Abb. 219 wiedergegebenen Art darzustellen, wobei für die Korngröße ein linearer Maßstab

---

[1] F. SCHAFFERNAK, Erforschung der physikalischen Gesetze, nach welchen die Durchsickerung des Wassers durch eine Talsperre oder durch den Untergrund stattfindet. Referat für die Teiltagung der Weltkraftkonferenz in Stockholm 1933. Die Wasserwirtschaft, Wien, Nr. 30, 1933.

[2] K. TERZAGHI, Erdbaumechanik auf bodenphysikalischer Grundlage. Wien 1925.

[3] F. SCHAFFERNAK, Ein Beitrag zur Morphologie des Flußbettes. Die Wasserwirtschaft, Wien, Nr. 18, 1929.

gewählt wird.[1] Für Feinsieb- und Schlemmanalysen wird die Auftragung mit Zuhilfenahme eines logarithmischen Maßstabes für die Korngröße durchgeführt und man erhält hierdurch Mischungslinien, welche den Anteil an feineren Bestandteilen deutlicher zum Ausdrucke bringen (Abb. 220).[2]

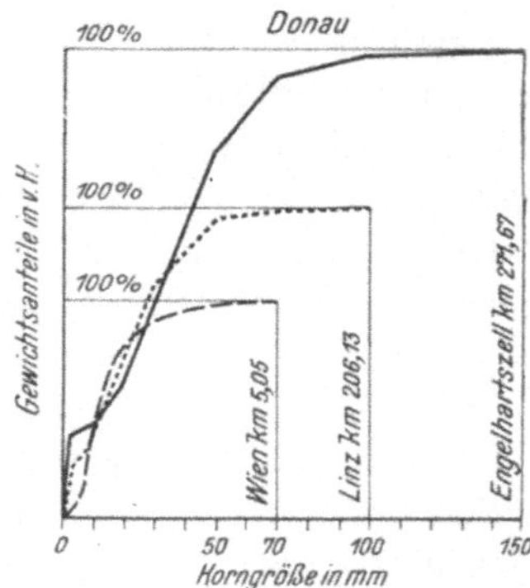

Abb. 219. Darstellung von Geschiebemischungslinien nach F. SCHAFFERNAK.

Die Veränderung der Mischung des Geschiebes in einer längeren Flußstrecke wird am besten in einem *Geschiebemischungsband* gezeigt (Abb. 221). Aus den bekannten Mischungslinien für die einzelnen Flußprofile erhält man durch

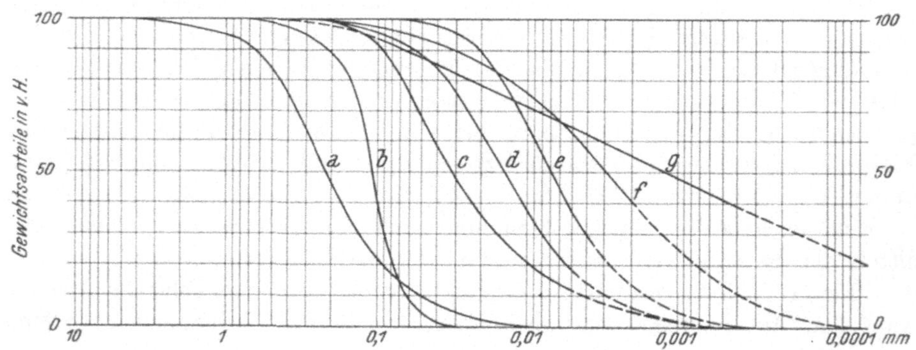

Abb. 220. Darstellung von Mischungslinien nach K. TERZAGHI.
a Sand von Chicopee, Massachusetts, *b* Sand aus der Gegend des Plattensees, Ungarn, *c, d* Lehme, *e* Ton von der Strecke der Lokalbahn Feldbach-Gleichenberg, Steiermark, *f* Ton von Bruck a. d. Leitha, Niederösterreich, *g* schwerer Schluff-Lehm von Saltkällan, Schweden.

Projektion derselben auf die in diesen Profilen gezogenen Ordinatenlinien die dort herrschende Verteilung der Mischungsstufen. Die Abgrenzung der Punkte gleicher Mischungsstufen längs der Flußstrecke gibt das Mischungsband. Es zeigt in übersichtlicher Weise durch die ansteigenden Linienzüge die

---

[1] F. SCHAFFERNAK, Neue Grundlagen für die Berechnung der Geschiebeführung in Flußläufen. Wien 1922.

[2] K. TERZAGHI, Erdbaumechanik auf bodenphysikalischer Grundlage. Wien 1925.
— H. GRASSBERGER, Der Aufbau der Böden. Die Wasserwirtschaft, Wien, H. 17 bis 19, 1933.

Wirkungen des Abschliffes sowie des Abriebes und durch die sprungweise Änderung der Zusammensetzung des Geschiebegemisches in den Einmündungsstrecken die morphologische Wirkung der Zubringer.

Eine einfachere, aber minder genaue Kennzeichnung der Mischung als jene durch die Mischungslinie, die jedoch für manche praktische Zwecke ausreicht, besteht in der Angabe des *Ungleichförmigkeitsgrades* eines Bodenmateriales. Man versteht darunter das Verhältnis jener beiden Korngrößen d_{60} und d_{10}, die das Gemisch derart scheiden, daß das Gewicht aller kleineren Körner 60 v. H. bzw. 10 v. H. des Gesamtgewichtes beträgt (Abb. 222). Es ist daher der[1]

$$\text{Ungleichförmigkeitsgrad} = \frac{d_{60}}{d_{10}} = \frac{d_{60}}{d_w}. \tag{103}$$

Die Form des Einzelkornes wird angenähert durch die Korngröße d angegeben, die vereinbarungsgemäß der Weite einer Siebmasche entspricht, durch

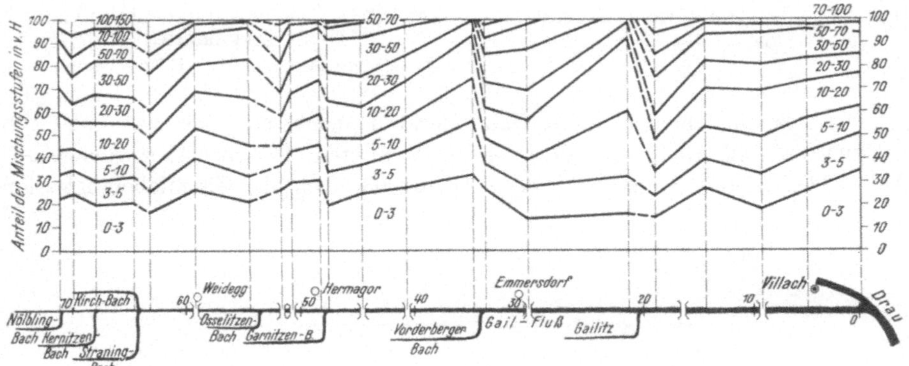

Abb. 221. Geschiebemischungsband des Gail-Flusses nach F. Makovec.

welche das Geschiebestück eben noch zurückgehalten wird. Eine noch genauere Kennzeichnung kann durch die Angabe der drei Hauptabmessungen vermittelt werden.

Die Entnahme des Geschiebemateriales hat womöglich in der Furtstrecke oder, wenn sie dort undurchführbar ist, auf den Geschiebebänken zu erfolgen. Da die Proben in der Furt gewöhnlich unter Wasser entnommen werden, ist eine Auswaschung derselben zu verhindern. Bei der Entnahme auf einer Geschiebebank ist die Probe erst nach Entfernung der groben Deckschichte durch Ausheben einer ungefähr 1 m tiefen Grube zu gewinnen und bei vorhandenem Bodenwasser die Auswaschung ebenfalls hintanzuhalten.

Geschiebemenge und Geschiebefracht. Als Geschiebe werden jene Feststoffe bezeichnet, die an der Gerinnesohle vom fließenden Wasser weiterbefördert werden. Sie bewegen sich gleitend, rollend und auch springend, verlassen also ihre Unterlage nur auf kurze Wegstrecken.

Unter *Geschiebemenge* wird das in der Zeiteinheit durch das Durchflußprofil geförderte Geschiebe verstanden, wobei die Angabe sowohl im Gewichtsmaß in kg/sek, als auch im Raummaß in m³/sek der Trockenmasse üblich ist. Bei der

---

[1] d_{10} ist nach der Definition auf S. 168 der wirksame Korndurchmesser d_w.

Angabe nach dem Raummaß wird gewöhnlich eine lose Schüttung des Trockenmateriales vorausgesetzt.

Die *Geschiebefracht* ist das in einem bestimmten Zeitabschnitte durch ein Flußprofil geschleppte Geschiebe. Ihre Angabe erfolgt in Kilogramm oder bei loser
Schüttung des Trockenmateriales in Kubikmeter.

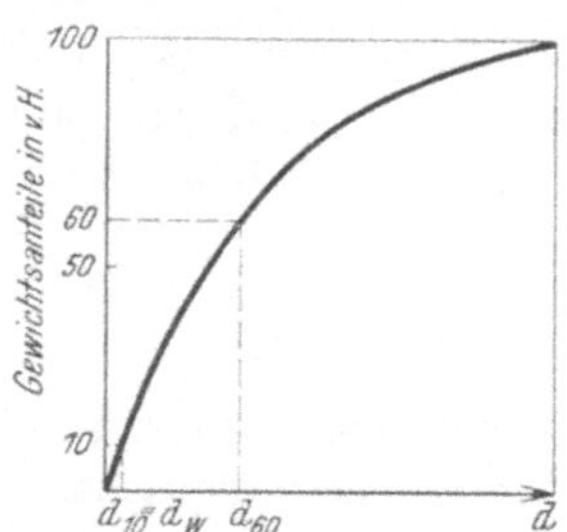
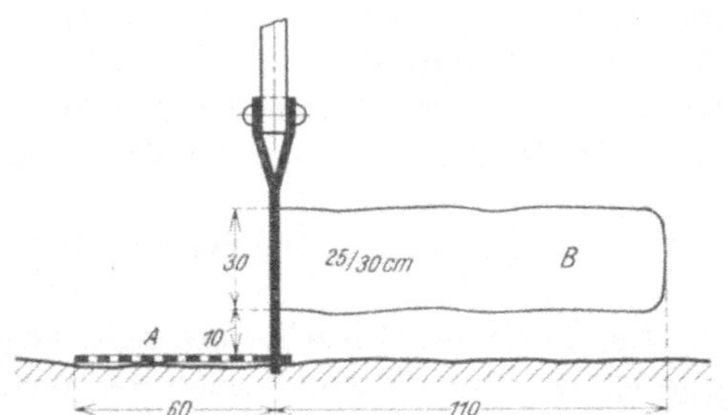

Abb. 222.   Ungleichförmigkeitsgrad

$$\frac{d_{60}}{d_{10}} = \frac{d_{60}}{d_w}.$$

Abb. 223. Geschiebefangbeutel nach
F. Schaffernak.

A Gelochte Bodenplatte,   *B* Fangbeutel.

Die Geschiebemenge wird mit Geräten gemessen, die auf den von
F. Schaffernak 1908 am Murflusse verwendeten Fangbeutel zurückgehen[1]
(Abb. 223). Hieraus haben sich zwei Formen entwickelt, der Geschiebefangkasten

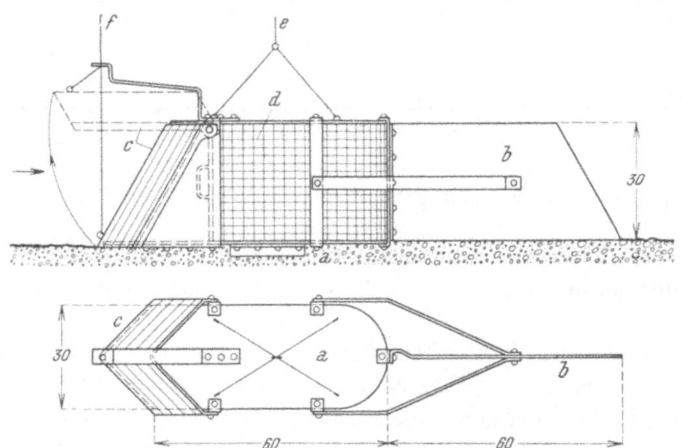

Abb. 224. Geschiebefangkasten für Feingeschiebe nach A. Born.

a Gerippe, *b* Steuer, *c* visierartige Klappe, *d* Fangkasten, *e* Tragseil, *f* Hubseil für die Klappe.

von A. Born für die Messung von Feingeschiebe in Flachlandsflüssen[2] (Abb. 224)
und der Geschiebefangkorb von L. Mühlhofer mit Tiefen- und Seitensteuer sowie Grundtaster für Messung von Grobgeschiebe in Gebirgsflüssen[3]
(Abb. 225).

---

[1] F. Schaffernak, Neue Grundlagen für die Berechnung der Geschiebeführung.
Wien 1922.

[2] A. Born, Erhebung über Sinkstoffe und Geschiebeführung in Flußläufen.
Mitgeteilt auf der II. baltischen hydrologischen und hydrometrischen Konferenz, 1928.

[3] L. Mühlhofer, Untersuchungen über die Schwebestoff- und Geschiebeführung
des Inn. Die Wasserwirtschaft, Wien, Nr. 1 u. 2, 1933.

Die Durchführung solcher Messungen erfolgt ähnlich der Messung mit dem hydrometrischen Flügel, indem man das Auffangegerät mit der Öffnung genau flußaufwärts in den einzelnen Meßlotrechten bis zur Flußsohle von Schiffen oder Brücken aus absenkt, auf gutes Aufsitzen achtet und die Meßdauer der Größe des Gerätes anpaßt (Abb. 226). Um einigermaßen genaue Meßergebnisse zu erhalten, empfiehlt sich vorher eine Eichung des Auffangegerätes. Diese kann näherungsweise mit einem Modell des Fanggerätes durchgeführt werden und liefert das Verhältnis der von einem Fanggeräte von der Breite b aufgefangenen und der auf der Breite B der Flußsohle geförderten Geschiebemenge.[1]

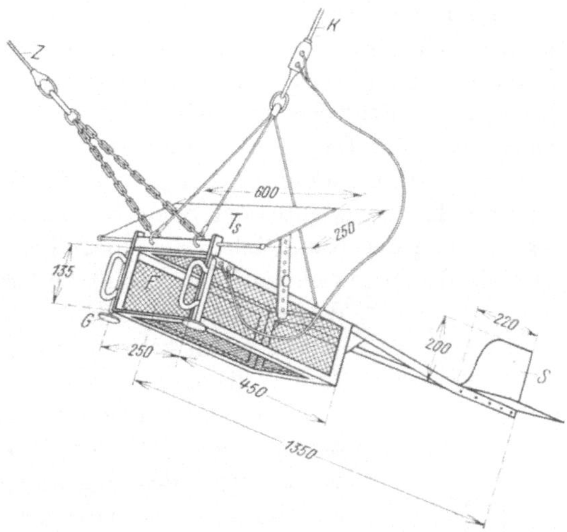

Ein unmittelbarer Rückschluß auf die Größe der Geschiebefracht ist durch die Messung der in Staubecken oder Seen auftretenden Verlandungen oder Deltabildungen möglich. Die Schwierigkeit besteht in diesem Falle weniger in der geodätischen Ausmessung der geometrischen Form der Verlandung als in der Bestimmung des Anteiles, den das Geschiebe und den die Schwebestoffe an dem Aufbaue des Verlandungskörpers haben. Hierzu ist die Entnahme von Proben des abgelagerten Materiales und deren Analyse erforderlich. Aus Beobachtungen über die Mindestkorngröße des Geschiebemateriales und die Höchstkorngröße des Schwebestoffmateriales im Zusammenhange mit dem Abflußregime des Flusses lassen sich dann die fraglichen Anteilgrenzen abschätzen.[2]

Abb. 225. Geschiebefangkorb nach L. MÜHLHOFER.

K Fangkorb, G Grundtaster, S Seitensteuer, T_s Tiefensteuer.

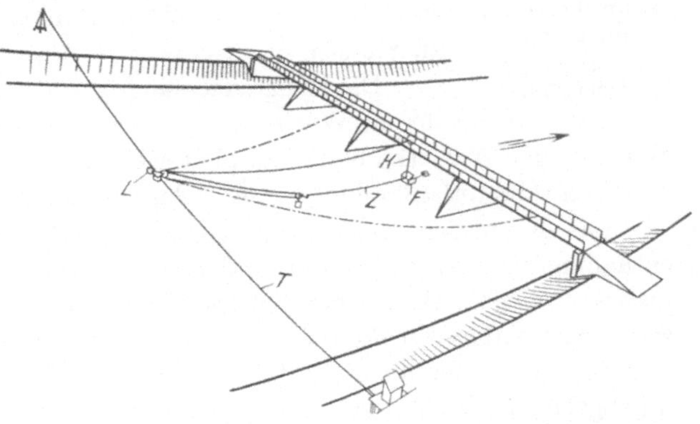

Abb. 226. Aufhängung und Einstellung des Geschiebefangkorbes nach L. MÜHLHOFER.

F Fangkorb, K Kabelseil, L Laufkatze, T Tragseil, Z Zugseil.

---

[1] R. EHRENBERGER, Geschiebemessungen an Flüssen mittels Auffanggeräten und Modellversuche mit letzteren. Z. d. österr. Ing.- u. Arch.-Vereines, H. 5 u. 6, 1933.

[2] P. JAKUSCHOFF, Beitrag zur Erforschung der Geschiebe- und Schwebestoff-

K. Schwebestoffe.

Schwebestoffmenge und Schwebestoffracht. Die Schwebestoffe durchsetzen den gesamten Durchflußquerschnitt. Mit der Abnahme der Fließgeschwindigkeit werden Schwebestoffe abgelagert, um bei Zunahme wieder emporgewirbelt und fortgetragen zu werden. Die Ursache der Aufnahmefähigkeit des fließenden Wassers für Schwebestoffe ist die bei der turbulenten Bewegung auftretende Querbewegung. Die Schwebestoffmenge wie die Schwebestoffracht werden im Gewichts- oder Raummaß angegeben. Zur Ermittlung des Raummaßes bedarf man des Raumgewichtes der Schwebestoffmasse. Da eine einheitliche Gewichtsbestimmung der Raumeinheit der nassen Schwebestoffe Schwierigkeiten bereitet, wird ihr Raumgewicht auf den Gehalt an Trockenschwebestoffen bezogen, für

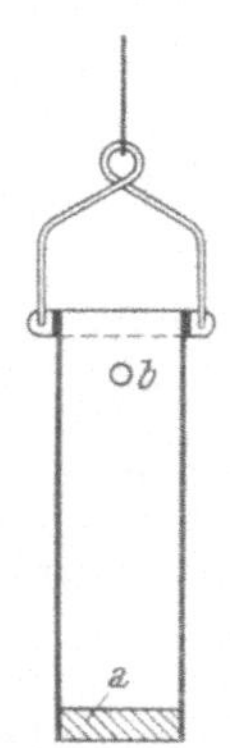

Abb. 227.
Schöpfgefäß für
Schwebestoff-
messungen.
a Bleifüllung,
b Ablauföffnung.

den es wieder je nach dem Grade der Verdichtung verschiedene Werte geben kann. Gewöhnlich erfolgt diese Angabe für eine Probe, die entweder lose eingefüllt oder kräftig eingerüttelt ist. Die zur Umrechnung notwendige Verhältniszahl zwischen dem Raumgewicht des etwa in einem Staubecken abgelagerten nassen und des zugehörigen trockenen Schwebestoffes, die *Schwebestoffdichte*, läßt sich nur auf Grund von Versuchen bestimmen.[1]

Für die Ausführung der Messung der Schwebestoffmenge ist es wichtig zu wissen, daß die Schwebestoffe im Durchflußquerschnitt nicht nur verschieden verteilt sind, sondern daß überdies wegen der Pulsation des fließenden Wassers auch eine zeitliche Änderung eintritt. Hieraus ergibt sich, daß es für sehr genaue Mengenerhebungen nicht genügt, die Schwebestoffführung nur an einem Punkte des Durchflußquerschnittes zu messen.

Die Mengenmessung beruht entweder auf der Bestimmung der in Wasserproben enthaltenen Schwebestoffmenge, auf der Messung der Wassertrübung auf photoelektrischem Wege oder auf der Messung von Schwebestoffanlandungen in Ablagerungsbecken.

Das gegenwärtig noch fast allgemein geübte Verfahren ist die Einprobenentnahme, und zwar am zweckmäßigsten in einem Pegelprofile. Hierzu bedient man sich eines zylindrischen Schöpfgefäßes (Abb. 227), das unten mit Blei beschwert ist und bis zur Bohrung *b* einen Liter Inhalt besitzt.[2] Das Schöpfgefäß wird entfernt vom Ufer an einer Leine etliche Dezimeter unter den Wasserspiegel hinabgelassen. Nach dem Hochziehen fließt das überschüssige Wasser durch die Bohrung *b* ab und es bleibt genau ein Liter Flüssigkeit im Gefäße.

Die Anzahl der Probenentnahmen ist davon abhängig, ob man sich mit einer ungefähren Angabe der Schwebestoffracht begnügt oder ob man auch

bewegung in Deltamündungen von Flüssen. Wasserkraft u. Wasserwirtschaft, München, H. 9 bis 11, 1932. — W. Gluschkoff, Berichte des turkestanischen Amtes für Hydrometrie, 1910. Petersburg 1911.

[1] Bayrische Landesstelle für Gewässerkunde, Ermittlung der Schwebestoffführung in natürlichen Gewässern. Die Bautechnik, H. 35 u. 38, 1929.

[2] F. Schaffernak und F. Rosenauer, Vorschläge für die Bestimmung der Feststofführung der Gewässer. II. Weltkraftkonferenz 1930.

kurzfristige Schwankungen der Schwebestoffmengen berücksichtigen und dadurch eine genaue Frachtbestimmung erreichen will.

Im ersten Falle empfiehlt sich folgender Vorgang. Für die Aufnahme der entnommenen Wasserproben, die man am besten täglich zur Stunde der Pegelbeobachtung entnimmt, wird ein mit einem Deckel versehenes Gefäß aus Glas oder emailliertem Blech bereitgestellt, dessen Gewicht bestimmt worden ist. In dieses Sammelgefäß wird die täglich entnommene Schöpfprobe geschüttet, das Gefäß verschlossen und in ein Wasserbad gebracht und so lange erhitzt, bis die Schöpfprobe zum größten Teil verdunstet ist, wobei jedoch die Temperatur niemals 100^0 C überschreiten darf. Nach Ablauf eines größeren Zeitabschnittes, etwa eines Monates, wird nach vollständiger Verdunstung des Wassers neuerlich gewogen und aus dem Unterschiede beider Wägungen die mittlere Schwebestoffmenge einer Schöpfprobe bestimmt. Nunmehr wird die Schwebestoffmenge auf die Raumeinheit der Wasserdurchflußmenge Q bezogen und in Raum- oder Gewichtsmaß umgerechnet, wodurch man das zeitliche Mittel des *Schwebestofftriebes* $\bar{s}$ und schließlich durch Vervielfachung mit der Wasserfracht $\sum\limits_{t_1}^{t_2} Q\,\varDelta t$ des der Beobachtung zugrunde gelegten Zeitabschnittes die *Schwebestofffracht* $\bar{s}\sum\limits_{t_1}^{t_2} Q\,\varDelta t$ erhält.

Dieses Verfahren ist einfach und mit geringem Zeitaufwand durchführbar, ist aber auf der Annahme der Gleichheit der Schwebestofführung an jedem Punkte des Durchflußquerschnittes und auf der Proportionalität von Wasserführung und Schwebestofführung aufgebaut, beides Voraussetzungen, die nicht immer genügend genau zutreffen.[1]

Das Verfahren kann aber noch eine Fehlerquelle besitzen, welche zu einer Überschätzung der Schwebestofffracht führt. Enthält das Flußwasser außer den ungelöst beförderten Schwebestoffen noch gelöste Stoffe, dann werden beim Verdunsten auch diese abgeschieden und erhöhen den festen Rückstand. Es soll daher dieses Verfahren dort nicht zur Anwendung kommen, wo der Fluß aus einem Kalkgebirge kommt.[2]

Eine Verbesserung besteht darin, daß man die kurzfristigen Schwankungen in der Schwebestofführung berücksichtigt, was sich besonders bei Gebirgsflüssen empfiehlt. In diesem Falle müssen die Zeitabschnitte, in denen die Proben zu entnehmen sind, entsprechend den Schwankungen gewählt werden. Bei Hochwasser wird man diese Abschnitte bis auf wenige Stunden und in der Nähe des Scheitelwasserstandes noch weiter verkürzen, während in Niederwasserzeiten eine wöchentlich ein- oder zweimalige Entnahme genügen wird.

Bei diesem Meßverfahren wird jede einzelne Probe durch ein Papierfilter gefiltert und das Schwebestoffgewicht einer Schöpfprobe aus einer Wägung des Filters vor und nach der Filterung ermittelt und auf die Raumeinheit der Wasserdurch-

---

[1] L. MÜHLHOFER, Untersuchungen über die Schwebestoff- und Geschiebeführung des Inn. Die Wasserwirtschaft, Wien, Nr. 1 u. 2, 1933.

[2] Es hat sich beispielsweise gezeigt, daß in der Donau bei Linz die Hälfte von der nach dem Abdampfverfahren ermittelten Schwebestofffracht auf gelöste Stoffe zurückzuführen ist. Siehe F. ROSENAUER, Die Schwebestofführung der Donau bei Linz. Die Wasserwirtschaft, Wien, Nr. 21, 1933.

flußmenge Q bezogen und auf den Schwebestofftrieb s umgerechnet. Aus $\overset{t_2}{\underset{t_1}{\Sigma}} Q s \varDelta t$ ergibt sich dann die Schwebestoffracht für den Zeitabschnitt von t_1 bis t_2.

Das Meßverfahren kann nun weiter verbessert werden durch eine Mehrprobenentnahme, und zwar ähnlich wie bei der Wassermessung mit dem hydrometrischen Flügel nach dem Punkt-, Mehrfach- oder Integrationsmeßverfahren.[1]

Für das Punktmeßverfahren, bei dem eine möglichst gleichmäßige Verteilung der Meßpunkte über den Querschnitt erreicht werden soll, braucht man ein Schöpfgefäß, das eine allmähliche Füllung ohne Störung des Strömungsvorganges gestattet.

Als Beispiel eines derartigen Schöpfmeßgerätes, das mit einer Kippvorrichtung ausgestattet ist, soll jenes von Höchstetter angeführt werden[2] (Abb. 228). Es besteht aus einem freischwimmenden Zylinder z, der nach dem Hinablassen in einer vorher eingestellten Wassertiefe umkippt und sich allmählich mit Wasser füllt. Für größere Wassertiefen ist das Meßgerät unbrauchbar.

Andere noch bemerkenswerte Ausführungen sind das an der österreichischen Donau verwendete Schöpfgerät[3] und der an italienischen Flüssen im Gebrauche stehende Trübungsmesser[4] (Abb. 229).

Letzterer besteht aus einem kurzen, waagrechten, röhrenförmigen Schöpfgefäß a, das mittels einer Haltestange eingetaucht wird. Eine Grundplatte b verhindert in der tiefsten Lage ein Eindringen des Schöpfgefäßes in den Flußgrund. Nach Betätigung des Auslösers e werden die Verschlußdeckel durch die Zugfedern f geschlossen, das Gerät wird hochgezogen und die Probe entnommen.

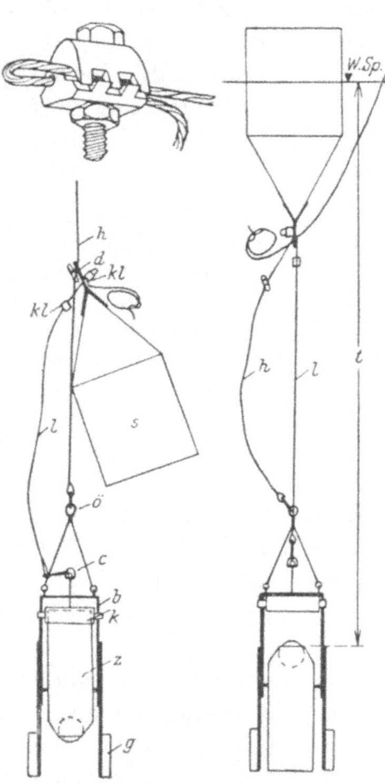

Abb. 228. Schöpfgefäß nach Höchstetter.

b Bügel, c Öse, d Doppelöse, g Gewicht, h Halteseil, k Kappe, kl Klemmschrauben, l Löseseil, $ö$ Öse, s Schwimmer, z zylindrisches Schöpfgefäß.

Alle nach diesem Grundsatze gebauten Einrichtungen sind ziemlich umfangreich und schwer und bedürfen zur genauen Bestimmung des Schwebestofftriebes

---

[1] Zusammenfassende Darstellungen bei E. Leppnik, Untersuchungsmethoden der Sinkstoffe und des Geschiebes und deren Vereinheitlichung. III. Hydrologische Konferenz der baltischen Staaten, 1930. — P. Jakuschoff, Die Schwebestoffmessung in Flüssen in Theorie und Praxis. Wasserkraft u. Wasserwirtschaft, München, H. 5 bis 8 u. 11, 1932.

[2] Siehe Referat für Erforschung der Geschiebebewegung bei der Bayrischen Landesstelle für Gewässerkunde, Ermittlung der Schwemmstofführung in natürlichen Gewässern. Die Bautechnik, H. 35, 1929.

[3] F. Rosenauer, Der Donauschöpfer, ein neues Meßgerät zur Entnahme von Wasserproben aus rasch fließenden Gewässern. Die Wasserwirtschaft, Wien, Nr. 22, 1933.

[4] G. de Marchi, Compiti ed attivita del Servizio idrografico italiano, Il Servizio idrografico italiano. Rom 1931.

noch der Messung der im Bereiche des Wasserschöpfers herrschenden Fließgeschwindigkeit des Wassers mit einem hydrometrischen Flügel, wodurch die Aufnahme umständlich wird. Diese Nachteile fehlen beim Schwebestoffmeßgerät nach Abb. 230.[1]

Es besteht aus einer Gummiblase G von ungefähr 1000 cm³ Inhalt, die ein Röhrchen R mit einer Einlauföffnung von 6 mm Durchmesser trägt. Das Meßgerät ist an einer Grundstange St befestigt, und zwar derart, daß die Öffnung des Röhrchens während der Tiefeneinstellung stromab gewendet ist. Nach Erreichung der nötigen Tiefenlage wird das Röhrchen der Strömung zugewendet, worauf sich die Gummiblase unter der alleinigen Einwirkung des Strömungsdruckes und unter Ausschluß des hydrostatischen Druckes zu füllen beginnt. Soll die Probenentnahme unterbrochen werden, dann dreht man die Stange wieder um ihre Achse und der Zulauf wird infolge des Abknickens des Blasenhalses gesperrt.

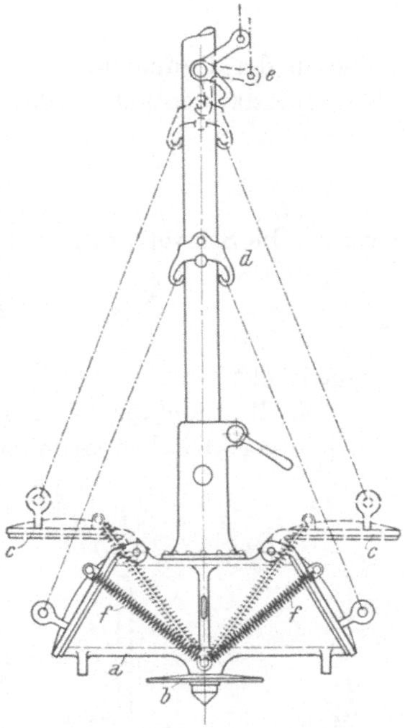

Den Zusammenhang zwischen der Fließgeschwindigkeit u und der sekundlich in die Gummiblase einlaufenden Wassermenge q gewinnt man aus Eichungen, die ähnlich jenen von hydrometrischen Flügeln durchzuführen sind. Die Erfahrung hat gezeigt, daß $q = a\,u$, also daß die Eichlinie eine Gerade ist.

Bei Anwendung des Integrationsmeßverfahrens durchfährt man die Meßlotrechte mit dem Meßgerät mit gleicher Verschubgeschwindigkeit. Die während des Verschubes in der Meßdauer t_1 bis t_2 in die Gummiblase einströmende Wassermenge beträgt $\overset{t_2}{\underset{t_1}{\Sigma}}\, q\,\Delta t$. Im Mittel wird in der Zeiteinheit der Gummiblase die Wassermenge

Abb. 229. Trübungsmesser — Sonda torbiometrica — nach dem R. Magistrato alle acque, Venedig.

a Schöpfgefäß, *b* Grundplatte, *c* Verschlußdeckel, *d* Gleitstück, *e* Auslöser mit Zugseil, *f* Zugfedern.

$$Q' = \frac{\overset{t_2}{\underset{t_1}{\Sigma}}\, q\,\Delta t}{t_2 - t_1} = \frac{\overset{t_2}{\underset{t_1}{\Sigma}}\, a\,u\,\Delta t}{t_2 - t_1} = a\,\frac{\overset{t_2}{\underset{t_1}{\Sigma}}\, u\,\Delta t}{t_2 - t_1} \qquad (104)$$

zugeführt. Beträgt die Größe der Durchflußfläche F und die Durchflußmenge Q, dann ergibt sich, weil

$$\frac{\overset{t_2}{\underset{t_1}{\Sigma}}\, u\,\Delta t}{t_2 - t_1} = u_m = \frac{Q}{F} = \frac{Q'}{a}.$$

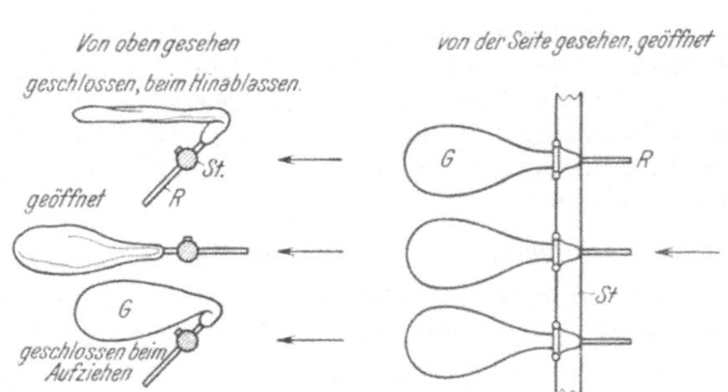

Abb. 230. Schwebestoffmeßgerät nach W. Gluschkoff. G dünnwandige Gummiblase, R Einlaufrohr, St Grundstange.

<hr>

[1] W. Gluschkoff, Zusammenlegbarer Wasserschöpfer und Geschwindigkeitsmesser. Leningrad 1930.

die Durchflußmenge Q mit

$$Q = Q' \, \frac{F}{a}. \tag{105}$$

Sind in der Raumeinheit der entnommenen Schöpfprobe s Gewichtseinheiten Schwebestoffe enthalten, dann beträgt die Schwebestoffmenge

$$S = Q\,s = Q' \, \frac{F}{a}\, s, \tag{106}$$

woraus die Schwebestofffracht für den Zeitabschnitt t_1 bis t_2 mit

$$\sum_{t_1}^{t_2} S\, \Delta t = \sum_{t_1}^{t_2} Q' \, \frac{F}{a}\, s\, \Delta t = Q' \, \frac{F}{a}\, s\, (t_2 - t_1), \tag{107}$$

ausgedrückt in Gewichtseinheiten, folgt.

Die Bestimmung der Schwebestofführung mit Hilfe der Trübungsmessung auf photoelektrischer Grundlage bietet gegenüber den oben angeführten Verfahren manche Vorteile. Das Meßgerät ist handlich, die Meßdauer kurz, eine Entnahme von Schöpfproben entfällt und namentlich die Ermittlung der relativen Verteilung der Schwebestoffe im Durchflußquerschnitte gestaltet sich sehr einfach.

Das von N. Kalitin zuerst angegebene Meßgerät zeigt in der verbesserten Ausführung die Gestalt einer Gabel, die an ihren Zinkenenden eine wasserdicht gekapselte Lichtquelle L und eine Photozelle F einander gegenübergestellt trägt[1] (Abb. 231). Das Wasser fließt zwischen Lichtquelle und Photozelle, wodurch je nach der Stärke der Trübung ein verschieden starker Photostrom entsteht, der an

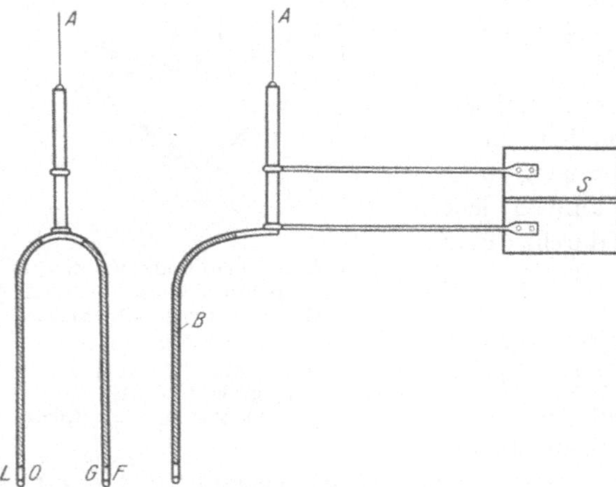

Abb. 231. Photoelektrischer Trübungsmesser nach
N. Kalitin.

A Aufhängung und elektrische Leitungen, B Bleifüllung,
F Photoelement, G Glasscheibe, L Lichtquelle, O Sammellinse,
S Steuer.

einem Milliampèremeter gemessen wird. Der Zusammenhang zwischen dem Schwebestoffgehalt und dem Ausschlage am Ampèremeter wird durch Eichung festgestellt. Bei der Ausbildung des Meßgerätes darf der Einfluß des Tageslichtes sowie der vom Flußgrunde zurückgeworfenen Strahlen nicht vernachlässigt werden. Auch der Einfluß der mechanischen Zusammensetzung des Schwebestoffgemisches ist zu berücksichtigen.

Die Schwebestofffracht kann auch ähnlich wie die Geschiebefracht aus der Verlandung in Staubecken oder Seen ermittelt werden, wobei die gleichen Erwägungen Berücksichtigung finden müssen, die bei der Ermittlung der Geschiebefracht erwähnt worden sind.

---

[1] N. Kalitin, Nachrichten des Institutes für Meliorationswesen des Landwirtschaftlichen Kommissariates. Leningrad 1924 und 1926.

L. Eis.

Wenn man das Eis vom Standpunkt der Hydrographie betrachtet, also seinen Einfluß auf das Regime der Wasserführung in geeigneter Weise zahlenmäßig darstellen will, hat man das verschiedenartige Auftreten des Eises auf der Erdoberfläche zu berücksichtigen, weil jede seiner Erscheinungsformen eine andere meßtechnische Behandlung verlangt. Es sind hiernach das Gletschereis und das Eisvorkommen in stehenden und fließenden Gewässern gesondert zu behandeln.

Gletschereis. Das Gletschereis spielt im Rückhaltevorgang des Wasserkreislaufes eine wichtige Rolle und daher ist die Kenntnis der Veränderung in den Abmessungen der verschiedenen Gletscher eine der Grundlagen für jene wasserwirtschaftliche Untersuchungen, die sich auf die Hochgebirgsgebiete erstrecken.

Die Umwandlung des Gletschereises in Schmelzwasser, die Gletscherablation, ist abhängig von der Lufttemperatur sowie von der Größe des Niederschlages im Gletschereinzugsgebiete. Das Vordringen der Gletscher talabwärts, die Gletscherbewegung, erfolgt unterhalb der Schneegrenze so weit, bis sich ein Gleichgewicht des Nachschubes der Eismassen mit dem Abschmelzen einstellt. In feuchtkühlen und schneereichen Jahren stoßen daher die Gletscherzungen vor, während sie in warmen und trockenen Jahren Rückgänge verzeichnen.

Zur Festlegung des Gletscherregimes sind daher die Geschwindigkeit der Gletscherbewegung, die jährliche Lageänderung der Gletscherzunge sowie auch die Größe der Gletscherquerschnitte festzustellen.

Zur Beurteilung dieser Gletschervermessungsarbeiten ist die Kenntnis der äußersten Werte dieser Bestimmungsstücke von Wichtigkeit. Die Alpengletscher bewegen sich 40 bis 200 m im Jahre talwärts, während die grönländischen Gletscher bis zu 20 m im Tag wandern. Die Zungen der Alpengletscher sind im Rückgange begriffen. Die größte Querschnittsabmessung weist in den Alpen der große Aletschgletscher auf, der eine Mächtigkeit von mehr als 300 m besitzt.

Die Geschwindigkeit der Eisbewegung wird am Vorschub von Holzstäben gemessen, die man in das Gletschereis teilweise versenkt und die man gegenüber leicht erkennbaren Marken auf Felsen oder in Ruhe befindlichen Felsblöcken festlegt.

Die Bestimmung der Größe der Gletscherquerschnitte besteht einerseits in der Messung der Veränderung der Gletscheroberfläche und anderseits in der Ermittlung der Höhenlage des vom Gletscher ausgehobelten Untergrundes. Mit der Messung der Veränderung der Gletscheroberfläche ist, wenn diese Messungen ständig vorgenommen werden, auch die Ablation des Gletschers festgelegt. Die Messung kann entweder mit Hilfe von Holzstäben von etwa 2 m Länge, die in Bohrlöcher eingesenkt werden und deren herausragendes Ende eingemessen oder mit Hilfe von Bohrlöchern, deren Tiefenabnahme bestimmt wird, erfolgen. Beides wird mit *Ablationsspegel* bezeichnet, und es eignen sich die Bohrlöcher besser, weil keine Beschädigung eintreten kann. Die Verfahren kontrollieren sich gegenseitig, weil sowohl die Vergrößerung der freien Stablänge wie auch die Tiefenabnahme des Bohrloches der Dickenabnahme der Eisschicht, also der Ablation, entspricht.

Die Lage des festen Gletscherbettes wird entweder durch Bohrungen oder nach dem seismographischen Verfahren festgestellt.

Die Bohrungen werden mittels Stahlbohrern unter Verwendung von Futterrohren und künstlicher Spülung des Bohrloches ausgeführt. Die Bohrarbeit ist mühsam und Mißerfolge bei tiefen Bohrlöchern sind nicht selten.[1]

Bei der seismischen Tiefenbestimmung werden durch Entzünden von Sprengladungen an der Gletscheroberfläche elastische Erschütterungswellen erzeugt, die von der unteren Begrenzung des Eiskörpers zurückgeworfen werden. Aus dem Zeitunterschiede zwischen Sprengung und Eintreffen der reflektierten Schallwelle läßt sich die Tiefe berechnen.[2]

Schließlich muß noch ein indirektes Verfahren zur Bestimmung der wahrscheinlichsten Form und Größe von Gletscherquerschnitten angeführt werden, das sich auf die aufgenommenen Beobachtungswerte der Geschwindigkeit der Gletscherbewegung, der Form der Fließlinien des Eises sowie der Größe der Ablation stützt und das gute Ergebnisse geliefert hat.[3]

Eis in stehenden Gewässern. In stehenden Gewässern bildet sich nur Oberflächeneis, und zwar beginnt die Erstarrung, wenn die Temperatur des Oberflächenwassers bis auf ungefähr $+ 2^0$ C und die mittlere Temperatur des Seewassers unter $+ 4^0$ C gesunken ist. Windstille fördert den Gefriervorgang.

Die Eisdecke bildet eine schützende Schicht für das unterhalb befindliche Wasser und bewahrt es vor weiterer Abkühlung. Das Einfrieren beginnt von den Ufern aus, rückt aber sehr schnell auf der gesamten Seefläche vor. Die Eisdecke nimmt während des Winters infolge weiterer Wärmeausstrahlung an Stärke zu, bis die Wärmeausstrahlung der Eisfläche ebenso groß wird wie die Wärmezufuhr aus der umgebenden Luft.

Als hydrographische Zusatzbeobachtung kommen die Beobachtung des Gefriervorganges nach der Zeit, also Bildung und Verschwinden der Eisdecke, sowie die Messung der Stärke der Eisdecke in Betracht. Die Stärke der Eisdecke wächst ziemlich langsam, ist in der Regel an den Ufern größer als in der Seemitte und nimmt mit zunehmender Lufttemperatur sowohl von oben wie auch von unten gleichzeitig ab.

Eis in fließenden Gewässern. In fließenden Gewässern zeigt der Vorgang der Eisbildung ein wesentlich anderes Bild als bei stehenden Gewässern.[4]

Die Eisbildung tritt erst ein, wenn die Temperatur der Wassermasse bis auf ungefähr 0^0 C gesunken ist. Sie erfolgt um so später, je tiefer das Gerinne ist und je mehr die Art des Bewegungsvorganges des fließenden Wassers die vollständige Durchmischung der Wassermasse verzögert. Der letzte Umstand ist auch die Ursache, daß kurz andauernde Fröste oft nicht zur Eisbildung an fließenden Gewässern hinreichen.

[1] BERNARD und FLÜSIN, Études glaciologiques en Tirol autrichien. Paris 1909.

[2] H. MOTHES, Seismische Dickenmessungen von Gletschereis. Z. f. Geophysik, 3. Jahrg., H. 4, 1927.

[3] H. HESS, Der Hintereisferner 1893 bis 1922, ein Beitrag zur Lösung des Problemes der Gletscherbewegung. Z. f. Gletscherkunde, XIII. Bd.

[4] R. HALTER, Eiserscheinungen in fließenden Gewässern. Österr. Wochenschrift f. d. öffentl. Baudienst, H. 24 u. 25, 1916. — A. EKWALL, Eisverhältnisse in profilgeregelten Gewässern. II. Weltkraftkonferenz, Bericht Nr. 362, 1930.

Nach Abkühlung der gesamten Wassermasse bilden sich mikroskopisch kleine Eisteilchen, die sich zuerst dort zu zusammenhängenden Teilen verbinden, wo die Fließgeschwindigkeit geringer ist und wo sich Stützpunkte für diese kleinsten Teile finden. Die erste Eisbildung findet daher an Uferrändern als Randeis statt, das zusammenhängend und durchsichtig wie das Eis in stehenden Gewässern ist. Bei Anwachsen der Strömung werden größere Platten losgerissen, es entsteht Treibeis. Dieses wird noch dadurch vermehrt, daß sich bei weiterer Abkühlung auch die an der Wasseroberfläche treibenden Eisteilchen zusammenschließen und zusammenfrieren. Es entsteht hierdurch ein Eisbrei, auch Eistost genannt,

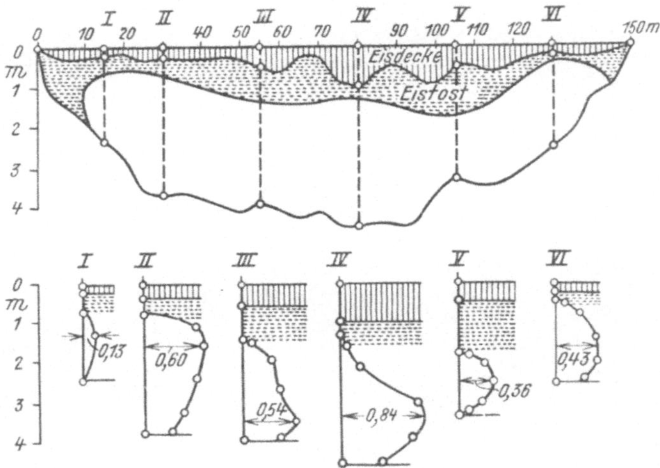

Abb. 232. Vereisung und Geschwindigkeitsverteilung im Querprofil Nemaniunai der Memel am 21. XII. 1927.

der allmählich um Eiskerne festfriert und als scheibenartig geformtes Treibeis abschwimmt.[1]

Wesentlich verschieden in Aufbau und Lagerung ist das Grundeis, das für die großen Flüsse eine wichtigere Rolle spielt als das Randeis.[2] Die oben erwähnten mikroskopisch kleinen Eisteilchen können sich auch unter dem Einflusse orientierender Molekularkräfte im freien Wasser vereinen. Solche Molekularkräfte können von den Kristallisationszentren ausgehen, welche durch die im Wasser enthaltenen Schwebestoffteilchen gebildet werden. Es entsteht ein undurchsichtiges schwammiges Eis, das sich hauptsächlich an der rauhen Sohle festsetzt und das man daher als Grundeis bezeichnet. Derartiges, oft mehrere Meter mächtiges Grundeis vermag sich infolge des Auftriebes von seiner Grundlage loszulösen, schwimmt auf und vermehrt wieder seinerseits den Eistost und damit die Treibeismengen. Beim Hochgehen nimmt es Schlamm und Geschiebestücke mit, wodurch es leicht als Grundeis erkennbar wird.

---

[1] G. FÄNNER, Der Eisstoß der Donau. Z. d. österr. Ing.- u. Arch.-Vereines, 1888, und C. FRITSCH, Die Eisverhältnisse der Donau in Österreich. Denkschrift der Akad. d. Wiss. in Wien, Bd. 18.

[2] G. LÜSCHER, Das Grundeis und daherige Störungen in Wasserläufen und Wasserwerken. Aarau 1906.

Starke Schneefälle begünstigen die Eisbildung und spielen eine große Rolle bei der Verkittung der treibenden Eismassen. Ist bei anhaltendem Frost der Fluß in voller Breite mit Eis bedeckt, dann bedarf es nur geringer Anlässe, um die Eismassen zum Stillstand zu bringen. Staubecken sowie Flußverengungen durch Brückenpfeiler und Schotterbänke, scharfe Krümmungen sowie Mündungen in Seen können die Bildung von Eisstößen veranlassen.

Die zu Tal treibenden Schollen sammeln sich, schieben sich schuppenförmig übereinander und die entstandene Eisbarre, der Eisstand oder Eisstoß, baut sich

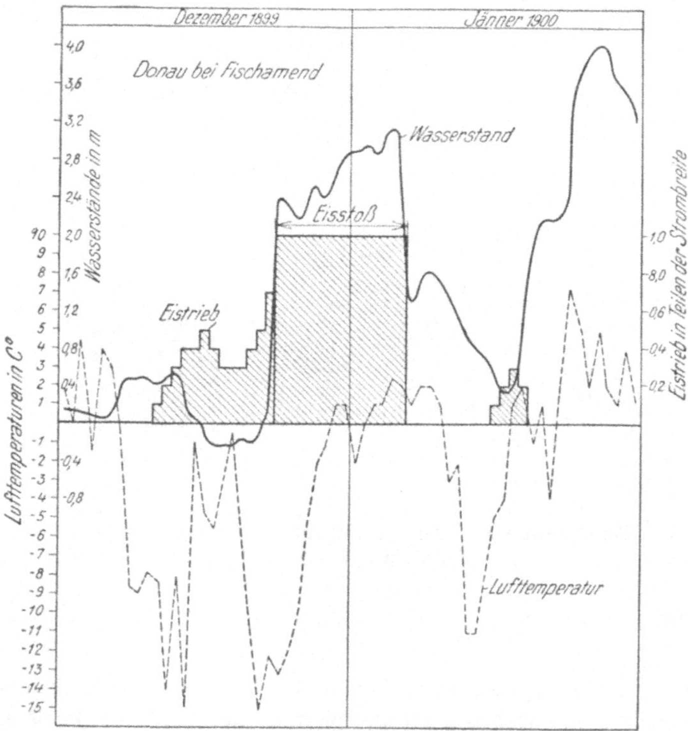

Abb. 233. Einfluß des Eisstoßes auf den Wasserstand der Donau bei Fischamend.

flußaufwärts vor mit einer Geschwindigkeit, die oft mehr als 2 km in der Stunde beträgt. Im Augenblicke der Bildung der Eisbarre wird diese plötzlich, oft um mehrere Meter, gehoben, weil das Wasser nicht mehr mit freiem Wasserspiegel fließt, sondern sich unter Druck in einem geschlossenen Querschnitt mit großer Wandrauhigkeit bewegen muß.

Die Eisdecke bildet einen Wärmeschutz, daher schwimmt das am Flußgrunde gelagerte Grundeis auf und legt sich an die Eisdecke in Form von Eistost an; eine weitere Grundeisbildung findet nicht mehr statt (Abb. 232).

Tritt Tauwetter ein, dann beginnt der Eisaufbruch, auch Eisstoßabgang genannt, der sich meist entgegen der Richtung seiner Bildung, also flußab, vollzieht. Es kann an anderen Stellen wieder zu Eisversetzungen kommen, wobei neuerdings Zusammenschiebungen und starke Wasserstandshebungen und damit katastrophale Überschwemmungen des Vorlandes vorkommen können.

Für die Beurteilung der Vorgänge der Eisbewegung in fließenden Gewässern vom hydrographischen Standpunkte aus werden die Größe des Eistreibens, d. i. der Eistrieb, die Eismenge und die Beschreibung des nach Ort, Zeit und Mächtigkeit wechselnden Ansetzens des Eisstoßes wie des Eisstoßabganges benötigt.

Der *Eistrieb e* wird in einem bestimmten Durchflußprofil nach Zehntel der Flußbreite geschätzt, wobei die Stärke der treibenden Schollen unberücksichtigt bleibt. Ein Eistrieb von $e = 3/10$ besagt, daß bei einer gedachten vollständigen Zusammenschiebung der Eisschollen, ohne daß jedoch Überdeckung eintritt, diese 3/10 der Wasserspiegelbreite des Durchflußprofiles bedecken würden.

Die *Eismenge E*, die sich in der Zeiteinheit bei einer mittleren Fließgeschwindigkeit des Wassers u_m durch ein Durchflußprofil von der Breite B hindurchschiebt, ist, wenn wieder die Eisstärke unberücksichtigt bleibt, angenähert

$$E = e\, B\, u_m. \tag{108}$$

Über Eisstoßansatz wie Abgang geben die Ganglinien der Wasserstände, in denen man auch die Größe des Eistriebes verzeichnet, die besten Anhaltspunkte (Abb. 233).

Die *Mächtigkeit* des Eisstoßes, d. i. die Stärke der Eisdecke an verschiedenen Punkten der Eisbarre, wird durch Bohrungen festgestellt.

Zweiter Abschnitt.

Ordnung der gesammelten Beobachtungen und Erhebungen.

Jede Disziplin sucht zum Zwecke der Begriffsbildung, der Übersichtlichkeit und zur Aufhellung der Zusammenhänge eine methodische Bearbeitungsweise zu schaffen. Diese darf aber niemals bis zu einer Schematisierung der wissenschaftlichen Arbeit getrieben werden, da sonst eine Bindung der Gedankenarbeit und damit eine Behinderung der besonderen Einstellung des Schaffenden hervorgerufen werden könnte. Von diesem Gesichtspunkte aus betrachtet, sollen die nachstehend erläuterten Verfahren, aufgebaut auf den Lehren der mathematischen Statistik, nur Richtlinien für eine zweckmäßige, einleitende Behandlungsweise hydrographischer, meteorologischer und morphologischer Beobachtungselemente bieten.

Die einzelnen Beobachtungsreihen dieser Beobachtungselemente bilden eine Zusammenfassung gleichartiger, mit bestimmten Merkmalen versehener Gegenstände, welche in der Statistik die Bezeichnung *Sammelgegenstände* oder *Kollektive* führen.

Die Behandlung der Kollektive ist eine Angelegenheit der *mathematischen Statistik*, deren Aufgabe darin besteht, die beschreibende Darstellung in den Naturwissenschaften durch eine zahlenmäßige zu ergänzen. Diese kann entweder nur eine lockere, *korrelative* Form der Beziehungen gewisser veränderlicher Beobachtungselemente ergeben, oder, wenn ein durch physikalische Gesetze bedingter innerer Zusammenhang der Erscheinungen analytisch erfaßbar ist, zur straffen, *funktionellen* Verbundenheit führen.

Die Anwendung der mathematischen Statistik auf die Aufgaben der Hydrographie gliedert man zweckmäßig in einen analytischen und in einen graphischen Teil, weil sich hierdurch der Aufbau der Verfahren, ihre Vor- und Nachteile bei der Darstellung des Endergebnisses sowie ihre Besonderheiten in der Verwendungsmöglichkeit bei der Lösung am besten zeigen lassen.

A. Analytische Statistik.

Zur analytischen Statistik, soweit sie mit Vorteil für die Aufgaben der Hydrographie herangezogen werden kann, gehören die statistische Bearbeitung eines Kollektivs, die Korrelation der Merkmale eines Kollektivs, die Anpassung von Kurven an einen Punkteschwarm, die Glättung von unregelmäßig verlaufenden Linienzügen sowie die harmonische und Periodogrammanalyse.[1]

1. Analytische statistische Bearbeitung eines Kollektivs.

Jeder statistischen Bearbeitung eines Kollektivs hat eine Beschreibung desselben voranzugehen, aus der die einzelnen *Merkmale* der in ihm vereinigten Einzelgegenstände, der *Glieder* des Kollektivs, zu erkennen sind. Die Gesamtzahl N aller Glieder wird als *Umfang* des Kollektivs bezeichnet. Als Merkmal kann die Feststellung des Vorhandenseins einer gewissen Eigenschaft des Kollektivs gelten, z. B. die Farbe; ein Merkmal kann auch das Ergebnis einer Messung sein, wie etwa der Wasserstand eines Flusses.

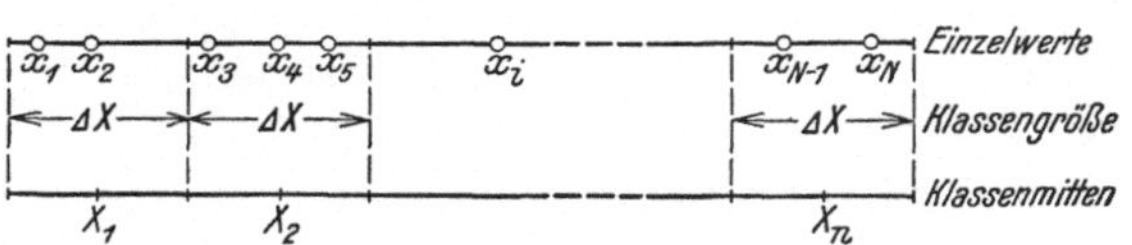

Abb. 234. Ordnungsgröße x eines Kollektivs und dessen Klasseneinteilung

Die Maßgröße eines Merkmales einer und derselben statistischen Einheit des Kollektivs, die *Ordnungsgröße* oder das *Argument x*, ist eine veränderliche Größe. Diese Veränderliche x kann stetig, also aller Werte innerhalb der Grenzen x_1 bis x_N fähig sein, oder unstetigen Charakter besitzen, wenn sie nur diskrete Werte annimmt. Jedem Werte dieser Veränderlichen x kommt eine bestimmte Anzahl z von Gliedern zu, welche Anzahl die *Häufigkeit* genannt wird.

Verteilungstafel. Die Aufnahme eines Kollektivs in bezug auf ein bestimmtes Merkmal liefert eine statistische Zahlenreihe, seine *Urliste*. Um die Verteilung des Merkmales auf die einzelnen Glieder zu erkennen, ordnet man die Glieder arithmetisch nach wachsender Ordnungsgröße x und unterteilt das Kollektiv in n *Klassen* von gleicher Klassengröße ΔX (Abb. 234). Gibt man noch die Anzahl der in eine bestimmte Klasse mit der Klassenmitte X_i fallenden Glieder,

---

[1] E. Czuber, Die statistischen Forschungsmethoden. Wien 1921. — F. Baur, Korrelationsrechnung. Leipzig 1928. — H. L. Ritz und F. Baur, Handbuch der mathematischen Statistik. Leipzig 1930; Handbuch der Physik, Bd. III, Berlin 1928. — C. Runge und H. König, Vorlesungen über numerisches Rechnen. Berlin 1924. — K. Stumpf, Analyse periodischer Vorgänge. Sammlung geophysikalischer Schriften. Berlin 1927.

d. i. die *Klassenhäufigkeit z* an, dann erhält man die *Verteilungstafel.* Diese dient als Grundlage für die Bearbeitung des Kollektivs.

Zur näheren Erläuterung der bisher ganz allgemein gehaltenen Darstellung soll ein meteorologisches Kollektiv, und zwar die Lufttemperatur in Boston in den Jahren 1911 bis 1920, herangezogen und bearbeitet werden.[1] Als einigendes Merkmal dieses Kollektivs soll das Tagesmaximum der Temperatur im Monate Juli, ausgedrückt in Graden Fahrenheit, gelten. Der Umfang des Kollektivs ist gegeben durch die Anzahl der innerhalb von 10 Jahren im Monate Juli beobachteten täglichen Temperaturmaxima. Er umfaßt also $10 \times 31 = 310$ Glieder. Die Ordnungsgröße ist in diesem Falle eine diskrete Größe, weil die gemessenen Temperaturwerte in bestimmten Abständen aufeinanderfolgen.

Aus der Urliste ergibt sich durch Abzählen der in die Klassen 59,5 bis 62,5, 62,5 bis 65,5, ..., 101,5 bis 104,5 fallenden Glieder die Klassenhäufigkeit z und damit die in Tabelle 9 nach den Klassenmitten $X = 61, 64, 67, ..., 100, 103$ Grad Fahrenheit geordnete Verteilungstafel.

Tabelle 9. Verteilungstafel für das Kollektiv Lufttemperatur in Boston.

$X =$	61	64	67	70	73	76	79	82	85	88	91	94	97	100	103
$z =$	3	7	11	25	24	32	59	42	31	26	25	8	9	6	2

Häufigkeitslinie. Zur besseren Veranschaulichung von längeren, statistischen Zahlenreihen ist ihre graphische Darstellung von Vorteil. Man verwendet hierfür bei Verteilungstafeln entweder die *Staffellinie der Klassenhäufigkeiten,* auch Hystogramm genannt, oder das *Häufigkeitspolygon.*

Bei der Staffellinie werden über den Klassengrößen Rechtecke gezeichnet, deren Höhe die Häufigkeit z der betreffenden Klasse angibt. Beim Häufigkeitspolygon werden auf den Waagrechten, die man in den Klassenmitten zieht, die Klassenhäufigkeiten aufgetragen und die so erhaltenen Endpunkte durch einen Polygonzug verbunden.

Für das gewählte Beispiel der Temperaturmaxima in Boston zeigen die Staffellinie und das Häufigkeitspolygon die in Abb. 235 wiedergegebene Form.

Bei wachsendem Umfange der Beobachtungen eines Kollektivs kann man die Klassengröße herabsetzen und nähert sich dadurch einem glatt verlaufenden Linienzuge,

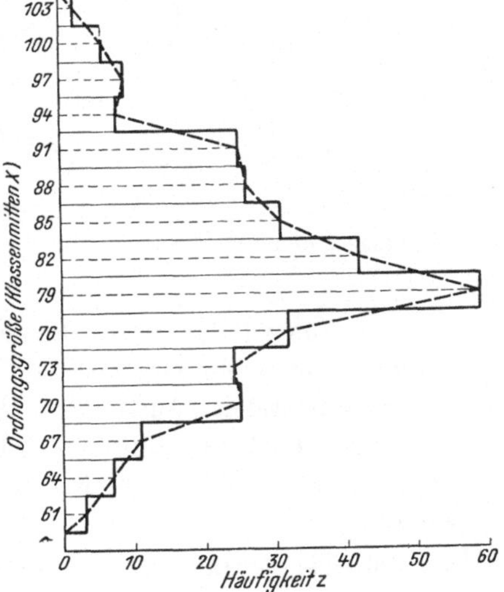

Abb 235. Darstellung der Häufigkeit z eines Kollektivgegenstandes mittels einer Staffellinie (voll) bzw. mittels eines Polygons (gestrichelt). Merkmal des Kollektivs: Tägliche Temperaturmaxima von Boston während der Julimonate der Jahre 1911—1920. Ordnungsgröße: Grade Fahrenheit.

der sogenannten *Häufigkeitslinie* $z = H(x)$, welche die Häufigkeitsverteilung des ganzen Kollektivs ist, von dem die beobachteten Einzelwerte eine *Stichprobe* darstellen.

---

[1] Aus H. L. Ritz und F. Baur, Handbuch der mathematischen Statistik. Leipzig 1930.

Wie die Erfahrung lehrt, weisen die Häufigkeitslinien von Kollektiven, die
einer statistischen Behandlung zugänglich sind, verschiedene charakteristische
Formen auf. Den idealen Fall bildet eine vollkommen symmetrisch gestaltete
Häufigkeitslinie, die *normale Häufigkeitslinie*, auch GAUSSsche Fehlergesetzkurve
genannt, die in der Gleichung

$$z = H\,(x) = \frac{k}{\sqrt{\pi}}\; e^{-k^2\,(x - x_d)^2} \tag{109}$$

ihren Ausdruck findet, worin $\dfrac{k}{\sqrt{\pi}} = z_{\max}$ ist (Abb. 236 a). Meistens hat man es
in der Natur mit *unsymmetrischen* Häufigkeitslinien zu tun (Abb. 236 b). Als
Grenzfall der Form der Häufigkeitslinie ist die vollständig *einseitige* Häufigkeitsverteilung anzusehen, bei welcher die Häufigkeiten von einem größten Wert

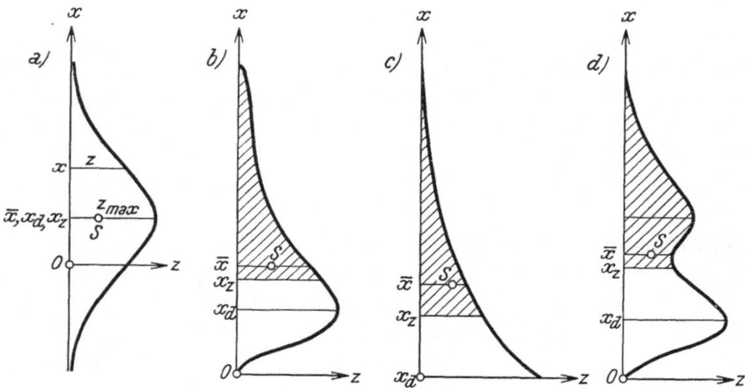

Abb. 236. Häufigkeitslinien.

a) normale, *b)* unsymmetrische mit einem Größtwert, *c)* einseitige, *d)* unsymmetrische mit zwei
Größtwerten.

aus abnehmen (Abb. 236 c). Es sind aber auch Verteilungen beobachtet worden,
die zwei oder mehr Größtwerte aufweisen (Abb. 236 d).

Summentafel. Außer der Verteilungstafel wird für statistische Untersuchungen auch die Summentafel verwendet, die man aus der Verteilungstafel
durch eine von Klasse zu Klasse fortschreitende Summierung der Häufigkeits-
zahlen z erhält.

Für das gewählte Beispiel ergibt sich die nachstehende Summentafel.

Tabelle 10. Summentafel für das Kollektiv Lufttemperatur in Boston.

$x <$	59,5	62,5	65,5	68,5	71,5	74,5	77,5	80,5	83,5	86,5	89,5	92,5	95,5	98,5	101,5	104,5
$\Sigma z =$	0	3	10	21	46	70	102	161	203	234	260	285	293	302	308	310

Die analytische Form der Summentafel ist die Summenfunktion
$S\,(x) = \int\limits_{0}^{x} z\,d\,x$. Ihre graphische Darstellung gibt die Summenlinie der Häufigkeit. Mitunter verwendet man an Stelle der Häufigkeit z die sogenannte

relative Häufigkeit $\dfrac{z}{\int z\,d\,x}$ und erhält dann in der Summenlinie der relativen Häufigkeit als Gesamtsumme den Wert Eins.[1]

Statistische Vergleichswerte. Will man mehrere Merkmale eines Kollektivs miteinander vergleichen, dann könnte man dies durch Gegenüberstellung der Verteilungstafeln oder der Häufigkeitslinien erreichen. Diesem Verfahren fehlt aber sowohl die Kürze als auch die zahlenmäßige und zusammenfassende Kennzeichnung ihrer gegenseitigen Verhältnisse.

Eine einfache Vergleichsmöglichkeit gewinnt man mit Hilfe von eindeutig definierbaren statistischen Vergleichswerten. Als solche Vergleichswerte dienen das arithmetische Mittel, das gewogene arithmetische Mittel, der Zentralwert, der dichteste Wert und das Streuungsmaß. Hiervon bieten die ersteren die eigentliche Vergleichsmöglichkeit, während das Streuungsmaß angibt, in welchem Maße die Einzelwerte der Beobachtungen vom Mittelwerte abweichen.

Sind x_1, x_2, ..., x_N die Einzelwerte der Ordnungsgrößen und ist N sein Umfang, so beträgt das *arithmetische Mittel* des Kollektivs

$$\bar{x} = \frac{x_1 + x_2 + \ldots + x_N}{N} = \frac{1}{N} \sum_{i=1}^{N} x_i. \tag{110}$$

Für diese Darstellung ist es gleichgültig, ob alle x untereinander verschieden sind oder ob sich darunter Gruppen von gleichen Werten befinden. Die Gleichung eignet sich daher zur Berechnung des arithmetischen Mittels $\bar{x}$ aus seiner Urliste.

Sind die Ordnungsgrößen gruppenweise in n Klassen zusammengefaßt, und ist z_i die Klassenhäufigkeit und X_i die Mitte der Klasse i, dann gilt allgemein

$$\sum_{i=1}^{N} x_i = \sum_{i=1}^{n} z_i X_i \tag{111}$$

und

$$\sum_{i=1}^{n} z_i = N. \tag{112}$$

Daraus folgt mit Benützung der Gleichung (110) das *gewogene arithmetische Mittel*

$$\bar{x} = \frac{\sum\limits_{i=1}^{n} z_i X_i}{\sum\limits_{i=1}^{n} z_i} = \frac{z_1 X_1 + z_2 X_2 + \ldots + z_n X_n}{z_1 + z_2 + \ldots + z_n}. \tag{113}$$

Ist $\bar{x}_0$ ein vorläufiges, gewogenes arithmetisches Mittel, das dem wahren Mittelwert schätzungsweise am nächsten kommt, dann ergibt sich

$$\bar{x} = \bar{x}_0 + \frac{z_1(X_1 - \bar{x}_0) + \ldots + z_n(X_n - \bar{x}_0)}{z_1 + z_2 + \ldots + z_n} = \bar{x}_0 + \frac{\sum\limits_{i=1}^{n} z_i (X_i - \bar{x}_0)}{N}. \tag{114}$$

Die Gleichung (113) oder (114) wird angewendet, wenn der arithmetische Mittelwert aus einer Verteilungstafel zu berechnen ist.

---

[1] Siehe S. 315.

Bei der bildlichen Darstellung ist das arithmetische Mittel $\bar{x}$ durch die Ordinate des Schwerpunktes S der von der Häufigkeitslinie und der Ordinatenachse eingeschlossenen Fläche gegeben (Abb. 236 a—d).

Der Zentralwert ist jener Wert x_z der Ordnungsgröße x, der den Umfang des geordneten Kollektivs in zwei gleiche Teile teilt. Die Werte der Ordnungsgröße, die unter dem Zentralwerte liegen, kommen zusammen ebenso häufig vor wie jene, die über ihm liegen. Es beträgt sonach die Summe der Häufigkeiten, gerechnet vom Beginne der Verteilungstafel bis zum Zentralwerte, $\dfrac{\sum\limits_{i=1}^{n} z_i}{2} = \dfrac{N}{2}$. Mit Beachtung dieser Bedingung kann der Zentralwert x_z in einfacher Weise aus der Summentafel der Häufigkeiten durch Zuordnung zur Häufigkeitssumme $\dfrac{N}{2}$ entnommen werden. In der zeichnerischen Darstellung teilt der Ordner für den Zentralwert die Fläche zwischen der Häufigkeitslinie und der x-Achse in zwei gleiche Teile (Abb. 236 a—d).

Der dichteste Wert, auch *Dichtemittel* genannt, gibt jenen Wert x_d der Ordnungsgröße x an, der in dem betrachteten Kollektiv am häufigsten vertreten ist. Man bestimmt ihn gewöhnlich als *empirisch dichtesten Wert* aus der Verteilungstafel durch Angabe jener Klassenmitte, deren Klasse die größte Klassenhäufigkeit aufweist. In der Häufigkeitslinie wird der dichteste Wert durch die zur x-Achse parallele Tangente festgelegt. Ist die Häufigkeitslinie vollständig einseitig, dann ist der dichteste Wert durch den überhaupt größten Wert von x gegeben (Abb. 236 c).

Die Verwendung der statistischen Mittelwerte hängt von dem Zwecke ab, dem der zu errechnende Mittelwert dienen soll. Bei der Anwendung der oben auf theoretischem Wege gewonnenen Grundlagen der Statistik auf die vom Standpunkte der Hydrographie wichtigen Kollektive wird gezeigt werden, welche Mittelwerte von Bedeutung sind und insbesondere wie sie hydrographisch gedeutet werden können.

Die Berechnung der *Streuung* oder *Dispersion* muß sich ebenso wie die Mittelwerte auf die Gesamtheit der Ordnungsgrößen erstrecken. Diese Größe muß begrifflich leicht faßbar sein und einfach berechnet werden können.

Das gebräuchlichste Streuungsmaß ist die mittlere Abweichung oder kurz Streuung genannt, während die sogenannte durchschnittliche Abweichung seltener Verwendung findet.

Man versteht unter der *mittleren Abweichung* oder *Streuung* σ die Quadratwurzel aus dem Mittel der Quadrate der Abweichungen der einzelnen Werte der Ordnungsgrößen x von ihrem arithmetischen Mittelwert $\bar{x}$. Es ist also, rein mathematisch betrachtet, die Streuung ganz dasselbe wie der mittlere Fehler in der Ausgleichsrechnung. Die Abweichung der Einzelwerte x_i bzw. jene der Klassenmitten X_i vom arithmetischen Mittel $\bar{x}$ beträgt $x_i - \bar{x}$ bzw. $X_i - \bar{x}$.

Im ersten Fall ist die Streuung

$$\sigma = \sqrt{\frac{(x_1 - \bar{x})^2 + \dots + (x_N - \bar{x})^2}{N}} = \sqrt{\frac{\sum\limits_{i=1}^{N}(x_i - \bar{x})^2}{N}} \tag{115}$$

und im zweiten Fall

$$\sigma = \sqrt{\frac{z_1\,(X_1 - \overline{x})^2 + \ldots + z_n\,(X_n - x)^2}{N}} = \sqrt{\frac{\sum\limits_{i=1}^{n}[z_i\,(X_i - \overline{x})^2]}{N}}. \quad (116)$$

Bei der zahlenmäßigen Auswertung der Gleichung (116) empfiehlt es sich, diese, ebenso wie dies in der Gleichung (114) geschehen ist, mit Benützung eines geschätzten vorläufigen Mittelwertes $\overline{x}_0$ umzuformen in

$$\sigma = \sqrt{\frac{z_1\,(X_1 - \overline{x}_0)^2 + \ldots + z_n\,(X_n - \overline{x}_0)^2}{N} - (\overline{x} - \overline{x}_0)^2},$$

also

$$\sigma = \sqrt{\frac{\sum\limits_{i=1}^{n}[z_i\,(X_i - \overline{x}_0)^2]}{N} - (\overline{x} - \overline{x}_0)^2} \quad (117)$$

zu setzen. Entsprechend der Bildung der Mittelwerte verwendet man die Gleichung (115) im Anschlusse an die Urliste und die Gleichung (116) oder (117) für die Berechnung der Streuung aus der Verteilungstafel.

In dem gewählten Beispiele erhält man aus der Verteilungstafel auf S. 205 oder aus ihrer graphischen Darstellung in Abb. 235 und aus der Summentafel auf S. 206 die folgenden Mittelwerte:

Dichtester Wert .... $x_d = 79,00^0$
Zentralwert .... $x_z = 80,34^0$

Die Berechnung des gewogenen arithmetischen Mittels $\overline{x}$ und der Streuung σ erfolgt mit Hilfe der Tabelle 11.

Tabelle 11. Berechnung des arithmetischen Mittels $\overline{x}$ und der Streuung σ.

X_i	z_i	$\dfrac{X_i - \overline{x}_0}{\varDelta X}$	$z_i \dfrac{X_i - \overline{x}_0}{\varDelta X}$	$z_i \left(\dfrac{X_i - \overline{x}_0}{\varDelta X}\right)^2$
61	3	— 6	— 18	108
64	7	— 5	— 35	175
67	11	— 4	— 44	176
70	25	— 3	— 75	225
73	24	— 2	— 48	96
76	32	— 1	— 32	32
79	59	0	0	0
82	42	1	42	42
85	31	2	62	124
88	26	3	78	234
91	25	4	100	400
94	8	5	40	200
97	9	6	54	324
100	6	7	42	294
103	2	8	16	128
Summe	310		+ 182	2558

$$\bar{x}_0 = 79{,}00, \quad \Delta X = 3$$

$$\frac{\bar{x} - \bar{x}_0}{\Delta X} = \frac{182}{310} = 0{,}587$$

$$\bar{x} = 79{,}00 + 3 \cdot 0{,}587 = 80{,}76.$$

$$\left(\frac{\sigma}{\Delta X}\right)^2 = \frac{2558}{310} - 0{,}587^2 = 7{,}907$$

$$\frac{\sigma}{\Delta X} = 2{,}812$$

$$\sigma = 3 \cdot 2{,}812 = 8{,}44^0.$$

Hierzu wird bemerkt, daß es sich zur Vereinfachung des Berechnungsganges als zweckmäßig erweist, nicht mit den Abweichungen $X_i - \bar{x}_0$ selbst, sondern mit den Werten $\dfrac{X_i - \bar{x}_0}{\Delta X}$ zu rechnen.

2. Korrelation zweier Merkmale eines Kollektivs. — Einfache Korrelation.

Überlegung wie Erfahrung weisen darauf hin, daß zwischen den Merkmalen der gleichen statistischen Einheit eine gewisse zahlenmäßige Abhängigkeit besteht. Diese als *korrelative* Abhängigkeit bezeichnete Beziehung liegt zwischen den beiden Grenzfällen von Verbundenheit, nämlich der durch eine mathematische Funktion bestimmten, vollkommenen Abhängigkeit und der im Sinne der Wahrscheinlichkeitsrechnung aufgefaßten, vollkommenen Unabhängigkeit. Während bei der funktionellen Abhängigkeit jedem Werte der einen Veränderlichen x ganz bestimmte Werte der anderen Veränderlichen y zugeordnet sind, tritt bei der korrelativen Abhängigkeit die Erscheinung auf, daß einer Veränderlichen verschiedene Werte der anderen zugehören, wobei aber diese eine bestimmte, durch die erste Veränderliche bedingte Verteilung aufweisen. Es entspricht demnach einem bestimmten *Ausgangswert* der Veränderlichen x eine besondere Häufigkeitsverteilung der Veränderlichen y. Die korrelative Verknüpfung stellt eben ein allgemeineres Abhängigkeitsverhältnis dar als die analytische Verbundenheit.

Korrelationstafel. An Stelle der bisher betrachteten reihenförmigen Anordnung der Werte der Ordnungsgröße tritt bei Vorhandensein von zwei Merkmalen an einem und demselben Kollektiv eine *flächenhafte* Wertverbindung zwischen den beiden Veränderlichen x und y und ihren zugehörigen Häufigkeiten z_x und z_y. Die einfache Verteilungstafel, die aus der Urliste entsteht, wird durch eine *Korrelationstafel* mit zwei Eingängen x und y ersetzt, wodurch sich die Zahlenwerte in *Reihen*, nämlich in waagrechte *Zeilen* und in senkrechte *Kolonnen* ordnen, die ihrerseits wieder in *Felder* zerfallen. Wird die Ordnungsgröße x in n Klassen mit den Klassenmitten X_i, die Ordnungsgröße y in m Klassen mit den Klassenmitten Y_j geteilt, so entstehen m Zeilen, n Kolonnen und $n\,m$ Felder. Die Anzahl der Glieder, welche auf ein bestimmtes Feld entfallen, bezeichnet man als *Feldhäufigkeit* $z = z_{ij}$, worin die Indizes angeben, daß das betreffende Feld zu der Kolonne i und der Zeile j gehört. Die Summen der Glieder in den einzelnen Reihen ergeben $\sum\limits_{j=1}^{m} z_{ij} = z_{xi} = z_x$ bzw. $\sum\limits_{i=1}^{n} z_{ij} = z_{yj} = z_y$, das sind die *Klassenhäufigkeiten*, welche Größen die Verteilung des Kollektivs nach je einer Eigenschaft darstellen. Die gemeinsame Summe aller

Zeilen $\sum\limits_{j=1}^{m} z_{yj}$ oder aller Kolonnen $\sum\limits_{i=1}^{n} z_{xi}$ ergibt den Umfang des Kollektivs (Abb. 237).

Häufigkeitsfläche. Die geometrische Darstellung dieser zweifach ausgedehnten Verteilung führt zur Häufigkeitsfläche, indem man in den Feldmitten der Korrelationstafel zu ihrer Ebene Lote errichtet, dort maßstäblich die *Feldhäufigkeiten* der Korrelationstafel aufträgt und die Endpunkte durch Flächenstücke verbindet. Für die graphische Darstellung der Häufigkeitsfläche in der Zeichenebene benutzt man am besten deren Schichtenlinien, indem man in das Achsenkreuz der Ordnungsgrößen x und y die Linien gleicher Feldhäufigkeiten einzeichnet.

Als Beispiel eines Kollektivs mit zwei Merkmalen werden im Anschlusse an die zuvor behandelte Aufgabe nunmehr die täglichen Temperaturmaxima im Monate Juli der Jahre 1911 bis 1920 in Boston und New York behandelt. Aus den Urlisten der Temperaturbeobachtungen in den beiden Städten ergibt sich nachstehende Korrelationstafel.

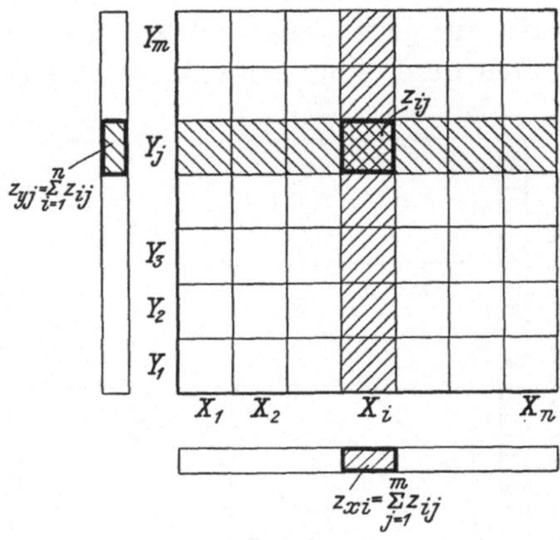

Abb. 237.

Tabelle 12. Korrelationstafel für die täglichen Temperaturmaxima der Julimonate der Jahresreihe 1911 bis 1920 in Boston und New York.

	Boston (X)														
New York (Y)	61	64	67	70	73	76	69	82	85	88	91	94	97	100	103
97	.	.	.	.	.	.	.	.	.	.	.	.	1	2	1
94	.	.	.	.	.	.	1	.	1	.	2	2	3	3	1
91	.	.	.	.	2	.	.	.	.	1	3	1	3	1	.
88	.	.	.	.	2	1	3	3	3	6	11	2	.	.	.
85	.	.	1	1	1	4	7	9	4	8	5	3	2	.	.
82	.	.	1	6	2	4	9	12	9	5	3	.	.	.	.
79	1	1	.	5	5	7	22	8	10	6	1	.	.	.	.
76	.	3	2	3	6	9	12	7	3	.	.	.	.	.	.
73	1	.	5	5	3	3	5	3	1	.	.	.	.	.	.
70	.	1	1	2	3	4	.	.	.	.	.	.	.	.	.
67	.	2	1	2	.	.	.	.	.	.	.	.	.	.	.
64	1	.	.	1	.	.	.	.	.	.	.	.	.	.	.

Die zugehörige Schichtenliniendarstellung zeigt Abb. 238. Diese graphische Darstellung gibt wohl den besten Einblick in die besondere Art der Abhängigkeit der Temperaturwerte für Boston und New York. Sie sind durch die Häufigkeit in vieldeutiger Weise miteinander verkettet. Nur wenn eine bestimmte Größe der Häufigkeit, etwa $z = 1$, vorgegeben wird, sind einem bestimmten Werte des Temperaturmaximums in Boston, z. B. $X = 76^0$, bestimmte Werte des Temperaturmaximums in New York, nämlich $Y = 67^0$ und 91^0, zugeordnet, weil dann jene Schichtenlinie den Zusammenhang herstellt, die der gegebenen Häufigkeit $z = 1$ entspricht.

Gleichungen der Bezugsgeraden. Für die weitere analytische Behandlung der Häufigkeitsfläche zur Herstellung einer Korrelation zwischen den Merkmalen x und y geht man von der bisherigen räumlichen Betrachtungsweise über auf eine Versinnlichung der Zusammenhänge in der Ebene. Man ersetzt die Häufigkeitsfläche durch zwei Linienzüge, die sogenannten *charakteristischen Linien* des Kollektivs, die derart erhalten werden, daß man in der Korrelationstafel für jede Zeile und Kolonne die arithmetischen Mittelwerte bildet, diese durch Punkte im Achsenkreuz x, y abbildet und die Zeilenmittelwerte $\bar{x}_1$, $\bar{x}_2$ … sowie die Kolonnenmittelwerte $\bar{y}_1$, $\bar{y}_2$ … gesondert durch Linienzüge verbindet. In zahlreichen, praktisch vorkommenden Fällen werden den so erhaltenen charakteristischen Linien R_1 und R_2 gerade Linien angepaßt werden können. Man spricht dann von *linearer Korrelation*. Die Linien R_1 und R_2 heißen *Bezugsgerade* oder *Regressionsgerade* (Abb. 238).

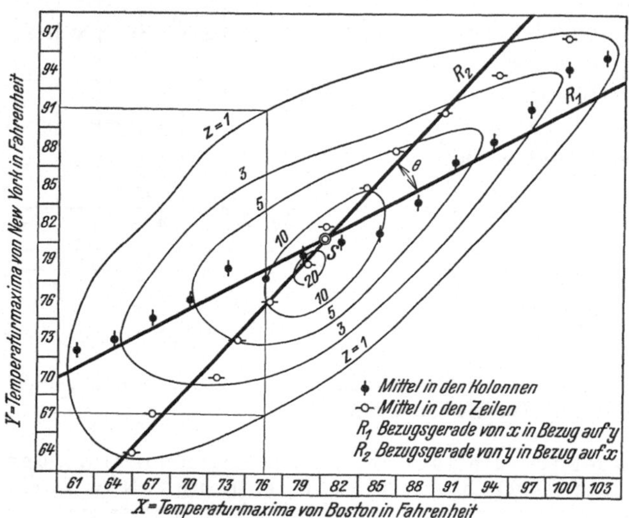

Abb. 238. Darstellung der Häufigkeitsfläche durch Linien gleicher Feldhäufigkeit z für die täglichen Temperaturmaxima von Boston und New York während der Julimonate der Jahre 1911—1920.

Die in Abb. 238 ersichtlichen geschlossenen Linien gleicher Feldhäufigkeit z werden zu Ellipsen, falls die Verteilung des Kollektivs innerhalb der Zeilen und Kolonnen symmetrisch ist. In diesem Falle läßt sich zeigen, daß die Bezugsgeraden die einzelnen Ellipsen in solchen Punkten schneiden, deren Tangenten zu der x- bzw. y-Achse parallel sind. Von dieser Eigenschaft ausgehend, lassen sich folgende drei Grenzfälle der Verbundenheit von x und y unterscheiden:

a) Werden die Ellipsen zu Kreisen, dann sind die Bezugsgeraden parallel zu den beiden Achsen, stehen also aufeinander senkrecht, x und y sind daher im Sinne der Korrelation unabhängig.

b) Werden die großen Achsen der Ellipsen unendlich, während die kleinen endlich bleiben, so arten die Ellipsen in je zwei parallele Gerade aus und die Häufigkeitsfläche wird eine Zylinderfläche. Die Bezugsgeraden fallen zusammen, die Korrelation ist eine vollständige.

c) Werden die kleinen Achsen der Ellipsen unendlich klein, während die großen endlich bleiben, dann werden die Ellipsen zu Strecken, die alle auf einer Geraden liegen. Die beiden Bezugsgeraden liegen ebenfalls auf dieser Geraden, fallen also zusammen. Der Zusammenhang zwischen x und y ist funktionell, und zwar linear eindeutig, geworden.

Ist die erwähnte Symmetrie der Verteilung nach den beiden Achsen nicht vorhanden, so sind die vorstehenden Grenzübergänge ebenfalls möglich und führen dann im zweiten Falle zu einer nicht linearen Korrelation und im dritten Falle zu einer nicht linearen Funktion.

Die Gleichungen der Bezugsgeraden können entweder aus den beobachteten Einzelwerten der Ordnungsgrößen x_1, x_2, ... x_i, ... x_N; $y_1, y_2, \ldots y_i, \ldots y_N$ oder aus den berechneten Werten der Klassenmitten X_1, X_2, ... X_i, ... X_n; Y_1, Y_2, ... Y_j, ... Y_m abgeleitet werden. Die erste Darstellungsweise ist für die Berechnung aus der Urliste geeignet und die zweite dann am Platze, wenn bereits eine nach Klassen geordnete Korrelationstafel vorliegt.

Die Bezugsgeraden müssen ihrer Definition gemäß jenen geraden Linien entsprechen, die sich dem Punkteschwarm x, y am besten anpassen, und zwar erfolgt diese Anpassung bei der ersten Geraden in der y-Richtung, bei der zweiten in der x-Richtung (Abb. 239). Nach den Lehren der Wahrscheinlichkeitsrechnung müssen die Geraden die Bedingung erfüllen, daß die Summe der Quadrate der Abweichungen sämtlicher Punkte x, y des Punkteschwarms von der Geraden, in der jeweiligen Richtung genommen, zu einem Minimum wird. Hieraus folgt vorerst, daß im allgemeinen die Bezugsgerade, welche die Beziehung der besten Werte von y zu Werten von x liefert, sich von jener unterscheidet, welche die besten Werte von x zu vorgegebenen Werten von y ergibt.

Wenn also die erste Gerade der Gleichung

$$Y = a_1 X + b_1$$

genügt, so wird hierin zum Ausdruck gebracht, daß zu einem vorgeschriebenen Werte X der Ordnungsgröße x die beste Schätzung des entsprechenden Wertes der Ordnungsgröße y durch Y gegeben ist. In ähnlicher Weise drückt die Gleichung der zweiten Bezugsgeraden

$$X = a_2 Y + b_2$$

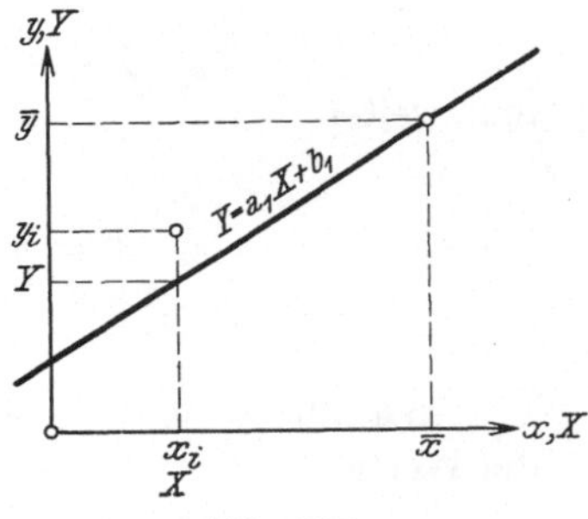

Abb. 239.

aus, daß einem vorgeschriebenen Werte Y der Ordnungsgröße y die beste Schätzung des entsprechenden Wertes von x durch X dargestellt wird.

Die Berechnung der Konstanten a und b der beiden Bezugsgeraden läßt sich folgendermaßen durchführen. Geht man von den Einzelwerten der Ordnungsgrößen aus, dann weicht in der y-Richtung jeder Punkt des Punkteschwarmes um $y_i - Y$ von der Bezugsgeraden $Y = a_1 X + b_1$ ab. Mithin muß bedingungsgemäß

$$\sum_{i=1}^{N} (y_i - Y)^2 = \sum_{i=1}^{N} [y_i - (a_1 X + b_1)]^2 \tag{118}$$

ein Minimum werden. Da für die Einzelwerte der Ordnungsgrößen $X = x_i$ wird, läßt sich die Minimumbedingung durch

$$\left. \begin{aligned} \frac{\partial}{\partial a_1} \left\{ \sum_{i=1}^{N} [y_i - (a_1 x_i + b_1)]^2 \right\} = 0 \\ \frac{\partial}{\partial b_1} \left\{ \sum_{i=1}^{N} [y_i - (a_1 x_i + b_1)]^2 \right\} = 0 \end{aligned} \right\} \tag{119}$$

ausdrücken. Da

$$\frac{\partial \Sigma}{\partial a_1} = -2 \sum_{i=1}^{N} [y_i - (a_1 x_i + b_1)] x_i = -2 \sum_{i=1}^{N} [x_i y_i - a_1 x_i^2 - b_1 x_i] = 0,$$

$$\frac{\partial \Sigma}{\partial b_1} = -2 \sum_{i=1}^{N} [y_i - a_1 x_i - b_1] = 0,$$

folgt unter Berücksichtigung von $\sum\limits_{i=1}^{N} x_i = N\,\bar{x}$ und von $\sum\limits_{i=1}^{N} y_i = N\,\bar{y}$, worin $\bar{x}$ und $\bar{y}$ die gewogenen arithmetischen Mittelwerte der Ordnungsgrößen x und y darstellen,

$$\sum_{i=1}^{N} x_i\,y_i - a_1 \sum_{i=1}^{N} x_i{}^2 - b_1\,N\,\bar{x} = 0,$$

$$N\,\bar{y} - N\,\bar{x}\,a_1 - N\,b_1 = 0,$$

woraus

$$\left.\begin{aligned} a_1 &= \frac{\sum\limits_{i=1}^{N} x_i\,y_i - N\,\bar{x}\,\bar{y}}{\sum\limits_{i=1}^{N} x_i{}^2 - N\,\bar{x}\,\bar{x}} = \frac{\sum\limits_{i=1}^{N} (x_i - \bar{x})(y_i - \bar{y})}{\sum\limits_{i=1}^{N} (x_i - x)^2} \\ b_1 &= \bar{y} - a_1\,\bar{x} \end{aligned}\right\} \tag{120}$$

folgt.

Die Gleichung der ersten Bezugsgeraden lautet daher

$$Y = a_1 X + \bar{y} - a_1\,\bar{x} = \bar{y} + a_1 (X - \bar{x})$$

und weiter

$$Y = \bar{y} + \frac{\sum\limits_{i=1}^{N} (x_i - \bar{x})(y_i - \bar{y})}{\sum\limits_{i=1}^{N} (x_i - \bar{x})^2}\,(X - \bar{x}). \tag{121}$$

In ähnlicher Weise ergeben sich für die Gleichung der zweiten Bezugsgeraden die Werte

$$\left.\begin{aligned} a_2 &= \frac{\sum\limits_{i=1}^{N} (x_i - \bar{x})(y_i - \bar{y})}{\sum\limits_{i=1}^{N} (y_i - \bar{y})^2} \\ b_2 &= \bar{x} - a_2\,\bar{y}, \end{aligned}\right\} \tag{122}$$

woraus

$$X = \bar{x} + \frac{\sum\limits_{i=1}^{N} (x_i - \bar{x})(y_i - \bar{y})}{\sum\limits_{i=1}^{N} (y_i - \bar{y})^2}\,(Y - \bar{y}) \tag{123}$$

folgt.

Geht man nicht von den Einzelwerten der Ordnungsgrößen x, y, sondern von den Werten der Klassenmitten X_i und Y_j aus, dann muß sinngemäß in der Aufstellung der Minimumsbedingung die Feldhäufigkeit $z = z_{ij}$ als Gewicht berücksichtigt werden. Der Gleichung (118) entspricht also

$$\sum_{i=1}^{n} \sum_{j}^{m} z_{ij}\,(Y_j - Y)^2 = \sum_{i=1}^{n} \sum_{j=1}^{m} z_{ij}\,[Y_j - (a_1 X_j + b_1)]^2$$

und nach partieller Differentiation nach a_1, bzw. b_1 ergibt sich

$$\sum_{i=1}^{n} \sum_{j=1}^{m} z_{ij}\,X_i\,Y_j - a_1 \sum_{i=1}^{n} \sum_{j=1}^{m} z_{ij}\,X_i{}^2 - b_1\,N\,\bar{x} = 0,$$

$$N\,y - N^-\,a_1 - N\,b_1 = 0,$$

woraus weiter

$$a_1 = \left.\frac{\sum\limits_{i=1}^{n}\sum\limits_{j=1}^{m} z_{ij}\,(X_i - \bar{x})\,(Y_j - \bar{y})}{\sum\limits_{i=1}^{n} z_{xi}\,(X_i - \bar{x})^2}\right\}$$
$$b_1 = \bar{y} - a_1\bar{x}$$

(124)

und schließlich die Gleichungen der Bezugsgeraden

$$Y = \bar{y} + \frac{\sum\limits_{i=1}^{n}\sum\limits_{j=1}^{m} z_{ij}\,(X_i - \bar{x})\,(Y_j - \bar{y})}{\sum\limits_{i=1}^{n} z_{xi}\,(X_i - \bar{x})^2}\,(X - \bar{x})$$

$$X = \bar{x} + \frac{\sum\limits_{i=1}^{n}\sum\limits_{j=1}^{m} z_{ij}\,(X_i - \bar{x})\,(Y_j - \bar{y})}{\sum\limits_{j=1}^{m} z_{yj}\,(Y_j - \bar{y})^2}\,(Y - \bar{y})$$

(125)

folgen.

Korrelationskoeffizient. Das Bestreben, den Grad der korrelativen Abhängigkeit auch zahlenmäßig darzustellen, hat zur Einführung des Korrelationskoeffizienten Anlaß gegeben.

Decken sich die beiden Bezugsgeraden, dann werden beide Gleichungen der Bezugsgeraden von jedem Wertepaar X, Y zugleich erfüllt und a_1 wird gleich $\dfrac{1}{a_2}$, somit $a_1 a_2 = 1$, und zwischen x und y besteht ein eindeutiges lineares korrelatives Verhältnis. Schließen die beiden Bezugsgeraden einen Winkel ein, dann liegt, wie sich zeigen läßt, $a_1 a_2$ zwischen $+1$ und -1 und nähert sich einem dieser Grenzwerte um so mehr, mit je größerer Annäherung die beiden Gleichungen der Bezugsgeraden erfüllbar sind.[1] Das Produkt $a_1 a_2$ kann demnach als Maß der Korrelation zwischen x und y verwendet werden. Als Korrelationskoeffizient r wählt man den Wert

$$r = \sqrt{a_1 a_2}.$$

(126)

Setzt man für a_1 und a_2 die Ausdrücke nach Gleichung (120) und (122) ein, so folgt

$$r = \frac{\sum\limits_{i=1}^{N} (x_i - \bar{x})\,(y_i - \bar{y})}{\sqrt{\sum\limits_{i=1}^{N} (x_i - \bar{x})^2}\,\sqrt{\sum\limits_{i=1}^{N} (y_i - \bar{y})^2}},$$

(127)

oder bei Anwendung der Gleichung (124)

$$r = \frac{\sum\limits_{i=1}^{n}\sum\limits_{j=1}^{m} z_{ij}\,(X_i - \bar{x})\,(Y_j - \bar{y})}{\sqrt{\sum\limits_{i=1}^{n} z_{xi}\,(X_i - \bar{x})^2}\,\sqrt{\sum\limits_{j=1}^{m} z_{yj}\,(Y_j - \bar{y})^2}}.$$

(128)

---

[1] Siehe S. 217.

Da die Streuungen σ_x und σ_y der beiden Reihen der Ordnungsgrößen nach der auf S. 208 gegebenen Darstellung

$$\left. \begin{aligned} \sigma_x &= \sqrt{\frac{1}{N}\sum_{i=1}^{N}(x_i - \overline{x})^2} \\ \sigma_y &= \sqrt{\frac{1}{N}\sum_{i=1}^{N}(y_i - \overline{y})^2} \end{aligned} \right\} \tag{129}$$

betragen, kann man auch setzen

$$r = \frac{\sum\limits_{i=1}^{N}(x_i - \overline{x})\,(y_i - y)}{N\,\sigma_x\,\sigma_y}. \tag{130}$$

Es ist sohin der Korrelationskoeffizient von zwei Wertreihen, ausgedrückt in den entsprechenden Streuungen als Einheiten, gleich dem arithmetischen Mittel der Produkte der Abweichungen der Einzelwerte x_i und y_i von ihren Mitteln $\overline{x}$ und $\overline{y}$. Führt man in die Gleichung (130) die geschätzten vorläufigen arithmetischen Mittelwerte $\overline{x}_0$ und $\overline{y}_0$ ein, so erhält man nach kurzer Zwischenrechnung

$$r = \frac{\dfrac{1}{N}\sum\limits_{i=1}^{N}(x_i - \overline{x}_0)\,(y_i - \overline{y}_0) - (\overline{x} - \overline{x}_0)\,(\overline{y} - y_0)}{\sigma_x\,\sigma_y}. \tag{131}$$

In Übereinstimmung mit der oben gegebenen Begriffsbestimmung kann man sagen: je mehr sich der Korrelationskoeffizient r einem der beiden Grenzwerte $+1$ oder -1 nähert, desto mehr nähert man sich einer vollständigen Korrelation, wobei für $r = +1$ die Veränderlichen x und y im Durchschnitte gleichzeitig wachsen, während $r = -1$ ein Wachsen der einen Veränderlichen und ein gleichzeitiges Schwinden der anderen anzeigt. Dagegen wäre es verfehlt, bei dem Rechnungsergebnis $r = 0$ auf eine vollkommene Unabhängigkeit zu schließen, sondern man hat das Ergebnis so zu deuten, daß sich die beiden Veränderlichen als korrelationslos erweisen.

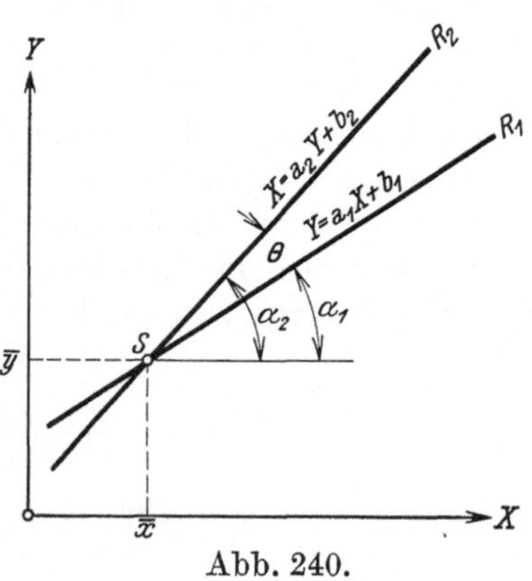

Abb. 240.

Wie bereits erwähnt, liegen bei der einfachen Korrelation nicht immer die arithmetischen Reihenmittel auf geraden Linien. Es sind Fälle bekannt, bei denen keine lineare Korrelation vorhanden ist, wo also die eine oder die andere der beiden Reihen der Mittelwerte eine krumme Linie darstellt.[1]

Um sich von diesem Verhalten zu überzeugen, oder um den sinnfälligen Nachweis zu liefern, daß die Annahme einer linearen Korrelation gerechtfertigt ist, ist es zweckmäßig, wie dies in Abb. 238 geschehen ist, aus der Korrelationstabelle das Bild der aus den Mittelwerten gewonnenen Bezugspunkte zu zeichnen. Man kann dann leicht abschätzen, ob die Bezugspunkte so liegen, daß beim Anpassen einer geraden Linie die nötige Strammheit der korrelativen Verbundenheit

---

[1] K. FISCHER, Verdunstung in den Schweizer Alpen. Mit Bemerkungen zur Korrelationsrechnung. Meteorologische Zeitschrift, Bd. 50, H. 9, 1933.

besteht. Die derart gefühlsmäßig angepaßten geraden Linien entsprechen naturgemäß nicht vollständig den nach der Methode der kleinsten Quadrate berechneten Bezugsgeraden, aber sie geben immerhin eine oft genügende Näherung. Aus solchen Schaubildern läßt sich aus der Größe des Winkels θ auf den Grad der Korrelation schließen.

Sind die Neigungen der Bezugsgeraden R_1 und R_2 zu der x-Achse gemäß Abb. 240 a_1 und a_2, dann ist der Öffnungswinkel

$$\theta = a_2 - a_1,$$

also

$$\operatorname{tg} \theta = \frac{\operatorname{tg} a_2 - \operatorname{tg} a_1}{1 + \operatorname{tg} a_1 \operatorname{tg} a_2}.$$

Aus den Gleichungen (120), (122), (127) und (129) folgt[1]

$$\operatorname{tg} a_1 = a_1 = \frac{\sum\limits_{i=1}^{N}(x_i - \bar{x})(y_i - \bar{y})}{\sum\limits_{i=1}^{N}(x_i - \bar{x})^2} = r\,\frac{\sigma_y}{\sigma_x},$$

$$\operatorname{tg} a_2 = \frac{1}{a_2} = \frac{\sum\limits_{i=1}^{N}(y_i - \bar{y})^2}{\sum\limits_{i=1}^{N}(x_i - \bar{x})(y_i - \bar{y})} = \frac{1}{r}\,\frac{\sigma_y}{\sigma_x}$$

und weiter

$$\operatorname{tg} \theta = \frac{\dfrac{1}{r}\,\dfrac{\sigma_y}{\sigma_x} - r\,\dfrac{\sigma_y}{\sigma_x}}{1 + \left(\dfrac{\sigma_y}{\sigma_x}\right)^2}. \tag{132}$$

Diese Gleichung enthält den Beweis für die Richtigkeit der oben angeführten Grenzwerte $+1$ und -1 des Korrelationskoeffizienten r. Es wird nämlich für

$$r = 1 \ldots\ldots \operatorname{tg} \theta = 0, \quad \text{also } \theta = 0,$$

$$r = 0 \ldots\ldots \operatorname{tg} \theta = \infty, \text{ also } \theta = 90^0,$$

$$r = -1 \ldots \operatorname{tg} \theta = 0, \quad \text{also } \theta = 180^0.$$

Für das gewählte Beispiel eines Kollektivs mit zwei Merkmalen, die täglichen Temperaturmaxima in Boston und New York, ergibt sich die Berechnung der Gleichungen der Bezugsgeraden und des Korrelationskoeffizienten wie Tabelle 13 zeigt.

In der Tabelle 13 stehen rechts und unterhalb der Korrelationstafel zwei Tafeln, die zur Berechnung der Summenwerte, der arithmetischen Mittel, der Streuungsmasse und des Korrelationskoeffizienten benötigt werden. Um für die Rechnung kleine Zahlen zu erhalten, führt man an Stelle der Ordnungsgrößen X und Y die neuen Größen $\xi = \dfrac{X - x_0}{\Delta X}$ und $\eta = \dfrac{Y - y_0}{\Delta Y}$ ein. Dadurch erhalten die neuen Klassengrößen $\Delta \xi$ und $\Delta \eta$ den Wert 1. Ferner entsprechen den geschätzten, vorläufigen Mittelwerten von X und Y, nämlich $\bar{x}_0 = 79$ und $\bar{y}_0 = 82$, die Nullwerte von ξ und η.

---

[1] Die Gleichungen für die Bezugsgeraden kann man daher auch folgendermaßen schreiben:

$$Y = \bar{y} + r\,\frac{\sigma_y}{\sigma_x}(X - x), \quad X = \bar{x} + r\,\frac{\sigma_x}{\sigma_y}(Y - \bar{y}).$$

Tabelle 13. Berechnung des Korrelationskoeffizienten für die täglichen Temperaturmaxima der Julimonate der Jahresreihe 1911—1920 in Boston und New York.

New York (Y)	Boston (X) 61	64	67	70	73	76	79	82	85	88	91	94	97	100	103	z_y	$\eta = \frac{Y-\bar{y}_0}{\Delta Y}$	$z_y\eta$	$z_y\eta^2$	$\Sigma z\xi$	$\Sigma z\xi\eta$
97	.	.	.	.	.	.	.	.	.	.	.	.	1	2	1	4	$+5$	20	100	28	140
94	.	.	.	.	.	.	1	.	1	.	2	2	3	3	1	13	$+4$	52	208	67	268
91	.	.	.	.	2	.	.	.	.	1	3	1	3	1	.	11	$+3$	33	99	41	123
88	.	.	.	.	2	1	3	3	3	6	11	2	.	.	.	31	$+2$	62	124	76	152
85	.	.	1	1	1	4	7	9	4	8	5	3	2	.	.	45	$+1$	45	45	75	75
82	.	.	1	6	2	4	9	12	9	5	3	.	.	.	.	51	0	.	.	27	.
79	1	1	.	5	5	7	22	8	10	6	1	.	.	.	.	66	-1	-66	66	7	-7
76	.	3	2	3	6	9	12	7	3	.	.	.	.	.	.	45	-2	-90	180	-40	80
73	1	.	5	5	3	3	5	3	1	.	.	.	.	.	.	26	-3	-78	234	-45	135
70	.	1	1	2	3	4	.	.	.	.	.	.	.	.	.	11	-4	-44	176	-25	100
67	.	2	1	2	.	.	.	.	.	.	.	.	.	.	.	5	-5	-25	125	-20	100
64	1	.	.	1	.	.	.	.	.	.	.	.	.	.	.	2	-6	-12	72	-9	54
																310	.	-103	1429	.	1220

	61	64	67	70	73	76	79	82	85	88	91	94	97	100	103	
z_x	3	7	11	25	24	32	59	42	31	26	25	8	9	6	2	.
$\xi = \frac{X-\bar{x}_0}{\Delta X}$	-6	-5	-4	-3	-2	-1	0	$+1$	$+2$	$+3$	$+4$	$+5$	$+6$	$+7$	$+8$	.
$z_x\xi$	-18	-35	-44	-75	-48	-32	.	42	62	78	100	40	54	42	16	182
$z_x\xi^2$	108	175	176	225	96	32	.	42	124	234	400	200	324	294	128	2558
$\Sigma z\eta$	-10	-21	-27	-49	-27	-44	-44	-16	-5	17	43	18	28	25	9	.
$\Sigma z\eta\xi$	60	105	108	147	54	44	.	-16	-10	51	172	90	168	175	72	1220

$$\bar{\eta} = \frac{1}{N}\Sigma\eta = \frac{-103}{310} = -0,3323$$

$$\bar{\xi} = 0,5871$$

$$\sigma_\eta^2 = \frac{1}{N}\Sigma z_y\eta^2 - \bar{\eta}^2 = \frac{1429}{310} - 0,3323^2 = 4,4993$$

$$\sigma_\xi^2 = 7,9069$$

$$\sigma_\eta = 2,1212, \qquad \sigma_\xi = 2,8119, \qquad r = \frac{\frac{1}{N}\Sigma z\xi\eta - \bar{\xi}\bar{\eta}}{\sigma_\xi\,\sigma_\eta} = \frac{\frac{1220}{310} + 0,3323\cdot 0,5871}{2,1212\cdot 2,8119} = 0,69$$

Bei der Berechnung ist auf den Unterschied zwischen den Klassenhäufigkeiten $z_x = \sum\limits_{x=1}^{n} z$, $z_y = \sum\limits_{y=1}^{m} z$ und der Feldhäufigkeit z zu achten. Die ersteren dienen zur Berechnung der einheitlichen Summen $\sum z_x \xi = 182$, $\sum z_x \xi^2 = 2558$, $\sum z_y \eta = -103$, $\sum z_y \eta^2 = 1429$ in der 3. und 4. Spalte der Nebentafeln, während z für die Berechnung der gemischten Summen $\sum z \xi \eta = \sum z \eta \xi = 1220$ in der 6. Spalte der Nebentafeln benötigt wird. Die Gleichheit der beiden letzteren Summen liefert eine Rechenkontrolle.

Die Berechnung der arithmetischen Mittelwerte $\bar{\xi}$, $\bar{\eta}$, der Streuungen σ_ξ, σ_η und des Korrelationskoeffizienten r befindet sich in Tabelle 13. Die Formel für σ_η^2 folgt sinngemäß aus Gleichung (117), jene für r aus Gleichung (131).

Geht man auf die ursprünglichen Ordnungsgrößen X und Y zurück, so erhält man die arithmetischen Mittelwerte

$$\bar{x} = \bar{x}_0 + \varDelta X\, \xi = 79 + 3 \cdot 0{,}5871 = 80{,}76^0 \text{ Fahrenheit,}$$
$$\bar{y} = \bar{y}_0 + \varDelta Y\, \eta = 82 - 3 \cdot 0{,}3323 = 81{,}00^0 \qquad \text{,,}$$

und die Streuungen

$$\sigma_x = \varDelta X\, \sigma_\xi = 3 \cdot 2{,}8119 = 8{,}44^0 \text{ F,}$$
$$\sigma_y = \varDelta Y\, \sigma_\eta = 3 \cdot 2{,}1212 = 6{,}36^0 \text{ F;}$$

der Korrelationskoeffizient bleibt als dimensionslose Größe unverändert $r = 0{,}69$.

Die Gleichungen für die beiden Bezugsgeraden erhält man am raschesten durch Einsetzen der vorstehenden Werte in die Gleichung (125):

$$Y - 81{,}00 = 0{,}499\,(X - 80{,}76),$$
$$X - 80{,}76 = 0{,}962\,(Y - 81{,}00).$$

Auf S. 328 ist ein zweites Zahlenbeispiel für die Berechnung von Bezugsgeraden gegeben, bei welchem im Gegensatze zu dem vorstehenden die Summenwerte unmittelbar aus der Urliste berechnet werden. Es entfallen also dort die Klasseneinteilung, die Korrelationstafel, die Rechnung mit den Häufigkeiten z, z_x, z_y, die Reduktion auf die Klasseneinheiten $\xi = 1$, $\eta = 1$ und die geschätzten vorläufigen Mittelwerte $\bar{x}_0$, $\bar{y}_0$ sowie die Rückführung der Ergebnisse auf die ursprünglichen Ordnungsgrößen X, Y. Der Verzicht auf alle diese Hilfsmittel ist aber dort deshalb zweckmäßig, weil nur wenig Einzelwerte, nämlich $N = 41$, vorliegen, während hier $N = 310$ ist. Im vorstehenden Beispiel würde die unmittelbare Berechnung aus der Urliste wegen der großen Anzahl der Einzelwerte einen größeren Arbeitsaufwand erfordern. Die Zahl der Einzelwerte ist also für die Wahl des Verfahrens maßgebend.

3. Anpassung von Kurven.

Findet man im Gegensatz zu der bisher besprochenen losen Verbundenheit von Veränderlichen eine innigere Bindung, was sich durch geringe Streuung der Bezugspunkte ausdrückt, dann liegt die Möglichkeit eines funktionellen Zusammenhanges vor.

Die Aufgabe besteht in der Anpassung der aus der Beobachtung gewonnenen Bezugspunkte an eine analytische Kurve. Für die Bestimmung ihrer Gleichung sowie deren Parameter sollen in der Folge einige Verfahren besprochen werden.

Um die zweckmäßigste Form der Kurvengleichung zu erhalten, zeichnet man die Bezugspunkte in ein Koordinatensystem ein, dessen Maßstäbe so gewählt sind, daß die Bezugspunkte annähernd auf eine Gerade zu liegen kommen. In der Tabelle 14 sind in Kolonne I die Gleichungen jener Kurven aufgezählt, die für hydrographische Untersuchungen als Anpassungskurven in erster Linie in Betracht kommen. Anschließend sind in Kolonne II die Koordinatenmaßstäbe angegeben, durch welche die in Kolonne III enthaltene lineare Form der Bezugsgleichung erreicht werden kann.[1]

Tabelle 14. Beispiele von Anpassungskurven.

I		II		III
	Form der Gleichung	Zu wählende Koord.-Maßstäbe		Gleichung der Anpassungs-geraden $Y = A\,X + B$ in den gewählten Koordin.-Maßstäben
		Abszisse X	Ordinate Y	
1	$y = a\,x + b$	x	y	$y = a\,x + b$
2	$y = a\,x^b$	$\log x$	$\log y$	$[\log y] = b\,[\log x] + \log a$
3	$y = b\,e^{ax}$	x	$\log y$	$[\log y] = 0{,}4343\,a\,[x] + \log b$
4	$y = a + b\,x + c\,x^2$ Die Differenzen zweiter Ordnung von y sind konstant.	$x - x_0$	$\dfrac{y - y_0}{x - x_0}$	$\left[\dfrac{y - y_0}{x - x_0}\right] = c\,[x - x_0] + (b + 2\,c\,x_0)$ $x_0,\ y_0$ sind die Koordinaten eines beliebigen Berührungspunktes.

Zur Bestimmung der Parameter a, b, c können verschiedene Verfahren benützt werden.

Graphisches Verfahren. Man legt in den Schwarm der Bezugspunkte, dem Streuungsdiagramm, welches man auf Grund der nach Kolonne II in der obigen Tabelle gewählten Koordinatenmaßstäbe X, Y aufgezeichnet hat, gefühlsmäßig eine gut angepaßte gerade Linie, mißt ihre Steigung $\operatorname{tg} a = A$ und den Abschnitt B auf der y-Achse.

Hat z. B. die Gleichung (2) der Tabelle 14, $y = a\,x^b$, in der neuen Auftragung mit den logarithmischen Koordinatenmaßstäben eine Ausgleichsgerade ergeben, so nimmt die Gleichung dieser Ausgleichsgeraden $Y = A\,X + B$ nach Kolonne III die Form $[\log y] = b\,[\log x] + \log a$ an. Sohin erhält man die Parameter a und b aus den gemessenen Werten A und B aus $\log a = B$ und $b = A$.

Verfahren der ausgewählten Punkte. Je nach der Anzahl der Parameter, welche die Anpassungskurve enthält, wählt man aus der Schar der aufgenommenen Bezugspunkte solche aus, die in der zu berechnenden analytischen Kurve vermutlich eine günstige Lage besitzen. Da beispielsweise eine dreiparametrige Kurve durch drei Punkte bestimmt ist, müssen in diesem Falle drei Bezugspunkte ausgewählt werden.

Wenn man also z. B. Gleichung (4) der Tabelle 14, $y = a + b\,x + c\,x^2$, als Anpassungskurve verwenden will, so gilt für die gewählten Punkte x_1, y_1; x_2, y_2; x_3, y_3

$$\left.\begin{aligned}
y_1 &= a + b\,x_1 + c\,x_1{}^2 \\
y_2 &= a + b\,x_2 + c\,x_2{}^2 \\
y_3 &= a + b\,x_3 + c\,x_3{}^2
\end{aligned}\right\} \tag{133}$$

woraus a, b, c eindeutig berechnet werden können. Die auf diese Weise erhaltene Gleichung der Anpassungskurve wird sich wegen der willkürlichen Wahl der

---

[1] H. L. RITZ und F. BAUR, Handbuch der mathematischen Statistik. Leipzig 1930.

Punkte x_1, y_1; x_2, y_2 und x_3, y_3 an den vorhandenen Punkteschwarm mehr oder weniger gut anschmiegen.

Verfahren der Mittelungen. Hiernach bestimmt man die Neigung A und den Ordinatenabschnitt B der Anpassungsgeraden in Kolonne III der Tabelle 14 näherungsweise durch folgende einfache Rechnung.

Besitzt die Anpassungskurve beispielsweise zwei Parameter und setzt man die Koordinaten X und Y der gegebenen n Bezugspunkte in die Gleichung der Ausgleichsgeraden nach Tabelle 14 ein, so ergeben sich n Gleichungen ersten Grades mit A und B als Unbekannte. Hierauf teilt man diese Gleichungen in zwei ungefähr gleich große Gruppen. Dann addiert man in jeder Gruppe die Gleichungen, dividiert die Summe durch deren Anzahl und erhält dadurch für A und B zwei gemittelte Gleichungen ersten Grades. Aus diesen Gleichungen berechnet man A und B und sodann, wie bei der graphischen Methode gezeigt worden ist, a und b.

Bei einer dreiparametrigen Kurve hat man drei Unbekannte und aus diesem Grunde eine Unterteilung in drei Gruppen vorzunehmen.

Methode der kleinsten Quadrate. Von einer empirischen Kurve seien n Punkte x_1, y_1; x_2, y_2; $\ldots x_i, y_i$; $\ldots x_n, y_n$ gegeben, deren Ordinaten y_i mit Fehlern behaftet sind.[1] Wählt man eine Näherungsfunktion

$$y = f(x, a, b, c, \ldots), \tag{134}$$

so paßt sich die entsprechende Näherungskurve der gegebenen empirischen Kurve dann am besten an, wenn die Parameter $a, b, c, \ldots$ der Näherungsfunktion derart bestimmt werden, daß die Summe der Quadrate der Verbesserungen $y - y_i$, nämlich $\Sigma (y - y_i)^2$ ein Minimum wird. Es gilt daher

$$\frac{\partial \Sigma (y - y_i)^2}{\partial a} = 0, \quad \frac{\partial \Sigma (y - y_i)^2}{\partial b} = 0, \quad \frac{\partial \Sigma (y - y_i)^2}{\partial c} = 0, \ldots \tag{135}$$

Setzt man y aus Gleichung (134) in die Gleichungen (135) ein und führt die partiellen Ableitungen durch, so erhält man die notwendige Anzahl von Bestimmungsgleichungen für die gesuchten Parameter. Meist wird Gleichung (134) so angesetzt, daß sie in den Parametern $a, b, c, \ldots$ linear und in x rational ist, also die Form

$$y = a + b\,x + c\,x^2 + d\,x^3 \tag{136}$$

erhält. Die Bestimmungsgleichungen bilden sodann ein lineares, inhomogenes System, die sogenannten Normalgleichungen.

Für die Anwendbarkeit der Methode ist es notwendig, daß die Zahl der gegebenen Punkte der empirischen Kurve größer ist als die Zahl der Parameter in Gleichung (134).

In dem häufig vorkommenden Fall, daß die Näherungskurve eine Gerade

$$y = a + b\,x \tag{137}$$

ist, lauten die Normalgleichungen

$$\left.\begin{aligned} a\,n \;+\; b\,\Sigma x_i &= \Sigma y_i \\ a\,\Sigma x_i \;+\; b\,\Sigma x_i^2 &= \Sigma x_i\,y_i, \end{aligned}\right\} \tag{138}$$

aus denen die beiden Parameter a und b einfach berechnet werden können.

---

[1] C. Runge und H. König, Vorlesung über numerisches Rechnen. Berlin 1924.

Wenn die Näherungsfunktion Gleichung (134) in den Parametern $a, b, c, \ldots$ nicht linear ist, so ist die Aufgabe nur dann lösbar, wenn es gelingt, für die Parameter Näherungswerte $a_0, b_0, c_0, \ldots$ zu gewinnen. Man entwickelt sodann Gleichung (134) nach dem TAYLORschen Satze

$$y = f(x, a, b, c, \ldots) = f(x, a_0, b_0, c_0, \ldots) +$$
$$+ \left(\frac{\partial f}{\partial a}\right)_0 \delta a + \left(\frac{\partial f}{\partial b}\right)_0 \delta b + \left(\frac{\partial f}{\partial c}\right)_0 \delta c + \ldots, \tag{139}$$

bricht nach den linearen Gliedern ab und betrachtet $\delta a, \delta b, \delta c, \ldots$ als neue Parameter, die wie oben berechnet werden.

Ist die Näherungsfunktion in den Parametern nicht linear oder enthält sie sehr viele Parameter, dann ist es mitunter einfacher, die gegebene empirische Kurve nach einem anderen Verfahren vorerst zu strecken,[1] worauf die einfachen Gleichungen (137) und (138) angewendet werden können.

Methode der Momente.[2] Die Parameter der Näherungsfunktion (134) lassen sich auch derart ermitteln, daß sowohl für diese als auch für die gegebene empirische Kurve das 0-te, 1-te, 2-te, $\ldots$ Moment der Ordinaten bezüglich der y-Achse berechnet und jeweils die beiden entsprechenden Momente einander gleichgesetzt werden:

$$\left.\begin{aligned}
\Sigma f(x_i, a, b, c, \ldots) &= \Sigma y_i \\
\Sigma x_i \cdot f(x_i, a, b, c, \ldots) &= \Sigma x_i y_i \\
\Sigma x_i^2 \cdot f(x_i, a, b, c, \ldots) &= \Sigma x_i^2 y_i \\
\cdots\cdots\cdots\cdots\cdots\cdots\cdots
\end{aligned}\right\} \tag{140}$$

Es sind dabei so viele Momente zu nehmen, als die Zahl der Parameter $a, b, c, \ldots$ beträgt. Für genauere Rechnungen hat man die Momente nicht aus den Ordinaten, sondern aus Flächenstücken zu bestimmen. Auf der linken Seite der Gleichung (140) stehen dann die entsprechenden bestimmten Integrale, welche analytisch auszuwerten sind, während rechts die Summen nach irgend einer Regel der mechanischen Quadratur, wie etwa der Trapezregel oder der SIMPSONschen Regel, berechnet werden. Falls die Näherungsfunktion in Form der Gleichung (136) gewählt wird, stimmt das Ergebnis der Methode mit jenem der Methode der kleinsten Quadrate überein. Ist die angenommene Näherungsfunktion in den Parametern nicht linear, so hat man wie bei der Methode der kleinsten Quadrate zu verfahren.

4. Glättung von unregelmäßigen Linienzügen und Glättungsanalyse.

Bei der Aufzeichnung von hydrographischen sowie meteorologischen Zusammenhängen zeigt sich für gewöhnlich eine mehr oder weniger unregelmäßige Form des die einzelnen Bezugspunkte verbindenden Polygones. Da aber die meisten hydrographischen wie meteorologischen Vorgänge sowie deren Ableitung nach der Zeit stetig verlaufen, ist es für die weiteren Untersuchungen zweckmäßig, die Ordinaten derart auszugleichen, daß die von den Beobachtungsfehlern herrührenden unregelmäßigen Schwankungen des polygonalen Linienzuges verschwinden.

---

[1] Siehe S. 220.
[2] H. L. RITZ und F. BAUR, Handbuch der mathematischen Statistik. Leipzig 1930.

Für gewöhnlich beseitigt man diese Unstetigkeiten dadurch, daß man gefühlsmäßig einen abgeglichen und geglättet verlaufenden Linienzug in das gegebene Polygon einzeichnet. Da aber diese gefühlsmäßige Ausgleichung mitunter zu Willkürlichkeiten führt, ist es besser, die Unregelmäßigkeiten stückweise mit Hilfe von einfach gebauten Formeln auszumerzen. Dieses Verfahren nennt man Glättung einer empirischen Kurve.[1]

Die Glättung unterscheidet sich von der früher besprochenen Anpassung. Erstere dient lediglich der Gewinnung eines stetig verlaufenden Linienzuges, während letztere einen derartigen Linienzug in eine analytische Form bringt.

In der Folge wird vorausgesetzt, daß die Ordinaten $y_0, y_1, \ldots y_n, \ldots$ des empirisch gegebenen Linienzuges gleiche Abstände $\Delta z = x_1 - x_0 = x_2 - x_1 = \ldots$ besitzen. Bei der einfachsten Art der Glättung benützt man eine lineare Näherungsfunktion, wobei jede Ordinate y_n durch den Mittelwert von y_n und der beiden benachbarten Werte y_{n-1} und y_{n+1}, also durch

$$\frac{1}{3}\left(y_{n-1} + y_n + y_{n+1}\right) \tag{141}$$

ersetzt wird. Der über fünf aufeinanderfolgende Ordinaten gebildete Mittelwert

$$\frac{1}{5}\left(y_{n-2} + y_{n-1} + y_n + y_{n+1} + y_{n+2}\right) \tag{142}$$

ist in der Meteorologie sehr gebräuchlich und wird dort Pentadenmittel genannt. Bei stark streuenden Werten einer Staffellinie wird häufig der Mittelwert

$$\frac{1}{4}\left(y_{n-1} + 2y_n + y_{n+1}\right) \tag{143}$$

verwendet.

Die Abgleichung läßt sich durch mehrmalige Anwendung der vorstehenden Formeln verbessern.

Sind die Ordinaten in verhältnismäßig großen Abständen gegeben, so besteht bei Verwendung einer linearen Glättungsformel, besonders von Gleichung (142), die Gefahr, daß der regelmäßige Anteil der Schwankungen verfälscht wird, und zwar um so mehr, je öfter die Glättung wiederholt wird. In diesem Falle muß man mit einer quadratischen Näherungsfunktion glätten, die fünf aufeinanderfolgende Ordinaten berücksichtigt und für y_n den ausgeglichenen Wert

$$\frac{1}{35}\left(-3y_{n-2} + 12y_{n-1} + 17y_n + 12y_{n+1} - 3y_{n+2}\right) \tag{144}$$

liefert. Diese Funktion verletzt die regelmäßigen Schwankungen weniger und beseitigt überdies die Streuung der Ordinaten kräftiger als die linearen Formeln. In noch höherem Maße gilt dies von den allerdings auch wesentlich weitläufigeren Formeln von WOOLHOUSE, HIGHAM und SPENCER,[2] welche 15, 17 bzw. 21 Ordinaten umfassen. Die vielgliedrigen Formeln haben außer der umständlichen Rechnung noch den Nachteil, daß sie für die ersten und letzten $\dfrac{\nu-1}{2}$ Ordinaten keine Werte liefern, wobei ν die Zahl der in die Formel eingehenden Ordinaten ist.

---

[1] C. RUNGE und H. KÖNIG, Vorlesungen über numerisches Rechnen. Berlin 1924.
[2] H. L. RIETZ und F. BAUR, Handbuch der mathematischen Statistik. Leipzig u. Berlin 1930.

Eine mehrfach hintereinander durchgeführte Glättung eines Linienzuges nennt man *Glättungsanalyse*. Wendet man diese Art der Analyse auf eine Wasserstands-Ganglinie an, so kann man in vielen Fällen durch fortgesetzte planmäßige Glättung der Unregelmäßigkeiten eine Zerlegung der Ganglinie in einzelne

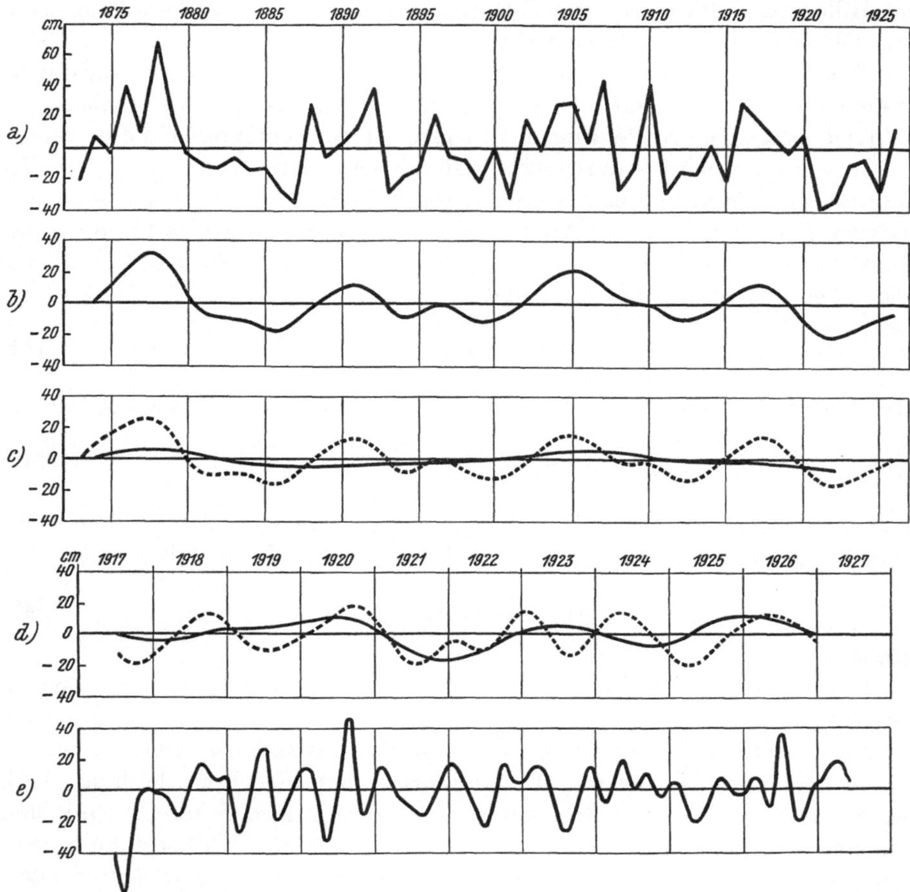

Abb. 241.   Glättungsanalyse der Ganglinie der Mittelwasserstände der Mur bei Frohnleiten.

a) Ganglinie der Jahresmittel der Wasserstände, *b)* Ergebnis der ersten Glättungen der Ganglinie, *c)* Zerlegung in eine 13jährige und 29jährige Schwankung mit Hilfe von weiteren Glättungen, *d)* Zerlegung in eine 3jährige (voll) und 2jährige (strichliert) Schwankung nach Ausscheidung der 13jährigen, 29jährigen und normalen Jahresschwankung, mit Hilfe von weiteren Glättungen, *e)* Ergebnis nach Ausscheidung der 2jährigen und 3jährigen Schwankung und nach weiteren Glättungen.

periodische Schwankungen erreichen. Voraussetzung für die Durchführbarkeit einer derartigen Analyse ist ein beständiges Flußquerprofil, dessen Wasserstand weit zurückreichend beobachtet worden ist.

Diesen Bedingungen entspricht beispielsweise das Pegelprofil des Murflusses bei Frohnleiten in Steiermark.[1]

---

[1] W. v. KESSLITZ, Über verschiedene Methoden zur Vorausberechnung von Monatsmittelwerten der Wasserführung österreichischer Alpenflüsse. Die Wasserwirtschaft, Wien, Nr. 7, 8 u. 9, 1928. Hierin überträgt der Verfasser die nach A. STREIFF, On the investigation of cycles and the relation of the Brückner- and solar-

Abb. 241a veranschaulicht den Gang der Jahresmittel der Wasserstände in der Jahresreihe 1873 bis 1925. Nach Abgleichung mit Hilfe der Glättungsformel $\frac{1}{4}(y_{n-1} + 2 y_n + y_{n+1})$ erhält man eine periodische Schwankung, in der vermutlich die BRÜCKNERsche Klimaperiode und die Sonnenfleckenperiode enthalten sind (Abb. 241b). Durch weitere Glättung konnte eine 13jährige Periode, die höchstwahrscheinlich auf die Sonnenfleckenperiode zurückgeht, ausgeschieden und damit die Trennung der Schwankungen in eine etwa 13- und 29jährige Schwankung erreicht werden (Abb. 241c).

Nach Reinigung der Ganglinie von der 13jährigen und 29jährigen Periode und von dem aus 52 Jahren abgeleiteten normalen Jahresgang verbleibt die Störungsganglinie, so genannt, weil sie alle noch zu analysierenden rhythmischen Schwankungen enthält. Für die Ermittlung der Störungsganglinie sind an Stelle der Jahresmittel die Monatsmittelwerte verwendet worden.

Nach weiterer, mehrmaliger Glättung der Störungsganglinie konnte man eine Zerlegung in zwei ziemlich glatte Wellenzüge durchführen, von denen der erste eine Periode von drei Jahren und der zweite eine Periode von zwei Jahren aufweist (Abb. 241d). Die Befreiung der Störungsganglinie von diesen Wellenzügen und eine folgende, zweimalige Glättung ergaben den unregelmäßig verlaufenden Linienzug Abb. 241e, der eine Zerlegung in weitere, elementare periodische Schwankungen wegen seines gesetzlosen Verlaufes aussichtslos erscheinen läßt.

5. Harmonische und Periodogramm-Analyse.

Die hydrographischen und meteorologischen Zeitreihen bzw. Ganglinien werden vielfach auf das Vorhandensein und den Umfang von periodischen Schwankungen untersucht. Das zuvor erläuterte Glättungsverfahren gibt ein Mittel an die Hand, diese Untersuchungen in jenen Fällen in einfachster Weise durchzuführen, in denen der periodische Anteil an der Gesamtschwankung beträchtlich ist. Sind die Zusammenhänge sehr verwickelter Natur, dann werden die Methoden von J. J. FOURIER und von A. SCHUSTER angewendet.

Die *harmonische Analyse*[1] mit Hilfe der FOURIERschen Reihen wird verwendet, wenn die statistische Zeitreihe streng periodisch und die Periode p bekannt ist. Die zu analysierende Funktion $f(x)$ läßt sich dann durch die FOURIERsche Reihe

$$g(x) = \frac{a_0}{2} + \sum_{n=1}^{n} \left(a_n \cos n \frac{2\pi}{p} x + b_n \sin n \frac{2\pi}{p} x \right) \tag{145}$$

ausdrücken, deren Beiwerte aus

$$\left.\begin{aligned}
\frac{a_0}{2} &= \frac{1}{p} \int_0^p f(x)\,dx, \\[2ex]
a_n &= \frac{2}{p} \int_0^p f(x) \cos n \frac{2\pi}{p} x\,dx \quad \text{und} \\[2ex]
b_n &= \frac{2}{p} \int_0^p f(x) \sin n \frac{2\pi}{p} x\,dx
\end{aligned}\right\} \tag{146}$$

cycles, ausgearbeitete Analyse der Ganglinie eines nordamerikanischen Flusses auf den Murfluß.

[1] K. STUMPFF, Analyse periodischer Vorgänge. Sammlung geophysikalischer Schriften. Berlin 1927. — P. TEREBESI, Aufsuchen versteckter Periodizitäten. Zeitschrift für Geophysik, H. 6—8, 1933.

zu ermitteln sind. Dies geschieht numerisch oder mit Hilfe eines harmonischen Analysators. Letztere Methode ist vorzuziehen, weil die Rechenarbeit ganz entfällt. Als Beispiel eines harmonischen Analysators ist in Abb. 242 jener von MADER-OTT dargestellt.[1]

Auf dem Brett 12 befindet sich ein Planimeter 14, daneben eine Schiene 10 und ein auf ihr rollender Wagen 1, der in der Fahrtrichtung durch den Fahrarm 6′ bewegt wird, der den Fahrstift 7 und den Handgriff 8 trägt. Mit dem Fahrarm ist ein Hebel 6 rechtwinklig verbunden, der einen auf dem Wagen laufenden Schlitten 2 und damit eine Zahnstange 3 verschiebt, die unmittelbar oder mittelbar in das Zahnrad 5 eingreift. Dieses besitzt zwei kleine, mit c und s bezeichnete Vertiefungen, in die man die Fahrstiftspitze des Planimeters einsetzt, je nachdem man eine Kosinus- oder Sinus-Schwingung der Kurve bestimmen will. Für die verschiedenen Schwingungen sind auswechselbare Zahnräder 5 und 5a vorhanden. Ein Winkel 11 erleichtert die Einstellung des Apparates gegenüber der zu analysierenden Kurve. Mit dem Fahrstift 7 wird die von der zu analysierenden Kurve und der Abszissenachse eingeschlossene Fläche umfahren und dann an der Meßrolle des Planimeters unmittelbar die gesuchte Amplitude der in Frage kommenden Schwingung abgelesen.

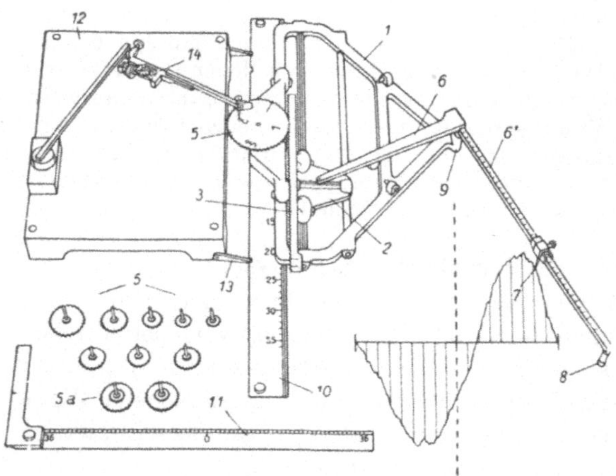

Abb. 242. Harmonischer Analysator nach MADER-OTT.

1 Wagen, 2 Schlitten, 3 Zahnstange, 5 Zahnrad, 6 Hebel, 6′ Fahrarm, 7 Fahrstift, 8 Handgriff, 10 Schiene, 11 Einstellhebel, 12 Brett, 14 Planimeter.

Die *Periodogrammanalyse* von SCHUSTER ist auch für die in der Hydrographie viel häufigeren Fälle mit nicht bekannten Perioden brauchbar. In der Meteorologie wird sie aus diesem Grunde schon seit langem verwendet. Sie wird wie folgt durchgeführt.[2]

Sind bei einer einfachen Sinuswelle die Ordinaten für eine große Anzahl gleich weit voneinander abstehender Punkte einer Abszissenlinie bekannt und entfallen n dieser Werte auf eine ganze Wellenlänge, so gibt die Summe über n aufeinander folgende Ordinaten den Wert Null. Erhöht man aber alle Ordinatenwerte um einen Betrag a, so ist für alle Punkte die durch n dividierte Summe von n Gliedern diese Zahl a. Durch fortlaufende Mittelung von n Werten verschwindet somit aus der Zahlenreihe die in dieser enthaltene Sinuswelle mit einer n Punkten entsprechenden Wellenlänge. Dieses Verfahren läßt sich nun auch auf einen zusammengesetzten Wellenzug anwenden, der bei Überlagerung mehrerer Wellen von verschiedener Wellenlänge entsteht. Sind dessen Ordinaten in Punkten von gleichen Abszissenabständen gegeben und ist die Länge der

---

[1] A. OTT, Der harmonische Analysator Mader-Ott, Kempten.
[2] Nach A. DEFANT, Die Veränderungen in der allgemeinen Zirkulation der Atmosphäre in den gemäßigten Breiten der Erde. Sitzungsbericht d. Akademie d. Wissenschaften, Wien, Bd. CXXI, 1912.

kleinsten, in der Zahlenreihe enthaltenen Welle einigermaßen genau bekannt, so wird, wenn n Punkte die ganze Länge dieser Welle umfassen, durch die Bildung von Summen über n Glieder diese Welle vollständig aus der Zahlenreihe ausgeschieden. In den durch n geteilten Summen über je n Glieder verbleiben bloß die übrigen höheren Wellen. Wenn nun aus der übrigbleibenden Zahlenreihe ein Anhaltspunkt über die Länge der nächst höheren Welle gewonnen wird, kann dieselbe aus ihr auf die gleiche Art entfernt werden. Das Verfahren wird schließlich bis zur vollständigen Auflösung des Wellenzuges fortgesetzt. Ist die Länge einer im Wellenzug enthaltenen Welle nur annähernd bekannt, so verschwindet durch die Mittelbildung über diese Wellenlänge die Welle nur teilweise. Man erkennt dies sofort an den Summen, und zwar entweder an den sprunghaften Änderungen ihrer Beträge oder daran, daß trotz der Summenbildung die Extremwerte der ersten Welle teilweise erhalten bleiben. In diesem Falle muß die Rechnung mit einer verbesserten Wellenlänge wiederholt werden.

Um die Welle von der n Punkten entsprechenden Länge, von einer ideellen Nullinie aus aufgetragen, rein zu erhalten, ist es bloß notwendig, die Zahlenreihe der durch n geteilten Summen von der ursprünglichen Zahlenreihe abzuziehen. Dies kann fortlaufend durchgeführt werden, so daß sich schließlich alle Wellen als Abweichungen von einer ideellen Nullinie ergeben.

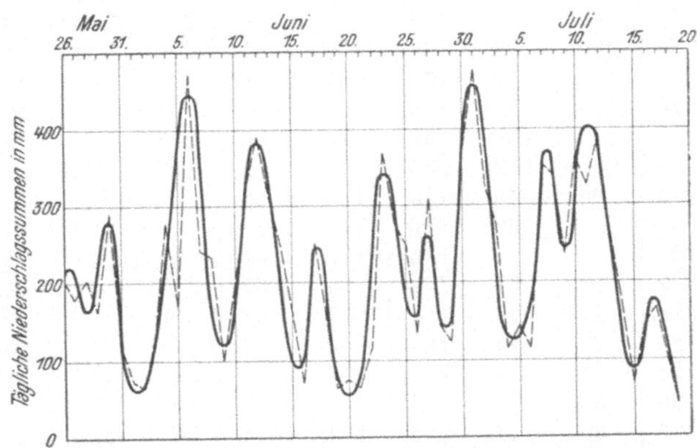

Abb. 243. Gang der Niederschlagshöhen-Summen von 92 Niederschlagsmeßstationen Europas.

Die Anwendung dieses Verfahrens zur Ausscheidung einzelner Wellen aus einem unregelmäßigen Wellenzug ist an die Bedingung geknüpft, daß die Amplitude der einzelnen Wellen gleich bleibt. Starke Änderungen der Amplitude der einzelnen Wellen stören die richtige Mittelbildung. Stetige und nicht sehr große Änderungen der Amplitude machen sich jedoch in den Mitteln nicht stark fühlbar, so daß eine Anwendung des Verfahrens auch in diesem Falle zulässig ist. Die Periodogrammanalyse nach A. Schuster ist, was besonders hervorgehoben werden möge, für kurzfristige statistische Reihen unbrauchbar, sie verlangt auf lange Zeitabschnitte sich erstreckende Beobachtungsreihen.

Als Beispiel einer Periodogrammanalyse sei die Untersuchung der Niederschlagsschwankungen in Europa mitgeteilt. Aus diesem Niederschlagsgebiete wurden 92 Niederschlagsmeßstationen zur Bildung der Tagessummen ihrer Niederschlagshöhen herangezogen.[1] Als Zeitabschnitt der Beobachtung ist das Kalenderjahr 1909 gewählt. In Abb. 243 sind die Originalwerte der Niederschlagssummen beispiels-

---

[1] Da es sich nur um eine allgemeine Untersuchung handelt, kann die Tagessumme aller in den 92 Stationen gemessenen Niederschlagshöhen als Maß für die mittlere Niederschlagsspende gelten.

Tabelle 15. Tägliche Niederschlagshöhen-Summen Europas im Jahre 1909.

Tag	Jan.	Febr.	März	April	Mai	Juni	Juli	Aug.	Sept.	Oktob.	Nov.	Dez.
1.	96	150	207	105	244	73	477	109	272	285	208	171
2.	81	164	441	95	222	65	327	72	360	267	164	415
3.	27	149	272	117	261	134	277	370	350	371	181	364
4.	65	395	175	229	259	272	113	252	156	284	290	239
5.	49	192	241	54	296	177	144	194	225	238	412	201
6.	11	170	219	26	285	459	114	169	498	281	203	333
7.	24	110	304	55	87	244	356	131	365	384	169	294
8.	119	219	232	18	52	233	335	72	139	215	79	167
9.	286	81	235	40	45	102	234	110	107	250	88	261
10.	237	76	109	81	182	191	363	138	125	253	121	276
11.	203	150	143	60	241	336	326	149	291	122	164	279
12.	116	256	147	37	54	390	389	205	105	97	306	279
13.	141	211	209	247	76	305	302	141	386	50	356	149
14.	227	86	134	309	202	248	177	135	271	112	149	83
15.	169	81	159	231	118	162	69	106	129	163	147	70
16.	199	123	180	101	94	69	148	92	74	88	404	60
17.	203	138	186	75	76	249	171	187	106	162	436	113
18.	205	132	135	49	142	158	123	172	160	90	401	109
19.	125	45	179	130	88	64	43	244	348	134	249	247
20.	59	50	119	170	22	76	106	111	204	86	190	301
21.	77	61	176	176	44	67	224	167	106	174	142	316
22.	72	61	102	94	51	118	74	222	53	126	212	349
23.	21	76	110	51	53	366	87	367	156	123	185	222
24.	22	44	190	90	17	274	122	236	143	189	181	197
25.	34	35	197	92	117	243	197	279	193	187	180	214
26.	36	101	223	162	206	132	180	166	189	363	134	210
27.	50	127	256	151	181	306	290	235	256	305	105	141
28.	59	268	137	191	206	141	119	340	324	234	98	231
29.	22	—	128	253	164	122	271	247	221	328	204	245
30.	42	—	161	129	288	325	65	196	260	216	167	317
31.	136	—	211	—	116	—	208	201	—	207	—	152

Tabelle 16. Siebentägige Mittelwerte der Niederschlagshöhen-Summen.

Tag	Jan.	Febr.	März	April	Mai	Juni	Juli	Aug.	Sept.	Oktob.	Nov.	Dez.
1.	—	171	227	149	223	159	255	192	255	287	228	237
2.	—	175	247	139	238	161	255	181	252	271	240	252
3.	—	191	260	119	242	185	254	195	295	284	238	256
4.	50	190	265	97	236	203	258	185	318	302	232	274
5.	54	200	269	85	209	226	238	180	299	292	214	273
6.	83	188	240	77	183	232	225	185	263	289	203	251
7.	113	178	216	72	172	240	240	152	231	272	195	239
8.	133	143	212	48	170	249	267	137	250	249	177	245
9.	144	152	198	45	135	279	302	139	233	229	161	255
10.	161	158	197	77	105	257	329	135	217	197	183	243
11.	190	154	173	113	122	257	304	136	203	157	180	214
12.	197	133	162	144	131	248	266	141	202	150	190	200
13.	185	140	155	152	138	243	253	138	197	126	235	172
14.	180	149	164	152	121	251	226	145	195	113	280	149
15.	180	147	163	150	109	225	197	148	176	123	313	124
16.	181	117	169	163	113	179	148	154	211	128	306	120
17.	169	93	157	152	106	146	119	150	184	134	282	142

Tag	Jan.	Febr.	März	April	Mai	Juni	Juli	Aug.	Sept.	Oktob.	Nov.	Dez.
18.	148	90	162	133	83	120	126	154	161	142	281	175
19.	134	86	154	113	74	114	127	171	150	137	290	215
20.	109	80	144	106	68	156	118	210	163	142	259	238
21.	83	67	145	109	60	160	111	217	167	146	223	250
22.	59	53	153	115	·56	172	122	232	172	145	191	265
23.	46	61	160	118	73	180	141	221	149	178	175	260
24.	45	72	179	117	96	215	168	239	156	210	163	237
25.	42	102	174	119	119	226	153	264	187	218	156	223
26.	35	123	177	142	185	226	181	267	211	248	155	209
27.	38	175	185	153	168	220	178	243	227	260	153	222
28.	54	207	188	175	183	250	190	238	247	263	151	216
29.	71	—	174	193	176	261	177	237	257	269	185	199
30.	89	—	156	208	156	282	162	264	283	235	218	179
31.	103	—	136	—	150	—	173	281	—	220	—	186

Tabelle 17. Sechstägige Periode der täglichen
Niederschlagshöhen-Summen.

Tag	Jan.	Febr.	März	April	Mai	Juni	Juli	Aug.	Sept.	Oktob.	Nov.	Dez.
1.	—	− 21	+ 20	− 44	+ 21	− 86	+222	− 83	+ 17	− 2	− 20	− 66
2.	—	− 11	+194	+ 44	− 16	− 96	+ 72	−109	+108	− 4	− 76	+163
3.	—	− 45	+ 12	− 2	+ 19	− 51	+ 23	+185	+ 55	+ 87	− 57	+108
4.	+ 15	+205	+ 10	+132	+ 23	+ 69	−145	+ 67	−162	− 18	+ 58	− 35
5.	− 5	− 8	− 28	− 31	+ 87	− 49	− 94	+ 14	− 74	− 54	+198	− 72
6.	− 72	− 18	− 21	− 51	+102	+227	−111	− 16	+235	− 8	0	− 18
7.	−109	− 68	+ 88	− 17	− 85	+ 4	+116	− 21	+134	+112	− 26	+ 55
8.	− 14	+ 76	+ 20	− 30	−118	− 16	+ 68	− 65	−111	− 34	+ 98	− 78
9.	+142	− 71	+ 37	− 5	− 70	−117	− 68	− 29	−126	− 21	− 73	+ 6
10.	+ 76	− 82	− 88	+ 4	+ 77	− 66	+ 34	+ 3	− 92	+ 56	− 62	+ 33
11.	+ 13	− 4	− 30	− 53	+119	+ 79	+ 22	+ 13	+ 88	− 25	− 24	+ 65
12.	− 81	+123	− 15	−107	− 77	+142	+123	+ 64	− 97	− 53	+116	+ 74
13.	− 44	+ 71	+ 54	+ 95	− 62	+ 62	+ 49	+ 3	+189	− 76	+121	− 23
14.	+ 47	− 63	− 30	+157	+ 81	− 3	− 49	− 10	+ 76	− 1	−131	− 66
15.	− 11	− 66	+ 4	+ 81	+ 9	− 63	−128	− 42	− 47	+ 40	−166	− 54
16.	+ 17	+ 6	− 11	− 62	− 19	−110	0	− 62	−137	− 40	+ 98	− 60
17.	+ 34	+ 45	+ 29	− 77	− 30	+100	+ 52	+ 37	− 78	− 28	+154	− 29
18.	+ 57	+ 42	− 27	− 84	− 59	+ 38	− 3	+ 18	− 1	+ 58	+120	− 66
19.	− 9	− 41	+ 25	+ 17	+ 14	− 50	− 84	+ 73	+198	− 3	− 41	+ 32
20.	− 50	− 30	− 25	+ 64	− 46	− 80	− 12	− 99	+ 41	− 56	− 69	+ 63
21.	− 6	− 6	+ 31	+ 67	− 16	− 93	+113	− 50	− 61	+ 28	− 81	+ 66
22.	+ 13	− 8	− 51	− 21	− 5	− 54	− 48	− 10	−119	+ 19	− 21	+ 84
23.	− 25	+ 15	− 50	− 67	− 20	+186	− 54	+146	+ 7	− 55	+ 10	− 38
24.	− 23	− 28	+ 11	− 27	− 79	+ 59	− 46	− 3	− 13	− 21	+ 18	− 40
25.	− 8	− 67	+ 23	− 27	− 2	+ 17	+ 34	− 15	+ 6	− 21	+ 24	− 9
26.	+ 1	− 22	+ 46	+ 20	+ 71	− 94	− 1	−101	− 22	+115	− 21	+ 1
27.	+ 12	− 48	+ 71	− 3	+ 13	+ 86	+112	− 8	+ 29	+ 45	− 48	− 81
28.	+ 5	+ 61	− 51	+ 16	+ 23	−109	− 71	+102	+ 77	− 29	− 53	+ 15
29.	− 49		− 46	+ 60	− 12	−139	+ 94	+ 10	− 46	+ 59	+ 19	+ 46
30.	− 47		+ 5	− 79	+132	+ 43	− 97	− 68	− 23	− 19	− 51	+138
31.	+ 33		+ 75		− 34		+ 35	− 80		− 13		− 34

weise für die Zeit vom 26. Mai bis 19. Juli aufgetragen. Man gewinnt dabei den Eindruck, als ob über das Gebiet Niederschlagswellen hinwegzögen. In ziemlich gleichen Zeitabschnitten von rund sechs Tagen schwillt der Niederschlag periodisch an. Die Größtwerte dieser Anschwellungen sind aber nicht immer von gleichem Betrage, was vermuten läßt, daß neben dieser sechstägigen Schwankung noch andere, länger dauernde Schwankungen des Niederschlages vorhanden sind. Um diese zu finden, müssen vorerst die Beobachtungswerte der Tabelle 15 von der ungefähr sechstägigen Schwankung befreit werden. Dies geschieht nach obigen Ausführungen durch Mittelbildung, und zwar sind es in diesem Falle die siebentägigen, die in Tabelle 16 zusammengestellt sind, in denen tatsächlich von den kurzen Schwankungen nichts mehr wahrzunehmen ist. Diese selbst erhält man durch Abzug der Werte der Tabelle 16 von jenen der Tabelle 15 als Abweichung von einer ideellen Nullinie; sie sind in Tabelle 17 enthalten.

Die Perioden der Schwankungen sind durch Hervorheben der Größtwerte gekennzeichnet. Sie wechseln zwischen ungefähr fünf und sieben Tagen, ihr rechnungsmäßiges Mittel beträgt 5,7 Tage. Führt man die Analyse in dieser Art weiter, so kommt man schließlich zu dem Ergebnis, daß der Niederschlag in Europa mehreren Schwankungen unterliegt, die im Jahresdurchschnitt die Periodenlängen von 5,7, 13,0 und 24,5 Tagen besitzen.

B. Graphische Statistik.

Bisher sind die Verfahren der mathematischen Statistik in allgemeiner analytischer Fassung entwickelt worden. Nunmehr sollen sie den besonderen Zwecken der Hydrographie angepaßt werden, wobei die Begriffe der mathematischen Statistik eine Deutung im hydrographischen Sinne erhalten. Die im vorhergehenden Abschnitte nur behufs einer besseren Versinnlichung der Rechnungsergebnisse gebrauchten graphischen Darstellungsweisen werden in der Folge das Rückgrat bilden, weil sie den praktischen Bedürfnissen des Hydrographen vielfach besser entsprechen als die rein analytischen Entwicklungen. Die zahlenmäßigen Darstellungen werden also im Gegensatze zu früher in den Hintergrund treten und nur für die vorbereitenden Arbeiten, wie Aufstellung der Urlisten und deren Ordnung nach statistischen Reihen, sowie bei der Zusammenstellung der Ergebnisse Verwendung finden. Die Aufgabengruppen der graphischen Statistik lassen sich, soweit sie für Zwecke der Hydrographie von Belang sind, einteilen in die graphisch-statistische Bearbeitung einer Beobachtungsreihe, die Ermittlung von Zusammenhängen hydrographischer Vorgänge und die graphische Darstellung bereits bekannter Beziehungen.

1. Graphisch-statistische Bearbeitung einer Beobachtungsreihe.

Sie geht ebenso wie die analytisch-statistische Bearbeitung von den aus Naturbeobachtungen gewonnenen statistischen Zahlenreihen aus. An die Stelle der Urliste des Kollektivs tritt die graphische Darstellung der gemessenen Größen des zu behandelnden hydrographischen, meteorologischen oder morphologischen Beobachtungselementes.

In der Hydrographie wie auch in der Meteorologie überwiegen die Zeitreihen, Reihen, welche den zeitlichen Ablauf, den *Gang* der Beobachtungselemente verzeichnen. Die geometrische Versinnlichung der Zeitreihen findet in den Ganglinien $x = f(t)$ oder in den Gangflächen $x = f(y, t)$ ihren Ausdruck, je nachdem die Veränderung des Beobachtungselementes x zur Zeit t sich nur in einem bestimmten Beobachtungspunkte oder in verschiedenen, räumlich getrennten Beobachtungsorten vollzieht.

Ganglinie. Sie ist entweder eine stetig gekrümmte Linie, wenn sie als Aufnahmeergebnis selbstschreibender Meßgeräte gewonnen wurde oder ein polygonaler, unstetiger Linienzug, wenn sie aus einzelnen Beobachtungen entstanden ist.

Mittelt man die Beobachtungswerte über bestimmte Zeitabschnitte, bildet man also *zeitliche Mittelwerte*, und trägt diesen gemittelten Gang auf, dann entsteht eine staffelförmige Ganglinie zeitlicher Mittelwerte. Bezieht sich aber die Mittelung auf die Beobachtungswerte eines und desselben kalendarischen Zeitpunktes oder eines und desselben kalendarischen Zeitabschnittes aus einer mehrjährigen Beobachtungsreihe, dann erhält man *kalendarische Mittelwerte*. Diese

Tabelle 18. Tages-Niederschlagshöhen der Station Wien-Hohe Warte für das Niederschlagsjahr 1910.

Tag	II.	III.	IV.	V.	VI.	VII.	VIII.	IX.	X.	XI.	XII.	I.
1.	2,3*·	.	.	3,8	.	—·	0,2	21,9	.	1,1	2,5	—*
2.	2 *·	.	.	**53,4**	.	.	.	19,7	.	1,2	2,2	0,2*·
3.	0,1*	.	0,1	28	.	10,3	0,6	5,7	3,6	0,2	1,6*·	1,1*
4.	**13,6***	.	.	27,2	.	3,9	0,3	0,1	5	.	0,2	**10,7*·**
5.	9,9*·	.	.	7,3	0,8	—·	4,3	0,2	**10,9**	11,1	0,1	6,6*·
6.	0,1	.	.	—·	1	5,1	8,2	11,7	.	6,8	.	.
7.	4,8	.	1,1	4	2,4	0,1	0,9	0,7	.	0,1	—·	0,2
8.	1,7	.	.	14,9	.	2,2	.	2	.	0,6	.	.
9.	10,8*·	.	0,5	1,3	.	0,5	.	0,2	.	7,7	.	.
10.	—*	.	0,2	1,8	7	2,2	5,2	**26,4**	.	6,4	.	1,5*
11.	.	.	.	4,6	0,2	2,2	3,1	13,1	.	0,7	—·	0,2*
12.	.	.	.	10,1	1,8	.	—·	1,4	.	—·	.	.
13.	0,2*	.	.	3,3	**43,4**	0,1	1	.	.	.	.	0,2*
14.	.	.	.	0,1	0,1	0,7	.	—·	.	1	.	.
15.	.	.	1,9	.	.	7,5	.	.	.	**18,2**	.	.
16.	—·	.	.	.	.	.	**31,7**	.	.	0,6	0,2	.
17.	.	0,6	6	.	8,7	.	.	.	.	.	—*·	.
18.	.	.	7,9	.	2,9	7,1	.	.	0,1	17,9*·	3,9*·	0,7*·
19.	.	6	4,1	.	1	0,4	.	—·	.	.	3,8	.
20.	—·	0,4	3,8	.	.	—·	1,1	3,7	0,2	—*	**17,6**	.
21.	.	.	4,8	.	.	—·	0,1	8,8	0,1	0,6*	.	.
22.	.	.	2,3	—·	—·	.	5	4,5	—·	1,3*	.	.
23.	.	3,5*	4,2*·	0,5	2,9	9,3	1,3	0,5	.	9 *·	.	.
24.	—·	.	.	.	1,1	12,2	—	.	.	—*	2,3	.
25.	.	.	—·	.	4,2	.	0,6	.	.	.	0,8	1,5*·
26.	.	0,2	—·	—·	5,6	**20,5**	.	.	0,1	10,2*	—·	1,3*·
27.	1,7	—·	.	—·	0,2	.	0,1	.	0,1	—*	2 *·	—·
28.	.	1,4	.	0,6	1,9	.	.	—·	.	1,4	1,5*·	0,8*·
29.		8 *·	.	0,2	5,4	.	.	.	1	0,1	—*	—*·
30.		**19,7***	**11,5**	.	6	.	13,6	—·	2,1	1,5	—*·	0,5*
31.		—*		.		.	27,3		0,1		.	.
M. S.	47	39	48	161	97	84	105	121	23	98	39	26

Jahres-Niederschlagshöhe = 888 mm.

Tabelle 19. Monats- und Jahres-Niederschlagshöhen der Station Wien-
Hohe Warte für die Niederschlagsjahre 1901—1925.

Jahr	II.	III.	IV.	V.	VI.	VII.	VIII.	IX.	X.	XI.	XII.	I.	Jahres-summe
1901	31	60	65	18	24	35	42	98	40	36	34	54	537
1902	50	67	25	67	92	103	54	47	39	1	93	42	680
1903	30	37	95	20	87	142	114	72	57	111	57	5	827
1904	54	41	81	40	34	16	55	115	112	53	77	14	692
1905	20	70	77	49	33	80	60	22	50	135	27	16	639
1906	41	71	20	55	113	105	39	119	34	59	49	41	746
1907	9	38	100	48	52	165	51	20	50	54	77	30	694
1908	36	21	57	60	43	90	75	31	3	25	14	22	477
1909	70	55	46	112	46	71	71	62	25	24	56	41	679
1910	47	39	48	161	97	84	105	121	23	98	39	26	888
1911	35	51	40	166	79	36	72	53	50	24	64	27	697
1912	50	51	52	120	91	130	51	94	42	33	19	30	763
1913	9	21	36	52	46	155	83	56	27	93	76	19	673
1914	5	46	32	80	58	134	43	78	36	27	46	90	675
1915	30	79	65	41	113	101	83	74	89	49	48	66	838
1916	50	23	127	61	85	165	90	86	27	26	51	86	887
1917	21	45	102	20	8	47	41	13	81	46	65	16	505
1918	34	21	55	24	138	92	128	41	100	39	95	44	811
1919	24	67	68	104	72	92	48	75	53	86	58	77	824
1920	34	17	50	81	105	130	136	43	1	2	116	67	782
1921	90	2	148	47	63	46	32	27	53	37	45	78	668
1922	29	35	24	30	58	34	57	181	146	31	50	53	728
1923	34	69	59	37	69	53	45	50	81	35	85	22	639
1924	33	26	69	85	107	42	49	50	23	15	13	7	519
1925	24	18	61	78	130	89	87	34	35	109	31	27	723

Normalzahlen der Monats-Niederschlagshöhen für die Niederschlagsjahre 1901—1925.

	II.	III.	IV.	V.	VI.	VII.	VIII.	IX.	X.	XI.	XII.	I.	Jahres-summe
	36	43	64	66	74	90	68	67	51	50	55	40	704

führen bei Mittelung über mindestens 25 Jahresperioden die Bezeichnung
Normalzahlen.[1] Schließlich kann die Mittelbildung von gleichartigen Beobachtungselementen über ein räumlich abgegrenztes Gebiet, etwa über das Einzugsgebiet eines Flußlaufes oder Flußsystems vorgenommen werden; dann erhält
man *räumliche Mittelwerte* und deren Ganglinien, die wieder zeitlicher oder kalen-
darischer Natur sein können.

Trotz der Vielfältigkeit der Formen der Ganglinien von hydrographischen,
meteorologischen und morphologischen Beobachtungselementen weisen sie
gewisse gemeinsame, kennzeichnende Eigenschaften auf und liefern bei ihrer
Analyse Ergebnisse, die für die Anwendung von Wert sind. In der Folge werden
Beispiele für die wichtigsten Ganglinien dargestellt und kurz besprochen.

Die *Ganglinie des Niederschlages* $h_N = f(t)$ wird wegen des für längere Zeitabschnitte unstetigen Charakters des Niederschlagsvorganges als staffelförmiger

---

[1] Erfolgt die Mittelwertsbildung über eine geringere Anzahl von Jahren, dann
spricht man von einem mehrjährigen kalendarischen Mittel.

Linienzug dargestellt. Dabei ist die Auftragung der Tages-Niederschlagshöhen weniger geeignet als jene der Monats- oder Jahres-Niederschlagshöhen, wie sie in den Tabellen 18 u. 19 für die Niederschlags-Meßstation Wien-Hohe Warte zusammengestellt sind.

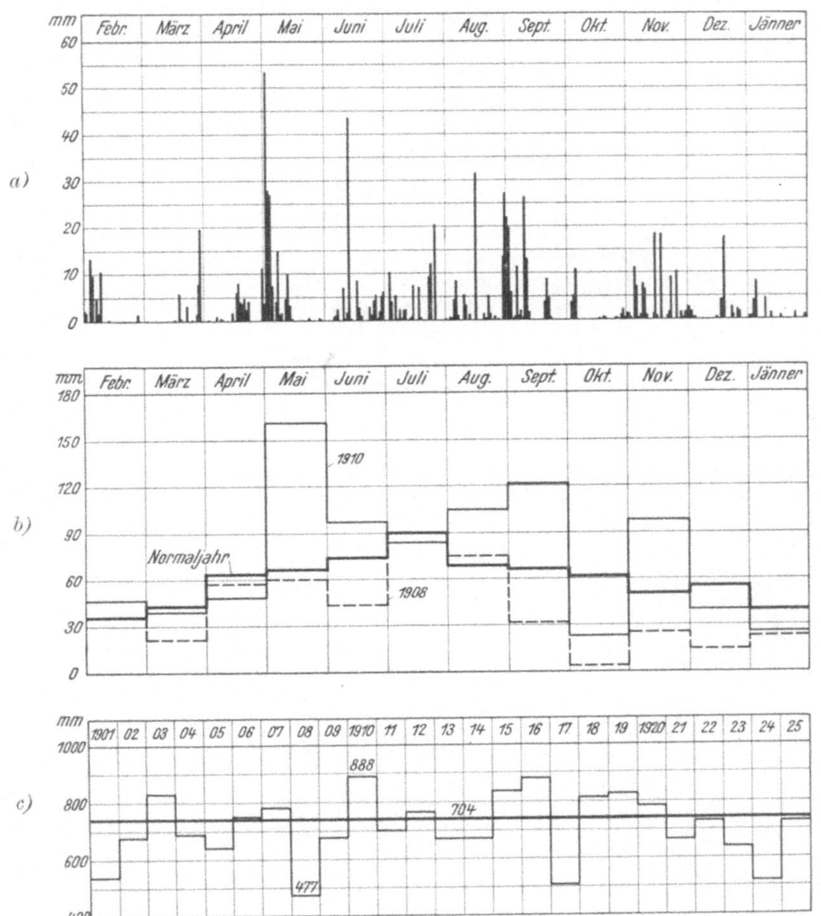

Abb. 244. Ganglinien der Niederschlagshöhen der Station Wien-Hohe Warte.
a) Tages-Niederschlagshöhen für das Niederschlagsjahr 1. II. 1910 bis 31. I. 1911, *b)* Monats-Niederschlagshöhen für die Niederschlagsjahre 1. II. 1908 bis 31. I. 1909 und 1. II. 1910 bis 31. I. 1911. Normalzahlen der Monats-Niederschlagshöhen für die Jahresreihe 1901—1925; *c)* Jahres-Niederschlagshöhen und ihre Normalzahl für die Jahresreihe 1901—1925.

Mit Benützung der Tabelle 18, welche die Tages-Niederschlagshöhen für das Niederschlagsjahr 1910 wiedergibt, also eine Urliste im statistischen Sinne darstellt, ist die staffelförmige Ganglinie in Abb. 244 a gezeichnet worden. Abb. 244 c zeigt die nach Tabelle 19 aufgetragene Ganglinie der Jahres-Niederschlagshöhen für die Niederschlagsjahre 1901—1925. Hieraus ist ersichtlich, daß die Niederschlagshöhen für das nasseste Niederschlagsjahr der Station Wien-Hohe Warte, d. i. 1910, 888 mm, für das trockenste Niederschlagsjahr, d. i. 1908, 477 mm und für das Normaljahr 1901/1925, 704 mm betragen. Das Niederschlagsjahr

1910 ist somit um 26,2 v. H. *übernormal* und das Niederschlagsjahr 1908 um 32,3 v. H. *unternormal*.

In der Abb. 244b sind für diese beiden besonderen Jahre die Ganglinien der Monats-Niederschlagshöhen aufgetragen. Vergleichsweise ist auch die Ganglinie

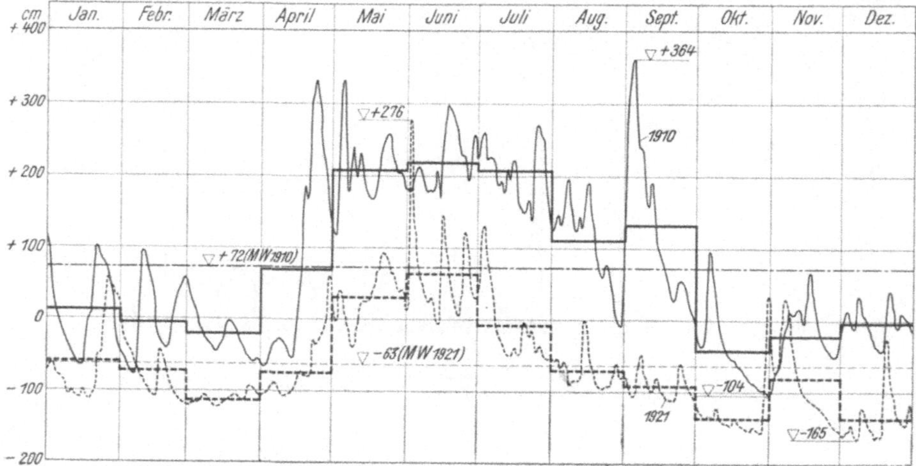

Abb. 245. Ganglinien der Wasserstände der Donau im Pegelprofile Wien-Reichsbrücke für das nasseste (1910) und trockenste (1921) Jahr der Jahresreihe 1901—1925.

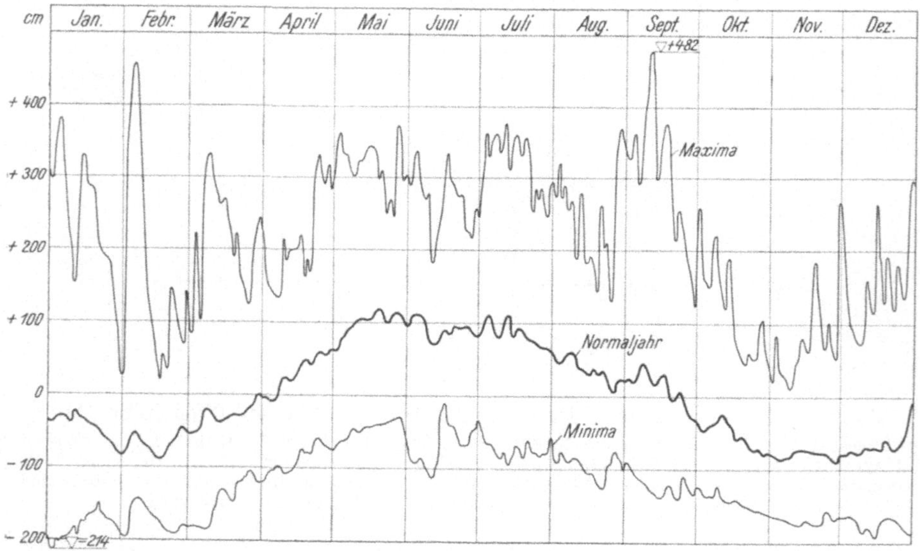

Abb. 246. Ganglinien der täglichen Wasserstände und der Extremwasserstände im Normaljahr 1901/1925 der Donau im Pegelprofile Wien-Reichsbrücke.

der Normalzahlen der Monats-Niederschlagshöhen für das Normaljahr 1901/1925 eingezeichnet, woraus zu ersehen ist, in welchem Maße die einzelnen Monate der Niederschlagsjahre 1908 und 1910 über- oder unternormal sind.

Die *Ganglinien des Wasserstandes* $h_P = f(t)$ verlaufen als ununterbrochene Linienzüge, wie sie die Abb. 245 beispielsweise für das Pegelprofil Wien-Reichs-

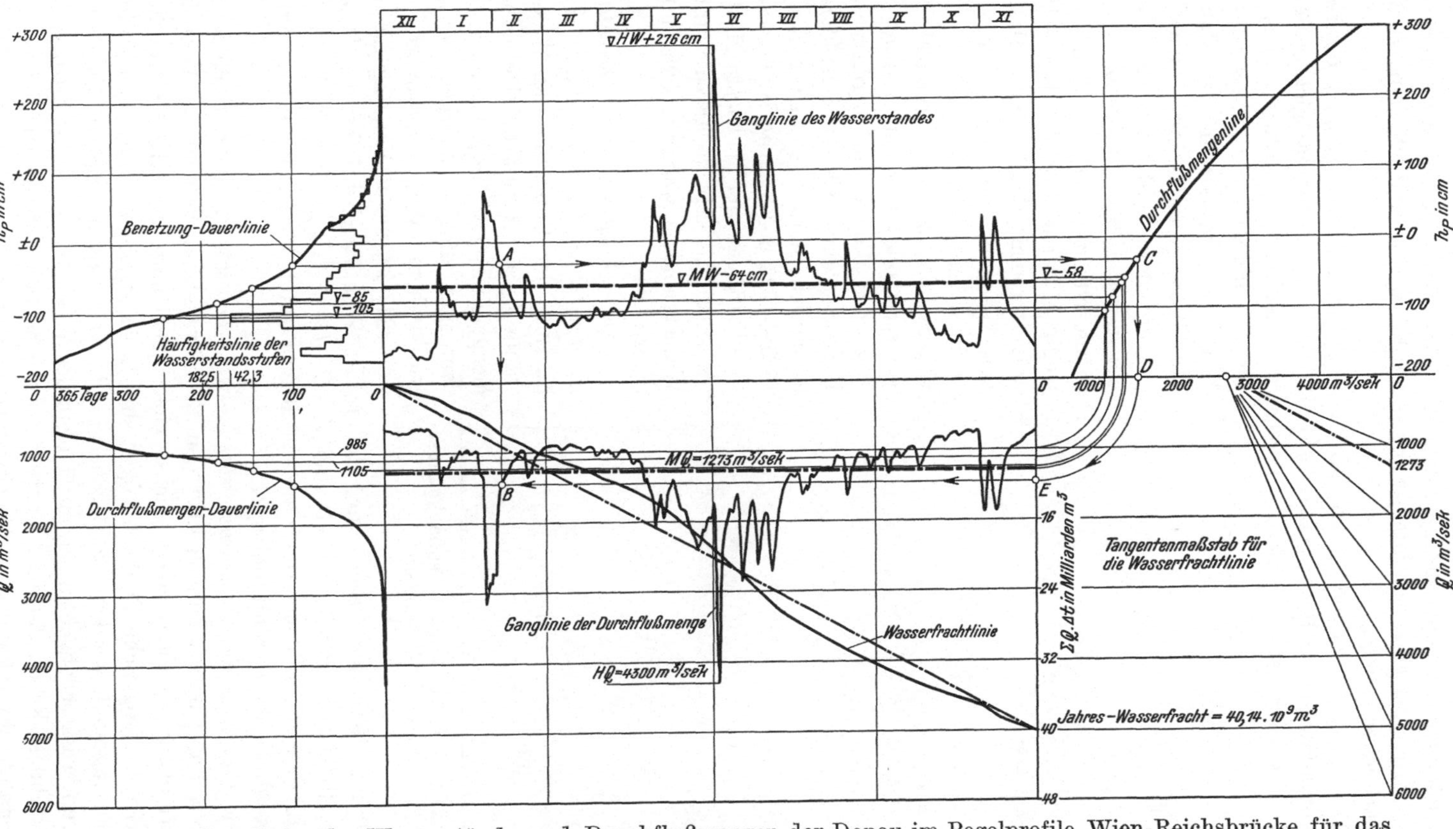

Abb. 247. Ganglinien der Wasserstände und Durchflußmengen der Donau im Pegelprofile Wien-Reichsbrücke für das Abflußjahr 1. XII. 1920 bis 30. XI. 1921.

brücke der Donau für das nasseste und trockenste Jahr der Jahresreihe 1901 bis
1925, nämlich 1910 und 1921, wiedergibt. Auch die zeitlichen Mittelwerte der
Wasserstände der einzelnen Monate sowie der Jahre 1910 und 1921 sind zu Vergleichszwecken eingetragen.

Der Gang der kalendarischen Mittel eines Normaljahres gibt die *Ganglinie
der Normalzahlen der Wasserstände*, wie dies in Abb. 246 für das gleiche Pegelprofil dargestellt ist. Die hieraus berechneten zeitlichen Mittelwerte über die
Monate und das Jahr führen schließ-
lich zur Normalzahl des Jahres-
Mittelwasserstandes mit $\pm\,0$ cm.

In dieser Abbildung sind auch
die *Ganglinien der Extrem-Wasser-
stände* eingezeichnet, nämlich die jeweilig in der Jahresreihe 1901—1925
aufgetretenen Maxima und Minima
der Wasserstände. Sie lassen erkennen, mit welcher Über- oder
Unterschreitung der Normalzahl des
Wasserstandes an einem bestimmten
Tage des Jahres im ungünstigsten
Falle zu rechnen ist. Auch ist hieraus
ersichtlich, daß im Zeitabschnitte
1901—1925 der höchste Hochwasserstand 482 cm, der niedrigste Niederwasserstand —214 cm, also die größte
Wasserstandsschwankung 696 cm betragen hat.

Die *Ganglinie der Durchflußmengen* $Q = f(t)$ wird durch Verbindung der Ganglinie der Wasserstände $h_P = f(t)$ mit der Durchflußmengenlinie $Q = f(h_P)$ erhalten, indem man die Veränderliche h_P auf
graphischem Wege eliminiert. In
Abb. 247 ist dieser Vorgang für das

Abb. 248. Grundwasser-Beobachtungs-
stellen im Wesergebiet.

Abflußjahr 1921 des Pegel- und Meßprofiles Wien-Reichsbrücke der Donau
dargestellt. Die Linienzüge A—B und A—C—D—E—B gehen vom Punkte A
der Ganglinie des Wasserstandes aus und liefern durch Verschnitt den Punkt B
der Ganglinie der Durchflußmenge.

Die *Ganglinie des Grundwasserstandes* wird gewöhnlich als Staffellinie gezeichnet. Für Untersuchungen über den Grundwasserhaushalt ist der Vergleich
des Grundwasserstandes an möglichst vielen Beobachtungsstellen erforderlich.
Derartige umfangreiche Beobachtungen sind in Deutschland in einzelnen Flußgebieten angestellt worden. Als Beispiel sind in Abb. 248 und 249 die Ergebnisse
der Grundwasserbeobachtungen im Gebiete der Weser für die Jahre 1916—1925
aufgezeichnet. Es ist daraus ersichtlich, wie erheblich verschieden die Grund-
wasserstandsschwankungen an den einzelnen Beobachtungsstellen sind. Während

in Lichtenhagen die größte Schwankung während eines Jahres rund 3,5 m
beträgt, beläuft sie sich in Heiligenberg nur auf einige Zentimeter.

Die *Ganglinien von meteorologischen Beobachtungselementen* sollen hier nur
ganz kurz Erwähnung finden, weil erst die aus ihnen abgeleiteten Gangflächen

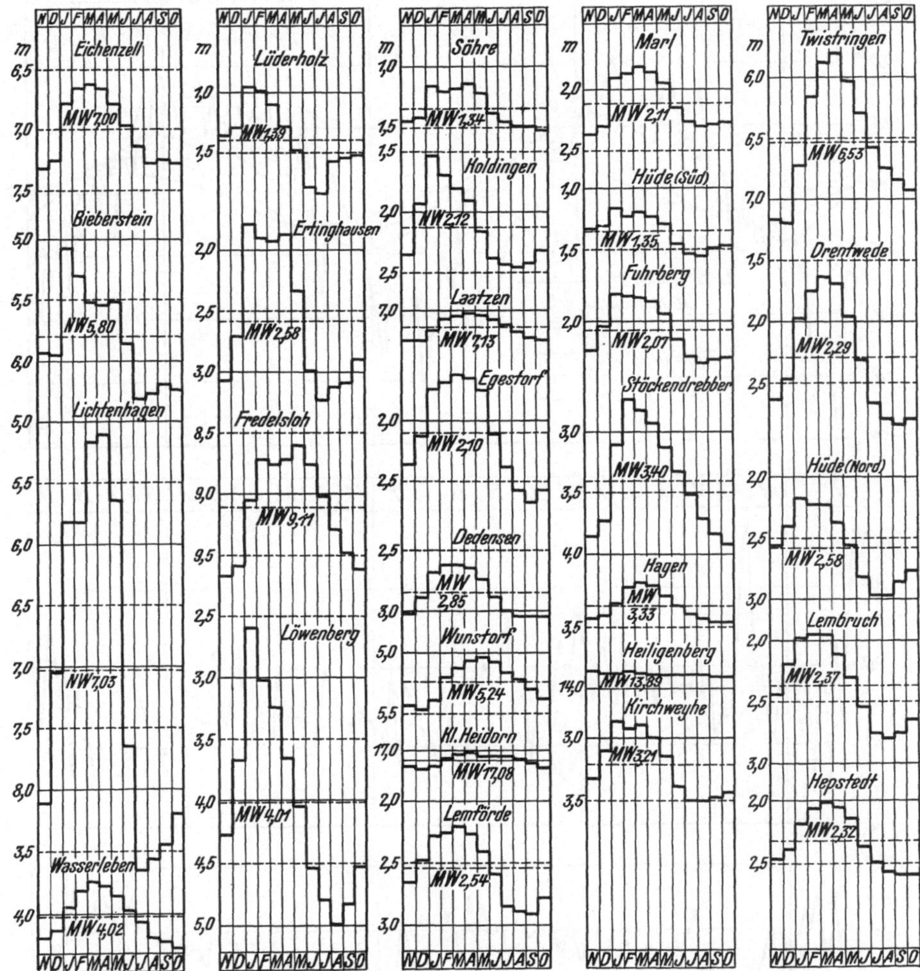

Abb. 249. Monatsmittel der Grundwasserstände der Jahresreihe 1916—1925 im
Wesergebiet nach W. KOEHNE.

für den Hydrographen von größerer Bedeutung sind. Für die Versinnlichung der
gegenseitigen Abhängigkeit ist eine Darstellungsweise von Wert, die einen Überblick über den gleichzeitigen Verlauf mehrerer Beobachtungselemente gibt, wie
dies Abb. 250 zeigt, wo übereinander die Ganglinien der Luft- und Bodentemperaturen sowie der Windgeschwindigkeit und relativen Luftfeuchte aufgetragen sind.[1]

---

[1] Die Ganglinien sind in diesem Falle durch Verbindung von Bezugspunkten,
die 5tägigen Mittelwerten entsprechen, entstanden. Die Glättung über Pentaden ist
eine in der Meteorologie häufig angewendete Mittelwertsbildung. Siehe Seite 223.

Der Gang der morphologischen Beobachtungselemente wurde bisher noch
wenig erforscht, weil die Aufnahmeschwierigkeiten noch nicht vollständig über-

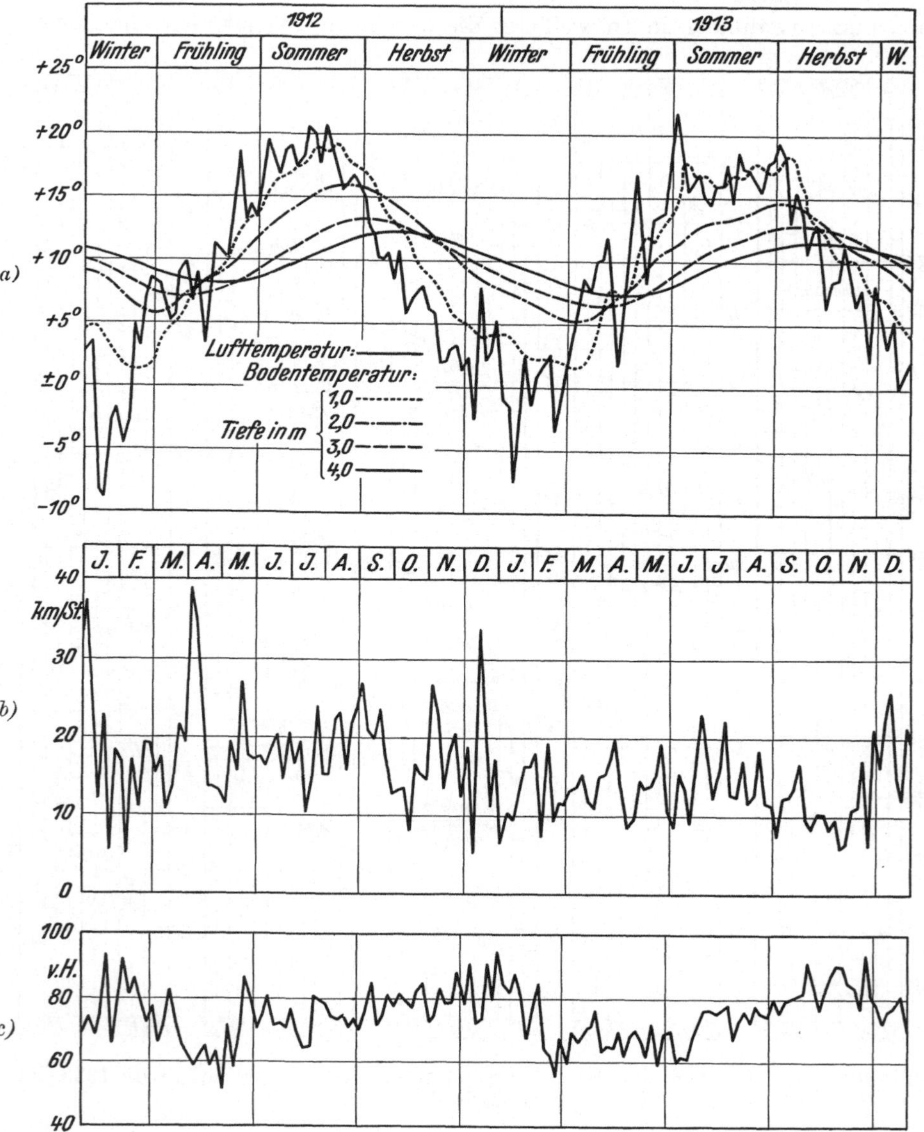

Abb. 250.   Meteorologische Beobachtungselemente der Station Wien-Hohe Warte,
1912—1913, aufgetragen als 5 tägige Mittelwerte.
a) Ganglinien der Luft- und Bodentemperaturen, *b)* Ganglinie der Windgeschwindigkeit, *c)* Ganglinie der relativen Luftfeuchte.

wunden sind. Von den in Betracht kommenden Beobachtungselementen kann
nur die *Ganglinie der Schwebestofführung* mit einem Genauigkeitsgrade aufgezeichnet werden, der gerade noch als hinreichend anzusehen ist. In Abb. 251 ist als
Beispiel der Gang der Schwebestofführung in einem Meßprofil der Donau bei Linz

dargestellt. Die zu Vergleichszwecken angegebene Ganglinie der Durchflußmengen läßt nur einen losen Zusammenhang zwischen Schwebestoff- und Wasserführung erkennen. Die Schwebestofführung ist außer vom Wasserstande noch von einer Reihe anderer Faktoren abhängig, wie Jahreszeit, Entstehungsursache, Häufigkeit und Art des Aufbaues der Hochwässer.[1]

Gangfläche. Sie kann bei Kenntnis der Ganglinien der Beobachtungselemente x, die gleichzeitig an verschiedenen Orten y aufgenommen worden sind, in der allgemeinen Form $x = f(y, t)$ aufgestellt werden. In Abb. 252 sind für die Beobachtungsorte $y_1, y_2 \ldots$ die Ganglinien $x = f_1(t)$, $x = f_2(t)$, $\ldots$ um die Zeitachse geklappt gezeichnet. Man erhält durch Verbindung der Punkte $P_{1,1}$, $P_{2,1}$, $\ldots P_{n,1}$ sowie der Punkte $P_{1,2}$, $P_{2,2}, \ldots P_{n,2}$ usw., die der Konstruktion gemäß gleichen Werten $x_1, x_2 \ldots$ entsprechen, die Linien $x = x_1, x = x_2, \ldots$ und damit die Gangfläche $x = f(y, t)$ in Schichtenliniendarstellung.[2] Die Gangflächen gewähren eine sehr übersichtliche Beurteilung des zeitlichen wie örtlichen Verlaufes von Vorgängen und bürgern sich daher immer mehr in der Hydrographie ein.

Die Versinnlichung des Regimes der Wasserführung in Form einer *Gangfläche der Durchflußmengen* reicht auf KLEITZ zurück, der diese Darstellungsweise für die Untersuchung von Hochwasserwellen vorge-

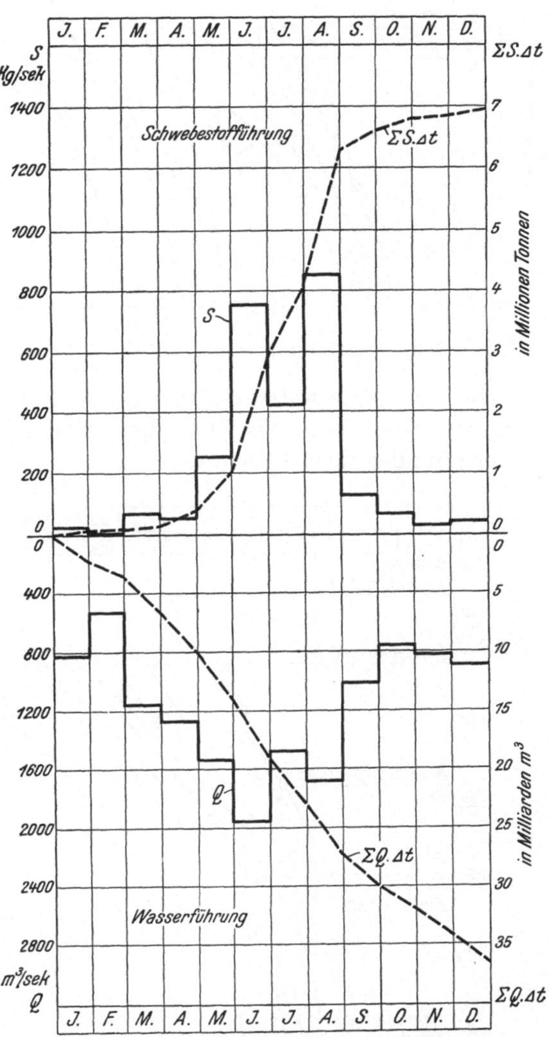

Abb. 251. Wasser- und Schwebestofführung der Donau bei Linz im Jahre 1929.

---

[1] F. DÜLL, Die Schwebestofführung des Lech. Die Bautechnik, H. 28, 1933.

[2] Diese Schichtenlinien nennt man allgemein *Isoplethen*. Die Bezeichnung Isoplethen ist von L. F. KÄMTZ eingeführt worden und heißt wörtlich übersetzt Kurven gleicher Zahlenwerte. Siehe CH. MARTIN, Cours complet de Météorologie de L. F. KÄMTZ. Paris 1843. Je nachdem die Isoplethen sich auf Niederschlagshöhe, Schneehöhe, Temperatur, Luftdruck, Geschwindigkeit, Wassertiefe beziehen, spricht man von Isohyeten, Isohyonen, Isothermen, Isobaren, Isotachen, Isobathen.

schlagen hat.[1] In Abb. 253 ist hiernach die Gangfläche $Q = f(x, t)$ für die
Elbestrecke zwischen Tetschen und Hamburg für den Ablauf der Hochwasser-

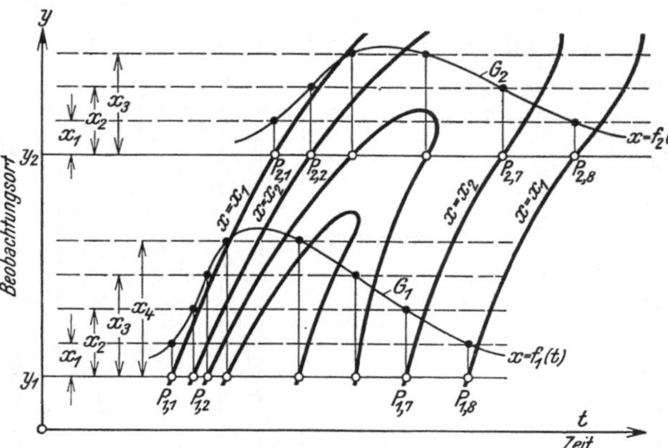

welle vom September 1890 aufgetragen, worin nunmehr x die Ortsordinate, also die Lage des jeweiligen Meßprofiles im Fußlaufe bedeutet. Aus diesem Schaubilde ist die Abminderung der Durchflußmengen mit zunehmender Lauflänge der Hochwasserwelle deutlich erkennbar. Die Durchflußmengen von 4000, 3000 bzw. 2000 m³/sek treten unterhalb Flußkilometer 230, 490 bzw. 600 nicht

Abb. 252. Aufstellung der Gangfläche $x = f(y, t)$.

mehr auf. Diese unter der Bezeichnung Abflachung der Hochwasserwelle bekannte Erscheinung ist für die Behandlung nichtstationärer Fließvorgänge
von grundlegender Bedeutung.[2]

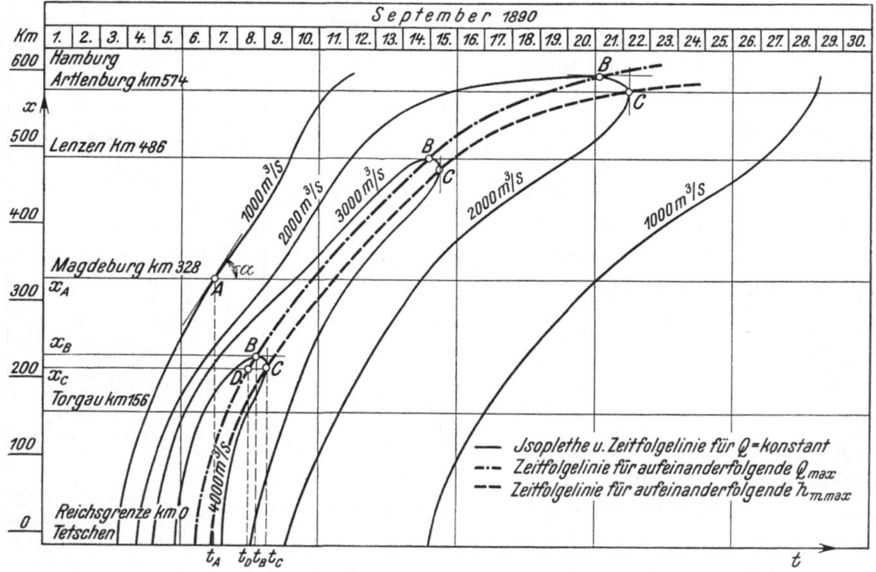

Abb. 253. Gangfläche der Durchflußmengen für die Hochwasserwelle der Elbe im
September 1890.

Als besondere Art einer *Gangfläche der Lufttemperatur* ist in Abb. 254 ein
Beispiel über den Temperaturverlauf in bodennahen Schichten gezeigt, welches

---

[1] KLEITZ, Note sur la théorie du mouvement non permanent des liquides et
sur son application à la propagation des crues des rivières. Annales des ponts et
chaussées, Paris 1877, II. Semèstre.
[2] Siehe S. 251f.

den Untersuchungen über das sogenannte *Kleinklima* entnommen ist, die mit Rücksicht auf die Landwirtschaft immer mehr an Bedeutung gewinnen.[1] Es ist hier deutlich zu ersehen, daß im Bereiche der 35 cm hohen Pflanzendecke der Gang der Temperatur gegen die Bodenoberfläche zu immer geringer werdende Schwankungen aufweist.

Die *Gangfläche der Wassertemperatur* stellt einen wichtigen Forschungsbehelf in der Seen- und Flußkunde dar.

Als Beispiel des Temperaturverlaufes in einem stehenden Gewässer sollen Aufnahmen vom Wörthersee in Kärnten dienen, und zwar

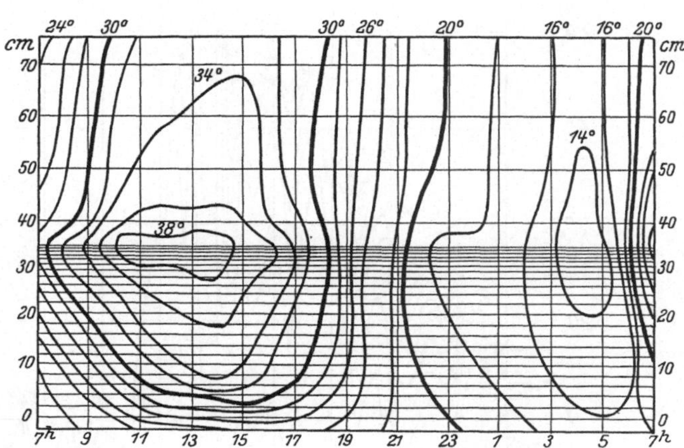

Abb. 254. Gangfläche der Temperatur in einer Grasdecke und darüber nach A. Woeikof.

sind in Abb. 255 die Schichtenlinien als *Isothermen*, Linien gleicher Temperaturen, in Abb. 256 hingegen als Linien gleicher Zeiten, *Tautochronen* genannt, aufgetragen. Die Abbildungen vermitteln einen guten Einblick in die Temperaturverteilung zu verschiedenen Jahreszeiten und lassen erkennen, daß in diesem See in einer Tiefe

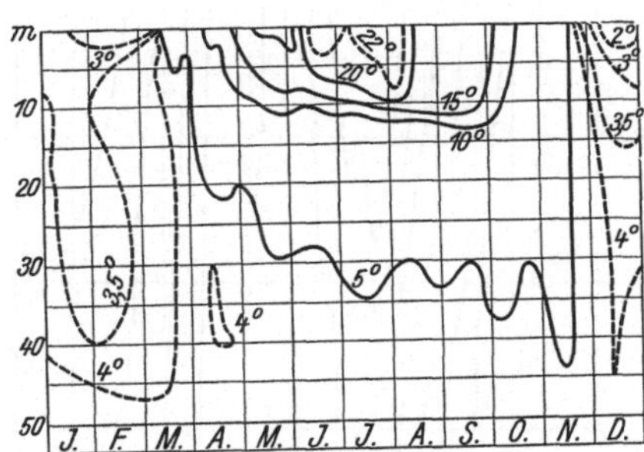

Abb. 255. Gangfläche der Wassertemperatur des Wörthersees im Jahre 1890 nach A. Schocklitsch.

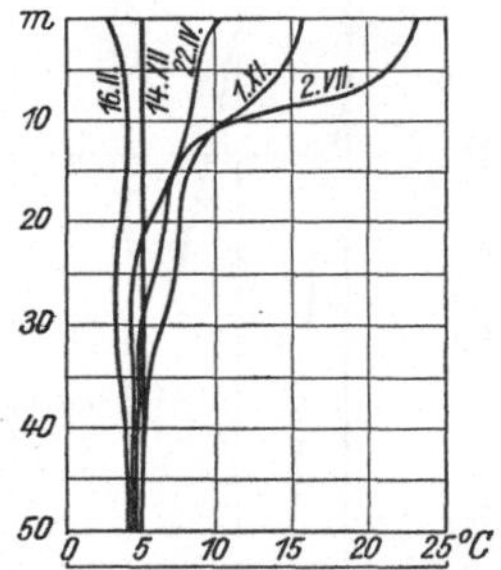

Abb. 256. Tautochronen des Wörthersees im Jahre 1909.

von rund 50 m eine fast gleichbleibende Temperatur von 4⁰ C während des ganzen Jahres herrscht. Die Sprungschichte, der Ort des größten Temperaturgefälles, liegt in einer Tiefe von 10 bis 15 m.

Die *Gangfläche der Temperatur in der Schneedecke* hat für Untersuchungen über den Wärmeschutz Bedeutung, der von einer Schneedecke ausgeübt wird. Derartige Messungen sind nur selten durchgeführt worden. Ein Beispiel, das

---

[1] J. Keränen, Wärme- und Temperaturverhältnisse der obersten Bodenschichten. Einführung in die Geophysik, II. Band, Berlin 1929.

einen besonderen Genauigkeitsgrad in der Aufnahme aufweist, gibt die Abb. 257
wieder.[1] Sie läßt erkennen, wie die Schneedecke während sieben Monaten des

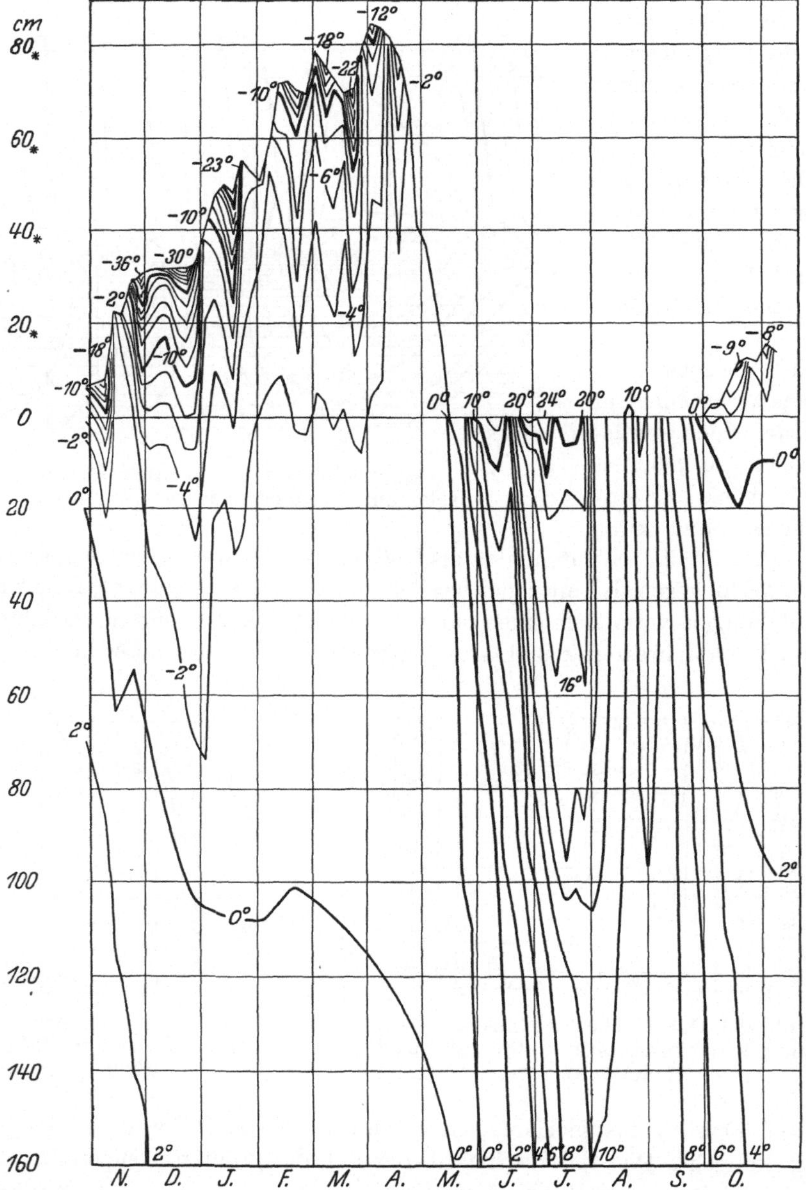

Abb. 257. Gangfläche der Temperaturen der Schneedecke und des Bodens in
Sodankylä im Jahre 1916 nach J. Keränen.

Jahres den Boden vor der wechselnden Temperatur schützt und wie kurzdauernde
Temperaturänderungen an der Schneeoberfläche mit zunehmender Tiefe in der
Schneedecke bald erlöschen.

---

[1] J. Keränen, a. a. O., S. 216.

Die *Gangfläche der Bodentemperatur* ist vielfach untersucht worden. Als Beispiel einer solchen Gangfläche zeigt Abb. 258 den Verlauf der Bodentemperaturen in Tiflis im Kaukasus. Die Isothermen sind infolge Mittelung über 5 Jahre bereits vollkommen geglättet und zeigen damit sehr eindrucksvoll die Gesetzmäßigkeit der Einwirkung der Außentemperatur auf die oberen Bodenschichten.

Umformung von Ganglinien und Gangflächen. Die Ganglinien und Gangflächen liefern nicht in allen Fällen unmittelbar jene hydrographischen Wertgrößen, die man zur Durchführung von wasserwirtschaftlichen Untersuchungen braucht. Aus diesem Grunde verwandelt man die Ganglinie auf graphischem Wege in die Zeit-Summenlinie, Zeit-Differenzsummenlinie, Häufigkeitslinie und Dauerlinie der Überschreitung, während man die Gangfläche in die Zeitfolgelinien oder in die Zeitfolgefläche umformt.

Zeit-Summenlinie. Die Summierung der abhängig Veränderlichen x nach der unabhängig Veränderlichen, der Zeit t, liefert die Zeit-Summenlinie (Abb. 259). Die Zunahme der Ordinate η einer Summenlinie im Abszissenabschnitt dt beträgt $d\eta = x\,dt$ und daher besitzt dort die Tangente die Neigung

$$\operatorname{tg} \alpha = \frac{x\,dt}{dt} = x. \qquad (147)$$

Man kann sonach aus einer gegebenen Summenlinie auf den Verlauf von x schließen, wenn man sich daran gewöhnt, die Tangente des Neigungswinkels als Maßstab für die abhängig Veränderliche zu benützen.

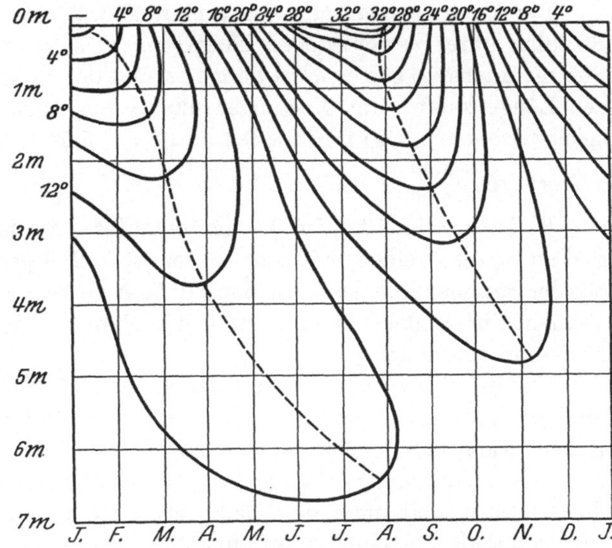

Abb. 258. Gangfläche des 5jährigen kalendarischen Monatsmittels in Tiflis nach I. V. HANN.

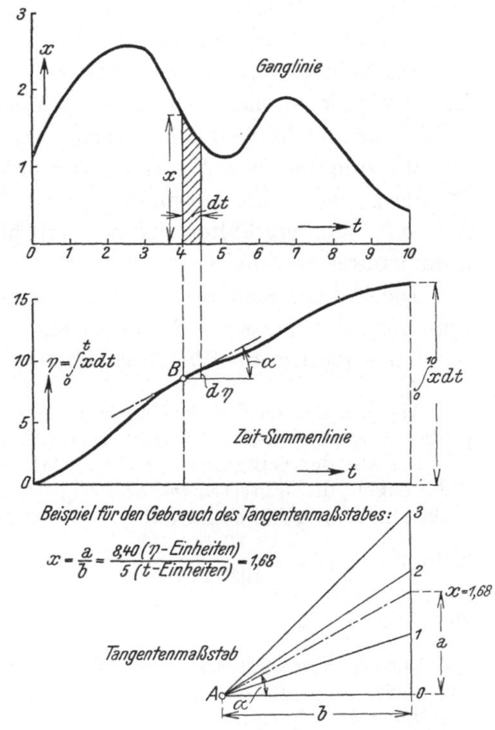

Abb. 259. Zeit-Summenlinie.

16*

Der *Tangentenmaßstab* wird gemäß Abb. 259 gezeichnet. Legt man durch A Strahlen unter verschiedenen Neigungen α, so gibt der Quotient aus den im Summenmaßstab gemessenen Längen a und der nach dem Zeitmaßstab gemessenen Länge b die zum Neigungswinkel α gehörigen Werte von x. Enthält beispielsweise $a \ldots$ 8,40 η-Einheiten und $b \ldots$ 5,00 t-Einheiten, dann zeigt α einen x-Wert von $\dfrac{8,40}{5,00} = 1,68$ an.

Es ist zweckmäßig, im Tangentenmaßstab zu jedem α den entsprechenden x-Wert anzuschreiben, wie dies in der Abb. 259 geschehen ist. Hat man z. B. aus der Summenlinie das x für den Punkt B zu bestimmen, so verschiebt man die Tangente in B gleichlaufend durch den Punkt A des Tangentenmaßstabes und liest dort das x ab.

Für die Aufzeichnung der Summenlinie können rechnerische, mechanische und rein graphische Verfahren, je nach der zulässigen Fehlergrenze, aber auch je nach Gewohnheit, benützt werden.

Das rechnerische Verfahren wird als Näherungsverfahren in der Weise durchgeführt, daß man die Flächenelemente $x \, \varDelta \, t$ als Rechtecke rechnet, deren Flächeninhalt fortlaufend summiert und die Zwischensummen nach einem zweckmäßig gewählten Summenmaßstabe als Ordinaten η aufträgt.

Die Verwendung mechanischer Hilfsmittel, wie der Planimeter, empfiehlt sich namentlich dann, wenn es sich um die Bestimmung einzelner Zwischensummen oder überhaupt nur um die Endsumme handelt.

Das rein graphische Verfahren wird in den meisten Fällen vollauf genügen. Es besteht darin, daß man die endlich großen Abschnitte $\varDelta \, t$ von gleicher Größe wählt, die zugehörigen Mittelwerte von x mittels Maßstab oder Zirkel abgreift und die summierten x-Werte als Ordinaten am Ende der einzelnen $\varDelta \, t$ aufträgt. Da die gesuchte Flächensumme gleich $\varDelta \, t \, \Sigma \, x$ ist, hat man das Streckenmaß $\Sigma \, x$ mit dem gewählten $\varDelta \, t$ zu multiplizieren, um die Ordinatenwerte η der Summenlinie zu erhalten.

Die Zeitsummenlinien finden für die Ermittlung der Niederschlagshöhen-Summen, der Wasser-, Schwebestoff- und Geschiebefrachten und namentlich bei den Aufgaben des Wasserrückhaltes Verwendung.

Als Beispiel sei die Bestimmung der Abfluß-Wasserfracht der Donau im Pegelprofile Wien-Reichsbrücke angeführt (Abb. 247).

Die aus der Ganglinie der Durchflußmengen ermittelte Summenlinie der Durchflußmengen, die *Wasserfrachtlinie*, zeigt, daß die Jahres-Wasserfracht des 101 707 km² großen Einzugsgebietes im Jahre 1921 40,14 . 10⁹ m³ betragen hat. Hieraus folgt die Abflußhöhe $h_A = \dfrac{40,14 \cdot 10^9}{101\,707 \cdot 1000} = 395$ mm und weiters die mittlere Abflußspende im Jahre 1921 $q_A = \dfrac{40,14 \cdot 10^9}{101\,707 \cdot 365 \cdot 86\,400} = 0{,}0125$ m³/sek. km³ $= 0{,}125$ l/sek. ha.

Verbindet man in der Wasserfrachtlinie Anfangs- und Endpunkt dieses Linienzuges geradlinig, dann ergibt die Neigung dieser Geraden jene Durchflußmenge, die, das ganze Jahr herrschend, zur gleichen Wasserfracht führen würde. Man kann demnach auf diesem einfachen Wege unter Verwendung des Tangentenmaßstabes die Mittelwasser-Menge des Jahres 1921 bestimmen. Sie ergibt sich mit 1273 m³/sek und der zugehörige Wasserstand, wie Abb. 247 zeigt, mit — 58 cm.

Bildet man dagegen das arithmetische Mittel der täglichen Wasserstandslesungen, was in diesem Falle am besten auf rechnerischem Wege erfolgt, so zeigt sich, daß dieser

Mittelwasserstand — 64 cm beträgt. Es stimmen daher der der Mittelwassermenge zugeordnete und der als arithmetisches Mittel sämtlicher Wasserstände berechnete Mittelwasserstand nicht vollkommen überein, was bei genaueren hydrographischen Untersuchungen zu beachten ist.

Die Bestimmung einer Schwebestoff-Fracht mit Hilfe der Zeit-Summenlinie ist in Abb. 251 durchgeführt. Es ergibt sich hieraus, daß die Donau bei Linz im Jahre 1929 eine Jahres-Schwebestoff-Fracht von 6 950 000 t befördert hat.

Zeit - Differenzsummenlinie.[1] Sämtliche Verfahren, die sich der Summenlinie bedienen, besitzen wegen ihrer Übersichtlichkeit und Einfachheit eine große Überlegenheit gegenüber jenen, die sich unmittelbar auf die Ganglinien stützen. Das Summenlinien-Verfahren hat aber den einen Nachteil, daß die Ablesegenauigkeit wegen der notwendigen Maßstabverkleinerung für die Ordinaten eine geringe ist und weiter, daß die Gestrecktheit des Summenlinienzuges sich bei der nachfolgenden Bearbeitung wegen der schiefen Schnitte in ungünstiger Weise fühlbar macht. Beide Übelstände lassen sich durch folgenden Kunstgriff vermeiden.

Denkt man sich sämtliche Ordinaten in der Ganglinie $x = f_1(t)$ um einen konstanten Abzugswert x_0 verkleinert und die Summenlinie für die Funktion $x - x_0 = f_2(t)$ gezeichnet, dann erhält man einen Linienzug, der in der Folge mit Differenzsummenlinie bezeichnet wird (Abb. 260).

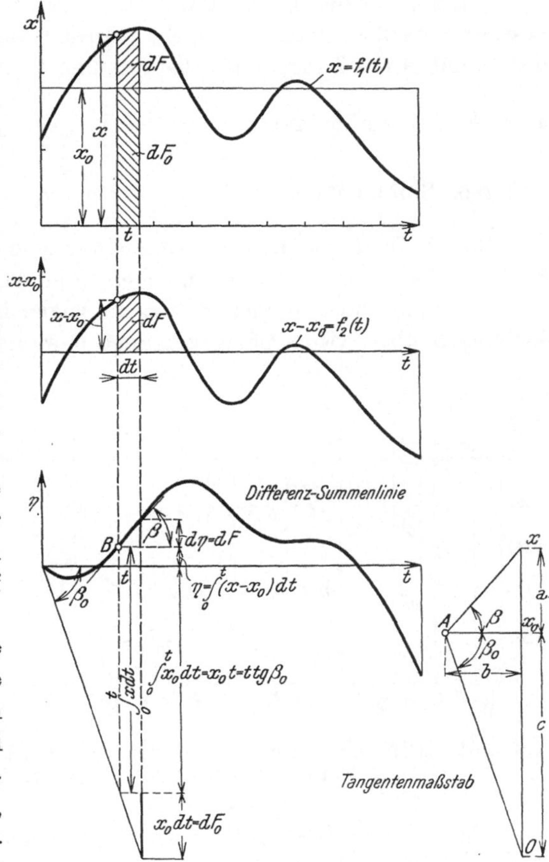

Abb. 260. Zeit-Differenzsummenlinie.

Die Zunahme der Ordinaten der Differenzsummenlinie auf dem Abszissenabschnitt dt beträgt $(x - x_0)\,dt$ und die Neigung der Tangente in einem Punkte B dieser Linie besitzt daher den Wert

$$\mathrm{tg}\,\beta = \frac{(x - x_0)\,dt}{dt} = x - x_0. \tag{148}$$

Hieraus folgt:

$$x = \mathrm{tg}\,\beta + x_0. \tag{149}$$

Für $\beta = 0$ wird auch $\mathrm{tg}\,\beta = 0$ und damit $x = x_0$. Zeichnet man also im Tan-

---

[1] F. SCHAFFERNAK, bisher unveröffentlicht.

gentenmaßstab durch den Punkt A eine Waagrechte, dann ist ihr der Wert x_0 zuzuordnen. Der Wert $x = 0$ liegt dann im Abstande $c = x_0 \dfrac{t}{\eta}$ auf dem x-Maßstab, wenn η die Einheit des Summenmaßstabes und t die Anzahl der Einheiten ist, die für die Strecke b gewählt wurde. Dem Werte $x = 0$ entspricht die Tangente mit der Neigung β_0. Der x-Maßstab ist mit der Einheit $\dfrac{t}{\eta}$ zu beziffern.

Soll nun für den Punkt B der Differenz-Summenlinie der zugehörige Wert x bestimmt werden, dann verschiebt man die Tangente in B gleichlaufend durch den Punkt A des Tangentenmaßstabes und kann x unmittelbar an der x-Teilung ablesen. Der Summenwert $\displaystyle\int_0^t x \, dt = \int_0^t (x - x_0) \, dt + \int_0^t x_0 \, dt$ wird aus der Differenz-Summenlinie bestimmt, wobei $\displaystyle\int_0^t x_0 \, dt = x_0 \, t = t \operatorname{tg} \beta_0$ ist.

Der Aufbau der Differenzsummenlinie und deren Verwendung erfolgt in ähnlicher Weise wie der der einfachen Summenlinie, man hat nur zu beachten, daß an Stelle von x immer $x - x_0$ zu setzen ist. Sie hat sich u. a. bei Untersuchungen über Niederschlagsvorgänge bewährt.

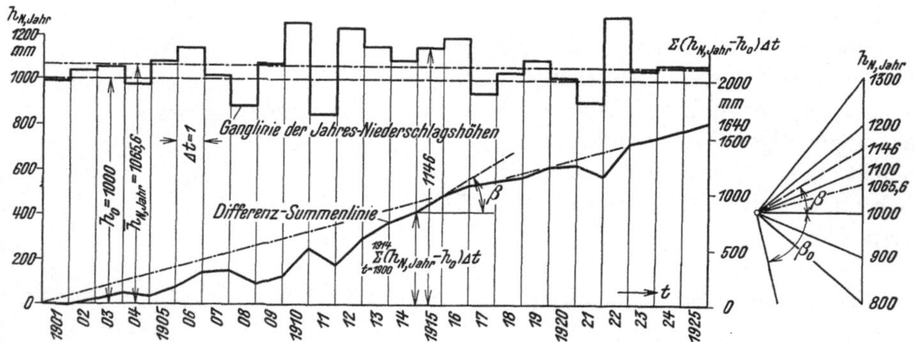

Abb. 261. Differenz-Summenlinie der Jahres-Niederschlagshöhen der Jahresreihe 1901—1925 für das Donaugebiet bis Wien.

Die *Differenz-Summenlinie der Niederschlagshöhen* wird durch unmittelbare Summierung der Beobachtungswerte erhalten. In Abb. 261 ist eine Differenz-summenlinie der räumlichen Mittelwerte der Niederschlagshöhen für das Einzugsgebiet der Donau bis zum Pegelprofil Wien-Reichsbrücke, und zwar für die Jahresreihe 1901—1925, aufgezeichnet. Aus ihrem Verlaufe lassen sich Einzelheiten über das klimatische Verhalten des Einzugsgebietes besser erkennen, als dies bei der sonst gebräuchlichen Darstellung nach einfachen Summenlinien der Niederschlagshöhen der Fall wäre. Man ersieht daraus deutlich, daß auf die niederschlagsarme Periode 1901—1911 eine niederschlagsreichere von 1911 bis 1916 und darauf wieder eine Periode geringeren Niederschlages von 1916 bis 1926 folgt.

Die Endordinate dieser Differenz-Summenlinie $= 1640$ mm vermehrt um $t \operatorname{tg} \beta_0 = t \, h_0 = 25 . 1000$ mm $= 25000$ mm gibt die gesamte Niederschlagshöhe der Jahresreihe 1901—1925, nämlich 26640 mm. Wird diese durch 25 geteilt, so folgt die Normalzahl der Jahres-Niederschlagshöhe $\bar{h}_{N,\,\mathrm{Jahr}} = 1065,6$ mm. Die Normalzahl der Niederschlags-Wasserfracht erhält man durch Multiplikation mit der Größe des Einzugsgebietes zu $108,4 \cdot 10^9$ m³ und die Normalzahl der Niederschlagsspende

aus $\bar{q}_N = \dfrac{1065,6 \cdot 1000}{365 \cdot 86\,400} = \dfrac{1\,065\,600}{31\,536\,000}$ mit $0,034$ m³/sek. km² oder $0,34$ l/sek. ha.

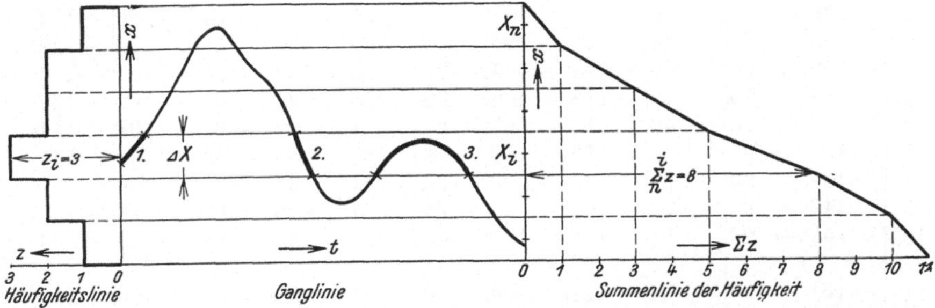

Abb. 262. Aufstellung der Häufigkeitslinie und deren Summenlinie aus der Ganglinie durch Abzählen der Glieder der Beobachtungsgröße x innerhalb der Beobachtungsstufe X von der Stufengröße ΔX.

Häufigkeitslinie. Ihr grundsätzlicher Aufbau aus der Verteilungstafel ist oben gegeben worden.[1] Nunmehr handelt es sich darum, das analytische Verfahren in ein zweckmäßiges graphisches umzuwandeln.

Man teilt entsprechend dem zu bearbeitenden Beobachtungselement den Umfang der *Beobachtungsgröße* x in gleiche Stufen[2] von der *Stufengröße* ΔX,

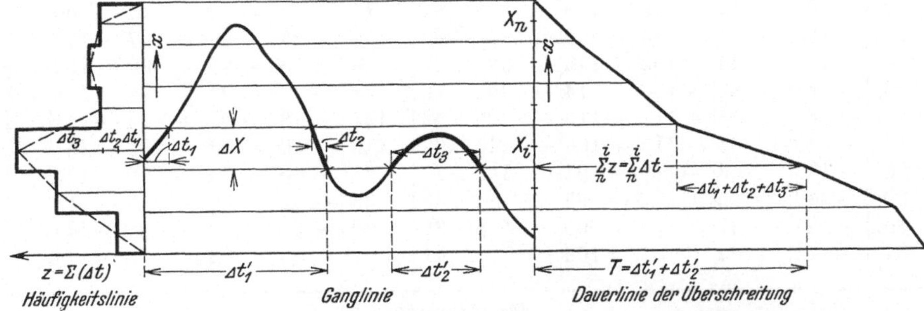

Abb. 263. Aufstellung der Häufigkeitslinie und deren Summenlinie aus der Ganglinie durch Angabe der Dauer der Beobachtungsgröße x innerhalb der Beobachtungsstufe X von der Stufengröße ΔX. Häufigkeit $z = \Sigma(\Delta t)$.

zieht in den *Stufenmitten* $X_1, X_2, \ldots X_i, \ldots X_n$ Parallele zur Zeitachse, trägt auf diesen die zugehörige *Stufenhäufigkeit* z auf und erhält durch Verbindung der Endpunkte dieser Parallelen die Häufigkeitslinie der einzelnen Beobachtungsstufen.

Die Ermittlung der Stufenhäufigkeit z kann je nach der Art der Aufgabe entweder durch einfaches Abzählen der Anzahl der Glieder in jeder Beobachtungsstufe oder durch Angabe jener Zeitdauer erfolgen, während welcher die Beobachtungsgrößen innerhalb der Beobachtungsstufe aufgetreten sind.

---

[1] Siehe S. 205.

[2] Bei der Anwendung auf hydrographische Kollektive ist die Bezeichnung *Stufe* sinnfälliger als die allgemeine statistische Bezeichnung *Klasse*.

Tabelle 20. Wasserstände im Pegelprofile Wien-Reichsbrücke der Donau für das Abflußjahr 1921.

Tag	XII.	I.	II.	III.	IV.	V.	VI.	VII.	VIII.	IX.	X.	XI.
1.	−162	−30	23	−118	−108	33	11	30	−55	−82	−116	33
2.	−160	−71	−6	−120	−102	12	35	48	−57	−80	−124	−21
3.	−158	−64	−24	−121	−106	−5	265	106	−57	−95	−129	−63
4.	−159	−64	−36	−118	−104	31	185	130	−56	−104	−134	−74
5.	−158	−73	−40	−118	−100	39	125	108	−67	−109	−138	−67
6.	−153	−76	−46	−118	−97	21	81	82	−62	−98	−137	−20
7.	−151	−94	−56	−116	−90	−4	62	53	−58	−65	−135	6
8.	−151	−83	−64	−110	−90	−22	51	25	−76	−50	−137	30
9.	−149	−86	−72	−106	−99	−34	37	−6	−90	−76	−135	17
10.	−149	−99	−81	−109	−104	−40	25	−22	−88	−78	−123	−17
11.	−151	−106	−84	−114	−108	−30	24	−28	−85	−90	−136	−38
12.	−153	−100	−94	−120	−107	−10	29	−37	−86	−99	−140	−58
13.	−153	−105	−99	−123	−106	14	18	−46	−85	−100	−144	−75
14.	−154	−106	−105	−123	−104	24	−6	−50	−78	−90	−144	−86
15.	−155	−110	−108	−122	−99	23	−8	−51	−4	−83	−146	−97
16.	−156	−108	−110	−119	−94	23	42	−50	−3	−92	−149	−105
17.	−160	−99	−84	−118	−84	26	145	−40	−40	−101	−143	−108
18.	−164	−103	−44	−115	−74	35	108	−49	−60	−104	−137	−111
19.	−167	−113	−50	−111	−78	48	85	−49	−70	−109	−142	−113
20.	−163	−112	−59	−110	−79	66	60	−37	−82	−111	−146	−115
21.	−164	−106	−73	−107	−80	68	38	−4	−92	−111	−149	−117
22.	−164	−94	−88	−106	−82	84	17	−9	−96	−113	−150	−122
23.	−165	−51	−94	−109	−74	92	4	−24	−96	−107	−153	−125
24.	−166	−49	−103	−113	−32	87	18	−16	−93	−88	−152	−128
25.	−168	−22	−106	−114	−39	79	38	−32	−93	−62	−154	−132
26.	−165	74	−111	−113	−30	62	121	−46	−93	−72	−141	−139
27.	−155	55	−115	−106	−21	63	110	−40	−83	−81	−154	−142
28.	−150	43	−116	−94	−14	47	68	−40	−76	−90	−155	−145
29.	−149	45		−95	4	38	39	−51	−62	−100	−158	−150
30.	−137	31		−99	58	38	29	−55	−82	−105	−144	−153
31.	−41	32		−106		41		−56	−82		14	

Monatsmittel

	XII.	I.	II.	III.	IV.	V.	VI.	VII.	VIII.	IX.	X.	XI.
	−153	−60	−73	−113	−75	31	62	−8	−71	−92	−137	−81

MW = −64 cm.

HW = 276 cm am 3. VI.; 3—5^h.

Treibeis 2.—7. u. 16.—18. XII.

Die erstgenannte Art der Aufstellung der Häufigkeitslinie findet dann Anwendung, wenn es sich um hydrographische Ereignisse handelt, die zeitweise eine Unterbrechung erleiden. Die Verbindung der Endpunkte der z-Ordinaten erfolgt in diesem Falle staffelförmig und man erhält hierdurch die *Staffellinie* der Häufigkeiten (Abb. 262).[1] Staffelförmige Häufigkeitslinien werden bei der Darstellung des Niederschlages angewendet, weil dieser ein unterbrochener Vorgang ist.

---

[1] Siehe auch S. 205 f.

Die zweite Art von Häufigkeitslinien wird gemäß der allgemeinen Erläuterung so gezeichnet, daß man in den Stufenmitten X_1, ... X_i, ... X_n die Summe jener Zeitabschnitte $\Delta t_1, \Delta t_2, \ldots$ aufträgt, welche der Zeitdauer gleichkommt, während welcher die Beobachtungsgröße x innerhalb der gewählten Beobachtungsstufe auftritt, und die erhaltenen Punkte entweder staffelförmig oder polygonal verbindet. Das graphische Bild ist dann entweder die Staffellinie oder das Häufigkeitspolygon. Diese Art von Auftragungen findet nur bei ununterbrochen verlaufenden Vorgängen Verwendung, wie dies etwa beim Wasserstande oder beim Durchflusse der Fall ist (Abb. 263).

Wird als Beobachtungselement der Wasserstand h_P oder die Durchflußmenge Q gewählt, dann gelangt man zur *Häufigkeitslinie der Wasserstandsstufen* oder der *Durchflußmengenstufen*. Die Ermittlung der Zeitabschnitte $\Delta t_1, \Delta t_2, \ldots$ erfolgt am zweckmäßigsten unmittelbar aus den Pegelaufschreibungen, weil das Abmessen aus der Ganglinie zu ungenau ist.

Als Beispiel folgt die Häufigkeitslinie der Wasserstandsstufen im Pegelprofil Wien-Reichsbrücke der Donau für das Jahr 1921.

Aus der den hydrographischen Jahrbüchern entnommenen, in Tabelle 20 enthaltenen Urliste berechnet man unter Annahme einer Stufengröße von 10 cm, die so gewählt wird, daß die Stufenmitte einem Fünferwert entspricht, die im Zeitmaß ausgedrückte Häufigkeit des Wasserstandes innerhalb der einzelnen Wasserstandsstufen. Hierbei hat man darauf Bedacht zu nehmen, daß bei Wasserstandsänderungen großer Stärke mehrere Stufen innerhalb eines Tages durcheilt werden können, so daß man genötigt ist, die Zeitdauer bis auf Hundertteile eines Tages anzugeben. Das Ergebnis dieser Berechnung ist in Tabelle 21 zusammengestellt.

Tabelle 21. Häufigkeit der Wasserstandsstufen im Pegelprofil Wien-Reichsbrücke der Donau für das Abflußjahr 1921.

Wasserstandsstufe	Häufigkeit in Tagen	Wasserstandsstufe	Häufigkeit in Tagen	Wasserstandsstufe	Häufigkeit in Tagen
265	0.02	115	1,75	— 35	11,68
255	0,12	105	0,75	— 45	14,01
245	0,12	95	2,25	— 55	15,51
235	0,12	85	2,75	— 65	14,24
225	0,12	75	3,15	— 75	16,82
215	0,15	65	5,85	— 85	25,24
205	0,15	55	4,05	— 95	27,29
195	0,25	45	6,85	— 105	42,28
185	0,25	35	11,10	— 115	27,96
175	0,15	25	15,10	— 125	10,90
165	0,15	15	8,55	— 135	11,02
155	0,25	5	7,45	— 145	16,15
145	0,35	— 5	8,55	— 155	23,15
135	0,55	— 15	7,45	— 165	11,01
125	0,65	— 25	7,87		

Die sich hieraus ergebende graphische Darstellung zeigt Abb. 247, welcher der dichteste Wert, der in diesem Falle als *längstandauernde Wasserstandsstufe* bezeichnet wird, mit — 105 cm zu entnehmen ist. Die ihm zugeordnete Durchflußmenge, die *längstandauernde Durchflußmengenstufe*, beträgt 985 m³/sek und ist im Abflußjahre 1921 an 42,3 Tagen vorhanden.

Dauerlinie der Überschreitung. Summiert man in der Häufigkeits-
linie der Beobachtungsstufen die in den Stufenmitten $X_1, X_2, \ldots X_i, \ldots X_n$
aufgetragenen Werte der Stufenhäufigkeit fortlaufend und trägt man die
Zwischensummen in den Stufenenden auf, dann erhält man durch geradlinige
Verbindung der auf diese Weise erhaltenen Punkte die Summenlinie der Häufigkeiten der Beobachtungsstufen, welche der Summentafel der analytischen
Statistik entspricht (Abb. 262).

Wählt man die Beobachtungsstufen immer kleiner, so erhält man im Grenzfalle eine stetige, glatte Summenlinie der Häufigkeit.

Wird im besonderen die Häufigkeit der Beobachtungsgröße im Zeitmaß
ausgedrückt und wird die Summierung bei dem größten Wert X_n begonnen,
dann kommt dieser Summenlinie noch eine weitere Bedeutung zu, indem ihre
Abszissenwerte jene Dauer T angeben, innerhalb welcher die betreffende Beobachtungsstufe vorhanden ist bzw. *überschritten* wird. Aus diesem Grunde bezeichnet man diese Art einer Summenlinie der Häufigkeit mit *Dauerlinie der
Überschreitung* (Abb. 263).

Diese Dauerlinien kann man aber auch unmittelbar aus der Ganglinie erhalten, indem man in jedem Stufenende die Summen jener Zeitabschnitte $\Delta t'$
aufträgt, die angeben, wie lange das Stufenende der betreffenden Stufe bei dem
Vorgange überschritten wird. Die zu summierenden $\Delta t'$-Werte ergeben sich demnach als jene Sehnenabschnitte in der Ganglinie, die der Lage des Stufenendes
entsprechen.

Die von der Dauerlinie der Überschreitung begrenzte Fläche kann auch derart
entstanden gedacht werden, daß man die Flächenelemente der Ganglinie parallel
zur t-Achse, und zwar bis zur x-Achse verschiebt, ohne daß jedoch hierbei eine
Überdeckung eintritt.

Wird der Wasserstand h_P oder die Durchflußmenge Q als Beobachtungselement zugrunde gelegt, so gelangt man auf diesem Wege zur Dauerlinie der
Überschreitung des Wasserstandes oder der Durchflußmenge, die man in zutreffender Weise *Benetzungs-Dauerlinie* bzw. *Durchflußmengen-Dauerlinie* nennt.

Die Zahlenwerte dieser Dauerlinien berechnet man am besten mit Hilfe
einer Verteilungstafel, indem man, von der höchsten Wasserstandsstufe beginnend,
fortlaufend summiert und die berechneten Summenwerte jenem Wasserstande
zuordnet, der dem Stufenende entspricht.

Die Tabelle 22 enthält eine derartige Aufstellung der Benetzungsdauerlinie des
Pegelprofils Wien-Reichsbrücke der Donau für das Abflußjahr 1921.

Für die Aufzeichnung der Dauerlinie benützt man entweder die Tabellenwerte, oder aber man summiert, wie bereits erwähnt, unmittelbar graphisch die
Werte der Sehnenabschnitte in der Ganglinie.

Die Wasserstände, bzw. Wassermengen werden in der Hydrographie bei
wasserwirtschaftlichen Untersuchungen vielfach nach der *Betriebsdauer* unterschieden und demgemäß bezeichnet. Man spricht von einem n-monatigen oder
m-tägigen Betriebswasserstand, bzw. von einer n-monatigen oder m-tägigen Betriebswassermenge, wenn die Überschreitungsdauer n Monate bzw. m Tage beträgt.

Der Zentralwert des Wasserstandes, der definitionsgemäß ebenso oft über-
wie unterschritten wird, ist der *6-monatige* oder *182,5-tägige Betriebswasserstand*

Tabelle 22. Benetzungsdauer der Wasserstände im Pegelprofile Wien-Reichsbrücke der Donau für das Abflußjahr 1921.

Wasserstand	Benetzungs-dauer in Tagen	Wasserstand	Benetzungs-dauer in Tagen	Wasserstand	Benetzungs-dauer in Tagen
260	0,02	110	5,15	— 40	109,42
250	0,14	100	5,90	— 50	123,43
240	0,26	90	8,15	— 60	138,94
230	0,38	80	10,90	— 70	153,18
220	0,50	70	14,05	— 80	170,00
210	0,65	60	19,90	— 90	195,24
200	0,80	50	23,95	— 100	222,53
190	1,05	40	30,80	— 110	264,81
180	1,30	30	41,90	— 120	292,77
170	1,45	20	57,00	— 130	303,67
160	1,60	10	65,55	— 140	314,69
150	1,85	0	73,00	— 150	330,84
140	2,20	— 10	81,55	— 160	353,99
130	2,75	— 20	89,00	— 168	365,00
120	3,40	— 30	97,74		

und jener der Durchflußmenge die *6-monatige* oder *182,5-tägige Betriebswasser-menge.*

Aus der in Abb. 247 aufgetragenen Benetzungsdauerlinie der Wasserstände des Pegelprofiles Wien-Reichsbrücke der Donau ergeben sich für das Jahr 1921 die folgenden hydrographisch-statistischen Werte.

Es betragen die 12-, 10-, 8-, 6-, 4-monatigen Betriebswasserstände — 168, — 127, — 104, — 85, — 42 cm und die zugehörigen Betriebswassermengen 650, 860, 990, 1105, 1377 m³/sek.

Zeitfolgelinie und Zeitfolgefläche. Beide Darstellungen lassen sich unmittelbar aus der Gangfläche der Durchflußmengen $Q = f(x, t)$ ableiten, worin x als Ortskoordinate, nämlich als der von der Durchflußmenge Q zurück-gelegte Weg aufzufassen ist.

Die Gleichung der Schichtenlinien, also der Linien gleicher Durchfluß-mengen, lautet, weil für sie $Q = $ konst. oder $dQ = 0$ ist,[1]

$$\frac{\partial Q}{\partial x}\, dx + \frac{\partial Q}{\partial t}\, dt = 0. \tag{150}$$

Ist aber $dQ = 0$, dann besagt dies, daß dx jene Wegstrecke darstellt, welche die Durchflußmenge Q in der Zeit dt durchläuft. Es ist also

$$\frac{dx}{dt} = -\frac{\dfrac{\partial Q}{\partial t}}{\dfrac{\partial Q}{\partial x}} = \omega_Q \tag{151}$$

---

[1] KLEITZ, Note sur la théorie du mouvement non permanent des liquides et sur son application à la propagation des crues des rivières. Paris 1877. Annales des ponts et chaussées, 1877, II. Semèstre.

die *Schnelligkeit*, mit der die Durchflußmenge Q flußabwärts wandert[1] und dt ihre *Laufzeit* oder *Zeitfolge*.

Jeder Durchflußmenge und jedem Orte x entspricht eine andere Zeitfolge. Da $\dfrac{dx}{dt} = \operatorname{tg}\alpha$ ist, gibt der Verlauf der Q-Schichtenlinie auch ein Bild des Verlaufes der Zeitfolge (Abb. 253). Es kann daher in diesem besonderen Falle die Q-Schichtenlinie auch als *Zeitfolgelinie* gleicher Durchflußmengen aufgefaßt werden. Sämtliche Q-Schichtenlinien einer Gangfläche der Durchflußmengen stellen demgemäß eine *Zeitfolgefläche* der Durchflußmengen dar, weil jede einzelne Schichtenlinie einer Zeitfolgelinie entspricht.

Für die weiteren Betrachtungen benötigt man die Raumgleichung für den nichtstationären Bewegungsvorgang, wie ihn ein Hochwasserverlauf darstellt (Abb. 264). Beträgt die Durchflußfläche in der Flußstrecke von der Länge dx zur Zeit t im Mittel F, dann muß, weil ihre Zunahme nach Ablauf von $dt \ldots \dfrac{\partial F}{\partial t}\, dt$

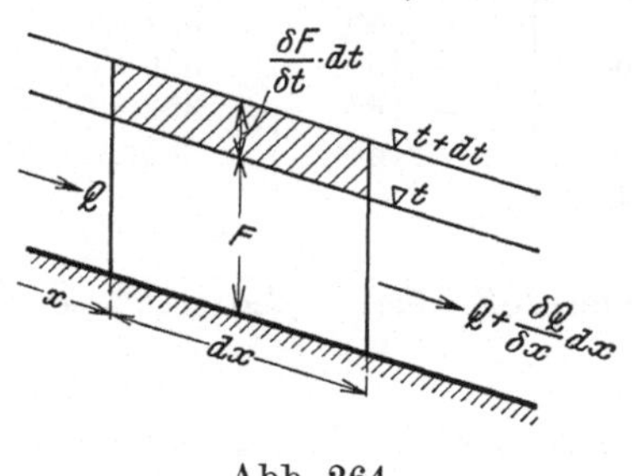

Abb. 264.

ausmacht, gemäß der Bedingung:

Rückhalt vermehrt um den Unterschied aus Zufluß und Abfluß = Null,

die Beziehung

$$\frac{\partial F}{\partial t}\, dt\, dx + \frac{\partial Q}{\partial x}\, dx\, dt = 0$$

oder

$$\frac{\partial F}{\partial t} + \frac{\partial Q}{\partial x} = 0 \tag{152}$$

bestehen.

Zieht man an die Schichtenlinie für gleiche Q die zur x-Achse parallele Tangente im Punkte C (Abb. 253), dann ist dort $\dfrac{\partial Q}{\partial x} = 0$. Da

$$F = b\, h_m, \quad \text{also} \quad \frac{\partial F}{\partial t} = b\, \frac{\partial h_m}{\partial t},$$

folgt schließlich

$$\frac{\partial h_m}{\partial t} = 0. \tag{153}$$

In der zum Punkte C gehörigen Zeit t_C wird daher die größte mittlere Wassertiefe h_m erreicht.

Legt man in B eine zur t-Achse parallele Tangente, dann ist dort $\dfrac{\partial Q}{\partial t} = 0$, also nach Gleichung (151) $\omega_Q = 0$. Das besagt, daß der Durchfluß $Q = 4000$ m³/sek. in einem flußab vom Orte x_B gelegenen Flußprofile nicht mehr auftreten kann. Damit ist die in der Natur beobachtete Abminderung der Durch-

---

[1] Es ist üblich, für ω die Bezeichnung *Schnelligkeit* und nicht Geschwindigkeit zu gebrauchen, um auszudrücken, daß nicht die Bewegung der materiellen Wasserteilchen, sondern die Fortpflanzung einer Erscheinung, nämlich jene der Durchflußmenge Q, betrachtet wird. Die Wasserteilchen bewegen sich mit einer Geschwindigkeit, die im Mittel $u_m = \dfrac{Q}{F}$ beträgt. Ein in das Wasser geworfener Schwimmkörper würde sich also nicht mit der Schnelligkeit ω_Q, sondern angenähert mit der Geschwindigkeit u_m weiterbewegen.

flußmenge mit zunehmender Lauflänge einer Hochwasserwelle in mathematischer Form zum Ausdrucke gebracht. Verlängert man die durch C zur t-Achse parallel gelegte Schnittlinie, so erkennt man, daß am Orte x_C die größte Durchflußmenge zur Zeit t_D, also früher eintreten muß, als der höchste Wasserstand sich einstellt, der erst zur Zeit t_C herrscht.[1]

Der Begriff Zeitfolge kann verallgemeinert werden, indem man ihn auf verschiedene hydrographische Erscheinungen bezieht. Dadurch wird das Anwendungsgebiet der Zeitfolgelinien und der Zeitfolgeflächen derart erweitert, daß diese Darstellungsweise auch eine praktische Bedeutung erlangt.

Um die wichtigsten Fälle hervorzuheben, sei wieder auf das Beispiel in Abb. 253 zurückgegriffen. Verbindet man sämtliche Punkte B, dann erhält man eine Zeitfolgelinie, welche angibt, nach welcher Laufzeit oder mit welcher Schnelligkeit die jeweilig in den aufeinanderfolgenden Flußquerprofilen auftretenden größten Durchflußmengen sich einstellen. Man hat dadurch die *Zeitfolgelinie der aufeinanderfolgenden größten Durchflußmengen* festgelegt. Werden dagegen sämtliche Punkte C mittels eines Linienzuges verbunden, dann erhält man die *Zeitfolgelinie der aufeinanderfolgenden höchsten Wasserstände.*

2. Ermittlung von Zusammenhängen hydrographischer Vorgänge.

Bei der Ermittlung der Zusammenhänge, seien dieselben korrelativer oder funktioneller Natur, ist bei hydrographischen Vorgängen wegen ihrer Abhängigkeit von der Zeit Rücksicht auf die *Vergleichbarkeit* zu nehmen. Die veränderlichen Merkmale sind nur dann unmittelbar miteinander vergleichbar, wenn sie sich zum gleichen Zeitpunkte im Sinne ihrer korrelativen oder funktionellen Verkettung beeinflussen.

Ist diese Beeinflussung mit einer zeitlichen Verschiebung $\varDelta t$ verbunden, dann muß darauf Rücksicht genommen werden. Nicht immer kennt man von vorneherein die Größe von $\varDelta t$ und es muß daher ein Weg zu ihrer Bestimmung gesucht werden. Bei der Korrelation ermittelt man die zeitliche Verschiebung $\varDelta t$ aus der Erwägung, daß die Zeitreihen um jenes $\varDelta t$ gegeneinander verschoben werden müssen, welches den höchsten Korrelationskoeffizienten oder in der graphischen Darstellung der Bezugsgeraden den kleinsten Winkel $\varTheta$ ergibt. Dieses Verfahren erfordert viel Rechenarbeit, hat aber bereits praktische Erfolge gezeitigt.[2] Bei der Aufsuchung funktioneller Zusammenhänge in der Hydrographie ergeben sich zumeist aus der Art der Problemstellung die Möglichkeiten, vergleichbare Werte ausfindig zu machen.

Pegelbezugslinie und Pegelbezugsschleife. Stellt man die Ganglinien der Wasserstände zweier in einem Flußlaufe in einem bestimmten Abstande $\varDelta x$ errichteten Pegel A und B einander gegenüber, dann sind die zur gleichen Zeit abgelesenen Pegelstände $h_{P,A}$ und $h_{P,B}$ strenge genommen nur in dem Falle vergleichbar, wenn ein länger andauernder, gleichbleibender Wasserstand, ein sogenannter *Beharrungswasserstand*, herrscht. Da aber ausgesprochene Beharrungswasserstände nur im Bereiche des Niederwassers vorkommen, ist man genötigt, für die

---

[1] J. Koženy, Die Wasserführung der Flüsse. Leipzig 1920.

[2] Siehe S. 382, wo nach W. Kesslitz die Korrelation für Niederschlag und Abfluß nach diesem Verfahren für das Abflußgebiet der Teigitsch in der Steiermark berechnet wird.

Aufstellung der Bezugslinie für die höheren Wasserstände auch gleichbleibende
Wasserstände kurzer Dauer heranzuziehen, wie solche die Scheitel- und Talpunkte der Ganglinien darstellen. Damit ist
bereits die Zeitfolge der Wasserstände berücksichtigt und es sind daher die erhaltenen Bezugslinien als *Pegelbezugslinien
vergleichbarer Wasserstände* anzusehen. Ihre
graphische wie analytische Darstellung ist
meist einfach, weil die Bezugspunkte wenig
streuen. Weisen die Bezugspegelprofile keine
wesentlichen Unterschiede in ihrer Form
auf, dann sind diese Pegelbezugslinien als
gerade Linien darstellbar (Abb. 265).

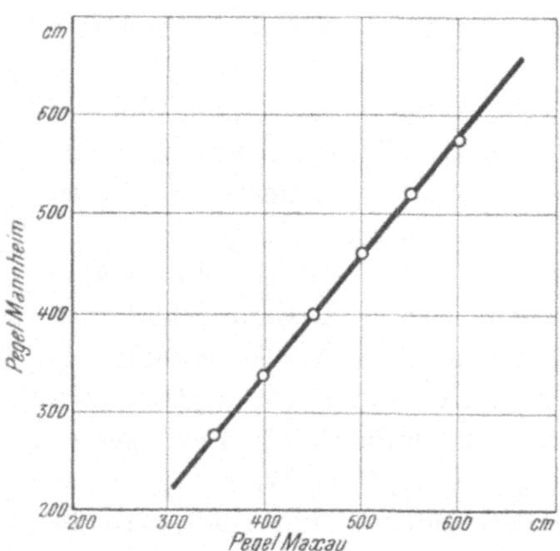

Abb. 265. Pegelbezugslinie vergleichbarer Wasserstände der Pegel
Mannheim und Maxau am Rhein.

Würde man dagegen die Bezugspunkte
ohne Rücksicht auf die Zeitfolge der
Wasserstände ermitteln, also unmittelbar
die zur selben Zeit an beiden Pegelprofilen
abgelesenen Wasserstände in Beziehung
bringen, dann ist mit großen Streuungen
der Bezugspunkte zu rechnen und eine
Ausgleichslinie könnte nur näherungsweise den Zusammenhang wiedergeben.
Es ist in diesem Falle richtiger, die Bezugspunkte durch eine schleifenförmige
Linie 1, 2, ... 16, 17, — eine soge-
nannte *Pegelbezugsschleife* — derart
zu verbinden, daß hierdurch die zeitliche Aufeinanderfolge der Pegellesungen zum Ausdrucke kommt. In
Abb. 266 sind solche Bezugsschleifen
für die Pegelstationen der Donau in
Zwentendorf und Wien-Reichsbrücke
dargestellt, wobei durch Pfeile der Gang

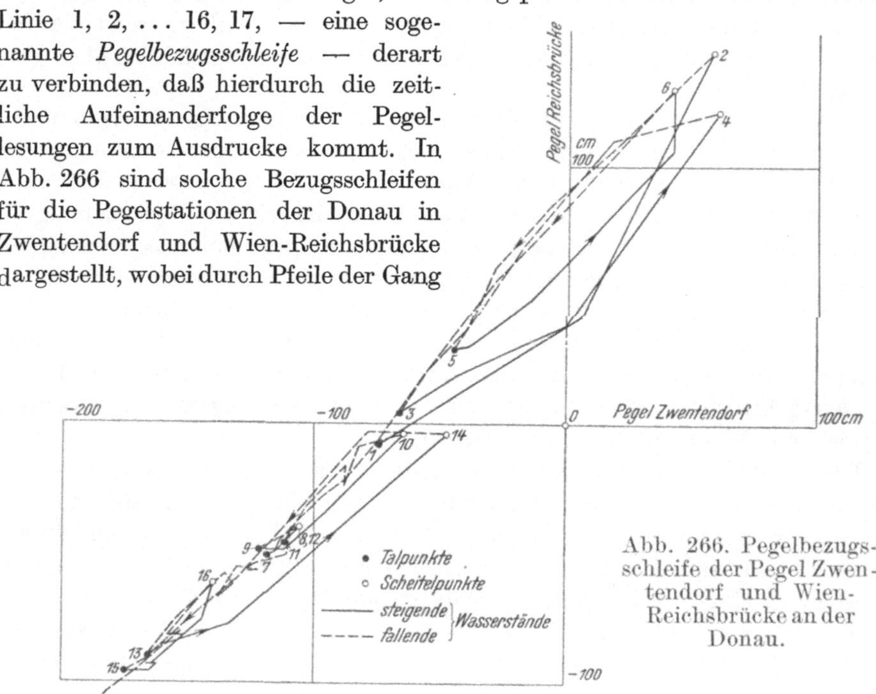

Abb. 266. Pegelbezugs-
schleife der Pegel Zwen-
tendorf und Wien-
Reichsbrücke an der
Donau.

der Wasserstände angezeigt ist. Es kommt bei dieser Darstellung deutlich zum
Ausdrucke, daß bei höheren Wasserständen eine größere Streuung der Be-

zugspunkte auftritt und daß die Punkte bei steigendem und fallendem Wasserstande nach verschiedenen Richtungen streuen.

Durchflußmengenlinie und Durchflußmengenschleife. Bringt man die Durchflußmenge und den zugehörigen Wasserstand in Beziehung, dann weisen, wenn
die Messung bei an-
nähernd beharrenden
Wasserständen durch-
geführt worden ist, die
Bezugspunkte geringe
Streuung auf. Die Be-
zugslinie $Q = f(h_P)$, genannt *Durchflußmengen-
linie*, Konsumtionskurve
oder Pegelschlüssel, ist
dann den Meßwerten
leicht anzupassen.

Werden zur Auf-
stellung der Durchfluß-
mengenlinie auch die
Mengenmessungen im
Bereiche von Wasser-
standsänderungen gro-
ßer Stärke, wie sie beim
Hochwasserverlaufe vor-
kommen, und die Meß-
reihen verschiedener Ab-
flußjahre herangezogen,

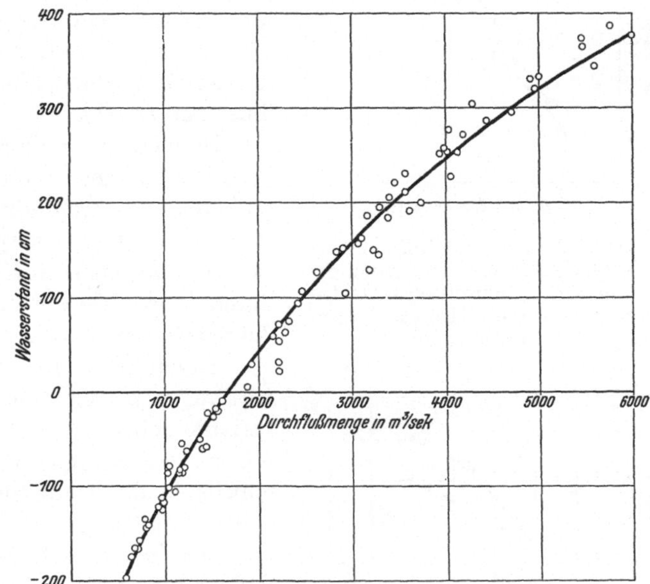

Abb. 267. Durchflußmengenlinie der Donau im
Pegelprofile Wien-Floridsdorfer Brücke auf Grund
von Messungen aus den Jahren 1897—1926.

so zeigen die Bezugspunkte starke Streuung. Die Ausgleichslinie wird dann gewöhnlich gefühlsmäßig eingelegt (Abb. 267).

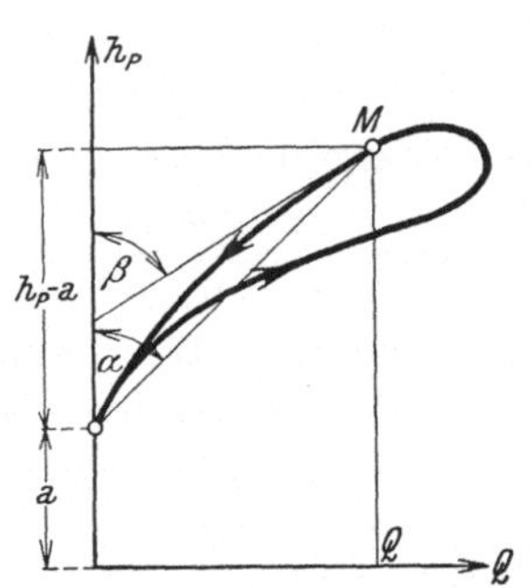

Abb. 268. Schematische Darstellung einer
Durchflußmengenschleife.

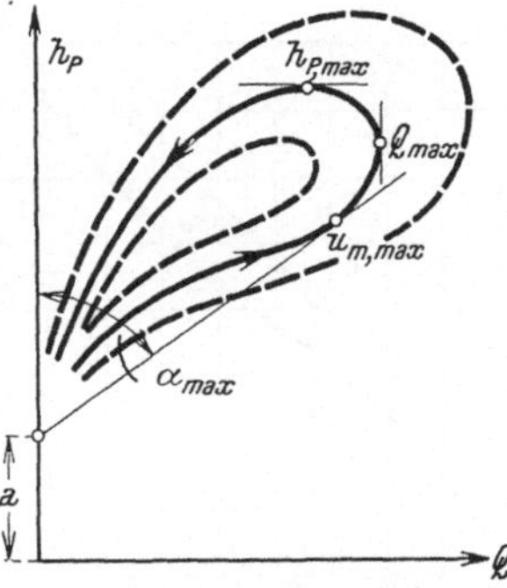

Abb. 269. Schematische Darstellung einer
Schar von Durchflußmengenschleifen.

Die Einordnung der Bezugspunkte in eine graphisch oder analytisch dar-
stellbare Funktion gelingt aber auch in diesem Falle. Man hat nur zu berücksichtigen, daß bei steigendem Wasserstande wegen des größeren Wasserspiegelgefälles am Kopfe der Hochwasserwelle eine größere Durchflußmenge vorhanden

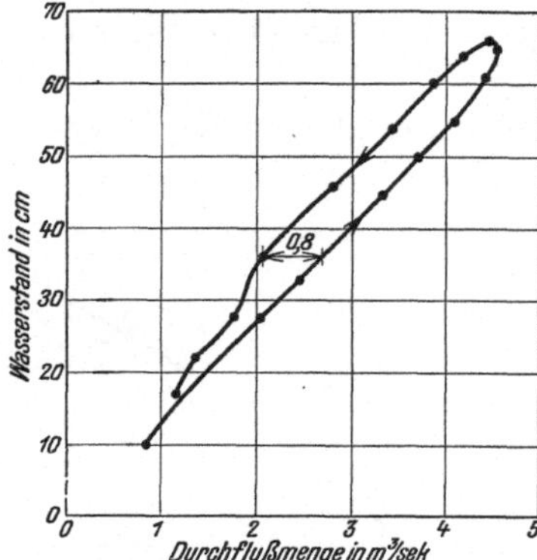

Abb. 270. Durchflußmengen-schleife bei einer künstlich er-zeugten Flutwelle im Chlu-mecerbach bei Hanek, Tsche= choslowakei.

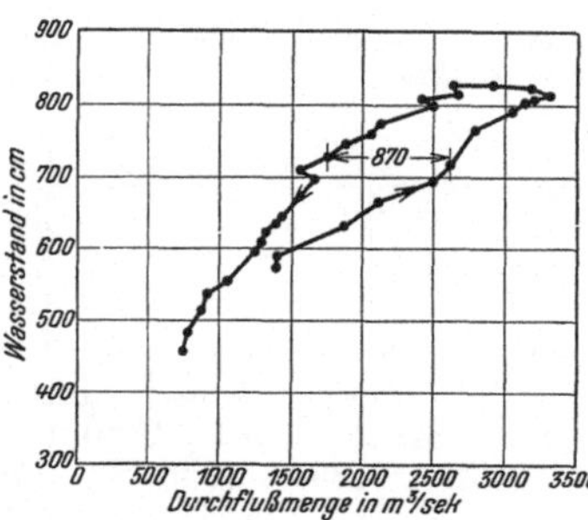

Abb. 271. Durchflußmengen-schleife für einen Hochwasser-verlauf in der Theiß bei Tisza Püspöki, Ungarn.

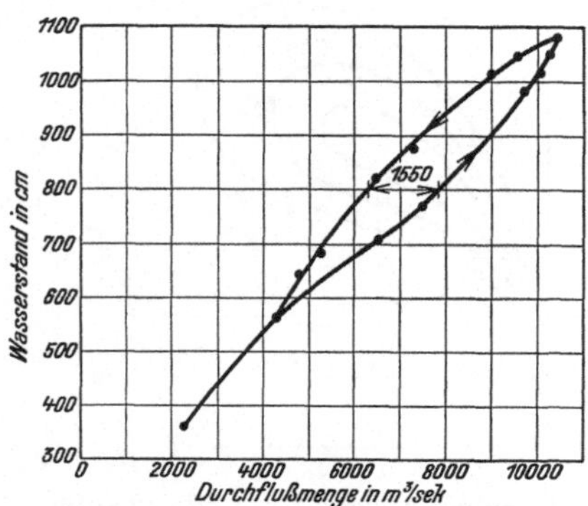

Abb. 272. Durchflußmengenschleife für einen Hochwasserverlauf im Ohio bei Wheeling, U. S. A.

sein muß als bei gleich hohem, aber fallendem Wasserstande, bei welchem erfahrungsgemäß das Wasserspiegelgefälle geringer ist. Verbindet man daher die Bezugspunkte im Achsensystem Q, h_P grundsätzlich durch zwei getrennte Linienzüge, je nachdem bei steigendem oder fallendem Wasserstande gemessen wurde, dann gelangt man zu einer schleifenförmigen Durchflußmengen-linie, zur *Durchflußmengenschleife* (Abb. 268).

Da eine solche Durchflußmengenschleife nur einer Hochwasseranschwellung mit einer bestimm-ten größten Durchflußmenge bzw. einem höch-sten Wasserstand entspricht, muß die Wasser-führung verschiedener Hochwasseranschwellungen durch eine Schar von Abflußmengenschleifen dargestellt werden (Abb. 269).

Ergebnisse von rasch durchgeführten Mengen-messungen bei ein und demselben Hochwasser-verlaufe geben die Abb. 270[1], 271[2] u. 272[3], die zeigen, daß bei gleichen Wasserständen Unter-schiede in den Durchflußmengen bis zu 30 v. H. auftreten können.

Aus der Durchflußmengenlinie bzw. Durch-flußmengenschleife läßt sich mit Hilfe der bei den Zeitfolgelinien gewonnenen Beziehungen noch folgendes entnehmen:

Aus der Verbindung von Gleichung (151) und (152) folgt

$$\omega_Q = \frac{\dfrac{\partial Q}{\partial t}}{\dfrac{\partial F}{\partial t}} \tag{154}$$

und da $F = b\, h_m$, ergibt sich

$$\omega_Q = \frac{1}{b} \cdot \frac{\partial Q}{\partial h_m}. \tag{155}$$

Für angenähert rechteckige Querprofile kann $\partial h_m = \partial (h_P - a)$ gesetzt werden, wenn die Gerinnesohle in der Pegelhöhe a liegt, womit

$$\omega_Q = \frac{1}{b} \cdot \frac{\partial Q}{\partial (h_P - a)}$$

[1] J. NOVOTNY, Nichtpermanente Bewe-gung des Wassers in natürlichen Gerinnen. Österr. Wochenschrift f. d. öffentl. Baudienst, 1915, H. 47, 48.

[2] W. BÖHM-LÁSZLOFFY, A hidrológiai kutatás különös tekintettel a hydro-gráfiai adatszol-gáltatas mai állására, Budapest, 1930.

[3] W. A. LIDDELL, Stream gaging, New York, 1927.

wird. Da

$$u_m = \frac{Q}{F} = \frac{Q}{b\,h_m} = \frac{1}{b} \cdot \frac{Q}{h_P - a},$$

folgt

$$\omega_Q : u_m = \frac{\partial Q}{\partial (h_P - a)} : \frac{Q}{h_P - a}. \tag{156}$$

Der Abb. 268 entnimmt man $\dfrac{Q}{h_P - a} = \operatorname{tg} \alpha$ und $\dfrac{\partial Q}{\partial (h_P - a)} = \operatorname{tg} \beta$, woraus

$\dfrac{\omega_Q}{u_m} = \dfrac{\operatorname{tg} \beta}{\operatorname{tg} \alpha}$ folgt. Damit kann man in einfacher Weise aus der Durchflußmengenschleife auf den Zusammenhang zwischen der Schnelligkeit ω_Q und der mittleren Fließgeschwindigkeit u_m schließen. Man erkennt ferner, daß bei gleich hohem Wasserstand das Verhältnis $\dfrac{\omega_Q}{u_m}$ im Anstiege und im Abstiege verschieden ist und daß die größte mittlere Geschwindigkeit $u_{m,\,\mathrm{max}}$ bei jenem Wasserstande auftritt, für welchen $\alpha = \alpha_{\mathrm{max}}$ wird (Abb. 269). Bei ausgesprochen nichtstationärer Wasserbewegung folgen also $u_{m,\,\mathrm{max}}$, Q_{max} und $h_{P,\,\mathrm{max}}$ zeitlich aufeinander.

3. Graphische Darstellung bekannter funktioneller Beziehungen.

Diese kann die Versinnlichung der gesetzmäßigen Verbundenheit von Veränderlichen oder eine Aufzeichnung zum Zwecke haben, der die Bezugswerte nur zahlenmäßig entnommen werden können oder worin lediglich das zeitliche Auftreten zur Darstellung gebracht wird.

Ein gesetzmäßiger Zusammenhang wird im allgemeinen durch *Bezugslinien* und *Bezugsflächen* dargestellt. Sie sind mit den Ganglinien und Gangflächen verwandt, die, wie bereits gezeigt, einen Sonderfall der Verbundenheit von hydrographischen Beobachtungsgrößen darstellen, bei dem eine Veränderliche die Zeit ist. Die Durchflußmengenlinie, die Pegelbezugslinie und die Geschiebemischungslinie[1] sind Beispiele von Bezugslinien. Von bemerkenswerten, in der Hydrographie gebräuchlichen Bezugsflächen werden nachstehend einige besprochen.

Isohyeten und Isohyonen. Zur Darstellung der Verteilung des Niederschlages, des Abflusses und der Abflußverluste in einem Einzugsgebiete verwendet man *hydrographische Karten*. Sie enthalten die Flußsysteme, die Abgrenzungen der Einzugsgebiete der Wasserläufe, das sind die *Wasserscheiden*, und sämtliche Niederschlags- sowie Wasserstands-Meßstationen.

Die Meßstationen erhalten je nach ihrer Ausgestaltung mit Meßgeräten und je nach dem Umfange der dort ausgeführten Beobachtungen verschiedene Bezeichnungen, die der Abb. 4 zu entnehmen sind.

Denkt man sich in jeder Beobachtungsstation die gemessene Niederschlagshöhe aufgetragen und die Punkte gleicher Niederschlagswerte miteinander verbunden, so ist durch diese Linien gleicher Feuchtigkeit, Isohyeten oder auch Niederschlagsgleichen genannt, die Verteilung des Niederschlages im gesamten Einzugsgebiete gekennzeichnet. Wegen der verhältnismäßig geringen Anzahl von Ombrometerstationen, namentlich in den Hochlagen, wird zur Einzeichnung

---

[1] Siehe S. 255, 253 und 189.

dieser Linienzüge die Erfahrungstatsache benützt, daß Punkte gleicher Seehöhe und gleicher klimatischer Lage annähernd gleiche Niederschlagshöhe aufweisen; es verlaufen deshalb die Isohyeten ungefähr wie die Höhenschichtenlinien.[1] In ähnlicher Weise kann man sich auch die jeweilige Schneelage versinnlichen, indem man die Linien gleicher Schneehöhen, die Isohyonen, in die hydrographischen Karten einzeichnet.

Die Isohyetenkarten werden zur Bestimmung der Niederschlags-Wasserfracht und der *mittleren Niederschlagshöhe eines Einzugsgebietes* verwendet. Die Niederschlags-Wasserfracht F_N ergibt sich als Rauminhalt des von den Isohyeten dargestellten Wasserkörpers. Die mittlere Niederschlagshöhe des Einzugsgebietes F ist gegeben durch $\dfrac{F_N}{F}$.

Auf anderem Wege bestimmt man die Verteilung des Abflusses in einem Flußgebiete. Aus der Abfluß-Wasserfracht F_A folgt die *mittlere Abflußhöhe* des Einzugsgebietes mit $\dfrac{F_A}{F}$. Ermittelt man diesen Wert für eine Reihe von Meßprofilen und verbindet man die Meßstellen gleicher Abflußhöhe in einer hydrographischen Karte, so erhält man die *Linien gleicher Abflußhöhe*.[2]

Nomographische Darstellung. Mit Hilfe dieser Darstellungsweise, die auch Methode der fluchtrechten Punkte genannt wird, gelingt es, Beziehungen von mehr als drei Veränderlichen in einer einzigen Zeichenebene zu veranschaulichen. Dieser Vorteil hat ihr ein weites Anwendungsfeld verschafft. In der Hydrographie ist ihre Verwendbarkeit insoferne beschränkt, als nomographische Darstellungen von drei und mehr Veränderlichen die Kenntnis des analytischen Ausdruckes der darzustellenden Beziehungen voraussetzen, eine Bedingung, die in diesem Wissensgebiete selten erfüllbar ist. Auch lassen nomographische Darstellungen die bei hydrographischen Untersuchungen notwendigen Umformungen von Schaubildern wie deren Verbindung nicht ohne weiters zu. Für die Auswertung des Endergebnisses solcher Untersuchungen dagegen, wo es nur auf eine gedrängte, übersichtliche und hinreichend genaue zahlenmäßige Entnahme von Bezugswerten ankommt, ist diese Methode empfehlenswert und ein vollwertiger Ersatz für umfangreiche Zahlentafeln.

Die Nomographie bedient sich hauptsächlich der Parallelkoordinaten. Es liegt also die Aufgabe vor, eine Darstellung in rechtwinkeligen Koordinaten in eine solche in Parallelkoordinaten umzuwandeln. Bei ebenen Bezugslinien kann man ohne Kenntnis ihres analytischen Ausdruckes auf zeichnerischem Wege zum Nomogramm gelangen. Man transformiert auf die in Abb. 273 dargestellte Weise, indem man vorerst die gegebene Bezugslinie B zu einer Geraden G streckt. Das Wertepaar x_1, y_1 im ersten rechtwinkeligen Achsensystem wird mit Hilfe dieser Geraden G, die man zweckmäßigerweise unter ungefähr 45^0 geneigt und durch den Achsenschnittpunkt gehend annimmt, in das Wertepaar x_1', y_1 umgeformt. Sind U und V die parallelen Leitern und ist $C\!-\!D$ die Null-Linie des nomographischen Bezugssystems, dann entspricht dem Punkte x_1, y_1 im kartesi-

---

[1] Nach den gleichen Gesichtspunkten werden in der Meteorologie die Isothermen- und Isobarenkarten hergestellt.

[2] Siehe S. 290.

schen Koordinatensystem die Gerade E—F im Parallel-Koordinatensystem. Man hat nur zu beachten, daß im Parallelsystem zum Abschnittstrich für x_1' auf der U-Achse die Wertgröße für x_1 und zum Abschnittstrich für y_1 auf der V-Achse die Wertgröße y_1 zu schreiben ist. Nach der gleichen Regel entsprechen den weiteren Punkten x_2, y_2 usw. der Bezugslinie B die Geraden H—J usw., die alle durch P gehen und deren Abschnittstriche auf der U- und V-Achse die Wertepaare x_2, y_2 usw. angeben. Will man nun umgekehrt aus den bezifferten Leitern die zusammengehörigen Werte einer Beziehung herauslesen, dann erhält man diese folgerichtig als die Schnittpunkte einer beliebigen Geraden, die man durch P legt, mit den Leitern U und V.

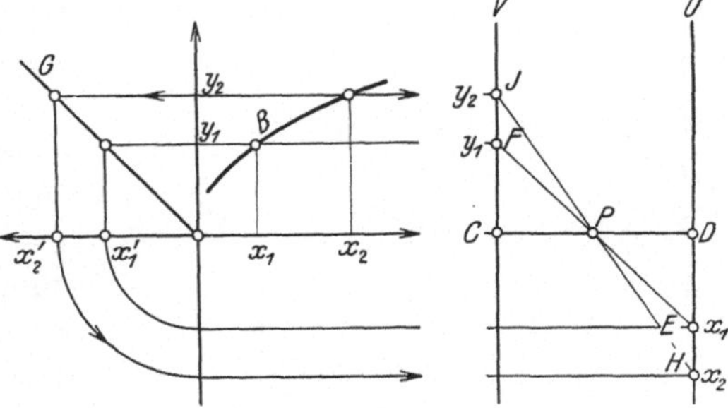

Abb. 273. Umformung einer Bezugslinie B in eine nomographische Darstellung mit zwei Leitern U und V.

Über den Rechnungsvorgang zur Umformung von rechtwinkeligen in Parallel-Koordinaten für drei und mehr Veränderliche liegt eine Reihe von Veröffentlichungen vor, die sich auch mit der Herstellung von Nomogrammen für hydraulische Gleichungen beschäftigen.[1]

Funktions-Skalen. Hat man es nur mit Beziehungen in der Ebene zu tun, dann bedient man sich der *Doppelskala*. Man trägt die Werte der Veränderlichen x, y der Funktion $y = f(x)$ zu beiden Seiten einer beliebig gewählten Skalenachse auf, und zwar derart, daß man den zu x_i gehörigen Wert y_i mit Hilfe der Bezugslinie sucht und den Punkt A in der Doppelskala mit den Wertgrößen x_i und y_i bezeichnet (Abb. 274). Für die Anwendung der Doppelskala ist es zweckmäßig, die Skalen in gleiche Wertestufen von x und y zu teilen.

Oft ist eine tabellarische Darstellung in folgender Form vorzuziehen.

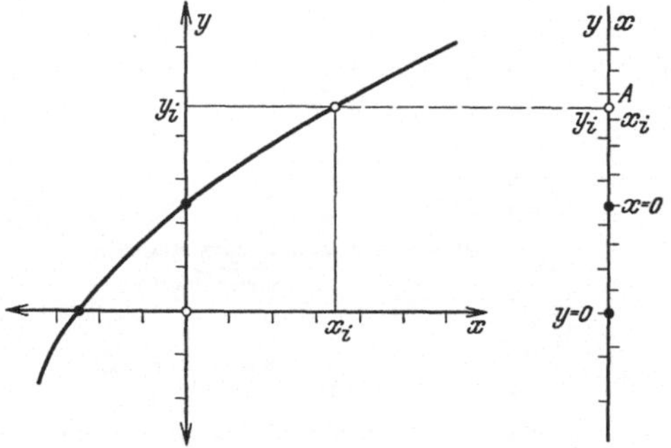

Abb. 274. Entwurf einer Doppelskala.

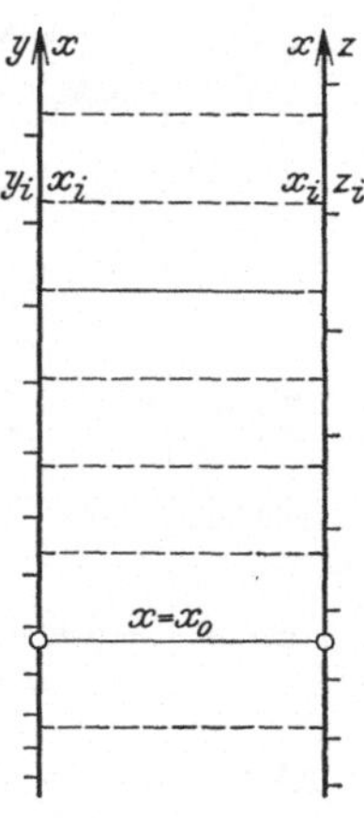

Abb. 275. Dreifache Skala für $y = f_1(x)$ und $z = f_2(x)$.

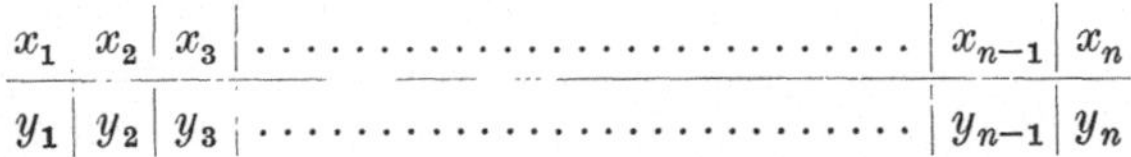

$$x_1 \quad x_2 \mid x_3 \mid \dots\dots\dots\dots\dots\dots\dots \mid x_{n-1} \mid x_n$$
$$y_1 \mid y_2 \mid y_3 \mid \dots\dots\dots\dots\dots\dots\dots \mid y_{n-1} \mid y_n$$

---

[1] O. LACMANN, Die Herstellung gezeichneter Rechentafeln. Berlin 1923. — M. PIRANI, Graphische Darstellung in Wissenschaft und Technik. Sammlung Göschen. — M. MAYER, Nomographie des Bauingenieurs. Sammlung Göschen. — A. SCHOKLITSCH, Graphische Hydraulik. Leipzig 1923.

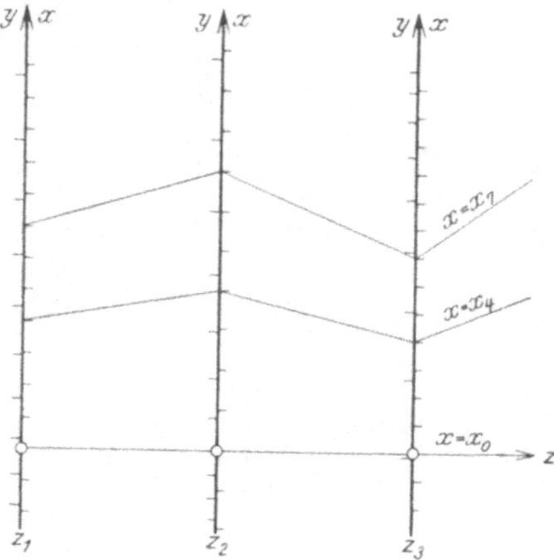

Abb. 276. Mehrfache Doppelskalen für
$z = f(x, y)$.

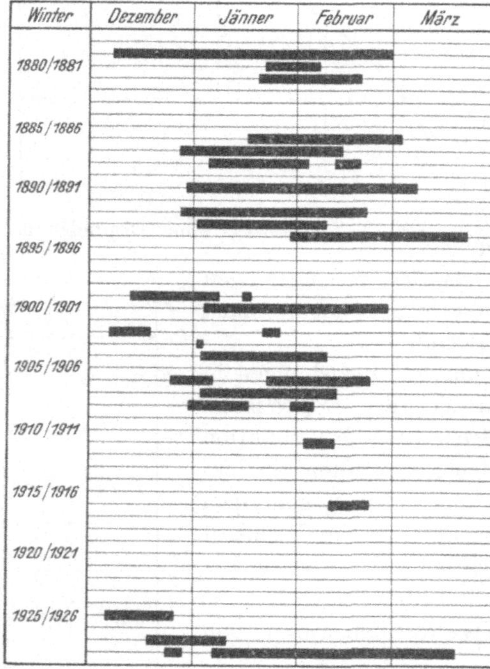

Abb. 277. Synoptische Darstellung des Auftretens der Eisstöße in der Donau zwischen Regensburg und Passau für die Jahresreihe 1878—1929.

Hierbei wählt man gewöhnlich für eine der Veränderlichen äquidistante Werte.

Handelt es sich um die Darstellung zweier Funktionen, die eine gemeinsame Veränderliche besitzen, wie $y = f_1(x)$ und $z = f_2(x)$, so kann man aus den beiden Bezugslinien in derselben Weise wie zuvor zwei Doppelskalen herstellen und der Übersichtlichkeit halber diese zu einer *dreifachen Skala* vereinigen, wie dies in Abb. 275 gezeichnet ist. Man wählt hierbei zweckmäßigerweise für x den Nullpunkt in beiden x-Skalen gleich hoch.

Für dreidimensionale Beziehungen $z = f(x, y)$ mit zwei unabhängig Veränderlichen x und y ist die skalare Methode ebenfalls anwendbar, und zwar in folgender Form.

Man denkt sich die Linien gleicher z gerade gestreckt, legt für x und y Doppelskalen an und zeichnet diese als Ordinatenlinien in Abständen, die nach einem beliebig gewählten Maßstabe den z-Werten entsprechen. Schließlich kann man in diesen *mehrfachen Doppelskalen* noch die Punkte gleicher x oder y verbinden und erhält dadurch Linienzüge ähnlich wie bei der Darstellung in Schichtenlinien, welche für die Anschaulichkeit sehr förderlich sind (Abb. 276).

Synoptische Darstellung. Sämtliche bisherigen Darstellungen vermitteln Wertgrößen, die entweder maßstäblich oder aus der Bezifferung ablesbar sind. Handelt es sich nur darum, das Auftreten, Anwachsen und Abnehmen eines Ereignisses oder den gegenseitigen zeitlichen Ablauf mehrerer Ereignisse abzubilden, dann bedient man sich der synoptischen Darstellungsweise.

Hierfür sei ein Beispiel aus dem für den Flußbau wie für den Betrieb von Wasserkraftanlagen wichtigen Gebiete herausgegriffen, das sich mit der Darstellung der Eisverhältnisse befaßt. In Abb. 277 ist das Auftreten von Eisstößen in der Donau zwischen Regensburg und Passau veranschaulicht, wobei auf Einzelheiten des Aufbaues, wie Stärke usw. keine Rücksicht genommen ist. Es ist nur die Tatsache des Auftretens verzeichnet und damit die Möglichkeit geboten, aus dieser einfachen synoptischen Darstellung einen Vergleich über die Eisverhältnisse in den einzelnen Beobachtungsjahren zu ziehen.[1]

Dritter Abschnitt.

Verarbeitung der Aufnahmeergebnisse.

Mit Hilfe der mathematischen Statistik erhält das fast unübersehbare Beobachtungs- und Erhebungsmaterial jene übersichtliche, geordnete Form, die erst seine Verwertung für zusammenfassende Darstellungen und zur Lösung einzelner hydrographischer Aufgaben ermöglicht. Wenn schon bei der Ordnung der Beobachtungen und Erhebungen eine zu weitgehende Schematisierung abzulehnen ist, so gilt dies um so mehr für deren Verarbeitung, da ein und dieselbe Aufgabe oft auf mehrere Arten gelöst werden kann.

Die in der Folge behandelten Untersuchungen sollen daher nur ein Bild der Bearbeitungsweise geben, die bei der Beantwortung einer Reihe von wichtigen Fragen der Hydrographie eingehalten werden kann. Die Behandlung der Aufgaben ist möglichst allgemein gehalten, da es hier vor allem auf die Methodik der Durchführung und weniger auf die Gewinnung von Zahlenwerten ankommt.

A. Zusammenfassende Darstellung der Niederschlagsverhältnisse eines Einzugsgebietes.

Verteilung des Niederschlages. Die hydrographische Beschreibung eines Gebietes baut sich in erster Linie auf der Darstellung der Niederschlagsverhältnisse auf. Hierbei werden der Darstellung der Niederschlagsverhältnisse eines Normaljahres jene einzelner charakteristischer Niederschlagsjahre und schließlich solche über noch kürzere Zeitabschnitte zu folgen haben.

Die Verteilung des Niederschlages in einem Normaljahre läßt sich am besten durch die Isohyeten in einer hydrographischen Karte des Gebietes darstellen. Als Beispiele sind in Abb. 278 die Isohyeten-Karte der Erde und in Abb. 279 jene von Deutschland gegeben.

Die erste Karte gibt Aufschluß über die Gebiete größter und kleinster Niederschlagshöhen auf der Erde. Die größten, bisher gemessenen Niederschlagshöhen weist das Himalajagebiet auf. Der Südwest-Monsun bringt aus dem Indischen Ozean ungeheure Verdunstungsmengen, die sich zum größten Teile auf den Südabhängen dieses Gebirges niederschlagen und eine Jahres-Niederschlagshöhe bis zu 16000 mm verursachen. Im Gegensatz hierzu sind andere Gebiete, wie die Sahara oder das Innere Australiens, fast niederschlagslos.

---

[1] K. HETZEL, Eisbildung und Eisbekämpfung im Donau-Kachlet bei Passau. Wasserkraft u. Wasserwirtschaft, München, H. 13 u. 14, 1929.

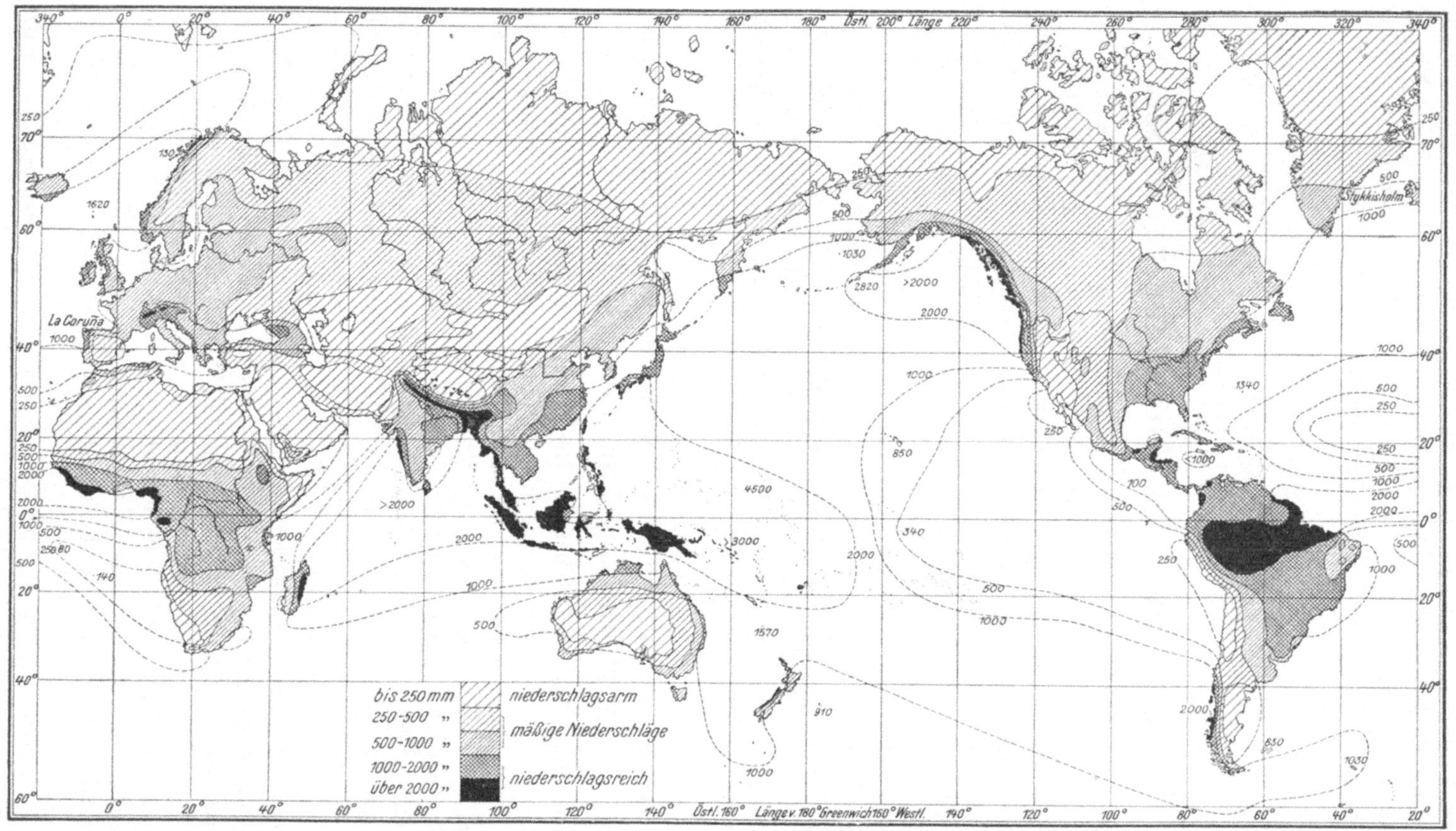

Abb. 278. Linien gleicher Jahres-Niederschlagshöhen der Erde.

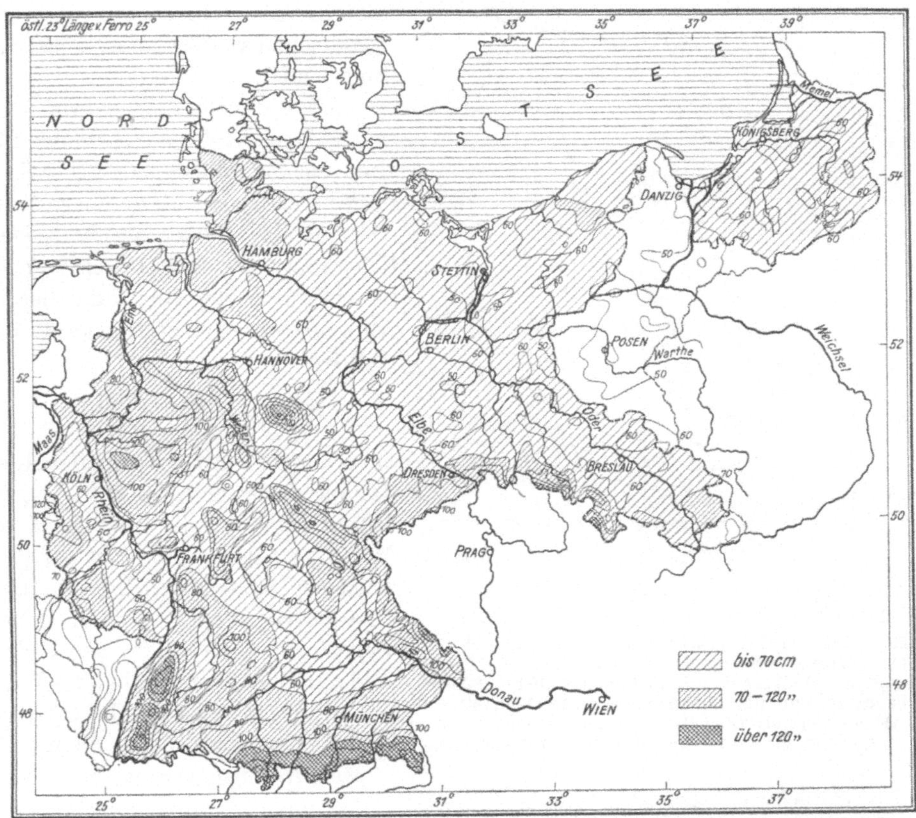

Abb. 279. Linien gleicher Jahres-Niederschlagshöhen von Deutschland.

Die Isohyeten-Karte Deutschlands zeigt in charakteristischer Weise die durch Höhenlage, Richtung der Gebirgszüge und Lage zum Meere bedingte Verteilung des Niederschlages.

Aus den Niederschlagsbeobachtungen kann ein Zusammenhang zwischen Seehöhe und Niederschlag festgestellt werden. Er ist jedoch selbst in klimatisch gleichartigen Gebieten kein eindeutiger, da die Niederschlagshöhe eines Ortes, wie schon erwähnt, außer durch die Seehöhe noch durch die besonderen örtlichen Verhältnisse beeinflußt wird. Immerhin ist es möglich, in nicht zu ausgedehnten Niederschlags-

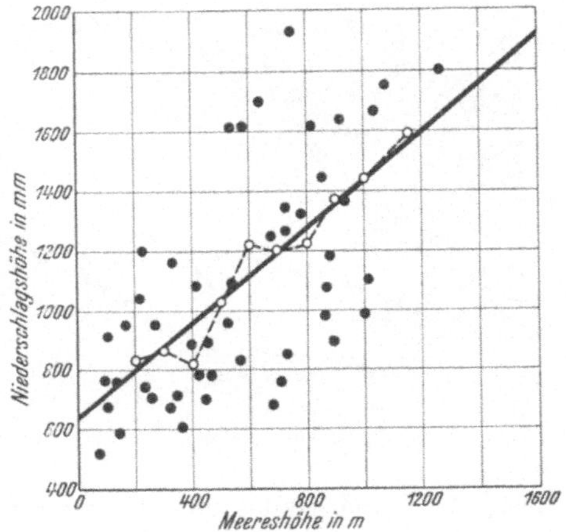

Abb. 280. Beziehung zwischen Niederschlagshöhe und Seehöhe im Schwarzwald.

gebieten eine näherungsweise Beziehung zwischen der Normalzahl der Niederschlagshöhe und der Seehöhe des Ortes aufzustellen, die weiterhin für

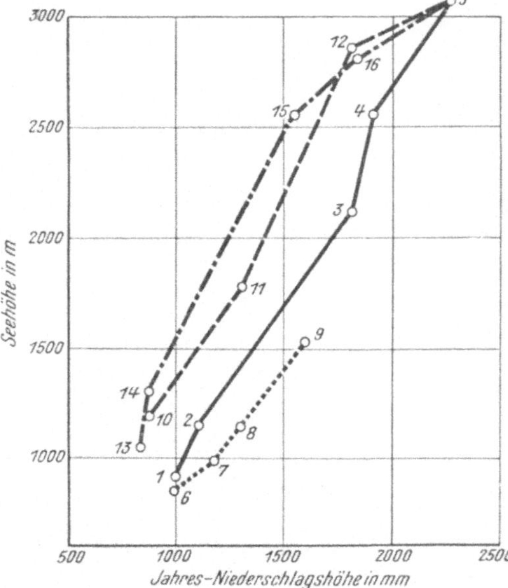

Abb. 281. Beziehung zwischen Niederschlagshöhe und Seehöhe im Sonnblickgebiet.

Raurisertal: 1 Rauris, 2 Bucheben, 3 Maschine, 4 Rojacher-Hütte, 5 Sonnblick. — Gasteinertal: 6 Dorfgastein, 7 Badgastein, 8 Böckstein, 9 Naßfeld. — Südhang: 10 Mallnitz, 11 Fraganter-Hütte, 12 Brett. — Kleines Fleißtal: 13 Döllach, 14 Heiligenblut, 15 Unteres kl. Fleißkees, 16 Mittleres kl. Fleißkees.

überschlägige Berechnungen der Niederschlagswasserfracht Verwendung finden kann.

Als Beispiele sind in Abb. 280 und 281 solche Zusammenhänge für Niederschlagsgebiete im Mittelgebirge und Hochgebirge dargestellt.

Für das Gebiet des badischen Schwarzwaldes läßt er sich angenähert durch die Gleichung der in Abb. 280 gezeichneten Ausgleichsgeraden

$$\bar{h}_{N,\,\text{Jahr}} = 630 + 0{,}81\,h$$

ausdrücken, wenn die Normalzahl der Jahres-Niederschlagshöhe $\bar{h}_{N,\,\text{Jahr}}$ in Millimeter und die Seehöhe h in Meter gemessen wird.[1] In der graphischen Darstellung geben die durch eine gestrichelte Linie verbundenen Punkte die Mittelwerte der Niederschlagshöhen aller Stationen an, die einen gegenseitigen Höhenunterschied von weniger als 50 m aufweisen. Einzelne Stationen zeigen bedeutende Abweichungen, und zwar jene auf den West- und Südwestabhängen, die den Hauptregenwinden ausgesetzt sind, vorwiegend positive und jene im Regenschatten negative Abweichungen.

Für den Sonnblick in den Hohen Tauern sind in Abb. 281 die Ergebnisse von Niederschlagsmessungen für die Jahresreihe 1927—1932 nach Tälern geordnet wiedergegeben.[2] Die Bezugslinien zeigen deutlich die beständige Zunahme der Jahresniederschlagshöhe im Bereiche von 1000 bis über 3000 m Seehöhe. Man erkennt auch den

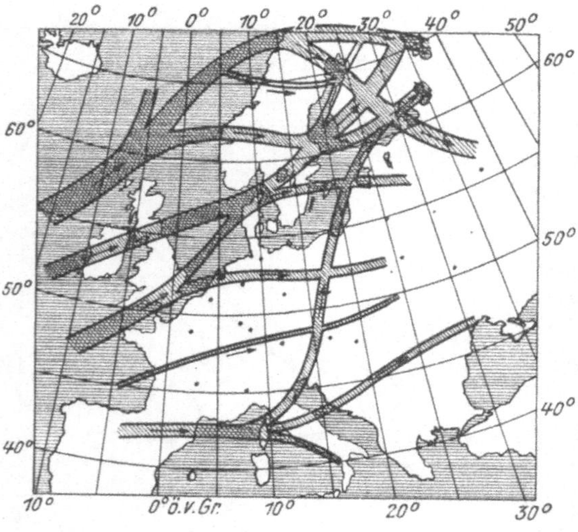

Abb. 282. Zugstraßen der Barometerminima in Europa nach W. J. van Bebber.

---

[1] Nach Th. Rehbock in R. Drenkhahn, Die hydrographischen Grundlagen für die Planung von Wasserkraftwerken in Südwestdeutschland. Berlin 1926.

[2] F. Steinhaus, Neue Ergebnisse von Niederschlagsbeobachtungen in den Hohen Tauern. Meteorologische Zeitschrift, H. 1, 1934.

Niederschlagsüberschuß der auf der Nordseite als Luvseite liegenden Täler der Rauriser und Gasteiner Ache gegenüber dem Südhang des Sonnblicks und der nach Südwesten offenen Flußtäler und damit den Einfluß der regenbringenden Winde.

Analyse von Starkregen. Um ein Bild über den Aufbau eines Regens zu gewinnen, werden die Isohyetenkarten für eine Aufeinanderfolge kürzerer Zeitabschnitte gezeichnet. Aus diesen Karten lassen sich mit Benützung der Ombrogramme die einen Niederschlagsvorgang kennzeichnenden Bestimmungsstücke, nämlich die Niederschlagshöhe, Niederschlagsspende oder Niederschlagsstärke und das zugehörige Niederschlagsgebiet, entnehmen.

Derartige Analysen kommen in erster Linie für *Starkregen* in Betracht. Diese Regen, die auch die Bezeichnung Platzregen, Schlagregen, Sturzregen oder Gewitterregen führen und im Volksmunde Wolkenbrüche genannt werden, besitzen gegenüber den sogenannten *Landregen* eine größere Stärke bei geringerer Regendauer und kleinerem Niederschlagsgebiet.[1]

Starkregen sind an den verschiedensten Orten der Erde beobachtet worden. Man hat allerdings Gebiete mit größerer Häufigkeit von Starkregen in den sogenannten *Zugstraßen der Barometerminima* festgestellt (Abb. 282), doch kann jedes Gebiet einem solchen außergewöhnlichen Ereignis ausgesetzt sein.[2] Daraus ergibt sich aber für die wasserbauliche Praxis die wichtige Folgerung, daß derartige, außergewöhnlich große Niederschläge auch dort in Rechnung zu ziehen sind, wo sie bisher noch nicht beobachtet wurden.

In der Tabelle 23 sind für eine Anzahl der stärksten bisher bekannt gewordenen Starkregen deren Ergiebigkeit, Niederschlagsdauer und -stärke zusammengestellt.

Für eine eingehende Analyse der Starkregen sind auch die zugehörigen Niederschlagsflächen von Belang. In den wenigsten Fällen ist deren Ausmaß festgestellt worden, weil hierzu ein dichtes Netz von Niederschlagsmessern notwendig ist, das aber nur in Ausnahmefällen gerade am Orte solcher besonderer Niederschlagsereignisse vorhanden ist. Der zeitliche Verlauf des Niederschlagsvorganges kann mit besonderer Genauigkeit nur durch selbstschreibende Niederschlagsmesser festgelegt werden.

Solche günstige Aufnahmeverhältnisse lagen bei dem Starkregen vor, der die Stadt Nürnberg und deren Umgebung am 3. Juli 1914 heimsuchte und der in der Folge beschrieben wird.[3]

---

[1] Regen von größerer Dauer als 6 Stunden werden gewöhnlich als Landregen und jene von kürzerer Dauer als Starkregen bezeichnet. Siehe auch S. 272, wo eine weitere Unterteilung der Starkregen angegeben ist.

[2] W. J. VAN BEBBER, Die Zugstraßen der barometrischen Minima. Meteorologische Zeitschrift, H. 10, 1891. — A. SCHEDLER, Die Zirkulation im nordatlantischen Ozean und den anliegenden Teilen der Kontinente, dargestellt durch Häufigkeitswerte der Zyklonen. Annalen d. Hydrographie u. maritimen Meteorologie, H. 1, 1924. — PH. FORCHHEIMER, Über Höchstwasserdurchfluß im südlichen Europa. Österr. Wochenschrift f. d. öffentl. Baudienst, H. 1, 1916.

[3] J. HAEUSER, Der Wolkenbruch in Nürnberg und Umgebung am 3. Juli 1914. Hydrogr. Zentr. Bureau Bayern, München 1914. — Siehe auch: PH. FORCHHEIMER, Der Wolkenbruch im Grazer Hügelland vom 16. Juli 1913. Sitz.-Ber. d. K. Akad. d. Wissenschaften in Wien, Wien 1913. — HYDROGRAPHISCHES ZENTRALBUREAU WIEN, Der Wolkenbruch in der Umgebung von Hořitz in Böhmen. Österr. Wochenschrift f. d. öffentl. Baudienst, H. 2, 1910.

Tabelle 23. Starkregen mit außergewöhnlicher Niederschlagsstärke.

Land	Beobachtungsort	Beobachtungs-zeit	Ergiebigkeit in mm	Niederschlagsdauer in Minuten	Niederschlagsstärke in mm/min
Ostpreußen	Aweyden	4. VIII. 1895	23	5	4,60
Westpreußen	Adelheidstal	22. VI. 1898	26,3	13	2,02
„	Wildungen	1. VIII. 1876	134	100	1,34
Posen	Meseritz	20. V. 1899	9,9	3	3,30
Schlesien	Seifershau	22. V. 1898	14,6	5	2,92
Brandenburg	Treuenbrietzen	31. VII. 1897	51,2	23	2,23
Pommern	Pinnow	16. VII. 1891	32	15	2,13
Mecklenburg	Bernitt	23. VIII. 1900	24,2	10	2,42
Sachsen	Laue	5. VI. 1895	29,8	6	4,97
Schleswig-Holstein	Pinneberg	11. VIII. 1895	17,3	5	3,46
Hannover-Braunschw.	Hettensen	15. VIII. 1901	12,5	3	4,17
Westfalen	Wegeringhausen	13. V. 1899	12,9	3	4,30
„	Oedingen	20. VIII. 1900	78,3	30	2,61
Hessen-Nassau	Vockerode	16. VIII. 1899	34,4	15	2,29
Rheinprovinz	Morsbach	19. VII. 1895	33,2	10	3,32
Hohenzollern	Liggersdorf	24. VIII. 1898	10,8	5	2,16
Sachsen	Annaberg	10. IX. 1867	24	15	1,60
Hessen	Darmstadt	28. VII. 1902	6,3	4	1,58
Bayern (Donaugebiet)	Stuben	9. VII. 1903	5,8	1	5,80
„ „	Oberheisendorf	12. IX. 1905	30,7	10	3,07
„ „	Forsthaus Falleck	1. IX. 1913	170	90	1,89
„	Bannwaldsee b. Füßen	25. V. 1920	126	8	15,75
„ (Rheingebiet)	Aschaffenburg	10. VIII. 1903	4,9	1	4,90
„ „	Creußen	9. VIII. 1903	29,5	15	1,97
Österreich	Kreuzen bei Villach	28. V. 1904	197	45	4,38
„	Graz, Stiftingtal	16. VII. 1913	670	180	3,72
„	Gleichenberg	5. VIII. 1893	65	30	2,17
„	Schaueregg a. Wechsel	10. VIII. 1915	650	120	5,42
„	Mariabrunn b. Wien	1. VIII. 1896	17,4	5	3,48
„	Wien	1. VIII. 1896	37,3	15	2,49
„	Wien	2.—3. VII. 1895	20	12	1,67
Schweiz	Basel	28. VII. 1896	22,3	5	4,46
Frankreich	Marseille	13. IX. 1877	240	120	2,00
Ostpyrenäen	Molitg les Bains	20. V. 1868	313	90	3,48
Rumänien	Curtea de Arges	7. VII. 1899	205	20	10,20
Südafrika	Bulowayo	—	356	15	23,73
Süd-Kalifornien	Opid's Camp bei Los Angeles	5. IV. 1926	26	1	26,00
Panama	Porto Bello	20. XI. 1911	63	5	12,60

Der Regenkern befand sich ungefähr im Stadtmittelpunkte. Durch die Verteilung der sechs vorhandenen Ombrographen und einer großen Anzahl gewöhnlicher Ombrometer konnte der Aufbau des Niederschlagsvorganges mit genügender Schärfe erfaßt werden, wie aus den in Abb. 283 dargestellten Isohyeten für die Niederschlagszeitabschnitte 19^{15}—19^{30}, 19^{15}—19^{45}, 19^{15}—20^{00} und 19^{15}—21^{20} und den in Abb. 284

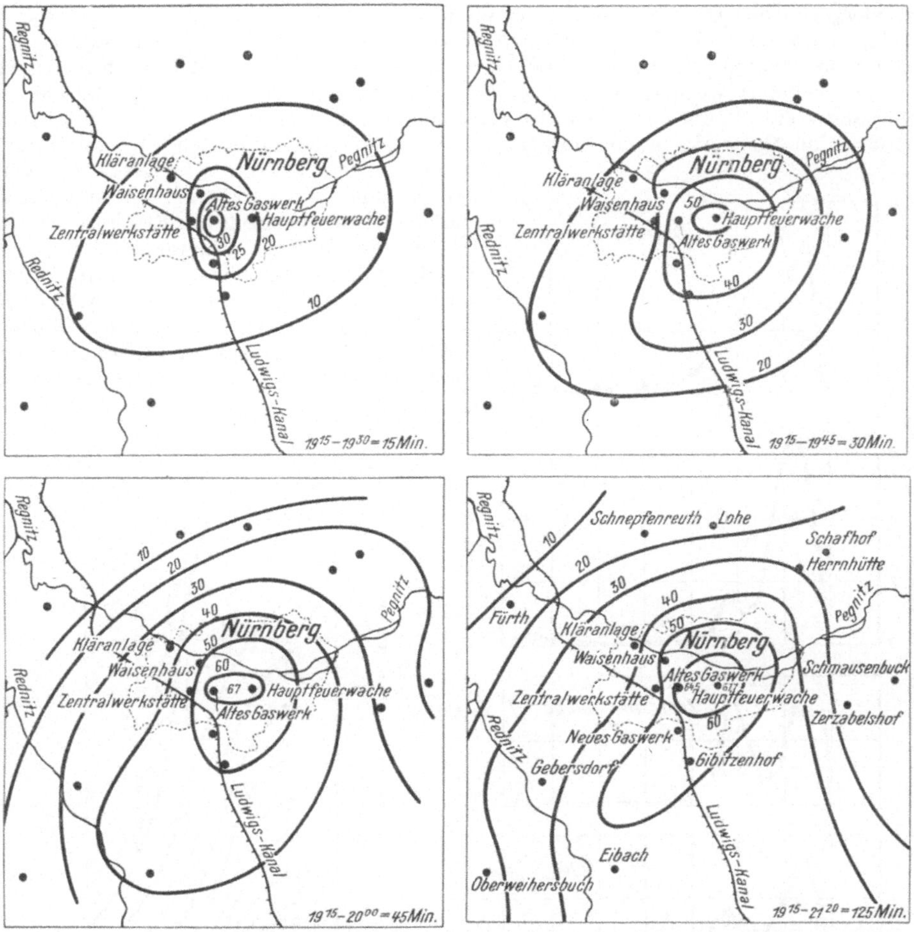

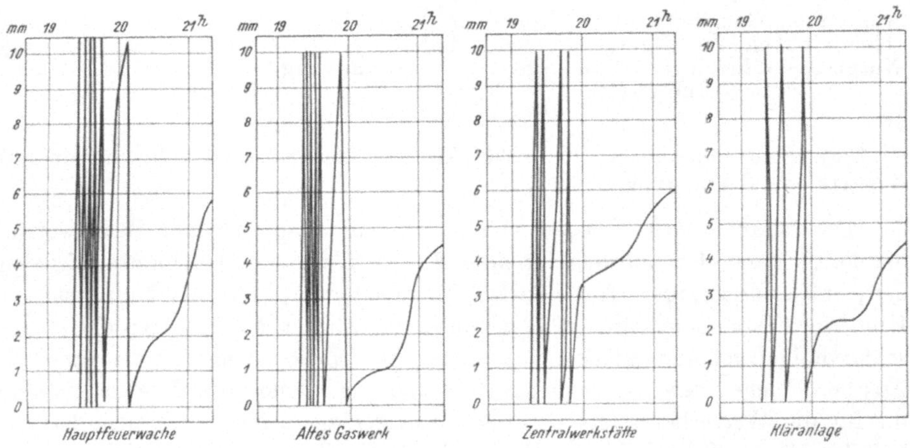

Abb. 283. Niederschlagsverteilung in Nürnberg und Umgebung während des Starkregens vom 3. Juli 1914 nach J. Haeuser.

Abb. 284. Ombrogramme der Niederschlagsstationen im Stadtgebiet Nürnberg während des Starkregens vom 3. Juli 1914.

wiedergegebenen Ombrogrammen der im Regenkerne befindlichen Stationen zu entnehmen ist. 90 v. H. der gesamten Niederschlagswasserfracht waren bereits in den ersten 35 Minuten gefallen, während die restlichen 10 v. H. erst in der darauffolgenden Stunde geliefert wurden. Der Regenkern erlitt während des ganzen Niederschlagsvorganges eine kaum nennenswerte Verschiebung; er rückte von der Niederschlagsmeßstation Gaswerk zu der ungefähr einen Kilometer entfernten Station Hauptfeuerwache vor. Die Regenstärke war eine wechselnde, was eine bei Gewitterregen immer wieder beobachtete Erscheinung ist. So zeigen die im Stadtgebiet liegenden Niederschlagsmeßstationen als Mittelwerte aus je 5 Minuten Regendauer das in Abb. 285 wiedergegebene graphische Bild der Niederschlagsstärken, die aus den Ombrogrammen bestimmt wurden. Durchwegs ist ein rasches Ansteigen der Stärke, meistens auf zwei

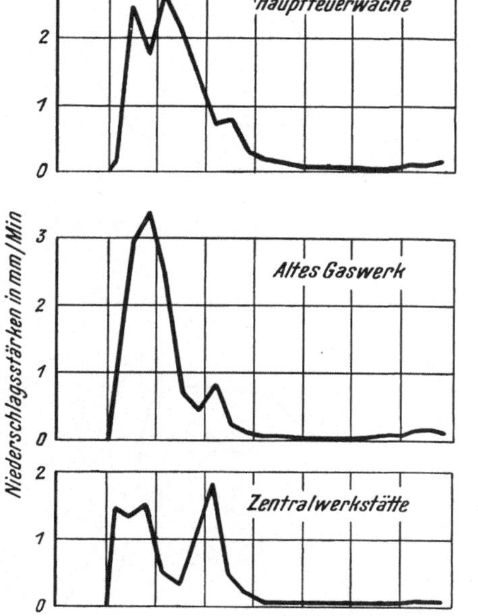

Abb. 285. Ganglinien der Niederschlagsstärken im Stadtgebiet von Nürnberg während des Starkregens vom 3. Juli 1914.

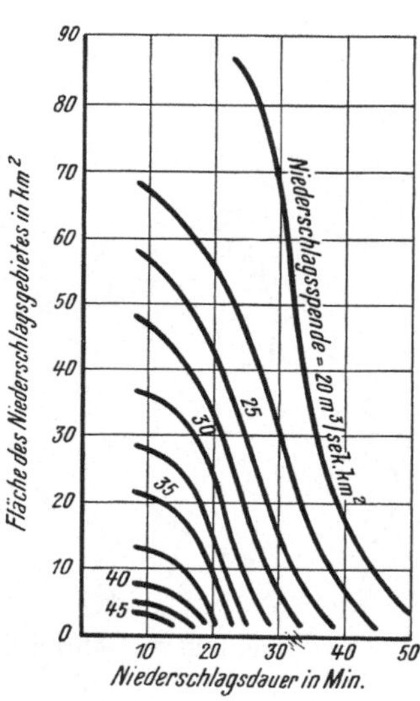

Abb. 286. Beziehung zwischen Niederschlagsfläche, -spende und -dauer für den Starkregen in Nürnberg vom 3. Juli 1914 nach J. HAEUSER.

Größtwerte zu verzeichnen. Die größte Niederschlagsstärke hatte die Station Altes Gaswerk mit 3,4 mm/min.

Das herangezogene Beispiel liefert auch Anhaltspunkte zur Beantwortung der Frage nach der Ausdehnung eines Niederschlages von bestimmter Ergiebigkeit, Stärke und Dauer. Aus den Isohyetenkarten in Abb. 283 kann man mit Hilfe eines Planimeters die zu bestimmten räumlichen Mittelwerten der Niederschlagshöhen gehörige Flächenausdehnung des Niederschlagsgebietes ermitteln. Aus der Fläche, der Niederschlagshöhe und der Dauer des Regens läßt sich die für die Wasserbaupraxis wichtige Niederschlagsspende berechnen. Die verhältnismäßig große Anzahl von Niederschlagsschreibern läßt diese Untersuchung auch für verschiedene Zeitabschnitte des Gesamtregens zu und ermöglicht es, einen Zusammenhang zwischen Niederschlagsfläche, -spende und -dauer zu gewinnen, der in Abb. 286 dargestellt ist.[1]

[1] In J. HAEUSER, Der Wolkenbruch in Nürnberg und Umgebung am 3. Juli 1914, München 1917, welcher Veröffentlichung die obigen Werte entnommen sind, hat deren Verfasser auch versucht, die meteorologischen Ursachen dieses außergewöhnlichen Niederschlagsereignisses klarzulegen. Sie lassen sich, wie dort auseinandergesetzt wird, durch Annahme einer aufsteigenden Luftbewegung und adiabatischen Zustandsänderung erklären. Da diese Darstellung einen Einblick in die in der Atmosphäre vermutlich sich abspielenden Vorgänge gewährt, soll sie nachstehend wörtlich angeführt werden.

„Bei Eintritt der Böe um 7^{15} nm. betrugen in Nürnberg:

$$\text{Luftdruck} \dots\dots\dots\dots 729{,}0 \text{ mm}$$
$$\text{Temperatur} \dots\dots\dots\dots 27{,}0^0$$
$$\text{relative Feuchtigkeit} \dots\dots 54 \text{ v. H.}$$

Daraus folgt für den Anfangszustand ein Wasserdampfgehalt von 12,3 g im kg bzw. 13,8 g im m³.

Läßt man nun die Luftmasse ohne Wärmezufuhr in höhere Schichten der Atmosphäre aufsteigen, so ergeben sich mit Hilfe der HERTZschen Adiabatentafel für den Punkt beginnender Kondensation folgende Werte der meteorologischen Elemente: Temperatur 14,8⁰, Luftdruck 633 mm, Wasserdampfgehalt im m³: 12,6 g. Höhe der unteren Grenze der Kondensation über dem Erdboden 1150 m.

Gemäß dem Freiwerden latenter Wärme wird beim weiteren Aufstieg die Temperaturabnahme geringer. Die Temperatur 0⁰ wird erreicht bei einem Luftdruck von 448 mm und in einer Höhe von 3900 m über dem Erdboden; nun sind nur mehr 4,9 g Wasserdampf im m³ enthalten, 7,7 g wurden in den ersten 1750 m bereits kondensiert. Auf etwa 160 m tritt nun zunächst infolge des Gefrierungsprozesses keine Temperaturabnahme ein; sodann beginnt aber die Temperatur wieder rascher zu sinken. Nimmt man an, daß die Luftmasse bis 7 km über dem Erdboden aufsteigt, woraus sich für die Wolkenschicht eine Höhe von 5850 m ergibt, so werden folgende meteorologische Werte erreicht:

$$\text{Temperatur} \dots\dots\dots\dots - 17^0$$
$$\text{Luftdruck} \dots\dots\dots\dots 304 \text{ mm}$$
$$\text{Wasserdampfgehalt} \dots\dots\dots 1{,}3 \text{ g im m}^3$$

Es haben sich also seit Beginn der Kondensation aus dem m³ 11,3 g, aus der ganzen Luftsäule 5,85 × 11,3 kg = 66,1 kg Wasser ausgeschieden, und zwar auf eine Fläche von $\dfrac{729}{304}$ = 2,4 m²; dies ergibt eine Niederschlagshöhe von rund 28 mm. Bei einer durchschnittlichen Aufstiegsgeschwindigkeit von 7 m/sek berechnet sich hieraus für die ersten 25 Minuten nach Regenbeginn eine Niederschlagshöhe von 50 mm; tatsächlich gemessen wurden in der Zeit von 7^{20}—7^{45} an der Station Hauptfeuerwache 51,9, am Alten Gaswerk 49,4 mm.

Die Annahme eines adiabatischen Vorganges als Ursache der selten starken Niederschlagstätigkeit ist also gerechtfertigt.

Somit dürfen die Fragen:

‚Können Niederschläge von der in Nürnberg am 3. Juli 1914 beobachteten Ergiebigkeit, Intensität und Dauer auch in sämtlichen anderen Gegenden Bayerns vorkommen?‘ und ferner:

‚Dürfen sie überall, wo mit Größtmengen ohne Rücksicht auf deren Häufigkeit zu rechnen ist, den Berechnungen zugrunde gelegt werden?‘ mit ja beantwortet werden. Dagegen deutet schon die Wahrscheinlichkeit adiabatischer Vorgänge als Ursache der regen Niederschlagstätigkeit darauf hin, daß solche Niederschläge andernorts, in anderem Gelände eine andere Ausdehnung, beziehungsweise Form derselben annehmen und damit also vom Gelände nach dieser Hinsicht abhängig werden, dies um so mehr, als ein solch heftiges, anhaltendes Aufsteigen der Luft in einem vertikalen Schlauch genügende Zufuhr wasserdampfreicher Luft aus der Umgebung voraussetzt.“

Werden derartige Untersuchungen auf vieljährige Beobachtungsergebnisse ausgedehnt, dann kann man die Niederschläge gleicher Stärke oder Spende nach der Anzahl ihres Auftretens, also nach ihrer Häufigkeit, ordnen. Damit ist eine Grundlage zur Voraussage über die zu erwartende Größe eines Niederschlages gewonnen. Solche Angaben sind, wenn sie auch nur den Charakter von wahrscheinlichen Werten tragen, von großer Bedeutung für den Wasserbau. Insbesondere ist neben der Angabe der Niederschlagsspende jene der Häufigkeit dann von Wichtigkeit, wenn es sich um Bauwerke handelt, deren Mehrkosten den Schaden übersteigen, der etwa bei allfälligen, geringeren Abmessungen der Bauwerke entstehen könnte. Solche Erwägungen sind vor allem bei Entwässerungsanlagen von Ortschaften am Platze, da man das Kanalisationsnetz nicht nach dem größten zu erwartenden Niederschlage, sondern gewöhnlich nach jenem bemißt, dessen Häufigkeit in einem Jahre etwa 1 bis 3 beträgt.

Die Ermittlung des Zusammenhanges zwischen Niederschlagsspende, -dauer und -häufigkeit ist nach den bereits erläuterten Grundsätzen der graphischen Statistik möglich. Die Beobachtungsreihe, welche sich auf das Kollektiv: Niederschlag in einer bestimmten Ortschaft bezieht, besitzt im vorliegenden Falle die beiden Merkmale Niederschlagsspende q_N und Niederschlagsdauer t_r. Aus der Urliste, beispielsweise jener aller Starkregen der Stadt Nürnberg, folgt für den Zeitabschnitt 1899—1915 die in Tabelle 24 dargestellte Korrelationstafel mit den beiden Eingängen q_N in l/sek.ha und t_r in Minuten, wobei die Häufigkeiten auf ein Jahr gemittelt angegeben sind.

Tabelle 24. Korrelationstafel für die Starkregen der Stadt Nürnberg im Zeitabschnitt 1899—1915.

Niederschlagsstärke in mm/min	q_N = Niederschlagsspende in l/sek.ha	t_r = Niederschlagsdauer in Minuten					
		1—5	6—10	11—20	21—30	31—45	46—60
0,10	16,7	.	.	.	80	64	50
0,21	35,0	121	100	54	33	24	12
0,31	51,7	106	77	40	19	11	7
0,41	68,3	87	57	26	16	7	4
0,51	85,0	74	42	19	11	6	4
0,61	101,7	57	30	14	6	5	2
0,71	118,3	51	22	11	6	2	2
0,81	135,0	36	17	4	5	2	2
0,91	151,7	32	13	4	4	2	2
1,01	168,3	23	8	4	2	2	1
1,21	201,7	13	4	3	1	1	.
1,41	235,0	8	4	1	1	.	.
1,61	268,3	7	3	1	1	.	.
1,81	301,7	4	1	1	1	.	.
2,01	335,0	3	1	1	.	.	.
2,21	368,3	2	1	1	.	.	.
2,41	401,7	1	1	.	.	.	.
2,61	435,0	1	.	.	.	.	.

Die Häufigkeitsfläche nimmt die in Abb. 287 gezeichnete Gestalt an. Hat man sich etwa entschlossen, ein Entwässerungsnetz so auszubauen, daß es für eine voraussichtlich nur einmal im Jahre erreichte oder überschrittene Abflußmenge genügen soll, dann ergibt sich eine eindeutige Beziehung zwischen q_N und t_r, welche in Abb. 287 durch die Bezugslinie für die Häufigkeit 1 vermittelt wird. Solche Linien gleicher Häufigkeit führen die Bezeichnung *Regenlinien* und die gleich häufigen Regen nennt man *wirtschaftlich gleichwertige Regen*.

Derartige Analysen von Starkregen sind auch auf größere Niederschlagsgebiete als solche Entwässerungsgebiete von Ortschaften ausgedehnt worden, wobei allerdings nach Möglichkeit nur Gebiete ziemlich einheitlichen klimatischen Charakters herangezogen wurden. Bemerkenswert in dieser Beziehung sind die umfangreichen Arbeiten, die von der Bayrischen Landesstelle für

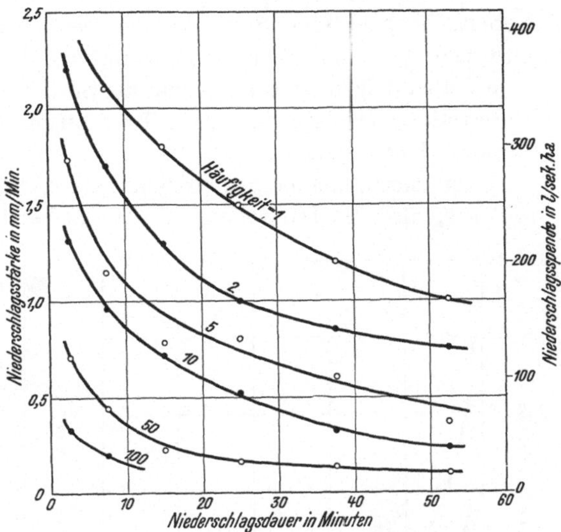

Abb. 287. Häufigkeitsfläche für die Starkregen der Stadt Nürnberg für die Jahresreihe 1899 bis 1915.

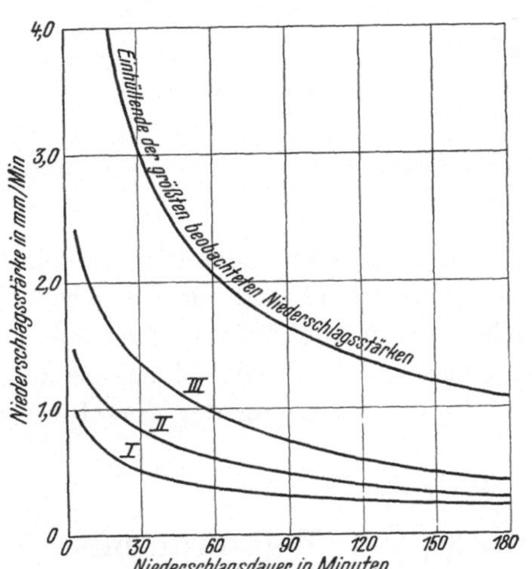

Abb. 288. Gruppeneinteilung der Starkregen in Bayern.

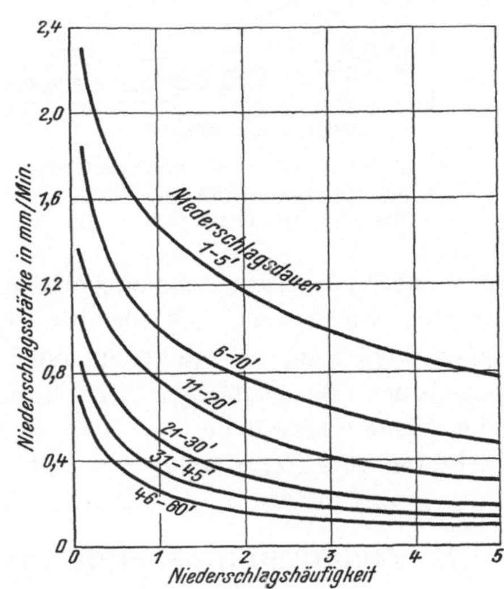

Abb. 289. Beziehung zwischen Niederschlagshäufigkeit, -stärke und -dauer für Starkregen im bayrischen Alpenvorland.

Gewässerkunde in München durchgeführt worden sind und die zu den in den Abb. 288—291 zusammengestellten Ergebnissen geführt haben.[1]

———

[1] J. Haeuser, Kurze starke Regenfälle in Bayern, ihre Ergiebigkeit, Dauer, Häufigkeit und Ausdehnung. Abhandlung der Bayrischen Landesstelle für Gewässerkunde, München 1919.

Zur Gewinnung dieser nur für das Land Bayern gültigen Ergebnisse sind ungefähr 20 000 in den Jahren 1899—1915 in Bayern beobachtete stärkere Regenfälle herangezogen und ausgewertet worden. Zunächst wurden die in diesem Gebiete beobachteten Starkregen je nach den Niederschlagsstärken in gewisse Gruppen geordnet (Abb. 288). Sämtliche Regen, welche die Werte der Grenzlinie I übersteigen, sind allgemein als Starkregen bezeichnet worden. Die weitere Unterteilung erfolgte nach den Trennungslinien II und III in Platzregen und stärkere Platzregen.

Der Zusammenhang zwischen Dauer, Stärke und Häufigkeit des Niederschlages, also die Darstellung der wirtschaftlich gleichwertigen Regen, ist für

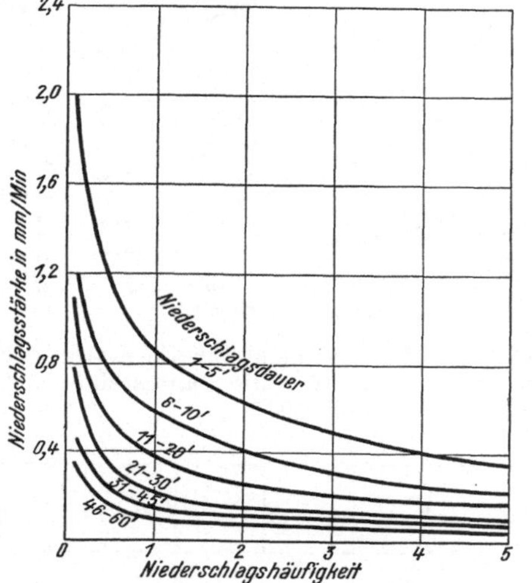

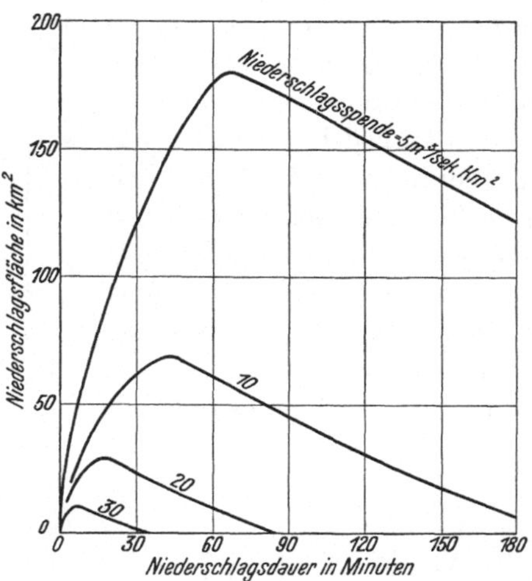

Abb. 290. Beziehung zwischen Niederschlagsdauer-, -stärke und -häufigkeit für Starkregen in der Bayrischen Pfalz.

Abb. 291. Beziehung zwischen Niederschlagsfläche, -spende und -dauer für Starkregen in Bayern.

einzelne, hydrographisch sich ziemlich einheitlich verhaltende Gebiete aufgestellt worden. So ergaben sich für das bayrische Alpenvorland und für die Rheinpfalz, welche am meisten voneinander abweichen, die in Abb. 289 und 290 wiedergegebenen Bezugsflächen. Die Beziehung zwischen der Niederschlagsspende, der Niederschlagsdauer und der mittleren Flächenausdehnung der dort beobachteten Starkregen zeigt Abb. 291.

B. Zusammenfassende Darstellung der Wasserstandsverhältnisse eines Flußsystems.

Beständigkeit und Veränderung von Flußprofilen und Flußstrecken. Die Verwertung von Wasserstandsbeobachtungen kann zu unbrauchbaren Ergebnissen führen, wenn der Flußlauf während der Beobachtungsdauer unbeständig war und das Maß der aufgetretenen Veränderungen unbekannt ist. Aus diesen Gründen hat in zweifelhaften Fällen jeder Verwertung von Pegelaufschreibungen eine Bestandsuntersuchung der in Frage kommenden Flußstrecke voranzugehen.

Ein Fluß, der noch keiner Regelung unterworfen worden ist und in dem auch sonst keinerlei wasserbauliche Anlagen ausgeführt worden sind, kann für kürzere Zeitabschnitte als im *natürlichen Gleichgewichte* angesehen werden. Eingriffe in das Flußregime durch Flußregelung oder andere wasserbauliche Arbeiten verursachen eine Störung des natürlichen Bestandes, die sich entweder in einer Änderung der Wasserspiegellage allein oder auch noch in einer Umformung der Sohle des Flußbettes auswirken kann.

Die Lagenänderung des Wasserspiegels, hervorgerufen durch irgendwelche Kunstbauten im Flusse, und damit die Beeinflussung der Pegellesungen kann gewöhnlich ohne besondere Schwierigkeiten bestimmt werden. Diese Veränderungen werden bedingt durch Stau oder Absenkung des Wasserspiegels und lassen sich, da das sie verursachende Bauwerk in seinen Abmessungen bekannt ist, mit genügender Genauigkeit rechnerisch erfassen.

Anders verhält es sich mit der Lagenänderung der Flußsohle und der damit im Zusammenhang stehenden Wasserspiegeländerung. Die Umformung der Flußsohle entzieht sich der unmittelbaren Beobachtung. Die Kenntnis ihres absoluten Maßes und ihrer besonderen Form kann für den vorliegenden Fall entbehrt werden, weil es sich schließlich doch nur um die Änderung der Wasserspiegellage handelt. Nur die beobachteten Pegelstände, also die Wasserspiegelhöhen, müssen eine Verbesserung erfahren, wenn sie mit jenen vor der Umformung der Flußsohle vergleichbar und für eine einheitliche Bearbeitung brauchbar gemacht werden sollen.

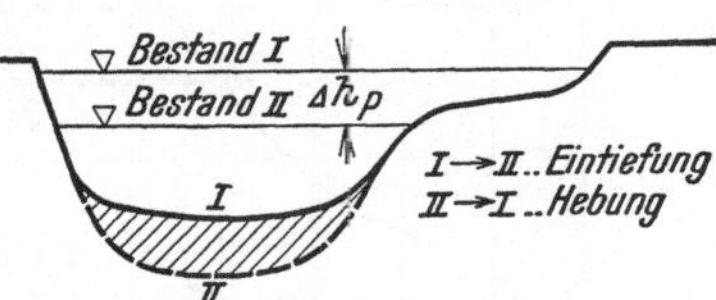

Abb. 292. Umformung eines Flußquerprofils.

Das *Umformungsmaß* Δh_P kann positiv oder negativ sein, je nachdem die Flußsohle eine *Eintiefung* oder *Hebung* erfahren hat (Abb. 292). Es muß wegen der Vergleichbarkeit so ermittelt werden, daß gleichen Durchflußmengen gleiche Pegellesungen entsprechen. Man versteht also beispielsweise unter einer Eintiefung von 15 cm, daß bei einer bestimmten Wasserführung des Flusses der Wasserspiegel im ursprünglichen Zustande um 15 cm höher gelegen war, woraus folgt, daß man die Pegellesungen im gegenwärtigen Zustande bei der gleichen Durchflußmenge um 15 cm zu erhöhen hat, um vergleichbare Wasserstände im Sinne der Beständigkeit des Pegelprofiles zu erhalten.

Für die unmittelbare Bestimmung der Umformungsmaße gibt es eine Reihe von Verfahren. Das genaueste stützt sich auf den *Vergleich von Durchflußmengenlinien* verschiedener Zeitabschnitte des Umformungsvorganges. Bei der Durchführung von Mengenerhebungen ist schon darauf hingewiesen worden, daß die Meßreihen, die sich jeweilig auf mindestens drei Messungen, und zwar im Bereiche des Nieder-, Mittel- und Hochwasserstandes, zu erstrecken haben, bei Veränderungen des Flußbettes von Zeit zu Zeit zu wiederholen sind. Da Flußbettumformungen bei höheren Wasserständen auch in erhöhtem Maße vor sich gehen, wird man bei sehr genauen Untersuchungen die Meßreihen zwischen zwei Hochwasserperioden einzuschalten haben.

Die Bestimmung der Umformungsmaße kann graphisch oder rechnerisch erfolgen, je nachdem die Durchflußmengenlinien oder deren analytischer Ausdruck zur Verfügung stehen.

Die graphische Auswertung soll an Hand eines bemerkenswerten Beispieles, betreffend die Veränderungen des Pegelprofiles des Rheins bei Basel im Zeitabschnitte 1867—1925, erläutert werden.

Man zeichnet vorerst die erhobenen Durchflußmengenlinien, im vorliegenden Falle für die Jahre 1867, 1889, 1908, 1910 und 1925 (Abb. 293). Werden die eingetretenen Umformungen auf das Jahr 1925 bezogen, dann ist bei deren Bestimmung folgendermaßen vorzugehen: Man ermittelt bei gleicher Durchflußmenge die Änderungen Δh_P, welche die zugehörigen Wasserstände in den einzelnen Jahren erfahren haben. Ist die Vergleichswassermenge Q und sind die zugehörigen Wasserstände $h_{P,1867}$, $h_{P,1889}$, $h_{P,1908}$ und $h_{P,1910}$, dann folgen für die Zeitabschnitte 1867—1925, 1889—1925, 1908—1925 und 1910—1925 die Umformungsmaße $\Delta h_{P,\,1867-1925}$, $\Delta h_{P,\,1889-1925}$, $\Delta h_{P,\,1908-1925}$ und $\Delta h_{P,\,1910-1925}$. Diese

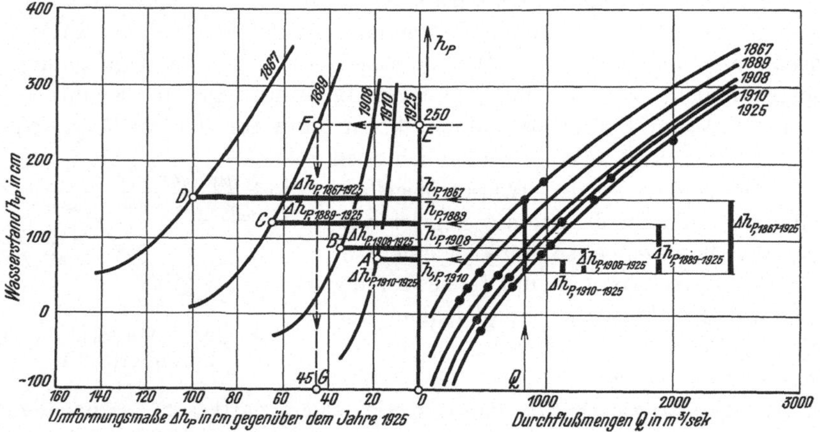

Abb. 293. Ermittlung der absoluten Umformungsmaße Δh_P des Rheins bei Basel für die Jahresreihe 1867—1925 mit Hilfe der Durchflußmengenlinie.

Maße trägt man im Achsensystem h_P, Δh_P auf den Ordnern durch die entsprechenden Wasserstände auf und erhält in A, B, C und D Punkte der Bezugslinien für die Umformungsmaße der seit 1867, 1889, 1908 und 1910 bis 1925 eingetretenen Veränderung, die sich im vorliegenden Falle als Eintiefung darstellt. Eine Wiederholung dieses Verfahrens für eine Reihe von Durchflußmengen Q führt schließlich zur Bezugsfläche der Umformungsmaße.

Die Anwendung der gewonnenen Bezugsfläche ergibt sich folgendermaßen: Hat man etwa den Wasserstand des Jahres 1889 von 250 cm mit Rücksicht auf die inzwischen erfolgte Umformung zu verbessern, so ergibt der Linienzug E—F—G das Verbesserungsmaß — 45 cm, mithin den vergleichbaren Wasserstand $250 - 45 = 205$ cm.

Die rechnerische Auswertung soll mit Verwendung der Gleichungen der Durchflußmengenlinien für das Pegelprofil Wien-Floridsdorfer Brücke der Donau gezeigt werden.

Im Jahre 1898 bzw. 1900 ist in großer Näherung die Durchflußmenge darstellbar durch

$$Q = 1960 + 7{,}88\, h_{P,\,1898} \quad \text{bzw.} \quad Q = 1597 + 7{,}12\, h_{P,\,1900},$$

worin Q in m³/sek und h_P in Zentimeter angegeben sind.

Die Hebung im Zeitabschnitte 1898—1900 beträgt sonach

$$\Delta h_{P,\,1900-1898} = 51 + 0{,}11\,h_{P,\,1898}.$$

Es wäre demnach beispielsweise der Wasserstand von 100 cm des Jahres 1898 um 62 cm zu erhöhen, um ihn mit Rücksicht auf die Hebung mit jenem des

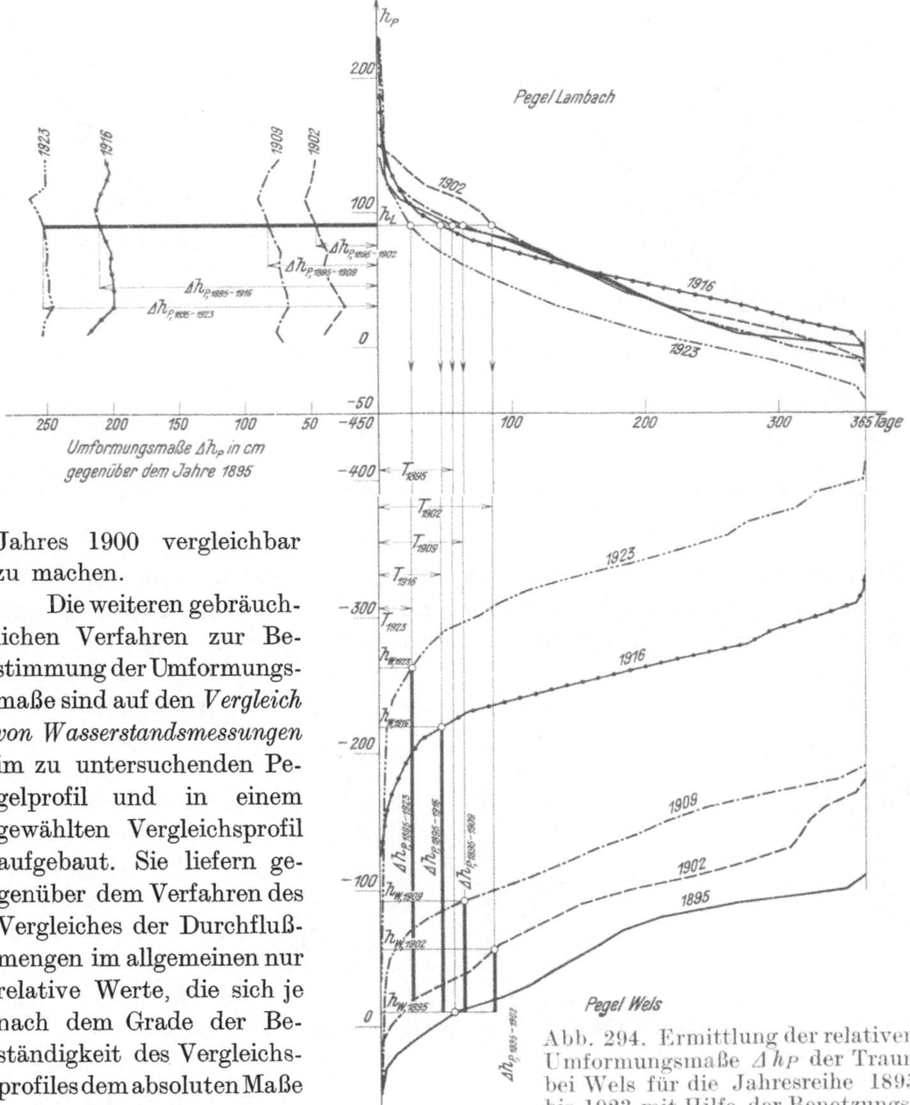

Abb. 294. Ermittlung der relativen Umformungsmaße Δh_P der Traun bei Wels für die Jahresreihe 1895 bis 1923 mit Hilfe der Benetzungsdauerlinie.

Jahres 1900 vergleichbar zu machen.

Die weiteren gebräuchlichen Verfahren zur Bestimmung der Umformungsmaße sind auf den *Vergleich von Wasserstandsmessungen* im zu untersuchenden Pegelprofil und in einem gewählten Vergleichsprofil aufgebaut. Sie liefern gegenüber dem Verfahren des Vergleiches der Durchflußmengen im allgemeinen nur relative Werte, die sich je nach dem Grade der Beständigkeit des Vergleichsprofiles dem absoluten Maße mehr oder weniger nähern. Diese Untersuchungen bieten den großen Vorteil, daß man nur die Wasserstandsmessungen und keine Durchflußmengenmessung benötigt, weshalb diese Art von Umformungsbestimmungen häufig Verwendung findet.

Das Vergleichsprofil und das zu untersuchende Flußprofil müssen selbstverständlich in einem Flußabschnitte liegen, der frei von wesentlichen Zuflüssen ist. Die Vergleichbarkeit der Wasserstände muß auch mit Rücksicht auf ihre Zeitfolge gewahrt sein.[1] Bei der Auswahl des Vergleichsprofiles wird man ein beständiges Profil bevorzugen. Ist das Profil nicht beständig, dann sind seine

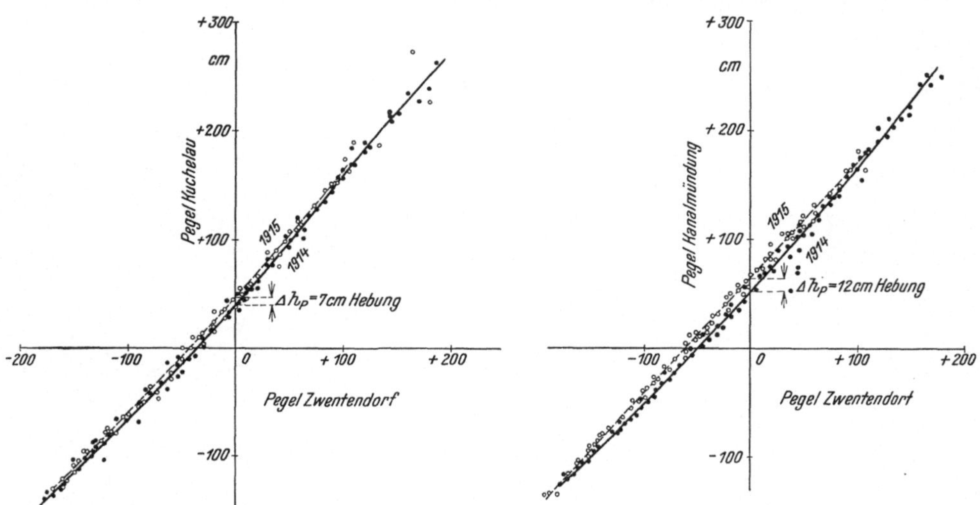

Abb. 295. Ermittlung der relativen Umformungsmaße Δh_P der Donau bei Wien mit Hilfe der Pegelbezugslinie.

absoluten Umformungsmaße nach dem oben erläuterten Verfahren vorher festzulegen. Der Vergleich selbst wird mit Hilfe der Wasserstände gleicher Benetzungsdauer, d. i. der *gleichdauernden Wasserstände*, angestellt.

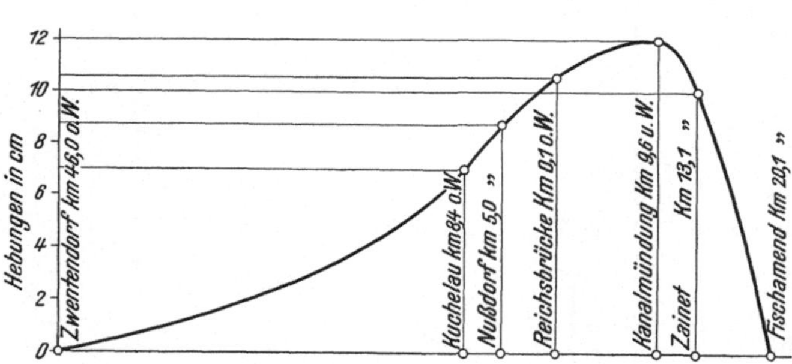

Abb. 296. Umformungsmaße der Donau zwischen Zwentendorf und Fischamend für das Jahr 1914, bezogen auf den Pegelstand ±0 im Pegelprofil Zwentendorf.

Die gleichdauernden Wasserstände lassen sich am genauesten mit Hilfe der Benetzungsdauerlinien ermitteln. Das Verfahren ist in Abb. 294 dargestellt.[2] Für die Pegelprofile Lambach und Wels der Traun in Oberösterreich sind die Benetzungsdauerlinien der Jahre 1895, 1902, 1909, 1916 und 1923 aufgezeichnet.

Einem Wasserstande h_L in Lambach entsprechen in den aufeinanderfolgenden Jahren die jeweils gleichdauernden Wasserstände $h_{W,1895}$, $h_{W,1902}$, $h_{W,1909}$, $h_{W,1916}$ und $h_{W,1923}$ in Wels mit den Benetzungsdauern T_{1895}, T_{1902}, T_{1909}, T_{1916}

---

[1] Siehe S. 254.
[2] F. Düll, Die Auswertung von Pegelbeobachtungen. Die Bautechnik, H. 20, 1927.

und T_{1923}. Die relativen Umformungsmaße in den Pegelprofilen Lambach und Wels seit dem Jahre 1895 ergeben sich dann mit:

$$\Delta h_{P,1895-1902} = h_{W,1902} - h_{W,1895},$$
$$\Delta h_{P,1895-1909} = h_{W,1909} - h_{W,1895},$$
$$\Delta h_{P,1895-1916} = h_{W,1916} - h_{W,1895},$$
$$\Delta h_{P,1895-1923} = h_{W,1923} - h_{W,1895}.$$

Die Bezugswasserstände in einer Pegelbezugslinie sind hinreichend genau als gleichdauernd anzusehen. Man kann daher die Umformungsmaße auch mit *Verwendung der Pegelbezugslinie* ermitteln. Dieses Verfahren ist sehr einfach und gewährt, wie das nachfolgende Beispiel zeigt, selbst bei geringfügigen Umformungen noch die Möglichkeit zu deren Erfassung.

Für eine Reihe von Pegelprofilen der Donau bei Wien wurden die Bezugslinien mit dem als beständig erkannten Pegelprofil in Zwentendorf aufgestellt, in der Abb. 295 z. B. die Bezugslinien Zwentendorf—Kuchelau und Zwentendorf—Kanalmündung für die Jahre 1914 und 1915. Hieraus ist trotz der Geringfügigkeit der Umformungsmaße die Tendenz der Umbildung deutlich ersichtlich und damit die Brauchbarkeit des Verfahrens dargetan. Führt man diese Untersuchung für sämtliche in einer Flußstrecke gelegenen Pegelprofile

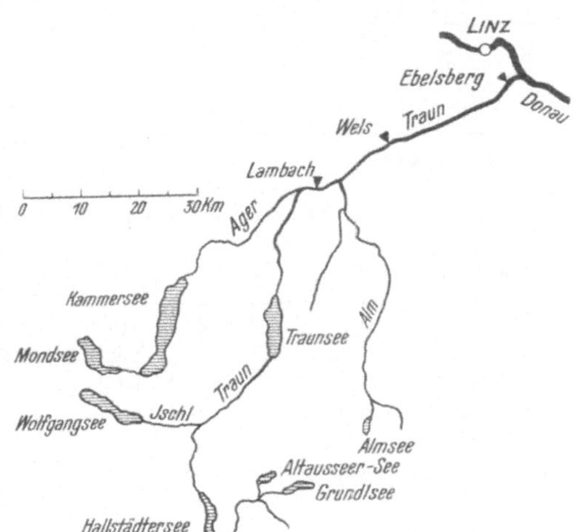

Abb. 297. Flußnetz der Traun.

durch, dann läßt sich, wie die Abb. 296 zeigt, die Umformung einer Flußstrecke in übersichtlicher Weise zur Darstellung bringen. Im vorliegenden Fall ist aus der Abbildung zu entnehmen, daß sich die Flußsohle der Donau zwischen Zwentendorf und Fischamend von 1914 bis 1915 durchwegs gehoben hat und die größte Hebung im Pegelprofile Kanalmündung mit 12 cm eingetreten ist.

Das Verfahren des Vergleiches von Pegelständen kann noch derart abgeändert und dadurch vereinfacht werden, daß man nur den *Vergleich der Niederwasserstände* durchführt. Es ist im Flußbau schon lange in der Weise im Gebrauche, daß man sich durch die Längenprofilaufnahme des Flußwasserspiegels bei Niederwasser ein Bild von den fortschreitenden Umformungsvorgängen der in Regelung und Ausbildung begriffenen Flußstrecken verschafft.

Schließlich kann die Vereinfachung so weit getrieben werden, daß man auf ein Vergleichsprofil überhaupt verzichtet und nur die Niederwasserstände aufeinanderfolgender Jahre des zu untersuchenden Flußprofiles vergleicht. Damit nähert man sich aber wieder dem zuerst beschriebenen Verfahren, da den mittleren Niederwasserständen längerer Zeitabschnitte ungefähr gleiche Durchflußmengen entsprechen. Man erhält also zumindestens angenähert die absoluten Werte der Umformungsmasse.

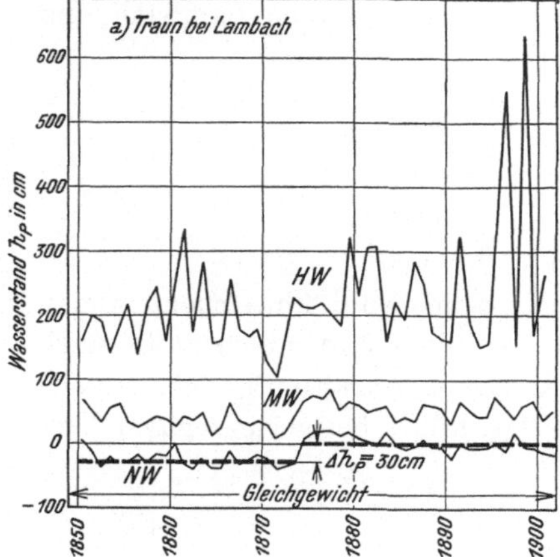

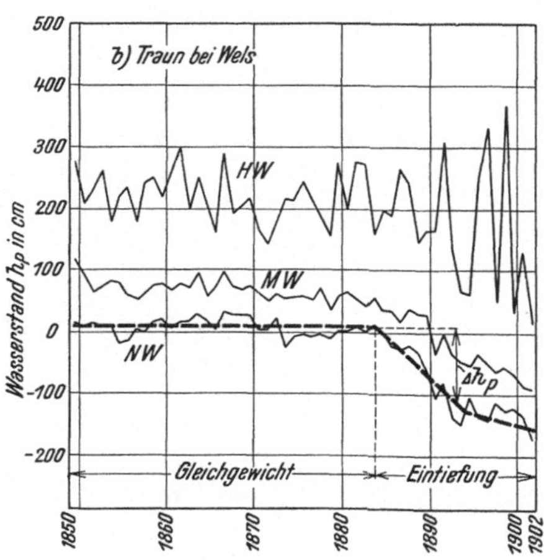

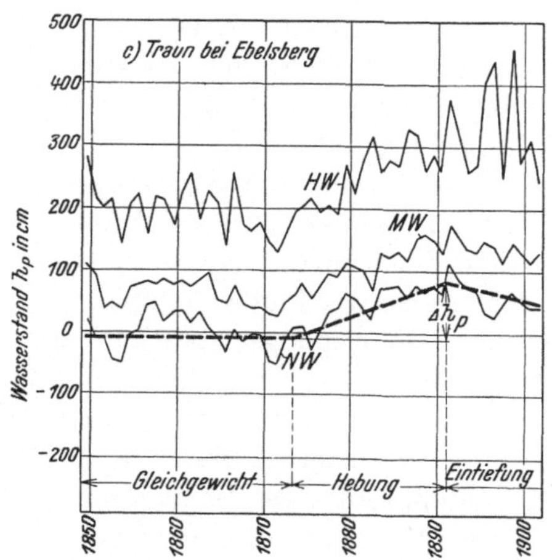

Abb. 298. Ermittlung der relativen Umformungsmaße der Traun bei Lambach, Wels und Ebelsberg.

Diese Art der Bestimmung der Umformung soll an dem bereits herangezogenen Beispiele der Traun in Oberösterreich näher erläutert werden (Abb. 297). Für diese Untersuchung liegen die jährlichen Niederwasserstände in den Pegelprofilen Lambach, Wels und Ebelsberg vor (Abb. 298). Aus ihrer Gegenüberstellung ist ersichtlich, daß die Umformung im Zeitabschnitt 1850 bis 1902 in den einzelnen Pegelprofilen verschiedenartig vor sich gegangen ist. Im einzelnen läßt sich aus den gefühlsmäßig eingezeichneten Ausgleichslinien der Niederwasserstände folgendes herauslesen:

Im Pegelprofile Lambach ist eine sprunghafte Lagenänderung der Ausgleichslinie im Jahre 1874 feststellbar. Da sowohl vor als auch nach diesem Jahre keinerlei Umformung eingetreten ist, kann diese Lagenänderung nur auf einen künstlichen Eingriff zurückgeführt werden. Tatsächlich liegt auch die Ursache in einer Umstellung des Pegels, wobei dessen Nullpunkt um etwa 30 cm tiefer verlegt wurde, welches Maß sich auch unmittelbar aus Abb. 298a ergibt.

Im Pegelprofil Wels ist bis zum Jahre 1883 keine wesentliche Umformung feststellbar, es ist also der Fluß im Gleichgewicht (Abb. 298b). Ab 1883 tritt eine rasch vor sich gehende Eintiefung auf, die bis 1902 ungefähr 160 cm erreicht hat. Diese Umformung wurde durch Flußregulierungsarbeiten an der Traun hervorgerufen.

Im Pegelprofil Ebelsberg war der Fluß bis zum Jahre 1873 im Gleichgewicht. Dann trat eine Hebung bis zum Jahre 1891 ein, der eine Eintiefung folgte, die 1902 noch andauerte (Abb. 298c).

Das Verfahren des Vergleiches der Niederwasserstände wird öfters noch dahin ergänzt, daß man die bestehende Unsicherheit infolge der Ungleichheit der Durchflußmenge in den einzelnen Niederwasserperioden dadurch teilweise vermindert, daß man neben der Ganglinie der jährlichen Niederwasserstände noch die der Mittel- und Hochwasserstände (Abb. 298) und schließlich den Verlauf der räumlichen Mittelwerte der Jahres-Niederschlagshöhen des Einzugsgebietes untersucht. Zeigen diese Ganglinien der Wasserstände die gleiche Tendenz im An- und Abstieg und ist überdies der Verlauf der Jahres-Niederschlagshöhen anders als jener der Wasserstands-Ganglinien geartet, dann ist mit ziemlicher Sicherheit anzunehmen, daß die aus den Ganglinien der Wasserstände herauszulesenden Veränderungen auf Umformungen des Flußbettes und nicht etwa auf Klimaschwankungen im Einzugsgebiete des Flusses zurückzuführen sind.

Darstellung der Wasserstandsverhältnisse bei stationärer Wasserbewegung. Wenn es sich nur um die Darstellung von Beharrungswasserständen in einer Flußstrecke handelt, die in der Zeit des langandauernden Winter- oder Sommerniederwassers oder näherungsweise auch bei Hochwasseranschwellungen als kurz andauernde Scheitelwasserstände auftreten, und wenn man von allen nichtstationären Übergangswasserständen absehen kann, genügt ein Schaubild, wie es die Abb. 299 zeigt.[1]

Die Flußläufe werden zu einem Flußband gestreckt (Abb. 299c) und die Pegelorte P auf ihm aufgetragen. Hierauf zeichnet man die Pegelstände der ausgewählten Beharrungs- und Scheitelwasserstände in den Pegelorten P_I, P_{II}, ... des Hauptflusses und der Pegelorte P_1, P_2, ... des Nebenflusses (Abb. 299a), wobei die Nullpunkte dieser Pegel in der x-Achse liegen.

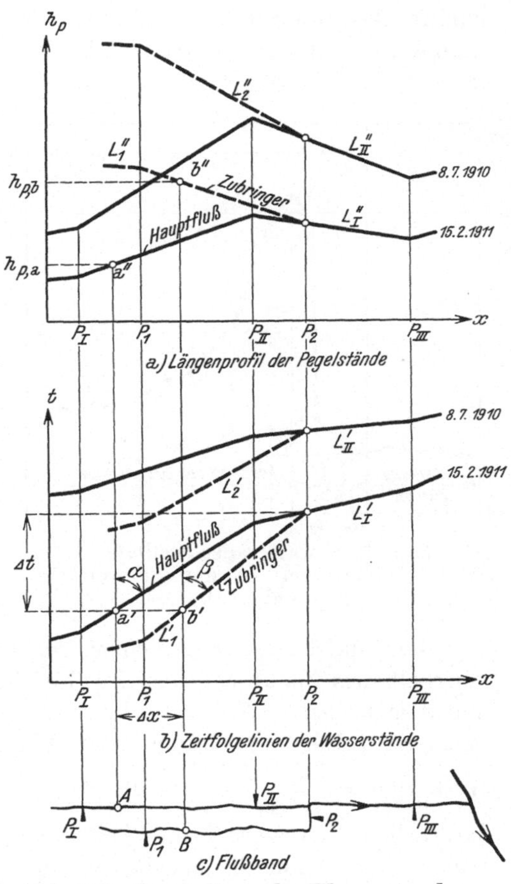

Abb. 299. Darstellung der Wasserstandsverhältnisse bei stationärer Wasserbewegung.

Man erhält dadurch in den Linienzügen L''_I, L''_{II}, ... bzw. L''_1, L''_2, ... die Längenprofile der Pegelstände des Hauptflusses und des Zubringers, die durch Angabe der Beobachtungstage gekennzeichnet werden. Da die Nullpunktshöhen der einzelnen Pegel bekannt sind, ist hierdurch auch die gegenseitige Höhenlage der Wasserspiegel festgelegt.

Diese Höhendarstellung der Wasserspiegel bedarf zur vollständigen Beschreibung des Regimes noch einer Ergänzung bezüglich der Zeitfolge der Wasser-

---

[1] G. Lemoine und A. de Préaudeau, Étude sur les crues de l'hiver 1882—1883 dans le bassin de la Seine. Annales des ponts et chaussées, 1883.

stände, die in diesem Falle gleichbedeutend mit der Laufzeit der Wasserteilchen ist. Hierzu werden in Abb. 299b die Zeitfolgelinien des Hauptflusses L'_I, L'_{II}, .. und jene der Zubringer L'_1, L'_2, ... eingezeichnet. Sie geben durch die Werte tg α und tg β die Schnelligkeit, die in diesem Falle der mittleren Fließgeschwindigkeit gleichkommt. Es läßt sich also aus der Neigung der Zeitfolgelinien ein Schluß auf die Fließgeschwindigkeit ziehen und außerdem, was für die praktische Verwendung von besonderer Bedeutung ist, sofort angeben, welche Punkte des Hauptflusses und der Zubringer gleiche Laufzeit besitzen. So ist ohne weiteres einzusehen, daß die Flußpunkte A und B für die aus Abb. 299a ersichtlichen Wasserstände $h_{P,a}$ und $h_{P,b}$ dieser Bedingung genügen und man nennt sie daher auch *Wasserstände gleicher Laufzeit.*

Darstellung der Wasserstandsverhältnisse bei nichtstationärer Wasserbewegung. Diese Darstellung geht von einer Analyse der Ganglinien der Wasserstände aus und wird dann auf ähnliche Weise wie bei der stationären Wasserbewegung übersichtlich gestaltet.

Die *Analyse der Ganglinien* bezweckt eine Unterscheidung einzelner Abschnitte des jährlichen Ganges sowie deren Einteilung nach typischen Grundformen, die zur Beurteilung des hydrographischen Charakters eines Flußgebietes beitragen.

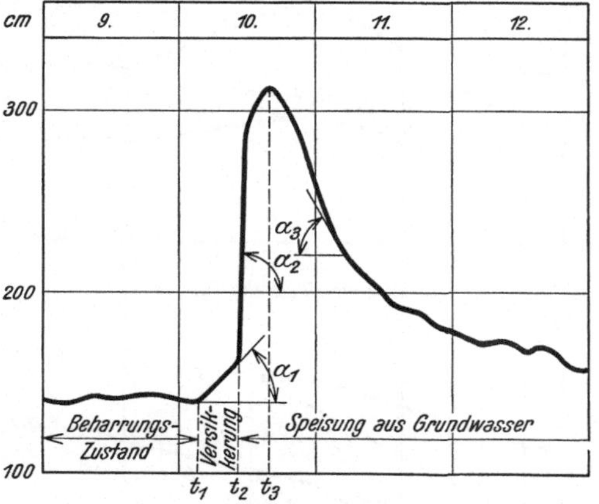

Abb. 300. Hochwasseranschwellung in der Sihl bei Sihlbrugg in der Schweiz im September 1913.

Man spricht im allgemeinen von einer *Wasserstandsänderung* $h_P'' - h_P'$ innerhalb des Zeitabschnittes Δt. Der Unterschied zwischen dem niedrigsten und dem höchsten Wasserstande eines Abflußjahres wird als *jährliche Wasserstandsschwankung*, Spielraum oder Wasserstandsamplitude bezeichnet.[1] Der Wert tg $\alpha = \dfrac{h_P'' - h_P'}{\Delta t}$ gibt die *Stärke der Wasserstandsänderung*, die bei allen natürlichen Gewässern beim Ansteigen weit größer ist als beim Fallen des Wasserstandes. Für die Scheitelpunkte der Ganglinie, dem *Wasserstandsscheitel* oder der Wasserstandskulmination, sowie für den Beharrungswasserstand wird tg α gleich Null.

Bei näherer Untersuchung einzelner Anschwellungen in der Wasserstandsganglinie kann man eine Unterteilung in einzelne, scharf trennbare Abschnitte feststellen (Abb. 300).[2] Auf den Beharrungswasserstand, der bis zur Zeit t_1 dauert, folgt bis t_2 ein Anstieg des Wasserspiegels von verhältnismäßig geringer Stärke tg α_1, dann bis t_3 ein solcher von größerer Stärke tg α_2, woran sich nach Überschreiten des Wasserstandsscheitels ein Abstieg von allmählich abnehmender Stärke tg α_3 anschließt. Diese einzelnen Phasen ergeben sich als Wirkungen des durchlässigen Untergrundes auf den Abflußvorgang. Zwischen t_1 und t_2 versickert

---

[1] Sie kann, wie australische Flüsse zeigen, bis 40 m betragen.
[2] J. KOŽENY, Die Wasserführung der Flüsse. Leipzig 1920.

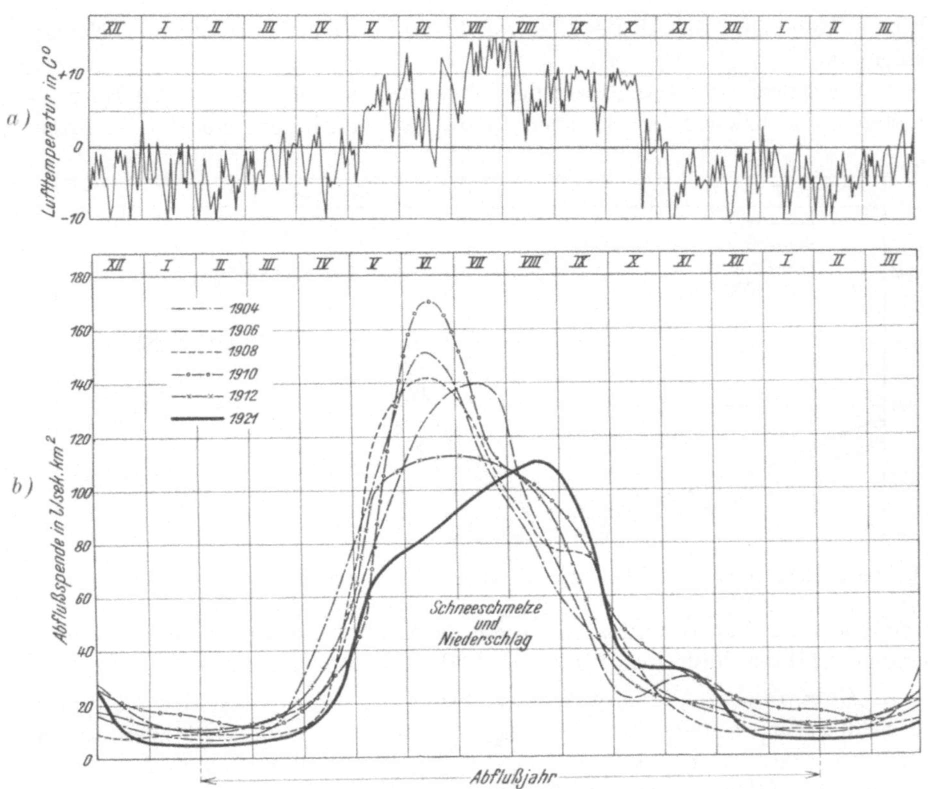

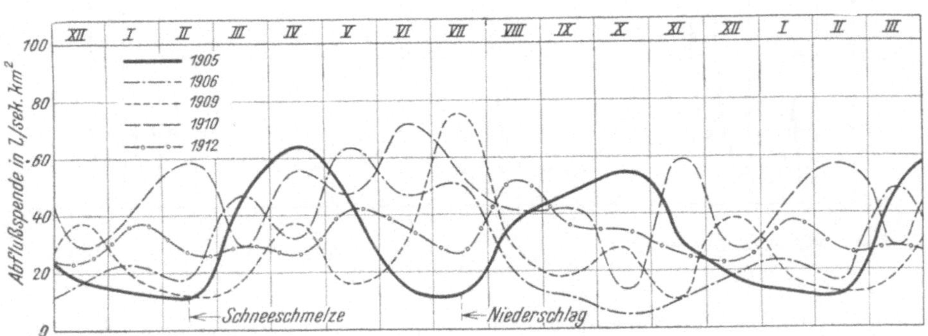

Abb. 301. Ganglinien der Abflußspende eines Hochgebirgsflusses.

a) Ganglinie der mittleren Temperatur auf Gotthard-Hospiz im Jahre 1921. b) Ganglinien der 5-tägigen Mittel der Abflußspende. — Reuß bei Seedorf in der Schweiz.

Abb. 302. Ganglinien der Abflußspende eines Mittellandsflusses. — Thur bei Groß-andelfingen in der Schweiz.

das Niederschlagswasser teilweise in den Boden und nach Sättigung desselben beginnt zur Zeit t_2 der volle oberirdische Abfluß. Nach der Zeit t_3, der Beendigung des maßgebenden Niederschlagsvorganges, nimmt der Zufluß aus dem oberirdischen Einzugsgebiete ab, die Abgabe aus dem Grundwasserträger überwiegt und wird schließlich zum einzigen, den Wasserlauf speisenden Zubringer.

Kleinere Hebungen im Abstiege zeigen hierbei geringe nachfolgende Niederschläge an.

Der Vergleich der Ganglinien der Wasserstände von Flüssen, die Einzugsgebieten verschiedenen klimatischen Charakters angehören oder die in ihrem

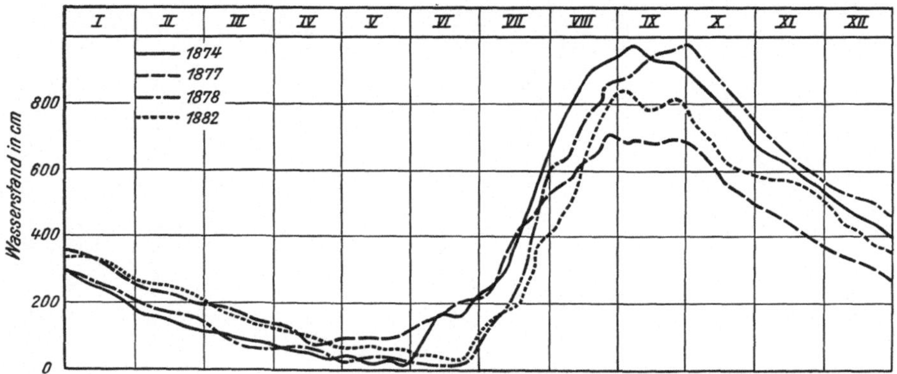

Abb. 303. Ganglinien der Wasserstände eines tropischen Flusses. — Nil bei Assuan.

Laufe eine besondere Beeinflussung durch natürliche oder künstliche Rückhaltevorgänge erfahren, läßt einen typischen Aufbau derselben erkennen.

Hochgebirgsflüsse, die ihre Wasserführung in erster Linie der Gletscher- und Schneeschmelze, also der Wirkung der Lufttemperatur verdanken, zeigen stark ausgeprägte Sommer-Hochwässer und Winter-Niederwässer. In dem in Abb. 301 angeführten Beispiele der Reuß bei Seedorf in der Schweiz ist die

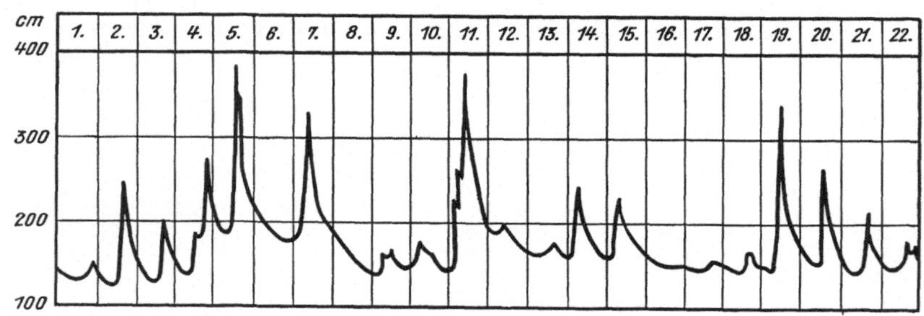

Abb. 304. Wasserstandsganglinie des Tji Anten bei Kratjak auf Java im September 1917.

Abhängigkeit der Abflußspende von der Temperatur im Quellgebiete deutlich erkennbar.

Mittellandsflüsse ohne vergletschertes Einzugsgebiet weisen keinen derart einheitlichen Rhythmus auf. Wenn auch in einzelnen Abflußjahren entsprechend der Schneeschmelzperiode im Frühjahr und der Regenperiode im Herbst im großen und ganzen die Grundform der Ganglinie zweihöckerig bleibt, so ist doch beim Vergleich vieler Abflußjahre keine solche Gesetzmäßigkeit im zeitlichen Auftreten wie beim Hochgebirgsfluß wahrzunehmen (Abb. 302). Der bauende Ingenieur kann hier zu allen Jahreszeiten vom Hochwasser überrascht werden, da die Wasserstände des Mittellandsflusses in erster Linie vom Niederschlag abhängig sind. Die Thur in der Schweiz zeigt diesen Charakter sehr deutlich.[1]

Bei den *Flüssen der heißen Zone* treten die Hochwässer mit großer Regelmäßigkeit und zeitlich zusammengedrängt auf, weil dort die Regenperioden sehr scharf ausgeprägt sind. Ein bemerkenswertes Beispiel dafür ist der Nil,

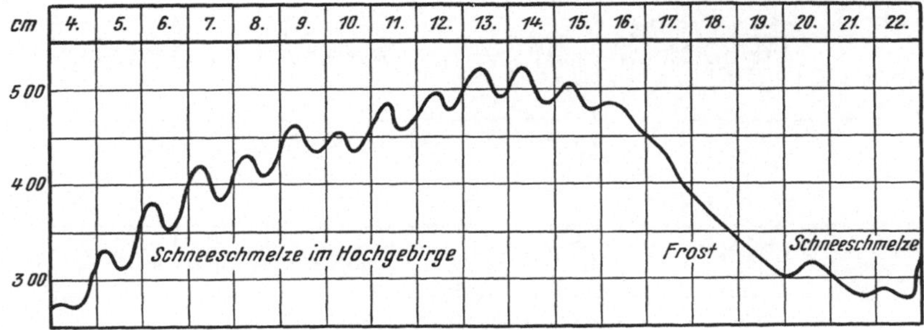

Abb. 305. Taufluten in der Salzach bei Laufen im Mai 1907.

dessen Ganglinien der Wasserstände in Abb. 303 dargestellt sind[2]. Bei rasch ansteigenden Gewässern, wie etwa bei den Flüssen Javas, nähert sich die Stärke der Wasserstandsänderung dem Werte Unendlich (Abb. 304).[3]

Der Abschmelzvorgang bei Gletschern, Firneis und Schneefeldern verursacht die *Taufluten*, nämlich ein regelmäßiges Anschwellen in den Vormittagsstunden und ein Abschwellen in den Nachmittagsstunden (Abb. 305). Je weiter flußauf

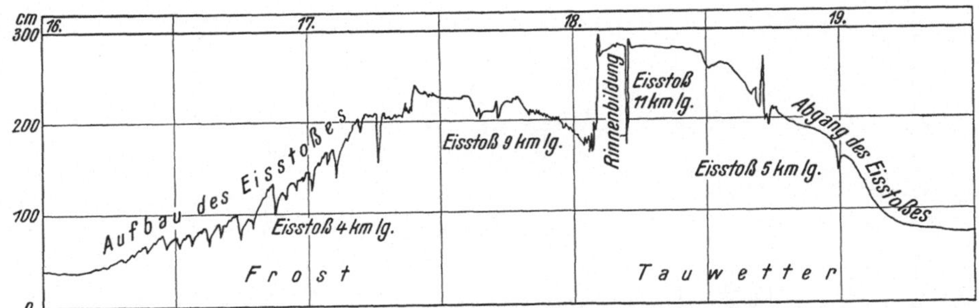

Abb. 306. Wasserstandsganglinie des Inn bei Wernstein während des Eisstoßes
im Jänner 1905.

die Pegelstationen vorgeschoben sind, desto mehr weicht eine täglich nur einmalige Ablesung vom Tagesmittel des Wasserstandes ab. Es würde daher die Genauigkeit aller auf dem Wasserstand beruhenden wasserwirtschaftlichen Untersuchungen leiden, wenn man die Ganglinie des Wasserstandes nur aus einer täglichen Ablesung aufzeichnete. In solchen Fällen empfiehlt sich daher die Verwendung selbstschreibender Pegel oder zumindest eine mehrmalige Pegelablesung im Laufe eines Tages.

[1] Hydrographische Grundlagen der Schweizerischen Wasserwirtschaft. Schweiz. Bauzeitung, Bd. 80, Nr. 19 u. 20, 1922.

[2] WILLCOCKS, Egyptian Irrigation, London 1889.

[3] PH. FORCHHEIMER, Hydraulik. Leipzig 1930.

Vorübergehende Einengungen des Pegelprofiles infolge natürlicher Vorgänge sind oft die Ursache von erheblichen Wasserstandsänderungen, die fallweise einer besonderen Untersuchung unterzogen werden müssen, um ihren Einfluß auf die Berechnung der Wasserfracht berücksichtigen zu können.[1] Hierher ge-

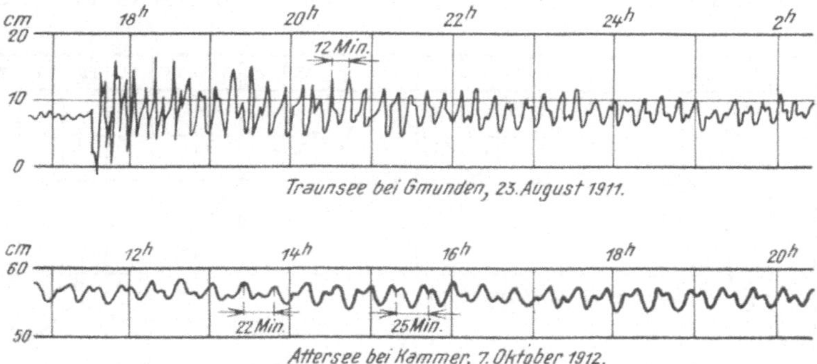

Abb. 307. Wasserspiegelschwingungen in Seen.

hören die Querschnittsveränderungen durch Verkrautung, Schwemmsel jeder Art und vor allem durch Eis. Letzteres verursacht in den Ländern der gemäßigten Zone nur kurzdauernde Beeinflussungen durch den Eisstoß, wogegen sich in nördlichen Ländern die Vereisung der Flußläufe auf die gesamte Winterperiode ausdehnen kann.

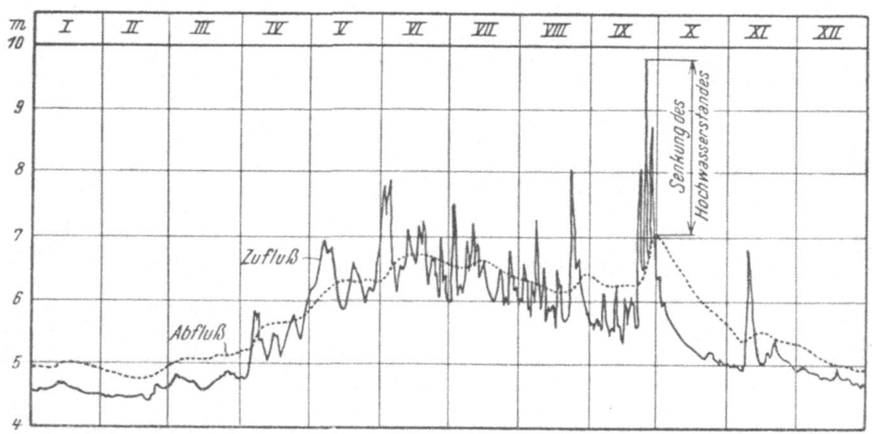

Abb. 308. Wasserrückhalt in großen Seebecken — Ganglinie der Wasserstände des Rheins vor und hinter dem Bodensee im Jahre 1927.

Die Ganglinie der Wasserstände bei Eisschoppungen zeigt außerordentlich kennzeichnende Merkmale. In Abb. 306 ist ihr Verlauf bei einem Eisstoß im Inn wiedergegeben. Der Eisstoß baute sich anfangs ruckweise in der Zeit vom 16. Jänner 18ʰ bis zum 18. Jänner 12ʰ auf, indem sich der Kopf der Schoppung mit einigen Unterbrechungen von dem Flußprofile Wernstein bis auf 11 km flußauf vorschob. Dabei erfolgte am 18. Jänner um 15ʰ eine plötzliche Hebung

---

[1] Siehe S. 350.

der Eisdecke um über einen Meter, um 17ʰ trat eine Rinnenbildung ein, die auf kurze Zeit eine ebenso starke Senkung bewirkte, worauf unmittelbar darnach wieder ein Emporheben stattfand. Am 19. Jänner, ungefähr um 0ʰ, begann der Eisstoß infolge des eingetretenen Tauwetters abzugehen und um 18ʰ war der Innfluß wieder eisfrei.

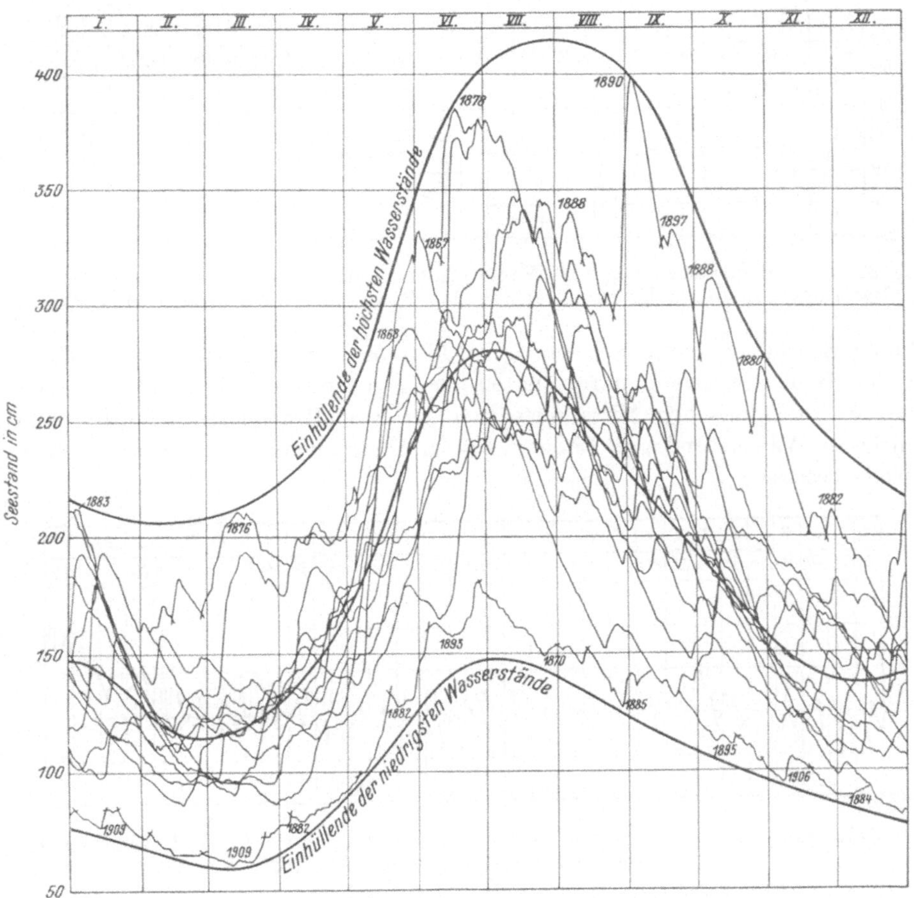

Abb. 309. Wasserstandsganglinien des Bodensees für die Jahre 1910—1920, Ganglinie der kalendarischen Mittelwerte und Einhüllende der Extremwerte seit 1867.

Ebenfalls zu den natürlichen Beeinflussungen des Wasserstandes müssen die in Seen auftretenden, periodisch verlaufenden Wasserspiegelschwankungen, die *Seiches*, gezählt werden (Abb. 307). Sie werden hervorgerufen durch Luftdruckunterschiede, welche auf den ausgedehnten Wasserflächen der Seen in solcher Stärke auftreten können, daß hierdurch das Wasser aus seiner Ruhelage gebracht und in stehende Schwingung versetzt wird.

Eine der einschneidendsten Umwandlungen des Wasserstandsverlaufes bewirkt der *Wasserrückhalt* in großen Seebecken (Abb. 308). Mit der Größe des Rückhalteraumes nimmt die Abgleichung der Wasserstandsspitzen zu, was einerseits für das Auffangen und die Unschädlichmachung von Hochwasseranschwellungen, anderseits für die Vergrößerung der Niederwassermengen und damit der Niederwasserstände im Unterlaufe der Flüsse von größter Bedeutung für die Wasserwirtschaft ist.

Die Wasserspiegelhöhe im See, der Seestand, wechselt wohl in den einzelnen Abflußjahren, doch läßt sich ihr Rhythmus durch Mittel- und Grenzwert-

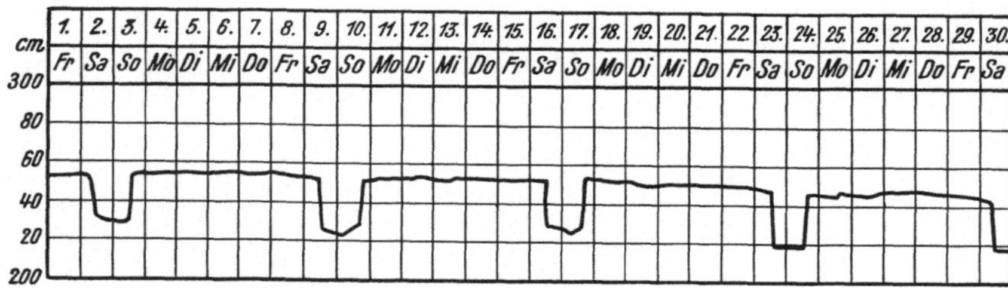

Abb. 310. Wochenspeicherung für Wasserkraftnutzung. Wasserstandsganglinie des Glattflusses in der Schweiz unterhalb des Kraftwerkes im November 1929.

bildung deutlich erkennbar machen. In Abb. 309 ist eine solche Darstellung für den Bodensee, einem unregulierten See, gegeben.[1] Sie zeigt, daß die Ganglinie der kalendarischen Mittelwerte und die Einhüllenden der höchsten und niedrigsten Wasserstände, die Linien der wahrscheinlichsten Extremwerte, gleiche Periode besitzen.

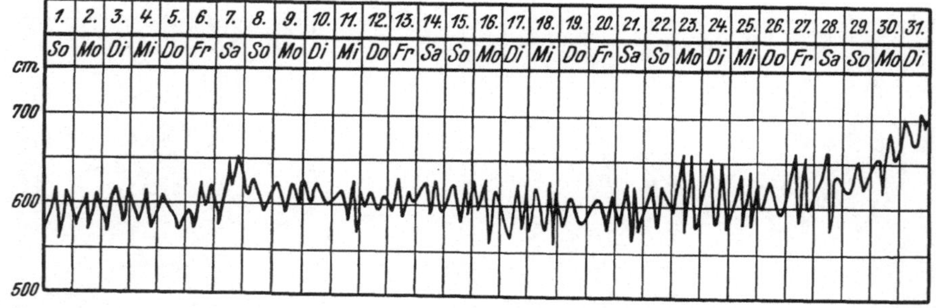

Abb. 311. Spitzenspeicherung für Wasserkraftnutzung. Wasserstandsganglinie der Rhône bei Chancy-Pougny im Mai 1927.

Künstlichen Einfluß auf den Wasserstand nehmen sämtliche wasserwirtschaftlichen Betriebe. Die Wasserkraftwerke entnehmen das Betriebswasser entsprechend der wechselnden Belastung den Staubecken und geben es an den Mutterfluß in gleichem Rhythmus zurück. Hierdurch wird nicht nur der Wasserstand im Staubecken, sondern auch jener des Mutterflusses, vor allem abwärts vom Rückgabeprofil, beeinflußt. Je nach der Größe des Speichers und der Art des Betriebes eines Wasserkraftwerkes ergeben sich verschiedenartige und sehr einprägsame Pegellinien, je nachdem eine Jahresspeicherung, eine Saisonspeicherung oder nur eine Wochenspeicherung (Abb. 310) bzw. eine Tagesspeicherung vorliegt oder das Werk nur der Energie-Spitzendeckung dient (Abb. 311).

---

[1] Hydrographische Grundlagen der Schweizerischen Wasserwirtschaft. Schweiz. Bauzeitung, Bd. 80, Nr. 19 u. 20, 1922.

Die *Wasserstandsverhältnisse einer Flußstrecke* können ebenfalls in einem einheitlichen Bilde dargestellt werden, wenn man das für stationäre Wasser-

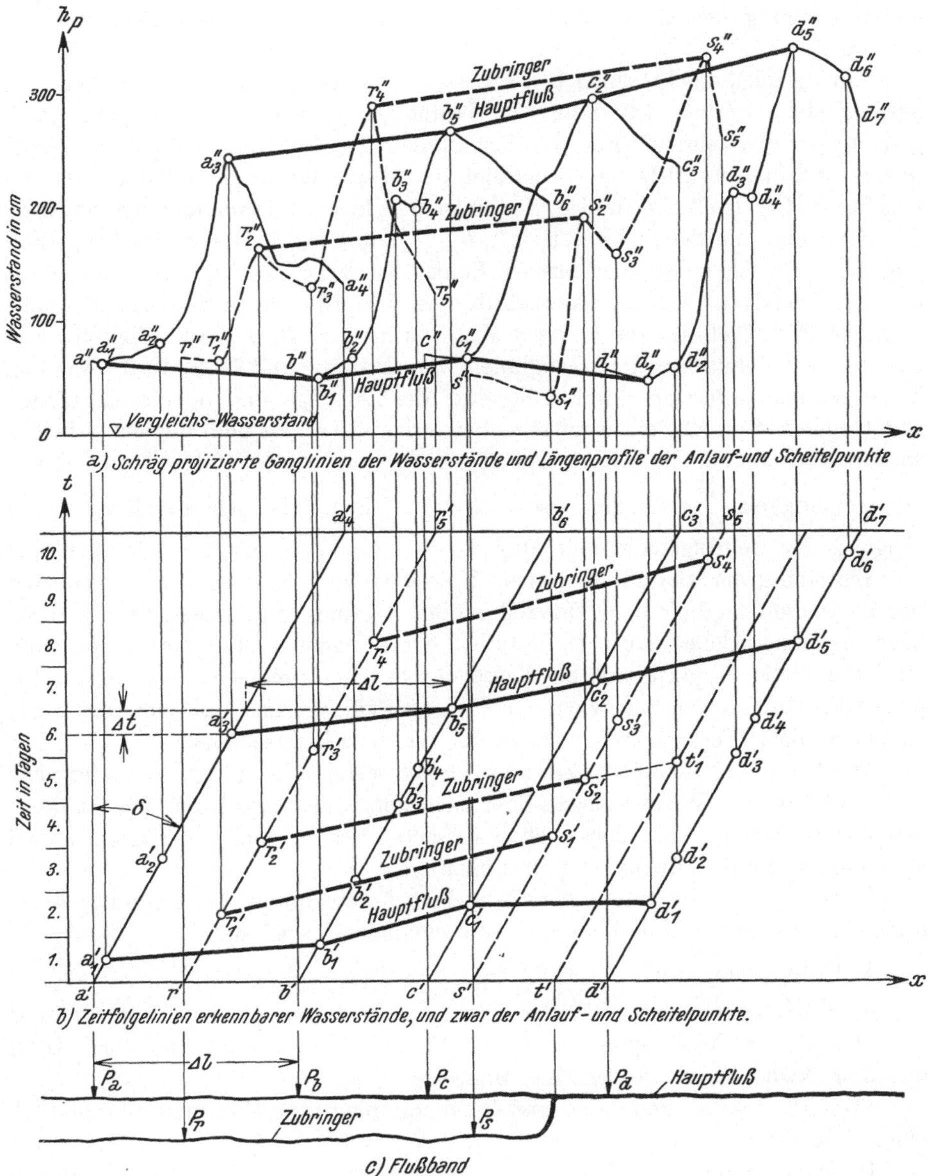

Abb. 312. Darstellung der Wasserstandsverhältnisse bei nichtstationärer Wasserbewegung nach M. VON TEIN.

standsverhältnisse mitgeteilte Verfahren sinngemäß abändert. Die Darstellung des gesamten Wasserstandsverlaufes einschließlich der Übergangswasserstände, und zwar sowohl für den Hauptfluß wie für seine Zubringer, kann mit genügender Schärfe erfolgen, indem man die in Abb. 299 senkrecht zur Zeichenebene h_P, x

gedachten Ebenen, in welchen bei einer räumlichen Versinnlichung die Ganglinien der Wasserstände liegen müßten, um einen Winkel δ dreht und hierauf die Ganglinien auf die h_p, x-Ebene projiziert denkt. Die Zeitfolgefläche erhält wegen dieser Drehung der Ordinatenlinie für die Zeit ein schiefwinkeliges Achsensystem.

Ein Beispiel, das für einen Hochwasserverlauf des Rheingebietes in Abb. 312 ausgearbeitet worden ist, läßt am besten die Besonderheiten dieser Auftragungsweise erkennen.[1] Für die Pegelstellen P_a, P_b, P_c und P_d des Hauptflusses sind in Abb. 312a die Ganglinien der Wasserstände in vollen Linien und jene für die Pegelstellen P_r und P_s des Zubringers in strichlierten Linien gezeichnet. Projiziert man die Scheitelpunkte a_3'', b_5'', c_2'' und d_5'' in die Abb. 312b, dann gibt die Verbindung der so erhaltenen Punkte a_3', b_5', c_2' und d_5' die Zeitfolgelinie der gleichwertigen Scheitelwasserstände des Hauptflusses. Entsprechend erhält man die Zeitfolgelinien der übrigen Wasserstände, z. B. der Anlaufpunkte und Zwischenscheitelpunkte der Ganglinien von Haupt- und Nebenfluß. Aus den Zeitfolgelinien läßt sich durch Abgreifen der Zeitfolge und der durchlaufenen Flußlänge die Schnelligkeit ermitteln. Beispielsweise erhält man für den Scheitelwasserstand und für die Flußstrecke $P_a - P_b = \Delta l$ die Zeitfolge Δt und damit die Schnelligkeit $\dfrac{\Delta l}{\Delta t}$. Es gibt also auch diese schiefwinkelige Darstellung in der Neigung der Zeitfolgelinien ein Maß für die Schnelligkeit der Wasserstände.

Einteilung der charakteristischen Wasserstände. Nicht immer ist man in der Lage, die Ganglinien zur Darstellung des Regimes in einzelnen Abflußjahren oder in verschiedenen Durchflußprofilen heranzuziehen. Man verwendet dann an deren Stelle charakteristische Wasserstände. Hierdurch wird es in vielen, für die praktische Anwendung wichtigen Fällen möglich, die Flußregime mit Hilfe einiger weniger Wertgrößen in genügender Weise zu kennzeichnen.

Die Einteilung der charakteristischen Wasserstände erfolgt entweder nach der Höhenlage des Wasserspiegels oder nach der Benetzungsdauer. Die Angaben werden zweckmäßig mit Merkzeichen versehen, denen man in der nachstehend gezeigten Weise den Buchstaben W hinzufügt.

Unter Benützung dieser bereits mehrfach erwähnten Bezeichnungsweisen ergibt sich folgende einheitliche und gebräuchliche Einteilung.

1. Unterteilung nach der Höhenlage des Wasserspiegels:

a) *Niederwasserstand NW*, der niedrigste Wasserstand eines Abflußjahres.

α) *Mittlerer Niederwasserstand MNW*, der Wasserstand, der das Mittel aus allen Niederwasserständen einer Jahresreihe darstellt.

β) *Niedrigster Niederwasserstand NNW*, der niedrigste Wasserstand innerhalb einer Jahresreihe.

b) *Mittelwasserstand MW*, berechnet als arithmetisches Mittel sämtlicher täglichen Wasserstände eines Abflußjahres oder angenähert jener Wasserstand, der der Mittelwassermenge eines Abflußjahres entspricht.

c) *Hochwasserstand HW*, der höchste Wasserstand eines Abflußjahres.

---

[1] M. HONSELL und M. VON TEIN, Begründung der Art der Darstellung für den Verlauf der Hochwasserwellen. In Ergebnisse der Untersuchungen der Hochwasserverhältnisse im Deutschen Rheingebiet des Zentralbureaus für Meteorologie und Hydrographie im Großherzogtum Baden, 1. Heft. Berlin 1891.

α) *Mittlerer Hochwasserstand MHW*, der Wasserstand, der das Mittel aus allen Hochwasserständen einer Jahresreihe darstellt.

β) *Höchster Hochwasserstand HHW*, der höchste innerhalb einer Jahresreihe.

γ) *Katastrophaler Hochwasserstand KHW*, der höchste bisher bekannte oder vermutete Wasserstand.

2. Unterteilung nach der Benetzungsdauer:

a) 12, 10, ... n-monatiger Betriebswasserstand W_{12}, W_{10}, ... W_n, jener Wasserstand, der in einem Abflußjahre 12, 10, ... n Monate vorhanden ist oder überschritten wird.

b) 365, 300, ... m-tägiger Betriebswasserstand W_{365}, W_{300}, ... W_m, jener Wasserstand, der 365, 300, ... m Tage in einem Abflußjahre vorhanden ist oder überschritten wird.

Obige Werte werden sinngemäß zu Normalzahlen der charakteristischen Wasserstände $\overline{W}$, wenn sich die kalendarische Mittelwertsbildung auf mindestens 25 Jahre erstreckt.

Als Beispiel für die Berechnung von charakteristischen Wasserständen werden abermals das Pegelprofil Wien-Reichsbrücke der Donau und das Abflußjahr 1921, bzw. die Jahresreihe 1901—1925 herangezogen. Die Abb. 246 und 247 bilden die Grundlagen hierfür. Es folgen hieraus die in Tabelle 25 angegebenen Werte.

Tabelle 25. Charakteristische Wasserstände im Pegelprofil Wien-Reichsbrücke der Donau.

Charakteristische Wasserstände	1921	1901—1925
$NW = W_{12} = W_{365}$	— 168	.
MNW	.	— 154
NNW	.	— 214
MW	— 64	.
HW	+ 276	.
MHW	.	+ 333
HHW	.	+ 482
$W_{10} = W_{300}$	— 127	.
$W_8 = W_{240}$	— 104	.
$W_6 = W_{182,5}$	— 85	.
$W_4 = W_{120}$	— 42	.
$\overline{MW}$	.	$\pm$ 0

C. Zusammenfassende Darstellung der Abflußverhältnisse eines Flußgebietes.

Verteilung des Abflusses. Für die hydraulische Berechnung der Ausmaße eines Wasserbauwerkes ist die Kenntnis der von ihm aufzunehmenden, abzuführenden oder in irgendeiner Weise auszunützenden Wassermenge erforderlich. Es ist daher eine Darstellung der von der Natur im natürlichen Regime gegebenen

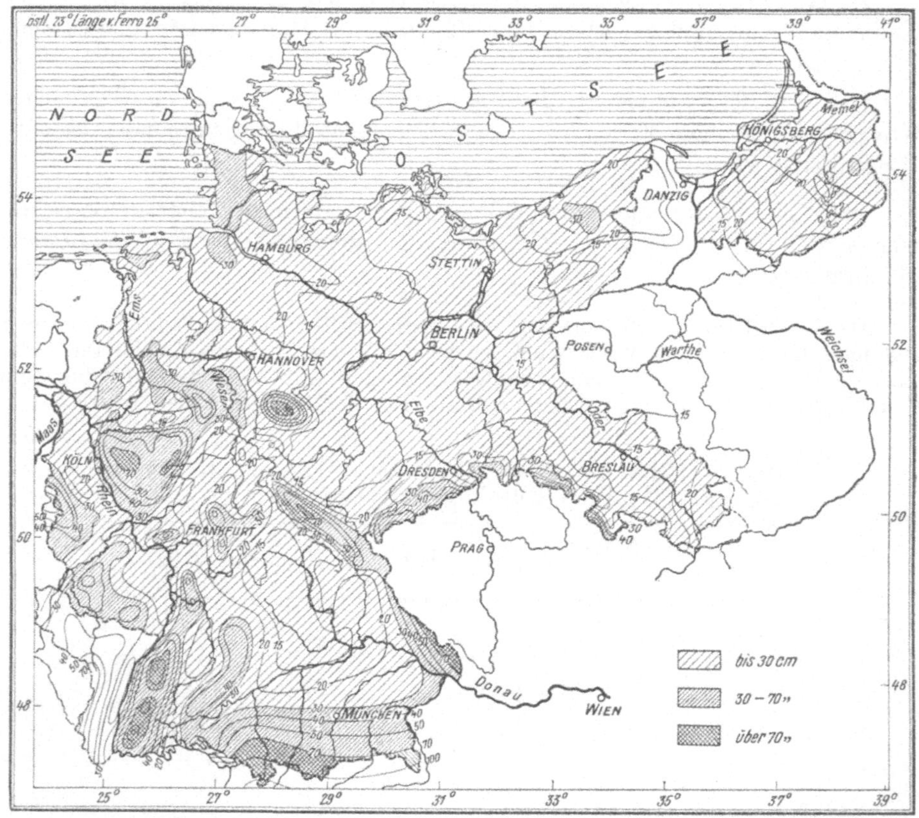

Abb. 313. Linien gleicher Jahresabflußhöhen von Deutschland.

Darbietung der Abflußmengen das zunächst zu erreichende Ziel. Zur übersichtlichen Darstellung der Verteilung des Abflusses im Einzugsgebiet eignet sich die Abflußhöhe oder die Abflußspende.

Verwendet man die Abflußhöhe als Wertmaß, dann erfolgt die Darstellung mittels der Schichtenlinien gleicher Abflußhöhe, wie z. B. in Abb. 313 für die Abflußgebiete in Deutschland. Mit diesen Schichtenkarten ist man in der Lage, für jedes beliebige Flußprofil die Größe der Abflußhöhe und damit auch jene der Abflußspende sowie schließlich die Größe der Jahres-Wasserfracht und hieraus wieder jene der Mittelwassermenge zu schätzen.

Bei genaueren Ermittlungen muß an Stelle der graphischen Angabe die tabellarische treten, wie dies die Tabelle 26 zeigt.

Tabelle 26. Jahres-Niederschlags-, -Abfluß- und -Verlusthöhen.

Flußgebiet	Fläche des Einzugsgebietes in km²	Jahresreihe	Anzahl der Jahre	Mittlere Jahres-Niederschlagshöhe mm	Mittlere Jahres-Abflußhöhe mm	Mittlere Jahres-Abflußverlusthöhe mm	Abflußbeiwert
Memel bei Tilsit	91 300	1851—1890	40	579	196	383	0,34
Weichsel bei Nogat-abzweigung	193 000	1851—1890	40	620	158	462	0,25
Oder bei Ratibor	6 737	1896—1905	10	836	311	525	0,37
Glatzer Neiße (Mündung).	4 534	1896—1905	10	759	268	491	0,35
Bober (Mündung)	5 938	1896—1905	10	720	287	433	0,40
Lausitzer Neiße (Mündung)	4 232	1896—1905	10	749	236	513	0,32
Warthe bei Landsberg ...	51 893	1896—1905	10	542	120	422	0,22
Oder bei Hohensaathen ..	109 564	1896—1905	10	608	146	462	0,24
Böhmische Elbe b. Tetschen	51 000	1876—1890	15	692	192	500	0,28
Weißeritz bei Dresden ...	367	1896—1915	20	873	97	476	0,46
Saale bei Trebnitz	18 850	1882—1901	20	613	168	445	0,27
Große Bode bei Treseburg	329	1910—1914	5	918	529	389	0,58
Obere Havel bei Lieben-walde	2 520	1902—1910	9	578	118	460	0,20
Spree bei Fürstenwalde ..	6 353	1902—1910	9	587	122	465	0,21
Dahme bei Neue Mühle ..	1 410	1902—1910	9	566	108	458	**0,19**
Havel bei Rathenow	19 500	1902—1910	9	571	123	448	0,22
Werra (Mündung)	5 505	1896—1915	20	717	277	440	0,39
Fulda (Mündung)	6 955	1896—1915	20	717	262	455	0,37
Weser unterhalb d. Diemel	14 825	1896—1915	20	721	269	452	0,37
Oker bei Juliusstau	64	1907—1913	7	1271	786	485	0,62
Ecker, Dreiherrenbrücke..	18	1908—1913	6	1259	807	452	0,64
Schunter bei Harxbüttel .	570	1910—1920	11	610	171	439	0,28
Vorderrhein bei Ilanz	776	1895—1909	15	1697	1409	288	**0,83**
Rhein b. Tardisbruck (unter-halb Landquartmündung)	4 260	1895—1909	15	1583	1089	494	0,69
Thur bei Andelfingen	1 696	1905—1914	10	1356	965	391	0,71
Glatt bei Niederhöri	369	1905—1914	10	1164	706	458	0,61
Sperbelgraben	0,56	1903—1915	13	1589	943	646	0,59
Rappengraben	0,70	1903—1915	13	1657	1026	631	0,62
Reuß bei Andermatt	192	1915—1919	5	2442	1929	513	0,79
„ „ Seedorf	832	1915—1919	5	2281	1765	516	0,77
Sarner Aa bei Sarnen....	267	1915—1919	5	1782	1247	535	0,70
Kleine Emme b. Werthen-stein	355	1915—1919	5	1649	1261	388	0,76
Reuß bei Mellingen	3 382	1910—1914	5	1850	1379	471	0,75
„ „ „	3 382	1915—1919	5	1786	1363	423	0,76
„ „ „	3 382	1910—1919	10	1818	1371	447	0,75
Lenninger Lauter (Mündung)	191,5	1901—1910	10	905	366	539	0,40
Rems bei Nekarrems (Mündung)	580	1896—1906	11	848	232	616	0,27
Murr (Mündung)	507	1896—1906	11	884	268	616	0,30

Flußgebiet	Fläche des Einzugsgebietes in km²	Jahresreihe	Anzahl der Jahre	Mittlere JahresNiederschlagshöhe mm	Mittlere JahresAbflußhöhe mm	Mittlere JahresAbflußverlusthöhe mm	Abflußbeiwert
Enz beim Lautenhof.....	85	1906—1915	9	1324	473	581	0,56
Kocher (Mündung).......	1989	1888—1898	11	832	309	523	0,37
Jagst (Mündung)	1832	1888—1898	11	729	280	449	0,38
Pegnitz bei Rückersdorf .	984	1904—1910	7	763	361	402	0,47
Regnitz (Mündung)	7540	1899—1903	5	698	226	472	0,32
Fränkische Saale (Mündung)	2763	1899—1903	5	730	220	510	0,30
Tauber bei Mergentheim ..	1010	1894—1900	7	700	183	517	0,26
Main bei Miltenberg	20840	1886—1897	12	657	187	470	0,28
Saar (Mündung).........	7420	1891—1900	10	765	331	434	0,43
Mosel (Mündung)	28230	—	20	764	334	430	0,44
Ruhr bei Steinhelle......	52	1910—1914	5	1188	917	271	0,77
„ „ Meschede	425,5	1910—1914	5	1133	819	314	0,72
Wenne bei Niederberge ..	214,5	1910—1914	5	1100	755	345	0,69
Röhr bei Hüsten	202	1910—1914	5	1029	648	381	0,63
Möhne bei Günne	436	1910—1914	5	996	564	432	0,57
Ruhr bei Neheim	1526	1910—1914	5	1056	628	428	0,59
„ „ Wandhofen	2035	1910—1914	5	1019	544	475	0,53
Bigge bei Heggen	363	1910—1914	5	1223	888	335	0,73
Lenne bei Altena........	1198	1910—1914	5	1127	728	399	0,65
Ruhr bei Hohensyburg ..	3453	1910—1914	5	1055	604	451	0,57
Lippe bei Dorsten	4495	1893—1902	10	796	306	490	0,38
Riß (Mündung)	430	1914—1918	5	871	325	546	0,37
Iller (Mündung)	2193	1901—1906	6	1241	901	340	0,73
Donau bei Vilshofen	47674	1901—1908	8	838	402	436	0,48
Traun bei Lambach	2770	1876—1900	25	1729	1123	606	0,65
Enns bei Steyr	6140	—	10	1450	900	550	0,62
Donau bei Wien.........	101600	1898—1902	5	1036	545	491	0,53

Der zeitliche Verlauf des Durchflusses in einem Flußprofil ist aus der Ganglinie der Durchflußmengen zu ersehen. Die Analyse dieser Linien führt zu ganz ähnlichen Ergebnissen wie jene der Ganglinien der Wasserstände. Insbesondere werden den charakteristischen Wasserständen die charakteristischen Durchflußmengen gegenübergestellt, die ebenfalls zu Vergleichszwecken vielfach Verwendung finden.

Einteilung der charakteristischen Durchflußmengen. Die Unterscheidung erfolgt nach den gleichen Gesichtspunkten wie bei den Wasserständen. Als Merkmal erhalten die Durchflußmengen den Buchstaben Q, dem die bei den Wasserständen eingeführten Merkzeichen vorangestellt werden.

1. Unterteilung nach der Höhenlage des Wasserspiegels:

a) *Niederwassermenge NQ*, die kleinste Durchflußmenge innerhalb eines Abflußjahres.

α) *Mittlere Niederwassermenge MNQ*, die Durchflußmenge, welche das Mittel aus sämtlichen Niederwassermengen einer Jahresreihe darstellt.

β) *Niedrigste Niederwassermenge NNQ*, die kleinste Durchflußmenge innerhalb einer Jahresreihe.

b) *Mittelwassermenge MQ*, berechnet als jene Durchflußmenge, die sich bei gleichmäßiger Aufteilung der Jahres-Abflußwasserfracht ergibt, oder angenähert jene Durchflußmenge, die dem Mittelwasserstand entspricht.

c) *Hochwassermenge HQ*, die größte Durchflußmenge innerhalb eines Abflußjahres.

α) *Mittlere Hochwassermenge MHQ*, die Durchflußmenge, welche das Mittel aus den Hochwassermengen einer Jahresreihe darstellt.

β) *Höchste Hochwassermenge HHQ*, die größte Durchflußmenge innerhalb einer Jahresreihe.

γ) *Katastrophale Hochwassermenge KHQ*, die größte, bisher bekannte oder vermutete Durchflußmenge.

2. Unterteilung nach der Benetzungsdauer.

a) *12, 10, ... n-monatige Betriebswassermenge* $Q_{12}, Q_{10}, \ldots Q_n$, jene Durchflußmenge, die innerhalb eines Abflußjahres 12, 10, ... n Monate vorhanden ist oder überschritten wird.

b) *365, 300, ...m-tägige Betriebswassermenge* $Q_{365}, Q_{300}, \ldots Q_m$, jene Durch-

Tabelle 27. Charakteristische Durchflußmengen im Pegelprofile Wien-Reichsbrücke der Donau.

Charakteristische Durchflußmengen in m³/sek	1921	1901—1925
$NQ = Q_{12} = Q_{365}$	670	.
MNQ	.	720
NNQ	.	475
MQ	1273	.
HQ	4315	.
MHQ	.	5120
HHQ	.	8150
$Q_{10} = Q_{300}$	860	.
$Q_8 = Q_{240}$	1000	.
$Q_6 = Q_{182,5}$	1100	.
$Q_4 = Q_{120}$	1360	.
$\overline{MQ}$	.	1660

flußmenge, die 365, 300, ... m Tage innerhalb eines Abflußjahres vorhanden ist oder überschritten wird.

Diese charakteristischen Werte werden zu Normalzahlen der charakteristischen Durchflußmengen $\overline{Q}$, wenn sich die kalendarische Mittelwertsbildung auf mindestens 25 Jahre erstreckt.

In Tabelle 27 sind die charakteristischen Durchflußmengen der Donau im Pegelprofile Wien-Reichsbrücke für das Jahr 1921 und für die Jahresreihe 1901—1925 mit Benützung der Tabelle 25 und der Durchflußmengenlinie Abb. 247 zusammengestellt.

D. Darstellung der Abflußverluste eines Einzugsgebietes.

Gleichung des Wasserhaushaltes. Die besprochenen unmittelbaren Verfahren zur Messung der Verdunstung versagen, sobald sie zur Ermittlung von räumlichen Mittelwerten der Verdunstung für größere, nicht mehr einheitliche Einzugsgebiete verwendet werden sollen. Wenn es sich demnach um die Bestimmung der sogenannten *Gebietsverdunstung* handelt, so kann diese nur auf Grund von Überlegungen durchgeführt werden, welche von dem Zusammenhange zwischen Niederschlag, Abfluß, Verdunstung und Rückhalt ausgehen, wie ihn die Gleichung des Wasserhaushaltes $h_N = h_A + h_V + h_R$ angibt.[1]

Werden diese h-Werte durch Mittelung über mindestens 25 Jahre bestimmt, und zwar entweder für die gleichen Kalendertage, Kalendermonate oder für die ganzen Jahre, dann erhält man die Gleichung des Wasserhaushaltes für ein Normaljahr

$$\overline{h}_N = \overline{h}_A + \overline{h}_V + \overline{h}_R \tag{157}$$

entsprechend den gewählten Kalenderzeitabschnitten. Sie gibt den Zusammenhang des Ganges der kalendarischen Mittelwerte, also der einzelnen Normalzahlen $\overline{h}_N$, $\overline{h}_A$, $\overline{h}_V$ und $\overline{h}_R$.

Im langjährigen Durchschnitte, d. h. eben im Normaljahre, wird die Jahressumme des Rückhaltes und damit $\overline{h}_{R,\text{Jahr}}$ praktisch gleich Null, weil bei großen Einzugsgebieten der unterirdische Abfluß vernachlässigt werden kann und daher der ganze Niederschlag, soweit er nicht verdunstet, oberirdisch abfließen muß. Es vereinfacht sich daher die Gleichung des Wasserhaushaltes für ein Normaljahr, in Form der Jahressummenwerte geschrieben, zu

$$\overline{h}_{N,\text{Jahr}} = \overline{h}_{A,\text{Jahr}} + \overline{h}_{V,\text{Jahr}}.$$

Daraus folgt aber für die Bestimmung der Jahressumme der Verdunstung, also für die *Gebietsverdunstungshöhe*, in einem Normaljahr

$$\overline{h}_{V,\text{Jahr}} = \overline{h}_{N,\text{Jahr}} - \overline{h}_{A,\text{Jahr}}, \tag{158}$$

wobei die $\overline{h}_{N,\text{Jahr}}$- und $\overline{h}_{A,\text{Jahr}}$-Werte aus den Meßergebnissen für Niederschlag und Abfluß des Einzugsgebietes zu berechnen sind.

Geht man von der Betrachtung der Jahressummenwerte wieder auf den Zusammenhang des Ganges der einzelnen h-Werte zurück, dann läßt sich der

---

[1] Siehe S. 170.

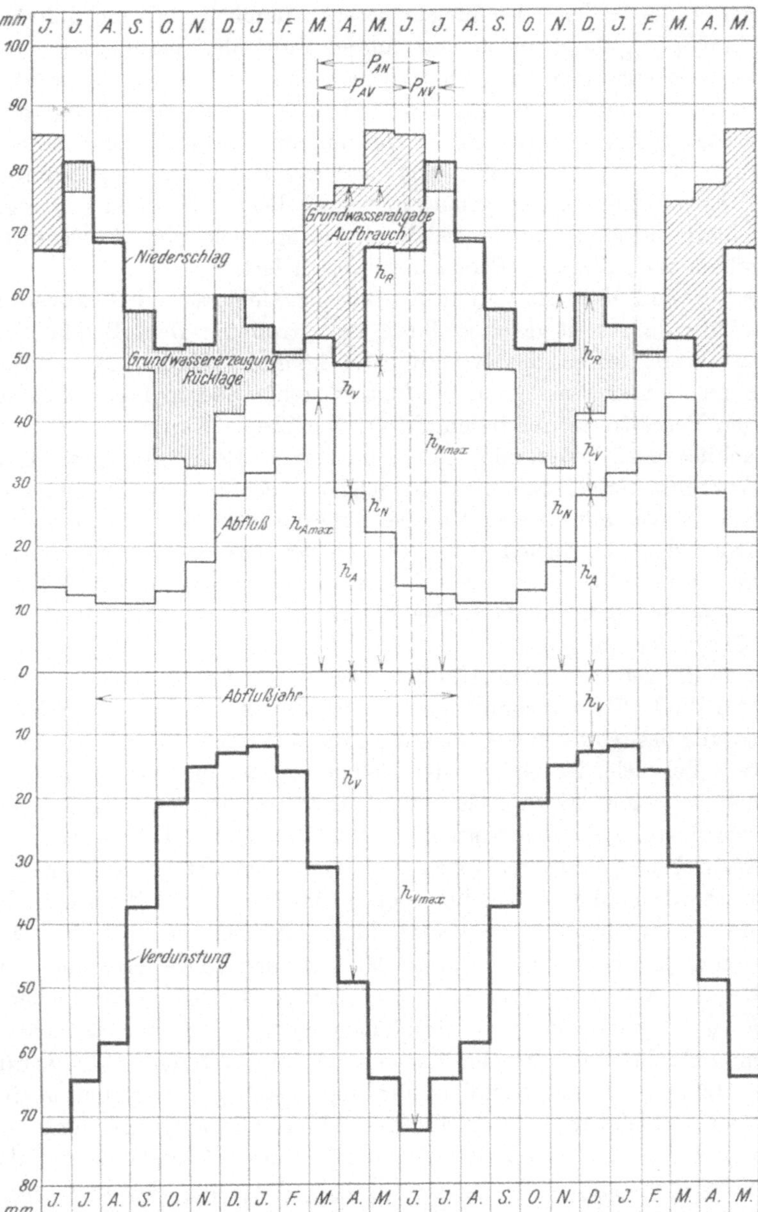

Abb. 314. Wasserhaushalt des Weserquellgebietes in der Jahresreihe 1896—1915. P_{AV} Phasenverschiebung des Ganges des Abflusses und der Verdunstung, P_{NV} Phasenverschiebung des Ganges des Niederschlages und der Verdunstung, P_{AN} Phasenverschiebung des Ganges des Abflusses und des Niederschlages.

Gang der Verdunstung in einem Normaljahre näherungsweise aus der Verbindung der beiden Gleichungen

$$\left.\begin{aligned}\overline{h}_V &= \overline{h}_N - \overline{h}_A - \overline{h}_R \\ \overline{h}_{V,\text{Jahr}} &= \overline{h}_{N,\text{Jahr}} - \overline{h}_{A,\text{Jahr}}\end{aligned}\right\} \tag{159}$$

berechnen. Diese beiden Gleichungen besagen nämlich, daß die Jahresverdunstungshöhe $\bar{h}_{V,\,\mathrm{Jahr}}$ durch einen bestimmten Gang der Verdunstung, etwa der täglichen, wöchentlichen oder monatlichen, innerhalb einer Jahresperiode so aufgeteilt werden muß, daß $\bar{h}_{R,\,\mathrm{Jahr}} = 0$ wird. Für diese Aufteilung ist nur die Kenntnis des relativen Verlaufes der Verdunstung während eines Normaljahres notwendig. Zu dieser Kenntnis kann man näherungsweise durch die Messung mittels Verdunstungsgefäßen gelangen, wobei diese, wie schon hervorgehoben, zwar nicht die absolute Größe der Verdunstung, wohl aber verwendbare Verhältniszahlen nach Zeit und Beobachtungsort liefert.

Der Einwand, daß das Verhältnis zwischen Gebiets- und Gefäßverdunstung nicht zu jeder Jahreszeit gleich groß sei, ist zutreffend. Dem Boden kann zeitweise das Wasser fehlen, das er verdunsten könnte, während im Verdunstungsgefäß hierzu immer Wasser zur Verfügung steht. Ebenso lassen sich die vielgestaltigen Verhältnisse der freien Natur, wie Seen, Wiesen, Äcker, bewaldeter oder brachliegender Boden oder Täler und Hänge, Bergrücken usw. in den einzelnen Verdunstungsgefäßen nicht ausreichend nachbilden. Trotzdem ist man aber in der Lage, mit diesem Untersuchungsverfahren der Beantwortung der Frage nach dem jährlichen Gang der Gebietsverdunstung näherzukommen, wenn die Verhältnisse des Einzugsgebietes entsprechend eingeschätzt werden können, was insbesondere dann der Fall ist, wenn es einen ziemlich gleichartigen Charakter aufweist.

Wegen der zeitraubenden Arbeiten, welche mit der räumlichen Mittelwertsbildung für die h-Werte verbunden sind, und vor allem wegen der Schwierigkeit der Erfassung des relativen Verdunstungsganges liegen bisher nur wenige, durchgearbeitete Beispiele des Ganges der Gebietsverdunstung vor. Für das Weserquellgebiet mit einer Einzugsfläche von $14\,825$ km² hat man die Ganglinie der Gebietsverdunstung für das Normaljahr der Jahresreihe 1896—1915 nach dem oben beschriebenen Verfahren folgendermaßen bestimmt (Abb. 314).[1]

Vorerst wurden die Niederschlagshöhen für die einzelnen Monate des Normaljahres durch räumliche Mittelwertsbildung aus den in 177 Niederschlagsmeßstationen erhobenen monatlichen Niederschlagshöhen errechnet. Hierauf ermittelte man aus dem Unterschiede der von der Ganglinie der Niederschlagshöhen $\bar{h}_{N,\,\mathrm{Monat}}$ und jener der Abflußhöhen $\bar{h}_{A,\,\mathrm{Monat}}$ mit der Zeitachse eingeschlossenen Flächen die jährliche Verdunstungs-Wasserfracht. Diese wurde dann mit Benützung des aus Gefäßverdunstungsmessungen bestimmten relativen Ganges der Gebietsverdunstung auf das Abflußjahr aufgeteilt und hierdurch die Ganglinie der $\bar{h}_{V,\,\mathrm{Monat}}$ erhalten. Der Verlauf des Rückhaltes wurde dann aus der Beziehung $\bar{h}_{R,\,\mathrm{Monat}} = \bar{h}_{N,\,\mathrm{Monat}} - \bar{h}_{A,\,\mathrm{Monat}} - \bar{h}_{V,\,\mathrm{Monat}}$ bestimmt. Er ergab sich in dem Zeitabschnitte vom März bis Juni als negativer Wert, nämlich als *Aufbrauch* infolge Abgabe des Grundwassers an das oberirdische Wasser und in dem Zeitabschnitte vom September bis Feber als positiver Wert, nämlich als *Rücklage* in Form von Grundwassererzeugung.

Aus der Ganglinie der Gebietsverdunstungshöhen für das Normaljahr können

---

[1] K. FISCHER, Niederschlag, Abfluß und Verdunstung des Weserquellgebietes. Jahrbuch für Gewässerkunde Norddeutschlands, Besondere Mitteilungen, Bd. 4, Nr. 3.

K. FISCHER, Niederschlag, Abfluß und Verdunstung im Weser- und Allergebiet. Wie zuvor Bd. 7, Nr. 2.

die Phasenverschiebungen gegenüber jener des Niederschlages P_{NV} und des Abflusses P_{AV} sowie das bemerkenswerte Ergebnis entnommen werden, daß im langjährigen Durchschnitt für das behandelte Gebiet im Monate Juni die Verdunstung mehr als das Fünffache des Abflusses, dagegen im Monate Jänner der Abfluß fast das Vierfache der Verdunstung beträgt.

Der vorstehende Untersuchungsweg ist aus den angegebenen Gründen der Zukunft vorbehalten; vorläufig werden die Untersuchungen über den Zusammenhang zwischen Niederschlag und Abfluß in der Richtung geführt, daß man unmittelbar aus dem Niederschlage auf die Größe des Abflusses zu schließen trachtet. Dabei wird es für die Praxis in vielen Fällen schon als genügend erachtet werden können, wenn diese Beziehung für die Jahreshöhenwerte in einem Normaljahr, also für die vieljährigen Durchschnittswerte der jährlichen Niederschlags-, Abfluß-, bzw. Verdunstungshöhen angegeben werden kann.

Zur Erreichung dieses Zieles kann man grundsätzlich zwei Wege einschlagen. Man versucht entweder, die Verhältniszahl zwischen Abfluß und Niederschlag, den *Abflußbeiwert*, auch Abflußkoeffizient oder Abflußverhältnis genannt, für bestimmte vorhandene oder hydrographisch und morphologisch einschätzbare Einzugsgebiete abzuleiten oder man trachtet, die Beziehung zwischen dem Niederschlag und dem *Unterschied von Niederschlag und Abfluß* festzulegen.

Der erste Vorgang ist der ältere, gegenwärtig fast allgemein im Gebrauch und besonders dort berechtigt, wo die errechnete Verhältniszahl wieder für das untersuchte Einzugsgebiet verwendet wird. Der zweite Weg ist bei Aufstellung einer allgemeinen Beziehung der zweckmäßigere und wird neuerdings mit Nachdruck verfochten.

Abflußbeiwert. Seine Bestimmung hat eigentlich unter Berücksichtigung des Abflußjahres zu erfolgen. Nur wenn dieses dem Kalenderjahre nahekommt, kann letzteres hierfür herangezogen werden. Der Definition gemäß ist der Abflußbeiwert c gleich dem Verhältnis der Normalzahl des Jahresabflusses zu jener des Jahresniederschlages, wobei es gleichgültig ist, ob man hierfür die Normalzahlen der Abflußhöhen $\overline{h}_{A,\text{Jahr}}$ und der Niederschlagshöhen $\overline{h}_{N,\text{Jahr}}$ oder die Normalzahlen der Jahres-Abflußwasserfracht $\overline{F}_{A,\text{Jahr}}$ und der Jahres-Niederschlagswasserfracht $\overline{F}_{N,\text{Jahr}}$ bzw. jene der Abflußspende $\overline{q}_A$ und der Niederschlagsspende $\overline{q}_N$ nimmt; es ist also

$$c = \frac{\overline{h}_{A,\text{Jahr}}}{\overline{h}_{N,\text{Jahr}}} = \frac{\overline{F}_{A,\text{Jahr}}}{\overline{F}_{N,\text{Jahr}}} = \frac{\overline{q}_A}{\overline{q}_N}. \tag{160}$$

Der Abflußbeiwert darf nicht als Mittelwert aus den Abflußbeiwerten für einzelne Jahre gebildet werden.

Eine Zusammenstellung von Abflußbeiwerten langer Zeitabschnitte für eine Reihe von Einzugsgebieten zeigt die Tabelle 26. Diese Werte schwanken in den aufgezählten Fällen in weiten Grenzen zwischen 0,19 und 0,83, was seine Ursache in dem verschiedenen hydrographischen und morphologischen Charakter der Einzugsgebiete hat.

In Abb. 315 ist ein Teil dieser Abflußbeiwerte c als Abhängige von $\overline{h}_{N,\text{Jahr}}$ aufgetragen. Man erkennt daraus, daß der gleiche Abflußbeiwert in Einzugsgebieten mit verschiedener Jahres-Niederschlagshöhe erreicht werden kann. So ist z. B. der Wert $c = 0{,}50$ für alle Niederschlagshöhen zwischen 700 mm und 1200 mm möglich.

Man hat auch versucht, einen Zusammenhang zwischen der Größe des Abflußbeiwertes und einer allerdings schwer erfaßbaren Kennzeichnung des Einzugs-

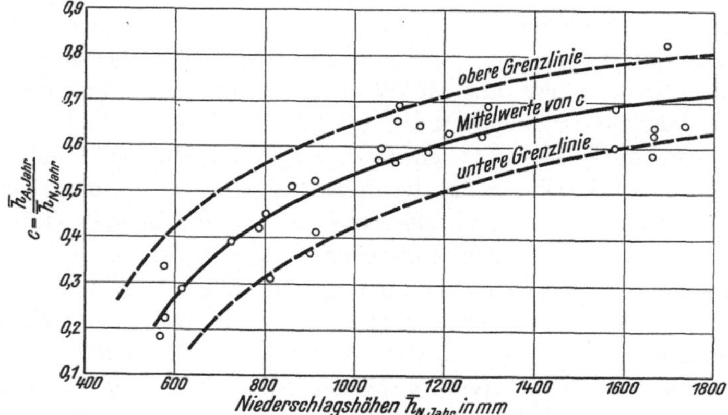

Abb. 315. Beziehung zwischen den Abflußbeiwerten $c = \dfrac{h_{A,\,Jahr}}{h_{N,\,Jahr}}$ und den Niederschlagshöhen $h_{N,\,Jahr}$ für Mitteleuropa nach H. KELLER.

gebietes auf empirischem Wege aufzustellen und ist damit zu den Werten in Tabelle 28 gelangt, die nur rohe Schätzungswerte darstellen.

Tabelle 28. Abflußbeiwerte für lange Zeitabschnitte, nach R. ISZKOWSKI.

Terrainkategorien in topographischer Beziehung	Abflußbeiwert
Moräste und Tiefland	0,2
Niederung und flache Hochebene	0,25
Teils Niederung, teils Hügelland	0,30
Nicht steiles Hügelland	0,35
Teils Mittelgebirge, teils Hügelland oder steiles Hügelland allein	0,40
Bodenerhebungen, wie: Ardennen, Eifel, Westerwald, Vogelsberg, Odenwald und Ausläufer größerer Gebirge, im Mittel	0,45
Bodenerhebungen, wie: Harz, Thüringer Wald, Rhön, Frankenwald, Fichtelgebirge, Erzgebirge, Böhmerwald, Lausitzer Gebirge, Erlitzgebirge, Wiener Wald, im Mittel	0,50
Bodenerhebungen, wie: Schwarzwald, Vogesen, Riesengebirge, Sudeten, Beskiden, im Mittel	0,55
Hochgebirge je nach Steilheit	0,60—0,70

Oft muß man den Abfluß für Niederschläge kurzer Zeitabschnitte mit Hilfe des Abflußbeiwertes berechnen, was vor allem bei der Bemessung des Entwässerungsnetzes einer Ortschaft in Frage kommt, bei welcher Starkregen von nur wenigen Minuten Niederschlagsdauer maßgebend sind. Hierbei ist noch zu beachten, daß beim Abflußvorgang in einem solchen Entwässerungsnetz die Verdunstung keine bemerkenswerte Rolle spielt und die Versickerung im

Gegensatze zu früher einen nicht einbringlichen Verlust darstellt, weil die dichten Wandungen der Entwässerungsleitungen einen Zutritt des anfänglich versickerten Wassers verhindern. Mit dieser Vereinfachung des Abflußvorganges werden aber die Schwierigkeiten beseitigt, welche die Verdunstung und der Rückhalt in der Auswertung der Gleichung für den Wasserhaushalt hervorgerufen haben.

In der Literatur sind zahlreiche Angaben über die Größe solcher Abflußbeiwerte für verschieden beschaffene Niederschlagsflächen zu finden, doch stellen sie zumeist nur Annahmen der verschiedenen Bearbeiter von Kanalisierungsprojekten dar. Für praktische Zwecke haben sich die in den Tabellen 29 und 30 angeführten Werte eingebürgert.

Tabelle 29. Abflußbeiwerte für kurze Zeitabschnitte.

Beschaffenheit der Niederschlagsfläche	Abflußbeiwert
Metall- und Schieferdächer	0,95
Gewöhnliche Dachziegel und Dachpappe	0,90
Holzzementdächer, Preßkiesdächer, also Flachdächer verschiedener Herstellungsweise	0,50—0,70
Asphaltpflaster und dicht abgedeckte Fußwege	0,85—0,90
Fugendichtes Pflaster aus Stein oder Holz	0,80—0,85
Reihenpflaster ohne Fugenverguß	0,50—0,70
Schotterstraßen, wassergebunden	0,25—0,45
Kieswege	0,15—0,30

Für ein Niederschlagsgebiet von der Größe F, das sich aus verschiedenen Anteilen $F_1, F_2, \ldots$ mit den entsprechenden Abflußbeiwerten $c_1, c_2, \ldots$ zusammensetzt, berechnet man den Mittelwert des Abflußbeiwertes mit

$$c_m = \frac{F_1 c_1 + F_2 c_2 + \ldots}{F_1 + F_2 + \ldots}. \tag{161}$$

Aus ähnlichen Überlegungen ergeben sich auch die folgenden, nur als rohe Annäherungen anzusprechenden Abflußbeiwerte.

Tabelle 30. Mittlere Abflußbeiwerte für kurze Zeitabschnitte.

Kennzeichnung des Einzugsgebietes	Abflußbeiwert
Sehr eng verbautes Gebiet	0,80—1,00
Eng verbautes Gebiet	0,60—0,80
Villenartig oder weitläufig verbautes Gebiet (Industrieviertel)	0,40—0,50
Unverbautes Gebiet (Wald- und Wiesengürtel)	0,20—0,30

Die Abflußbeiwerte für Niederschläge kurzer Dauer werden nach der älteren Auffassung als Festwerte angenommen. Neuere Untersuchungen haben jedoch ergeben, daß sie noch von der Niederschlagsspende q_N und der Niederschlagsdauer t_r in der Form

$$c = m \, q_N{}^{\alpha} \, t_r{}^{\beta} \tag{162}$$

abhängig sind.[1] Der Beiwert m berücksichtigt dabei insbesondere die Oberflächen-

---

[1] Poggi, Le fognature di Milano. Milano 1914. — H. Eigenbrodt, Über die Bestimmung der in Sielnetzen abzuführenden größten sekundlichen Regenwassermengen. Gesundheits-Ingenieur, H. 1, 7, 8, 11, 1922.

beschaffenheit des Niederschlagsgebietes und schließt gleichzeitig den Einfluß des örtlichen Klimas ein, während die Exponenten α und β davon wenig abhängen. Die Größen m, α und β sind im Wege des Versuches oder aus Messungen in der Natur zu bestimmen.

Solche Versuche ergaben die Beziehung[1]

$$c = m\, q_N^{0,567}\, t_r^{0,228}, \tag{163}$$

worin für m je nach der Beschaffenheit der Niederschlagsfläche zu setzen ist:

Leicht gewalzte Sandoberfläche	$m = 0,0064$
Kopfsteinpflaster, Fugen mit Sand gefüllt	$m = 0,0214$
Kopfsteinpflaster, Fugen mit Asphalt vergossen	$m = 0,0238$

Beträgt beispielsweise die Niederschlagsspende $q_N = 125$ l/sek.ha und die Niederschlagsdauer $t_r = 7$ min, dann ist zu rechnen bei:

Sandoberfläche	mit $c = 0,15$
Kopfsteinpflaster	„ $c = 0,52$
Kopfsteinpflaster mit Fugenverguß	„ $c = 0,57$

Diese Werte fügen sich den oben mitgeteilten gut ein.

Beziehung zwischen dem Niederschlag und dem Unterschied von Niederschlag und Abfluß. In einem Normaljahre ist der Unterschied zwischen Niederschlag und Abfluß gleich der Verdunstung, also

$$\overline{h}_{N,\,\text{Jahr}} - \overline{h}_{A,\,\text{Jahr}} = \overline{h}_{V,\,\text{Jahr}}\,.$$

Trägt man einige Werte $\overline{h}_{N,\,\text{Jahr}}$ und $\overline{h}_{V,\,\text{Jahr}}$ der Tabelle 26 auf, welche diese Angaben für verschiedene mitteleuropäische Flußgebiete enthält, dann läßt sich eine Beziehung zwischen $\overline{h}_{N,\,\text{Jahr}}$ und $\overline{h}_{V,\,\text{Jahr}}$ aufstellen (Abb. 316). Der Punkteschwarm hat die Form eines geradlinigen Streuungsbandes und man kann die Grenzlinien dieses Bandes und die Linie seiner Mittelwerte als Gerade darstellen.[2]

Es ergibt sich für die Linie der Mittelwerte die Gleichung

$$\overline{h}_{V,\,\text{Jahr}} = 0,058\, \overline{h}_{N,\,\text{Jahr}} + 405\,\text{mm}, \tag{164}$$

für die untere Grenzlinie des Streuungsbandes

$$\overline{h}_{V,\,\text{Jahr}} = \overline{h}_{N,\,\text{Jahr}} - \overline{h}_{A,\,\text{Jahr}} = 350\,\text{mm} \tag{165}$$

und für die obere Grenzlinie

$$\overline{h}_{V,\,\text{Jahr}} = 0,116\, \overline{h}_{N,\,\text{Jahr}} + 460\,\text{mm}, \tag{166}$$

---

[1] F. REINHOLD, Beitrag zur Bestimmung des Abflußbeiwertes bei Regenfällen. Die Bautechnik, H. 33 u. 35, 1929. — E. MELLI, Die Dimensionierung städtischer Kanäle. Schweizerische Bauzeitung, Bd. 84, Nr. 12, 1924.

[2] H. KELLER, Niederschlag, Abfluß und Verdunstung in Mitteleuropa. Jahrbuch für Gewässerkunde Norddeutschlands, Besondere Mitteilungen, Bd. 1, Nr. 4, Berlin 1906. — K. FISCHER, Die durchschnittlichen Beziehungen zwischen Niederschlag, Abfluß und Verdunstung in Mitteleuropa. Deutscher Wasserwirtschafts- und Wasserkraftverband E. V., H. 6, 1921. — F. FISCHER, Abflußverhältnis, Abflußvermögen und Verdunstung von Flußgebieten Mitteleuropas. Zentralblatt der Bauverwaltung, H. 41, 1925.

wobei zu beachten ist, daß die Gleichung (164) erst von etwa $\overline{h}_{N,\,\text{Jahr}} = 560\,\text{mm}$, die Gleichung (165) von etwa $\overline{h}_{N,\,\text{Jahr}} = 500\,\text{mm}$ und die Gleichung (166) von etwa $\overline{h}_{N,\,\text{Jahr}} = 625\,\text{mm}$ an gilt.

Jeder Linie für die Verdunstung entspricht nach der Gleichung $\overline{h}_{A,\,\text{Jahr}} = \overline{h}_{N,\,\text{Jahr}} - \overline{h}_{V,\,\text{Jahr}}$ eine solche für den Abfluß, und zwar gehört zur Mittellinie der Verdunstung die Mittellinie des Abflusses

$$\overline{h}_{A,\,\text{Jahr}} = 0{,}942\,\overline{h}_{N,\,\text{Jahr}} - 405\,\text{mm}, \tag{167}$$

zur unteren Grenzlinie der Verdunstung die obere des Abflusses

$$\overline{h}_{A,\,\text{Jahr}} = \overline{h}_{N,\,\text{Jahr}} - 350\,\text{mm} \tag{168}$$

und zur oberen Grenzlinie der Verdunstung die untere des Abflusses

$$\overline{h}_{A,\,\text{Jahr}} = 0{,}884\,\overline{h}_{N,\,\text{Jahr}} - 460\,\text{mm}. \tag{169}$$

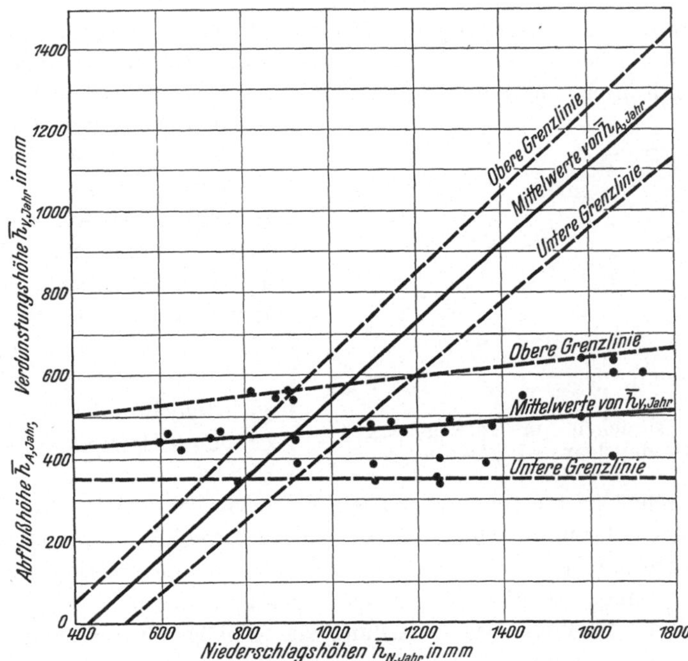

Abb. 316. Beziehung zwischen der Abflußhöhe $\overline{h}_{A,\,\text{Jahr}}$ bzw. Verdunstungshöhe $\overline{h}_{V,\,\text{Jahr}}$ und der Niederschlagshöhe $\overline{h}_{N,\,\text{Jahr}}$ für Mitteleuropa nach H. KELLER.

Gebiete von annähernd gleicher Niederschlagsstärke können sich im Abflusse wesentlich voneinander unterscheiden, z. B. für $\overline{h}_{N,\,\text{Jahr}} = 1500\,\text{mm}$ um etwa 280 mm. Durch den Niederschlag allein sind demnach der Abfluß und die Verdunstung nicht bedingt, sondern es kommen auch die klimatologischen und morphologischen Einflüsse in Frage. Das Sonderverhalten der einzelnen Einzugsgebiete drückt sich durch ihr Abfluß- und Verdunstungsvermögen aus. Es zeigt sich, daß der oberen Grenze des Abflußvermögens, der die untere Grenze des Verdunstungsvermögens zugeordnet ist, ein Festwert der Verdunstung von

350 mm entspricht. Die Gebietsverdunstung in Mitteleuropa ist also für das größte Abflußvermögen fast eine Invariante.

Bei der Aufstellung der Beziehungen zwischen Niederschlag und Abfluß ist der Einfluß der zusätzlichen Niederschläge vernachlässigt worden. Da aber diese zusätzlichen Niederschläge ihre Ursache in Kondensationsvorgängen haben, die mit der Niederschlagshöhe zunehmen und letztere wieder mit der Seehöhe des Gebietes wächst, so muß die den zusätzlichen Niederschlägen entsprechende zusätzliche Abflußhöhe mit der Seehöhe ansteigen. Der zusätzliche Niederschlag kann aber mit den üblichen Niederschlagsmessern nicht gemessen werden, so daß die oben aufgestellten Beziehungen schon aus diesem Grunde keine allgemeine Gültigkeit besitzen.[1]

E. Empirische Formeln und Gleichungen hydrographischer Bezugswerte.

Die graphische Darstellung ist bei der Entwicklung hydrographischer Beziehungen sowie bei deren weiterer Verarbeitung meist die zweckmäßigere, sie kann aber mitunter auch durch eine analytische ersetzt werden, vor allem dann, wenn es sich nur um die Mitteilung eines Endergebnisses handelt, das für praktische Fälle verwertet werden soll. Dabei soll aber ebensowenig wie bei nomographischen und skalaren Darstellungen eine Exaktheit vorgetäuscht werden, die nicht vorhanden sein kann, sondern der Zweck der empirischen Gleichungen liegt lediglich in der Erlangung einer gedrängten Darstellung der Bezugsfunktion.

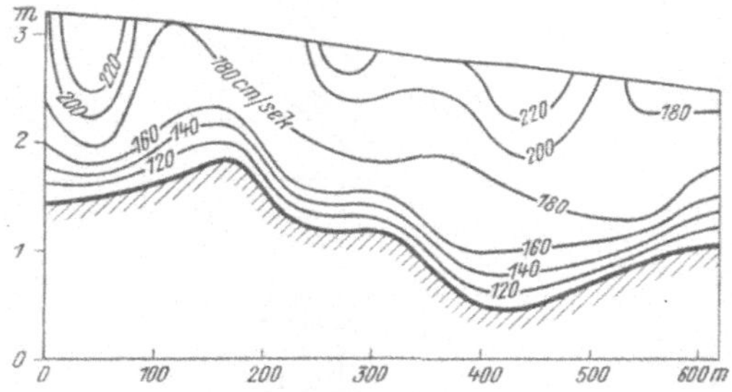

Abb. 317. Isotachen im Talweg-Längenprofil der Isar bei Platting.

Empirische Gleichungen werden nach den im vorigen Abschnitte angegebenen Verfahren entweder unmittelbar oder über den Umweg der graphischen Statistik gewonnen. Sie haben sich jedoch mit Rücksicht auf die umfangreiche Rechenarbeit nur in einigen Sonderfällen als zweckmäßig erwiesen.

Empirische Formeln der Verteilung der Fließgeschwindigkeit. Die Verteilung der Fließgeschwindigkeit in einem Durchflußquerschnitte hat nicht nur wissenschaftliches Interesse, indem sie Aufschluß über die Bewegungsvorgänge in den einzelnen Stromfäden gibt, sondern sie ist auch von

---

[1] R. Drenkhahn, Die hydrographischen Grundlagen für die Planung von Wasserkraftwerken in Südwestdeutschland, Berlin 1926, gibt ein Verfahren, um für ein bestimmtes Einzugsgebiet den Zusammenhang zwischen der zusätzlichen Abflußhöhe und der mittleren Seehöhe h des Einzugsgebietes zu ermitteln und im weiteren eine Umformung der Gleichungen von H. Keller, in welchen nunmehr auch die mittlere Seehöhe h, ausgedrückt in m, enthalten ist. Er fand beispielsweise für Südwestdeutschland

$$\bar{h}_{A,\text{Jahr}} = \frac{15}{16}\,\bar{h}_{N,\text{Jahr}} - 460 + 30\left[\frac{h}{100} - 6 + \sqrt{\left(\frac{h}{100} - 6\right)^2 + 1}\right].$$

praktischem Werte, weil sie den Aufbau der empirischen Gleichungen über die mittlere Fließgeschwindigkeit in einem Durchflußprofile von bestimmter Gestalt vorbereitet.

In übersichtlicher Weise läßt sich die Verteilung in den Quer- und Längenprofilen durch Linien gleicher Fließgeschwindigkeit, den *Isotachen*, darstellen. Derartige Schichtenpläne zeigen in erster Linie die Abhängigkeit der Verteilung vom Quer- oder Längenschnitt, da die Isotachen sich im allgemeinen der Berandung anschließen (Abb. 317). Die größten Geschwindigkeit treten sowohl an als auch unter der Oberfläche auf. Gewöhnlich ist in einem Querprofile nur ein Größtwert von u und dieser bei symmetrischen Formen in der Flußmitte anzutreffen (Abb. 318a). Es können jedoch auch zwei und mehrere Größtwerte vorhanden sein, die oft eine vollkommen symmetrische Lage im Querschnitt aufweisen (Abb. 318b, c). Die Ursachen dieser Erscheinung sind noch nicht geklärt; doch vermutet man, daß sie mit einer spiralförmigen Bewegung des Wassers zusammenhängen.

Für die Aufstellung von empirischen Gleichungen über die Geschwindigkeitsverteilung kommen lediglich solche Fälle in Betracht, bei denen nur ein Größtwert in der Verteilung längs einer Meßlotrechten vorhanden ist. Zur Anpassung an die Geschwindigkeitsverteilung eignen sich die folgenden Linien, in denen u die waagrechte und z die lotrechte Koordinate bedeuten.

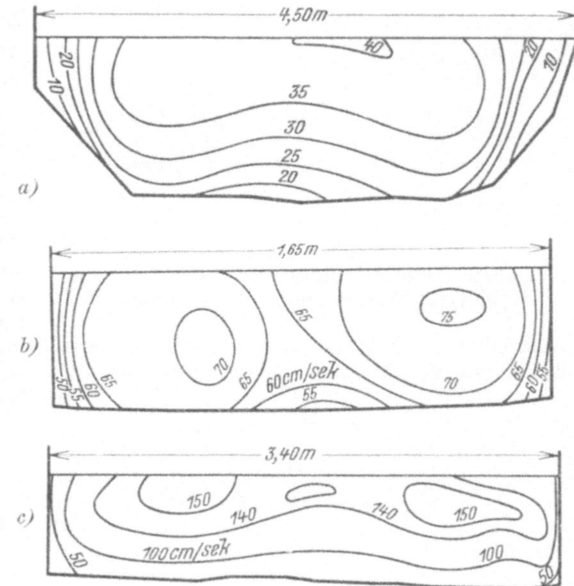

Abb. 318. Isotachen im Querprofil.
a) Werkskanal in Staben, Etschgebiet, b) Werkskanal in Jenbach, Inngebiet, c) Werkskanal in Brunneck, Etschgebiet.

Parabel zweiter Ordnung mit waagrechter Achse	$u = a + b\,z + c\,z^2$	(170)
Parabel zweiter Ordnung mit lotrechter Achse	$z = a + b\,u + c\,u^2$	(171)
Parabel höherer Ordnung mit lotrechter Achse	$u = a\,(h - z)^{\frac{1}{m}}.$	(172)
Gleichseitige Hyperbel	$(u + b)\,(z + a) = \text{konst.}$	(173)
Logarithmische Linie	$u = a + b \log (z + c)$	(174)

oder

$$u = a + 0{,}434\,b \ln (z + c).\tag{175}$$

Mit Rücksicht auf die Erfahrungstatsache, daß die Geschwindigkeit gegen die Flußsohle zu sehr stark abnimmt, und da außerdem die Anpassung auch bei Vorhandensein einer Eisdecke gefordert wird, sind die Parabeln höherer Ordnung vorzuziehen.[1]

Für die Darstellung der Geschwindigkeitsverteilung nach Abb. 319 ist die Gleichung

$$u = a\,(h - z)^{\frac{1}{m}}$$

gewählt worden. Zur Bestimmung des Beiwertes a und des Grades m logarithmiert man obige Gleichung zu

$$\log u = \log a + \frac{1}{m} \log (h - z).$$

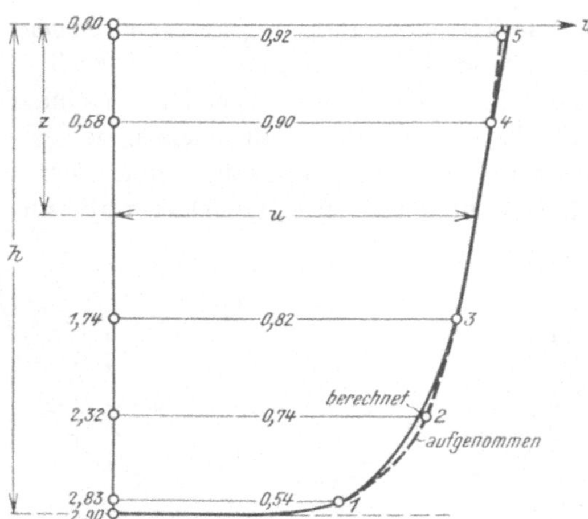

Abb. 319. Geschwindigkeitsverteilung in einer Meßlotrechten bei freiem Wasserspiegel.

Werden die Ergebnisse der Geschwindigkeitsmessungen aus Abb. 319 nach den Koordinaten $\log u$ und $\log (h - z)$ auf ein doppelfüßiges Logarithmenpapier aufgetragen (Abb. 320) und die Ausgleichsgerade L nach dem graphischen Anpassungsverfahren eingelegt, dann folgt der Grad der Parabel unter Berücksichtigung der verschiedenen Maßstäbe der Logarithmenteilungen aus

$$m = \operatorname{tg} a \, \frac{e_1}{e_2} \doteq 7{,}2.$$

a ergibt sich im Schnittpunkte der Ausgleichsgeraden mit der Linie $h - z = 1$ zu

$$a = 0{,}80.$$

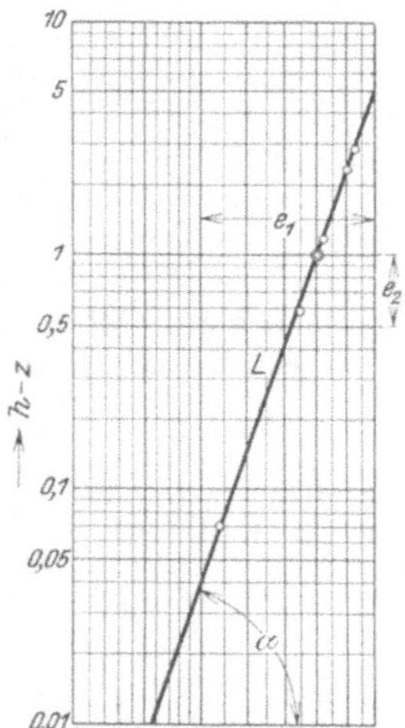

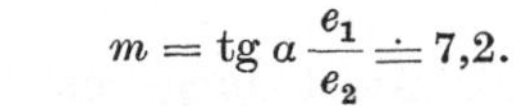

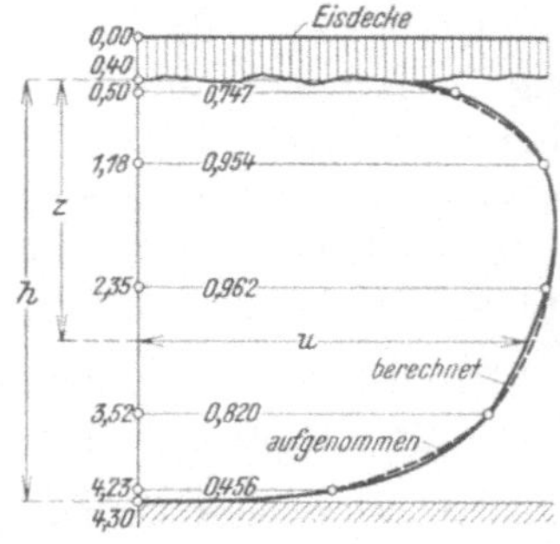

Abb. 320. Ermittlung des Grades m und des Beiwertes a der Parabel $u = a\,(h - z)^{\frac{1}{m}}$.

Abb. 321. Geschwindigkeitsverteilung in einer Meßlotrechten bei Eisbedeckung.

---

[1] Nach vorhergehenden Bemühungen von G. Lavale, T. Christen und A. Strickler, die Parabel höherer Ordnung einzuführen, hat St. Kolupaila, Über die Verteilung der Geschwindigkeiten auf der Lotrechten des Stromes, III, Hydrologische Konferenz der baltischen Staaten, Warschau 1930, diesen Versuch mit Erfolg unter Verwendung der logarithmischen Anamorphose wiederholt.

Wählt man für die endgültige Gleichung der lotrechten Verteilungslinie der Einfachheit halber den Grad der Parabel mit $m = 7$, dann wird $a = 0,798$; es kann daher die Verteilung für das gewählteBeispiel mit genügender Genauigkeit nach der Gleichung

$$u = 0,8 \, (2,9 - z)^{\frac{1}{7}}$$

angenommen werden.

Weitere Untersuchungen haben gezeigt, daß für die Anpassung an Geschwindigkeitsverteilungen, die normalen natürlichen Verhältnissen entsprechen, die lotrechte Parabel 4. bis 7. Grades in Frage kommt und daß der Grad mit der Glätte der Sohle wächst.[1] Die Kenntnis der Geschwindigkeitsverteilung ermöglicht den Ersatz der besonders in der Nähe der Flußsohle fehlenden Meßwerte durch Rechnungswerte.

Ist im Flusse eine Eisdecke vorhanden, dann vermindert sich die Geschwindigkeit auf der Lotrechten nicht nur gegen die Sohle, sondern auch gegen die Eisdecke zu (Abb. 321). In diesem Falle setzt man die Verteilungslinie aus zwei Parabeln mit verschiedenen Graden m und k zusammen, von denen die eine ihren Scheitel in der Sohle, die andere an der Unterfläche des Eises hat und es gilt hierfür[2]

$$u = a \, (h - z)^{\frac{1}{m}} - b \, h^{\frac{1}{k}} + b \, z^{\frac{1}{k}}. \tag{176}$$

Die Beiwerte a und b und die Exponenten $\dfrac{1}{m}$ und $\dfrac{1}{k}$ werden am zweckmäßigsten nach der Methode der ausgewählten Punkte bestimmt.[3]

Hiernach erhält man für das Beispiel in Abb. 321 die Gleichung

$$u = 0,92 \, (3,9 - z)^{\frac{1}{4}} + 1,06 \, z^{\frac{1}{7}} - 1,29.$$

In der Praxis benötigt man weniger die Einzelheiten der Geschwindigkeitsverteilung, als die Kenntnis des Zusammenhanges der mittleren Fließgeschwindigkeit im Durchflußquerschnitte mit den verhältnismäßig leicht und rasch meßbaren Oberflächengeschwindigkeiten. Wenn es gelänge, die Verteilung der Geschwindigkeit in der waagrechten Ebene ebenso wie in der lotrechten Ebene rechnerisch zu erfassen, dann könnte wahrscheinlich auch der Zusammenhang zwischen u_m und $u_{0,m}$ für das ganze Querprofil rechnerisch ermittelt werden. Vorläufig muß man sich mit den Zahlenwerten begnügen, die sich aus der Rückrechnung aus vollständigen Flügelmessungen ergeben.[4]

Aus solchen Vergleichswerten von mittlerer Geschwindigkeit und Oberflächengeschwindigkeit ist eine Reihe empirischer Formeln aufgestellt worden.

So empfiehlt R. Siedek für Flüsse:

bei $0,8 < H_m < 2,0 \, \mathrm{m}$

$$Q = \sqrt[20]{\frac{H_m^2}{B}} \, \sum_0^B (H \, \varDelta \, B \, u_0), \tag{177}$$

bei $H_m > 2,0 \, \mathrm{m}$

$$Q = \sqrt[20]{\frac{H_m^2}{B}} \, \frac{\sum_0^B (H \, \varDelta \, B \, u_0) + 0,4 \sum_0^B (H \, \varDelta \, B)}{1,2}. \tag{178}$$

---

[1] Ebenda S. 36.
[2] Ebenda S. 24 f.
[3] Siehe S. 220.
[4] Siehe S. 103 f.

I. FISCHER ermittelt für Bäche die Näherungsformel

$$u_m = \alpha \left[\frac{\sum\limits_0^B (u_0 \, \Delta B)}{B} \right] + \beta \left[\frac{\sum\limits_0^B (u_0 \, \Delta B)}{B} \right]^2, \qquad (179)$$

worin die Erfahrungswerte α und β nach Tabelle 31 anzunehmen sind.

Tabelle 31. Erfahrungswerte für α und β in Gleichung (179).

Breite des Durchfluß-profiles	Mit Schilf oder Gras bewachsen		Grobkies		Kies		Sand	
	α	β	α	β	α	β	α	β
$< 3,0$ m	0,784	0,001	0,832	0,001	0,867	0,000	0,926	0,000
3—10,0 m	0,795	0,001	0,862	0,000	0,889	0,000	0,954	0,000

Für überschlägige Mengenerhebungen kann die Durchflußmenge aus

$$Q = 0,85 \, \frac{\sum\limits_0^B (u_0 \, \Delta B)}{B} \, F = 0,85 \, H_m \sum\limits_0^B (u_0 \, \Delta B) \qquad (180)$$

geschätzt werden.

Empirische Formeln der mittleren Fließgeschwindigkeit. In offenen Wasserläufen mit turbulenter und gleichförmiger Bewegung ist das hierfür maßgebende Gefälle dem Wasserspiegelgefälle und dem Sohlengefälle gleich. A. BRAHMS hat als erster ausgesprochen, daß die Größe dieses Gefälles mit dem Reibungswiderstand des Flußbettes derart zusammenhängt, daß die in die Richtung der Wasserbewegung fallende Komponente der Schwerkraft dem Reibungswiderstand entgegengesetzt gleich sein muß.[1]

Aus dieser Bedingung ergibt sich, wenn man den Reibungswiderstand proportional dem Quadrate der mittleren Geschwindigkeit annimmt, die Formel

$$u_m = k \, h_m^{\,0,5} \, J^{0,5}, \qquad (181)$$

worin $h_m = \dfrac{F}{B}$ die mittlere Wassertiefe des Durchflußprofiles bedeutet.[2]

Da der Wert h_m die Form des Querprofiles nur bei breiten und flachen Durchflußquerschnitten genügend kennzeichnet, hat M. DE CHÉZY an Stelle von h_m den Wert $R = \dfrac{F}{U}$, d. i. Querschnittsfläche / benetzten Umfang eingeführt, der die Bezeichnung *Profilradius* oder hydraulischer Radius führt.

Damit nimmt Gleichung (181) die Form

$$u_m = k \, R^{0,5} \, J^{0,5} \qquad (182)$$

an, in der, wenn u_m in m/sek angegeben werden soll, R in m, der Beiwert k in

---

[1] A. BRAHMS, Anfangsgründe der Deich- und Wasserbaukunst. Aurich 1754 und 1757.

[2] M. DE CHÉZY 1775, in den Mémoires de la classe des sciences de l'Institut de Paris 1813/15 zitiert.

$m^{0,5}$/sek und J als Sinus oder bei kleinem Gefälle auch als Tangente des Neigungswinkels des Wasserspiegels gegen die Waagrechte auszudrücken sind.

E. GANGUILLET und W. KUTTER entwickelten in der Erkenntnis, daß der k-Wert keine Konstante, sondern von J, R und der Rauhigkeit des Bettes abhängig ist, für Gerinne jeder Art eine einheitliche Formel[1]

$$u_m = \frac{23 + \dfrac{1}{n} + \dfrac{0,00155}{J}}{1 + \left(23 + \dfrac{0,00155}{J}\right)\dfrac{n}{R^{0,5}}}\ R^{0,5}\,J^{0,5}, \tag{183}$$

worin n den Rauhigkeitsbeiwert bedeutet, für den nachstehende Werte anzunehmen sind:

Kanäle von sorgfältig gehobeltem Holz, glatteste Materialien,
　Spiegelputz 0,010
Kanäle aus gefugten Brettern, weite Eisen- und Eisenbetonrohre. 0,012
Behauene Quader, gefugtes Bruchsteinmauerwerk.............. 0,013
Zementputz, je nach Ausführung, fein bis rauh................ 0,013—0,017
Kanäle aus Bruchsteinmauerwerk; rauher Zementputz 0,017
Kanäle mit verkleideter Böschung 0,021
Glatt gepflasterte Böschungen, glattere Felsarten.............. 0,022
Kanäle in Erde ohne Pflanzen; Bäche, Flüsse ohne Geschiebe..... 0,025
Gewässer mit Geschiebe und Wasserpflanzen; Wildbachschalen.. 0,028
Gewässer mit grobem Schotter und Geschiebe, rauhe Felsufer.... 0,030—0,035
Draingräben 0,030
Vorländer und Talböden .... 0,040—0,050

Diese Formel findet vor allem für künstliche Gerinne vielfach Verwendung, wenn auch der Wert n nicht imstande ist, den Einfluß der Rauheit der Wandung und Sohle vollkommen zu erfassen. Sie ist dann am Platze, wenn man den Rauhigkeitswert n durch Rückrechnung aus ausgeführten Wassermengenmessungen gewonnen hat und die Formel auch wieder nur für Gerinne gleichen Bekleidungsmateriales und gleicher Querschnittsform verwendet. In dieser Hinsicht ist ihre Anwendung für die Werksgerinne und Stollenleitungen von Wasserkraftwerken zu empfehlen, wo man die von der Herstellungsweise abhängige Beschaffenheit der Wandungen ziemlich gut in ein Schema bringen kann.

Schwierigkeiten bereitet die Eingliederung in dieses Schema dann, wenn durch den Betrieb eine Änderung der Rauhigkeit der Wandung eingetreten ist. Eine weitere Fehlerquelle tritt bei Geschiebeablagerungen und im besonderen bei Geschiebebewegung hinzu.[2]

---

[1] W. KUTTER, Die neuen Formeln für die Bewegung des Wassers. Wien 1877.
[2] J. BÜCHI, Rauhigkeits-Koeffizienten von ausgeführten Kanälen, im besonderen von verkleideten und unverkleideten Stollen. Schweizerische Bauzeitung, Bd. 90, Nr. 13, 1927. — L. MÜHLHOFER, Rauhigkeitsuntersuchungen in einem Stollen mit betonierter Sohle und unverkleideten Wänden. Wasserkraft u. Wasserwirtschaft, München, H. 8, 1933.

Um die Rechenarbeit abzukürzen, hat man graphische Rechentafeln für die Bestimmung von k hergestellt, von denen in Abb. 322 eine in der Praxis bewährte Darstellungsform abgebildet ist, deren Anwendung an dem folgenden Beispiel gezeigt werden soll.

Ein Kanal mit trapezförmigem Querschnitt von der Sohlenbreite 5 m, der Fülltiefe 4 m und den unter 1 : 2 geböschten Wandungen sei mit Beton ausgekleidet, wobei $n = 0{,}015$ gesetzt werden kann. Für $R = \dfrac{F}{U} = \dfrac{52}{22{,}9} = 2{,}27$, $\sqrt{R} = 1{,}507$ und ein Sohlengefälle $J = 0{,}00005$ ergibt sich aus dem Schnitte der Verbindungslinie $A—B$ mit der k-Achse der Wert $k = 78{,}2$. Die Durchflußmenge beträgt dann $Q = u_m F = 78{,}2 \cdot 1{,}507 \cdot \sqrt{0{,}00005} \cdot 52 = 43{,}3\ \mathrm{m^3/sek}$.

Für künstliche Gerinne, die während des Betriebes starken Änderungen in der Wandrauhigkeit unterworfen sind, wie dies bei städtischen Kanälen durch Ver-

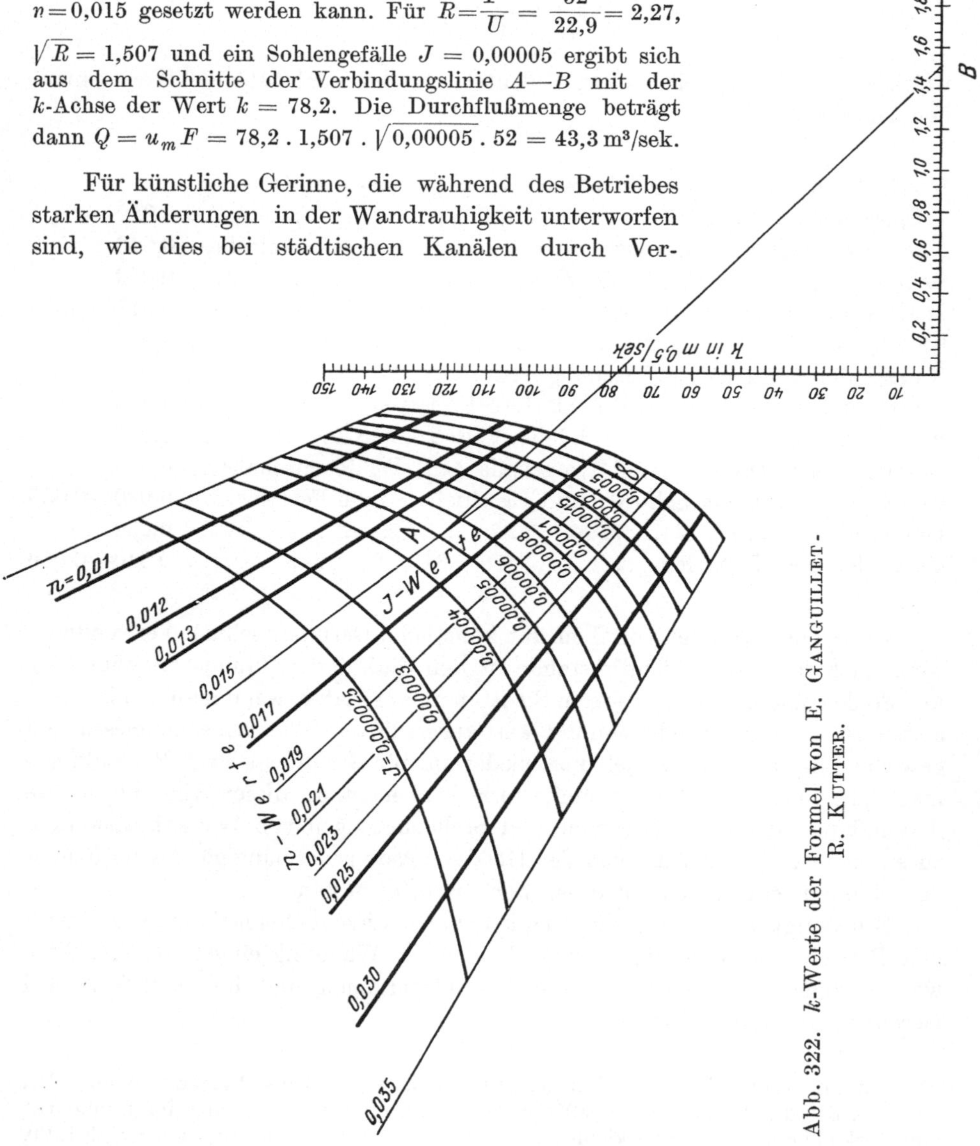

Abb. 322. k-Werte der Formel von E. Ganguillet - R. Kutter.

schmutzung und bei Wasserleitungsrohren durch Anrostung oder Versinterung der Fall ist, kann die Formel zu

$$u_m = \frac{100\,R^{0,5}}{m + R^{0,5}}\,R^{0,5}\,J^{0,5} \tag{184}$$

vereinfacht werden, die gewöhnlich KUTTERsche Formel genannt wird.

Es kommt dabei auf die Einschätzung des Wertes m an, der betragen soll für:

neue Eisenleitungen und neue glattverputzte Betonkanäle...... 0,25

angerostete Eisenleitungen und gebrauchte Betonkanäle...... 0,35

neuen Schalungsbeton 0,50

alten Schalungsbeton 0,70

Diese Formel besitzt naturgemäß eine weit geringere Genauigkeit, die aber für Gerinne von wechselndem Rauhigkeitsgrad auch mit empfindlicheren Formeln nicht erreichbar ist. Bei ihrer Anwendung kommt es vielmehr darauf an, die äußersten Grenzen einer möglichen Wasserführung abzuschätzen, also jene Durchflußmengen anzugeben, die ein Gerinne in unverrauhtem und dem beim Betrieb zu erwartenden verrauhten Zustande bewältigen kann.

Eine Vereinfachung des Ausdruckes für den k-Wert hat H. BAZIN[1] in seiner verbesserten Formel gegeben, deren Genauigkeit jener der Formel von GANGUILLET-KUTTER gleichkommt. Sie besitzt eine der KUTTERschen Formel ähnliche Form,

$$u_m = \frac{87\,R^{0,5}}{\gamma + R^{0,5}}\,R^{0,5}\,J^{0,5}, \tag{185}$$

worin γ von der Rauheit der Wände abhängt und für

glatten Verputz, gehobeltes Holz 0,06

Holz, Quader, Ziegel 0,16

Bruchsteinmauerwerk 0,46

Pflaster, regelmäßiges Erdbett 0,85

Erdkanäle, üblicher Zustand 1,30

Erdkanäle mit besonderem Reibungswiderstand 1,75

zu setzen ist.

Die BAZINsche Formel ist auf die Berechnung größerer künstlicher Gerinne anwendbar. Wie bei allen Formeln, die eine besondere Rauhigkeitsziffer enthalten, liegt die Genauigkeit in der richtigen Einschätzung dieses Wertes. Es gilt demnach bei ihrer Anwendung das gleiche wie bei jener von E. GANGUILLET und W. KUTTER.

In dieser Art aufgebaute empirische Formeln gibt es noch mehrere, bei denen mit mehr oder weniger Erfolg auf Grund graphischer oder analytischer Ausgleichung der Erhebungswerte der Zusammenhang zwischen u_m, R, J und einem wählbaren Rauhigkeitsbeiwert gesucht worden ist.[2]

---

[1] H. BAZIN in Annales des ponts et chaussées, S. 55, 1877.

[2] Eine ausführliche, kritische Darstellung der Entwicklung der wichtigsten, bisher bekannten empirischen Geschwindigkeitsformeln gibt PH. FORCHHEIMER in Hydraulik, Leipzig 1930.

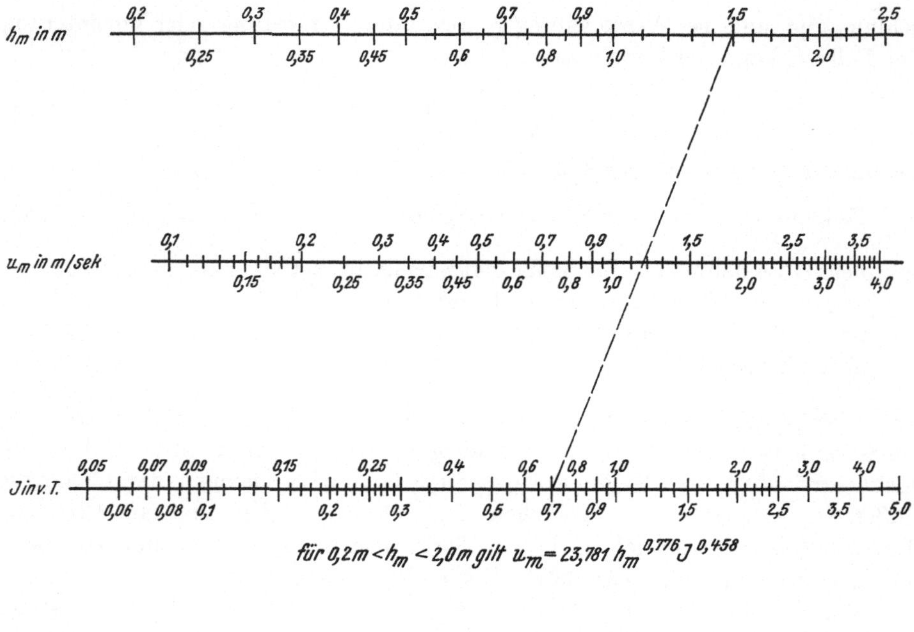

$$\text{für } 0,2\,m < h_m < 2,0\,m \text{ gilt } u_m = 23{,}781\, h_m^{\,0{,}776}\, J^{\,0{,}458}$$

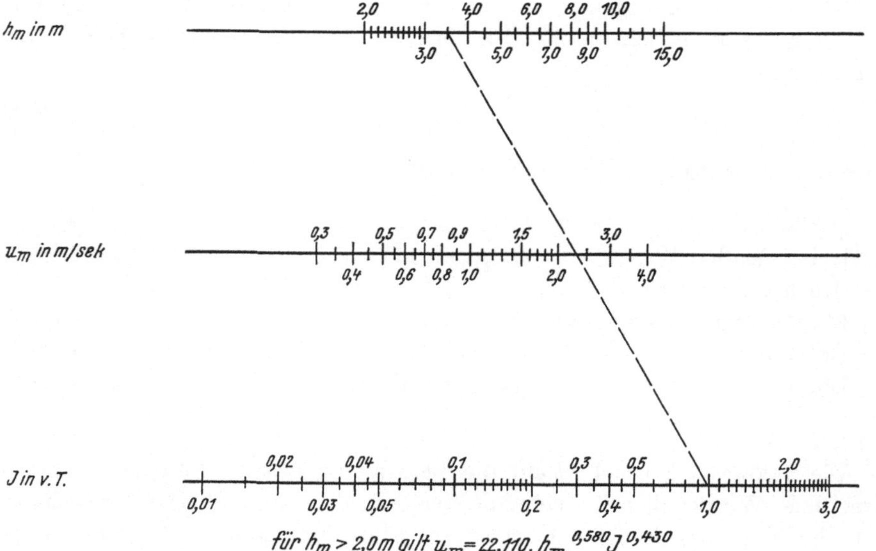

$$\text{für } h_m > 2{,}0\,m \text{ gilt } u_m = 22{,}110\cdot h_m^{\,0{,}580}\, J^{\,0{,}430}$$

Abb. 323. Nomogramm für die Geschwindigkeitsformel von O. Gröger.

Ein neuer Gedanke für den Aufbau der Geschwindigkeitsformeln ist von
R. Siedek ausgesprochen worden.[1] Er geht von einem im Naturzustande befindlichen Fluß aus, dessen Ausbildung ungehindert in losen Anschüttungen

---

[1] R. Siedek, Studie über eine neue Formel zur Ermittlung der Geschwindigkeit
des Wassers in Flüssen und Strömen. Z. d. österr. Ing.- u. Arch.-Vereines, Nr. 22,
23, 26, 1901, und Studie über eine neue Formel zur Ermittlung der Geschwindigkeit
des Wassers in Bächen und künstlichen Gerinnen. Z. d. österr. Ing.- u. Arch.-
Vereines, Nr. 7 u. 8, 1903.

erfolgen konnte. Er verzichtet auf eine eigene Rauhigkeitsziffer, indem angenommen wird, daß zur Kennzeichnung des Reibungswiderstandes die Flußbreite, die mittlere Wassertiefe und das Wasserspiegelgefälle genügen.

Spätere Bearbeiter haben diesen Gedanken unter Benützung, Erweiterung und Sichtung seines gesammelten Erhebungsmaterials zur Aufstellung von monomisch aufgebauten Formeln verwendet, die sich ebenso brauchbar für die Auswertung wie für weitere analytische Entwicklungen erwiesen haben.

J. Hermanek hat Formeln für breite, natürliche Gerinne geschaffen, worin nur mehr feste Beiwerte enthalten sind.[1] Es gilt

$$\left.\begin{array}{ll} u_m = 30{,}7\, h_m\, J^{0,5} & \text{für } h_m < 1{,}5\,\text{m} \\ u_m = 34\, h_m{}^{0,75}\, J^{0,5} & \text{für } 1{,}5\,\text{m} \leqq h_m \leqq 6\,\text{m} \\ u_m = 44{,}5\, h_m{}^{0,6}\, J^{0,5} & \text{für } h_m > 6\,\text{m} \end{array}\right\} \tag{186}$$

O. Gröger entwickelte unter Verwendung eines umfangreichen Erhebungsmaterials eine für natürliche Gerinne brauchbare Formel,[2] die sämtliche praktisch vorkommenden Fälle innerhalb $B > 10$ m und $J < 0{,}005$ durch die beiden Gleichungen

$$\left.\begin{array}{ll} u_m = 23{,}781\, h_m{}^{0,776}\, J^{0,458} & \text{für } 0{,}2\,\text{m} < h_m < 2{,}0\,\text{m} \\ u_m = 22{,}11\, h_m{}^{0,58}\, J^{0,43} & \text{für } h_m > 2{,}0\,\text{m} \end{array}\right\} \tag{187}$$

erfaßt.

Für eine rasche Auswertung ist in Abb. 323 eine nomographische Darstellung gegeben. Für ein Flußprofil von $h_m = 1{,}5$ m und ein Wasserspiegelgefälle von $J = 0{,}0007$ folgt hieraus $u_m = 1{,}20$ m/sek.

Unter Verzicht auf einen durchwegs konstanten Beiwert hat Ph. Forchheimer eine Beziehung in der Form

$$u_m = \lambda\, R^{0,7}\, J^{0,5} \tag{188}$$

aufgestellt, die sich für künstliche Gerinne empfiehlt und worin λ ungefähr gleich $\dfrac{1}{n}$, also ausgedrückt in $\text{m}^{0,3}/\text{sek}$ für

geglätteten Beton.................................... 90—80

neuen Beton 60

alten, angegriffenen Beton 50

künstlich hergestellte Erdgräben .... 42—30

natürliche Flüsse .... 30—24

zu setzen ist. Die Anwendbarkeit dieser Formel wird durch eine nomographische Darstellung wesentlich erleichtert, wie eine solche zur Bestimmung der Abmessung eines Werksgerinnes in Erde für $\lambda = 40$ oder mit glatten Betonwandungen mit $\lambda = 70$ angefügt ist (Abb. 324).

---

[1] J. Hermanek, Die mittlere Profilgeschwindigkeit in natürlichen und künstlichen Gerinnen. Z. d. österr. Ing.- u. Arch.-Vereines, Nr. 16, 1905.

[2] O. Gröger, Eine neue Geschwindigkeitsformel für natürliche Flußgerinne. Z. d. österr. Ing.- u. Arch.-Vereines, Nr. 35, 1913.

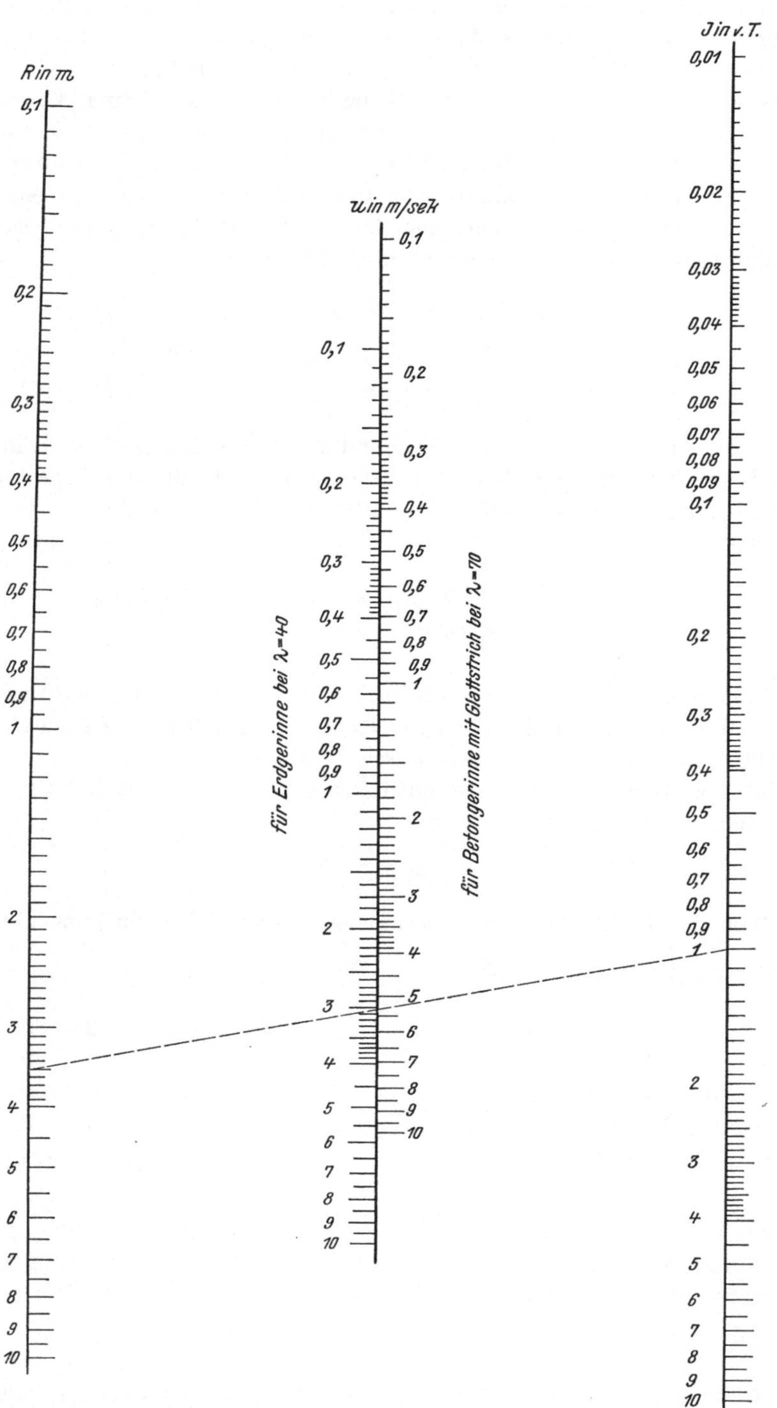

Abb. 324. Nomogramm für die Geschwindigkeitsformel von Ph. Forchheimer.

A. STRICKLER bringt den Beiwert in Abhängigkeit von der Größe des Geschiebes,[1] indem er in der Formel

$$u_m = k\,R^{\frac{2}{3}}\,J^{\frac{1}{2}} \tag{189}$$

für k folgende Werte setzt:

$$
\begin{aligned}
&\text{kopfgroße Steine} \dots\dots\dots\dots\dots\dots\dots\; 25\text{—}30 \text{ m}^{\frac{1}{3}}/\text{sek}^{-1}\\
&\text{grober Kies von etwa } 50\times100\times150\,\text{mm}.. \quad 35 \quad ,,\\
&\text{mittlerer Kies von etwa } 20\times40\times60\,\text{mm} . \quad 40 \quad ,,\\
&\text{feiner Kies von etwa } 10\times20\times30\,\text{mm}\dots. \quad 45 \quad ,,\\
&\text{feiner Kies mit viel Sand} \dots\dots\dots\dots\dots \quad 50 \quad ,,
\end{aligned}
$$

Die angeführten Formeln verlieren ihre Gültigkeit, wenn das abfließende Wasser mit Luft durchsetzt ist, was erfahrungsgemäß bei größeren Fließgeschwindigkeiten eintreten kann. R. EHRENBERGER hat auf Grund von Versuchen in einem glatten rechteckigen Gerinne von $R = 0,3$ m folgende, bis zu einer Gerinneneigung von $\alpha = 45^0$ gültige Formel entwickelt[2]

$$u_m = 55\,R^{0,52}\,(\sin\alpha)^{0,4}. \tag{190}$$

Der Anteil des Wassers an dem Wasser-Luft-Gemisch ist durch die beiden Gleichungen

$$
\left.
\begin{aligned}
p_w &= 0,40\,R^{-0,05}\,(\sin\alpha)^{-0,26} \quad \text{für} \ \sin\alpha < 0,476\\
p_w &= 0,28\,R^{-0,05}\,(\sin\alpha)^{-0,74} \quad \text{für} \ \sin\alpha > 0,476
\end{aligned}
\right\} \tag{191}
$$

auszudrücken. Bei einer gegebenen Durchflußmenge Q des Wassers ohne Luftbeimischung beträgt daher die erforderliche Durchflußfläche bei Luftbeimischung

$$F = \frac{Q}{u_m\,p_w}. \tag{192}$$

Die Anwendung der empirischen Geschwindigkeitsformeln verlangt die Einhaltung bestimmter Grundsätze, wenn sich nicht große Unstimmigkeiten bei der Berechnung ergeben sollen.

Nur bei einteiligen Querprofilen ist die Berechnung von R aus der gesamten Durchflußfläche und dem gesamten benetzten Umfang zulässig. Bei mehrteiligen Querprofilen, die bei Flüssen mit Nieder-, Mittel- und Hochwasserregulierung vorkommen, hat man grundsätzlich in einzelne Rinnsale mit entsprechendem R und U zu unterteilen, da die Bewegung in jedem der Teile fast unabhängig von derjenigen der anderen Teile erfolgt.

Sind beispielsweise Q_1, Q_2 und Q_3 die Durchflußmengen und U_1, U_2 und U_3 die zugehörigen benetzten Umfangsstücke in den einzelnen Querschnittsteilen (Abb. 325), dann ist die gesamte Durchflußmenge

$$Q = Q_1 + Q_2 + Q_3 = u_{m,1}\,F_1 + u_{m,2}\,F_2 + u_{m,3}\,F_3$$

und schließlich, wenn beispielsweise Gleichung (182) verwendet wird,

$$Q = \left[\,k_1\!\left(\frac{F_1}{U_1}\right)^{0,5} F_1 + k_2\!\left(\frac{F_2}{U_2}\right)^{0,5} F_2 + k_3\!\left(\frac{F_3}{U_3}\right)^{0,5} F_3\,\right] J^{0,5}. \tag{193}$$

---

[1] A. STRICKLER, Beiträge zur Frage der Geschwindigkeitsformel und der Rauhigkeitszahlen für Ströme, Kanäle und geschlossene Leitungen. Mitteilungen des Amtes für Wasserwirtschaft, Bern 1923.

[2] R. EHRENBERGER, Wasserbewegung in steilen Rinnen (Schußtennen) mit besonderer Berücksichtigung der Selbstbelüftung. In Mitteilungen der Versuchsanstalt für Wasserbau, Wien 1926, 6. Folge.

Besitzt ein einteiliges Durchflußprofil die benetzten Umfangsstücke U_1, U_2 und U_3 mit verschiedenen Rauhigkeiten (Abb. 326),[1] dann ist, da

$$R = \frac{F}{\varSigma U} = \frac{F}{U_1 + U_2 + U_3}$$

und allgemein

$$u_m{}^2 = k^2 R J = \frac{k^2}{U} F J,$$

sinngemäß bei verschiedenen k-Werten

$$u_m{}^2 = \frac{F J}{\dfrac{U_1}{k_1{}^2} + \dfrac{U_2}{k_2{}^2} + \dfrac{U_3}{k_3{}^2}}$$

und daher

$$Q = F^{1,5} J^{0,5} \left[\frac{1}{\dfrac{U_1}{k_1{}^2} + \dfrac{U_2}{k_2{}^2} + \dfrac{U_3}{k_3{}^2}} \right]^{0,5}. \tag{194}$$

Weiters ist zu beachten, daß beim Aufbaue der empirischen Formeln Mengen-

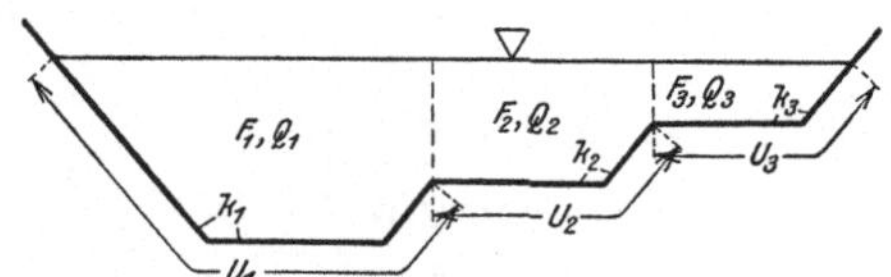

Abb. 325. Berechnung der Durchflußmenge in einem mehrteiligen Querprofil.

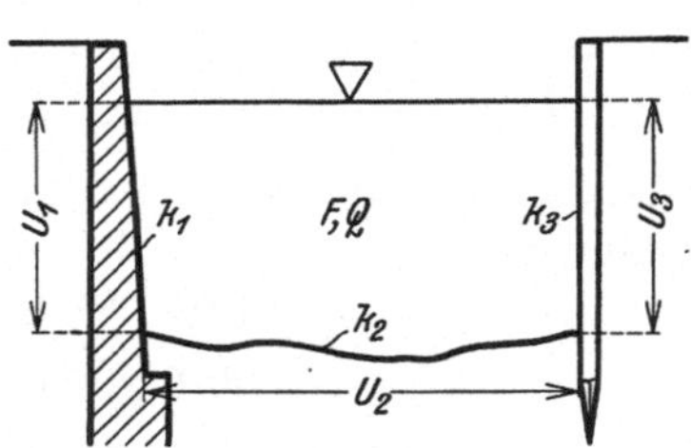

Abb. 326. Berechnung der Durchflußmenge in einem einteiligen Querprofil mit verschiedenen Wandrauhigkeiten.

erhebungen zugrunde liegen, die der Hauptsache nach Wasserführungen entsprechen, bei denen noch kein Geschiebetrieb eingetreten ist. Die auf Grund einer Ausgleichung gefundenen Beiwerte entsprechen also einer Wasserbewegung ohne Geschiebeförderung. Nun haben aber Untersuchungen an Flüssen gezeigt, daß bei Eintritt eines merkbaren Geschiebetriebes die Beiwerte sich ändern, wobei die n-Werte mit der Wassertiefe zu- oder auch abnehmen können.[2] Aus diesem Grunde verlieren sämtliche in den angeführten Formeln angegebenen Beiwerte ihre Gültigkeit, wenn Geschiebetrieb einsetzt. Man wird daher für genauere Berechnungen nur solche Beiwerte verwenden dürfen, die man durch Rückrechnung aus Mengenerhebungen bei geschiebeführenden Gewässern gefunden hat.

Empirische Gleichung der Durchflußmengenlinie. Aus $u_m = k\, h_m{}^{0,5} J^{0,5}$ und $Q = u_m B\, h_m$ folgt

$$Q = k B\, h_m{}^{1,5} J^{0,5}$$

und, wenn man näherungsweise für sämtliche Durchflußmengen J gleichbleibend annimmt,

$$Q = a_1 h_m{}^{1,5}.$$

Führt man an Stelle von h_m den Pegelstand h_P ein, so ergibt sich die Gleichung der Durchflußmengenlinie mit

$$Q = a_1 (h_P + a_2)^{1,5}. \tag{195}$$

---

[1] A. Schoklitsch, Über Schleppkraft und Geschiebebewegung. Leipzig 1914.
[2] Ph. Forchheimer, Hydraulik. Leipzig 1930, S. 157 u. f.

Da wegen der vom Rechteck abweichenden Querschnittsform die Querschnitte mit zunehmender Tiefe stärker als mit h_m wachsen, ist die Gleichung besser in der allgemeinen Form einer Parabel vom Grade $a > 1,5$

$$Q = a_1\,(h_P + a_2)^a \tag{196}$$

anzuschreiben.

Hiernach fand man, wenn h_P in m eingesetzt wird, für die[1]

Elbe bei Tetschen $Q = 78,09\,(h_P + 1,45)^{1,953}$,

Elbe bei Torgau $Q = 61,21\,(h_P + 0,62)^{2,044}$.

Für die praktische Verwertung sind die Gleichungen vom allgemeinen Baue

$$Q = b_1 + b_2\,h_P + b_3\,h_P^2 \tag{197}$$

zweckmäßiger.

Wird die Durchflußmenge Q in m³/sek und h_P in cm angegeben, dann gilt[2] für die

Donau bei Engelhartszell im Jahre 1904..... $Q = 603 \quad + 4,858\,h_P - 0,00252\,h_P^2$

Donau bei Wien km 2,68 im Jahre 1900 .... $Q = 1597 \quad + 7,12 \;\; h_P + 0,0086\;\; h_P^2$

Inn bei Innsbruck im Jahre 1904........... $Q = 57 \quad + 1,432\,h_P + 0,0023\;\; h_P^2$

Drau bei Villach im Jahre 1903 .... $Q = 50,8 \quad + 0,845\,h_P + 0,0048\;\; h_P^2$

Etsch bei Trient im Jahre 1905 .... $Q = 105,4 + 2,43 \;\; h_P + 0,0001\;\; h_P^2$

Save bei Littai im Jahre 1905 .... $Q = 3,2 \quad + 1,892\,h_P + 0,0063\;\; h_P^2$

Die logarithmische Linie in der Gleichungsform[3]

$$\log Q = c_1 \log (h_P + c_2) + c_3 \tag{198}$$

findet ebenfalls Verwendung. Für das im Gleichgewichte befindliche Pegelprofil bei Frohnleiten am Murflusse in der Steiermark ergab sich

$$\log Q = 2,50570 \log (h_P + 120) - 3,3636.$$

Empirische Gleichungen von Dauerlinien der Durchflußmengen. Die Dauerlinie der Durchflußmengen oder, genauer bezeichnet, die Dauerlinie der

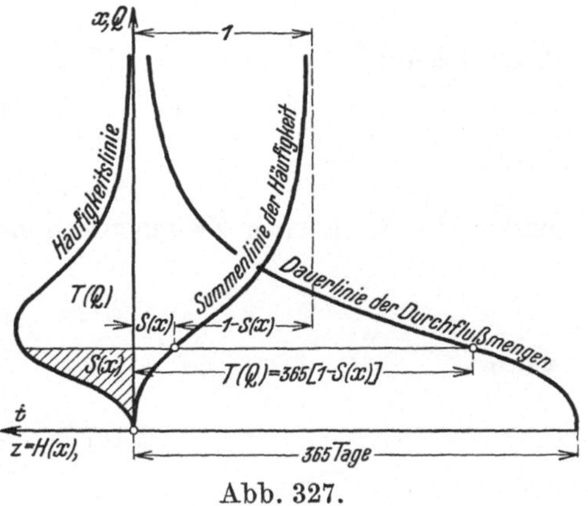

Abb. 327.

Überschreitung der Durchflußmengen ist nach den Lehren der mathematischen Statistik die aus der Häufigkeitslinie der Durchflußmengen abgeleitete Summenlinie $T\,(Q)$, wenn die Summierung mit dem größten Wert der Beobachtungsgröße Q beginnt[4] (Abb. 327) und als Summe der Häufigkeiten 365 Tage genommen wird. Um eine empirisch gegebene Dauerlinie der Durchflußmengen durch eine Gleichung auszudrücken, geht man von der Häufigkeitslinie der Durchfluß-

---

[1] Die Bestimmungen von Normalprofilen für die Elbe. Magdeburg 1885.

[2] Aus den Jahrbüchern des österreichischen Hydrographischen Zentralbureaus.

[3] W. Reitz in W. Kesslitz, Über verschiedene Methoden zur Vorausberechnung von Monatsmittelwerten der Wasserführung österreichischer Alpenflüsse. Die Wasserwirtschaft, Wien, Nr. 7, 8 u. 9, 1928.

[4] Siehe S. 250.

316 Empirische Formeln und Gleichungen hydrographischer Bezugswerte.

mengen aus, die erfahrungsgemäß unsymmetrisch ist.[1] Ihre Gleichung läßt sich
angenähert mit Hilfe jener der normalen Häufigkeitslinie angeben, wenn man
letztere statt auf die Ordnungsgröße auf deren Logarithmus anwendet.[2] Führt
man dies zunächst in allgemeiner Form in der Gleichung der normalen Häufigkeitslinie, Gleichung (109), aus, so erhält man

$$H\,(\log x) = \frac{k}{\sqrt{\pi}}\, e^{-k^2\,(\log x\,-\,\log x_d)^2} = \frac{k}{\sqrt{\pi}}\; e^{-k^2\left(\log \frac{x}{x_d}\right)^2}. \tag{199}$$

Für den Übergang von $H\,(\log x)$ auf $H\,(x)$ gilt

$$H\,(x) = H\,(\log x)\,\frac{d\,(\log x)}{d\,x}, \tag{200}$$

da bei einer Häufigkeitslinie beim Ersatz der Veränderlichen x durch eine
Funktion $f\,(x)$ die Bedingung

$$H\,(x)\,d\,x = H\,[f\,(x)]\,d\,[f\,(x)]$$

erfüllt sein muß, welche ausdrückt, daß die Flächen zwischen der Ordinatenachse
und den Häufigkeitslinien $H\,(x)$ und $H\,[f\,(x)]$ gleich groß sind.

Die Anwendung der Gleichung (200) auf Gleichung (199) liefert

$$H\,(x) = \frac{k \log e}{x\,\sqrt{\pi}}\; e^{-k^2\left(\log \frac{x}{x_d}\right)^2}. \tag{201}$$

Die Gleichung der zugehörigen Summenfunktion $S\,(x)$ folgt allgemein aus

$$S\,(x) = \int_0^x H\,(x)\,d\,x$$

und ergibt nach einer Zwischenrechnung mit $\xi = k \log \dfrac{x}{x_d}$

$$S\,(x) = \frac{1}{2}\,[1 + \Phi\,(\xi)], \tag{202}$$

worin

$$\Phi\,(\xi) = \frac{2}{\sqrt{\pi}} \int_0^\xi e^{-\xi^2}\,d\,\xi.$$

Die Durchflußmengen-Dauerlinie $T\,(Q)$ wird durch Gleichung (202) nur
annähernd erfüllt. Die Übereinstimmung läßt sich nun beliebig verbessern.
wenn Gleichung (202) durch Aufnahme von gewissen Gliedern erweitert wird.
Im Grenzfalle ist die Übereinstimmung mit unendlich vielen Gliedern zu
erzielen, wobei die BRUNSsche Reihe[3]

$$S\,(x) = \frac{1}{2}\,[1 + \Phi\,(\xi) + a\,\Phi_3\,(\xi) + b\,\Phi_4\,(\xi) + \ldots] \tag{203}$$

---

[1] H. GRASSBERGER, Die Anwendung der Wahrscheinlichkeitsrechnung auf die
Wasserführung der Gewässer. Die Wasserwirtschaft, Wien, Nr. 1—6, 1932.

[2] G. TH. FECHNER, Kollektivmaßlehre. Herausgegeben von G. F. LIPPS. Leipzig
1897. — H. GRASSBERGER, Die Anwendung der Wahrscheinlichkeitsrechnung auf die
Wasserführung der Gewässer. Die Wasserwirtschaft, Wien, Nr. 1—6, 1932.

[3] H. BRUNS, Wahrscheinlichkeitsrechnung und Kollektivmaßlehre. Leipzig 1906.

zur Anwendung kommt. Hierin bedeuten $\Phi_3, \Phi_4, \ldots$ die dritten, vierten, $\ldots$ Ableitungen von Φ und $a, b, \ldots$ konstante Beiwerte.

Für die Anwendung der BRUNSschen Reihe auf die Durchflußmengen-Dauerlinie genügt die Beibehaltung des ersten Korrekturgliedes $a\,\Phi_3(\xi)$, und es folgt, wenn nunmehr $x = Q$ gesetzt wird,

$$T(Q) = 365\,[1 - S(Q)] = 182{,}5\,[1 - \Phi(\xi) - a\,\Phi_3(\xi)]\,. \tag{204}$$

Die drei Konstanten x_d, k und a bestimmt man durch Anwendung der Gleichung (204) auf die drei Punkte der gegebenen Dauerlinie, für welche $T(Q) = 58,\ 182{,}5$ und 307 Tage beträgt. Bezeichnet man die zugehörigen Q-Werte mit $Q_{58},\ Q_{182,5}$ und Q_{307}, so erhält man

$$\left.\begin{aligned}
x_d &= \sqrt{Q_{58}\,Q_{307}}\\[4pt]
k &= \frac{\sqrt{2}}{\log Q_{58} - \log Q_{307}}\\[4pt]
a &= -\frac{1}{2}\,k \log \frac{\sqrt{Q_{58}\,Q_{307}}}{Q_{182,5}}\\[4pt]
\xi &= k \log \frac{Q}{Q_{182,5}} - k \log \frac{\sqrt{Q_{58}\,Q_{307}}}{Q_{182,5}}
\end{aligned}\right\} \tag{205}$$

Die Funktionswerte $\Phi(\xi)$ und $\Phi_3(\xi)$ können der Tabelle 32 entnommen werden.

Tabelle 32. Funktionswerte zur Berechnung der Durchflußmengen-Dauerlinie.

ξ	$\Phi(\xi)$	$\Phi_3(\xi)$	ξ	$\Phi(\xi)$	$\Phi_3(\xi)$	ξ	$\Phi(\xi)$	$\Phi_3(\xi)$
0,0	0,000	$-2,257$	1,0	0,8427	$+0,830$	2,0	0,99532	$+0,289$
0,1	0,112	$-2,190$	1,1	0,8802	$+0,956$	2,1	0,99702	$+0,215$
0,2	0,223	$-1,995$	1,2	0,9103	$+1,005$	2,2	0,99814	$+0,151$
0,3	0,329	$-1,691$	1,3	0,9340	$+0,991$	2,3	0,99886	$+0,109$
0,4	0,428	$-1,308$	1,4	0,9523	$+0,928$	2,4	0,99931	$+0,075$
0,5	0,520	$-0,879$	1,5	0,9661	$+0,832$	2,5	0,999593	$+0,0502$
0,6	0,604	$-0,441$	1,6	0,9763	$+0,719$	2,6	0,999764	$+0,0328$
0,7	0,678	$-0,028$	1,7	0,9838	$+0,600$	2,7	0,999866	$+0,0210$
0,8	0,742	$+0,333$	1,8	0,9891	$+0,484$	2,8	0,999925	$+0,01310$
0,9	0,797	$+0,622$	1,9	0,9928	$+0,380$	2,9	0,999959	$+0,00799$
1,0	0,843	$+0,830$	2,0	0,9953	$+0,289$	3,0	0,999978	$+0,00474$

Der Rechnungsgang soll für das Meßprofil Wien-Reichsbrücke der Donau gezeigt werden. In Abb. 328 sind die gemittelten Dauerlinien für die Jahresreihe 1920—1929 wiedergegeben, die nach dem üblichen graphischen Verfahren bestimmt wurden.

Der Jahresdauerlinie entnimmt man:

$$\begin{aligned}
Q_{58} &= 2760 \text{ m}^3/\text{sek}\\
Q_{182,5} &= 1760 \text{ m}^3/\text{sek}\\
Q_{307} &= 1160 \text{ m}^3/\text{sek}
\end{aligned}$$

Daraus erhält man nach Gleichung (205)

$$k = \frac{\sqrt{2}}{\log 2760 - \log 1160}$$

$$a = -\frac{3,76}{2}\,\log \frac{\sqrt{2760 \cdot 1160}}{1760} = -0{,}013$$

$$\xi = 3{,}67 \log \frac{Q}{1760} - 0{,}76 \log \frac{\sqrt{2760 \cdot 1160}}{1760} = 3{,}76 \log Q - 12{,}229\,.$$

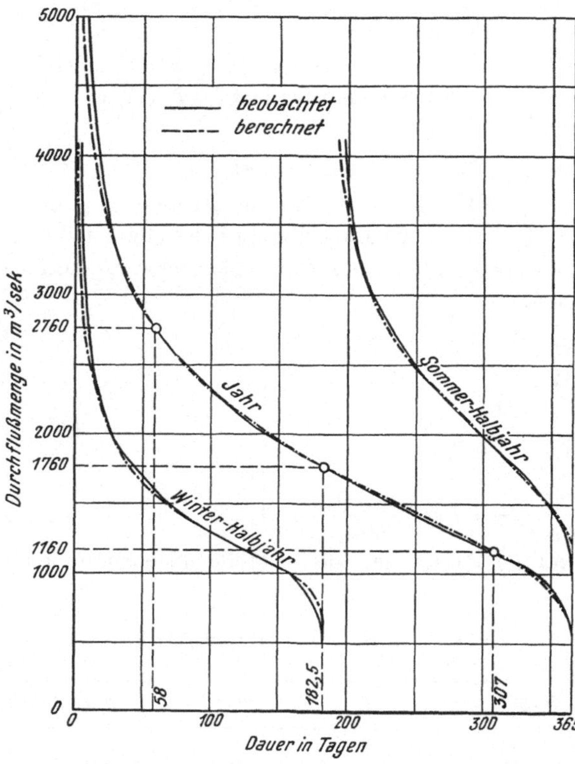

Abb. 328. Aufstellung der empirischen Gleichung der Durchflußmengen-Dauerlinie für die Donau bei Wien-Reichsbrücke nach H. GRASSBERGER.

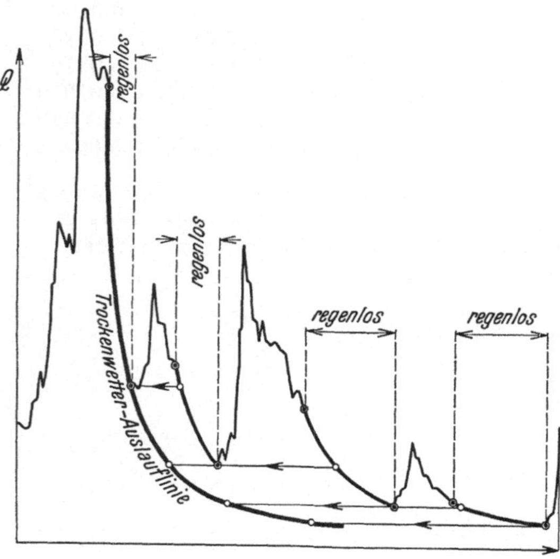

Abb. 329. Ermittlung einer Trockenwetter-Auslauflinie aus der Ganglinie der Durchflußmengen.

Die gesuchte Gleichung der Jahres-Dauerlinie der Durchflußmengen lautet somit

$$T(Q) = 182,5\,[1 - \Phi(\xi) + 0,013\,\Phi_3(\xi)],$$
$$\xi = 3,76 \log Q - 12,229.$$

Die auf Grund dieser Gleichung berechnete Jahres-Dauerlinie ist in Abb. 328 strichpunktiert eingetragen und zeigt eine gute Übereinstimmung mit der beobachteten Dauerlinie.

Die Aufstellung der empirischen Gleichungen von Dauerlinien läßt sich auch mit Hilfe des Anpassungsverfahrens erreichen, das auf S. 219 beschrieben wurde.[1]

Empirische Gleichung der Trockenwetter-Auslauflinie.

Die Ganglinien der Durchflußmengen zeigen erfahrungsgemäß nach Überschreitung des Scheitelpunktes zuerst ein rasches und dann ein allmähliches Abklingen. Verschiebt man diese absteigenden Teile der Ganglinie im waagrechten Sinne zu einem fortlaufenden Linienzug, dann erhält man die Trockenwetter-Auslauflinie[2] (Abb. 329).

Die Art und Stärke des vorausgegangenen Niederschlages und Abschmelzvorganges und die verschiedene Wasseraufnahmefähigkeit des Bodens bedingen

---

[1] Bezüglich der Wahl der Maßstäbe siehe F. REINHOLD, Einfache zeichnerische Darstellung von Dauerkurven. Die Wasserwirtschaft, Wien, Nr. 14, 1933.

[2] G. BEURLE, Wetterkunde, Gewässerkunde, Wasserwirtschaft. Wasserkraft und Wasserwirtschaft, München, H. 14 u. 15, 1930. — R. DRENKHAHN, Die hydrographischen Grundlagen für die Planung von Wasserkraftwerken in Südwestdeutschland. Berlin 1926.

verschiedene Formen der Ganglinie, die sich nach der Erfahrung aber immer zu einer mittleren Trockenwetter-Auslauflinie vereinigen lassen.

In Abb. 330 ist die mittlere Trockenwetter-Auslauflinie für das Meßprofil Frohnleiten dargestellt. Zu ihrer Bestimmung wurden sämtliche absteigende Ganglinienabschnitte der Jahresreihe 1900—1928, bei denen der Abstieg mindestens 5 Tage andauerte, zusammengestellt und die Durchflußmengen nach Ausschaltung unsicherer Werte entsprechend gemittelt.[1]

Die Gleichung der Auslauflinie kann auf die Form[2]

$$Q = a\, e^{b\sqrt{t}} \tag{206}$$

gebracht werden, worin Q die der Anzahl der Tage t, gerechnet vom nullten Tage an, entsprechende Wassermenge und a sowie b Konstanten bedeuten. Aus einer Reihe von Wertepaaren Q, t einer ermittelten Auslauflinie können a und b nach der Methode der kleinsten Quadrate bestimmt werden.

Diese Ermittlung liefert für das Meßprofil Frohnleiten der Mur die Gleichung

$$Q = 766,5\, e^{-0,4030\sqrt{t}}$$

oder

$$\log Q = 2,8845 - 0,1750\, t^{0,5}.$$

Empirische Gleichung der Zeitfolgelinie der Wasserstände. Bei der Ableitung des Begriffes Zeitfolge ist von der Gangfläche der Durchflußmengen ausgegangen worden.[3] In den wenigsten Fällen steht jedoch eine hinreichende Anzahl von Mengenerhebungen zur Verfügung, um diese Gangfläche mit genügender Schärfe darstellen zu können. Dagegen sind Wasserstandsmessungen bei einem dichten Pegelnetze immer im notwendigen Ausmaße vorhanden. Aus diesem Grunde ermittelt man die Zeitfolgelinien der Wasserstände unmittelbar aus den Ganglinien der Wasserstände, indem man jeweils zu den Entfernungen Δx der Pegelstationen die zugehörigen Zeitfolgen Δt von markanten und vergleichbaren Wasserständen einer die Flußstrecke durchlaufenden Anschwellung bestimmt. Solche vergleichbare Wasserstände sind vor allem die Beharrungswasser-

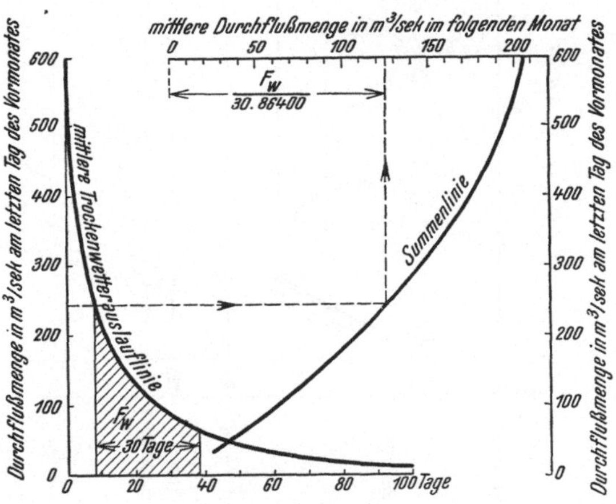

Abb. 330. Mittlere Trockenwetter-Auslauflinie der Mur bei Frohnleiten in Steiermark für die Jahresreihe 1900—1928. Vorausberechnung der mittleren Durchflußmenge aus der mittleren Trockenwetter-Auslauflinie nach W. v. KESSLITZ.

---

[1] W. KESSLITZ, Über verschiedene Methoden zur Vorausberechnung von Monatsmittelwerten der Wasserführung österreichischer Alpenflüsse. Die Wasserwirtschaft, Wien, H. 7, 8, 9, 1928.

[2] Ebenda nach W. REITZ.

[3] Siehe S. 240.

stände und die Scheitel- und Talpunkte der Ganglinie, die auch als *gleichwertige Wasserstände* bezeichnet werden.[1]

Nach dem Wesen der vergleichbaren Wasserstände sollen im Beharrungszustande gleichen Höhen an der Oberstation gleiche Höhen an der Unterstation entsprechen. In Wirklichkeit sind wegen verschiedener, durch Nebenflüsse, Grundwasserverhältnisse, Flußbettumformungen usw. verursachte Einflüsse Abweichungen festzustellen. Es muß daher getrachtet werden, diesen Mangel durch entsprechend gelegte Ausgleichslinien nach Möglichkeit auszuschalten, da er sich auf die Genauigkeit des Endergebnisses ungünstig auswirkt.

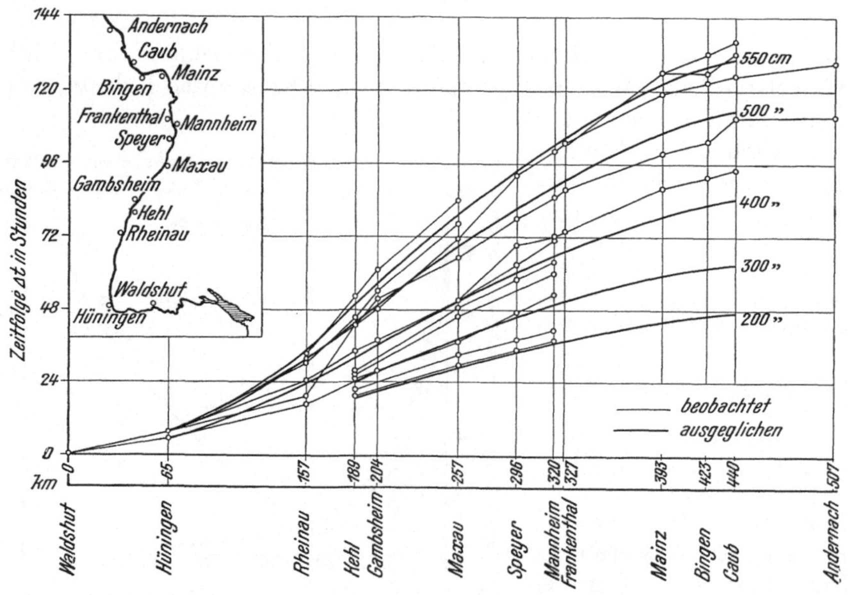

Abb. 331. Beobachtete und ausgeglichene Zeitfolgelinien für die vergleichbaren Wasserstände des Rheins von Waldshut bis Andernach. Die ausgeglichenen Zeitfolgelinien sind mit den Ausgangswasserständen von Waldshut bezeichnet.

Das Gesetz über die Änderung der Zeitfolge kann durch eine Schar von Zeitfolgelinien zum Ausdrucke gebracht werden, wie dies näherungsweise für den Rhein in Abb. 331 erfolgt ist.

Jeder der S-förmig verlaufenden Linienzüge, der für einen Wasserstand h_P' gilt, läßt sich für nicht ausufernde Wasserstände durch eine Exponentialfunktion von der Form

$$\Delta t = a \left(1 - e^{-\left(\frac{x}{b}\right)^2} \right) = f(x) \tag{207}$$

darstellen.

Für jeden anderen Wasserstand h_P'' wird sich die Gleichung $\psi \cdot f(x)$ ergeben, worin ψ eine Funktion des Wasserstandsunterschiedes $h_P' - h_P''$ ist und nach der TAYLORschen Reihe entwickelt werden kann. Setzt man also

$$\psi = a + \beta (h_P' - h_P'') + \gamma (h_P' - h_P'')^2,$$

---

[1] M. v. TEIN, Die Anschwellungen im Rhein, ihre Fortpflanzung im Strome nach Maß und Zeit unter Einwirkung der Nebenflüsse. In Ergebnisse der Untersuchung der Hochwasserverhältnisse im deutschen Rheingebiet. Berlin 1897.

dann folgt die allgemeine Gleichung der Zeitfolgefläche mit

$$\Delta t = a\,[\alpha + \beta\,(h_P{'} - h_P{''}) + \gamma\,(h_P{'} - h_P{''})^2]\left[1 - e^{-\left(\frac{x}{b}\right)^2}\right]. \tag{208}$$

Für das angeführte Beispiel findet man die Beiwerte der Gleichung (207), wenn man den Wasserstand von Waldshut $h_P{'} = 550$ cm zugrunde legt, mit $a = 146$ und $b = 292$ und sonach

$$\Delta t = 146\,(1 - e^{-0,00001173\,x^2}),$$

und die Beiwerte der Gleichung (208) mit $\alpha = 1$, $\beta = -0,0028$ und $\gamma = 0,000003$. Daraus folgt die Zeitfolge Δt zu einem beliebigen Wasserstand $h_P{''}$ des Rheins in Waldshut, ausgedrückt in cm, an einer x km flußab von Waldshut gelegenen Pegelstation

$$\Delta t = 146\,[1 - 0,0028\,(550 - h_P{''}) + 0,000003\,(550 - h_P{''})^2]\,[1 - e^{-0,00001173\,x^2}].$$

F. Ermittlung der Berechnungswassermengen.

Mit Berechnungswassermengen bezeichnet man jene Mengen, die bei der Berechnung der Ausmaße wasserbaulicher Anlagen zugrunde gelegt werden müssen. Bei Wasserbauwerken, die dem Schutze gegen die Zerstörung durch Hochfluten dienen, wie bei Hochwasserdämmen oder bei Nutzbauwerken, die noch Höchstwässer zu fassen imstande sein müssen, wie bei den Entlastungsanlagen von Wehren und Talsperren, benötigt man die Größe der *Schadenwassermengen*. Kommt, wie bei Wasserkraftanlagen oder Bewässerungseinrichtungen, nur die Ausnützung des Wassers in Frage, dann ist die Kenntnis der *Nutzwassermengen* notwendig.

Die Verfahren zur Bestimmung der Berechnungswassermengen sind unmittelbarer oder mittelbarer Art, wobei unter den entsprechenden Vorbedingungen der Vorzug den ersteren gehört. Die unmittelbaren Verfahren benützen die Ergebnisse von Wassermengenerhebungen. Die mittelbaren Verfahren stützen sich auf Beziehungen, die zwischen dem Abfluß, der Zeitfolge, dem Wasserrückhalt bezw. dem Niederschlage bestehen.

a) Ermittlung der Schadenwassermengen.

1. Unmittelbare Bestimmung der Schadenwassermengen.

Bei der Einteilung der charakteristischen Durchflußmengen ist von einer katastrophalen Hochwassermenge gesprochen und damit jene größte Durchflußmenge bezeichnet worden, die in dem betrachteten Flußprofile jemals beobachtet worden ist. Dies schließt natürlich nicht aus, daß auch noch größere Hochwassermengen auftreten können und überdies ist mit dieser Angabe keinerlei Aussage über ihr zeitliches Eintreffen verbunden. Die Angabe der Überschreitungsdauer, die für die Ordnung der Betriebswassermengen herangezogen wurde, hat eine bessere Unterscheidung der Durchflußmengen ermöglicht. Im Falle des Hochwassers spielt jedoch die Überschreitungsdauer keine besondere Rolle, sondern es ist viel wichtiger, seine Häufigkeit zu kennen. Es soll also zum Ausdrucke gebracht werden, wie oft ein Hochwasser bestimmter Größe im Verlaufe eines Zeitabschnittes, gleichgültig zu welcher Jahreszeit immer, eingetreten ist. Noch besser ist es, zur Häufigkeit Eins die zugehörige Anzahl von Jahren anzugeben. Man versteht also unter einem 100jährigen oder 1000jährigen Hochwasser jene Durchflußmenge, die einmal in 100 oder 1000 Jahren eingetroffen ist. Spannt man diesen Zeitabschnitt über jenen hinaus, für welchen tatsächliche Beobachtungen vorliegen, dann muß an Stelle der aus Beobachtungen errechneten eine mit Einführung des Wahrscheinlichkeitsbegriffes festgelegte Angabe treten.[1]

Ordnung der Schadenwassermengen nach der Wahrscheinlichkeit des Eintreffens. Es ist gezeigt worden, daß sich die Überschreitungsdauer der Durchflußmengen in einem Pegelprofil für hinlänglich große Jahresreihen mit Hilfe der Wahrscheinlichkeitsrechnung ausdrücken läßt. Da auch die Hochwassermengen langer Zeitreihen eine ähnliche Häufigkeitsverteilung wie die kalendarischen Mittelwerte der Durchflußmengen aufweisen, liegt es nahe, für die Ordnung der Hochwässer nach der Wahrscheinlichkeit ihres Eintreffens die Wahrscheinlichkeitsrechnung ähnlich wie auf Seite 315f. zu verwenden.

Auch in diesem Fall ergibt sich, wie die Auftragung der Summenlinien der Häufigkeiten der jährlichen Hochwässer der Donau bei Wien, des Inns bei Schärding und der Enns bei Steyr in logarithmischem Maßstabe in Abb. 332 unverkennbar zeigt, daß die Häufigkeitsverteilung der Logarithmen der Ordnungsgröße Q praktisch symmetrisch zu ihrem Mittelwert ist, also hinreichend genau der normalen Häufigkeitslinie gehorcht. Die noch vorhandene Abweichung hiervon kann auch hier durch Anwendung der BRUNSschen Reihe, und zwar mit Berücksichtigung nur eines Korrekturgliedes auf ein zulässiges Ausmaß herabgedrückt werden.

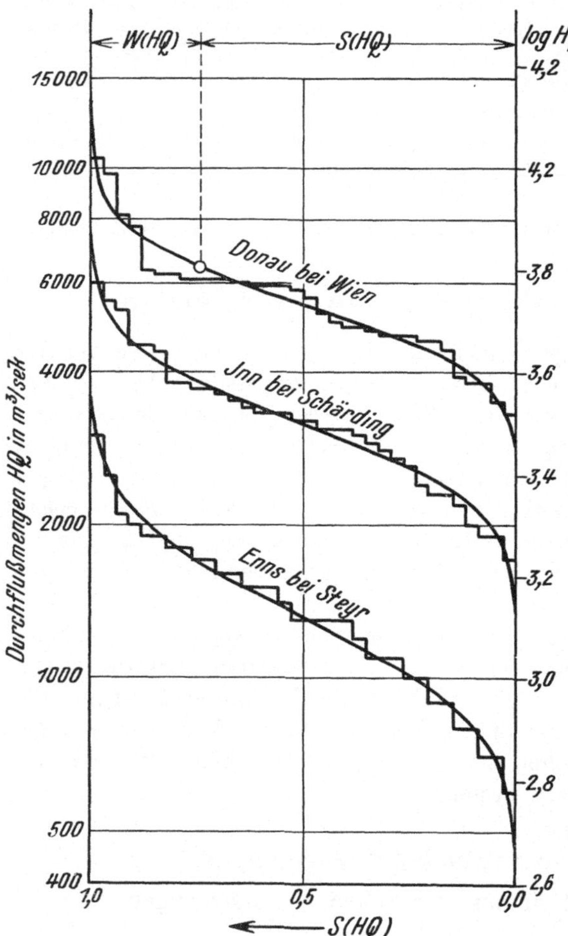

Abb. 332. Summenfunktion für die jährlichen Hochwassermengen HQ der Donau bei Wien, der Enns bei Steyr und des Inn bei Schärding, aufgestellt auf Grund der Beobachtungen 1897—1930.

---

[1] A. HAZEN, Flood flows, a study of frequencies and magnitudes. New York, 1930.
R. GIBRAT, Sur l'ajustement mathématique des courbes de débit d'un cours d'eau. Académie des Sciences, Paris, 1932.

Für die Donau bei Wien ergibt sich die Summenfunktion für die Hochwasser-Durchflußmengen HQ gemäß Gleichung (203)

$$S\,(HQ) = \frac{1}{2}\left[1 + \varPhi\,(\xi) - 0{,}063\,\frac{1}{4}\,\varPhi_3\,(\xi)\right],$$

worin

$$\xi = 6{,}37\,(\log Q - 3{,}734).$$

(209)

Den Gleichungen (209) liegen die Beobachtungen der 34 Jahre 1897—1930 zugrunde, die eine Stichprobe des Kollektivs jährliche Hochwassermengen der Donau bei Wien sind, wobei die Summe der Häufigkeiten der Glieder des Kollektivs gleich eins gesetzt ist.[1] Daher gibt $S\,(HQ)$ unmittelbar die Wahrscheinlichkeit für das jährliche Auftreten einer Hochwassermenge, die kleiner als HQ ist, und

$$W\,(HQ) = 1 - S\,(HQ)$$

(210)

die Wahrscheinlichkeit für das Auftreten einer größeren Hochwassermenge. Folglich bedeutet

$$m = \frac{1}{1 - S\,(HQ)}$$

(211)

die Anzahl der Jahre, innerhalb welcher im Durchschnitt eine Hochwassermenge von der Größe HQ oder darüber einmal vorkommt. In Tabelle 33 ist dieser Wert aus den Gleichungen (209) für die Hochwassermengen von 8000 bis 14000 m³/sek berechnet.

Tabelle 33. Wahrscheinlichkeit für das Auftreten von Hochwassermengen der Donau bei Wien.

HQ in m³/sek	ξ	$\varPhi(\xi)$	$\varPhi_3(\xi)$	$S\,(HQ)$	$W\,(HQ)$	m Jahre
8 000	1,076	0,8712	0,926	0,9283	0,072	14
9 000	1,400	0,9523	0,928	0,9689	0,031	32
10 000	1,693	0,9833	0,608	0,9869	0,0131	76
11 000	1,955	0,9942	0,330	0,9945	0,0055	180
12 000	2,200	0,99814	0,151	0,99783	0,0022	450
13 000	2,420	0,999367	0,070	0,999133	0,00087	1150
14 000	2,623	0,999787	0,0301	0,999657	0,00034	3000

Die Tabelle zeigt, daß das Hochwasser der Donau von 1899 mit 10500 m³/sek durchschnittlich einmal in 100 Jahren und das rechnungsmäßig festgestellte Hochwasser vom Jahre 1501 mit rund 14000 m³/sek etwa alle 3000 Jahre einmal

---

W. KUMMER, Die Auswertung unsymmetrischer Verteilungsreihen der Großzahlforschung. Schweiz. Bauzeitung, Bd. 101, Nr. 11, 1933.

H. GRASSBERGER, Die Anwendung der Wahrscheinlichkeitsrechnung auf die Wasserführung der Gewässer. Die Wasserwirtschaft, Wien, Nr. 1—6, 1932. — Untersuchungen über die Hochwässer des Jangtse-kiang. Die Wasserwirtschaft, Wien, Nr. 6, 1933.

Die Darstellung folgt der analytischen Methode von H. GRASSBERGER.

[1] Die Gesamtfläche, welche die Häufigkeitslinie und die Abszissenachse einschließen, stellt die Summe der Häufigkeiten des Kollektivs dar. Setzt man diese gleich eins, dann bedeutet eine Teilfläche der Gesamtfläche die relative Häufigkeit, die mit der Wahrscheinlichkeit identisch ist.

zu erwarten ist. Damit ist natürlich der Abstand derartiger katastrophaler Vorgänge nicht festgelegt, sondern es ist vom Standpunkte der Wahrscheinlichkeitsrechnung ein Erwartungswert für das durchschnittliche Auftreten verschieden großer Hochwassermengen geschaffen. Auf Grund dieses Erwartungswertes ließe sich dann, wenn einerseits die Aufwendungen, die zum Herabdrücken der Schadenswahrscheinlichkeit auf ein bestimmtes Maß notwendig sind, anderseits die Höhe des zu gewärtigenden Schadens bekannt wäre, die Frage entscheiden, ob eine höhere Bausumme gerechtfertigt ist oder nicht.

Eine derart nach Wahrscheinlichkeiten geordnete Gegenüberstellung der Hochwassermengen sollte grundsätzlich angestrebt werden. Sie ist aber nur dann möglich, wenn so viele Stichproben des Kollektivs HQ vorliegen, daß die daraus abgeleitete Häufigkeitsverteilung mit genügender Schärfe dem gesamten Kollektiv entspricht. Dieser Bedingung kann man näherungsweise noch bei den größeren Flüssen nachkommen, aber auch da wird es oft notwendig sein, die unmittelbar vorliegenden Beobachtungsergebnisse über die Durchflußmengen in nachstehender Weise zu ergänzen.

Bestimmung der Schadenwassermengen durch Extrapolation von Bezugslinien. Einer der einfachsten Fälle in dieser Beziehung liegt dann vor, wenn die aus Hochwassermarken bekannten Ereignisse wohl zeitlich weit zurück zu verfolgen sind, die Mengenerhebungen sich jedoch nur auf einen weit kürzeren Zeitabschnitt und auf kleinere Durchflußmengen erstrecken, als sie jene vergangenen Hochwässer erreicht haben. Dieser Fall kann sich insofern verwickelter gestalten, als die Hochwassermarken nicht in dem zu untersuchenden Flußprofile bekannt sind, sondern an anderen Stellen des Flußlaufes festgestellt wurden.

Der erste Fall ist nur dann schwieriger zu behandeln oder überhaupt unlösbar, wenn in dem Zeitabschnitt zwischen dem nach seiner Wasserspiegelhöhe festgelegten Hochwasser und der Durchflußmengenerhebung in der das Meßprofil beeinflussenden Flußstrecke eine Umformung eingetreten ist. Liegt die Sicherheit über die Beständigkeit des Flußprofiles vor, dann versucht man, den Mengenwert durch Extrapolation bekannter Bezugslinien auf die Pegelhöhe des Hochwassers zu erfassen. Diese Extrapolation erfolgt zumeist graphisch, soll aber besser analytisch durchgeführt werden, indem man die Bezugslinien mit Hilfe der Korrelationsrechnung in eine mathematische Form kleidet. Bei der Verlängerung der Bezugslinien werden jene in erster Linie herangezogen, die einen möglichst geradlinigen Verlauf aufweisen, bei deren Fortsetzung man also namentlich bei der graphischen Methode den geringsten Fehler zu erwarten hat. Wie man dabei verfährt, soll an dem folgenden praktischen Beispiel erläutert werden.

Im Pegelprofil Wien-Nußdorf der Donau soll für den Pegelstand von 700 cm, welcher dem im Jahre 1501 aufgetretenen katastrophalen Hochwasser entspricht, die zugehörige Durchflußmenge ermittelt werden (Abb. 333). Die Durchflußmengenerhebungen erstrecken sich nur bis zum Wasserstande 562 cm, der sich beim Hochwasser 1899 bei einer erhobenen Durchflußmenge von 10 500 m³/sek eingestellt hat. Die Frage der Flußbettumformung ist in diesem Falle ausgeschaltet, weil der Pegelstand von 700 cm schon mit Rücksicht auf den gegenwärtigen Bestand des Flußbettes angegeben ist.

Die Verlängerung der F-Linie, der Bezugslinie der Profilfläche zum Pegelstande, kann eindeutig auf Grund der Berechnung des Flächeninhaltes geschehen und ergibt $F = 5420$ m². Die Linie der mittleren Durchflußgeschwindigkeit ist bis zum Wasserstande von 562 cm bekannt. Ihre graphische oder analytische Fortsetzung ist im vorliegenden Falle, in dem die Änderung der Geschwindigkeit mit dem Pegelstande fast geradlinig erfolgt, mit ziemlicher Genauigkeit möglich. Führt man sie graphisch durch, dann ergibt sich für $h_P = 700$ cm, $u_m = 2{,}60$ m/sek und hieraus die Durchflußmenge mit $Q = u_m F = 2{,}60 \cdot 5420 = 14\,000$ m³/sek.

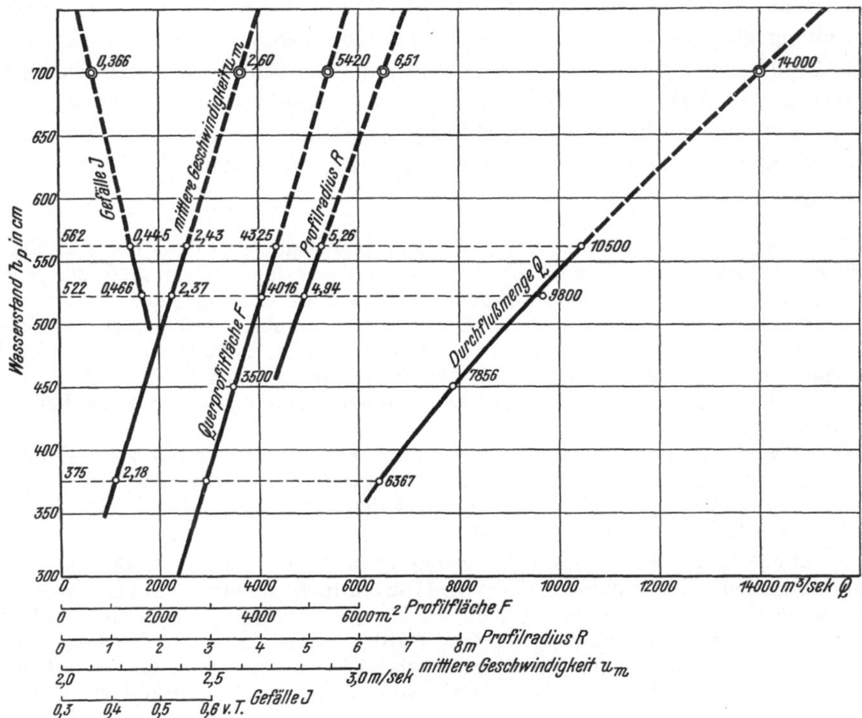

Abb. 333. Ermittlung der Hochwasser-Durchflußmengen im Pegelprofil der Donau bei Wien-Nußdorf nach dem Extrapolationsverfahren.

Wenn bei verschiedenen Mengenerhebungen auch die Wasserspiegelgefälle aufgenommen worden sind, dann kann der Rauhigkeitswert einer empirischen Geschwindigkeitsformel, etwa der n-Wert aus der Formel von GANGUILLET und KUTTER, zurückgerechnet werden. Die Bezugslinien für J und den Rauhigkeitsbeiwert lassen sich im allgemeinen leicht verlängern, sodaß sich mit ihrer Hilfe die Bezugslinie der Geschwindigkeit aufstellen läßt. Damit ist aber auch die Bezugslinie der Durchflußmengen gegeben.

Diese Rechnung ergibt im vorliegenden Falle für sämtliche Meßpunkte den gleichen Wert $n = 0{,}026$. Die Bezugslinie für J ist sehr gestreckt und läßt sich mit ziemlicher Genauigkeit verlängern. Die Bezugslinien für F und R lassen sich genau zeichnen. Für $h_P = 700$ cm ergibt sich $J = 0{,}00037$, $R = 6{,}51$ m. Damit folgt aus der Formel von GANGUILLET und KUTTER $u_m = 2{,}51$ m/sek und schließlich $Q = u_m F = 2{,}51 \cdot 5420 = 13\,600$ m³/sek.

Bestimmung der Schadenwassermengen durch eine Pegelbezugslinien-Reihe. Hat man den in einem anderen Flußprofile erhobenen Hochwasserstand erst auf das Meßprofil zu übertragen, so werden die Nebenuntersuchungen über die Umformung des Flußbettes eine noch wichtigere Rolle als zuvor spielen. Zur Übertragung dieses Hochwasserstandes ist eine Reihe von Bezugslinien zu zeichnen, die von dem Profile der Hochwassermarke ausgeht und in dem Flußprofile endet, in dem die Angabe der zugehörigen Wassermenge zu erfolgen hat. Die dazwischen gelegenen Pegelprofile sind so auszuwählen, daß die Streuung der Bezugspunkte infolge der je nach der Wasserführung der Zubringer verschiedenen Einwirkung auf den flußabwärts gelegenen Pegel möglichst herabgedrückt wird. Diese Bezugslinienreihe ist mit Rücksicht auf die Einwirkung der Zubringer wie auch auf die Auswahl der Bezugspunkte mit der größten Vorsicht aufzustellen. Um jede gefühlsmäßige Willkürlichkeit auszuschalten und zu einer analytischen Darstellung zu gelangen, empfiehlt sich die Anwendung der Korrelationsrechnung.

Das Verfahren soll auf das obige Beispiel angewendet werden. Für das Pegelprofil Wien-Nußdorf der Donau ist also der gleichwertige Wasserstand zur Hochwassermarke eines weit stromauf gelegenen Flußprofiles zu berechnen.

Umfangreiche Erhebungen an der Donau haben ergeben, daß das größte bisher beobachtete Hochwasser im Jahre 1501 aufgetreten ist. Von den vorhandenen Hochwassermarken in Passau mit $h_P = 1129$ cm, Engelhartszell mit $h_P = 1132$ cm, Linz mit $h_P = 798$ cm und Melk mit $h_P = 988$ cm sollen hier nur jene von Engelhartszell und Melk herangezogen werden.

Die Pegelbezugslinien werden auf Grund bekannter Hochwasserscheitelstände, die ja vergleichbare Wasserstände darstellen, mittels graphischer Ausgleichung gezeichnet. Man erhält so die Bezugslinien Engelhartszell—Linz, Linz—Mauthausen, Mauthausen—Melk und Melk—Nußdorf.

In Abb. 334 ist das Ergebnis der graphischen Ausgleichung der Bezugswasserstände dargestellt. Dem Wasserstand von 1132 cm in Engelhartszell entsprechen die Wasserstände 785, 890, 960 und 695 cm in Linz, Mauthausen, Melk und Nußdorf. Beginnt man mit der in Melk vorhandenen Hochwassermarke mit der Pegellesung von 988 cm, so ergibt sich der Bezugswasserstand in Nußdorf mit 705 cm. Als endgültiger Wasserstand für das Hochwasser vom Jahre 1501 in Nußdorf wird der Pegelstand $\dfrac{695 + 705}{2} = 700$ cm angenommen. Diesem Pegelstand entspricht nach Abb. 334 eine Durchflußmenge von 14 000 m³/sek.

Für die Ermittlung der Bezugslinien nach der Korrelationsrechnung ist nachstehend die Aufstellung der Gleichungen der Bezugsgeraden der Hochwasserstände in Engelhartszell und Linz als Rechenbeispiel angeführt.

Bezeichnet man die Pegellesungen in Engelhartszell mit y und jene in Linz mit x, dann ergibt sich das in Tabelle 34 angeführte Rechnungsschema.[2]

---

[1] Man erkennt hieraus, daß die Genauigkeit dieses, auf Wasserständen beruhenden Bezugsverfahrens von dem Umstande abhängig ist, ob seinerzeit, also im bearbeiteten Beispiele beim Hochwasser im Jahre 1501, die Zubringer die Wasserführung der Donau ebenso beeinflußt haben, wie dies in den ermittelten Bezugslinien zum Ausdrucke kommt.

[2] Die Summenwerte für die Ermittlung der Beiwerte a und b werden hier unmittelbar aus der Urliste, welche die drei ersten Kolonnen des Rechnungsschemas bildet, berechnet. Die Aufstellung einer Korrelationstafel wäre wegen der geringen Zahl der Einzelwerte nicht zweckmäßig. Siehe auch die diesbezügliche Bemerkung auf S. 219.

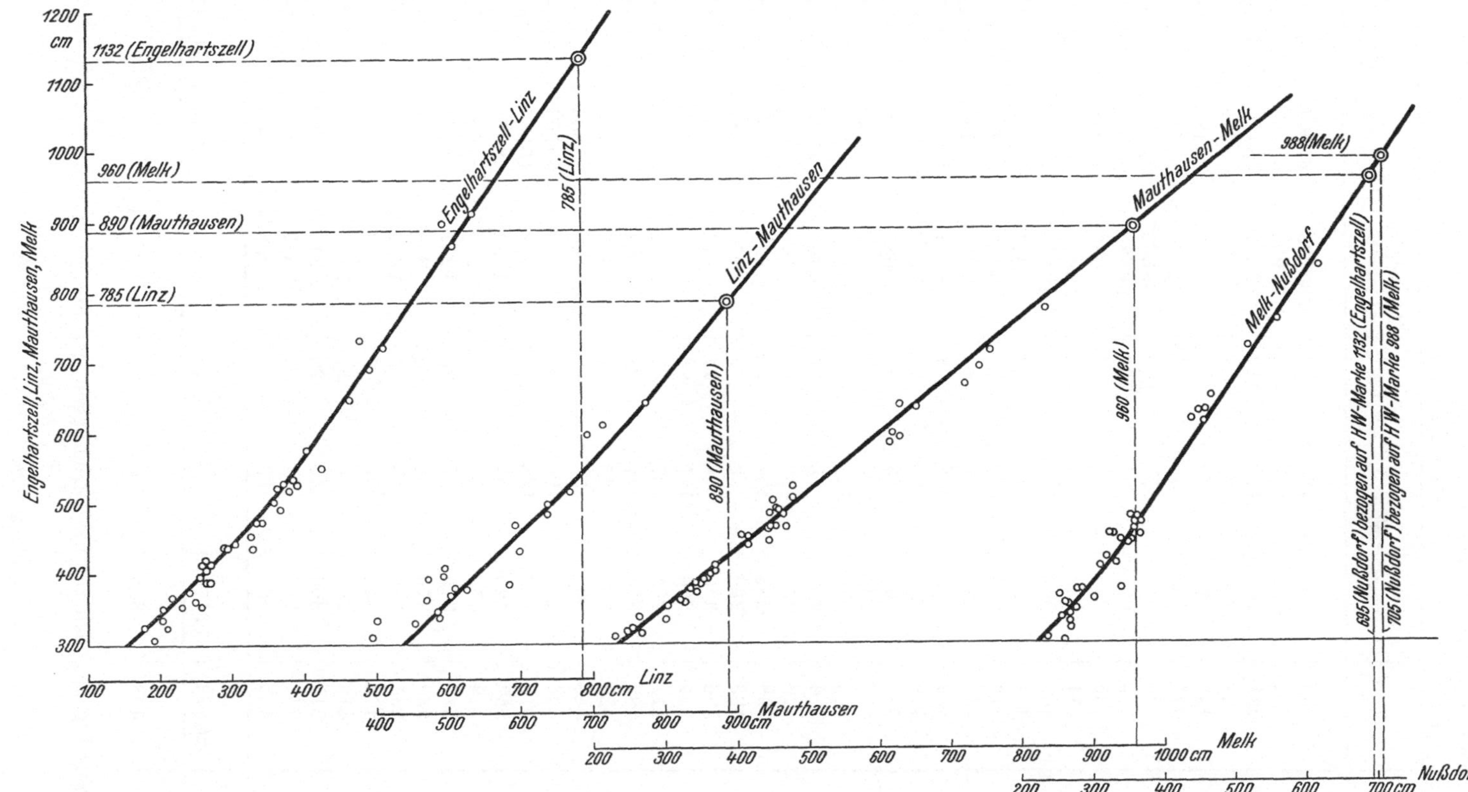

Abb. 334. Graphische Bestimmung des Wasserstandes der Donau im Pegelprofile Wien-Nußdorf für das Katastrophenhochwasser vom Jahre 1501 mit Hilfe der Pegelbezugslinien Engelhartszell—Linz—Mauthausen—Melk—Nußdorf.

Tabelle 34. Korrelationsrechnung zur Ermittlung der Bezugsgeraden der Hochwasserstände der Pegelprofile Engelhartszell und Linz an der Donau.

Jahr	y	x	$y - \bar{y}$	$x - \bar{x}$	$(x - \bar{x}) \cdot (y - \bar{y})$	$(y - \bar{y})^2$	$(x - \bar{x})^2$
1862	900	595	402	249	100098	161604	62001
1883	734	482	236	136	32096	55696	18496
1890	651	465	153	119	18207	23409	14161
1892	524	380	26	34	884	676	1156
1895	439	332	— 59	— 14	826	3481	196
1896	577	405	79	59	4661	6241	3481
1897	725	515	227	169	38363	51529	28561
1899	869	607	371	261	96831	137641	68121
1900	392	270	— 106	— 76	8056	11236	5776
1902	354	232	— 144	— 114	16416	20736	12996
1903	363	252	— 135	— 94	12690	18225	8836
1906	455	327	— 43	— 19	817	1849	361
1906	419	273	— 79	— 73	5767	6241	5329
1907	439	297	— 59	— 49	2891	3481	2401
1907	390	268	— 108	— 78	8424	11664	6084
1908	402	263	— 96	— 83	7968	9216	6889
1909	531	394	33	48	1584	1089	2304
1910	475	337	— 23	— 9	207	529	81
1911	326	210	— 172	— 136	23392	29584	18496
1911	420	267	— 78	— 79	6162	6084	6241
1912	476	339	— 22	— 7	154	484	49
1913	398	253	— 100	— 93	9300	10000	8649
1913	439	296	— 59	— 50	2950	3481	2500
1914	506	360	8	14	112	64	196
1915	357	260	— 141	— 86	12126	19881	7396
1916	411	265	— 87	— 81	7047	7569	6561
1917	497	374	— 1	28	— 28	1	784
1918	525	367	27	21	567	729	441
1919	445	306	— 53	— 40	2120	2809	1600
1920	696	496	198	150	29700	39204	22500
1922	370	218	— 128	— 128	16384	16384	16384
1923	552	429	54	83	4482	2916	6889
1924	478	359	— 20	13	— 260	400	169
1924	537	379	39	33	1287	1521	1089
1925	530	376	32	30	960	1024	900
1926	537	389	39	43	1677	1521	1849
1926	472	344	— 26	— 2	52	676	4
1927	415	260	— 83	— 86	7138	6889	7396
1928	515	366	17	20	340	289	400
1930	437	286	— 61	— 60	3660	3721	3600
1931	435	282	— 63	— 64	4032	3969	4096
Summenwerte	20413	14175	— 5	— 11	490140	683734	365419
Mittelwerte	498	346	0	0	.	.	.

Hieraus ergeben sich für die Gleichungen der Bezugsgeraden

$$h_{P,L} = \bar{x} + b\,(h_{P,E} - \bar{y}),$$
$$h_{P,E} = \bar{y} + a\,(h_{P,L} - \bar{x}),$$

worin der Pegelstand in Engelhartszell mit $h_{P,\,E}$ und jener in Linz mit $h_{P,\,L}$ bezeichnet ist, die Werte

$$a = \frac{\sum\limits_{1}^{41} (x_i - \overline{x})\,(y_i - \overline{y})}{\sum\limits_{1}^{41} (x_i - \overline{x})^2} = \frac{490\,140}{365\,419} = 1{,}341,$$

$$b = \frac{\sum\limits_{1}^{41} (x_i - \overline{x})\,(y_i - \overline{y})}{\sum\limits_{1}^{41} (y_i - \overline{y})^2} = \frac{490\,140}{683\,734} = 0{,}717.$$

Es folgt daher für den Pegelstand in Linz

$$h_{P,\,L} = 346 + 0{,}717\,(1132 - 498) = 800 \text{ cm.}$$

Der Korrelationskoeffizient beträgt

$$r = \sqrt{a\,b} = \sqrt{0{,}9614} = 0{,}98.$$

Der Grad der Korrelation ist also ein sehr hoher.[1]

2. Mittelbare Bestimmung der Schadenwassermengen.

Für die mittelbare Bestimmung der Schadenwassermengen stehen graphische und analytische Verfahren sowie empirische Formeln zur Verfügung. In den meisten Fällen ist die Schadenwassermenge mit dem zu erwartenden Höchstwasserabfluß identisch.

Graphisches Verfahren zur Bestimmung des Höchstwasserabflusses nach Hauff. Dieses Verfahren, auch kurz *Flutplanverfahren* genannt, sucht mit Hilfe der für ein bestimmtes Einzugsgebiet bekannten Regenlinien, der Abflußbeiwerte der einzelnen, morphologisch unterscheidbaren Teile desselben sowie der Zeitfolgen bzw. der Laufzeiten des in den Rinnsalen abfließenden Wassers unter Bedachtnahme auf die Grundrißform des Niederschlagsgebietes die Ganglinien der Abflußmengen an charakteristischen Punkten des Niederschlagsgebietes zu ermitteln.

Das Verfahren enthält in seiner ersten Durchbildung zwecks Vereinfachung der graphischen Berechnungen gewisse Vernachlässigungen.[2] Vor allem wird die Niederschlagsspende q_N für die gesamte Niederschlagsfläche und während des gesamten Niederschlagsvorganges, also innerhalb der Regendauer t_r, in gleicher Größe angenommen. Weiters wird der Abflußbeiwert c während des ganzen Abflußvorganges, also innerhalb des Zeitabschnittes Regendauer t_r vermehrt um die Laufzeit t_l als gleichbleibend betrachtet.[3] Hierbei versteht man unter Laufzeit jenen Zeitabschnitt, den ein Wasserteilchen benötigt, um vom entferntesten Punkte des Niederschlagsgebietes bis zur untersuchten Durchfluß-

---

[1] Die Aufstellung der Gleichungen der Pegel-Bezugsgeraden für die Donaustrecke Passau—Wien stammt von E. Böck, der sich hierbei auf die vom Hydrographischen Zentralbureau Wien berechneten Korrelationswerte stützt.

[2] Vicari, Die graphische Berechnung städtischer Kanalnetze nach Ing. Hauff. Gesundheits-Ingenieur, Nr. 34, 1919. — W. Breitung, Auswertung von Regenbeobachtungen und Bestimmung der Regenabflußmengen für städtische Kanäle auf Grundlage der Angaben von Vicari und Hauff. Leipzig 1912.

[3] Siehe S. 299.

stelle zu gelangen. Die Form des Einzugsgebietes ist beliebig, doch denkt man sich dasselbe derartig zusammengesetzt, daß die einzelnen Teile eine langgestreckte, fast rechteckige Form besitzen, deren Entwässerungsgerinne ungefähr in der Symmetrieachse dieser Flächenstücke liegen (Abb. 335a).

Unter diesen vereinfachenden Voraussetzungen nimmt die Ganglinie der Abflußmengen eine trapezförmige Gestalt BAA_1B_1 an (Abb. 335b).

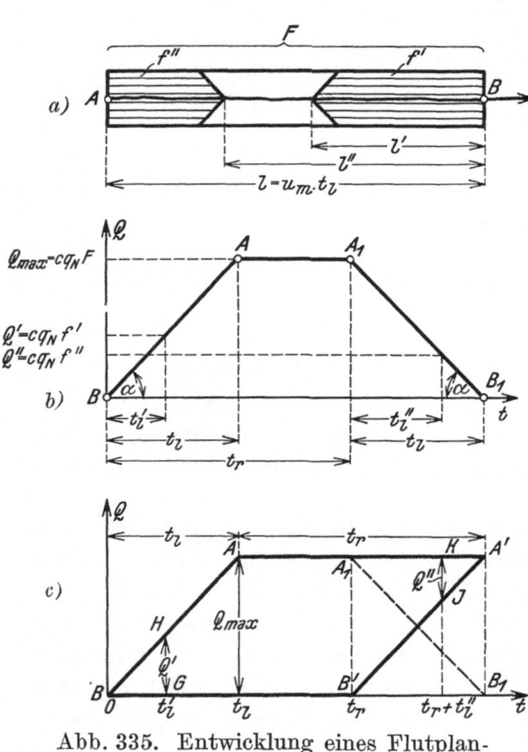

Abb. 335. Entwicklung eines Flutplanelementes.

a) Einzugsgebiet des Entwässerungsstranges und Beitragsflächen für den Strangpunkt B, b) Ganglinie der Durchflußmenge Q für den Strangpunkt B, c) Flutplanelement für den Strangpunkt B.

Zur Zeit t_l' ist $Q' = c\,q_N\,f'$, worin f' die *Beitragsfläche*, d. i. jenen Anteil an der gesamten Einzugsfläche F darstellt, von dem die Abflußmenge Q' bereits in B angelangt ist. Die Laufzeit dieser Menge beträgt $t_l' = \dfrac{l'}{u_m}$, wenn u_m die mittlere Geschwindigkeit im Abflußgerinne angibt.

In gleicher Weise folgt die überhaupt mögliche größte Durchflußmenge $Q_{\max} = c\,q_N\,F$ mit der Laufzeit $t_l = \dfrac{l}{u_m}$, ferner $Q'' = c\,q_N\,f''$ mit der zugehörigen Laufzeit $t_l'' = \dfrac{l''}{u_m}$. Die Laufzeiten, welche die Wasserteilchen benötigen, um aus dem Niederschlagsgebiete in der Querrichtung in das Gerinne zu gelangen, werden vernachlässigt, eine Annahme, die wegen der vorausgesetzten Gestrecktheit der Einzugsflächenteile zulässig ist.

Die Ganglinie der Durchflußmengen formt man aus Gründen einer Vereinfachung der weiteren graphischen Behandlung zum *Flutplanelement* um, indem man das Dreieck A_1B_1B' in $A_1B'A'$ symmetrisch verkehrt und dadurch das Parallelogramm $BAA'B'$ mit der Höhe $Q_{\max}$ und dem einen Paar von parallelen Seiten von der Länge t_r erhält (Abb. 335c). In diesem Flutplanelement gibt, wie aus der Gleichheit der Dreiecke A_1B_1B' und $A_1B'A'$ hervorgeht, die Zwischenordinate $\overline{GH}$ bzw. $\overline{JK}$ die zu den Zeiten t_l' bzw. $t_r + t_l''$ in B zu erwartenden Durchflußmenge Q' bzw. Q'' an.

Die Flutplanelemente der einzelnen Strangstrecken werden zum *Flutplan* des gesamten Entwässerungsnetzes zusammengefaßt. Die einschränkenden Voraussetzungen über die Niederschlagsspende, den Abflußbeiwert und die Form der Niederschlagsfläche treffen genügend genau nur bei städtischen Kanalnetzen zu, und es wird daher das Verfahren für ein solches weiter entwickelt.

Für längere Strecken der Entwässerungsgerinne ist die bisher angenommene Gleichheit von u_m nicht mehr zulässig, da die Durchflußmengen innerhalb der Strangstrecke zu große Unterschiede aufweisen oder das Sohlengefälle zu stark wechselt. Man unterteilt daher den Strang in mehrere Abschnitte 1, 2, 3 usw., zeichnet für die unteren Endpunkte B, C, D usw. der einzelnen Strangteile die Flutplanelemente und schiebt dieselben, wie dies in Abb. 336 ersichtlich ist, zeitrichtig zum Flutplan übereinander.

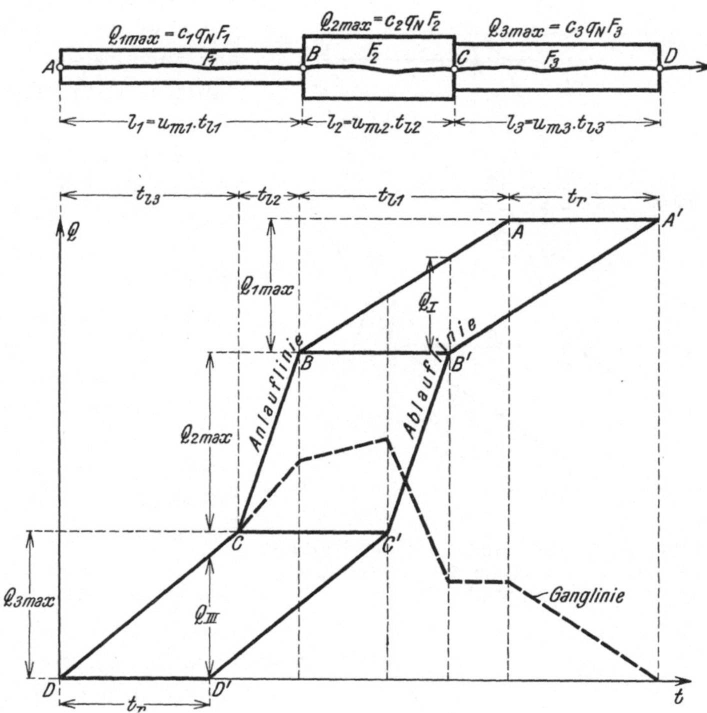

Abb. 336. Flutplan für den Entwässerungsstrang A—B—C—D und Ganglinie der Abflußmenge für den Strangpunkt D.

Ein Vergleich der Flutplanelemente für die Strangpunkte B, C, D läßt einen grundsätzlichen Unterschied ihrer Form erkennen. In den Flutplanelementen für B und D sind die durch die Länge der Strangstrecke und der Fließgeschwindigkeit bedingten Laufzeiten $t_{l,1}$ bzw. $t_{l,3}$ größer als die Regendauer t_r, dagegen ist in dem Flutplanelement für C $t_{l,2}$ kleiner als t_r. Die Folge davon ist, daß für B und D die größten aus den Strangstrecken l_1 und l_3 abfließenden Wassermengen Q_I und Q_{III} jeweilig kleiner als die rechnungsmäßigen Größtwerte $Q_{1,\,max}$ und $Q_{3,\,max}$ sind, eine Erscheinung, die in der Folge mit *Abflußabminderung* bezeichnet wird.[1] In C wird der rechnungsmäßige Größtwert $Q_{2,\,max}$ erreicht und es bleibt diese Abflußmenge innerhalb des Zeitabschnittes $t_r - t_{l,\,2}$ erhalten.

Man kann nunmehr den Flutplan, wenn es für weitere Untersuchungen notwenig sein sollte, wieder zur Ganglinie der Durchflußmengen zurückbilden. Soll

---

[1] Diese Erscheinung wird in nicht zutreffender Weise auch mit Abflußverzögerung bezeichnet.

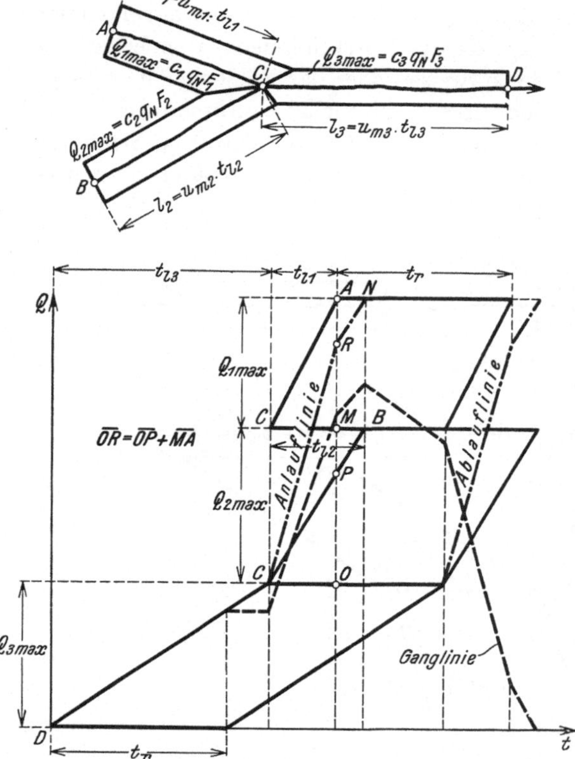

Abb. 337. Flutplan für die Vereinigung der Stränge
A—C und B—C und Ganglinie der Abflußmenge
für den Strangpunkt D.

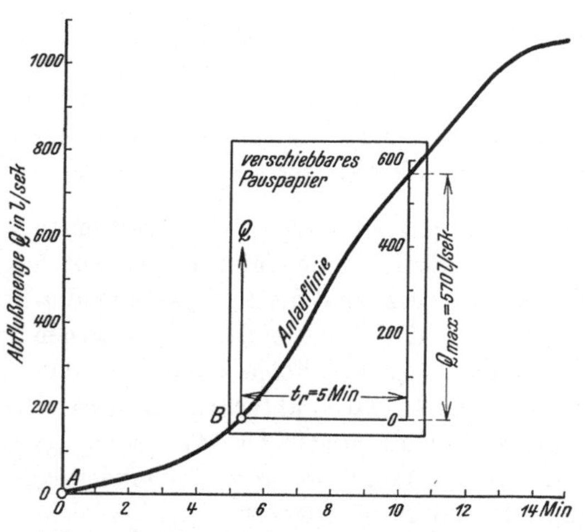

Abb. 338. Ermittlung von Q_{max} für den
Strangpunkt A für den 5 Minuten-Berech-
nungsregen.

man deren Verlauf etwa für den Strangpunkt D zeichnen, dann hat man zu jeder Zeit t die Zwischenordinaten, welche von der die Punkte A, B, C, D verbindenden *Anlauflinie* und der die Punkte A', B', C', D' verbindenden *Ablauflinie* begrenzt werden, von der t-Achse aus aufzutragen und die erhaltenen Endpunkte zu verbinden.

Beim Zeichnen des Flutplanes für die Vereinigung zweier Stränge sind die Flutplanelemente für die Stränge A—C und B—C derart anzuordnen, daß ihre Eckpunkte C übereinander liegen (Abb. 337). Es gibt dann die Summe der Zwischenordinaten auf einem Ordner die Abflußmenge im Strangpunkte C an. So stellt z. B. die Strecke $\overline{OR} = \overline{OP} + \overline{MA}$ diese Abflußmenge nach Ablauf der Zeit $t_{l,1}$ vom Beginne des Regens an dar. R ist also ein Punkt der Anlauflinie für den Strangpunkt C.

Schließt an den Strangpunkt C ein weiterer Strang C—D an, der auch die Stränge A—C und B—C zu entwässern hat, dann ist die Anlauflinie für den Strangpunkt D in derselben Weise darzustellen, wie es in Abb. 336 bereits für eine Aufeinanderfolge von Strängen gezeigt wurde. Die Stränge A—C und B—C können nach ihrer Vereinigung in C in bezug auf den Abfluß als ein Strang mit der Anlauflinie C—R—N aufgefaßt werden.

Die Ablauflinie verläuft im Abstande t_r parallel zur Anlauflinie, weil man für die gesamte Niederschlagsfläche t_r als gleichbleibend annimmt. Schließlich erhält man wie zuvor die Ganglinie der Durchflußmengen, die in Abb. 337 für den Strangpunkt D gezeichnet ist.

Bei Einhaltung der bisher erläuterten Grundsätze ist man in der Lage, für jedwede Gestalt des Strangnetzes einer städtischen Entwässerungsanlage bei gegebenem q_N und bei bekannter Fließgeschwindigkeit u_m in den einzelnen Strangabschnitten die Anlauf- und Ablauflinie bzw. auch die Ganglinie der Durchflußmengen darzustellen.

Die Größtwerte von Q für die einzelnen Strangpunkte ergeben sich aus den größten Zwischenordinaten der Anlauf- und Ablauflinie. Dabei kann man die Zeichnung insofern vereinfachen, als man nur die Anlauflinie aufträgt und sich die Ablauflinie, welche im Abszissenabstande t_r parallel verläuft, gezeichnet denkt. Trägt man auf ein Pauspapier in ein Achsenkreuz t_r, Q im Abszissenabstand t_r eine Ordinate auf, die den gleichen Q-Maßstab wie der Flutplan trägt, und verschiebt man nun dieses Pauspapier mit dem Nullpunkt des Achsenkreuzes in die einzelnen Punkte der Anlauflinie, dann ist an dem Maßstab des Ordners durch t_r die jeweils größte Abflußmenge abzulesen. So ergibt sich in Abb. 338 bei Anlegen des Nullpunktes des gepausten Achsenkreuzes an den Punkt B der Anlauflinie die größte zu erwartende Durchflußmenge $Q_{\max} = 570$ l/sek.

Bisher ist die Ermittlung der in einem Strangpunkte eintretenden Höchstwassermenge unter dem Gesichtspunkte entwickelt worden, daß nur eine Niederschlagsspende von einem bestimmten Werte q_N und damit nur eine Regendauer in Betracht kommen. Es ist aber zu bedenken, daß die Niederschlagsspende entsprechend den Regenlinien des Niederschlagsgebietes einer Ortschaft unzählige Werte annehmen kann. Eine gewisse Auswahl erfolgt durch die Festlegung der Niederschlagshäufigkeit, indem man sich auf eine bestimmte Häufigkeit einigt, die aus wirtschaftlichen Gründen angemessen erscheint.[1] Dadurch ist nur mehr eine Regenlinie, nämlich die der gewählten Häufigkeit entsprechende, für die weitere Berechnung maßgebend.

Noch immer sind aber unzählige Wertepaare q_N, t_r bei der Berechnung des Abflusses im Entwässerungsnetze zu berücksichtigen. Jedes q_N erzeugt einen gewissen Abfluß in den einzelnen Strangpunkten, und es liegt nun die Aufgabe vor, den absolut größten Abfluß zu ermitteln, der für verschiedene Strangpunkte durch verschiedene q_N bestimmt sein kann. Die Beziehung $q_N = f(t_r)$ ermöglicht im Zusammenhang mit einer für ein beliebiges q_N gezeichneten Anlauflinie diese Ermittlung in einfachster Weise.

Der Abfluß zur Zeit t bei einer Beitragsfläche f ist allgemein $Q = c\, q_N\, f$. Für zwei verschiedene Abflußspenden $q_N{}'$ und $q_N{}''$ folgt das Verhältnis zweier zur selben Zeit t eintretenden Abflüsse mit

$$\frac{Q'}{Q''} = \frac{c\, q_N{}'\, f}{c\, q_N{}''\, f} = \frac{q_N{}'}{q_N{}''}.$$

Soll nun der Abfluß Q'' aus dem Schaubilde der Anlauflinie für das gewählte $q_N{}'$ gewonnen werden, dann müssen Q' und Q'' durch dieselbe Strecke dargestellt sein. Sind e' und e'' die Maßstabeinheiten für die Abflüsse Q' und Q'', dann gilt

$$Q'\, e' = Q''\, e''.$$

Daraus folgt

$$\frac{Q'}{Q''} = \frac{e''}{e'} = \frac{q_N{}'}{q_N{}''}. \tag{212}$$

---

[1] Siehe S. 271.

Die Maßstabeinheiten der Abflußmengen verhalten sich also umgekehrt wie die Abflußspenden.

Die Durchführung dieser Untersuchung gestaltet sich mit einem sogenannten *Regenbild* sehr einfach. Dieses stellt eine Erweiterung der Abb. 338 dar, indem man nicht nur die der Anlauflinie zugrunde gelegte Regendauer von $t_r = 5$ Minuten, sondern noch weitere Werte der Regendauer, z. B. $t_r = 10, 15, 30$ usw. Minuten, berücksichtigt.

Ist die Regenlinie durch die Wertepaare

$$t_r = \quad 5, \ 10, \ 15, \ 30 \ \text{Minuten}$$
$$q_N = 113, \ 84, \ 69, \ 50 \ \text{l/sek.ha}$$

gegeben und hat man als Einheit des Q-Maßstabes der Anlauflinie, die für einen Regen von 5 Minuten Dauer und damit für $q_N = 113$ l/sek.ha gezeichnet wurde, für 100 l/sek die Strecke 10 mm gewählt, dann ergeben sich die entsprechenden Maßstabeinheiten

$$\text{für den 10-Minuten-Regen mit } \frac{113}{84} \cdot 10 = 13{,}5 \text{ mm,}$$

$$\text{für den 15-Minuten-Regen mit } \frac{113}{69} \cdot 10 = 16{,}4 \text{ mm,}$$

$$\text{für den 30-Minuten-Regen mit } \frac{113}{50} \cdot 10 = 22{,}6 \text{ mm.}$$

Diese verschiedenen Maßstäbe werden nun auf Pauspapier in das Achsenkreuz t_r, Q eingetragen und die gleichbezifferten Punkte der Maßstäbe durch

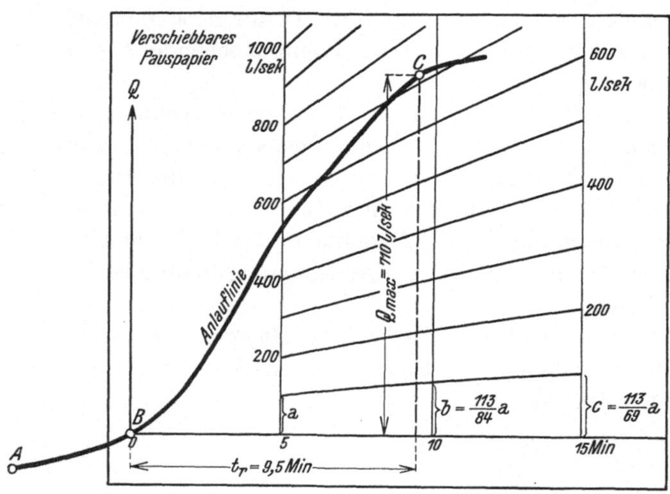

Abb. 339. Ermittlung der absolut größten Abflußmenge für den Strangpunkt A mit Hilfe des Regenbildes.

Linienzüge miteinander verbunden. Das Regenbild schiebt man nun derart, sowie es in Abb. 338 mit dem einzelnen Maßstab für Q geschehen ist, mit dem Achsenschnittpunkt lagerichtig an die Anlauflinie. Die Verschiebung ist nun entlang der Anlauflinie so weit fortzusetzen, bis sich die größte Ablesung an den Linien des Regenbildes ergibt. Dies ist in Abb. 339 beim Anlegen des Regenbildes in B der Fall, wobei aus der

Ablesung bei C die größte Abflußmenge mit 710 l/sek folgt.

Das Verfahren zeigt, daß für die Erzeugung der absolut größten Durchflußmenge in jedem Strangpunkte ein anderes q_N, also gemäß der Regenlinie auch ein anderes t_r, bestimmend ist. Da mit zunehmender Lauflänge t_l im allgemeinen die maßgebenden t_r wachsen, folgt, daß die Stärke der Berechnungsregen für die Strangpunkte, die gegen das Ende des Entwässerungsnetzes zu liegen, abnimmt. Da ferner sämtliche herangezogenen Berechnungsregen gleiche Häufigkeit besitzen, erhalten die aus den größten Abflußmengen berechneten Durchflußquerschnitte der Stränge Ausmaße, die an allen Strangpunkten eine allfällige Überlastung gleich oft eintreten lassen. Damit ist jene Ausgestaltung der Entwässerungsanlage erreicht, welche als die wirtschaftlich günstigste bezeichnet werden kann, weil nirgends eine Überbemessung vorhanden ist. Dies ist auch der Grund, warum die in einer Regenlinie zusammengefaßten Berechnungsregen als wirtschaftlich gleichwertige bezeichnet worden sind.[1]

Die Bemessung eines Entwässerungsnetzes soll nun für die in Abb. 340 dargestellte Ortschaft gezeigt werden.

Nach Austeilung der Kanalstränge, die sich aus dem Straßennetze und aus der Einmündungsmöglichkeit in den Vorfluter ergibt, können die jedem Strange zuzuweisenden Entwässerungsgebiete bestimmt werden. Am oberen Ende eines Stranges beginnend, werden die zu jeder Strangstrecke gehörigen Einzugsflächen F, gesondert nach der Beschaffenheit der Entwässerungsgebiete, ermittelt und mit den zugehörigen Abflußbeiwerten multipliziert, wie aus der Tabelle 35 ersichtlich ist. Sind die wirtschaftlich gleichwertigen Regen gegeben durch dieselben Werte wie im vorher-

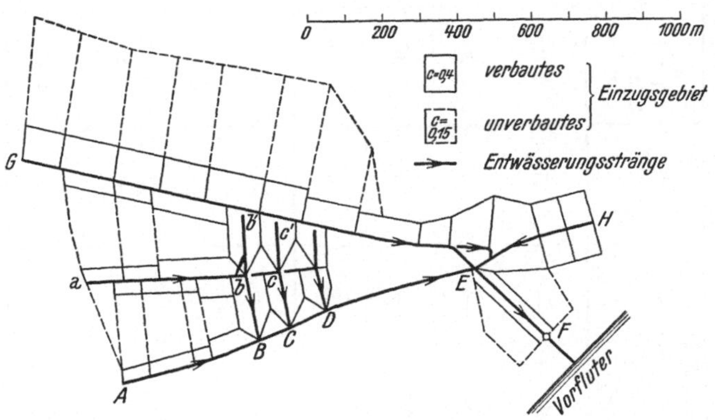

Abb. 340. Entwässerungsnetz einer Ortschaft.

gehenden Rechnungsbeispiele und benützt man zur Zeichnung der Anlauflinie den 5-Minuten-Regen mit $q_N = 113$ l/sek.ha, so erhält man mit $Q = c\,q_N\,F = 113\,(c\,F)$ die Abflußmengen ohne Abminderung. Mit diesen Werten wird unter Berücksichtigung des Sohlengefälles der Entwässerungsstränge, welches durch das Gelände bedingt ist, das Strangprofil bei Vollfüllung bestimmt und die zugehörige Fließgeschwindigkeit und Laufzeit t_l berechnet. Mit Q und t_l kann hierauf die Anlauflinie gezeichnet werden. Da aber Q ohne Rücksicht auf eine mögliche Abminderung berechnet wurde, ist nachträglich mit Benützung des Regenbildes in der in Abb. 339 gezeigten Weise festzustellen, ob eine solche in dem untersuchten Strangpunkte eintritt oder nicht. Ist dies der Fall, dann hat man mit der verminderten Durchflußmenge das Strangprofil nochmals zu bemessen und die Anlauflinie unter Bedachtnahme auf die geänderten Werte der Fließgeschwindigkeit und der Laufzeit zu verbessern. Die Berechnung kann also nur in schrittweiser Annäherung erfolgen.

In Abb. 341 ist die Ermittlung der größten Abflußmenge für den Strangpunkt F dargestellt. Es zeigt sich, daß die Verschiebung des strichliert gezeichneten Regenbildes längs der Anlauflinie $A\text{—}N\text{—}M\text{—}E'''\text{—}F$ des Strangpunktes F in den Punkt M als größte Abflußmenge 1510 l/sek ergibt, welche ein Regen mit $t_r = 10{,}4$ Minuten und $q_N = 80$ l/sek.ha hervorruft. Ohne Berücksichtigung der Abminderung würde die größte Abflußmenge in F bei gleicher Regenspende 1695 l/sek betragen.

Ungenauigkeiten des Flutplanverfahrens und deren Beseitigung. Dem dargestellten Berechnungsverfahren haften auch unter der Voraus-

---

[1] Siehe S. 271.

Tabelle 35. Schema für die Berechnung der Abflußmengen des Entwässerungsnetzes nach Abb. 340.

Strang	Länge in km	F in ha (verbaut / unverbaut)	cF ($0,4F$ / $0,15F$)	zusammen	$Q = cq_N F$ für $q_N = 113$ l/sek. ha ohne	mit Abflußabminderung	Sohlengefälle in v. T.	u_m bei Vollfüllung in m/sek	Stranglänge in m	Laufzeit einzeln	Laufzeit zusammen	Strangprofil cm
A—B	0,000—0,075	0,47 / 1,28	0,18 / 0,19	0,37	42	—	5	0,79	75	95	—	Ø 30
	0,075—0,200	1,22 / 2,98	0,49 / 0,44	0,93	105	—	5	1,00	125	125	220	50/33
	0,200—0,250	1,50 / 3,48	0,60 / 0,52	1,12	127	—	5	1,06	50	47	267	50/33
	0,250—0,385	2,70 / 5,04	1,08 / 0,76	1,84	210	190	5	1,15	135	117	384	60/40
a—b	0,000—0,100	0,80 / 2,43	0,32 / 0,36	0,68	77	—	10	1,20	100	83	—	Ø 30
	0,100—0,200	1,45 / 3,93	0,58 / 0,59	1,17	130	—	10	1,37	100	73	156	45/30
	0,200—0,425	3,65 / 6,45	1,46 / 0,98	2,44	280	—	10	1,67	225	135	291	60/40
b'—b	0,000—0,160	1,10 / —	0,44 / —	0,44	50	—	40	1,77	160	90	—	Ø 30
b—B	0,160—0,340	5,81 / 6,45	2,32 / 0,97	3,29	370	350	33	2,70	180	67	358	60/40
B—C	0,385—0,475	8,88 / 11,49	3,55 / 1,72	5,27	600	530	5	1,50	90	60	444	90/60
b—c	0,000—0,075	0,42 / —	0,17 / —	0,17	19	—	10	0,83	75	90	—	Ø 30
c'—c—C	0,000—0,280	2,22 / —	0,89 / —	0,89	100	—	50	2,31	280	121	—	Ø 30
C—D	0,475—0,570	11,50 / 11,49	4,60 / 1,72	6,32	710	610	5	1,56	95	61	505	90/60

setzung, daß die vorangestellten vereinfachenden Annahmen zulässig sind, noch gewisse Ungenauigkeiten an.

Zunächst wird vorausgesetzt, daß die Fließgeschwindigkeiten und damit die Laufzeiten in den einzelnen Kanalstrecken bei Regen verschiedener Niederschlagsspende dieselben bleiben. Diese Annahme kommt in den Anlauflinien

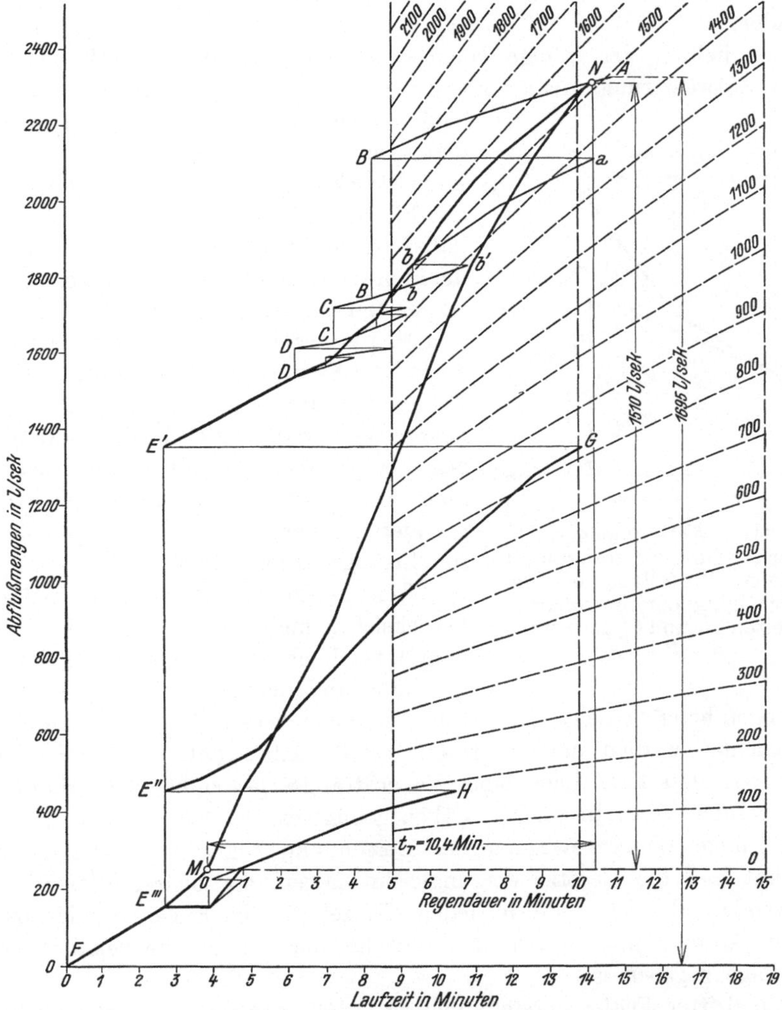

Abb. 341. Ermittlung der absolut größten Abflußmenge für den Strangpunkt F des Entwässerungsnetzes nach Abb. 340.

dadurch zum Ausdrucke, daß man für ihren Aufbau die Abszissenabschnitte t_l der einzelnen Flutplanelemente für alle Berechnungsregen beibehält. Man nimmt also keine Rücksicht darauf, daß beispielsweise in Abb. 342 der im Strangpunkte D maßgebende Regen wohl im Strange $C—D$ eine Vollfüllung erzeugt, dagegen in den oberhalb gelegenen Abschnitten $B—C$ und $A—B$ nur eine Teilfüllung hervorrufen kann, da die maßgebende Niederschlagsspende, wie oben hervorgehoben, mit zunehmender Lauflänge abnimmt und daher die oberen

Stränge mit größeren Niederschlagsspenden bemessen werden als die unteren. Da sich aber bei Teilfüllungen des Durchflußquerschnittes eine kleinere Fließgeschwindigkeit als bei Vollfüllung einstellt, wird die Laufzeit größer und die Anlauflinie müßte eigentlich für alle oberhalb gelegenen Kanalabschnitte in die strichliert gezeichnete Lage $A'\!-\!B'\!-\!C$ verschoben werden. Dadurch wird aber der berechnete Höchstabfluß im Strangpunkte D von Q_{max} auf Q'_{max} herabgemindert.

Der Fehler, der infolge Nichtberücksichtigung der Teilfüllung entsteht, ist bei Entwässerungsanlagen kleinen Umfanges unbedeutend. In diesem Falle sind nämlich die Unterschiede der maßgebenden Niederschlagsspenden für die einzelnen Kanalstrecken gering. Dazu kommt noch, daß die Fließgeschwindigkeit sich im Bereiche von halber bis voller Füllung wenig ändert. Bei ausgedehnten und namentlich bei langgezogenen Kanalnetzen werden die nach dem Flutplanverfahren von HAUFF errechneten Werte immer zu groß ausfallen. Es werden demnach die auftretenden Fehler in der Berechnung den Sicherheitsgrad erhöhen. Vom wirtschaftlichen Standpunkte dagegen empfiehlt sich ihre Berücksichtigung, weil man dadurch die zu großen, durch nichts begründeten Querschnittsabmessungen der unteren Stränge vermeiden kann.[1]

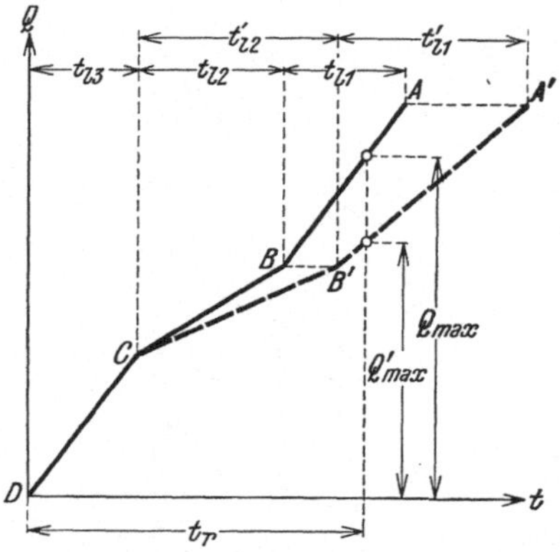

Abb. 342. Abflußmengen-Abminderung für den Strangpunkt D infolge Teilfüllung bei Berücksichtigung der vergrößerten Laufzeiten t'_{l1} und t'_{l2} im Strang $A\!-\!B\!-\!C$.

Eine zweite Fehlerquelle liegt in der Nichtberücksichtigung des Unterschiedes zwischen dem tatsächlich sich einstellenden Wasserspiegelgefälle und dem in der Berechnung als Ersatz eingeführten Sohlengefälle der Kanalstränge. Wesentliche Gefällsunterschiede, die beachtet werden müssen, treten bei Rückstau auf, der durch Sohlengefällsbrüche und tiefe Lage eines Nebenstranges gegenüber dem Hauptstrange hervorgerufen wird. In solchen Fällen genügt es wie bisher nicht mehr, eine gleichförmige Wasserbewegung der Berechnung zugrunde zu legen, sondern man hat hier die Gesetze der ungleichförmigen, stationären Wasserbewegung anzuwenden. Es ist dann in jedem Einzelfalle die Rückstaulinie von einem unteren Anschlußpunkte aus zu ermitteln, der durch eine bekannte Wasserspiegellage gegeben ist.

Ein dritter Fehler entsteht dadurch, daß man die Aufnahmefähigkeit des gesamten Entwässerungsnetzes außer acht läßt. Unter Umständen könnte es vorkommen, daß man die Durchflußquerschnitte des Netzes auch mit solchen Regen berechnet, die infolge ihrer kurzen Dauer gar nicht imstande sind, das Kanalnetz aufzufüllen, weil deren Wasserfracht zu gering ist.[2] In diesem Fall

---

[1] Ein übersichtliches graphisches Verfahren zur Beseitigung des Fehlers gibt V. KUDIELKA in Das graphische Verfahren zur Bestimmung der Abflußmengen im städtischen Kanalnetze. Allgemeine Bauzeitung, H. 1, 2, 1918.

[2] H. EIGENBRODT, Über die Bestimmung der in Sielnetzen abzuführenden größten sekundlichen Regenwassermengen. Gesundheits-Ingenieur, H. 1, 7, 8, 11, 1922.

wäre das Netz infolge seines Rauminhaltes allein schon befähigt, das Niederschlagswasser aufzunehmen, ohne daß es notwendig wäre, dasselbe weiterzuführen. Da kurzdauernde Regen immer jene größerer Niederschlagsspende sind, würde dies eine Überbemessung einzelner Teile des Netzes ergeben. Man schaltet daher diese Fehlerquelle praktisch dadurch aus, daß man Regen von kürzerer Dauer als 5 Minuten überhaupt nicht berücksichtigt, also das Regenbild nur für Berechnungsregen entwirft, deren Dauer größer als 5 Minuten ist.

Bei genaueren Untersuchungen muß man die vorher als zulässig angesehenen Vernachlässigungen schrittweise beseitigen.

Nicht immer werden die Einzugsgebiete der einzelnen Strangabschnitte die vorausgesetzte gestreckte Gestalt besitzen.[1] Es muß dann das Verfahren entsprechend abgeändert werden. Besitzt das Einzugsgebiet die in Abb. 343 dargestellte beliebige Form, dann kann die Ganglinie der Durchflußmengen im Punkte A des Entwässerungsgerinnes nicht mehr eine trapezförmige Gestalt be-

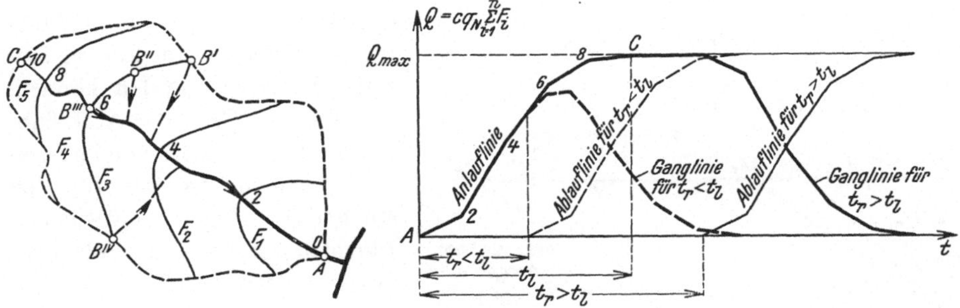

Abb. 343. Flutplan und Ganglinie der Abflußmengen für ein unregelmäßig gestaltetes Einzugsgebiet.

sitzen, sondern sie wird eine unregelmäßige Gestalt annehmen, da sich die Durchflußmenge entsprechend der Zunahme der Beitragsfläche ändert. Die Aufgabe besteht demnach in der Ermittlung des Zusammenhanges zwischen der Zeit und der Größe der nach dem Durchflußprofile beitragspflichtigen Einzugsfläche.

Die Beitragsflächen werden durch die in Abb. 343 voll gezeichneten *Linien gleicher Laufzeit* begrenzt, die den geometrischen Ort aller jener Punkte B des Entwässerungsgebietes darstellen, von welchen aus die Wasserteilchen auf ihrem Wege über das Gelände und im Entwässerungsgerinne nach dem flußab gelegenen Punkt A die gleichen Laufzeiten benötigen. Je nachdem die Laufzeit t_l vom äußersten Punkt C des gesamten Einzugsgebietes nach dem Punkt A größer oder kleiner als die Niederschlagsdauer t_r ist, wird eine Abminderung der tatsächlich in A erscheinenden größten Durchflußmenge gegenüber der absolut größten Menge $Q_{max} = c\,q_N\,F = c\,q_N\,\sum\limits_{i=1}^{n} F_i$ eintreten oder nicht. In Abb. 343 sind unter Annahme der Laufzeiten für die Flußstrecken 2—A, ..., C—A und von Werten für c und q_N der Flutplan sowie die Ganglinien der Durchflußmengen für die Fälle $t_r \lessgtr t_l$ gezeichnet.

Auch die Annahme der Gleichheit von q_N auf der gesamten Niederschlagsfläche muß manchmal eingeschränkt werden. Es hat sich nämlich auf Grund von

---

[1] Siehe S. 330.

Betriebserfahrungen mit Kanalnetzen ergeben, daß die Zugrichtung der regenspendenden Wolken auf das Ausmaß der Abflußmengenverminderung von wesentlichem Einfluß sein kann.[1] In vielen Fällen werden die Starkregen durch Frontgewitter ausgelöst. Die Regenwolken treten an einer Stelle in das Stadtgebiet ein und ziehen über dasselbe mit einer gleichförmigen Geschwindigkeit w hinweg, so daß der Niederschlag dieses *Wanderregens* nicht an allen Punkten des Stadtgebietes gleichzeitig einsetzt. Die Bewegung der Gewitterfront bedeutet nichts anderes als eine Änderung der Niederschlagsspende vom Werte Null auf einen Größtwert, wobei aber q_N für die Berechnung im jeweilig beregneten Gebietsteil gleich groß vorausgesetzt wird. Diese Annahme wird man auch für ausgebreitete Ortschaften noch als zulässig gelten lassen können, weil die in Frage kommenden Gebietsgrößen noch immer jene unterschreiten, die erfahrungsgemäß von Starkregen gleicher Spende gleichzeitig beregnet werden können.

Um den Grad der Abflußabminderung für einen Wanderregen zu berechnen, ist das für den stehenden Regen entwickelte Flutplanverfahren in folgender Weise abzuändern.[2]

In Abb. 344 ist zunächst das Flutplanelement $BAA'B'$ für den Strangpunkt B der rechteckigen und langgestreckten Beitragsfläche F für einen

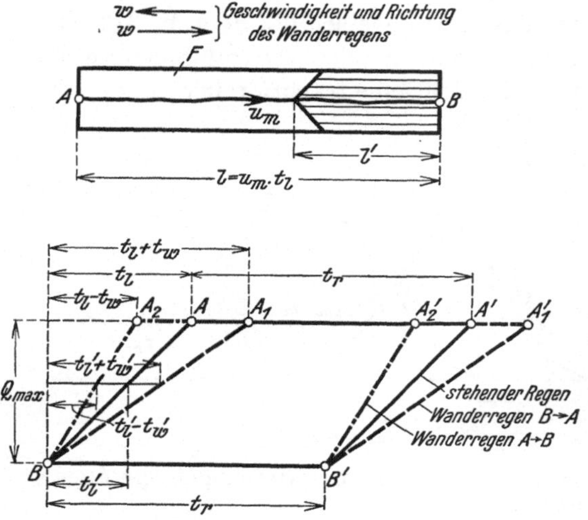

Abb. 344. Flutplanelemente für einen stehenden Regen und für einen Wanderregen.

stehenden Regen dargestellt. Ein Wanderregen, der mit der Geschwindigkeit w von B nach A zieht, trifft in A um $t_w = \dfrac{l}{w}$ später als in B ein. Daher wird die

gesamte Fläche F erst nach dem Zeitabschnitt $t_l + t_w = \dfrac{l}{u_m} + \dfrac{l}{w}$ beitragspflichtig, der vom Beginn des Regens in B zu rechnen ist. Für Beitragsflächen, die kleiner als F sind, verhält sich der zugehörige Zeitabschnitt $t_l' + t_w' =$

$$= \frac{l'}{u_m} + \frac{l'}{w} \text{ zu } t_l + t_w = \frac{l}{u_m} + \frac{l}{w} \text{ wie } l' \text{ zu } l.$$ Das Flutplanelement für einen von B nach A wandernden Regen nimmt daher die Gestalt $BA_1A_1'B'$ an. Bewegt sich der Wanderregen von A nach B, dann wird die ganze Fläche F schon nach $t_l -$

$$- t_w = \frac{l}{u_m} - \frac{l}{w}$$ beitragspflichtig, und das Flutplanelement erhält die Gestalt $BA_2A_2'B'$. Steht die Bewegungsrichtung des Wanderregens senkrecht auf dem Strang $A—B$, so stimmt dessen Flutplanelement mit jenem des stehenden Regens, nämlich mit $BAA'B'$, vollkommen überein, wenn die Laufzeit in der Quer-

[1] Sprengel, Einfluß der Zugrichtung des Wetters auf die Abflußverzögerung in Kanälen. Technisches Gemeindeblatt, 1914.

[2] V. Bradel, bisher unveröffentlicht.

richtung vernachlässigt wird, was für langgestreckte Beitragsflächen praktisch zulässig ist.

Im allgemeinen Fall schließen die Bewegungsrichtungen des Wanderregens und des Wassers im Entwässerungsstrang einen Winkel α ein (Abb. 345). Die Laufzeit des Regens ist dann $\mp t_w = \mp \dfrac{l \cos \alpha}{w}$, wobei das negative Vorzeichen für gleichsinnige und das positive Vorzeichen für ungleichsinnige Bewegungsrichtung des Regens und des Wassers im Entwässerungsstrang gilt. Die Strecken $l \cos \alpha$ entnimmt man unmittelbar dem Lageplan des Entwässerungsnetzes. Die Berücksichtigung eines Wanderregens läuft also beim Entwurf des Flutplanelementes darauf hinaus, den t-Abschnitt der Anlauflinie, der bei stehendem Regen gleich t_l ist, durch

$$t_l \mp t_w = \frac{l}{u_m} \mp \frac{l \cos \alpha}{w} \quad (213)$$

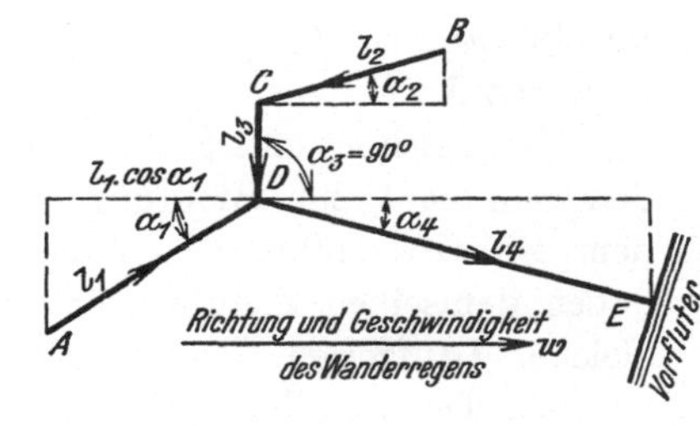

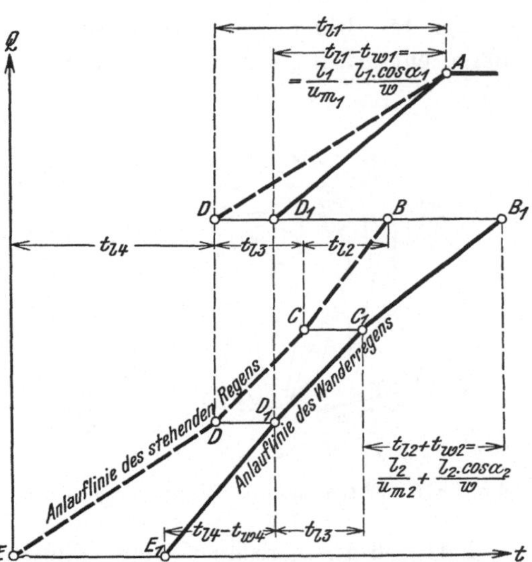

Abb. 345. Flutplan für einen Wanderregen bei rechteckiger Form der Beitragsflächen.

zu ersetzen. Mit den so geänderten Flutplanelementen wird sodann der Flutplan in vollkommen gleicher Weise wie für einen stehenden Regen aufgebaut und die größte Durchflußmenge mit Hilfe des Regenbildes ermittelt.

Die Abb. 345 zeigt den Entwurf des Flutplanes für einen Wanderregen. Die strichlierte Anlauflinie A—D—B—C—D—E gilt für den stehenden Regen, die voll gezeichnete Anlauflinie A—D_1—B_1—C_1—D_1—E_1 für den Wanderregen. In den Strängen A—D und D—E fließt das Wasser im gleichen Sinne, wie der Wanderregen fortschreitet. Die t-Abschnitte $t_{l1} - t_{w1} = \dfrac{l_1}{u_{m1}} - \dfrac{l_1 \cos \alpha_1}{w}$ und $t_{l4} - t_{w4} = \dfrac{l_4}{u_{m4}} - \dfrac{l_4 \cos \alpha_4}{w}$ der zugehörigen Anlauflinien sind daher kleiner als jene für den stehenden Regen, für welchen sie t_{l1} und t_{l4} betragen. Im Strang B—C fließt das Wasser im entgegengesetzten Sinne, weshalb der t-Abschnitt der Anlauflinie größer ist, während für den senkrecht zur Richtung des Wanderregens stehenden Strang C—D die Anlauflinie die gleiche Neigung wie für den stehenden Regen hat. Die beiden dem Strangknotenpunkt D entsprechenden Punkte D_1 der Anlauflinie liegen ebenso wie beim stehenden Regen auf einem Ordner.

Der Flutplan eines Wanderregens mit gleichsinniger Bewegungsrichtung für ein *unregelmäßig* geformtes Einzugsgebiet läßt sich gemäß Abb. 346 wie folgt entwerfen.[1]

Man zeichnet eine Schar paralleler Linien $0'$, $1'$, $2'$, $3'$, $4'$ in gleichen Abständen senkrecht zur Richtung des Wanderregens, beginnend vom Punkte 10, dem Eintrittspunkte des Wanderregens in das Einzugsgebiet. Diese Linien haben demselben Zeitabschnitt Δt zu entsprechen, mit dem auch die Linien gleicher Laufzeiten t_l, das sind die Linienzüge 0, 1, 2, ... 9, 10, eingetragen wurden. Die parallelen Linien geben also den jeweiligen Stand des vorderen Randes der regenspendenden Wolke an, z. B. die Linie $2'$ zu der Zeit $t_w = 2\,\Delta t$. Bringt man nun etwa die Linie $2'$ mit der Linie 4 zum Schnitt, dann entspricht diesem Schnittpunkt eine Gesamtlaufzeit $t_l + t_w = 4\,\Delta t +$

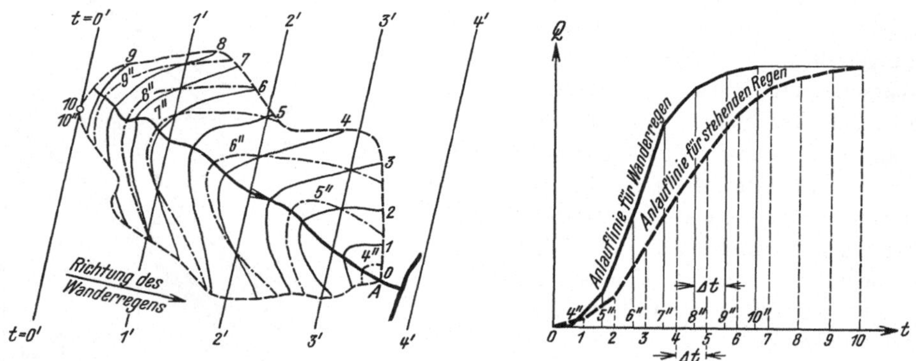

Abb. 346. Flutplan eines Wanderregens für ein unregelmäßig geformtes Einzugsgebiet.

$+\, 2\,\Delta t = 6\,\Delta t$, gerechnet vom Eintritt der Regenwolke in das Einzugsgebiet. Die Verbindungslinien $4''$, $5''$, ... $10''$ aller Punkte gleicher Gesamtlaufzeit $t_l + t_w$, die in Abb. 346 strichliert gezeichnet sind, begrenzen die jeweils gleichzeitig nach A entwässerten Flächenteile des gesamten Einzugsgebietes, sind also als Grenzen der Beitragsflächen im Sinne einer ruhenden, regenspendenden Wolkenlage anzusehen.[2] Es kann daher die Anlauflinie für den Wanderregen genau so ermittelt werden, wie dies bei einem stehenden Regen (Abb. 343) über das gesamte Einzugsgebiet gezeigt worden ist. Da im vorliegenden Falle der Wanderregen und die Fließrichtung gleichsinnig angenommen worden sind, ist die Anlauflinie für den Wanderregen steiler als jene für den stehenden Regen.

Der Anwendung dieses Verfahrens auf die Ermittlung der Höchstabflußmengen aus einem *freien Gelände* steht grundsätzlich nichts entgegen. Es hat auch nicht an Versuchen gefehlt, diese Darstellungsweise für Einzugsgebiete von natürlichen Wasserläufen zu verwenden, weil damit ein Verfahren zur Bestimmung des Abflusses aus dem Niederschlage geschaffen wäre, wenigstens soweit dieser durch Regen hervorgerufen wird.[3] Das Haupthindernis liegt in

---

[1] W. Voit, Größtabflußmengen bei Sturzregen und ihre Abhängigkeit von der Gewitterrichtung. Z. d. österr. Ing.- u. Arch.-Vereines, H. 21—26, 1931.

[2] Man braucht sich nur das Einzugsgebiet mit gleicher, aber entgegengesetzt gerichteter Geschwindigkeit w unter der wandernden Regenwolke verschoben denken, um den Fall einer ruhenden Gewitterfront zu versinnlichen.

[3] Es ist nicht außer acht zu lassen, daß außergewöhnliche Hochwässer auch

erster Linie in der Unkenntnis der Laufzeiten in freiem Gelände, womit die Einzeichnung der Linien gleicher Laufzeiten und damit die Abgrenzung der jeweiligen Beitragsflächen unmöglich wird. Weiters ist der Einfluß der allmählichen Sättigung des Bodens auf den Abflußbeiwert c noch nicht genügend erforscht, ein Umstand, der im freien Gelände eine wesentliche Rolle spielt.[1]

Analytisches Verfahren zur Berechnung des Höchstwasserabflusses nach U. Puppini. Es setzt ebenso wie das Flutplanverfahren eine räumlich und zeitlich unveränderliche Abflußspende q_N und einen ebensolchen Abflußbeiwert c voraus.[2] Ausgegangen wird von der Raumgleichung

$$Q_z \, dt = Q \, dt + dV, \qquad (214)$$

in welcher Q_z die Wassermenge, die zur Zeit t aus dem Einzugsgebiete dem Entwässerungsgerinne bis zu einem bestimmten Strangpunkt zufließt, Q die in diesem Strangpunkt zur selben Zeit auftretende Durchflußmenge und V den Rauminhalt des gleichzeitig im Entwässerungsgerinne befindlichen Wassers bedeuten. Macht man die Annahme, daß der Wasserspiegel in allen Strängen beständig parallel zur Gerinnesohle liegt, ist f die Durchflußfläche im gewählten Strangpunkt und bedeuten Q_{max}, V_{max}, f_{max} die zur Zeit der höchsten Wasserspiegellage auftretenden Größtwerte von Q, V, f, so gilt

$$\frac{V}{f} = \frac{V_{max}}{f_{max}} \qquad (215)$$

und daher

$$dV = \frac{V_{max}}{f_{max}} \, df. \qquad (216)$$

Setzt man nach Gleichung (189) $Q = uf = kf R^{\frac{2}{3}} |J^{\frac{1}{2}}$ und wird hierin der Profilradius R als Exponentialfunktion von f ausgedrückt, so folgt

$$Q = k_1 f^a = k_1 f^{\frac{\beta}{\gamma+1}}. \qquad (217)$$

Setzt man dV und Q aus Gleichung (216) bzw. (217) in Gleichung (214) ein,

---

durch ein Zusammenwirken von Schneeschmelze und Regen hervorgerufen werden können.

[1] W. Herbst, Ermittlung einer Beziehung der Niederschlagsmenge in einem Flußgebiete und der größtmöglichen Abflußmenge. München 1908. Hierin wird an Stelle des in seinen Neigungsverhältnissen wechselnden Einzugsgebietes eine hydrographisch gleichwertige Ersatzebene von gleicher Neigung eingeführt und schließlich eine Gleichung für die Zeit aufgestellt, welche zum Durchlaufen benötigt wird. — R. Hofbauer, Hochwasserkatastrophen und Flußregulierungen. Österr. Wochenschrift f. d. öffentl. Baudienst, H. 47, 1914. — K. Ježek, Die Form der Hochwasserwelle in Abhängigkeit vom Niederschlag. Die Wasserwirtschaft, Wien, Nr. 5 u. 6, 1930. Es wird versucht, durch Rückschlüsse aus der Form der Ganglinie von Durchflußmengen, die Naturaufnahmen entnommen sind, den zeitlichen Verlauf der Änderung der Größe der Beitragsflächen zu ermitteln.

[2] Auf Grund älterer Arbeiten von Paladini und G. Fantoli wurde das Verfahren hauptsächlich von U. Puppini, ferner von G. Supino, G. Ippolico, M. Lelli, M. Marchetti, U. Massari ausgebaut.

U. Puppini, Coefficienti udometrici per canali di bonifica. L'Ingegnere, H. 12, 1931.

U. Puppini, Coefficienti udometrici per generica scala di deflusso. L'Ingegnere, H. 4 1932.

Die zusammenfassende Darstellung stammt von V. Bradel.

führt man ferner die neue Veränderliche $x = \left(\dfrac{Q}{Q_z}\right)^{\frac{1}{\beta}}$ ein und beachtet, daß $k_1 = \dfrac{Q_{\max}}{f_{\max}^a}$ ist, so ergibt sich

$$dt = \frac{(\gamma + 1)\, V_{\max}}{Q_{\max}^{\frac{1}{a}}\, Q_z^{\frac{a-1}{a}}} \cdot \frac{x^\gamma}{1 - x^\beta}\, dx$$

und daraus

$$t = \frac{(\gamma + 1)\, V_{\max}}{Q_{\max}^{\frac{1}{a}}\, Q_z^{\frac{a-1}{a}}} \int\limits_0^x \frac{x^\gamma\, dx}{1 - x^\beta} = \frac{(\gamma + 1)\, V_{\max}}{Q_{\max}^{\frac{1}{a}}\, Q_z^{\frac{a-1}{a}}}\, \Phi(x). \tag{218}$$

Bezeichnet man die Werte von t bzw. x bei Eintritt des höchsten Wasserstandes mit T bzw. X, so folgt

$$X = \left(\frac{Q_{\max}}{Q_z}\right)^{\frac{1}{\beta}}, \tag{219}$$

$$T = \frac{(\gamma + 1)\, V_{\max}}{Q_{\max}^{\frac{1}{a}}\, Q_z^{\frac{a-1}{a}}}\, \Phi(X). \tag{220}$$

Bedeutet F den Flächeninhalt des Einzugsgebietes, dann ist $Q_z = c q_N F$. Der Zusammenhang zwischen der Niederschlagsspende q_N und der Regendauer t_r ist bei einer angenommenen Häufigkeit durch die Regenlinie gegeben.[1] Diese kann angenähert durch die Gleichung[2]

$$q_N = a\, t_r^{\,b-1} \tag{221}$$

ausgedrückt werden, worin a und b Festwerte sind und erfahrungsgemäß $\dfrac{1}{4} \leqq b \leqq \dfrac{1}{2}$ ist. Daraus folgt

$$Q_z = c\, a\, F\, t_r^{\,b-1}, \tag{222}$$

$$X = \left(\frac{Q_{\max}}{c\, a\, F\, t_r^{\,b-1}}\right)^{\frac{1}{\gamma}}. \tag{223}$$

Durch eine Vergleichsrechnung läßt sich nachweisen, daß jener Regen der angenommenen Regenlinie die absolut größte Durchflußmenge im Entwässerungsgerinne, also den größten Wert von $Q_{\max}$ erzeugt, für welchen t_r gleich T ist. Um diesen Wert zu berechnen, wird zunächst in den Gleichungen (222) und (223) t_r durch T ersetzt und zwischen diesen Gleichungen und Gleichung (220) T und Q_z eliminiert. Nach einigen Umformungen folgt

$$\Psi(Q_{\max}, T) = Q_{\max} - (\gamma + 1)^{\frac{b-1}{b}}\, X^{(\gamma+1)\left(a + \frac{1}{b} - 1\right)}\, [\Phi(X)]^{\frac{b-1}{b}}\, V_{\max}^{\frac{b-1}{b}}\, (c\, a\, F)^{\frac{1}{b}} = 0. \tag{224}$$

---

[1] Siehe Seite 271.

[2] Montanari setzt für die Niederschlags-Ergiebigkeit eines Regens von der Dauer t_r die Beziehung $h_N = a\, t_r^{\,b}$. Aus $q_N = \dfrac{h_N}{t_r} \times$ Flächeneinheit folgt die Gleichung der Regenlinie mit $q_N = a\, t_r^{\,b-1}$.

Hierauf hat man in Gleichung (224) die Ableitung von Q_{max} nach T zu bilden und diese gleich Null zu setzen, wobei beachtet werden muß, daß Q_{max} sowie T in den Ausdrücken für X und $\Phi(X)$ enthalten sind. Es ist daher allgemein

$$\frac{dQ_{max}}{dT} = -\frac{\dfrac{\partial \Psi(Q_{max},T)}{\partial T}}{\dfrac{\partial \Psi(Q_{max},T)}{\partial Q_{max}}} = 0, \text{ bzw. } \frac{\partial \Psi(Q_{max},T)}{\partial T} = 0$$

und im besonderen

$$\frac{\partial}{\partial X}\left\{ X^{(\gamma+1)\left(a+\frac{1}{b}-1\right)}\,[\Phi(X)]^{\frac{b-1}{b}} \right\} \frac{\partial X}{\partial T} = 0,$$

woraus folgt

$$b = \frac{X\dfrac{\Phi'(X)}{\Phi(X)} - (\gamma+1)}{X\dfrac{\Phi'(X)}{\Phi(X)} + (\gamma+1)(a-1)}. \tag{225}$$

Hierin ist nach Gleichung (218)

$$\Phi(X) = \int_0^X \frac{x^\gamma\,dx}{1-x^\beta}, \tag{226}$$

$$\Phi'(X) = \frac{X^\gamma}{1-X^\beta}. \tag{227}$$

Nun sollte aus den Gleichungen (224) und (225) T eliminiert werden. Es zeigt sich aber, daß es einfacher ist, statt T die Veränderliche X auszuscheiden. Dies ist jedoch in allgemeiner Form auch nicht möglich. Es empfiehlt sich daher, die Rechnung an dieser Stelle numerisch fortzusetzen, indem man die durch die Gleichungen (217) und (221) festgelegten Zahlenwerte von a, β, γ und b einführt. Um in Gleichung (218) eine leicht integrierbare, rationale Funktion und damit für $\Phi(X)$ einen geschlossenen Ausdruck zu erhalten, wird der Wert von a in Form eines gemeinen Bruches $\dfrac{\beta}{\gamma+1}$ angenommen, in welchem also β und γ natürliche Zahlen darstellen. Durch eine Versuchsrechnung, die am besten tabellarisch mit den Kolonnen X, $\Phi(X)$ und $\Phi'(X)$ anzulegen ist, gewinnt man nun aus den Gleichungen (225) bis (227) jenen Zahlenwert von X, welcher dem gegebenen b entspricht, setzt ihn in Gleichung (224) ein und erhält schließlich einen expliziten Ausdruck für den absolut größten Wert von Q_{max}. Dieser liefert die Höchstwasserabflußmenge, nach welcher das Entwässerungsgerinne in dem gewählten Strangpunkt zu bemessen ist.

Der Zeitabschnitt, welcher vom Beginn des Niederschlages bis zum Eintritte des Höchstwasserabflusses verstreicht, ergibt sich aus den Gleichungen (223) und (224) durch Auswerfen von Q_{max} mit

$$T = (\gamma+1)^{\frac{1}{b}} X^{-\frac{\gamma+1}{b}} [\Phi(X)]^{\frac{1}{b}} V_{max}^{\frac{1}{b}} (c\,a\,F)^{-\frac{1}{b}}. \tag{228}$$

Führt man die numerische Rechnung für $a = 1$, $\frac{5}{4}$, $\frac{4}{3}$, $\frac{3}{2}$, $\frac{5}{3}$, 2 und für

$b = {}^1/_2,\ {}^1/_3,\ {}^1/_4$ durch, so erhält man den Höchstwasserabfluß, ausgedrückt in m³/sek,

$$Q_{\max} = 10^{-7}\, C\, (c\,a)^{\frac{1}{b}} \left(\frac{F}{V_{\max}}\right)^{\frac{1}{b}-1} F, \tag{229}$$

worin a in m $\times$ Tag^{-b}, F in m², $V_{\max}$ in m³ auszudrücken und der dimensionslose Beiwert C der Tabelle 36 zu entnehmen ist.

Tabelle 36. Beiwerte C zu Formel (229).

	$a =$					
	1	$\frac{5}{4}$	$\frac{4}{3}$	$\frac{3}{2}$	$\frac{5}{3}$	2
$b = \frac{1}{2}$	46,4	49,6	50,7	52,9	53,9	58,0
$b = \frac{1}{3}$	29,7	32,3	33,5	35,1	36,8	39,1
$b = \frac{1}{4}$	22,2	23,9	24,5	26,1	27,6	29,5

Die Tabellenwerte können angenähert durch den Ausdruck $(30\,a + 60)\,b$ ersetzt werden, wobei die Fehler unter 3,5 v. H. bleiben. Dadurch erhält man die für alle Werte aus den Bereichen $1 \leqq a \leqq 2$ und $\frac{1}{4} < b \leqq \frac{1}{2}$ gültige Näherungsformel

$$Q_{\max} = 10^{-7}\, (30\,a + 60)\, b\, (c\,a)^{\frac{1}{b}} \left(\frac{F}{V_{\max}}\right)^{\frac{1}{b}-1} F. \tag{230}$$

Für die Berechnung eines ausgedehnten Entwässerungsnetzes ist es zweckmäßig, die Gleichungen (229) bzw. (230) sowie jene für die Querschnittsbemessung in Form von Schaubildern zu benützen.[1]

Die Höchstwasserabflußmenge $Q_{\max}$ kann auch mit Hilfe eines rein graphischen Verfahrens ermittelt werden, dessen Ergebnisse mit jenen des analytischen Verfahrens befriedigend übereinstimmen.[2]

Beim Entwurf geht man abschnittsweise vor. Ist $V_{\max,1}$ der Rauminhalt des bereits bemessenen Teiles des Entwässerungsnetzes, zu dem ein Strang von der Länge L hinzukommt, so wird für diesen $f_{\max}$ versuchsweise angenommen, woraus $V_{\max,2} = V_{\max,1} + Lf_{\max}$ folgt. Auf Grund von $V_{\max,2}$ wird sodann $Q_{\max}$ und daraus die Querschnittsfläche $f'_{\max}$ berechnet. Wenn nötig, ist die Rechnung mit $V'_{\max,2} = V_{\max,1} + Lf'_{\max}$ zu wiederholen.

Als Beispiel wird ein Einzugsgebiet mit $c = 0{,}56$ angenommen, für das eine Regenlinie mit der Gleichung $q_N = 0{,}068\, t_r^{-\frac{1}{2}}$ m³/Tag.m² gilt. Die Entwässerungsgräben haben trapezförmigen Querschnitt, für welchen $a \doteq \frac{4}{3}$ ist. Der Rauminhalt des bereits bemessenen Teiles des Entwässerungsnetzes beträgt $V_{\max,1} = 1\,800\,000$ m³. Der anschließende Kanalstrang ist $L = 1000$ m lang, sein Querschnitt wird mit $f_{\max} = 40$ m²

---

[1] A. DEL PRA, Il calcolo della portata di piena dei canali di bonifica. L'Ingegnere, H. 3, 1932.

[2] M. VISINTINI, Sulla determinazione dell'effetto degli invasi sui deflussi di un corso d'acqua. (Metodo grafico.) Annali dei Lavori Pubblici, 1932.

angenommen, so daß $V_{\max, 2} = 1\,840\,000$ m³ ist. Die Größe der entsprechenden Einzugsfläche ist $F = 8000$ ha. Aus Gleichung (229) folgt

$$Q_{\max} = 50{,}7 \cdot 10^{-7}\,(0{,}56 \cdot 0{,}068)^2 \frac{80\,000\,000^2}{1\,840\,000} = 25{,}6 \text{ m}^3/\text{sek.}$$

Beträgt das Gefälle des Stranges 0,0001, nimmt man ferner einen Trapezquerschnitt mit dem Böschungsverhältnis 1 : 2 und mit 10 m Sohlenbreite an, so ergibt sich eine Fülltiefe von 2,89 m, wenn in Gleichung (189) $k = 35$ gesetzt wird. Daraus folgt $f'_{\max} = 45{,}6$ m², $V'_{\max, 2} = 1\,845\,600$ m³ und $Q_{\max} = 25{,}5$ m³/sek. Eine Wiederholung der Rechnung kann sohin entfallen.

Empirische Formeln zur Berechnung des Höchstwasserabflusses. Die empirischen Formeln dienen zur Schätzung des zu erwartenden Abflusses aus Gebieten, die einem katastrophalen Niederschlag ausgesetzt sind und kommen nur als letztes Aushilfsmittel in Betracht, wenn alle bisher besprochenen Verfahren versagen. Da die Rechnungsergebnisse sehr unsicher sind, zieht man gewöhnlich mehrere Formeln heran und nimmt als wahrscheinlichsten Wert das Mittel.

Bei den empirischen Formeln ist der oben erkannte Zusammenhang zwischen der Niederschlagsspende, ihrer Dauer und der Ausbreitung des Regens nur in ganz undurchsichtiger Weise berücksichtigt. Die Formeln sind entweder aufgebaut auf ein gedachtes Zusammenwirken von Starkregen und Landregen, auf empirisch festgestellte Verhältniszahlen zwischen der Mittelwassermenge und Hochwassermenge oder auf Mittelwertsbildung aus einer Statistik von Hochwassermengen eines Flußgebietes.

Einen Typus der ersten Gattung stellt die Berechnungsweise dar, nach welcher im Hydrographischen Zentralbureau Wien die Ermittlung der katastrophalen Hochwassermenge KHQ für die österreichischen Flußgebiete erfolgt.[1] Es wird hierbei von der Annahme ausgegangen, daß in einem Einzugsgebiet von der Größe F km² der Starkregen mit der größten Stunden-Niederschlagshöhe eine Fläche von 25 km² beregnet, während auf den übrigen Teil des Einzugsgebietes gleichzeitig ein Landregen von 24 Stunden Dauer niederfällt.

Bezeichnet man mit

$h_{N,\,\text{Stunde}}$ die größte bekannte Stundenniederschlagshöhe in Millimeter,

$h_{N,\,\text{Tag}}$ die häufigste Tages-Niederschlagshöhe in Millimeter, die im betrachteten Einzugsgebiete beobachtet worden ist,

F die Fläche des Einzugsgebietes in Quadratkilometer,

c den Abflußbeiwert, geschätzt nach den Tabellenwerten von Iszkowski oder bekannt auf Grund anderweitiger Erfahrung,

dann beträgt die katastrophale Hochwassermenge in m³/sek.

$$KHQ = c\left[\frac{h_{N,\,\text{Stunde}}}{3600}\,10^3 \cdot 25 + \frac{h_{N,\,\text{Tag}}}{86\,400}\,10^3\,(F-25)\right]. \tag{231}$$

So ergibt sich für ein Einzugsgebiet mit $F = 113$ km², $h_{N,\,\text{Stunde}} = 60$ mm, $h_{N,\,\text{Tag}} = 60$ mm und $c = 0{,}7$

$$KHQ = 0{,}7\,(417 + 61) = 335 \text{ m}^3/\text{sek.}$$

---

[1] Es sei hier auf die Bemerkungen auf S. 321 unten verwiesen.

Ein Beispiel der zweiten Art des Aufbaues gibt die Abflußformel von R. Iszkowski.[1]

Die katastrophale Hochwassermenge KHQ folgt auf Grund umfangreicher statistischer Erhebungen mit

$$KHQ = 10^{-3}\, c_h\, m\, \bar{h}_{N,\,\text{Jahr}}\, F, \tag{232}$$

worin c_h einen vom Zustand des Bodens abhängigen Beiwert bedeutet und m die durch die Größe der Einzugsfläche bedingte Abminderung der Abflußmenge berücksichtigt. Die Größen von c_h und m sind aus den Tabellen 37 und 38 zu entnehmen.

Tabelle 37. Beiwerte c_h nach R. Iszkowski.

Terrainkategorien in topographischer Beziehung	Beiwert c_h für den Terrainzustand nach den Kategorien			
	I	II	III	IV
Moräste und Tiefland	0,017	0,030	—	—
Niederung und flache Hochebene	0,025	0,040	—	—
Teils Niederung, teils Hügelland	0,030	0,055	—	—
Nicht steiles Hügelland	0,035	0,070	0,125	—
Teils Mittelgebirge, teils Hügelland oder steiles Hügelland allein	0,040	0,082	0,155	0,400
Bodenerhebungen, wie: Ardennen, Eifel, Westerwald, Vogelsberg, Odenwald und Ausläufer größerer Gebirge, je nach Steilheit	0,045	0,100	0,190	0,450
Bodenerhebungen, wie: Harz, Thüringer Wald, Rhön, Frankenwald, Fichtelgebirge, Erzgebirge, Böhmerwald, Lausitzer Gebirge, Erlitzgebirge, Wiener Wald, je nach Steilheit	0,050	0,120	0,225	0,500
Bodenerhebungen, wie: Schwarzwald, Vogesen, Riesengebirge, Sudeten, Beskiden, je nach Steilheit	0,055	0,140	0,290	0,550
Hochgebirge, je nach Steilheit	0,060 bis 0,080	0,160 bis 0,210	0,360 bis 0,600	0,600 bis 0,800

Für den Beiwert c_h sind vier Kategorien zu unterscheiden:

Kategorie I: Bei allen Bodenerhebungen für stark durchlässige Bodenarten mit normaler Vegetation oder für gemischte Bodenarten mit üppiger Vegetation und für Ackerland. Sie gibt bis $F = 4000\ \text{km}^2$ bei kleineren Gebieten mit hohem Grundwasserstand zu geringe Mengen. Es ist daher bis $F = 1000\ \text{km}^2$ die Kategorie II, zwischen 1000 und 4000 km² eine Kombination von I und II anzuwenden. Für $F < 1000\ \text{km}^2$ findet Kategorie I nur bei sehr durchlässigen Bodenarten Anwendung.

Kategorie II: Für alle Flußgebiete bei gemischten Bodenarten mit normaler Vegetation im Hügelland und Gebirge oder bei gleichgedachten bis minder durchlässigen Bodenarten mit normaler Vegetation im Flachland und leicht wellenförmigem

---

[1] R. Iszkowski, Beitrag zur Ermittlung der Niedrigst-, Normal- und Höchstwassermengen auf Grund charakteristischer Merkmale der Flußgebiete. Z. d. österr. Ing.- u. Arch.-Vereines, S. 69, 1886.

Terrain. Bei größerer Erhebung ist für Gebiete bis $F = 150\ \text{km}^2$ Kategorie III, dann bis $F = 1000\ \text{km}^2$ eine Kombination von Kategorie II und III, von da ab Kategorie II anzunehmen.

Kategorie III: Bei undurchlässigen Bodenarten mit normaler Vegetation im steileren Hügellande und Gebirge bis $F =$ etwa $5000\ \text{km}^2$, von da an bis $F = 12\,000\ \text{km}^2$ Kombination von Kategorie II und III, darüber hinaus Kategorie II eventuell Kombination von I und II. Für kleinere Gebiete mit bedeutenderem Gefälle bis $F =$ etwa $50\ \text{km}^2$ ist Kategorie IV, von da bis $F =$ etwa $300\ \text{km}^2$ eine Kombination von III und IV anzuwenden.

Kategorie IV: Bei sehr undurchlässigen Bodenarten mit spärlicher oder gar keiner Vegetation in steilem Hügel- und Gebirgsland, sowie für KHQ bis $F = = 300\ \text{km}^2$.

Tabelle 38. Beiwerte m nach R. ISZKOWSKI.

F	m	F	m	F	m	F	m	F	m
1	10,000	200	6,87	1400	4,320	8000	3,060	110000	1,980
10	9,5	250	6,70	1600	4,145	9000	3,038	120000	1,920
20	9,0	300	6,55	1800	3,960	10000	3,017	130000	1,855
30	8,5	350	6,37	2000	3,775	20000	2,909	140000	1,790
40	8,23	400	6,22	2500	3,613	30000	2,801	150000	1,725
50	7,95	500	5,90	3000	3,450	40000	2,693	160000	1,650
60	7,75	600	5,60	3500	3,335	50000	2,575	170000	1,575
70	7,60	700	5,35	4000	3,250	60000	2,470	180000	1,500
80	7,50	800	5,12	4500	3,200	70000	2,365	190000	1,425
90	7,43	900	4,90	5000	3,125	80000	2,260	200000	1,350
100	7,40	1000	4,70	6000	3,103	90000	2,155	225000	1,175
150	7,10	1200	4,515	7000	3,082	100000	2,050	250000	1,000

Für das zuvor gewählte Rechnungsbeispiel ist nach den Erhebungen $\bar{h}_{N,\,\text{Jahr}} = = 1650\ \text{mm}$. Aus der Tabelle 38 folgt $m = 7{,}4$. Das Einzugsgebiet liegt im Hochgebirge mit geringerer Steilheit und läßt sich am besten noch zwischen die Kategorien II und III einordnen. Der c_h-Wert kann unter diesen Voraussetzungen mit 0,26 eingeschätzt werden.

$$KHQ = 10^{-3} \cdot 0{,}26 \cdot 7{,}4 \cdot 1650 \cdot 113 = 353\ \text{m}^3/\text{sek.}$$

Zur Gruppe der Abflußformeln, die aus Mittelwertsbildungen hervorgegangen sind, gehört die Abflußformel nach P. KRESNIK[1]

$$KHQ = a F \frac{32}{0{,}5 + \sqrt{F}} \quad \text{in m}^3/\text{sek,} \tag{233}$$

worin a in der Regel gleich 1,0 ist. Bei langgestreckten Einzugsgebieten mit großer Herabminderung geht a bis auf 0,6 herunter, steigt jedoch unter besonderen Verhältnissen bis auf 6,0 an.

Das gewählte Beispiel liefert bei $a = 0{,}9$

$$KHQ = 0{,}9 \frac{32}{0{,}5 + \sqrt{113}} 113 = 292\ \text{m}^3/\text{sek.}$$

---

[1] P. KRESNIK, Allgemeine Berechnung der Wasser-, Profils- und Gefällsverhältnisse für Flüsse und Kanäle. Technische Vorträge und Abhandlungen, Wien 1886.

Eine andere solche Formel ist die Abflußformel nach R. Hofbauer[1]

$$KHQ = 60\,\beta\,\sqrt{F} \quad \text{in } \text{m}^3/\text{sek}, \tag{234}$$

worin für $20\,000\ \text{km}^2 > F > 10\ \text{km}^2$

$$\begin{aligned}
&\text{für Flachland} &&\beta = 0{,}25\text{—}0{,}35,\\
&\text{für Hügelland} &&\beta = 0{,}35\text{—}0{,}5,\\
&\text{für Gebirgsland} &&\beta = 0{,}5\ \text{—}0{,}7.
\end{aligned}$$

Das gewählte Beispiel gibt für $\beta = 0{,}6$

$$KHQ = 60 \cdot 0{,}6 \cdot \sqrt{112} = 378\ \text{m}^3/\text{sek}.$$

b) Ermittlung der Nutzwassermengen.

1. Unmittelbare Bestimmung der Nutzwassermengen.

Bei der Ermittlung der Schadenwassermengen ist die unmittelbare Methode wegen des Fehlens von genügend weit zurückreichenden hydrometrischen wie niveaumetrischen Erhebungen nur auf wenige Fälle beschränkt. Man ist meistenteils auf die mittelbaren Verfahren mit Heranziehung ombrometrischer Beobachtungen angewiesen. Bei den Kleinwässern, die als Nutzwassermengen die Hauptrolle spielen, ist der Sachverhalt umgekehrt. Die Verwendung von Verfahren, die auf dem Niederschlag beruhen, bereitet große Schwierigkeiten, weil diese Wasserführungen ihre Erhaltung in erster Linie der allmählichen Entleerung der Grundwasserbecken und den im gleichen Sinne wirkenden Gletschern und Schneefeldern zu verdanken haben und die Zusammenhänge zwischen Niederschlag und Grundwassererzeugung wenig erforscht sind. Man ist aber beim Nutzwasser insoferne in einer günstigeren Lage, als man mit Rücksicht auf die in großer Zahl ausgeführten Niederwassererhebungen auf Näherungsmethoden, wie die mittelbaren Verfahren, fast verzichten kann.

Bei der Bestimmung der Nutzwassermengen kann sich aber eine etwaige Unbeständigkeit des Flußbettes sehr nachteilig auf den Genauigkeitsgrad auswirken.

Hier können örtliche Umformungen der Querprofile des Flußbettes, die mit einer durchlaufenden Eintiefung oder Hebung der Flußstrecke nicht im Zusammenhange stehen und in der Wasserspiegellage gar nicht zum Ausdrucke kommen, beträchtliche Änderungen in der Durchflußmengenlinie hervorrufen. Aus diesem Grunde hat man die Mengenerhebungen der Kleinwässer innerhalb kürzerer Zeitabschnitte, mindestens aber nach Ablauf außergewöhnlicher Hochwasseranschwellungen zu wiederholen und bei einer Mittelwertsbildung die Umformungsmasse zu berücksichtigen.

Ermittlung der Winter-Durchflußmengen. Bisher ist bei der unmittelbaren Bestimmung der Nutzwassermengen von der Voraussetzung ausgegangen worden, daß eine Veränderung der Durchflußmengenlinie in einem bestimmten Flußprofil nur durch eine etwaige Unbeständigkeit der Bettform des Flusses hervorgerufen werden kann. Aber auch eine Vereisung kann die Abfuhrfähigkeit eines Durchflußprofiles maßgebend beeinflussen.

---

[1] R. Hofbauer, Eine neue Formel für die Ermittlung der größten Hochwassermengen. Österr. Wochenschrift f. d. öffentl. Baudienst, H. 3, 1916.

Die Vereisung, welche sowohl durch Oberflächen- als auch durch Grundeis in Erscheinung tritt, verändert nicht nur die Form des Durchflußquerschnittes, sondern auch dessen Wandrauhigkeit. Die Erfahrung hat gelehrt, daß sich bei gleichem Pegelstande Unterschiede der Durchflußmengen bei offenem und teilweise vereistem Gerinne bis zu 80 v. H. einstellen, so daß es unzulässig ist, diesen Umstand außer acht zu lassen. Die Schwierigkeiten in der Aufstellung von Durchflußmengenlinien, die auch für die winterlichen Verhältnisse genau gelten, sind nicht unbedeutend und man sucht sie daher durch verschiedene Näherungsverfahren zu umgehen.[1]

In Deutschland werden die Winter-Durchflußmengen möglichst durch Messungen ermittelt. Dies ist der sicherste, aber auch der umständlichste Weg. In Schweden und in den Vereinigten Staaten von Nordamerika werden die Winter-Durchflußmengen durch ein graphisches Abminderungsverfahren mit Hilfe von Kontrollmessungen in nicht zugefrorenen Flußstrecken berechnet. Dieser Weg ist unsicher, weil die Wasserstandsänderungen in den freien Lücken verschiedenen Ursachen entspringen können. In Estland stellt man besondere Winter-Durchflußmengenlinien auf und in Litauen werden die Winter-Durchflußmengen aus den Sommer-Durchflußmengen mit Hilfe eines Beiwertes bestimmt, der das Verhältnis zwischen Winter- und Sommer-Durchflußmengen angibt.

Dieses letzte Verfahren hat befriedigende Ergebnisse erzielt. Es ist auf dem Gedanken aufgebaut, daß die Abweichung der Durchflußmengenlinie vornehmlich auf die Erhöhung der Wandrauhigkeit und erst in zweiter Linie auf die Querschnittsverminderung zurückzuführen ist.[2] Ist die mittlere Fließgeschwindigkeit durch die Beziehung $u_m = \lambda R^{0,7} J^{0,5}$ gegeben, worin für flache Flüsse R durch h_m ersetzt werden kann, dann ist bei einer Flußbreite B die Sommer-Durchflußmenge

$$Q' = B\, h_m\, \lambda_1\, h_m{}^{0,7}\, J^{0,5} = B\, \lambda_1\, h_m{}^{1,7}\, J^{0,5}.$$

Berücksichtigt man zunächst nur die Änderung der Rauhigkeit und die Vergrößerung des benetzten Umfanges um die Breite der Eisdecke, welche gleich der Flußbreite ist, dann ändert sich die Durchflußmenge zu

$$Q'' = B\, h_m\, \lambda_2 \left(\frac{h_m}{2}\right)^{0,7} J^{0,5} = \left(\frac{1}{2}\right)^{0,7} B\, \lambda_2\, h_m{}^{1,7}\, J^{0,5}.$$

Das Oberflächeneis von der Stärke s vermindert aber auch das Durchflußprofil und somit die mittlere Tiefe auf $h_m{}' = h_m - s$ und es ergibt sich daher die endgültige Winter-Durchflußmenge mit

$$Q''' = \left(\frac{1}{2}\right)^{0,7} B\, \lambda_2\, (h_m - s)^{1,7}\, J^{0,5}. \tag{235}$$

Das Verhältnis ε der Winter- zur Sommer-Durchflußmenge beträgt daher bei einem gleichbleibenden Wasserspiegelgefälle

$$\varepsilon = \frac{Q'''}{Q'} = 0{,}62 \,\frac{\lambda_2}{\lambda_1}\left(1 - \frac{s}{h_m}\right)^{1,7}, \tag{236}$$

---

[1] A. Rundo, Débit des fleuves pendant la période de congélation. Section internationale d'hydrologie scientifique. Venezia 1927.

[2] St. Kolupaila, Die Berechnung der Winterabflußmengen. II. Baltische hydrologische und hydrometrische Konferenz, Tallin 1928.

woraus ersichtlich ist, daß es vornehmlich vom Verhältnis der die Rauhigkeit charakterisierenden Beiwerte λ und in geringerem Maße von s abhängig ist.

Eine Berechnung des Beiwertes ε mit Benützung mehrerer Mengenmessungen in dem in Abb. 232 abgebildeten Querprofile an der Meßstelle Nemaniunai der Memel zeigt folgendes Ergebnis.[1]

Tabelle 39. Berechnung von ε für das Meßprofil Nemaniunai der Memel.

	Tag der Messung		
	21. XII. 1927	24. I. 1928	8. III. 1928
h_P in cm	204	189	132
Q' in m³/sek	530	488	345
F in m²	492,8	456,7	377,1
u_m in m/sek	0,296	0,528	0,683
B in m	150	148	148
h_m in m	3,28	3,09	2,52
s in m	0,44	0,42	0,45
$\dfrac{s}{h_m}$	0,134	0,137	0,177
$0{,}62\left(1-\dfrac{s}{h_m}\right)^{1,7}$	0,484	0,479	0,444
λ_2	11,30	22,8	40,3
λ_1	23,0	25,6	29,4
$\dfrac{\lambda_2}{\lambda_1}$	0,49	0,89	1,37
Q''' in m³/sek	125,4	208,5	209,5
ε	0,237	0,427	0,607

Die Bestimmung der Winter-Durchflußmengen aus den Sommer-Durchflußmengen wird in Abb. 347 gezeigt.

Der Verlauf von ε kann aus einigen wenigen Wintermessungen genügend genau festgelegt werden, wenn man folgendes berücksichtigt. Während des Zufrierens wird ε rasch vom Werte 1 auf den Kleinstwert heruntergehen und dann wieder langsam mit der infolge der abschleifenden Wirkung des Wassers an der Eisdecke zunehmenden Glätte ansteigen, um beim Beginne des Eisabganges wieder schnell bis zur Größe 1 anzuwachsen.

---

[1] St. Kolupaila, Die Berechnung der Winterabflußmengen. II. Baltische hydrologische und hydrometrische Konferenz, Tallin, S. 8, 1928.

Beim Sommer-Durchfluß erhält man für einen Punkt A_1 der Wasserstandsganglinie mit $\varepsilon = 1$ den Punkt A_2, hieraus den Punkt A_3 der Sommer-Durchfluß-
mengenlinie mit $Q = 168$ m³/sek und zuletzt den Punkt A_4 der Sommer-Durchfluß-
mengen-Ganglinie. Dagegen entspricht bei Berücksichtigung der Eisdecke dem
gleichen Punkte A_1 der Punkt A_2' mit $\varepsilon = 0{,}3$, woraus für den gleichen Wasserstand $h_p = 143$ cm der Punkt A_3' folgt, der die verminderte Winter-Durchflußmenge $Q = 52$ m³/sek und damit den Punkt A_4' der Winter-Durchflußmengen-
Ganglinie liefert.

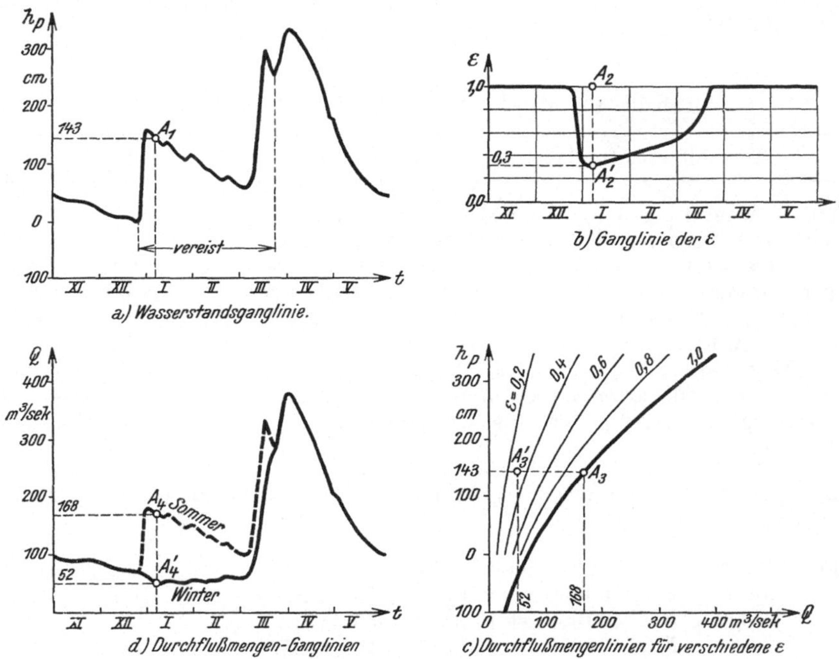

Abb. 347. Berechnung der Ganglinie der Winter-Durchflußmengen nach St. Kolupaila.

2. Mittelbare Bestimmung der Nutzwassermengen.

Fehlen unmittelbare Mengenerhebungen oder ist deren Ausführung nicht
in nächster Zeit zu gewärtigen und zwingt anderseits eine dringende Projekts-
erstellung doch zu einer Angabe der Abflußverhältnisse, dann muß ein
Weg gefunden werden, um aus den einzig erreichbaren und wohl auch immer
vorhandenen Niederschlags- und allenfalls Wasserstandsbeobachtungen Rückschlüsse auf den Verlauf des Abflusses zu ziehen. Man muß sich aber immer
vor Augen halten, daß die auf dem Niederschlag beruhenden Verfahren Auskunftsmittel sind, deren Ungenauigkeiten bei den Kleinwässern sich weit mehr
fühlbar machen als bei den Hochwässern. Die Sicherheit gegen die Schäden,
die durch Hochwässer entstehen können, wird erhöht, wenn man die für
den Entwurf der Schutzbauten errechneten Hochwassermengen gefühlsmäßig
höher einschätzt. Bei Kleinwässern sind derartige willkürliche Verbesserungen
kaum anwendbar, weil hierdurch jede Wirtschaftsrechnung in Frage gestellt wird.

Im Anschlusse an die empirischen Formeln für den Höchstwasserabfluß hat R. Iszkowski auch solche für Kleinwassermengen aufgestellt.

Er berechnet

$$MNQ = 0,4\, v\, \overline{MQ}\ \mathrm{m^3/sek} \tag{237}$$

und

$$NNQ = 0,2\, v\, \overline{MQ}\ \mathrm{m^3/sek,} \tag{238}$$

worin $\overline{MQ} = 0,03171\, c\, \overline{h}_{N,\mathrm{Jahr}}\, F$ und v ein nach der Tabelle 40 wählbarer Beiwert ist, der von der Bodenart, seiner Bedeckung, von der Größe des Einzugsgebietes und von der Niederschlagsverteilung abhängig ist.

Tabelle 40. Beiwerte v nach R. Iszkowski.

Terrainbeschaffenheit des Einzugsgebietes	v
Mittlere Bodengattungen mit normaler Vegetation	1
Bei den durch Seen regulierten Wasserläufen	1,5
Mehr durchlassende und weniger bewachsene Bodenarten	0,4
Weniger durchlassende und mehr bewachsene Bodenarten	0,8
Undurchlässige Bodenarten im Flachland	1—1,5
Undurchlässige Bodenarten im Hügelland, abnehmend mit Abnahme der Vegetation	0,8—0,5
Undurchlässige Bodenarten im Gebirge	0,6—0,3
Undurchlässige Bodenarten und kleine Bäche	bis 0,0

Bei $F \leqq 200\ \mathrm{km^2}$ und guter Vegetation ist das oben bestimmte v um 25 v. H. zu vergrößern.

Bei $200 < F <\ \ 20\,000$ bleibt v unverändert,
„ $20\,000 < F <\ \ 50\,000$ ist v um 0—15 v. H.,
„ $50\,000 < F < 100\,000$ ist v um 10—50 v. H.,
„ $100\,000 < F < 200\,000$ ist v um 50—100 v. H. zu vergrößern.

Je gleichmäßiger die Niederschlagsverteilung, desto größer wird v, es kann in Gebieten mit Seeklima bis um 50 v. H. steigen.

Zur ungefähren Bemessung der Abflußmengen eines Gebietes können die in Tabelle 41 in l/sek.ha angegebenen Abflußspenden Verwendung finden, wobei nochmals betont werden muß, daß diese Angaben nur mit großer Vorsicht zu verwenden sind.

Tabelle 41. Schätzungswerte von Abflußspenden.

Einzugsgebiet vorwiegend	Abflußspende für MNQ in l/sek.ha	Abflußspende für $\overline{MQ}$ in l/sek.ha
Flachland	0,5—2	4—8
Hügelland	1—2	5—12
Mittelgebirge	2—4	6—16
Hochgebirge	4—10	10—30

G. Berechnung und Darstellung der verfügbaren Energie in Flußläufen.

Wasserkraftkataster. Die umfangreichen Erhebungen im Bereiche der Kleinwässer haben ihren Grund hauptsächlich in der für die Nutzbarmachung der Wasserkräfte notwendig gewordenen Ermittlung des Abflußregimes der Gewässer. Sie finden schließlich ihre endgültige Darstellungsform im sogenannten Wasserkraftkataster, der gleichzeitig in statistischer wie wasserwirtschaftlicher Hinsicht eine Übersicht über den in den Gewässern eines Landes vorhandenen Energiebesitz liefert.

Die Verwertungsmöglichkeit des Wasserkraftkatasters ist eine zweifache, indem er einerseits durch seine statistischen Angaben den bereits vorhandenen Wasserkraftwerken verschiedenster Ausbaugrößen die Unterlagen für eine planmäßige Energiewirtschaft liefert und anderseits für den zukünftigen Ausbau derartiger Anlagen die nötigen hydrographischen Berechnungsgrundlagen in übersichtlicher Weise bietet.[1]

Der Wasserkraftkataster ist aber auch für die staatlichen Aufsichtsbehörden ein wertvolles Hilfsmittel zur Beurteilung von Ansuchen über zu erbauende Wasserkraftwerke, denn die Wirtschaftlichkeit, die bei der Gewährung einer Konzession für Neuanlagen von Wasserkraftwerken ein entscheidendes Wort spricht, ist nicht nur vom Standpunkte der technischen Bauwürdigkeit abzuschätzen, sondern auch mit Rücksicht auf die gesamte Wasserwirtschaft eines Landes zu beurteilen. Vom Standpunkt einer im volkswirtschaftlichen Sinne geleiteten Energieausbeute muß jeder Ausbau nach Möglichkeit verhindert werden, der nur die Teilgefällsstufen der Gewässer ausnützt, weil hierdurch die spätere Verwendung der ausgeschalteten flachen Zwischenstufen unterbunden werden könnte.

Der Wasserkraftkataster dient demnach in hervorragendem Maße den allgemeinen öffentlichen Interessen, und es wird daher seine Ausarbeitung sowie Herausgabe durch wasserbauliche Ämter, zumeist in Verbindung mit solchen für Gewässerkunde, besorgt.

Der Wasserkraftkataster soll seiner Bestimmung gemäß der Energiewirtschaft die nötigen Behelfe liefern und es besteht deshalb seine Aufgabe nicht nur in der Inventarisierung der vorhandenen Wasserschätze, sondern auch in der Angabe des zur Verfügung stehenden Gefälles. Neben den hydrometrischen spielen daher die geodätischen Arbeiten eine große Rolle. Die Erhebungen rein rechtlicher Natur können meistens in den Hintergrund treten, weil sie gewöhnlich in eigenen *Wasserbüchern* zusammengefaßt werden, welche die Rechtsgrundlagen der verliehenen oder ererbten Wasserrechte enthalten.

Der Notwendigkeit der Aufstellung eines Wasserkraftkatasters hat sich kein Land verschlossen, das über die volkswirtschaftlich bedeutungsvolle Energiequelle der sich immer wieder erneuernden Wasservorräte verfügt. Den Ausgang nahmen diese Bestrebungen von Ländern, die einen besonderen Reichtum an

---

[1] F. SCHAFFERNAK, Umschau auf dem Gebiete der Hydrologie. Z. d. österr. Ing.- u. Arch.-Vereines, H. 22 u. 26, 1918. — F. JÄGER, Die theoretischen und praktischen Grundlagen bei der Aufstellung von Wasserkraftkatastern. Deutsche Wasserwirtschaft, Berlin, Nr. 8 u. 9, 1932.

Wasserkräften aufzuweisen haben. Die Schweiz stellte sich an die Spitze, dann folgten die Vereinigten Staaten von Nordamerika, Frankreich, Bayern und das übrige Deutschland, Österreich, Finnland, Schweden usw. Fast überall gab es schon Aufzeichnungen über bestehende Wasserwerke, seltener auch über die verfügbare Leistung.

Der planmäßigen Ermittlung des Regimes der Wasserführung und der Gefällsverhältnisse steht meist die Lückenhaftigkeit der hydrometrischen Arbeiten sowie auch der Umstand entgegen, daß man mit Rücksicht auf die fortschreitende Ausnützung jenen Gewässerstrecken bei der Bearbeitung den Vorzug geben muß, die aus privatwirtschaftlichen Gründen das größere Interesse beanspruchen. Bei der Anlage des Wasserkraftkatasters ist bereits Vorsorge für eine Ergänzungsmöglichkeit seiner Darstellungen zu treffen, sowohl was die Weiterentwicklung des Ausbaues als auch der hydrographischen Erforschung anlangt.

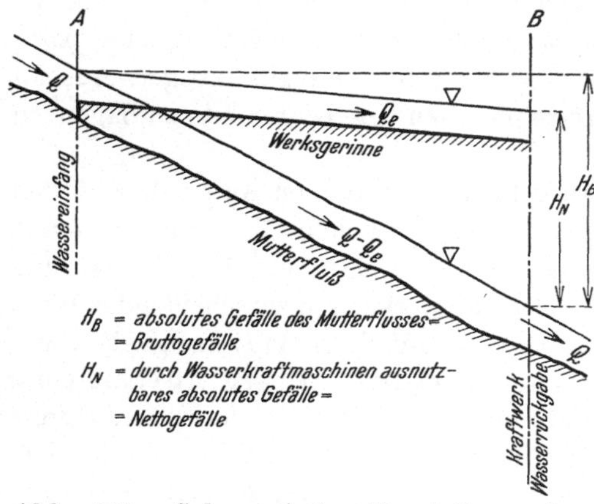

Abb. 348.   Schematische Darstellung der Energieausnutzung eines Flußlaufes.

Bei einer Wasserkraftanlage wird von der Durchflußmenge Q des Mutterflusses gewöhnlich nur eine Teilmenge Q_e als Betriebswassermenge in das Werksgerinne geleitet. Für die Aufstellung des Wasserkraftkatasters hat man sich jedoch die gesamte Durchflußmenge Q des Flusses in das Werksgerinne eingezogen zu denken, da für diesen Fall die verfügbare Leistung im Mutterflusse und nicht eine projektsgemäße Ausnutzungsmöglichkeit in Frage kommt (Abb. 348).

Unter der Annahme einer ohne Reibungsverluste vor sich gehenden Umsetzung der in der Flußstrecke $A—B$ vorhandenen potentiellen Energie des Wassers folgt die vorhandene *Bruttoleistung des Flusses* in dieser Strecke, wenn H_B das absolute Bruttogefälle in Meter bedeutet und Q in m³/sek ausgedrückt ist,

$$L_B = 1000\, Q\, H_B \qquad \text{in kgm/sek} \tag{239}$$

oder

$$L_B = \frac{1000\, Q\, H_B}{75} \qquad \text{in PS} \tag{240}$$

und schließlich

$$L_B = \frac{0{,}736 \cdot 1000\, Q\, H_B}{75} \doteq 10\, Q\, H_B \qquad \text{in KW.} \tag{241}$$

Die *Nettoleistung an der Turbinenwelle* ergibt sich, wenn Q_e die Betriebswassermenge, H_N das ausnutzbare absolute Gefälle, das Nettogefälle,[1] und η der Wirkungsgrad der Turbine ist,

$$L_N = 1000\, \eta\, Q_e\, H_N \qquad \text{in kgm/sek} \tag{242}$$

---

[1] $H_B — H_N$ = Verlusthöhe in der Zuleitung.

oder

$$L_N = \frac{1000\,\eta\,Q_e\,H_N}{75} \quad \text{in PS} \tag{243}$$

und für $\eta = 0{,}75$

$$L_N = 10\,Q_e\,H_N \quad \text{in PS,}$$

oder

$$L_N = \frac{0{,}736\,\eta\,1000\,Q_e\,H_N}{75} = 9{,}81\,\eta\,Q_e\,H_N \quad \text{in KW} \tag{244}$$

und für $\eta = 0{,}75$

$$L_N \doteq 7{,}4\,Q_e\,H_N \quad \text{in KW.}$$

Die Ausgestaltung des Wasserkraftkatasters in den einzelnen Ländern ist verschieden und paßt sich den jeweiligen Bedürfnissen an. Aus diesem Grunde erscheinen nicht immer sämtliche bisher besprochenen hydrographischen Wertgrößen in den graphischen oder tabellarischen Zusammenstellungen des gewöhnlich in Einzelblättern herausgegebenen Katasters.

Die Gliederung des Wasserkraftkatasters in einen allgemein beschreibenden Teil, in eine tabellarische Übersicht der für die besonderen Erfordernisse der Wasserwirtschaft ausgewerteten Meß- und Erhebungsergebnisse und in Planbeilagen ist fast in allen Ländern eingeführt.

Der textliche Teil enthält neben einer Kartenskizze gewöhnlich eine kurze Beschreibung der orographischen, hydrographischen und morphologischen Verhältnisse des Einzugsgebietes. Auch Hinweise über zweckmäßige Ausnutzungsmöglichkeiten sind üblich, wobei bemerkenswerte Projektsbearbeitungen Erwähnung finden können.

Der tabellarische Teil gibt in übersichtlicher Form eine zusammenfassende Darstellung der vorhandenen und ausgenützten Wasserkräfte. In Abb. 349 ist ein solcher aus dem österreichischen Wasserkraftkataster wiedergegeben. Es sind hierin die Flußkilometrierung, die Seehöhen der Wasserspiegel in charakteristischen Punkten des Längenprofiles und die zugehörigen charakteristischen Durchflußmengen NNQ, NQ, MQ und Q_{10} verzeichnet. Die Tabellen enthalten ferner die berechneten, verfügbaren Bruttoleistungen bei Niederwasser. Außerdem finden sich Angaben über die dem Mutterflusse entnommenen Wassermengen, die damit gewonnenen Leistungen sowie allenfalls über die damit in Verbindung stehenden rechtlichen Verhältnisse.

Die Planbeilagen sind der wesentlichste Bestandteil, da sie wegen ihrer Anschaulichkeit eine bessere Verwertung finden können. Es ist daher ihrer Ausgestaltung in allen Ländern ein Hauptaugenmerk zugewendet worden.

In Österreich sind die Planbeilagen entsprechend der Unterteilung des Katasters nach einzelnen Flußstrecken von 20—30 km Lauflänge zusammengestellt. Die graphischen Darstellungen enthalten zuoberst ein Flußband, dann ein Niederwasser-Längenprofil der Flußstrecke mit der in jedem Flußpunkte zu erwartenden Niederwassermenge sowie die Entnahmemengen der einzelnen Wasserkraftwerke (Abb. 350). Im unteren Teil sind die Energieverhältnisse in Summenlinien dargestellt, wobei verfügbare und ausgenützte Energie deutlich unterschieden werden. Dieses Schaubild ist das Endergebnis aller hydrometrischen, vermessungstechnischen sowie Auswertungsarbeiten und zeigt sofort, wo und in welchem Maße dem Ausbaue noch wertvolle Gefällsstufen zur Ver-

Zusammenstellung der gesamten vorhandenen Wasserkräfte.

Columns **1–8** ("Anteil an der Gewässerstrecke"): politische Behörde (Landes-, Bezirks-), Ortsgemeinde (l, r), Katastralgemeinde (l, r). For the whole table the Landes-Behörde is **Tirol und Vorarlberg** and the Bezirks-Behörde is **Bludenz**. Ortsgemeinde / Katastralgemeinde by reach (km, column 9):

Anteil (km, Sp. 9)	Ortsgemeinde (l / r)	Katastralgemeinde (l / r)
– 21·90 –	Nenzing / Bludesch	Nenzing / Bludesch
– 22·40 –	/ Ludesch	/ Ludesch
– 23·70 –	Nuziders	Nuziders
– 26·05 –	Bürs / Bludenz	Bürs / Bludenz
– 29·70 –	Bürs / Bludenz	Bürs / Bludenz
– 30·06 –	Lorüns, Stahllehr	Lorüns
– 32·70 –	St. Anton	St. Anton
– 33·20 –	St. Anton	St. Anton
– 35·15 –	Vandans, Bartholomäberg	Bartholomäberg

Columns 10–22 (data, in visual top-to-bottom order). Headers: (10) Lage in km — (11) Seehöhen bei Niederwasser in m — Sekundliche Abflußmenge in l für das: (12) wahrscheinliche absolute Minimum, (13) voraussichtlich jährlich wiederkehrende Niederwasser, (14) zehnmonatige Betriebswasser — (15) Absolutes Gefälle in m — (16) Mittlere sekundliche Abflußmenge bei Niederwasser in l — Theoretische Brutto-Pferdekräfte bei Niederwasser: (17) vorhanden, (18) durch Werke ausgenützt, (19) durch Gefällsverluste verbraucht, (20) verfügbar — (21) Postnummer der Tabelle II.

(10) Lage	(11) Seehöhe	(12)	(13)	(14)	(15)	(16)	(17)	(18)	(19)	(20)	(21)
		6180	9380	14500							
20·29	510·7										
		6180	9380	14500	→	*Lutzbach*					
					14·8	9380	1851·0	.	.	1851·0	
22·94	525·5	6180	9380	14500							
					4·1	9380	512·8	.	.	512·8	
23·41	529·6	6180	9380	14500							
					2·5	9380	312·7	.	.	312·7	
24·15	532·1	6180	9380	14500							
					12·7	9380	1588·3	.	.	1588·3	
26·00	544·8	6180	9380	14500							
		6110	9280	14250		*Schesentobel*					
					3·1	9280	383·6	.	.	383·6	
26·46	547·9	6110	9280	14250							
					1·4	9280	173·2				
26·65	549·3	6110	9280	14250							
		5970	9230	14120		*Galgentobel*					
					0·6	9230	73·8				
26·70	549·9	5970	9230	14120							
					2·2	9230	270·7				
27·00	552·1	5970	9230	14120							
		4970	8030	12320		*Alvierbach*					
					7·5	8030	803·0				
28·30	559·6	4970	8030	12320							
					1·6	8030	171·3				
28·40	561·2	4970	8030	12320							
					0·3	8030	32·1				
28·46	561·5	4970	8030	12320							
					0·1	8030	10·7				
28·49	561·6 / 562·7	4970	8030	12320							
					1·1	8030	117·8	1447·6	871·2	340·2	1 bis 6
28·52	562·9	4970	8030	12320							
					0·2	8030	21·4				
29·79	569·9 / 572·1	4970	8030	12320							
					7·0	8030	749·5				
					2·2	8030	235·5				
29·88	572·3	4970	8030	12320							
					0·2	8030	21·4				
		4970	8030	12320							
					1·7	8030	182·0				
30·06	574·0	4170	6930	9770		*Alfenz*					
					3·5	6930	323·4				
30·57	577·5	4170	6930	9770							
					1·7	6930	157·1	1001·3	190·6	914·9	7 und 8
30·88	579·2	4170	6930	9770							
					6·6	6930	609·8				
31·84	585·8	4170	6930	9770							
					6·2	6930	572·9				
32·63	592·0	4170	6930	9770							
					1·8	6930	166·3				
32·80	593·8 / 594·6	4170	6930	9770							
					0·8	6930	73·9				
		4170	6930	9770							
					0·1	6930	9·2	.	.	9·2	
32·81	594·7	4160	6920	9740		*Gipsbach*					
					2·8	6920	258·3	.	.	258·3	
33·11	597·5	4160	6920	9740							
					11·5	6920	1061·1	.	.	1061·1	
33·68	609·0	4160	6920	9740		*Venser Tobel*					
		4150	6910	9710							
					5·2	6910	479·1	.	.	479·1	
33·90	614·2	4150	6910	9710							
					2·7	6910	248·8		.	248·8	
		4150	6910	9710							
34·11	616·9					*Grafeser Tobel*					
		4130	6880	9630							
					3·8	6880	348·6	.	.	348·6	
34·77	620·7	4130	6880	9630							
					3·8	6880	348·6	7·2	8·0	333·4	9
35·30	624·5	4130	6880	9630							
					2·9	6880	266·0	.	.	266·0	
		4130	6880	9630							
35·68	627·4					*Mustrigilbach*					
		4110	6840	9530							
					1·2	6840	109·4	.	.	109·4	
35·82	628·6	4110	6840	9530							
					1·7	6840	155·0	.	.	155·0	
36·00	630·3	4110	6840	9530							
					Summe .	12698·3		2456·1	1069·8	9172·4	

(22) Anmerkung

Die acht- und sechsmonatige Wasserführung des Jllflusses bewertet sich an der Meßstelle bei *km* 24·15 mit 18, beziehungsweise 40 *m*-sek.

* Der infolge der Heranziehung des Alvierbachwassers, laut Anmerkung auf Tabelle II sich ergebende Mehrverbrauch von 67·2 P S ist in dieser Zahl bereits enthalten. Daher müssen auch die Endsummen der den „Verbrauch durch Gefällsverluste" aufzeigenden Rubrik auf Tabelle I und II sich um den angegebenen Wert unterscheiden.

Zusammenstellung der ausgenützten Wasserkräfte.

Tabelle II.

1 Postnummer	2 Kilometrierung	3 Werksgraben Name und Lage	4 km	5 Seehöhen des Niederwassers in m	6 Abfluß voraussichtl. Niederwasser (l)	7 Minimalwasser	8 konzedierte Höchstwasser	9 Absolutes Gefälle in m	10 Bezeichnung der Werksanlage	11 Name des Wasserwerksbesitzers	12 Wasserrechtliche Urkunden	13 ausgenützt Niederwasser	14 ausgenützt Minimalwasser	15 ausgenützt konz. Höchstwasser	16 Gefällsverlust Niederwasser	17 Gefällsverlust Minimalwasser	18 Gefällsverlust konz. Höchstwasser	19 Anmerkung
1	Jllkilometer 26·46 bis 28·49	Kanal „Lünersee", l. U.	0·00	562·7	5000	3000	6500	0·7	·	·	·	·	·	·	46·7	28·0	60·7	*Ein zweiter Kanal zweigt bei km 0·67 vom Alvierbach ab und führt zur gleichen Fabrik. Der gemeinsame Unterwasserkanal unterfährt den Alvierbach in einem 170 m langen Dücker und mündet bei km 26·46 in die Jll. Auch dieser zweite Kanal, welcher bei Niederwasser 1200 l führt, benützt das Jllgefälle von der Mündung des Alvierbaches bis zu seinem Auslaufe mit und verbraucht 67·2 der an der Jll vorhandenen Bruttopferdekräfte. ** Konzediertes Gefälle 6·74 m. *** Konzediertes Gefälle 6·24 m. **** Einhängbares unterschlächtiges Wasserrad. ● Laut Konzessionsurkunde 1300 l. ●● Konzediertes Gefälle 3·5 m. ●●● Nicht in Betrieb. ●●●● Wird im Winter nicht betrieben. ○ Laut Konzessionsurkunde 3000 l. ○○ Konzediertes Gefälle 8·40 m. ○○○ Zur Zeit der Aufnahme war der Auslauf bei Jllkilometer 28·52 in Verwendung. ○○○○ Konzession auf unbeschränkte Dauer. + Zur Zeit der Aufnahme war der Auslauf bei Jllkilometer 30·88 in Verwendung.
			1·45	562·0	5000	3000	6500	** 9·6	Spinnerei „Lünersee"	Getzner, Mutter u. Co.	Dekret Nr. 634 der k. k. Bezirkshauptmannschaft Bludenz vom 4. März 1872	640·0	384·0	832·0	·	·	·	
				552·4	5000	3000	6500		·	·	·				·	·	·	
			2·14	547·9	5000	3000	6500	4·5	·	·	·	·	·	·	300·0	180·0	390·0	
2	Jllkilometer 26·70 bis 29·79	Brunnenbach in Bludenz, r. U.	0·00	572·1	3030	1450	·	2·9	·	·	·	·	·	·	117·2	56·1	·	
			0·67	569·2	2830	1250	·	2·6	Siehe Kanal Post Nr. 3			·	·	·	98·1	43·3	·	
			1·08	566·6	3030	1450	·	0·2	·	·	·	·	·	·	8·1	3·9	·	
				566·4														
			1·27	565·2	3030	1450	·	1·2	Kunstmühle	Gebrüder Gunz	·	48·5	23·2	·	·	·	·	
								0·3	·	·	·	··	·	·	12·1	5·8	·	
			1·61	564·9				0·3	Abzweigung des Kanals Post Nr. 4			·	··	·	11·5	5·2	14·4	
					2880	1300	3600	0·3										
			1·89	564·6				*** 5·6	Bleiche	Getzner, Mutter u. Co.	Dekret Nr. 4574 der k. k. Bezirkshauptmannschaft Bludenz vom 10. Juli 1888	215·0	97·1	268·8	·	··	··	
				559·0	2880	1300	3600	0·4	·	·	·	·	·	·	15·4	6·9	19·2	
			2·28	558·6	3030	1450	·	0·1	Ende des Kanals Post Nr. 4			·	·	·	4·0	1·9	·	
			2·36	558·5				0·0	Abzweigung des Kanals Post Nr. 5									
					2730	1150	·		Mechanische Tischlerei	Ph. Suchard	·	·	··	·	·	·	·	
				558·5				0·9	**** Schreinerei und Zementziegelerzeugung	Johann Tagwerker	Protokoll der k. k. Bezirkshauptmannschaft Bludenz vom 17. Februar 1898, Zahl 13.443	32·8	13·8	··	··	·	·	
			2·39	557·6	2730	1150	·	0·1				·	··	·	3·6	1·5	·	
			2·47	557·5	2730	1150	·	0·3				·	··	·	10·9	4·6	·	
			2·49	557·2	2730	1150	·	0·3	Ende des Kanals Post Nr. 5			·	·	·	12·1	5·8	·	
				556·9	3030	1450	■ 2000	0·3	·	·	·	·	·	·	·	·	·	
			2·83	553·1				●● 3·8	Schokoladefabrik	Ph. Suchard	Protokoll der k. k. Bezirkshauptmannschaft Bludenz vom 18. Jänner 1905, Zahl 163	153·5	73·5	101·3	·	·	·	
			3·43	549·9	3030	1450	2000	3·2	·	·	·	·	·	·	129·3	61·9	·	
3	km 0·67 bis 1·08 des Brunnenbaches	Mühlbach, abgeleitet vom Brunnenbach, r. U.	0·00	569·2	200	200	·	2·2	·	·	·	·	·	·	5·9	5·9	·	
				567·0	200	200	·											
			0·40					0·3	Pumpwerk ●●●	Kloster St. Peter	·	0·8	0·8	··	·	··	·	
				566·7	200	200	·											
			0·42	566·6	200	200	·	0·1	·	·	·	··	·	··	0·3	0·3	·	
4	km 1·61 bis 2·28 des Brunnenbaches	Mühlkanal, abgeleitet vom Brunnenbach, r. u. l. U.	0·00	564·9	150	150	·	2·9	Gerberei	Johann Tagwerker	·	5·8	5·8	··	·	·	·	
				562·0	150	150	·	2·0	·	·	·	·	··	·	4·0	4·0	·	
				560·0	150	150	·											
			0·68					1·4	Sägewerk ●●●●	Getzner, Mutter u. Co.	·	··	··	·	2·8	2·8	·	
				558·6	150	150	·											
5	km 2·36 bis 2·49 des Brunnenbaches	Werksbach, abgeleitet vom Brunnenbach, l. U.	0·00	558·5	300	300	·	0·4	·	·	·	··	·	··	1·6	1·6	·	
				558·1	300	300	·	0·8	Schlosserei	Johann Tagwerker	·	3·2	3·2	··	·	··	·	
			0·14	557·3	300	300	·											
			0·16	557·2	300	300	·	0·1	··	·	·	·	··	··	0·4	0·4	·	
6	Jllkilometer 28·46 bzw. 28·52 bis 29·79	Kanal „Klarenbrunn", r. U.	0·00	572·1	3000	2600	7000	0·4	·	·	·	·	·	·	16·0	13·9	37·3	
				571·7	3000	2600	7000	○○ 8·7	Spinnerei ○○○ „Klarenbrunn"	Getzner, Mutter u. Co.	Dekret Nr. 3631 der k. k. Bezirkshauptmannschaft Bludenz vom 28. Mai 1884	348·0	301·6	812·0	··	·	·	
			1·26	563·0	3000	2600	7000											
			1·33 bezw. 1·38	562·9 bezw. 561·4	3000	2600	7000	0·1	·	·	·	·	·	·	4·0	3·5	9·3	
7	Jllkilometer 29·79 bis 30·88	Werkskanal, r. U.	0·00	579·2	5000	4000	8000	0·3	·	·	·	·	·	·	20·0	16·0	32·0	
				578·9	5000	4000	8000	6·2	Zementwerk	Getzner, Mutter u. Co.	○○○○ Dekret Nr. 7853 der k. k. Bezirkshauptmannschaft Bludenz vom 10. August 1908	413·3	330·7	661·3	·	·	·	
			0·44	572·7	5000	4000	8000											
			0·89	572·1	5000	4000	8000	0·6	·	·	·	·	·	·	40·0	32·0	64·0	
8	Jllkilometer 30·57 bzw. 30·88 bis 32·80	Kanal l. U.	0·00	594·6	3500	2800	·	0·8	·	·	·	·	·	·	37·3	29·9	·	
				593·8	3500	2800	·	12·6	Elektrizitätswerk +	Stadt Bludenz	Konzession vorhanden Daten nicht erhältlich	588·0	470·4	·	·	·	·	
			0·72	581·2	3500	2800	·											
			1·43 bezw. 1·73	579·2 bezw. 577·5	3500	2800	·	2·0	·	·	·	·	·	·	93·3	74·7	·	
9	Jllkilometer 34·77 bis 35·30	Sägebach r. U.	0·00	624·5	300	300	·	1·3	·	·	·	·	·	·	5·2	5·2	·	
				623·2	300	300	·	1·8	Säge	Siegfried Kurzemann	Erlaß der k. k. Bezirkshauptmannschaft Bludenz vom 2. März 1876, Zahl 3862	7·2	7·2	·	·	·	·	
			0·50	621·4	300	300	·											
			0·64	620·7	300	300	·	0·7	·	·	·	·	·	·	2·8	2·8	·	
											Summe . .	2456·1	1711·3	·	1002·6	597·9	·	

österreichischen Wasserkraft-Kataster (¹/₂,₂ der nat Gr.).

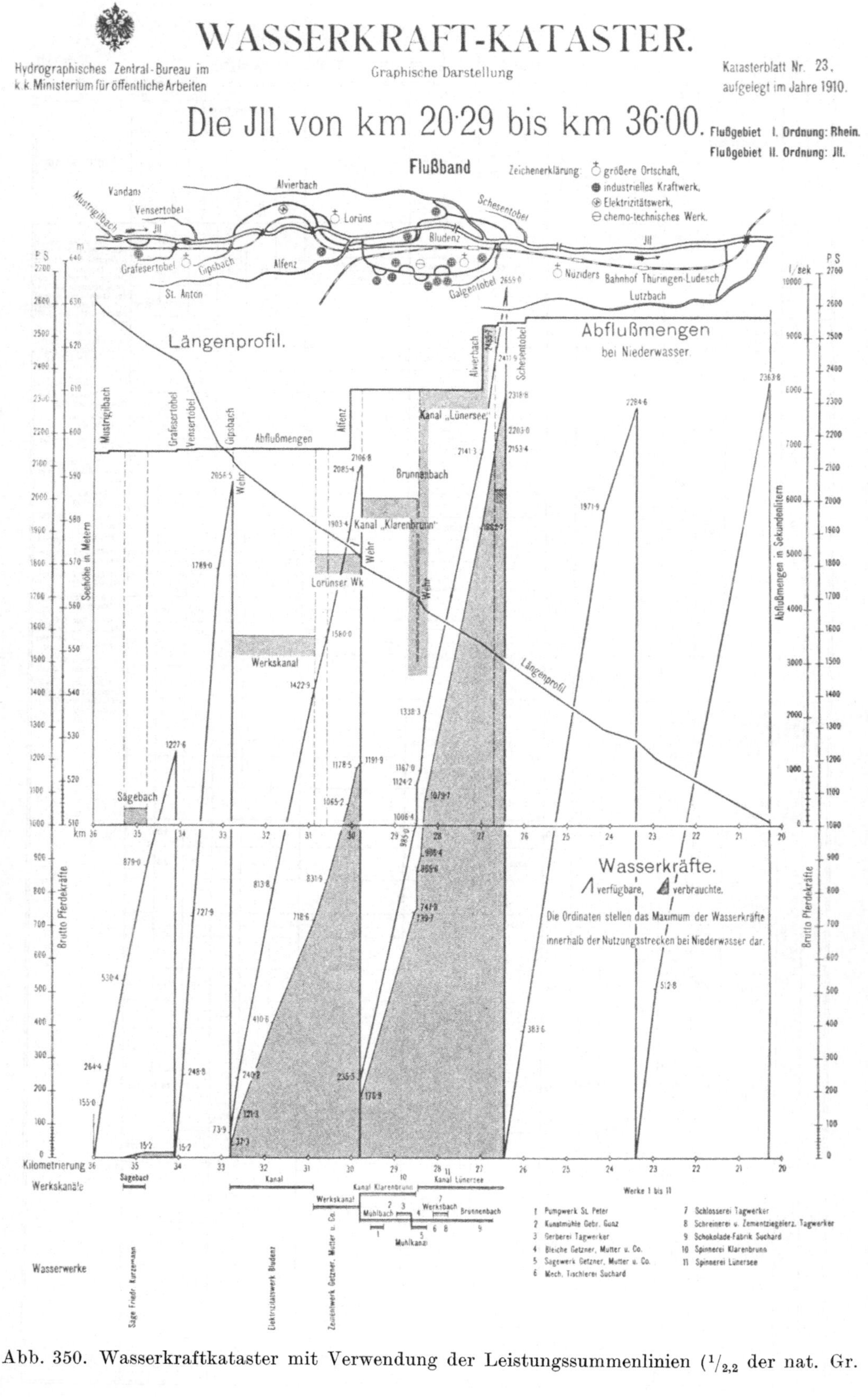

WASSERKRAFT-KATASTER.

Hydrographisches Zentral-Bureau im
k. k. Ministerium für öffentliche Arbeiten

Graphische Darstellung

Katasterblatt Nr. 23,
aufgelegt im Jahre 1910.

Die Jll von km 20·29 bis km 36·00.

Flußgebiet I. Ordnung: **Rhein.**
Flußgebiet II. Ordnung: **Jll.**

Abb. 350. Wasserkraftkataster mit Verwendung der Leistungssummenlinien ($^{1}/_{2,2}$ der nat. Gr.

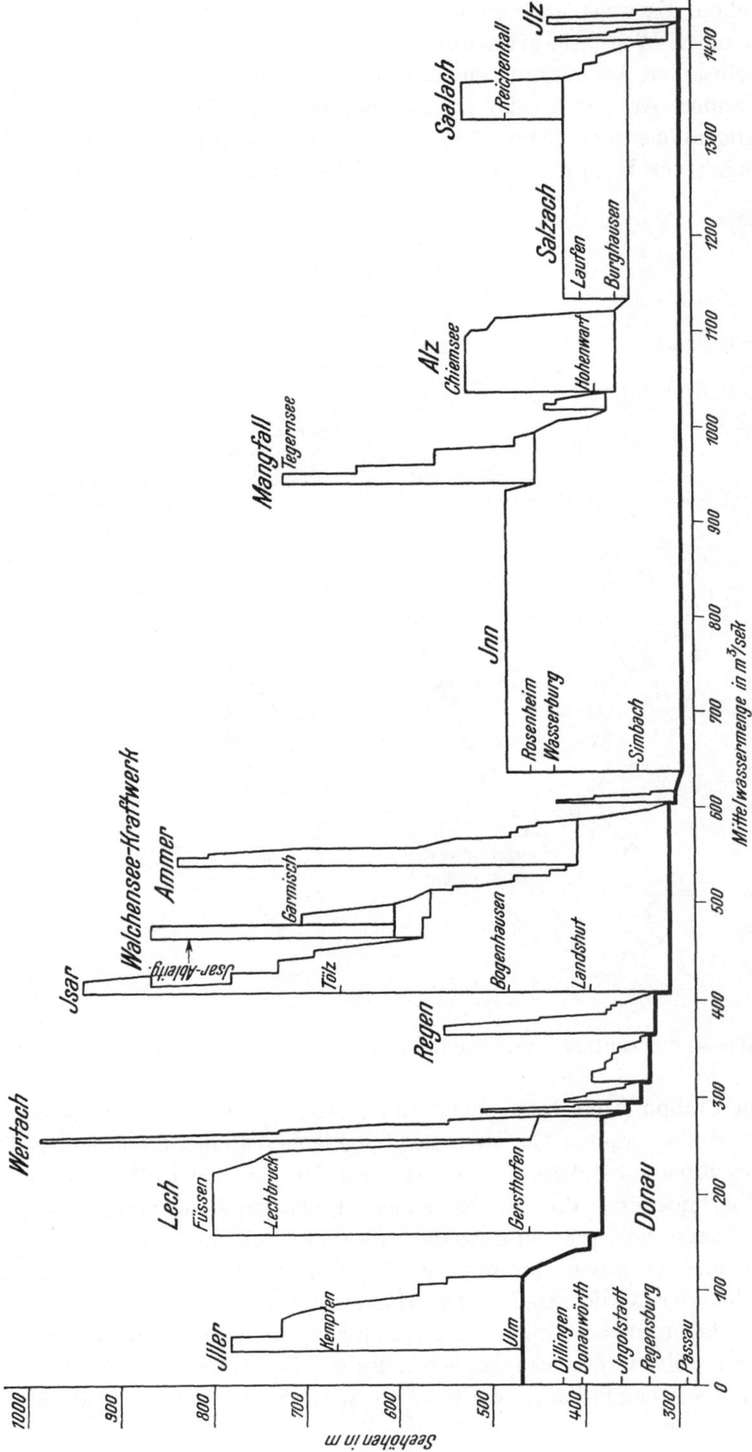

Abb. 351. Wasserkraftkataster mit Verwendung des Durchflußmengen-Höhenplanes nach O. PÖBING.

fügung stehen. Es weist aber auch den Bestrebungen einer rationellen Wasserwirtschaft einen Weg, wie etwa durch Zusammenziehung von Flußstrecken zu einer gemeinsamen Ausnützung ein Raubbau vermieden werden kann.

Eine andere Art der planlichen Darstellung stützt sich auf den sogenannten Wassermengenhöhenplan (Abb. 351).[1] Auf der Abszissenachse werden die Mittelwassermengen des Hauptflusses und sämtlicher Zubringer in einzelnen charak-

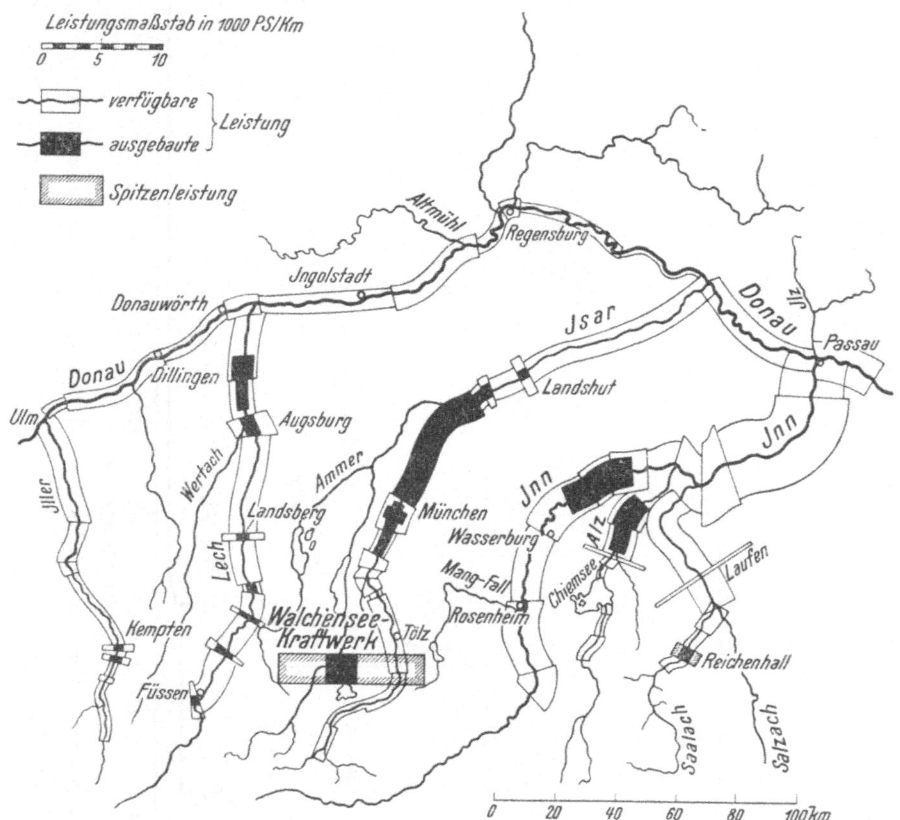

Abb. 352. Wasserkraftkataster mit bandförmiger Darstellung der verfügbaren Leistung.

teristischen Flußpunkten verzeichnet und hierzu die Seehöhen der zugehörigen Wasserspiegel eingetragen. Die abgegrenzten Flächen stellen die gesamte Bruttoleistung des Flusses bei Mittelwasser dar. Ein Vergleich der Flächen gibt einen raschen Überblick über die den einzelnen Flußläufen innewohnenden Energiemengen. Es zeigt sich auch unmittelbar, ob diese Leistungen auf Grund großer Wassermengen oder großer absoluter Gefälle erreicht werden, ob also die Ausbeute durch Hoch- oder Niederdruckwerke erfolgen muß.

Eine einfache, früher beliebte Darstellungsweise ist jene, bei der die Breite eines in die Flußkarte eingetragenen Bandes die Bruttoleistung bei Mittelwasser von je ein Kilometer Flußlänge angibt (Abb. 352). Sie ist wohl sehr übersichtlich, aber wenig genau.

---

[1] Nach O. Pöbing, siehe: Die Wasserkraftwirtschaft in Bayern. München 1921.

Die Aufstellung eines Wasserkraftkatasters verlangt hydrometrische und geodätische Aufnahmen, die über den Rahmen jener Erhebungen hinausreichen, die im laufenden hydrographischen Dienste zu leisten sind. Ebenso wird sich eine Verdichtung des Pegelnetzes durch Einrichtung von Hilfspegeln innerhalb der bestehenden Gebietspegel, eine Ausdehnung des Pegelnetzes auch auf kleinere Zubringer, eine Vermehrung der Meßprofile und insbesondere deren rasches Durchmessen als nötig erweisen. An Stelle des einfachen Anschlusses der Pegelfixpunkte an die Landesvermessung wird eine besondere Längen- und Höhen-

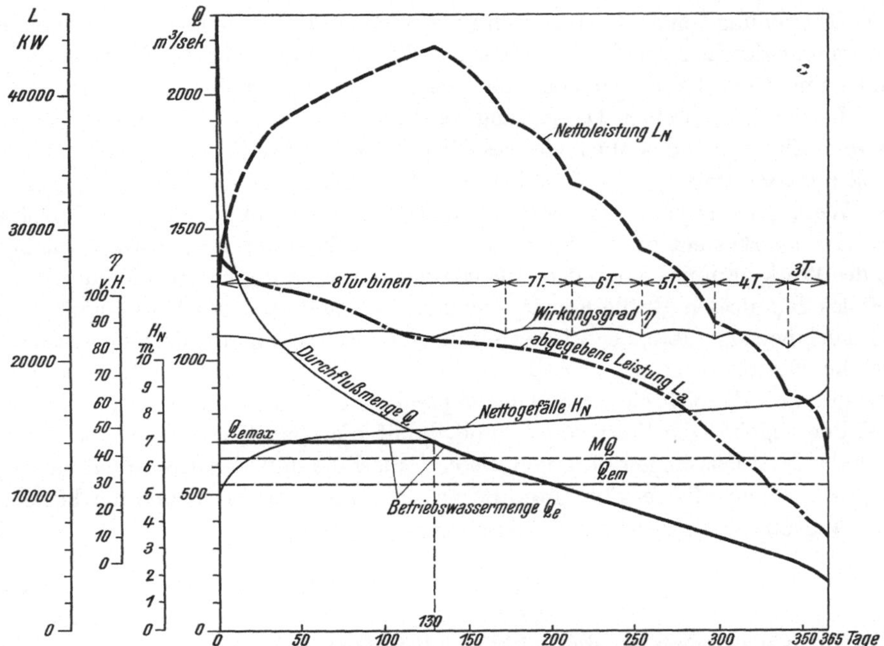

Abb. 353. Darstellung der Leistungen und der Jahresarbeit eines Wasserkraftwerkes mittels Dauerlinien.

vermessung der Flußläufe als Ganzes unerläßlich, um die Wasserspiegel-Längenprofile mit der nötigen Genauigkeit festlegen zu können. In diese Vermessung werden auch sämtliche bestehende Wasserwerke einbezogen, um die hydrotechnischen Grundlagen für die rechtlichen Verhältnisse zu klären.

Die Anlage eines Wasserkraftkatasters setzt sonach eine langwierige und kostspielige Arbeit voraus und doch bildet derselbe insolange nur einen Notbehelf, bis eine weitausholende hydrographische Bearbeitung einzelner Flußgebiete allgemein Eingang gefunden hat, wodurch auch jene Feinheiten erfaßt werden, die eine restlose Klarstellung der Ausnutzbarkeit der Gewässer ergeben.

Darstellung der Jahresarbeit. Für die endgültige Beurteilung der energetischen Ausnutzbarkeit eines Gewässers ist nicht nur die vorhandene Bruttoleistung und die ausnutzbare Nettoleistung, sondern auch die erzielbare Jahresarbeit ausschlaggebend. Diese ist nicht nur von dem vorhandenen natürlichen, sondern auch von dem möglicherweise einzuleitenden künstlichen Regime der Wasserführung abhängig.

Im besonderen spielt die zeitliche Verteilung der erzielbaren Arbeit eine für die Energiewirtschaft wichtige Rolle, weil durch diese die Leistungsabgabe an die Konsumgebiete zum Ausdrucke gebracht wird. Eine Übersicht hierüber gewinnt man aus einer Darstellung, die sich auf die Verwendung der Überschreitungs-Dauerlinie stützt.

In Abb. 353 ist ein derartiges übersichtliches Schaubild wiedergegeben, welches die Verteilung der Leistungen und der Arbeit in einem Abflußjahr erkennen läßt. Benützt man das Normaljahr oder zumindest eine größere Jahresreihe als Grundlage, dann erhält man naturgemäß nur Mittelwerte, die aber für die Beurteilung eines Projektes hinreichend sind. Im Betriebe, also bei der Verteilung der Leistung, spielt hingegen die Leistungsausbeute einzelner Jahre und namentlich die abnormaler Jahre eine wesentliche Rolle.

In der graphischen Darstellung zeichnet man vorerst die Dauerlinie der Durchflußmenge Q des Mutterflusses für das Einfangprofil. Nach Festlegung der *Ausbauwassermenge* $Q_{e,\,\mathrm{max}}$, d. i. jene größte Betriebswassermenge, nach welcher das Werksgerinne bemessen wird und welcher die Schluckfähigkeit der Turbinen des Kraftwerkes entspricht, kann man die Dauerlinie der Betriebswassermengen Q_e des Werksgerinnes darstellen. Ebenso zeichnet man die Dauerlinien des Nettogefälles H_N, dessen Größe von Q_e abhängig ist, und jene des Wirkungsgrades η der Turbinenaggregate, der wieder mit der Beaufschlagung der Turbinen wechselt. Da die Nettoleistung $L_N = 9{,}81\,\eta\,Q_e\,H_N$ in KW ist, liefert die Multiplikation der gleicher Überschreitungsdauer entsprechenden Werte von Q_e, H_N und η mit 9,81 den zugehörigen Wert von L_N und damit die strichliert gezeichnete Dauerlinie der Nettoleistungen. Die von dieser Dauerlinie und den Koordinatenachsen eingeschlossene Fläche gibt unter Berücksichtigung der Maßstäbe die bei einer Ausbaugröße $Q_{e,\,\mathrm{max}}$ *erzielbare Jahresarbeit*

$$A_e = \sum_{t=0}^{8760\ \text{Stunden}} L_N\,\varDelta t \qquad \text{in KWh.} \tag{245}$$

Hiervon verschieden ist die wirklich *absetzbare Jahresarbeit* $A_a = \sum\limits_{t=0}^{8760\ \text{Stunden}} L_a\,\varDelta t$, deren Größe von der Aufnahmefähigkeit des Konsumgebietes abhängig ist. Die Verhältniszahl $\dfrac{A_a}{A_e}$ nennt man die *Ausnutzungszahl*.

An weiteren, die Ausnutzbarkeit des Flußlaufes kennzeichnenden Größen sind noch im Gebrauche die *mittlere Jahresnettoleistung* $L_{N,\,m} = \dfrac{A_e}{8760}$ in KW, ferner die *mittlere Flußnutzbarkeit* $\dfrac{Q_{e,\,m}}{MQ}$ und die *mittlere Werksnutzbarkeit* $\dfrac{Q_{e\,m}}{Q_{e,\,\mathrm{max}}}$, worin $Q_{e.\,m}$ die mittlere Betriebswassermenge des Mutterflusses bedeutet.

H. Wasserstandsvorhersage.

Die Wasserstandsvorhersage nahm ihren Ausgang von der Forderung nach der Angabe der zu erwartenden Hochwasserstände, um rechtzeitig geeignete Schutzvorkehrungen gegen die schädigende Wirkung der Hochfluten treffen zu können. Dieser Warnungsdienst erstreckte sich vor allem auf die vom Hochwasser bedrohten Ortschaften und Schutzdämme oder auf die dem Schiffsverkehre dienenden Umschlag- und Stappelplätze.

Bald stellte sich auch ein Bedürfnis nach der Vorhersage mittlerer und niedriger Wasserstände ein. Ein geregelter Schiffahrtsverkehr und namentlich ein wirtschaftlicher Betrieb von Wasserkraftanlagen ist ohne Wasserstandsvorhersage nicht durchführbar. Die Schiffahrt bedarf dieser Wasserstandsangaben, weil sie auf Grund derselben die zu erwartenden Fahrwassertiefen und damit die zulässige Beladung der Schiffe bestimmt. Die Vorausberechnung eines gesicherten Betriebsplanes bei Wasserkraftanlagen ist insofern an die Wasserstandsvorhersage gebunden, als sich durch diese die in der nächsten Zeit zu erwartende Leistungsausbeute, damit die mögliche Abgabe und im weiteren die etwa notwendig werdende Beistellung von zusätzlichen Leistungen aus Wärmekraftanlagen oder anderen Wasserkraftanlagen vorausbestimmen läßt.

Je nach dem Vorherrschen des einen oder anderen Zweckes spricht man von Hochwasser- oder Niederwasservorhersage. Beide Arten der Vorhersage können lang- oder kurzfristig sein. Die Angabe der Wasserstände kann auf Monate oder auch länger im voraus erfolgen, dann ist es eine langfristige Vorhersage; ist sie jedoch nur auf Stunden oder Tage beschränkt, dann nennt man sie kurzfristig.

Das Ideal ist die Vorhersage auf lange Zeitabschnitte, dem man sich selbst unter Preisgabe der Genauigkeit zu nähern trachtet. Die weit ausgreifende Vorhersage spielt vor allem bei Wasserkraftwerken mit Speichern eine wichtige Rolle. Der weitere Ausbau der Verbund-Energiewirtschaft über große Landesgebiete verlangt eine Vorausberechnung, die über das Jahr noch hinausreicht. Die kurzfristige Prognose ist in erster Linie wichtig für Laufwerke, also für Wasserkraftanlagen ohne besondere Speicherfähigkeit, dann im Hochwassernachrichtendienst und im Schiffahrtsbetriebe.

Die Wasserstandsvorhersage kann sich auf die verschiedenen hydrographischen oder auch meteorologischen Beobachtungselemente stützen, die in entsprechender Weise in Beziehung gebracht werden und letzten Endes zur Angabe des zu erwartenden Wasserstandes sowie auch der zugehörigen Durchflußmenge führen. Die Vorhersagen sind entweder vornehmlich auf den Niederschlag oder auf den Wasserstand bzw. die Durchflußmengen aufgebaut, wobei allenfalls noch eine Unterstützung durch Beobachtung der Wetterlage erfolgen kann.

Die zukünftige Entwicklung der Wasserstandsvorhersage hängt daher innig mit dem Ausbaue der Wettervorhersage in der Meteorologie zusammen. Insolange diese jedoch nur eine kurzfristige und namentlich solange sie nicht imstande ist, den Gang des zu erwartenden Niederschlages vorauszusagen, muß die Wasserstandsvorhersage noch immer ihr Hauptgewicht auf die Heranziehung hydrographischer Beobachtungen legen.

1. Verfahren der kurzfristigen Vorhersage.

Die Verfahren der kurzfristigen Vorhersage sind in ihrem Aufbaue grundsätzlich verschieden, je nachdem ein Wasserlauf mit kleinem Einzugsgebiete und daher geringer Laufzeit oder ein großer Fluß mit einem hydrographisch wie morphologisch sehr verschiedenartigen Einzugsgebiete vorliegt.

Den einen Grenzfall stellt die schon behandelte Vorausberechnung des Abflusses im Kanalnetz einer Ortschaft mit Hilfe von Niederschlagsbeobachtungen und den anderen etwa die Wasserstandsvorhersage an großen Strömen dar, für welche der Abflußvorgang durch Zeitfolge und Durchflußmengenlinien dargestellt wird. Je größer das Gerinne und je länger sein Lauf ist, um so mehr kann man bei der Vorhersage auf die unverläßlichere Berechnungsmethode mit Hilfe der Niederschläge und anderer meteorologischer Beobachtungselemente verzichten und sich der Beziehungen zwischen den Wasserständen oder Durchflußmengen in den aufeinanderfolgenden Pegelstationen des Flußlaufes bedienen.

Die Voraussetzung für eine brauchbare, kurzfristige Voraussage ist eine zweckmäßige Organisation des Nachrichtendienstes, der sowohl die rasche Einholung der hydrographischen und meteorologischen Beobachtungen wie auch die verläßliche Hinausgabe der Prognose umfaßt.

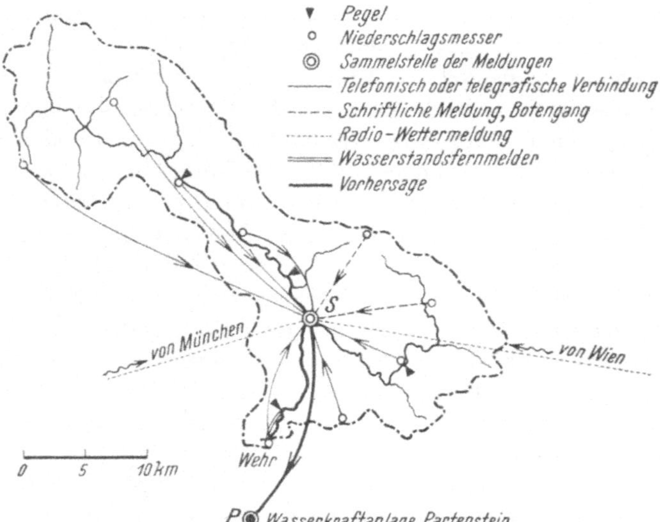

Abb. 354. Organisation der Wasserstandsvorhersage für ein kleines Einzugsgebiet. Große Mühl in Oberösterreich.

Bei kleinen Einzugsgebieten und Lauflängen, also etwa für hochgelegene Wasserkraftwerke, werden die vom staatlichen hydrographischen Dienste errichteten Beobachtungsstationen kaum ausreichen, um den Bedingungen für einen derartigen Vorhersagedienst zu genügen. Man wird sowohl das Netz der Niederschlagsmeßstationen und jener für den Wasserstand, die Lufttemperatur und den Luftdruck verdichten als auch deren Beobachtungs- und Meldeintervalle verkürzen müssen. Die Einstellung selbstschreibender und vor allem fernmeldender Meßgeräte ist dabei besonders zu empfehlen.

In welcher Weise die Aufteilung der Beobachtungsstationen und deren Meldedienst für kleine Einzugsgebiete in zweckmäßiger Weise erfolgt, zeigt Abb. 354 für den Vorhersagedienst an der großen Mühl in Oberösterreich.[1] Alle Beobachtungen werden fortlaufend an einen Sammelpunkt S gemeldet, dessen Lage sich nach den vorhandenen telephonischen und telegraphischen Verbindungsmöglichkeiten richtet. Beim Sammelbeobachter befindet sich eine meteorologische Beobachtungsstation mit selbstschreibendem Barometer, Thermometer und Feuchtemesser. Von diesem Mittelpunkte aus erfolgt nach durchgeführter Prognose die Verständigung mit der Werksbetriebsleitung in P, die an Hand der Vorhersage ihren Werksbetriebs- und Stromwirtschaftsplan derart aufstellt, daß eine möglichst günstige Wasserwirtschaft erreicht werden kann.

---

[1] A. Kvetensky, Wassermengenvorhersage im Kraftwerkbetrieb. Zeitschrift für Elektrotechnik und Maschinenbau, H. 17, 1928.

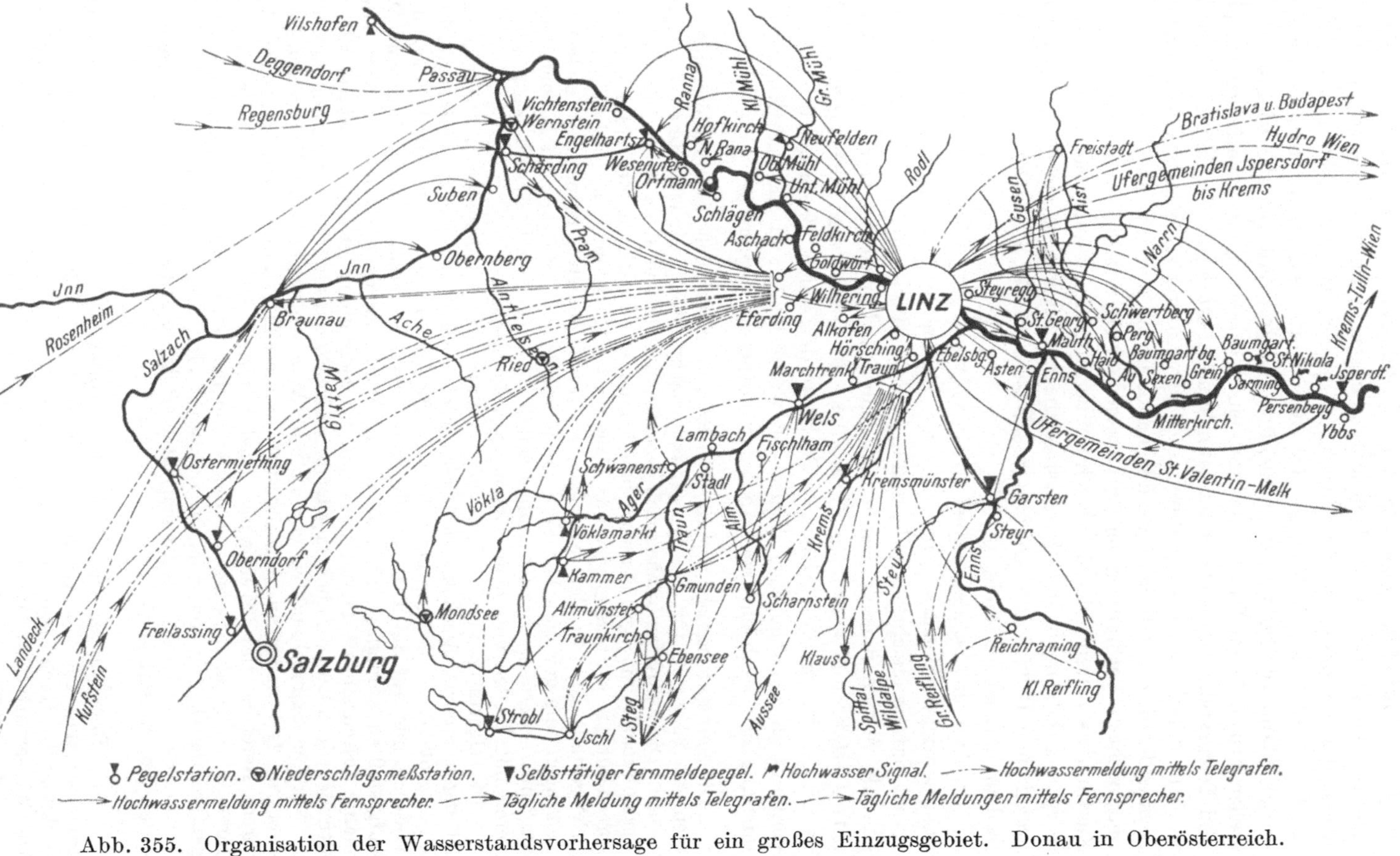

Abb. 355. Organisation der Wasserstandsvorhersage für ein großes Einzugsgebiet. Donau in Oberösterreich.

Für große Einzugsgebiete und Lauflängen der Flüsse wird die Einrichtung des Wasserstands-Nachrichtendienstes in ähnlicher Weise durchgeführt, wobei die Prognosen gewöhnlich an mehreren Sammelpunkten ausgearbeitet werden. Soll die Vorhersage der Schiffahrt und dem Hochwasserschutze dienen, dann ist die Vorhersagemeldung naturgemäß auf alle wichtigen Flußstellen auszudehnen. Da aber dadurch eine Überlastung des staatlichen Telephon- und Telegraphennetzes eintreten kann, müssen oft eigene Fernleitungen errichtet werden, deren Ausnützung durch die Verwendung selbsttätiger Wasserstands-fernmeldeanlagen gesteigert werden kann. Durch den Rundfunk ist die weiteste und rascheste Verbreitung der Vorhersagen ermöglicht worden. Aus dem richtigen Zusammenarbeiten aller Nachrichtenübermittlungen läßt sich nach den bisherigen Erfahrungen ein Wasserstandsnachrichtendienst einrichten, der jedem praktischen Bedürfnisse, sowohl was Raschheit als auch Genauigkeit betrifft, nachzukommen imstande ist.

In Abb. 355 ist als Beispiel eines großangelegten Wasserstand- und Vorhersagenachrichtendienstes jener an der Donau in Oberösterreich dargestellt.[1] Es ist daraus ersichtlich, wie umfangreich und vielfältig die Nachrichtenwege gewählt werden müssen, wenn alle wichtigen Punkte im Oberlaufe des Flußnetzes erfaßt und sämtliche Flußstellen, für welche die Vorhersage von Notwendigkeit ist, mit Nachrichten bedacht werden sollen. Dieser Nachrichtendienst vereinigt in zweckmäßiger Weise die willkürliche und die selbsttätige Übermittlung der Beobachtungen und der Vorhersageergebnisse.

Die Fernsprechanlage umfaßt eine Reihe von staatlichen Überlandleitungen mit mehr als 60 eigens für den Wasserstandsnachrichtendienst errichteten Fernsprechstellen. Die hydrographischen Landesämter in Linz und Wien können die fallweisen Verbindungen mit den Fernsprechstellen ohne Vermittlung der staatlichen Fernsprechämter selbst herstellen, so daß eine rasche Abwicklung des Nachrichtendienstes sichergestellt ist. In der vom Hochwasser-Meldedienst freien Zeit stehen diese Leitungen dem gewöhnlichen Fernsprechverkehr zur Verfügung, sie können also voll ausgenützt werden. Der Zusammenschluß der einzelnen Stationen ist in Abb. 355 durch mit Pfeilen versehene Linienzüge gekennzeichnet.

Die selbsttätige Fernmeldeanlage zerfällt in sechs voneinander unabhängige Kreisleitungen, welche sämtliche wichtigen Pegelstationen der Donau in Österreich wie ihrer größeren Zubringer einschließen. Die elektrischen Fernschreiber geben die Wasserstände auf die in den hydrographischen Landesabteilungen Linz und Wien aufgestellten Empfangsgeräte, welche die Wasserstände in Stufen von 2 cm ziffernmäßig aufschreiben.[2] Diese Wasserstandsaufschreibung erfolgt selbsttätig alle zwei Stunden, doch kann sie auch zu jeder beliebigen Zeit willkürlich vorgenommen werden.

In den Sammelpunkten in Linz und Wien wird sodann die Vorhersage für die nächsten 24 Stunden ausgearbeitet und an die Unterstationen weitergegeben, die in ihrem Bereiche diese Weitergabe wieder mittels Fernsprecher, Telegraph, durch Boten oder Signale besorgen, so daß es möglich ist, innerhalb 20 Minuten sämtliche gefährdeten Orte in Kenntnis der zu erwartenden Hochwasserstände zu setzen. Die Verbreitung der Wasserstandsnachrichten erfolgt in neuerer Zeit auch in diesem Falle durch den Rundfunk.

---

[1] F. ROSENAUER, Die Wasserstandsvorhersagen für die oberösterreichische Donaustrecke. Die Wasserwirtschaft, Wien, Nr. 8, 1926, und Einiges über die Entwicklung des Hochwassernachrichtendienstes an der Donau und ihren Nebenflüssen. Die Wasserwirtschaft, Wien, Nr. 36, 1930.

[2] R. SIEDEK, Wasserstands-Fernmelde-Apparat, System SIEDEK-SCHÄFFLER. Österr. Monatschrift f. d. öffentl. Baudienst, H. 12, 1899.

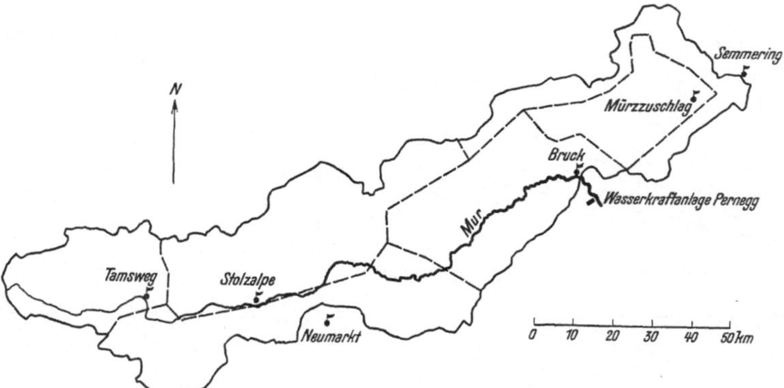

Abb. 356.　Einzugsgebiet der Mur bis Bruck.

Kurzfristige Vorhersage aus Niederschlagsbeobachtungen. Wie schon angedeutet, könnte eine derartige Vorhersage grundsätzlich mit Zuhilfenahme des Flutplanverfahrens entwickelt werden, wobei also lediglich die Niederschlagsbeobachtungen benützt werden. Alle darauf abzielenden Versuche, dieses Verfahren bei der kurzfristigen Vorhersage für größere Einzugsgebiete einzuführen, haben jedoch zu wenig zufriedenstellenden Ergebnissen geführt.[1]

Die vielfältigen Einflüsse, denen das Niederschlagswasser auf seinem Laufe über das Gelände unterworfen ist, die Speicherwirkungen im

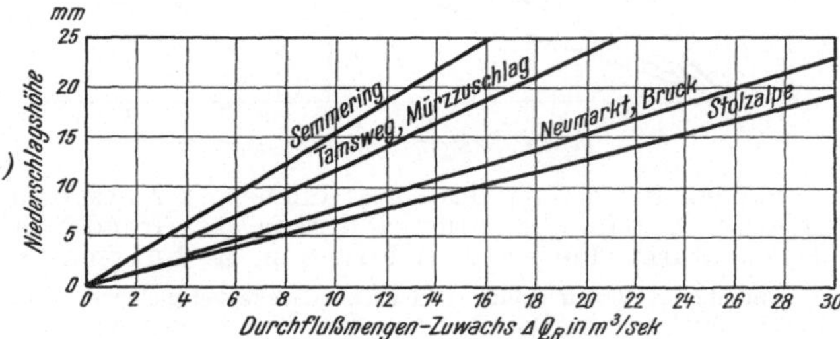

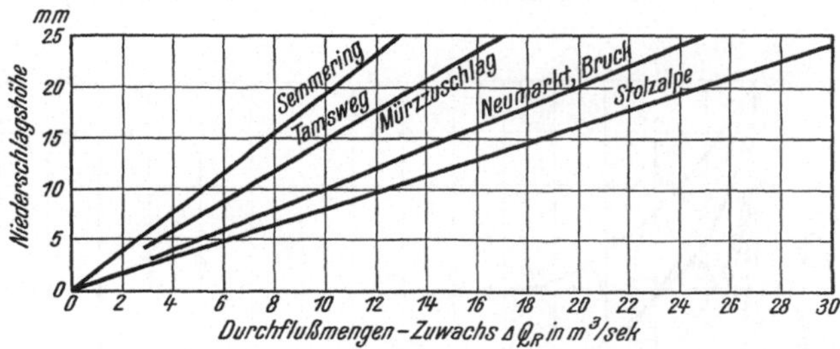

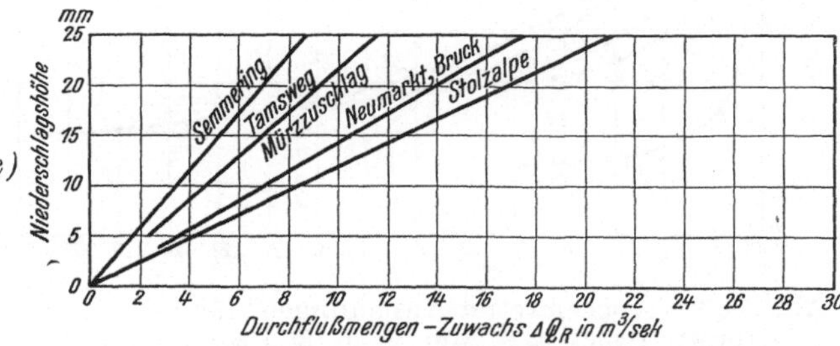

Abb. 357.　Berechnung des Durchflußmengen-Zuwachses ΔQ_R im Pegelprofile Bruck a. d. Mur auf Grund von Niederschlagsmeldungen. Verfahren von R. BRATSCHKO.

a) Nach ausgebreiteten Regenfällen, die sich über den ganzen Stationsbereich erstrecken, bei aperem Boden oder Altschneedecke (zu allen Jahreszeiten) oder Regen mit Schneefall gemischt auf aperen Boden (im Herbst, für die Talstationen auch im Frühjahr nach Ausaperung der Täler). b) Nach Regen mit Schneefall gemischt auf Altschneedecke (meistens im Frühjahr) oder Regen auf gefrorenen, aperen Boden (Spätherbst, in schneelosen Wintermonaten, für die Talstationen auch im Frühjahr nach Ausaperung der Täler). c) Mäßig starker Regen auf stark ausgetrockneten Boden (Spätsommer, Herbst) oder Regenböen und Gewitterregen, die sich nur über den Teil des Stationsbereiches erstrecken (Frühjahr, Sommer).

[1] Die erste auf Niederschlagsbeobachtungen begründete Vorhersage stammt von BELGRAND, der im Jahre 1856 einen Vorhersagedienst an der Seine einrichtete. Siehe La Seine, études hydrauliques. Paris 1873.

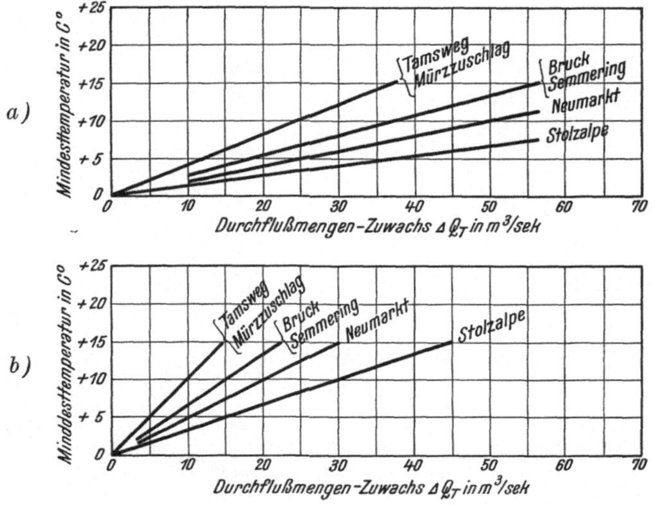

Abb. 358. Berechnung des Durchflußmengen-Zuwachses ΔQ_T im Pegelprofile Bruck a. d. Mur auf Grund von Temperaturmeldungen. Verfahren von R. Bratschko.

a) Auf aperen Boden gefallene Neuschneedecke bei gleichzeitigem Regen (Spätsommer, Herbst, Frühjahr). *b)* Altschneedecke und auf Altschnee gefallener Neuschnee (Winter, Frühjahr).

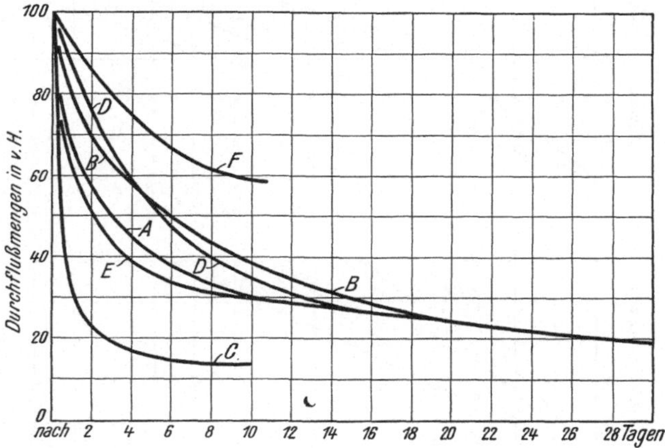

Abb. 359. Trockenwetter-Auslauflinien für das Pegelprofil Bruck a. d. Mur nach R. Bratschko.

A Nach Regen auf aperen Boden (Frühjahr, Sommer, Herbst) oder nach Regen oder Regen- und Schneefall auf Altschneedecke bei Einsetzen von Frost (Winter, Frühjahr). *B* Nach Regen oder Regen- und Schneefall auf Altschneedecke bei Mindesttemperaturen von 0° (Frühjahr) oder nach langem Regen mit Schneefall im Gebirge auf aperen Boden (Spätsommer, Herbst). *C* Nach Regen auf gefrorenen, aperen Boden bei Einsetzen von starkem Frost (Spätherbst, auch in schneelosen Wintern). *D* Nach Tauflut bei Altschneedecke oder auf Altschnee gefallener Neuschnee infolge Ausaperung oder Einsetzen von Frost (Winter, Frühjahr). *E* Nach Tauflut bei Neuschnee auf aperen Boden infolge Ausapern (Herbst, für den Bereich der Talstationen auch im Frühjahr gültig). *F* Nach starkem Kälteeinbruch, Temperaturen unter — 10°, bei rascher Vereisung der Zubringer und Ausbildung einer Eisdecke auf dem Hauptflusse.

Schnee und im Grundwasser sowie die Einflüsse der Lufttemperatur erfordern es, daß neben den Niederschlagsbeobachtungen auch der Abflußvorgang, zunächst mit Ausschaltung des Einflusses weiterer Niederschläge, sowie der Einfluß der Lufttemperatur auf den Abschmelzvorgang bei Schneelagen berücksichtigt wird. Ein Verfahren, das diesen Umständen wenigstens zum Teil Rechnung trägt und eine punktweise Bestimmung der Ganglinie zuläßt, ist folgendermaßen aufgebaut.[1]

Der Zuwachs ΔQ der Durchflußmenge in einem bestimmten Flußprofile setzt sich zusammen aus der Änderung ΔQ_R, die durch die Regenflut hervorgerufen wird, und aus der Änderung ΔQ_T, die beim Abschmelzen der Schneelagen durch die Tauflut entsteht. Nach Aufhören der abflußverstärkenden Witterungsein

<hr>

[1] R. Bratschko, Die Ganglinie der Mur als Funktion der Witterung im Einzugsgebiete. Die Wasserwirtschaft, Wien, Nr. 13, 1928, und ein unveröffentlichtes Manuskript: Die Ganglinie der Mur in ihrer Abhängigkeit von der Witterung im Einzugsgebiet, eine kurzfristige Wasserstandsvorhersage, 1932.

flüsse und Überschreitung des Flutscheitels nimmt der Abfall der Wasserführung einen sehr gesetzmäßigen Verlauf nach der Trockenwetter-Auslauflinie.

Die Bestimmung der einzelnen Zuwachswerte ΔQ_R und ΔQ_T als Abhängige des Niederschlages bzw. der Lufttemperatur erfolgt auf Grund von Beobachtungsergebnissen aus bereits abgelaufenen Regen- und Taufluten unter Verwendung des Korrelationsverfahrens und der Trockenwetter-Auslauflinien.

So hat sich für die Vorhersage der Durchflußmengen der Mur im Pegelprofile Pernegg in Steiermark folgende Einrichtung des Beobachtungs- und Meldedienstes ergeben. Von den sechs Beobachtungsstationen liegen jene von Tamsweg, Bruck und Mürzzuschlag im Talboden und jene der Stolzalpe, von Neumarkt und vom Semmering an Berghängen oder Pässen. Tamsweg, Stolzalpe und Neumarkt berücksichtigen die von nordwestlichen Winden herangeführten Niederschläge, Semmering, Mürzzuschlag und zum Teil auch Bruck jene aus dem Ostquadranten. Jeder Station wurde jener Abschnitt des Einzugsgebietes zugewiesen, in Abb. 356 durch strichlierte Linien abgegrenzt, dessen Niederschläge mit jenen des Beobachtungsortes annähernd gleichen Gang haben. Es beträgt dabei der Wirkungsbereich für die Station Semmering 10, Tamsweg und Mürzzuschlag je 13, Bruck und Neumarkt je 20 und Stolzalpe 24 v. H. des Einzugsgebietes. Hierauf wurde aus langjährigen Beobachtungen eine lineare korrelative Beziehung zwischen den in den einzelnen Stationen gemeldeten Niederschlagshöhen und der Änderung ΔQ_R der Wasserführung des Murflusses in Bruck gesucht und hierfür die in Abb. 357 dargestellten Bezugsgeraden gefunden. Diese konnten in drei Gruppen geordnet werden, die sich auf eine besondere Art des Niederschlages und des Bodenzustandes beziehen, was aus den beigefügten Legenden hervorgeht.

In gleicher Weise wurden die Beziehungen zwischen den in den einzelnen Stationen gemeldeten Mindesttemperaturen und der Änderung ΔQ_T der Durchflußmenge des Murflusses in Bruck infolge der Tauflut ermittelt, die, wie die Abb. 358 zeigt, in zwei Gruppen je nach der Beschaffenheit der Schneedecke geordnet werden können.

Die Formen der Trockenwetter-Auslauflinien wechseln je nach der Witterung, namentlich je nachdem Frost eingetreten ist oder nicht, und hängen sehr davon ab, ob der Boden schneefrei oder ob eine Neu- oder Altschneelage vorhanden ist. Es ergab sich daraus eine Unterscheidung in drei verschiedene Auslauflinien nach Regenfluten, in zwei nach Taufluten und in eine infolge Vereisung (Abb. 359).

Nachfolgend eine Prognosenstellung.

In der Zeit vom 14.—25. II. 1928 folgte auf eine Regen- eine Tauflut. Der Regen war mit Schneefall gemischt. Die Altschneegrenze lag in 800 bis 1500 m Seehöhe. Im Bereiche der Höhenstationen wurde zur Gänze, im Bereiche der Talstationen zur Hälfte Altschneebedeckung angenommen.

Meldung am 14. II. 1928 um 7 Uhr:

Tamsweg	5 mm,	nach Abb. 357a	6	m³/sek
Stolzalpe	2 mm,	„ Abb. 357b	2	„
Neumarkt	—	„ Abb. 357a	—	
Bruck	5 mm,	„ Abb. 357a	7	„
Mürzzuschlag.............	11 mm,	„ Abb. 357a	10	„
Semmering (Schneefall)	—		—	
		$Q_R =$	25	m³/sek
	Durchflußmenge vor Niederschlagsbeginn		49	„
	Durchflußmenge am 14. II. um 19 Uhr		74	m³/sek

Meldung am 15. II. 1928 um 7 Uhr:

Tamsweg .... 15 mm, $+ 1^0$, nach Abb. 357a .... 13 m³
„ Abb. 358a .... 2 m³ ..... 15 m³/sek
Stolzalpe .... 9 mm, — „ Abb. 357b .... 12 m³ ..... 12 „
Neumarkt .... 7 mm, — „ Abb. 357a .... 9 m³ ..... 9 „
Bruck............. 16 mm, $+ 3^0$, „ Abb. 357a .... 21 m³
„ Abb. 358b .... 2 m³ ..... 23 „
Mürzzuschlag ...... 22 mm, $+ 1^0$, „ Abb. 357a .... 19 m³
„ Abb. 358b .... 1 m³ ..... 20 „
Semmering .... 15 mm, — „ Abb. 357b .... 8 m³ ..... 8 „

$$Q_R + Q_T = \text{87 m³/sek}$$
Ablauf vom Vortage .... 74 . 0,8 = 59 „
Durchflußmenge am 15. II. um 19 Uhr ...... 146 m³/sek

Meldung am 16. II. 1928 um 7 Uhr:

Tamsweg .... 12 mm, $+ 3^0$, nach Abb. 357a .... 11 m³
„ Abb. 358a .... 7 m³ ..... 18 m³/sek
Stolzalpe .... 5 mm, — „ Abb. 357b .... 11 m³ ..... 11 „
Neumarkt .... 5 mm, $+ 2^0$, „ Abb. 357a .... 7 m³
„ Abb. 358b .... 5 m³ ..... 12 „
Bruck............. 10 mm, $+ 3^0$, „ Abb. 357a .... 13 m³
„ Abb. 358b .... 5 m³ ..... 18 „
Mürzzuschlag ...... 16 mm, $+ 2^0$, „ Abb. 357a ... 14 m³
„ Abb. 358b .... 2 m³ ..... 16 „
Semmering .... 17 mm, — „ Abb. 357a .... 10 m³ ..... 10 „

$$Q_R + Q_T = \text{85 m³/sek}$$
Ablauf vom Vortage .... 146 . 0,8 = 117 „
Durchflußmenge am 16. II. um 19 Uhr ..... 202 m³/sek

Meldung am 17. II. 1928 um 7 Uhr:

Tamsweg .... — — — —
Stolzalpe .... 1 mm, — nach Abb. 357b .... 1 m³ ..... 1 m³/sek
Neumarkt .... — — — —
Bruck............. 1 mm, $+ 1^0$, „ Abb. 357a .... 1 m³
„ Abb. 358b .... 1 m³ ..... 2 „
Mürzzuschlag ...... 2 mm, $+ 1^0$, „ Abb. 357a .... 2 m³
„ Abb. 358b .... 1 m³ ..... 3 „
Semmering .... 2 mm, $+ 2^0$, „ Abb. 357b .... 1 m³
„ Abb. 358b .... 1 m³ ..... 2 „

$$Q_R + Q_T = \text{8 m³/sek}$$
Ablauf vom Vortage ....202 . 0,8 = 162 „
Durchflußmenge am 17. II. um 19 Uhr ...... 170 m³/sek

Meldung am 18. II. 1928 um 7 Uhr:

Tamsweg .... Schneefall .... —
Stolzalpe .... „ .... —
Neumarkt .... „ .... —
Bruck............. 5 mm, nach Abb. 357a.................... 7 m³/sek
Mürzzuschlag ...... 5 mm, „ Abb. 357a .... 5 „
Semmering .... 4 mm, „ Abb. 357b .... 2 „

$$Q_R + Q_T = \text{14 m³/sek}$$
Ablauf vom Vortage ....170 . 0,8 = 136 „
Durchflußmenge am 18. II. um 19 Uhr ...... 150 m³/sek

Die nächsten Tage bringen nur mehr kleine Schneefälle und Frost.

Trockenwetterablauf nach Linie A der Abb. 359.

$$
\begin{aligned}
\text{Nach 1 Tag} &\ldots\ldots\ldots 150 \cdot 0{,}69 = 103 \text{ m}^3/\text{sek}\\
\text{,,\quad 2 Tagen} &\ldots\ldots 150 \cdot 0{,}58 = 87 \text{ ,,}\\
\text{,,\quad 3 \quad,,} &\ldots\ldots 150 \cdot 0{,}50 = 75 \text{ ,,}\\
\text{,,\quad 4 \quad,,} &\ldots\ldots 150 \cdot 0{,}45 = 68 \text{ ,,}\\
\text{,,\quad 5 \quad,,} &\ldots\ldots 150 \cdot 0{,}41 = 62 \text{ ,,}\\
\text{,,\quad 6 \quad,,} &\ldots\ldots 150 \cdot 0{,}37 = 56 \text{ ,,}\\
\text{,,\quad 7 \quad,,} &\ldots\ldots 150 \cdot 0{,}35 = 53 \text{ ,,}
\end{aligned}
$$

In Abb. 360 sind diese rechnerisch ermittelte Ganglinie und die am Pegel in Bruck aufgenommene wiedergegeben, die trotz der nicht einfachen meteorologischen Verhältnisse gut übereinstimmen, was dieses Verfahren verwendbar erscheinen läßt.

Das Verfahren kann durch Verlängerung der Vorhersagedauer verbessert werden, wenn nicht nur das Eintreffen von Niederschlägen, sondern auch deren Größe auf einen längeren Zeitabschnitt vorausgesagt werden kann.

Bei der Vorhersage für die Wasserkraftanlage Pernegg ist dies auf Grund folgender Überlegung und Erfahrung gelungen.[1] Soll im Einzugsgebiete der Mur ein Niederschlag fallen, dann muß sich vorher eine Wetterlage ausbilden, bei der an gewissen Orten Europas und westlich von Spanien hoher und in Oberitalien tiefer Luftdruck herrscht. Dagegen ist im Einzugsgebiete mit heiterem und

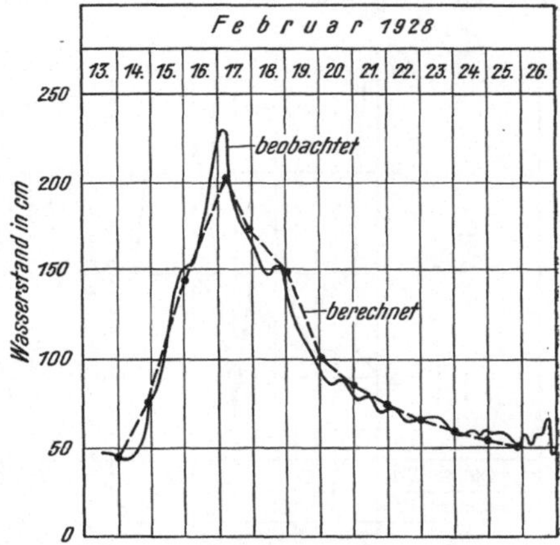

Abb. 360. Beobachtete und nach dem Verfahren von R. BRATSCHKO vorausberechnete Wasserstands - Ganglinie der Mur im Pegelprofile Bruck.

trockenem Wetter zu rechnen, wenn hoher Luftdruck über Mitteleuropa und Rußland und tiefer Druck über West- und Nordwesteuropa liegt. Aus den Isobaren und Isothermen der täglichen Wetterkarte läßt sich das zu gewärtigende Wetter, nicht aber die Größe der bevorstehenden Niederschläge voraussagen. Dies gelingt näherungsweise nur durch Auswertung der Meldungen über Luftdruck und Lufttemperatur gewisser ausgewählter Beobachtungsstationen in den vorbezeichneten Gebieten. Hierzu werden die Luftdruckunterschiede ΔB sowie die Unterschiede der Lufttemperatur ΔT jener Beobachtungsstationen täglich bestimmt, die einerseits in jenem Raume liegen, der bei hohem Drucke dem Einzugsgebiete der Mur vorwiegend trockenes Wetter bringt und die anderseits sich dort befinden, wo durch hohen Druck vornehmlich Niederschläge im Einzugsgebiete bedingt werden.

Erfahrungsgemäß ist ΔB um so größer, je kräftiger und ausgebreiteter das Hochdruckgebiet gegen Osten und je trockener die einströmende Luft ist. Es wird um so kleiner, je stärker der Druck im Westquadranten steigt und je feuchter die in das Einzugsgebiet der Mur geschobene Luft ist. Haben die herangeführten

---

[1] R. BRATSCHKO, Versuch einer kurzfristigen Niederschlagsvorhersage. Die Wasserwirtschaft, Wien, Nr. 16, 1933.

Luftmassen eine wesentlich andere Temperatur als die durch sie verdrängte Luft, dann kommt es zu Niederschlägen.

Die Werte ΔB und ΔT wurden aus einer kleinen Anzahl von Beobachtungsstationen, deren Auswahl durch langwierige Versuchsrechnungen erfolgte, für einzelne Tage der vergangenen Zeitabschnitte berechnet, als Ganglinie aufgetragen und in Zusammenhang mit dem Eintreffen eines Niederschlages gebracht. Hierbei wurden 1 mbar und 1^0 C durch dieselbe Maßstabeinheit dargestellt. Es zeigte sich, daß der Niederschlag innerhalb der nächsten 24 Stunden beginnt, sobald die fallende ΔB-Linie die ΔT-Linie schneidet bzw. die ΔB-Werte negativ werden, und innerhalb der folgenden 24 Stunden wieder aufhört, wenn ΔB wieder größer als ΔT bzw. positiv wird (Abb. 361).

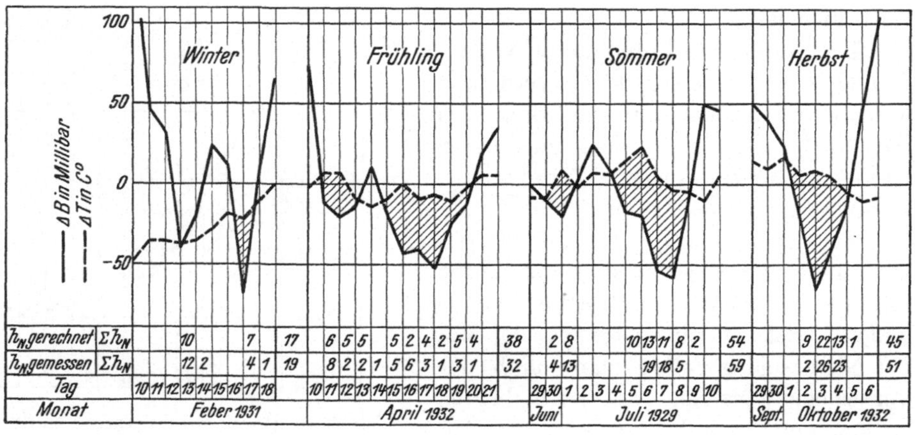

h_N gerechnet Σh_N	10	7	17	6 5 5	5 2 4 2 5 4	38	2 8	10 13 11 8 2	54	9 22 13 1	45
h_N gemessen Σh_N	12 2	4 1	19	8 2 2 1 5 6 3 1 3 1		32	4 13	19 18 5	59	2 26 23	51
Tag	10 11 12 13 14 15 16 17 18	10 11 12 13 14 15 16 17 18 19 20 21			29 30 1 2 3 4 5 6 7 8 9 10					29 30 1 2 3 4 5 6	
Monat	Feber 1931	April 1932			Juni Juli 1929					Sept. Oktober 1932	

Abb. 361. Ganglinie der ΔB und ΔT.

Die Größe eines zu erwartenden Tagesniederschlages errechnet sich aus

$$h_N = a\,\Delta B + b\,\Delta T + c, \tag{246}$$

wobei die Werte a, b und c mit Hilfe des Korrelationsverfahrens aus den abgelaufenen Niederschlagsvorgängen an den ausgewählten Beobachtungsstationen mit den in Tabelle 42 enthaltenen Größen bestimmt werden.

Tabelle 42. Beiwerte a, b, c zur Ermittlung von h_N und deren wahrscheinlicher Fehler.

Jahreszeit		Frühjahr		Sommer		Herbst		Winter	
ΔT		> 0	< 0	> 0	< 0	> 0	< 0	> 0	< 0
a		$+0{,}12$	$+0{,}06$	$-0{,}12$	$-0{,}15$	$-0{,}22$	$-0{,}14$	—	$-0{,}05$
b		$+0{,}18$	$-0{,}17$	$+0{,}38$	$-0{,}25$	$+0{,}73$	$-0{,}54$	—	$-0{,}25$
c		$+6{,}5$	$+4{,}3$	$+2{,}0$	$-1{,}7$	$+0{,}7$	$-4{,}2$	—	$-1{,}7$
Wahrscheinlicher Fehler von h_N	in mm	0,7	0,6	2,1	0,9	2,1	1,9	—	1,8
	in v. H.	16	16	25	23	17	28	—	34

Die mit diesen Werten erzielbare Genauigkeit ist aus der Abb. 361 ersichtlich, in der die gemessenen und berechneten täglichen Niederschlagshöhen eingetragen sind.

Kurzfristige Vorhersage aus den Wasserständen — Pegelprognose. Sie kann entweder nach empirischen Regeln oder mit Hilfe von Pegelbezugs- und Zeitfolgelinien erfolgen.

Kurzfristige Vorhersage nach empirischen Regeln. Diese Art der Vorhersage beruht auf der Anwendung von empirischen Beziehungen, die auf Grund langjähriger Erfahrung aufgestellt wurden. Sie ist einfach zu

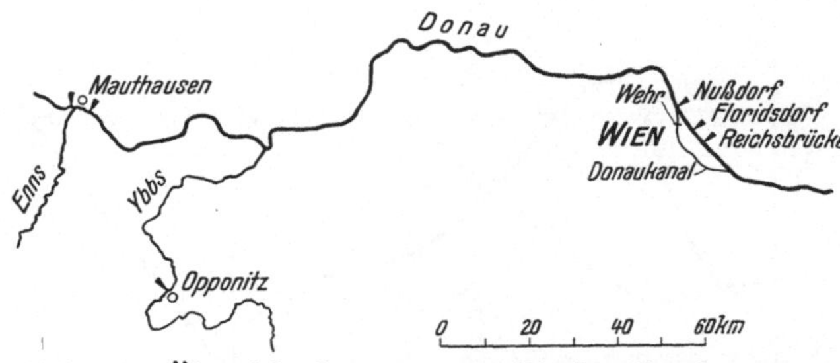

Abb. 362. Übersichtskarte zur empirischen Pegelprognose für die Donau bei Wien-Reichsbrücke.

handhaben, liefert aber gute Ergebnisse nur für Beharrungswasserstände und für nicht allzu große Anschwellungen.

So wird an der Donau in Österreich die Vorhersage des Wasserstandes im Pegelprofil Wien-Reichsbrücke auf 24 Stunden voraus dadurch erreicht, daß man zum Wasserstande des Vortages die Wasserstandsänderung der Donau $\Delta h_{P,I}$ vor ihrem Eintritt in Niederösterreich, die Wasserstandsänderungen der Zubringer in Niederösterreich $\Delta h_{P,II}$ und den Einfluß $\Delta h_{P,III}$, den der Stand des Abschlußwehres Nußdorf des Donaukanales auf den Wasserstand ausübt, algebraisch addiert (Abb. 362). Für die bezeichneten Summanden haben sich sehr einfache empirische Regeln aufstellen lassen, nach welchen ihre Werte aus den Wasserstandsänderungen von Gebietspegeln ermittelt werden können. Erfahrungsgemäß ist $\Delta h_{P,I}$ gleich dem arithmetischen Mittel aus der Änderung des Wasserstandes an den beiden Pegeln vor und nach der Einmündung der Enns bei Mauthausen, $\Delta h_{P,II}$ gleich dem vierten Teil der Wasserstandsänderung im Pegelprofile der Ybbs in Opponitz und $\Delta h_{P,III}$ im Falle des Schließens des

Abschlußwehres im Donaukanal gleich $\dfrac{\Delta h_{P,I} + \Delta h_{P\,II}}{6}$.[1]

Kurzfristige Vorhersage mit Hilfe von Pegelbezugs- und Zeitfolgelinien. Die empirisch aufgebaute Vorhersage genügt wegen der häufig notwendigen Schätzungen bei Schneeschmelzwässern und rasch ansteigenden Hochwässern nicht vollständig. Will man ein allgemein gültiges Verfahren größerer Genauigkeit aufbauen, dann muß man von den Bezugslinien vergleichbarer Wasserstände und ihrer Zeitfolge ausgehen.

Am einfachsten gestaltet sich diese Art der Pegelprognose, wenn die Einflüsse der Zubringer auf die Wasserführung des Hauptflusses so gering sind, daß sie vernachlässigt werden können, wenn also die primäre Hochwasserwelle für die Wasserstände des Flusses bestimmend ist. In diesem Falle läßt sich aus der Ganglinie der Wasserstände $h_{P,A} = f_1(t)$ an einer

---

[1] Nach Mitteilung der hydrographischen Landesabteilung in Wien.

oberen Flußstelle A die Ganglinie an einer unteren Flußstelle B wie folgt ermitteln (Abb. 363).[1]

Ist der Verlauf der Wasserstände im Pegelprofile A durch die Ganglinie L_A
dargestellt und darin ein Einzelwasserstand $h_{P,A}$ hervorgehoben, so wird zunächst
der vergleichbare Wasserstand $h_{P,B}$ im Pegelprofil B aus der vorher ermittelten
Bezugslinie vergleichbarer Wasserstände abgegriffen und gleichzeitig aus der

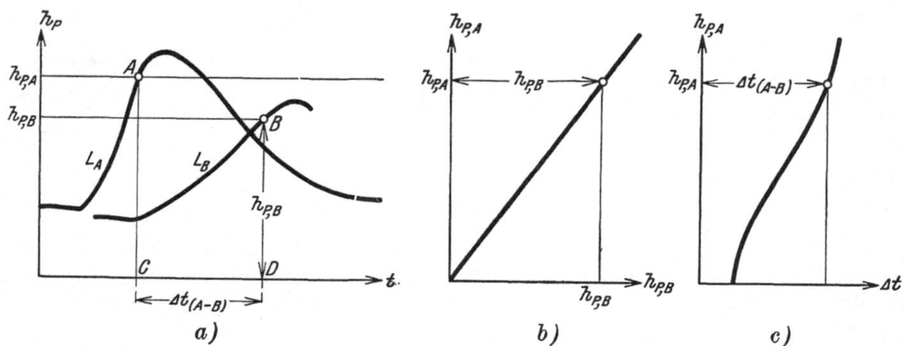

Abb. 363. Ermittlung der Ganglinie $h_{P,B} = f_b(t)$ aus der Ganglinie $h_{P,A} = f_a(t)$
für die primäre Hochwasserwelle.

a) Ganglinien der Wasserstände.   *b)* Bezugslinie vergleichbarer Wasserstände.   *c)* Zeitfolgelinie
für die primäre Hochwasserwelle.

nebenstehenden Darstellung der Zeitfolge zwischen den beiden Pegelprofilen
A und B seine Zeitfolge $\Delta t_{(A-B)}$ entnommen.[2] Trägt man nun in der Gangliniendarstellung $\overline{CD} = \Delta t_{(A-B)}$ in der t-Richtung auf und macht $\overline{BD} = h_{P,B}$, dann
ist B ein Punkt der Ganglinie L_B des unteren Pegelprofiles B, deren Verlauf durch
oftmalige Wiederholung dieses Vorganges bestimmt werden kann.

Die Richtigkeit des abgeleiteten Wasserstandsverlaufes hängt in erster Linie
von der Zuverlässigkeit der Zeitfolgelinie ab. Die Ermittlung der Zeitfolge ist
unsicher, wenn die Stärke der Wasserstandsänderung bedeutend und die Wasserstandsschwankung groß ist. Auch ist es, wie bereits hervorgehoben, noch keineswegs einwandfrei sichergestellt, daß die Zeitfolge für Zwischenwasserstände,
namentlich bei fallendem Wasser, mit der Zeitfolge der gleichwertigen Wasserstände identisch ist. Es hat sich jedoch gezeigt, daß die nach obigen Angaben
ermittelten Ganglinien für die unterhalb gelegenen Pegelstellen und die tatsächlich aufgenommenen, und zwar auch im absteigenden Ast, um so besser
übereinstimmen, je mehr man sich dem Zustande einer primären Hochwasserwelle
nähert und je ruhiger sich die Wasserstandsänderung vollzieht.

Sind die Einflüsse der Zubringer nicht mehr vernachlässigbar, gesellen sich
also zur primären Hochwasserwelle noch eine Reihe von sekundären Hochwasserwellen, die von den Zubringern ausgehen, dann erfährt die erstere bei ihrem Vorbeigange an den Zubringermündungen eine Umgestaltung, welche sich immer in
einer Erhöhung des Pegelstandes auswirkt.

Denkt man sich vorläufig nur einen Zubringer einmündend, dann ist der
Einfluß des Nebenflusses auf den Wasserstandsverlauf des Hauptflusses mittels

---

[1] M. v. Tein, Die Anschwellung im Rhein, ihre Fortpflanzung im Strome nach
Maß und Zeit unter der Einwirkung der Nebenflüsse. Berlin 1897.

[2] Über die Aufstellung der Zeitfolgelinien siehe S. 319f.

der Ganglinien der Wasserstände in den Pegelstationen A und B des Hauptflusses darstellbar (Abb. 364). Sind L_A und L_B die Ganglinien der Wasserstände in den Pegelprofilen vor und nach der Einmündung des Zubringers (Abb. 365), dann läßt sich der Einfluß des Zubringers auf den Wasserstand im Pegelprofile B des Hauptflusses durch den Höhenunterschied

$$h_{P,B} - h_{P,B'} = \overline{BB'} = \Delta h_{P,B}$$

angeben. Dabei wird B' mittels der Zeitfolge $\Delta t_{(A-B)}$ in gleicher Weise wie in Abb. 363 erhalten, nämlich so, als ob nur die primäre Hochwasserwelle im Hauptflusse vorhanden wäre. Wird dieses Verfahren für eine hinreichend große Anzahl von Wasserständen wiederholt, so kann durch Verbindung aller gleichwertigen Punkte B' von der erhobenen Ganglinie L_B jene Ganglinie $L_{B'}$ deutlich unterschieden werden, welche nur durch die primäre Welle des

Abb. 364.

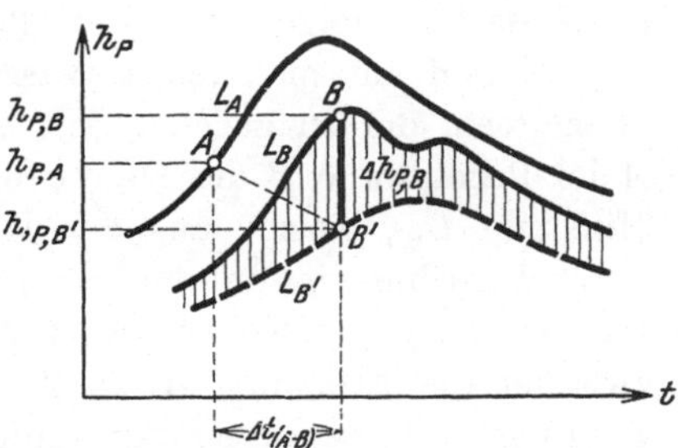

Abb. 365. Ermittlung der Wasserstandsunterschiede $\Delta h_{P,B}$, die im Pegelprofile B durch einen Zubringer hervorgerufen werden.

Hauptflusses bedingt ist. Nach diesem Verfahren läßt sich demnach an der Unterstation zu jeder beliebigen Zeit der Unterschied der Wasserstände $\Delta h_{P,B}$ zwischen der durch den Zubringer beeinflußten Welle und der primären Hochwasserwelle des Hauptflusses bestimmen.

Nunmehr hat man jenen Wasserstand im Pegelprofile N des Zubringers zu

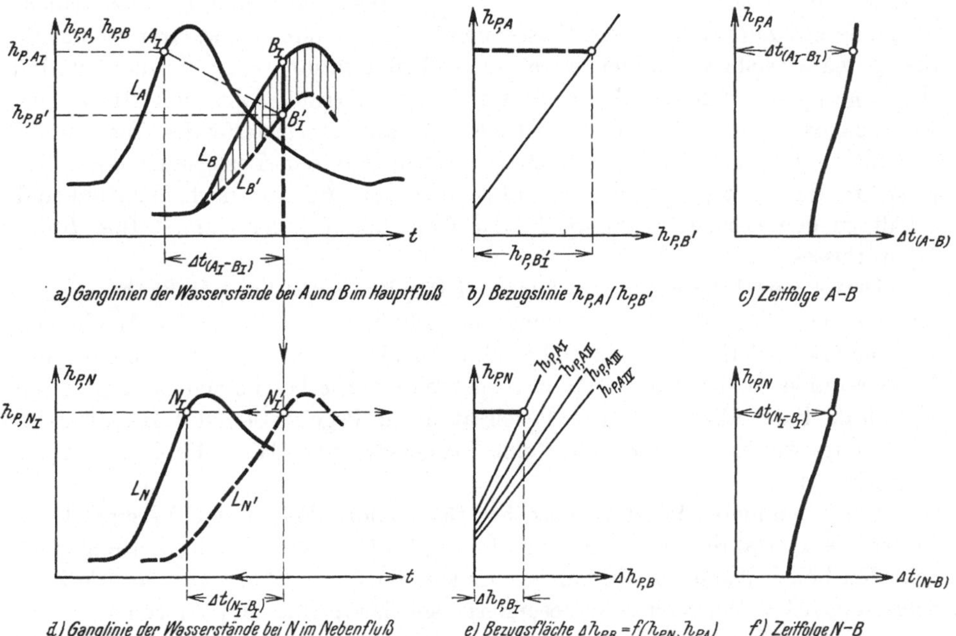

Abb. 366. Ermittlung der Ganglinie $h_{P,B} = f_b(t)$ aus der Ganglinie $h_{P,A} = f_a(t)$ für die primäre Hochwasserwelle und aus der Ganglinie $h_{P,N} = f_n(t)$ für die sekundäre Hochwasserwelle.

suchen, der eine bestimmte Erhöhung $\Delta h_{P,B}$ im Hauptflusse im Pegelprofile B verursacht. Diese Aufgabe erfordert vorerst die Aufstellung der Zeitfolge für die Wasserstände des Zubringers. Hierzu unterteilt man durch Einfügung der Mündungsstation M die durchlaufene Strecke und erhält die Gesamtzeitfolge $\Delta t_{(N-B)}$ durch Addition jener von N bis M innerhalb des Zubringers und jener von M bis B innerhalb des Hauptflusses. Das Ergebnis einer solchen Berechnung der Gesamtzeitfolge zeigt Abb. 366f.

Hierauf hat man jenen Wasserstand im Pegelprofile N des Zubringers zu bestimmen, der zu gleicher Zeit mit dem Wasserstande $h_{P,A}$ des Pegelprofiles A im Pegelprofile B des Hauptflusses eintrifft. Dazu bedarf es zunächst einer Hilfslinie $L_{N'}$, welche aus der Wasserstandsganglinie L_N des Pegelprofiles N durch Verschiebung um die den einzelnen Wasserständen entsprechende Gesamtzeitfolge $\Delta t_{(N-B)}$ gewonnen wird (Abb. 366d). Ferner benötigt man die Beziehung zwischen der Erhöhung $\Delta h_{P,B}$ des Hauptflusses und dem Wasserstand $h_{P,N}$ des Zubringers. Diese Beziehung kann auf Grund langjähriger Beobachtungen hergeleitet werden, indem man zu verschiedenen Wasserständen h_{P,A_I}, $h_{P,A_{II}}$ usw. des Hauptflusses, von denen sie naturgemäß auch abhängig sein muß, die zugehörigen h_{P,N_I}, $h_{P,N_{II}}$ usw. und $\Delta h_{P,B}$ aufträgt. Es läßt sich darnach eine Bezugsfläche $\Delta h_{P,B} = f(h_{P,N}, h_{P,A})$ aufstellen (Abb. 366e).

Die Ableitung des Wasserstandes für eine Unterstation des Hauptflusses aus den jeweils zusammengehörigen Wasserständen in der Oberstation und jener des Zubringers gestaltet sich mit Bezugnahme auf die Abb. 366 folgendermaßen. Man zeichnet zeitrichtig die gegebenen Ganglinien der Wasserstände der Oberstation L_A und des Pegelprofiles des Zubringers L_N übereinander und schiebt die Bezugsfläche $\Delta h_{P,B} = f(h_{P,N}, h_{P,A})$ höhenrichtig an die Wasserstandsganglinie des Zubringers. Dem Wasserstande h_{P,A_I} entspräche sodann, wenn nur die primäre Welle vorhanden wäre, in der Unterstation B der um die Zeitfolge $\Delta t_{(A_I-B_I)}$ später fallende Wasserstand h_{P,B_I}'. Hierauf folgt mit Hilfe des Linienzuges $B_I' - N_I' - N_I$ der gleichzeitig aus N eintreffende Wasserstand des Zubringers mit h_{P,N_I}. Diesem entspricht auf der Bezugslinie h_{P,A_I} der gesuchte Wert $\Delta h_{P,B_I}$. Letzteren trägt man von B_I' aus nach oben auf und erhält so den gesuchten Punkt B_I der Ganglinie L_B der Unterstation B des Hauptflusses.

Dieses Verfahren kann zwischen zwei Pegelstationen nach Maßgabe der aus den oberhalb liegenden Pegelstationen des Flußnetzes einlangenden Meldungen beliebig oft wiederholt werden und es läßt sich auf diesem Wege die Ganglinie der Wasserstände in der Unterstation punktweise vorherbestimmen. Das gesamte Verfahren kann aber auch von Pegelstation zu Pegelstation des Hauptflusses fortgeführt werden, so daß damit eine Vorhersage über lange Flußstrecken ermöglicht wird.

Die geschilderte Pegelprognose hat für manche Flüsse eine Vereinfachung in der Weise erfahren, daß man den Einfluß des Unterschiedes der Zeitfolge verschieden hoher Wasserstände auf das Endergebnis vernachlässigte und die Zeitfolge sämtlicher Wasserstände, gesondert nach Hauptfluß und Zubringer, einem mittleren Werte gleichsetzte. Eine derartig aufgebaute Vorhersage ist wohl mit größeren Fehlern behaftet, doch findet sie wegen ihrer Einfachheit praktische Verwendung.

Die Vorhersage auf Grund von Wasserstandsbeobachtungen kann noch insofern abgeändert werden, als man nicht die Wasserstände selbst, sondern die mutmaßlichen Wasserstandsänderungen ermittelt.

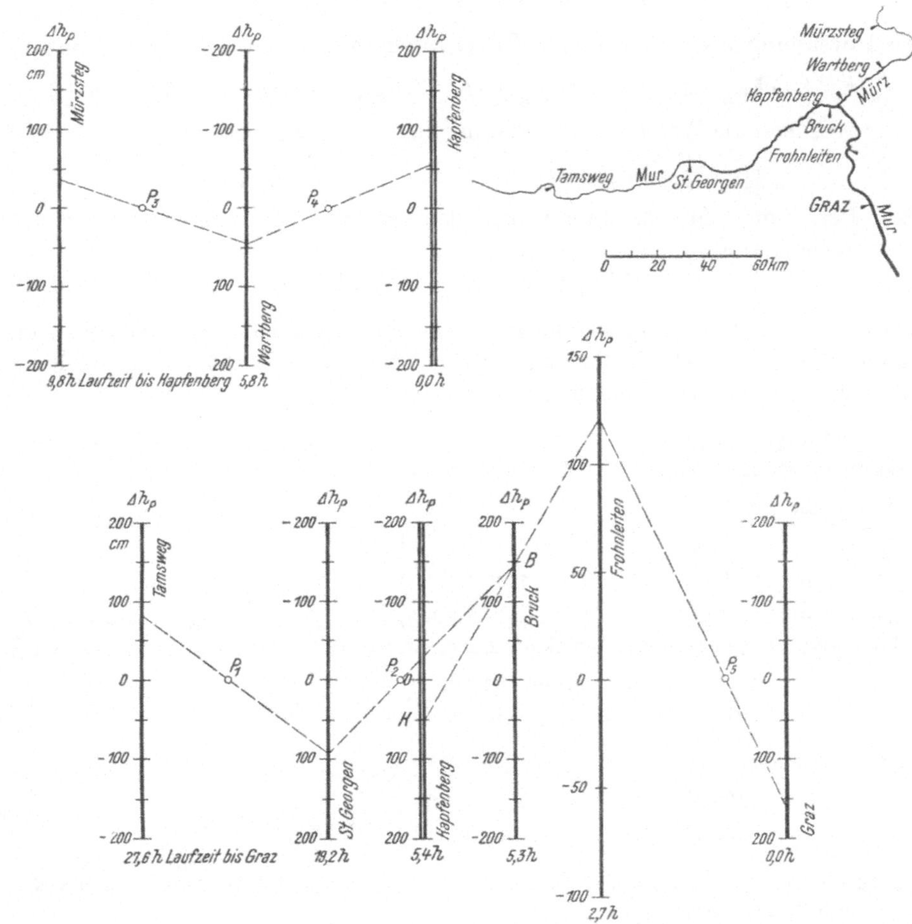

Abb. 367. Nomogramm zur Vorhersage von Wasserstandsänderungen für die Mürz und die Mur in der Steiermark nach W. REITZ.

Ist die Wasserbewegung im Flusse eine stationäre, dann gilt die Raumgleichung

$$Q_B = Q_A + Q_N. \tag{247}$$

Ist sie nicht stationär, dann bleibt die Gleichung annähernd aufrecht, wenn die darin enthaltenen Durchflußmengen als vergleichbar angesehen werden. Es müssen in beiden Fällen die Durchflußmengen Q_A, Q_B und Q_N den Ganglinien der Durchflußmengen in A, B und N zu jenen Zeiten t_A, t_B und t_N entnommen werden, die mit Rücksicht auf die Zeitfolgen $\Delta t_{(A-B)}$ und $\Delta t_{(N-B)}$ den Bedingungen

$$t_A = t_B - \Delta t_{(A-B)} \left.\right\}$$
$$t_N = t_B - \Delta t_{(N-B)} \tag{248}$$

genügen.

Kennt man weiter die Durchflußmengenlinien $Q_A = f_a(h_{P,A})$, $Q_B = f_b(h_{P,B})$ und $Q_N = f_n(h_{P,N})$, so kann die Raumgleichung (247) umgeformt werden in

$$f_b(h_{P,B}) = f_a(h_{P,A}) + f_n(h_{P,N}).$$

Die Anwendung dieser Gleichung auf zwei aufeinanderfolgende Wasserstände gibt

$$f_2(h_{P,B}' - h_{P,B}'', h_{P,B}) = f_1(h_{P,A}' - h_{P,A}'', h_{P,A}) + f_3(h_{P,N}' - h_{P,N}'', h_{P,N})$$

und, wenn man die Wasserstandsänderung $h_P' - h_P'' = \varDelta h_P$ setzt,

$$f_2(\varDelta h_{P,B}, h_{P,B}) = f_1(\varDelta h_{P,A}, h_{P,A}) + f_3(\varDelta h_{P,N}, h_{P,N}).$$

Diese Beziehung läßt sich unter Umständen, wie die Erfahrung gezeigt hat, auf die einfache Form

$$\varDelta h_{P,B} = a_1 \varDelta h_{P,A} + a_2 \varDelta h_{P,N} \tag{249}$$

bringen, worin a_1 und a_2 aus langjährigen Beobachtungen zu ermitteln sind. Damit ist eine einfache Vorhersageregel gegeben.[1] Eine praktische Darstellung läßt sich mit Hilfe der Nomographie erreichen.

In Abb. 367 ist hiernach die Wasserstandsvorhersage für die Mur in Steiermark zusammengestellt und für einen bestimmten Fall durchgeführt.[2]

Tamsweg meldet:

$$\left.\begin{array}{ll} \text{18. X.} \quad 19^h \dots\dots\dots + 30 \\ \text{19. X.} \quad 7^h \dots\dots\dots + 112 \end{array}\right\} \quad \varDelta h_P = +82 \text{ cm}.$$

Der durch die Punkte P_1 und P_2 gelegte Linienzug schneidet auf den Leitern für h_P in Tamsweg, St. Georgen und Bruck die Bezugswerte der Wasserstandsänderungen ab:

St. Georgen..... $+$ 94 cm

Bruck .... $+$ 145 cm   am 20. X. um ca. 5^h.

Mürzsteg meldet:

$$\left.\begin{array}{ll} \text{19. X.} \quad 7^h \dots\dots\dots + 106 \\ \text{19. X.} \quad 19^h \dots\dots\dots + 143 \end{array}\right\} \quad \varDelta h_P = +37 \text{ cm}.$$

Der durch die Punkte P_3 und P_4 gelegte Linienzug schneidet die folgenden Wasserstandsänderungen ab:

Wartberg .... $+$ 44 cm

Kapfenberg .... $+$ 57 cm   am 20. X. um ca. 5^h.

Durch den Linienzug $K-B-P_5$ gelangt man schließlich zu folgenden Wasserstandsänderungen:

Frohnleiten .... $+$ 122 cm

Graz .... $+$ 165 cm   am 20. X. um ca. 10^h.

Dieses Verfahren vereinfacht sich noch weiter, wenn $\varDelta t_{(A-B)} = \varDelta t_{(N-B)}$, denn in diesem Falle gilt wieder für die nach $\varDelta t_{(A-B)}$ auftretende Durchflußmenge in B, $Q_B = Q_A + Q_N$, wenn die Durchflußmengen Q_A und Q_N zur gleichen Zeit erhoben werden.

---

[1] E. MAILLET in Comptes rendus des séances de l'Académie des Sciences. Paris 1901, S. 1033. — J. KOŽENY, Die Wasserführung der Flüsse. Leipzig 1920.

[2] W. REITZ, bisher unveröffentlicht.

Hiernach wird in der Tschechoslowakei der Wasserstand der Elbe in Tetschen aus den Wasserständen von Brandeis an der Elbe, Prag an der Moldau und Laun an der Eger vorausgesagt (Abb. 368). Die Beziehung der Durchflußmengen gestaltet sich dort sehr einfach, weil von den drei maßgebenden Oberstationen die Zeitfolge im Mittel ungefähr die gleiche, nämlich 24 Stunden, ist. Man findet die Wassermenge, die in Tetschen 24 Stunden nach den Wasserstandserhebungen eintrifft, indem man jener von Brandeis, Prag und Laun noch 10 v. H. hinzufügt, welche Menge erfahrungsgemäß den Zufluß aus dem in Abb. 368 durch Schraffierung angedeuteten Zwischengebiete darstellt. Der Vorgang bei dieser Vorhersage spielt sich in der Weise ab, daß die Wasserstände in Prag, Brandeis und Laun telegraphisch dem Sammelpunkte Prag gemeldet werden, dort aus den Durchflußmengenlinien die den Wasserständen entsprechenden Durchflußmengen entnommen, summiert und 10 v. H. dazugeschlagen wird. Zu der so erhaltenen Durchflußmenge wird aus der Durchflußmengenlinie für Tetschen der zu erwartende Wasserstand bestimmt.

Die Genauigkeit der kurzfristigen Vorhersage ist je nach dem verwendeten Verfahren und auch je nach der Länge des Zeitabschnittes, für den man die Vorhersage gibt, verschieden. So wird der Wasserstand an der Elbe in Deutschland mit Benützung der Pegelprognose bis zu 6 Tagen auf etwa 20 cm genau vorausgesagt, an der Elbe in der Tschechoslowakei auf 1 bis 2 Tage voraus und

Abb. 368. Wasserstandsvorhersage an der Elbe in der Tschechoslowakei.

im Mittel auf 5 cm genau und an der Donau in Österreich auf 1 Tag voraus angegeben, wobei in der größten Anzahl der Fälle der Fehler im Mittel 3 cm beträgt.

2. Verfahren der langfristigen Vorhersage.

Die Verfahren der langfristigen Vorhersage lassen sich ebenfalls in solche mit Verwendung von Niederschlagsbeobachtungen, und zwar in Verbindung oder ohne Verbindung mit meteorologischen Beobachtungen, und in solche mit Zugrundelegung von Wasserstandsbeobachtungen einteilen. Dabei kann bei der ersten Gruppe der eigentlichen Vorhersage des Wasserstandes jene des Niederschlages vorangehen, wobei sich die hydrographische Vorhersage die in der Meteorologie gebräuchlichen Methoden zunutze macht.

Langfristige Vorhersage aus Niederschlagsbeobachtungen. Ein Verfahren, das sich zur Vorausberechnung von Monatsmittelwerten der Durchflußmengen eignet, kann mit Hilfe der Trockenwetter-Auslauflinie entwickelt werden.[1] Dabei geht man nicht wie bei dem analogen Verfahren der kurzfristigen Vorhersage von einzelnen Auslauflinien aus, sondern es genügt wegen des überschlägigen Charakters dieser Methode, die mittlere Trockenwetter-Auslauflinie zugrunde zu legen.

---

[1] W. v. Kesslitz, Über verschiedene Methoden zur Vorausberechnung von Monatsmittelwerten der Wasserführung österreichischer Alpenflüsse. Die Wasserwirtschaft, Wien, Nr. 7, 8 u. 9, 1928.

Führt man als Maßeinheit an Stelle der Mengenwerte die bezüglichen Höhenwerte in Millimeter ein, dann ergibt sich die zu erwartende Abflußhöhe im Monate aus

$$h_A = h_A' + c\,h_N + \psi\,s. \tag{250}$$

Hierin bedeutet h_A' jene Abflußhöhe, die sich ergeben würde, falls während des ganzen Monates kein flüssiger Niederschlag gefallen wäre, $c\,h_N$ den Betrag, der durch einen flüssigen Niederschlag von der monatlichen Höhe h_N und $\psi\,s$ den Betrag, der durch das Abschmelzen der zu Beginn des Monats vorhandenen Schneedecke von der Höhe s zustande kommt. Dem Aufbaue der Gleichung entsprechend ist c der Abflußbeiwert und ψ ein Beiwert, in welchem der Wasserwert sowie der Abflußbeiwert gemeinsam berücksichtigt werden. Die Beiwerte c und ψ werden aus einer langjährigen Beobachtungsreihe nach der Methode der kleinsten Quadrate abgeleitet.

Nunmehr bestimmt man aus der Trockenwetter-Auslauflinie jene Wasserfracht F_w, die während des folgenden Monats dem Flusse aus dem Grundwasser zufließt. Hierzu zeichnet man gemäß Abb. 330 auf Seite 319 eine Summenlinie, deren Ordinaten die Durchflußmenge am letzten Tag des Vormonats und deren Abszissen den Wert $\dfrac{F_w}{30\,.\,86400}$ angeben, der sonach die mittlere Durchflußmenge Q_m im folgenden Monat darstellt. Die zugehörige Monatsabflußhöhe erhält man aus $h_A' = \dfrac{30\,.\,86400\,Q_m}{\text{Einzugsgebiet in km}^2\,.\,10^9}$.

Die nach diesem Verfahren abgeleiteten Gleichungen zur Vorausberechnung der Monatsmittel der Abflußhöhen bzw. Abflußmengen aus dem Murgebiete bis zum Pegelprofile in Frohnleiten zeigen den in Tabelle 43 angegebenen Aufbau.

Tabelle 43. Berechnung der Monatsmittel der Abflußhöhen der Mur bei Frohnleiten mit Hilfe der Trockenwetter-Auslauflinie.

Monat	Abflußhöhen in mm	Abflußmengen in m³/sek	Mittlere Fehler in v. H.
Jänner	$h_A = h_A' + 0{,}172\,h_N$	$h_A \times 2{,}45$	14,3
Feber	$h_A = h_A' + 0{,}146\,h_N$	$h_A \times 2{,}71$	19,5
März	$h_A = h_A' + 0{,}233\,h_N + 0{,}0106\,h_N'$	$h_A \times 2{,}45$	14,3
April	$h_A = h_A' + 0{,}450\,h_N + 0{,}0988\,h_N'$	$h_A \times 2{,}53$	16,7
Mai	$h_A = h_A' + 0{,}571\,h_N + 0{,}2660\,h_N'$	$h_A \times 2{,}45$	17,5
Juni	$h_A = h_A' + 0{,}328\,h_N$	$h_A \times 2{,}53$	15,2
Juli	$h_A = h_A' + 0{,}223\,h_N$	$h_A \times 2{,}45$	11,7
August	$h_A = h_A' + 0{,}149\,h_N$	$h_A \times 2{,}45$	13,0
September	$h_A = h_A' + 0{,}265\,h_N$	$h_A \times 2{,}53$	17,7
Oktober	$h_A = h_A' + 0{,}228\,h_N$	$h_A \times 2{,}45$	11,0
November	$h_A = h_A' + 0{,}211\,h_N$	$h_A \times 2{,}53$	9,1
Dezember	$h_A = h_A' + 0{,}139\,h_N$	$h_A \times 2{,}45$	13,0

Der mittlere Fehler der nach obigen Gleichungen bei bekanntem Niederschlage vorausberechneten Abflußhöhen ergibt sich im Mittel der zwölf Monate mit 14,4 v. H. der Abflußhöhe.

Ein zweites Verfahren der Vorhersage, das sich ebenfalls auf Niederschlagsbeobachtungen stützt, läßt sich mit Hilfe der Korrelationsrechnung durchführen.[1]

Man geht dabei von dem Gedanken aus, den Zusammenhang zwischen Niederschlag und Abfluß in der Weise festzulegen, daß jene Niederschlagsmonate ermittelt werden, welche für einen bestimmten Bezugsmonat hinsichtlich seines Abflusses den größten Einfluß haben. Es sind dies gewöhnlich einige Vormonate und dann der Bezugsmonat selbst. Mathematisch läßt sich dieser Gedanke in der Weise zum Ausdrucke bringen, daß man die Abflußhöhe des Bezugsmonates darstellt durch die Gleichung

$$h_A = a + b \, \Sigma \, h_N, \tag{251}$$

wobei $\Sigma \, h_N$ die Summe der Monatsniederschlagshöhen für jene Monatsgruppe ist, für die in bezug auf h_A der Korrelationskoeffizient seinen Größtwert erreicht.

Für das Einzugsgebiet der Mur bis zur Pegelstation Frohnleiten sind hiernach mit Hilfe der Korrelationsrechnung unter Heranziehung der Niederschlagsbeobachtungen der Jahresreihe 1900—1919 die Gleichungen der Bezugsgeraden bestimmt und in Tabelle 44 zusammengestellt worden, worin die in römischen Ziffern angegebenen Indizes der Niederschlagshöhen die einzubeziehenden Monate bezeichnen.[2]

Tabelle 44. Berechnung der Monatsmittel der Abflußhöhen der Mur bei Frohnleiten mit Hilfe der Korrelationsmethode.

Monat	Abflußhöhen in mm	Abflußmenge in m³/sek	Korrelationskoeffizient	Mittlerer Fehler in v. H.
Jänner	$h_A = -\ \ \ \ 5{,}0 + 0{,}093\,h_{N\,(\mathrm{IX}-\mathrm{I})}$	$h_A \times 2{,}45$	0,810	19,0
Feber	$h_A = +\ \ 15{,}1 + 0{,}143\,h_{N\,(\mathrm{XII})}$	$h_A \times 2{,}71$	0,773	10,4
März	$h_A = +\ \ 14{,}1 + 0{,}078\,h_{N\,(\mathrm{X}-\mathrm{II})}$	$h_A \times 2{,}45$	0,624	14,4
April	$h_A = +\ \ \ \ 1{,}6 + 0{,}192\,h_{N\,(\mathrm{X}-\mathrm{III})}$	$h_A \times 2{,}53$	0,621	18,8
Mai	$h_A = -100{,}0 + 0{,}675\,h_{N\,(\mathrm{XI}-\mathrm{IV})}$	$h_A \times 2{,}45$	0,790	22,0
Juni	$h_A = -\ \ 64{,}5 + 0{,}322\,h_{N\,(\mathrm{XII}-\mathrm{VI})}$	$h_A \times 2{,}53$	0,774	15,6
Juli	$h_A = -\ \ 24{,}4 + 0{,}278\,h_{N\,(\mathrm{V}-\mathrm{VII})}$	$h_A \times 2{,}45$	0,882	11,0
August	$h_A = -\ \ 32{,}9 + 0{,}240\,h_{N\,(\mathrm{VI}-\mathrm{VIII})}$	$h_A \times 2{,}45$	0,824	11,5
September	$h_A = -\ \ 62{,}1 + 0{,}249\,h_{N\,(\mathrm{VI}-\mathrm{IX})}$	$h_A \times 2{,}53$	0,854	13,8
Oktober	$h_A = -\ \ 10{,}0 + 0{,}197\,h_{N\,(\mathrm{VIII}-\mathrm{X})}$	$h_A \times 2{,}45$	0,800	13,1
November	$h_A = +\ \ \ \ 3{,}6 + 0{,}150\,h_{N\,(\mathrm{IX}-\mathrm{XI})}$	$h_A \times 2{,}53$	0,841	12,5
Dezember	$h_A = +\ \ 10{,}8 + 0{,}182\,h_{N\,(\mathrm{XI}+\mathrm{XII})}$	$h_A \times 2{,}45$	0,885	12,0

Der mittlere Fehler der berechneten Abflußhöhen beträgt im Mittel der zwölf Monate 14,5 v. H., ist also ungefähr gleich jenem, der bei der Berechnung mit Zuhilfenahme der Trockenwetter-Auslauflinie gefunden worden ist. Dies besagt, daß bei diesem Einzugsgebiete von 6553 km² beide Vorhersageverfahren gleich genau arbeiten. Untersuchungen mit kleineren Einzugsgebieten haben gezeigt, daß mit Rücksicht auf die Genauigkeit dem ersten Verfahren der Vorzug zu geben ist.

---

[1] Siehe S. 253.

[2] W. v. KESSLITZ, Über verschiedene Methoden zur Vorausberechnung von Monatsmittelwerten der Wasserführung österreichischer Alpenflüsse. Die Wasserwirtschaft, Wien, Nr. 7, 8, 9, 1928.

Die Anwendung der nach beiden Methoden entwickelten Gleichungen setzt voraus, daß man die Niederschlagshöhe für den Monat, für den die Prognose über die Abflußhöhe zu stellen ist, bereits kennt. Es muß daher die nächste Aufgabe darin bestehen, den Niederschlag für einen bestimmten Zeitabschnitt vorauszuberechnen.

Man wird sich hierbei nicht mit einer Schätzung des Niederschlages begnügen, da eine solche für die Berechnung von h_A nur zu sehr rohen Näherungen führen kann. Das gilt vor allem für jene Monate, in denen der Niederschlag des Bezugsmonates ausschlaggebend ist. Man muß also wieder eine statistische Methode zu Hilfe nehmen. Hierbei kann man in ähnlicher Weise wie bei der kurzfristigen Vorhersage des Niederschlages vorgehen, indem man die Wetterlage weit entfernt liegender Aktionszentren in Verbindung mit jener des betrachteten Einzugsgebietes bringt.

Die meteorologische Forschung hat festgestellt, daß es auf der Erdoberfläche Orte gibt, deren Wetterlage der Vormonate in einer Beziehung zum nachfolgenden Witterungsverlauf an weitab gelegenen Orten steht, die mit Hilfe der Korrelation erfaßbar ist. Man muß sich aber dabei vor Augen halten, daß damit nur die allgemeine Wetterlage vorausgesagt werden kann. Örtliche Starkregen werden gewiß nicht von diesen Aktionszentren angezeigt werden, weshalb bei solchen Ereignissen auch größere Unterschiede zwischen Beobachtung und Rechnung auftreten können. Von den auf der Erdoberfläche nachgewiesenen Aktionszentren kommen für Mitteleuropa das isländische Tiefdruckgebiet, das Azorenhoch und das russisch-sibirische Hoch- bzw. Tiefdruckgebiet in Betracht.

Es ist der Versuch unternommen worden, den geschilderten Gedankengang dadurch zu verwirklichen, daß man für die genannten Gebiete die Beobachtungsergebnisse der meteorologischen Stationen in Stykkisholm auf Island, $65^0\,5'$ n. Br. und $22^0\,46'$ w. L., und in La Coruna in Spanien, $43^0\,22'$ n. Br. und $8^0\,25'$ w. L. als genügend kennzeichnend auswählte und die dort durchgeführten Luftdruck- und Temperaturbeobachtungen mit den Niederschlagsbeobachtungen in dem mehrfach erwähnten Einzugsgebiete der Mur in Steiermark in Korrelation brachte[1] (Abb. 278).

Da es sich in diesem Fall um die Aufstellung korrelativer Beziehungen von drei Merkmalen des Kollektivs Wetter handelt, nämlich des Niederschlages, des Luftdruckes und der Lufttemperatur, so muß die Methode der partiellen Korrelation zur Verwendung kommen, in ähnlicher Weise, wie sie in der Meteorologie für die Luftdruckkorrelation in Polargebieten verwendet wird.[2]

Bezeichnet man wie oben mit h_N die Niederschlagshöhe des Bezugsmonates in Millimeter, mit B_m das Monatsmittel der Spitzen des Barometerstandes in Millimeter, die den Grundwert 700 mm übersteigen, und mit T_m das Monatsmittel der Lufttemperatur in Celsiusgraden, wobei B_m und T_m für die im

---

[1] W. v. Kesslitz, Über verschiedene Methoden zur Vorausberechnung von Monatsmittelwerten der Wasserführung österreichischer Alpenflüsse. Die Wasserwirtschaft, Wien, Nr. 7, 8, 9, 1928.

[2] E. Czuber, Die statistischen Forschungsmethoden. Wien 1921. — F. M. Exner, Monatliche Luftdruck- und Temperaturanomalien auf der Erde, und Korrelationen des Luftdruckes auf Island mit dem anderer Orte. Sitzungsbericht der Akademie der Wissenschaften Wien, Math. naturw. Klasse, H. 7 u. 8, 1924.

Aktionszentrum ausgewählte Beobachtungsstation gelten, dann läßt sich die Regressionsgleichung in der Form

$$h_N = a_1 + a_2\,B_m + a_3\,T_m \qquad (252)$$

schreiben.

Die Aufstellung der Korrelationen erfolgte empirisch, indem die Abweichungen der Monatsniederschlagshöhen vom Mittelwerte, die Anomalien des Niederschlages, Monat für Monat zunächst mit jenen des Luftdruckes und dann mit jenen der Temperatur auf der ausgewählten Beobachtungsstation des Aktionszentrums in Beziehung gebracht wurden, bis sich ein hinreichend großer Korrelationskoeffizient ergab. Diese Untersuchung ist über einen nicht länger als zwölf Monate zurückreichenden Zeitabschnitt ausgedehnt worden. In den Gleichungen in Tabelle 45 zeigen die römischen Ziffern jene Monatsgruppen an, welche den größten Korrelationskoeffizienten ergaben, die also bei ihrer Berücksichtigung die genauesten Werte von h_N erwarten lassen.

Tabelle 45. Berechnung der Monats-Niederschlagshöhe für das Einzugsgebiet der Mur bis Frohnleiten mit Hilfe der Korrelationsmethode.

Monat	Niederschlagshöhe in mm	B_m und T_m aus der Monatsgruppe ... des Vorjahres der Beobachtungsstation ... entnommen	Korrelationskoeffizient	Mittlerer Fehler in v. H.
Jän.	$h_N = -\ 68,0 + 2,21\,B_m$	III, Stykkisholm	0,60	33
Feber	$h_N = -126,9 + 16,9\,T_m$	VII, ,,	0,50	39
März	$h_N = +362,2 - 2,63\,B_m$	VI—VII, ,,	— 0,48	25
April	$h_N = -171,8 + 4,53\,B_m - 7,17\,T_m$	IV, ,,	0,68	23
Mai	$h_N = +433,8 - 5,93\,T_m$	VII, ,,	— 0,61	16
Juni	$h_N = +257,9 - 3,24\,B_m$	I, ,,	— 0,54	18
Juli	$h_N = +243,6 - 1,42\,B_m - 7,29\,T_m$	II—III, ,,	0,56	23
Aug.	$h_N = +113,3 + 15,47\,T_m$	IV, ,,	0,51	26
Sept.	$h_N = +128,0 + 12,5\,T_m$	II, ,,	0,51	28
Okt.	$h_N = +\ 70,5 + 2,4\ B_m - 14,12\,T_m$	VII—VIII, ,,	0,75	26
Nov.	$h_N = +272,9 - 4,53\,B_m$	I, ,,	— 0,54	37
Dez.	$h_N = +\ 56,7 + 2,21\,B_m - 12,96\,T_m$	XII, La Coruna	0,59	33

Der mittlere Fehler der Berechnungsergebnisse schwankt um 25 v. H. und der Korrelationskoeffizient um 0,57. Die Voraussage auf Grund der ermittelten Beziehungen wird daher nur als grobe Näherung angesehen werden können, die aber mangels anderer Möglichkeiten für den Betrieb von Wasserkraftanlagen einigermaßen von Nutzen sein kann.

Über die Genauigkeit der langfristigen Vorhersage liegen noch wenige Erfahrungen vor, von denen im nachstehenden einige Werte angegeben werden sollen.

 Wasserstandsvorhersage.

Für das Pegelprofil Frohnleiten der Mur in Steiermark wurden für die Monate Jänner bis September 1933 die Monats-Niederschlagshöhen des Einzugsgebietes mit Verwendung der Korrelation und die Monatsmittel der Abflußmengen mit Verwendung der Trockenwetter-Auslauflinie vorausberechnet. Die Tabelle 46 zeigt einen Vergleich dieser vorausberechneten Werte mit den tatsächlich erhobenen.

Tabelle 46. Ergebnisse der Vorausberechnungen der Monats-Niederschlagshöhen im Murgebiet und der Monatsmittel der Abflußmengen beim Pegelprofil Frohnleiten.

Monat		I	II	III	IV	V	VI	VII	VIII	IX	Mittel
Monats-Niederschlags-höhen in mm	berechnet	48	29	49	62	73	83	113	130	113	
	beobachtet	25	41	28	61	97	109	119	121	113	
	Fehler in v. H.	92	—29	75	2	—25	—24	— 5	7	0	+ 10
Monatsmittel der Abfluß-mengen in m³/sek	berechnet	47	49	62	*	170	187	158	141	136	
	beobachtet	41	58	59	100	167	168	147	143	120	
	Fehler in v. H.	15	—16	5	—	2	11	7	— 1	13	+ 4

* Mangels Schneeaufzeichnungen Berechnung nicht durchführbar.

Das Beispiel zeigt das immerhin bemerkenswerte Ergebnis, daß die Vorausberechnung des Niederschlages für die Monate Jänner bis September 1933 mit einem mittleren Fehler von + 10 v. H. und jene des Abflusses mit einem solchen von + 4 v. H. möglich war.

Langfristige Vorhersage aus den Wasserständen. Bei der Erläuterung der Glättungsverfahren ist als Beispiel ihrer Anwendung die Analyse der Ganglinie der Wasserstände für das Pegelprofil der Mur bei Frohnleiten behandelt worden[1] (Abb. 241). Es hat sich dabei gezeigt, daß eine weitgehende Auflösung der scheinbar gesetzlos verlaufenden Ganglinie in einzelne Wellenzüge möglich ist. Das untersuchte Beispiel hat auch dargetan, daß nach Herausschälen dieser periodischen Vorgänge aus der ursprünglichen Ganglinie schließlich ein vollkommen unregelmäßiger Linienzug übrig bleibt, der keinerlei Gesetzmäßigkeit erkennen läßt.

Das Glättungsverfahren hat nur in jenen Fällen, in denen das Regime des Flußlaufes durch einfachere klimatische und meteorologische Verhältnisse bedingt ist, als dies bei dem alpinen Charakter des Einzugsgebietes der Mur der Fall ist, zu einer vollständigen Auflösung der Ganglinie in ihre Elementarwellen geführt.[2] Ist aber eine derartige weitgehende Analyse durchführbar, dann muß es umgekehrt

---

[1] Siehe S. 224f.

[2] A. Wallén, Les prévisions des niveaux d'eau et des débits en Suède. — A. Streiff, On the investigation of cycle and the relation of the Brückner- and solarcycles. Monthly Weather review. U. S. A. 1926.

möglich sein, durch Synthese von Elementarwellen die Originallinie schrittweise aufzubauen und hierdurch eine Vorhersage für den zukünftigen Gang der Wasserstände abzuleiten (Abb. 369). Man darf aber aus dieser Überlegung nicht etwa den Schluß ziehen, daß hierdurch eine Vorhersage in die fernste Zukunft möglich ist, denn die Erfahrung hat gezeigt, daß selbst unter den günstigsten Umständen die Analysen auf einzelne Wellenzüge führen, die in sich entweder verschiedene Wellenlängen oder verschieden große Schwingungsweiten aufweisen. Es wird daher nötig sein, die Analyse fallweise zu wiederholen, um die Veränderung der Form der Elementarwellen zu erfassen. Die Vorhersage wird dann nur in einem

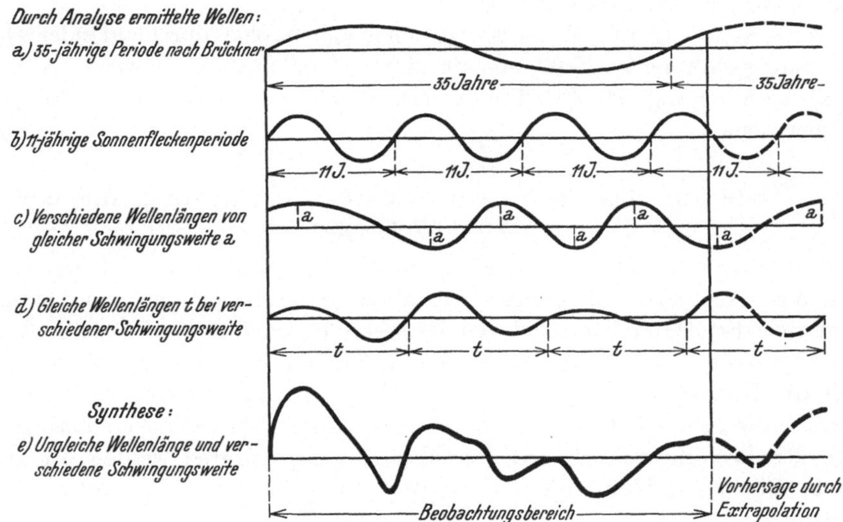

Abb. 369. Analytisch-synthetische Vorhersage mit Hilfe des Glättungsverfahrens nach A. Wallén und A. Streiff.

engeren Bereich bekannter und als gleichbleibend anzunehmender Wellenlängen und Schwingungsweiten durchführbar sein, ein Weg, der Aussicht auf Erfolg erwarten läßt.[1]

Diese Art der Vorhersage hat bisher nur bei einigen Flüssen Nordamerikas und Schwedens einen Erfolg gezeitigt, wo es sich um Abflüsse aus Seengebieten handelt und wo infolge des Rückhaltes ein derartiger Ausgleich stattfindet, daß die kurzperiodischen Störungen infolge örtlicher Starkregen verschwinden und daher die Wellen längerer Perioden, die größtenteils kosmischen Ursprunges sind, bei der Analyse leichter herausgeschält werden können. Sie ist also ebenso wie jene, die aus den Zusammenhängen mit den meteorologischen Aktionszentren abgeleitet wird, vorläufig noch als problematisch anzusehen, doch empfiehlt es sich, beide Verfahren weiterhin zu verfolgen und auszubauen.

---

[1] A. Kvetinsky, Wassermengenvorhersage im Kraftwerksbetrieb. Z. f. Elektrotechnik u. Maschinenbau, H. 17, 1928.

J. Künstliche Beeinflussung des Regimes eines Wasserlaufes.

Sämtliche Untersuchungen erstreckten sich bisher auf hydrographische Vorgänge, die der natürliche Zustand des Wasserlaufes, das natürliche Regime, mit sich bringt. Jeder künstliche Eingriff in die Beschaffenheit des Einzugsgebietes oder in das Gewässernetz verwandelt das natürliche Regime in ein künstliches.

Solche Eingriffe umfassen, soweit sie den Wasserbau betreffen,

a) die Änderung des Niederschlages, der Verdunstung und der Versickerung,

b) die Änderung der Durchflußmenge durch Wasserentzug aus dem Muttergerinne oder Wasserzugabe in dasselbe,

c) die Änderung der Wasserspiegelhöhenlage infolge durchlaufender Querschnittsumgestaltung im Flußlaufe, die durch Flußbauwerke bewirkt wird und

d) die Änderung der Durchflußmenge durch Ein- oder Ausschaltung von Speicherräumen.

a) Änderung des Niederschlages, der Verdunstung und der Versickerung.

Man hat getrachtet, eine Änderung des Niederschlages nach Art und Größe durch Wetterschießen und ähnliche Maßnahmen zu erreichen, doch wurden dabei nur geringe Erfolge erzielt. Auch der Gedanke, durch Ionisierung der Luft mit Hilfe hochfrequenter elektrischer Wellen Kondensationskerne zu schaffen und damit die Kondensation zu fördern, hat bereits zu groß angelegten Versuchen in der Natur geführt.[1] Ob diese Versuche zu einer wirtschaftlichen Lösung der Frage der Beeinflussung des Niederschlagsvorganges führen werden, ist abzuwarten. Bis dahin bleibt diese Frage für den praktischen Wasserbau außer Betracht.

Die Änderung der Verdunstung und Versickerung wird in großem Maßstabe durch einen Wechsel der Bodenbedeckung hervorgerufen. Von besonderer Wichtigkeit ist hier der Einfluß des Waldes. Die gewöhnlich als selbstverständlich betrachtete Anschauung, daß ein Kahlschlag infolge der durch ihn bewirkten Herabminderung der Verdunstung und Versickerung die Ursache der Vergrößerung der Hochwasserabflußmengen ist, darf jedoch nicht kritiklos angenommen werden. Die sowohl auf die Wasserwirtschaft als auch auf die Hochwasserverhältnisse eines Flusses günstige Wirkung des Waldes wird nicht nur durch die physikalischen Einflüsse, sondern nicht selten auch in hervorragendem Maße durch mechanische Einwirkungen hervorgerufen. Der rauhe Waldboden bietet dem Abflusse weit größere Widerstände als die kahlen und verhältnismäßig glatten Hänge und seine Speicherfähigkeit ist größer als diejenige von unbewaldetem Boden. Das Zusammenwirken beider Einflüsse kann zur Herabminderung der Höchstwassermenge beitragen.[2]

---

[1] Niedrige Temperaturen allein sind nicht hinreichend, um eine Kondensation herbeizuführen. Es müssen Kondensationskerne vorhanden sein, als welche Staubteilchen, aber auch ionisierte Luftteilchen dienen können.

[2] H. ENGELS, Handbuch des Wasserbaues. Leipzig 1923. — F. SCHAFFERNAK, Neuere Anschauungen über den Einfluß des Waldes auf die Wasserstandsverhältnisse der Gewässer. Österr. Wochenschrift f. d. öffentl. Baudienst, H. 22, 1912, enthält

Anderseits dürfen aber die klimatischen Einflüsse des Waldes nicht übersehen werden, die in Ausnahmefällen seinen Einfluß schädlich gestalten können. Umfangreiche Studien in den Vereinigten Staaten von Nordamerika haben dargetan, daß in den westlichen Gebieten der Waldbestand wegen seiner schneespeichernden Wirkung den Abfluß ungünstig beeinflußt. Die im Walde verbleibende Schneelage wird erst durch den warmen Sommerregen zum raschen Abschmelzen gebracht, wodurch katastrophale Hochwässer entstehen können.

Eine zahlenmäßige Angabe über die Größe der durch diese mechanischen, physikalischen oder klimatischen Änderungen hervorgerufenen Beeinflussungen ist wegen der Vielfältigkeit der Einzugsgebiete gegenwärtig nicht möglich und daher auch ein weiteres Eingehen auf eine rechnerische Behandlung gegenstandslos.

b) Änderung der Durchflußmenge durch Wasserentzug oder Wasserzugabe.

Die Änderung der Durchflußmenge durch Wasserentzug oder Wasserzugabe ist hinsichtlich der Beeinflussung des natürlichen Regimes einer Berechnung zugänglich.

Vor allem ist es der Wasserentzug, wie er etwa bei der Ausnützung der Gewässer zur Energieerzeugung auftritt, der oft auf viele Kilometer langen

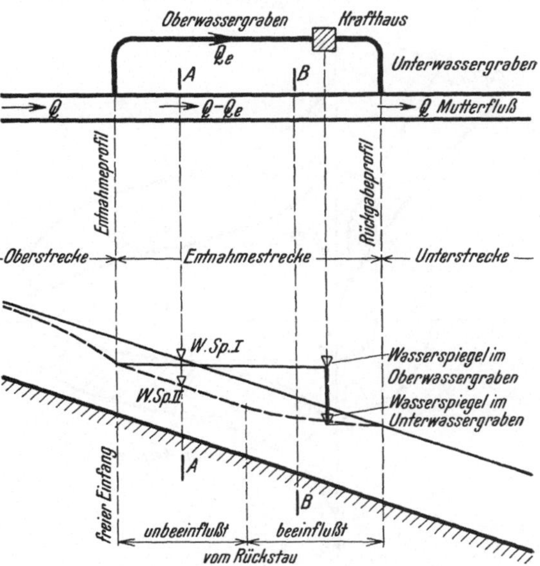

Abb. 370. Änderung eines Flußregimes durch Wasserentzug.

Flußstrecken ein geändertes Regime auslöst und damit auch einschneidende morphologische Änderungen hervorrufen kann. Namentlich der letztere Umstand rechtfertigt die folgenden Betrachtungen, da sie eine Vorstufe für weitere morphologische Untersuchungen bilden.

Dem Mutterflusse wird im *Entnahmeprofil* auf eine bestimmte Flußstrecke, die *Entnahmestrecke*, die in ihrer Größe wechselnde *Entnahmemenge* Q_e entzogen und im *Rückgabeprofil* wieder zurückgeleitet (Abb. 370). Hierdurch tritt im Mutterflusse gegenüber den natürlichen Verhältnissen des Bestandes *I* sowohl eine Änderung der Durchflußmenge wie auch der Wasserspiegelhöhenlage ein. Die Durchflußmenge wird bei Betrieb des Wasserkraftwerkes, dem Bestande *II*, in der Entnahmestrecke von Q auf $Q - Q_e$ herabgemindert. Die Wasserspiegellagen erfahren in der Oberstrecke und in der Entnahmestrecke eine Erniedrigung von W.Sp. *I* auf W.Sp. *II*, während sie in der Unterstrecke unver-

---

eine Besprechung von H. M. Chittenden, Beziehungen der Wälder und Staubecken zum Abflusse, mit besonderer Rücksichtnahme auf die schiffbaren Flüsse. Transactions of the American Society of Civil Engineers, Paper Nr. 1098.

ändert bleiben. Dabei wird in der Entnahmestrecke die Lage des Wasserspiegels in einem gewissen Abschnitte vom Rückstau beeinflußt, der von der Höhenlage des Wasserspiegels im Rückgabeprofil ausgeht. In der Oberstrecke wird die Wasserspiegellage entweder durch die Lage der Oberkante des Wehrobjektes oder bei einem *freien Einfang*, wenn also wie bei Abb. 370 keine Stauanlage eingebaut ist, durch die abgesenkte Wasserspiegellage in der Entnahmestrecke bestimmt. Die Änderungen der Wasserspiegellage und der Durchflußmenge bestimmen zusammen den Umfang der Regimeänderung.

Ist die Rückstaustrecke gegenüber der Entnahmestrecke sehr kurz, dann kann die Wasserspiegellage W.Sp. *II* unmittelbar aus der für den ursprünglichen Zustand der Entnahmestrecke gültigen Durchflußmengenlinie durch Zuordnung der Pegelhöhe $h_{P\,(Q-Q_e)}$ zur neuen Durchflußmenge $Q-Q_e$ bestimmt werden. Ist die Rückstaustrecke nicht vernachlässigbar, dann ist ihre Wasserspiegellage, ausgehend von jener im Rückgabeprofil, mit Hilfe von Stauformeln zu berechnen.[1] Ebenso ist die Wasserspiegellage in der Oberstrecke, ausgehend von der Wasserspiegelhöhe im Einfangprofile, zu bestimmen.

Die Ermittlung der Änderung des Durchflußmengenregimes in einem Profile *A* der durch Rückstau unbeeinflußten Entnahmestrecke gestaltet sich folgendermaßen.[2]

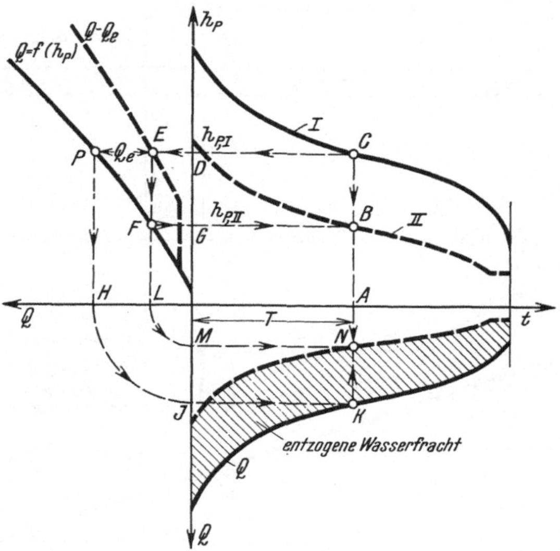

Abb. 371. Bestimmung der Regimeänderung bei Wasserentzug.

Die zulässige Entnahmemenge Q_e wird bei einer Wasserkraftanlage seitens der Wasserrechtsbehörde in der Urkunde des Benützungskonsenses der Anlage festgelegt. Ihre Größe richtet sich nicht nur nach dem natürlichen Regime des auszunützenden Wasserlaufes, sondern auch nach anderen, öffentlich-rechtlichen Gesichtspunkten. Aufrechterhaltung der Schiff- oder Floßfahrt, Rücksicht auf die Fischerei sowie auf sanitäre Verhältnisse in der Entnahmestrecke können bestimmend sein.

Die zulässige Entnahmemenge wird in ihrer Größe mit der Größe der Wasserführung wechseln. Man stellt ihre Abhängigkeit hiervon am besten durch eine *Durchflußmengen-Entzugslinie* $Q - Q_e$ dar, die derart gezeichnet wird, daß man zu jedem Pegelstand die um die zulässige Menge Q_e verminderte Durchflußmenge Q, also $Q - Q_e$ in dasselbe Achsenkreuz wie für die Durchflußmengenlinie $Q = f(h_P)$ aufträgt (Abb. 371).

---

[1] Siehe die bezüglichen Ansätze in Ph. Forchheimer, Hydraulik. Leipzig 1930, S. 203 u. f.

[2] F. Schaffernak, Neue Grundlagen für die Berechnung der Geschiebeführung in Flußläufen. Leipzig 1922.

Ist das natürliche Regime durch die Benetzungsdauerlinie I und die Durchflußmengenlinie $Q = f(h_P)$ gegeben, so besteht die Aufgabe darin, die neue Benetzungsdauerlinie II nach Entzug von Q_e so zu ermitteln, daß die Wasserstände vor und nach Entzug gleiche Benetzungsdauer besitzen. Der Linienzug C—D—E—F—G—B, der von C, gegeben durch den Pegelstand $h_{P,I}$, ausgeht, läuft über D nach E, dem Schnittpunkte mit der $Q - Q_e$-Linie. Da in der Entnahmestrecke nach Entzug von Q_e nur die Menge $Q - Q_e$ verbleibt, entspricht dem Schnittpunkte F auf der Q-Linie der zugehörige, neue Pegelstand $h_{P,II}$ in der Entnahmestrecke. Der Schnittpunkt B der Ordner durch C und F ergibt einen Punkt der neuen Benetzungsdauerlinie, da die den Punkten C und B zugeordneten Wasserstände $h_{P,I}$ und $h_{P,II}$ gleiche Benetzungsdauer T besitzen. Auf diese Weise läßt sich die neue Benetzungsdauerlinie punktweise bestimmen.

Aus der Benetzungsdauerlinie und der Q- und $Q - Q_e$-Linie kann man weiters mit Hilfe der Linienzüge C—P—H—J—K bzw. C—P—E—L—M—N die Dauerlinien der Durchflußmengen vor und nach Entzug gemäß Abb. 371 zeichnen. Dieser Darstellung läßt sich unmittelbar die durch die Wasserkraftanlage entzogene Wasserfracht entnehmen.

Soll die Ermittlung der Regimeänderung für ein Durchflußprofil B erfolgen (Abb. 370), in welchem der Rückstau vom Rückgabeprofil her noch fühlbar ist, dann hat man dabei zu berücksichtigen, daß sich in diesem Falle die Durchflußmengenlinie des Profiles B für den Bestand II gegenüber jener vom Bestande I geändert hat. Diese neue Durchflußmengenlinie kann nur punktweise unter Heranziehung der Staurechnung ermittelt werden. Von einem Wasserstande im Rückgabeprofil mit der Durchflußmenge Q ausgehend, ist in der Entnahmestrecke die Staulinie für die Durchflußmenge $Q - Q_e$ bis zum Profil B zu berechnen. Die Zuordnung des hiermit gewonnenen Pegelstandes im Profile B zur Durchflußmenge $Q - Q_e$ liefert einen Punkt der gesuchten Durchflußmengenlinie. Die Durchflußmengen-Dauerlinie nach Entzug für das Profil B muß aber die gleiche sein wie für das Profil A, da durch beide Profile zur gleichen Zeit dieselbe Durchflußmenge $Q - Q_e$ strömt. Die Benetzungsdauerlinie nach Entzug für das Profil B kann daher aus der Durchflußmengen-Dauerlinie nach Entzug für das Profil A und der neuen Durchflußmengenlinie des Profils B gezeichnet werden.

c) Änderung der Wasserspiegelhöhenlage infolge durchlaufender Querschnittsumgestaltung.

Durchlaufende Querschnittsumgestaltungen werden im Flußbaue gewöhnlich durch Einengungsbauten eingeleitet. Hierdurch soll der Wasserspiegel höher gespannt und damit entweder eine größere Fahrwassertiefe für die Schiffahrt oder eine erhöhte Geschiebeabfuhrfähigkeit und damit eine Eintiefung in der Regelstrecke erzielt werden.

Die Einengung wird durch Leitwerke oder durch Buhnen bewirkt (Abb. 372). Bei durchwegs gleichem Durchflußquerschnitt, welche Annahme meistens zulässig ist, erfolgt die Hebung des Wasserspiegels im größten Teile des Bereiches der Einengungsstrecke gleichlaufend zum ursprünglichen Wasserspiegel, während sich an die beiden Enden dieser Strecke eine Stau- bzw. eine Absenkungsstrecke anschließt.[1]

Das neue Regime, bezogen auf ein Querprofil A der Parallelhebungsstrecke, kann wieder durch die Änderung der Benetzungsdauerlinie I dargestellt werden (Abb. 373). Hierzu bedarf man der neuen Durchflußmengenlinie $Q_{II} = f_{II}(h_P)$, die durch die Querschnittsverminderung der Einengungsbauten bedingt wird. Sie läßt sich nur auf rechnerischem Wege mit empirischen Geschwindigkeitsformeln ermitteln.

Man rechnet zuerst aus dem ursprünglichen Querprofil, der dazugehörigen Durchflußmengenlinie $Q_I = f_I(h_P)$ und dem bekannten Wasserspiegelgefälle mit einer empirischen Geschwindigkeitsformel deren Rauhigkeitsbeiwert für verschiedene Durchflußmengen zurück und erhält dadurch die Bezugslinie zwischen Rauhigkeitsbeiwert und Pegelstand. Die Durchflußmengenlinie des neuen Profiles $Q_{II} = f_{II}(h_P)$ kann dann aus den bekannten Abmessungen dieses Profiles und unter der Annahme des gleichen Wasserspiegelgefälles berechnet werden, wobei

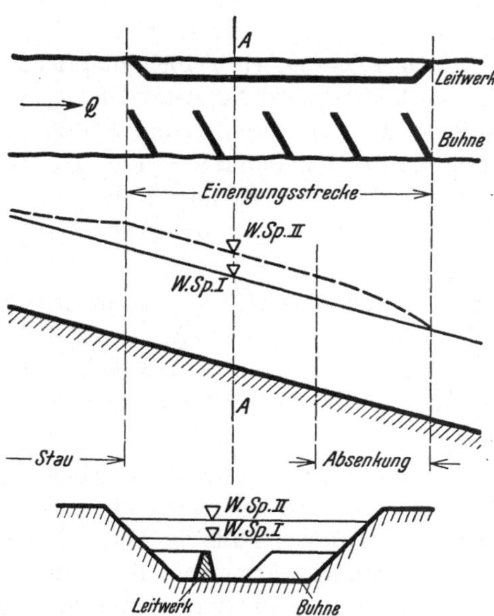

Abb. 372. Änderung eines Flußregimes durch Querschnittseinengung.

die Rauhigkeitsbeiwerte aus der oben gewonnenen Bezugslinie zu entnehmen sind.

Nun läßt sich, wie in Abb. 373 gezeigt wird, die Transformation der Benetzungsdauerlinie I durchführen. Da in diesem Falle zum Unterschiede vom früheren Beispiele die Wasserstände gleicher Durchflußmengen von gleicher Benetzungsdauer sein müssen, führt der Linienzug $A—B—C—D—E—F$ im Verschnitte mit $A—F$ zum gesuchten Punkte F der neuen Benetzungsdauerlinie II. Aus der graphischen Darstellung ist herauszulesen, daß die Einengung bei einer Durchflußmenge von der Dauer T eine Hebung des Wasserspiegels von $h_{P,II} - h_{P,I}$ verursacht.

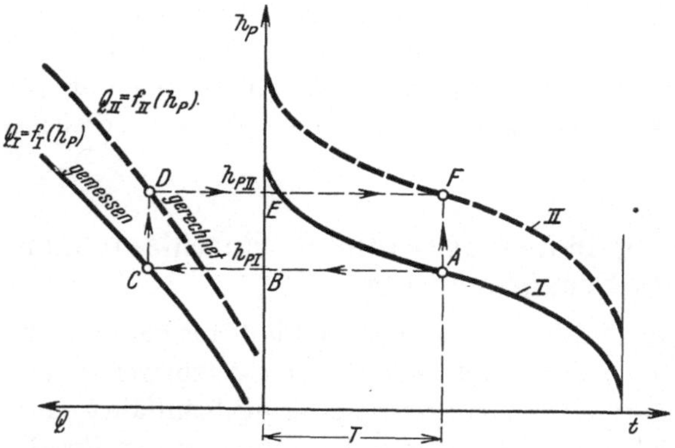

Abb. 373. Bestimmung der Regimeänderung bei Querschnittseinengung.

Oft treten Wasserentzug und Einengung gleichzeitig auf, weil man aus flußbautechnischen Gründen

---

[1] F. Schaffernak, Die Wirkungen des Ausbaues von Großwasserkraftanlagen auf das Flußregime. Die Wasserwirtschaft, Nr. 15 u. 16, 1924.

bei freien Werkseinfängen die Entnahmestrecke zur Verhinderung von Sohlenhebungen einengt. Die Behandlung dieses zusammengesetzten Falles läßt sich, wenn die Durchflußmengenlinie für das eingeengte Querprofil berechnet und die Durchflußmengenentzugslinie bekannt ist, graphisch sehr einfach lösen. In Abb. 374 gibt der Linienzug A—B—C—D—E—F—G—H im Schnitte mit A—B—H einen Punkt der neuen Benetzungsdauerlinie II. Da $h_{P,\,II}-h_{P,\,I}$ die endgültige Spiegelhebung darstellt, welche durch die gemeinsame Wirkung von Wasserentzug und Einengung entsteht, ist eine unveränderte Wasserspiegellage bei Bestand I und II zu gewärtigen, wenn in dem graphischen Bilde die Q_{II}-Linie die Q—Q_e-Linie deckt.

d) Änderung der Durchflußmenge durch Ein- oder Ausschaltung von Speicherräumen.

Die günstigen Wirkungen, welche die natürlichen, stehenden Gewässer, wie Teiche und Seen, und die Überschwemmungsgebiete fließender Gewässer auf den Ausgleich in der Wasserführung ausüben, haben dazu geführt, die Ausgleichs-

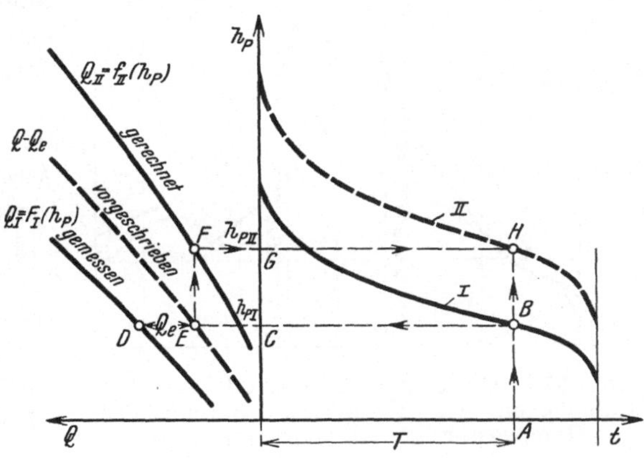

Abb. 374. Bestimmung der Regimeänderung bei Wasserentzug und Querschnittseinengung.

wirkung bestehender Speicherräume entweder durch künstliche Vergrößerung ihres Inhaltes zu erhöhen oder neue Sammelbecken durch Erbauung von Talsperren zu schaffen.

Die Vorteile bei Einschaltung von Sammelbecken bestehen für die Landwirtschaft in einer Verminderung der Hochwassergefahr und in der Möglichkeit, in wasserarmen Zeitabschnitten eine Bewässerung mit Hilfe des gespeicherten Wassers auszuführen. Für die Schiffahrt kann durch Wasserentnahme aus dem Speicher in Zeiten des Niederwassers eine Vergrößerung der Fahrwassertiefen herbeigeführt werden und für die Wasserkraftnutzung wird durch eine mit Hilfe des Speicherwassers zweckmäßig eingerichtete Wasserwirtschaft die Anpassung der Darbietung eines Einzugsgebietes an den Verbrauch für die Energieerzeugung des Konsumgebietes ermöglicht.

Aber auch die Ausschaltung bestehender Speicherräume, wie etwa der Überschwemmungsgebiete der Flüsse, ist für das Flußregime von Belang, weil hierdurch nicht nur eine Erhöhung der Flutwellen, sondern auch eine Vergrößerung der Wellenschnelligkeit eintreten kann. Das Zusammenwirken beider Erscheinungen kann eine Verschlechterung hinsichtlich des Hochwasserschutzes herbeiführen, so daß jeder weitgehenden Abschaltung von Überschwemmungsgebieten durch Errichtung von Schutzdämmen eine Untersuchung über ihre voraussichtliche Wirkung vorangehen soll.

Die Ein- und Ausschaltung von Speicherräumen stellt jedenfalls die größte Beeinflussung des Regimes der Wasserführung und damit auch des Regimes

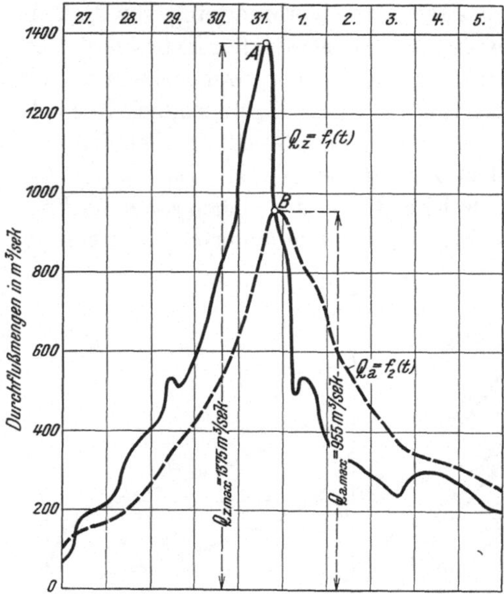

Abb. 375. Ganglinien der Zufluß- und Abflußmengen des Traunsees während des Hochwassers im Juli—August 1897.

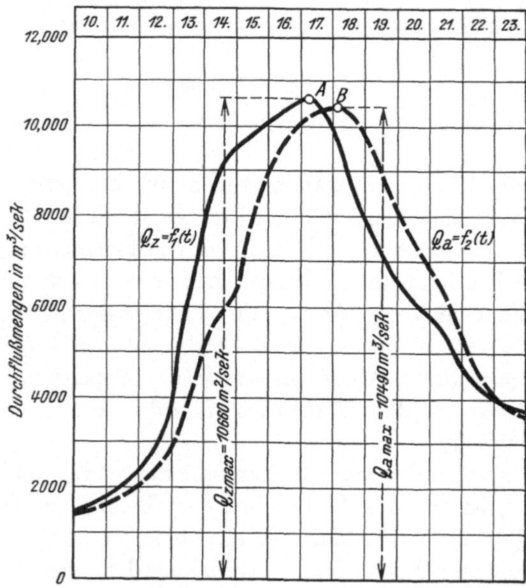

Abb. 376. Ganglinien der Zufluß- und Abflußmengen des Tullner Beckens während des Hochwassers im September 1899.

der Geschiebeführung eines Flußsystemes dar. Aus diesem Grunde nehmen die Fragen der Wasserspeicherung, auch *Rückhalt* oder *Retention* genannt, in der Hydrographie einen großen Raum ein.

Ein systematischer Aufbau dieses wichtigen Teilgebietes der Hydrographie geht von Untersuchungen der Rückhaltevorgänge in der Natur aus.

Zur Kennzeichnung der Rückhaltevorgänge in einem *stehenden Gewässer* sind in Abb. 375 die Ganglinie des Zuflusses $Q_z = f_1(t)$ und die Ganglinie des Abflusses $Q_a = f_2(t)$ für das Hochwasser vom Juli—August 1897 des Traunsees in Oberösterreich dargestellt. Die zeitliche Verschiebung der Ganglinie für den Abfluß Q_a gegenüber der Ganglinie für den Zufluß Q_z zeigt deutlich die ausgleichende Wirkung des Seebeckens auf die Wasserführung. So wird die größte Zuflußmenge $Q_{z,\,max} = 1375\,\mathrm{m^3/sek}$ auf die größte Abflußmenge $Q_{a,\,max} = 955\,\mathrm{m^3/sek}$ abgemindert. Für den in einem stehenden Gewässer auftretenden Rückhalt, von nun an kurz *stehender Rückhalt* genannt, ist es besonders kennzeichnend, daß der Scheitel der Ganglinie der Abflußmengen in den Schnittpunkt B dieser Linie mit der Ganglinie der Zuflußmengen fällt.

Bei der Betrachtung der Ganglinien der Durchflußmengen eines *fließenden Gewässers* in einer Strecke mit außergewöhnlicher Querschnittserweiterung zeigt sich ebenfalls eine Verringerung der größten Zuflußmenge. So wird die Hochwassermenge der

Donau vom September 1899 durch das Überschwemmungsgebiet des Tullner Beckens von 10660 auf 10490 m³/sek herabgemindert. Im Gegensatze

zum stehenden Rückhalt liegt jedoch der Scheitel der Ganglinie der Abflußmengen nicht mehr im Verschnitte der Q_a- mit der Q_z-Ganglinie (Abb. 376). Der
fließende Rückhalt ist daher in den Ganglinienbildern deutlich vom stehenden
Rückhalt zu unterscheiden.

Der Rückhaltevorgang ist ein Fall der nichtstationären Wasserbewegung.
Eine restlose Lösung seiner Aufgaben ist daher nur unter Berücksichtigung der
Zeitfolge der Durchflußmengen oder der Wasserstände möglich. Es hat sich
jedoch schon bei der Behandlung der nichtstationären Wasserbewegung in Flußläufen mit einteiligen Querschnitten gezeigt, wie schwierig es ist, die Zeitfolge
zu ermitteln. Bei Flußstrecken mit mehrteiligen Querschnitten wird ihre Bestimmung wegen des Unterschiedes von Größe und Richtung der Fließgeschwindigkeit im Hauptstrom und Überschwemmungsgebiet noch schwieriger.

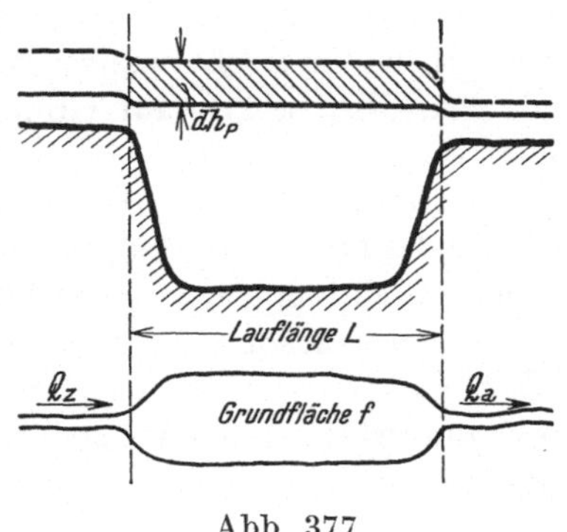

Abb. 377.

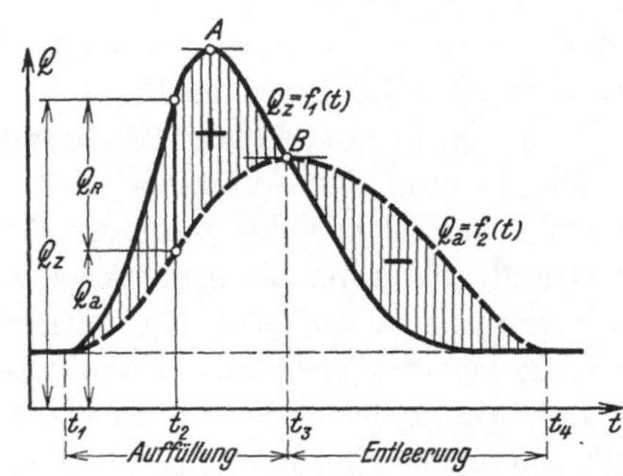

Abb. 378. Ganglinien der Zuflußmenge Q_z und
der Abflußmenge Q_a bei stehendem Rückhalt.

Es können daher nur jene Aufgaben des Rückhaltes Aussicht auf eine genaue
Lösung haben, bei denen die Zeitfolge unberücksichtigt bleiben kann.

Untersucht man den Rückhaltevorgang unter der Annahme, daß bei der
Auffüllung des Rückhaltebeckens der Wasserspiegel waagrecht bleibt, daß also
jede Änderung dh_P des Wasserstandes durch eine parallele Hebung der Wasserspiegelfläche f erfolgt (Abb. 377) und sind Q_z die Zuflußmenge und Q_a die Abflußmenge zur gleichen Zeit, dann nimmt die Raumgleichung die Form

$$(Q_z - Q_a)\, dt = f\, dh_P \tag{253}$$

an. Sie besagt, daß der Unterschied zwischen der Wasserfracht des Zuflusses
und jener des Abflusses gleich ist der im Becken gespeicherten Wasserfracht.
Bezeichnet man mit $Q_R = Q_z - Q_a$ die in der Zeiteinheit im Becken zurückgehaltene Durchflußmenge, dann ist

$$Q_R = f\, \frac{dh_P}{dt}. \tag{254}$$

Die Ganglinien des Zuflusses und des Abflusses schneiden sich zur Zeit t_3 (Abb. 378)
und es ist dann

$$Q_z = Q_a \text{ und damit } Q_R = 0.$$

Daraus folgt

$$f\, \frac{dh_P}{dt} = 0 \text{ und } \frac{dh_P}{dt} = 0.$$

Da die Änderungen der Wasserspiegelhöhen im Rückhaltebecken und im Abfluß-
profile gleich groß sind, ergibt sich für

$$\frac{dh_P}{dt} = 0 \quad \text{auch} \quad \frac{dQ_a}{dt} = 0. \tag{255}$$

Es tritt also die größte Abflußmenge $Q_{a,\max}$ zur selben Zeit t_3 auf, zu der im
Schaubilde sich die Ganglinien des Zu- und Abflusses schneiden. Der Scheitel-
punkt der Ganglinie des Abflusses fällt also in die Ganglinie des Zuflusses.

Diese unter der Vorsetzung einer Parallelhebung eines waagrechten Wasserspiegels im Rückhaltebecken durchgeführte Untersuchung führt also zur selben
Feststellung (Abb. 378), die schon bei der Kennzeichnung des Rückhaltevor-
ganges in einem stehenden Gewässer gemacht wurde (Abb. 375) und der als
stehender Rückhalt bezeichnet worden ist. Tiefe, natürliche Seebecken sowie
künstliche Staubecken, in denen die Fließgeschwindigkeit sehr klein ist, lassen
demnach diese Voraussetzungen zu, weshalb fast sämtliche für Hochwasserschutz
und Wasserkraftnutzung in Betracht kommende Rückhaltebecken auf Grund
der Vorgänge beim stehenden Rückhalt untersucht werden können.

Die Lösung der Aufgaben des fließenden Rückhaltes, die bei der Ausschaltung eines Überschwemmungsgebietes durch Eindeichung auftreten, wurde
auf Grund von empirisch ermittelten Zeitfolgen der Durchflußmengen versucht.
Die Ergebnisse sind aber wenig befriedigend.[1] Es werden daher in der Folge nur
die Aufgaben des stehenden Rückhaltes behandelt.

Zur Lösung der Aufgaben des stehenden Rückhaltes wird von der auf endlich
große Änderungen Δt und Δh_P bezogenen Raumgleichung

$$(Q_z - Q_a)\,\Delta t = f\,\Delta h_P = \Delta V \tag{256}$$

ausgegangen, worin allgemein ist

$$Q_z \qquad\qquad = f_1(t), \tag{257}$$

$$Q_a(t) \qquad = f_2(t), \tag{258}$$

$$Q_a(h_P) \qquad = f_3(h_P), \tag{259}$$

$$h_P \qquad\qquad = f_4(t), \tag{260}$$

$$f \qquad\qquad = f_5(h_P), \tag{261}$$

$$V \qquad\qquad = f_6(h_P). \tag{262}$$

In praktisch vorkommenden Fällen ist $f = f_5(h_P)$ und damit $V = f_6(h_P)$,
die Inhaltslinie, immer gegeben, weil Größe und Form des natürlichen oder
künstlichen Speicherraumes durch die morphologischen, geologischen bzw.
bautechnischen Verhältnisse festliegen.

Q_z ist in seiner Abhängigkeit von den natürlichen Abflußverhältnissen im
Einzugsgebiete und im Flußlaufe nur als Funktion der Zeit darstellbar.

Q_a dagegen ist, wenn ein *zeitlich unveränderlicher* und *unbeeinflußter* Abflußquerschnitt vorliegt, unmittelbar nur als Funktion von h_P und, weil h_P selbst
von t abhängig ist, mittelbar auch als Funktion von t darstellbar.[2]

---

[1] HYDROGRAPHISCHES ZENTRALBUREAU WIEN, Einfluß einer eventuellen Ein-
dämmung des Tullner Beckens auf die Stromverhältnisse der Donau. Wien 1903.

[2] In der Folge wird zur Unterscheidung von $Q_a = f_2(t)$ und $Q_a = f_3(h_P)$ kurz
$Q_a(t)$ und $Q_a(h_P)$ geschrieben.

Sind beispielsweise die Gleichungen (257), (259) und (261) aus Beobachtungen, Aufnahmen bzw. durch eine Formel bekannt und werden sie in die allgemeine Raumgleichung (256) eingesetzt, so erhält man

$$[f_1(t) - f_3(h_P)]\,\Delta t = f_5(h_P)\,\Delta h_P.$$

Hieraus ergibt sich h_P als Funktion der Zeit $h_P = f_4(t)$, d. i. die Gleichung (260). In Verbindung mit Gleichung (259) erhält man nach Ausscheidung von h_P die Gleichung (258), $Q_a(t) = f_2(t)$. Damit sind sämtliche Bestimmungsstücke Q_z, $Q_a(t)$, $Q_a(h_P)$ und h_P bekannt, die Aufgabe ist gelöst. Es müssen also von den vier Gleichungen (257), (258), (259) und (260) jeweils zwei bekannt sein, um die beiden fehlenden mit Hilfe der Raumgleichung ermitteln zu können.

Die Anzahl der möglichen Aufgaben bei Voraussetzung eines unveränderlichen, unbeeinflußten Abflußquerschnittes ergibt sich aus der Zahl der Kombinationen zweiter Klasse der vier Bestimmungsstücke $Q_z, Q_a(t), Q_a(h_P)$ und h_P mit $\binom{4}{2} = 6$. Diese Aufgaben sind:

	Gegeben		Gesucht	
1.	$Q_z,$	$Q_a(t)$	$Q_a(h_P),$	h_P
2.	$Q_z,$	h_P	$Q_a(t),$	$Q_a(h_P)$
3.	$Q_a(t),$	h_P	$Q_z,$	$Q_a(h_P)$
4.	$Q_a(t),$	$Q_a(h_P)$	$Q_z,$	h_P
5.	$h_P,$	$Q_a(h_P)$	$Q_z,$	$Q_a(t)$
6.	$Q_z,$	$Q_a(h_P)$	$Q_a(t),$	h_P

Hiervon beinhalten die Aufgaben 1 bis 3 die Untersuchung eines *bestehenden, natürlichen* Zustandes, die Aufgaben 4 bis 6 die Vorausberechnung eines *künstlich geänderten*, durch anders gestaltete, *unbeeinflußte* Abflußquerschnitte gegebenen Zustandes. Die zweite Aufgabengruppe setzt also die Lösung der ersten voraus.

Ist dagegen der Abfluß Q_a durch einen *willkürlich veränderlichen* Abflußquerschnitt, wie etwa durch eine Öffnung, die mittels Klappe, Schütz oder Schieber regelbar ist, bedingt, dann ist Q_a von t und h_P gleichzeitig abhängig. Damit verschmelzen die Gleichungen (258) und (259) zur Gleichung

$$Q_a = f_7(h_P, t) \tag{263}$$

und es geht die Raumgleichung über in

$$[f_1(t) - f_7(h_P, t)]\,\Delta t = f_5(h_P)\,\Delta h_P.$$

In diesem Falle müssen von den drei Gleichungen (257), (260) und (263) jeweils zwei gegeben sein, um mit Hilfe der Raumgleichung die dritte berechnen zu können. Es sind daher im allgemeinen $\binom{3}{1} = 3$ Aufgaben möglich.

Praktisch besitzt nur der Fall Bedeutung, bei welchem $Q_z = f_1(t)$ und $Q_a = f_7(h_P, t)$ gegeben sind. Er führt zur Beantwortung der Frage, wie sich bei einem vorhandenen Speicherraum eine Anpassung der durch das natürliche Regime gegebenen Darbietung $Q_z = f_1(t)$ an den Verbrauch $Q_a = f_2(t)$ durchführen läßt.

Hierher gehört eine Reihe von Untersuchungen, die sich befassen mit der Wirkung

7. eines *Hochwasser-Speichers* auf die Abminderung der Höchstwassermenge,

8. eines *Energiespeichers* auf den Tages-, Wochen-, Saison-, Jahres- und Mehrjahres-Ausgleich,

9. eines *Pumpspeichers* auf den Auffüllungsvorgang und

10. eines *tiefen Speichers* auf die Energieerzeugung mit Berücksichtigung der Höhenlage des Wasserspiegels im Speicher.

Sämtliche angeführten zehn Aufgaben lassen sich mit Hilfe der Ganglinien, der Zeit-Summenlinien oder der Zeitdifferenz-Summenlinien lösen.

Verfahren mit Verwendung der Ganglinien. Dieses Verfahren wird seltener als die anderen angewendet, weil es umständlicher ist.[1] Es soll daher auch nur für einige häufiger vorkommende Aufgaben zur Erläuterung seiner grundsätzlichen Durchführung besprochen werden.

Aufgabe 1.

Gegeben: Q_z und $Q_a\,(t)$,
gesucht: $Q_a\,(h_P)$ und h_P.

Aus Abb. 379a folgt für jede beliebige Zeit der Rückhalt mit $Q_R = Q_z - Q_a$. In Abb. 379b ist dessen Ganglinie gezeichnet, wobei der Zustand zur Zeit t_2 hervorgehoben wurde.

Der Ausdruck $\sum\limits_{t_1}^{t_2} Q_R \Delta t$ gibt die Änderung des Speicherinhaltes vom Beginne des Rückhaltes zur Zeit t_1 bis zur Zeit t_2 an; sein zeitlicher Verlauf ist in Abb. 379c dargestellt.

Durch Übertragung von $\sum\limits_{t_1}^{t_2} Q_R \Delta t$ in die gegebene Speicherinhaltslinie $V = f_6\,(h_P)$ (Abb. 379d) mit Hilfe des Linienzuges $A{-}B{-}C{-}D{-}E$

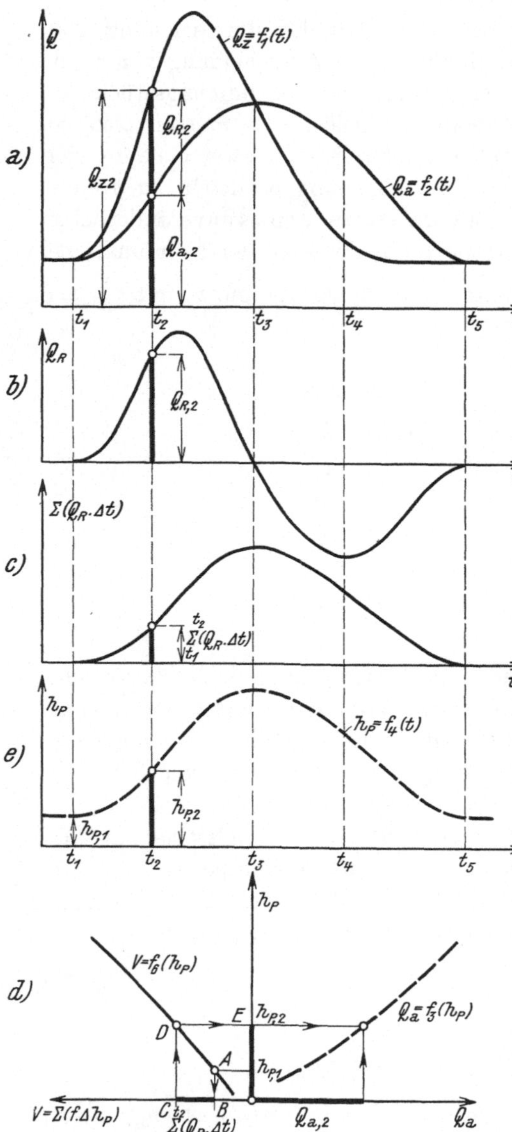

Abb. 379.
Gegeben: $Q_z = f_1\,(t)$ und $Q_a = f_2\,(t)$,
gesucht: $Q_a = f_3\,(h_P)$ und $h_P = f_4\,(t)$.

---

[1] Das Verfahren wurde von A. R. Harlacher entwickelt. Siehe hierüber J. Pollak, Die Seeretentionen. Z. d. österr. Ing.- u. Arch.-Vereines, H. 50, 1895.

erhält man den zugehörigen Wasserstand $h_{P,2}$ und durch sinngemäße Wiederholung des Verfahrens die Ganglinie des Wasserstandes im Speicher $h_P = f_4\,(t)$ (Abb. 379e). Schließlich folgt aus der Zuordnung von $h_{P,2}$ und $Q_{a,2}$ die gesuchte Mengenlinie $Q_a = f_3\,(h_P)$ (Abb. 379d).

Aufgabe 5. Gegeben: h_P und $Q_a\,(h_P)$,

gesucht: Q_z und $Q_a\,(t)$.

Da nach der Raumgleichung

$$Q_z = Q_a + f\,\frac{\Delta h_P}{\Delta t} \quad \text{und} \quad \frac{\Delta h_P}{\Delta t} = \operatorname{tg}\alpha$$

ist, folgt

$$Q_z = Q_a + f\,\operatorname{tg}\alpha.$$

Man zeichnet den Linienzug $A_1\!-\!A_2\!-$ $-A_3\!-\!A_4\!-\!A_5$ und trägt die Strecke $A_5\!-\!A_6 = f\,\operatorname{tg}\alpha$, wobei $\operatorname{tg}\alpha$ der h_P-Linie entnommen wird, von A_5 aus abwärts auf und erhält dadurch A_6 (Abb. 380). Der Punkt A_6 gehört der gesuchten Ganglinie von Q_z und der Punkt A_5 der gesuchten Ganglinie von Q_a an.

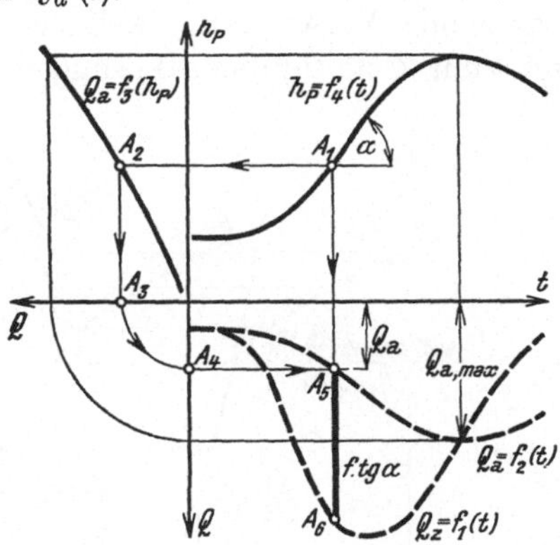

Abb. 380.
Gegeben: $h_P = f_4\,(t)$ und $Q_a = f_3\,(h_P)$,
gesucht: $Q_z = f_1\,(t)$ und $Q_a = f_2\,(t)$.

Aufgabe 6. Gegeben: Q_z und $Q_a\,(h_P)$,

gesucht: $Q_a\,(t)$ und h_P.

Diese Aufgabe läßt sich mit Hilfe der aus der Raumgleichung gewonnenen Beziehung

$$\sum_{t_1}^{t_2} (Q_z - Q_a)\,\Delta t = \sum_{t_1}^{t_2} Q_R\,\Delta t = \sum_{h_{P,1}}^{h_{P,2}} f\,\Delta h_P$$

lösen.

Ist $A\!-\!B$ ein Element der gegebenen Ganglinie des Zuflusses Q_z und C ein Anschlußpunkt der zu bestimmenden Ganglinie des Abflusses Q_a, dann gelangt man auf folgende Weise zu einem anderen Punkte dieses Linienzuges (Abb. 381). Man nimmt vorläufig D an, projiziert $C\!-\!D$ auf die $Q_a\,(h_P)$-Linie und erhält dadurch das zum Zeitabschnitt Δt gehörige Δh_P. Trägt man die zu den Zeiten t_1 und t_2 vorhandenen Wasserspiegeloberflächen des Speichers mit den Größen f_1 und f_2 in einem beliebigen Maßstabe von E und F aus

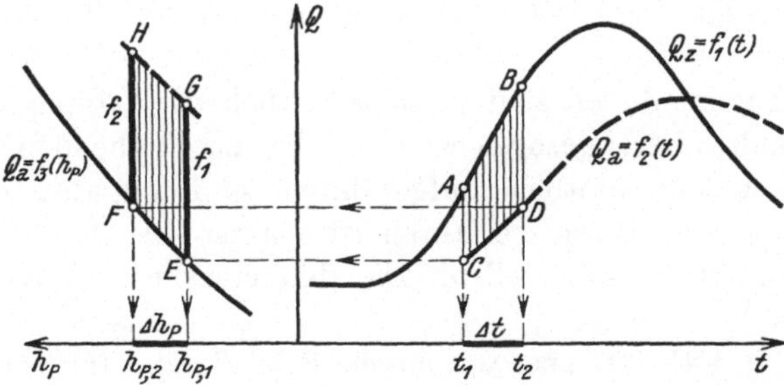

Abb. 381.
Gegeben: $Q_z = f_1\,(t)$ und $Q_a = f_3\,(h_P)$,
gesucht: $Q_a = f_2\,(t)$ und $h_P = f_4\,(t)$.

auf, dann stellt die Fläche $EFGH$ den Wert $\sum\limits_{h_{P,1}}^{h_{P,2}} f\,\Delta h_P$ dar. Die Fläche $ABCD$ ist gleich dem Werte $\sum\limits_{t_1}^{t_2} Q_R\,\Delta t$. Ist nun der Punkt D richtig gewählt, dann muß die Berechnung der Flächen $ABCD$ und $EFGH$ unter Berücksichtigung der Maßstäbe gleiche Werte ergeben. Die Aufgabe ist nur schrittweise lösbar.

Mit der Kenntnis von $Q_a = f_3 (h_P)$ ist die Aufgabe 6 auf die Aufgabe 1 zurückgeführt.

Verfahren mit Verwendung der Zeit-Summenlinien. Diese Verfahren finden weitgehende Verwendung, weil sie übersichtliche, unmittelbare, einfache und rasch zum Ziele führende Lösungen ergeben und dabei sehr platzsparend sind.

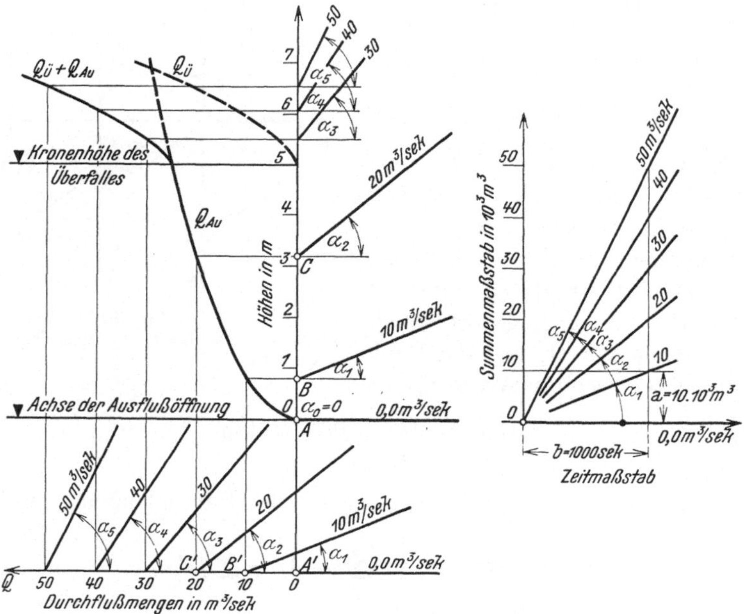

Abb. 382. Darstellung der Durchflußmengenlinie im Tangentenmaßstab für die Summenlinie.

Q_{Au} Durchflußmengenlinie der Auslauföffnung, $Q_{\ddot{U}}$ Durchflußmengenlinie des Überfalles.

Summenlinien sind verschiedentlich zur Lösung von Einzelaufgaben des Rückhaltes herangezogen worden.[1] Im nachstehenden wird ein Vorgang eingehalten, bei dem sämtliche aufgezählten zehn Aufgaben einheitlich bearbeitet werden.[2]

Bei diesen Verfahren ist vorerst die Durchflußmengenlinie im Tangentenmaßstab darzustellen. Die den einzelnen h_P-Werten entsprechenden Q-Werte

[1] R. MÜLLER, Graphische Ermittlungen für Wasserversorgungsanlagen. Österr. Wochenschrift f. d. öffentl. Baudienst, H. 10, 1896. — Graphische Konstruktionen mittels Summenkurven. Z. d. V. d. Gas- u. Wasserfachmänner, H. 5, 1914. — R. HOFBAUER, Über die Einwirkung von Hochwasserregulierungen auf die Abflußmengen. Österr. Wochenschrift f. d. öffentl. Baudienst, H. 7, 8 u. 13, 1914. — J. KOŽENY, Die Wasserführung der Flüsse. Wien 1920. — A. SCHOKLITSCH, Graphische Hydraulik. Leipzig 1923. — R. TILLMANN, Über neuere Verfahren der Graphischen Hydraulik als Hilfsmittel im Entwerfen von Wasserkraftanlagen. Die Wasserkraft, H. 1, 2, 7 u. 9, 1921. — A. LUDIN, Bedarf und Angebot. Berlin 1932.

[2] F. SCHAFFERNAK, bisher unveröffentlicht.

werden hierbei durch Strahlen versinnlicht, die unter den Winkeln $\alpha = \mathrm{arc\ tg}\ Q$ geneigt sind (Abb. 382). Der Durchfluß kann unter Umständen auch aus mehreren gleichzeitig wirkenden Abflüssen zusammengesetzt sein, deren Werte zu summieren und in einer einheitlichen Durchflußmengenlinie darzustellen sind.

In dem Beispiele nach Abb. 383 setzt sich die Durchflußmenge aus den Abflüssen Q_{Au} durch Öffnungen und $Q_{\ddot{U}}$ über einen vollkommenen Überfall der Hochwasserentlastungsanlage einer Talsperre zusammen.

Mit einer Überfallsbreite $B = 6$ m und einem Abflußbeiwert $\mu_1 = 0{,}65$ ergibt sich die Gleichung der Überfallsmenge

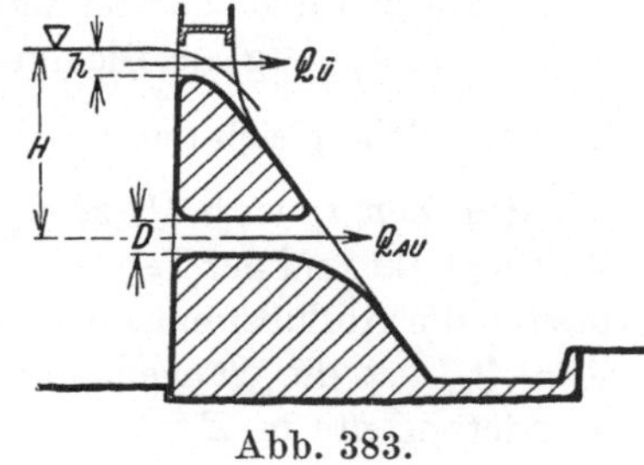

$$Q_{\ddot{U}} = \frac{2}{3}\ \mu_1\ B\ \sqrt{2\ g}\ h^{\frac{3}{2}} = 11{,}52\ h^{\frac{3}{2}}.$$

Abb. 383.

Der Abfluß Q_{Au} erfolge durch vier kreisförmige Öffnungen vom Durchmesser $D = 1{,}0$ m bei einem Auslaufbeiwert $\mu_2 = 0{,}8$. Seine Gleichung ergibt sich dann mit

$$Q_{Au} = 4\ \frac{D^2\ \pi}{4}\ \mu_2\ \sqrt{2\ g}\ H^{\frac{1}{2}} = 11{,}2\ H^{\frac{1}{2}}.$$

Hiermit kann die Durchflußmengenlinie für den gesamten Abfluß $Q_{Au} + Q_{\ddot{U}}$ gezeichnet werden.

Der Tangentenmaßstab der Zeitsummenlinien ist nach der auf S. 244 gegebenen Anleitung mit den Einheiten $b = 1000$ Sekunden für den Zeitmaßstab und $a = 10000\ \mathrm{m}^3$ für den Summenmaßstab in Abb. 382 gezeichnet worden. Die unter den Winkeln $\alpha_1,\ \alpha_2,\ \ldots$ geneigten Strahlen stellen dann die Abflußmengen 10, 20, ... m³/sek dar. Verschiebt man diese Strahlen gleichlaufend in die Punkte $B,\ C,\ \ldots$ der h_P-Koordinatenachse der Durchflußmengenlinie, welche den Abflußmengen 10, 20, ... m³/sek entsprechen, dann erhält man die im Tangentenmaßstab dargestellte Durchflußmengenlinie. Für manche Untersuchungen ist es jedoch zweckmäßiger, diese Strahlen durch die Punkte $B',\ C',\ \ldots$ der Q-Koordinatenachse zu legen.

Die Zeit-Summenlinien des Zuflusses und des Abflusses werden nun mit Hilfe eines der oben erwähnten Summationsverfahren ge-

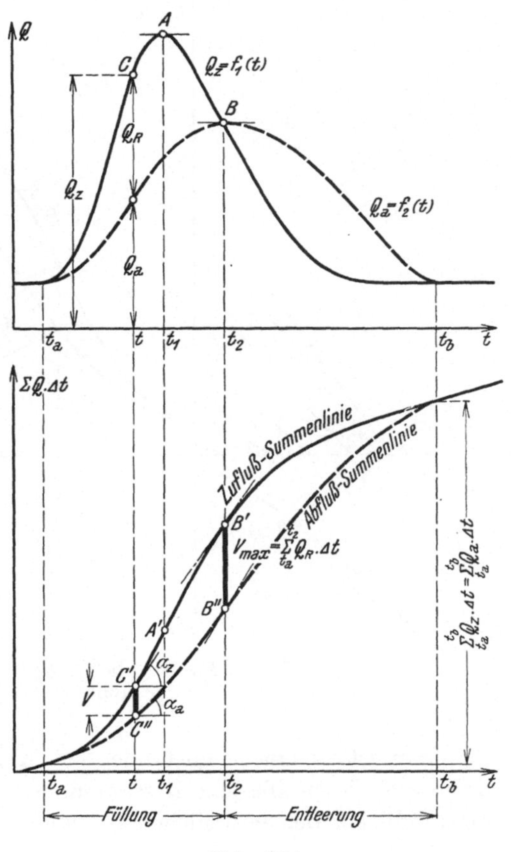

Abb. 384.

zeichnet.[1] Der Abb. 384, in der für eine Hochwasseranschwellung und deren Ablauf die zugehörigen Zeit-Summenlinien in richtiger gegenseitiger Lage dargestellt sind, ist folgendes zu entnehmen.

Zur beliebigen Zeit t ergibt die Tangente in C' tg $\alpha_z = Q_z$ und in C'' tg $\alpha_a = Q_a$. Die zu dieser Zeit sekundlich zurückgehaltene Wassermenge ist $Q_R = Q_z - Q_a = $ tg $\alpha_z - $ tg α_a. Die im Zeitabschnitte t_a bis t zurückgehaltene Wasserfracht, welche gleich der Speicherauffüllung V ist, beträgt $\sum\limits_{t_a}^{t} Q_R\, \Delta t = \overline{C'\ C''}$.

Zur Zeit t_1 wird Q_z zu $Q_{z,\max}$, die Zuflußsummenlinie besitzt in A' einen Wendepunkt und der Tangentenwert nimmt dort seinen Größtwert an. Zur Zeit t_2 besitzt die Abflußsummenlinie in B'' einen Wendepunkt und, da zu dieser Zeit $Q_z = Q_a$, ist die Tangente an die Zuflußsummenlinie in B' gleichlaufend zur Wendetangente in B''.

Die im Zeitabschnitt t_a bis t_2 rückgehaltene Menge ist durch $\overline{B'B''}$ dargestellt und gibt den erreichbaren Größtwert $V_{\max}$ der Speicherung an. Von t_2 an nimmt die gespeicherte Menge wieder ab; es scheidet also die zeitliche Lage von $V_{\max}$, gegeben durch die größte Ordinatendifferenz zwischen Zu- und Abflußsummenlinie, den Abschnitt der *Füllung* von dem der *Entleerung* des Speicherraumes.

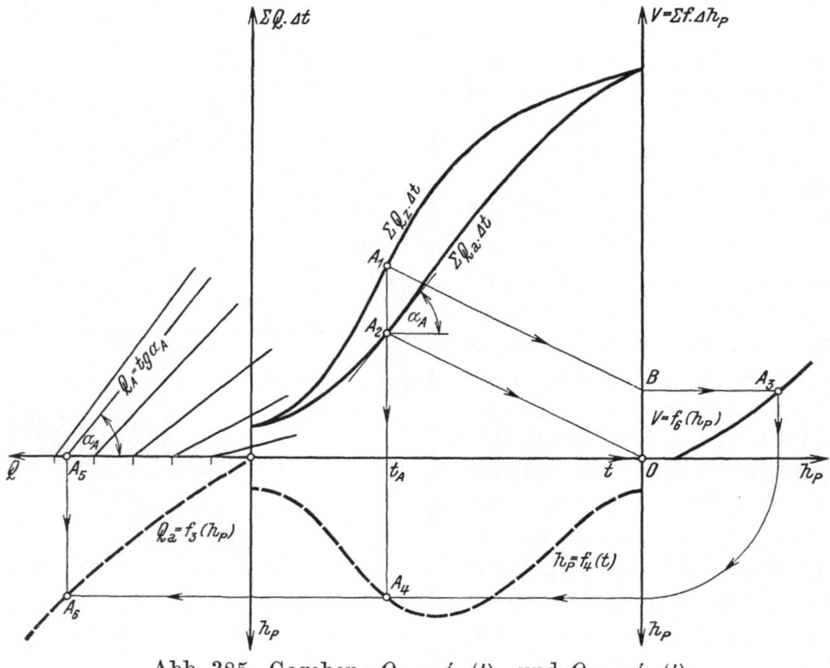

Abb. 385. Gegeben: $Q_z = f_1\,(t)$ und $Q_a = f_2\,(t)$, gesucht: $Q_a = f_3\,(h_P)$ und $h_P = f_4\,(t)$.

Man ist demnach imstande, bei Kenntnis der Zu- und Abflußsummenlinien aus diesen alle jene Bestimmungsstücke herauszulesen, welche sonst meist umständlicher den bezüglichen Ganglinien zu entnehmen wären.

---

[1] Siehe S. 244.

Aufgabe 1. Gegeben: Q_z und $Q_a(t)$,
gesucht: $Q_a(h_P)$ und h_P.

Zur beliebigen Zeit t_A sind A_1 und A_2 bekannte Punkte der Q_z- und Q_a-Summenlinie (Abb. 385). Der durch A_1 gleichlaufend zu A_2—O gezogene Strahl liefert den Hilfspunkt B.[1] Mit Hilfe der stets bekannten Inhaltslinie des Speichers $V = f_6(h_P)$ gibt der Schnitt des Linienzuges A_1—B—A_3—A_4 mit dem Ordner durch A_1 und A_2 den Punkt A_4 der gesuchten Ganglinie des Wasserstandes $h_P = f_4(t)$.

Der zur Tangente im Punkte A_2 gleichlaufende, unter dem Winkel α_A geneigte Strahl im Tangentenmaßstab geht durch den Punkt A_5 der Q-Koordinatenachse und gibt damit die Durchflußmenge Q_A an. Der Schnittpunkt A_6 der Ordner durch A_4 und A_5 ist ein Punkt der gesuchten Bezugslinie $Q_a = f_3(h_P)$. Diese punktweise Ermittlung führt schließlich zu den Bezugslinien $h_P = f_4(t)$ und $Q_a = f_3(h_P)$.

Aufgabe 2. Gegeben: Q_z und h_P,
gesucht: $Q_a(t)$ und $Q_a(h_P)$.

Zur beliebigen Zeit t_A sind A_1 und A_3 bekannte Punkte der Ganglinie des Wasserstandes und der Q_z-Summenlinie. Der Linienzug A_1—A_2—A_3 liefert den

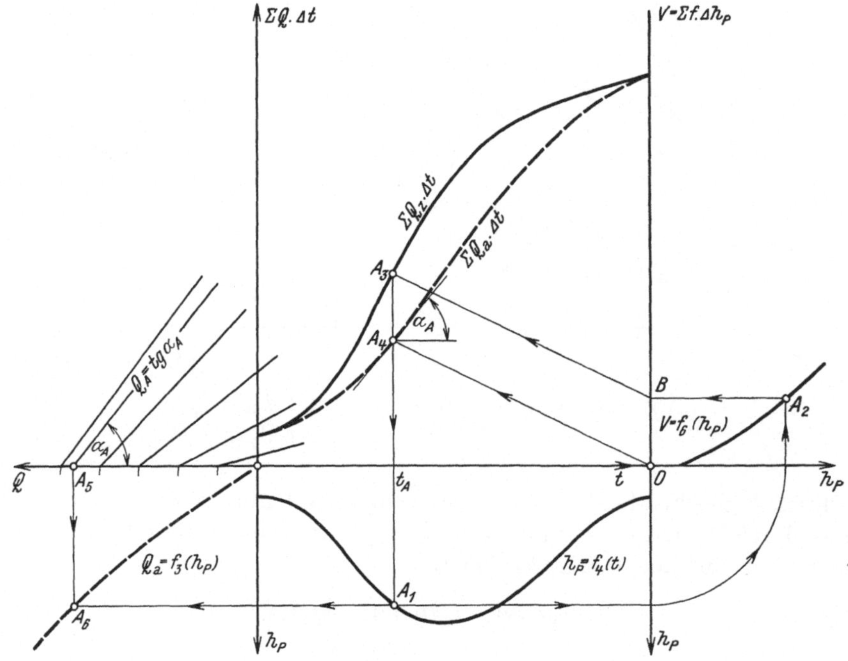

Abb. 386. Gegeben: $Q_z = f_1(t)$ und $h_P = f_4(t)$,
gesucht: $Q_a = f_2(t)$ und $Q_a = f_3(h_P)$.

---

[1] Die Übertragung von V oder von ΔV aus den Summenlinien in die Achse $V = \Sigma f \Delta h_P$ oder im entgegengesetzten Sinne wird bei dieser und allen folgenden Aufgaben, deren Lösung nach dem Summenlinien- bzw. dem Differenzsummenlinien-Verfahren erfolgt, durch gleichlaufende Linien angedeutet. Die Pfeile dieser Linien geben die Übertragungsrichtung an. Es soll hiermit nur der Gang der Konstruktion gezeigt werden. Die tatsächliche Übertragung wird man mittels eines Maßstabes oder eines Zirkels durchführen, weil sie einfacher und genauer ist.

Hilfspunkt B. Der durch O gleichlaufend zu B—A_3 gezogene Strahl gibt im Verschnitt mit dem Ordner durch A_1 und A_3 den Punkt A_4 der Q_a-Summenlinie (Abb. 386). Damit ist diese Aufgabe auf Aufgabe 1 zurückgeführt.

  Aufgabe 3.   Gegeben: $Q_a\,(t)$ und h_P,
         gesucht: Q_z und $Q_a\,(h_P)$.

Vom beliebigen Punkt A_1 der bekannten Ganglinie des Wasserstandes ausgehend, erhält man durch den Linienzug über A_3 den Hilfspunkt B (Abb. 387).

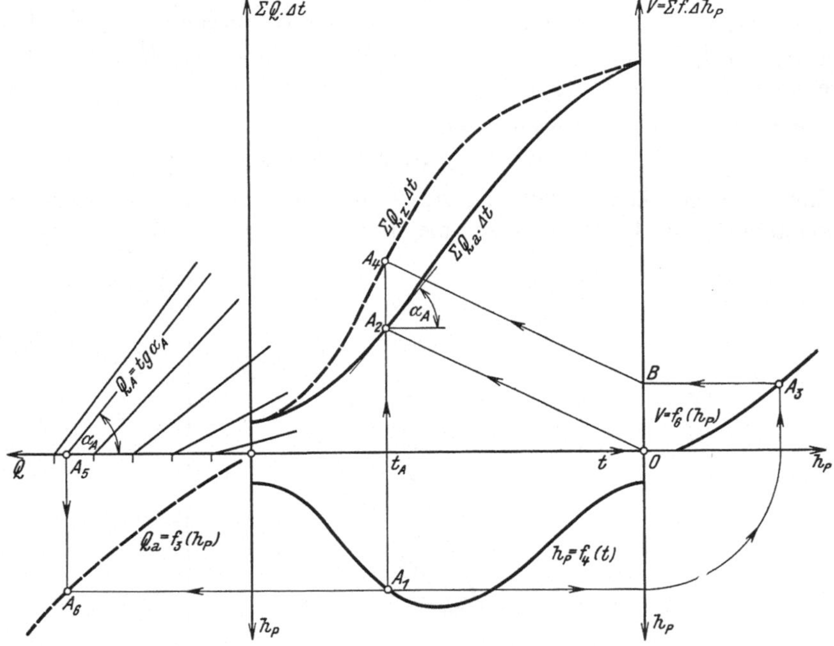

Abb. 387. Gegeben: $Q_a = f_2\,(t)$ und $h_P = f_4\,(t)$,
     gesucht: $Q_z = f_1\,(t)$ und $Q_a = f_3\,(h_P)$.

Der durch B gleichlaufend zu O—A_2 gezogene Strahl gibt im Verschnitt mit dem Ordner durch A_1 und A_2 den Punkt A_4 der Q_z-Summenlinie. Damit ist auch diese Aufgabe auf Aufgabe 1 zurückgeführt.

  Aufgabe 4.   Gegeben: $Q_a\,(t)$ und $Q_a\,(h_P)$,
         gesucht: Q_z und h_P.

Zur beliebigen Zeit t_A ist die Abflußmenge gegeben durch die Tangente im Punkte A_1 der Q_a-Summenlinie (Abb. 388). Die Tangente in A_1 wird nun in den Tangentenmaßstab übertragen und liefert dort den Punkt A_2, auf dessen Ordner A_3 in der $Q_a\,(h_P)$-Linie liegt. Der Schnitt der Ordner durch A_3 und A_1 gibt in A_4 einen Punkt der gesuchten Ganglinie des Wasserstandes im Speicher. Durch den Linienzug A_4—A_5—A_6 wird der der Spiegelhöhe $h_{P,A}$ zugeordnete Speicherinhalt über A_1 aufgetragen und dadurch A_6, ein Punkt der gesuchten Q_z-Summenlinie, erhalten.

Bei den folgenden Aufgaben 5 und 6 können die Summen- bzw. die Gang-linien nicht mehr wie zuvor unmittelbar punktweise bestimmt werden, sondern

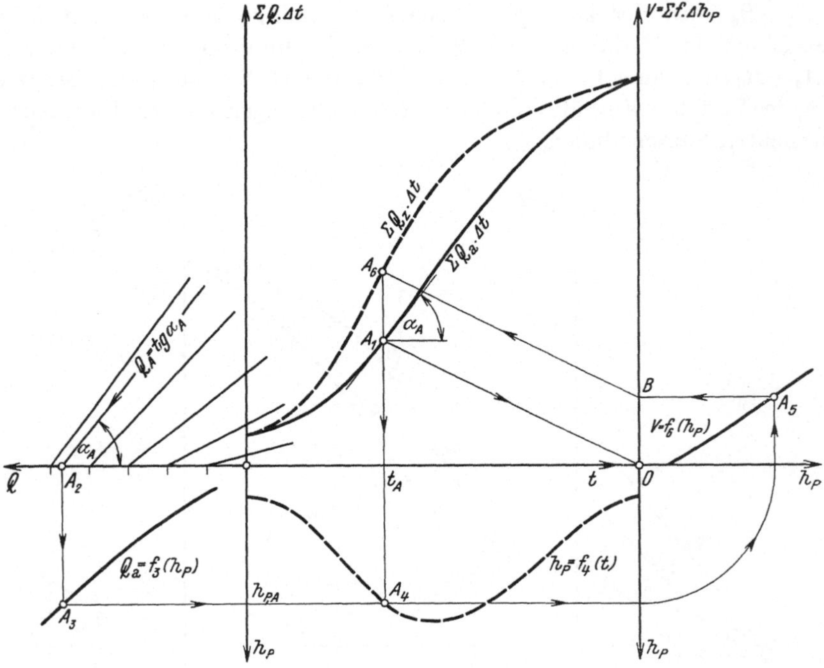

Abb. 388. Gegeben: $Q_a = f_2\,(t)$ und $Q_a = f_3\,(h_P)$,
gesucht: $Q_z = f_1\,(t)$ und $h_P = f_4\,(t)$.

sie müssen durch Aneinanderreihen von Linienelementen abschnittsweise ent-wickelt werden.

Aufgabe 5.   Gegeben: h_P und $Q_a\,(h_P)$,
gesucht: Q_z und $Q_a\,(t)$.

Da für das Endergebnis nur die gegenseitige Lage der Q_z- und Q_a-Summen-linie maßgebend ist, kann der Anschlußpunkt, von dem aus die Zeichnung der Q_a-Summenlinie begonnen wird, beliebig angenommen werden. Im vorliegenden Falle ist A_1 als Anschlußpunkt gewählt worden (Abb. 389). Hierdurch ist die Zeit t_A und der zu dieser Zeit herrschende Wasserstand $h_{P,A}$, weiters durch den Linienzug A_2—A_5—A_6 die zugehörige Abflußmenge $Q_A = tg\,\alpha_A$ und schließ-lich durch den Linienzug A_2—A_3 der Speicherinhalt V_A festgelegt. A_4 ist nunmehr der Anschlußpunkt der Q_z-Summenlinie. Es ist zweckmäßig, die Q_z- und Q_a-Summenlinien unter der Voraussetzung gleicher Speicherspiegelschwankungen Δh_P zu zeichnen. Zur Zeit t_B erreicht dann der Speicherspiegel die Höhe $h_{P,B}$ und der Linienzug B_1—B_2—B_3 vermittelt die zugehörige Abflußmenge $Q_B = tg\,\alpha_B$. Die mittlere Abflußmenge im Zeitabschnitte t_A bis t_B

$$Q_m = \frac{Q_A + Q_B}{2} = \frac{tg\,\alpha_A + tg\,\alpha_B}{2} = tg\,\alpha_m$$

wird dem Tangentenmaßstab entnommen. Zieht man von A_1 aus einen unter dem Winkel α_m geneigten Strahl, dann ergibt dessen Schnitt mit dem Ordner durch B_1 den Punkt B_4 der gesuchten Q_a-Summenlinie. Mit dem Linienzug B_1—B_5—B_6 wird der zur Spiegelhöhe $h_{P,B}$ gehörige Speicherinhalt über B_4 eingezeichnet und dadurch B_6 als Punkt der Q_z-Summenlinie erhalten. A_1—B_4 und A_4—B_6 sind somit Linienelemente der Q_a- und Q_z-Summenlinie. Bei Wiederholung des Verfahrens erhält man durch Aneinanderfügen weiterer Linienelemente die gesuchten Summenlinien.

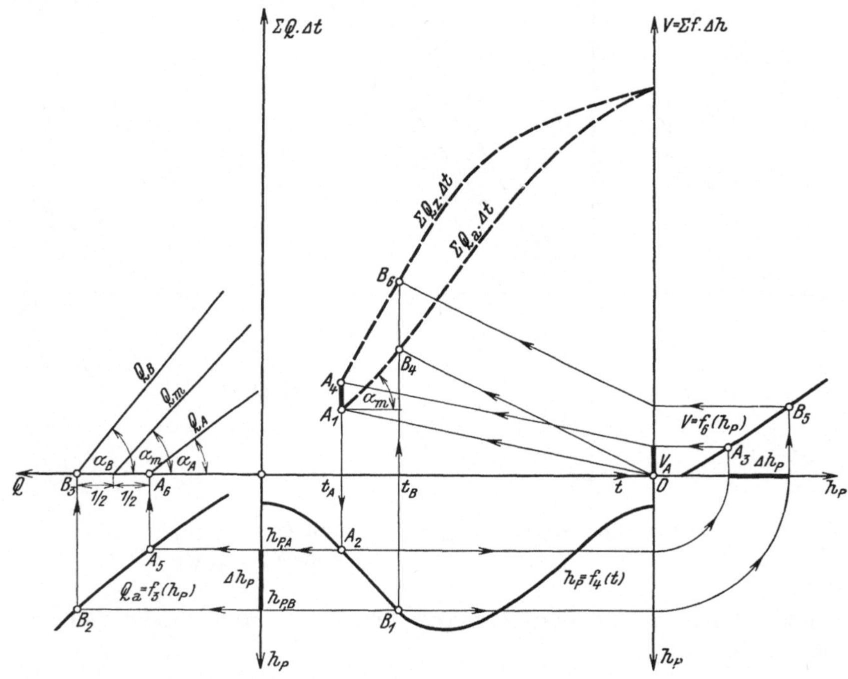

Abb. 389. Gegeben: $h_P = f_4(t)$ und $Q_a = f_3(h_P)$,
gesucht: $Q_z = f_1(t)$ und $Q_a = f_2(t)$.

Aufgabe 6.   Gegeben: Q_z und $Q_a(h_P)$,
gesucht: $Q_a(t)$ und h_P.

Diese Aufgabe ist nur lösbar, wenn zu irgend einer Zeit t_A die Rückhalteverhältnisse im Speicher bekannt sind. Sie können entweder durch den zur Zeit t_A herrschenden Abfluß Q_A oder durch den Speicherinhalt V_A bzw. den zugehörigen Wasserstand $h_{P,A}$ gegeben sein. Am zweckmäßigsten ist es, vom Wasserstande $h_{P,A}$ auszugehen. In Abb. 390 ist A_1 als Anschlußpunkt der zu suchenden Ganglinie des Wasserstandes gegeben. Von A_1 ausgehend, gelangt man über A_2 zum Hilfspunkt H_1. Der von O aus gleichlaufend zu H_1—A_3 gezogene Strahl liefert im Schnitt mit dem Ordner durch A_1 den Anschlußpunkt A_4 der gesuchten Q_a-Summenlinie. Für die Lösung dieser Aufgaben ist es zweckmäßig, von einer gewählten Spiegelschwankung auszugehen. Nimmt man diese mit $\varDelta h_P$ an, dann erreicht der Speicherspiegel zu einer vorläufig noch unbekannten Zeit t_B den Stand $h_{P,B}$. Die zu $h_{P,A}$ und $h_{P,B}$, bzw. zu t_A und t_B gehörigen Abflußmengen $Q_A = \mathrm{tg}\,\alpha_A$

und $Q_B = \mathrm{tg}\,\alpha_B$ können dem Tangentenmaßstab entnommen werden. Die mittlere Abflußmenge im Zeitabschnitte t_A bis t_B ist dann

$$Q_m = \frac{Q_A + Q_B}{2} = \frac{\mathrm{tg}\,\alpha_A + \mathrm{tg}\,\alpha_B}{2} = \mathrm{tg}\,\alpha_m.$$

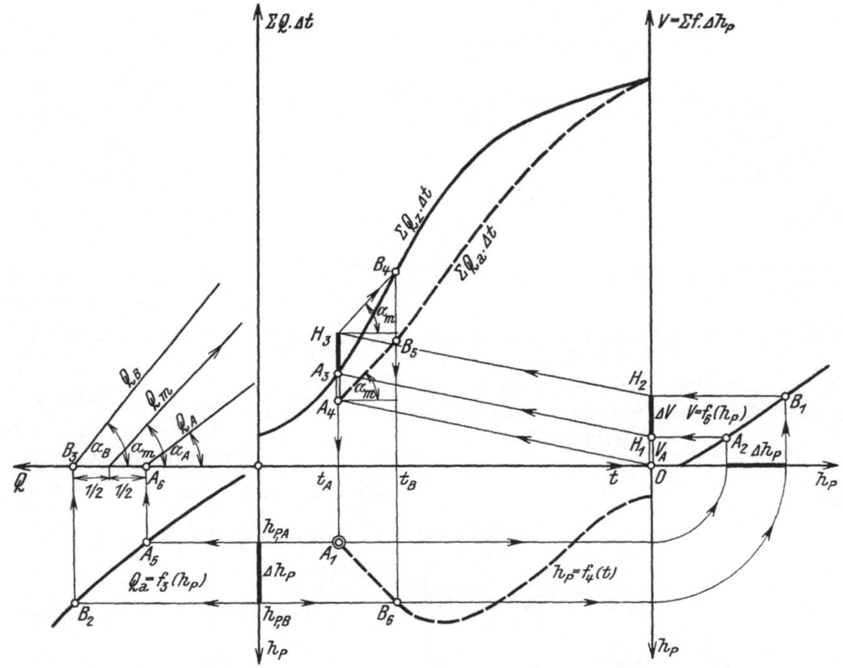

Abb. 390. Gegeben: $Q_z = f_1(t)$, $Q_a = f_3(h_P)$ und Anschlußpunkt A_1, gesucht: $Q_a = f_2(t)$ und $h_P = f_4(t)$.

Es liegt nunmehr die Aufgabe vor, einen Punkt B_5 der Q_a-Summenlinie derart zu bestimmen, daß das Linienelement A_4—B_5 unter α_m geneigt ist und daß überdies der zum Wasserstand $h_{P,B}$ gehörige Speicherinhalt $V_A + \varDelta V$ zur Zeit t_B erreicht wird. Man trägt daher mit dem Linienzug B_2—B_1—H_2—H_3 die Zunahme $\varDelta V$ des Speicherinhaltes über A_3 auf und erhält dadurch den Hilfspunkt H_3. Ein unter α_m geneigter Strahl durch H_3 gibt auf der Q_z-Summenlinie den Punkt B_4 und damit die Zeit t_B. Zieht man nunmehr auch durch A_4 einen unter α_m geneigten Strahl, so schneidet dieser den Ordner durch B_4 in dem gesuchten Punkte B_5 der Q_a-Summenlinie. Der Schnitt der Ordner durch B_5 und B_2 liefert den Punkt B_6 der gesuchten Ganglinie des Wasserstandes.

Aufgabe 7. *Wirkung eines Hochwasserspeichers.*

Ist in einem Fluß ein Hochwasserspeicher eingeschaltet und soll unterhalb desselben keine größere Durchflußmenge als $Q_{a,s}$ auftreten, dann darf die Summenlinie des Abflusses aus dem Speicher keine größere Neigung als $\alpha_s = \mathrm{arc}\,\mathrm{tg}\,Q_{a,s}$ besitzen (Abb. 391).

Die notwendigen Speicherräume $V_{\max,I}$, $V_{\max,II}$, ... werden bestimmt durch die Strecken $\overline{AB}$, $\overline{CD}$, ..., welche zwischen den unter α_s geneigten Tangen-

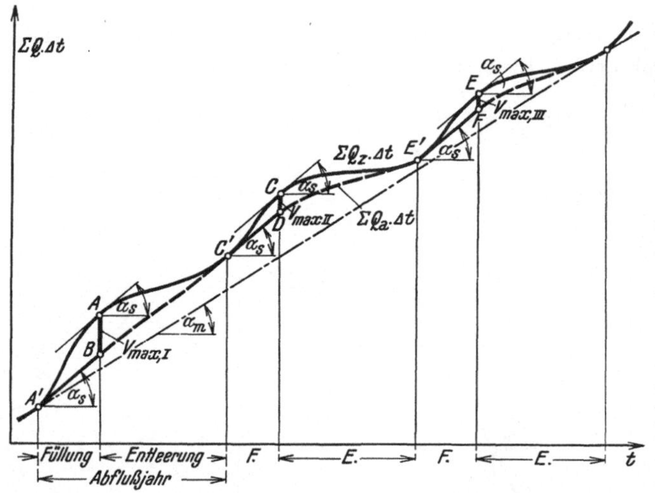

Abb. 391. Wasserwirtschaftsplan eines Hochwasserspeichers.

$Q_{a,s} = \operatorname{tg} a_s$ zulässene Hochwassermenge im Unterlaufe, $V_{\max,I}$, $V_{\max,II}$ notwendiger Speicherraum, wenn $Q_{a,s}$ nicht überschritten werden soll.

ten in den Berührungspunkten $A, C, E, \ldots$ und $A', C', E', \ldots$ als Ordinatendifferenz erscheinen. Wenn die Schadenwassermenge $Q_{a,s}$ niemals überschritten werden soll, muß der Speicherraum gleich oder größer als das größte ermittelte $V_{\max}$, also im vorliegenden Falle als $V_{\max,I}$ sein. Da $Q_{a,s}$ niemals kleiner als die Mittelwassermenge sein wird, muß a_s immer größer als a_m, die Neigung der äußersten Tangente an die Talpunkte der Zuflußsummenlinie, sein.

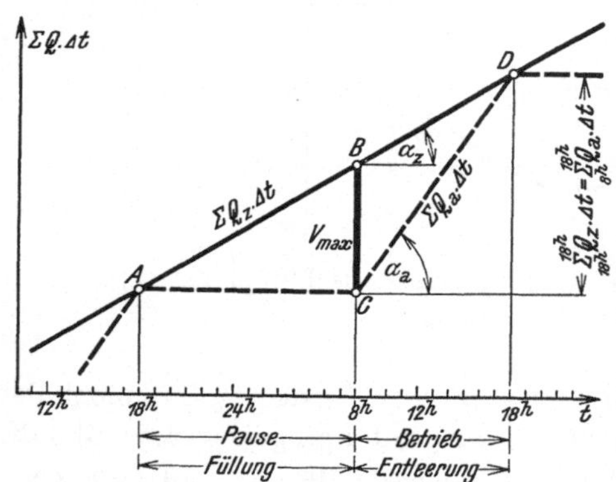

Abb. 392. Wasserwirtschaftsplan eines Tagesspeichers.

$Q_z = \operatorname{tg} a_z$ vorhandene Zuflußmenge, $Q_a = \operatorname{tg} a_a$ erreichbare mittlere Abflußmenge bei 10stündigem Betrieb, $V_{\max}$ notwendiger Speicherinhalt.

Aufgabe 8. *Wirkung eines Energiespeichers.*

α) Tages-Ausgleichsspeicher.

Bei einer zehnstündigen Betriebsdauer von 8^h bis 18^h erfolgt die Auffüllung des Speichers von 18^h bis 8^h (Abb. 392). In diesem Zeitabschnitte kann Q_a auf Null sinken, und dann ist die Abflußsummenlinie im Bereich der Füllung eine zur t-Achse gleichlaufende Linie. Im Zeitabschnitt der Entleerung von 8^h bis 18^h hat die Abflußsummenlinie die Neigung a_a und $\operatorname{tg} a_a$ gibt die erreichbare mittlere Abflußmenge Q_a an. Für diese Wasserwirtschaft wird ein Speicherraum benötigt, der durch die Strecke $\overline{BC}$ gegeben ist.

Aus Abb. 392 folgt

$$Q_a = \frac{24}{10} Q_z = 2{,}4\,Q_z \qquad \text{m}^3/\text{sek}$$

und weiter

$$V_{\max} = 14 \cdot 60 \cdot 60\,Q_z = 50400\,Q_z \qquad \text{m}^3.$$

β) Wochen-Ausgleichsspeicher.

Eine Speicherungsmöglichkeit bei Wasserkraftanlagen besteht während der Betriebspause, die gewöhnlich von Samstag mittag bis Montag früh dauert

(Abb. 393). Die Bestimmung der erreichbaren mittleren Abflußmenge und des notwendigen Speicherraumes erfolgt in ähnlicher Weise, wie dies beim Tagesspeicher der Fall war.

Legt man bei der Bestimmung der Speichergröße die Zuflußmengen Q_z bei einem Niederwasser-Beharrungszustand zugrunde, dann wird im Verlaufe des Jahres bei höheren Wasserständen die vom Speicher nicht aufnehmbare Menge über dessen Entlastungseinrichtungen wieder dem Mutterflusse zufließen. Die Ausgleichswirkungen während eines Tages sind für die Aufstellung des Wasserwirtschaftsplanes eines Wochenspeichers ohne Belang, wenn es sich nur darum handelt, die Größe der mittleren Abflußmenge Q_a während der Betriebstage zu bestimmen.

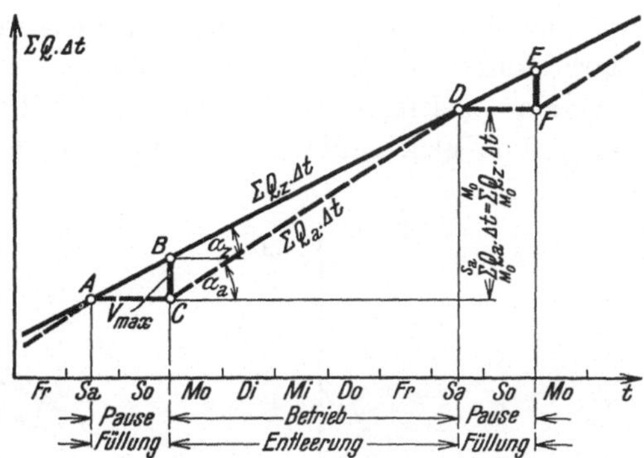

Abb. 393. Wasserwirtschaftsplan eines Wochenspeichers.

$Q_z = \operatorname{tg} \alpha_z$ vorhandene Zuflußmenge, $Q_a = \operatorname{tg} \alpha_a$ erreichbare mittlere Abflußmenge, V_{max} notwendiger Speicherinhalt.

Im Zeitabschnitte der Füllung von Samstag mittag bis Montag früh ist die Q_a-Summenlinie zur t-Achse gleichlaufend. Im Zeitabschnitt des Betriebes von Montag früh bis Samstag mittag steigt sie unter dem Winkel α_a an. Die erreichbare, mittlere Abflußmenge beträgt daher

$$Q_a = \operatorname{tg} \alpha_a.$$

Aus Abb. 393 folgt

$$Q_a = \frac{7}{5,5} Q_z = 1{,}27\, Q_z \qquad \mathrm{m^3/sek}$$

und weiters

$$V_{\mathrm{max}} = 1{,}5 \cdot 24 \cdot 60 \cdot 60\, Q_z = 129\,600\, Q_z \quad \mathrm{m^3}.$$

γ) Saison-Ausgleichspeicher.

Die Ausgleichswirkung eines Saisonspeichers erstreckt sich über größere Zeitabschnitte des Abflußjahres. Der vornehmlichste Zweck besteht in der Umwandlung der dargebotenen *Laufenergie* eines Flusses in *Edelenergie*, die auch zu jenen Zeitabschnitten abgabebereit ist, in welchen im natürlichen Flußregime Energiemangel herrscht.

Eine solche Abgabe kann im einzelnen ganz kurzfristig sein, nur Bruchteile von Stunden betragen, sich aber auch auf längere Zeitabschnitte erstrecken. Man spricht in einem solchen Falle von einer Deckung der Belastungsspitzen und nennt derartig arbeitende Wasserkraftanlagen *Spitzenwerke* (Abb. 311). Wasserkraftwerke, die zur Stromlieferung für elektrische Bahnen herangezogen werden, zeigen außergewöhnlich große Belastungsspitzen, die oft ein Vielfaches der gewöhnlichen Leistung betragen.

Die erhöhte Energieabgabe kann sich aber auch in annähernd gleicher Größe auf längere Zeitabschnitte erstrecken, etwa über die ganze Winterperiode, also über die Zeit der mangelnden Energieerzeugung in den Laufwerken. Wasserkraftanlagen mit Speichern, welche diesen Ausgleich vollziehen können, nennt man *Winter-Spitzenwerke*.

Bei Saisonspeichern mit einem verfügbaren Speicherraum V_{max}, der größer als der für den Jahresausgleich notwendige ist, ergibt sich ein in Abb. 394 dargestellter Wasserwirtschaftsplan.

Man zeichnet zur gegebenen Zuflußsummenlinie im Ordinatenabstande V_{max} eine gleichlaufende, im Wasserwirtschaftsplane strichlierte Hilfssummen-

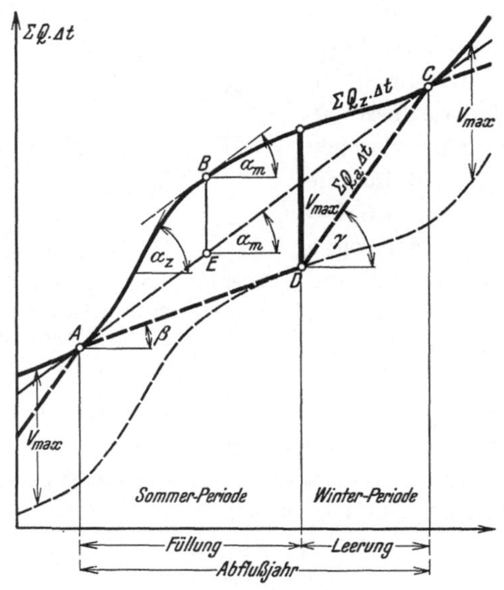

Abb. 394. Wasserwirtschaftsplan eines Saisonspeichers, wenn der Speicherinhalt größer als jener für den Jahresausgleich ist.

$Q_z = \mathrm{tg}\, a_z$ vorhandene Zuflußmenge, $Q_{a,m} = \mathrm{tg}\, a_m$ Mittelwassermenge des Jahres, $Q_{a,\beta} = \mathrm{tg}\, \beta$ Mittelwassermenge des Abflusses in der Sommerperiode, $Q_{a,\gamma} = \mathrm{tg}\, \gamma$ Mittelwassermenge des Abflusses in der Winterperiode, V_{max} verfügbarer Speicherinhalt.

linie. Jede innerhalb der beiden Linienzüge gezogene ansteigende Linie stellt eine mögliche Abflußsummenlinie dar. Um die wasserwirtschaftlich günstigste Lösung zu finden, wird diese Abflußsummenlinie so gelegt, daß sie den gestellten Bedingungen bezüglich Spitzendeckung am besten, und zwar sowohl nach Dauer als auch nach Größe, entspricht.

In Abb. 394 ist die Lösung so durchgeführt worden, daß in einem möglichst langen Abschnitte der Winterperiode eine möglichst große, gleichbleibende mittlere Abflußmenge $Q_{a,\gamma} = \mathrm{tg}\, \gamma$ erzielt wird. Daraus folgt bei einer vollkommenen Ausnützung des verfügbaren Speicherraumes zwangsweise eine mittlere Abflußmenge $Q_{a,\beta} = \mathrm{tg}\, \beta$ während der Sommerperiode.

Ist der verfügbare Speicherraum des Saisonspeichers V_{max} kleiner als jener, der für einen Jahresausgleich nötig wäre, dann stellt sich der Wasserwirtschaftsplan so dar, wie er in Abb. 395 wiedergegeben ist. Von der gesamten zufließenden Wasserfracht würde hiernach im Zeitabschnitte t_1 bis t_2 der Anteil $\sum\limits_{t_1}^{t_2} Q_{a,\beta}\, \Delta t$ in der Wasserkraftanlage verarbeitet, V_{max} im Speicher zurückgehalten und V_{ii}

von den Entlastungseinrichtungen des Wehres oder der den Speicherraum abschließenden Talsperre abgeführt.

Daraus geht hervor, daß im Zeitabschnitte t_1 bis t_2 $Q_{a,\beta}$ ohne weiteres bis auf $Q_{a,\gamma}$ gesteigert werden kann, wenn es der Bedarf erheischt, weil die Schluckfähigkeit der Turbinen der Anlage auf diese in der Winterperiode abzuarbeitende Menge eingestellt sein muß. Ist aber dieser Bedarf im Sommer nicht vorhanden, dann wird die erzeugte Energie fast wertlos. Dann muß sie, wenn dies möglich ist, als sogenannte *Abfallenergie,* wie dies gewöhnlich auch mit der in den Nachtstunden erzeugten *Nachtenergie* der Fall ist, zu geringen Einheitspreisen an zeitweise arbeitende Erzeugungsstätten abgegeben werden.

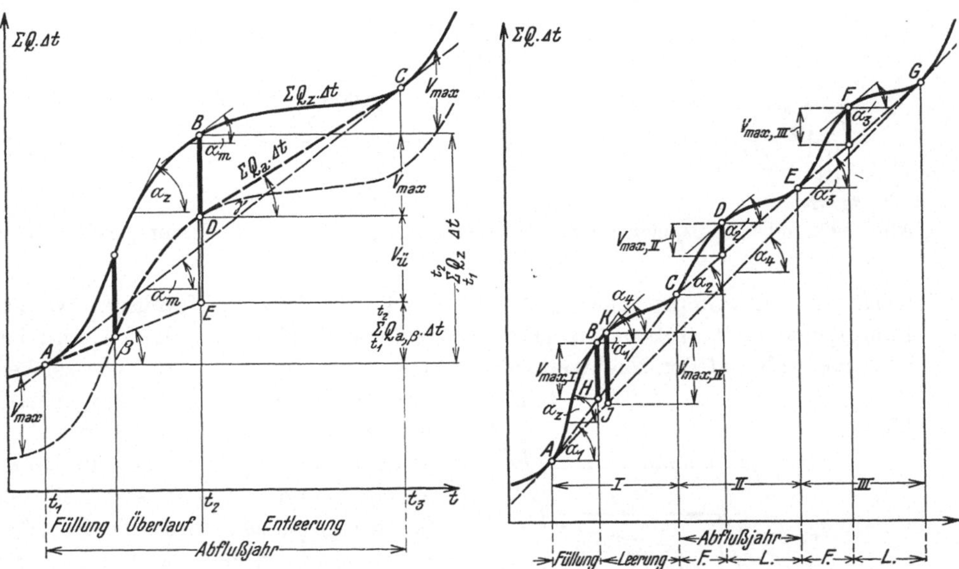

Abb. 395. Wasserwirtschaftsplan eines Saisonspeichers, wenn der Speicherinhalt kleiner als jener für den Jahresausgleich ist.

$Q_z = \operatorname{tg} a_z$ vorhandene Zuflußmenge, $Q_{a,m} = \operatorname{tg} a_m$ Mittelwassermenge des Jahres, $Q_{a,\beta} = \operatorname{tg}\beta$ Mittelwassermenge des Abflusses in der Sommerperiode, $Q_{a,\gamma} = \operatorname{tg}\gamma$ Mittelwassermenge des Abflusses in der Winterperiode, $V_{\max}$ verfügbarer Speicherinhalt, $V_{\ddot{u}}$ Wasserfracht, die über die Entlastungseinrichtungen der Talsperre abfließt.

Abb. 396. Wasserwirtschaftsplan eines Jahres- und Mehrjahresspeichers.

$Q_z = \operatorname{tg} a_z$ vorhandene Zuflußmenge, $Q_{a,1} = \operatorname{tg} a_1$, $Q_{a,2} = \operatorname{tg} a_2$, $Q_{a,3} = \operatorname{tg} a_3$ mittlere Abflußmengen in den Einzeljahren, $Q_{a,4} = \operatorname{tg} a_4$ mittlere Abflußmenge der Jahresreihe I bis III, $V_{\max,I}$, $V_{\max,II}$, $V_{\max,III}$ notwendige Einzeljahres-Speicherinhalte, $V_{\max,IV}$ notwendiger Mehrjahres-Speicherinhalt.

δ) Jahres- und Mehrjahres-Ausgleichsspeicher.

Die Sicherung des Jahresausgleiches, d. i. die Ermöglichung einer gleichbleibenden Abgabe einer Wassermenge ohne Wasservergeudung, verlangt in den Einzeljahren der Jahresreihe I bis III die Bereitstellung eines Speicherraumes von den Größen $V_{\max,I}$, $V_{\max,II}$ und $V_{\max,III}$. Es muß daher zur Sicherung des Jahresausgleiches in den einzelnen Jahren der angenommenen Jahresreihe ein Speicher vom größten erforderlichen Speicherinhalt, also bei dem in Abb. 396 dargestellten Beispiele von dem Inhalte $V_{\max,I}$ zur Verfügung stehen. Soll dagegen innerhalb der Jahre *I* bis *III* die größte gleichbleibende Abflußmenge sichergestellt werden, dann muß der Speicher imstande sein, den Ausgleich über die gesamte Jahresreihe zu ermöglichen. Hierzu ist ein Speicherraum von der Größe $V_{max,\,IV}$ erforderlich, der eine mittlere Abflußmenge $Q_a = \mathrm{tg}\,\alpha_4$ gewährleistet.

Aufgabe 9. *Wirkung eines Pumpspeichers.*

Bei Wasserversorgungsanlagen, die aus dem Grundwasser schöpfen, wird das Wasser, bevor es dem Versorgungsgebiete zugeführt wird, in einen Hoch

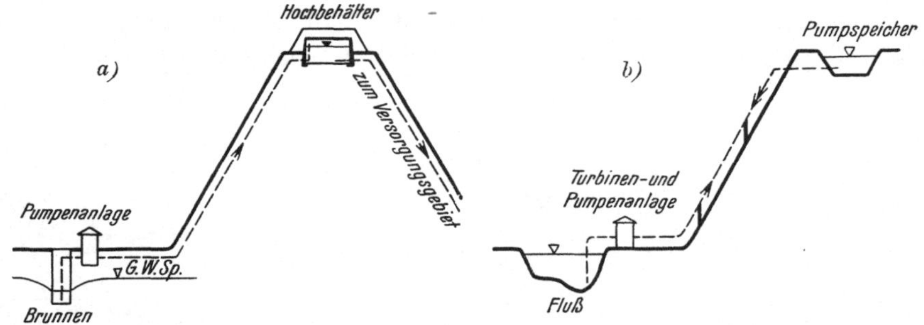

Abb. 397. *a)* Pumpspeicher einer Wasserversorgungsanlage, *b)* Pumpspeicher einer Wasserkraftanlage.

behälter, den Pumpspeicher, gedrückt. Auch für Wasserkraftanlagen werden Pumpspeicher oft großen Ausmaßes angelegt (Abb. 397). Gewöhnlich wird bei letzteren während der Nachtzeit, wenn im eigenen Laufwerke oder aus solchen anderer Flußgebiete billige Abfallenergie zur Verfügung steht, das Aufpumpen in günstig gelegene Hochspeicher vorgenommen. Zur Zeit der Belastungsspitzen wird der Speicher abgearbeitet, wobei die Pumpleitung zur Druckleitung der Turbinenanlage wird. Pumpe und Motor können mit der Turbine unmittelbar gekuppelt werden, und es ist die elektrische Einrichtung so getroffen, daß nach der Umschaltung auf die Turbine der Motor zum Generator wird. Es ist gelungen, den Gesamtwirkungsgrad derartiger Aggregate auf ungefähr 50 v. H. zu bringen.

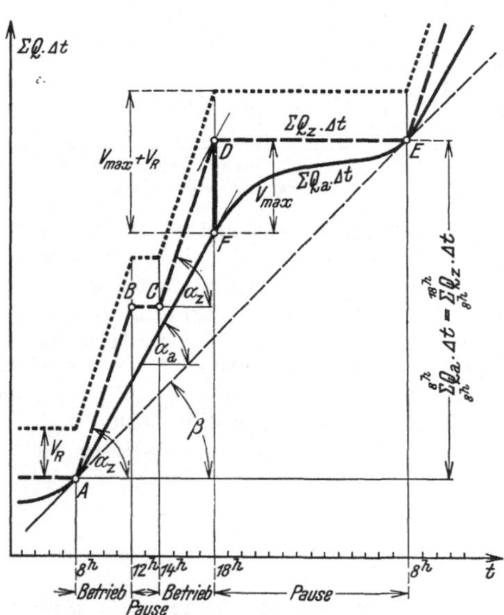

Abb. 398. Wasserwirtschaftsplan einer Pumpspeicheranlage.

$Q_a = \mathrm{tg}\,\alpha_a$ notwendige Abflußmenge, $Q_z = \mathrm{tg}\,\alpha_z$ mittels Pumpen zu fördernde Zuflußmenge, V_{max} notwendiger Speicherinhalt für den Ausgleich, $V_{max} + V_R$ notwendiger Speicherinhalt für Ausgleich und Reserve.

Der Wasserwirtschaftsplan eines Pumpspeichers wird in der Art aufgestellt, daß man zur gegebenen Summenlinie des Abflusses Q_a, die sich aus dem notwendigen Wasserverbrauch, sei es für das Leitungsnetz einer Wasserversorgungsanlage oder für die Energieerzeugung eines Betriebes mit stark wechselnden Belastungen, ergibt, die erforderliche Summenlinie des Zuflusses Q_z zeichnet.

Ist etwa, wie in Abb. 398 dargestellt, eine achtstündige Betriebszeit mit einer zweistündigen Arbeitspause von 12^h bis 14^h vorgesehen und soll die Auffüllung des gänzlich leeren Pumpspeichers um 8^h beginnen und um 18^h beendet sein, dann muß die Pumpanlage in diesem Zeitabschnitte die notwendige Auffüllung des Speichers vollziehen. Da der Speicher erst um 8^h des nächsten Tages wieder entleert sein darf, muß die Wasserfracht, die innerhalb der vergangenen 24 Stunden verbraucht wurde, während 8 Stunden aufgepumpt werden. Es wird daher $\operatorname{tg} \alpha_z = 3 \operatorname{tg} \beta$ sein und die Zuflußsummenlinie wird die als gestrichelte Linie gezeichnete Lage und Form annehmen.

Der notwendige Speicherraum ergibt sich als größter Ordinatenunterschied $V_{\max}$ zwischen Zufluß- und Abflußsummenlinie. Soll für unvorhergesehene Ereignisse eine Wassermengenreserve in der Größe V_R vorgesehen werden, also bei Beginn der Auffüllung des Pumpspeichers eine Vorfüllung auf V_R vorhanden sein, dann verschiebt sich die Zuflußsummenlinie in die punktiert gezeichnete Lage, und der Rauminhalt des Speichers wird mit $V_{\max} + V_R$ zu bemessen sein.

Aufgabe 10. *Wirkung eines tiefen Speichers.*

Bei Speichern wird die erzielbare Leistung nicht nur mit der Abflußmenge Q_a, sondern auch mit der Höhenlage des Wasserspiegels im Speicherraum wechseln.

Wenn ein tiefer Speicher sehr hoch über dem Unterwasser der Wasserkraftanlage liegt, wird man in erster Näherung die Änderung des Gefälles $H_1 + h$ bei Auffüllung oder Entleerung des Speichers unberücksichtigt lassen und für die Leistungsberechnung die Höhenlage H_s des Schwerpunktes S des Speicherraumes einführen können (Abb. 399). Es ergibt sich dann die Leistung

$$L_N = 1000 \, \eta \, Q_a \, H_s,$$

woraus die notwendige Abflußmenge mit

$$Q_a = \frac{1}{1000 \, \eta} \cdot \frac{1}{H_s} L_N \qquad (264)$$

folgt.

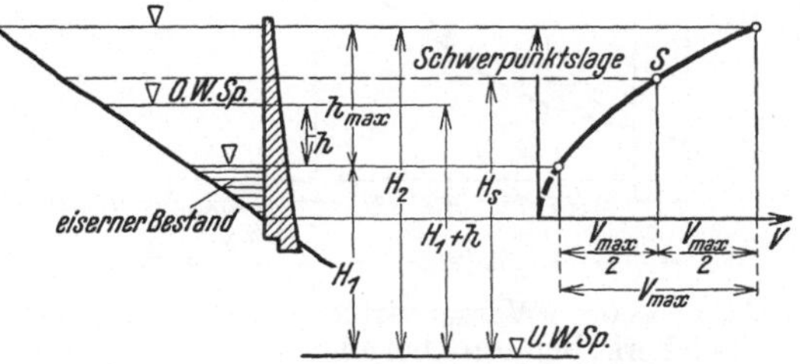

Abb. 399. Höhenverhältnisse und Inhaltslinie eines tiefen Speichers.

Liegt dagegen der tiefe Speicher nicht sehr hoch über dem Unterwasser der Wasserkraftanlage, dann ist die Änderung der Höhenlage des Wasserspiegels im Speicher genauer zu berücksichtigen.

Die Nettoleistung wird in diesem Falle

$$L_N = 1000 \, \eta \, Q_a \, (H_1 + h),$$

und die notwendige Abflußmenge ist

$$Q_a = \frac{1}{1000 \, \eta} \cdot \frac{L_N}{H_1 + h}. \qquad (265)$$

H_1 ist die Höhenlage jenes Wasserspiegels, der den sogenannten *eisernen Bestand*, also jenen Speicherinhalt begrenzt, der Reservezwecken dient. h ist der jeweilige Wasserstand im Speicher.

Die Fragestellung bei dieser Aufgabe des Wasserrückhaltes kann beispielsweise dahin gehen, wie groß bei gegebener Höhenlage des Speichers jener kleinste Inhalt sein müßte, der den vorgeschriebenen Gang der Leistung sichert, wenn hierbei die Änderung der Wasserspiegellage im Speicher berücksichtigt wird.

α) Annähernde Berücksichtigung der Wasserspiegelschwankung im Speicher.

Man bestimmt aus der Ganglinie der geforderten Leistung L_N jene der notwendigen Abflußmengen Q_a mit Hilfe der Gleichung (264), wobei man zwecks Bestimmung von H_s vorerst einen beliebigen notwendig erscheinenden Speicherinhalt annimmt. Nunmehr ermittelt man die Zeit-Summenlinie von Q_a. Hierauf trägt man in das Achsenkreuz $\Sigma Q \Delta t, t$ die Summenlinien für Q_z und Q_a ein, wobei letztere zwar eine absolut zeitrichtige, aber in bezug auf die $\Sigma Q \Delta t$-Achse nur eine relativ richtige Lage besitzen muß (Abb. 400). Nun verschiebt man die Summenlinie für Q_a so lange gleichlaufend in der Ordinatenrichtung, bis ihre Teilstücke die Q_z-Summenlinie teils in deren Talpunkten C, D, J, teils in deren Scheitelpunkten A und B berühren. Die Zwischenordinaten $\overline{AE}$, $\overline{BF}$ usw. ergeben die notwendigen Speicherräume $V_{\max, I}$, $V_{\max, II}$ usw. Aus diesen Werten der Speichergrößen bestimmt man die genaueren Werte von H_s und wiederholt den beschriebenen Zeichenvorgang so oft, bis die erhaltenen $V_{\max}$-Werte mit den

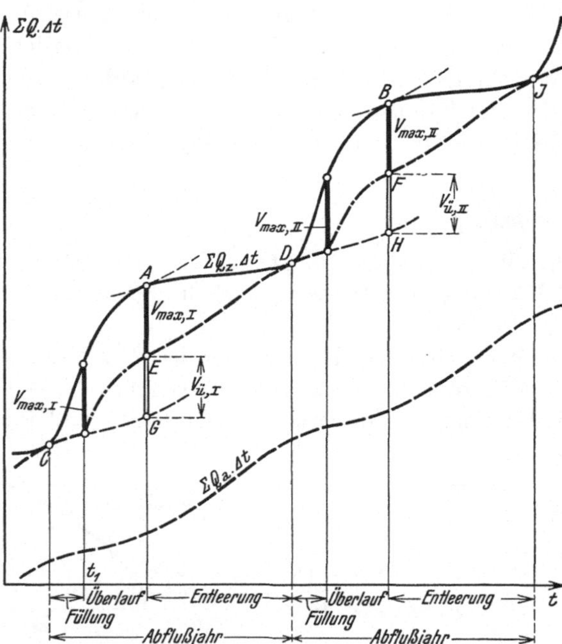

Abb. 400. Wasserwirtschaftsplan eines tiefen Speichers bei annähernder Berücksichtigung der Wasserspiegellage im Speicher.

$Q_a = \dfrac{1}{1000\,\eta} \cdot \dfrac{1}{H_s} L_N$ notwendige Abflußmenge zur Wasserkraftanlage, $V_{\max, I}$, $V_{\max, II}$ notwendiger Speicherinhalt, $V_{ü, I}$, $V_{ü, II}$ Wasserfracht, die über die Entlastungseinrichtungen der Talsperre abfließt.

angenommenen Speichergrößen übereinstimmen. Ist dies der Fall, dann stellen $\overline{EG}$, $\overline{FH}$ usw. die unausnützbaren Wasserfrachten $V_{ü, I}$, $V_{ü, II}$ usw. dar. Die Zeit, zu welcher das nicht verwendbare Wasser die Entlastungseinrichtungen zu durchströmen beginnt, ergibt sich beispielsweise in der in Abb. 400 gezeichneten 1. Füllungsperiode mit t_1, da zu dieser Zeit der Speicher bereits aufgefüllt ist.

Die Aufgabe kann selbstverständlich nur dann einer Lösung zugeführt werden, wenn bei der Verschiebung die Punkte E, F usw. höher als die Punkte

G, H usw. zu liegen kommen, wenn eben in den Entleerungsperioden nicht mehr abgeführt wird als in den Füllungsperioden zufließt.

β) Vollständige Berücksichtigung der Wasserspiegelschwankung im Speicher.

Da in diesem Falle $Q_a = \dfrac{1}{1000\,\eta} \cdot \dfrac{L_N}{H_1 + h}$, ist Q_a von L_N und h abhängig und man hat daher aus der Ganglinie der vorgeschriebenen Leistung (Abb. 401b) die Summenlinien der notwendigen Abflußmengen Q_a bei verschiedenen Wasserspiegelhöhen h zu entwickeln, wie dies in Abb. 401c gezeigt wird.

Die Aufgabe wird grundsätzlich so durchgeführt, wie dies im vorhergehenden Beispiel erläutert worden ist. Es muß jedoch im besonderen in diesem Falle das Heranschieben der Summenlinie für Q_a an jene für Q_z derart erfolgen, daß jeweilig nur jenes Teilstück aus jener Q_a-Summenlinie angestückelt wird, die dem inzwischen im Speicher eingetretenen Wasserstande entspricht. Die Lösung der Aufgabe erfolgt schrittweise, wie Abb. 401a zeigt.

Man verschiebt zuerst die Q_a-Summenlinie, welche der kleinsten Druckhöhe H_1 entspricht, gleichlaufend bis zur Berührung mit der Q_z-Summenlinie, die in den Punkten A_1 und M_1 erfolgt. An diesen Stellen ist $\operatorname{tg} \alpha_z = \operatorname{tg} \alpha_a = \operatorname{tg} \alpha_3$ und $Q_z = Q_a$. Es bezeichnen t_A und t_B die Zeit der beginnenden Speicherfüllung, bzw. der beendigten Speicherentleerung. Von t_A ab steigt, da $Q_z > Q_a$ wird, der Speicherspiegel an, und zwar vorerst bis zur unbekannten Zeit t_1 von H_1 auf $H_1 + h_1$, wobei der Speicherinhalt um $\varDelta V_1$ zunimmt. Die Abflußsummenlinie zur Zeit t_A entspricht der Q_a-Summenlinie für H_1, jene zur Zeit t_1 der Q_a-Summenlinie für $H_1 + h_1$ (Abb. 401c). Die Abflußsummenlinie für den Zeitabschnitt von t_A bis t_1 wird daher in der Mitte zwischen diesen beiden Q_a-Summenlinien liegen. Trägt man diese Zwischensummenlinie auf ein Pauspapier auf und verschiebt sie lagerichtig durch den Punkt G_1 der Abb. 401a, dann ergibt sich im Schnitt mit der Zuflußsummenlinie der Punkt B_1, dessen Ordner die Zeit t_1 angibt, zu welcher der Speicherspiegel die Lage $H_1 + h_1$ erreicht hat. Legt man das gleiche Stück dieser Zwischensummenlinie durch den Punkt A_1, dann erhält man im Schnitt mit dem Ordner durch B_1 den Punkt B_2 der gesuchten Abflußsummenlinie. Dieses Verfahren wird für C_1 und C_2 und für die folgenden Punkte fortgesetzt und es bildet die so erhaltene Linie den unteren Ast der Abflußsummenlinie während der Füllungsperiode des Speichers. Bringt man den Linienzug A_1—O—H_1—A_2 mit dem Ordner durch t_A zum Schnitt, so bildet A_2 einen Punkt der Ganglinie des Wasserspiegels. In gleicher Weise erhält man weitere Punkte B_5 und C_5 dieser Ganglinie.

Der obere Ast der Abflußsummenlinie wird sinngemäß von M_1 an rückläufig bestimmt. Zur Zeit t_B entsprechend dem Punkte M_1 ist der Speicher leer, $Q_z = Q_a$ und der Speicherspiegel hat die Höhe H_1. Die Abflußsummenlinie in M_1 ist gleich der Q_a-Summenlinie für H_1. Zu einer früheren, noch unbekannten Zeit t_3 ist die Spiegelhöhe des Speichers $H_1 + h_1$ und die Abflußsummenlinie gegeben durch die Q_a-Summenlinie für $H_1 + h_1$. Nunmehr schiebt man das entsprechende Stück der oben bereits bestimmten Zwischensummenlinie der Q_a-Summenlinien für H_1 und $H_1 + h_1$ lagerichtig in den Punkt G_3 und erhält so den Punkt N_1 und die Zeit t_3, zu welcher der Speicherspiegel die Lage $H_1 + h_1$ erreicht hat. Ebenso ergibt sich von M_1 aus der Punkt N_2 der gesuchten Abflußsummenlinie.

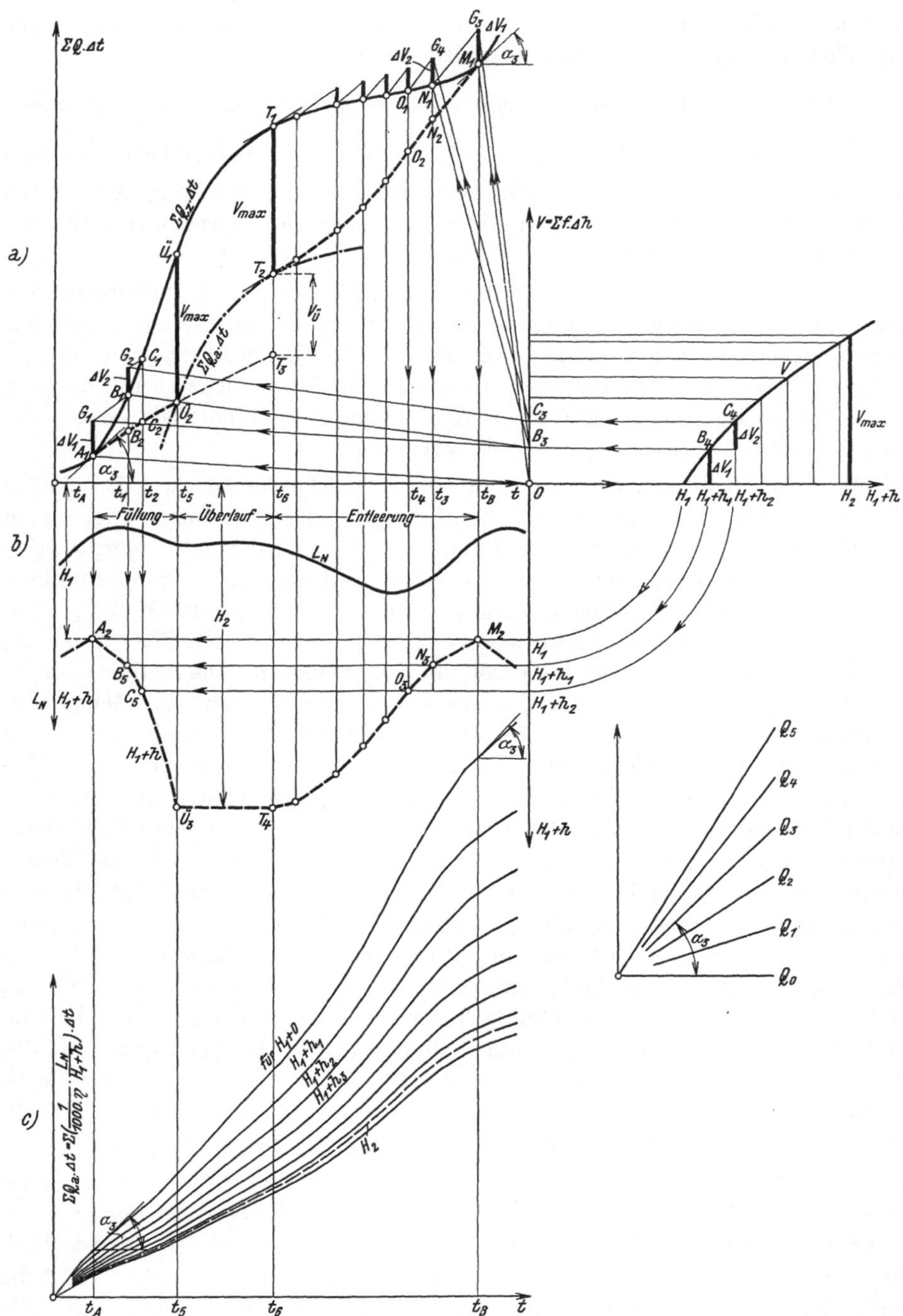

Abb. 401. Wasserwirtschaftsplan eines tiefen Speichers bei vollständiger Berücksichtigung der Wasserspiegelschwankung im Speicher.

$$Q_a = \frac{1}{1000\,\eta} \cdot \frac{L}{H_1 + h}$$ notwendige Abflußmenge zur Wasserkraftanlage, V_{max} notwendiger Speicherinhalt, $V_{\ddot{U}}$ Wasserfracht, die über die Entlastungseinrichtungen der Talsperre abfließt.

Das Verfahren wird für steigende Speicherhöhen $H_1 + h$ fortgesetzt, wobei sich immer flacher werdende Summenlinienstücke ergeben. Zur Zeit t_6 erhält man keinen Schnittpunkt mehr und die Q_a-Summenlinie für H_2 berührt die Zuflußsummenlinie in T_1, es ist also wieder $Q_z = Q_a$ und der Größtwert der Speicherfüllung ist erreicht. Die Strecke $\overline{T_1 T_2} = V_{\max}$ ist der zur Sicherung der verlangten Leistung gesuchte notwendige Speicherraum.

Wird die Zuflußsummenlinie gleichlaufend um das Maß $V_{\max}$ verschoben, dann erhält man im Schnittpunkte $\ddot{U}_2$ mit dem unteren Ast der Abflußsummenlinie die Zeit t_5 der erreichten Speichervollfüllung. Von t_5 bis t_6 läuft der Speicher über, da die zufließende Wassermenge Q_z größer ist als der Verbrauch Q_a der Wasserkraftanlage. Zeichnet man von $\ddot{U}_2$ bis T_3 das entsprechende Stück der Q_a-Summenlinie für H_2 ein, dann ist $V_{\ddot{u}}$ die über die Entlastungseinrichtungen ungenützt abfließende Wasserfracht. Von M_1, N_1 und O_1 ausgehend, erhält man über die Speicherinhaltslinie die zugehörigen Punkte M_2, N_3 und O_3 der Ganglinie des Speicherspiegels (Abb. 401 b).

Verfahren mit Verwendung der Zeit-Differenzsummenlinien. Dieses Verfahren beseitigt die dem Zeit-Summenlinienverfahren noch anhaftenden Nachteile, wie kleiner Maßstab bei begrenzter Zeichenfläche und schiefe Schnitte bei der

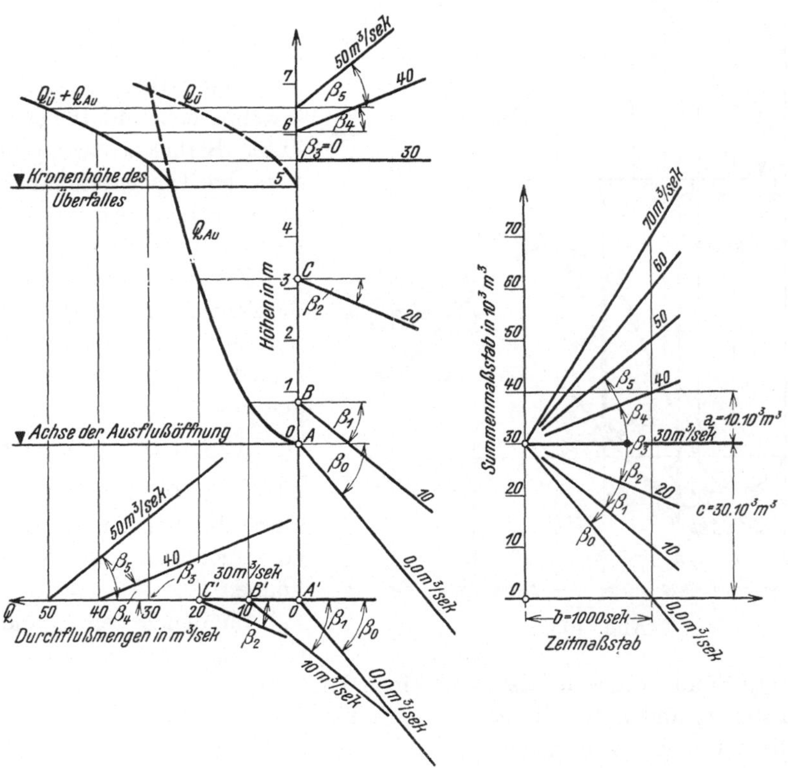

Abb. 402. Darstellung der Durchflußmengenlinie im Tangentenmaßstab für die Differenzsummenlinie.

Q_{Au} Durchflußmengenlinie der Auslauföffnung, $Q_{\ddot{U}}$ Durchflußmengenlinie des Überfalles.

Durchführung, die sich besonders bei den Aufgaben 6 und 10 unangenehm fühlbar machen.[1]

Als Vorarbeit ist die Darstellung der Durchflußmengenlinie im Tangentenmaßstab erforderlich. Der Vorgang ist ähnlich wie der beim Summenlinienverfahren geschilderte. Er soll im besonderen mit Benützung des auf S. 401 gegebenen Beispieles erläutert werden. Man wählt wieder als Einheit des Zeitmaßstabes die Strecke $b = 1000$ Sekunden und als Einheit des Summenmaßstabes die Strecke $a = 10 \cdot 10^3 \text{ m}^3$ (Abb. 402). Die Größe c, die nach den Ausführungen auf S. 245 entsprechend dem konstanten Abzugswert x_0, der hier mit 30 m³/sek gewählt wurde, zu berechnen ist, erhält im vorliegenden Beispiele den Wert $c = 30 \cdot 10^3 \text{ m}^3$. Die unter den Winkeln $\beta_0, \beta_1, \beta_2, \ldots$ geneigten Strahlen stellen dann Q-Werte vor, die den Abflußmengen $0, 10, 20 \ldots$ m³/sek entsprechen. Verschiebt man nunmehr diese Strahlen gleichlaufend in die Punkte $A, B, C \ldots$, welche den h_P-Werten mit den Abflußmengen $0, 10, 20 \ldots$ m³/sek entsprechen, dann erhält man die im Tangentenmaßstab dargestellte Durchflußmengenlinie.

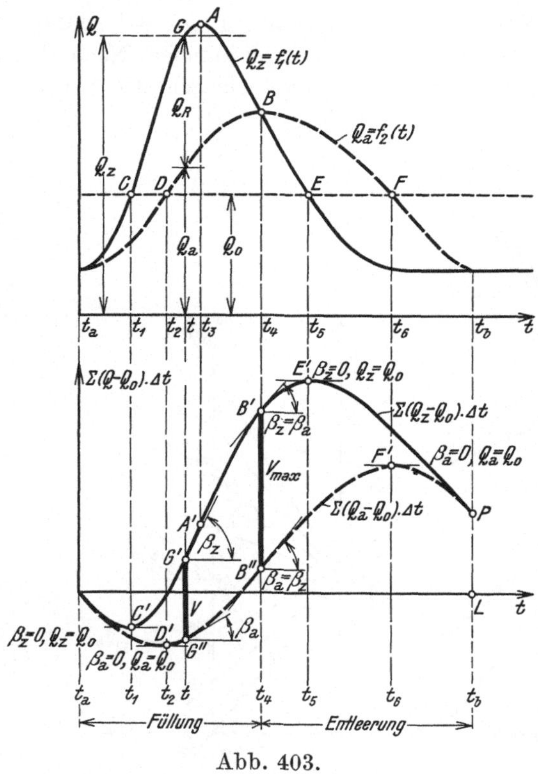

Abb. 403.

Für manche Untersuchungen ist es jedoch zweckmäßig, die Strahlen durch die Punkte A', B', $C' \ldots$ der Q-Koordinatenachse zu legen.

Die Differenzsummenlinien des Zu- und des Abflusses werden nun mit Hilfe eines der oben erwähnten Summationsverfahren unter Berücksichtigung des bereits im Tangentenmaßstab angenommenen Abzugswertes Q_0 gezeichnet (Abb. 403).[2]

Zur beliebigen Zeit t ergibt die Tangente in G' tg$\beta_z = Q_z - Q_0$ und in G'' tg$\beta_a = Q_a - Q_0$, woraus die bezüglichen Wassermengen mit

$$Q_z = \text{tg } \beta_z + Q_0, \quad Q_a = \text{tg } \beta_a + Q_0$$

oder unmittelbar mit Hilfe der Durchflußmengenlinie im Tangentenmaßstab bestimmt werden können.

Zu den Zeiten t_1 und t_5 ist $Q_z = Q_0$, also tg $\beta_z = 0$, und die $(Q_z - Q_0)$-Summenlinie besitzt dort einen Umkehrpunkt. Ebenso ist dies zu den Zeiten t_2 und t_6 für die $(Q_a - Q_0)$-Summenlinie der Fall.

Die zur Zeit t zurückgehaltene Wassermenge beträgt

$$Q_R = Q_z - Q_a = \text{tg } \beta_z + Q_0 - \text{tg } \beta_a - Q_0 = \text{tg } \beta_z - \text{tg } \beta_a$$

[1] F. Schaffernak, bisher unveröffentlicht.
[2] Siehe S. 244.

und ist also unmittelbar aus den Tangentenwerten bestimmbar. Die im Zeitabschnitte t_a bis t zurückgehaltene Wasserfracht, welche gleich dem aufgefüllten Speicherraum V ist, beträgt

$$\sum_{t_a}^{t} Q_R \, \Delta t = \sum_{t_a}^{t} (Q_z - Q_a)\, \Delta t = \sum_{t_a}^{t} [(Q_z - Q_0) - (Q_a - Q_0)]\, \Delta t = \overline{G'\,G''}.$$

V wird zum Größtwert $V_{\max}$, wenn $Q_z = Q_a$, d. h. zu jener Zeit t, in welcher $\operatorname{tg} \beta_z + Q_0 = \operatorname{tg} \beta_a + Q_0$, also $\operatorname{tg} \beta_z = \operatorname{tg} \beta_a$ oder $\beta_z = \beta_a$ ist. Die Größe von $V_{\max}$ ist ebenso wie beim einfachen Summenlinienverfahren durch die größte Ordinatendifferenz $\overline{B'\,B''}$ der beiden Summenlinien gegeben.

Die Zufluß-Wasserfracht im Zeitabschnitte t_a bis t_b beträgt

$$\sum_{t_a}^{t_b} Q_z\, \Delta t = \sum_{t_a}^{t_b} [(Q_z - Q_0)\, \Delta t + Q_0 \Delta t] =$$

$$= \sum_{t_a}^{t_b} (Q_z - Q_0)\, \Delta t + \sum_{t_a}^{t_b} Q_0\, \Delta t = \overline{LP} + Q_0\,(t_b - t_a).$$

Es lassen sich also aus den Differenz-Summenlinien alle jene Bestimmungsstücke herauslesen, welche für die Behandlung der Rückhalteaufgaben notwendig sind. Die Lösung der vorerwähnten Aufgaben kann daher nach dem Verfahren der Differenzsummenlinien ebenso einheitlich erfolgen, wie dies bei dem Verfahren der Summenlinien der Fall ist.

Aufgabe 1.   Gegeben: Q_z und $Q_a\,(t)$,
        gesucht: $Q_a\,(h_P)$ und h_P.

Zur beliebigen Zeit t_A sind A_1 und A_2 Punkte der gegebenen $(Q_z - Q_0)$- und $(Q_a - Q_0)$-Summenlinie (Abb. 404). Da die Inhaltslinie des Speichers $V = f_6\,(h_P)$

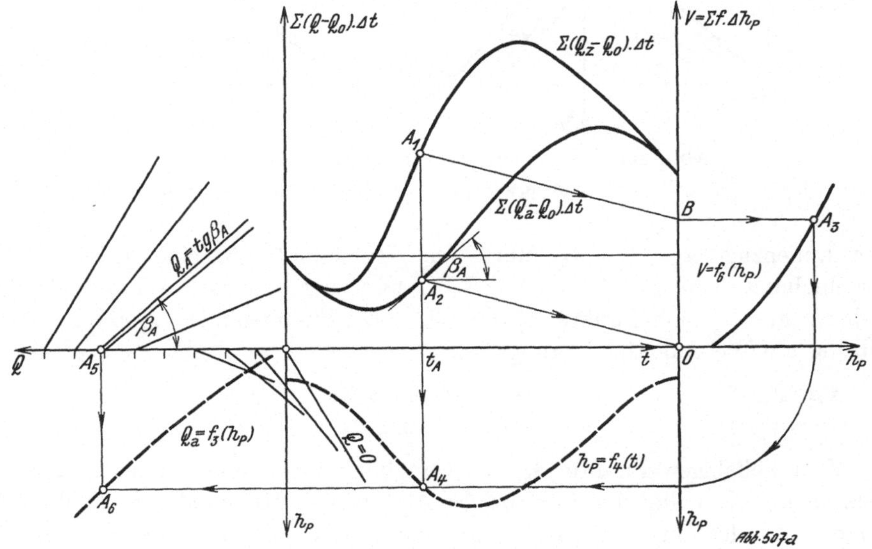

Abb. 404. Gegeben: $Q_z = f_1\,(t)$ und $Q_a = f_2\,(t)$,
        gesucht: $h_P = f_3\,(h_P)$ und $Q_a = f_4\,(t)$.

gegeben ist, ergibt die gleichlaufende Verschiebung von A_2—O nach A_1—B und die Verschneidung des Linienzuges A_1—B—A_3—A_4 mit dem Ordner durch t_A den gesuchten Punkt A_4 der Ganglinie des Wasserstandes im Speicher $h_P = f_4(t)$.

Die Neigung der Tangente im Punkte A_2 der $(Q_a - Q_0)$-Summenlinie beträgt β_A, zu welcher Neigung in der im Tangentenmaßstab gezeichneten Durchflußmengenlinie die durch den Punkt A_5 gekennzeichnete Wassermenge $Q_A = \mathrm{tg}\,\beta_A$ gehört. Der Schnitt der Ordner durch A_4 und A_5 liefert den Punkt A_6 der gesuchten Bezugslinie $Q_a = f_3\,(h_P)$.

Aufgabe 2.   Gegeben: Q_z und h_P,
                     gesucht: $Q_a\,(t)$ und $Q_a\,(h_P)$.

Bekannt sind die auf dem Ordner durch t_A liegenden Punkte A_1 und A_3 der Ganglinie des Wasserstandes und der $(Q_z - Q_0)$-Summenlinie (Abb. 405).

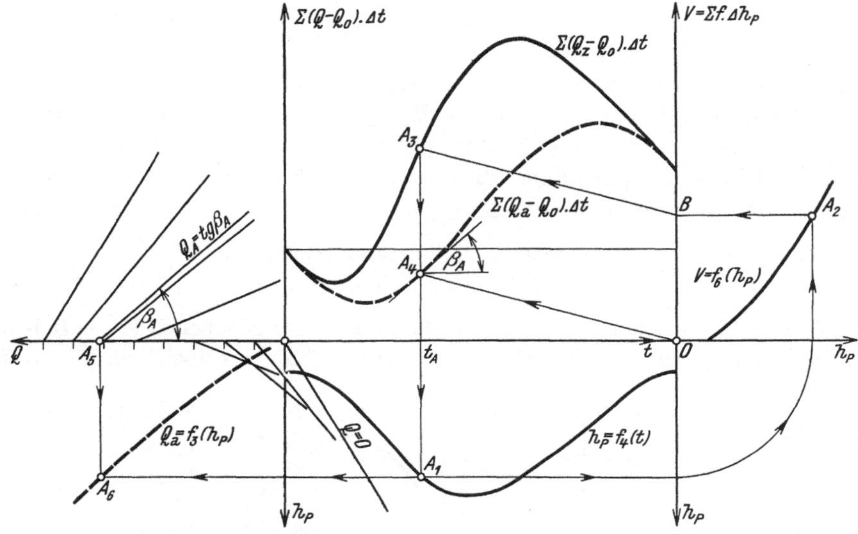

Abb. 405.   Gegeben: $Q_z = f_1\,(t)$ und $h_P = f_4\,(t)$,
                gesucht: $Q_a = f_2\,(t)$ und $Q_a = f_3\,(h_P)$.

Der Linienzug A_1—A_2—A_3 führt zum Hilfspunkte B, eine gleichlaufende Verschiebung von B—A_3 nach O—A_4 und deren Verschneidung mit dem Ordner durch t_A zum Punkte A_4 der $(Q_a - Q_0)$-Summenlinie, womit die Rückführung auf die Aufgabe 1 erfolgt ist.

Aufgabe 3.   Gegeben: $Q_a\,(t)$ und h_P,
                     gesucht: Q_z und $Q_a\,(h_P)$.

Vom beliebigen Punkte A_1 der Ganglinie des Wasserstandes ausgehend, erhält man mit Hilfe des Linienzuges A_1—A_3 den Hilfspunkt B (Abb. 406). Der Schnitt des durch B gleichlaufend zu O—A_2 gezogenen Strahles mit dem Ordner durch A_1 und A_2 führt zum Punkte A_4 der $(Q_z - Q_0)$-Summenlinie, wodurch wieder der Anfangszustand der Aufgabe 1 erreicht ist.

Aufgabe 4.   Gegeben: $Q_a\,(t)$ und $Q_a\,(h_P)$,
                     gesucht: Q_z und h_P.

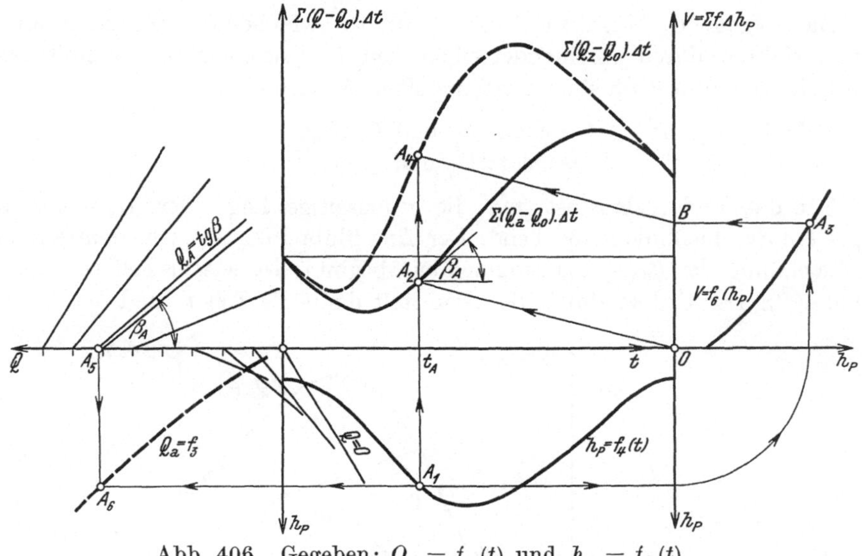

Abb. 406. Gegeben: $Q_a = f_2(t)$ und $h_P = f_4(t)$,
gesucht: $Q_z = f_1(t)$ und $Q_a = f_3(h_P)$.

Zur beliebigen Zeit t_A ist die Abflußmenge gegeben durch die Tangente im Punkte A_1 der $(Q_a - Q_0)$-Summenlinie (Abb. 407). β_A, übertragen in den Tangentenmaßstab, liefert den Punkt A_2 und weiters auf der $Q_a(h_P)$-Linie den Punkt A_3.

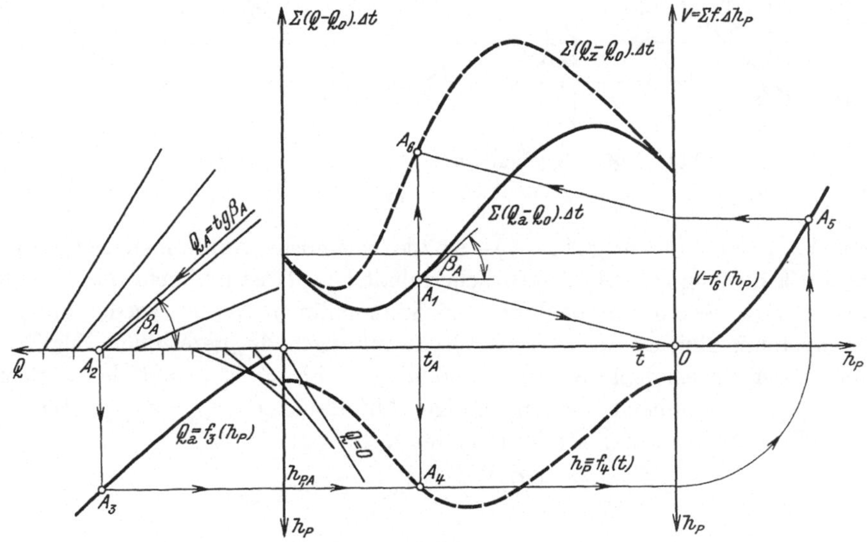

Abb. 407. Gegeben: $Q_a = f_2(t)$ und $Q_a = f_3(h_P)$.
gesucht: $Q_z = f_1(t)$ und $h_P = f_4(t)$.

Der Schnitt der Ordner durch A_3 und t_A gibt in A_4 einen Punkt der gesuchten Ganglinie des Wasserstandes im Speicher. Mit dem Linienzug A_4—A_5—A_6 wird der zum Wasserstand $h_{P,A}$ gehörende Speicherinhalt über A_1 eingezeichnet. Der dadurch erhaltene Punkt A_6 gehört der gesuchten $(Q_z - Q_0)$-Summenlinie an.

Die folgenden Aufgaben 5 und 6 werden wie beim einfachen Summenlinienverfahren durch Aneinanderreihen von Linienelementen abschnittsweise gelöst. Es gelten deshalb sinngemäß dieselben Anleitungen.

Aufgabe 5.   Gegeben: h_P und Q_a (h_P),
gesucht: Q_z und Q_a (t).

Für das Endergebnis ist nur die gegenseitige Lage der ($Q_z - Q_0$)- und ($Q_a - Q_0$)-Summenlinie maßgebend. Der Anschlußpunkt A_1, von dem aus man die Zeichnung der ($Q_a - Q_0$)-Summenlinie beginnt, ist wieder beliebig gewählt (Abb. 408). Der Ordner durch A_1 vermittelt dann die Zeit t_A und den Wasser-

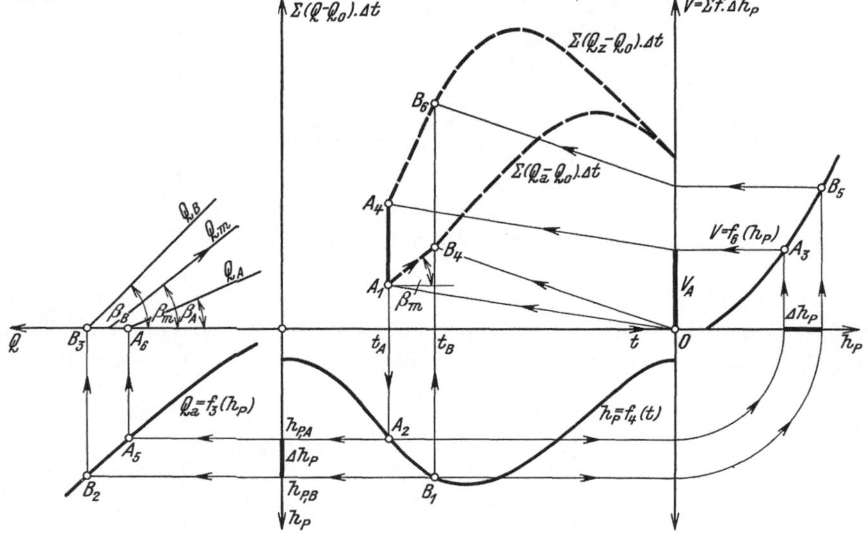

Abb. 408.   Gegeben: $h_P = f_4$ (t) und $Q_a = f_3$ (h_P),
gesucht: $Q_z = f_1$ (t) und $Q_a = f_2$ (t).

stand $h_{P,A}$, der Linienzug A_2—A_5—A_6 die zugehörige Abflußmenge $Q_A = \mathrm{tg}\,\beta_A$ und der Linienzug A_2—A_3 den Speicherinhalt V_A. A_4 ist nunmehr der Anschlußpunkt der ($Q_z - Q_0$)-Summenlinie. Die Summenlinien werden wieder unter der Voraussetzung gleicher Speicherspiegelschwankungen Δh_P gezeichnet. Zur Zeit t_B erreicht der Speicherspiegel den Stand $h_{P,A} + \Delta h_P = h_{P,B}$ und der Linienzug B_1—B_2—B_3 vermittelt die zugehörige Abflußmenge $Q_B = \mathrm{tg}\,\beta_B$. Die mittlere Abflußmenge im Zeitabschnitt t_A bis t_B beträgt

$$Q_m = \frac{Q_A + Q_B}{2} = \frac{\mathrm{tg}\,\beta_A + \mathrm{tg}\,\beta_B}{2} = \mathrm{tg}\,\beta_m,$$

welcher Wert aus dem Tangentenmaßstab entnommen werden kann. Der von A_1 aus unter diesem Winkel β_m gezogene Strahl schneidet den Ordner durch t_B im Punkte B_4 der gesuchten ($Q_a - Q_0$)-Summenlinie. Zeichnet man mit dem Linienzug B_1—B_5—B_6 den zur Spiegelhöhe $h_{P,B}$ gehörigen Speicherinhalt über B_4 ein, dann erhält man in B_6 einen Punkt der ($Q_z - Q_0$)-Summenlinie. Durch Aneinanderreihen weiterer Linienelemente gelangt man schließlich zu den gesuchten Differenz-Summenlinien.

Aufgabe 6.   Gegeben: Q_z und $Q_a\,(h_P)$,
gesucht: $Q_a\,(t)$ und h_P.

Die Rückhalteverhältnisse im Speicher seien durch den zur Zeit t_A herrschenden Wasserstand $h_{P,A}$ bzw. den Anschlußpunkt A_1 der zu suchenden Ganglinie des Wasserstandes gegeben (Abb. 409). Im Linienzug A_1—A_2—A_3 liegt der Hilfspunkt H_1. Ein von O aus gleichlaufend zu H_1—A_3 gezogener Strahl überträgt den zum Wasserstand $h_{P,A}$ gehörigen Speicherinhalt V_A in den Ordner durch t_A und liefert den Anschlußpunkt A_4 der gesuchten $(Q_a\!-\!Q_0)$-Summenlinie. Nun wird ein Spiegelanstieg um $\varDelta h_P$ auf $h_{P,B}$ angenommen. Die Eintrittszeit t_B

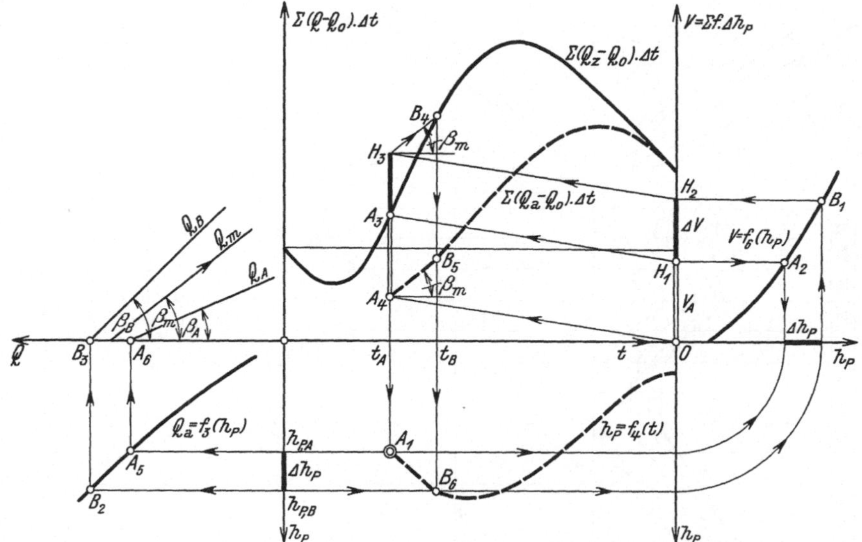

Abb. 409.   Gegeben: $Q_z = f_1\,(t)$, $Q_a = f_3\,(h_P)$ und Anschlußpunkt A_1,
Gesucht: $Q_a = f_2\,(t)$ und $h_P = f_4\,(t)$.

dieses Wasserstandes ist noch unbekannt. Die zu $h_{P,A}$ und $h_{P,B}$ gehörigen Abflußmengen $Q_A = \mathrm{tg}\,\beta_A$ und $Q_B = \mathrm{tg}\,\beta_B$ können dem Tangentenmaßstab entnommen werden, ebenso die mittlere Abflußmenge

$$Q_m = \frac{Q_A + Q_B}{2} = \frac{\mathrm{tg}\,\beta_A + \mathrm{tg}\,\beta_B}{2} = \mathrm{tg}\,\beta_m.$$

Mit dem Linienzug B_2—B_1—H_2—H_3 wird die Zunahme $\varDelta V$ des Speicherinhaltes über A_3 eingezeichnet und der Hilfspunkt H_3 erhalten. Ein durch H_3 unter dem Winkel β_m gezogener Strahl schneidet die $(Q_z - Q_0)$-Summenlinie im Punkte B_4, dessen Ordner die gesuchte Zeit t_B angibt. Ein gleichfalls unter β_m geneigter Strahl durch A_4 schneidet den Ordner durch B_4 im gesuchten Punkte B_5 der $(Q_a - Q_0)$-Summenlinie. Der Schnitt der Ordner durch B_2 und B_5 gibt schließlich in B_6 einen Punkt der Ganglinie des Wasserstandes.

Von den weiteren Aufgaben soll als Musterbeispiel die Aufgabe 10 herausgegriffen und bei etwas geänderter Fragestellung mit Hilfe des Verfahrens der Zeit-Differenzsummenlinien gelöst werden.

In Abb. 410 sind folgende Untersuchungen durchgeführt:

α) Kann bei einem gegebenen größten Speicherinhalt V_4 der geforderte Leistungsbedarf durch die Wasserkraftanlage allein gedeckt werden oder ist eine Ergänzung durch eine Wärmekraftanlage notwendig?

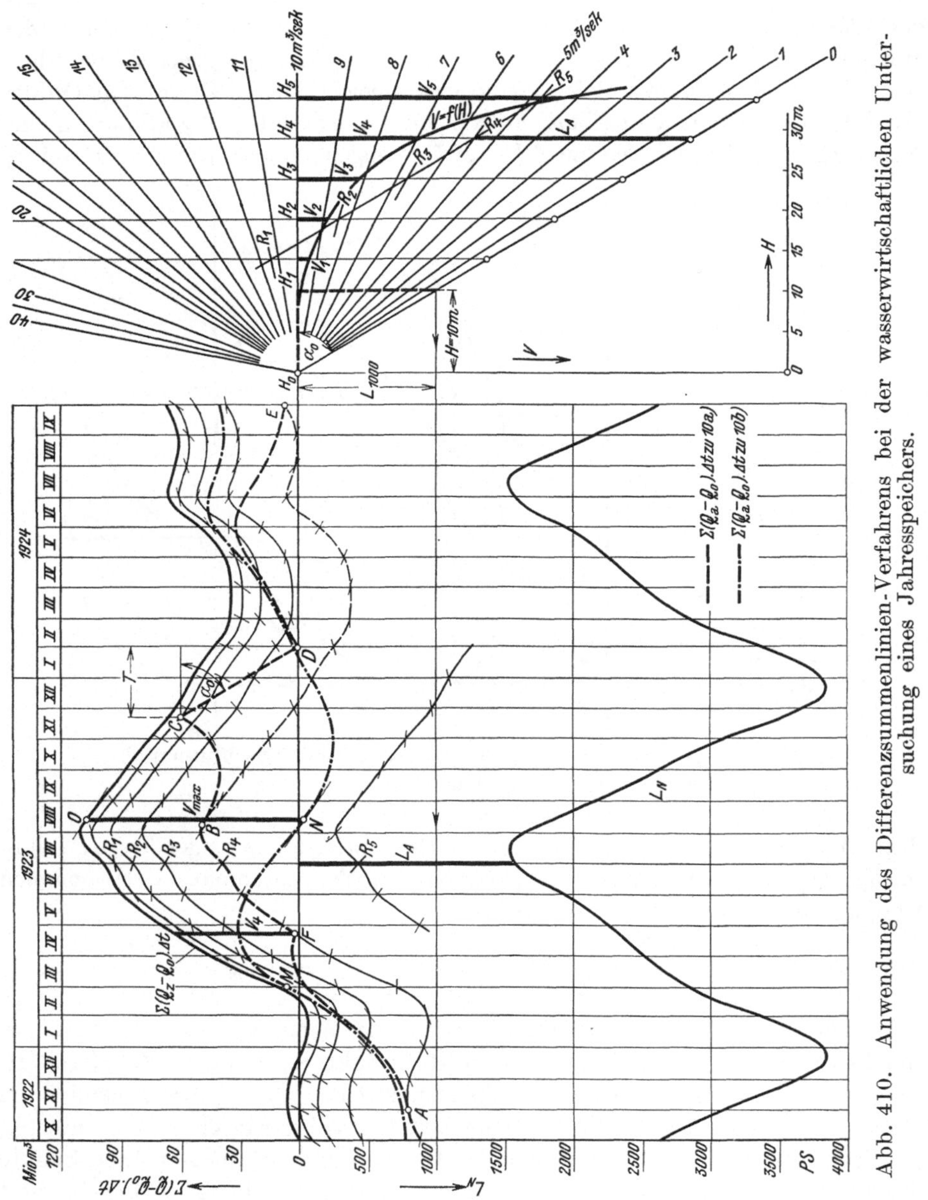

Abb. 410. Anwendung des Differenzsummenlinien-Verfahrens bei der wasserwirtschaftlichen Untersuchung eines Jahresspeichers.

β) Wie groß müßte der Speicherinhalt $V_{\max}$ sein, um den Leistungsbedarf durch die Wasserkraftanlage allein zu decken?

Gegeben sind die Ganglinie der Zuflußmenge Q_z, die Ganglinie der geforderten Leistung L_N und die Inhaltslinie $V = f(H)$ des Speichers. Wählt man den Abzugswert Q_0 etwa mit $Q_0 = 10\,\text{m}^3/\text{sek}$, dann ist damit auch die Differenz-Summenlinie des Zuflusses $\Sigma\,(Q_z - Q_0)\,\Delta t$ festgelegt.

Durch die angenommenen Maßstäbe für die Differenz-Summenlinie des Zuflusses ist der Tangentenmaßstab der Wassermengen festgelegt. Der Maßstab für die Leistungsganglinie ist zweckmäßig so zu wählen, daß man durch Übertragung einer Leistungsgröße L_A der Leistungsganglinie in den Tangentenmaßstab mit einer einfachen Konstruktion sofort die zu L_A und zu den verschiedenen Druckhöhen H gehörigen Abflußmengen bzw. deren Tangentenwerte erhält.

Wird als Leistungseinheit $L_N = 1000\,\text{PS} = L_{1000}$ gewählt, dann entspricht dieser Einheit bei einer Druckhöhe von $H = 10\,\text{m}$ und einem $\eta = 0,75$ eine Abflußmenge $Q = \dfrac{L_N}{10\,H} = \dfrac{1000}{10\,.\,10} = 10\,\text{m}^3/\text{sek}$, die im vorliegenden Fall dem gewählten Abzugswerte Q_0 gleich ist. Trägt man im Tangentenmaßstab auch die Druckhöhen H ein, dann stellt der auf dem Ordner durch $H = 10\,\text{m}$ liegende Abschnitt L_{1000} die Maßstabeinheit für die Leistungsganglinie dar.

Nun zeichnet man mit der Maßstabeinheit L_{1000} die Ganglinie L_N des gegebenen Leistungsbedarfes. Trägt man nun irgend eine Leistung L_A aus dieser Ganglinie von der Nullrichtung des Tangentenmaßstabes aus nach aufwärts auf und zieht eine zu diesem Nullstrahl gleichlaufende Linie durch den oberen Endpunkt von L_A, dann geben die Richtungen R_1 bis R_5 in den Schnittpunkten dieser Linie mit den Ordnern durch die verschiedenen Druckhöhen H_1 bis H_5 die zur Erzeugung der Leistung L_A notwendigen Abflußmengen Q_1 bis Q_5 bei den entsprechenden Druckhöhen H_1 bis H_5 an.

Bei dem zur Verfügung stehenden Speicher ist die kleinste, ausnützbare Druckhöhe H_1 und der ihr entsprechende Speicherinhalt V_1 stellt den eisernen Bestand dar. Für die Druckhöhen H_1 bis H_5 sind die entsprechenden Speicherinhalte V_1 bis V_5. Trägt man diese von der Differenzsummenlinie des Zuflusses maßstäblich ab, so erhält man eine Schar von Linien, die um die Maße V_1 bis V_5 gleichlaufend verschoben sind. Weiters werden die für jede Leistung L_N bei den verschiedenen Druckhöhen H_1 bis H_5 erforderlichen Abflußmengen

$$Q = \dfrac{L_N}{10\,H} = \operatorname{tg}\alpha$$

durch Linienelemente mit den zugehörigen Neigungen α eingezeichnet.

Zu a). Da der größte zur Verfügung stehende Speicherinhalt V_4 beträgt, muß die gesuchte Differenzsummenlinie des Abflusses innerhalb der Differenzsummenlinie des Zuflusses und der um das Maß V_4 verschobenen Hilfssummenlinie liegen. Um die Anfangs- und Endpunkte der Differenzsummenlinie des Abflusses festzustellen, sind jene Punkte in der Hilfssummenlinie zu suchen, in denen $Q_z = Q_a$ oder $\operatorname{tg}\alpha_z = \operatorname{tg}\alpha_a$ und $\alpha_z = \alpha_a$ ist. Das ist dort der Fall, wo die gezeichneten Linienelemente die Hilfssummenlinie berühren, also in den Punkten A und B. Die Differenzsummenlinie des Abflusses wird von A aus durch Interpolation zwischen die eingezeichneten Linienelemente schrittweise erhalten. In C ist der Speicher bis auf den eisernen Bestand geleert und die Turbinen werden abgestellt. Da keine Wasserentnahme mehr erfolgt, also $Q_a = 0$ wird, ist von C an die $(Q_a - Q_0)$-Summenlinie unter dem Winkel α_0 geneigt.

Soll in dem betrachteten zweijährigen Abschnitt ein vollkommener Wasserausgleich stattfinden, dann muß der Speicherinhalt am Ende und am Anfang dieses Zeitabschnittes gleich groß sein, im vorliegenden Falle also V_4 betragen. Die $(Q_a - Q_0)$-Summenlinie muß danach durch den Punkt E gehen. Sie wird daher von E aus rückläufig wieder durch Interpolation zwischen die eingetragenen Linienelemente gezeichnet. Bringt man sie mit dem unter α_0 geneigten Ast zum Schnitt, dann gibt dieser Schnittpunkt D den Zeitpunkt der Wiederaufnahme der vollen Wasserkraftnutzung an. Im Zeitabschnitt T ist der Bedarf durch Wärmekraftmaschinen zu decken, deren Ausbaugröße durch die in diesem Zeitabschnitte größte vorkommende Leistung gegeben ist.

Zu β). Bei dieser Aufgabe ist mit der Zeichnung der Differenzsummenlinie des Abflusses bei der kleinsten Füllung V_1 zu beginnen. Im Punkte M ist $Q_z = Q_a$, der Speicher ist bis auf den eisernen Bestand geleert. Da in der Folge $Q_z > Q_a$ ist, beginnt hier die Auffüllung des Speichers. In N ist wieder $Q_z = Q_a$, die Speicherfüllung hat ihren Größtwert erreicht, und die Strecke $\overline{NO} = V_{\max}$ gibt jene Speichergröße an, welche die Deckung des Leistungsbedarfes durch die Wasserkraftanlage allein sicherstellt.

Namenverzeichnis.

Sachverzeichnis.

Manzsche Buchdruckerei, Wien IX.

^W Der Wasserbau. Ein Handbuch für Studium und Praxis. Von Prof.
Ing. Dr. techn. **Armin Schoklitsch,** Brünn.
Erster Band: Mit Abbildung 1—708 und Tabelle 1—74. XI, 484 Seiten. 1930.
Gebunden RM 52.—
Zweiter Band: Mit Abbildung 709—2057 und Tabelle 75—119. VI, 715 Seiten.
1930. Gebunden RM 78.—

Der Verkehrswasserbau. Ein Wasserbau-Handbuch für Studium und Praxis.
Von Professor **Otto Franzius,** Hannover. Mit 1022 Abbildungen im Text und auf
einer Tafel. XII, 839 Seiten. 1927. Gebunden RM 78.—*

Aufgaben aus dem Wasserbau. Angewandte Hydraulik. 40 vollkommen durch-
gerechnete Beispiele. Von Dr.-Ing. **Otto Streck.** Zweite, berichtigte Auflage. Mit
133 Abbildungen, 35 Tabellen und 11 Tafeln. IX, 362 Seiten. 1929.   Geb. RM 12.—*

Angewandte Hydraulik. Von Dr.-Ing. **Felix Bundschu.** Mit 55 Abbildungen im
Text. IV, 76 Seiten. 1929. RM 6.90*

Rohrhydraulik. Allgemeine Grundlagen, Forschung, Praktische Berechnung und
Ausführung von Rohrleitungen. Von Priv.-Doz. Dr.-Ing. **Hugo Richter,** VDI. Mit
192 Textabbildungen und 44 Zahlentafeln. IX, 256 Seiten. 1934.   Geb. RM 22.50

Druckrohrleitungen. Berechnungs- und Konstruktionsgrundlagen der Rohrleitungen für Wasserkraft- und Wasserversorgungsanlagen. Von Dr.-Ing. **Felix
Bundschu.** Zweite, neubearbeitete Auflage. Mit 15 Abbildungen. IV, 62 Seiten.
1929. RM 6.—*

^W Druckrohrleitungen der Wasserkraftwerke. Entwurf, Berechnung, Bau
und Betrieb. Von Ing. Dr. techn. **Artur Hruschka,** Ministerialrat, Abteilungs-
vorstand in der Direktion für die Elektrifizierung der Österreichischen Bundes-
bahnen, früher im Bundesministerium für Handel und Verkehr, Wien. Mit 152 Abbildungen, 31 Tabellen und 38 Beispielen im Text. XVI, 283 Seiten. 1929.
RM 23.—; gebunden RM 25.—

^W Druckschwankungen in Druckrohrleitungen. Von Dr. techn. Ing. **R. Löwy,**
Oberingenieur der Leobersdorfer Maschinenfabriks-Aktien-Gesellschaft Leobersdorf
bei Wien. Mit 45 Abbildungen im Text und 7 Tafeln. V, 162 Seiten. 1928.   RM 15.—

Das Wasserschloß bei Hochdruckspeicheranlagen. Unter besonderer Berücksichtigung des Kammerwasserschlosses mit Überfall. Von Dr.-Ing. **Otto Streck.**
Mit 36 Textabbildungen und 7 Tafeln. V, 68 Seiten. 1929.   RM 9.50*

Tabellenbuch für die Berechnung von Kanälen und Leitungen sowie
die Feststellung ihrer Durchflußgeschwindigkeiten, Durchflußmengen und Durchflußhöhen, der Konstruktion der Lichtprofile
mit ihren Leistungs- und Geschwindigkeitskurven, der Profil-
inhalte, Profilumfänge und hydraulischen Radien bei dem Entwerfen von Kanalisations- und Wasserversorgungsanlagen, Grundstücksentwässerun-
gen, Be- und Entwässerungsleitungen, bei Meliorationsbauten und dergleichen. Bearbeitet und herausgegeben von **E. Wild,** Berlin, unter Mitwirkung von **O. Schöberlein,**
Berlin. Mit 52 Tafeln. IV, 57 Seiten. 1931.   Gebunden RM 25.50*

Wasserkraftanlagen. Von Professor Dr.-Ing. Dr. techn. h. c. **Ad. Ludin.** 1. Hälfte: Planung, Triebwasserleitungen und Kraftwerke. (Handbibliothek für Bauingenieure, Teil III, Band 8.) Mit 601 Abbildungen im Text und auf einer Tafel. XVIII, 516 Seiten. 1934.　　　　　Gebunden RM 33.50

Die nordischen Wasserkräfte. Ausbau und wirtschaftliche Ausnutzung. Von Professor Dr.-Ing. Dr. techn. h. c. **Adolf Ludin** (Berlin). Unter Mitarbeit von Dr.-Ing. **Paul Nemenyi**, Diplom-Ingenieur. Mit 1005, zum Teil farbigen Abbildungen im Text und auf 2 Tafeln. VIII, 778 Seiten. 1930.　　Gebunden RM 160.—*

^W**Die Quellen.** Die geologischen Grundlagen der Quellenkunde für Ingenieure aller Fachrichtungen sowie für Studierende der Naturwissenschaften. Von Professor Ing. Dr. phil. **Josef Stiny** (Wien). Mit 154 Abbildungen im Text. VIII, 255 Seiten. 1933.　　　　　　　　　　　RM 16.—; gebunden RM 17.50

Handbuch der Hydrologie.

Erster Band. **Wesen, Nachweis, Untersuchung und Gewinnung unterirdischer Wasser:** Quellen, Grundwasser, unterirdische Wasserläufe, Grundwasserfassungen. Von Zivilingenieur **E. Prinz.** Zweite, ergänzte Auflage. Mit 334 Textabbildungen. XIII, 422 Seiten. 1923.　　　　　　　　Gebunden RM 18.—*

Zweiter Band. **Quellen** (Süßwasser- und Mineralquellen). Von Zivilingenieur **E. Prinz** und Professor Dr.-Ing. **R. Kampe.** Mit 274 Textabbildungen. VII, 290 Seiten. 1934.　　　　　　　　　　Gebunden RM 24.50

^W**Geschiebebewegung in Flüssen und an Stauwerken.** Von Professor Ing. Dr. techn. **Armin Schoklitsch**, Brünn. Mit 124 Abbildungen im Text. IV, 108 Seiten. 1926.　　　　　　　　　　　　　RM 8.70*

Von der Bewegung des Wassers und den dabei auftretenden Kräften. Grundlagen zu einer praktischen Hydrodynamik für Bauingenieure. Nach Arbeiten von Staatsrat Dr.-Ing. e. h. **Alexander Koch,** s. Zt. Professor an der Technischen Hochschule zu Darmstadt, herausgegeben von Dr.-Ing. e. h. **Max Carstanjen.** Nebst einer Auswahl von Versuchen Kochs im Wasserbau-Laboratorium der Darmstädter Technischen Hochschule zusammengestellt unter Mitwirkung von Studienrat Dipl.-Ing. **L. Hainz.** Mit 331 Abbildungen im Text und auf 2 Tafeln sowie einem Bildnis. XII, 228 Seiten. 1926.　　　　Gebunden RM 28.50*

Technische Hydrodynamik. Von Professor Dr. **Franz Prášil**, Zürich. Zweite, umgearbeitete und vermehrte Auflage. Mit 109 Abbildungen im Text. IX, 303 Seiten. 1926.　　　　　　　　　　　　　　Gebunden RM 24.—*

Mathematische Strömungslehre. Von Privatdozent Dr. **Wilhelm Müller**, Hannover. Mit 137 Textabbildungen. IX, 239 Seiten. 1928.　　　　　　　　　　　　　　　　　　　RM 18.—; gebunden RM 19.50*